物理量	主な記号	単位	関係式など
半径	r	m	$v=r\omega$　（円の接線方向）
角速度	ω	rad/s	$a=\frac{v^2}{r}=r\omega^2$　（向心加速度）　遠心力 $m\frac{v^2}{r}$，$mr\omega^2$
周期	T	s	$F=m\frac{v^2}{r}=mr\omega^2$　（向心力：合力は円の中心を向く）
回転数	n	Hz（回/s）	$T=\frac{2\pi r}{v}=\frac{2\pi}{\omega}$　$n=\frac{1}{T}=\frac{v}{2\pi r}=\frac{\omega}{2\pi}$
			鉛直面内 ⟹ エネルギー保存と円運動の運動方程式
地球の半径	R	m	$F=G\frac{Mm}{r^2}$　$U=-G\frac{Mm}{r}$　（無限遠方を基準）
地球の質量	M	kg	$mg=G\frac{Mm}{R^2}$ ⟶ $g=\frac{GM}{R^2}$
			$\frac{1}{2}mv^2+\left(-G\frac{Mm}{r}\right)=$一
			だ円運動 ⟹ 力学
			ケプラーの法則　Ⅰ．だ
			Ⅱ．面
万有引力定数	$G=6.67\times10^{-11}$ N·m²/kg²		Ⅲ．$T^2=ka^3$　（円軌道では　$rv^2=$一定）
振幅	A	m	$x=A\sin\omega t$　　$T=\frac{2\pi}{\omega}$，$f=\frac{1}{T}$
角振動数	ω	rad/s	$v=A\omega\cos\omega t$　$v_{最大}=A\omega$
周期	T	s	$a=-A\omega^2\sin\omega t$ ⟶ $a=-\omega^2x$　　ばね　$T=2\pi\sqrt{\frac{m}{k}}$
振動数	f	Hz	$ma=-k(x-x_0)$　中心 x_0 ⟺ つりあい
			中心 x_0 を原点とすると　　単振り子　$T=2\pi\sqrt{\frac{l}{g}}$
			合力$=-kx$　$U=\frac{1}{2}kx^2$　$\frac{1}{2}mv_0{}^2=\frac{1}{2}kA^2$
			時間を求めるとき，周期Tを用いる。必要なら円運動にもどる。
熱量	Q	J	$Q=mc\Delta t$　（mの単位は g）　1 cal＝4.2 J
温度	t	℃	$Q=C\Delta t$　C〔J/K〕：熱容量　$C=mc$
比熱	c	J/(g·K)	熱量の保存：失った熱量＝得た熱量
圧力	p	Pa＝N/m²	$p=\frac{F}{S}$　1 Pa＝1 N/m²，1 atm＝76 cmHg＝1.013×10^5 Pa
水圧	ρgh		
絶対温度	T	K	$T=273+t$
体積	V	m³	一定量の気体では $\frac{pV}{T}=$一定，断熱変化 $pV^{\gamma}=$一定 $\left(\gamma=\frac{C_p}{C_V}\right)$
面積	S	m²	状態方程式　$pV=nRT$
物質量	n	mol	分子運動 $p=\frac{Nm\overline{v^2}}{3V}$，$\frac{1}{2}m\overline{v^2}=\frac{3}{2}\frac{R}{N_A}T$，$\sqrt{\overline{v^2}}=\sqrt{\frac{3RT}{M\times10^{-3}}}$
分子の数	N	個	
分子量	M		$W=p\Delta V=nR\Delta T$（定圧のとき），W：p-V 図の面積
内部エネルギー	U	J	$U=nC_VT$，$\Delta U=nC_V\Delta T$，単原子分子 $\Delta U=\frac{3}{2}nR\Delta T$
仕事	W	J	$\Delta U=Q+W_{された}$，　$\Delta U=Q-W_{した}$，　$Q=\Delta U+W_{した}$
モル比熱	C_V，C_p	J/(mol·K)	$Q=nC\Delta T$　　単原子：$C_V=3R/2$，$C_p=5R/2$
熱効率	e		$C_p=C_V+R$　　二原子：$C_V=5R/2$，$C_p=7R/2$
気体定数	$R=8.3$ J/(mol·K)		定積変化 $\Delta V=0$, $W=0$, $Q=\Delta U$　定圧変化 $W=p\Delta V=nR\Delta T$
アボガドロ定数	$N_A=6.0\times10^{23}$ /mol		等温変化 $\Delta T=0$, $\Delta U=0$, $Q=W_{した}$ 断熱変化 $Q=0$,$\Delta U=-W_{した}$
ボルツマン定数	$k=\frac{R}{N_A}=1.38\times10^{-23}$ J/K		$e=\frac{W_{実質}}{Q_{in}}=\frac{Q_{in}-Q_{out}}{Q_{in}}<1$

入試直前の最終確認

問題を解くために

(1) 問題文をしっかりと読む。

・「摩擦はあるか，ないか」，「動いているのか，止まったのか」，「条件は何か」，「何を求めるのか」，「何を用いて答えるのか」など。

・「エネルギーが 60J 増加した」と「エネルギーが 60J に増加した」の区別。

(2) 与えられた物理量は何かを確認する。

・問題文の中で，与えられた文字(記号)を○で囲むなどして確認しておく。

・答えは，与えられた文字(記号)だけで表さなければならない。

(3) 問題文，状況にあわせた図や表を書いて考える習慣をつくる。

・問題につけられている図だけで考えようとはしない。

・変化の前の図と，変化の後の図を描いて，保存する量は何か1つ1つ確認する。

・個々の物体に分けた図を描き，それぞれにはたらく力を調べる。

・ある瞬間の図を描き，運動方程式，状態方程式などをたてる。

(4) 次元(あるいは単位)を確認しながら式をつくる。

・次元(単位)の異なる物理量を足したり引いたりしていないか。

・式の両辺で，次元(単位)は同じになっているか。

(5) 計算は簡潔に，かつ正確に。

・数値の代入は，文字での計算が終わってから行うとよい。

・数値計算は，単位をそろえてから取りかかる。

〔例〕 30cm＝0.3m　1h＝3.6×10^3s

(6) 求めた答えが正しそうか確認をする。

・答えは，与えられた記号だけで表されているか。また，条件を満たしているか。

・答えの次元(または単位)が求める物理量の次元(単位)と等しいか。

・答えのチェックをしてみる。

〔例〕 $x\to0$，$\mu\to0$，$\theta\to0°$，$\theta\to90°$ などとしたとき変な答えにならないか。

〔例〕 $m=M$ などとしたとき矛盾することはないか。

・問題文に単位が付いている場合は答えにも単位を付け，付いていない場合は答えにも付けない。

・数値の答えがもっともらしい値になっているか。

〔例〕 音の速さ 3.4m/s，上昇温度 3.0×10^3K などは単位の換算を確認する。

・相手にわかる文字であるか。まぎらわしい文字などを使っていないか。

〔例〕 1と7，v と u と ν と μ，w と ω，ρ と p。また，v_0 と v_1 と v の区別。

◆ 等加速度運動

頻出 **等加速度直線運動の式**

x 軸方向に一定の加速度 a が物体に生じているとき，右図のように $t=0$ のときの物体の位置を原点にとると

速度：$\boldsymbol{v=v_0+at}$ ……(i)

位置：$\boldsymbol{x=v_0t+\frac{1}{2}at^2}$ ……(ii)

これら 2 式から t を消去して整理すると

$\boldsymbol{v^2-v_0{}^2=2ax}$ ……(iii)

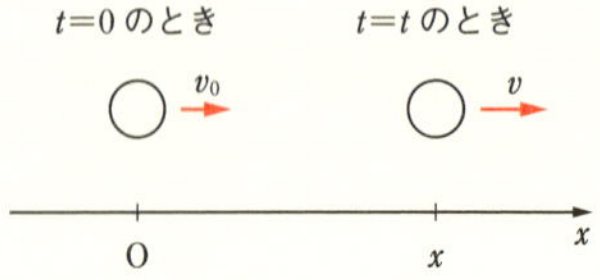

パターンA　時刻を答える設問があるとき ➡ (i)，(ii)式を利用

パターンB　時刻を問われないとき ➡ (iii)式を利用するとよいときがある

（例）初速度 $v=v_0$ で，静止 $(v=0)$ するまでに距離 l を要したときの加速度は

$0^2-v_0{}^2=2al$ より $a=-\frac{v_0{}^2}{2l}$

パターンC　重力下の運動 ➡ 鉛直上方に y 軸をとると $a=-g$ ／ 鉛直下方に y 軸をとると $a=g$

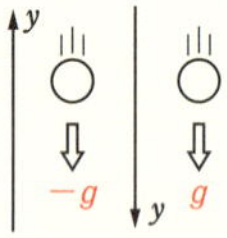

・水平投射や斜方投射で，地面に着く直前の速度と水平面のなす角を問われたら，速度の x 成分と y 成分を利用して $\tan\theta$ を求める。

$\tan\theta=\frac{v_y}{v_x}$

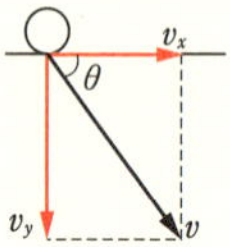

◆ 力とつりあい

・**作用・反作用の法則**

力は必ず 2 つのものの間ではたらき，大きさが等しく向きが逆の力を互いに及ぼしあう。

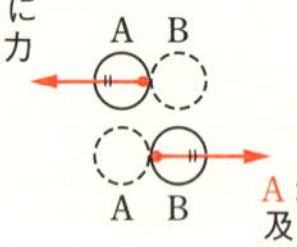

・平面内での力のつりあいは，直交する 2 方向に力を分解し，それぞれの方向で考える。

・**物体にはたらく力のさがし方**

手順❶　1 つの物体に着目する。

手順❷　物体に接するものから受ける力をさがす。

- ・床などの接する面……垂直抗力，摩擦力
- ・ぴんと張った糸やひも……張力
- ・ばね……弾性力
- ・流体（液体や気体）中……浮力，抵抗力

手順❸　物体に接していないものから受ける力をさがす。

重力，万有引力，静電気力，磁気力

・物体の大きさを考慮する剛体の場合，力のつりあいに加えて，力のモーメントのつりあいも考える。

力のモーメントの大きさ：$\boldsymbol{F_\perp l=Fl_\perp}$

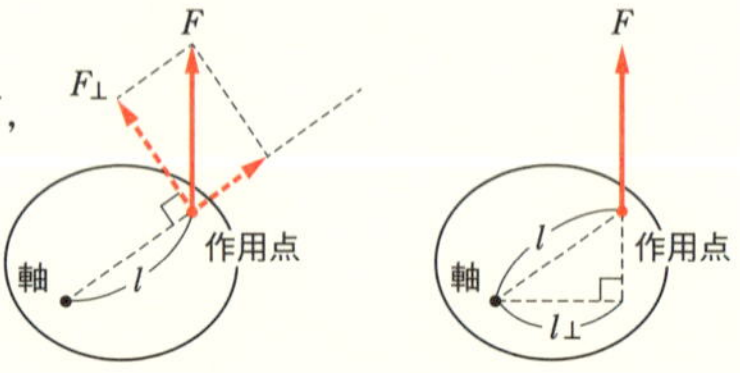

◆ 運動の法則

・物体の運動を考えるときの流れ

手順❶　物体にはたらく力をさがす。

手順❷　物体の運動方向に合う座標軸を定める。

手順❸　運動方程式を立てる。

例えば x 軸方向についてなら

ma_x＝「物体にはたらく各力の x 成分の和」

手順❹　物体に生じる加速度を求める。

この加速度が

・0のとき……等速直線運動

・一定値のとき……等加速度直線運動

（例）なめらかな斜面上の物体

❶

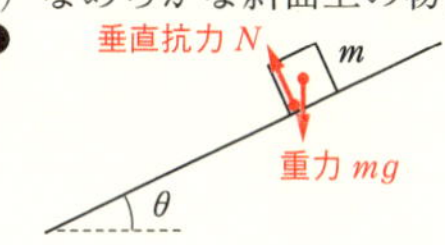

❷

❸ $ma_x = mg\sin\theta$

❹ $a_x = g\sin\theta$

と求まり，加速度は一定値とわかる。つまり，物体は等加速度直線運動をするとわかる。

◆ 抵抗力を受ける運動

・動摩擦力を受ける場合

動摩擦力は，接触している面に対する動きを妨げる向きにはたらき，大きさは面から受ける垂直抗力の大きさに比例する。

（例）なめらかな水平面上に板を置き，その上に物体を置く場合，水平右方向の初速を

パターンA　物体に与えるときは

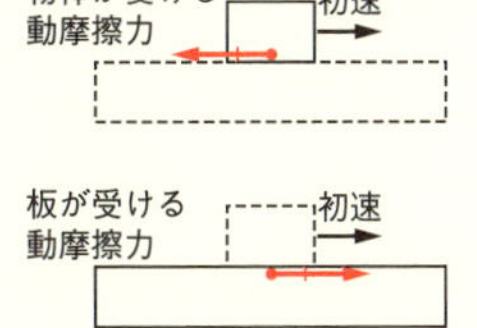

パターンB　板に与えるときは

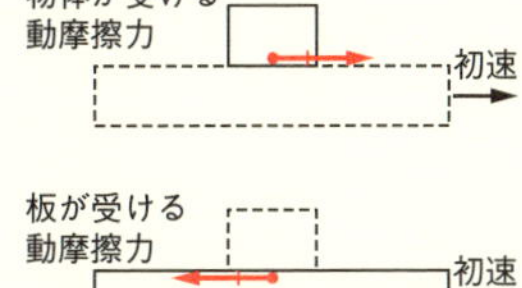

（例）あらい斜面上の物体

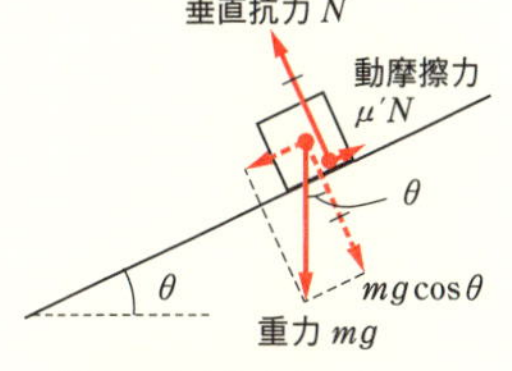

斜面に垂直な方向の力のつりあいより

$N = mg\cos\theta$

が成りたつので，動摩擦力の大きさは

$\mu' N = \mu' mg\cos\theta$

となる。

・空気抵抗力を受ける場合

空気抵抗力は，物体の運動を妨げる向きにはたらき，大きさは物体の速さに比例する。

（例）右図のように速度 v で落下する物体の場合，運動方程式は鉛直下向きを正として

$$ma = mg - kv$$

となり，加速度は

$$a = -\frac{k}{m}\left(v - \frac{mg}{k}\right)$$

となる。速度は時刻 t とともに図のグラフのように指数関数的に変化し，十分時間がたつと一定値 $v_f = \dfrac{mg}{k}$（終端速度）になる（$a=0$ で等速運動をする）。

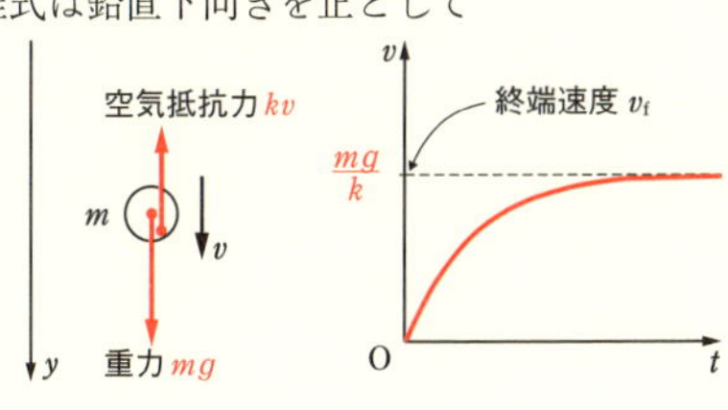

◆ 運動量の保存

頻出 **運動量保存則**

ある方向について，2つの物体間で力を及ぼしあうだけで外力がはたらいていないとき，2つの物体がそれぞれもっているその方向成分の運動量の和は一定に保たれる。

（例）なめらかな水平面上に斜面をもつ台があり，その斜面上に物体がある場合

x 方向の運動方程式は

$$\begin{cases} \text{物体：} ma = -N\sin\theta \\ \text{台　：} MA = N\sin\theta \end{cases}$$

であり，この2式の辺々を足すと

$$ma + MA = 0$$

となる。このように右辺が打ち消しあって0となるとき，運動量保存則

$$mv + MV = \text{一定}$$

が成りたつ。

（例）ばねの両端に2つの物体が取りつけられている場合

ばねを介して互いに力を及ぼしあうだけなので，

$$ma + MA = 0$$

が得られ，運動量保存則

$$mv + MV = \text{一定}$$

が成りたつ。

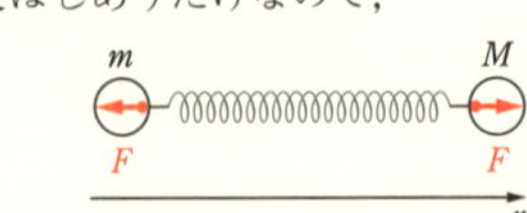

・運動量保存則 $mv + MV = \text{一定}$ が成りたつとき，2つの物体の重心の速度は一定値となる。

重心の速度は $v_G = \dfrac{mv + MV}{m + M} = \text{一定}$

（参考）重心の位置は $x_G = \dfrac{mx + MX}{m + M}$ と表せる。

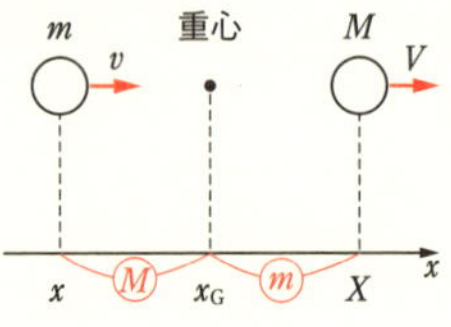

頻出 **反発係数の式**

2つの物体が衝突するときも，接触時に互いに力を及ぼしあうだけなので，運動量保存則が成りたつ。これに加えて，衝突のときのはね返り方を表す反発係数 e の式を利用する。接触面に垂直な速度成分を用いて表され

$$e = \frac{\text{衝突後の相対速度の大きさ}}{\text{衝突前の相対速度の大きさ}} = -\frac{v_1' - v_2'}{v_1 - v_2}$$

となる。e の値は $0 \leqq e \leqq 1$ しかとり得ない。

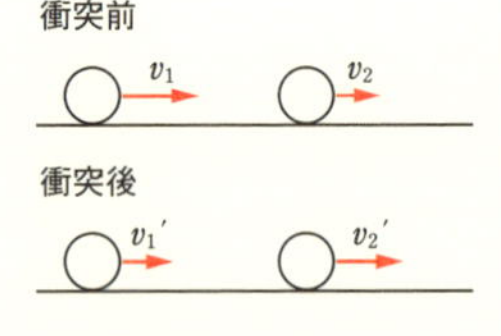

パターンA　$e=1$ のとき ➡ 弾性衝突。衝突の前後で物体のもつエネルギーは不変。

パターンB　$e=0$ のとき ➡ 完全非弾性衝突。衝突後の相対速度が0，つまり2つの物体は同じ速度となる（合体する）。衝突の前後でエネルギーの減少が最も大きい。

・接触面がなめらかであれば，接触面に平行な速度成分は不変。

（例）右図の場合は次の2式が成りたつ。

$$\begin{cases} e = -\dfrac{v'\sin\theta'}{(-v\sin\theta)} \\ v\cos\theta = v'\cos\theta' \end{cases}$$

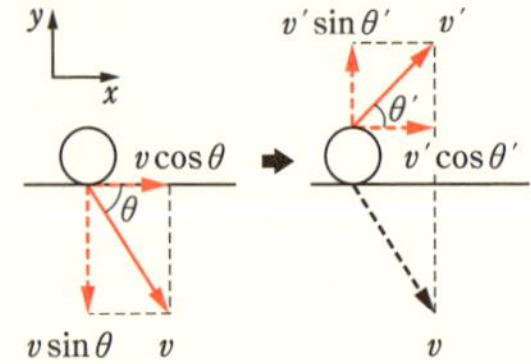

◆ 円運動・万有引力

頻出 **円運動の式**

円運動する物体には，速度の向きを変え続けるために常に中心方向の加速度が生じており，その原因となる力が中心方向にはたらいている(向心力)。円運動する物体の加速度 a は，速さ v と半径 r，もしくは角速度 ω と半径 r を用いて

$$\boldsymbol{a=\frac{v^2}{r}=r\omega^2}$$

と表せる。これを用いて，中心方向の運動方程式を立てる。

$$\boldsymbol{m\frac{v^2}{r}}=\textbf{中心方向を正とした力},\quad \boldsymbol{mr\omega^2}=\textbf{中心方向を正とした力}$$

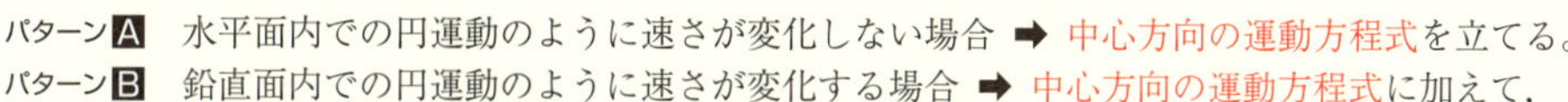

パターン**A** 水平面内での円運動のように速さが変化しない場合 ➡ 中心方向の運動方程式を立てる。

パターン**B** 鉛直面内での円運動のように速さが変化する場合 ➡ 中心方向の運動方程式に加えて，力学的エネルギー保存則の式を立てて 2 式を連立させる。

(例) 右図のような場合，中心方向の運動方程式は

$$m\frac{v^2}{r}=N-mg\cos\theta$$

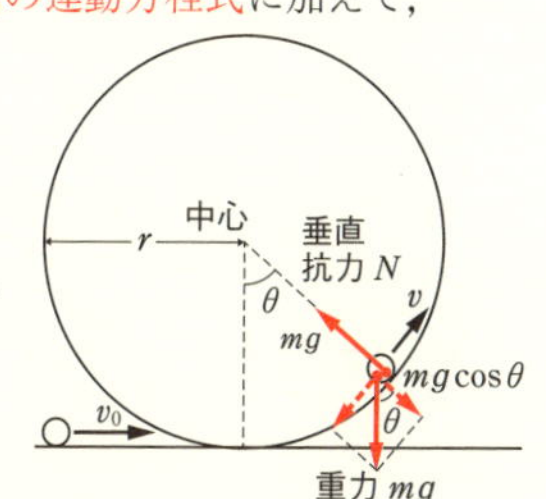

力学的エネルギー保存則より，最下点を重力による位置エネルギーの基準にとると

$$\frac{1}{2}mv_0{}^2=\frac{1}{2}mv^2+mgr(1-\cos\theta)$$

・1 回転するための条件 ➡ 最高点での垂直抗力≧0

・ひもや糸に取りつけた物体が 1 回転するための条件 ➡ 最高点での張力≧0

・万有引力を受けた天体の運動

パターン**A** 円軌道を描く場合 ➡ 中心方向の運動方程式を立てる。

$$m\frac{v^2}{r}=\text{万有引力}$$

パターン**B** 楕円軌道を描く場合

➡ ・面積速度一定の法則

$$\boldsymbol{\frac{1}{2}rv\sin\theta}=\textbf{一定}$$

・力学的エネルギー保存則

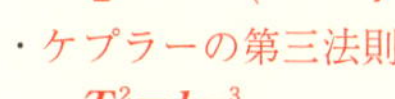

$$\boldsymbol{\frac{1}{2}mv^2+\left(-G\frac{Mm}{r}\right)}=\textbf{一定}$$

・ケプラーの第三法則

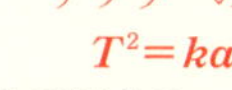

$$\boldsymbol{T^2=ka^3}$$

を利用する。

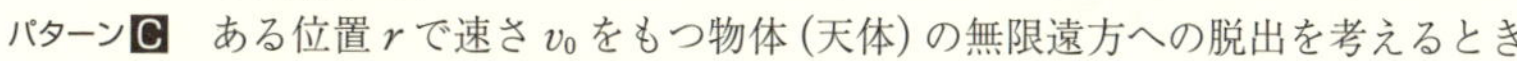

パターン**C** ある位置 r で速さ v_0 をもつ物体(天体)の無限遠方への脱出を考えるとき

➡ $\frac{1}{2}mv_0{}^2+\left(-G\frac{Mm}{r}\right)\geqq 0$ を用いる。

◆ 単振動・単振り子

頻出 **単振動の式**

物体の運動方程式が，定数 K，x_0 と物体の位置 x を用いて

$$ma=-K(x-x_0)$$

と表されるとき，物体は「$x=x_0$ を中心とする 周期 $T=2\pi\sqrt{\dfrac{m}{K}}$ の単振動」をする。$x=x_0$ では $a=0$，つまり物体にはたらく力が0なので，振動の中心 x_0 は力がつりあう位置となる。

・**単振動の流れ**

手順❶ 振動の中心 x_0 を確認する。➡ 力のつりあう点 x_0 が振動の中心となる。

手順❷ 位置 x の点で運動方程式を立てる。

➡ $ma=-K(x-x_0)$ 振動の中心を原点にとると $ma=-Kx$ の形となる。

手順❸ 手順❷の式を $a=\cdots\cdots$ の形に変形し，$a=-\omega^2x$ と比較して角振動数 ω を求める。

手順❹ $T=\dfrac{2\pi}{\omega}$ より周期 T を求める。

※ 振幅 A や速さを求めるには，力学的エネルギー保存則か $v_{最大}=A\omega$ を用いる。

・**単振り子**

（例）右図で $l\gg x$ の場合，x 軸方向の運動方程式は

$$ma\fallingdotseq-mg\sin\theta=-\frac{mg}{l}x \quad \left(\sin\theta=\frac{x}{l} \ より\right)$$

よって　$a=-\dfrac{g}{l}x$　なので $a=-\omega^2x$ と比較して　$\omega=\sqrt{\dfrac{g}{l}}$

ゆえに　$T=\dfrac{2\pi}{\omega}=2\pi\sqrt{\dfrac{l}{g}}$　となる。

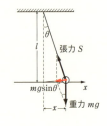

・慣性力を考慮する必要がある場合は，見かけの重力を考える。

（例）右図の左方向に大きさ α で加速している場合，物体には見かけの重力 mg' がはたらいているのと同じなので，振動の中心は見かけの重力の方向となる。また周期 T' は次の式のようになる。

$$T'=2\pi\sqrt{\frac{l}{g'}}$$

$$g'=\sqrt{g^2+\alpha^2}$$

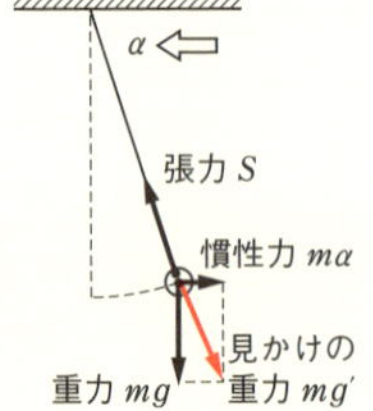

◆ 気体分子の運動と状態変化

・**気体分子運動論**

手順❶ 1個の気体分子が，1回の衝突で容器の壁に与える力積の大きさ I_1 を求める。

手順❷ 1個の気体分子が，壁に衝突してから次の衝突までにかかる時間を求める。

手順❸ Δt の間に1個の分子が衝突する回数 n を求める。

手順❹ Δt の間に1個の分子が壁に与える力積の大きさ nI_1 を求める。

手順❺ 容器内の全分子 N 個が壁に与える力積の大きさ I を求める。

手順❻ 手順❺で求めた I を時間 Δt でわると，壁にはたらく力の大きさ F が求まる。

手順❼ 手順❻で求めた F を壁の面積 S でわると，壁にかかる圧力の大きさ p が求まる。

（例） 1 辺の長さ L，体積 V の立方体容器の場合

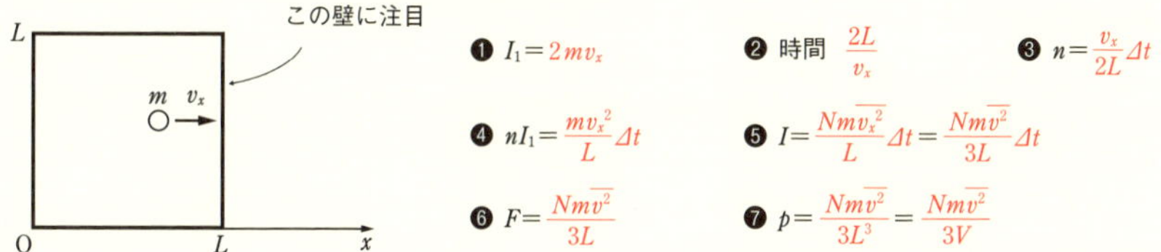

❶ $I_1=2mv_x$　❷ 時間 $\dfrac{2L}{v_x}$　❸ $n=\dfrac{v_x}{2L}\Delta t$

❹ $nI_1=\dfrac{mv_x^2}{L}\Delta t$　❺ $I=\dfrac{N m\overline{v_x^2}}{L}\Delta t=\dfrac{N m\overline{v^2}}{3L}\Delta t$

❻ $F=\dfrac{N m\overline{v^2}}{3L}$　❼ $p=\dfrac{N m\overline{v^2}}{3L^3}=\dfrac{N m\overline{v^2}}{3V}$

・容器の形状によらず，気体の圧力の大きさ p は，分子の速さの 2 乗平均 $\overline{v^2}$ と，容器の体積 V を用いて，次のように表せる。

$$p=\frac{N m\overline{v^2}}{3V} \Leftrightarrow 3pV=N m\overline{v^2}$$

・単原子分子理想気体の内部エネルギー U は，気体分子がもつ運動エネルギーの和なので，

$$U=N\times\frac{1}{2}m\overline{v^2}=\frac{3}{2}pV$$

状態方程式と比較すると　$U=\dfrac{3}{2}nRT$ ➡ 内部エネルギー U は絶対温度 T に比例

これより　$\dfrac{1}{2}m\overline{v^2}=\dfrac{3}{2}\dfrac{nR}{N}T=\dfrac{3}{2}\dfrac{R}{N_A}T=\dfrac{3}{2}kT$　$\left(k=\dfrac{R}{N_A}\text{：ボルツマン定数}\right)$

➡ 分子のもつ平均運動エネルギーは絶対温度 T に比例

頻出　熱力学第一法則

気体が熱量 Q を吸収すると，内部エネルギーが ΔU 増加し，外部に仕事 $W_{\text{した}}$ をする。このとき，エネルギー保存則を考えると次式の熱力学第一法則が成りたつ。

$$Q=\Delta U+W_{\text{した}}$$

気体が熱量 Q を吸収し，仕事 $W_{\text{された}}$ をされると，内部エネルギー ΔU が変化する，と考える場合は

$$\Delta U=Q+W_{\text{された}}$$

と表すことになる。

・単原子分子理想気体の場合は　$\Delta U=\dfrac{3}{2}nR\Delta T$　が成りたつ。

・**4 つの典型的な状態変化**

パターン**A**　定積変化

体積変化がないので，$W_{\text{した}}=0$ であり $Q=\Delta U$ となる。
単原子分子理想気体の場合は

$$Q=\frac{3}{2}nR\Delta T \quad ➡ \quad \text{定積モル比熱：}C_V=\frac{Q}{n\Delta T}=\frac{3}{2}R$$

パターン**B**　定圧変化

圧力が一定なので，$W_{\text{した}}=p\Delta V$ であり $Q=\Delta U+p\Delta V$ となる。
単原子分子理想気体の場合に，状態方程式 $p\Delta V=nR\Delta T$ を用いると

$$Q=\frac{3}{2}nR\Delta T+nR\Delta T$$
$$=\frac{5}{2}nR\Delta T \quad ➡ \quad \text{定圧モル比熱：}C_p=\frac{Q}{n\Delta T}=\frac{5}{2}R$$

パターン**C**　等温変化

温度変化がないので，$\Delta U=0$ であり $Q=W_{\text{した}}$ となる。気体が吸収した熱量はすべて気体がする仕事に変わる。

パターン**D**　断熱変化

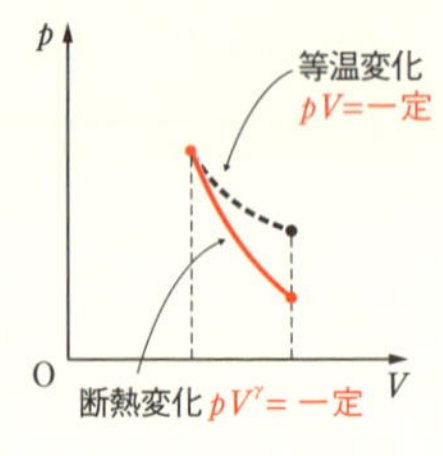

熱の吸収・放出がないので，$Q=0$ であり $W_{\text{した}}=-\Delta U$ となる。

断熱膨張（$W_{\text{した}}>0$）のとき，温度は降下（$\Delta U<0$）
断熱圧縮（$W_{\text{した}}<0$）のとき，温度は上昇（$\Delta U>0$）

また，ポアソンの式

$$pV^{\gamma}=\text{一定}\quad(TV^{\gamma-1}=\text{一定})$$

を利用できる$\left(\gamma=\dfrac{C_p}{C_V}：\text{比熱比}\right)$。

◆ 波の性質

・正弦波の式の導出

原点での振動が $y=A\sin\dfrac{2\pi}{T}t$ と表せる波が，x 軸の正の向きに速さ v で伝わるとき

原点での媒質の振動が，伝わるのにかかる時間 $\Delta t=\dfrac{x}{v}$ だけ遅れて，位置 x でも起こると考える。

t を $t-\Delta t$ に変えて

$$y=A\sin\frac{2\pi}{T}\left(t-\frac{x}{v}\right)=A\sin 2\pi\left(\frac{t}{T}-\frac{x}{\lambda}\right)$$

◆ 音波

頻出　**ドップラー効果**

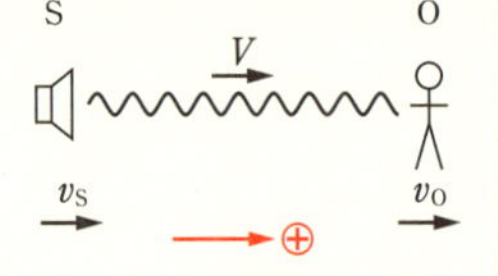

ドップラー効果は，音が音源Sから観測者Oに伝わる向きを正にとって音源の速度を v_S，観測者の速度を v_O として

$$f'=\frac{V-v_O}{V-v_S}f$$

パターン**A**　音源が速さ v_S で観測者に近づくとき ➡ 波長が $\lambda'=\dfrac{V-v_S}{f}$ に変化。

よって $f'=\dfrac{V}{\lambda'}=\dfrac{V}{V-v_S}f$

パターン**B**　観測者が速さ v_O で音源から遠ざかるとき ➡ 1秒当たりに距離 $V-v_O$ にある波長 λ の波を受け取る。よって $f'=\dfrac{V-v_O}{\lambda}=\dfrac{V-v_O}{V}f$

パターン**C**　風の速さ w の風が吹いているとき ➡ 音の速さ V を $V\pm w$ に変える。風のみではドップラー効果による振動数の変化はない。

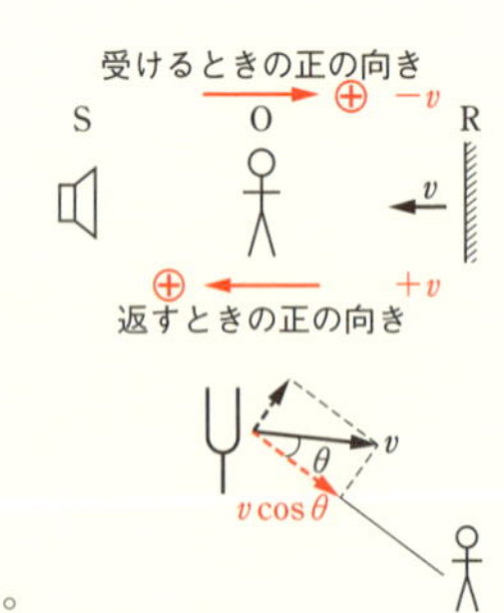

パターン**D**　反射板がある場合 ➡
音を受けるとき……観測者の役割
音を返すとき　……音源の役割

（例）SとOは静止し，反射板Rが速さ v で向かってくるとき

Rが受ける音は，$v_O=-v$ として

$$f_R=\frac{V-(-v)}{V}f=\frac{V+v}{V}f$$

Rは f_R の音を返すことになり，$v_S=+v$ として

$$f'=\frac{V}{V-(+v)}f_R=\frac{V+v}{V-v}f$$

パターン**E**　斜め方向のとき ➡ 音源と観測者を結ぶ方向の速度成分を考える。

◆ 光波

・屈折の法則

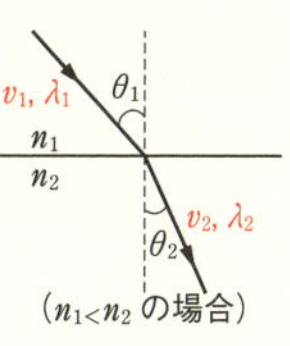

絶対屈折率 n_1 の媒質1と，絶対屈折率 n_2 の媒質2が接する境界面では，反射と屈折を生じる。このとき

$$\frac{\sin\theta_1}{\sin\theta_2}=\frac{v_1}{v_2}=\frac{\lambda_1}{\lambda_2}=\frac{n_2}{n_1}=n_{12}$$

が成りたつ。反射，屈折ともに振動数は変化しない。

・光学距離

絶対屈折率 n の媒質中での速さ v と波長 λ は，真空中での速さ c と波長 λ_0 を用いて

$$\begin{cases} v=\dfrac{c}{n} \quad (<c) \\ \lambda=\dfrac{\lambda_0}{n} \quad (<\lambda_0) \end{cases}$$

となるので，媒質中の長さ l は，真空中の光にとっては長さ nl に相当する。

頻出　光が強めあう条件・弱めあう条件（基本：位相反転がない場合）

強めあう：**光路差**$=\dfrac{\lambda}{2}\cdot 2m$

弱めあう：**光路差**$=\dfrac{\lambda}{2}(2m+1)$

$(m=0,\ 1,\ 2,\ \cdots\cdots)$

一方の光の位相が π 変化する場合は，条件式が逆になる。

・光の干渉を考える流れ

手順❶　経路差 l を求める。

手順❷　光路差 nl に変換する。

手順❸　反射による位相の変化を調べる。

- 屈折率小から大への反射 ➡ 位相は π 変化する
- 屈折率大から小への反射 ➡ 位相は変わらない

手順❹　光が強めあう条件・弱めあう条件を考える。

・代表的な問題の光路差

パターンA　ヤングの実験

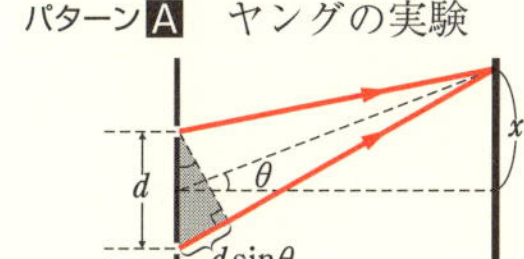

光路差$\fallingdotseq d\sin\theta\fallingdotseq\dfrac{d}{l}x$

パターンB　回折格子

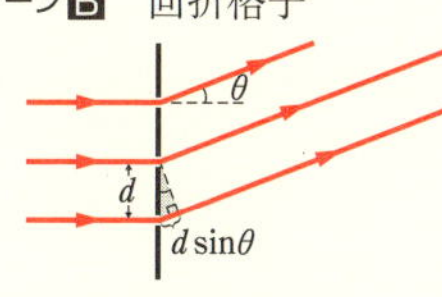

光路差$\fallingdotseq d\sin\theta$

パターンC　薄膜

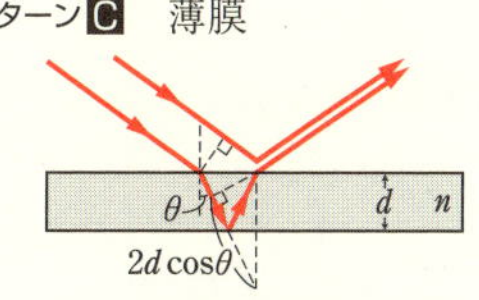

光路差$=2nd\cos\theta$

パターンD　くさび形空気層

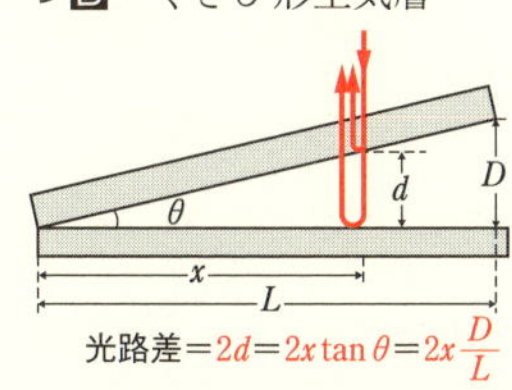

光路差$=2d=2x\tan\theta=2x\dfrac{D}{L}$

パターンE　ニュートンリング

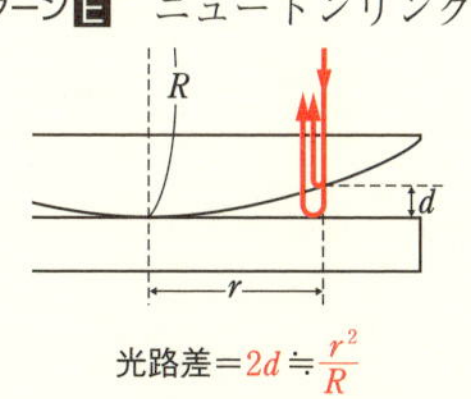

光路差$=2d\fallingdotseq\dfrac{r^2}{R}$

◆ 静電気力と電場

頻出 **電場と電位**

・電荷 q が受ける静電気力 $\vec{F}$ を用いて，電荷がいる位置の電場 $\vec{E}$ は

$$\vec{E}=\frac{\vec{F}}{q} \Leftrightarrow \vec{F}=q\vec{E}$$

と表される。この $\vec{E}$ には q がつくる電場は含まれない。

・電荷 q がもつ静電気力による位置エネルギーが U であるとき，電荷がいる位置の電位 V は

$$V=\frac{U}{q} \Leftrightarrow U=qV$$

と表される。

パターンA　一様な電場 ➡ $E=\frac{V_{差}}{d} \Leftrightarrow V_{差}=Ed$　（$V_{差}$ は電位差）を用いる。

パターンB　点電荷のまわりの電場 ➡ $E=k_0\frac{Q}{r^2}$，$V=k_0\frac{Q}{r}$　（V は電位）を用いる。

・**ガウスの法則**

真空中にある正電荷 Q〔C〕から出る電気力線の総数は

$$4\pi k_0Q=\frac{Q}{\varepsilon_0} \text{本}$$　（k_0：クーロン定数，ε_0：真空の誘電率）

（例）正電荷 Q から距離 r の位置での電場 E

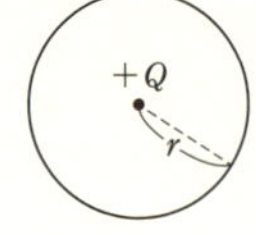

ガウスの法則より電気力線の総数は　$N=4\pi k_0Q$

電場は単位面積当たりの電気力線の数であり，

半径 r の球の表面積は $4\pi r^2$ なので

$$E=N\div S=\frac{4\pi k_0Q}{4\pi r^2}=k_0\frac{Q}{r^2}$$

（例）正電荷 Q が一様に分布した面積 S の平面による電場 E

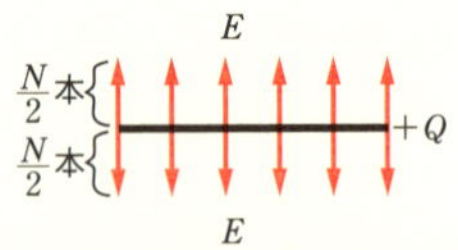

ガウスの法則より電気力線の総数は　$N=4\pi k_0Q=\frac{Q}{\varepsilon_0}$

電気力線は平面から上下に半分ずつ出ているので

$$E=\frac{N}{2}\div S=\frac{N}{2S}=\frac{Q}{2\varepsilon_0S}$$　（一様な電場となる）

・静電気力に逆らって外力がする仕事は，静電気力による位置エネルギーの増加に等しい。

（例）電位 $V_{前}$ から電位 $V_{後}$ の点まで電荷 q を移動するときの仕事 $W=qV_{後}-qV_{前}=q(V_{後}-V_{前})$

◆ コンデンサー

・**コンデンサーの極板間電場**

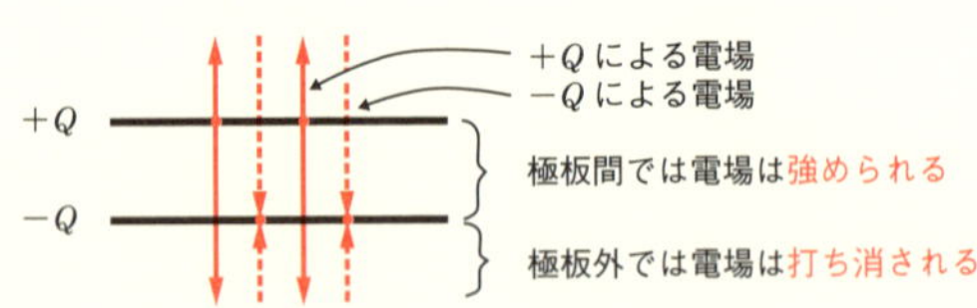

極板1枚による電場は $\frac{Q}{2\varepsilon_0S}$ である。

正負等量に帯電した2枚の極板間では，電場を足しあわせ

$$E=\frac{Q}{\varepsilon_0S}$$

となる。この式と $E=\frac{V}{d}$ から $V=\frac{Qd}{\varepsilon_0S}$ が得られ，$Q=CV$ との比較から　$C=\varepsilon_0\frac{S}{d}$　が導かれる。

・**極板間隔を変える**

極板間隔を引力に逆らう外力Fを加えて$d \to 2d$に変化させるときの静電エネルギーの変化

パターンA スイッチを閉じたまま広げるとき ➡ 電圧Vが一定

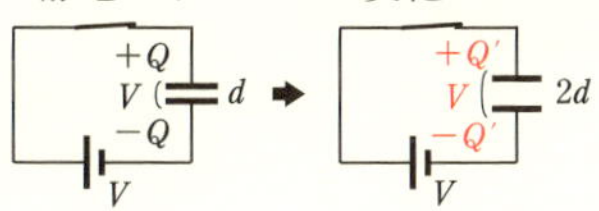

$C=\varepsilon_0\dfrac{S}{d}$ よりdが2倍になるとCは$\dfrac{1}{2}$倍となる。

$U=\dfrac{1}{2}CV^2$ において，Vが一定なのでUは$\dfrac{1}{2}$倍となる。

パターンB スイッチを開いてから広げるとき ➡ 電気量Qが一定→電場Eが一定

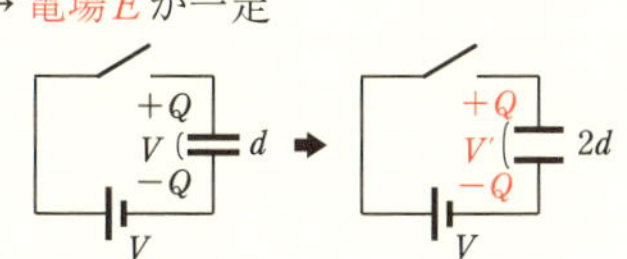

$C=\varepsilon_0\dfrac{S}{d}$ よりdが2倍になるとCは$\dfrac{1}{2}$倍となる。

$U=\dfrac{Q^2}{2C}$ において，Qが一定なのでUは2倍となる。

・コンデンサーの極板間引力Fは，電気量Qと極板間の電場の強さEを用いて

$$F=\frac{1}{2}QE$$

と表される。$\left(1枚の極板による電場は\dfrac{1}{2}E\right)$

・**導体や誘電体が挿入されたコンデンサー**

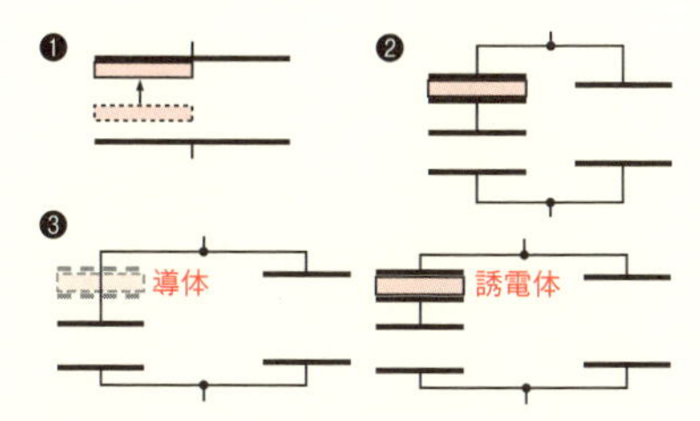

手順❶ 導体・誘電体を片側の極板へ寄せる。

手順❷ コンデンサーを複数に分ける。

手順❸ 導体の部分は導線とみなす。
誘電体の部分は誘電率εのコンデンサーとみなす。

・**誘電体にはたらく力**

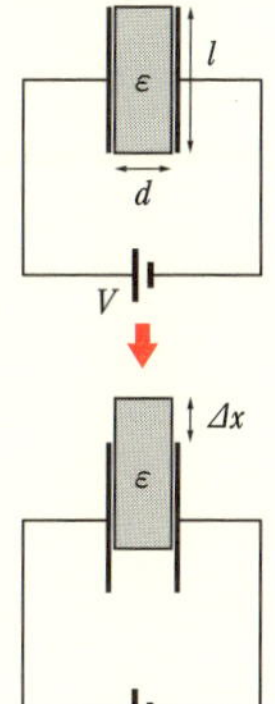

（例）誘電率$\varepsilon(>\varepsilon_0)$の誘電体にはたらく力に逆らう外力$F$を加えて$\Delta x$だけ引き出す場合を考える。極板は一辺が$l$の正方形，極板間隔は$d$とする。

$C=\varepsilon\dfrac{l^2}{d} \Rightarrow C+\Delta C=\varepsilon_0\dfrac{l\Delta x}{d}+\varepsilon\dfrac{l(l-\Delta x)}{d}$ よって $\Delta C=-(\varepsilon-\varepsilon_0)\dfrac{l}{d}\Delta x$

$Q=CV \Rightarrow Q+\Delta Q=(C+\Delta C)V$ よって $\Delta Q=\Delta CV$

$U=\dfrac{1}{2}CV^2 \Rightarrow U+\Delta U=\dfrac{1}{2}(C+\Delta C)V^2$ よって $\Delta U=\dfrac{1}{2}\Delta CV^2$

外力のした仕事$F\Delta x$と電源のした仕事ΔQVの和が静電エネルギーの変化ΔUに等しいので，$F\Delta x+\Delta QV=\Delta U$ より

$$\begin{aligned}F\Delta x&=\Delta U-\Delta QV\\&=\frac{1}{2}\Delta CV^2-\Delta CV^2=-\frac{1}{2}\Delta CV^2\\&=\frac{1}{2}(\varepsilon-\varepsilon_0)\frac{l}{d}V^2\Delta x\end{aligned}$$

$$F=\frac{(\varepsilon-\varepsilon_0)lV^2}{2d}$$

$F>0$ であるので，外力は誘電体を引き出す方向に加える必要がある。

◆ 直流回路

頻出　キルヒホッフの法則

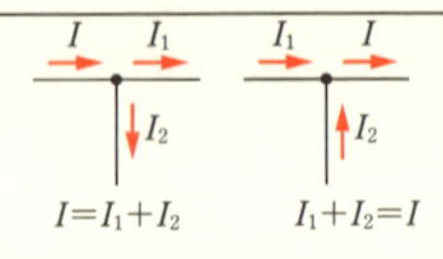

・キルヒホッフの法則Ⅰ：**流れこむ電流の和＝流れ出る電流の和**
・キルヒホッフの法則Ⅱ：**起電力の和＝電圧降下の和**
が成りたつ。

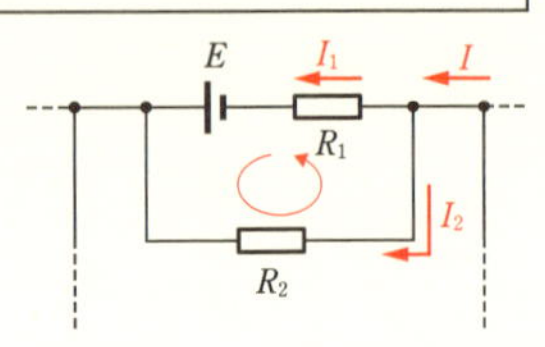

（例）右図のような場合，キルヒホッフの法則Ⅰより

$I=I_1+I_2$

キルヒホッフの法則Ⅱより

$E=R_1I_1-R_2I_2$

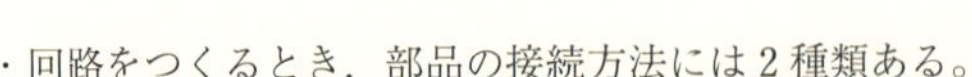
・回路をつくるとき，部品の接続方法には２種類ある。

パターン**A**　直列接続 ➡ 各部品を流れる電流は同じ値
パターン**B**　並列接続 ➡ 各部品に加わる電圧は同じ値

・各部品の扱い方

・抵抗 R
加わる電圧 V は流れる電流 I に比例 ➡ $V=RI$

・コンデンサー C
加わる電圧 V は蓄えられている電気量 q に比例 ➡ $V=\dfrac{q}{C}$

{ 回路をつないだ瞬間 ➡ 導線と同じ扱い
{ 十分時間が経ったとき ➡ 充電が終了し断線と同じ扱い

・電球
加わる電圧 V と流れる電流 I は未知のものとしてキルヒホッフの法則Ⅱの式を立て，電球の V-I 特性曲線との交点を求める。

・理想的なダイオード
電圧の加わり方によって，順方向であれば導線，逆方向であれば断線として扱う。

◆ 電流と磁場

頻出　電流が磁場から受ける力

磁束密度 B の磁場中に，電流 I が流れる長さ l の導線があるとき，導線は磁場から力を受ける。その大きさは

$\boldsymbol{F=IBl\sin\theta}$　（θ は電流と磁束密度がなす角）

となり，向きは電流と直交し，また磁束密度とも直交する。

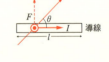

{ 電流と磁束密度が垂直（$\theta=90°$）のときは　$F=IBl$
{ 電流と磁束密度が平行（$\theta=0$，$180°$）のときは　$F=0$

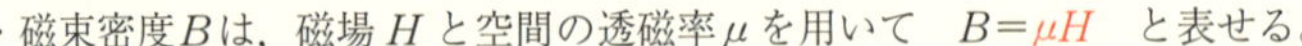
・磁束密度 B は，磁場 H と空間の透磁率 μ を用いて　$B=\mu H$　と表せる。

・磁場 H の求め方

パターン**A**　直線電流 I から距離 r の点での磁場 ➡ $H=\dfrac{I}{2\pi r}$

パターン**B**　半径 r の円形電流 I の中心の点での磁場 ➡ $H=\dfrac{I}{2r}$

パターン**C**　長さ l，巻数 N のソレノイドに電流 I が流れているときの内部の磁場

➡ $H=\dfrac{N}{l}I=nI$　（n：単位長さ当たりの巻数）

頻出 **電磁場内の荷電粒子が受ける力**

・電場 E から電気量 q の電荷が受ける力 F

$F=qE$ （電場と平行な向き）

・磁束密度 B の磁場中を速さ v で運動する電気量 q の電荷が受ける力 f

ローレンツ力：$f=qvB\sin\theta$ （θ は速度と磁束密度がなす角）

向きは速度と直交し，また磁束密度とも直交する。

{ 磁束密度に垂直（$\theta=90°$）のときは　$F=qvB$
{ 磁束密度に平行（$\theta=0°$，$180°$）のときは　$F=0$

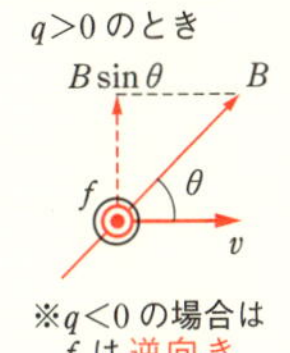

パターンA　磁場に垂直に電荷を入射した場合 ➡ 等速円運動をする。

（例）右図の場合，運動方程式は

$$m\frac{v^2}{r}=qvB$$

であるので

半径：$r=\dfrac{mv}{qB}$　　周期：$T=\dfrac{2\pi r}{v}=\dfrac{2\pi m}{qB}$

となる。これより周期は速さによらないことがわかる。

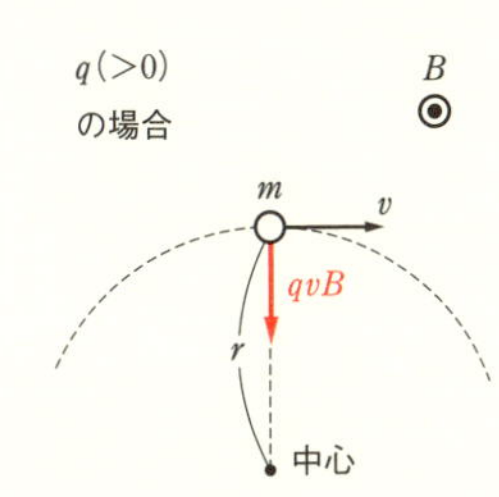

パターンB　磁場に斜めに電荷を入射した場合 ➡ らせん運動をする。

{ 磁場に垂直な成分……等速円運動
{ 磁場に平行な成分……等速度運動

◆ 電磁誘導

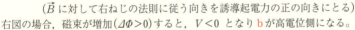

頻出 **ファラデーの電磁誘導の法則**

N 巻きのコイル（閉回路）を貫く磁束が，時間 Δt に $\Delta\Phi$ 変化すると，その時間変化率に比例した誘導起電力 V を生じる。

$$V=-N\frac{\Delta\Phi}{\Delta t}$$

（$\vec{B}$ に対して右ねじの法則に従う向きを誘導起電力の正の向きにとる）

右図の場合，磁束が増加（$\Delta\Phi>0$）すると，$V<0$ となり b が高電位側になる。

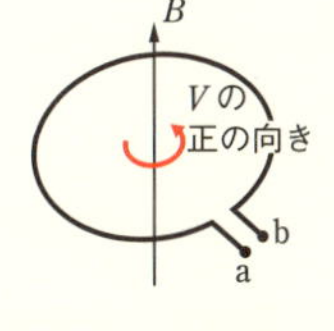

パターンA　導体棒が磁場中をまっすぐ進むとき

導体棒が Δt の間に通過する面積は $\Delta S=l\times v\Delta t$ なので

$$\Delta\Phi=B\Delta S=Blv\Delta t$$

よって，生じる起電力の大きさは

$$V=\frac{\Delta\Phi}{\Delta t}=Blv$$

このように導体棒が磁場中を運動すると，誘導起電力 $V=Blv$ を生じる。

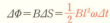

パターンB　導体棒が磁場中を回転するとき

導体棒が Δt の間に通過する面積は $\Delta S=\dfrac{1}{2}l^2\omega\Delta t$ なので

$$\Delta\Phi=B\Delta S=\frac{1}{2}Bl^2\omega\Delta t$$

よって，生じる起電力の大きさは

$$V=\frac{\Delta\Phi}{\Delta t}=\frac{1}{2}Bl^2\omega$$

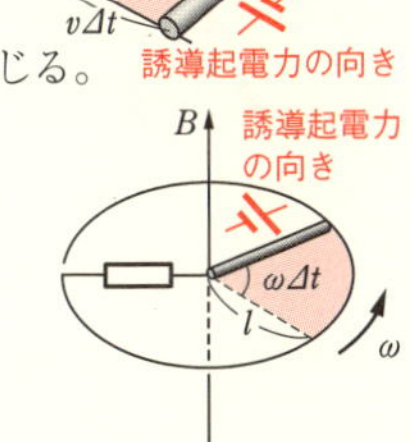

◆ 交流回路

・交流電圧 $V=V_0\sin\omega t$ をそれぞれの部品に加えたとき，流れる電流は以下のようになる。

パターンA　抵抗 ➡ **電流の位相は電圧と等しい**

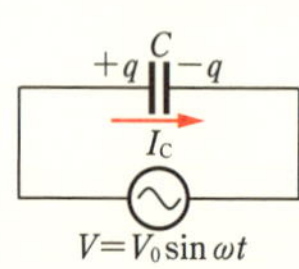

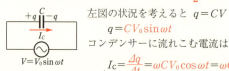

$V=RI$ より，

$$I_R=\frac{V_0}{R}\sin\omega t$$

パターンB　コンデンサー ➡ **電流の位相は電圧より $\frac{\pi}{2}$ 進む**

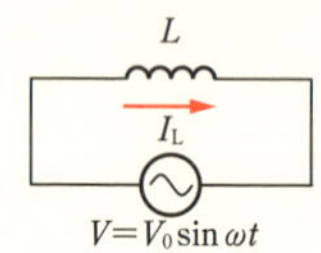

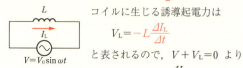

左図の状況を考えると $q=CV$ より

$$q=CV_0\sin\omega t$$

コンデンサーに流れこむ電流は

$$I_C=\frac{\Delta q}{\Delta t}=\omega CV_0\cos\omega t=\omega CV_0\sin\left(\omega t+\frac{\pi}{2}\right)\quad\left(\frac{1}{\omega C}：リアクタンス\right)$$

パターンC　コイル ➡ **電流の位相は電圧より $\frac{\pi}{2}$ 遅れる**

コイルに生じる誘導起電力は

$$V_L=-L\frac{\Delta I_L}{\Delta t}$$

と表されるので，$V+V_L=0$ より

$$V_0\sin\omega t-L\frac{\Delta I_L}{\Delta t}=0$$

$$\frac{\Delta I_L}{\Delta t}=\frac{V_0}{L}\sin\omega t$$

$$I_L=-\frac{V_0}{\omega L}\cos\omega t=\frac{V_0}{\omega L}\sin\left(\omega t-\frac{\pi}{2}\right)\quad(\omega L：リアクタンス)$$

・RLC 直列回路のインピーダンス Z

$$V=ZI$$

$$Z=\sqrt{R^2+\left(\omega L-\frac{1}{\omega C}\right)^2}$$

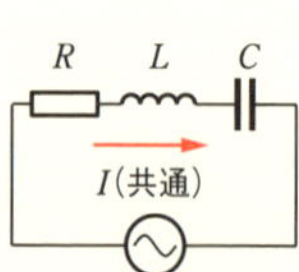

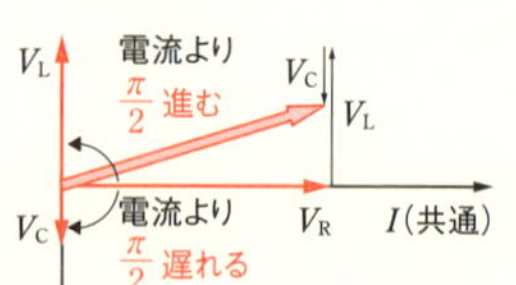

◆電子と光

・光は粒子性をもつ。波長 λ，振動数 ν の光は，光の速さ c とプランク定数 h を用いて

エネルギー：$E=h\nu=\frac{hc}{\lambda}$

運動量：$p=\frac{h\nu}{c}=\frac{h}{\lambda}$

をもつ粒子としてふるまう。具体例として以下のものがある。

- ・光電効果 ➡ エネルギーの式を利用
  (光子のエネルギー)＝(光電子の運動エネルギーの最大値)＋(仕事関数)
- ・コンプトン効果 ➡ 運動量保存則，エネルギー保存則を利用

・粒子は波動性をもつ。運動量 $p=mv$ をもつ粒子は

波長：$\lambda=\dfrac{h}{p}=\dfrac{h}{mv}$

の波としてふるまう。具体例として以下のものがある。

- ・電子線回折（干渉条件の式で利用）
  ブラッグの条件：$2d\sin\theta=n\lambda$　$(n=1,\ 2,\ 3,\ \cdots\cdots)$
- ・水素原子モデル（ボーアの量子条件の式で利用）

$$2\pi r=n\cdot\frac{h}{mv}$$

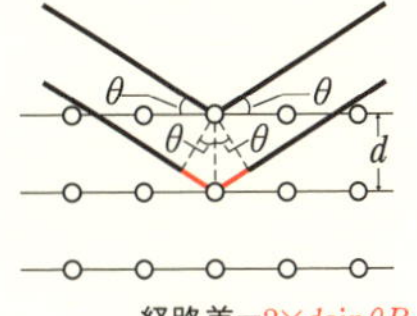
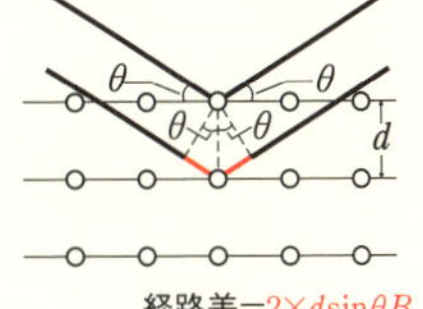

◆ 原子と原子核

・**水素原子モデルの流れ**

手順❶　原子核（陽子）から受ける静電気力を向心力として電子は等速円運動をする。

$$m\frac{v^2}{r}=k_0\frac{e^2}{r^2}$$

手順❷　電子は自然数 n を用いて次式を満たす半径のみを実現する。

$$2\pi r=n\cdot\frac{h}{mv}$$

（円周の長さ＝n×波長）

手順❸　**手順❶**，**手順❷**より実現する半径はとびとびの値になる。

$$r_n=r_1\times n^2\quad\left(r_1=\frac{h^2}{4\pi^2k_0me^2}\text{：ボーア半径}\right)$$

電子がもつ力学的エネルギーもとびとびの値になる。

$$E_n=E_1\times\frac{1}{n^2}\quad\left(E_1=-\frac{2\pi^2k_0^2me^4}{h^2}\text{：}|E_1|\text{はイオン化エネルギー}\right)$$

・**原子核崩壊の種類**

パターンA　α 崩壊 ➡ α 線（$^4_2$He 原子核）を放出 → 原子番号 －2，質量数 －4

パターンB　β 崩壊 ➡ β 線（電子）を放出 → 原子番号 ＋1

パターンC　γ 線放出 ➡ γ 線（高エネルギーの電磁波）を放出 → 変化なし

・**原子核反応**

反応の前後で保存するもの。

- 原子番号の和（電気量保存）
- 質量数の和（陽子と中性子の数の和）

（例）$^{14}_{7}\mathrm{N}+^{4}_{2}\mathrm{He}\to^{17}_{8}\mathrm{O}+^{1}_{1}\mathrm{H}$

原子番号：7＋2＝8＋1

質量数　：14＋4＝17＋1

また，以下のものも保存する。

- 運動量
- 質量を含むエネルギー※

※自然に起こる反応では，反応の前の原子核や粒子の質量の和より，反応によって生じる原子核や粒子の質量の和の方が小さい。その差である質量欠損 $\varDelta m$ と光の速さ c を用いると，反応によって生じるエネルギーは

$$E=\varDelta m\cdot c^2$$

と表される。

 おもな物理公式

力学

等加速度直線運動

$v=v_0+at$

$x=v_0t+\frac{1}{2}at^2$

$v^2-v_0^2=2ax$

相対速度

$\overrightarrow{v_{AB}}=\overrightarrow{v_B}-\overrightarrow{v_A}$ （相手－自分）

フックの法則

$F=kx$

摩擦力

静止摩擦力 f → 動き出す直前 $f_{最大}=\mu N$

動摩擦力 $F=\mu' N$

水圧

$p=\rho hg$

浮力

$F=\rho Vg$

力のモーメント

$M=F_{\perp}l=Fl_{\perp}$

運動方程式

$m\vec{a}=\vec{F}$

仕事

$W=Fx\cos\theta$

仕事率

$P=\frac{W}{t}=Fv$

運動エネルギー

$K=\frac{1}{2}mv^2$

重力による位置エネルギー

$U_g=mgh$

弾性力による位置エネルギー

$U_k=\frac{1}{2}kx^2$

力学的エネルギー保存則

力学的エネルギー＝一定

運動エネルギーと仕事の関係

$\frac{1}{2}mv^2-\frac{1}{2}mv_0^2=W$

運動量

$\vec{p}=m\vec{v}$

運動量と力積の関係

$m\vec{v'}-m\vec{v}=\vec{F}\Delta t$

運動量保存則

運動量の和＝一定

反発係数

$e=-\frac{v_1'-v_2'}{v_1-v_2}$

等速円運動の式

速さ $v=r\omega$　加速度 $a=r\omega^2=\frac{v^2}{r}$

周期 $T=\frac{2\pi r}{v}=\frac{2\pi}{\omega}$

運動方程式（中心方向） $mr\omega^2=F$, $m\frac{v^2}{r}=F$

単振動の式

運動方程式 $ma=-Kx$　周期 $T=2\pi\sqrt{\frac{m}{K}}$

変位 $x=A\sin\omega t$　速度 $v=A\omega\cos\omega t$

加速度 $a=-A\omega^2\sin\omega t=-\omega^2 x$

ケプラーの第三法則

$T^2=ka^3$

万有引力の法則

$F=G\frac{Mm}{r^2}$

万有引力による位置エネルギー

$U=-G\frac{Mm}{r}$ （無限遠方を基準）

熱力学

熱容量と比熱

$Q=C\Delta t=mc\Delta t$

ボイル・シャルルの法則

$\frac{pV}{T}=$一定

理想気体の状態方程式

$pV=nRT$

単原子分子理想気体の内部エネルギー

$U=\frac{3}{2}nRT$

熱力学第一法則

$Q=\Delta U+W_{した}$　$\Delta U=Q+W_{された}$

熱効率

$e=\frac{W_{実質}}{Q_{in}}=\frac{Q_{in}-Q_{out}}{Q_{in}}$

波

波の要素

$v=f\lambda=\frac{\lambda}{T}$, $f=\frac{1}{T}$

うなり

$f=|f_1-f_2|$

正弦波の式

$y=A\sin 2\pi\left(\frac{t}{T}-\frac{x}{\lambda}\right)$

反射の法則

$i=j$

屈折の法則

$n_{12}=\frac{\sin i}{\sin r}=\frac{v_1}{v_2}=\frac{\lambda_1}{\lambda_2}=\frac{n_2}{n_1}$

弦の固有振動

$\lambda_m=2\times\frac{l}{m}$ （$m=1, 2, 3, \cdots$）

気柱の固有振動

閉管 $\lambda_m=4\times\frac{l}{m}$ $(m=1,\ 3,\ 5,\ \cdots)$

開管 $\lambda_m=2\times\frac{l}{m}$ $(m=1,\ 2,\ 3,\ \cdots)$

ドップラー効果

$f'=\frac{V-v_O}{V-v_S}f$，$\lambda'=\frac{V-v_S}{f}$

光路長

光路長＝屈折率×経路差

レンズの式

写像公式 $\frac{1}{a}+\frac{1}{b}=\frac{1}{f}$ 倍率 $m=\left|\frac{b}{a}\right|$

電磁気

クーロンの法則

$F=k_0\frac{q_1q_2}{r^2}$

電荷が電場から受ける力

$\vec{F}=q\vec{E}$

点電荷のまわりの電場と電位

$E=k_0\frac{Q}{r^2}$，$V=k_0\frac{Q}{r}$

電位

$U=qV$

一様な電場と電位

$E=\frac{V_{差}}{d}$，$V_{差}=Ed$

コンデンサー

$Q=CV$

コンデンサーの電気容量

$C=\varepsilon\frac{S}{d}$，$C=\varepsilon_rC_0=\frac{\varepsilon}{\varepsilon_0}C_0$

合成容量

①並列接続 $C=C_1+C_2$ $Q_1:Q_2=C_1:C_2$

②直列接続 $\frac{1}{C}=\frac{1}{C_1}+\frac{1}{C_2}$ $V_1:V_2=\frac{1}{C_1}:\frac{1}{C_2}$

コンデンサーに蓄えられる静電エネルギー

$U=\frac{1}{2}QV=\frac{1}{2}CV^2=\frac{1}{2}\frac{Q^2}{C}$

電流

$I=envS$，$I=\frac{q}{t}$

オームの法則

$I=\frac{V}{R}$，$V=RI$

抵抗

$R=\rho\frac{l}{S}$

①直列接続 $R=R_1+R_2$

②並列接続 $\frac{1}{R}=\frac{1}{R_1}+\frac{1}{R_2}$

ジュールの法則

$Q=IVt=RI^2t=\frac{V^2}{R}t$

電力量と電力

$W=IVt=RI^2t=\frac{V^2}{R}t$，$P=IV=RI^2=\frac{V^2}{R}$

キルヒホッフの法則

Ⅰ 流れこむ電流の和＝流れ出る電流の和

Ⅱ 起電力の和＝電圧降下の和

電流が磁場から受ける力

$F=IBl\sin\theta$

ローレンツ力

$f=qvB\sin\theta$

ファラデーの電磁誘導の法則

$V=-N\frac{\Delta\Phi}{\Delta t}$，$V=Blv_{\perp}$

自己誘導

$V=-L\frac{\Delta I}{\Delta t}$

コイルに蓄えられるエネルギー

$U=\frac{1}{2}LI^2$

相互誘導

$V_2=-M\frac{\Delta I_1}{\Delta t}$

リアクタンス

コイル $X_L=\omega L$，コンデンサー $X_C=\frac{1}{\omega C}$

原子

光子のエネルギーと運動量

$E=h\nu=\frac{hc}{\lambda}$，$p=\frac{h}{\lambda}=\frac{h\nu}{c}$

光電効果

$h\nu=\frac{1}{2}mv^2+W$

ド・ブロイ波長

$\lambda=\frac{h}{p}=\frac{h}{mv}$

ボーアの理論

粒子性 $m\frac{v^2}{r}=k_0\frac{e^2}{r^2}$

波動性 $2\pi r=n\cdot\frac{h}{mv}$

半減期

$\frac{N}{N_0}=\left(\frac{1}{2}\right)^{\frac{t}{T}}$

質量とエネルギーの等価性

$E=mc^2$

単位と次元

(1) 基本単位

量	単位名	記号	次元
長さ	メートル	m	L
質量	キログラム	kg	M
時間	秒	s	T
電流	アンペア	A	
温度	ケルビン	K	
物質量	モル	mol	

物理量＝数値×単位
・単位によって数値は異なる。
〔例〕 50cm＝0.50m
・数値計算のときは同じ単位系にそろえる。
〔例〕 50cm/s＋2.3m/s＝2.8m/s
・基本的には m，kg，s を用いる。
〔例〕 13.6g/cm^3＝13.6×10^{3}kg/m^3

(2) 組立単位の例(物理法則の反映)

量	関係式	記号	次元	備考
速度	$v=\Delta x/\Delta t$	m/s	$\mathrm{LT^{-1}}$	
加速度	$a=\Delta v/\Delta t$	m/s^2	$\mathrm{LT^{-2}}$	
力	$ma=F$	N	$\mathrm{MLT^{-2}}$	N＝kg·m/s^2
圧力	$p=F/S$	Pa	$\mathrm{ML^{-1}T^{-2}}$	Pa＝N/m^2＝kg/(m·s^2)
仕事	$W=Fx$	J	$\mathrm{ML^2T^{-2}}$	J＝N·m＝kg·m^2/s^2
エネルギー	$U=1/2\cdot mv^2$	J	$\mathrm{ML^2T^{-2}}$	kg(m/s)^2＝J
仕事率	$P=W/t$	W	$\mathrm{ML^2T^{-3}}$	W＝J/s＝kg·m^2/s^3

次元：物理量の単位が基本単位のどのような組み合わせになっているか示すもの。次元は定義や物理法則から決定。次元は単位から求めてもよい。
・仕事とエネルギーの次元は等しい。
単位のない物理量(次元 0)
摩擦係数，反発係数，熱効率，屈折率，比誘電率

(3) 次元が等しくなければ，加減はできず，等号で結んでもいけない。
・式が正しいかどうかは，次元(あるいは単位)を調べるとよい。
〔例〕 $mgh=1/2\cdot mv^2$ $[\mathrm{ML^2T^{-2}}]$，$mv'-mv=F\cdot t$ $[\mathrm{MLT^{-1}}]$
注 $ma=1/2\cdot mv^2$，$mv+mgh$，$1/2\cdot kx^2-\mu mg$，$p=p_0+mg$ などはあり得ない。
注 $\left(m+\dfrac{m}{M}\right)g$，$(m+M^2)g$，$\dfrac{1+m}{m}$ などもあり得ない。

(4) 次元を調べて関係式を推定する(次元解析)。
〔例〕 単振り子の周期 T と，糸の長さ l と重力加速度の大きさ g の関係は
$T\propto l^a g^b$ と仮定すると，次元は $[\mathrm{T}]=[\mathrm{L}]^a[\mathrm{LT^{-2}}]^b$
$[\mathrm{T}]$ について $1=-2b$，$[\mathrm{L}]$ について $0=a+b$
よって $a=\dfrac{1}{2}$，$b=-\dfrac{1}{2}$ ゆえに $T\propto\sqrt{\dfrac{l}{g}}$

(5) 単位の 10^n の接頭語

名称	記号	大きさ	使用例
メガ	M	10^6	MΩ
キロ	k	10^3	km，kg，kΩ
		10^0	
ミリ	m	10^{-3}	mm，mg，mA
マイクロ	μ	10^{-6}	μF，μC
ナノ	n	10^{-9}	nF，nm
ピコ	p	10^{-12}	pF
ヘクト	h	10^2	hPa

・接頭語を含めて計算する例
〔例〕 1kΩ×1mA＝1×10^{3}Ω×1×10^{-3}A＝1V
〔例〕 5μF×3V＝15μC

様々なグラフ

(1) 投げ上げの v-t グラフから

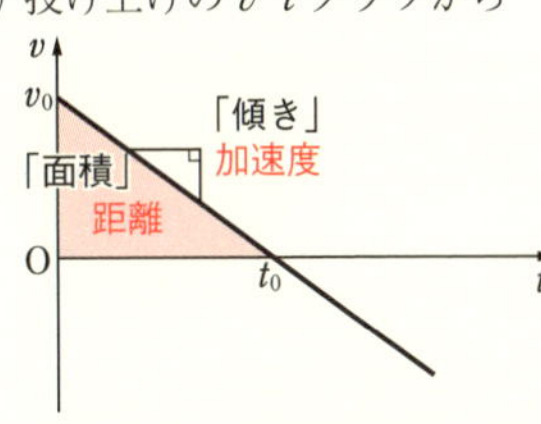

・軸に注目　横軸は t (時間)，縦軸は v (速度)

・「y 切片」は，v_0 で，初速度を示す

・横軸との交点　$v=0$ ⟶ 最高点

・「傾き」は，$\frac{縦}{横}$ ： $\frac{速度}{時間}$ ⟶ 加速度 $a=\frac{\Delta v}{\Delta t}$

・「面積」は，縦×横 ： 速度×時間 ⟶ 距離 $x=\int v\,dt$

(2) グラフで，「接線の傾き」と「面積」が示す物理量

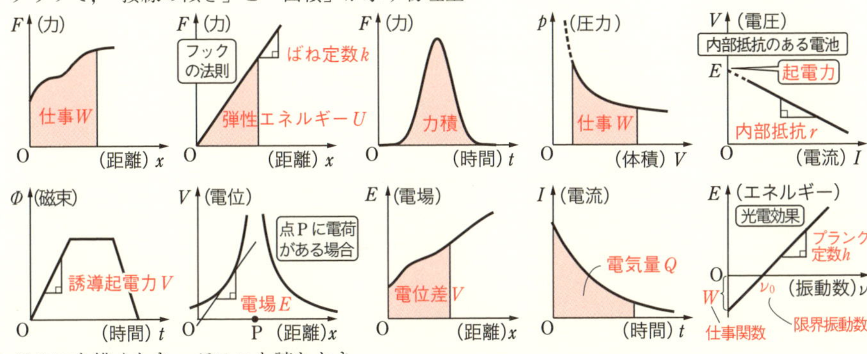

(3) グラフを描くとき，グラフを読むとき

・$x\to 0$ としたとき　原点を通るのか。$y\to 0$ としたときどうなるか。

・$x\to\infty$ としたとき　収束するのか(漸近線は)，発散するのか。

・最大値，最小値のチェックを。

・波のグラフでは横軸が t の場合は振動を示し，横軸が x の場合は波形を示す。

・面積を求めるとき，一次関数であれば台形の面積か平均値を用いる。

(4) その他のグラフ

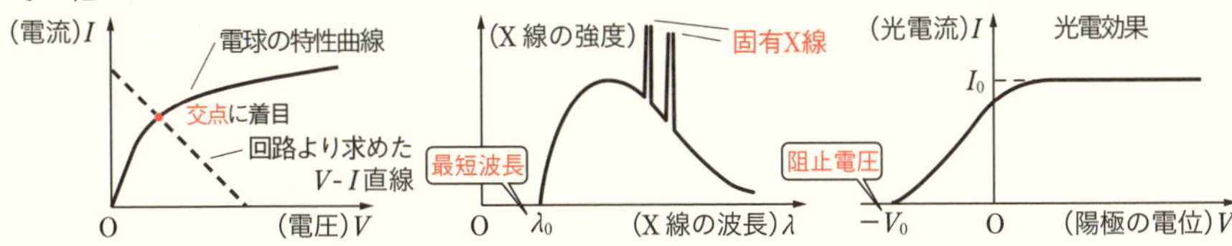

モル(物質量)

(1) 0°C(＝273K)，1atm(＝1.0×10^5Pa) で $22.4L$(＝22.4×10^{-3}m^3) の気体は，どんな種類の気体でも，その中にアボガドロ数($N_A=6.0\times10^{23}$ 個)の分子があり，N_A 個の集まりを 1mol という。

(2) 1mol の物質の質量は，分子量 M に g 単位をつけたもの。kg 単位への換算は，
M〔g〕$=M\times10^{-3}$〔kg〕

(3) 1u(原子質量単位)$=\frac{1〔g〕}{N_A}=\frac{1\times10^{-3}}{6.0\times10^{23}}=1.66\times10^{-27}$kg

三角形と円

(1) 三角比

$\sin\theta=\dfrac{a}{c}$, $\cos\theta=\dfrac{b}{c}$, $\tan\theta=\dfrac{a}{b}$

$a^2+b^2=c^2$ (三平方の定理)

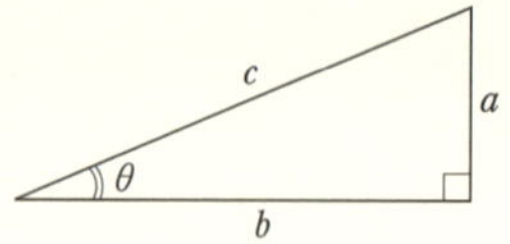

(2) 直角三角形

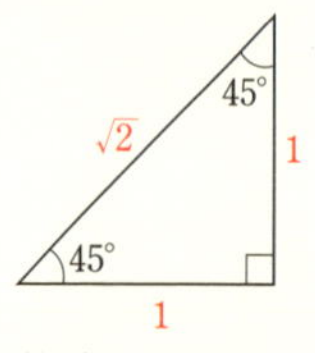

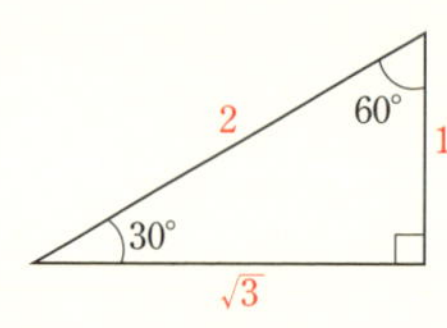

(注)

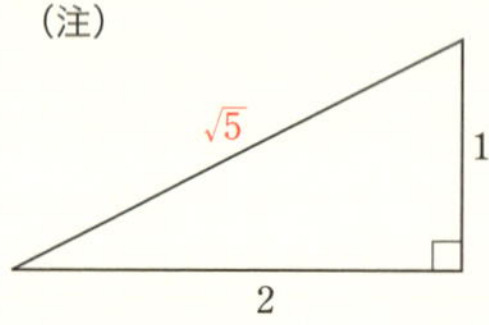

整数比の直角三角形

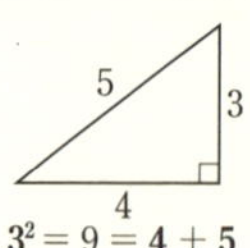

$3^2=9=\mathbf{4}+\mathbf{5}$

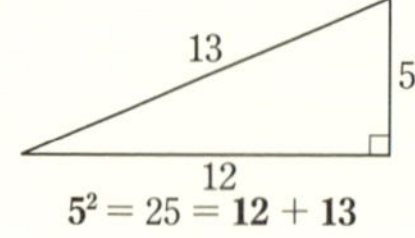

$5^2=25=\mathbf{12}+\mathbf{13}$

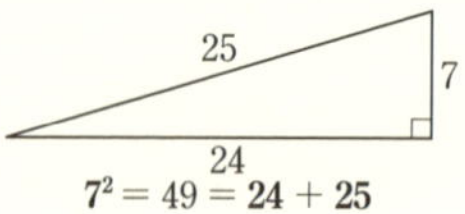

$7^2=49=\mathbf{24}+\mathbf{25}$

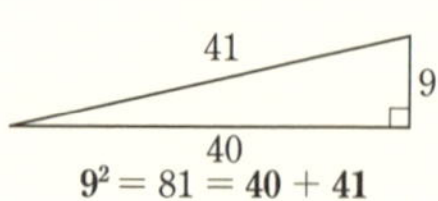

$9^2=81=\mathbf{40}+\mathbf{41}$

(3) 三角形

$a^2=b^2+c^2-2bc\cos A$ (ベクトル和のとき使うとよい)

$\dfrac{a}{\sin A}=\dfrac{b}{\sin B}=\dfrac{c}{\sin C}$

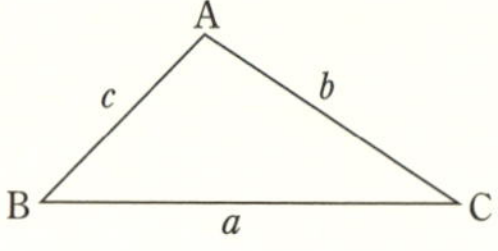

(4) 三角形とベクトル

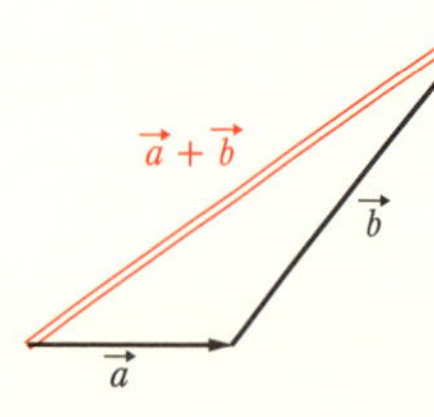

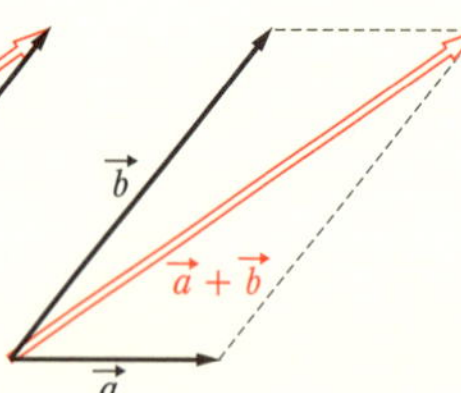

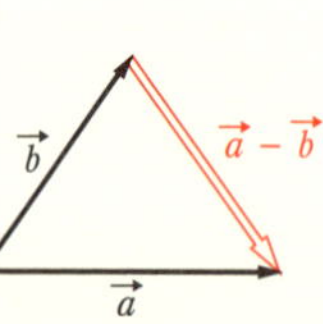

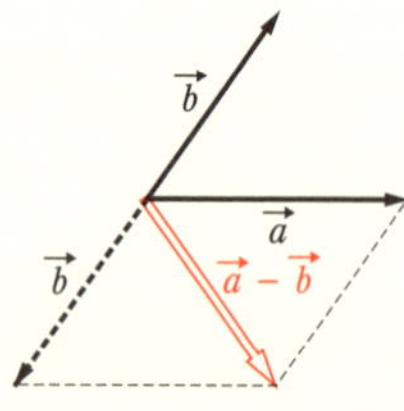

(5) 幾何

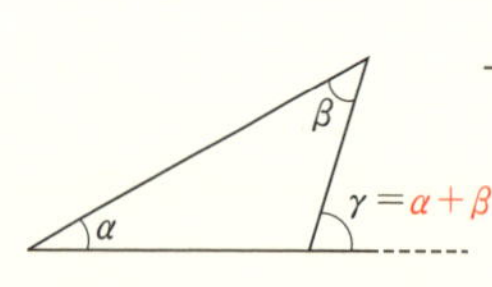

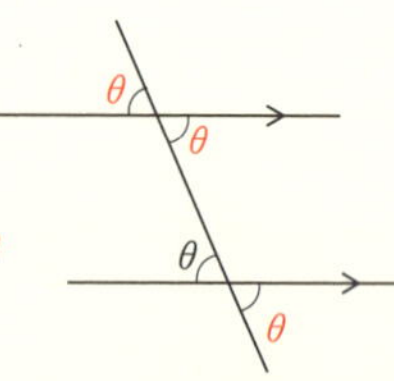

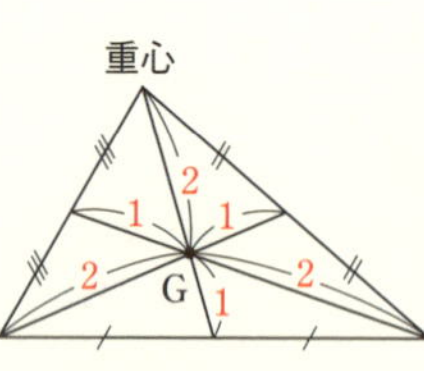

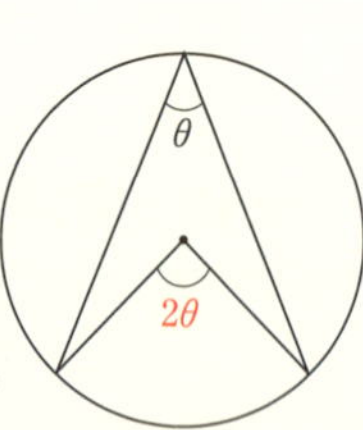

(6) 円・弧

円 $\begin{cases}\text{円周} & 2\pi r\\ \text{面積} & \pi r^2\end{cases}$

球 $\begin{cases}\text{表面積} & 4\pi r^2\\ \text{体積} & \dfrac{4}{3}\pi r^3\end{cases}$

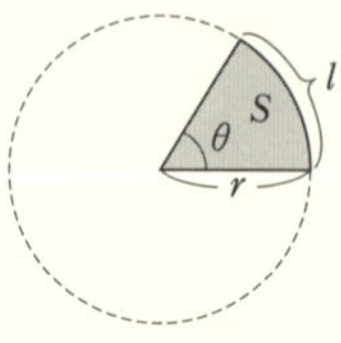

θ〔rad〕

$l=r\theta$　面積 $S=\dfrac{1}{2}r^2\theta$

$180^\circ=\pi$〔rad〕

三角関数

(1) 基本定理

$\sin(-\theta)=-\sin\theta$, $\cos(-\theta)=\cos\theta$, $\tan(-\theta)=-\tan\theta$, $\tan\theta=\dfrac{\sin\theta}{\cos\theta}$

$\sin^2\theta+\cos^2\theta=1$

(2) 加法定理・2倍角の公式

$\sin(\alpha\pm\beta)=\sin\alpha\cos\beta\pm\cos\alpha\sin\beta$　　$\beta=\alpha$ として　$\sin2\alpha=2\sin\alpha\cos\alpha$

$\cos(\alpha\pm\beta)=\cos\alpha\cos\beta\mp\sin\alpha\sin\beta$　　$\beta=\alpha$ として　$\cos2\alpha=\cos^2\alpha-\sin^2\alpha$

$=1-2\sin^2\alpha=2\cos^2\alpha-1$

(3) 加法定理で　$\beta=\dfrac{\pi}{2}$ として　$\sin\left(\theta\pm\dfrac{\pi}{2}\right)=\pm\cos\theta$　$\cos\left(\theta\pm\dfrac{\pi}{2}\right)=\mp\sin\theta$

$\beta=\pi$ として　$\sin(\theta\pm\pi)=-\sin\theta$　$\cos(\theta\pm\pi)=-\cos\theta$

(4) 和⇄積の公式（加法定理から導けるように）

$\sin A+\sin B=2\sin\dfrac{A+B}{2}\cos\dfrac{A-B}{2}$

$\cos A+\cos B=2\cos\dfrac{A+B}{2}\cos\dfrac{A-B}{2}$

(5) 三角関数の合成

$a\sin\theta+b\cos\theta=\sqrt{a^2+b^2}\sin(\theta+\phi)$

ただし，$\cos\phi=\dfrac{a}{\sqrt{a^2+b^2}}$，$\sin\phi=\dfrac{b}{\sqrt{a^2+b^2}}$

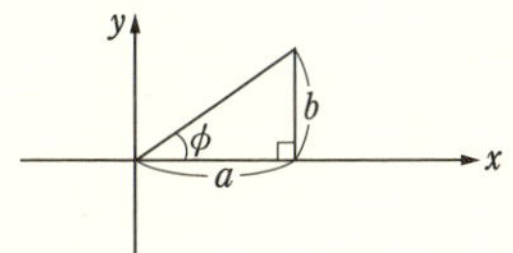

(6) 近似式

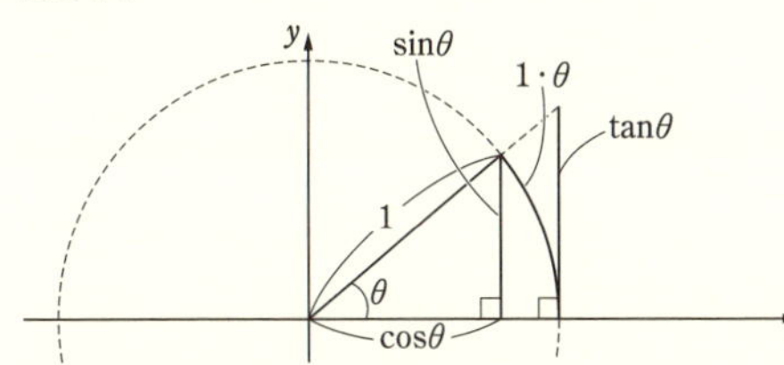

θ〔rad〕が十分に小さいとき

$\sin\theta\fallingdotseq\tan\theta\fallingdotseq\theta$，$\cos\theta\fallingdotseq1$

(7) 微積分（単振動，電磁誘導，交流などで使うとよい）

$\dfrac{d(\sin\omega t)}{dt}=\omega\cos\omega t$　　$\displaystyle\int\sin\omega t\,dt=-\frac{1}{\omega}\cos\omega t$

$\dfrac{d(\cos\omega t)}{dt}=-\omega\sin\omega t$　　$\displaystyle\int\cos\omega t\,dt=\frac{1}{\omega}\sin\omega t$

(8) グラフ

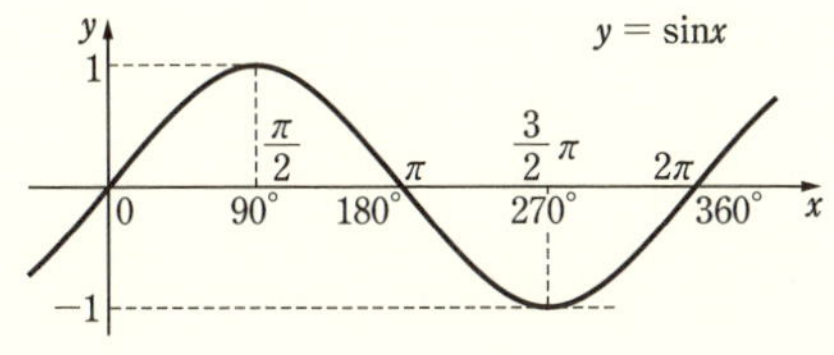

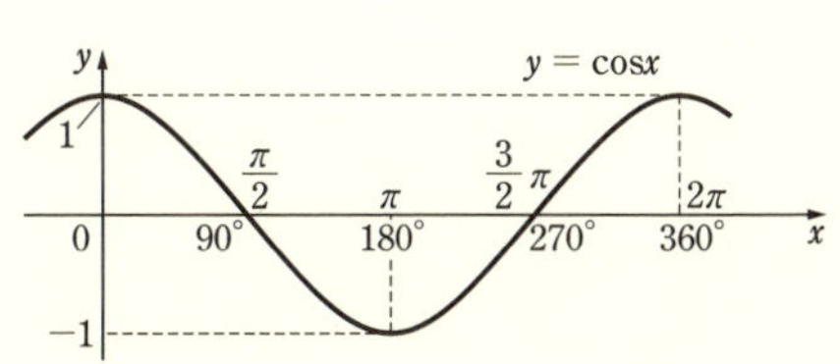

主な数学公式

(1) 2次方程式　$ax^2+bx+c=0$　$x=\dfrac{-b\pm\sqrt{b^2-4ac}}{2a}$

$ax^2+2bx+c=0$　$x=\dfrac{-b\pm\sqrt{b^2-ac}}{a}$

(2) 内分・外分　AB$(=a)$を $m:n$ に分ける点PのAからの位置を x とする。

(3) 因数分解　$a^2-b^2=(a+b)(a-b)$，$a^3-b^3=(a-b)(a^2+ab+b^2)$

(4) 相加相乗平均　$a+b\geqq 2\sqrt{ab}$　$(a\geqq 0,\ b\geqq 0)$

(5) 数列・級数　$1+2+3+\cdots\cdots+n=\dfrac{1}{2}n(n+1)$

$a+ar+ar^2+\cdots\cdots+ar^{n-1}=\dfrac{a(1-r^n)}{1-r}$　$(r\neq 1)$

$a+ar+ar^2+\cdots\cdots\cdots\cdots=\dfrac{a}{1-r}$　$(r<1$ のとき$)$

$V_n=V_0+\dfrac{1}{2}V_{n-1}$ ならば　$V_\infty=V_0+\dfrac{1}{2}V_\infty$　$\therefore$　$V_\infty=2V_0$

(6) 指数・対数　$a^0=1$，$a^{-x}=\dfrac{1}{a^x}$，$a^x\cdot a^y=a^{x+y}$，$(a^x)^y=a^{xy}$

$x=a^y \Longleftrightarrow y=\log_a x$，$\log_a a=1$，$\log_a 1=0$，$\log_a x^n=n\log_a x$

$\log_a xy=\log_a x+\log_a y$，$\log_a \dfrac{x}{y}=\log_a x-\log_a y$，$\log_x y=\dfrac{\log_a y}{\log_a x}$

(7) 最大・最小　① 2次関数を平方完成する。

〔例〕 $ax^2+bx+c=a\left(x+\dfrac{b}{2a}\right)^2-\dfrac{b^2-4ac}{4a}$

② 相加相乗平均を用いる。

〔例〕 $x+\dfrac{a}{x}\geqq 2\sqrt{x\cdot\dfrac{a}{x}}=2\sqrt{a}$ (物理量が正の場合)

③ 微分する。

④ 分数式の場合：変数を分母に集めて，分母の最小値(最大値)を考える。

⑤ 三角関数の場合：$|\sin\theta|\leqq 1$，$2\sin\theta\cos\theta=\sin 2\theta$，合成の式などを考える。

(8) 変化量　・$y=ax+b$ のとき　$\Delta y=a\Delta x$ (一次関数の場合のみ)

〔例〕 $U=\dfrac{3}{2}nRT \longrightarrow \Delta U=\dfrac{3}{2}nR\Delta T$，$\dfrac{V}{T}=$一定$\longrightarrow \dfrac{V}{T}=\dfrac{\Delta V}{\Delta T}$

・$pV=nRT \longrightarrow p\Delta V+\Delta pV=nR\Delta T$　$\Delta p=0$ のとき　$p\Delta V=nR\Delta T$

(9) 微積分　・$\dfrac{d(x^n)}{dt}=nx^{n-1}$ (グラフでは接線の傾きを示す)

・$\displaystyle\int x^n dx=\dfrac{1}{n+1}x^{n+1}+C$ (グラフでは面積を示す)

〔例〕 $\displaystyle\int\dfrac{1}{x^2}dx=-\dfrac{1}{x}+C$　〔参考〕 $\displaystyle\int\dfrac{1}{x}dx=\log_e|x|+C$

近似式

(1) $|x| \ll 1$ のとき　$(1+x)^n \fallingdotseq 1+nx$

$(1+$微少量$)^n$ の形にする。

〔例〕 $\dfrac{1}{1+x}=(1+x)^{-1}\fallingdotseq 1-x$

$\sqrt{1+x}=(1+x)^{\frac{1}{2}}\fallingdotseq 1+\dfrac{1}{2}x$

$(a+x)^n=a^n\left(1+\dfrac{x}{a}\right)^n\fallingdotseq a^n\left(1+n\dfrac{x}{a}\right)$　　**注** $(a+x)^n\fallingdotseq a+nx$ ではない。

$(1+x)(1+y)\fallingdotseq 1+x+y$　　（以上 $|x|\ll 1$，$|y|\ll 1$ のとき）

・$(1.04)^2=(1+0.04)^2\fallingdotseq 1+2\times 0.04=1.08$

・$(2.03)^{-2}=2^{-2}\times\left(1+\dfrac{0.03}{2}\right)^{-2}\fallingdotseq\dfrac{1}{4}\left(1-2\times\dfrac{0.03}{2}\right)=\dfrac{0.97}{4}=0.2425=0.243$

(2) $|\theta|\ll 1$ のとき　$\sin\theta\fallingdotseq\tan\theta\fallingdotseq\theta$〔rad〕，$\cos\theta\fallingdotseq 1$

単振り子，光の問題など多くの場面で用いられる。

〔例〕 $\sin 4^\circ=\sin\dfrac{4}{180}\pi\fallingdotseq\dfrac{4\pi}{180}=0.0698$

有効数字

(1) 有効数字…測定値のうち，測定で得た意味のある数字 → □.□□×10$^{□}$ の形で示す。

〔例〕 0.0120 ⟶ 1.20×10^{-2}（有効数字 3 桁）

120 ⟶ 1.20×10^2（有効数字 3 桁のとき）　1.2×10^2（有効数字 2 桁のとき）

(2) 有効数字を考えた計算…必要以上に計算することはない。

・加減算：末尾の位の最も大きいものまでを答えとすればよい。

〔例〕 17.1＋28.7632＝45.86＝45.9　（小数第 1 位まででよい）

・乗除算：答えの桁数は，与えられた有効数字の桁数の最も少ないものでよい。

〔例〕 21.3×1.2＝25.56＝26　（2 桁まででよい）

計算の途中では，答えの有効数字の桁数より 1 桁多くして，答えは四捨五入で。

〔例〕 21.326×1.2＝21.3×1.2＝26　（3 桁までの計算でよい）

(3) 答えの有効数字…指示があれば従う。指示がなければ答えの桁数は 2 桁程度でよい。

注 問題文の数値が 3.00 のように有効数字 3 桁の場合，答えも 3 桁とする。

(4) 物理量が数値で与えられた問題…答えは有効数字の形で表す。

〔例〕 3.2×10^2，8.0×10^{-2}　（π は 3.14，$\sqrt{2}$ は 1.41 など近似値を用いて計算する。）

(5) 物理量が文字で与えられた問題…答えは $\sqrt{\ }$ や分数のままでよい。

〔例〕 $\sqrt{2gh}$，$\dfrac{2}{3}m$，$\sqrt{3}R$，$\dfrac{\sqrt{3}I}{2\pi r}$

(6) よく用いられる近似計算

$3.2\pi\fallingdotseq 10$，$\pi^2\fallingdotseq 9.8(=g)$，$G=6.67\times 10^{-11}=\dfrac{20}{3}\times 10^{-11}\,\mathrm{N\cdot m^2/kg^2}$ など

◎ $\sqrt{\quad}$（ルート）を開くために

物理量が数値で出題された場合は，特別な指示がない限り，有効数字を考えて小数で答えなければならない。$\sqrt{\quad}$ を開くために次の事項を試みるとよい。

⑴ 9.8は5倍して $49=7^2$ とする。

・$\sqrt{2gh}\cdots\sqrt{2\times9.8\times10}=\sqrt{2\times9.8\times5\times2}=\sqrt{2\times2\times49}=14$

・$\sqrt{\dfrac{2h}{g}}\cdots\sqrt{\dfrac{2\times10}{9.8}}=\sqrt{\dfrac{2\times10\times5}{9.8\times5}}=\sqrt{\dfrac{10\times10}{49}}=\dfrac{10}{7}$

$\sqrt{\dfrac{2\times5}{9.8}}=\sqrt{\dfrac{2\times5\times5}{9.8\times5}}=\sqrt{\dfrac{2\times5\times5}{49}}=\dfrac{5\sqrt{2}}{7}$

覚えておきたい数値

$\sqrt{2}=1.414$（ひとよひとよ）
$\sqrt{3}=1.732$（ひとなみに）
$\sqrt{5}=2.236$（ふじさんろく）
$\sqrt{6}=2.449$（によよく）
$\sqrt{7}=2.646$（なにむし）
$\sqrt{10}=3.162$（みいろに）

⑵ 三平方の定理（直角三角形）を使う。

・$\sqrt{3^2+4^2}=\sqrt{5^2}=5$

$\sqrt{14.7^2+19.6^2}=\sqrt{(4.9\times3)^2+(4.9\times4)^2}=4.9\times\sqrt{3^2+4^2}=4.9\times5$

・$\sqrt{5^2+12^2}=13$（5・12・13の直角三角形）

⑶ 有効数字2桁まで求めるときは，予想して計算を実行する。

〔例〕 $\sqrt{1234.56}\rightarrow34^2=1156\quad35^2=1225\quad36^2=1296$ よって 35

⑷ 開平計算を実行する

〔例〕 $\sqrt{1234.56}=35.13\cdots$

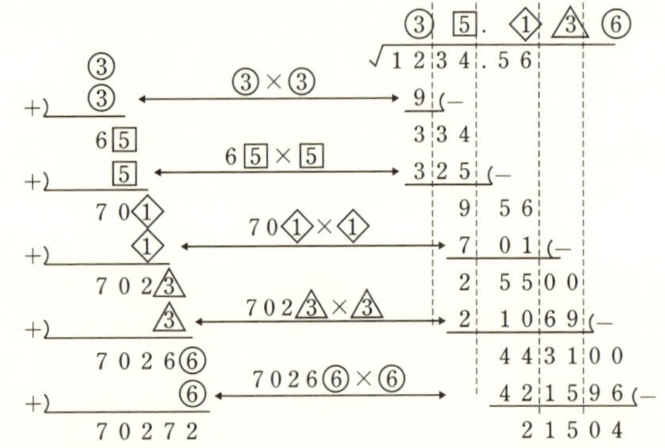

1．小数点を基準に2桁ずつ区切る。

2．一番左端の区切りの数字12に注目する。○×○の数が12以下になる最大の整数○を見つける。この場合は3である。
　③×③＝9 を12の下に書き，
　12−9＝3 を図のように書き，
次の区切りの34をおろす。
　左側に3を重ねて書き，
　3＋3＝6 をたてに並べて書く。

3．334÷6□＝5.… から5を予想して⑤を6の右に書く。
6⑤×⑤＝325 を334の下に書き，334−325＝9 を計算し，次の区切りの56をおろす。
左側に5を重ねて書き，65＋5＝70 をたてに並べて書く。

4．956÷70◇＝1.… から1を予想して◇1を70の右に書く。
70◇1×◇1＝701 を956の下に書き，956−701＝255 を計算し，次の区切り00をおろす。
左側に1を重ねて書き，701＋1＝702 をたてに並べて書く。

5．以下，必要な桁まで同様の操作をくり返す。

2023

物理重要問題集—物理基礎・物理

数研出版編集部 編

INDEX

はじめに　本書の特色

1 大学入試の準備に万全

高等学校で学習する物理の内容を能率的に学習し，短期間に大学入試の準備を完成できるようにした。

したがって，教材は教科書や大学入試の問題を参考にして，出題頻度が高いと思われるもの，類似の問題が将来も多く出題されると予想されるもの，演習・学習効果が高いと思われる良問を厳選してある。

2 本書の構成と使用法

(1) 本書は，物理の教科書を土台とし，物理基礎と物理を一貫して，総合的に学習できるように構成した。各項目は，「要項」，「問題」の 2 つから構成され，さらに「問題」はⒶ，Ⓑの 2 段階に分けた。以下，各要素の構成内容と使用法を述べる。

(2) **要項**　理解・記憶しなければならない物理法則や現象を，要領よくまとめてあるので，各項目の内容を整理して把握できる。

(3) **問題**　主として，過去の大学入試問題の中から，演習効果のある良問を選んである。
問題を取り上げるにあたっては，次の諸点に留意した。

① Ⓐ問題は，各項目における重要な問題を扱っている。しかも内容的にも漏れがないように選んであるので，十分に実力を養うことができるであろう。

② Ⓑ問題は，ここまでやっておけば万全と思われる，やや程度の高い問題を選んである。余力のある場合にアタックしてほしい。

③ 問題は基本的には，易から難へとスムーズに学習が進められるように配列した。

④ 記述・論述式問題も随所に入れてある。

(4) **その他**　学習の便をはかるため，問題番号などに次の印をつけた。

必解 印をつけた問題は，重要中の重要な問題（ぜひ解いてほしい問題）である。

◇ 印をつけた問題は，上位科目「物理」の内容・問題である。

発展 印をつけた問題は，教科書の範囲外の知識を必要とする問題である。

思考 印をつけた問題は，思考力・判断力・表現力などを必要とする問題である。
また，特にそのような傾向をもつ問題を「**21 考察問題**」に集めたので，チャレンジしてほしい。

（Ⓐ問題　136 題　　Ⓑ問題　15 題　　必解の問題　85 題　　思考 問題　20 題）

(5) **答えの部**　巻末には，全問について答えの数値，記号，図を入れた。

(6) **解答編**　別冊の解答編は，「ヒント！」，左段の解答，右段の傍注（解答の補足説明）で構成し，解法をていねいに解説した。

大学入試問題の採用方法

本書では，大学入試問題は，本書のねらいを実現するための材料として使用したので，出題原文と一致しないものがある。説明内容からみて余分と思われる部分を削除したり，一部数値なども変更したところがある。また，体裁的に記号などを統一したところもある。このことを含んで，大学名を見て欲しい。

1 ◇等加速度運動

(◇＝上位科目「物理」の内容を含む項目)

●等加速度運動

物理量	記号・式	単位	関係式など
時間	t	s	$v=v_0+at$ $x=v_0t+\frac{1}{2}at^2$ $v^2-v_0{}^2=2ax$ 初速度 v_0 の向きを正に
変位	x, y	m	
速度	v, V	m/s	
加速度	a, α	m/s²	

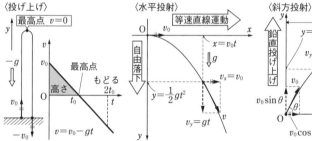

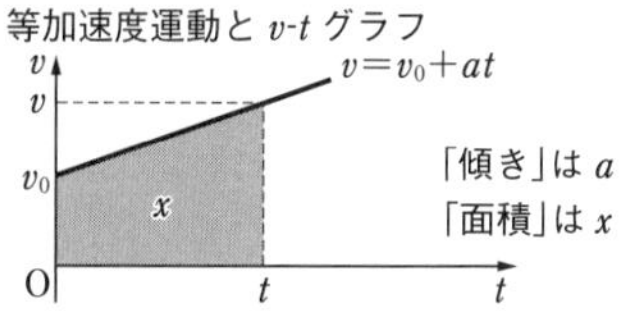

①平均の速さも考える。

$$\bar{v}=\frac{v+v_0}{2},\qquad x=\bar{v}\cdot t$$

②物体が折り返すとき ⇄ $v=0$

③物体が元の位置に戻る ⇄ $x=0$

●落体の運動

重力加速度の大きさ $g=9.8\,\mathrm{m/s^2}$

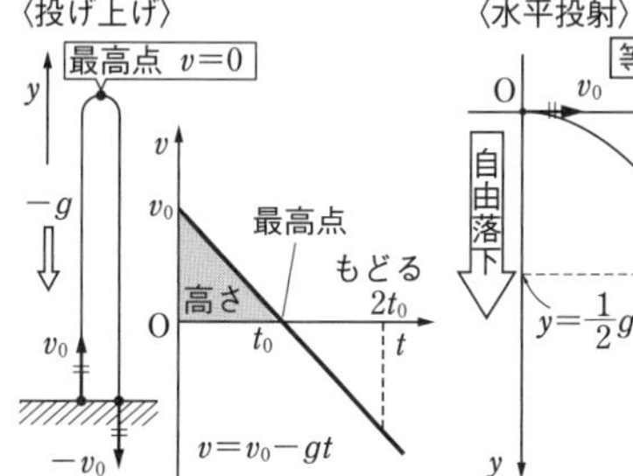

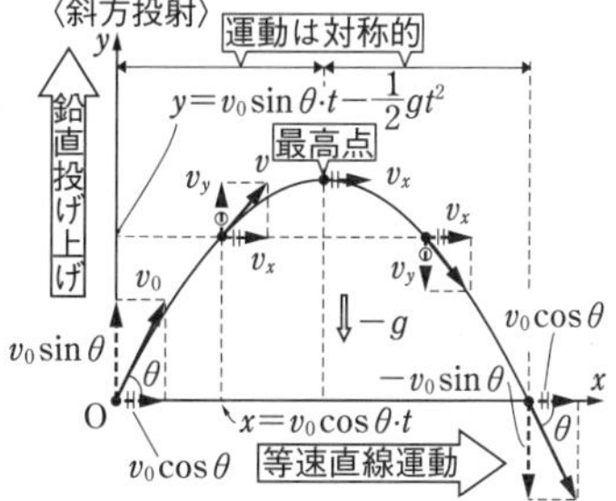

①最高点 ⇄ 投げ上げ $v=0$, 斜方投射 $v_y=0$

$$0=v_0-gt_0 \Rightarrow t_0=\frac{v_0}{g}$$

$$0^2-v_0{}^2=-2gh \Rightarrow h=\frac{v_0{}^2}{2g}$$

②投げ上げ・斜方投射において，地面に落下したとき（元の位置に戻る）⇄ $y=0$

時間は対称性より　$2\times t_0=2v_0/g$

速度も対称性より　$v_y=-v_0$

③斜面上の運動：斜面方向を x 軸として

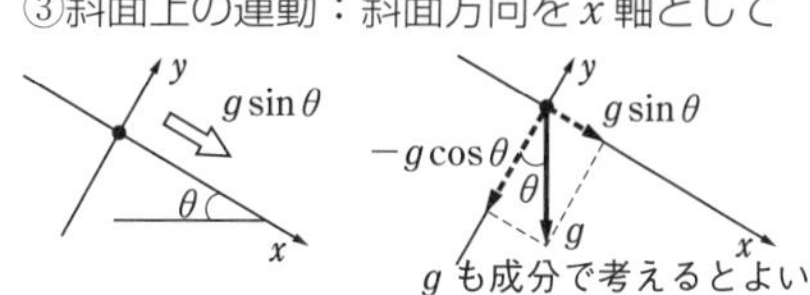

●重力による運動の力学的エネルギー

物理量	記号・式	単位	関係式など
運動エネルギー	$\frac{1}{2}mv^2$	J	空気抵抗がなければ $\frac{1}{2}mv_0{}^2+mgh_0=\frac{1}{2}mv^2+mgh=$一定 〔参考〕 $v^2-v_0{}^2=2ax$
重力による位置エネルギー	mgh	J	

●相対速度

相対運動：相手 − 自分

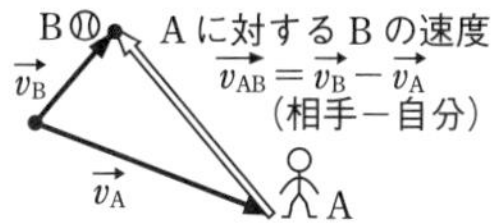

A に対するBの速度＝Aから見たBの速度

$$\vec{v}_{\mathrm{AB}}=\vec{v}_{\mathrm{B}}-\vec{v}_{\mathrm{A}}$$

$$\vec{a}_{\mathrm{AB}}=\vec{a}_{\mathrm{B}}-\vec{a}_{\mathrm{A}}$$

標準問題

必解 ◇1.〈速度の合成〉

図のように，一定の速さ v で一様に流れる川に浮かぶ船の運動を考える。船は，静止している水においては一定の速さ v_S $(v_S>v)$ で進み，また，瞬時に向きを自由に変えられる。最初，船は船着場Aにいる。Aから流れに平行に下流に向かって距離 L 離れた地点をB，Aから流れに垂直に距離 W 離れた地点をC，Cから流れに平行に下流に離れた地点をDとする。船の大きさは無視できるものとする。

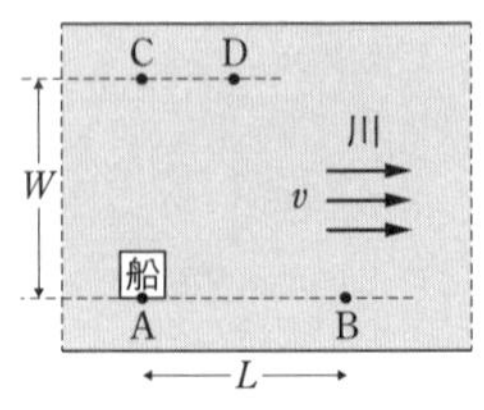

(1) 地点AとBを直線的に往復する時間 T_B を L，v_S，v を用いて表せ。

(2) 船首の向きを，ACを結ぶ直線に対してある一定の角度をなすように上流向きに向け，流れに垂直に船が進むようにして，地点AとCを直線的に往復する時間 T_C を W，v_S，v を用いて表せ。

(3) $L=W$ のとき，T_C を T_B，v_S，v を用いて表せ。また，時間 T_C と T_B のうち長いほうを答えよ。

(4) 船首の向きを，ACを結ぶ直線に対し角度 θ $(\theta>0)$ だけ上流向きに向けて地点Aから船を進めると，地点Dに直線的に到着する。その後，地点DからCに，流れに平行に進み，地点Cに到着する。地点AからDを経由しCまで移動するのに要する時間を W，v_S，v，θ を用いて表せ。

〔21 東京都立大〕

必解 2.〈等加速度直線運動と相対速度〉

(1) 高速道路を自動車Aが時速108kmで走行している。この速さは秒速何mに相当するか答えよ。

(2) 自動車Aの運転手は危険を感じてブレーキをかけて停止した。ブレーキをかけてから停止するまでの間，自動車Aは6m/s^2 で減速したとする。ブレーキをかけ始めた瞬間の時刻を $t=0$s として，自動車Aの速さの時間変化を表すグラフをかけ。また，停止するまでにかかった時間（制動時間）とその間に自動車Aが走った距離（制動距離）を求めよ。

次に，自動車Aの後ろを自動車Bが走行している場合を考える。最初，自動車Aと自動車Bはともに時速108kmで同じ直線上を走行していたとする。また，このときの車間距離を27mとする。

(3) 自動車Bは自動車Aがブレーキをかけてから，1秒後にブレーキをかけた。このときの，自動車Aとの車間距離と，自動車Aの自動車Bに対する相対速度を求めよ。

(4) 自動車Bも6m/s^2 で減速した。自動車Bの速さの時間変化を，(2)のグラフにかき加え，自動車Bがブレーキをかけている間に自動車Aと自動車Bの車間距離がどのように変化していくか，説明せよ。

〔学習院大 改〕

3.〈斜面をすべり上がる物体の速度測定〉 思考

図1のように，水平面から角度θ〔rad〕傾いたなめらかな斜面上で，小物体Aに初速度を与えてすべり上がらせた。斜面上には，Aが通過したときにその速度を測定できる「速度測定器」がいくつか置いてあった。斜面にそってx軸をとり，Aが最初に通る速度測定器の位置を原点Oとする。Aがそれぞれの速度測定器を通るまでの時間とそのときの速度を測定した結果をグラフにすると，図2のようになった。空気抵抗や摩擦力はないものとし，速度測定器はAの運動に影響を与えないとする。

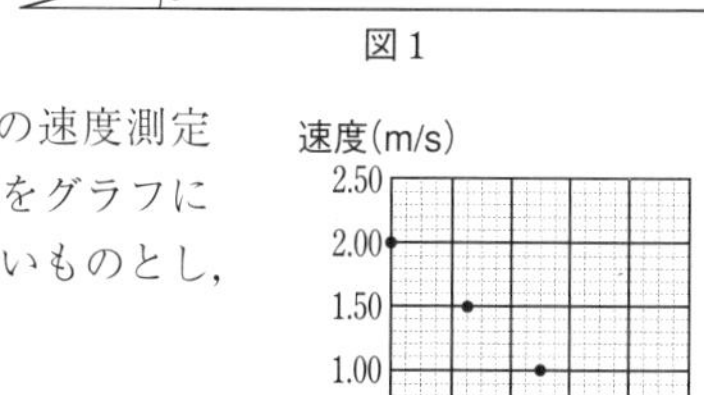

図1

図2

(1) 図2のグラフからAの加速度の大きさを求めよ。

(2) Aが最初の速度測定器を通ってから速度が0m/sになるまでの時間を求めよ。

(3) Aが最初の速度測定器を通ってから，速度が0m/sになるまでに進む距離を求めよ。ただし，小数第1位までで答えよ。

(4) 図2の結果を得るには，速度測定器の間隔をどのようにすればよいか。①～③から選べ。

① 等間隔にする。　② 間隔をだんだん狭くする。　③ 間隔をだんだん広くする。

〔17 広島工大 改〕

必解 ◇4.〈水平投射〉

次の文中の［ア］～［カ］に，適切な数式または数値を入れよ。

図に示すように，点Bでなめらかに接続された斜面ABと水平面BC，および，水平な床面と一定の角度θ〔rad〕をなす斜面CDとで構成された台が，床面に固定されている。質量をもち大きさの無視できる小球を，斜面AB上の点Pに静かに置くと，小球は台の表面にそって運動し，点Cから速さv_0〔m/s〕で水平方向に飛び出した。その後，小球は放物線を描いて運動し，斜面CD上の点Qに落下した。小球と台の表面との摩擦，空気抵抗はないものとする。また，重力加速度の大きさをg〔m/s^2〕とする。

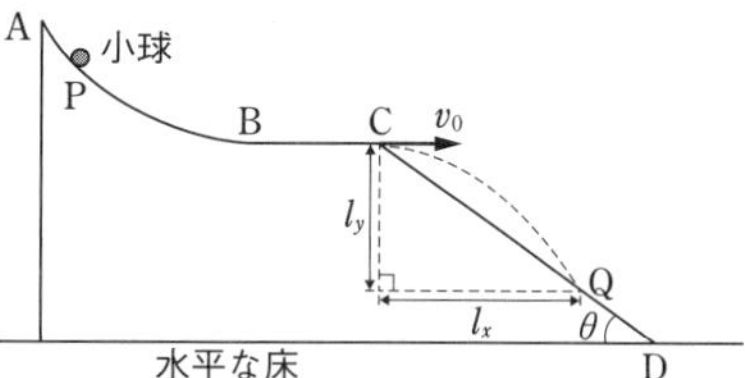

点Cと点Qの間の水平方向の距離をl_x〔m〕，鉛直方向の距離をl_y〔m〕とし，小球が点Cを飛び出してから点Qに落下するまでにかかる時間をt〔s〕とすると，l_x，l_yはg，v_0，tのうち必要な文字を用いて，l_x=［ア］〔m〕，l_y=［イ］〔m〕と表される。また，l_x，l_yと$\tan\theta$の間に成りたつ関係に注意すると，tはg，v_0，θを用いて，t=［ウ］〔s〕と表される。したがって，小球の飛距離(CQ間の直線距離)をg，v_0，θを用いて表すと，［エ］〔m〕となる。

次に，この台を地球よりも重力の弱い月面に水平に固定する。月面での重力加速度は地球上での重力加速度の$\dfrac{1}{6}$倍であるとする。地球上で用いたものと同じ小球を点Pに静かに置くと，小球は台の表面にそって運動し，点Cから飛び出した。そのときの小球の速さは，地球上で点Cから飛び出す速さの［オ］倍になる。また，点Cを飛び出した後の小球の飛距離は地球上での飛距離の［カ］倍となる。

〔22 北海道大〕

必解 ◇**5.〈斜方投射と自由落下〉**

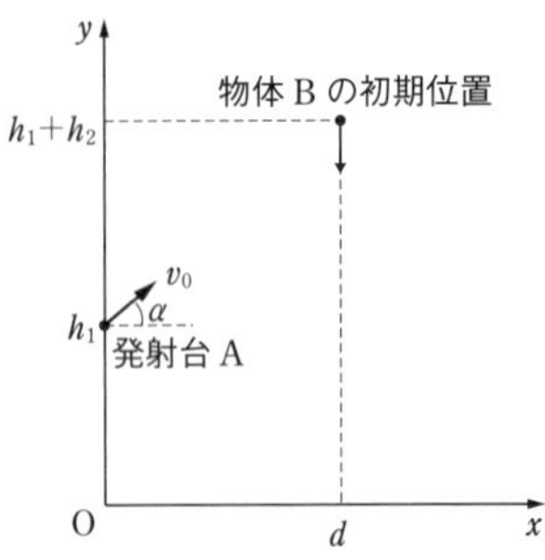

図に示すように，原点O，水平右向きに x 軸，鉛直上向きに y 軸をとる。水平面から高さ h_1 の位置 $(0,\ h_1)$ に弾(たま)の発射台Aがある。この発射台Aから水平方向に d だけ離れた水平面から高さ h_1+h_2 の位置 $(d,\ h_1+h_2)$ に物体Bが固定されている。時刻 $t=0$ に発射台Aから水平面とのなす角度 α，初速 v_0 で物体Bに向けて弾を発射すると同時に物体Bが自由落下し始める。角度 α を調節して物体Bに弾を命中させたい。弾，物体Bともに質点とみなせ，空気の抵抗はないものとする。重力加速度の大きさを g として，次の問いに答えよ。なお，各問いに対する解答は{　}内の記号のうち必要なものを用いて記せ。

(1) 時刻 t での弾の位置 $(x,\ y)$ を求めよ。$\{v_0,\ d,\ h_1,\ h_2,\ \alpha,\ g,\ t\}$

(2) 時刻 t での物体Bの位置 $(x,\ y)$ を求めよ。$\{v_0,\ d,\ h_1,\ h_2,\ \alpha,\ g,\ t\}$

(3) 時刻 t_1 で弾が物体Bに命中するためには，弾と物体Bの水平方向と鉛直方向の位置がそれぞれ一致することが必要である。水平方向と鉛直方向の条件を式で示せ。
$\{v_0,\ d,\ h_1,\ h_2,\ \alpha,\ g,\ t_1\}$

(4) 弾が物体Bに命中するために必要な $\tan\alpha$ と命中する時刻 t_1 を求めよ。
$\{v_0,\ d,\ h_1,\ h_2,\ g\}$

〔18 岡山大〕

必解 **6.〈斜面から飛び出す物体〉**

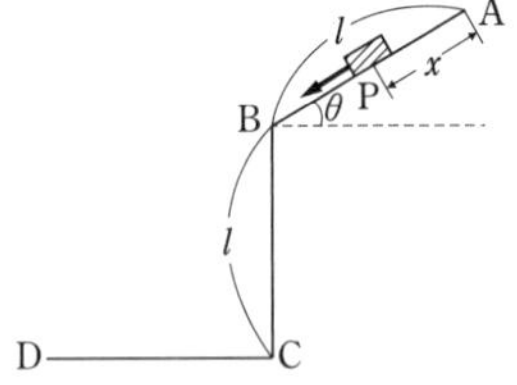

長さ l，傾斜角 θ のなめらかな斜面 AB の頂上Aより，質量 m の物体をすべらせる。ただし，空気の抵抗は無視できるものとし，重力加速度の大きさを g とする。

(1) 頂点Aから斜面上の点Pまでの距離を x とするとき，物体はAから静かにすべり始めたとして，点Pでの物体の速さ $V(x)$ を，g，x，θ を使って表せ。

(2) 物体がすべり始めてから，AB をすべりきるのに要する時間を，g，l，θ を使って表せ。

(3) 物体がすべり始めてから，AB をすべりきる時間の半分の時間のときに通過する点は，Aからどれほどの距離か。l を使って答えよ。

◇(4) 斜面の下端Bより下に高さ l だけ下がった所に，水平な地面 CD がある。物体は点Bで空中に投げ出されて，点Dに落下するものとする。$\theta=30°$ のときの CD の距離を l を使って答えよ。

〔千葉大〕

◇**7.〈斜面への斜方投射〉**

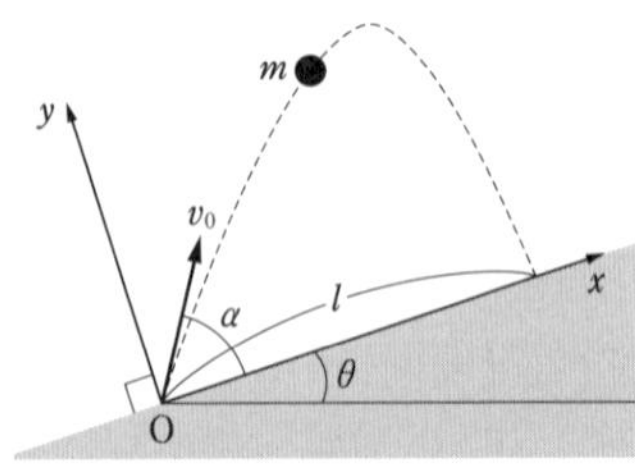

図のように水平と角度 $\theta\,(>0)$ をなす斜面上の原点Oから，斜面と角度 α をなす方向に初速 v_0 で質量 m の小球を投射した。原点から斜面にそって上向きに x 軸を，斜面から垂直方向上向きに y 軸をとる。斜面はなめらかで十分に長いものとする。重力加速度の大きさを g とし，空気抵抗はないものとする。また，角度 θ と α は

$0<\theta+\alpha<\dfrac{\pi}{2}$ の関係を満たすものとする。

小球を投射した時刻を $t=0$ とし，小球が斜面に衝突するまでの運動について考える。

(1) 小球にはたらく重力の x 成分，y 成分を示せ。

(2) 時刻 t における小球の速度の x 成分，y 成分を示せ。

(3) 時刻 t における小球の位置の x 座標，y 座標を示せ。

(4) 小球が斜面と衝突する時刻を求めよ。

(5) 小球が斜面と衝突する点の原点Oからの距離 l を求めよ。

(6) 距離 l が最大となる角度 α を求めよ。

小球が斜面に対して垂直に衝突した場合について考える。

(7) 角度 α と θ の関係式を求めよ。

(8) 小球が斜面に衝突する直前の速さ v_1 を θ を用いて表せ。〔18 横浜市大 改〕

◇8. 〈斜面をのぼる小球の運動〉

水平な面(下面)の上に，高さ h の水平な平面(上面)が斜面でなめらかにつながっている。図に示すように x, y, y' 軸をとり，斜面の角度は ϕ である。下面上で y 軸の正の向きに y 軸とのなす角を θ_1 として，質量 m の小球を速さ v で走らせた。なお，$0<\theta_1<90°$ かつ $v>0$ とし，小球は面から飛び上がることはないものとする。また，重力加速度の大きさを g とし，斜面はなめらかであるとする。

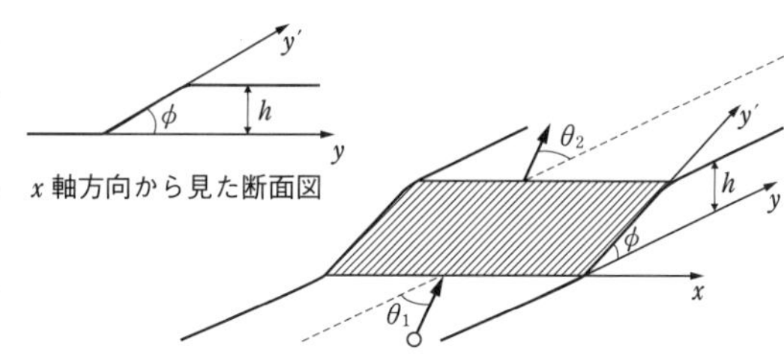

次の [ア]～[イ] に入る最も適当なものを文末の選択肢群から選べ。また，[ウ]～[ク] に入る数式を求めよ。

(1) 斜面をのぼりだした小球は，x 軸方向には [ア]，斜面上の y' 軸方向には [イ] をする。小球が斜面をのぼりきって上面に到達したときの小球の速度の x 成分の大きさは [ウ]，y 成分の大きさは [エ](のぼりきる直前の速度の y' 成分の大きさに等しい)，また，斜面をのぼり始めてから上面に到達するまでにかかる時間は [オ] である。上面で小球の進む方向と y 軸とのなす角度を θ_2 とすると，θ_1 と θ_2 の関係は，$\dfrac{\sin\theta_1}{\sin\theta_2}=$ [カ] となる。

(2) 初速度の大きさ v を一定に保ちながら，θ_1 を 0 から徐々に増やしていったとき，θ_1 が小さいうちは小球は上面に到達した。しかし，θ_1 がある角度 θ_C に達すると上面に到達できずに下面にもどってきた。このときの θ_C の満たす条件は，$\sin\theta_C=$ [キ] であり，また $\theta_1>\theta_C$ のとき小球が斜面をのぼり始めてから再び下面にもどるまでにかかる時間は [ク] である。

〔[ア], [イ] の選択肢〕

① 等速度運動
② 加速度 $a=-g\sin\phi$ の等加速度運動
③ 加速度 $a=-g\cos\phi$ の等加速度運動
④ 加速度 $a=-g\tan\phi$ の等加速度運動
⑤ 加速度 $a=-\dfrac{g}{\sin\phi}$ の等加速度運動
⑥ 加速度 $a=-\dfrac{g}{\cos\phi}$ の等加速度運動
⑦ 加速度 $a=-\dfrac{g}{\tan\phi}$ の等加速度運動

〔上智大〕

2 ◇力とつりあい

(◇=上位科目「物理」の内容を含む項目)

●力のつりあい

物理量	記号·式	単位
力	F, f	N
重力	mg	
垂直抗力	N, R	
張力	T, S	
弾性力	kx	
浮力	ρVg	
静止摩擦力	f	
質量	m, M	kg
ばね定数	k	N/m
密度	ρ	kg/m^3
力のモーメント	$Fl_{\perp}$	N·m

1 注目する物体にはたらく力の見つけ方

①重力 mg は必ずはたらく力　m〔kgw〕$=mg$〔N〕

②接触している相手から受ける力

(注目物体を一周するとよい)

面から　垂直抗力 N(重力 mg と等しいとは限らない)

糸から　張力 T

ばねから　弾性力 kx(x は自然長からの伸び・縮み)

液体・気体から　浮力 ρVg(ρ は排除した流体の密度)

あらい面なら　静止摩擦力 f(μN は動きだすとき)

動いていれば　動摩擦力　$\mu' N$

③加速度運動している観測者にとっては，
さらに慣性力 $-m\vec{a}$(観測者の $\vec{a}$ と逆向き)も含める。

2 作用・反作用の法則

$\overrightarrow{F_{A\to B}}=-\overrightarrow{F_{B\to A}}$

2 つの物体間で及ぼしあう力の関係

注　つりあいの 2 力は同じ物体にはたらく力

3 摩擦力の扱いは要注意

①静止摩擦力は f とおく(μN とはしない)。f の大きさはつりあいから求める。

②動きだすぎりぎりのとき，摩擦力 f は，最大摩擦力 μN となる。

③ N は垂直方向のつりあいから求める。

注　N は重力 mg とは限らない。

4 大きさが自明な力

mg, kx, ρVg, $-m\vec{a}$

5 他の力の関係で大きさが決まる力

(力のつりあいの関係を用いて求める。)

・垂直抗力 N　→離れるとき $N=0$

・張力 T　→たるむとき $T=0$

・静止摩擦力 f →動きだすとき μN

6 連結ばねのばね定数

直列：$\dfrac{1}{k}=\dfrac{1}{k_1}+\dfrac{1}{k_2}$　　並列：$k=k_1+k_2$

●質点にはたらく力のつりあい　(同じ物体にはたらく力の関係)

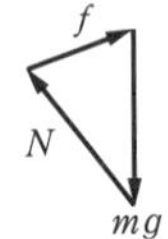

① x 方向の力のつりあい
　 y 方向の力のつりあい

② 3 力の力の矢印は，閉じた三角形をつくる。

●剛体にはたらく力のつりあい

① x 方向の力のつりあい
　 y 方向の力のつりあい　　さらに，力のモーメントのつりあい

②力のモーメントのつりあいを求めるとき，任意の点のまわりでよいが，その点は，「多くの力の作用点」や，「未知の力の作用点」とするとよい。

③力のモーメント$=F_{\perp}\times l=F\times l_{\perp}$　反時計まわりを正とする。

●重心

① $x_G=\dfrac{m_1x_1+m_2x_2+m_3x_3+\cdots}{m_1+m_2+m_3+\cdots}$　　② 2 物体のとき，質量の逆比

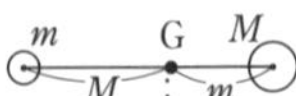

③穴が空いていたら「負の質量」を考えて重心公式を用いてみる。

A　標準問題

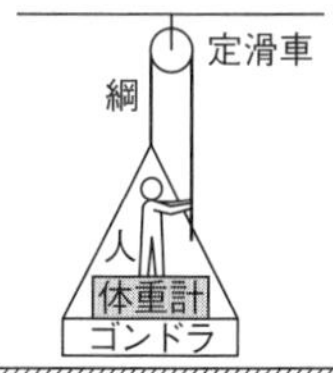

必解 9.〈人と体重計を乗せたゴンドラのつりあい〉

図のようなゴンドラが空中で静止している。ゴンドラの水平な床面には体重計が設置されており，その上に人が乗っている。ゴンドラの上端には伸び縮みしない丈夫な綱が取りつけられている。この綱をなめらかな定滑車に通し，綱の他端をゴンドラに乗っている人が持っている。ゴンドラの質量をM，人の質量をm，重力加速度の大きさをgとする。綱及び体重計の質量や，浮力の影響はないものとする。ただし，$m>M$とする。

(1) 綱にはたらく張力の大きさをT，人が体重計から受ける垂直抗力の大きさをNとする。ゴンドラに乗っている人にはたらく力のつりあいの式と，ゴンドラにはたらく力のつりあいの式を，M，m，T，N，gのうち，必要なものを用いて表せ。

(2) 綱にはたらく張力の大きさTはいくらか。M，m，gを用いて表せ。

(3) ゴンドラ内の体重計の読みはいくらか。M，mを用いて表せ。　〔17 藤田保健衛生大〕

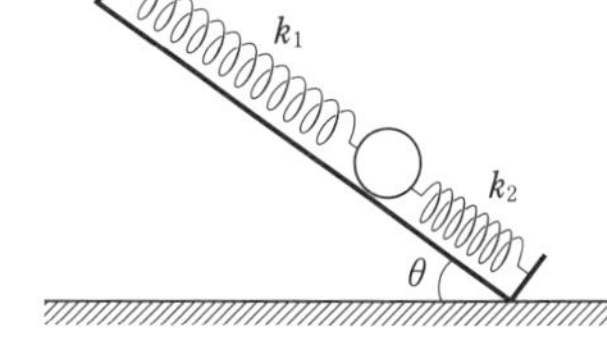

必解 10.〈フックの法則とつりあい〉

自然の長さがともにl_0，ばね定数がk_1とk_2のばねを左右につけた質量mのおもりがあり，それぞれのばねの他端は長さLの表面がなめらかな板の両端に固定してある。ここでLは$2l_0$よりも大きいとする。

図のように，ばね定数k_2のばねが下になるようにして，板を水平面に対して90°より小さい任意の角度θだけ傾けることができる。このとき，板とおもりは常に接触しており，2つのばねは常に自然の長さより長いとする。また，重力加速度の大きさをgとし，ばねの質量とおもりの大きさは無視できるとする。

(1) $\theta=0$で板が水平である場合を考える。このときのおもりのつりあいの位置をAとする。おもりがAにあるときばね定数k_2のばねの伸びaを求めよ。また，右向きを正として，おもりをAからばねの方向にそってxだけ動かしたとき，おもりがばねから受ける力Fを求めよ。

(2) 板を水平面から角度θだけ傾けたとき，Aからのつりあいの位置の変化x_0を求めよ。

〔湘南工科大〕

11.〈斜面に置かれたロープのつりあい〉

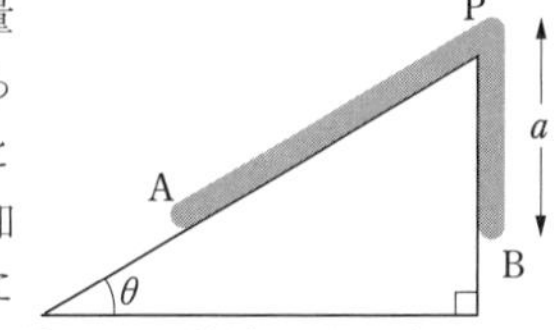

図のように水平面と角θをなすあらい斜面上に全長L，質量Mのロープの一部が置かれ，残りの部分が鉛直面にそって垂らされた状態で静止している。垂らされている部分の長さをaとする。斜面とロープの間の静止摩擦係数を$\mu\,(\leqq\tan\theta)$，重力加速度の大きさをgとする。斜面の上端の部分は滑車のようにはたらき，なめらかに力が伝えられるものとする。ロープは一端Aから他端Bまで太さが一様で均質であるとし，伸びは考えない。また，鉛直面はなめらかであるとする。

(1) 斜面上にある部分AP，および垂れ下がっている部分BPのロープの重さ(重力の大きさ)をそれぞれ求めよ。
(2) Pにおけるロープの張力の大きさを求めよ。
(3) ロープと斜面の間の摩擦力の大きさを求めよ。
(4) ロープが静止しているためのaの条件を求めよ。〔鳥取大〕

12.〈斜面をもつ台にはたらく力のつりあい〉

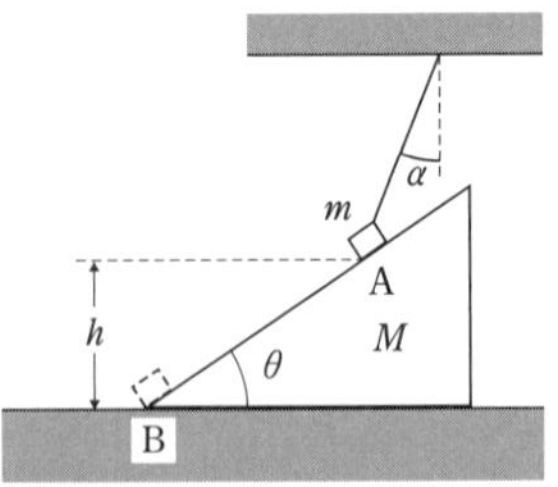

図のように，水平なあらい床の上に，なめらかな斜面をもつ台が置かれている。台は質量がM〔kg〕で，底面と斜面のなす角度はθ〔rad〕である。台と床との間の静止摩擦係数をμとする。質量m〔kg〕の小物体が，一端が天井に固定された糸で斜め上方に引っ張られ，斜面上のAの位置で静止している。このとき台は床との間の摩擦力で静止しているものとする。小物体の床からの高さはh〔m〕であり，糸と鉛直方向のなす角度はα〔rad〕である。ただし，糸は伸び縮みせず，質量が無視できるものとする。重力加速度の大きさをg〔m/s^2〕とする。また，$0<\theta<\frac{\pi}{2}$，$0<\alpha+\theta<\frac{\pi}{2}$とする。

〔A〕 小物体が糸により斜面上に図のように静止しているとき，次の問いに答えよ。ただし，答えはθ，α，g，m，μの中から必要な記号を用いて表せ。

(1) 糸の張力の大きさT〔N〕および小物体が斜面から受ける垂直抗力の大きさP_1〔N〕を求めよ。

(2) 台が床から受ける静止摩擦力の大きさF_1〔N〕を求めよ。

〔B〕 糸を静かに切ると小物体は斜面にそって等加速度運動を始めた。このときも，台は床との間の摩擦力で静止しているものとする。次の問いに答えよ。ただし，答えはθ，g，m，μ，hの中から必要な記号を用いて表せ。

(3) 小物体の斜面方向の加速度の大きさa_1〔m/s^2〕および小物体が斜面から受ける垂直抗力の大きさP_2〔N〕を求めよ。

(4) 小物体が斜面上で等加速度運動をしているとき，台が床から受ける静止摩擦力の大きさF_2〔N〕を求めよ。〔山形大 改〕

必解 ◇**13.〈支柱で支えた棒のつりあい〉**

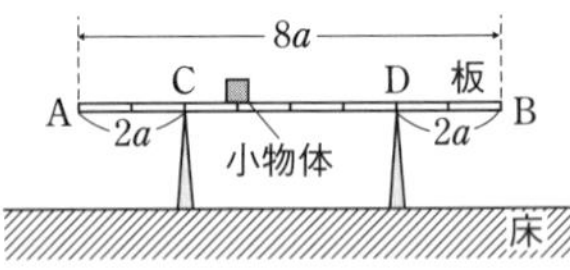

図のように，床に固定された2本のくさび形の支柱の上に，長さ$8a$，質量mの薄く細長い一様な板が水平に置かれている。板の両端A，Bから支柱の支点C，Dまでの距離はいずれも$2a$であり，その板上には質量$3m$の小物体が置かれている。重力加速度の大きさをgとし，板は力を加えても変形しないものとして，次の問いに答えよ。

(1) 小物体が板の端Aからの距離が$4a$の位置で静止しているとき，点Cで板が支柱から受ける垂直抗力の大きさはいくらか。

(2) 小物体が板の端Aからの距離が$5a$の位置で静止しているとき，

(a) 板が点Cにおいて支柱から受ける垂直抗力の大きさをN_Cとして，点Dのまわりの力のモーメントのつりあいの式を書け。

(b) N_C を m, g で表せ。

(c) 板が点Dにおいて支柱から受ける垂直抗力の大きさを m, g で表せ。

(3) 小物体を点Dより右へ少しずつ移動させると，小物体がある点Xを越えた瞬間に板が傾きだした。距離 DX を求めよ。　〔20 名城大〕

必解 ◇14. 〈壁に立てかけた棒のつりあい〉

図1のように，質量 M, 長さ L の一様で細くかたい棒 AB を，なめらかで鉛直な壁とあらく水平な床との間に立てかけたところ，棒は静止した。棒は壁に垂直な鉛直面内にあるものとし，床と棒のなす角を θ ($0° < \theta < 90°$) とする。棒と床との間の静止摩擦係数を μ, 重力加速度の大きさを g として，次の問いに答えよ。

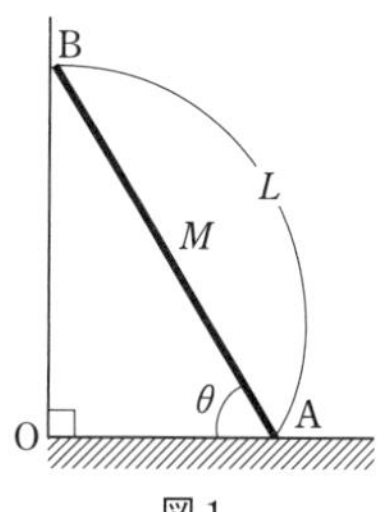

図1

(1) 棒が床から受ける垂直抗力と摩擦力の大きさをそれぞれ求めよ。

(2) この角度 θ で棒が静止したことからわかる静止摩擦係数 μ の大きさの範囲を不等式で表せ。

次に，図2のように，棒の上端Bから距離 x だけ離れた位置で，細くて軽い糸で質量 m のおもりを棒につるした。このとき棒は静止したままであった。

(3) 棒が床から受ける垂直抗力と摩擦力の大きさをそれぞれ求めよ。

(4) この角度 θ で棒が静止したことからわかる静止摩擦係数 μ の大きさの範囲を不等式で表せ。

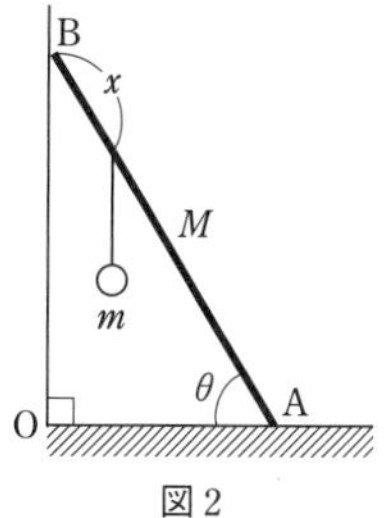

図2

〔20 千葉大〕

◇15. 〈半円形の剛体のつりあい〉

次の文章を読み，[ア]～[エ]，[い]～[は]に入る適切な数式あるいは数値を答えよ。また，[a]，[b]には選択肢から適切なものを1つ選べ。ただし，重力加速度の大きさを g とし，また，角度の単位はラジアンとする。また，文字定数として[ア]～[エ]は M, r, g, θ, π の中から，[い]～[は]は M, r, g, θ, π, F の中から必要なものを用いて表せ。

直径 AB をふちとする半円の形をした薄い板状の剛体を考える。円の中心をOとし，半径を r とする。剛体の質量は M であるとする。剛体の密度は一様であって，その重心Gは中心Oから直径 AB と垂直な方向にあり，点Oからの距離 OG は $OG = \dfrac{4}{3\pi}r$ であるとする。

図のように，水平な床の上に円の部分が床に接するように剛体を置き，剛体の端点Aに伸縮しない軽い糸を取りつけ，糸に鉛直上向きに大きさ F の力を加える。糸は常に鉛直方向を向き，剛体は床に対して垂直な状態で床に接したまま，つりあいの状態にあり静止しているとする。このとき直径 AB が床となす角度は $\theta \left(0 < \theta < \dfrac{\pi}{2}\right)$ であるとする。

力のつりあい条件から，この剛体が床から受ける垂直抗力の大きさは［い］である。剛体にはたらく力について，点Oのまわりの力のモーメントを求めよう。糸から受ける力のモーメントは大きさ［ろ］で向きは図において［a{時計回り，反時計回り}］であり，重力のモーメントは大きさ［ア］で向きは図において［b{時計回り，反時計回り}］であり，床から受ける垂直抗力のモーメントは大きさ［イ］である。力のモーメントのつりあい条件から，角度θの正接は，$\tan\theta=$［は］となる。

糸を引く力の大きさFをゆっくりと大きくしていき，ある力の大きさをこえると剛体は床から離れた。この限界の力の大きさは［ウ］であり，$F=$(ウ) のとき剛体の直径ABが床となす角度θ_0の正接は，$\tan\theta_0=$［エ］である。〔18 立命館大〕

必解 ◇16.〈斜面に置かれた直方体のつりあい〉

質量Mの直方体の物体を，平らであらい板の上に置く。辺ABの長さは$3a$，辺BCの長さはaである。板と物体の間の静止摩擦係数はμ_0であり，この値は物体のどの面についても共通である。板を水平の状態から徐々に傾けていくときの物体の運動を考える。ただし，重力加速度の大きさをgとする。

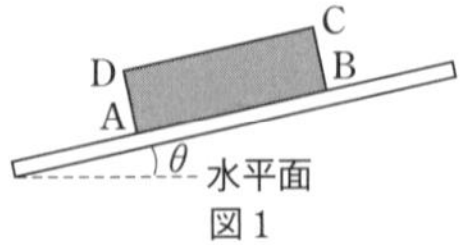

図1

物体を図1のように長辺ABが斜面に接するように置き，辺ABの傾斜と板の傾斜が等しくなるように板を徐々に傾けていくと，水平面に対する板の傾斜角θがθ_1をこえると物体は斜面にそってすべりだした。

(1) 傾斜角θがθ_1よりも小さく物体が板に対して静止しているときに，物体が斜面から受ける摩擦力の大きさを求めよ。

(2) 物体が倒れることなくすべりだしたことより，静止摩擦係数の値μ_0はある値未満であることがわかる。その値を求めよ。

次に，物体を図2のように短辺BCが斜面に接するように置き，辺BCの傾斜と板の傾斜が等しくなるように板を徐々に傾けていくと，物体は板に対してすべりだすことはなく，傾斜角がある値に達した直後に倒れた。

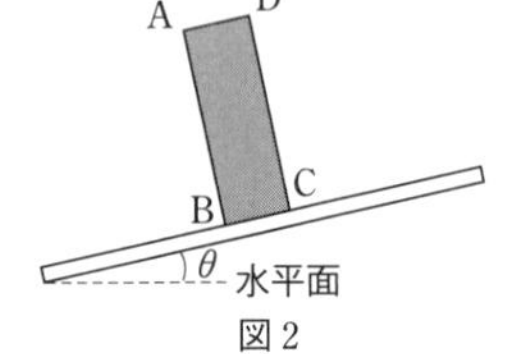

図2

(3) 物体が倒れ始める瞬間の傾斜角θ_2に対して，$\tan\theta_2$の値を求めよ。

(4) 物体が倒れ始める直前の物体が板から受ける摩擦力の大きさを求めよ。〔17 東海大〕

必解 ◇17.〈液体に浮く棒のつりあい〉

長さl，断面積S，密度ρの一様な細長い円柱状の棒が密度$\rho_0(>\rho)$の液体に浮かべてある。この棒の一端の面の中心Aに糸をつけ，鉛直上向きに糸をゆっくり引き上げていく。重力加速度の大きさをgとし，糸の質量，水からの抵抗や水面の変化は無視できるものとする。棒は十分に細く，力の作用点は常に棒の中心線上にあるものとして，次の問いに答えよ。

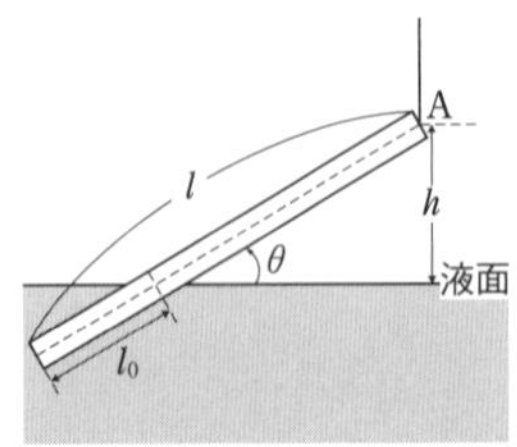

(1) 棒にはたらく重力の大きさはいくらか。

(2) 図のように，液面から点Aまでの高さがhになったとき，棒は液面とθの角度をなしていた。このとき，

(a) 棒にはたらく重力の作用線と点Aとの間の水平距離はいくらか。

(b) 棒の中心線が液体中にある部分の長さをl_0とすると，液体から受ける浮力の大きさはいくらか。S，ρ_0，l_0，gで表せ。

(c) 長さl_0をl，h，θを用いて表せ。

(d) 点Aのまわりの力のモーメントのつりあいの式を書け。

(e) 前問(c)，(d)の式から$\sin\theta$を求め，l，h，ρ，ρ_0を用いて表せ。

(3) さらに糸をゆっくり引き上げると，θが90°になった。その瞬間の液面から点Aまでの高さをl，ρ，ρ_0で表せ。

〔名城大 改〕

◇18.〈浮力と慣性力〉

次の文中の空欄 ア ～ コ に当てはまる式を記せ。ただし，重力加速度の大きさをgとする。

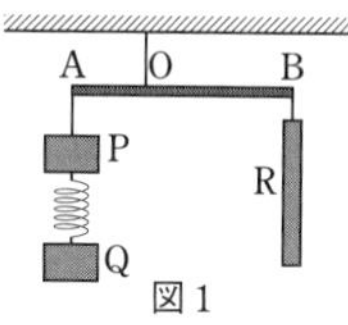

図1

図1のように，一様な軽い棒ABを AO：OB＝1：2 の比に内分する点Oでつり下げる。同じ質量の2つのおもりPとQをばね定数kの軽いばねでつなぎ，Pを軽い糸で棒の端点Aからつり下げる。端点Bに，一様な密度の物質でできた，一様な太さの棒状のおもりRを軽い糸でつり下げたところ，ABは水平となって静止した。このときのPをつり下げる糸の張力の大きさをTとすると，Pの質量は ア で，ばねの伸びは イ であり，Rの質量は ウ である。

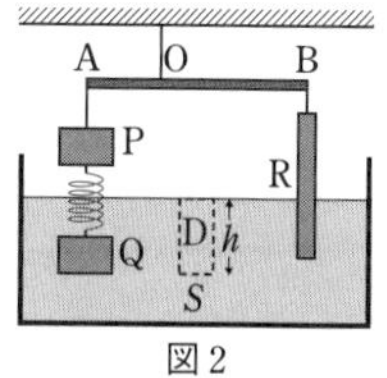

図2

次に，図2のように，容器に入った密度ρの液体中に，おもりQの全体とおもりRの一部を沈めた。おもりPとQとの間に液面があり，Rの体積の$\frac{2}{5}$が液体中に入った所で棒ABは水平となって静止した。糸やばねの体積は無視できるとし，Qにはたらく浮力の大きさをFとすると，おもりQの体積は エ であり，ばねの伸びは液中に沈める前より オ だけ小さくなる。また，Rをつり下げる糸の張力の大きさは カ であり，Rの密度は キ である。

図2の装置全体を，大きさaの一定の加速度で鉛直に上昇するエレベーターの中に入れる。このときの各部にはたらく力をエレベーター内の観測者から見てみよう。図2の液体中の点線で囲まれた部分Dは，底面積S，高さhの柱状の領域である。観測者にとっては，液体は静止していて，D内の液体にはたらく大気圧による力と重力と慣性力の和は，まわりの液体から受ける力とつりあっている。その慣性力の大きさは ク である。また，まわりの液体がDを押す力のうち側面を押す力はつりあっている。これらのことから，大気圧をp_0とすると，液面から深さhの位置における液体の圧力が ケ であることがわかる。したがって，Qが容器の底に接触することもなく液体中で静止していれば，大きさaの加速度のために，ばねの伸びは コ だけ大きくなる。

〔13 同志社大〕

3 運動の法則

（◇＝上位科目「物理」の内容を含む項目）

●運動方程式

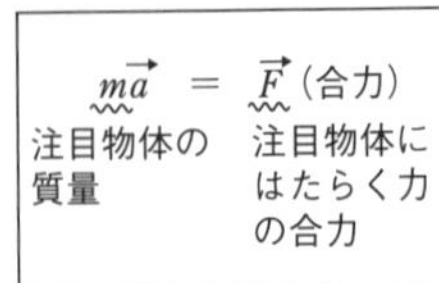

$m\vec{a} = \vec{F}$（合力）
注目物体の質量
注目物体にはたらく力の合力

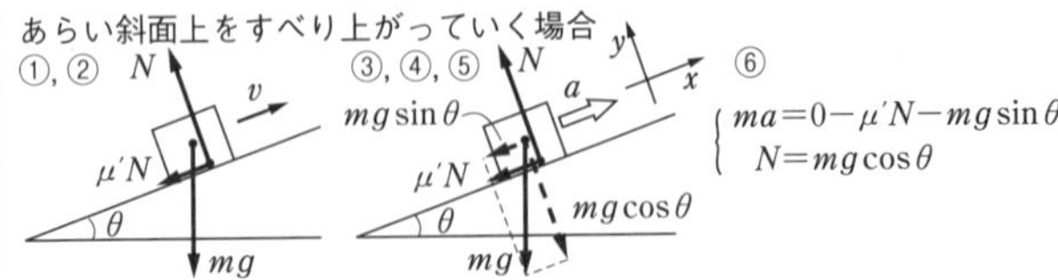

①問題に合わせて図をかく。

②注目物体にはたらく力をすべて矢印で図示する（力は大きさで表す）。
「重力，接触力，摩擦力，慣性力」の順にかくとよい。

③運動をイメージし，x 軸の正の向きを定め，垂直方向を y 軸とする。

④ x 軸の正の向きに加速度 a を仮定する。

⑤物体にはたらく力を，x，y 成分に分解する（力は大きさで示しておく）。

⑥ x 方向の運動方程式を立てる。ma＝⊕ 向きの力の大きさ － ⊖ 向きの力の大きさ
　y 方向はつりあいの式を立てる。

⑦ 2 物体の場合は，物体ごとに運動方程式を立て，連立させて解く。
- 2 物体を結ぶ，質量が無視できる 1 本の糸の張力の大きさは，常に等しい。
- 2 物体が押しあう抗力の大きさは常に等しい。

注　各量の単位は kg，m，s を用い，力の単位は N(ニュートン) 単位を用いる。1kgw＝9.8N

〔参考〕 力がつりあう ⇄ 合力＝0 ⇄ $a=0$ ⇄ v は一定（等速直線運動）

●相対運動　（相対＝相手－自分）

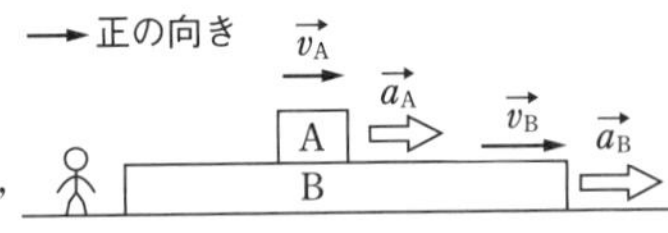

（例）　動く台上で運動する物体を調べる場合

(1) 水平面上で観測する。物体と台の速度，加速度を $\vec{v}_A$，$\vec{v}_B$，$\vec{a}_A$，$\vec{a}_B$ とすると，相対速度，相対加速度は
$\vec{v}_{BA}=\vec{v}_A-\vec{v}_B$，$\vec{a}_{BA}=\vec{a}_A-\vec{a}_B$ となる。

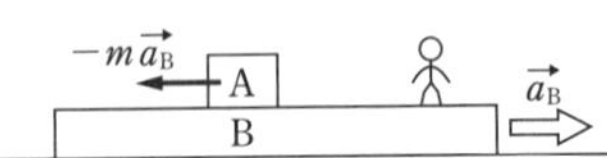

(2) 加速度 $\vec{a}_B$ の台上で観測する場合は，慣性力 $-m\vec{a}_B$ を含めて運動方程式を立てると，$\vec{a}_{BA}$ が求められる。

●仕事とエネルギー

物理量	記号･式	単位	関係式など
仕事	W	J，N･m	$W=Fx$
仕事率	P	W，J/s	$P=\dfrac{W}{t}=Fv$　$W=Fx>0$　$W=-Fx<0$　$W=0$
運動エネルギー	K	J	$K=\dfrac{1}{2}mv^2$，$U_g=mgh$，$U_k=\dfrac{1}{2}kx^2$
位置エネルギー	U	J	

①位置エネルギーの基準は，
重力による：最下点を基準とするとよい
弾性力による：自然の長さを基準
}合力では：つりあいの点を基準で $U=\dfrac{1}{2}kx^2$

②仕事とエネルギーの関係は「初めの図」と「終わりの図」をかく。
　初めの K＋物体がされた仕事＝終わりの K

③摩擦・衝突がなければ　$K+U$＝一定（力学的エネルギーは保存）

標準問題

19. 〈上昇する箱の中の小球の運動〉

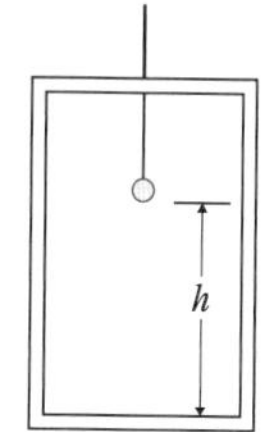

図のように，箱をひもでつり下げ水平に静止させ，その上面に糸で小球を取りつけた。箱と小球の質量はそれぞれ$3m$，mであり，小球の箱の底からの高さはhである。重力加速度の大きさをgとして，次の問いに答えよ。ただし，ひもと糸は同じ鉛直線上にあり，軽くて伸びないものとする。

(1) 箱をつり下げるひもの張力の大きさはいくらか。

次に，ひもを引く力を大きくして，ひもの張力の大きさを一定値Fにすると，箱は鉛直方向に等加速度で上昇した。

(2) 箱の加速度の大きさはいくらか。

同じ大きさFの力でひもを引きながら，糸を切ったところ，小球は箱の底に落下した。

(3) 糸を切ってから，小球が箱の底に落下するまでの時間はいくらか。

(4) 小球が箱の底に落下する直前の箱に対する小球の相対速度の大きさはいくらか。

〔18 愛知工大〕

必解 20. 〈気球と気球につるされた小球の運動〉

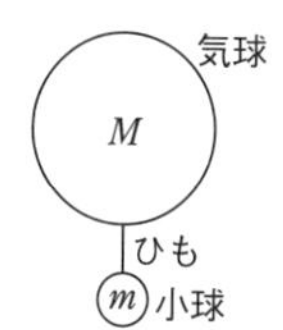

質量Mの気球に質量の無視できる軽いひもが取りつけられていて，ひもの他端に質量mの小球がつるされている。気球には鉛直上向きに一定の力(浮力)がはたらく。重力加速度の大きさをgとして，次の問いに答えよ。ただし，空気の抵抗および小球にはたらく浮力はないものとする。

図のように，ひもがたるまず鉛直に保たれたまま，気球と小球が初速度0で地上から鉛直上向きに上昇し始めた。時間がTだけ通過したとき，小球の地上からの高さはhであった。

(1) 気球の加速度の大きさaをh，Tを用いて表せ。

(2) 気球が上昇し始めてから，時間Tだけ経過したときの気球の速さv_0をa，Tを用いて表せ。

(3) ひもが小球を引く力の大きさをm，g，aを用いて表せ。

(4) 気球にはたらく浮力の大きさをM，m，g，aを用いて表せ。

小球の地上からの高さがhになった瞬間にひもが切れた。

(5) ひもが切れてから，小球が地上に到達するまでの時間をv_0，h，gを用いて表せ。

(6) ひもが切れてから時間がtだけ経過したとき，気球から見た小球の速度を，浮力の大きさをFとして，M，F，tを用いて表せ。ただし，小球は地上に到達していないとし，鉛直上向きを速度の正の向きとする。

〔22 佐賀大〕

21. 〈運動の法則と等加速度運動〉

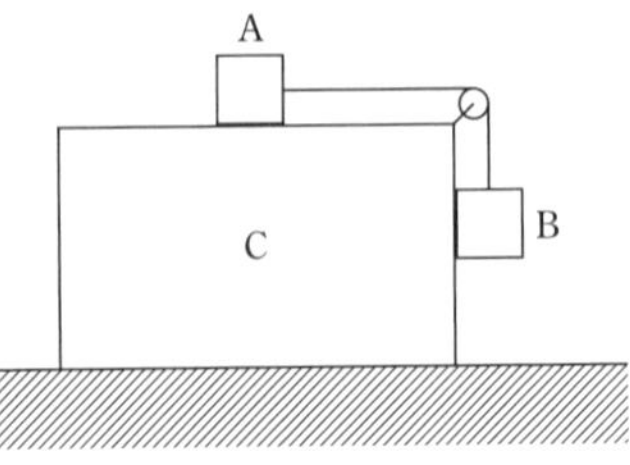

図のように，なめらかで水平な床の上に質量Mの直方体の物体Cが置かれている。Cの上には質量m_Aの物体Aがあり，Aから軽い糸を水平に張って滑車を通し，その糸の先端に質量m_Bの物体Bを取りつけ，鉛直につり下げる。Bの側面はCと接しており，AとC，BとCの間には摩擦力ははたらかないものとする。重力加速度の大きさをgとして，次の問いに答えよ。

〔A〕 A，B，Cを静止させるために，Aには水平方向左向きに，Cには水平方向右向きに手で押して力を加える。

(1) Aを押す力の大きさはいくらか。　(2) Cを押す力の大きさはいくらか。

〔B〕 Cが動かないように手で水平方向右向きに力を加え，Aから静かに手をはなすと，AとBは運動を始めた。

(3) 糸の張力の大きさをT，Bの落下の加速度の大きさをaとして，Aの水平方向の運動方程式を書け。

(4) Bの鉛直方向の運動方程式を書け。

(5) aをm_A，m_B，gを用いて表せ。　(6) Tをm_A，m_B，gを用いて表せ。

(7) AとBが運動しているとき，手がCに加えている力の大きさをm_A，m_B，gを用いて表せ。

(8) Cにはたらく床からの垂直抗力の大きさを，M，m_A，m_B，gを用いて表せ。

〔C〕 Cを押す水平方向右向きの力を大きくすると，A，B，Cは同じ加速度で等加速度運動をするようになった。

(9) 加速度の大きさをm_A，m_B，gを用いて表せ。　〔福岡大〕

必解 22. 〈力学的エネルギー〉

次の空欄［ア］～［キ］に当てはまる式を記せ。ただし，(ア)と(キ)はグラフをかけ。

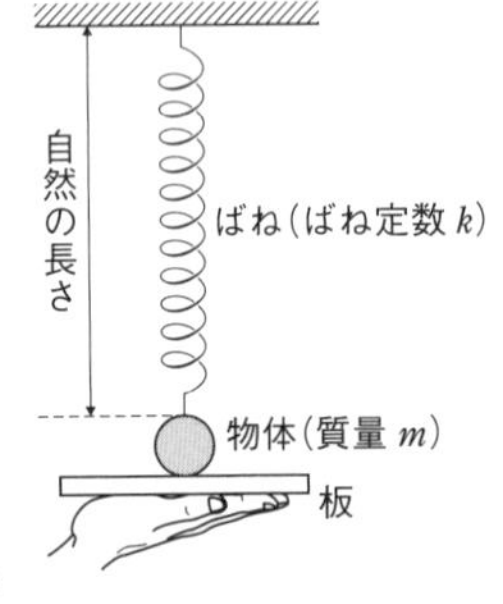

図に示すように，ばね定数kのばねの上端を天井に固定し，下端に質量mの物体を取りつける。ばねの長さが自然の長さになるように，板を用いて物体を支える。ばねの質量は無視でき，重力加速度の大きさをgとする。

(1) 図の状態から板をゆっくりと下げていくとき，板が物体から離れるまでの間は，板と物体との間には力がはたらいている。いま，ばねの伸びをx軸，板と物体との間にはたらいている力の大きさをy軸としてグラフに表すと，おおよそ［ア］のようになる。板が物体から離れるときのばねの伸びは［イ］である。また，この間に板が物体に対してした仕事は［ウ］である。

◇(2) 図の状態において，板を急に取りさると，物体は単振動を行う。この運動において，ばねの伸びの変化とともに，物体の速さも変わる。物体の速さが0になるのは，ばねの伸びが0のときと，ばねの伸びが最大になるときであり，このときのばねの伸びは［エ］である。物体の速さが最大となるときのばねの伸びは［オ］であり，このときの物体の速さは［カ］である。ばねの伸びをx軸，物体の運動エネルギーをy軸としてグラフに表すと，おおよそ［キ］のようになる。　〔拓殖大 改〕

必解 ◇23. 〈滑車と物体の運動〉

次の設問では，糸および滑車の質量，ならびに物体の大きさはないものとする。また，糸は伸び縮みしないものとし，滑車はなめらかに回転できるものとする。重力加速度の大きさを g として，次の設問に答えよ。

〔A〕 図1のように，質量 m の物体Aと質量 $5m$ の物体Bを糸1で結び，滑車Pにつるす。さらにこの滑車Pと物体Cを糸2で結び，天井から糸3でつるされた滑車Qにつるす。

(1) 物体A，物体Bおよび物体Cを同時に静かにはなしたとき，物体Aと物体Bは動きだしたが，物体Cは静止したままであった。物体Cの質量はいくらであったか。数字ならびに m，g の中から必要なものを用いて答えよ。

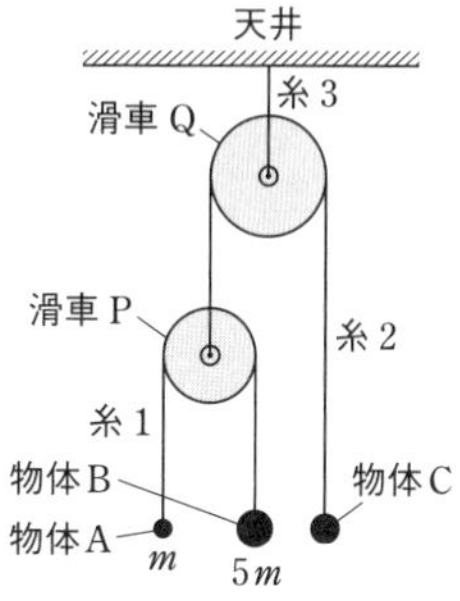

天井　糸3　滑車Q　滑車P　糸2　糸1　物体B　物体C　物体A　m　$5m$

図1

〔B〕 次に，図2のように，物体Aと物体Bを同じ高さに固定し，図1の物体Cを糸2から取り外す。その後，糸2の右端を一定の大きさ F の力で鉛直下方に引くと同時に，物体Aと物体Bを静かにはなすと，滑車Pは上昇した。物体の運動中に，滑車どうしの接触や物体と滑車の接触は起こらないものとする。数字ならびに m，g，F，d の中から必要なものを用いて次の設問に答えよ。

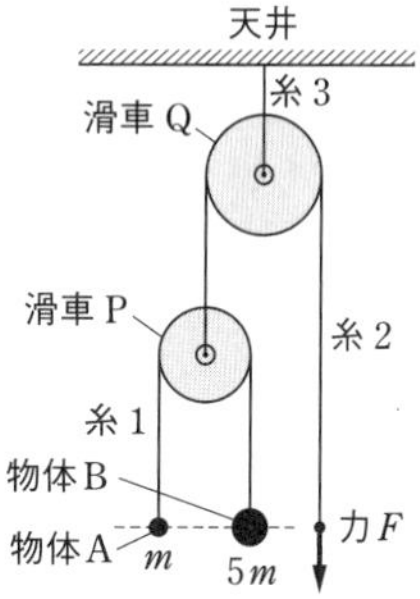

(2) 物体Aと物体Bを静かにはなした後の，糸1の張力の大きさはいくらか。

(3) 物体Aと物体Bの高さの差が d になった瞬間の物体Aの速さはいくらか。

天井　糸3　滑車Q　滑車P　糸2　糸1　物体B　物体A　m　$5m$　力 F

図2

〔19 九州工大〕

必解 ◇24. 〈動く斜面上の糸でつるした小球〉

水平面に対する傾角が θ〔rad〕のなめらかな斜面ABをもった台Pがある。その斜面上に質量 m〔kg〕の小球Qをのせ，これに軽い糸をつけて斜面の上端Aに固定してある。このとき，PとQは静止している。Pは床の上で自由に動かすことができる。重力加速度の大きさを g〔m/s²〕とする。

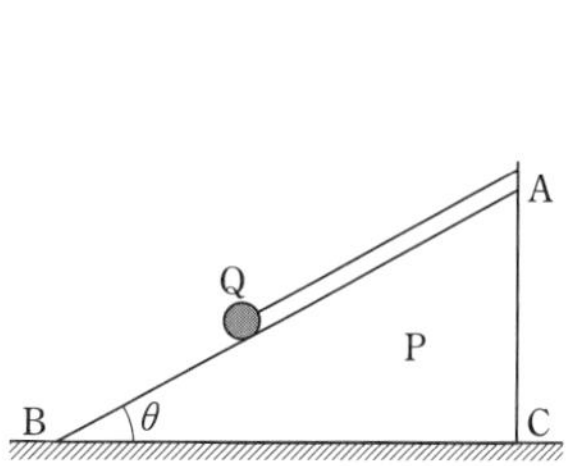

(1) Pが静止しているとき，糸の張力およびQが斜面から受ける抗力の大きさはいくらか。

(2) Pを一定の加速度 a〔m/s²〕($a>0$) で $\overrightarrow{CB}$ 方向 (左) へすべらせた。a が小さく，QがPに対して静止している場合，糸の張力およびQが斜面から受ける抗力の大きさはいくらか。

(3) (2)において，a がある値 a_0〔m/s²〕より大きくなると，Qは斜面にそって上昇する。a_0 はいくらか。

(4) 次に，Pを一定の加速度 b〔m/s²〕($b>0$) で $\overrightarrow{BC}$ 方向 (右) へすべらせた。b が小さく，QがPに対して静止している場合，糸の張力およびQが斜面から受ける抗力の大きさはいくらか。

(5) (4)において，b がある値 b_0〔m/s²〕より大きくなると，Qは斜面を離れて糸に引かれたまま宙に浮く。b_0 はいくらか。

〔静岡大〕

必解 ◇25. 〈斜面上の物体の運動〉

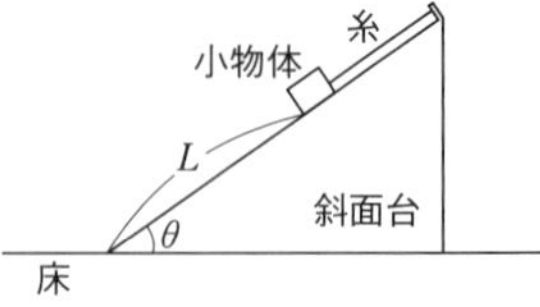

図のように，水平面と傾き θ〔rad〕をなす，なめらかな斜面をもつ質量 M〔kg〕の斜面台が，水平でなめらかな床の上に置かれている。質量 m〔kg〕の小物体と斜面の上端を軽い糸でつないで，小物体を斜面上で静止させた。このとき，斜面台も静止しており，糸はたるむことなく斜面と平行で，小物体を置いた位置から斜面下端までの距離は L〔m〕である。空気抵抗はないものとし，重力加速度の大きさを g〔m/s²〕として，次の問いに答えよ。

(1) 小物体にはたらく糸の張力の大きさ T〔N〕を，m，g，θ を用いて表せ。

糸を静かに切ると小物体は斜面から離れることなくすべり落ち，斜面台は右向きに動いた。切った後の糸は小物体の運動に影響を与えないとする。

(2) 小物体が斜面から受ける垂直抗力の大きさを N〔N〕とする。床に固定された観測者から見た斜面台の加速度の大きさ b〔m/s²〕を，M，θ，N を用いて表せ。

(3) 斜面台に固定された観測者から見ると，小物体にはたらく，斜面に垂直な方向の力がつりあっている。つりあいの式を，θ，m，M，N，g，b のうち必要なものを用いて表せ。

(4) (2)と(3)の結果から，N と b を θ，m，M，g を用いて表せ。

(5) 斜面台に固定された観測者から見た，斜面に平行な方向の小物体の加速度の大きさを a〔m/s²〕とする。このとき，a を m，M，θ，g を用いて表せ。

(6) 床に固定された観測者から見て，小物体が斜面台の下端に到達するまでに，斜面台が移動した距離を，m，M，θ，L を用いて表せ。〔22 愛知教育大〕

◇26. 〈非慣性系における仕事とエネルギー〉 思考

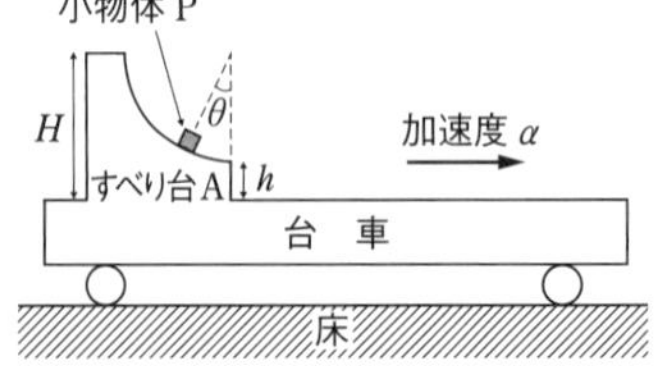

図のように，円弧状のすべり面をもつすべり台Aを固定した台車が水平な床を右向きに一定の加速度 α で運動している。台車の上面は床に平行で，すべり台Aの左端と右端の高さはそれぞれ H と h である。円弧の半径は $H-h$ で，面はなめらかである。重力加速度の大きさを g とする。

(1) 質量 m の小物体Pを，すべり台Aの円弧上で鉛直となす角 θ の位置にそっと置いたところ，小物体Pは置かれた位置ですべり台Aに対して静止したままであった。このとき，加速度 α の大きさを求めよ。

(2) 次に小物体Pを，すべり台Aの円弧上で台車からの高さ H の点で台車に対して静止するように置いてそっとはなすと，小物体Pは円弧上をすべり，すべり台Aから水平に飛び出した。この間における台車に対する小物体Pの速さの最大値 V_M と，飛び出す瞬間の台車に対する小物体Pの速さ V をそれぞれ m，H，h，g，θ の中から必要なものを使って表せ。

(3) 今度はすべり台Aの円弧上のある位置で小物体Pを同様にそっとはなすと，小物体Pは円弧上をすべり，台車に対する速さ V_0 ですべり台Aから水平に飛び出した。その後，小物体Pは台車上面で1回衝突し，すべり台Aから飛び出した位置に再びもどってきた。V_0 を m，h，g，α の中から必要なものを使って表せ。ただし，面との衝突の際，台車から見た小物体の鉛直方向の速さと，水平方向の速さは変わらないものとする。〔大阪大 改〕

B　応用問題

◇27.〈斜面上の物体の運動と水平面上の台の運動〉

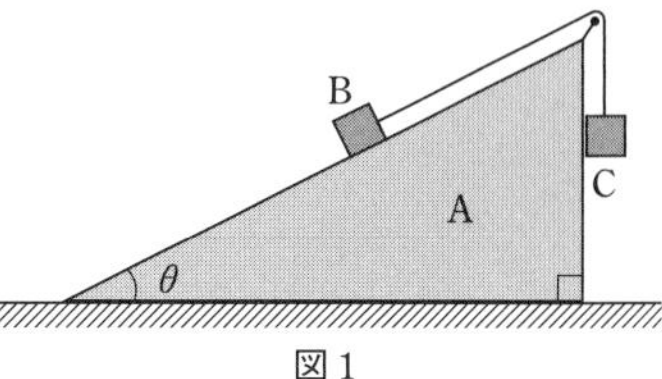

図1

図1のような，水平とのなす角がθのなめらかな斜面となめらかな鉛直面からなる質量Mの台Aを考え，その斜面上に質量mの小物体Bを置く。この小物体Bに軽くて伸びない糸の一端をつなぎ，それをこの斜面の上端に固定された軽くてなめらかに回る滑車に通し，そのもう一方の端に質量mの小物体Cをつないで，小物体Cを滑車から鉛直につり下げたとき台Aの鉛直面に接するようにする。小物体Bと滑車の間の糸は斜面に平行に保たれ，さらに，小物体BとCはいずれも台Aの上端または下端に達しないとし，また，重力加速度の大きさをgとおく。空気の影響はないものとして，次の問いに答えよ。

〔A〕 図1のように，台Aを水平面上に固定し，小物体Bを斜面上に止めた状態から静かにはなすと，小物体BとCは動き始めた。このとき，次の問いに答えよ。

(1) 小物体Cは上昇するか，下降するか。

(2) 小物体Cの加速度の大きさを求めよ。

(3) 糸が小物体Bを引く力の大きさを求めよ。

(4) 糸が滑車を通して台Aを押す力の水平方向の成分の大きさを求めよ。

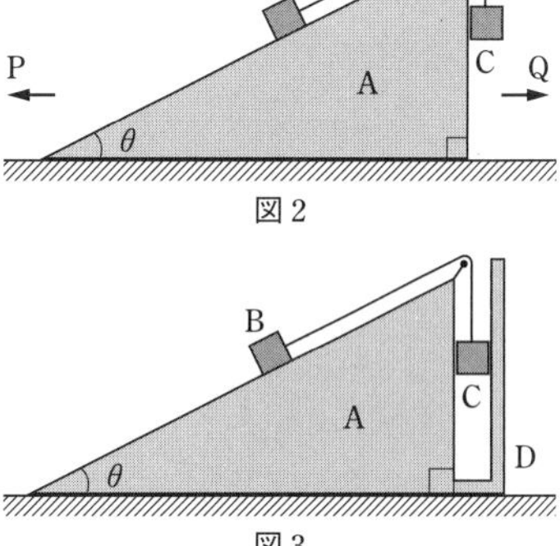

図2

図3

〔B〕 図2のように，台Aをなめらかな水平面上に置き，それを水平に一定の力で引くことにより等加速度運動させると，小物体Bが斜面上のある位置に止まったままになった。このとき，次の問いに答えよ。

(1) 台Aを引く力の向きは，図2の矢印PとQのいずれの向きか。

(2) 台Aの加速度の大きさを求めよ。

(3) 小物体Bが台Aから受ける抗力の大きさを求めよ。

(4) 台Aを引く力の大きさを求めよ。

〔C〕 台Aがなめらかな水平面上を自由に動くことができるようにする。さらに，図3のように，小物体Cの右側になめらかな鉛直の壁Dを台Aに固定し，小物体Cが台Aの鉛直面に接しながら台Aに対し上下にのみなめらかに動くようにする。この状況で，小物体Bをその斜面上で動かないように支え，かつ，台Aを水平面上で動かないように支える。この状態から，台Aと小物体Bの支えを同時に静かに外すと，台Aおよび小物体BとCは動き始めた。台Aに取りつけた壁Dからなる部分の質量はないものとして，次の問いに答えよ。

(1) 台Aの加速度の大きさをa_A，また，台Aに対して静止した(台Aとともに動く)観測者から見たときに，小物体Cが鉛直方向に動く加速度の大きさをa_Cとするとき，加速度の大きさの比$\dfrac{a_C}{a_A}$をM，m，θを用いて表せ。

(2) a_CをM，m，g，θを用いて表せ。　〔15 関西学院大〕

4 抵抗力を受ける運動

（◇＝上位科目「物理」の内容を含む項目）

●動摩擦力

物理量	記号·式	単位
動摩擦力	$\mu' N$	N
摩擦係数	μ, μ'	
垂直抗力	N, R	N
μ'（動摩擦係数） < μ（静止摩擦係数）		

①動摩擦力の向きを考える。大きさは必ず$\mu' N$となる。
「動摩擦力がなかったならば」をイメージするとよい。
⟶物体と面の相対運動を妨げる向きにはたらく。
⟶面から見た物体の運動の向きと逆向きにはたらく。
⟶面にはたらく動摩擦力は，作用反作用の法則を適用する。

②垂直抗力Nは，垂直方向の力のつりあいから求める。重力と等しいとは限らない。
③動摩擦力のした仕事は負とは限らない。動摩擦力の向きと移動の向きを考えること。
④面上の物体が動かなければ（台と一体で動くならば），静止摩擦力をfとおくこと。
動き始めるぎりぎりのとき，最大摩擦力μNとなる。

●空気の抵抗

物理量	記号·式	単位
抵抗力	kv	N

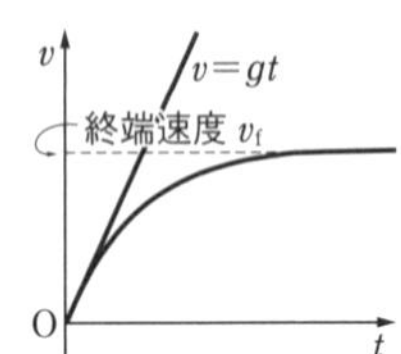

○速度が大きくなると，抵抗力も大きくなり，抵抗力と重力がつりあって（$mg=kv_f$）終端速度v_fに達し，その後は等速度運動となる。

●力学の問題を解くために

1 ある瞬間の状態を考えて，物体の運動方程式を立てる。

①ある瞬間の状態を考えて図をかき，注目物体にはたらく力を図示する。
② x軸の正の向きに加速度aを仮定して運動方程式を立てる。

2 (a) 初めと終わりの状態を考えて，仕事とエネルギーの関係式をつくる。

①初めの状態と終わりの状態の図をかく。
②「初めの運動エネルギー」＋「物体がされた仕事」＝「終わりの運動エネルギー」
③摩擦・衝突がなければ（保存力以外の仕事＝0 ならば）力学的エネルギーは保存する。
初めの$(K+U_g+U_k)$＝終わりの$(K'+U_g'+U_k')$

(b) 初めと終わりの状態を考えて，運動量と力積の関係式をつくる。

①初めの状態と終わりの状態の図をかく。
②「初めの運動量」＋「物体が受けた力積」＝「終わりの運動量」
③外力がはたらかなければ，運動量は保存する。
初めの運動量の和＝終わりの運動量の和

速さを求めるとき
- 等加速度運動の公式
- 運動量と力積，運動量保存
- 力学的エネルギー保存
- 初めの運動エネルギー＋物体がされた仕事＝終わりの運動エネルギー　など

時間を求めるとき
- 等加速度運動の公式
- 力積を使う。$mv'-mv=F\cdot t$
- 平均の速さを考える。$x=\bar{v}\cdot t$

注 円運動・単振動の場合は周期で考える。

距離を求めるとき
- 等加速度運動の公式
- 初めの力学的エネルギー＋物体がされた仕事＝終わりの力学的エネルギー　など

A　標準問題

28.〈あらい斜面上の物体の運動〉

図のように，水平面との傾き(θ)を変えることのできる板の上に質量Mの物体Aが置かれている。ひもの一端を物体Aにつなぎ，そのひもを板と平行に張って滑車にかけ，その他端に質量$m(m<M)$の物体Bを鉛直につり下げる。重力加速度の大きさをg，板と物体Aの間の静止摩擦係数，動摩擦係数をそれぞれμ，μ'として次の問いに答えよ。ただし，ひもは伸び縮みせず，滑車はなめらかに回転し，滑車とひもの質量は無視できるものとする。

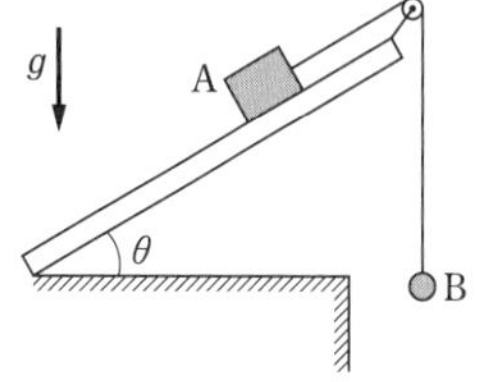

(1) 板を水平にしたところ，物体Aは静止した。Mとmはどのような条件を満たすか答えよ。

(2) 板をゆっくりと水平面から傾けていったところ，水平面と板のなす角度がθ_0をこえたとき，物体Aが斜面にそってすべり落ちた。物体Aがすべりだす直前に受ける垂直抗力Nを，M，g，θ_0を用いて表せ。また，静止摩擦係数μを，M，m，θ_0を用いて表せ。

(3) 物体Aがすべり落ち始めた直後に板の傾きを固定したところ，物体Aは大きさaの加速度で等加速度運動をした。ただし，このときの水平面と板のなす角度はθ_0と考えてよい。

(a) ひもの張力の大きさをTとして，物体A，物体Bについての運動方程式を求めよ。

(b) 加速度の大きさaを，M，m，θ_0，μ'，gを用いて表せ。

(4) 物体Aは等加速度運動を始めてから板の上を距離lだけすべり落ちた。このとき，物体Aの力学的エネルギーの変化量ΔU_Aは正，負，または0のいずれになるか，その理由とともに答えよ。

〔奈良女子大〕

必解 **29.〈2物体のあらい面上での運動〉**

水平な床に質量mの物体Aと質量$2m$の物体Bが置いてある。物体Aを初速度v_0，物体Bを初速度$2v_0$で床をすべらせたところ，静止するまでの移動距離は同じであった。物体Aと床の間の動摩擦係数をμ_A'，重力加速度の大きさをgとする。

(1) 物体Aが静止するまでの時間はいくらか。

(2) 物体Bと床の間の動摩擦係数はいくらか。

次に，物体Aと物体Bを伸び縮みしないひもでつないで，図のような向きに初速度v_0で運動させた。ひもは張った状態のままで運動を続け，しばらくして全体が静止した。

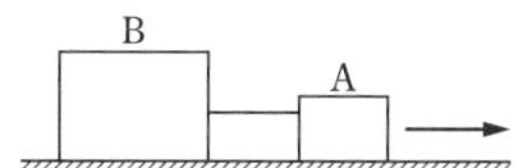

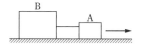

(3) この間のひもの張力の大きさはいくらか。

(4) この間に，物体Bにはたらく摩擦力がした仕事はいくらか。

〔愛知工大〕

30. 〈弾性力と摩擦力による運動〉

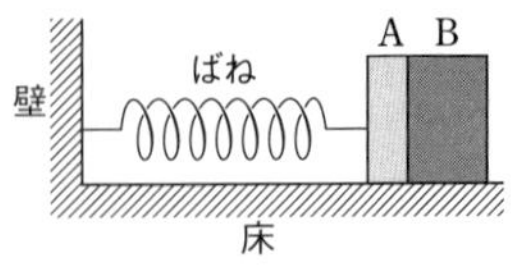

ばね定数kで自然の長さがx_0の軽いばねの一端を壁に止め，他端を質量mの物体Aにつないである。図のように，水平な床の上に置いた質量Mの物体BをAに接触させて，ばねの長さがx_1になるまで押し縮め，静かに手をはなす。手をはなした後のAとBの運動のようすを，x_1を変えて調べてみよう。床とAの間は摩擦はないものとし，床とBの間の動摩擦係数をμ'，重力加速度の大きさをgとする。また，物体の質量や摩擦係数は以下のような運動が実現するようになっているものとする。

(1) 手をはなした後，AとBは一緒に運動を始め，ばねの長さがx_2のときAとBが接触したまま速度が0になった。この運動中に摩擦力がした仕事は［ア］で，これが運動中の力学的エネルギーの変化量と等しいことから，速度が0になったときのばねの長さx_2は，$x_2=$［イ］となる。

(2) ばねの長さx_1を(1)の場合よりさらに縮めてから手をはなしたら，AとBはしばらく一緒に運動した後，ばねの長さがx_3のとき運動中に離れた。接触して一緒に運動しているとき，ばねの長さをx，AとBの加速度をa，AがBを押す力をfとするとAの運動方程式は$ma=$［ウ］，Bの運動方程式は$Ma=$［エ］となり，これよりAとBが離れるときのばねの長さx_3は$x_3=$［オ］となる。 〔岡山大〕

必解 31. 〈あらい板上の物体の運動〉

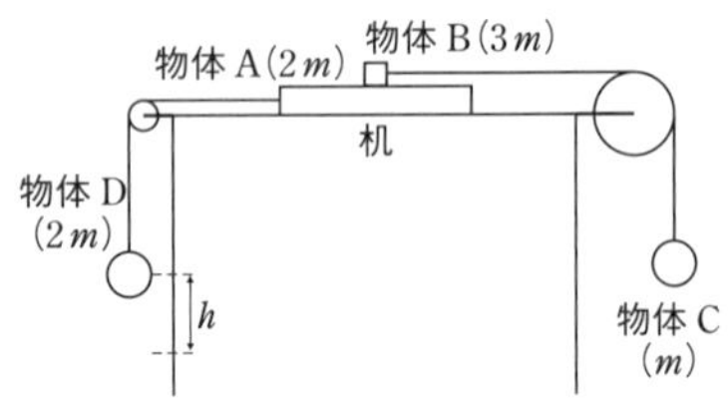

図のように，水平な机の上に直方体の物体Aを置き，その上に直方体の物体Bをのせる。Bには物体Cが，Aには物体Dが，それぞれ糸でつながれており，CとDは，机の両側にある定滑車を通して鉛直につり下げられている。A，B，C，Dの質量は，それぞれ，$2m$〔kg〕，$3m$〔kg〕，m〔kg〕，$2m$〔kg〕である。机とAの間の摩擦はないが，AとBとの間には摩擦力がはたらく。初めにAとBを手で固定してすべてを静止させておき，静かに手をはなして運動のようすを観測する。運動は紙面内に限られるものとし，また観測中にBがAから落ちることや，Aが机から落ちることはないものとする。滑車はなめらかで軽く，糸は軽くて伸び縮みせず，たるむことはないものとする。空気抵抗は無視し，重力加速度の大きさをg〔m/s²〕として次の問いに答えよ。

BはA上をすべらずに，Aといっしょになって机の上を左へ運動する場合について考える。

(1) このときのAの加速度の大きさを求めよ。

(2) このときのAとBの間にはたらく摩擦力の大きさを求めよ。

(3) Dがh〔m〕だけ落下したときの，A，B，C，Dの運動エネルギーの総和を求めよ。

次に，Bは机の上の同じ場所に静止したままで，Aが左に運動する場合を考える。

(4) この場合の，AとBの間の動摩擦係数を求めよ。

(5) Dがhだけ落下したときの，A，B，C，Dの運動エネルギーの総和を求めよ。

最後に，Aは左へ運動しBが右へ運動する場合を考える。ただし，このときのAとBの間の動摩擦係数を$\frac{1}{6}$として，次の問いに答えよ。

(6) AとB，それぞれの加速度の大きさを求めよ。

(7) Dがhだけ落下するまでの間に，Cが落下する距離を求めよ。

(8) Dがhだけ落下するまでの間に失われた，A，B，C，Dの力学的エネルギーの総和を求めよ。〔金沢大〕

32. 〈ゴムひもに取りつけられた物体の運動〉

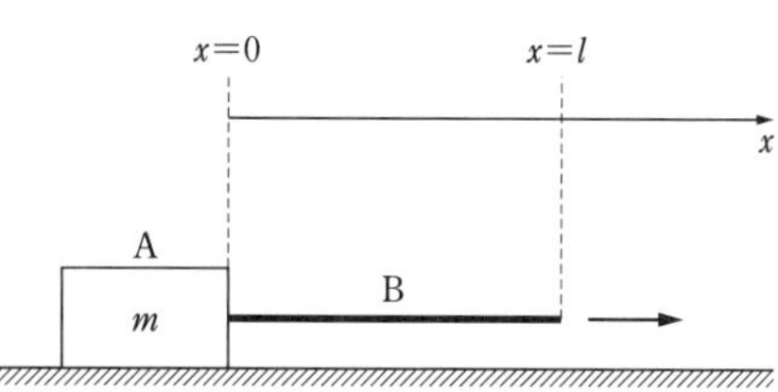

水平な台の上に質量mの物体Aを置き，図のように自然の長さlのゴムひもBを取りつけた。ゴムひもの右の端を持って水平方向にゆっくりと引くと，ゴムひもが自然の長さlからaだけ伸びたときに物体が動き始めた。その瞬間にゴムひもを引くのをやめたところ，物体ははじめの位置からbだけ移動して止まった。台と物体の間の静止摩擦係数をμ，動摩擦係数をμ'，ゴムひもが自然の長さからy伸びたときの弾性力は，kを比例定数としてkyとする。重力加速度の大きさをgとする。また，$\mu>\mu'$とする。

(1) 物体が動き始めたときのゴムひもの伸びaとμの関係を示せ。

(2) ゴムひもが$l+a$の長さに伸びたときにゴムひもに蓄えられている弾性エネルギーを求めよ。

(3) 物体が止まるまでに摩擦力がした仕事を求めよ。

(4) 物体が止まったとき，ゴムひもがたるんでいたとする。μとμ'の間にはどのような関係があるか，a，bを含まない不等式で示せ。

(5) 物体が止まったとき，ゴムひもが自然の長さよりも伸びていたとする。このとき，ゴムひもにはエネルギーが蓄えられていることに注意して，移動距離bをm，g，k，μ，μ'を使って表せ。〔学習院大〕

◇**33.** 〈空気の抵抗がある物体の運動〉

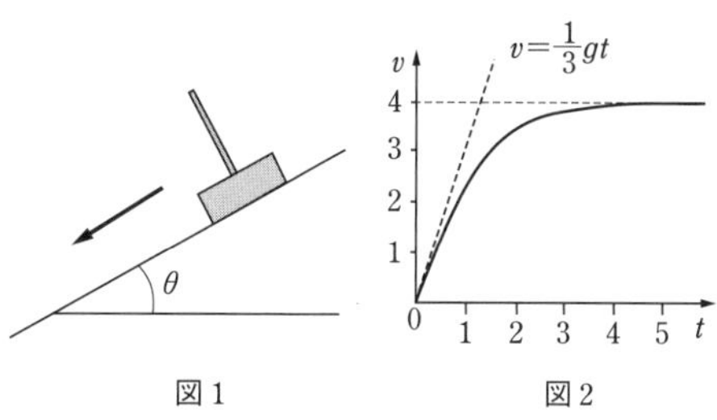

図1　図2

傾角θの斜面上を図1のようなT型の物体がすべる運動を考える。物体の質量をM，動摩擦係数をμ'，重力加速度の大きさをgとする。速さvに対して，大きさ$k\cdot v$の空気抵抗力がはたらくものとする。

(1) すべり運動中の物体に作用する力の名称とその向きを，矢印で図の上に示せ。

(2) 物体が加速度a，速度vで運動しているときの運動方程式を求めよ。

(3) しばらくして，等速度運動になった場合の速さv_0を求めよ。

傾角 $\theta=30°$ のとき，図2の曲線のような実験結果が得られた。なお，図2の斜めの破線 $v=\dfrac{1}{3}gt$ は，時間 $t=0$ のときの接線とする。

(4) 動摩擦係数μ'を求めよ。

(5) 空気抵抗力の係数kを求めよ。〔岐阜大 改〕

B 応用問題

◇34. 〈ばねにつながれた物体の運動と運動エネルギー〉 思考

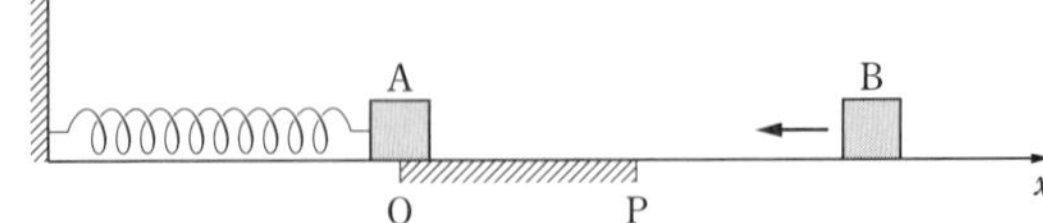

図のように，水平面上に質量 m の物体Aを置き，ばね定数 k のばねをつなぐ。ばねが自然の長さとなる物体Aの位置を原点Oとし，水平方向に x 軸をとり，右向きを正の向きとする。原点Oから点P(位置 $x=l$)までの区間は摩擦のある領域であり，それ以外の領域は摩擦がないものとする。点Pの右側に質量 m の物体Bを置く。物体Aおよび物体BのOP間における静止摩擦係数を μ，動摩擦係数を μ' とする。重力加速度の大きさを g として次の問いに答えよ。ただし，物体AとBの大きさは無視できるものとする。

〔A〕 初めに物体Aを原点Oに静止させておく。物体Bに原点Oに向かう速度を与え，摩擦のある領域を通過させたところ，物体BはAに衝突し，その後1つの物体ABとなって運動した。初めに物体Bに与えた運動エネルギーを E とする。

(1) 衝突直前の物体Bの運動エネルギー E' を，E，μ'，m，g，l を用いて表せ。

(2) 衝突直後の物体ABの運動エネルギーを，E，μ'，m，g，l を用いて表せ。ただし，物体BとAの衝突は瞬間的に起こり，その際，摩擦力の影響は無視できるものとする。

設問〔A〕において，物体Bに初めに与える運動エネルギー E を変化させて，物体AとBの運動を調べる。ただし，以下の問いでは，μ，μ'，l，k，m，g は $\mu=2\mu'$ および $kl=3\mu' mg$ を満たすものとする。

〔B〕 ある運動エネルギー E を初めに物体Bに与えたところ，物体AとBは，衝突して一体となった後，再び原点Oにもどり，OP間にある位置 x で速度が0になった。

(3) 速度が0になる位置 x を E，k，l を用いて表せ。

(4) 速度が0になった後，一体となった物体ABはどのような運動をするか，理由をつけて答えよ。

〔C〕 設問〔B〕で与えた運動エネルギーより大きい運動エネルギー E を初めに物体Bに与えたところ，一体となった物体ABはPの右側に飛び出し，Pから再び摩擦のある領域に入った後，OP間のある位置 x で速度0となった。

(5) 位置 x を E，k，l で表せ。

〔D〕 (5)の答え x を0とするような，物体Bに与える運動エネルギー E を E_1 とする。

(6) 物体A(一体となった後は物体AB)が最終的に静止する位置 x を，E の関数とみなし，$0 \leqq E \leqq E_1$ における関数のグラフの概略をかけ。 〔東京工大〕

5 ◇運動量の保存

（◇＝上位科目「物理」の内容を含む項目）

●運動量と力積

物理量	記号・式	単位	関係式など
運動量	$m\vec{v}$	kg・m/s	$m\vec{v}$　（向きをもつベクトル量）
力積	$\vec{F}\cdot\Delta t$	N・s	$m\vec{v}'-m\vec{v}=\vec{F}\cdot\Delta t$　（運動量の変化＝力積）

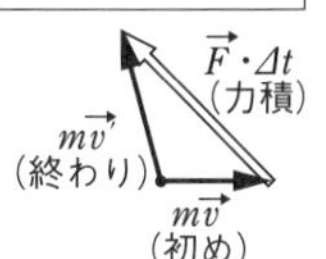

①運動量は向きが重要。図をかいて考えること。
　v は速度。代入するときは ＋，－ を含める。
② 1 つの物体の，運動量の変化＝力積　から求められることは
　・はたらく力の平均の大きさ　　　・はたらく力の作用した時間
③F-t グラフの面積から力積が求められる。

●運動量保存と反発係数

物理量	記号・式	関係式など
反発係数	e	$m_1\vec{v_1}+m_2\vec{v_2}=m_1\vec{v_1}'+m_2\vec{v_2}'$　（外力がはたらかないとき） $e=-\dfrac{v_1'-v_2'}{v_1-v_2}$　　$e=-\dfrac{後}{前}$　（e イコール・マイナス・わる）

① 2 つの物体間の相互作用で，外力がはたらかなければ，運動量の和は保存する。

$$m_1\vec{v_1}+m_2\vec{v_2}=m_1\vec{v_1}'+m_2\vec{v_2}'=m_1\vec{v_1}''+m_2\vec{v_2}''=\cdots\cdots$$

　・何回衝突しても外力がはたらかなければ成りたつ。
　・分裂，合体，摩擦があっても，外力＝0 なら成立する。
　・右の表を作成しておくとよい。v_1，v_1' などは速度で与える。
　　衝突後の向きは，v_1'，v_2' の符号（＋，－）で判断する。

物体	1	2
質量	m_1	m_2
前	v_1	v_2
後	v_1'	v_2'
その後	v_1''	v_2''

② 2 物体の衝突には，反発係数も用いる。 $0\leqq e\leqq 1$

$$e=-\frac{v_1'-v_2'}{v_1-v_2}\qquad \begin{cases} e=1 & 弾性衝突（力学的エネルギー保存）\\ e=0 & 完全非弾性衝突（衝突後一体となる）\end{cases}$$

③$m_1=m_2$ で $e=1$ のとき，速度は交換する（$v_1'=v_2$，$v_2'=v_1$）。
④$e=1$ のとき，力学的エネルギー保存則を用いるとよい。
⑤静止物体の分裂　$\left|\dfrac{v_1'}{v_2'}\right|=\dfrac{m_2}{m_1}$，$\dfrac{K_1}{K_2}=\dfrac{m_2}{m_1}$　速さの比も，運動エネルギーの比もともに質量の逆比となる。
⑥衝突後一体となる問題はさまざまな場合がある。
　・板に打ちこむ　・台上をすべって静止　・ばねのついた物体との衝突　など

●固定面との衝突

○なめらかな面において

　垂直な衝突　$e=-\dfrac{v'}{v}$　　斜衝突 $\begin{cases} v_x'=v_x \\ v_y'=-ev_y \end{cases}$

　床との衝突　$e=\left|\dfrac{v'}{v}\right|=\dfrac{t'}{t}=\sqrt{\dfrac{h'}{h}}$　　$h'=e^2h$

● 2 物体問題を解くときに

①運動量保存の式と反発係数の式を連立させる。
② 2 物体が動いているときは，相対速度に注目する。　$e=-\dfrac{衝突後の相対速度}{衝突前の相対速度}$
　・最も近づく（遠ざかる）ときは相対速度 0
③運動量保存則と重心速度一定は同値。
　・はじめ全体が静止しているときは重心位置は不変。

$$x_G=\frac{m_1x_1+m_2x_2}{m_1+m_2} \longleftrightarrow v_G=\frac{m_1v_1+m_2v_2}{m_1+m_2}$$

④ロケットの分裂などでは，地表からの速度に変換する。相対速度のままで代入しない。

A　**標準問題**

35. 〈ばねにつながれた物体との衝突〉

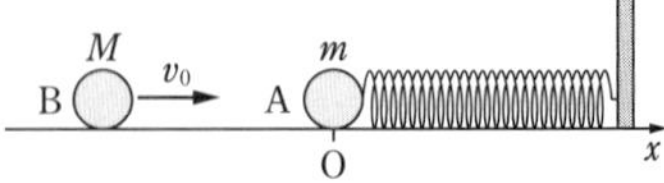

図のように，なめらかな水平面上に，一端が固定されたばね定数kのばねが置かれている。ばねの他端には質量mの物体Aがつけられている。初め，ばねは自然の長さになっており，物体Aは静止している。図のように水平方向にx軸をとり，紙面に向かって右向きを正とする。物体Aの初めの位置を $x=0$ とする。

質量$M(M>m)$の物体Bを，速度v_0 $(v_0>0)$で物体Aに衝突させた。物体Aと物体Bは弾性衝突し，衝突直後，両物体は右方向に進み，その後，物体Aと物体Bはばねが最も縮んだ後に再衝突を起こした。ばねは弾性力がフックの法則に従う範囲で伸縮し，また，ばねの質量，および物体の大きさはないものとする。

初めの衝突の瞬間を時刻 $t=0$ とし，再衝突の起きる時刻をt_1とする。初めの衝突から再衝突が起きるまでの間，物体Aは単振動を行った。次の問いに答えよ。必要であれば，円周率πを用いよ。

(1) 初めの衝突直後の物体A，物体Bの速度をそれぞれv_A，v_Bとする。

(a) 初めの衝突前後で成りたつ運動量保存の法則を表す式を書け。

(b) v_A，v_Bを，m，M，v_0を用いて表せ。

(2) ばねが最も縮んだとき，物体Aは，$x=L$ の位置にあった。Lをv_A，k，mを用いて表せ。

(3) 初めの衝突から再衝突までの間の任意の時刻t $(0\leqq t\leqq t_1)$における物体A，物体Bの位置をx_A，x_Bとする。x_Aをv_A，m，M，k，tの中から，x_Bをv_B，m，M，k，tの中から必要なものを用いてそれぞれ表せ。

(4) ばねが最も縮んだ後，物体Aと物体Bは，$x=\frac{L}{2}$ の位置で再衝突した。この場合の再衝突が起こる時刻t_1を，m，kを用いて表せ。

〔18 広島大〕

36. 〈水平面上での2物体の衝突〉

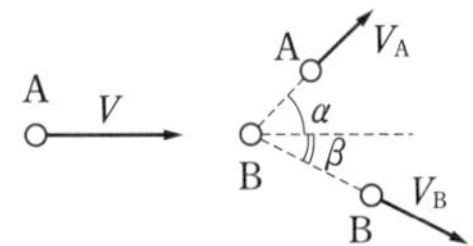

なめらかな水平面上に，同質量m〔kg〕の2個の小物体AとBがある。図に示すように，静止しているBにAを左側から速さV〔m/s〕で衝突させたところ，衝突後のAの速度ベクトルは，大きさはV_A〔m/s〕で，衝突前のAの速度ベクトルとなす角はα〔rad〕であり，Bの速度ベクトルは，大きさはV_B〔m/s〕で，衝突前のAの速度ベクトルとなす角はβ〔rad〕であった。

(1) まず，衝突前のAの運動方向と平行な，運動量の成分について考えよう。衝突前と衝突後で，小物体AとBの運動量成分の和が等しいことを表す式を書け。

(2) 次に，衝突前のAの運動方向と垂直な，運動量の成分について考えよう。衝突前と衝突後で，小物体AとBの運動量成分の和が等しいことを表す式を書け。

(3) V_AとV_Bをそれぞれ，V，α，βを用いて表せ。

(4) 特に，$\alpha+\beta=\frac{\pi}{2}$ であった場合，ΔE〔J〕を求めよ。ただし，衝突前の小物体AとBの力学的エネルギーの和をE〔J〕，衝突後の小物体AとBの力学的エネルギーの和をE'〔J〕としたとき $\Delta E=E'-E$ である。

〔15 名古屋工大〕

必解 ◇37. 〈木材に打ちこまれた弾丸〉

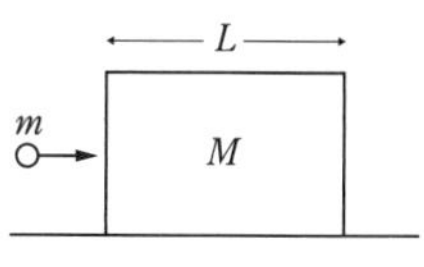

図のように，水平な床上に置かれた質量 M〔kg〕，長さ L〔m〕の木材に，質量 m〔kg〕の弾丸を水平に打ちこむ。弾丸は木材の中を水平に進んでいく。弾丸が木材から受ける抵抗力は，速度や場所によらず一定として次の空欄を埋めよ。ただし，木材と弾丸の運動は直線上に限られ，弾丸の大きさは無視できる。

木材を床に固定し，弾丸を速さ v〔m/s〕で打ちこむと，$\dfrac{L}{3}$ の深さまで進入して止まった。このとき，弾丸が木材から受けた力積の大きさは［ア］〔N·s〕，抵抗力の大きさは［イ］〔N〕である。よって，弾丸が木材に進入してから止まるまでの時間は，［ウ］〔s〕である。また，弾丸が木材を貫通するには，［エ］$\times v$〔m/s〕以上の速さで打ちこまなければならない。

木材を固定せず，床面がなめらかであるとき，弾丸を速さ(エ)$\times v$ で打ちこんでも木材を貫通しなかった。弾丸は，［オ］$\times L$〔m〕の深さまで進入し，それ以降は木材といっしょに一定の速さ［カ］$\times v$〔m/s〕で動いた。 〔18 大阪医大〕

◇38. 〈小球と壁との衝突〉

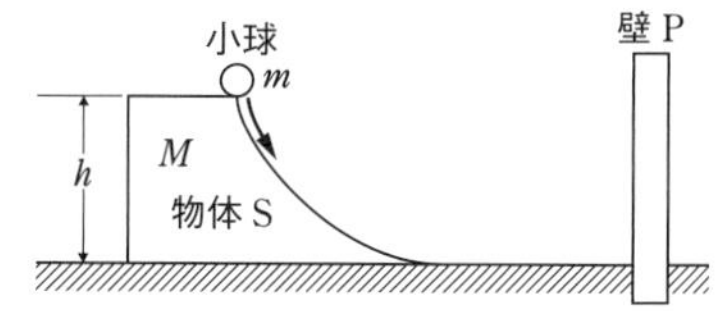

図に示すような断面をもつ質量 M の物体Sがなめらかな基準水平面上に静止している。ここで上面は底面から高さ h の水平面であり，右の曲面はなめらかなスロープである。さらに物体Sの上面に質量 m $(<M)$ の小球が初め静止して置かれている。また，物体Sのスロープから離れた位置には基準水平面に垂直に固定された壁Pがある。次の問いに答えよ。ただし，空気抵抗は無視できるとし，重力加速度の大きさを g とする。また，図の左向きを正の向きとする。

(1) 初め静止して置かれていた小球の基準水平面からはかった位置エネルギーはいくらか。

(2) 次に，小球をスロープにそって静かに落下させたら，物体Sも動き始めた。小球が物体Sから離れた直後の物体Sと小球それぞれの速さ V_0，v_0 はいくらか。

(3) 小球が壁とはねかえり係数(反発係数) e で衝突した場合，衝突直後の小球の物体Sに対する相対速度を e，m，M，g，h を用いて表せ。衝突後，小球が物体Sに追いつくためには，はねかえり係数 e の大きさはどのような条件を満たす必要があるか答えよ。

次の各問いでは，小球と壁のはねかえり係数を $e=1$ とする。

(4) 壁との衝突後小球は物体Sに追いつき，スロープ上を上昇し水平面からの高さ l まで達して上昇が止まった。そのときの物体Sの速さは V であった。最初に小球が静止していたときと小球の上昇がやんだ瞬間の間に成りたつエネルギー保存の式を V，g，h，l，m，M を用いて書け。

(5) (4)で小球の上昇がやんだ瞬間の運動量と小球が物体Sに追いつく直前の運動量との間に成りたつ運動量保存の式を V，V_0，v_0，m，M を用いて書け。

(6) (4)と(5)の結果から，小球が達した高さ l を h，m，M を用いて書け。

(7) 小球が最高点 l に達した後，物体Sを押しながら再び落下した。M が m より大きい場合，その後の運動のようすを100字以内で述べよ。 〔琉球大〕

必解 ◇39. 〈小球と斜面との衝突〉

次の ア から サ に適当な式を入れ，問いに答えよ。ただし，重力加速度の大きさを g とし，空気抵抗はないものとする。

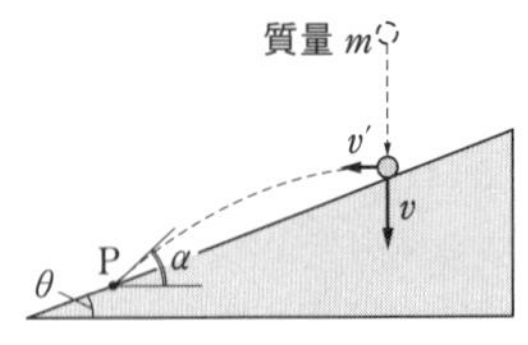

図のように質量 m の小球が自由落下し，傾き角 θ $(0°<\theta<45°)$ のなめらかな斜面に上から衝突した。衝突直前の小球の速さを v とする。衝突の際，斜面は動かなかった。

〔A〕 衝突直前の小球の速度の斜面に平行な成分の大きさを v と θ を用いて表すと ア であり，斜面に垂直な成分の大きさは イ である。

衝突後，小球は速さ v' で水平に飛んだ。衝突の前後で小球の速度の斜面に平行な成分の大きさは変化しないが，このことを v, v', θ を用いて式で表すと ウ となる。この関係から，v' を v と θ を用いて表すと エ となる。また，衝突直後の速度の斜面に垂直な成分の大きさは，v' と θ を用いて表すと オ となる。この成分の大きさは斜面と小球の反発係数を e とすると，e, v, θ を用いて カ と表される。(オ), (カ)が等しいことから v' を e, v, θ を用いて表すと キ となる。以上から(エ), (キ)が等しいとおくことにより，反発係数 e は θ を用いて ク と表されることがわかる。

(1) この衝突で斜面が小球に与えた力積の大きさを m, v, θ を用いて表せ。

〔B〕 最初の衝突をした時刻を0として，時刻 t_1 に小球は斜面と点Pで2回目の衝突をした。最初の衝突で水平に速さ v' ではねかえった小球が，時間 t_1 経過する間に進む水平方向の距離 l_x，鉛直下向きに進む距離 l_y を g, v', t_1 の中から必要なものを用いて表すと

$l_x=$ ケ , $l_y=$ コ となる。$\dfrac{l_y}{l_x}=\tan\theta$ の関係が成りたっているので，(エ), (ケ), (コ)の結果を使って t_1 を g, v, θ を用いて表すと サ となる。

(2) 図のように，点Pで衝突する直前の小球の速度の向きが水平となす角を α としたとき，$\tan\alpha$ を θ を用いて表せ。〔20 甲南大〕

必解 ◇40. 〈動く台車に乗る物体〉

図のように，水平面を右向きに速度 v_0 で運動していた質量 m の小物体が上面が水平面と同じ高さの台車に乗り移ると，台車は右向きに動きだした。

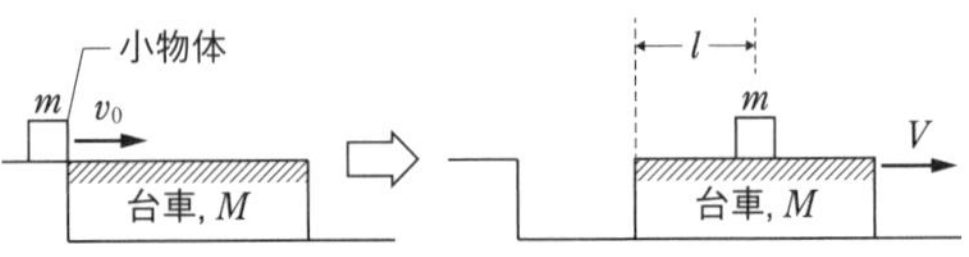

小物体は台車の上で l だけすべり，その後は台車と一体となって水平面を右向きに速度 V で運動した。台車の質量は M で，台車と床の間には摩擦ははたらかず，小物体と台車の間の動摩擦係数は μ' である。また右向きを正，重力加速度の大きさを g とする。

(1) 小物体が台車の上をすべっているときの小物体および台車の床に対する加速度をそれぞれ求めよ。

(2) 速度 V を M, m, v_0 を用いて表せ。

(3) 小物体が台車の上をすべっていた時間 t を g, μ', V, M, m を用いて表せ。

(4) 小物体が台車に乗ってからの小物体の速度と時間の関係，および台車の速度と時間の関係の概略図を，同一グラフ上にかけ。ただし，小物体が台車に乗った瞬間の時刻を0，小物体が台車の上で停止した時刻を t とする。

(5) 小物体が台車の上ですべる間に失われた全力学的エネルギー ΔE を M, m, v_0 を用いて表せ。

(6) 小物体が台車の上をすべった距離 l を g, μ', M, m, v_0 を用いて表せ。〔20 大分大 改〕

◇41. 〈斜面をもつ台上の小球の運動〉

図に示すように，水平な床の上になめらかに動く質量 $3m$ の台車が置かれている。台車には水平に対して角度 θ をなす斜面A，水平面B，斜面Cがあり，台車の片方の側面は，鉛直な壁に接している。斜面Aの上で，水平面Bからの高さが h の地点から，質量 m の小球を静かにはなした。小球は常に台車と接して運動し，小球や台車にはたらく空気抵抗や摩擦力は無視できるものとする。重力加速度の大きさを g とする。

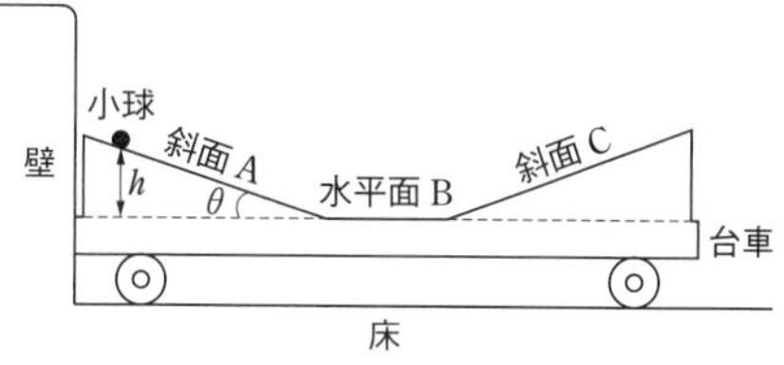

(1) 小球が斜面Aを下っている。
　(a) 小球の加速度の大きさはいくらか。　(b) 壁が台車を押す力の大きさはいくらか。

(2) 小球が斜面Aを下り終えた。
　(a) 小球が斜面Aを下り終えるまでに，斜面Aから受ける垂直抗力が小球にする仕事はいくらか。
　(b) 斜面Aを下り終えたときの小球の速さはいくらか。
　(c) 小球が斜面Aを下り終えるまでに要した時間はいくらか。

(3) 小球は水平面Bを通過し，斜面Cを上りだすと，台車が動きだした。その後，小球は台車に対して一瞬静止した。
　(a) 小球が一瞬静止した時点での床に対する台車の速さはいくらか。
　(b) 小球が一瞬静止した位置は水平面Bよりいくら高いか。
　(c) この間に，小球が台車を押す力のした仕事はいくらか。

(4) 小球は斜面Cを下り終え，再び水平面B上を運動している。
　(a) 床に対する台車の速さはいくらか。　(b) 床に対する小球の速さはいくらか。

〔14 愛媛大〕

◇42. 〈円盤と円環の多数回の衝突〉

図1および図2に示すように，水平な床面に質量 M, 内径 $2a$ の一様な円環(短い円筒状の輪)が静置されている。円環の中心を点Oとする。また，点Oの位置の床には質量 m の小さな円盤がある。なお，円環の内面および外面は，円環の上面，下面および床面に垂直である。ここで，円盤を点Oから図の矢印の方向に初速度 v_0 で運動させたところ，円盤は，円環の内壁の点Pに衝突し，次に円環の内壁の点Qに衝突した。円盤は，その後も点Pおよび点Qで衝突をくり返した。円盤が円環と衝突する際の反発係数を e $(0<e<1)$ とし，図の右向き(点Oから点Pへの向き)を正として次の問いに答えよ。ただし，空気抵抗や床面での摩擦はなく，円盤の大きさは無視できるものとする。

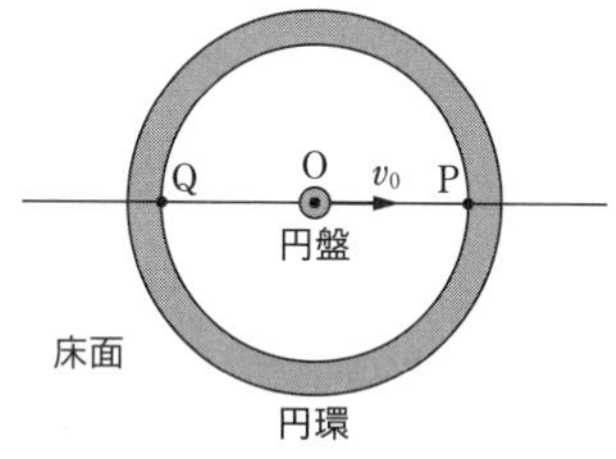

図1(上方から見た図)

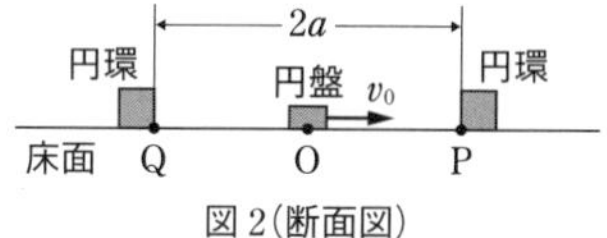

図2(断面図)

(1) 円盤が点Pに最初に衝突した後，点Qに最初に衝突するまでの間の円盤の速度 v_1 と，円環の速度 V_1 を，a，e，m，M，v_0 のうち必要なものを用いて記せ。

(2) 円盤が点Oの位置の床を出発し，円環の点Pとの最初の衝突を経て，円環の点Qに最初に衝突するまでの時間を，a，e，m，M，v_0 のうち必要なものを用いて記せ。

(3) 円盤と円環の最初の衝突を1回目の衝突とし，n 回目の衝突直後の円盤の速度を v_n，円環の速度を V_n とする。$v_n - V_n$ を，a，e，m，M，n，v_0 のうち必要なものを用いて記せ。

(4) 円盤と円環が多数回の衝突をくり返すと，円環の速度がある値に近づいていく。この値 $(\lim_{n \to \infty} V_n)$ を，a，e，m，M，v_0 のうち必要なものを用いて記せ。

(5) 円盤が点Oの位置の床を出発してから最初に点Pに衝突する前までの円盤と円環の運動エネルギーの和を K_0 とする。また，円盤と円環が多数回の衝突をくり返して十分に時間が経過した後の円盤と円環の運動エネルギーの和を K_F とする。これらの差 $\Delta K = K_0 - K_F$ を，a，e，m，M，v_0 のうち必要なものを用いて記せ。

(6) (5)で求めた ΔK は何を意味するか，60字以内で簡潔に記せ。〔22 浜松医大 改〕

B　応用問題

◇43.〈棒でつながれた2物体の運動〉 思考

図のように，長さ l で質量の無視できる棒によってつながれた，質量 M の物体Aと質量 m の物体Bの運動を考える。ただし $M > m$ とする。棒は物体Aおよび物体Bに対してなめらかに回転でき，棒が鉛直方向となす角を θ とする。初め，物体Aは水平な床の上で鉛直な壁に接していた。一方，物体Bは物体Aの真上 $(\theta = 0°)$ から初速度0で右側へ動き始めた。その後の運動について次の問いに答えよ。なお，重力加速度の大きさを g として，物体Aと物体Bの大きさは考えなくてよい。また，棒と物体Aおよび物体Bとの間にはたらく力は棒に平行である。

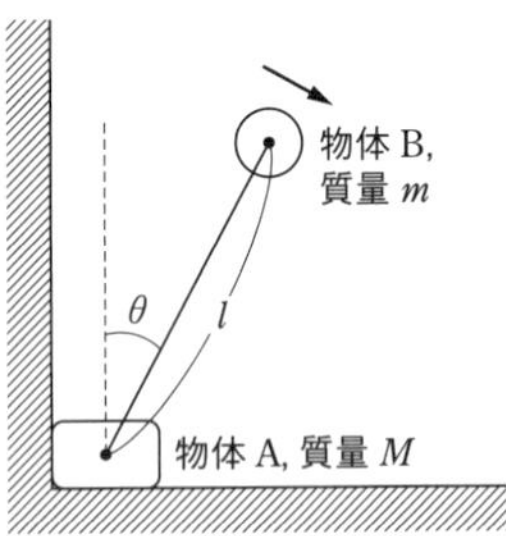

〔A〕 まず，物体Aと床との間に摩擦がない場合について考える。

(1) 物体Bが動きだしてからしばらくの間は，物体Aは壁に接したままであった。この間の物体Bの速さ v を，θ を含んだ式で表せ。

(2) (1)のとき，棒から物体Bにはたらく力 F を，θ を含んだ式で表せ。棒が物体Bを押す向きを正とする。

(3) $\theta = \alpha$ において，物体Aが壁から離れて床の上をすべり始めた。$\cos\alpha$ を求めよ。

(4) $\theta = \alpha$ における物体Bの運動量の水平成分 P を求めよ。

(5) 物体Bが物体Aの真横 $(\theta = 90°)$ にきたときの，物体Aの速さ V を求めよ。P を含んだ式で表してもよい。

(6) $\theta = 90°$ に達した直後に，物体Bが床と完全弾性衝突した。その後，物体Bがいちばん高く上がったとき $\theta = \beta$ であった。$\cos\beta$ を求めよ。P を含んだ式で表してもよい。

〔B〕 次に，物体Aと床との間に摩擦がある場合について考える。今度は，$\theta = 60°$ において，物体Aが壁から離れた。物体Aと床との間の静止摩擦係数 μ を求めよ。〔東京大〕

6 ◇円運動・万有引力

（◇＝上位科目「物理」の内容を含む項目）

●円運動

物理量	記号·式	単位	関係式など
半径	r	m	$v=r\omega$（円の接線方向）　$T=\frac{2\pi r}{v}=\frac{2\pi}{\omega}$
角速度	ω	rad/s	$a=\frac{v^2}{r}=r\omega^2$（向心加速度）　$n=\frac{1}{T}$
周期	T	s	$F=m\frac{v^2}{r}=mr\omega^2$（向心力）
回転数	n	Hz（回/s）	

1　円運動の扱い方

①中心を確認する。

②半径 r を求める。

③物体にはたらく力(実在の力(重力，接触力，摩擦力など))を図示する。

④$m\frac{v^2}{r}$＝合力　または　$mr\omega^2$＝合力

⑤$T=\frac{2\pi r}{v}$　または　$T=\frac{2\pi}{\omega}$　など

2　円運動している物体に乗って観測する場合1の③，④は次のようになる。

③′物体にはたらく力を図示する。

実在の力と遠心力$\left(m\frac{v^2}{r}\text{ または } mr\omega^2\right)$

④′力のつりあいとして解く。

3　鉛直面内での円運動

①中心を確認し，半径 r を求める。

②力学的エネルギー保存則から v を求める。

③〈静止して観測する場合〉
半径方向の運動方程式を立てる。
〈物体に乗って観測する場合〉
遠心力を加えて，半径方向の力のつりあいの式を立てる。

④1回転するための条件 ⟶ 最高点で垂直抗力≧0
面から離れる ⟶ 垂直抗力＜0
糸がゆるむ ⟶ 張力＜0

●万有引力

物理量	記号·式	単位	関係式など
地球の半径	R	m	$f=G\frac{Mm}{r^2}$　$U=-G\frac{Mm}{r}$
地球の質量	M	kg	$mg=G\frac{Mm}{R^2}$　（無限遠方を基準）
万有引力定数	$G=6.67\times10^{-11}\,\mathrm{N\cdot m^2/kg^2}$		

1　ケプラーの法則

Ⅰ．惑星は太陽を1つの焦点とするだ円上を運動する。

Ⅱ．面積速度一定の法則　$\frac{1}{2}rv$＝一定

Ⅲ．$T^2=ka^3$（円軌道なら rv^2＝一定）
⟶ 別々の軌道を結びつける

2　円軌道のとき

①向心力＝万有引力 の運動方程式を立てる。

$$m\frac{v^2}{r}=G\frac{Mm}{r^2} \Rightarrow v=\sqrt{\frac{GM}{r}}=\sqrt{\frac{gR^2}{r}}$$

②$GM=gR^2$ を用いるとよい。

3　だ円軌道のとき

①面積速度一定　$r_1v_1=r_2v_2$

②力学的エネルギー保存則

$$\frac{1}{2}mv_1^2+\left(-G\frac{Mm}{r_1}\right)=\frac{1}{2}mv_2^2+\left(-G\frac{Mm}{r_2}\right)$$

③周期は $T^2=ka^3$ から求める。

4　無限遠方への脱出を考えるとき

$$\frac{1}{2}mv_0^2+\left(-G\frac{Mm}{r}\right)\geqq 0$$

標準問題

必解 ◇44. 〈摩擦のある回転台上の物体〉

水平面で回転できる回転台があって，回転台水平面上の回転中心を点Oとする。質量 m〔kg〕で大きさの無視できる物体Aを，回転台上で点Oから l_0〔m〕の点Pに置く。

物体と回転台の間の静止摩擦係数を μ，重力加速度の大きさを g〔m/s²〕として，次の問いに答えよ。

(1) 回転台が回転していないとき，Aにはたらいている力を図によって示せ。

(2) 回転台を角速度 ω〔rad/s〕で回転させる。Aが点Pですべらないで回転台とともに回転しているとき，Aにはたらいている力を，回転台上でともに回転しながら観測するときと，回転台の外で観測するときとで，それぞれどういう力が観測されるか，図によって示せ。

(3) 前問(2)の状態から ω を徐々に上げていったら，$\omega=\omega_0$〔rad/s〕でAが点Pからすべりだした。μ を l_0，g，ω_0 を使って表せ。

(4) 長さ l_0〔m〕のつる巻き状のばねがあって，これにAをつるすと長さが l〔m〕に伸びる。ばねの一端を点Oにつけ，他端にAをつけて回転台に置いた。ばねの長さが l〔m〕に伸びているとき，Aが回転台上をすべらないで回転できる ω の大きさの範囲を答えよ。μ は1より小さく，ばねと回転台の摩擦はないものとし，また，ばねの質量は無視できるものとする。 〔福島県医大〕

必解 ◇45. 〈円錐振り子〉

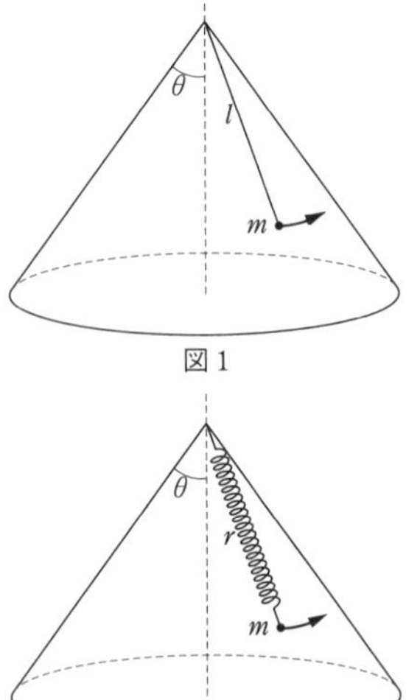

図1

図2

図1のように，質量 m のおもりを，長さ l の軽くて伸びないひもの一端につけ，もう一端を，鉛直方向を向いている天頂角 2θ のなめらかな円錐面の頂点に固定した。重力加速度の大きさを g とし，次の［ア］～［カ］に当てはまる解答を θ，g，m，l，r を使って表せ。ただし［オ］，［カ］の解答では r は使ってはいけない。

図1のように，円錐面上でおもりに角速度 ω で円運動をさせた。ω を大きくしていって，$\omega^2=$［ア］になると，円錐面からおもりが受ける抗力は0になる。このとき，ひもの張力は［イ］になっている。それ以上の角速度では，おもりは円錐面から離れた状態で円運動を行う。

次に，ひもの代わりに，自然の長さが l でばね定数が $\dfrac{mg}{l}$ のばねを使って，図2のように円錐面上でおもりに円運動をさせた。そのときのばねの長さを r とすると，角速度 ω は $\omega^2=$［ウ］で与えられる。また，円錐面からおもりが受ける抗力は［エ］になっている。角速度 ω を大きくしていくとばねの伸びは大きくなっていき，ばねの長さ r が［オ］になったときに円錐面からおもりが受ける抗力は0になることがわかる。また，そのときの角速度 ω は $\omega^2=$［カ］で与えられる。それ以上の角速度では，おもりは円錐面から離れた状態で円運動を行うことになる。 〔上智大〕

必解 ◇46. 〈円筒表面をすべり落ちる小物体の運動〉

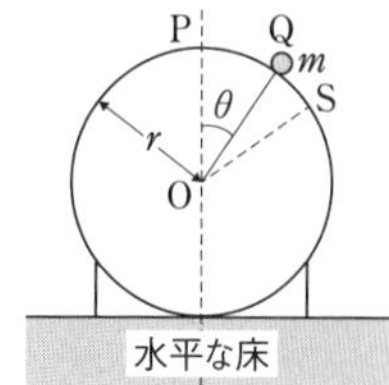

図のように，なめらかな表面をもつ半径 r の円筒が，水平な床に接して固定されている。質量 m の小物体が最高点Pから静かにすべりだし，点Qを通過して点Sで円筒表面から離れ床に落ちた。円筒の中心を点O，$\angle POQ=\theta$，重力加速度の大きさを g として，次の問いに答えよ。

(1) 小物体が点Qを通過するときの速さはいくらか。

(2) 点Qにおける小物体に作用する抗力の大きさはいくらか。

(3) $\angle POS=\theta_0$ とするとき，$\cos\theta_0$ はいくらか。

(4) 点Sで円筒表面から離れる瞬間の小物体の速さはいくらか。

(5) 小物体を点Pから，円筒軸に垂直でかつ水平に，初速を与えて打ち出すとき，円筒面上をすべらず，ただちに円筒から離れて放物運動するようになる初速の最小値はいくらか。

〔15 東京電機大 改〕

必解 ◇47. 〈鉛直面内の円運動〉

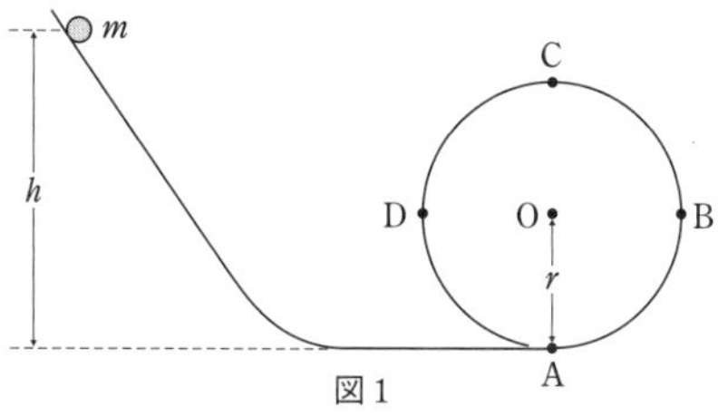

図1

図1に示すように，大きさを無視できる質量 m の小球が，高さ h の地点から初速度0でレール上をなめらかにすべり下り，鉛直面内にある半径 r の円軌道上を運動する。重力加速度の大きさを g とする。また，レールの太さ，レールとの摩擦，空気抵抗は無視できるものとする。次の(1)～(3)について，g，h，r のうち必要な記号を用いて答えよ。

(1) 最初に点Aを通過するときの小球の速さ v_A を求めよ。

(2) 小球がレールにそって点B，C，Dを通過して，再び点Aになめらかに到達した。このとき，円軌道の最高点Cにおける小球の速さ v_C を求めよ。

(3) 小球がレールから離れずに，円軌道を1周するために必要な高さ h の最小値 h_1 を求めよ。

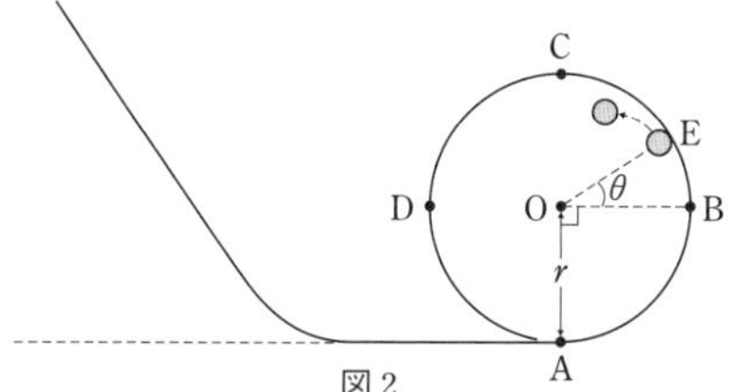

図2

次に，小球が円運動中にレール上から離れる場合，すなわち，高さ $h<h_1$ とした場合の運動を考える。このとき図2のように，小球は点Eにおいて円軌道から離れ，レールとは衝突せずに放物運動を続ける。そのときのなす角を θ $(0^\circ<\theta<90^\circ)$ とする。次の(4)～(6)について，g，r，θ のうち必要な記号を用いて答えよ。

(4) レール上から離れる点Eにおける小球の速さ v_E を求めよ。

(5) (4)における初期地点の高さ h_E を求めよ。ただし，$h_E<h_1$ である。

(6) 小球が点Bに到達するために必要な高さ h の最小値 h_B を求めよ。 〔20 信州大 改〕

◇48. 〈２個の小球の重心の運動と重心に対する相対速度〉

質量mの小球A，Bが長さlのひもの両端につながれている。図のように水平な天井に小球A，Bをlだけ離して固定した。小球Bを固定した点をOとし，重力加速度の大きさをgとする。小球A，Bの大きさ，ひもの質量，および空気抵抗はないものとする。

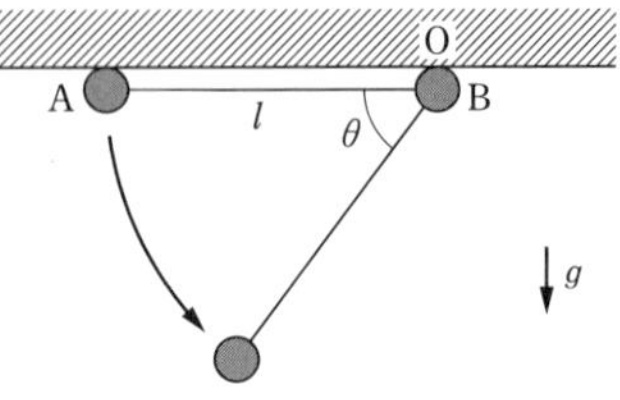

〔A〕 小球Bを固定したまま小球Aを静かにはなした。

(1) ひもと天井がなす角度をθとする。小球Aの速さをθを用いて表せ。ただし，$0 \leqq \theta \leqq \dfrac{\pi}{2}$ とする。

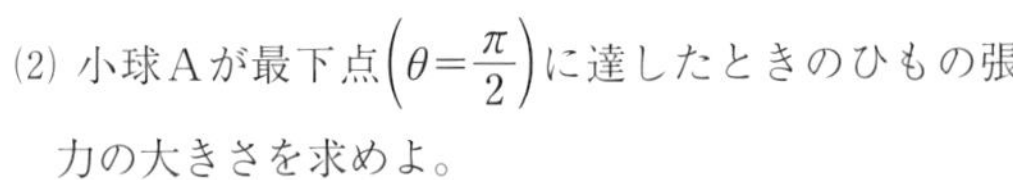

(2) 小球Aが最下点$\left(\theta=\dfrac{\pi}{2}\right)$に達したときのひもの張力の大きさを求めよ。

(3) 小球Aが最下点$\left(\theta=\dfrac{\pi}{2}\right)$に達したときの小球Aの加速度の大きさと向きを求めよ。

〔B〕 小球Aが初めて最下点$\left(\theta=\dfrac{\pi}{2}\right)$に達したときに小球Bを静かにはなした。この時刻を $t=0$ とする。

(1) ２個の小球の重心をGとする。小球Bをはなした後の重心Gの加速度の大きさと向きを求めよ。

(2) 時刻 $t=0$ における，重心Gに対する小球A，Bの相対速度の大きさと向きをそれぞれ求めよ。

(3) 時刻 $t=0$ における，ひもの張力の大きさを求めよ。

(4) 時刻 $t=0$ における，小球A，Bの加速度の大きさと向きをそれぞれ求めよ。

(5) 小球Bをはなしてから，初めて小球Aと小球Bの高さが等しくなる時刻を求めよ。

(6) 小球Bをはなした後の時刻tにおける小球Aの水平位置を求めよ。ただし，点Oを原点とし，右向きを正とする。 〔15 東京大〕

必解 ◇49. 〈ケプラーの法則〉

地上の１点から鉛直上方へ質量m〔kg〕の小物体を打ち上げる。地球は半径R〔m〕，質量M〔kg〕の一様な球で，物体は地球から万有引力の法則に従う力を受けるものとする。図を参照して，次の問いに答えよ。ただし，地上での重力加速度の大きさをg〔m/s²〕，万有引力定数をG〔N·m²/kg²〕とする。また，地球の自転および公転は無視するものとする。

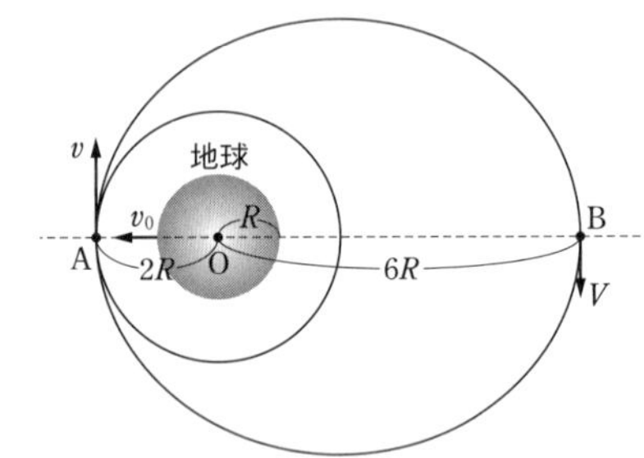

(1) 地上での重力加速度の大きさgをR，M，Gを用いて表せ。

(2) 物体の速度が地球の中心Oから$2R$の距離にある点Aで０になるためには，初速度の大きさv_0〔m/s〕をどれだけにすればよいか，g，Rを用いて表せ。

物体の速度が点Aで０になった瞬間，物体に大きさがv〔m/s〕でOAに垂直な方向の速度を与える。

(3) 物体が地球の中心Oを中心とする等速円運動をするためには，vをどれだけにすればよいか，g，Rを用いて表せ。また，この円運動の周期をg，Rを用いて表せ。

点Aで物体に与える速さ v が(3)で求めた値からずれると，物体の軌道は，地球の中心を1つの焦点とするだ円となる。だ円軌道は v が大きくなるほど大きくなり，v がある値以上になると，物体は無限遠方に飛び去ってしまう。

(4) 物体がABを長軸とするだ円軌道を描くとき，次の問いに答えよ。ただし，点Bの地球の中心からの距離は $6R$ である。

(a) 点Aにおける面積速度と点Bにおける面積速度が等しいことから，点Bにおける物体の速さ V〔m/s〕を v を用いて表せ。

(b) 速さ v を g，R を用いて表せ。 (c) このだ円運動の周期を g，R を用いて表せ。

(5) 物体が地球に衝突もせずかつ無限遠方に飛び去ることもなくだ円軌道を描き続けるためには，速さ v はどのような範囲になければならないか，不等式で表せ。　〔大阪市大 改〕

◇50.〈万有引力〉

地球（質量 M）と月（質量 m）の運動を考える。地球と月との距離を r_0，万有引力定数を G として，次の問いに答えよ。なお，地球と月は，それら以外の天体から力を受けないとし，それぞれの大きさは無視できるものとする。

〔A〕 地球は静止しており，月は地球のまわりを等速円運動するとして次の問いに答えよ。

(1) 月が地球から受ける万有引力の大きさを記せ。

(2) 月の運動の周期を m，M，G，r_0 のうち必要なものを用いて表せ。

(3) 月の運動エネルギーを m，M，G，r_0 のうち必要なものを用いて表せ。

(4) 月の力学的エネルギーを m，M，G，r_0 のうち必要なものを用いて表せ。なお，地球の万有引力による月の位置エネルギーの基準を無限遠に選ぶ。

(5) なんらかの原因で月の力学的エネルギーが減少したとする。月は，依然として等速円運動を行っているとした場合，地球と月との距離について，次の選択肢から正しいものを選べ。

① 大きくなる。　② 小さくなる。　③ 変わらない。

(6) その場合，月の速さはどのようになるか，次の選択肢から正しいものを選べ。

① 速くなる。　② 遅くなる。　③ 変わらない。

〔B〕 実際には，図のように地球と月は，地球と月を結ぶ線上のある点Oを中心にして，同じ角速度で等速円運動を行っているとみなせる。この場合の，Oから月までの距離を r_1，Oから地球までの距離を r_2（ただし $r_0=r_1+r_2$）として次の問いに答えよ。

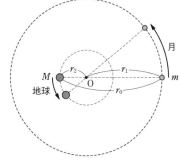

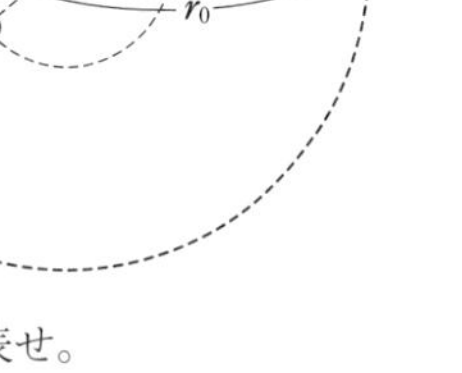

(1) 月の円運動の角速度を ω として，月の向心力の大きさを m，r_1，r_0，ω のうち必要なものを用いて表せ。

(2) 月の受ける万有引力は〔A〕(1)の万有引力と同じであることに注意し，月の角速度を G，M，r_1，r_0 を用いて表せ。

(3) 地球と月はOを中心にして同じ角速度で等速円運動を行っていることに注意して，r_1 を M，m，r_0 を用いて表せ。

(4) 円運動の周期を G，M，m，r_0 を用いて表せ。　〔関西学院大〕

B 応用問題

◇51. 〈半球内での物体の円運動〉

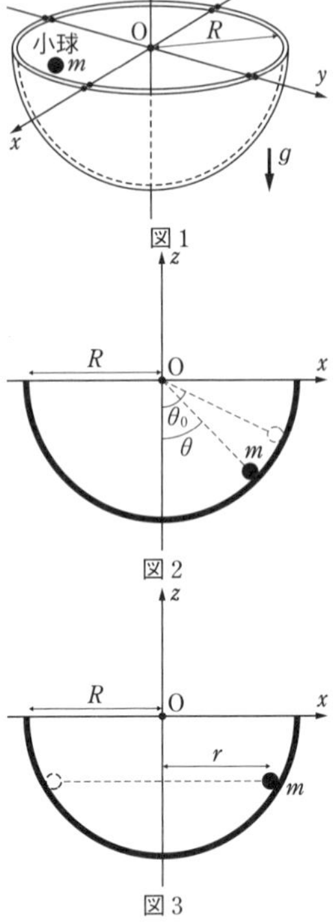

図1 図2 図3

内半径 R の半球が，図1のように切り口を水平にして固定されている。座標軸は，半球の中心Oを原点とし，z 軸を鉛直方向に，xy 平面を半球の切り口にとる。この半球の内面に接して運動する質量 m の小球について考える。ただし，小球と半球の内面との間の摩擦および小球の大きさは無視できるものとする。重力加速度の大きさを g として，次の問いに答えよ。

(1) 図2のように，小球が半球の内面に接して xz 平面内を運動する場合を考える。

(a) z 軸となす角度が θ_0 の位置から小球を静かにはなすとき，角度 θ の位置における小球の速さ v および加速度の進行方向成分 a の大きさを，R，m，g，θ，θ_0 の中から必要なものを用いて表せ。

(b) θ_0 が十分小さいとき，往復運動の周期 T_1 を，R，m，g の中から必要なものを用いて表せ。なお，この場合，$\sin\theta \fallingdotseq \theta$ が成りたっているものとする。

(2) 図3のように，小球は半球の内面を半径 r の円を描いて一定の速さで水平に回っている。

(a) このときの円運動の角速度 ω_1 を，R，m，r，g の中から必要なものを用いて表せ。

(b) 円運動の半径 r が R に比べて十分小さいとき，周期は r によらず一定になる。このときの周期 T_2 を，R，m，g の中から必要なものを用いて表せ。なお，この場合，$1 \pm \left(\dfrac{r}{R}\right)^2 \fallingdotseq 1$ が成りたっているものとする。

(3) 半球が台車の上で水平に固定されている場合を考える。台車が水平方向に加速度 $\dfrac{5}{12}g$ で等加速度運動しているとき，小球は一定の速さで半径 r の円運動をしている。

(a) 円運動を含む平面に垂直な方向，すなわち円運動の軸の方向が z 軸となす角を ϕ としたとき，$\sin\phi$ の値はいくらか。

(b) 円運動の角速度 ω_2 を，R，m，r，g の中から必要なものを用いて表せ。

(4) 図4のように，小球は，座標 $(0,\ 0,\ R)$ の点Pから，伸び縮みしない長さ l のひもでつるされている。小球は，半球の内面から離れず，また，ひもはたるむことなく円運動している。なお，ひもの質量と太さは無視できるものとする。

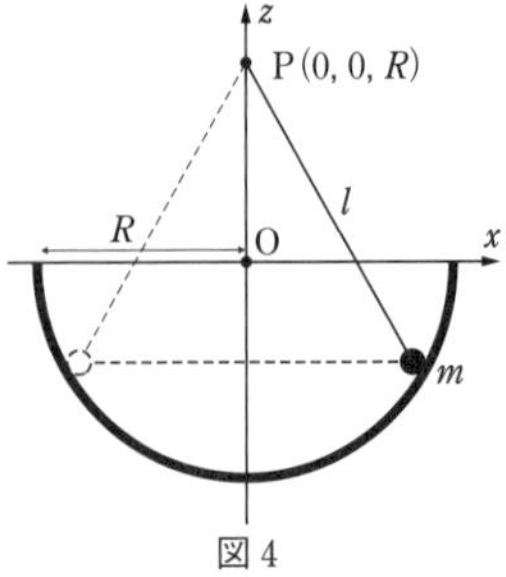

図4

(a) 小球が，半球の内面から離れずに円運動するときの角速度の最小値 ω_{min} を，R，m，l，g の中から必要なものを用いて表せ。

(b) ひもがたるむことなく，小球が円運動するときの角速度の最大値 ω_{max} を，R，m，l，g の中から必要なものを用いて表せ。

〔13 東北大〕

7 ◇単振動・単振り子

(◇＝上位科目「物理」の内容を含む項目)

●単振動

物理量	記号·式	単位	関係式など
振幅	A	m	$x=A\sin\omega t$
角振動数	ω	rad/s	$v=A\omega\cos\omega t \longrightarrow v_{最大}=A\omega$　　$T=\dfrac{2\pi}{\omega}$, $f=\dfrac{1}{T}$
周期	T	s	$a=-A\omega^2\sin\omega t \longrightarrow a=-\omega^2 x$
振動数	f	Hz＝/s	復元力$-Kx$ ⇨ $-m\omega^2 x=-Kx$ ⇨ $\omega=\sqrt{\dfrac{K}{m}}$ ⇨ $T=\dfrac{2\pi}{\omega}$

①単振動は等速円運動の正射影(円運動を真横から見れば単振動)。
時間を求めるときは周期Tを用い，必要なら円運動にもどって考える。

②単振動の扱い方

- 振動の中心 x_0 の確認 ⟶ 力のつりあう点 x_0 が振動の中心
- 振幅Aを求める ⟶ 中心 x_0 からの最大変位(中心から折りかえし点までの距離)
- 物体にはたらく力をすべて図示する。
  ma＝合力　から，$a=-\bigcirc x$　または　$a=-\bigcirc(x-x_0)$　を求める。
- $a=-\omega^2 x$　と比較して　$\omega^2=\bigcirc \longrightarrow \omega$ を求める。
- $T=\dfrac{2\pi}{\omega}$,　　$v_{最大}=A\omega$

③速さを求めるとき，$v_{最大}=A\omega$　または，力学的エネルギー保存則を用いる。

●ばね振り子

$$T=2\pi\sqrt{\frac{m}{k}}$$

①ばね振り子の周期はどのような状況でも同じとなる。
横ばね，縦ばね，斜めのばね，摩擦があっても。

②物体の位置xは，$x>0$ として図をかくとよい。

③つりあいの点を原点とし，見かけ上の「新しい自然の長さのばね」とすれば，

- 弾性力と重力(または摩擦力)の合力は，合力$=-kx$ で，水平ばねと同じとなる。
- 合力による位置エネルギーは $U=\dfrac{1}{2}kx^2$ となり，水平ばねと同じとなる。

④摩擦のある面上での単振動は，$\mu' N$ の力がはたらくと考えて，振動の中心を求める。
ただし，動摩擦力の向きが変わるから，振動の中心も交替するが，周期は同じ。

⑤なめらかな台上の物体がばねから離れる位置は，ばねの自然の長さである。

●単振り子

$$T=2\pi\sqrt{\frac{l}{g}}$$

①単振り子の周期はおもりの質量には無関係である。

②周期の式は，振幅が小さい場合に成りたつ。

③非慣性系での周期は，見かけの重力加速度 g' を代入して求める。

- エレベーター：$g'=g+a$(上昇)，$g'=g-a$(下降)　　　電車内：$g'=\sqrt{g^2+a^2}$

●さまざまな単振動

いずれも，合力を求め，$a=-\bigcirc x$　からωを求めていく。

- 水に浮かべたときは，重力と浮力がはたらく。
- 地球のトンネルは，万有引力で考える。
- ピストンの場合は，重力と　圧力×面積　を考える。

標準問題

必解 ◇52.〈2本のばねによる単振動〉

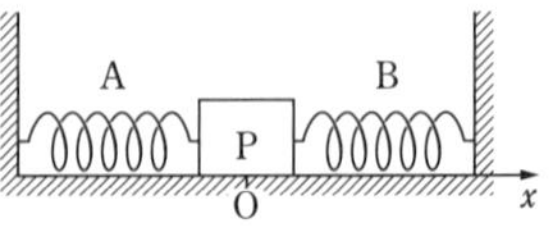

図のように，なめらかな水平面上に質量 m の物体Pが同じばね定数 k をもった2つのばねA，Bとばねが自然の長さにある状態でつながっている。水平面上右向きに x 軸をとり，このときの物体Pの位置を x 座標の原点Oとする。物体PをばねAのほうへ原点Oより a だけずらしてからはなす。このとき物体Pは単振動する。単振動は等速円運動の x 軸上への正射影の運動であるといえる。時刻 $t=0$ において，物体Pはちょうど x 座標の原点Oを正の向きに向かって通過した。ばねの質量はないものとして，次の問いに答えよ。

(1) 時刻 t における物体Pの位置 x および速度 v を，等速円運動の角速度 ω を用いて表せ。

(2) 時刻 t において物体Pが位置 x にあるときの加速度 α を，ω と x を用いて表せ。また，2つのばねAとBから受ける力 F を，k と x を用いて表せ。

(3) 物体Pが $x=a$ に達してから，初めて原点Oを通過するまでの時間 t_0 と，初めて $x=\dfrac{1}{2}a$ を通過するまでの時間 t_1 を，k と m を用いて表せ。

(4) 物体Pの運動エネルギー K の最大値とそのときの位置，およびばねの弾性力による物体Pの位置エネルギー U の最大値とそのときの位置を表せ。ただし，ω や T を用いないこと。

(5) 物体Pが単振動しているときの速度 v と位置 x の関係を求め，v を縦軸に，x を横軸にとってグラフに示せ。このとき座標軸との交点を，a，k および m を用いて表せ。また，物体Pが時間とともに図上をたどる向きを矢印で表せ。　〔香川大 改〕

◇53.〈あらい面上で振動する物体の運動〉

次の文章を読み，(1)〜(3)の□の中に適切な数式を入れよ。ただし，(4)はグラフで答えよ。

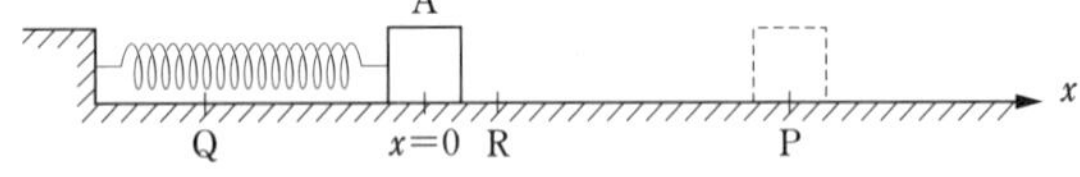

図に示すように，水平な床面上に質量 m〔kg〕の物体Aを置き，つるまきばねを取りつける。ばねが床面と水平となるように，ばねの他端を壁に固定する。物体Aは図の x 軸上を運動し，その位置を座標 x〔m〕で表す。ばねが自然の長さのとき物体Aの位置を原点 $x=0$ にとり，ばね定数を k〔N/m〕とする。物体Aと床面との間の動摩擦係数を μ' とする。また，重力加速度の大きさは g〔m/s^2〕とし，ばねの質量は無視できるものとする。

物体Aを点P ($x=5l$) まで引っ張り，時刻 $t=0$ で静かに手をはなした。このとき，物体Aは x 軸の負の向きに動き始め，点Q ($x=-3l$) で運動の向きを反転し，再び x 軸の正の向きに運動した。その後，物体Aは時刻 $T=2\pi\sqrt{\dfrac{m}{k}}$〔s〕で点R ($x=l$) に停止した。なお，次の問いでは l を用いて答えてもよい。

(1) 物体AがPからQまで移動するとき，ばねに蓄えられたエネルギー（弾性エネルギー）の変化は［ア］〔J〕と表される。また，この間に動摩擦力がした仕事は［イ］〔J〕である。両者は相等しいので，動摩擦係数 μ' は［ウ］と求められる。

(2) 時刻 $t=0$ で手を離れた物体Aはしだいに速さを増し，最大の速さになったのち，徐々に減速して点Qで0となった。この間，座標 x で物体Aが受ける力は右向きを正としてエ〔N〕と表される。したがって，物体Aの運動は $x=$ オ〔m〕を中心とする単振動の動きに等しいことがわかる。よって，この中心で物体Aの速さは最大となり，その値は カ〔m/s〕となる。また，物体Aが点Qで反転する時刻は キ〔s〕である。

(3) 次に物体AがQからRまで移動するとき，座標 x で物体Aに作用する力は右向きを正として ク〔N〕と表され，この区間の振動の中心は $x=$ ケ〔m〕である。

(4) 物体Aの座標 x と時間 t との関係をグラフに示せ。〔北海道大〕

必解 54.〈たてばねによる単振動〉

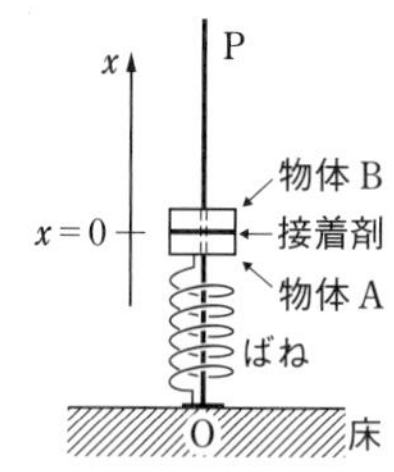

図のように，なめらかで十分長い直線状の棒 OP を鉛直に立ててO端を水平な床に固定した。この棒に，同じ質量 m の穴の開いた小さい物体A，Bを通した。物体Aには，ばね定数 k の軽いばねをつけ，ばねの他端は棒のO端に固定した。ばねは OP 方向のみに伸縮し，棒と物体A，Bの間に摩擦はないものとする。さらに，物体Aのばねとは反対側に質量と厚さの無視できる接着剤で物体Bを接着した。物体A，Bが押しあうときは物体AとBは離れないが，引きあうときは引きあう力の大きさが接着剤の接着力以上になると物体AとBは離れる。重力加速度の大きさを g とする。

初めに，ばねはその自然の長さから d_1 だけ縮んで，物体A，Bはつりあいの位置に静止していた。図のように，このつりあいの位置を $x=0$ とし，鉛直上向きを正とする x 軸をとる。

(1) 自然の長さからのばねの縮み d_1 を，m，k，g を用いて表せ。

まず，接着剤の接着力が十分大きく，物体AとBが離れない場合を考える。物体Bをつりあいの位置から b だけ押し下げ，静かに手をはなすと，物体AとBは一体のまま上下に振動した。

(2) この振動の周期を，m，k を用いて表せ。

(3) この振動をしているときの物体A，Bの速さの最大値を，m，k，b を用いて表せ。

物体AとBが一体のまま運動しているときの両物体の位置の座標を x とする。また，物体Aが物体Bから受ける力を T とし，x 軸の正の向きを T の正の向きとする。つまり，T が正のときは物体AとBは引きあっているが，T が負のときは押しあっていることになる。

(4) このとき，物体Bにはたらく力を，m，g，T を用いて表せ。x 軸の正の向きを物体Bにはたらく力の正の向きとすること。

(5) 物体A，Bの運動方程式を考えることで，T を，m，k，g，x を用いて表せ。

(6) T を x の関数として，$-3d_1 \leqq x \leqq 3d_1$ の範囲でグラフに描け。ただし，ここでは $b>3d_1$ とする。

次に，接着剤の接着力が小さく，物体A，B間の引きあう力の大きさが mg 以上になると，物体AとBは離れる場合を考える。ただし，離れる瞬間の前後で，物体AとBの運動エネルギーや，ばねの弾性エネルギーは変化しないものとする。

物体Bをつりあいの位置から b だけ押し下げ，静かに手をはなすと，物体Bは運動の途中で物体Aから離れた。

(7) 運動の途中で物体Bが物体Aから離れるためには，b はある値 b_1 以上でなければならない。b_1 を，m，k，g を用いて表せ。

(8) 物体Bが物体Aから離れた瞬間の物体Bの速さを，m，k，g，b を用いて表せ。

〔22 千葉大〕

必解 ◇55.〈単振り子〉

次の文の ア から ク に当てはまる式を記せ。ただし，重力加速度の大きさを g〔m/s²〕とし，空気抵抗は無視するものとする。

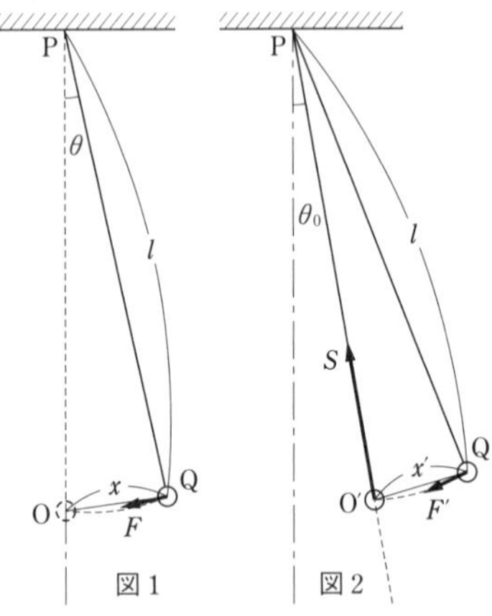

停車している電車の天井の点Pに長さ l〔m〕の軽い糸の上端を固定し，下端に質量 m〔kg〕の小球Qを付けて，鉛直面内で振動させた。図1は，つりあいの位置OからのQの変位が x〔m〕となった瞬間を表している。糸と鉛直線のなす角を θ〔rad〕とすると，QをOに引きもどそうとする力，すなわち復元力の大きさ F は m，g，θ を用いて ア〔N〕と表される。小球Qは半径 l の円周上を往復運動するが，振幅が小さい場合には，経路はほぼ直線と考えてよく，この往復運動はOを中心とする単振動であるとみなすことができる。このとき，F は m，g，l，x を用いて イ〔N〕と表される。

次に，Qの振動を静止させた。その後，電車は水平でまっすぐな線路上で等加速度運動を始めた。加速度の大きさは a〔m/s²〕であった。すると，図2のように，糸が鉛直線に対して角 θ_0〔rad〕だけ傾いてQは静止した。このときのQの位置をO′とする。$\tan\theta_0$ を g，a を用いて表すと ウ となる。また，糸が引く力の大きさ S を m，g，a を用いて表すと エ〔N〕となる。

ここで，Qを電車の加速度の方向と鉛直線がつくる平面内で小さく振動させた。図2のように，O′からのQの変位を x'〔m〕とすると，Qに加わる復元力の大きさ F' は m，g，a，l，x' を用いて オ〔N〕と表される。このときQは単振動をするが，その周期 T は g，a，l を用いて表すと カ〔s〕となる。

O′を中心に単振動するQが右端にきて，いったん静止した瞬間，糸を静かに切った。糸を切った瞬間のQの真下の床の位置をR，そのときのQの床からの高さを h〔m〕とすると，Qは糸を切った瞬間から キ 秒後にRから ク〔m〕離れた床上に落ちた。

〔武蔵工大〕

◇56.〈浮力と単振動〉

密度 ρ，底面積 S，高さ L の柱状の浮きがある。これを，図1のように直立させた状態で水に静かに浮かべたところ，水面下の長さが $d\left(\leqq \dfrac{L}{2}\right)$ の所で静止した。水の密度を ρ_0，重力加速度の大きさを g とする。浮きは直立した状態のままで鉛直方向に運動し，空気の質量，浮きの運動に伴う水や空気の抵抗，水面の変化および水の運動による影響は無視するものとして，次の文中の ＿＿ に当てはまる式を記せ。ただし， エ 以降では d を用いずに答えよ。

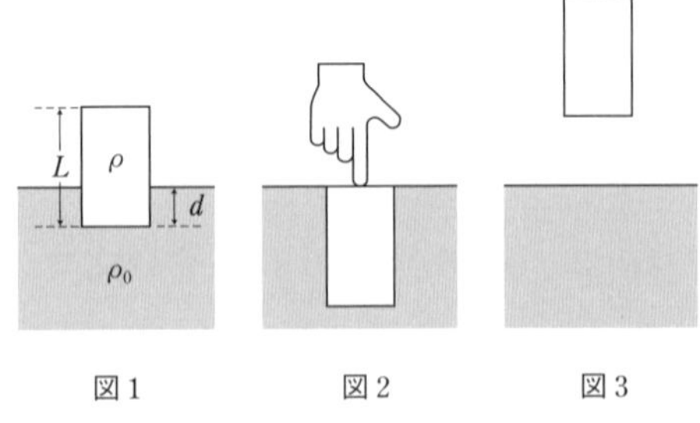

図1　図2　図3

図1のように，浮きが静止しているときに，浮きにはたらく重力の大きさは［ア］，浮きが水から受ける浮力の大きさは［イ］であり，これら2つがつりあっていることから，水面下の長さdは［ウ］である。

はじめ静止していた位置(つりあいの位置)から，手で浮きをx_0 $(0<x_0<d)$だけ押し沈めて止めた。このときの手の押す力の大きさは［エ］である。その後，浮きを静かにはなしたところ，浮きはその底面が水面から飛び出すことなく，上下に単振動を始めた。この振動の周期は［オ］，振動中につりあいの位置に来たときの速さは［カ］，浮きが最も高くなる底面の位置は，水面から［キ］の深さの所である。

次に，図2のように，浮きの上面を水面と同じになるまで押し沈めて静かにはなすと，浮きは水から完全に飛び出した。このように，浮きの底面が水から完全に出るためには，浮きの密度がある量より小さい必要があり，その量は［ク］である。今回用いた浮きの密度は(ク)より小さかったので，水から飛び出したあと，水面からある高さまで上昇し(図3)，その後，水面に着水した。浮きの底面が水面から出る瞬間の浮きの速さは［ケ］，浮きの底面が達した最大の高さは，水面から［コ］である。また，浮きの底面が水面から出て，底面が再び着水するまでの時間は［サ］である。〔20 福岡大〕

◇57.〈ばねに連結された2物体〉

物体A，Bが質量の無視できるばねでつながれており，水平で摩擦を無視できるなめらかな床の上に置かれている。物体AとBの質量はそれぞれ，m_A，m_Bとし，大きさは無視できる。また，ばねは自然の長さlで，ばね定数をkとする。物体A，Bの位置，速度，加速度は，それぞれx_A，x_B，v_A，v_B，a_A，a_Bとする。

図1のように，物体AとBを引っ張り，ばねの長さがLになったとき，静かにA，B同時に手をはなした。図の右向きを正とする。

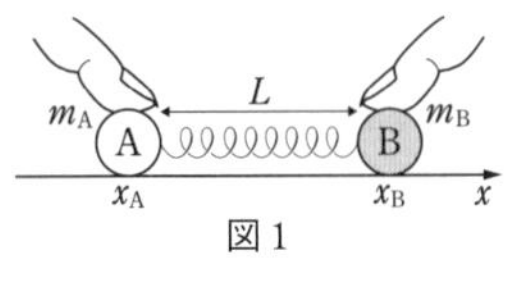

図1

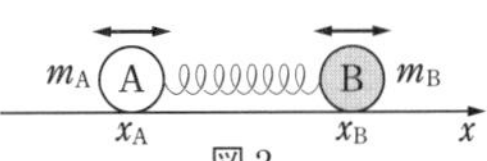

図2

(1) 手をはなす直前のばねの弾性エネルギーを求めよ。

(2) ばねが自然の長さにもどった瞬間のAとBの速度を求めよ。

その後，AとBは接触することなく，図2のように，それぞれ周期的運動をくり返した。そのとき，AとBの重心は動かなかった。ばねの伸び$X(=x_B-x_A-l)$と相対加速度$a(=a_B-a_A)$を考えて，aとXが単振動の式を満たすことを示そう。

(3) 重心の座標x_Gを求めよ。

(4) A，Bの運動方程式をXを用いて書け。

(5) これより相対運動に関するaとXが満たす単振動の式 $Ma=-kX$ を導き，質量に相当するMと角振動数ωを求めよ。

(6) Xおよびx_Aを時刻tの関数として求めよ。ただし，手をはなしたあと，最初にばねが自然の長さになった時刻を0とし，角振動数ωと重心の座標x_Gを使ってもよい。

また，全体のエネルギーは $\frac{1}{2}kX^2+\frac{1}{2}M(v_B-v_A)^2$ で表すことができる。これより，外力を受けない，たがいに力を及ぼしあう2つの物体の相対運動は，あたかも質量Mをもつ1つの物体の運動のように考えることができる。〔佐賀大〕

◇58.〈地球のトンネル〉

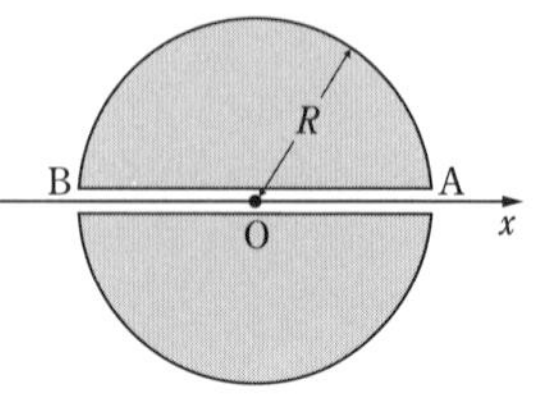

地球を半径R〔m〕の球体とみなし，その中心を通る直線状のトンネルを考える。図は中心Oを含む地球の断面を示しており，AとBはそれぞれ地表面上の出入り口とする。Oを原点とし，BからAへ向かう向きをx軸の正方向とする。トンネルの占める体積は地球全体の体積に比べて無視できるほど十分小さく，トンネルの内部において，質量m〔kg〕の小物体はトンネルの壁面と接触せずに運動するものとする。また，地球の密度は一様であり，地球の大気および地球の自転，公転，他の天体の及ぼす影響は考えないものとする。地表面における重力加速度の大きさをg〔m/s^2〕として，次の問いに答えよ。

(1) 地球の質量をM〔kg〕，万有引力定数をG〔N･m^2/kg^2〕としたとき，gをM，G，Rを用いて表せ。

(2) 小物体がx軸上の位置x〔m〕にあるとき，小物体にはたらく力F〔N〕を，$x<-R$，$-R \leqq x \leqq R$，$R<x$ の3つの場合に分けて，g，m，R，xを用いて表せ。ただし，小物体にはたらく力は，Oを中心とする半径$|x|$の球内部の質量がすべてOに集まったと考え，その全質量が小物体に及ぼす万有引力に等しいものとする。

(3) (2)で求めた力Fをxの関数として，グラフにかけ。

Aで小物体を静かにはなしたところ，小物体はOを中心に，振幅Rの単振動を始めた。

(4) 小物体がOを通過するときの速さv〔m/s〕を，g，m，Rのうち必要なものを用いて表せ。

(5) 小物体がAを出発してから，初めてBに到達するまでに要する時間t〔s〕を，g，m，Rのうち必要なものを用いて表せ。また，重力加速度の大きさを 1.0×10 m/s^2，小物体の質量を 1.0 kg，地球の半径を 6.4×10^6 m としたとき，時間tを有効数字2桁で求めよ。

次に，小物体をOからある初速でx軸の正の向きに打ち出したところ，小物体はOにもどらず無限の遠方まで飛んでいった。

(6) 小物体がOにもどらず無限の遠方まで飛んでいくために必要な最小の初速v_0〔m/s〕を，g，m，Rのうち必要なものを用いて表せ。〔18 愛知教育大〕

B 応用問題

◇59. 〈ベルト上での物体の単振動〉

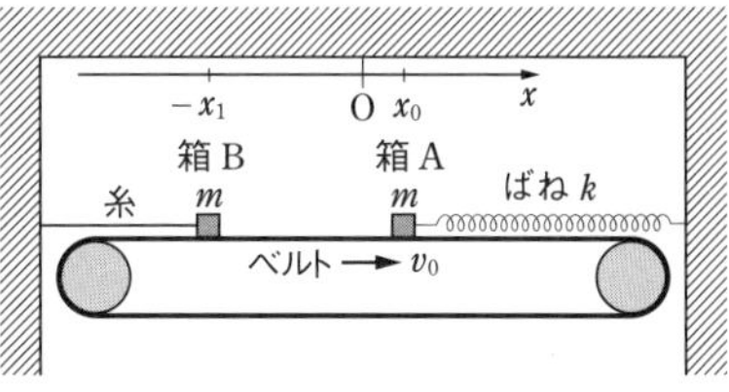

図に示すように x 軸の正方向に一定の速さ v_0 で動くベルトの水平部で，箱Aと箱Bがすべりながら静止している。箱Aは右端が壁に固定されたばね定数 k の水平なばねに取りつけられており，箱Bは左端が壁に固定された軽くて伸びない糸に取りつけられている。ばねが自然の長さのときの箱Aの位置を $x=0$ とし，箱Aが静止している位置を x_0，箱Bが静止している位置を $-x_1$ とする。箱Aと箱Bの質量はともに m であり，ベルトに対する動摩擦係数 μ' も同じである。重力加速度の大きさを g とし，箱Aと箱Bはベルトの水平部のみで運動し，箱Aと箱Bの大きさ，ばねおよび糸の質量，空気抵抗の影響はないものとする。

〔A〕 初めに箱Aの運動を考える。ただし，箱Aは常に v_0 よりも小さな速さで運動し，一定の動摩擦力がはたらいているものとする。

(1) x_0 を，m，k，g，μ' の中から必要なものを用いて表せ。

(2) 箱Aを押して x_0+d $(0<d<x_0)$ の位置に静止させ，時刻 $t=0$ で箱Aから手をはなしたところ，箱Aは単振動を始めた。時刻 t における箱Aの位置 x，速度 v および単振動の周期 T を，x_0，d，m，k，t の中から必要なものを用いて表せ。

(3) (2)で求めた x，v より，位置 x における箱Aの運動エネルギー $E_K=\dfrac{1}{2}mv^2$ と，動摩擦力とばねの力がつりあう位置 x_0 を基準とした位置エネルギー $E_P=\dfrac{1}{2}k(\varDelta x)^2$ の和が，時刻 t によらず一定となることを示せ。ここで，$\varDelta x=x-x_0$ である。

〔B〕 次に，箱Aを $x=x_0$ で，箱Bを $x=-x_1$ で再び静止させ，箱Bにつながっている糸を切断したところ，箱Bは徐々に速さを増しながらベルト上をすべり，時刻 $t=0$ で箱Aに衝突した。箱Aと箱Bのはねかえり係数は0であったため，箱Aと箱Bは完全非弾性衝突し，衝突後一体となって単振動を始めた。箱Bの初めの位置によっては，箱Aと箱Bが一体となって単振動を続ける場合と，単振動の途中で箱Aと箱Bが離れて運動する場合がある。ただし，箱Aと箱Bは常に v_0 よりも小さな速さで運動するものとする。

(1) 箱Aと箱Bが衝突した直後の箱Aと箱Bの速度 v_1 を，m，x_0，x_1，g，μ' の中から必要なものを用いて表せ。

(2) 一体となって単振動している箱Aと箱Bの位置を x'，速度を v'，運動エネルギーを E_K'，動摩擦力とばねの力がつりあう位置を基準とした位置エネルギーを E_P' とする。箱Aが単独で単振動する場合と，箱Aと箱Bが一体となって単振動する場合とでは，力のつりあう位置が異なることに注意して，位置 x' における E_K' と E_P' を，x'，v'，x_0，m，k の中から必要なものを用いて表せ。

(3) 衝突後初めて箱Aと箱Bの速度が0となったときの箱Aと箱Bの位置 x_2 を，x_0，v_1，m，k の中から必要なものを用いて表せ。

(4) 箱Bが単振動の途中で箱Aから離れて運動するようになる条件を，x_1 と x_0 を用いて表せ。

〔17 東北大〕

8 温度と熱量

●熱容量と比熱

物理量	記号·式	単位	関係式など
熱量	Q	J	$Q=mc\Delta t$ （mの単位はgの場合が多い） 1cal＝4.2J
温度	t	°C	$Q=C\Delta t$ C〔J/K〕：熱容量 $C=mc$
比熱	c	J/(g·K)	熱量の保存：失った熱量＝得た熱量

①比熱：単位量の物質の温度を1K上昇させるのに必要な熱量。単位量はg単位。

・比熱が大きい物質ほど温まりにくく，冷めにくい。

②状態変化の間，温度は一定に保たれる。融解熱（固体 ⇄ 液体），蒸発熱（液体 ⇄ 気体）

●熱と仕事

物理量	記号・式	関係式など
熱効率	e	$e=\dfrac{W_{実質}}{Q_{in}}=\dfrac{Q_{in}-Q_{out}}{Q_{in}}<1$

①熱エネルギー：エネルギーの一種で，分子・原子の熱運動のエネルギー。

②熱エネルギーも含めれば，エネルギー保存則が成りたつ。

(初めの力学的エネルギー)＝(終わりの力学的エネルギー)＋(摩擦熱)

③熱効率：高温の熱源から受け取った熱のうち，仕事に変える割合のこと。

熱現象は不可逆変化だから，熱効率は1より小さい。

標準問題

必解 **60.〈熱量の保存〉**

図のように，断熱容器内に質量 m_A〔g〕の金属製容器を入れた水熱量計を製作し，以下の実験を行った。ここでは，断熱容器の中と外との熱の出入りはないものとし，温度計，かき混ぜ棒，断熱容器のそれぞれの熱容量と，かき混ぜ棒を使ったかき混ぜの仕事は無視できるものとする。

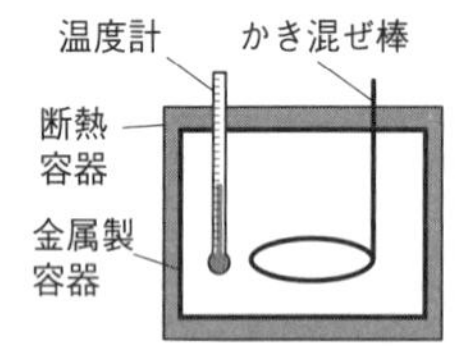

実験1：この水熱量計の金属製容器に質量 m_B〔g〕の水を入れて，かき混ぜ棒で水をかき混ぜながら，水温の変化を観察した。その結果，水温はわずかに上昇してしばらくすると一定となり，それ以後の水温は変わらなかった。

実験2：質量 m_X〔g〕の金属球がある。この金属球の温度が90°Cになるよう十分に加熱しておき，その後にすばやくこの水熱量計内の金属製容器に入れて，かき混ぜ棒でよく水をかき混ぜ，十分に時間がたったところで水温を測定した。

(1) 実験1において，初めの金属製容器の温度を t_A〔°C〕，加えた水の温度を t_B〔°C〕，一定となったときの水温を t_1〔°C〕とする。温度に関係なく，容器に用いられている金属の比熱を c_A〔J/(g·K)〕，水の比熱を c_B〔J/(g·K)〕としたとき，t_1 を m_A，m_B，t_A，t_B，c_A，c_B を用いて表せ。

(2) 実験2を実験1の直後に行ったため，実験2の直前の金属製容器と水の温度はともに t_1 であった。実験2の後の金属製容器，容器内の水および金属球の温度を t_2〔°C〕とするとき，金属球の金属の比熱 c_X〔J/(g·K)〕を m_X，m_A，m_B，t_1，t_2，c_A，c_B を用いて表せ。

〔16 岩手大〕

必解 61.〈水の状態変化〉

図1のように，断面積 S〔m²〕の細長い円筒形容器が鉛直に置かれている。この容器内に，質量が無視できなめらかに動くことのできるピストンで，質量 m〔g〕の水がすき間なく閉じ込められている。容器内には温度調節器があり，容器内の物質を一様に加熱または冷却できるようになっている。ピストンや容器は熱容量の無視できる断熱材でできており，外部との熱のやりとりはない。次の問いに答えよ。

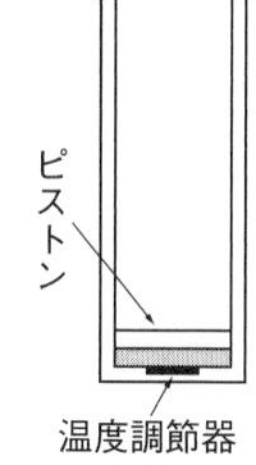

図1

容器内の水を冷却して凍らせ，$-T_1$〔°C〕で一定にした後，温度調節器の電力を一定にして，1気圧の大気圧のもとで加熱を続けた。加熱し始めた時刻を0sとして，容器内の温度の変化を観測したところ図2のようになった。すなわち，t_1〔s〕後には0°Cとなりしばらく温度は一定となった。加熱開始 t_2〔s〕後には氷は完全にとけて水になり，その後再び温度が上昇し始め，加熱開始 t_B〔s〕後には T_B〔°C〕に，また t_3〔s〕後には100°Cとなり，加熱開始 t_4〔s〕後までは100°Cの温度が保たれた。

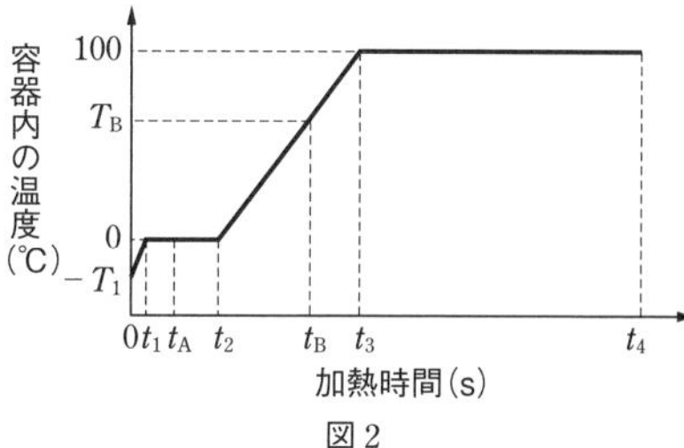

図2

(1) 水の比熱を C_W〔J/(g·K)〕として，氷が完全にとけた直後の m〔g〕の水が，0°Cから T_B〔°C〕まで上昇する間に与えられた熱量を求めよ。

(2) 加熱している間の一定電力 P〔W〕を，m，C_W，T_B，t_B，t_2 を用いて表せ。

(3) 氷の融解熱〔J/g〕を，C_W，T_B，t_1，t_B，t_2 を用いて表せ。

(4) 氷の比熱は，水の比熱の何倍か。T_1，T_B，t_1，t_B，t_2 を用いて表せ。

(5) 加熱開始 t_A〔s〕後に，この容器内に残っている氷の質量は，とけて水となっている部分の氷の質量の何倍か。t_1，t_A，t_2 を用いて表せ。ただし，$t_1<t_A<t_2$ である。

(6) 水の蒸発熱〔J/g〕と氷の融解熱の比を，t_1，t_2，t_3，t_4 を用いて表せ。〔15 近畿大〕

必解 62.〈熱機関〉

熱を仕事に変える装置を熱機関という。熱機関が高熱源から取りこんだ熱量を Q_1〔J〕，利用されずに外部(低温の熱源)に捨てられる熱量を Q_2〔J〕とする。このとき，その差 $W=Q_1-Q_2$ が仕事に変えられる。ある蒸気機関の復水器(冷却器)では，仕事をしたあとに捨てられる100°Cの水蒸気を毎秒2.0kgずつ100°Cの水にもどしている。そして，この復水をむだにせずに，再び高温高圧の水蒸気へ加熱して蒸気機関を動かしている。100°Cの水の蒸発熱は 2.3×10^3 J/g である。この蒸気機関の熱効率が15%であったとする。また，重力加速度の大きさを $9.8\,\mathrm{m/s^2}$ とする。

(1) 仕事に変わることなく，蒸気機関から外部の低熱源へ放出される熱量は毎秒何Jか。

(2) この蒸気機関は高熱源から毎秒何Jの熱を取り入れているか。

(3) この蒸気機関が10分間にする仕事は何Jか。

地下45mの深さで行われているトンネル工事で大量に湧き出した地下水を，この蒸気機関を動力源とするポンプで地上へ排水するものとする。

(4) 1m³ の水を地上へ排出するのに必要な仕事は何Jか。

(5) このポンプは10分間に何m³ の水を地上へくみ出すことができるか。〔近畿大〕

9 ◇気体分子の運動と状態変化 (◇＝上位科目「物理」の内容を含む項目)

●気体の法則

物理量	記号・式	単位	関係式など
絶対温度	T	K	$T=273+t$
圧力	p	Pa，N/m^2	$p=\dfrac{F}{S}$　1 Pa＝1 N/m^2，1 atm＝76 cmHg＝1.013×10^5 N/m^2
体積	V	m^3	一定量の気体では $\dfrac{pV}{T}=\dfrac{p_0V_0}{T_0}$，密度を用いて $\dfrac{p}{\rho T}=\dfrac{p_0}{\rho_0 T_0}$
面積	S	m^2	
物質量	n	mol	状態方程式 $pV=nRT$（状態ごとに常に成立）

①絶対温度：分子運動の激しさを表す。気体の問題は絶対温度で考えること。
②なめらかに動くピストンは，力のつりあいに注目する。

$pS=p_0S+Mg$　または　$p=p_0+\dfrac{Mg}{S}$　（注　$p=p_0+Mg$ は誤り。）

③気体の量が一定ならば(気体が出入りしなければ)，ボイル・シャルルの法則を用いてみる。
また，どんな場合でも(気体が出入りしていても)，状態ごとに $pV=nRT$ が成りたつ。
④p-V 図，V-T 図

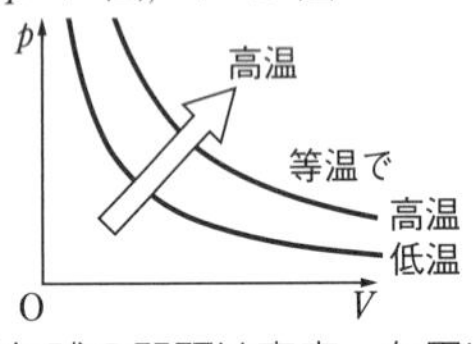

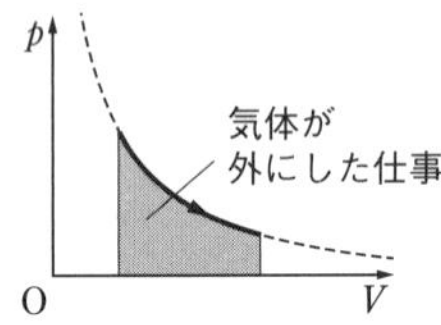

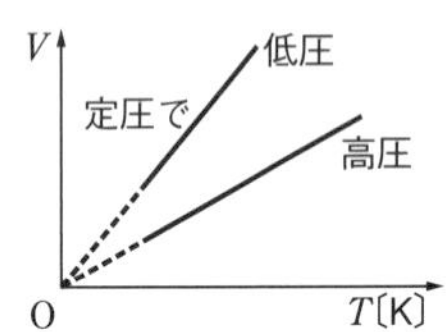

⑤気球の問題は密度 ρ を用い，力のつりあいを考える。
浮力＝$\rho_{外}Vg$，内側の空気の重力＝$\rho_{内}Vg$

●気体の分子運動

物理量	記号・式	単位
分子数	N	個
内部エネルギー	U	J
ボルツマン定数 $k=\dfrac{R}{N_A}$〔J/K〕		

・1つの分子の壁への力積 $2mv_x$
・衝突回数 $\dfrac{v_x\cdot t}{2L}$
・力積の合計 $\dfrac{m{v_x}^2t}{L}\to$ 力 $\dfrac{m{v_x}^2}{L}$
・全分子による力 $F=\dfrac{Nm\overline{v^2}}{3L}\leftarrow\overline{{v_x}^2}=\dfrac{1}{3}\overline{v^2}$

・圧力 $p=\dfrac{F}{L^2}=\dfrac{Nm\overline{v^2}}{3V}$　・$\dfrac{1}{2}m\overline{v^2}=\dfrac{1}{2}\cdot\dfrac{3pV}{N}=\dfrac{3}{2}\dfrac{nRT}{nN_A}=\dfrac{3}{2}\dfrac{R}{N_A}T=\dfrac{3}{2}kT$

●気体の内部エネルギーと熱力学第一法則

$U=\dfrac{3}{2}nRT=\dfrac{3}{2}pV$ (単原子分子)

$\Delta U=\dfrac{3}{2}nR\Delta T$

$W_{した}=p\Delta V=nR\Delta T$ (定圧のとき)

$Q=\Delta U+W_{した}$ (エネルギー保存)

① 1分子 $\dfrac{3}{2}\dfrac{R}{N_A}T$，1 mol ($N_A$個) $\dfrac{3}{2}RT$，n mol $\dfrac{3}{2}nRT$

② 単原子分子 $\dfrac{3}{2}nR\Delta T$
　二原子分子 $\dfrac{5}{2}nR\Delta T$
} $\Delta U=nC_V\Delta T$ (どのような変化でも成立)

③気体がした仕事　$W_{した}=p\Delta V=nR\Delta T$ (定圧のとき)，p-V 図の面積
④ 2つのボンベの問題
・物質量が保存　$n_A+n_B=n_A'+n_B'$ $\Longleftrightarrow$ $\dfrac{pV}{T}$ の和が保存
・断熱ならエネルギー保存
$U_A+U_B=U_A'+U_B'\Longleftrightarrow pV$ の和が保存 $\left(U=\dfrac{3}{2}nRT=\dfrac{3}{2}pV\ より\right)$
・真空への膨張 ⟶ 仕事をしない。

●気体の状態変化

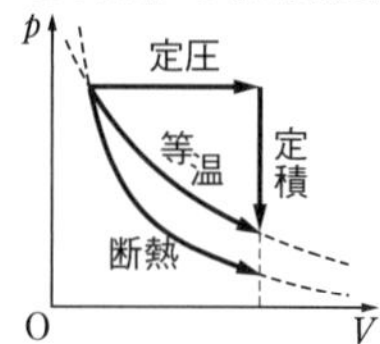

① { 自由に動くピストン ⟶ 定圧変化，$W_{した}=p\Delta V=nR\Delta T$
　 固定されたピストン ⟶ 定積変化，$W=0$

② { 等温変化 ⟶ $\Delta T=0$，$\Delta U=0$　　よって　$Q=W_{した}$
　 断熱変化 ⟶ $Q=0$　　よって　$\Delta U=-W_{した}$
　 $pV^{\gamma}=$一定，p-V 図の傾きは等温変化より急

③$\Delta U_{一周}=0$　(一周すればもとの温度にもどる)

モル比熱 C_V，C_p　J/(mol·K)
比熱比　$\gamma=\dfrac{C_p}{C_V}$

④$Q=nC\Delta T$，$C_p=C_V+R$

単原子 $C_V=\dfrac{3}{2}R$，二原子 $C_V=\dfrac{5}{2}R$

⑤単原子の指示があるとき $\Delta U=\dfrac{3}{2}nR\Delta T$　指示がないとき $\Delta U=nC_V\Delta T$

●気体の問題を解くとき

①気体の状態ごとに { ・ピストン静止ならば，力のつりあいの式を立てる。
　　　　　　　　　 ・$pV=nRT$ をつくる。

②別々の状態を結ぶ
{ ・$Q=\Delta U+W_{した}$　　一定量の気体のとき $\dfrac{pV}{T}=\dfrac{p_0V_0}{T_0}$　　断熱変化 $pV^{\gamma}=$一定
　・$\Delta U=nC_V\Delta T$ (任意の変化で成立)

③「吸収した・放出した熱量」，「増加・減少」，「外にした・外からされた」を区別する。

④p-V 図をかいて考える。面積は仕事を表す。
・ばねつきピストンの p-V 図は直線となる。

A　標準問題

必解 ◇63. 〈熱気球〉

空所を埋め，問いに答えよ。ただし，［イ］には語句を入れよ。

気球の中の空気を熱することにより浮上し，空中を飛行する乗り物として，熱気球が知られている。この熱気球の浮上原理について考えてみよう。

〔A〕 空気を理想気体とみなして，空気の密度と温度の関係について確認しておく。物質量 n〔mol〕の空気の圧力が p〔Pa〕，体積が V〔m³〕，温度が T〔K〕であるとき，気体定数を R〔J/(mol·K)〕とすると，$pV=$［ア］の関係が成りたつ。この式を理想気体の［イ］という。また，空気 1 mol 当たりの質量を m_0〔kg/mol〕とすると，n〔mol〕の空気の質量は［ウ］と表すことができる。一方，空気の密度(単位体積当たりの質量)を ρ〔kg/m³〕とすると，$\rho=\dfrac{(ウ)}{V}$ となる。したがって，p，T，R，m_0 を用いて $\rho=$［エ］と表すことができる。

(1) p が一定の場合，T の増加とともに空気の ρ はどのように変化するのかを説明せよ。

〔B〕 図のように，地上に球体と小さく軽いゴンドラからなる気球が置かれ静止している。球体の体積は V である。また，球体は断熱性が高い素材でつくられ，常に球形を保ち，変形しないものとする。初め球体内には空気が入っており，開口部は開放する。空気の質量を除いた気球の質量は M〔kg〕である。球体内には小さな温度調整器があり，球体内の空気の温度を調節できるようになっている。

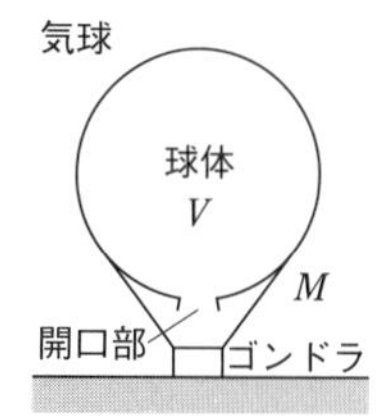

初め球体内の空気の温度は T_0〔K〕で，密度は ρ_0〔kg/m^3〕であった。球体の開口部の内外で空気の圧力は等しい。次に，球体内の空気をゆっくり加熱して，空気の温度を T にする。このとき球体内の空気の密度は ρ であった。

(2) ρ を T_0，ρ_0，T を用いて表せ。

空気を除いた気球にはたらく重力の大きさは，重力加速度の大きさを g〔m/s^2〕とすると，Mg〔N〕である。また，球体内の空気の温度が T のとき，空気の質量は ρV〔kg〕である。球体内の空気にはたらく重力の大きさは，V，T_0，ρ_0，T，g を用いて［ オ ］$\times g$〔N〕と表すことができる。よって，空気を含む気球にはたらく重力の大きさ F〔N〕は，$F=(M+(オ))\times g$ で与えられる。一方，空気中に置かれた球体は，球体外のまわりの空気から鉛直上向きに押し上げる力，すなわち，浮力を受ける。簡単のため，球体外のまわりの空気の密度を ρ_0 とすると，その浮力の大きさ f〔N〕は球体内の空気と同じ体積をもつ球体外の空気にはたらく重力と同じ大きさで，$f=$［ カ ］$\times g$ で与えられる。いま，T が F と f の一致する温度 T_f〔K〕をこえると，気球が上昇し始めた。

(3) 横軸に球体内の空気の温度 T，縦軸に F をとって，グラフの概形をかけ。

(4) 球体内の空気の温度に対する F と f の関係から，気球が浮上する理由を説明せよ。

(5) 気球が浮上を始める温度 T_f を V，M，T_0，ρ_0 を用いて表せ。〔16 大阪工大〕

◇64.〈気体の混合〉

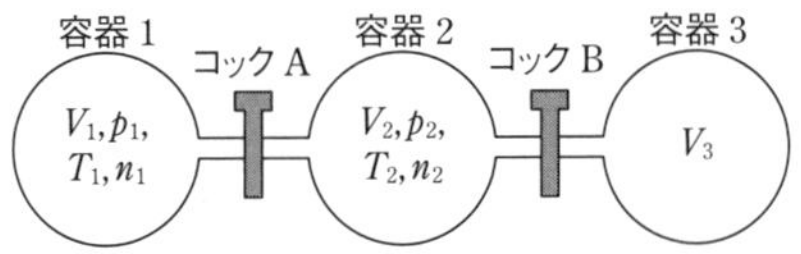

図のように，3 つの容器がコック A，B のついた細い管で連結されている。初め，コック A，B は閉じられており，容器 1，2，3 の体積はそれぞれ V_1〔m^3〕，V_2〔m^3〕，V_3〔m^3〕である。容器 1 には，圧力 p_1〔Pa〕，温度 T_1〔K〕，物質量 n_1〔mol〕の単原子分子理想気体が，容器 2 には，圧力 p_2〔Pa〕，温度 T_2〔K〕，物質量 n_2〔mol〕の単原子分子理想気体が，それぞれ封入されている。容器 1 と容器 2 に封入されている単原子分子理想気体は同種であり，容器 3 は真空である。気体と容器，細い管，コックとの熱のやりとりはなく，細い管の体積は無視できるものとする。ただし，気体定数を R〔J/(mol·K)〕とする。

(1) 図の状態において，容器 1 に封入されている気体の内部エネルギーを U_1〔J〕，容器 2 に封入されている気体の内部エネルギーを U_2〔J〕とする。U_1〔J〕，U_2〔J〕を，それぞれ n_1，n_2，R，T_1，T_2 から必要なものを選んで表せ。

(2) コック B を閉じたまま，コック A を開き，十分に時間をおいた後，容器 1 と容器 2 内の気体が一様な状態となった。このとき，容器 1 と容器 2 を占める気体の温度，圧力は，それぞれ T_A〔K〕，p_A〔Pa〕を示した。T_A〔K〕を n_1，n_2，T_1，T_2 を用いて，また，p_A〔Pa〕を p_1，p_2，V_1，V_2 を用いて表せ。

(3) 次に，コック A を閉じてからコック B を開き，十分に時間をおいた後，容器 2 と容器 3 内の気体が一様な状態となった。このとき，容器 2 と容器 3 を占める気体の温度，物質量は，それぞれ T_B〔K〕，n_B〔mol〕を示した。T_B〔K〕を n_1，n_2，T_1，T_2 を用いて，また，n_B〔mol〕を n_1，n_2，V_1，V_2 を用いて表せ。

(4) (3)で容器 2 と容器 3 を占める気体の圧力 p_B〔Pa〕を p_1，p_2，V_1，V_2，V_3 を用いて表せ。

(5) 次の文中の［ ア ］～［ オ ］に適切な語句を入れよ。

(2)および(3)の操作の後，再びコック A を開いても容器 3 に拡散した単原子分子理想気体が自然に容器1または容器2にもどり，容器3が再び真空にもどることはない。このように，自然にはもとの状態にもどらない変化を［ア］という。(ア)の例として熱の移動がある。熱の移動の向きを示す法則は［イ］とよばれ，「熱は自然には，［ウ］物体から［エ］物体に移るのみである。」や「1つの熱源から熱を得て，それをすべて仕事に変えることのできる［オ］は存在しない。」などと説明される場合がある。〔21 岩手大〕

必解 ◇65. 〈立方体内の気体分子の運動と気体の圧力・密度の鉛直変化〉

気体を容器に封入したとき，気体分子は容器の壁面とくり返し衝突をしている。図1のように，1辺の長さが L〔m〕の立方体の容器に分子1個の質量が m〔kg〕の単原子分子理想気体が N 個入っている。この気体から z 軸に垂直な壁面Aが受ける圧力を考える。容器内の気体の温度は T〔K〕で一定であり，分子どうしの衝突は無視する。アボガドロ定数を N_A〔/mol〕，気体定数を R〔J/(mol･K)〕，重力加速度の大きさを g〔m/s^2〕とする。次の文章中の［ア］～［セ］に適切な数式または数値を入れよ。

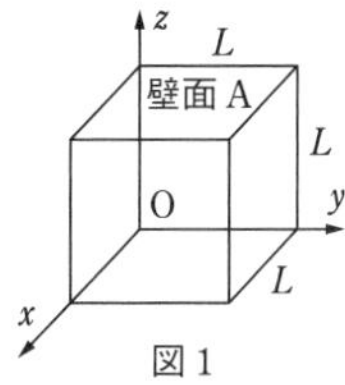

図1

(1) 初めに重力が作用していない場合について考える。ある1個の分子の z 軸方向の速度の成分を v_z〔m/s〕とすると，分子が壁面Aと弾性衝突したときに壁面Aが分子から受ける力積は［ア］〔N･s〕である。分子が壁面Aと衝突してから次に壁面Aと衝突するまでの時間は［イ］〔s〕であるため，分子は時間 Δt〔s〕の間に，壁面Aと［ウ］回衝突する。したがって，時間 Δt の間に壁面Aが受ける力積は［エ］〔N･s〕となり，1個の分子によって壁面Aが受ける力 f は［オ］$\times v_z^2$〔N〕と z 軸における速度成分の2乗 v_z^2 を用いて表せる。N 個の分子によって壁面Aが受ける力 F〔N〕については，すべての分子は不規則に運動をしており，速度成分の2乗平均はどの成分についても等しいので，N 個の分子の速度の2乗平均 $\overline{v^2}$〔m^2/s^2〕を用いて［カ］と表せる。以上から，圧力は［キ］〔N/m^2〕となる。また，圧力の式(キ)と状態方程式から，$\overline{v^2}$ は m，N_A，R，T を用いて［ク］となり，気体の内部エネルギー U〔J〕は N，N_A，R，T を用いて［ケ］となることがわかる。

(2) z 軸の負の向きに一様な重力が作用している場合，容器内の気体の密度と圧力に勾配が生じる。図2のように，容器の底からはかった高さを z〔m〕とし，高さ z における気体の圧力を $P(z)$〔N/m^2〕，密度を $d(z)$〔kg/m^3〕とする。z から Δz〔m〕だけ高い所を $(z+\Delta z)$〔m〕とし，高さ z における厚さ Δz，断面積 L^2 の気柱について考えると，高さ $(z+\Delta z)$ における気体の圧力 $P(z+\Delta z)$〔N/m^2〕は，気柱内における気体の密度の勾配が無視できるほど Δz が小さいとき，$P(z)$，$d(z)$，Δz などを用いて［コ］と近似できる。また，容器内の気体は単原子分子理想気体であるため，$d(z)$ は $P(z)$ と T などを用いて［サ］と表せる。以上から，気体1mol当たりの質量が 4.0×10^{-3}kg/mol，温度が300Kであるとき，$P(z+\Delta z)$ が $P(z)$ と比べて0.010%だけ小さくなるような高さの差は，$R=8.3$J/(mol･K)，$g=9.8$m/s^2 とすると，有効数字2桁で［シ］mと見積もることができる。また，容器の底における気体の圧力と密度をそれぞれ $P(0)$〔N/m^2〕，$d(0)$〔kg/m^3〕，高さ L における気体の圧力と密度をそれぞれ $P(L)$〔N/m^2〕，$d(L)$〔kg/m^3〕とすると，$P(0)$ と $P(L)$ との差は N，m，g，L を用いて［ス］となり，$d(0)$ と $d(L)$ との差は N，N_A，m，g，L，R，T を用いて［セ］となる。〔16 北海道大〕

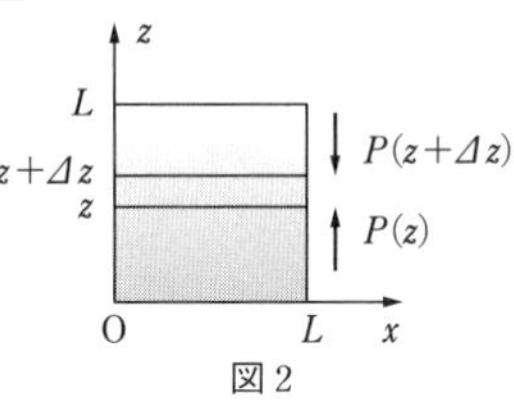

図2

必解 ◇66.〈気体の状態変化〉

大気圧中において，一端を閉じた十分に長くて細い断面積Sのガラス管と水銀を使って$n$molの単原子分子理想気体を閉じこめる。水銀は閉じこめた気体に対してピストンの役割をし，ガラス管内をなめらかに動くことができる。気体を閉じこめた後，ガラス管と気体にゆっくりと以下の操作を行う。

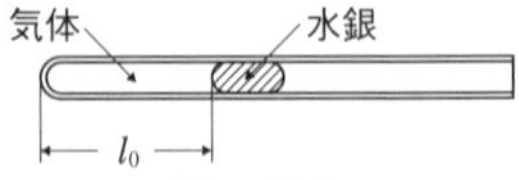

気体　水銀　l_0
図1：状態A

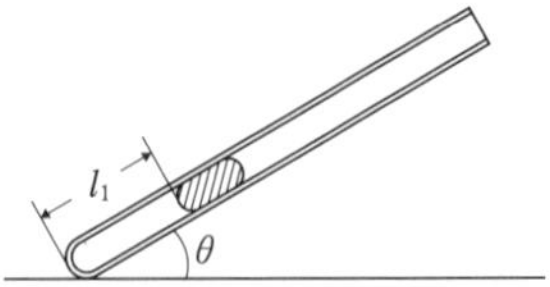

l_1　θ
図2：状態B

操作A→B：ガラス管の温度をT_0に保ちながら，ガラス管を水平な**状態A**（図1）から，水平から角度θ（<90°）に傾けた**状態B**（図2）にする。

操作B→C：ガラス管の角度をθに保ちながら，気体が占めるガラス管の長さが状態Aと等しくなる温度T_1の**状態C**にする。

操作C→D：ガラス管の温度をT_1に保ちながら，水平な**状態D**にする。

操作D→A：ガラス管を水平に保ちながら，温度T_0の**状態A**にする。

操作の間でのガラス管の熱膨張は無視でき，水銀の蒸気圧と表面張力の影響は考えない。水銀の質量をM，大気圧をp_0，気体定数をR，重力加速度の大きさをgとする。次の問いに答えよ。ただし，(1)〜(4)は，p_0，S，n，R，T_0，M，g，θの中から適するものを用いて表せ。

(1) 状態Aで気体が占めるガラス管の長さl_0を求めよ。

(2) 状態Bの気体の圧力p_1と気体が占めるガラス管の長さl_1を求めよ。

(3) 状態Cの温度T_1と操作B→Cで気体に加えられた熱量Qを求めよ。

(4) 状態Dで気体が占めるガラス管の長さl_2を求めよ。

(5) 操作A→B→C→D→Aについて，横軸を気体が占めるガラス管の長さl，縦軸を気体の圧力pとして，図3にグラフを描け。グラフには状態A，B，C，Dの位置と適切な目盛りを振ること。〔22 電気通信大 改〕

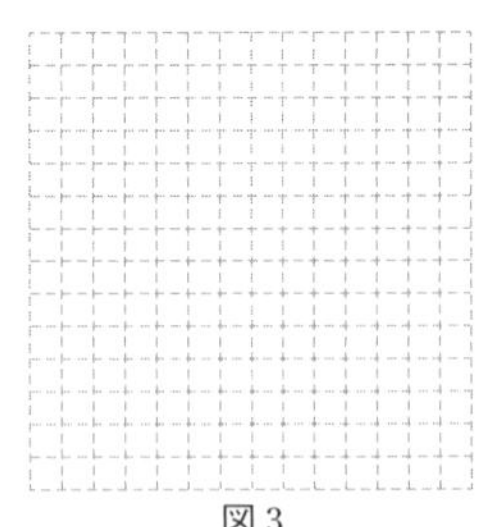
図3

必解 ◇67.〈ばね付きピストンで封じられた気体〉

なめらかに動く断面積S〔m²〕のピストンと体積が無視できる温度調節器をもつ容器に1 molの単原子分子理想気体が閉じこめられている。図のように，ピストンはばね定数k〔N/m〕のばねで容器とつながれており，容器は水平に置かれている。初め，ばねは自然の長さであり，温度調節器を取りつけた内壁からピストンまでの距離がL〔m〕のところでピストンは静止していた。容器とピストンは断熱材でできており，大気圧をP_0〔Pa〕，気体定数をR〔J/(mol·K)〕として，次の問いに答えよ。

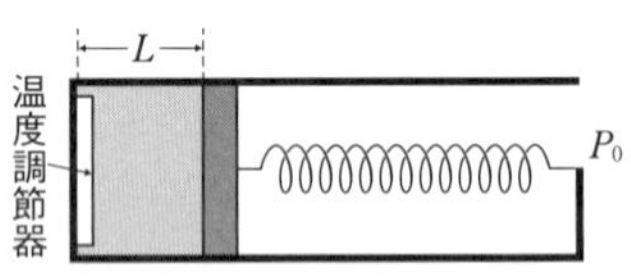

(1) 容器内の気体の温度T_0〔K〕を求めよ。

次に，温度調節器を使って容器内の気体をゆっくりと温めたところ，ばねが$2L$〔m〕だけ縮んだところでピストンが静止した。

(2) 容器内の気体の圧力 P_1〔Pa〕を求めよ。

(3) 容器内の気体の温度 T_1〔K〕を求めよ。

(4) この変化における容器内の気体の圧力 P〔Pa〕と体積 V〔m^3〕の関係を表すグラフをかけ。ただし，P_1 を用いてよい。

(5) この変化で気体が外部にした仕事〔J〕を求めよ。

(6) この変化で気体が温度調節器から受け取った熱量 Q〔J〕を求めよ。〔18 東北学院大 改〕

必解 ◇68.〈気体の状態変化と熱効率〉

〔A〕 理想気体では物質量が同じであれば，内部エネルギーは温度で決まる量であり，圧力や体積が異なっていても温度の等しい状態の内部エネルギーは同一である。このことから，1mol の理想気体に対する p-V 図(図1)に示す状態 a (温度 T〔K〕)から状態 b (温度 T'〔K〕)への内部エネルギーの変化 ΔU_{ab}〔J〕は，定積モル比熱 C_V〔J/(mol·K)〕を用いて

$$\Delta U_{ab} = C_V(T' - T) \quad \cdots\cdots①$$

と表すことができる。

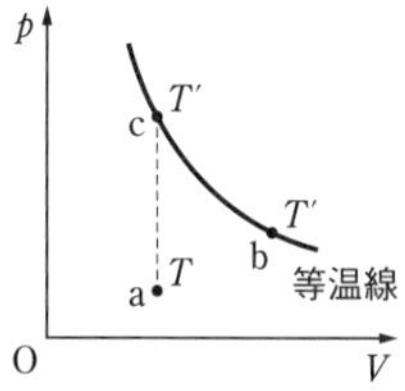

図1

(1) 図1に示す状態 a，b とは別の状態 c (状態 a と同じ体積をもち，状態 b と同じ温度である状態)を考えることで①式を導け。

〔B〕 理想気体 1mol の状態を図2のようにA→B→C→Aと変化させる。それぞれの状態変化の過程では，

A→B：外部との間で熱の出入りがないものとする

B→C：圧力を一定に保つ

C→A：体積を一定に保つ

ように変化させる。状態 A, B, C の圧力，体積，温度をそれぞれ(p_1〔Pa〕，V_1〔m^3〕，T_A〔K〕)，(p_2〔Pa〕，V_2〔m^3〕，T_B〔K〕)，(p_2〔Pa〕，V_1〔m^3〕，T_C〔K〕)とする。また，定積モル比熱を C_V〔J/(mol·K)〕，定圧モル比熱を C_p〔J/(mol·K)〕，比熱比を $\gamma = \dfrac{C_p}{C_V}$，気体定数を R〔J/(mol·K)〕で表す。

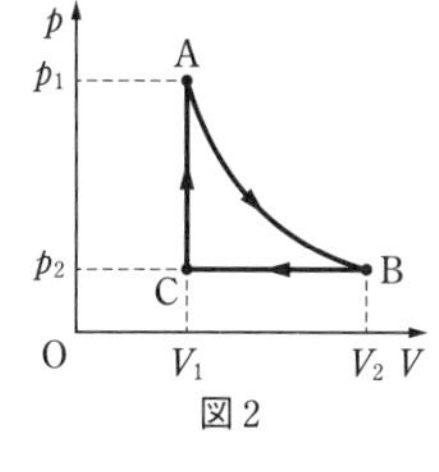

図2

(2) 過程A→Bで気体が外部からされる仕事 W_{AB}〔J〕を①式を用いて求め，その答えを C_V，C_p，T_A，T_B，T_C の中から適するものを用いて表せ。

(3) 過程B→Cで気体が得る熱量 Q_{BC}〔J〕と，過程C→Aで気体が得る熱量 Q_{CA}〔J〕を，C_V，C_p，T_A，T_B，T_C の中から適するものを用いて表せ。

(4) 過程B→C→Aで，気体が外部からされる仕事 W_{BCA}〔J〕を求めよ。これと前問の答えとをあわせて考えると，定積モル比熱 C_V，定圧モル比熱 C_p，気体定数 R との間の関係式を見出すことができる。その関係式を導出せよ。仕事 W_{BCA} は，C_V，R，T_A，T_B，T_C の中から適するものを用いて表せ。

(5) 図2に示すサイクルの熱効率 e を，γ，$\dfrac{p_1}{p_2}$，$\dfrac{V_2}{V_1}$ を用いて表せ。

(6) 図2のサイクルを逆向きに，すなわちA→C→B→Aの順に変化させると，どのようなはたらきをする機関となるか。これが熱力学第二法則に反しないための条件を含めて，100字以内で述べよ。〔22 岐阜大〕

◇69. 〈気体の状態変化と熱効率〉

片側の閉じたシリンダーに1molの単原子分子理想気体が入っており，なめらかに動くピストンで閉じ込められている。この気体に対して次の1サイクルの状態変化を行う。

a→b：断熱膨張

b→c：体積を V_1 に保って温度を下げる

c→d：断熱圧縮

d→a：体積を V_2 に保って温度を上げる

4つの状態a，b，c，dの温度を T_a，T_b，T_c，T_d とする。また，断熱変化では圧力 p と体積 V の間に $pV^{\gamma}=$一定（γ は定圧モル比熱を定積モル比熱でわった量）の関係が成りたつ。次の(1)～(5)に答えよ。ただし，定積モル比熱を C_V とする。

(1) このサイクルa→b→c→d→aを，縦軸を圧力 p，横軸を体積 V にとって図にかけ。

(2) 4つの状態変化のうち，気体が熱を吸収または放出するものをすべて答えよ。またそれらの熱量を T_a，T_b，T_c，T_d，C_V のうち必要なものを用いて表せ。

(3) 気体が1サイクルの間に外部にする仕事の総和 W を T_a，T_b，T_c，T_d，C_V を用いて表せ。

(4) 次の関係が成りたつことを示せ。

$$\frac{T_a}{T_b}=\frac{T_d}{T_c}$$

(5) このサイクルを熱機関とみなしたときの熱効率 e を，V_1，V_2，γ を用いて表せ。

〔19 神戸大 改〕

◇70. 〈気体の状態変化〉

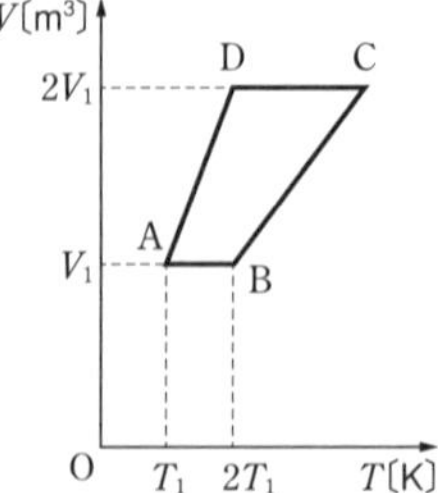

なめらかに動くピストンをもつシリンダーに，1molの単原子分子理想気体が入っている。この気体を，図のように，温度 T_1〔K〕，体積 V_1〔m^3〕の状態Aから，状態B，状態C，状態Dを経て，再び状態Aにもどす過程を考える。A→BおよびC→Dの過程では，気体の体積は一定であり，B→CおよびD→Aの過程では，気体の体積は温度に比例して変化した。状態Bにおける気体の温度を $2T_1$〔K〕，状態Cにおける気体の体積を $2V_1$〔m^3〕，気体定数を R〔J/(mol·K)〕として，次の問いに答えよ。

(1) A→Bの過程で気体が吸収した熱量を求めよ。

(2) A→B→C→D→Aの過程の p-V 図をかけ。

(3) B→Cの過程で気体が吸収した熱量は，A→Bの過程で気体が吸収した熱量の何倍か。

(4) A→B→C→D→Aの1サイクル（循環過程）で，気体がした仕事を求めよ。

(5) A→B→C→D→Aの1サイクルにおける熱効率を求めよ。

〔15 佐賀大 改〕

◇71. 〈ピストンで封じられた気体〉 思考

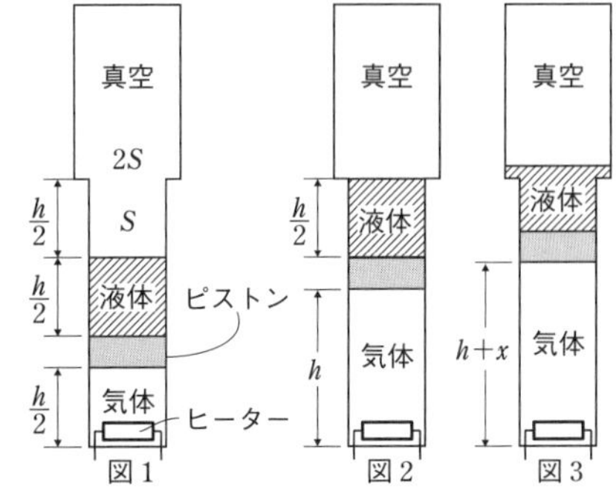

図1のように，摩擦なしに動くピストンを備えた容器が鉛直に立っており，その中に単原子分子の理想気体が閉じこめられている。容器は断面積 S の部分と断面積 $2S$ の部分からなっている。ピストンの質量は無視できるが，その上に一様な密度の液体がたまっており，つりあいが保たれている。気体はヒーターを用いて加熱することができ，気体と容器壁およびピストンとの間の熱の移動は無視できる。
また，気体の重さ，ヒーターの体積，液体と容器壁との摩擦や液体の蒸発は無視でき，液体より上の部分は圧力 0 の真空とする。重力加速度の大きさを g とする。次の問いに答えよ。

〔A〕 まず，気体，液体ともに断面積 S の部分にあるときを考える。このときの液体部分の高さは $\frac{h}{2}$ である。

(1) 初め，気体部分の高さは $\frac{h}{2}$，圧力は P_0 であった。液体の密度を求めよ。

(2) 気体を加熱して，気体部分の高さを $\frac{h}{2}$ から h までゆっくりと増加させた(図2)。この間に気体がした仕事を求めよ。

(3) この間に気体が吸収した熱量を求めよ。

〔B〕 気体部分の高さが h のとき，液体の表面は断面積 $2S$ の部分との境界にあった(図2)。このときの気体の温度は T_1 であった。さらに，ゆっくりと気体を加熱して，気体部分の高さが $h+x$ となった場合について考える(図3)。

(1) $x>0$ では，液体部分の高さが小さくなることにより，気体の圧力が減少した。気体の圧力 P を，x を含んだ式で表せ。

(2) $x>0$ では，加熱しているにもかかわらず，気体の温度は T_1 より下がった。気体の温度 T を，x を含んだ式で表せ。

(3) 気体部分の高さが h から $h+x$ に変化する間に，気体がした仕事 W を求めよ。

(4) 気体部分の高さがある高さ $h+X$ に達すると，ピストンをさらに上昇させるために必要な熱量が 0 になり，x が X をこえるとピストンは一気に浮上してしまった。X を求めよ。

〔東京大〕

必解 ◇72. 〈気体の状態変化と熱効率〉

熱機関を利用して上昇，下降するエレベータの熱効率を求めよう。図1のように大気中で鉛直に立てられている底面積 S〔m²〕の円柱形のシリンダーに質量 M_0〔kg〕のなめらかに動くピストンがついており，中に単原子分子理想気体が封じこめられている。図1のようにピストンの可動範囲は h_0〔m〕から h〔m〕までである。重力加速度の大きさを g〔m/s²〕とする。

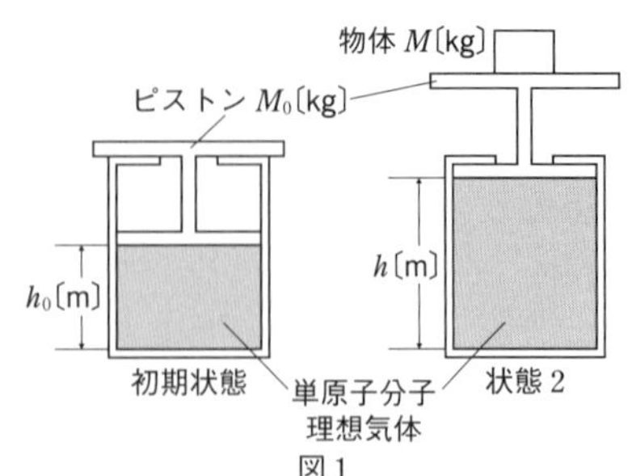

図 1

初期状態は，気体の温度が外部の温度と同じ T_0〔K〕，気体の圧力 p が大気圧と同じ P_0〔Pa〕，ピストンの高さが h_0〔m〕である。まず，ピストンの上に質量 M〔kg〕の物体を乗せ，シリンダー内の気体に熱を与える。しばらく静止し続けた後，ピストンが動きだした。この動きだしたときの状態を状態1とよぶ。

さらに熱し続けるとゆっくりとピストンは上昇し，高さが h〔m〕に達した。このときの状態を状態2とよぶ。状態2になった瞬間に物体をピストンから降ろすとともに熱を与えるのをやめた。ピストンはしばらく静止し続けたが，やがてゆっくりと下降し，高さが h_0〔m〕となったところで静止した。さらに時間がたつとシリンダー内の気体の温度が T_0〔K〕になったところで初期状態にもどり，この熱機関はサイクルをなす。

(1) 状態1のシリンダー内の気体の温度を求めよ。
(2) 初期状態から状態1までに気体に与えられた熱量を求めよ。
(3) 状態2のシリンダー内の気体の温度を求めよ。
(4) 状態1から状態2までに気体に与えられた熱量を求めよ。
(5) 気体の体積を V とするとき，このサイクルの p-V 図を図2にかけ。
(6) このサイクルで熱機関が外にした仕事を求めよ。
(7) このサイクルの熱効率を求めよ。

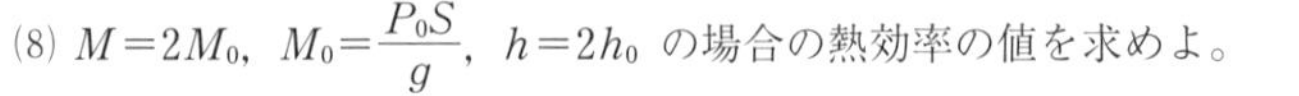
(8) $M=2M_0$，$M_0=\dfrac{P_0S}{g}$，$h=2h_0$ の場合の熱効率の値を求めよ。　〔弘前大〕

p〔Pa〕　O　V〔m³〕
図 2

B　応用問題

◇73. 〈半透膜で仕切られた2種類の気体〉 思考

図1のようにピストンのついた断面積一定のシリンダーがある。ピストンには棒がついており，気密を保ちながら鉛直方向になめらかに動かすことができる。シリンダーとピストンで囲まれた空間は，シリンダー内のある位置に水平に固定された特殊な膜によって領域1と領域2に仕切られている。領域1と領域2には合計1molの単

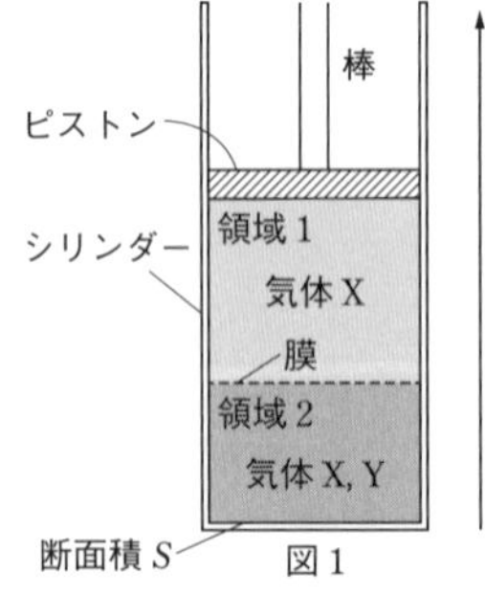

図 1

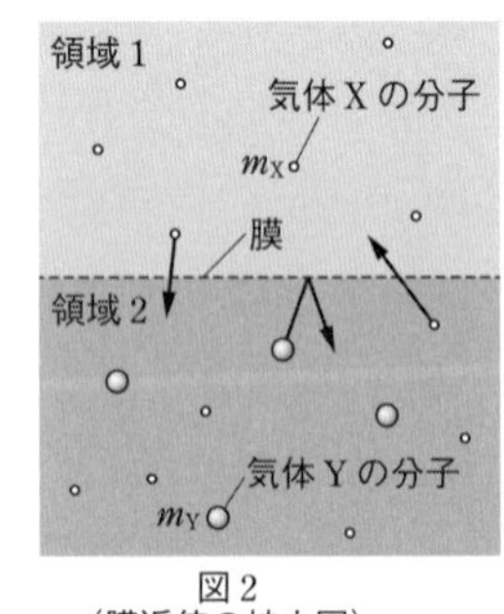

図 2
（膜近傍の拡大図）

原子分子理想気体Xが，領域2には気体Xのほかに1molの単原子分子理想気体Yが入っている。図2のように気体Xの分子は膜を衝突せず通過できるのに対し，気体Yの分子は膜を通過できない。シリンダーとピストンで囲まれた空間の外は真空であり，膜の厚さや，膜，シリンダー，ピストンの熱容量，気体分子に対する重力の影響はないものとする。ピストンは断熱材でできている。気体Xの分子1個の質量を m_X，気体Yの分子1個の質量を m_Y，シリンダーの内側の断面積を S，アボガドロ定数を N_A，気体定数を R とする。鉛直上向きに z 軸をとる。以下の各過程では気体の状態は十分ゆっくり変化するため，領域1の圧力と領域2の圧力はそれぞれ常に均一であり，気体XとYが熱のやりとりをすることでシリンダー内の温度は常に均一であるとみなせる。次の問いに答えよ。

〔A〕 初めにピストンは固定されており，領域1の体積は V_1，圧力は p_1，領域2の体積は V_2，圧力は p_2，シリンダー内の温度は T であった。気体分子の z 方向の運動に注目し，気体XとYの分子の速度の z 成分の2乗の平均をそれぞれ $\overline{v_z^2}$，$\overline{w_z^2}$ とする。気体Yの分子は，膜に当たると膜に平行な速度成分は一定のまま弾性衝突してはねかえされるとする。同様に，気体XとYの分子はピストンおよびシリンダーの面に当たると面に平行な速度成分は一定のまま弾性衝突してはねかえされるとする。分子間の衝突は考慮しなくてよい。

(1) ピストンが気体Xから受ける力の大きさの平均を F_1 とする。F_1 を，m_X，$\overline{v_z^2}$，N_A，S，V_1，V_2 のうち必要なものを用いて表せ。

(2) シリンダーの底面が気体XとYから受ける合計の力の大きさの平均を F_2 とする。F_2 を，m_X，m_Y，$\overline{v_z^2}$，$\overline{w_z^2}$，N_A，S，V_1，V_2 のうち必要なものを用いて表せ。

(3) ボルツマン定数を k として，各分子は一方向当たり平均して $\frac{1}{2}kT$ の運動エネルギーをもつ。p_1 と p_2 を，R，T，V_1，V_2 のうち必要なものを用いて表せ。

(4) 気体XとYの内部エネルギーの合計を，R，T を用いて表せ。

〔B〕 次にピストンを〔A〕の状態からゆっくりわずかに押し下げたところ，領域1の体積が V_1 から $V_1-\varDelta V_1$ に，領域1の圧力が p_1 から $p_1+\varDelta p_1$ に，領域2の圧力が p_2 から $p_2+\varDelta p_2$ に，シリンダー内の温度が T から $T+\varDelta T$ に変化した。この過程で気体と外部の間で熱のやりとりはなかった。以下の設問では，$\varDelta p_1$，$\varDelta p_2$，$\varDelta T$，$\varDelta V_1$ はそれぞれ p_1，p_2，T，V_1+V_2 より十分小さな正の微小量とし，微小量どうしの積は無視できるとする。

(1) 温度変化 $\varDelta T$ を，p_1，R，$\varDelta V_1$ を用いて表せ。

(2) $\dfrac{\varDelta p_1}{p_1}=$ **ア** $\dfrac{\varDelta V_1}{V_1+V_2}$ が成りたつ。 **ア** に入る数を求めよ。

〔C〕 〔A〕の状態からピストンについている棒を取り外し，おもりをシリンダーに接しないようにピストンの上に静かにのせたところ，領域1と領域2の体積，圧力，温度に変化はなかった。さらに図3のようにヒーターをシリンダーに接触させ気体を温めたところ，ピストンがゆっくり押し上がった。領域1の体積が $2V_1$ になったところでヒーターをシリンダーからはなした。

(1) このときのシリンダー内の温度を，T，V_1，V_2 を用いて表せ。

(2) 気体XとYが吸収した熱量の合計を，R，T，V_1，V_2 を用いて表せ。

〔22 東京大〕

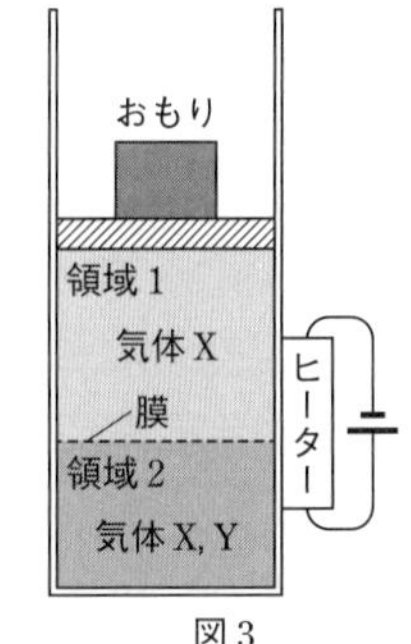

図3

10 ◇波の性質

(◇＝上位科目「物理」の内容を含む項目)

●波動

物理量	記号・式	単位	関係式など
振幅	A	m	$v=f\lambda=\dfrac{\lambda}{T}$，$f=\dfrac{1}{T}$　　波面⊥進行方向
波長	λ	m	$n_{12}=\dfrac{\sin\theta_1}{\sin\theta_2}=\dfrac{v_1}{v_2}=\dfrac{\lambda_1}{\lambda_2}=\dfrac{n_2}{n_1}$　(1に対する2の相対屈折率)
周期	T	s	正弦波の式
振動数	f	Hz	$+x$に進む　$y=A\sin\dfrac{2\pi}{T}\left(t-\dfrac{x}{v}\right)=A\sin2\pi\left(\dfrac{t}{T}-\dfrac{x}{\lambda}\right)$
波の速さ	v，V	m/s	
屈折率	n		$-x$に進む　$y=A\sin\dfrac{2\pi}{T}\left(t+\dfrac{x}{v}\right)=A\sin2\pi\left(\dfrac{t}{T}+\dfrac{x}{\lambda}\right)$

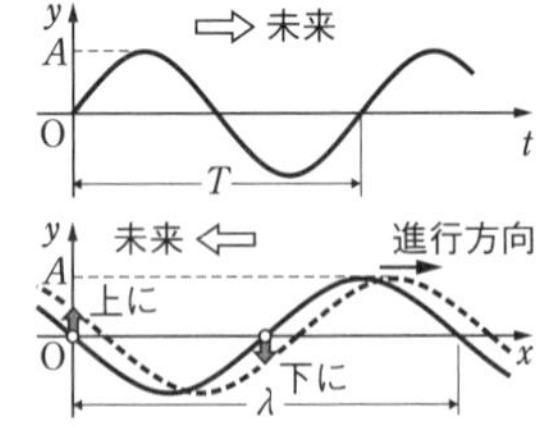

①横軸が t のグラフ(y-t 図，振動を表す。)
- 横軸が時間 t のグラフは，ある位置での振動を示す。
- 周期 T が求められる。

②横軸が x のグラフ(y-x 図，波形を表す。)
- 横軸が座標 x のグラフは，ある時刻での波形を示す。
- 波長 λ が求められる。
- 波を少し平行移動させて媒質の振動を見る。
  (図で，原点Oの媒質は y 軸の正の向きに動いている。)

③縦波の横波表示

上向き ⟶ 右向き

下向き ⟶ 左向き

④同位相・逆位相
- 同位相：媒質の振動状態が同じ。
  0，λ，2λ，…；0，T，$2T$，…；0，2π，4π，…
- 逆位相：媒質の振動状態が反対。
  $\dfrac{\lambda}{2}$，$\dfrac{\lambda}{2}+\lambda$，…；$\dfrac{T}{2}$，$\dfrac{T}{2}+T$，…；$\pi$，$\pi+2\pi$，…

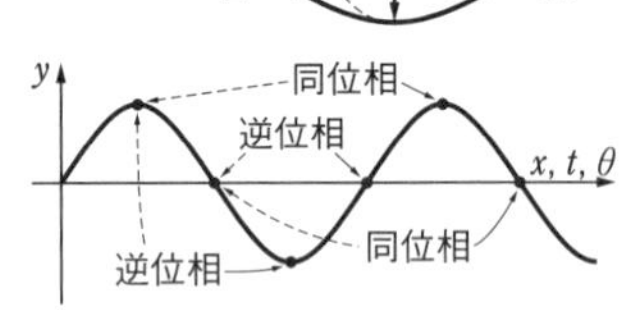

⑤波の反射
- 入射角＝反射角
- { 自由端反射では，位相は変わらない。
  固定端反射では，位相が逆になる。

⑥波の屈折
- 波は進みにくい(屈折率大の)方に屈折して進む。

⑦波の干渉　　A，B が同位相で振動するとき

$$|l_1-l_2|=\begin{cases}0+m\lambda=\dfrac{\lambda}{2}\cdot2m & \text{強めあう}\\ & (m=0,1,2,\cdots)\\ \dfrac{1}{2}\lambda+m\lambda=\dfrac{\lambda}{2}(2m+1) & \text{弱めあう}\end{cases}$$

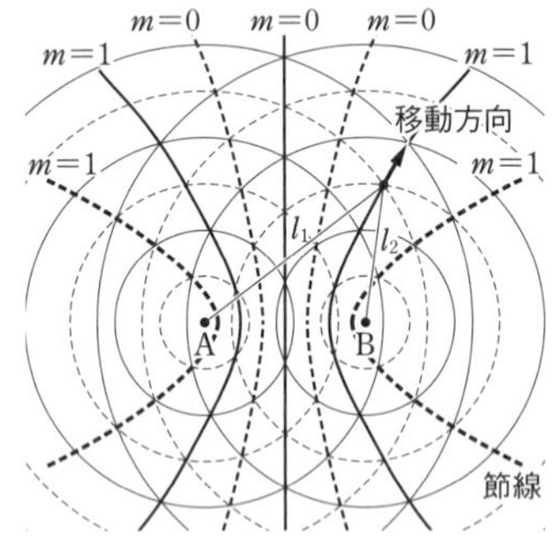

⑧定在波(定常波)
- 2つの波源の場合は中点に注目する。
  同位相なら中点は腹，逆位相なら節となる。
- 反射による場合は，自由端は腹，固定端は節。
- 腹～腹$=\dfrac{1}{2}\lambda$，腹～節$=\dfrac{1}{4}\lambda$

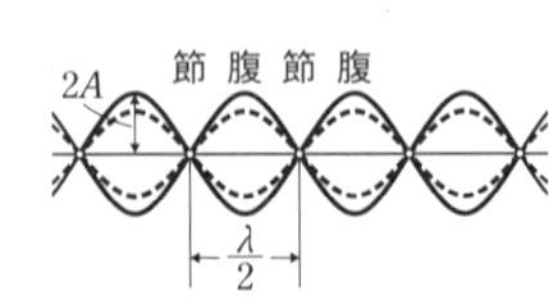

⑨平面波干渉では定在波ができる(波面を移動させてみるとよい)。

A 標準問題

 **74.** 〈正弦波の波形〉

周期 T〔s〕，波長 λ〔m〕，振幅 Y〔m〕の正弦波が，x 軸にそって正の向きに進んでいる。図1は時刻 $t=0$ における位置 x〔m〕$\leqq 0$ での変位 y〔m〕（波形）を示しており，AからMは等間隔の媒質の位置を表す。次の問いに答えよ。

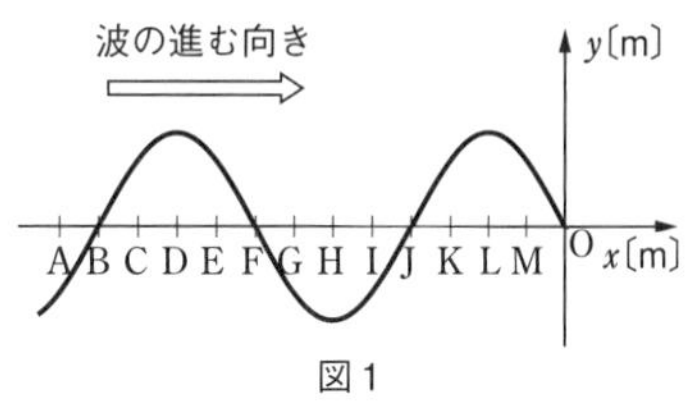

図1

(1) 正弦波の振動数 f〔Hz〕と波の進む速さ v〔m/s〕を，それぞれ求めよ。

(2) 図1の正弦波に関して次の(a)～(d)に当てはまるものをそれぞれ，位置AからMの中からすべて答えよ。

(a) 媒質の振動の速度が0である位置

(b) 媒質の振動の速度が y 軸の正の向きに最大である位置

(c) 媒質の振動状態がEと同位相である位置

(d) 媒質の振動状態がEと逆位相である位置

$x=0$ の位置に壁があり，x 軸にそって進んできた波は壁で完全に反射される。壁で固定端反射される場合について，次の問いに答えよ。

(3) 時刻 $t=\frac{13}{8}T$ における入射波の波形を図2に実線でかけ。また，このとき x 軸の負の方向に進む反射波の波形を図2に点線でかけ。

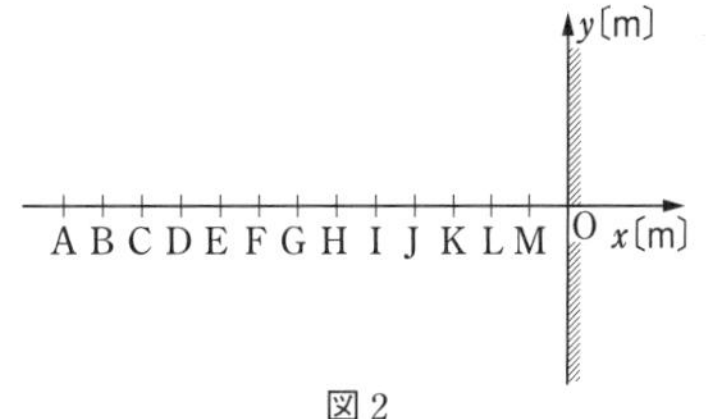

図2

(4) 入射波と反射波が重なりあってできた合成波に関して次の(a)～(d)に当てはまるものをそれぞれ，位置AからMの中からすべて答えよ。

(a) 媒質の変位が常にEと等しい位置

(b) 媒質の変位を逆向きにすると常にEと等しくなる位置

(c) 媒質の変位が常に0である位置

(d) 媒質の振動の振幅が最大である位置

$x=0$ の壁で自由端反射する場合について，次の問いに答えよ。

(5) 時刻 $t=\frac{7}{4}T$ での x 軸の負の方向に進む反射波を，図3に点線でかけ。また，このときの入射波と反射波が重なりあってできた合成波を図3に実線でかけ。

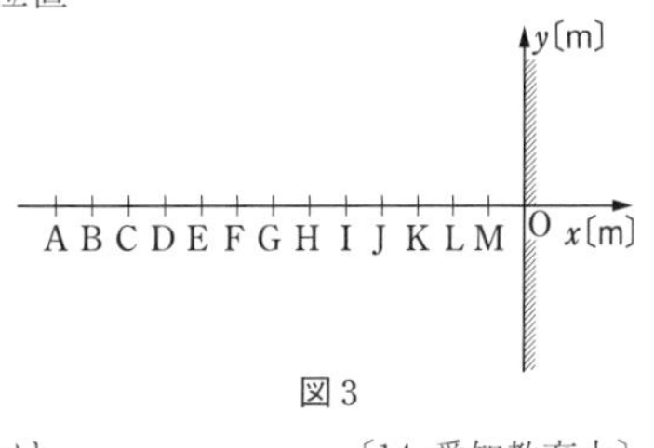

図3

〔14 愛知教育大〕

◇75. 〈正弦波の式と定在波〉

ある媒質中を x 軸の正の向きに速さ v で減衰することなく進行している連続波を考える。この波の振幅を A，周期を T とすると，x 軸上の原点Oでの媒質の変位は時刻 t の関数として $y=A\sin\frac{2\pi}{T}t$ で表される。これを入射波として $x=L$ $(L>0)$ の位置で固定端反射させる。反射による波の減衰は無視できるとする。

(1) 入射波の振動数 f と波長 λ を v と T で表せ。

(2) $x<L$ における入射波を，v と T を用いて t の関数として表せ。
(3) (2)の結果を用いて，反射波を x および t の関数として表せ。
(4) 入射波と反射波が重なりあって波形の進行しない波，つまり定在波（定常波）ができることを，式を使って説明せよ。なお，$\sin\alpha\pm\sin\beta=2\sin\dfrac{\alpha\pm\beta}{2}\cos\dfrac{\alpha\mp\beta}{2}$ を用いてよい。
(5) $L=\dfrac{5}{4}\lambda$ の場合について，(4)の定在波が最大振幅になるときの波形の概略をかけ。

〔16 神戸大〕

必解 ◇76.〈円形波の反射〉

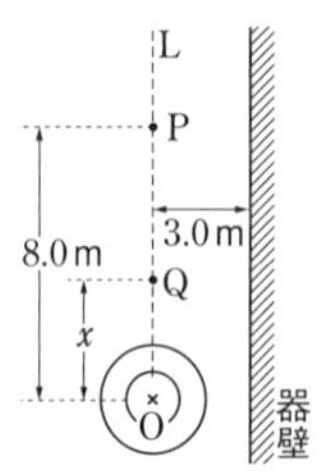

図のように，水槽の器壁から3.0m離れた点Oを波源として，振動数5.0Hzの円形波が次々と送り出され，水面上を伝わっていく。図で円は水面波の山の位置を表している。Oを通り器壁に平行な直線上でOから8.0m離れた点をPとする。OからPの向きにのびる半直線を破線で表し，Lとよぶ。Oから送り出された波はやがて器壁で反射するが，反射の際，波の振幅および位相は変わらないとする。また，水槽内の水面は十分に広く水深は一様で，一度反射した波が再び器壁にもどることはなく，水面を伝わる波の速さは一定であるとする。さらに，波の振幅の減衰はないものとする。

(1) Oから出た1つの円形波Cが器壁に届き反射した後，反射波の山がPに達した。この瞬間の波C全体の山の位置(実線)を正しく表した図は(ア)～(エ)のどれか。

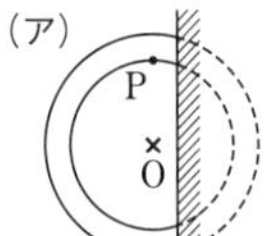

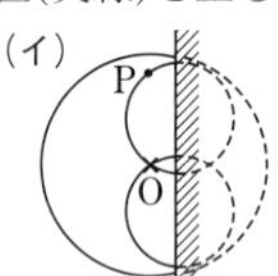

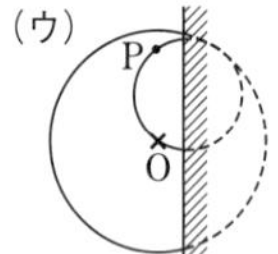

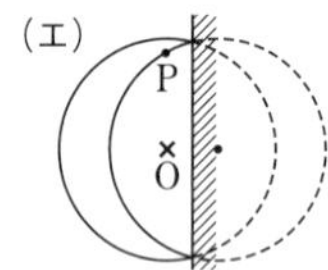

ここでL上の任意の点をQとし，OQ$=x$〔m〕とおく。Qでの，Oから直接届いた波と器壁で反射して届いた波の干渉を考える。

(2) 波長をλ〔m〕，$n=1,\ 2,\ \cdots$として，Qで2つの波が弱めあう条件を書くと，

$\boxed{}=(2n-1)\cdot\dfrac{\lambda}{2}$ となる。$\boxed{}$ に当てはまる式を入れよ。

いま $x=8.0$m の点Pでは2つの波が干渉した結果，互いに弱めあい，水位が変化しないという。また，L上で水位が同様に変化しない点のうち，Oから見てPよりも遠くにあるのは2個だけであった。

(3) PはL上で(2)で得られた条件を満たす点のうち，nがいくつに相当するか。
(4) λは何mか。
(5) L上でOP間に，OとP以外で水位が変化しない点は何個あるか。
(6) Oを通り器壁に垂直な直線上で，Oから直接届いた波と器壁で反射して届いた波が干渉して強めあう点のうち，Oに最も近い点のOからの距離は何mか。
(7) この水面波の速さは何m/sか。

次に，波を送り続けながら波源をLにそってPに向かって一定の速さ1.0m/sで動かした。

(8) 波源から直接Pに届く波の振動数は何Hzか。
(9) この波の波長は何mか。

⑽ 波源がPに近い位置にきたとき，器壁で反射してからPに届く波の振動数は，波源がOから動き始めた直後と比べてどうなるか。 〔千葉工大〕

◇77.〈平面波の反射・屈折・干渉〉

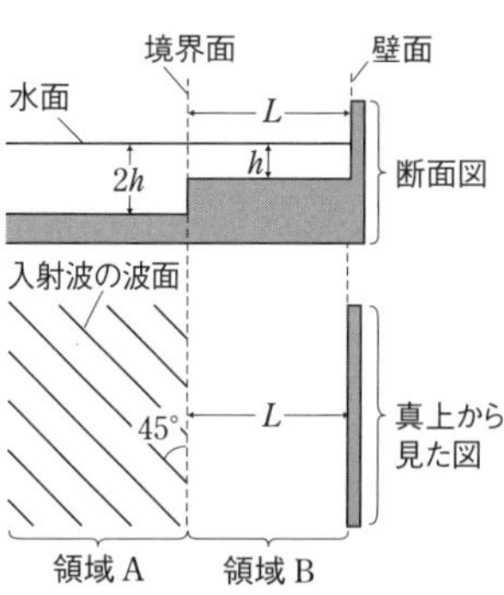

段差と壁面をもつ大きな水槽に水が入っている。この水槽では，図上部の断面図で示したように，壁面からの距離がL以上である領域Aでは水深が$2h$であり，距離がLより小さい領域Bでは水深がhである。図下部は，この水槽を真上から見た図であるが，図の破線で示したように，この水深が変わる境界面は，壁面と平行である。領域Aから，境界面に向かって速さv，波長λの平面波が入射し，境界面で屈折され，さらにこの屈折波が壁面に向かう。ただし，波の振幅はhに比べて十分に小さいとする。図下部の斜めの実線は，入射波における波の山の波面を表しているが，この波面と境界面のなす角は45°であった。なお，領域Bでの屈折波の波面や壁面で反射された反射波の波面は問題の都合上かいていない。境界面での反射は無視でき，波の速さは，水深の平方根に比例するとして，次の問いに答えよ。

⑴ 領域Aでの波の周期Tを求めよ。

⑵ 領域Bでの波の速さv'をvを用いて表せ。

⑶ 領域Aに対する領域Bの屈折率nを求め，領域Bでの波面と境界面のなす角度θ'を求めよ。

⑷ 領域Bでの波の周期T'と波長λ'を求めよ。

境界面で屈折された波は，さらに進行し壁面で反射された。ただし，壁面での反射は自由端反射であるものとする。屈折波とこの反射された波が干渉し，定在波（定常波）が観測された。定在波を観測したところ，境界面と平行に線状に節が観測されたが，ちょうど境界面上にも節が観測された。また，領域Bには，境界面での節以外に6本の節の線が現れた。

⑸ 壁面において，壁面と平行に進む波が観測された。この波の波長$\lambda_{/\!/}$と速さ$v_{/\!/}$を求めよ。

⑹ 境界面での節が，壁面から数えて7番目の節であるという事実を使って，Lをλで表せ。

⑺ 反射波が境界面を通過して，領域Aにも定在波ができた。領域Bの場合と同様に，定在波の節が境界面と平行な複数の線を形成する。この場合の隣りあう線の間の距離dをλで表せ。 〔19 埼玉大〕

B　応用問題

◇78.〈水面波の反射と屈折〉

図1のようにxy平面に広がる水面が，x軸を境界として水深が異なる2つの領域に分かれている。領域A($y>0$)における波の速さをV，領域B($y<0$)における波の速さを$\dfrac{V}{2}$とする。簡単のため，波の反射と屈折は境界で起こり，反射する際に波の位相は変化しないと仮定して，次の問いに答えよ。

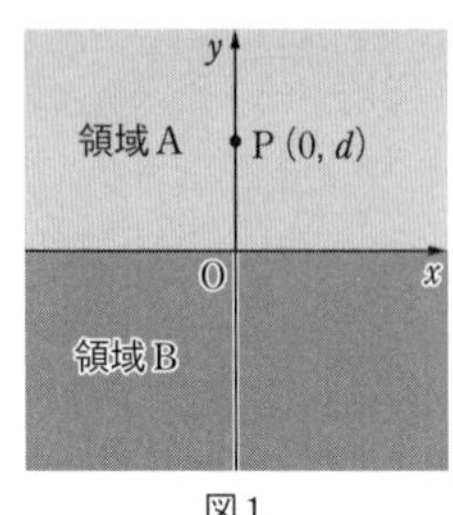

図1

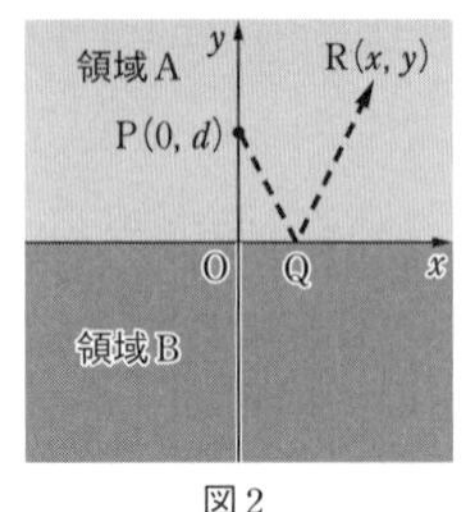

図2

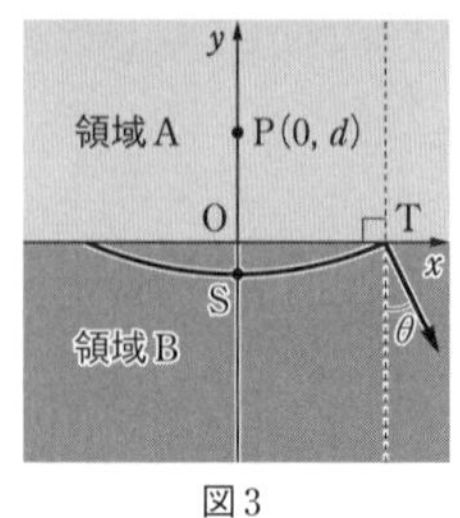

図3

〔A〕 図1のように，領域Aの座標$(0,\ d)$の点Pに波源を置く。波源は一定の周期で振動し，まわりの水面に同心円状の波を広げる。

(1) 領域Aにおけるこの波の波長を$\dfrac{d}{2}$とする。その波の振動数を，V，dを用いて表せ。また，同じ波源が領域Bにある場合，そこから出る波の波長を求めよ。

(2) 波長に比べて水深が十分に小さい場合，波の速さvは重力加速度の大きさgと水深hを用いて$v=g^a h^b$と表される。ここでa，bは定数である。両辺の単位を比較することによりa，bを求めよ。これを用いて領域Aの水深は領域Bの水深の何倍か求めよ。

(3) 図2のように，波源Pから出た波が境界上の点Qで反射した後，座標$(x,\ y)$の点Rに伝わる場合を考える。点Qの位置は反射の法則により定まる。このとき，距離PQ+QRを，x，y，dを用いて表せ。

(4) 直線$y=d$上の座標$(x,\ d)$の点で，波源から直接伝わる波と境界からの反射波が弱めあう条件を，x，dと整数nを用いて表せ。また，そのような点は直線$y=d$上に何個あるか。

(5) 領域Bにおいて波源と同じ位相をもつ波面のうち，原点Oから見て最も内側のものを考える。図3のように，その波面とx軸$(x>0)$との交点をT，y軸との交点をSとし，点Tにおける屈折角をθとする。点S，Tの座標と$\sin\theta$を求めよ。

〔B〕 〔A〕と同じ振動数の波源が一定の速さで動いている場合について，次の問いに答えよ。

(1) 波源が領域Aのy軸上を正の向きに速さ$u\left(u<\dfrac{V}{2}\right)$で動いている場合を考える。波源の位置で観測される反射波の振動数を，V，u，dを用いて表せ。また，領域Bのy軸上を負の向きに一定の速さ$w\left(w<\dfrac{V}{2}\right)$で動く点で観測される波の振動数を，$V$，$u$，$w$，$d$を用いて表せ。

(2) 次に，波源が領域Aの直線$y=d$上を右向きに速さ$u\left(u<\dfrac{V}{2}\right)$で動いている場合を考える。波源から出た波が境界で反射して波源にもどるまでの時間を，V，u，dを用いて表せ。

(3) 〔B〕(2)の設定で，波源における波と境界で反射して波源にもどった波が逆位相になる条件を，u，Vと整数mを用いて表せ。さらに，この条件を満たすuをすべて求めよ。

〔16 東京大〕

11 ◇音　波

(◇＝上位科目「物理」の内容を含む項目)

●音の伝わり方

物理量	記号・式	単位	関係式など
音の速さ	V	m/s	t〔°C〕の空気を伝わる音の速さ　$V=331.5+0.6t$

①音の速さは，音源の運動とは無関係で，波面は球形(円形)に広がっていく。
風があると，音の伝わる速度は $\vec{V}+\vec{w}$ となる。

②音波は，温度の低い(速さの小さい，進みにくい)方に屈折して進む。

③1秒間のうなりの回数は，振動数の差　$|f_1-f_2|$〔回/s〕

●発音体

物理量	記号・式	単位	関係式など
波の速さ	v	m/s	弦を伝わる波の速さ　$v=\sqrt{\dfrac{S}{\rho}}$　弦：$f_m=\dfrac{m}{2l}\sqrt{\dfrac{S}{\rho}}$　$(m=1, 2, 3, \cdots)$
弦の張力	S	N	
線密度	ρ	kg/m	開管：$f_m=\dfrac{mV}{2l}$　$(m=1, 2, 3, \cdots)$　閉管：$f_m=\dfrac{mV}{4l}$　$(m=1, 3, 5, \cdots)$
長さ	l	m	

①発音体の振動は定在波になる。

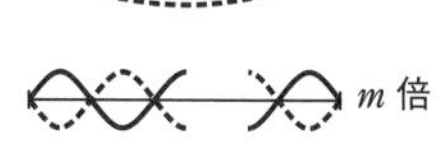

②弦の振動　$(m=1,\ 2,\ 3,\ \cdots\cdots)$

・両端が節となる定在波の波長　$\lambda_m=2\times(節\sim節)=2\times\dfrac{l}{m}$

・$v=f\lambda$ で $v=\sqrt{\dfrac{S}{\rho}}$　　よって　$f_m=\dfrac{v}{\lambda_m}=\dfrac{m}{2l}\sqrt{\dfrac{S}{\rho}}$

③気柱の振動

・閉口端は節，開口端は腹。開口端補正(開口端と腹の位置のずれ)に注意。

・節の位置で，空気は静止，密度(圧力)変化最大。

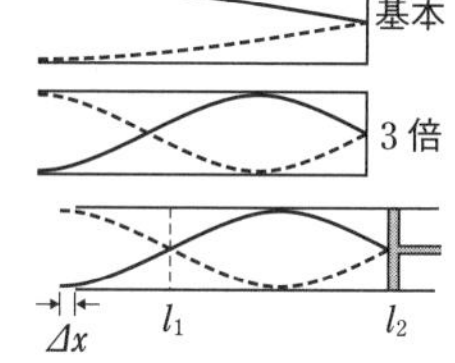

④開管　$(m=1,\ 2,\ 3,\ \cdots\cdots)$

・波長は　$\lambda_m=2\times(腹\sim腹)=2\times\dfrac{l}{m}$

・$V=f\lambda$ で V(音の速さ)は一定　$f_m=\dfrac{V}{\lambda_m}=\dfrac{mV}{2l}=mf_1$

⑤閉管　$(m=1,\ 3,\ 5,\ \cdots\cdots)$

・波長は，$\lambda_m=4\times(節\sim腹)=4\times\dfrac{l}{m}$，$f_m=\dfrac{mV}{4l}=mf_1$

・開口端補正ありの場合　$\lambda=2\times(l_2-l_1)$　　$\Delta x=\dfrac{1}{4}\lambda-l_1$

Δx　l_1　l_2

⑥共鳴(共振)　振動数が等しいときに起きる現象

・次の共鳴は隣の定在波　　弦・開管：1↔2↔3↔4⋯，閉管：1↔3↔5↔7⋯

●ドップラー効果

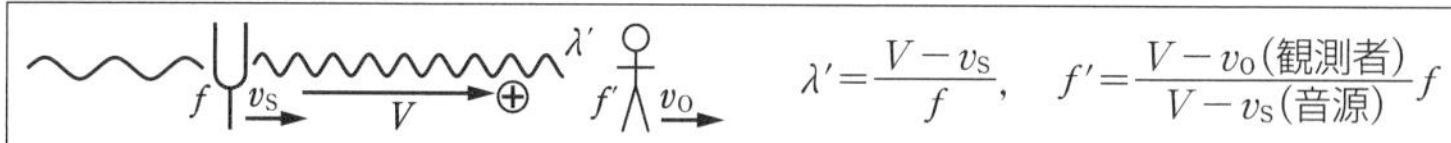

$\lambda'=\dfrac{V-v_S}{f}$，　$f'=\dfrac{V-v_O(観測者)}{V-v_S(音源)}f$

①音の伝わる向きを正とし，v_s と v_0 の正負を定める。

②音源が動くときは波長が変わる。観測者が動くときは受ける波の数が変わる。

③風があるとき，音の速さを $V+w$，$V-w$ とする。

④壁での反射は，壁は観測者，そして音源として扱う。

⑤出した波の数＝聞いた波の数　　$ft=f't'$

⑥斜め方向は，音源と観測者の方向の速度成分 $v_{/\!/}$ を用いる。
垂直成分 $v_\perp$ はドップラー効果を起こさない。

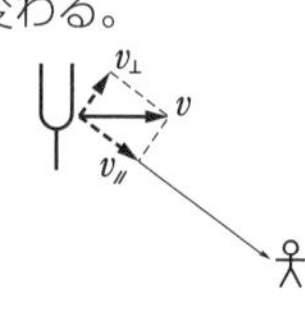

⑦音が伝わる時間に注意すること。

標準問題

必解 79. 〈音波の性質〉

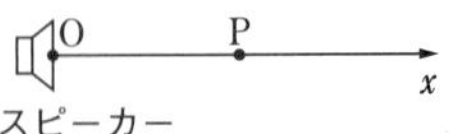

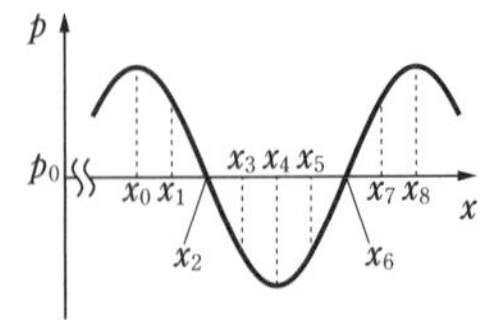

点P付近の拡大図

図1

図1上図のように原点Oにスピーカーを置き，一定の振幅で，一定の振動数 f の音波を x 軸の正の向きに連続的に発生させる。空気の圧力変化に反応する小さなマイクロホンを複数用いて，x 軸上 $(x>0)$ の各点で圧力 p の時間変化を測定する。

ある時刻において，x 軸上 $(x>0)$ の点P付近の空気の圧力 p を x の関数として調べたところ，図1下図のグラフのようになった。ここで距離 OP は音波の波長よりも十分長く，また音波が存在しないときの大気の圧力を p_0 とする。圧力 p が最大値をとる $x=x_0$ から，次に最大値をとる $x=x_8$ までの x の区間を8等分し，x_1，x_2，…，x_7 と順に x 座標を定める。

(1) x_1 から x_8 までの各位置の中で，x 軸の正の向きに空気が最も大きく変位している位置，および x 軸の正の向きに空気が最も速く動いている位置はそれぞれどれか。

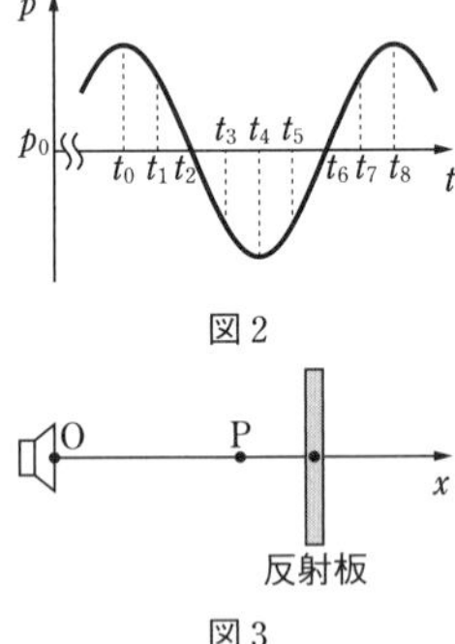

図3

次に点Pで空気の圧力 p の時間変化を調べたところ，図2のグラフのようになった。圧力 p が最大値をとる時刻 $t=t_0$ から，次に最大値をとる時刻 $t=t_8$ までの1周期を8等分し，t_1，t_2，…，t_7 と順に時刻を定める。

(2) t_1 から t_8 までの各時刻の中で，x 軸の正の向きに空気が最も大きく変位しているのはどの時刻か。

図3のように，原点Oから見て点Pより遠い側の位置に，x 軸に対して垂直に反射板を置くと，圧力が時間とともに変わらず常に p_0 となる点が x 軸上に等間隔に並んだ。

(3) これらの隣接する点の間隔 d はいくらか。なお，音波の速さを c とする。

(4) (3)の状態から気温が上昇したところ，(3)で求めた d は増加した。その理由を説明せよ。

〔12 東京工大〕

必解 80. 〈弦の振動〉

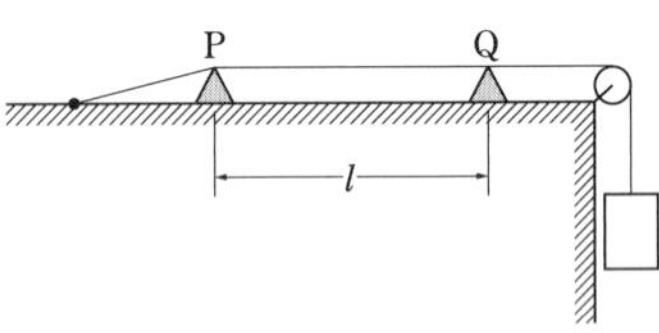

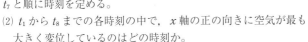

線密度 ρ〔kg/m〕の1本の弦を，同じ長さの2本A，Bに分け，それぞれの一端を図のように固定し，他端には滑車を通しておもりをつるした。弦Aにつるしたおもりの質量は m_A〔kg〕，弦Bにつるしたおもりの質量は m_B〔kg〕である。ただし，$m_A<m_B$ である。弦A，Bの固定点と滑車の間には，2個の支柱P，Qがそれぞれ l〔m〕の間隔で置かれている。まず，弦AのPQの中点をはじくと，弦は振動して基本振動の波を生じ，音が聞こえた。重力加速度の大きさを g〔m/s²〕とする。また，弦を伝わる波の速さ v〔m/s〕は，弦を引く力の大きさを S〔N〕として $v=\sqrt{\dfrac{S}{\rho}}$ と与えられ，定在波（定常波）は正弦曲線で表されるものとする。

(1) この波は定在波であるが，点P，Qにおける入射波と反射波が何をすることによってできるのか，次から選べ。また，このときの入射波と反射波の位相のずれをラジアンで答えよ。

① 反射　② 屈折　③ 干渉　④ 回折　⑤ 干渉と回折　⑥ 反射と回折

(2) この波の波長，速さ，振動数を求めよ。

(3) この波の最大振幅は a〔m〕である。PQ間を n 個の等間隔な区間に分け，左端Pから数えて j 番目の区間の右端における振幅と周期を求めよ。

(4) PQの間隔を短くし，(1)と同じ強さでPQの中点をはじくと，どのような音に変化するか，次の中から選び，その理由を簡単に述べよ。

① 高くなる　② 低くなる　③ 変化しない

次に，弦BのPQの中点をはじいた。

(5) この弦の基本振動の振動数を求めよ。

(6) この弦の振動数を，(2)で求めた弦Aと同じ振動数にするには，PQ間の距離をいくらにすればよいか。

(7) この弦を同じ材質で太さの異なるものに変え，同じ質量 m_B のおもりで張って振動数を半分にするには，弦の直径を何倍にすればよいか。

弦A，Bを最初の状態にもどし，両方の弦を同時にはじいたら，うなりを生じた。

(8) 単位時間当たりのうなりの回数を，ρ，g，l，m_A，m_B を用いて表せ。〔帯広畜産大 改〕

必解 81. 〈気柱の共鳴〉

気柱の共鳴について考える。図のように，空気中に置かれたガラス管に右側からピストンを挿入し，左側に発生音の振動数を調節できるスピーカーを置いた。音の速さ V は一定であり，開口端補正はないものとする。次の問いに答えよ。

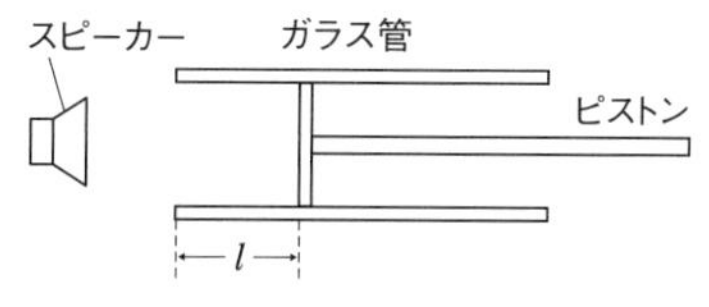

最初にピストンを固定した。このときの，ガラス管の左の管口からピストンの左端までの距離を l とする。スピーカーの振動数を0からゆっくりと増していった。

(1) 最初の共鳴が起こる振動数を l と V を用いて表せ。

(2) n 回目 ($n=2,\ 3,\ \cdots$) の共鳴が起こるときに気柱にできる定在波 (定常波) の節の数を n を用いて表せ。

(3) n 回目の共鳴が起こるときの定在波の波長を n と l を用いて表せ。

(4) n 回目の共鳴が起こるときの振動数を n，l，V を用いて表せ。

(5) n 回目の共鳴が起こったときの，ピストンの中で密度変化が最大になる場所のうち，管口から最も近い位置はどこか。管口からその位置までの距離を n と l を用いて表せ。

次に，スピーカーの振動数を(4)の $n=2$ の値に固定して，ピストンをガラス管の左の管口の位置からゆっくりと右に動かした。

(6) 最初の共鳴が起こったときの，管口からピストンの左端までの距離を l を用いて表せ。

さらに，ピストンを(6)の位置に固定したまま，スピーカーの振動数をゆっくりと大きくした。

(7) 次に共鳴が起こる振動数の値を l と V を用いて表せ。〔19 佐賀大 改〕

必解 ◇82.〈反射板がある場合のドップラー効果〉

図1のように，台車Aは静止していて観測者が乗っている。台車Bはその上に設置した音源から振動数 f_0〔Hz〕の音を発しながら，鉛直な壁が立っている静止した台車Cから一定の速さ u_0〔m/s〕で台車Aの方向に近づいている。なお，無風状態であり，音の速さを V〔m/s〕とし，u_0 は V よりも小さいものとする。

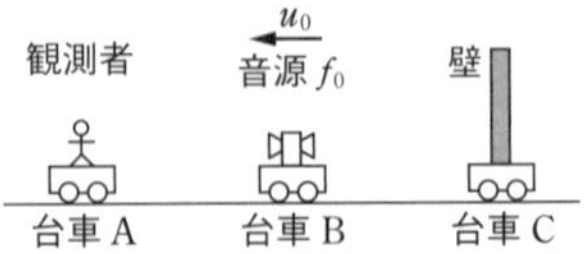

観測者　u_0　音源 f_0　壁
台車A　台車B　台車C
図1

(1) 台車Aに乗った観測者が音源から直接観測する音の波長 λ_1〔m〕を u_0, V, f_0 のうち必要な記号を用いて表せ。

(2) 台車Aに乗った観測者が音源から直接観測する音の振動数 f_1〔Hz〕を u_0, V, f_0 のうち必要な記号を用いて表せ。

(3) 壁に反射されて台車Aに向かう音の振動数 f_2〔Hz〕を u_0, V, f_0 のうち必要な記号を用いて表せ。

(4) 台車Aに乗った観測者は音源から直接観測する音と壁から反射された音を同時に観測する。このとき，台車Aに乗った観測者が観測する単位時間当たりのうなりの回数 f_3〔回/s〕を u_0, V, f_0 のうち必要な記号を用いて表せ。

次に，図2のように，音源を設置した台車Bが静止した状態で振動数 f_0 の音を発し，壁を設置した台車Cが一定の速さ u_1〔m/s〕で台車Aと反対方向に台車Bから遠ざかっている場合を考える。また，観測者が乗った台車Aは静止している。なお，無風状態であり，音の速さを V とし，u_1 は V よりも小さいものとする。

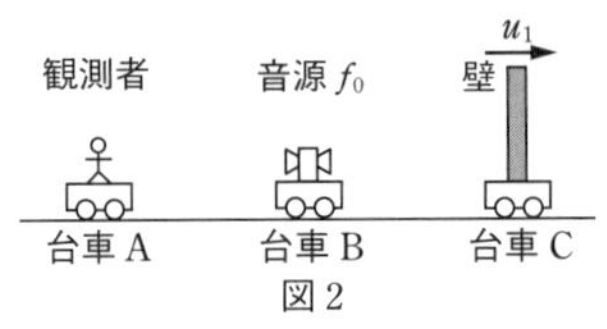

図2

(5) 台車Aに乗った観測者が観測する壁から反射された音の振動数 f_4〔Hz〕を u_1, V, f_0 のうち必要な記号を用いて表せ。

発展　次に，上方から見た図3のように，音源を設置した台車Bが振動数 f_0 の音を発しながら，音をよく反射する鉛直な長い壁に平行に一定の速さ u_2〔m/s〕で移動している。また，台車Bの進行方向前方に観測者が乗った台車Aが静止している。なお，無風状態であり，音の速さを V とし，u_2 は V よりも小さいものとする。

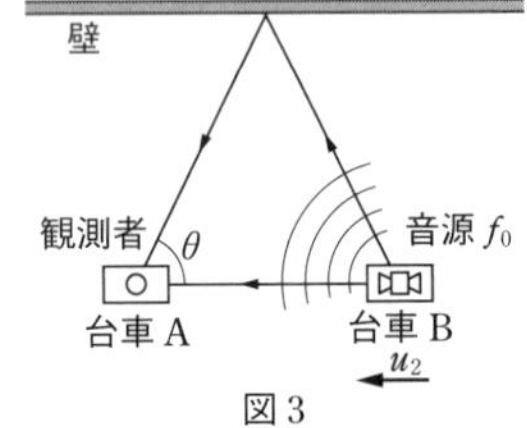

図3

(6) 台車Aに乗った観測者はある時刻に台車Bの方向から振動数 f_5〔Hz〕の音を，台車Bの方向に対して角度 θ〔rad〕$\left(0<\theta<\dfrac{\pi}{2}\right)$ の方向から壁に反射された振動数 f_6〔Hz〕の音を観測した。台車Bの速さ u_2 を V, f_5, f_6, θ のうち必要な記号を用いて表せ。

〔19 京都府大〕

発展 ◇83. 〈斜め方向のドップラー効果〉

次の文の［ア］〜［キ］に当てはまる式を答えよ。また，［a］，［b］に入れるのに最も適当なものを解答群から選べ。

図のように，直線上を音源Sが振動数 f_0 の音を出しながら一定の速さ v で運動している。静止している観測者Oから音源Sが運動する直線に下ろした垂線の足を点Q，音の速さを V とし（ただし，$V>v$），まわりに音を反射する壁などはなく，風は吹いていないものとする。

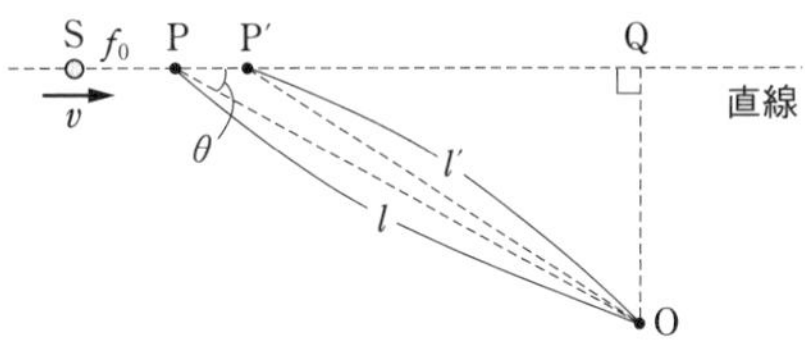

音源Sが時刻 $t=0$ に図のように $\angle OPQ=\theta$ となるような点Pを通過し，時刻 $t=\varDelta t_0$ に点P′を通過した。音源Sが点Pを通過した瞬間（$t=0$）に出した音が観測者Oに届いた時刻を $t=t_1$ とし，音源Sが点P′を通過した瞬間（$t=\varDelta t_0$）に出した音が観測者Oに届いた時刻を $t=t_1+\varDelta t_1$ とする。時刻 $t=t_1$ から時間 $\varDelta t_1$ の間に観測者Oが聞く音の振動数を f_1 とする。音源Sが時間 $\varDelta t_0$ の間に出した音を観測者Oは時間 $\varDelta t_1$ の間に聞くので，f_1 は $\varDelta t_0$，$\varDelta t_1$，f_0 を用いて

$f_1=$［ア］　……①

と表される。

PO間の距離を l，P′O間の距離を l' とする。l，l' とそれらの差 $l-l'$ をそれぞれ V，t_1，$\varDelta t_0$，$\varDelta t_1$ のうち必要なものを用いて表すと

$l=$［イ］

$l'=$［ウ］

となり

$l-l'=$(イ)−(ウ)　……②

となる。一方，$\varDelta t_0$，$\varDelta t_1$ は十分に短い時間であるため，PP′間の距離は l や l' に比べて十分に小さい。このとき，POとP′Oはほぼ平行とみなせるので，$l-l'$ を v，$\varDelta t_0$，θ を用いて近似的に表すと

$l-l'=$［エ］　……③

となり，①，②，③式より，f_1 を，v，V，θ，f_0 を用いて表すと

$f_1=$［オ］

となる。

図のように，音源Sが点Qに向かって進んでいるときに出した音は，観測者Oに届いたとき，その振動数が f_0 より［a］聞こえる。

音源Sが点Qを通過した時刻に観測者Oが聞く音の振動数は［カ］であり，また，音源Sが点Qを通過した瞬間に出した音は，観測者Oに届いたとき，振動数［キ］の音として聞こえる。

音源Sが点Qから遠ざかっているときに出した音は，観測者Oに届いたとき，その振動数が f_0 より［b］聞こえる。

解答群

小さいので高い音に　　小さいので低い音に
大きいので高い音に　　大きいので低い音に

〔19 関西大〕

◇84. 〈エコーロケーションのしくみ〉 思考

①超音波は，②回折が起こりにくく指向性が高いなどの特性から，医療の画像診断や各種産業の計測・探知機など，さまざまな用途に用いられている。

動物の中には，超音波を利用して周囲の物体までの距離や速度などを測定するものがいる。このようなしくみをエコーロケーションという。ここでは，コウモリが行うエコーロケーションを考えてみよう。空気中の音の速さは V〔m/s〕で，空気の温度は一定で無風であるとする。また，音波の減衰や透過は無視する。

(1) 下線部①と②の語句の意味を説明せよ。

図1のように，静止したコウモリが平らな崖に向けて振動数 f〔Hz〕の超音波を発した。超音波は崖に当たって反射し，コウモリが超音波を発してから最初に反射波を聞くまでの時間は t〔s〕であった。

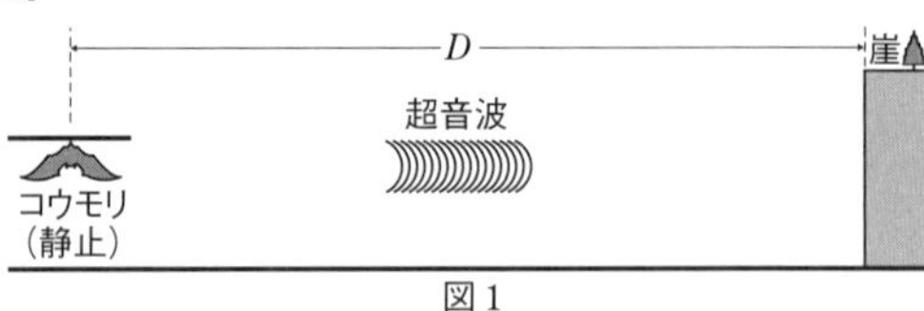

図1

(2) この超音波の周期と波長をそれぞれ求めよ。

(3) コウモリから崖までの距離 D〔m〕を求めよ。

図2のように，静止したコウモリが崖に止まった昆虫に向けて振動数 f の超音波を発した。超音波は昆虫の表面と崖の表面で反射した。次に，コウモリが超音波の振動数を f から徐々に低下させると，振動数が f_0〔Hz〕のとき反射波が最も弱まったが，振動数を f_0 より低くすると反射波が弱まることはなかった。ここでは，昆虫の表面と崖の表面で，反射のしかたに違いはなかったものとする。

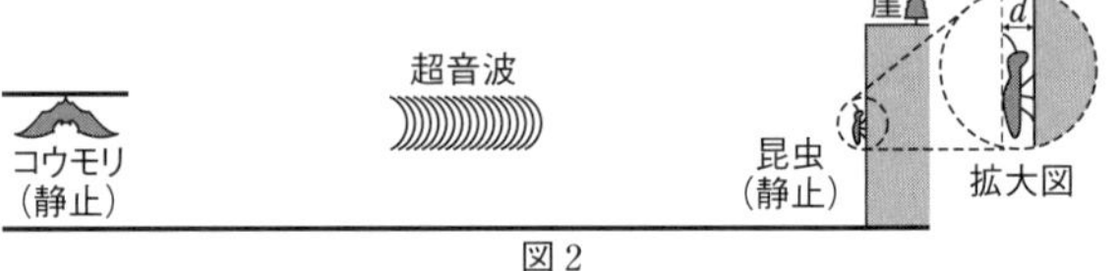

図2

(4) 反射波が弱まった理由を説明せよ。

(5) この昆虫の厚さ d〔m〕を求めよ。

図3のように，コウモリが昆虫に向かってまっすぐに一定の速さ v〔m/s〕で飛び，その向きへ静止時と同じ振動数 f の超音波を時間 $\varDelta t$〔s〕にわたり発した。昆虫はコウモリに向かってまっすぐに一定の速さ w〔m/s〕で飛んできた。

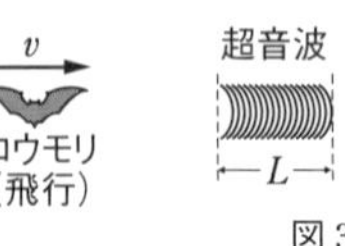

図3

(6) 時間 $\varDelta t$ 内にコウモリの発した超音波の振動の回数を求めよ。

(7) 時間 $\varDelta t$ 内にコウモリの発した超音波の空気中での長さ L〔m〕を求めよ。

(8) コウモリの発した超音波の空気中での波長を求めよ。

その後，この超音波は昆虫に当たって反射し，コウモリがその反射波を聞くと，コウモリはうなりを感じた。

(9) 昆虫が受ける超音波の振動数を求めよ。

(10) コウモリが感じた単位時間当たりのうなりの回数を求めよ。　〔20 帯広畜産大〕

●光の進み方

物理量	記号·式	単位	関係式など
屈折率	n		$n=\dfrac{c}{v}=\dfrac{\lambda}{\lambda'}$，　$d\rightarrow nd$（光学的距離），見かけの深さ　$h'=\dfrac{h}{n}$
光の速さ	c，v	m/s	
真空中の光の速さ $c=3.0\times10^8$ m/s			$n_1\sin\theta_1=n_2\sin\theta_2$，$n_1v_1=n_2v_2$，$n_1\lambda_1=n_2\lambda_2$

①n_{12}：媒質 1 に対する媒質 2 の屈折率　　$n_{12}=\dfrac{v_1}{v_2}=\dfrac{\lambda_1}{\lambda_2}=\dfrac{\sin\theta_1}{\sin\theta_2}=\dfrac{n_2}{n_1}$

　n_1，n_2：真空に対する絶対屈折率

②屈折は　$n_1\sin\theta_1=n_2\sin\theta_2=$一定

　・全反射：$\theta_2=90°$ として，臨界角 α は　$n_1\sin\alpha=n_2$，$\sin\alpha=\dfrac{n_2}{n_1}$

　・$\cos\theta$ への変形は　$\cos\theta=\sqrt{1-\sin^2\theta}$ を用いる。

　・光の分散：波長が短い（紫色の側）ほど屈折率は大（例：虹）。

③光の反射では，入射角＝反射角。そして，対称点を考える。

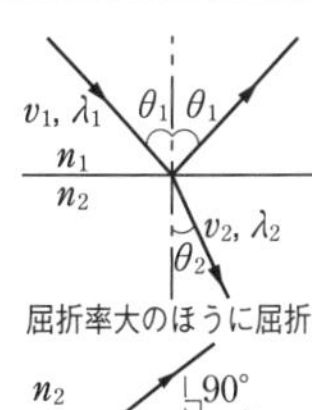

屈折率大のほうに屈折

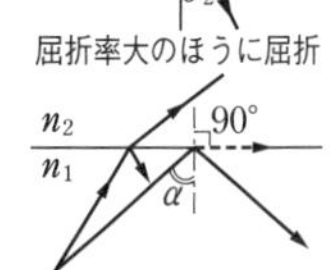

●レンズ・凹凸面鏡

物理量	記号·式	単位	関係式など
焦点距離	f	cm	$\dfrac{1}{a}+\dfrac{1}{b}=\dfrac{1}{f}$　　$f>0$：凸レンズ(凹面鏡)　$f<0$：凹レンズ(凸面鏡)
物体～レンズ(鏡)	a	cm	$b>0$：実像　$b<0$：虚像
レンズ(鏡)～像	b	cm	倍率 $m=\left\lvert\dfrac{b}{a}\right\rvert$　　$a>0$：前方の光源　$\dfrac{b}{a}>0$：倒立　$\dfrac{b}{a}<0$：正立

①光はレンズの厚いほうに屈折して進む。

②作図は，㋐平行⟶焦点，㋑焦点⟶平行，㋒中心⟶直進。

　直角三角形に注目し，相似比や tan で長さの関係式をつくる。

　実線（光線）の交点には実像ができる。このとき $b>0$。

　破線との交点の像は虚像である。このとき $b<0$。

③凹凸面鏡の作図は，㋐平行⟶焦点，㋑焦点⟶平行。

④レンズの一部をさえぎっても暗くはなるが像は変わらない。

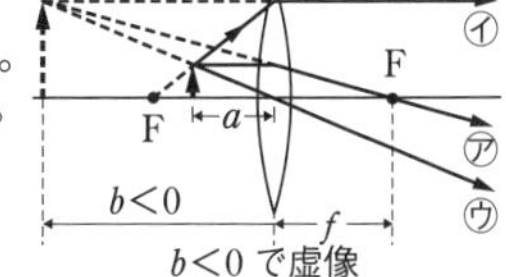

●干渉・回折

①経路差を求める ⟶ 光路差（Δl）に変換 ⟶ 反射による位相反転のチェック ⟶ 干渉条件

②
- 基本型　$\Delta l=0+m\lambda$（明）　$\Delta l=\dfrac{1}{2}\lambda+m\lambda$（暗）　（$m=0, 1, 2, \cdots\cdots$）
- 反転 1 回　$\Delta l=0+m\lambda$（暗）　$\Delta l=\dfrac{1}{2}\lambda+m\lambda$（明）　$n_{小}$ ⤸ $n_{大}$ で位相反転

③光路差＝$n\times$経路差　（真空中の距離に変換し，真空中の波長で考えるため。）

④ヤングの実験

$$\Delta l=\frac{dx}{l}=\begin{cases} m\lambda\ (明) \\ \dfrac{1}{2}\lambda+m\lambda\ (暗) \end{cases}\quad (m=0, 1, 2, \cdots\cdots)\qquad \Delta x=\frac{l\lambda}{d}$$

l　x　d　$\Delta l=d\sin\theta\fallingdotseq d\tan\theta=d\dfrac{x}{l}$

⑤回折格子　$d\sin\theta=m\lambda$（明）　（$m=0, 1, 2, \cdots\cdots$）

⑥光路差　薄膜：$2nd\cos\theta$　　ニュートンリング：$2d=\dfrac{r^2}{R}$

　くさび：$2d=2\dfrac{Dx}{L}$，$2d=2x\tan\theta=2x\theta$

⑦干渉縞の移動方向：同じ光路差のところに移る。

⑧透過光と反射光では，明暗が逆になる（反転回数が 1 増減，またはエネルギー保存）。

⑨隣りあう明線は m が 1 違う（または，λ ずれる）。

⑩屈折率 n の媒質で満たすと，縞の間隔は $\dfrac{1}{n}$ 倍となる。

　λ（真空中）が $\dfrac{1}{n}\lambda$（媒質中）になるから。

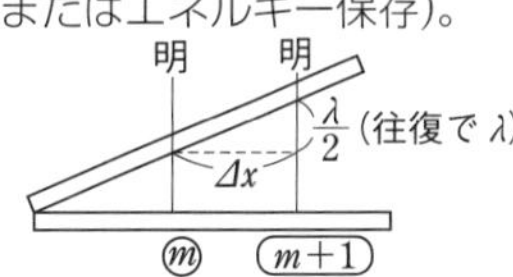

A 標準問題

必解 ◇85.〈光の屈折〉

図は屈折率の異なる2種類の透明な媒質1（屈折率 n_1）と媒質2（屈折率 n_2）からなる円柱状の二重構造をした光ファイバーの概念図であり，中心軸を含む断面内を光線が進むようすを示している。

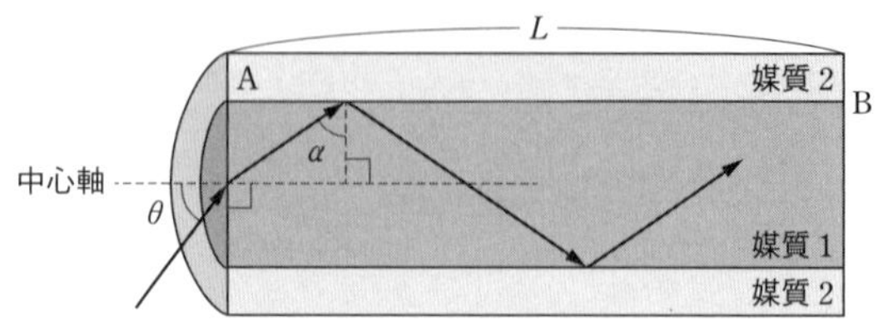

中心軸に垂直な左側の端面から入射した光線が，媒質の境界で全反射をくり返しながら反対側の端面まで到達する条件を調べてみよう。空気の屈折率は1としてよく，媒質中での光損失はないものとする。また媒質2の内径および外径は一定であり，光ファイバーはまっすぐに置かれているとしてよい。

(1) 左側の端面への光線の入射角を θ とするとき $\cos\alpha$ を θ と n_1 を用いて表せ。

(2) 光線が光ファイバー内で全反射をくり返して反対側の端面に到達するための $\sin\theta$ に対する条件を n_1，n_2 を用いて表せ。ただし，$0° < \theta < 90°$ とする。

(3) $0° < \theta < 90°$ のすべての入射角 θ に対して境界ABで全反射を起こさせるための条件を n_1 と n_2 を用いて表せ。

(4) 光ファイバーの全長を L，真空中での光の速さを c とするとき，(2)の条件を満たす光線が左側の端面から反対側の端面に到達するまでに要する時間を c，n_1，L，θ を用いて表せ。

〔17 法政大 改〕

◇86.〈プリズムによる光の経路〉

図1に示すように，空気中に頂角 α〔rad〕の二等辺三角形ABCを断面にもつプリズムを，BC面を底面として透明板の上に置いた。プリズムのAB面に波長 λ_0〔m〕の赤色光線を入射させ，光の進路の観測を行った。ここで，赤色光線に対する空気，プリズム，透明板の屈折率を，それぞれ，n_0，n_1，n_2 とし，空気中の光の速さを c_0〔m/s〕として，次の問いに答えよ。ただし，光の進路はプリズムの断面ABCに平行とする。

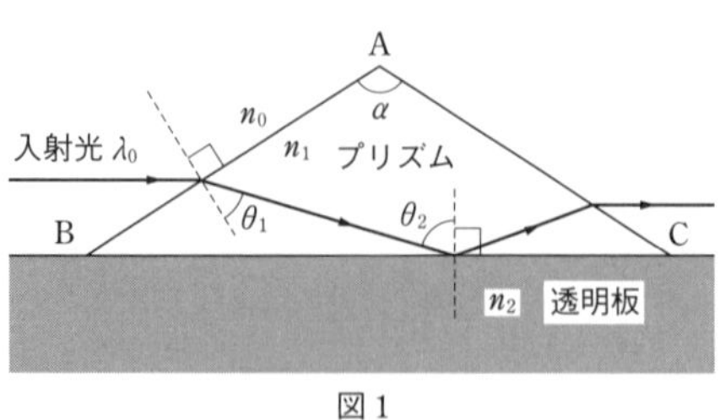

図1

【観測1】 図1に示すように，波長 λ_0〔m〕の赤色光線をBC面に平行にプリズムに入射させたところ，屈折角 θ_1〔rad〕でプリズム内に進行し，BC面と透明板との境界面において，入射角 θ_2〔rad〕で全反射を起こした。

(1) プリズム内での屈折角 θ_1 と α，n_0，n_1 の関係を求めよ。

(2) プリズム内での光の波長 λ_1〔m〕を，n_0，n_1，λ_0 を用いて表せ。

(3) 全反射が起こっているとき，$\sin\theta_2$ が満たすべき条件を，n_1，n_2 を用いて表せ。

【観測 2】 同じ波長 λ_0〔m〕の赤色光線を，図 2 に示すように，BC 面に垂直にプリズムに入射させたところ，屈折角 θ_3〔rad〕でプリズム内に進行し，BC 面と透明板との境界面において，屈折角 θ_4〔rad〕で透明板内に進行した。

図 2

(4) プリズム内での屈折角 θ_3 と α，n_0，n_1 の関係を求めよ。

(5) 透明板内での光の速さ c_2〔m/s〕を，n_0，n_2，c_0 を用いて表せ。

(6) 透明板内での屈折角 θ_4 と α，θ_3，n_1，n_2 の関係を求めよ。

(7) λ_0〔m〕より波長の短い紫色光線を**【観測 2】**の場合と同じように，BC 面に垂直に入射させた。このときの紫色光線の進路を，赤色光線の進路との違いがわかるように図示せよ。

〔大阪府大〕

必解 ◇87.〈組合せレンズ〉

図のように，2 枚の薄い凸レンズ L_1 と L_2 を，光軸が一致するようにして離して置き，視点は L_2 のすぐ上にあるとする。L_1 の焦点距離は f_1〔m〕，L_2 の焦点距離は f_2〔m〕である。物体 PQ と L_1 の距離は x〔m〕である。

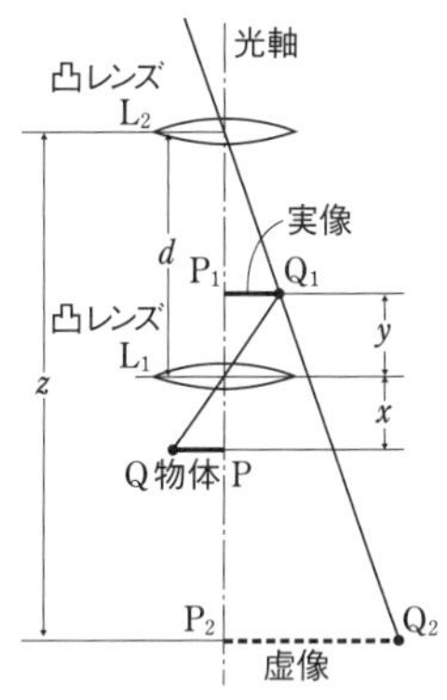

(1) L_1 によってできる実像 P_1Q_1 の L_1 からの距離 y〔m〕を，f_1 と x を用いて表せ。ただし，$x > f_1$ とする。

(2) L_1 による倍率 m_1 を，f_1 と x を用いて表せ。

(3) L_1 と L_2 の距離を d〔m〕とし，実像 P_1Q_1 の虚像ができるための条件を，x，f_1，f_2，d を用いて表せ。

(4) 実像 P_1Q_1 の虚像である P_2Q_2 が L_2 からの距離が z〔m〕の位置にはっきりと見えた。L_1 と L_2 の距離 d を，f_1，f_2，y，z のうち必要なものを用いて表せ。

(5) この組合せレンズの倍率 m_{12} を，f_1，f_2，x，z のうち必要なものを用いて表せ。

〔17 長崎大〕

◇88.〈凹面鏡〉

次の文章中の［ a ］～［ g ］の中には文末の解答群より最適な語句を選び，［ ア ］～［ ケ ］には指示に従って適当な式または記号を記せ。また，問いに答えよ。

図 1 に示すように，点 O の位置に設置された凹面鏡がある。O は鏡面の中心，点 C は球面の中心で，球面の半径 CO＝R とする。C と O を通る直線を光軸とよぶ。

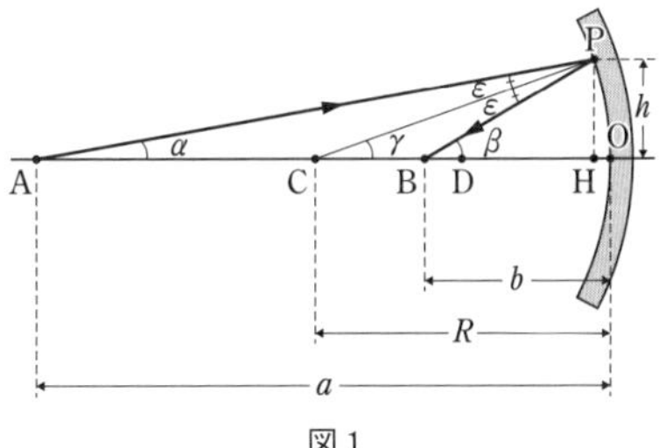

図 1

凹面鏡での光の反射と像について考える。図 1 で，光軸上の点 A を出た光が，鏡面上の点 P で反射し光軸上の点 B を通るとする。AO＝a，BO＝b とする。P での鏡面の法線と光軸が点 C

で交わるので，[a]の法則より ∠APC(入射角)＝∠CPB(反射角)＝ε である。
∠PAO＝α，∠PBO＝β，∠PCO＝γ とすれば，図1より，$\alpha+\beta$ は γ を用いて，次のように表される。

$$\alpha+\beta=\boxed{\text{ア}} \qquad \cdots\cdots①$$

光軸の近くを通る光線(近軸光線)だけを考えると，これらの角度 α，β，γ はすべて小さい。このとき，Pから光軸に下ろした垂線と光軸との交点を点Hとすれば，PH＝$h \gg$ OH であるから，$\tan\alpha \fallingdotseq \alpha$，$\sin\alpha \fallingdotseq \alpha$ (β と γ も同様) の近似のもとに，角度 α，β，γ は，h，a，b，R を用いて，α＝[イ]，β＝[ウ]，γ＝[エ] と表される。これらを①式に代入し両辺を h でわると，次式が得られる。

$$\frac{1}{a}+\frac{1}{b}=\boxed{\text{オ}} \qquad \cdots\cdots②$$

このことは，$a>$[カ] であれば，Aから出たすべての近軸光線がBに集まることを示している。特に，$a\to\infty$ であれば $b\to$(カ) となるので，無限遠の光源からの平行光線は，凹面鏡で反射された後，ある1点に集まる。この点を点Dとする。このDが凹面鏡の[b]である。逆に $a\to$(カ) では $b\to\infty$ となるので，凹面鏡の(b)を通る光線は，凹面鏡で反射された後，光軸に[c]に進む。

次に，図2に示すように，Aの位置で光軸上に直立している物体AA′の，この凹面鏡による像BB′を考える。Aに対応するBの位置は，②式によって決まる。$a>$(カ) の場合，点A′から出て光軸に平行に進みPで反射してDを通る光線と，A′から出てDを通り点Qで反射して光軸に平行に進む光線の，2本の光線の交点が点B′である。このBB′として観察される像は[d]とよばれ，物体AA′に対して向きは[e]している。近軸光線のみを考えているので，P，O，Qは一直線上にあるとみなせる。この近似のもとで，△A′ADと△[キ]は相似であるから

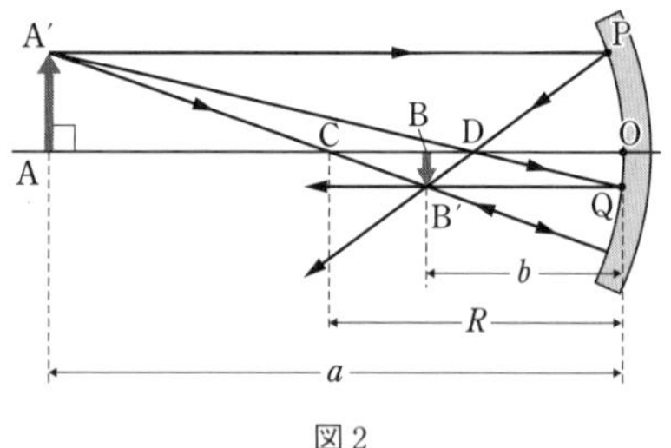

図2

$$\text{AA}':\text{OQ}=\text{AD}:\boxed{\text{ク}} \qquad \cdots\cdots③$$

となる。ここで，OQ＝BB′ であるから，この凹面鏡の倍率 $\dfrac{\text{BB}'}{\text{AA}'}$ は，②式と③式より，a と b を用いて[ケ]と表される。

図3に示すように光軸上に直立している高さ L の物体AA′が凹面鏡と(b)の間にあるとき，物体AA′から出て凹面鏡で反射された光は広がって進む。鏡からみてCがある側を前方とする。前方から見ると，その光は鏡の後方の像BB′から出た光のように見える。BがAに対応し，B′がA′に対応する。この像は[f]とよばれる。

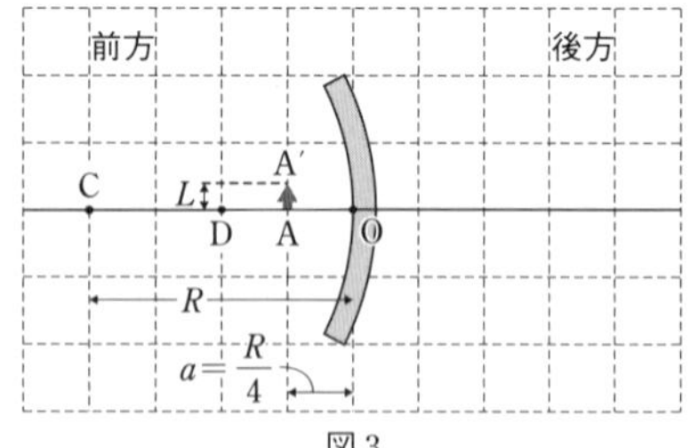

図3

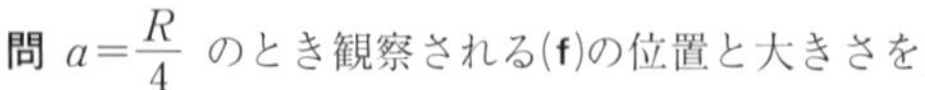
問 $a=\dfrac{R}{4}$ のとき観察される(f)の位置と大きさを，図3にBを始点，B′を終点とする矢印で示せ。

像 BB′ として観察される(f)が，物体 AA′ に対して大きさが［ g ］されて見えるという凹面鏡の特性は，化粧用鏡に利用されている。

解答群

位相，　干渉，　平行，　垂直，　実像，　虚像，　倒立，　正立，
拡大，　縮小，　反射，　屈折，　回折，　焦点，　重心

〔15 筑波大(前期)〕

必解 ◇89.〈ヤングの実験〉

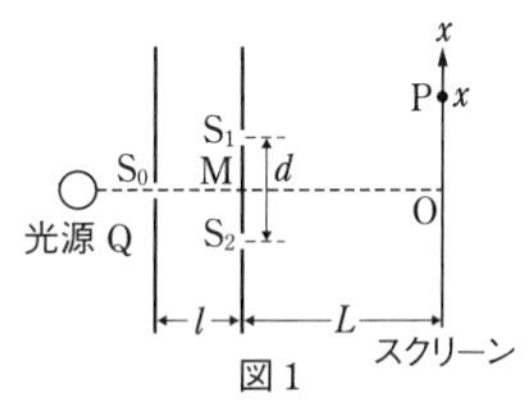

図 1

図 1 のように，空気中(屈折率を 1 とする)に細いスリット S_0，2 本の細いスリット S_1 と S_2，スクリーンを設置した。スリット S_1 と S_2 の距離は d である。S_1 と S_2 は S_0 から等距離にあり，S_0 を含む面と，S_1 と S_2 を含む面は平行で l だけ離れている。スクリーンは S_1 と S_2 を含む面に平行で L だけ離れている。S_1 と S_2 の中点を M とし，S_0 と M を通る直線がスクリーンと交わる点を O とする。スクリーン上に x 軸をとり，点 O を原点とする。スクリーン上の点 P の位置座標を x で表す。光源 Q から出た波長 λ の単色光を S_0 を通して回折させ，S_1，S_2 を通過させた。スクリーン上に明暗の縞模様(干渉縞)ができた。スリットの間隔 d，および OP 間の距離は L に比べてきわめて小さいものとして，次の問いに答えよ。

(1) S_1 から P までの距離 S_1P と S_2 から P までの距離 S_2P をそれぞれ d，L，x を用いて表せ。ここでは近似を用いずに答えること。

(2) 2 本のスリット S_1 と S_2 を通って点 P に到達する 2 つの光の経路差 S_2P-S_1P を求めよ。ただし，$|a|$ が 1 よりきわめて小さいとき，$\sqrt{1+a} \fallingdotseq 1+\dfrac{a}{2}$ の近似が成りたつことを用いよ。

(3) スクリーン上にできた干渉縞の隣りあう明線の間隔を d，L，λ を用いて表せ。

(4) S_1，S_2 を含む面とスクリーンの距離を広げると，干渉縞の位置，干渉縞の間隔はどうなるか，説明せよ。

(5) S_1，S_2 を含む面とスクリーンの間を屈折率 $n(n>1)$ の透明な媒質で満たした。このとき，スクリーン上にできた干渉縞の隣りあう明線の間隔は(3)の場合と比べて何倍になるか求めよ。

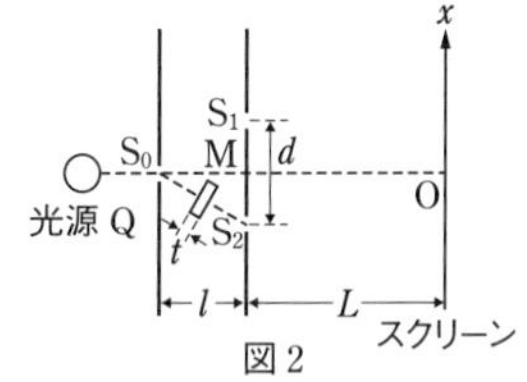

図 2

(6) 屈折率 n の媒質を取り除き，もとの状態にもどした。次に図 2 のように厚さ t，屈折率 $n'(n'>1)$ の透明板を，S_0 から S_2 の光路に垂直に差し入れたところ，原点 O にあった明線の位置が移動した。移動後の明線の x 座標を d，L，t，n' を用いて表せ。

(7) 透明板を取り除き，もとの状態にもどした。点 O にできる明線を 0 番目としたとき，x 軸の正の向きに初めてある 1 番目の明線を点 O に移動させるには，S_0 を上下どちらの向きに，どれだけ移動させればよいか。ただし，d および S_0 の移動距離は，l に比べてきわめて小さいものとする。

〔21 山形大 改〕

必解 ◇90.〈回折格子〉

図1のように，ガラス基板に細い溝(刻線)を等間隔dで多数刻んだもの(回折格子)に光源からの平行光を垂直に入射し，光の回折実験を行った。光の干渉パターンはスクリーン上で観測する。回折格子からスクリーンまでの距離をLとする。次の問いに答えよ。

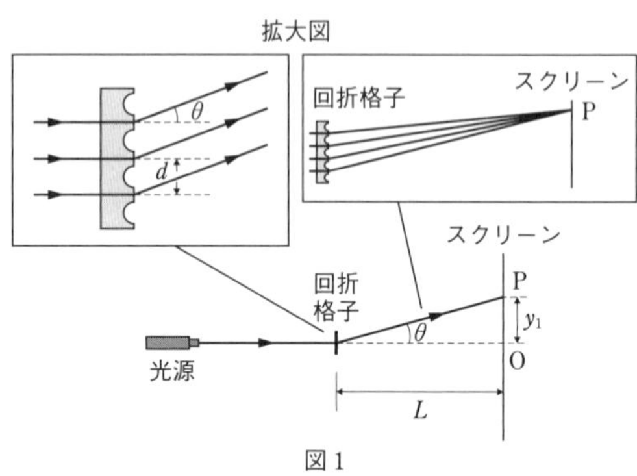

図1

(1) 光源に波長λの単色可視光線を発するレーザーを用いたところ，スクリーンの原点Oから数えて1番目の明線が点Pで観測された。このとき，この回折光と入射光のなす角度θ，波長λと刻線間の距離dの間に成立する関係式を求めよ。

(2) OP間の距離y_1を求めよ。また，2番目の明線と点Oとの距離y_2も求めよ。ただし，$L \gg y_1$，y_2とし，$\sin\theta \fallingdotseq \tan\theta$と近似する。答えは，$L$，$\lambda$，$d$のうち必要なものを用いて記せ。

(3) この実験で1mm当たり20本の刻線が刻まれた回折格子に波長$\lambda = 5.32 \times 10^{-7}$m のレーザー光を入射した。このとき$L = 1$m のスクリーン上に現れる点Oから1番目の明線までの距離y_1〔m〕を有効数字3桁で求めよ。

(4) レーザー光のかわりに単スリットを通した十分明るい白色光を回折格子に入射したところ，［ア］の明るい帯が観測された。また，点Oから数えて1番目の帯の幅に比べて2番目の帯の幅は［イ］倍になった。［ア］に入る適切なものを次の①～③から選び，［イ］に入るべき数字を答えよ。ただし，(2)の近似条件は成りたっている。

① 点Oに近いほうから　赤 → 紫　の順の虹色
② 点Oに近いほうから　紫 → 赤　の順の虹色
③ 白色光

(5) 実際には図2のような反射型回折格子が使われることが多い。図のようにこの回折格子に波長λの平行光を角度αで入射させた。このとき，反射角αの方向に対応するスクリーン上の点Oから数えて1番目の明線が反射角βの方向に対応する点Pに観測された。このとき，α，β，d，λが満たすべき関係式を求めよ。ただし，$\beta > \alpha > 0$とする。

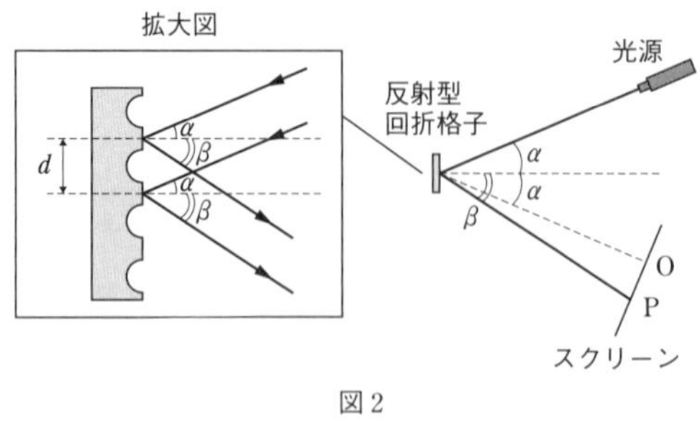

図2

〔22 岡山大〕

必解 ◇91. 〈薄膜による光の干渉〉

図1に示すように，空気中で水平面上に置かれた屈折率 n_2 の平坦なガラス板の上に，屈折率 n_1 で一様な厚さ d をもつ薄膜が広がっている。波長 λ_0 の単色光を薄膜表面に対して垂直に入射させ，薄膜の上面で反射する光線①と，薄膜とガラス板の間の平坦な境界面で反射する光線②の干渉を考える。光線①と光線②が干渉して生じた光のことを干渉光とよぶ。いま，空気の屈折率を1とし，$n_1>n_2>1$ の場合を考える。屈折率 n_1，n_2 が光の波長によって変わらないとして，次の問いに答えよ。

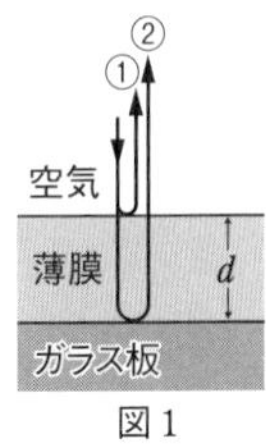

図1

(1) 薄膜中の光の波長 λ_1 を，n_1，λ_0 を用いて表せ。

(2) 薄膜の厚さを0から連続的に増していくと，光線①と光線②からなる干渉光は，強めあって明るくなったり，弱めあって暗くなったりした。干渉光の明るさが k 回目の極大となったときの薄膜の厚さ d_k を，n_1，λ_0，k（$k=1$，2，3，…）を用いて表せ。

(3) 薄膜の厚さ d_k のときに，入射する単色光の波長を λ_0 から短くしていくと，干渉光は一度暗くなった後，再び明るくなり極大となった。このときの入射光の波長 λ_2 を，λ_0，k を用いて表せ。

(4) (3)の観測において，入射光が $\lambda_0=500\,\text{nm}$ で明るかった干渉光は，波長を短くしていくと，一度暗くなった後，$\lambda_2=433\,\text{nm}$ で再び明るくなった。薄膜の屈折率を $n_1=2.0$ として，薄膜の厚さ d_k の値を求めよ。

次に，図2に示すように，波長 λ_3 の単色光を薄膜表面の法線に対して入射角 i（$i<90°$）で入射させた。このとき，薄膜の上面で反射する光線①と，薄膜の上面において屈折角 r で屈折して薄膜とガラス板の間の平坦な境界で反射し，薄膜の上面に出てくる光線②との干渉を考える。これらの光線は図中の点 A_1，A_2 において同位相であるとする。

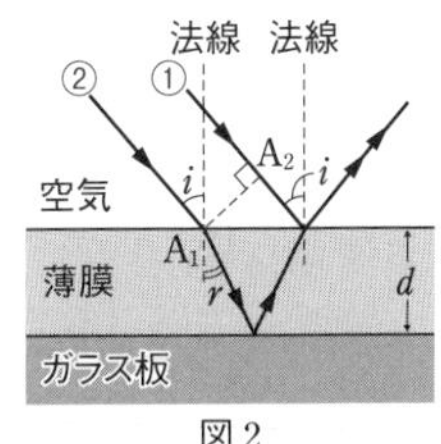

図2

(5) 薄膜の屈折率 n_1，入射角 i，屈折角 r の間の関係式を示せ。

(6) 光線①と光線②の干渉光が強めあって明るくなる条件を，屈折角 r，屈折率 n_1，厚さ d，入射光の波長 λ_3 と整数 m（$m=0$，1，2，3，…）を用いて表せ。

(7) (6)の条件を，入射角 i，屈折率 n_1，厚さ d，入射光の波長 λ_3 と整数 m（$m=0$，1，2，3，…）を用いて表せ。

(8) 垂直入射（入射角 $i=0°$）で明るかった干渉光は，入射角 i を大きくしていくと，一度暗くなった後，再び明るくなり極大となった。このときの入射角を $i=i_1$ としたとき，i_1 と薄膜の屈折率 n_1，整数 m が満たす関係式を求めよ。

〔17 大阪府大 改〕

必解 ◇92. 〈くさび形領域による光の干渉〉

図1のように屈折率1.4の平板ガラス2枚のうち1枚を水平面にし，もう1枚を一方に変形しない薄い金属箔をはさんで傾けておく。2枚のガラスが接する位置から金属箔までの長さをL，金属箔の厚さをDとする。鉛直上方から入射した光が同じ方向に反射される光を水平なスクリーンに当てて観測する。このとき次の問いに答えよ。ただし，空気の屈折率は1.0としてよい。また光が屈折率のより大きな媒質との境界で反射されるときには固定端反射，屈折率のより小さな媒質との境界で反射されるときは自由端反射として扱ってよい。必要ならば整数としてmを用いてよい。

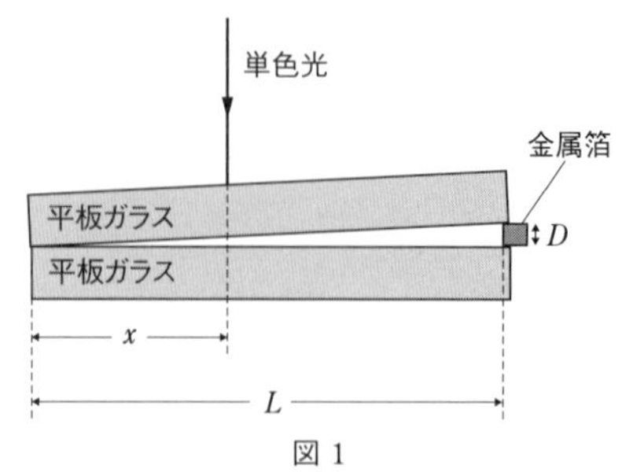

図1

(1) 2枚のガラスの間に空気のみがある場合，2枚のガラスが接する位置から水平方向にxだけ離れた位置での上のガラスの下面で反射された光と，下のガラスの上面で反射された光の光路差(光の経路の長さの差)pを求めよ。

(2) 入射した光が波長λの単色光であるとき，2つの反射波が干渉して明るくなる条件を(1)のpを用いて表せ。

(3) (2)の場合に，スクリーン上にできる干渉縞の間隔Δxを求めよ。

(4) (2)と同じ光を用いて，2枚のガラスに反射された光と透過光との干渉をガラスの下側に置いたスクリーンで観測する。このとき，位置xの鉛直下方が明るくなる条件をpを用いずに表せ。

(5) 2枚のガラスの間を液体で満たし，鉛直上方から波長6.3×10^{-7}mの単色光を入射する。この単色光に対して液体の屈折率は1.5である。Lは1.0m，Dは1.0×10^{-5}mである場合に，この単色光と反射光がつくる干渉縞の間隔を有効数字2桁で答えよ。

次に，再び2枚のガラスの間を空気のみにし，図2のように上のガラスを固定して，下のガラスを水平に保ったまま鉛直下方にゆっくりと下降させた。すると，ガラスの上側に置いたスクリーン上にできる干渉縞の位置が移動していくのが観測された。

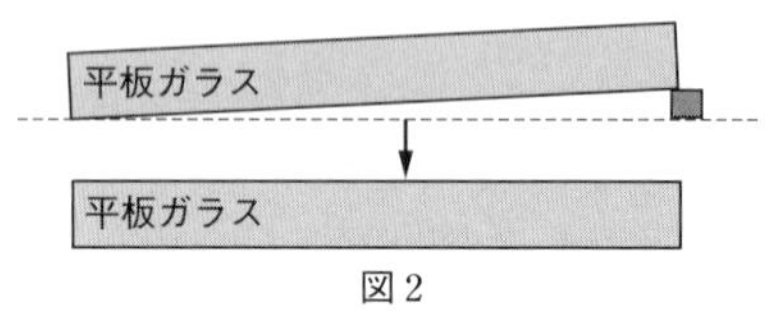

図2

(6) 下のガラスを動かす前に位置xにあった明線はどうなるか。〔右に動く，左に動く〕の中から正しい答えを選べ。

(7) 干渉縞の間隔は，下のガラスの下降とともに，(3)で求めたΔxに比べてどうなるか。〔しだいに大きくなる，しだいに小さくなる，変化しない〕の中から正しい答えを選べ。

(8) 下のガラスを動かす前に位置xにあった明線が，下のガラスを動かした後，$l(l<x)$だけ移動した。このとき，下のガラスを下方に移動させた距離を求めよ。

〔佐賀大 改〕

◇93.〈ニュートンリング〉 思考

図のように半径Rの球面と平面からなる平凸レンズを平面ガラスの上に乗せ，上から平面に垂直に波長λの単色光を照射した。平凸レンズの真上から観察すると，平凸レンズと平面ガラスの接点Oを中心とする同心円状の明暗の縞模様が見られた。この明るい円を明環，暗い円を暗環とよぶ。点Oからの距離がrの平面ガラス上の点を点Pとする。また，点Pを通り，平面ガラスに垂直な直線と平凸レンズの球面との交点を点Qとし，線分PQの長さをdとする。平面ガラス，および平凸レンズの屈折率はn_0(n_0>1) であり，平面ガラスと平凸レンズの平面は平行である。

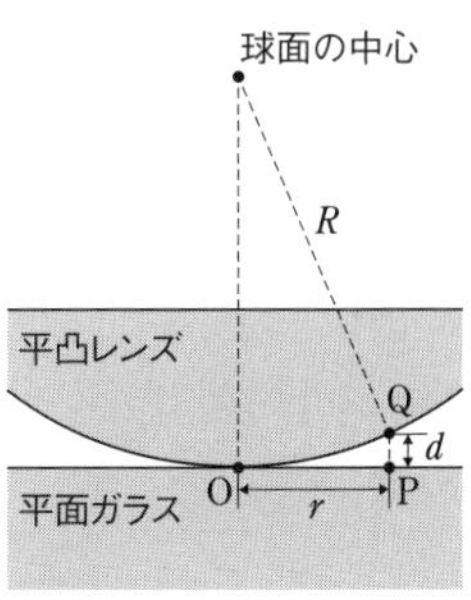

また，平凸レンズと平面ガラスの間は空気で満たされており，空気の屈折率は1としてよい。平凸レンズの球面の半径Rがrに比べてきわめて大きく，反射光は真上に，透過光は真下に進むとして，次の問いに答えよ。

(1) 線分PQの長さdを，R，rを用いて表せ。近似を用いずに求めること。

(2) rがRに比べてきわめて小さいとき，$d=Ar^2$ と表すことができる。Aに当てはまる適切な式を答えよ。xの絶対値が1と比べてきわめて小さいときに成りたつ近似式 $\sqrt{1+x} \fallingdotseq 1+\dfrac{x}{2}$ を用いること。

これ以降は，必要に応じて(2)の近似で得られたdの式を用いて解答せよ。

(3) 上から観察したときに，点Pの位置が中心から数えてm番目の明環となるためのdに関する条件は，$d=Bm+C$ (m=1, 2, 3, …) と表すことができる。BとCに当てはまる適切な式を答えよ。

(4) 中心から数えてm番目の明環の半径を求めよ。解答にはAを用いること。

平凸レンズを平面ガラスからゆっくりと真上に離していったところ，明環および暗環の半径が徐々に小さくなった。

(5) 点Oに最も近い明環の半径が，初めて平凸レンズを離す前の半分になったとき，平凸レンズの最下点と平面ガラスとの距離を求めよ。

(6) 平凸レンズを離す前と同じ明環と暗環の縞模様が初めて現れたとき，平凸レンズの最下点と平面ガラスとの距離を求めよ。

平凸レンズをもとの位置にもどし，平凸レンズと平面ガラスの間を屈折率nの液体で満たした。

(7) 液体注入後の点Oに最も近い明環の半径を求めよ。ただし，$1<n<n_0$ とする。解答にはAを用いること。

(8) $n>n_0$，または $1<n<n_0$ のとき，それぞれどのような模様が観察されるか，選択肢から1つずつ選び，記号で答えよ。

(9) (8)と同様の状況で平面ガラスの真下から観察した。$n>n_0$，または $1<n<n_0$ のとき，それぞれどのような模様が観察されるか，選択肢から1つずつ選び，記号で答えよ。

選択肢 ① 中心が暗い同心円状の明暗の縞模様が見られる。
② 中心が明るい同心円状の明暗の縞模様が見られる。
③ 縞模様は見えない。

〔21 千葉大 改〕

94. 〈マイケルソン干渉計〉

図のように半透鏡Hと反射鏡 M_1, M_2 を用いた光の干渉計を考える。レーザー光源Sから発せられた波長 λ のレーザー光線は，Hで等しい割合の透過光と反射光に分岐される。Hを透過した光線は右向きに進み，M_1 に垂直に入射して反射されたのちHにもどる。ここで下方に反射された光が検出器Dに入る。一方，Sを出てHで上方に反射された光線は反射鏡 M_2 で同様に反射されてHを透過しDに至る。したがって M_1 と M_2 で反射された2本の光線がHで干渉したのち，Dに入射する。空気の屈折率を1とし，必要ならば光の速さ c を用いてよい。

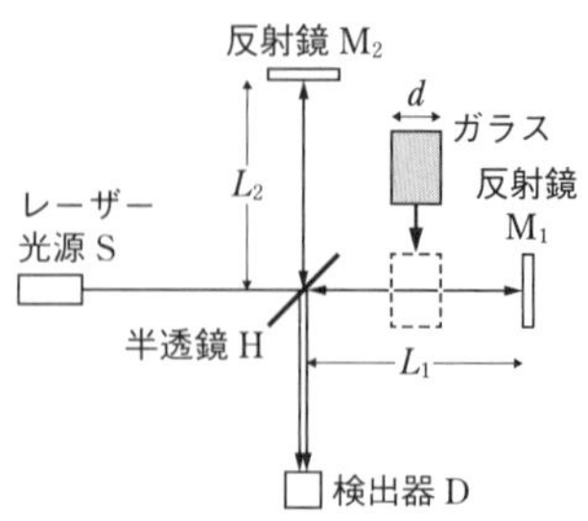

(1) レーザー光線を波長 λ の波と考えたとき，一般に距離 l だけ離れた地点で同時に観測した波の位相差を求めよ。ただし位相差は正の量とする。

(2) Hで分岐してからのち，それぞれ反射鏡で反射されてHにもどるまでの2本の光線の位相差を求めよ。ただしHの厚さは無視できるものとし，$L_1 > L_2$ とする。

(3) 次に屈折率 $n\,(>1)$ で厚さ d のガラスを光線に垂直に一方の光路に差し入れた。このとき，(2)で求めた位相差の変化量を求めよ。ただしガラスの端面での反射は無視できるものとする。

(4) ガラスを取り除いたもとの状態で M_1, M_2 が静止しているとき，2光線はDにおいて同じ位相で干渉し強めあっていた。M_1 を光線にそってゆっくりHに近づけると干渉光の振幅はしだいに小さくなりやがて0となった。振幅が初めて0になるまでに M_1 が動いた距離はいくらか。

(5) M_1 を光線にそって一定の速さ v でHから遠ざけた。M_1 の運動によって生じる光のドップラー効果も音波のドップラー効果と同様に扱えるとすれば，動いている M_1 に入射する光の振動数はいくらか。

(6) M_1 から反射された光の振動数はいくらか。

(7) このとき2本の光線の位相差が変化することから，Dで検出される光の強度は周期的に強くなったり弱くなったりする。このときの周期を求めよ。　〔18 法政大〕

B　応用問題

95. 〈ピンホールカメラによる像のぼやけ幅〉 思考

ピンホールカメラは，図1のように遠方の物体から出た光がピンホール（小さな穴）を通ってスクリーン上に結ぶ倒立像を利用している。光が直進すると，この穴が小さいほどスクリーン上に結ぶ像は明瞭になる。しかし，穴を小さくしすぎると回折現象のために像がぼやけてくる。したがって，適切な穴の大きさにする必要がある。次の説明を読み問いに答えよ。

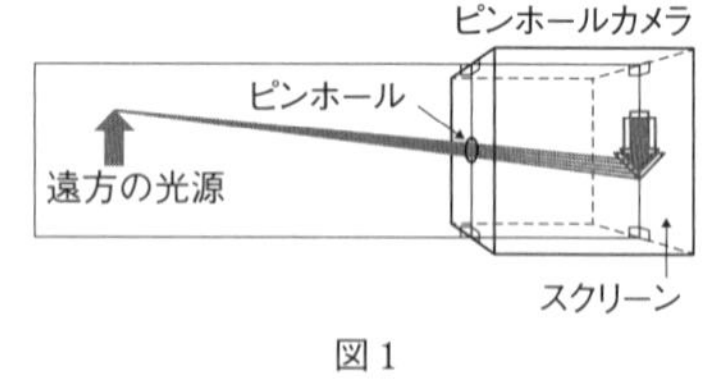

図1

解答する際，適用できるなら，角度 x〔rad〕に関する次の近似公式を使うこと。

近似公式：$\sin x \fallingdotseq x$，$\cos x \fallingdotseq 1$，$\tan x \fallingdotseq x$（$|x|$ は1よりきわめて小さい）

ここでは，図 2 に示すように，ピンホールカメラを単純化して，スクリーンに垂直でピンホールの中心を通る平面内を進む光だけを考えよう。平面内で遠方に点光源が存在し，単一波長 λ〔m〕の光を放出する。点光源から放出された光は，シートにつけた幅 d〔m〕（d は λ よりきわめて大きい）のスリットを通り，シートから距離 f〔m〕（f は d よりきわめて大きい）だけ離れたスクリーン上に像をつくるとする。点光源から出た光がピンホールを通ってスクリーン上のある位置に到達する際，ピンホールのどの場所を通るかにより経路が異なり光路差が生じる。その結果，2 つのスリットを用いたヤングの実験でのように，スクリーン上には干渉縞ができる。この回折現象による光の広がりとスリット幅があわさったものが像のぼやけとなる。

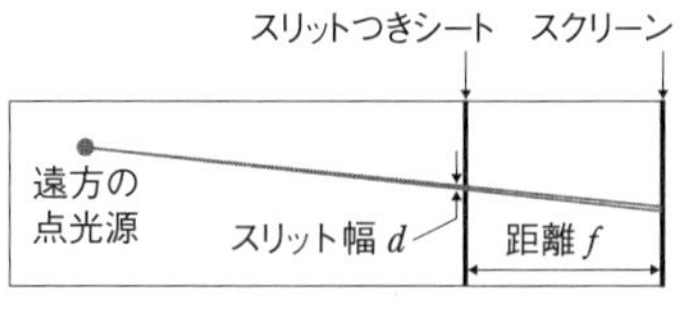

図 2

図 3 のように，点光源からの光がスクリーンに垂直な向きでスリットに入射する設定とする。点光源は十分遠方なので，スリットに入射する光の波面は入射方向に垂直である。最初に，回折現象による光の広がりだけを考えよう。この場合，図 4 に示すように，光はスリット通過後に直進する向き（$\theta=0$）を中心に回折角 θ〔rad〕ずれた範囲に広がり，$\theta=\pm\theta_1$（θ_1 は 1 よりきわめて小さい正値）で初めて暗くなる。

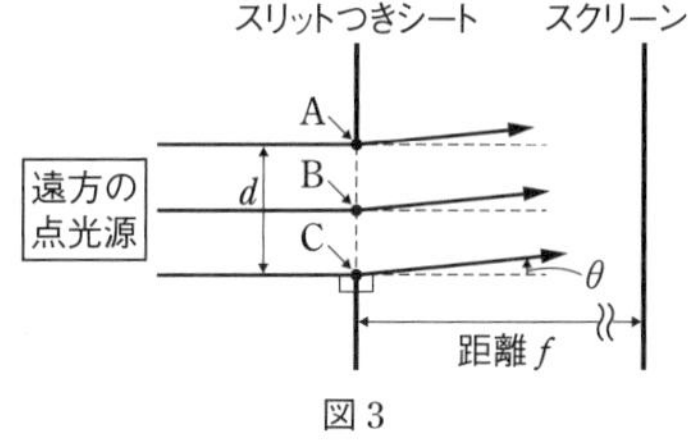

図 3

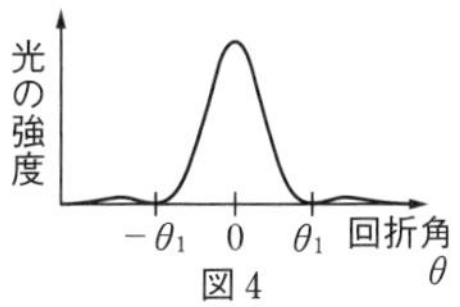

図 4

(1) 図 3 において，スリット内の B は，スリット端 A と C の中間点とする。初めて暗くなる回折角 θ_1 に対応したスクリーン上の位置に到達する光については，A と B をそれぞれ通る 2 つの経路の光路差は $\dfrac{\lambda}{2}$ である。光路差が $\dfrac{\lambda}{2}$ の 2 つの光は互いに逆位相であるため打ち消しあい，その位置での光の強度は 0 となる。上記の θ_1 を，λ と d を用いて表せ。

(2) 図 4 に示した回折角の範囲 $-\theta_1$ から θ_1 に対応して，図 5 に実線で示すように，光の像はスクリーン上でぼやけ幅をもつ。この回折による像のぼやけ幅を，f，λ，d を用いて表せ。

次に，回折の影響に加えてスリット幅分のぼやけも考慮しよう。スクリーン上での像のぼやけ幅は，(2)で計算した回折によるぼやけ幅とスリット幅 d との和で表せると考えてよい。ただし(2)で求めた回折によるぼやけ幅の式はどのような d でも成立しているものとする。

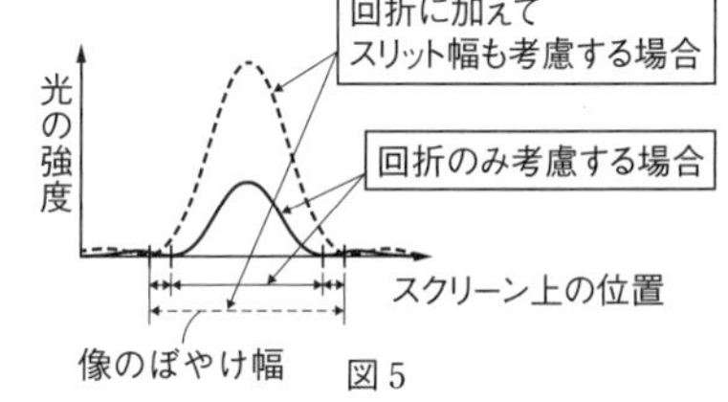

図 5

(3) スクリーン上での像のぼやけ幅 D〔m〕を，d の関数 $D(d)$ として表せ。

(4) $\varDelta d$ は d よりきわめて小さい正値として，d を $d+\varDelta d$ に増加させる際の $D(d)$ の増加量 $D(d+\varDelta d)-D(d)$ を，近似式 $(1+x)^{-1}\fallingdotseq 1-x$（$|x|$ は 1 よりきわめて小さい）を使って，$\varDelta d$ の 1 次の項まで計算せよ。

(5) D を最小にする d を，f と λ を用いて答えよ。　〔22 名古屋工大 改〕

13 ◇静電気力と電場

(◇=上位科目「物理」の内容を含む項目)

●電場

物理量	記号·式	単位	関係式など
電気量	Q, q	C	点電荷 $F=k_0\dfrac{Qq}{r^2}$, $E=k_0\dfrac{Q}{r^2}$, $V=k_0\dfrac{Q}{\lvert r\rvert}$ $\lvert r\rvert$：距離 ∞ 基準
電場の強さ	E	N/C, V/m, 本/m^2	
電位・電位差	V	V	$\vec{F}=q\vec{E}$, $N=4\pi k_0 Q=\dfrac{Q}{\varepsilon_0}$ (ガウスの法則), $E=\dfrac{N}{S}$
クーロン定数 $k_0=9.0\times10^9$ N·m^2/C^2			

①電気力線・等電位面など

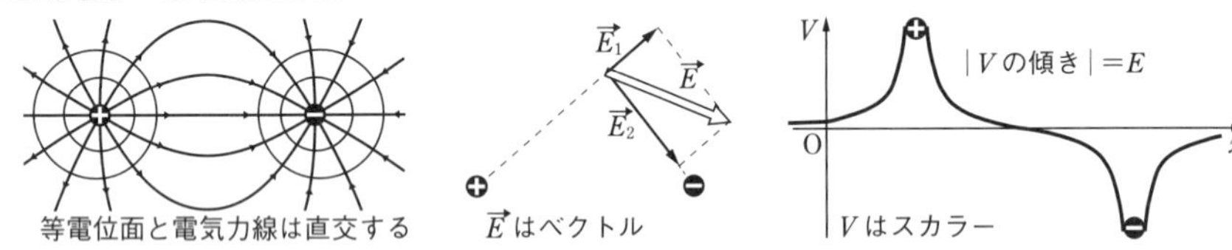

②$\vec{E}$ はベクトル量。電場の向きは，高電位 ⟶ 低電位。$\vec{E}=\vec{E_1}+\vec{E_2}$
$\vec{E}=0$ の点は，向きを考慮して決める。内分，外分を考えるのもよい。

③V はスカラー量。$V=V_1+V_2$　Q の正負，$\lvert r\rvert$ は距離であることに注意する。
$V=0$ の点は，電荷の比の内分点か外分点になる。

●一様な電場

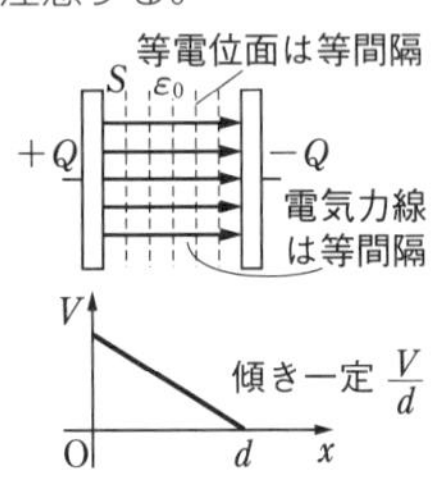

一様な電場　$E_{一様}=\dfrac{V_{差}}{d}$, $V_{差}=E_{一様}d$

・広い平面極板に電荷 Q ⟶ 一様な電場となる。
極板 1 枚がつくる電場 $E=\dfrac{Q}{2\varepsilon_0 S}$, 極板間の電場 $E=\dfrac{Q}{\varepsilon_0 S}$

●電場・電位・エネルギー

電場と力	$\vec{F}=q\vec{E}$
位置エネルギー	$U=qV$
外力のする仕事	$W_{外力}=q(V_{終}-V_{始})$
静電気力のする仕事	$W_{電}=-W_{外力}$

①電場：+1 C の電荷にはたらく力
電位：+1 C の電荷がもつ位置エネルギー
基準($V=0$)を決める。点電荷は無限遠方。
電位差：電位の差で基準によらない。

②エネルギー保存則(電荷の質量をmとする)　$\dfrac{1}{2}mv_1{}^2+qV_1+mgh_1=\dfrac{1}{2}mv_2{}^2+qV_2+mgh_2$

③仕事とエネルギー

初めのエネルギー＋静電気力のする仕事＝終わりのエネルギー　$\dfrac{1}{2}mv_0{}^2+W_{電}=\dfrac{1}{2}mv^2$

●導体・不導体(誘電体)

①導体：静電誘導が起こる。電荷は導体表面に分布。導体内の電場 0。導体全体は等電位。
②不導体(誘電体)：誘電分極が起こる。電荷は表面に分布。電場は弱まるが 0 にはならない。

物理量	記号・式	単位	関係式など
誘電率	ε	F/m	$\varepsilon_0=\dfrac{1}{4\pi k_0}$, $\varepsilon_r=\dfrac{\varepsilon}{\varepsilon_0}$
比誘電率	ε_r		
真空の誘電率 $\varepsilon_0=8.85\times10^{-12}$ F/m			

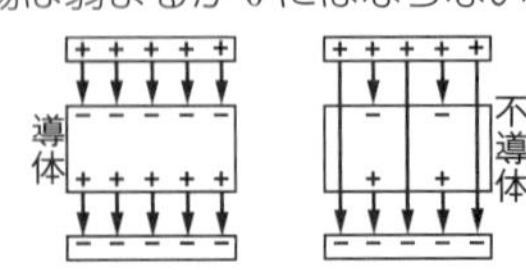

標準問題

◇96.〈箔検電器〉

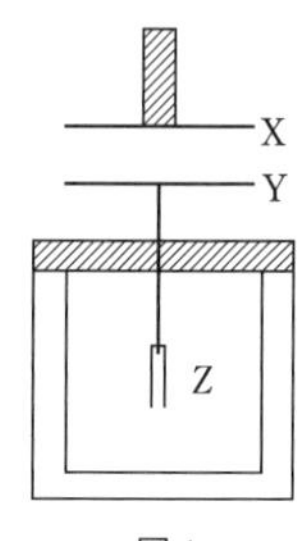

図1

図1のように，絶縁体の棒をつけた金属板Xと，箔検電器がある。箔検電器の金属板をY，箔をZとする。次の文中の(　　)内は正しいものを選択し，□内に入れるのに適当なものを，解答群の中から1つ選べ。また，(3)に答えよ。

(1) 初め検電器は帯電しておらず，Zは閉じている。

(a) Xを正に帯電させてYに近づけると，Zは(**ア**. 開いた・閉じたままの)状態になる。その理由は［**イ**］である。

(b) XをYに近づけたまま，Yを指で触れると，Zは(**ウ**. 開いた・閉じた)状態になる。その理由は［**エ**］である。

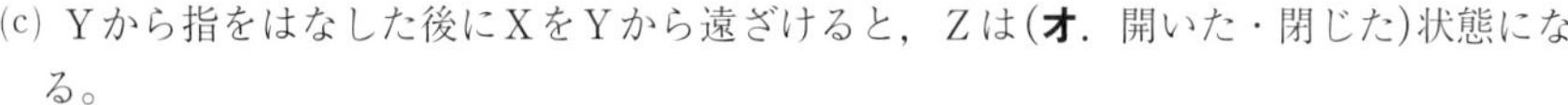

(c) Yから指をはなした後にXをYから遠ざけると，Zは(**オ**. 開いた・閉じた)状態になる。

(2) 次に検電器を正に帯電させて，Zを開かせておく。

(a) 帯電していないXを，Yの真上からXとYが平行になるようにして近づける。このときZの開きは(**カ**. 大きくなる・小さくなる)。

(b) その後，Xを指で触れて接地した。このときのX，Y，Zの電位を，それぞれ V_X，V_Y，V_Z とすると，その大小関係は［**キ**］となる。

(c) Xから指をはなした後に，XをYから遠ざけた。このときXに蓄えられている電荷は(**ク**. 0・正・負)である。

(3) 図2のように，金属の板で囲んだ箔検電器に，帯電した物体を近づけると，箔の開きはどうなるか。またその理由も書け。

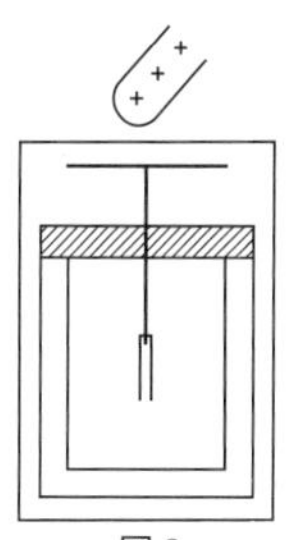

図2

解答群

① XはYに接触していないので，XからYへの電荷の移動が起こらず，箔には変化が生じないから

② 静電誘導により電子が箔に移動し，その結果，負に帯電した箔どうしで斥力がはたらくから

③ 静電誘導により，電子が金属板に移動し，その結果，正に帯電した箔どうしで斥力がはたらくから

④ 指は絶縁体なので，指を通しての電荷の出入りはないから

⑤ 指を通して，箔に検電器の外から電子が入ってきて，箔の電荷が中和されるから

⑥ 指を通して，箔から検電器の外へ電子が出ていき，箔の電荷が中和されるから

⑦ $V_X < V_Y < V_Z$　⑧ $V_X = V_Y < V_Z$　⑨ $V_X < V_Y = V_Z$　⑩ $V_X > V_Y > V_Z$

⑪ $V_X = V_Y > V_Z$　⑫ $V_X > V_Y = V_Z$　⑬ $V_X = V_Y = V_Z$

〔福岡大 改〕

必解 ◇97. 〈帯電した平面による電場〉

真空の誘電率を ε_0〔F/m〕(＝〔$C^2/(N\cdot m^2)$〕)として次の問いに答えよ。

〔A〕 図1のように，真空中に面積 S〔m^2〕の十分に薄い金属平板があり，その上に電荷 $Q(Q>0)$〔C〕が一様に分布している。

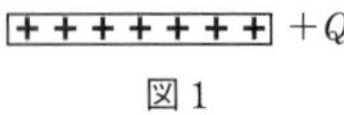

図1

(1) 電荷Qから出ている電気力線の総数Nを求めよ。

(2) 電気力線が金属平板に垂直で外を向いているとして，金属平板のまわりの電場の強さ E〔V/m〕を求めよ。

〔B〕 図2のように，真空中に〔A〕の金属平板が2枚，間隔 d〔m〕で平行に置かれている。この平行金属平板からなるコンデンサーの電気容量を求める。

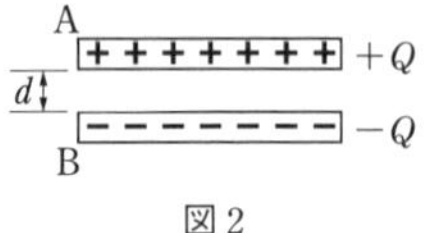

図2

(1) 金属平板A，Bに，それぞれ電荷 Q〔C〕，$-Q$〔C〕が一様に分布しているとき，金属平板間の電場の強さ E_1〔V/m〕を求めよ。

(2) 金属平板Bから見た，Aの電位 V〔V〕を求めよ。

(3) コンデンサーの電気容量 C〔F〕を求めよ。

(4) 金属平板Aが受ける引力の大きさ F〔N〕をQとE_1を用いて表せ。 〔信州大 改〕

必解 ◇98. 〈静電気力がする仕事〉

真空中で，鉛直上向きに直交座標系のz軸をとる。x軸の正の向きに強さE〔N/C〕の一様な電場が加えられている。この電場中において，質量がm〔kg〕で正の電荷q〔C〕をもつ荷電粒子を考える。重力加速度の大きさをg〔m/s^2〕として，次の問いに答えよ。

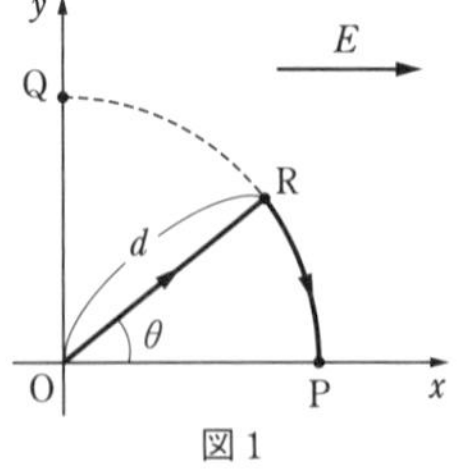

図1

(1) 図1のように，x軸とy軸上の原点Oからd〔m〕の距離にある点を，それぞれP，Qとする。原点Oの電位を0Vとして，点Pと点Qの電位をそれぞれ求めよ。

(2) 図1に示された円弧PQ上にある点をRとする。ORがx軸となす角はθ〔rad〕である。直線ORにそって荷電粒子を点Oから点Rまで移動したとき，静電気力がした仕事を求めよ。

(3) 荷電粒子を，図1のように円周にそって点Rから点Pまで移動した。このとき，静電気力がした仕事を求めよ。

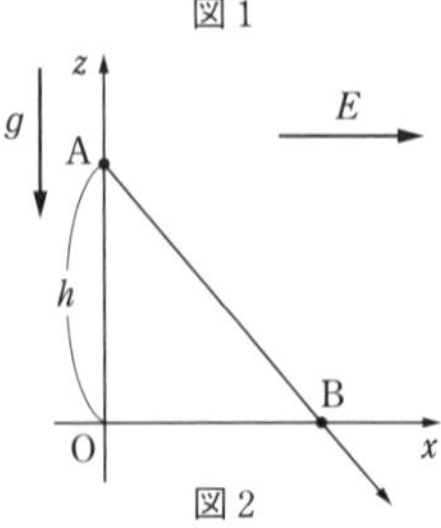

図2

(4) z軸上の高さh〔m〕の点Aから，荷電粒子を静かにはなした。図2のように，粒子は静電気力と重力を受けてxz平面内を直線運動し，x軸上の点Bを通過した。

(a) 粒子をはなしてから点Bに達するまでに要する時間を求めよ。

(b) OB間の距離はいくらか。

(c) 粒子が点Bを通過したときの運動エネルギーを求めよ。 〔静岡大〕

必解 ◇99.〈電場と電位〉

原点Oに電気量 $+Q(Q>0)$ の点電荷を固定する。クーロンの法則の比例定数を k とし，電位の基準点を無限遠にとるものとする。簡単のため x 軸上のみを考え，重力の影響はないものとする。また，電荷の運動に伴う電磁波の放射は考えない。次の問いに答えよ。

(1) 座標 $x(>0)$ における電場の x 成分を求めよ。

(2) 座標 $x(>0)$ における電位を求めよ。

前問の状態に加え，$x=-a(a>0)$ の点Aに電気量 $-4Q$ の点電荷を固定する。

(3) 座標 $x(>0)$ における電場の x 成分を求めよ。

(4) 座標 $x(>0)$ における電位を求めよ。

(5) (4)の電位を表すグラフの概形として最も適切なものを図の①～⑥から選べ。

さらに前問の状態に加え，$x=2a$ の点Pに，電気量 $+q(q>0)$ をもつ質量 m の荷電粒子を静かに置くと，静電気力を受けて原点の向きに動き始めた。

(6) 点Pで荷電粒子がもつ静電気力による位置エネルギーはいくらか。

(7) 荷電粒子の速さが最大になる x 座標はいくらか。

(8) 観測を続けたときに，荷電粒子の速さが0になる x 座標をすべて求めよ。

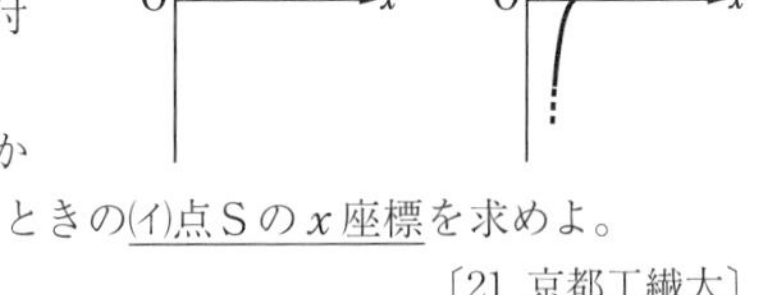

前問と同じ荷電粒子を，あらためて点Pから原点に向けて速さ v_0 で発射したところ，荷電粒子は原点付近の点Sで運動の向きを変えた。

(9) 荷電粒子が点Pを通過して x 軸正の向きに遠ざかり，もどってこないときの(ア) v_0 の最小値と，そのときの(イ)点Sの x 座標を求めよ。

〔21 京都工繊大〕

◇100.〈帯電した導体がつくる電場〉

次の文中の □ に適切な数式または数値を入れよ。ただし，数式は，k_0，a，b，x，Q，q のうち必要なものを用いて答えよ。

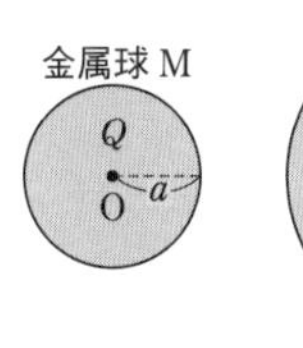

図1

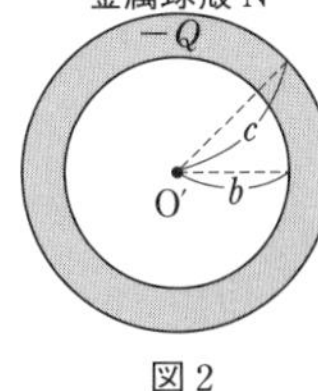

図2

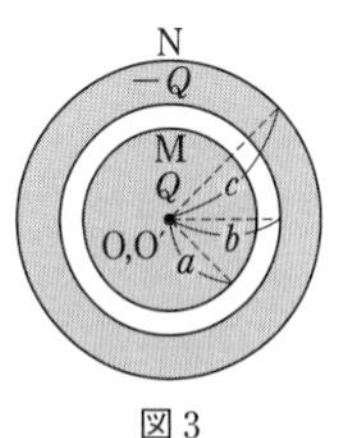

図3

ガウスの法則によると，任意の閉曲面を貫く電気力線の密度は電場の強さに等しい。例えば，真空中で点電荷を中心とする半径 r の球面を仮定して考えれば，点電荷から出る電気力線の本数を球の表面積でわった値が球面における電場の強さとなる。そのため，電気量 $q\ (q>0)$ の点電荷から出る電気力線の本数 n は，真空中でのクーロンの法則の比例定数 k_0 を用いて，$n=$ [ア] と書ける。

図1のように，真空中に半径aの金属球Mがあり，$Q\,(Q>0)$の電気量をもつように帯電させた。金属球Mの中心Oから距離xだけ離れた点における電場の強さE，電位Vについて考える。ただし，電位Vは無限遠方を基準とする。

$x \geqq a$ のときは，金属球Mから出る電気力線は金属球Mの中心Oから放射状に広がると考えられるため，電場の強さEは，$E=$ [イ] とわかる。また，その点の電位Vは，$V=$ [ウ] である。

また，$x<a$ のときは，導体内部の電位は導体表面の電位と等しく，導体内部に電気力線が生じないことから，$E=$ [エ]，$V=$ [オ] となる。

図2のように，内半径b，外半径cの金属球殻Nがあり，$-Q$の電気量をもつように帯電させた。このとき，金属球殻Nが球殻内部の真空の空間につくる電場は，内部に発生する電気力線のようすを考えると0である。

次に，図3のように，真空中で，金属球殻Nで金属球Mを囲い，金属球殻Nの中心O′が金属球Mの中心Oに一致するように配置した。ただし，$a<b<c$ であり，金属球Mの電気量はQ，金属球殻Nの電気量は$-Q$のままであるとする。このとき，中心Oから距離$x\,(a<x<b)$だけ離れた点における電場の強さE'は，金属球M，金属球殻Nがそれぞれ単独でつくる電場を足しあわせた合成電場の強さであるので，$E'=$ [カ] である。また，金属球殻Nに対する金属球Mの電位V_{NM}は，金属球殻Nの内部には電気力線は生じないので，$V_{NM}=$ [キ] である。

金属球Mと金属球殻Nは，電位差V_{NM}を与えればQの電気量が蓄えられるコンデンサーとみなすことができる。このコンデンサーの電気容量Cは，$C=$ [ク] である。

〔20 関西大〕

◇101.〈荷電粒子の運動〉

図1のように，x軸上で電荷$q_1\,(>0)$，質量m_1の小物体Aを，電荷$q_2\,(>0)$，質量m_2の静止した小物体Bに接近させる。初めAは，Bから十分に遠く離れた位置にあり，速さv_0でx軸の正の向きに運動している。2つの小物体には静電気力のみがはたらくとする。クーロンの法則の比例定数をkとして，次の問いに答えよ。

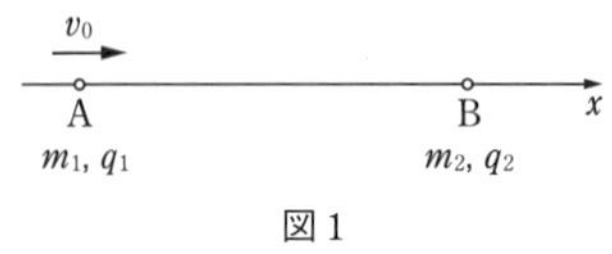

図1

(1) AとBが最も近づいたときのAとBの速度V_{A1}とV_{B1}を，それぞれ求めよ。

(2) AとBが最も近づいたときのAとBの距離dを求めよ。

(3) AとBが最も近づいたときから時間が経つと，AとBは遠く離れる。このときのAとBの速度V_{A2}とV_{B2}を，それぞれ求めよ。

(4) AとBの質量の比の値が $0<\dfrac{m_2}{m_1}\leqq 3$ の範囲で，横軸を$\dfrac{m_2}{m_1}$，縦軸をV_{A2}とV_{B2}として，図2にグラフを描け。V_{A2}は実線，V_{B2}は破線とし，グラフには適切な目盛りを振ること。

図2

〔22 電気通信大〕

必解 ◇102.〈ブラウン管の原理〉

次の文章を読み，［ア］～［エ］に適切な数式を記入せよ。また，［あ］には指定された選択肢より最も適切なものを1つ選び，記号で答えよ。本問題では電子の質量をm，電荷を$-e(e>0)$とする。角度はラジアンを単位として表すものとする。

図1は陰極線管(ブラウン管)の概略図である。xyz直交座標系を図1に示すように設定する。2枚の平板電極X_1とX_2を平行に向かい合わせ，x軸に垂直に配置する。以後，これを一組の電極の対としてX_1X_2と表記する。同様に，2枚の平板電極Y_1とY_2を平行に向かい合わせ，y軸に垂直に配置する。以後，これをY_1Y_2と表記する。

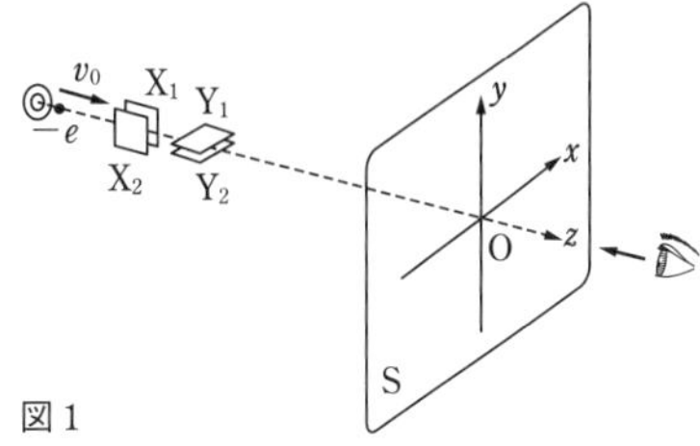

図1

高速に加速された電子がz軸にそって入射すると，電子はX_1X_2およびY_1Y_2を通過してxy平面上に設置された蛍光面Sに当たる。衝突によって電子の運動エネルギーは光のエネルギーに変換され，蛍光面Sに輝点が現れる。X_1X_2およびY_1Y_2に電圧をかけると，電子の軌道はそれらの電圧に応じてそれぞれxおよびy方向に曲げられる。その結果，蛍光面S上での輝点の位置が移動する。陰極線管の内部は真空であり，電子は蛍光面Sに衝突するまでの間，真空中を運動する。電極の端における電場の乱れ，重力の効果，荷電粒子の運動によって生じる電磁波の影響は無視できるとする。

平板電極の間を通過する電子の運動を考える。図2に示すように，z方向の長さl，電極間距離dのX_1X_2に，速さv_0の電子がz軸にそって進入する。

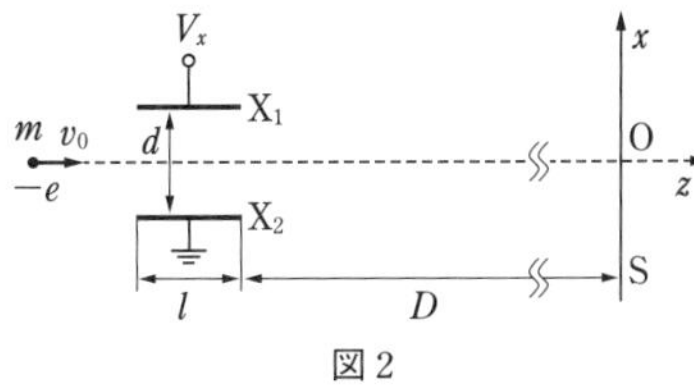

図2

電極X_2を接地し(電位は0)，X_1の電位を$V_x(>0)$に保つとする。電子が電極間の一様電場から受ける力の大きさをe, d, V_xを用いて表すと［ア］であり，その力の向きは［あ］である。したがって，X_1X_2を通過した直後の電子の速度のx成分をm, e, v_0, d, l, V_xを用いて表すと［イ］となる。図2のように，電極の右端から蛍光面までの距離をDとすると，電子が電極を通過した直後から蛍光面に当たるまでの時間は，Dとv_0を用いて［ウ］と表される。以上の考察より，輝点のx座標x_Cは電極間の電位差V_x(X_2の電位に対するX_1の電位)に比例し，$x_C=\alpha_x V_x$と書けることがわかる。比例定数α_xはm, e, l, d, D, v_0を用いて［エ］$\times\left(1+\dfrac{l}{2D}\right)$と表される。

電極の対Y_1Y_2についても同様に考察する。電極Y_2を接地し，Y_1の電位を$V_y(>0)$に保つ。このとき，輝点のy座標y_Cに対しては，比例関係$y_C=\alpha_y V_y$が成立する。ここで，α_yはα_xとは異なる比例定数である。ところで，X_1X_2, Y_1Y_2は，どちらも蛍光面から十分遠くにあるので微小量$\dfrac{l}{2D}$を1に対して無視する近似のもとで，比例定数α_xは(エ)に一致する。さらに，同じ近似のもとではα_yも(エ)に一致する。

［あ］に対する選択肢

① x軸の正の向き　② x軸の負の向き　③ y軸の正の向き　④ y軸の負の向き
⑤ z軸の正の向き　⑥ z軸の負の向き

〔16 立命館大〕

B 応用問題

◇103.〈電気力線〉 思考

xy 平面上において，距離 l〔m〕だけ離れた2点A，Bに電荷を固定したときの電気力線について考える。点Aの座標を $\left(-\frac{l}{2},\ 0\right)$，点Bの座標を $\left(\frac{l}{2},\ 0\right)$ として次の設問に答えよ。

〔A〕 点A，点Bに等しい正電荷 Q〔C〕を置いた場合を考える。

(1) xy 平面上の電気力線のようすを，向きも含めて図示せよ。

(2) Q が 5.0×10^{-12}C，l が 6.0×10^{-2}m とする。y 軸上で原点から 4.0×10^{-2}m だけ離れた点に静かに置いた大きさの無視できる荷電粒子が，無限遠方に達したときの速度を求めよ。ただし，荷電粒子の電荷を 1.6×10^{-19}C，質量を 9.0×10^{-31}kg とする。また，クーロンの法則の比例定数を $9.0\times10^{9}\mathrm{N\cdot m^2/C^2}$ とする。

〔B〕 点A，点Bにそれぞれ Q〔C〕，$-\frac{Q}{2}$〔C〕$(Q>0)$ の電荷を置いた場合を考える。

(1) 電位が0（無限遠方と同じ）となる点 $(x,\ y)$ が満たす方程式を求めよ。それは xy 平面上でどのような図形を表すか。

(2) x 軸上の点Pに電荷を置くと，それにはたらく力が0になった。点Pの座標を求めよ。

(3) 点Bを中心とする円周上で，電位が最も低い点は x 軸上 $\left(ただし\ x>\frac{l}{2}\right)$ にある。その理由を説明せよ。

(4) 点Aを出た電気力線は，一部は点Bに，一部は無限遠方に達する。線分ABとなす角度 θ で点Aを出た電気力線が点Bに入るとき，θ がとりうる範囲を理由とともに答えよ。ただし，電気力線のふるまいを考える際，点Aのごく近くにおいては，点Bに置いた電荷からの影響は無視してよい。

(5) 設問〔B〕(1)から設問〔B〕(4)の結果を参考にして，xy 平面上の電気力線のようすを，向きも含めて特徴がわかるように図示せよ。なお，図には点A，点B，点Pの位置をそれぞれ示すとともに，設問〔B〕(1)で求めた図形を点線でかき加えよ。〔東京大〕

14 ◇コンデンサー

(◇＝上位科目「物理」の内容を含む項目)

●コンデンサー

物理量	記号·式	単位	関係式など
電気量	Q	C	$Q=CV_{差}$　極板の電荷　$Q_A=C(V_A-V_B)$　$V_{差}=Ed$
電気容量	C	F	$C_0=\varepsilon_0\dfrac{S}{d}=\dfrac{1}{4\pi k_0}\cdot\dfrac{S}{d}$　$C=\varepsilon\dfrac{S}{d}$　$C=\varepsilon_r C_0=\dfrac{\varepsilon}{\varepsilon_0}C_0$
電位差	V	V	$U=\dfrac{1}{2}QV=\dfrac{1}{2}CV^2=\dfrac{1}{2}\dfrac{Q^2}{C}$
電位	V_A, V_B	V	極板間引力　$F=\dfrac{1}{2}QE=\dfrac{CV^2}{2d}$
静電エネルギー	U	J	

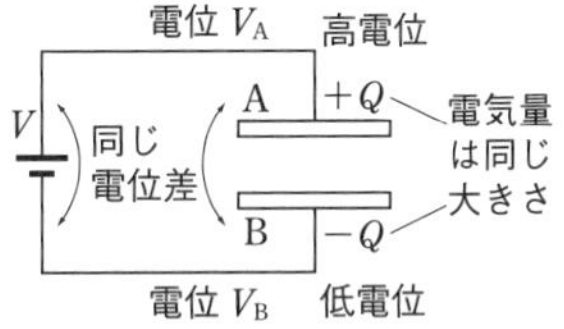

①コンデンサーの基本

・極板に蓄えられる電気量の絶対値は同じ。

・$Q_A=C(V_A-V_B)$，$Q_B=C(V_B-V_A)$，$Q_A=-Q_B$

・$Q=CV_{差}$（コンデンサーの電気量は正の値で示す）

・極板間の電場は一様。$V_{差}=Ed$，$E=\dfrac{V}{d}=\dfrac{Q}{\varepsilon S}$

②電池は電子を移動させる「ポンプ」で一定の電位差を保つ。電荷を蓄えてはいない。

・コンデンサーの充電において，電池がした仕事 W_E は　$W_E=QV=CV\cdot V=CV^2$

$W_E=U+$熱　　$U=CV^2/2$ はコンデンサーに，$CV^2/2$ はジュール熱になる。

③スイッチを閉じたまま　極板間隔を変える $\longrightarrow V$：一定 $\longrightarrow U=CV^2/2$，$Q=CV$

スイッチを開いてから　極板間隔を変える $\longrightarrow Q$：一定 $\longrightarrow U=Q^2/2C$，$V=Ed$

④極板間引力　極板間隔 d によらず一定

・1つの極板の電荷がつくる電場 $\dfrac{Q}{2\varepsilon S}$ にもう1つの極板が引かれる。$F=\dfrac{Q^2}{2\varepsilon S}$

・③のときはエネルギー保存則　$U_{前}+F_{外}\cdot\Delta d=U_{後}+$熱　を用いる。$F_{引}=-F_{外}$

●コンデンサーの接続

並列：$C=C_1+C_2$，V 同じ，$Q_1:Q_2=C_1:C_2$

直列：$C=\dfrac{C_1C_2}{C_1+C_2}$，初期電荷0なら Q 同じ

$V_1:V_2=\dfrac{1}{C_1}:\dfrac{1}{C_2}$

①金属板の挿入：金属板は導線とみなす。

・金属内の電場0。d が小さくなり，C は大きくなる。

②誘電体の挿入：$C=\varepsilon_r C_0$

・Cの連結と考えて解く。

③みかけの「直列」に惑わされない。導線部の配線を伸び縮みさせて形を整える。

●電気量保存

①孤立部分の電気量の和は保存する（電気は出入りできない）。

②電位を用いてコンデンサー回路を解く。

・0V(基準)を決め，回路の各部分の電位を調べる。

・スイッチの切りかえ後，各部分の電位を x，y，…と仮定。

・孤立部分の極板電荷を求め，電気量保存の式を立てる。

・x，y を求め，要求された物理量（Q，U など）を求める。

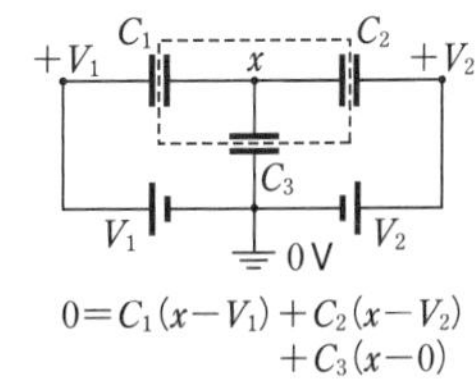

$0=C_1(x-V_1)+C_2(x-V_2)+C_3(x-0)$

●コンデンサーの充電・放電

① 充電

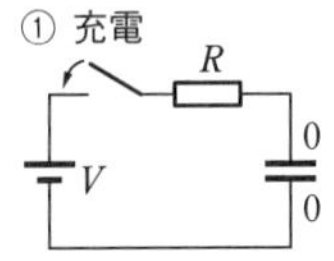

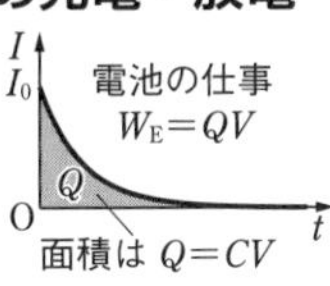

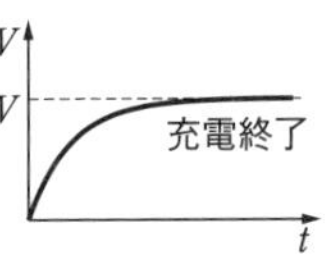

② 放電

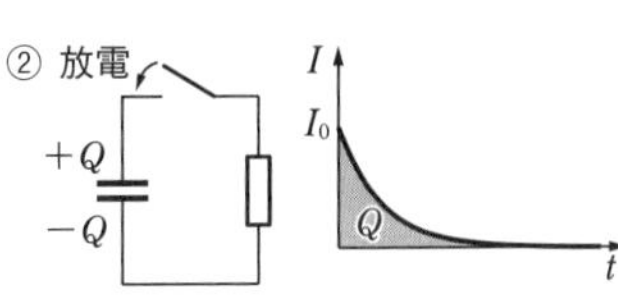

標準問題

◇104. 〈コンデンサーの合成容量〉

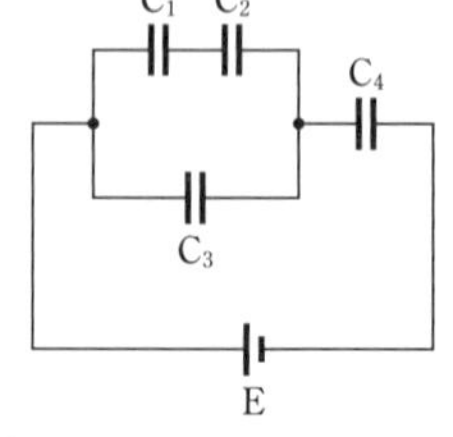

6.0V の直流電源Eと，電気容量がそれぞれ 3.0μF，1.5μF，2.0μF，2.0μF の4つのコンデンサー C_1，C_2，C_3，C_4 を図のように接続し，十分に時間を経過させた。各コンデンサーは，接続する前は電荷をもっていなかったものとして，次の問いに答えよ。

(1) 4つのコンデンサーの合成容量 C〔μF〕を求めよ。

(2) 各コンデンサーに加わる電圧 V_1，V_2，V_3，V_4〔V〕，および蓄えられた電気量 Q_1，Q_2，Q_3，Q_4〔C〕を求めよ。

(3) 各コンデンサーに蓄えられた静電エネルギーの合計 U〔J〕を求めよ。

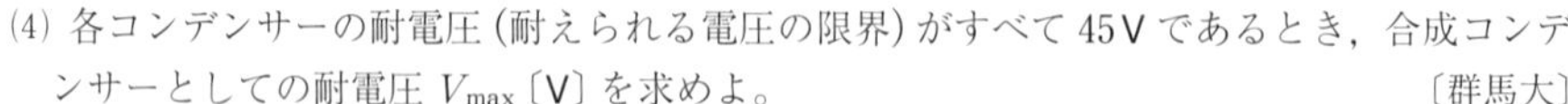

(4) 各コンデンサーの耐電圧（耐えられる電圧の限界）がすべて 45V であるとき，合成コンデンサーとしての耐電圧 V_{max}〔V〕を求めよ。

〔群馬大〕

必解 ◇105. 〈ばね付きコンデンサー〉

図1のように，十分に広い面積 S をもった平行板コンデンサーにおいて，左側の極板Aは固定されているが，右側の極板Bは壁に固定されているばね（ばね定数 k）につながれていて，Aに平行なまま動くことができる。極板が帯電していないとき，ばねは自然の長さの状態にあり，極板間の距離は d であった。次に，図2のように，極板Aに正，極板Bに負の電荷を徐々に帯電させるとばねは徐々に伸び，最終的に極板Aに $+Q$，極板Bに $-Q$ の電荷を帯電させたところ，ばねの伸びが Δd $(\Delta d < d)$，極板間距離が $d-\Delta d$ となったところでつりあった。真空の誘電率を ε_0，空気の比誘電率を1とする。また，ばねおよび壁の帯電，重力の影響はないものとする。次の問いに答えよ。ただし，(2)～(5)は，ε_0，d，k，Q，S の中から必要なものを用いて解答せよ。

(1) 電気力線のようすを図3に矢印で表せ。

(2) 極板間の電場の強さ E を求めよ。

(3) 極板Bにはたらく電気的な力 F を求めよ。

(4) Δd を求めよ。

(5) 極板間の電位差 V を求めよ。

図1　図2

ここで，極板Bを固定し，極板Aに $+Q$，極板Bに $-Q$ の電荷を帯電させたまま，極板間に，比誘電率2の誘電体を図4のようにゆっくりと差しこんだ。

(6) このときの電気力線のようすを図4に矢印で表せ。

(7) Bにはたらく電気的な力は，(3)と比べてどうなるか。

〔15 広島市大 改〕

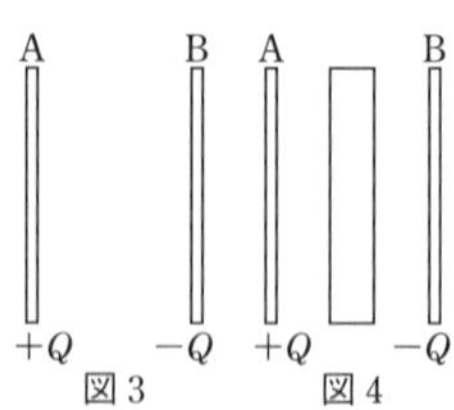

図3　図4

必解 ◇106. 〈極板間の電場と電位〉

真空中で図1のように，2枚の薄い金属板A，Bを間隔 d〔m〕はなして配置した平行平板コンデンサーの両端に起電力 V〔V〕の電池とスイッチSがつないである。d は金属板の大きさに対して十分に小さく，金属板の周辺部分の電場の不均一さは無視できるとする。金属板Aは接地してあり，その電位は0Vに保たれている。図1のように金属板Aの位置を原点Oとして金属板に垂直な方向に x 軸をとる。このコンデンサーの電気容量は C〔F〕である。次の問いに答えよ。

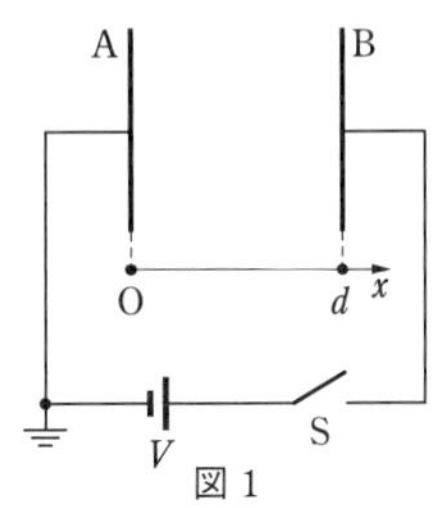

図1

スイッチSを閉じて十分に時間をおいた。

(1) このコンデンサーに蓄えられている静電エネルギーを答えよ。

(2) 金属板A，B間の座標 x における電位を図2にかけ。

(3) 金属板A，B間の座標 x における電場の強さを図3にかけ。

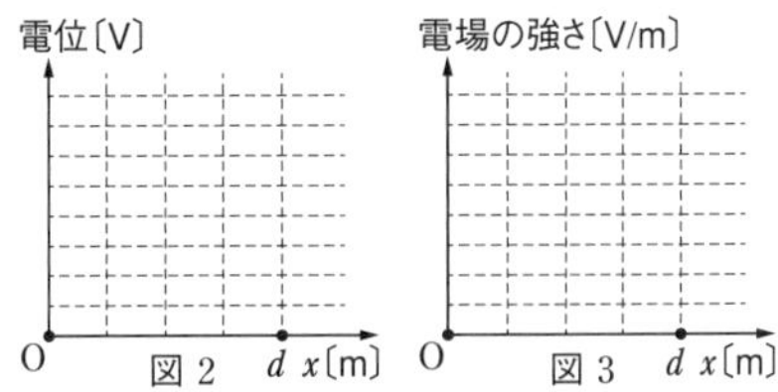

図2　図3

次にコンデンサーを完全に放電した。そして，スイッチSを開いた状態で図4のように金属板A，Bの間に厚さ $\frac{d}{2}$〔m〕の金属板をA，Bそれぞれからの距離が等しくなるように挿入した。その後，スイッチSを閉じて十分に時間をおいた。

(4) このコンデンサーに蓄えられている電気量を答えよ。

(5) 金属板A，B間の座標 x における電位を図2にかけ。

(6) 金属板A，B間の座標 x における電場の強さを図3にかけ。

再びコンデンサーを完全に放電した。そして，スイッチSを開いた状態で図5のように金属板A，Bの間に比誘電率が2で，厚さが $\frac{d}{2}$〔m〕の誘電体をA，Bそれぞれからの距離が等しくなるように挿入した。その後，スイッチSを閉じて十分に時間をおいた。

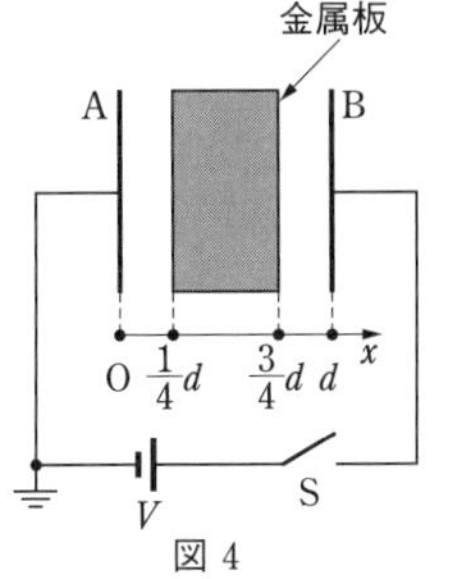

図4

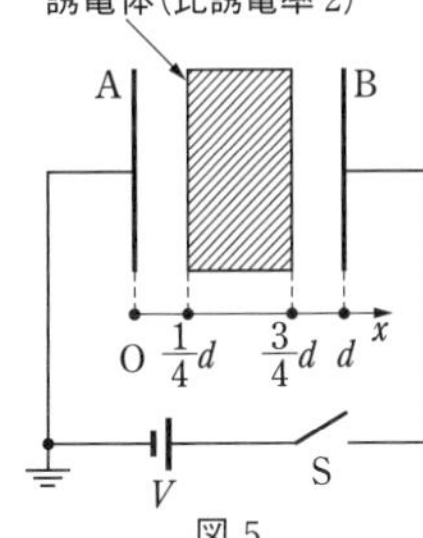

図5

(7) このコンデンサーに蓄えられている電気量を答えよ。

(8) 金属板A，B間の座標 x における電位を図2にかけ。

(9) 金属板A，B間の座標 x における電場の強さを図3にかけ。

続いてスイッチSを開いた後に，金属板A，B間の距離を保ったまま誘電体を取り除いた。

(10) 誘電体を取り除くために要した仕事を答えよ。

その後，図6のように金属板A，Bの間隔を $\frac{3}{2}d$〔m〕に広げて十分に時間をおいた。

(11) このときの金属板A，B間の電位差を答えよ。　〔13 大阪府大〕

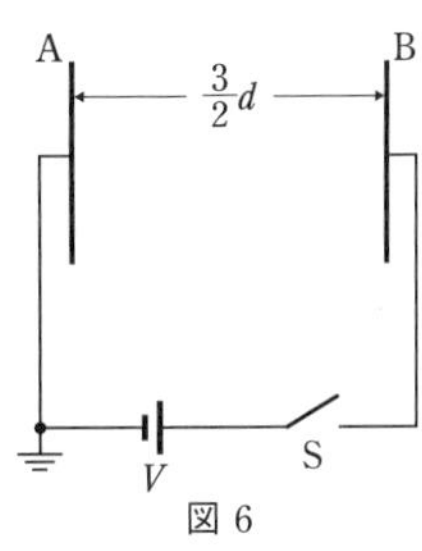

図6

◇107.〈コンデンサーの極板間の引力〉

次の文中の空欄 ア ～ ク に当てはまる式を答えよ。ただし，真空中の誘電率を ε_0〔F/m〕，重力加速度の大きさを g〔m/s²〕とする。

図1のように，真空中で面積 S〔m²〕の2枚の軽い円形極板AとBを間隔 d〔m〕だけ離して水平に固定した平行板コンデンサーに，抵抗値 R〔Ω〕の抵抗，起電力 V〔V〕が一定で内部抵抗の無視できる電池，スイッチが直列につながれている。初め，コンデンサーには電荷が蓄えられていないとする。スイッチを閉じて自由電子が移動しているとき，ある時刻でAに電荷が q〔C〕だけ蓄えられたとすると，このときに抵抗を流れる電流の大きさは ア 〔A〕である。十分に時間が経過して極板間の電位差が V となったとき，コンデンサーが蓄えている静電エネルギーは イ 〔J〕である。

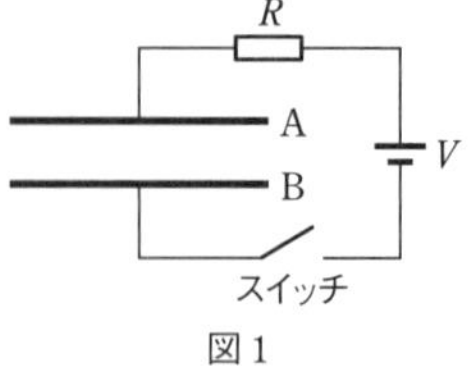

図1

コンデンサーの極板に電荷が蓄えられていると，極板間に引力がはたらく。スイッチを閉じたまま極板Aにこの引力と逆向きの外力を加え，Aの固定を外して極板間隔をゆっくりと微小距離 Δd〔m〕だけ広げた。$|x| \ll 1$ のとき $\dfrac{1}{1+x} \fallingdotseq 1-x$ の近似が成りたつことを用いると，極板間隔を広げたことにより静電容量は ウ 〔F〕だけ減少した。また，この間に電池がされた仕事は エ 〔J〕である。極板間隔をゆっくり広げるので，回路を流れる電流は十分に小さく，抵抗での電力消費は無視できる。したがって，外力がした仕事と電池がした仕事の和が静電エネルギーの変化となるから，極板間にはたらく引力の大きさは オ 〔N〕と求められる。

スイッチを閉じたまま極板間隔を $3d$ にして十分に時間が経過すると，コンデンサーに蓄えられる電気量は カ 〔C〕となる。次にスイッチを開き，極板間隔を d にもどした。極板間隔を d にした後の極板間の電場の強さは キ 〔N/C〕である。

さらに，コンデンサーに蓄えられた電気量が0になるまで放電し，両極板を固定した。図2のように，質量 m〔kg〕，面積 a〔m²〕で極板AおよびBに比べて十分に小さく厚さが無視できる金属の円板Cを，Bの上に中心が一致するように置いた。電池は内部抵抗が無視でき，起電力を変えることができる電池に置きかえた。電池の起電力を0Vとしてスイッチを閉じ，その後ゆっくりと起電力を大きくした。電池の起電力が ク 〔V〕になったとき，Cにはたらく Aからの引力と重力がつりあった。

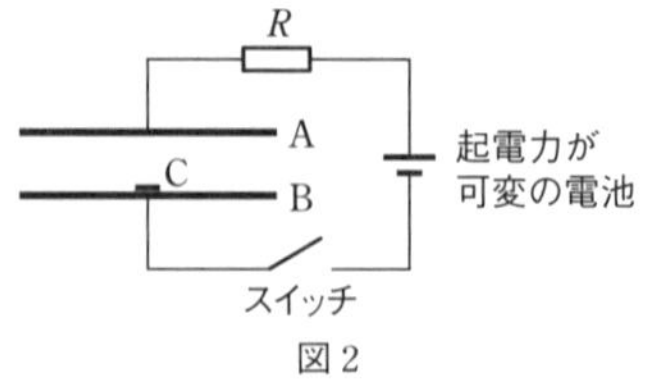

図2

〔22 同志社大〕

必解 ◇108. 〈スイッチの切りかえによる電荷の移動〉

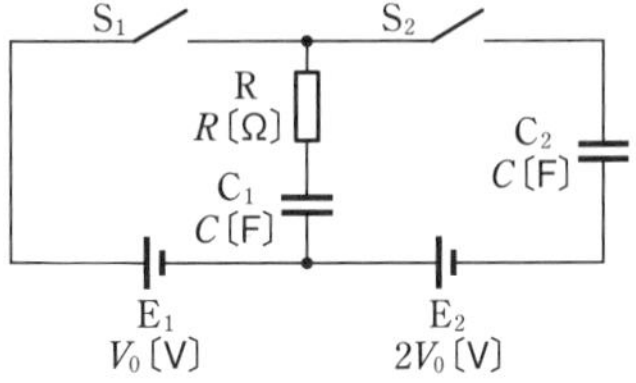

図のように，電圧 V_0〔V〕，$2V_0$〔V〕の電池 E_1，E_2，電気容量がいずれも C〔F〕のコンデンサー C_1，C_2，抵抗値 R〔Ω〕の抵抗 R，スイッチ S_1，S_2 が接続されている。最初，スイッチ S_1，S_2 は開いていて，C_1，C_2 には電荷は蓄えられていないものとする。また，電池の内部抵抗は無視できるものとする。次の問いに答えよ。

(1) S_1 を閉じてから十分に時間が経過した。この間に電池 E_1 がした仕事を求めよ。

(2) 次に，S_1 を開き S_2 を閉じた。十分に時間が経過した後の C_2 の両端の電位差を求めよ。また，この間に電池 E_2 がした仕事を求めよ。

(3) 続いて，S_2 を開き，S_1 を閉じた。十分に時間が経過した後，S_1 を開き S_2 を閉じた。さらに十分に時間が経過した後の，C_2 の両端の電位差を求めよ。

(4) この後，(3)の操作をくり返すと，C_2 の両端の電位差はある有限な値に近づく。その値を求めよ。

〔17 大阪市大〕

必解 ◇109. 〈ダイオードを含むコンデンサー回路とつなぎかえ〉

次の ア ～ ウ に当てはまる式を記せ。また， エ は指示通りに解答せよ。

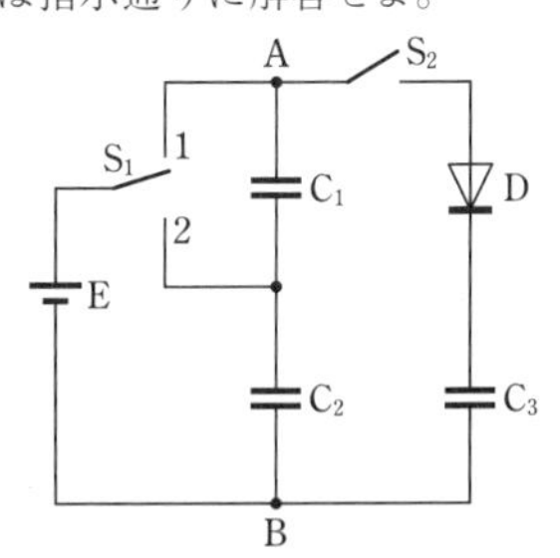

図に示した回路において，C_1，C_2 は電気容量がそれぞれ C，$2C$ の平行平板コンデンサー，C_3 は極板間隔を変えることができる平行平板の空気コンデンサーで，あらかじめ電気容量が $2C$ になるように極板間隔を調節してある。Eは起電力 E の電池，S_1，S_2 はスイッチ，Dはダイオードである。初め，C_1，C_2，C_3 の電荷は0で，S_1，S_2 は開かれている。Dは順方向のみに電流を通し，そのときの抵抗値を0とする。

まず，S_1 を端子1に入れて C_1，C_2 を充電した。このとき，C_1 の極板間の電圧は ア である。次に，S_1 を端子2に入れて，十分時間が経過したのち S_1 を開いた。このとき，AB 間の電位差は イ になっている。この状態で，S_2 を閉じると，C_3 には ウ の電気量が蓄えられる。次に，S_2 を閉じたまま，C_3 の極板の間隔を2倍に広げた。この操作の後，C_3 における極板間の電圧 V，蓄えられている電気量 Q および C_3 の電気容量 C_X と，極板を広げるのに必要とした仕事 U を，C，E などを用いて表し，それぞれを区別して エ に示せ。

〔芝浦工大〕

B 応用問題

◇110. 〈4枚の導体板によるコンデンサー回路〉

次の ア ～ ス ， ソ ～ チ の中に入れるべき数や式を求めよ。また， セ に当てはまる文章を解答群から選べ。ただし，数式は C，V，d のうち必要なものを用いて答えよ。

一辺がa〔m〕の正方形の導体板A，B，C，Dを平行に並べ，それらの間隔を左から順にd〔m〕，$2d$〔m〕，$3d$〔m〕とする。ここで，dは導体板の辺の長さaと比較して十分小さいとする。図中のS_1，S_2，S_3はスイッチを表している。電源Vは電圧V〔V〕の直流電源であり，導体板Dは電源の負極とともに接地されている(接地点の電位を基準値0Vとする)。また，2つの導体板A，Bを平行板コンデンサーとみなしたときの電気容量をC〔F〕とする。

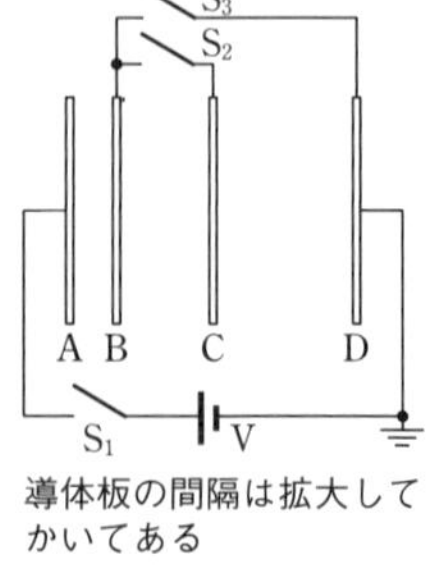

導体板の間隔は拡大してかいてある

(1) 図の最初の状態ではどの導体板にも電荷は蓄えられていない。この状態でS_1のみを閉じた。このとき，導体板A，B，C，Dの電位はそれぞれ$V_A = V$〔V〕，$V_B =$ ア $\times V$〔V〕，$V_C =$ イ $\times V$〔V〕，$V_D = 0$V である。導体板BとCの向かい合ったそれぞれの面に誘導される電気量は$Q =$ ウ 〔C〕で，それらの間の空間に発生する電場は図で右向き，その強さは エ 〔V/m〕である。導体板A，B，C，D間に蓄積されている静電エネルギーの合計は オ $\times CV^2$〔J〕である。

(2) 図の最初の状態にもどる。すなわち，各スイッチは開いており，どの導体板にも電荷は蓄えられていない。次の2つの操作後の結果を比較しよう。

操作(a)：S_1を閉じ，しばらくしてS_1を開く。それからS_2を閉じる。

操作(b)：S_1を閉じ，しばらくしてS_2も閉じる。それからS_1を開く。

初めに操作(a)による結果を考察する。操作終了後，導体板CとDの間の電場の強さは カ 〔V/m〕であり，導体板Aの電位は$V_{Aa} =$ キ $\times V$〔V〕である。このとき，導体板間全体に蓄積された静電エネルギーは，(1)のエネルギーの値(オ)$\times CV^2$〔J〕の ク 倍である。

一方，操作(b)の場合，操作終了後に導体板AとBの間に発生する電場の強さは ケ 〔V/m〕であり，導体板Aに蓄えられた電気量は$Q_b =$ コ 〔C〕である。また，導体板A，Bの電位はそれぞれ$V_{Ab} =$ サ $\times V$〔V〕，$V_{Bb} =$ シ $\times V$〔V〕となる。この場合，導体板間全体に蓄積された静電エネルギーは，(1)のエネルギーの値(オ)$\times CV^2$〔J〕の ス 倍である。

したがって，2つの操作後の結果を比較すると次のようなことがわかる。S_2を閉じると導体板B，C間に発生していた電場が消失するので，スイッチを閉じた直後，その分の静電エネルギーが減少する。このとき， セ ということがいえる。

セ の解答群

① この現象は(a)，(b)どちらの場合でも起こるので，導体板間に蓄積される静電エネルギーの合計は(a)，(b)で等しくなる

② 操作(a)ではS_2を閉じたときにS_1は開いているので，導体板A，D間の電位差をVに保つため，導体板B，C間で消失した静電エネルギーの一部が導体板A，Bと導体板C，D間の静電エネルギーに加算される

③ 操作(b)ではS_2を閉じたときにS_1がまだ閉じているので，導体板A，D間の電位差をVに保つため，操作(b)の電源は，操作(a)の場合と比較して，より多くの仕事をしている

(3) (2)の(b)の操作後，しばらくしてS_2を開き，それからS_3を閉じた。このとき，導体板Cの電位は$V_0 =$ ソ $\times V$〔V〕で，導体板BとDに蓄えられている電気量(絶対値)はそれぞれ タ $\times Q_b$〔C〕， チ $\times Q_b$〔C〕となる。ここで，Q_bは(2)の(コ)〔C〕である。

〔14 東京理大 改〕

15 ◇直流回路

（◇＝上位科目「物理」の内容を含む項目）

●電流・電圧・オームの法則

物理量	記号·式	単位	関係式など
電圧降下（電圧）	V, v	V	$I=\dfrac{q}{t}$, $q=It$, $I=envS$
電流	I, i	A, C/s	電位降下（電圧降下）$V=RI$, $R=\rho\dfrac{l}{S}$, $\rho=\rho_0(1+\alpha t)$
抵抗	R, r	Ω	電力 $P=IV=RI^2=\dfrac{V^2}{R}$, 発熱量 $W=IVt=RI^2t$
抵抗率	ρ	Ω·m	電池：端子電圧 $V=E-rI$,
電力	P	W, V·A	最大電力 $P_{最大}=\dfrac{E^2}{4r}$（$R=r$ のとき）
電力量	W	J	直列：$R=R_1+R_2$
起電力	E	V	並列：$R=\dfrac{R_1R_2}{R_1+R_2}$, $I_1:I_2=\dfrac{1}{R_1}:\dfrac{1}{R_2}$

①電気回路の基本
- 直列ならば電流共通。
- 並列ならば電位差同じ。
- 導体の電位はどこでも同じ。
- 電圧降下 $V=0 \Longleftrightarrow R=0$ または $I=0$

②キルヒホッフの法則
- 第一法則：$\sum I_{in}=\sum I_{out}$　第二法則：$\sum E=\sum RI$（1回りするともとの電位にもどる）
- 電流を i_1, i_2, i_1+i_2 などと仮定する。$i_1<0$ なら仮定と逆向きに流れている。

③電池

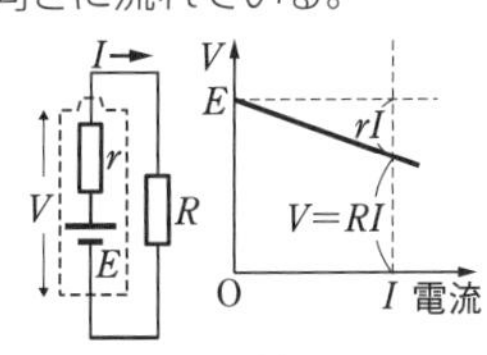

- 起電力（電流0での電位差）E, 内部抵抗 r
- 端子電圧 $V=E-rI$（内部抵抗による電圧降下）
- 負荷抵抗 R での消費電力 $P=R\cdot\left(\dfrac{E}{R+r}\right)^2$

　$R=r$ のとき　$P_{最大}=E^2/4r$

④電球の問題

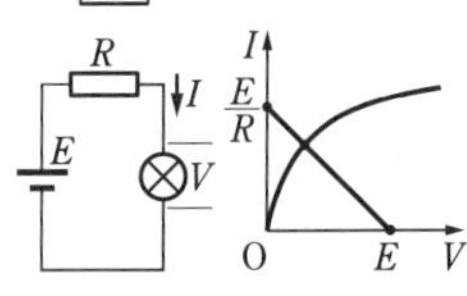

- 電球による電圧降下を V, 流れる電流を I と仮定する。
- キルヒホッフの法則Ⅱを使う。$E-RI-V=0$
- 電球の V-I 特性曲線とキルヒホッフの法則Ⅱの V-I 直線の交点が解となる。V-I 直線は, $V=0$ のときの E/R, $I=0$ のときの E を求めて結ぶ。
- 並列は電流の和, 直列は電圧の和 ⟶ 新たな電球の特性曲線を求める。

⑤電流計：素子に直列に, 分流器は電流計に並列。
電圧計：素子に並列に, 倍率器は電圧計に直列。

⑥ホイートストンブリッジ

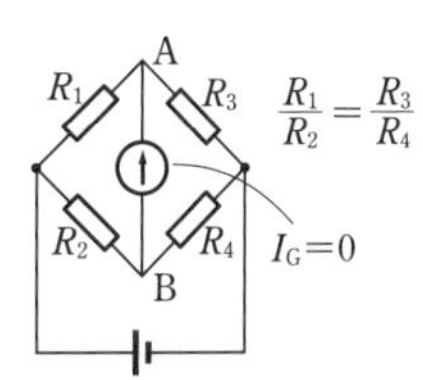

- 電流が流れない（$I_G=0$）→ 等電位（$V_A=V_B$）

⑦ダイオード
- 理想的ダイオードでは, 順方向は導線, 逆方向は断線となる。
- 特性曲線が与えられたら, V, I を仮定しグラフの交点を読む。

⑧直流回路とコンデンサー

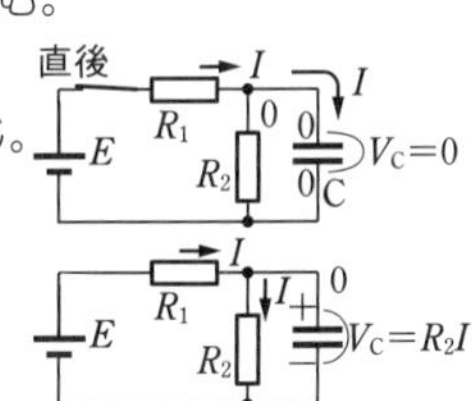

- スイッチを閉じた直後　$Q=0$ なら $V_C=0$。C は導線と同じ。
- 十分時間がたった　C には電流が流れない。だから, C は断線と同じ。電位差は抵抗が決める。

⑨C の放電時, 抵抗での発熱量はエネルギーで解く。
- 直列は抵抗の比, 並列は抵抗の逆比となる。

標準問題

必解 ◇111. 〈導体中の自由電子の運動〉

断面積 S, 長さ L の導体がある。この導体には, 電気量 $-e$ の自由電子が単位体積当たり n 個含まれるものとして, 次の問いに答えよ。

(1) 図のように, 導体の両端に電圧 V を加えた。

(a) 導体内に生じる電場の大きさはいくらか。その向きは図の A, B のいずれか。

(b) 自由電子が電場から受ける力の大きさはいくらか。その向きは図の A, B のいずれか。

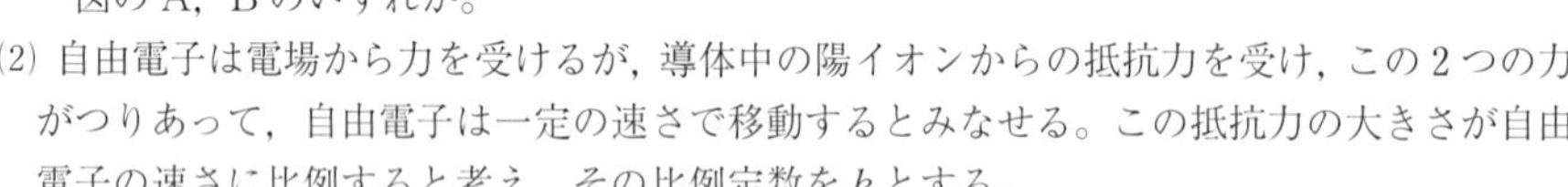

(2) 自由電子は電場から力を受けるが, 導体中の陽イオンからの抵抗力を受け, この 2 つの力がつりあって, 自由電子は一定の速さで移動するとみなせる。この抵抗力の大きさが自由電子の速さに比例すると考え, その比例定数を k とする。

(c) 自由電子の速さはいくらか。

(d) 導体の断面を単位時間に通過する電子の数はいくらか。

(e) 導体を流れる電流の大きさはいくらか。

(f) オームの法則と(e)の結果を比較すると, 導体の抵抗はいくらになるか。

(3) 導体の両端に加えた電圧により生じた電場は, 抵抗力に逆らって自由電子を移動させる仕事をする。この仕事は, 導体から発生するジュール熱と等しくなる。

(g) 電場が 1 個の自由電子に単位時間にする仕事はいくらか。

(h) 導体から単位時間に発生するジュール熱はいくらか。 〔17 福岡大〕

必解 ◇112. 〈ホイートストンブリッジ〉

図のような直流回路において, 起電力 $E_1=24\,\mathrm{V}$, $E_2=8.0\,\mathrm{V}$ の電池, 抵抗 $R_1=100\,\Omega$, $R_2=25\,\Omega$, $R_3=60\,\Omega$, 可変抵抗 R〔Ω〕, 電流計 A, および, スイッチ S が接続されている。ただし, 電池および電流計の内部抵抗はないものとする。

(1) スイッチ S を a 側に入れた状態にする。

(a) 電流計に電流が流れないようにしたとき, 点 O に対する点 P の電位〔V〕を求めよ。

(b) 電流計に電流が流れないようにしたとき, 可変抵抗 R〔Ω〕の大きさを求めよ。

(c) 電流計に 0.17 A の電流が図の上から下に向かって流れたとき, 可変抵抗 R〔Ω〕の大きさを求めよ。

(2) スイッチ S を a 側から, b 側に切りかえた状態にする。

(a) 電流計に電流が流れないようにしたとき, 可変抵抗 R〔Ω〕の大きさを求めよ。

(b) 可変抵抗 $R=30\,\Omega$ にしたとき, 回路全体の消費電力〔W〕を求めよ。

(c) 可変抵抗 $R=30\,\Omega$ にしたとき, 電流計に流れる電流〔A〕の大きさを求めよ。

〔15 香川大〕

必解 ◇113.〈キルヒホッフの法則〉

図のように電池と抵抗とスイッチからなる回路がある。そして，$R_1=1.0\,\Omega$，$R_2=2.0\,\Omega$，$R_3=3.0\,\Omega$，$E_1=2.0\,\mathrm{V}$，$E_2=7.0\,\mathrm{V}$ であった。次の問いに答えよ。ただし，電池の内部抵抗はないものとする。

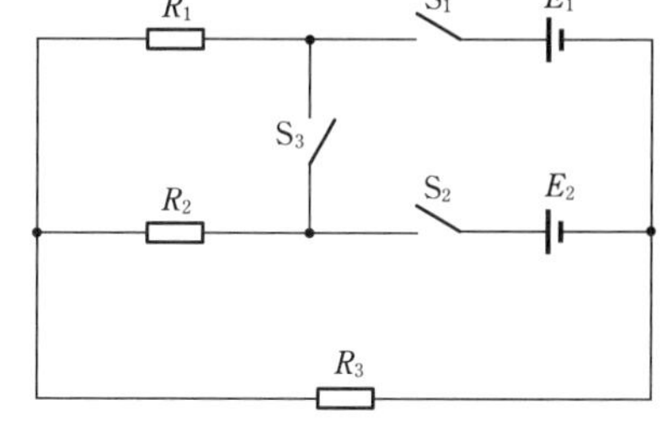

(1) スイッチ S_1 と S_3 を閉じ，S_2 を開いたとき，R_3 を流れる電流の大きさ〔A〕はいくらか。

(2) (1)のときに R_2 を流れる電流の大きさ〔A〕はいくらか。

(3) スイッチ S_1 と S_2 を閉じ，S_3 を開いたとき，R_1 に流れる電流の向きと大きさ〔A〕はいくらか。

(4) (3)のとき，R_2 と R_3 に流れる電流の大きさ〔A〕はそれぞれいくらか。

(5) (3)の回路の状態で，抵抗 R_1 に電流が流れないようにするために抵抗 R_3 を交換することにした。このとき抵抗値〔Ω〕はいくらにすればよいか。　〔17 東京農大〕

◇114.〈電池の内部抵抗〉 思考

電池に抵抗値 R〔Ω〕の可変抵抗を接続し，電池から流れ出る電流 I〔A〕と電池の両端の電圧 V〔V〕を測定すると，図のような電流と電圧の関係を示す実線のグラフが得られた。破線は，実線の延長である。電流 I の値が 0 のときの電圧を起電力 E〔V〕とし，次の問いに答えよ。ただし，可変抵抗とは，抵抗の値を変えることができる抵抗器のことである。また，電流計の内部抵抗は十分に小さく，電圧計の内部抵抗は十分に大きいとする。

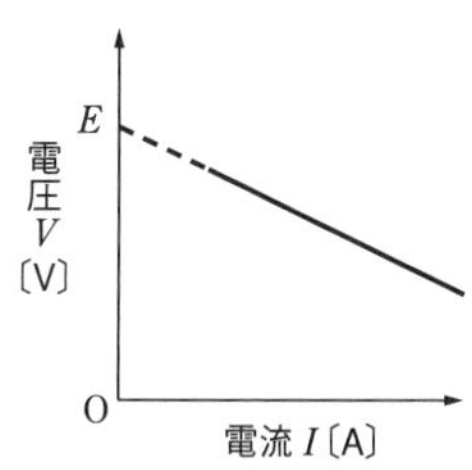

(1)(a) 図の結果を得るためには，電池（─┤├─），可変抵抗（─▭̸─），電流計（─Ⓐ─），電圧計（─Ⓥ─）をどのように接続すればよいか。（　　）内の電気の図記号を用いて回路を図で示せ。

(b) この測定で，可変抵抗を使用する理由を簡潔に述べよ。

(2) 図のグラフは，電池内部に一定の抵抗値 r〔Ω〕の抵抗があると仮定すると理解できる。

(a) この抵抗は，電池内部で起電力に対してどのように接続されていると考えられるか。また，その理由を述べよ。

(b) 起電力 E〔V〕と電池の両端の電圧 V〔V〕との関係式を求めよ。

(c) 起電力が E〔V〕で電池内部の抵抗値が r〔Ω〕より大きい電池を用いた場合には，図のグラフがどのようになるか，述べよ。

(d) 電池内部の抵抗値 r〔Ω〕を，R を含む式で表せ。

(e) 電池内部の抵抗によって消費された電力 P_r〔W〕はいくらか，r を含まない式で表せ。また，その電力は何に消費されたか，述べよ。

(f) 可変抵抗での消費電力 P_R〔W〕を，r と R を含む式で表せ。

(g) (f)で求めた R と P_R の関係の概略を図で示せ。　〔宮城教育大 改〕

必解 ◇115. 〈コンデンサーを含む直流回路〉

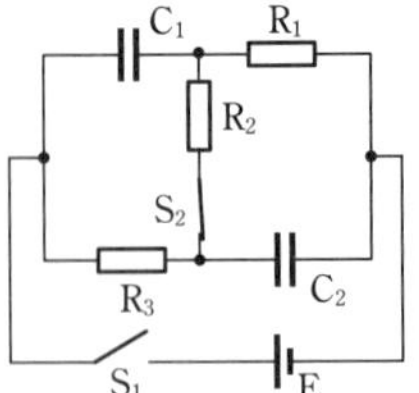

抵抗 R_1，R_2，R_3，コンデンサー C_1，C_2，スイッチ S_1，S_2 および電池 E からなる回路がある。R_1，R_2，R_3 の抵抗値はそれぞれ 2 Ω，4 Ω，6 Ω であり，C_1，C_2 の電気容量はともに 4 μF，E は起電力が 12 V で内部抵抗が無視できる電池である。最初 S_1 は開いており，S_2 は閉じている。

(1) S_1 を閉じた瞬間に R_2 を流れる電流はいくらか。

(2) S_1 を閉じて十分時間がたったとき R_2 を流れる電流はいくらか。

(3) (2)のとき，C_1 に蓄えられた電荷はいくらか。

(4) 次に，S_1 と S_2 を同時に開き，十分時間がたった。そのとき C_1 に加わる電圧はいくらか。

(5) (4)のとき，R_1 で発生する熱量はいくらか。 〔東京電機大 改〕

必解 ◇116. 〈電球とダイオードを含む直流回路〉

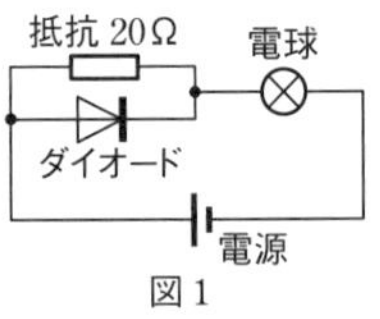

図 1

図 1 のように，電球，ダイオード，抵抗値 20 Ω の抵抗，および電圧値を設定できる直流電源からなる回路を考える。電球は図 2 のような電流電圧特性をもつ。ダイオードは図 3 で示すように，電圧 1.0 V 未満では電流 0 A，1.0 V 以上では電流〔A〕= 0.20 ×（電圧〔V〕− 1.0）の電流電圧特性をもつ。次の問いに答えよ。

(1) 電球の電流電圧特性に着目する。電球の抵抗値は一定ではなく，電圧や電流の値によって異なる。電球の抵抗値が 26 Ω になるときの，電球に加わる電圧を有効数字 2 桁で求めよ。

(2) 電源の電圧を 0 V からゆっくりと増加させ，ダイオードに電流が流れ始めるときの電源の電圧を有効数字 2 桁で求めよ。

(3) 電源の電圧が 0.8 V のとき，電球に加わる電圧および電球に流れる電流をそれぞれ有効数字 1 桁で求めよ。

(4) 電球に加わる電圧が 2.0 V のとき，ダイオードに流れる電流を有効数字 2 桁で求めよ。

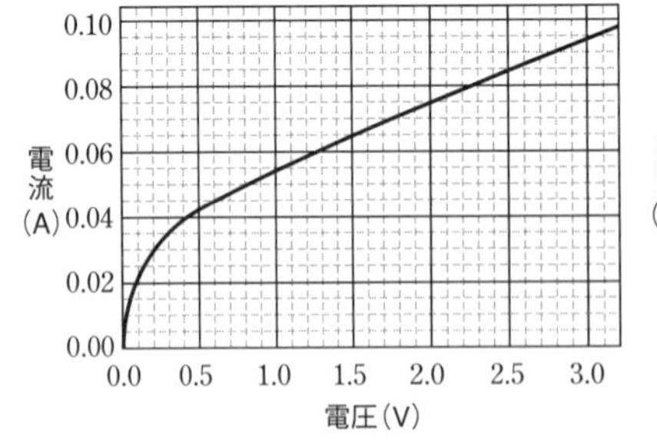

図 2：電球の電流電圧特性

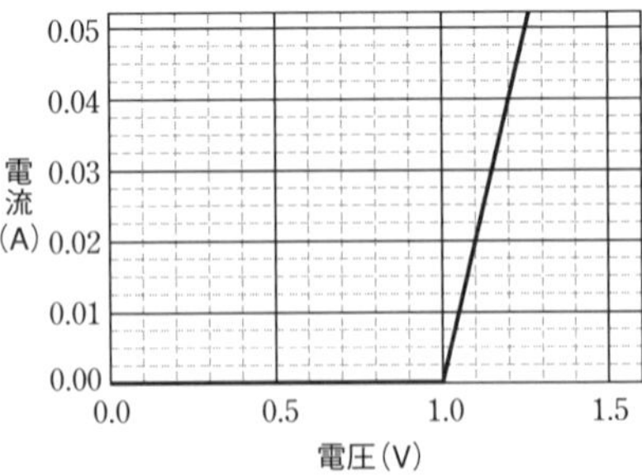

図 3：ダイオードの電流電圧特性

〔22 東京都立大〕

◇117.〈発光ダイオードを含む直流回路〉

最近では高輝度なフルカラーの大型ディスプレイが街の至る所で見られている。これは赤・緑・青の光の3原色の発光ダイオード(LED)を使い，これらの発光色を足しあわせることによって実現される。

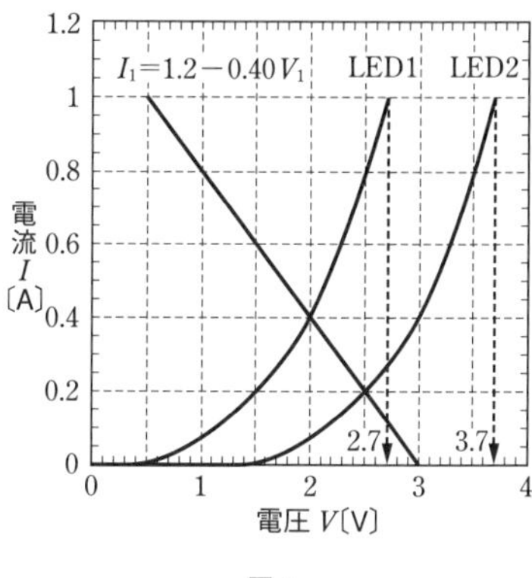

図1

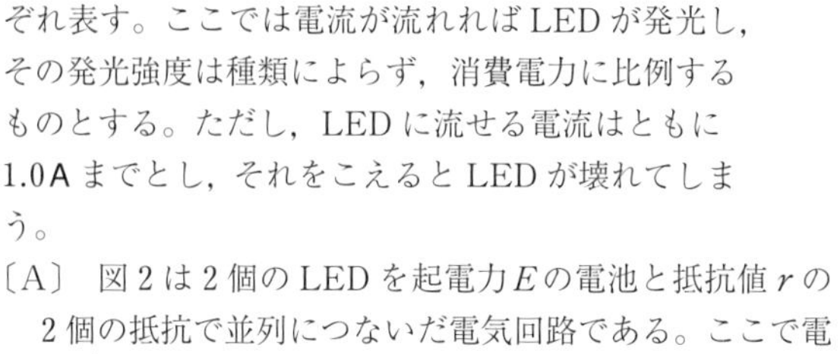

ここでは赤色LED1と緑色LED2の2種類を考える。これらを同じ強度で光らせると黄色の発光が観測される。

図1はLED1とLED2の電流-電圧特性をそれぞれ表す。ここでは電流が流れればLEDが発光し，その発光強度は種類によらず，消費電力に比例するものとする。ただし，LEDに流せる電流はともに1.0Aまでとし，それをこえるとLEDが壊れてしまう。

〔A〕 図2は2個のLEDを起電力Eの電池と抵抗値rの2個の抵抗で並列につないだ電気回路である。ここで電池の内部抵抗は考えないものとする。LED1と2の両端に加わる電圧をそれぞれV_1，V_2，流れる電流をそれぞれI_1，I_2とする。

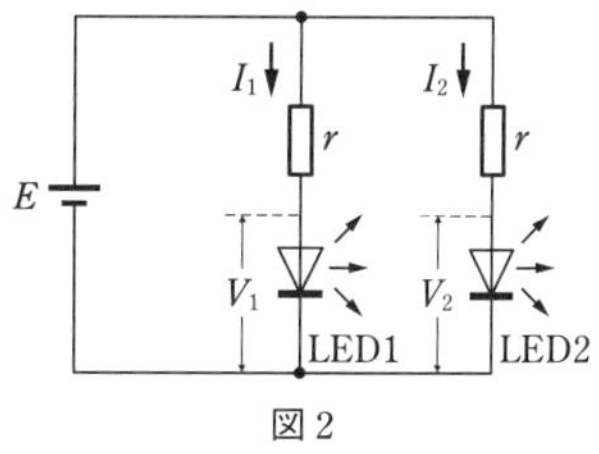

図2

(1) EをI_1とV_1とrを用いて表せ。

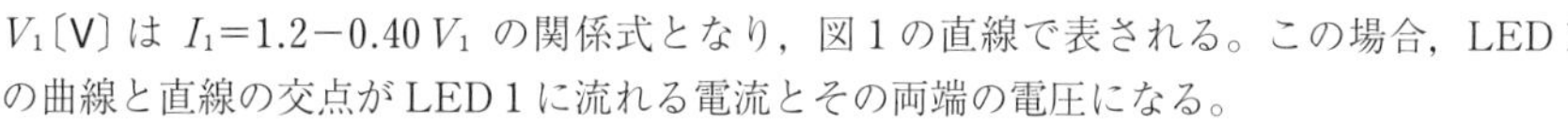

次に $E=3.0$V，$r=2.5\Omega$ とすると，I_1〔A〕とV_1〔V〕は $I_1=1.2-0.40V_1$ の関係式となり，図1の直線で表される。この場合，LED1の曲線と直線の交点がLED1に流れる電流とその両端の電圧になる。

(2) LED1に流れる電流I_1〔A〕を求めよ。

(3) LED2に加わる電圧V_2〔V〕を求めよ。

(4) LED2の消費電力を求めよ。

(5) LED1の発光強度はLED2の発光強度の何倍か求めよ。

〔B〕〔A〕の場合に合成した2色のLEDの発光色は赤色の成分が多いので，黄赤色のLED発光であった。次に緑色成分の多い黄緑色のLED発光色を実現するために，図3のようにLED1とLED2を直列に接続し，電池を8.0Vにした。また，抵抗はLEDが壊れないように取りつけた。

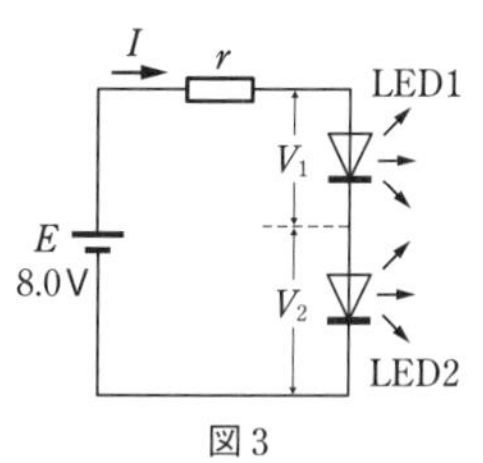

図3

(6) LEDが壊れないための抵抗値r〔Ω〕の最小値を求めよ。

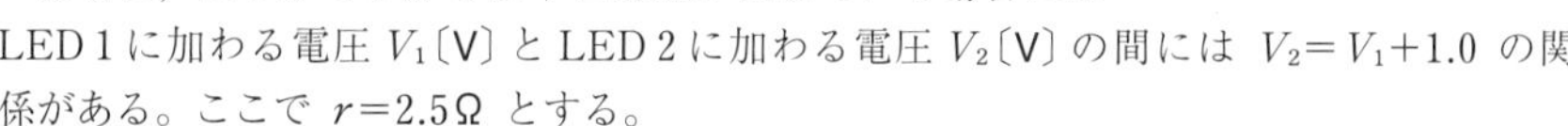

最初に，図1からわかるように電流が流れている場合にはLED1に加わる電圧V_1〔V〕とLED2に加わる電圧V_2〔V〕の間には $V_2=V_1+1.0$ の関係がある。ここで $r=2.5\Omega$ とする。

(7) 回路を流れる電流Iと電圧V_1の関係式を求めて，図1にそのグラフをかけ。

(8) LED2に流れる電流を求めよ。

(9) LED2の発光強度はLED1の発光強度の何倍か求めよ。　〔20 大阪工大〕

必解 ◇118. 〈コンデンサーを含む直流回路・最大消費電力〉

抵抗値 r〔Ω〕と R〔Ω〕の抵抗1と抵抗2，電気容量が C_1〔F〕と C_2〔F〕のコンデンサー1とコンデンサー2，およびスイッチとからなる回路がある。電池の起電力は E〔V〕であり，内部抵抗は無視できる。スイッチを1の側に入れてから十分に時間がたった。

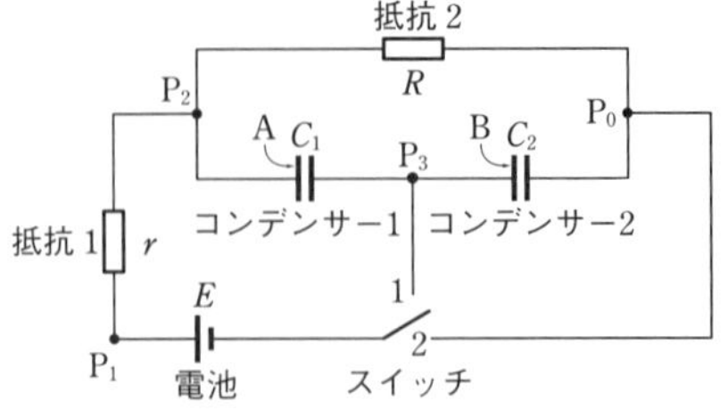

(1) コンデンサー1の極板Aに蓄えられている電気量 Q〔C〕を求めよ。

(2) コンデンサー1に蓄えられているエネルギー U〔J〕を求めよ。

続いて，スイッチを2の側に入れてから十分に時間がたった。

(3) 抵抗2の両端の電位差 V〔V〕を求めよ。

(4) 抵抗2の消費電力は，抵抗値 R がいくらであるとき最大になるか。また，そのときの消費電力 P〔W〕を求めよ。

(5) $C_1=C$，$C_2=4C$ として，コンデンサー1の極板Aに蓄えられている電気量 Q_1〔C〕およびコンデンサー2の極板Bに蓄えられている電気量 Q_2〔C〕を求めよ。 〔福井大〕

◇119. 〈電圧と電流の関係〉

直流電源装置，直流電流計および直流電圧計を用いて未知の電気抵抗値 R_x〔Ω〕を測定する2つの実験を図のような回路で行った。

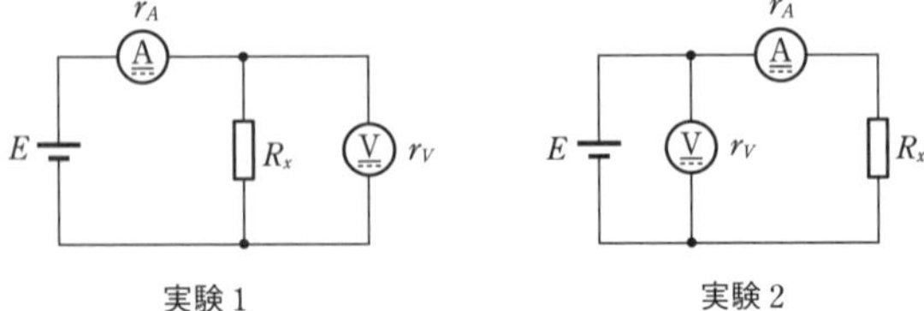

実験1での直流電流計および直流電圧計の指示値は，それぞれ I_1〔A〕，V_1〔V〕であった。また実験2での直流電流計および直流電圧計の指示値は，それぞれ I_2〔A〕，V_2〔V〕であった。

なお，直流電流計および直流電圧計の内部抵抗値はそれぞれ r_A〔Ω〕，r_V〔Ω〕であり，直流電源装置の内部抵抗は無視できるものとする。

(1) 実験1での未知抵抗値 R_x の測定値 $R_1〔\Omega〕=\dfrac{V_1}{I_1}$ を，R_x および r_V を用いて表せ。

(2) 実験2での未知抵抗値 R_x の測定値 $R_2〔\Omega〕=\dfrac{V_2}{I_2}$ を，R_x および r_A を用いて表せ。

(3) 実験1および実験2の測定結果は，いずれも未知抵抗値 R_x に対して誤差を有している。R_1 および R_2 の誤差の大きさをそれぞれ ε_1〔Ω〕および ε_2〔Ω〕とし，$\varepsilon_i=|R_i-R_x|$ $(i=1,\ 2)$ で定義することにする。ε_1 が ε_2 より小さくなるための条件を，$\dfrac{R_x}{r_A}$ および $\dfrac{r_V}{R_x}$ を用いて表せ。 〔17 長崎大〕

B　応用問題

◇120.〈太陽電池を含む直流回路〉 思考

太陽電池は，光を電気に変換する素子である。ここでは，太陽電池を図1に示す記号を用いて表し，その出力電流 I は図中の矢印の向きを正とする。また，図中の端子bを基準とした端子aの電位を出力電圧 V とする。このとき，V と I の関係は，図2のようになり，次の式(i)，(ii)で表されるものとする。

(i) $V \leqq V_0$ のとき，$I=sP$

(ii) $V > V_0$ のとき，$I=sP-\dfrac{1}{r}(V-V_0)$

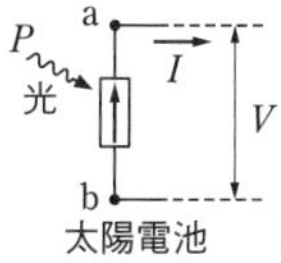

図1 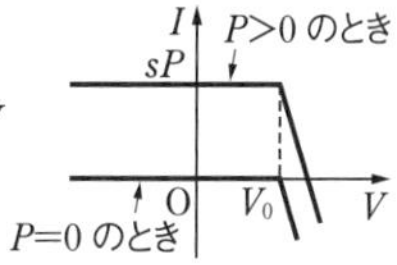　図2

ここで，P は照射光の強度，r，s，V_0 はすべて正の定数である。次の設問に答えよ。ただし，回路の配線に用いる導線の抵抗は無視してよい。

〔A〕 図3のように，太陽電池の端子間に電気容量 C のコンデンサーを接続した。このとき，コンデンサーに電荷は蓄えられていなかった。この状態で，時刻 $t=0$ から一定の強度 P_0 の光を照射したところ，図4のように電流 I が変化した。

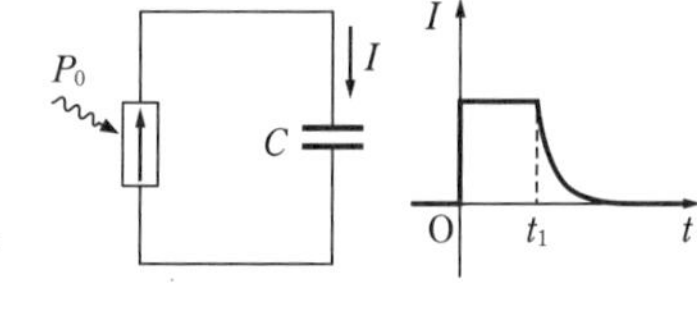

図3　図4

(1) 図4中の時刻 t_1 を求めよ。

(2) 十分に時間が経過した後にコンデンサーに蓄えられた電荷を求めよ。

〔B〕 図5のように，太陽電池の端子間に抵抗値 R の抵抗を接続し，強度 P_0 の光を照射した。R を変化させたとき，ある R_0 を境に，$R \leqq R_0$ の範囲では，抵抗を流れる電流 I が R によらず sP_0 となり，$R > R_0$ の範囲では，R の増加とともに電流 I が減少した。

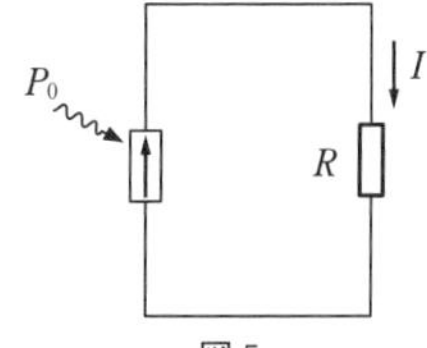

図5

(1) R_0 を求めよ。

(2) $R > R_0$ のときの電流 I を，P_0，r，s，V_0，R を用いて表せ。

(3) r が R_0 に比べて十分小さいとき，抵抗で消費される電力が最大となる R の値と，そのときの電力を求めよ。

〔C〕 図6のように，2つの太陽電池1，2と抵抗値 R の抵抗を直列に接続した。太陽電池1に強度 P_0 の光を，太陽電池2に強度 $2P_0$ の光を同時に照射した。ただし，$P_0=\dfrac{V_0}{rs}$ とする。太陽電池1，2の出力電圧をそれぞれ V_1，V_2 とし，抵抗を流れる電流を I とする。

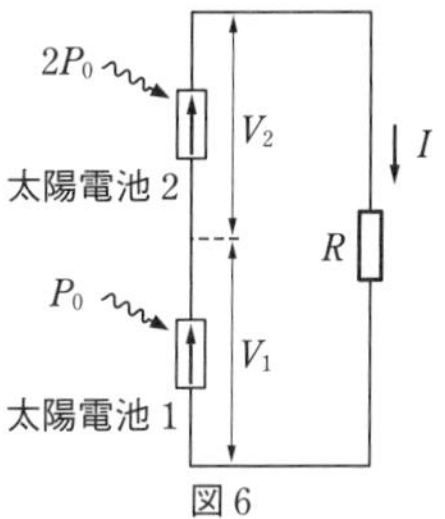

図6

(1) R を調整したところ，$I=\dfrac{1}{2}sP_0$ となった。V_1，V_2 を求めよ。

(2) (1)のとき R が r の何倍になるか答えよ。

(3) 次に，$R=r$ とした。V_1，V_2 はどのような範囲にあるか。以下から正しいものを1つ選んで答えよ。

ア．$V_1 \leqq V_0$ かつ $V_2 \leqq V_0$　イ．$V_1 \leqq V_0$ かつ $V_2 > V_0$

ウ．$V_1 > V_0$ かつ $V_2 \leqq V_0$　エ．$V_1 > V_0$ かつ $V_2 > V_0$

(4) (3)の状態において，I，V_1，V_2 を求めよ。　〔14 東京大〕

16 ◇電流と磁場

（◇＝上位科目「物理」の内容を含む項目）

●磁場

物理量	記号・式	単位	関係式など
磁極の強さ	m	Wb	$F=k_m\frac{m_1m_2}{r^2}$, $\vec{F}=m\vec{H}$ （$\vec{H}$ はベクトル量） 電流がつくる磁場 （すべて右ネジの向き） （右手で考える） $H=\frac{I}{2\pi r}$ $H=N\frac{I}{2r}$ $H=\frac{N}{l}I=nI$ $B=\mu H$, $\Phi=BS$, $F=IBl_\perp$, $f=qv_\perp B$
磁場の強さ	H	N/Wb, A/m	
磁束密度	B	Wb/m^2, T	
磁束	Φ	Wb	
透磁率	μ	N/A^2	
真空の透磁率	μ_0	N/A^2	
クーロン定数 $k_m=6.33\times10^4$N・m^2/Wb^2			

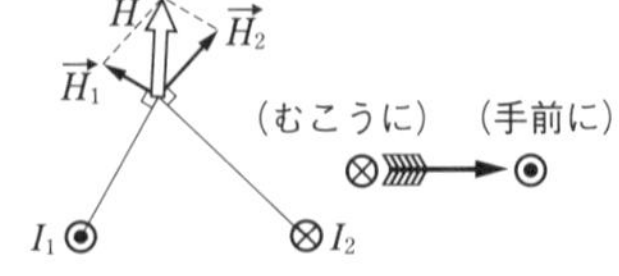

①磁場は垂直関係が重要。
　$\vec{H}$ はベクトル量　$\vec{H}=\vec{H_1}+\vec{H_2}$

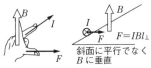

②電流は磁場をつくる。

・$H=N\cdot\frac{I}{2r}$ は，円の中心での値。N は巻数。

・$H=\frac{N}{l}I=nI$ で，ソレノイド内部は一様な磁場。注　両端の磁場は $\frac{1}{2}H$ となる。

（むこうに）（手前に）

③$B=\mu H$ のイメージ

・B は磁場 (H) に空間 (μ) の影響を重ねたもの (μH) とも考えられる。

④電流は磁場から力を受ける（フレミングの左手の法則）。

・$F=IBl_\perp$（垂直成分が重要）

・直角でないときは分解し垂直成分を用いる。

・B の単位〔Wb/m^2=T〕は〔N/(A・m)〕とも表せる。

・平行導線間では，電流の向きが同じならば引力，逆ならば反発力となる。　$F=\mu\cdot\frac{I_1}{2\pi r}\cdot I_2\cdot l$

斜面に平行でなく B に垂直

●電場中での荷電粒子の運動

①$\vec{F}=q\vec{E}$ で，$q>0$ ならば $\vec{E}$ と同じ向き，$q<0$ なら $\vec{E}$ と逆向き。

②電場による加速　$\frac{1}{2}mv_0^2+qV=\frac{1}{2}mv^2$　（qV は電場がした仕事）

③一様電場の中では，$ma=qE$ より，$a=\frac{qE}{m}$ の放物運動となる。

●磁場中での荷電粒子の運動

①ローレンツ力　大きさ $f=qv_\perp B$, $\vec{v}$（運動方向）に垂直にはたらく。⟶ 等速円運動
　向きはフレミングの左手の法則で，負電荷の場合 I の向きは v と逆向き。

②磁場に垂直に入射 ⟶ 等速円運動となる。

$$m\frac{v_\perp^2}{r}=qv_\perp B \longrightarrow r=\frac{mv_\perp}{qB},\quad T=\frac{2\pi m}{qB}$$　（v によらず一定）

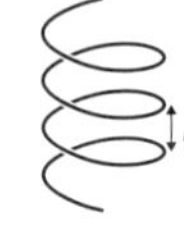

③磁場に斜めに入射 ⟶ らせん運動となる。
　$v_\perp$…円運動を与える。 $v_{/\!/}$…等速度運動，間隔 $l=v_{/\!/}T$

④電磁場中で等速直線運動となる場合
　$eE=evB$　より　$E=vB$

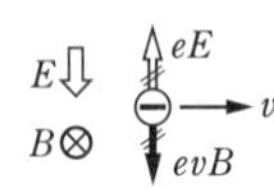

A　標準問題

◇121. 〈直線電流と円電流のつくる磁場〉

図1に示すように，十分長い導線をABが直線，BCDが半径r〔m〕の円，DEが直線になるように曲げた。ただし，導線は紙面内（yz面）にあるものとする。この導線に電流I〔A〕を矢印の向きへ流した。ただし，BD間のすき間は無視する。

図1　図2

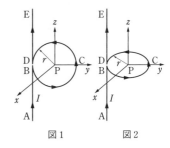

(1) BCDを流れる円電流がつくる磁場の強さは，円の中心点Pでいくらになるか。［ア］〔A/m〕

(2) ABおよびDEを流れる直線電流がつくる磁場の強さは点Pでいくらになるか。［イ］〔A/m〕

(3) (1)，(2)の結果から，点Pにおける磁場の強さを求めよ。［ウ］〔A/m〕

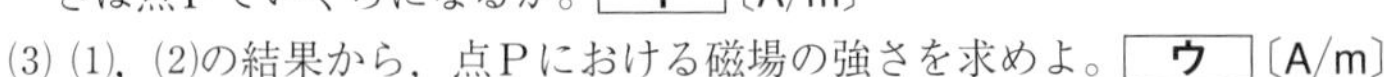

(4) 点Pにおける磁場の向きはどうなるか。［エ］

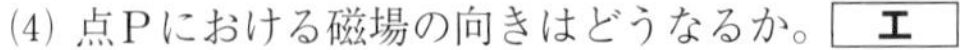

(5) 図1の円の部分をねじり，図2のように円の部分が，直線の部分と垂直な面（xy面）内にくるようにする。このとき点Pにおける磁場の強さはいくらか。［オ］〔A/m〕

〔東北学院大〕

必解 ◇122. 〈直線電流がつくる磁場〉

次の文の［　］に入れるべき数式，数値，または記号を答えよ。

真空中において，図1に示すように，十分に長い直線導線Lを含む平面内に，一辺の長さが$2r$の正方形導線ABCDを，ABをLと平行にし距離rだけ離して並べて置く。Lには強さI_1の定常電流が図の矢印の向きに流れており，ABCDには大きさが無視できる電池を用いて強さI_2の定常電流を図の矢印の向きに流した。ただし，真空の透磁率をμ_0，円周率をπとし，I_2がつくる磁場（磁界）は考えなくてよい。力の向きは図2の①～④から選べ。

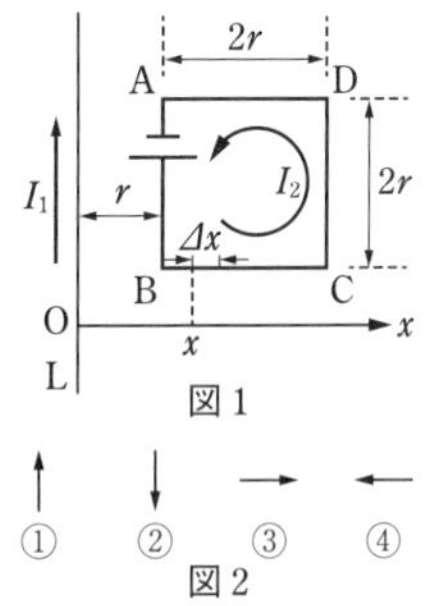

図1

↑①　↓②　→③　←④

図2

I_1が導線ABの位置につくる磁場の強さは［ア］となり，この磁場によって導線ABが受ける力の大きさF_{AB}は［イ］，その力の向きは［ウ］となる。同様にして，導線CDがI_1によって受ける力の大きさと向きが求められるので，導線ABと導線CDがI_1によって受ける力の合力の大きさはF_{AB}の［エ］倍となる。導線BC上でLから距離x離れた長さΔxの微小導線がI_1によって受ける力の大きさΔF_{BC}はF_{AB}の［オ］倍，その力の向きは［カ］となり，導線BC上でxを変化させて求まるΔF_{BC}の総和が，I_1によって導線BCが受ける力となる。同様にして，I_1によって導線DAが受ける力が求められる。以上より，I_1によってABCDが受ける力の合力の大きさはF_{AB}の［キ］倍となる。

〔16 法政大〕

必解 ◇123. 〈一様な磁場内の荷電粒子の運動〉

真空中に一様な磁束密度B〔T〕の磁場がある。図に示すように，xyz軸をとる。磁場の方向はz軸とする。その磁場の中に速さv〔m/s〕の電子（質量m〔kg〕，電荷$-e$〔C〕）をzx平面上で，z軸の正の向きに対してθ（$<90°$）の角度で入射させる。この点を原点Oとする。ただし，電子は原点Oを通過後から磁場の影響を受けた運動をするものとする。

(1) 電子が原点Oに入射したとき，電子の速さの y 成分は 0 である。x 成分と z 成分を求めよ。

(2) 電子が磁場から受ける力を何というか答えよ。

(3) 電子が磁場から受ける力の大きさ F〔N〕を求めよ。

(4) 電子が磁場から受ける力は，大きさが一定で電子の運動方向と常に垂直にはたらく。電子は磁場に垂直な平面内で等速円運動を行うので，z 軸方向から見たとき，電子は図の破線のような半径 R〔m〕の等速円運動を行う。円運動の半径 R を求めよ。

(5) R を用いずに円運動の周期 T〔s〕を表せ。

(6) z 軸方向の運動は(1)で答えた入射の速さを変えずに運動する。z 軸方向の運動を何運動というか答えよ。

(7) 電子の運動は(4)と(6)の運動を合成した，磁場の向きを軸としたらせん運動となる。図に示すらせん運動のピッチ l〔m〕を求めよ。

(8) 原点Oに入射させる電子を初速 0 から電位差 E〔V〕で加速した。このときの電子の速さ v を m，e，E で表せ。

(9) (4)と(8)の答えから $\dfrac{e}{m}$〔C/kg〕を R，E，B，θ で表せ。〔宮崎大〕

必解 ◇124. 〈半導体とホール効果〉

(1) 次の文の各□に入る適切な語句または文字を答えよ。

図1のように，直流電源，電極，2種類の半導体Aと半導体Bを接合したものを用いて回路を作成したところ，図の矢印の向きに電流が流れ続けた。この場合，半導体Aは［ア］型半導体で，キャリアは［イ］である。半導体Bは［ウ］型半導体で，キャリアは［エ］である。直流電源の正極・負極の向きを逆にしたところ，電流は流れなくなった。このとき，2つの半導体の接合面付近にはキャリアがほとんど存在しない領域があり，［オ］という。なお，このように2種類の半導体を接合し，両端に電極をつけた電子部品のことを［カ］という。(カ)は一方向のみに電流を流す［キ］作用をもち，交流を直流に交換するときに用いられる。

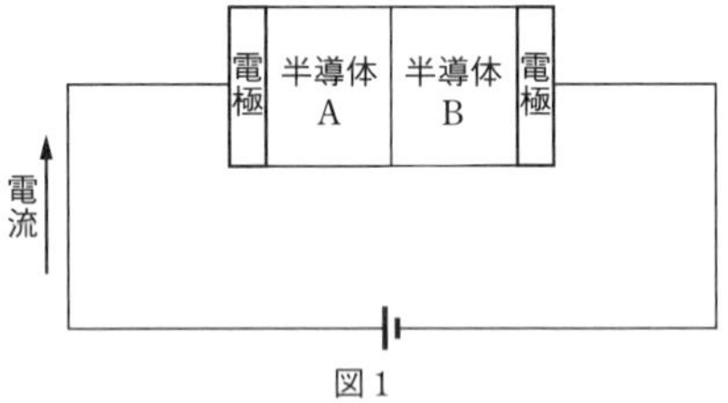

図1

次に，図2のように，幅 a，長さ b，高さ c の直方体の金属試料を置き，鉛直下向きに磁束密度の大きさ B の一様な磁場を加え，矢印の向きに電流 I を流す場合を考える。キャリアを電子，電気素量を e として，次の問いに答えよ。

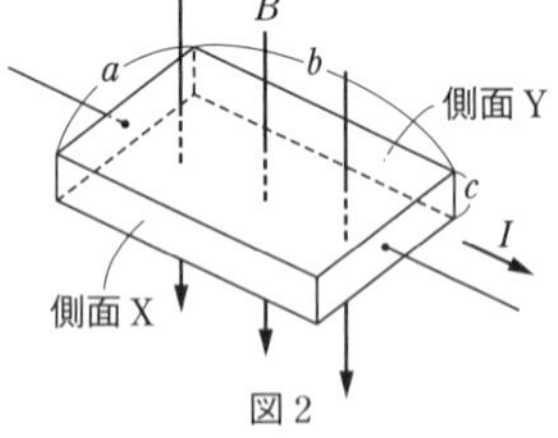

図2

(2) 側面Xと側面Yはどちらの電位が高くなるか，答えよ。また，このように電位差が生じる現象のことを発見者にちなんで何というか，答えよ。

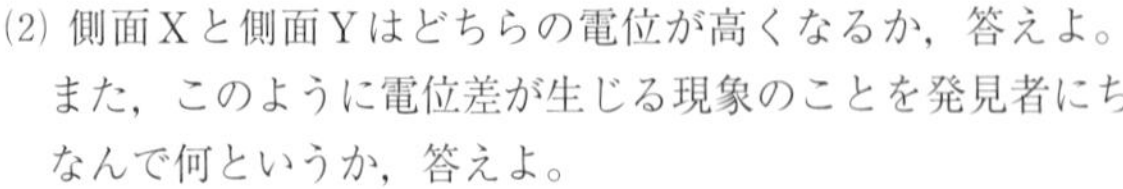

(3) 側面Xと側面Yの間の電位差を V とする。金属内を直進するキャリアの速さ v を求め，a，b，c，B，I，V，e のうち必要なものを用いて表せ。

(4) 単位体積当たりのキャリアの数 n を求め，a，b，c，B，I，V，e のうち必要なものを用いて表せ。ただし，V は(3)の V である。

(5) (1)の半導体A，半導体Bを用いて図2の金属試料と同じ形の試料を作成し，それぞれを試料A′，試料B′とする。図2において，金属試料のかわりに試料A′，試料B′を置いたとき，側面Xと側面Yのどちらの電位が高くなるか，それぞれの場合について答えよ。

〔19 浜松医大〕

B　応用問題

◇125.〈電磁場中の荷電粒子の運動〉 思考

図1に示すように直交座標系を設定する。初速度の無視できる電荷 q $(q>0)$，質量 m の陽子が，y 軸上で小さな穴のある電極 a の位置から電極 a，b 間の電圧 V で y 軸の正の向きに加速され，z 軸に垂直で y 軸方向の長さが l の平板電極 c，d $(z=\pm h)$ からなる偏向部に入る。c，d 間には z 軸の正の向きに強さ E の一様な電場（電界）が加えられている。これらの装置は真空中にある。電場は平板電極 c，d にはさまれた領域の外にはもれ出ておらず，ふちの近くでも電極に垂直であるとし，地磁気および重力の影響は無視できるとする。

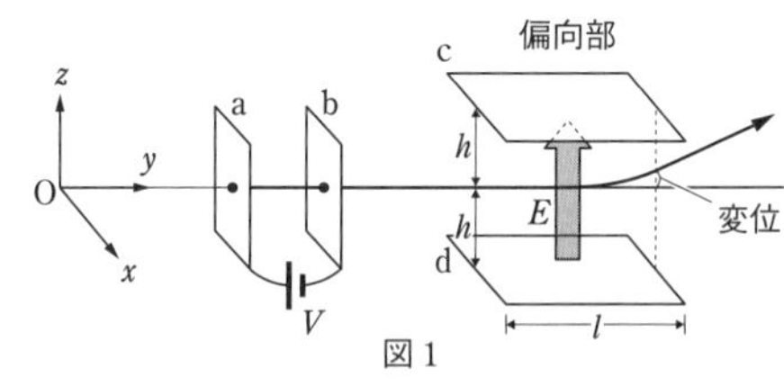

図1

〔A〕 電極 b の穴を通過した瞬間の陽子の速さ v_0 を，V，q，m を用いて表せ。

〔B〕 その後，陽子は直進し，速さ v_0 のままで偏向部に入る。

(1) 陽子が電極 c に衝突することなく偏向部を出る場合，その瞬間の z 座標（変位）z_1 を，v_0，q，m，l，E を用いて表せ。

(2) E がある値 E_1 より大きければ陽子は電極 c に衝突し，小さければ衝突しない。その値 E_1 を，V，l，h を用いて表せ。

〔C〕 陽子のかわりに α 粒子（電荷 $2q$，質量 $4m$）を用いて同じ V，E の値で実験を行ったところ，偏向部を出る瞬間の z 座標（変位）は z_2 であった。z_2 を，z_1 を用いて表せ。

〔D〕 E の値を E_1 に固定し，電極 c，d にはさまれた領域に x 軸の正の向きに磁束密度 B $(B>0)$ の一様な磁場（磁界）を加え，再び陽子を用いて実験した。

(1) B をある値 B_1 にしたところ，陽子は偏向部を直進し，偏向部を通過するのに時間 T_1 を要した。B_1 と T_1 を，v_0，E_1，l を用いてそれぞれ表せ。

(2) B をある値 B_2 $(0<B_2<B_1)$ にしたところ，陽子が偏向部を出る直前の z 座標（変位）は z_3 $(z_3>0)$ であった。このときの陽子の速さ v_1 を，q，m，V，E_1，z_3 を用いて表せ。

(3) B を $0<B<B_1$ の範囲内で変化させて実験をくり返し，陽子が偏向部を通過するのに要する時間 T を測定した。このとき，B と T の関係を表すグラフはどのようになるか。図2の(ア)～(オ)の中から最も適当なものを1つ選べ。

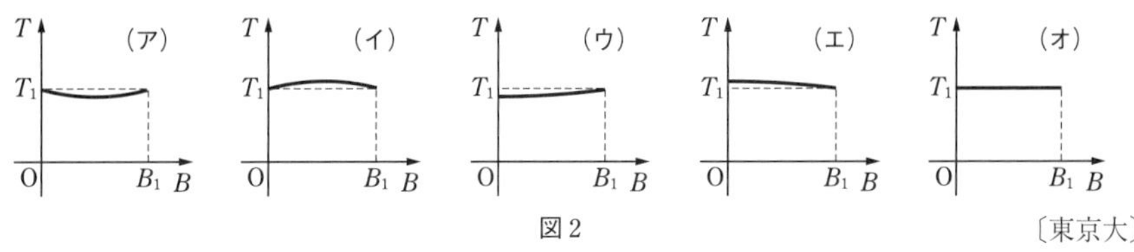

図2

〔東京大〕

17 ◇電磁誘導

(◇＝上位科目「物理」の内容を含む項目)

●電磁誘導

物理量	記号･式	単位	関係式など
誘導起電力	V	V	$V=-N\dfrac{\Delta\Phi}{\Delta t}$ (− は変化を妨げる向きを表す。)
磁束	Φ	Wb	$V=Blv_{\perp}$ (動く棒は電池になる。)
磁束密度	B	Wb/m^2＝T	

①誘導起電力

・公式で大きさだけ求め，向きは問題の指示に従う。向きは，変化を妨げる向き。

②固定されたコイルの場合

$V=-N\dfrac{\Delta\Phi}{\Delta t}$ を用いる。$\Phi=BS$ より，$\Delta\Phi=\begin{cases}B\Delta S & \text{面積が変化}\\ \Delta B\cdot S & \text{磁場が変化}\end{cases}$

③導体棒が磁場中を動く。

・棒の動きを妨げる向きに電池 $V=Blv_{\perp}$ ができる。
運動をじゃまする力がはたらくようにフレミングの左手の法則を使うと，中指の向きが電池の＋極。

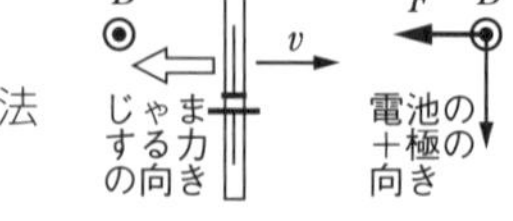

注 電流が流れる向きは回路の状態による。

④磁場の問題は垂直が重要。

$V=Blv_{\perp}=Blv\cos\theta$

磁場を横切ると「電池」ができる。

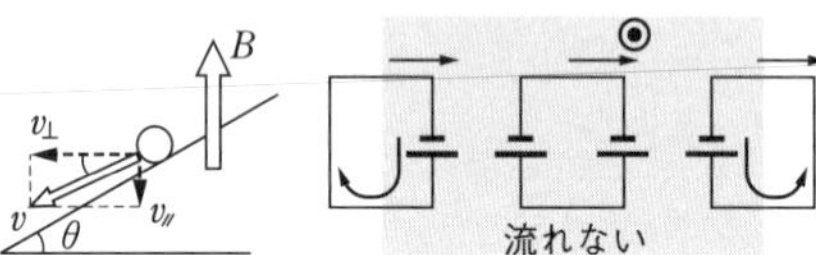

⑤ 2本のレール上の導体棒

・じゃまする向きに電池 $Blv_{\perp}$ ができる。
・あとは直流回路の問題として解く。
・金属棒を動かす力のした仕事 ⟶ 発電。
・エネルギーの関係も考える。
・金属棒は，最後は静止か等速度運動となる。
等速度は力のつりあいから求める。

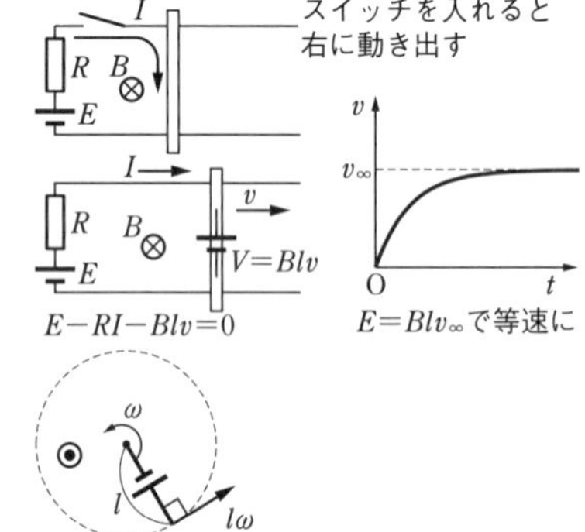

⑥回転する棒

・$\Phi=BS=B\cdot\dfrac{1}{2}l^2\omega t$，$V=1\cdot\dfrac{\Delta\Phi}{\Delta t}=\dfrac{1}{2}Bl^2\omega$

・平均の速さ $\bar{v}=\dfrac{0+l\omega}{2}$，$V=Bl\bar{v}=\dfrac{1}{2}Bl^2\omega$

●自己誘導・相互誘導

物理量	記号･式	単位	関係式など
自己インダクタンス	L	H	$V_1=-L\dfrac{\Delta I_1}{\Delta t}$，$V_2=-M\dfrac{\Delta I_1}{\Delta t}$，$U=\dfrac{1}{2}LI^2$
相互インダクタンス	M	H	

①自己誘導：コイルに流れる電流による磁束の変化を妨げる向きに誘導起電力が生じる。
自己誘導起電力は逆起電力ともいう。$L=\mu n^2Sl$ はコイルらしさを示す。

②相互誘導：1次側コイルの電流変化 (→ 磁束の変化) によって2次コイルに誘導起電力が生じる。

③コイルは電流の変化を嫌う。直前の I＝直後の I

・コイルを含む直流回路 (コンデンサーと反対)
スイッチを閉じた直後 ⟶ L に逆起電力 ⟶ 電流は流れない (断線と同じ)。
十分時間がたつ ⟶ L は導線。

A　標準問題

必解 ◇126.〈金属円筒中を落下するネオジム磁石〉

次の文章中の［ア］～［ウ］に適当な文字式を入れよ。また，［a］～［c］は{ }内の選択肢から適当な語句を選べ。

図のように，水平な台の上に半径rの金属円筒の管を置き，質量がMで円柱型のネオジム磁石Aを，N極側の面(円柱の底面)を下にして管内で水平に保ち，静かにはなした。管の中心軸をz軸にとり，鉛直下向きをz軸の正の向きとする。以下ではAは面を水平に保ったまま落下するものとする。その間，空気による抵抗はないものとし，Aは管の側面に当たることはないとする。また，重力加速度の大きさをgとする。

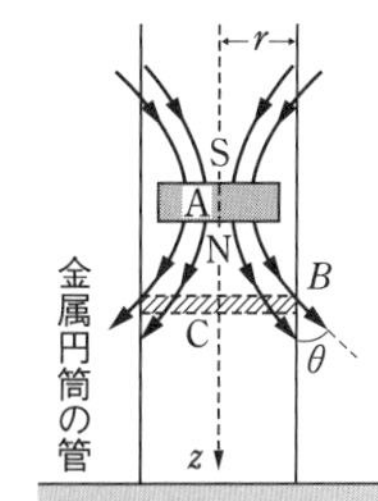

Aが落下しているとき，管をz軸を中心軸にもつコイルの集まりとみなし，Aの下方にある1つのコイルC(図の斜線部分)を貫くAによる磁束の時間変化を考える。レンツの法則より，Cには図中の上から見て［a{時計回り，反時計回り}］に誘導電流が流れる。その誘導電流の大きさをIとする。図のように，Aから出る磁束線が，管のCの部分(金属円筒の側面の一部)を貫く位置での磁束密度の大きさをB，向きをz軸の正の向きとなす角θで表すと，コイルCの各部分がAによる磁場(磁界)から受ける力の合力の向きはz軸の［b{正，負}］の向きである。また，その合力の大きさfは，Cの円周にそった一回りの長さを流れる大きさIの電流が磁場から受ける力の大きさに等しく，円周率をπとして，$f=$［ア］$\cdot 2\pi r$ である。同様に，管のAより上方にある部分がAによる磁場から受ける力の向きは，z軸の［c{正，負}］の向きである。一方Aは，管全体がAによる磁場から受ける力の反作用として，管全体から力を受ける。その大きさをF ($F \geqq 0$) とすると，Aのz軸方向の運動方程式は，加速度をaとして

$Ma=$［イ］　……①

で与えられる。

Fは，Aが落下し始めた直後は0であるが，Aの落下の速さvによって変化する。やがてvが一定になったところでFも一定になる。このときのFの一定値F_0は①より，

$F_0=$［ウ］である。　〔18 千葉工大〕

◇127. 〈磁場中を運動する2本の導体棒〉

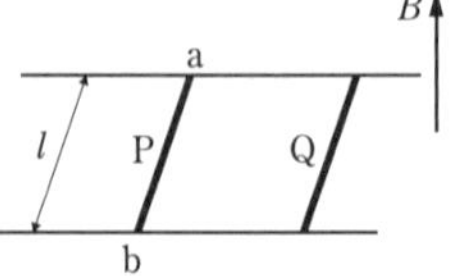

図のように，磁束密度の大きさがBの鉛直上向きの一様な磁場中に，十分長い2本の金属レールが水平面内に距離 l を隔てて平行に置かれている。質量 m，長さ l の一様な細い金属棒P，Qが，常にレールと直角の状態を保ちつつ，2本のレールの上を運動する。P，Qとレールの間に摩擦はなく，P，Qに対する空気抵抗はないものとする。P，Qおよび2本のレールからなる回路において，P，Qの電気抵抗はそれぞれRであり，レールの電気抵抗は無視できる。Pとレールの接点を図のようにa，bとする。また，この回路を流れる電流がつくる磁場は無視できる。初めPを固定し，外力を加えてQを一定の速さwで右向きに運動させた。次の［ア］～［セ］のうち［オ］，［カ］以外については，当てはまる数式または数値を求めよ。数式は，B，l，m，R，wのうち必要なものを用いて表せ。［オ］，［カ］については，{ }内の①，②から適切なものを1つ選べ。

(1) 初めの状態で，P，Qおよび2本のレールからなる回路を貫く磁束の単位時間当たりの変化の大きさは［ア］であり，Qを流れる電流の大きさは［イ］である。このとき，Qに加えている外力の仕事率は［ウ］であり，Qで単位時間に発生するジュール熱は［エ］である。

(2) 初めの状態をしばらく続けた後，Qを一定の速さwで右向きに運動させたまま，Pの固定を外し自由に運動できるようにした。この直後に，Pには［オ {①aからb，②bからa}］の向きに正の電流が流れているので，Pは［カ {①右向き，②左向き}］に運動を始める。十分時間が経つと，Pの速さは一定値［キ］になった。このとき，Pを流れる電流の大きさは［ク］である。

(3) (2)でPの速さが一定になった後，Pを急に再び固定し，Qを自由に運動させた。この後，十分時間が経つとQは静止した。Pを固定してからQが静止するまでに，Qで発生したジュール熱は［ケ］である。

(4) (3)でPを固定した直後に，Qには大きさ［コ］の電流の流れ，Qは磁場から大きさ［サ］の力を受けるので，このときのQの加速度の大きさは［シ］である。次に，Pを固定してからQが静止するまでの間のある短い時間 $\Delta t\ (\Delta t>0)$ に，Qが距離 Δx だけ移動し，その速さが $\Delta v\ (\Delta v>0)$ だけ減少したとする。このとき，Qの速さは $\dfrac{\Delta x}{\Delta t}$，加速度の大きさは $\dfrac{\Delta v}{\Delta t}$ と表せるので，$\dfrac{\Delta v}{\Delta t}=$［ス］$\times\dfrac{\Delta x}{\Delta t}$ の関係が得られる。これより，$\Delta v=$(ス)$\times\Delta x$ が成りたつ。Pを固定してからQの速さはwから0まで減少するので，Pを固定してからQが静止するまでにQが移動した距離は［セ］であることがわかる。

〔22 静岡大〕

必解 ◇**128.** 〈傾斜したレール上をすべる導体棒〉

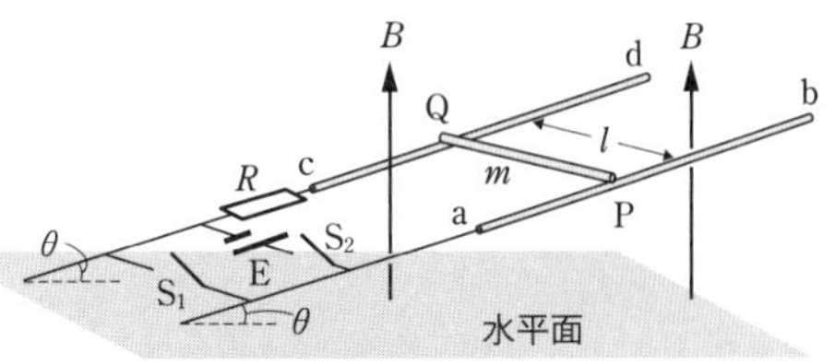

図のように，鉛直上向きの一様な磁束密度Bの磁場内に，十分に長くて抵抗の無視できる2本の平行な金属レール ab と cd を間隔 l で水平面に対して角θで設置した。これら2本の金属レールの下端 ac 間に，抵抗値Rの抵抗と電圧を変えられる直流電源Eと2つのスイッチ S_1, S_2 を接続する。金属レール上に，質量 m の導体棒 PQ を金属レールに垂直に置く。最初，スイッチは2つとも開いており，PQ は固定されていた。この状態を初期状態とする。また，導体棒は金属レールと常に垂直を保ちながらなめらかに動くものとする。ただし，回路における抵抗値Rの抵抗以外の電気抵抗，および回路に流れる電流によって生じる磁場の影響はないものとする。重力加速度の大きさをgとして，次の問いに答えよ。

まず，時刻 $t=0$ に PQ の固定を静かに外すと PQ は金属レールにそって落下し始め，PQ 間に誘導起電力が生じた。

(1) 電位が高いのは P，Q のどちらか。

(2) 時刻 t における誘導起電力の大きさを求めよ。

次に，初期状態にもどして，S_1 を閉じてから，PQ の固定を静かに外すと PQ は金属レールにそって落下し始めた。

(3) PQ の速さを v として，PQ に生じる誘導起電力の大きさを B, l, v, θ から必要なものを用いて表せ。

(4) (3)のとき，PQ に流れる電流の大きさを B，l，R，v，θ から必要なものを用いて表せ。

しばらく待つと，PQ の速さは一定になった。

(5) PQ に流れる電流の大きさを B，g，l，m，θ から必要なものを用いて表せ。

(6) PQ の速さを B，g，l，m，R，θ から必要なものを用いて表せ。

(7) PQ が単位時間当たりに失う力学的エネルギーを B, g, l, m, R, θ から必要なものを用いて表せ。

(8) 抵抗で単位時間当たりに発生するジュール熱を B, g, l, m, R, θ から必要なものを用いて表せ。

次に，初期状態にもどして，スイッチ S_2 を閉じてから，PQ の固定を静かに外しても PQ は静止したまま動かなかった。

(9) 直流電源Eの電圧の大きさを求めよ。

さらに，E の電圧の大きさを V に変えると PQ はレール上を上昇し，やがて一定の速さ u になった。

(10) u を B，V，g，l，m，R，θ から必要なものを用いて表せ。〔21 京都工繊大〕

必解 ◇129. 〈長方形コイルに生じる誘導起電力〉

図1のように，平らな紙面上の $x=0$m から $x=3l$〔m〕の領域に，紙面に垂直で表から裏に向かう磁場がある。磁場の磁束密度は，$x=0$m から $x=2l$〔m〕の領域では B〔T〕，$x=2l$〔m〕から $x=3l$〔m〕の領域では $3B$〔T〕である。導線でつくられた長方形のコイル PQRS を紙面に置き，x 軸の正方向に一定の速さ v〔m/s〕で動かし，磁場を通過させる。ただし，辺 QR は x 軸に平行であり，QR の長さは l〔m〕，PQ の長さは d〔m〕，コイルの抵抗は R〔Ω〕とする。コイルが磁場を通過する過程におけるコイルの位置を，辺 PQ の x 座標によって，次のように(ア)から(エ)の区間に分ける：

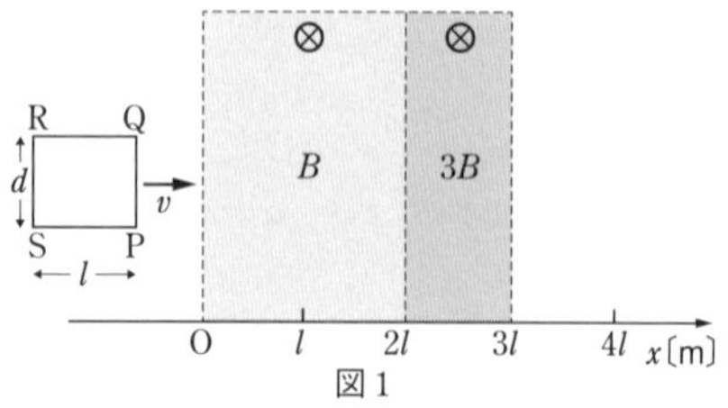

図1

(ア) $x=0\sim l$，(イ) $x=l\sim 2l$，(ウ) $x=2l\sim 3l$，(エ) $x=3l\sim 4l$

(1) (ア)から(エ)の全区間において，コイルを貫く磁束 Φ〔Wb〕のグラフを，辺 PQ の x 座標の関数として図2にかけ。ただし，紙面の表から裏に向かって貫く磁束を正とする。

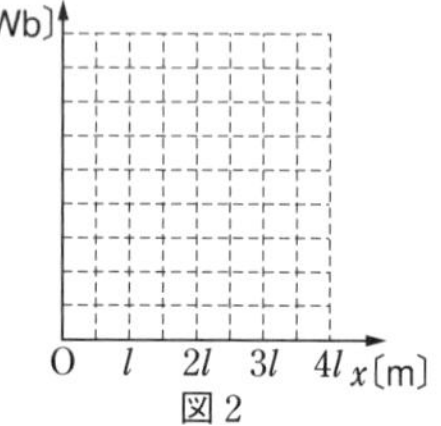

図2

(2) (ア)から(エ)のそれぞれの区間において，コイルに流れる電流を求めよ。ただし，P→Q の向きの電流を正とする。

(3) (ア)から(エ)のそれぞれの区間において，コイルが磁場から受ける力の大きさと向きを求めよ。ただし，力の大きさが 0N のときは，向きを解答しなくてよい。

(4) (ア)から(エ)の全区間でコイルに生じたジュール熱の総量を求めよ。また，この総量とコイルの速さを一定に保つために作用させた外力との関係を述べよ。　〔21 高知大 改〕

◇130. 〈斜面上を動く正方形コイルに生じる誘導起電力〉

図のように，水平面となす角度が $\theta\left(0<\theta<\dfrac{\pi}{2}\right)$ の十分に長い斜面がある。この斜面に，質量が m，電気抵抗が R，1辺の長さが d の正方形の1巻きコイル ABCD を置く。いま，斜面にそって下向きを x 軸にとる。斜面上の $x\geqq 0$ の領域には，面と垂直上向きに磁場があり，その磁束密度の大きさ B は x の関数として，$B=kx$ で与えられる。ここで，k は正の定数である。コイルの自己インダクタンス，およびコイルと斜面の間の摩擦力はないものとする。重力加速度の大きさを g とする。

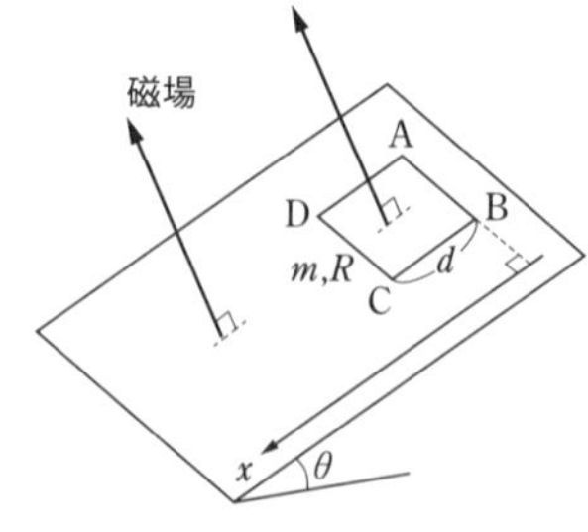

初めに，コイルの辺 BC が x 軸と平行で，辺 AB と辺 CD の位置が，それぞれ，$x=0$ と $x=d$ になるように置いた。この状態から，コイルを静かにはなしたところ，コイルは辺 BC が x 軸と平行なまま，斜面にそって下向きに動きだした。

辺 AB が位置 x にあり，速さ v で運動している瞬間について，(1)〜(6)に答えよ。答えの式は，m，g，R，k，x，d，θ，v のうち必要なものを用いて表せ。

(1) 辺 AB の両端に生じている誘導起電力の大きさ V_1 を求めよ。また，電位が高いのは端Aと端Bのどちらか答えよ。

(2) コイルに生じている誘導起電力の大きさ V を求めよ。

(3) コイルを流れる電流の大きさIと向きを求めよ。電流の向きはA→Bか，B→Aか答えよ。

(4) コイルが磁場から受ける力の大きさFを求めよ。

(5) 斜面にそって下向きのコイルの加速度aを求めよ。

(6) コイルが動きだしてからこの瞬間までに発生したジュール熱Qを求めよ。

コイルをはなした後，しばらくすると，コイルは一定の速さv_fで運動するようになった。このとき，(7)，(8)に答えよ。

(7) コイルの速さv_fをm，g，R，k，d，θのうち必要なものを用いて表せ。

(8) コイルに単位時間当たりに発生しているジュール熱P_fと，コイルが単位時間当たりに失う位置エネルギーE_fを，それぞれ計算し，両者が等しくなることを示せ。〔21 新潟大〕

必解 ◇131. 〈回転する導体棒に生じる誘導起電力〉

次の文中の空欄［ア］～［オ］に当てはまる式を書け。また，空欄［a］～［c］には当てはまる向きを図1の①～⑥の矢印の中から選べ。図2には適切なグラフの概形をかけ。

図1のように，鉛直上向きの磁束密度の大きさB〔T〕の一様な磁場中に，導線でできた点Oを中心とする半径a〔m〕の円形コイルが水平に置かれている。円形コイルの上には長さaの細い導体棒の一端Pがのせられ，導体棒の他端は，点Oの位置で，磁場に平行な回転軸に取りつけられている。導体棒OPは点Oを中心として，端Pが常に円形コイルと接触しながら，水平面内でなめらかに回転することができ，そのときの導体棒と円形コイルの間の摩擦はないものとする。回転軸も導体であり，回転軸と円形コイルの間に抵抗値R〔Ω〕の抵抗Rとスイッチ S を接続している。

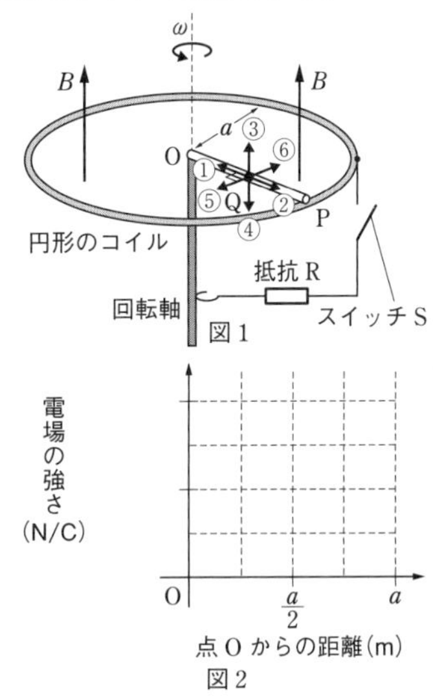

図1
図2

スイッチSを開いて，導体棒を点Oを中心として鉛直上方から見て反時計回りに，一定の角速度ω〔rad/s〕で回転させる。このとき導体棒OPの中点Qに位置する導体棒中の電気量$-e$〔C〕の電子が磁場から受ける力の大きさは［ア］〔N〕で，その向きは図1の矢印［a］の向きである。この力は，導体棒中に生じる電場から電子が受ける力とつりあう。導体棒中に生じる電場の強さは点Oからの距離によって異なる。図2にOP間の各点における電場の強さのグラフを，横軸に点Oからの距離をとり，縦軸を適切に定めてかけ。

次に，スイッチSを閉じて，導体棒を点Oを中心として鉛直上方から見て反時計回りに，一定の角速度ωで回転させる。導体棒が磁場を横切ることによりOP間に起電力が生じる。この起電力の大きさは［イ］〔V〕で，導体棒を流れる電流の向きは図1の矢印［b］の向きである。このとき，抵抗Rで消費される電力は［ウ］〔W〕である。導体棒に電流が流れることにより導体棒全体が磁場から受ける力は，大きさが［エ］〔N〕で，図1の矢印［c］の向きである。磁場から受けるこの力のすべてが導体棒の中点Qにはたらくと考えると，導体棒を一定の角速度ωで回転させるために必要な仕事率は［オ］〔W〕である。

〔15 同志社大〕

必解 ◇132. 〈相互誘導〉

図のように，断面積Sで透磁率μの円筒状鉄心に，絶縁体でおおわれた導線が一様に密に巻かれたコイル1とコイル2がある。コイル1は長さl，巻数N_1で，交流電源につながれている。lは鉄心の直径に比べて十分に長いとする。一方，コイル2の巻数はN_2で，コイル1の中央部に巻かれている。コイル内の磁場は一様で，磁束はすべて鉄心内を貫き，鉄心からの磁束のもれはないものとする。また，コイルや導線の抵抗はないものとして，次の問いに答えよ。

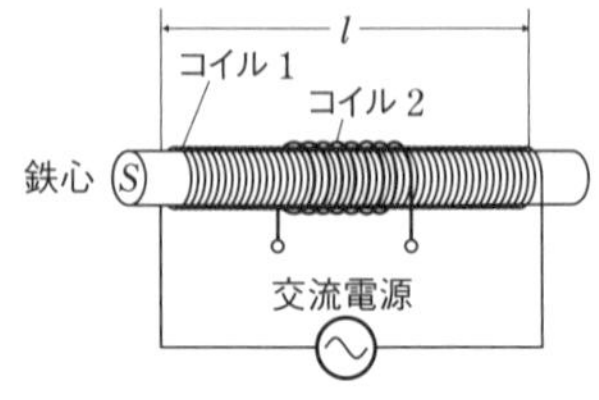

(1) コイル1に流れている電流をIとしたとき，コイル1内部の磁場の強さを求めよ。

(2) コイル1を流れる電流が微小時間Δtの間に，ΔI ($\Delta I>0$) だけ増加したとする。このとき，コイル1内部の磁束の変化量を求めよ。

(3) (2)のとき，コイル1とコイル2に生じる誘導起電力の大きさをそれぞれ求めよ。

(4) コイル1の自己インダクタンスを求めよ。また，コイル1とコイル2の間の相互インダクタンスを求めよ。

(5) 次の(i)，(ii)の操作を行った。それぞれの場合にコイル2に生じる誘導起電力の大きさは，(3)の場合と比べて増加するか，減少するか，変わらないかを答え，その理由も述べよ。

(i) コイル2の長さを軸方向に押し縮めた後に，同じ実験をした。

(ii) 鉄心を引き抜いた後に，同じ実験をした。

〔19 大阪府大 改〕

◇133. 〈コイルを含む直流回路〉

次の文章の ア ～ コ に当てはまる数式または数値を答えよ。また， サ に当てはまる語句を答えよ。

図に示すように抵抗とコイルをつないだ回路で，スイッチSを閉じたり開いたりしたときに回路に流れる電流を考えよう。電池の起電力をE，コイルの自己インダクタンスをL，2つの抵抗の抵抗値は図のようにr，Rとする。電池と直列につながれた抵抗値rの抵抗は電池の内部抵抗と考えてもよい。また，導線およびコイルの電気抵抗は無視できるものとする。

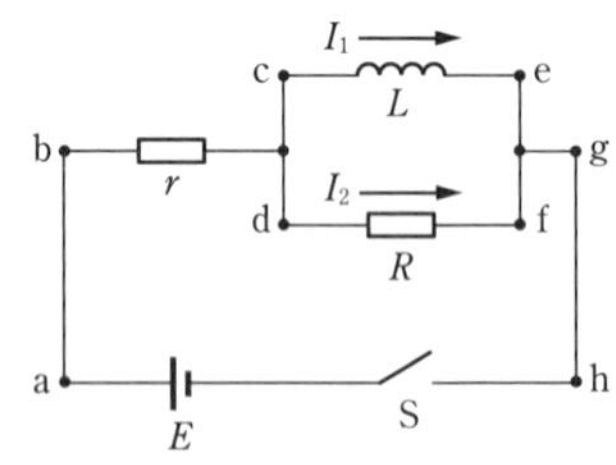

スイッチSを閉じた後のある時刻にコイル，抵抗値Rの抵抗を図の矢印の向きに流れる電流をそれぞれI_1，I_2と書くことにする。このとき，抵抗値rの抵抗を流れる電流は ア となる。経路abdfghaについてキルヒホッフの法則を適用すれば，電池の起電力と回路に流れる電流の間には $E=$ イ の関係が成りたつ。一方，このときコイルを流れる電流が微小時間Δtの間にΔI_1だけ変化したとすると，経路abceghaについてキルヒホッフの法則を適用すれば $E=$ ウ の関係が得られる。

スイッチSが開いていて回路に電流が流れていない状態でスイッチSを閉じたとき，その直後に回路に流れる電流は，$I_1=$ エ ，$I_2=$ オ となる。したがって，スイッチSを閉じた直後にコイルに生じる誘導起電力の大きさはE，r，Rを用いて カ と表される。一方，スイッチを閉じてから十分に時間が経過した後にコイルに流れる電流は，$I_1=$ キ であり，このときコイルには ク だけのエネルギーが蓄えられることになる。

次に，スイッチSを開く。このとき，経路cefdcについてキルヒホッフの法則を適用すれば，コイルを流れる電流I_1と微小時間Δtの間のI_1の変化ΔI_1の間に［ケ］の関係が成りたつ。スイッチSを開く前にコイルには(キ)の電流が流れていたので，スイッチを開いた直後に抵抗値Rの抵抗の両端の間に生じる電位差は［コ］となる。したがって，rに比べてRがきわめて大きい場合には，抵抗値Rの抵抗の両端の間に電池の起電力よりはるかに大きな電位差を生むことができる。スイッチを開いてから十分に時間が経過した後は回路に流れる電流は0になるが，それまでの間に，コイルに蓄えられていたエネルギー(ク)は抵抗値Rの抵抗で発生する［サ］として使われることとなる。〔20 中央大〕

◇134.〈ベータトロン〉

時間変化する磁場による荷電粒子の加速について考えよう。図のように，原点Oを通り互いに直交するx軸，y軸，z軸をとる。

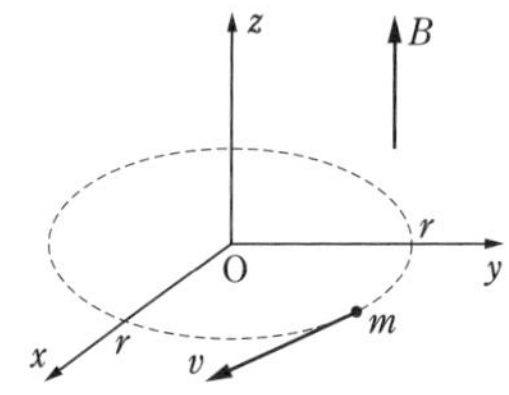

z軸の正の向きに一様で時間変化しない磁場が加えられており，その磁束密度の大きさをBとする。この磁場中に質量m，電荷q (>0)の荷電粒子を入射したところ，xy平面上で原点Oを中心とする半径rの等速円運動をした。

(1) 等速円運動する荷電粒子の速さvを求めよ。

荷電粒子の円運動は，半径rの円形コイルを流れる電流とみなすことができ，円形コイルを貫く磁束は$\pi r^2 B$で与えられる。このことを用いて，磁場を時間変化させたときの荷電粒子の運動について考える。ただし，この電流がつくる磁場は無視できるとする。円形コイル内部と円形コイル上の磁束密度の大きさを時間とともに一様に増加させる。増加を開始してから微小時間Δt経過したとき，磁束密度の大きさは微小量ΔB (>0)だけ増加した。なお，(4)，(5)では2つ以上の微小量どうしの積は無視して計算すること。

(2) 円形コイルに誘導される電場の大きさを求めよ。

(3) 誘導された電場により荷電粒子の速さは増加する。その理由を述べ，速さの微小な増加量Δvを求めよ。

(4) 磁場の増加により円運動の半径は変わらないと仮定して，荷電粒子にはたらくローレンツ力の大きさと遠心力の大きさを計算し，ローレンツ力は遠心力より大きいことを示せ。

したがって，磁束密度を一様に増加させると軌道が円からずれる。元の円軌道を保つには，磁束密度の増加量を一様ではなくすればよい。このとき，円形コイル内部の磁束密度の大きさの平均値を$\overline{B}$とすると，円形コイルを貫く磁束は$\pi r^2 \overline{B}$で与えられる。微小時間Δt経過する間に，$\overline{B}$を微小量$\Delta\overline{B}$増加させ，円形コイル上の磁束密度の大きさを$\Delta B'$増加させたところ，もとの円軌道が保たれた。ただし，磁束密度の大きさはz軸からの距離と時間だけに依存するものとする。

(5) $\Delta\overline{B}$と$\Delta B'$の比$\dfrac{\Delta\overline{B}}{\Delta B'}$を求めよ。〔22 大阪公立大〕

B 応用問題

◇135.〈磁場中を運動する導体棒〉

次の文中の空欄 ア ～ ク に当てはまる式を記せ。ただし，重力加速度の大きさを g〔m/s²〕とする。

図のように，鉛直上向きの磁束密度 B〔T〕の一様な磁場中に，長い2本の導線が平行に間隔 l〔m〕をおいて水平に置かれている。導線にそって x 軸，水平面内で導線に垂直な向きに y 軸，鉛直上向きに z 軸をとる。質量 m〔kg〕の導体棒を2本の導線をまたいで y 軸に平行に置き，滑車を通して質量 M〔kg〕のおもりを軽い糸でつり下げる。導体棒は y 軸に平行な向きを保ったまま x 方向に運動する。導線の端 α-β 間に，抵抗値 R〔Ω〕の抵抗，電池，電気容量 C〔F〕のコンデンサー，自己インダクタンス L〔H〕のコイルを切りかえて接続できるスイッチがついている。滑車の軸，滑車と糸，および導線と導体棒との間の摩擦と，電池の内部抵抗は無視できる。また，コンデンサーには初めに電荷が蓄えられていないものとする。

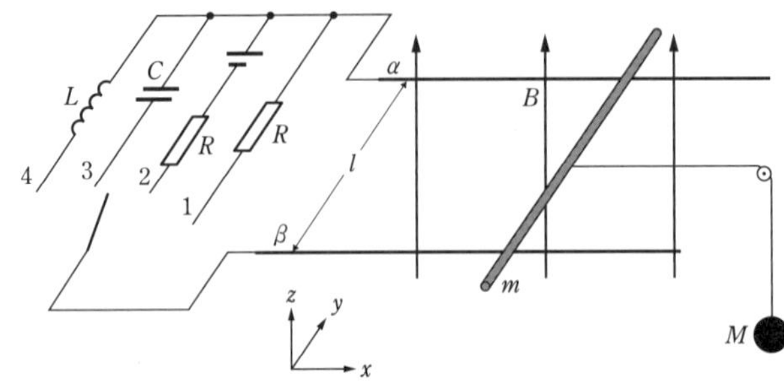

導体棒を手で支えて静止させた状態で，スイッチで端子1を選び，抵抗に接続した。静かに手をはなすと，導体棒は導線の上をすべり始めた。導体棒の速さが v〔m/s〕のとき，導体棒を流れる電流の大きさは ア〔A〕である。十分に時間がたったのち，導体棒は一定の速さ イ〔m/s〕で運動する。

スイッチで端子2を選び，電池と抵抗に接続した。十分に時間がたったのち，おもりを一定の速さ v_0〔m/s〕で引き上げるために必要な電池の電圧は ウ〔V〕である。おもりが一定の速さ v_0 で運動するようになったのち，導体棒が h〔m〕だけ移動する間に電池がした仕事は エ〔J〕である。

導体棒を手で支えて静止させ，スイッチで端子3を選び，コンデンサーに接続した。静かに手をはなしたところ，おもりは下降し，導体棒は一定の加速度で運動し始めた。導体棒の加速度の大きさは オ〔m/s²〕である。

導体棒を手で支えて静止させ，スイッチで端子4を選び，コイルに接続した。コイルを流れる電流が0の状態で，静かに手をはなした。短い時間 Δt〔s〕の間に，導体棒の位置が Δx〔m〕だけ変化し，コイルを流れる電流が ΔI〔A〕だけ変化したとすると，$|\Delta I|=$ カ $\times|\Delta x|$ と表せる。導体棒には復元力がはたらき，導体棒は角振動数 キ〔rad/s〕，振幅 ク〔m〕で単振動する。

〔21 同志社大〕

18 ◇交流回路

（◇＝上位科目「物理」の内容を含む項目）

●交流の発生

物理量	記号·式	単位	関係式など
交流の最大値	V_0, I_0	V，A	$V=V_0\sin\omega t$
交流の実効値	V_e, I_e	V，A	$I=I_0\sin(\omega t+\phi)$　$V_e=\dfrac{1}{\sqrt{2}}V_0$, $I_e=\dfrac{1}{\sqrt{2}}I_0$, $\omega=2\pi f$
交流の瞬間値	V, I	V，A	（ϕ：電流と電圧の位相差）
周波数	f	Hz	$\Phi=BS\cos\omega t\longrightarrow V=-N\dfrac{\Delta\Phi}{\Delta t}=NBS\omega\sin\omega t$,
角周波数	ω	rad/s	$V_0=NBS\omega$

①交流の発生
- 磁束の中でコイルを回転 ⟶ 誘導起電力

②交流でも，キルヒホッフの法則は使える。
- 閉回路を一周するともとの電位にもどる。

③電流計，電圧計の値は実効値を用いる。

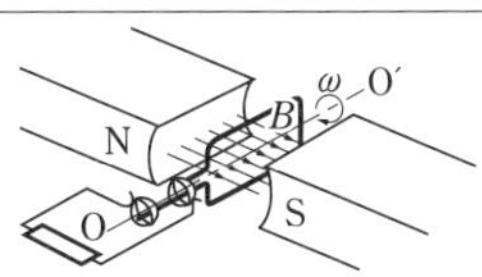

●交流回路	抵抗としてのはたらき	電流と電圧の位相	消費電力	関係式
抵抗　R〔Ω〕	R〔Ω〕	V, I 同位相	RI_e^2〔W〕	$V_e=RI_e$
コイル　L〔H〕	ωL〔Ω〕	Vが$90°\left(\dfrac{\pi}{2}\right)$先	0 W	$V_e=\omega LI_e$
コンデンサーC〔F〕	$\dfrac{1}{\omega C}$〔Ω〕	Iが$90°\left(\dfrac{\pi}{2}\right)$先	0 W	$V_e=\dfrac{1}{\omega C}I_e$

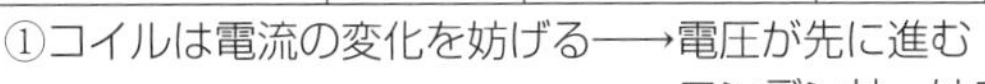

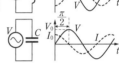

①コイルは電流の変化を妨げる⟶電圧が先に進む
　　　　　　　　　　　　コンデンサーはコイルの逆

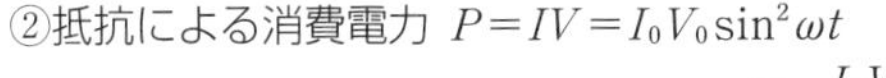

②抵抗による消費電力 $P=IV=I_0V_0\sin^2\omega t$

$$\longrightarrow \text{平均して } \overline{P}=\frac{I_0V_0}{2}=I_eV_e=RI_e^2$$

コイルによる消費電力 $P=IV=I_0V_0\sin\omega t\cos\omega t=\dfrac{I_0V_0}{2}\sin 2\omega t\longrightarrow$ 平均して $\overline{P}=0$

③RLC 直列回路
- インピーダンス $Z=\sqrt{R^2+\left(\omega L-\dfrac{1}{\omega C}\right)^2}$
- 電力消費は抵抗Rだけで $P=RI^2$

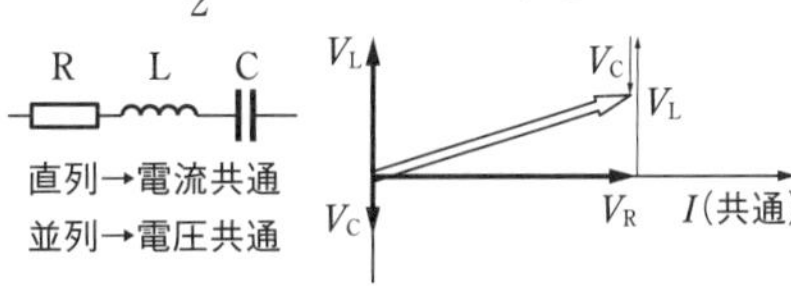

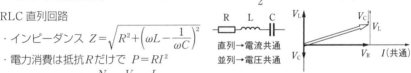

④変圧器（トランス）　$\dfrac{N_2}{N_1}=\dfrac{V_2}{V_1}=\dfrac{I_1}{I_2}$

●電気振動

$$T=2\pi\sqrt{LC},\quad f=\frac{1}{2\pi\sqrt{LC}}$$
$$\frac{1}{2}LI_0^2=\frac{1}{2}CV_0^2\left(=\frac{1}{2}\frac{Q_0^2}{C}\right)$$

①電気振動 $\dfrac{1}{2}\dfrac{1}{C}q^2+\dfrac{1}{2}Li^2=$一定 $\left(\text{ばね振動 } \dfrac{1}{2}kx^2+\dfrac{1}{2}mv^2=\text{一定}\right)$

$$T=2\pi\sqrt{\frac{m}{k}}\to T=2\pi\sqrt{\frac{L}{1/C}}=2\pi\sqrt{LC}$$

②電気振動　始まりはいつでどこからかに注意する。
- C にエネルギー $CV_0^2/2\longrightarrow$ L に移る
- L にエネルギー $LI_0^2/2\longrightarrow$ C に移る

③CとLの電位差は常に等しい（並列だから）。

④回路図とグラフを対応させる。
- 初めが最大ならその後は減少。初め 0 なら増加か減少。いずれも正弦曲線となる。

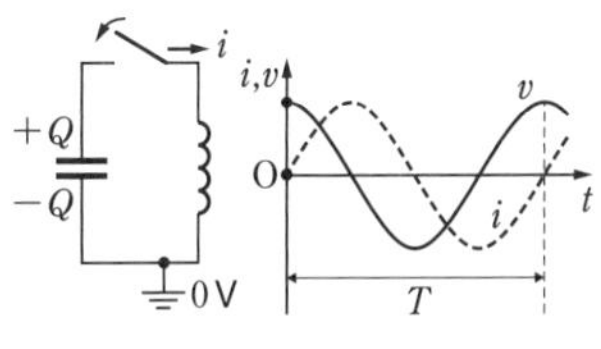

⑤電磁波　$c=\dfrac{1}{\sqrt{\varepsilon_0\mu_0}}$　（光の速さと同じ）

標準問題

必解 ◇136.〈交流の発生と送電〉

わが国では，発電所から変電所を経て実効値 100 V の交流電圧が一般家庭に届けられている。まず，交流電圧が発生するしくみを考えてみよう。図 1(a)のように，磁束密度 B の一様な磁場中で 1 巻きの長方形状のコイル PQRS(PQ$=a$，QR$=b$)を磁力線に垂直な軸のまわりに一定の角速度 ω で回転させる。このとき，コイルの辺 PQ，辺 RS 部分に誘導起電力が生じ，さらにその起電力の向きが周期的に変わるので，端子 1，2 間に交流電圧が発生する。図 1(b)は図 1(a)をコイルの回転軸の方向より眺めた図である。時刻 $t=0$ のとき，コイル面 PQRS は磁力線に垂直であった。時刻 t のとき，図 1(b)に示すように，コイル面の法線が磁力線となす角度は ωt で与えられる。また，誘導起電力の向きは，P→Q→R→S に電流を流そうとする向きを正とする。次の設問(1)〜(4)に，a，b，ω，B，t の中から必要な文字を用いて答えよ。

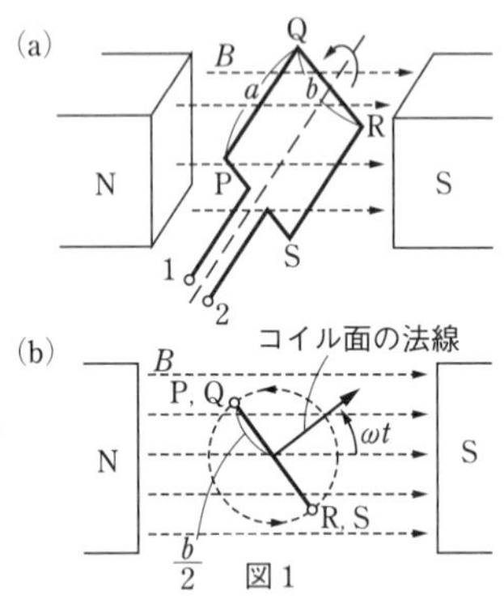

図 1

(1) コイルの辺 PQ，辺 RS 部分の速さを求めよ。

(2) 辺 PQ 部分に生じる誘導起電力を求めよ。

(3) 端子 1，2 間に発生する誘導起電力(交流電圧)を求めよ。

(4) 端子 1，2 間に発生する交流電圧の実効値はいくらか。

交流電圧が送電に広く用いられるのは，変圧器によって交流電圧を容易に上げ下げできるためである。ここでは，電力損失のない理想的な変圧器を考える。図 2 のように，鉄心に 2 つのコイル(1 次コイルの巻数が n_1，2 次コイルの巻数が n_2)を巻く。このとき，1 次コイルと 2 次コイルの間の相互インダクタンスは M であった。

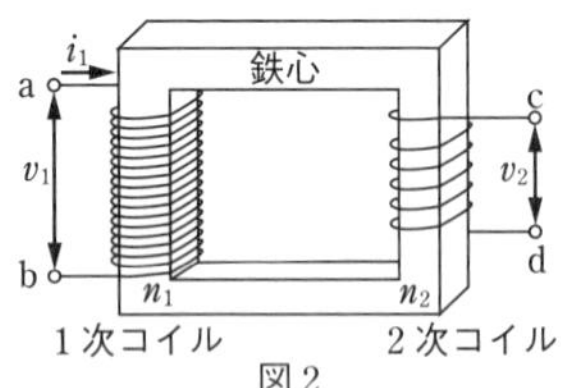

図 2

時間 Δt の間に 1 次コイルに流れる電流 i_1 が Δi_1 だけ変化したとき，鉄心に生じる磁束が $\Delta\Phi$ 変化するとして，次の設問に答えよ。なお，設問(5)〜(8)は n_1，n_2，M，Δt，Δi_1，$\Delta\Phi$ の中から必要な文字を用いて答えよ。

(5) 1 次コイルに生じる誘導起電力 v_1 の大きさ $|v_1|$ を求めよ。

(6) 2 次コイルに生じる誘導起電力を v_2 とする。このとき v_1 と v_2 の比の大きさ $\left|\dfrac{v_2}{v_1}\right|$ を n_1，n_2 を用いて表せ。

(7) 2 次コイルに生じる誘導起電力(端子 d を基準とした端子 c の電位)v_2 を M を含む式で表せ。

(8) 1次コイルの電流 i_1 を図3のように変化させたとき，v_2 の時間変化のようすを図4に図示せよ。ただし，電流 i_1 の向きは，図2に示した矢印の向きを正とし，$M=5\,\mathrm{H}$(ヘンリー)であるとする。

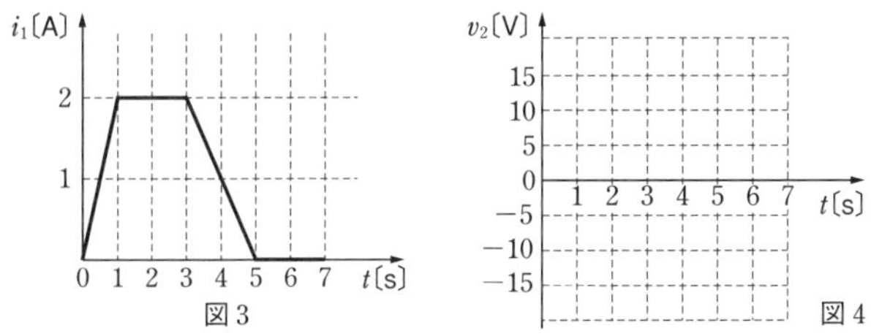

図3　　図4

図5のように，発電所から送りだされた電圧 V_1，電流 I_1，電力 P の交流は，変圧器Aによって電圧 V_2，電流 I_2 の交流に変えられ，抵抗 R の送電線で消費地近くの変圧器Bに送られる。送電線の終端の電圧は V_3 である。ただし，電圧 V_1，V_2，V_3，電流 I_1，I_2 は実効値である。また，ここで，電力は1周期についての平均の電力であり，1次側，2次側ともに電圧と電流の実効値の積で表されるとする。また，変圧器A，Bはともに電力損失のない理想的な変圧器である。

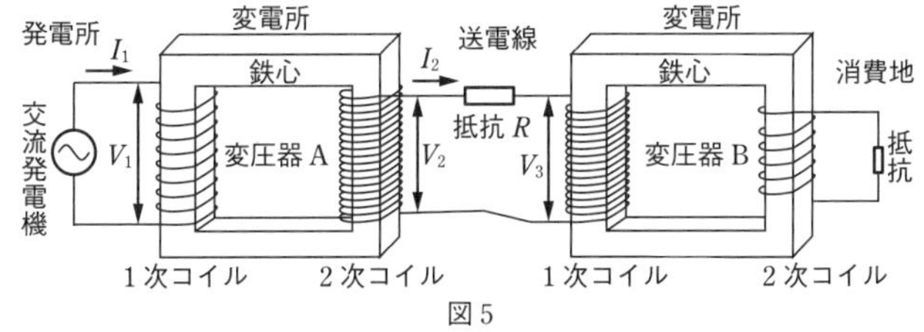

図5

(9) 電圧 V_3 を P，V_2，R を用いて表せ。

(10) 発電所から送りだされた電力 P と送電線の終端での電力 P' の比，すなわち，$e=\dfrac{P'}{P}$ を送電効率という。送電効率 e を P，V_2，R を用いて表せ。

(11) 送電効率を高くするためにはどうすればよいと考えられるか。簡潔に述べよ。

〔九州工大 改〕

必解 ◇137. 〈RLC 直列回路〉

抵抗値 100Ω の抵抗，電気容量 C〔F〕のコンデンサー，自己インダクタンス L〔H〕のコイルが 1 つずつある。これらを，図 1 のように電源と 1Ω の抵抗を接続した回路の a と b の間に接続する。電源は，周波数 f〔Hz〕を 0 Hz から高い周波数まで自由に変化させることができる。また，コイルや導線の抵抗は無視できるものとする。次の各問いに答えよ。ただし，(3)〜(6)は有効数字 2 桁で答えよ。

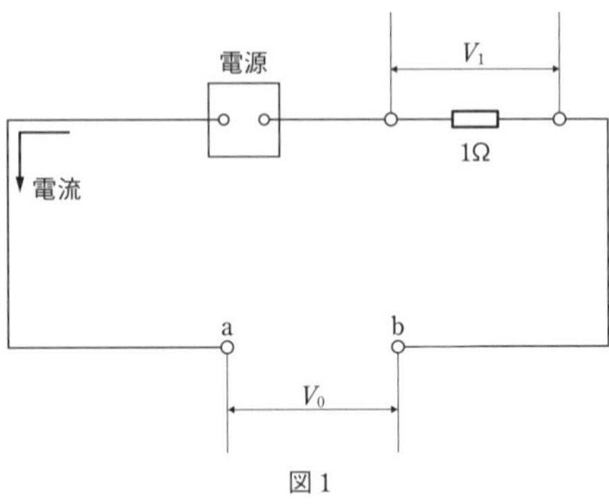

図 1

(1) 電源の周波数を 0 Hz (直流)，電圧を 1 V に設定した。図 1 の a と b の間に抵抗，コンデンサー，コイルのいずれかひとつを接続した。電源のスイッチを入れた後十分な時間をおいて，1Ω の抵抗の両端の電圧 V_1 を電圧計ではかった。電圧 V_1 の大きさが最も大きくなるのは何を接続したときか。また最も小さくなるのは何を接続したときか。

(2) 図 1 の a と b の間にコンデンサーを接続し，電源から 100 Hz の交流電圧を加えた。十分な時間をおいて，オシロスコープで，ab 間の電圧 V_0 と V_1 を電流の矢印の向きが正になるように測定し，両者の大きさや位相を比べた。その結果は図 2 のようになった。A，B どちらの波形が電圧 V_0 を示すものか。

(3) 図 2 で，電圧の最大値は A の波形が 40 V，B が 40 mV であった。ただし，図 2 で B は縦方向に拡大している。電気容量 C の値はどれだけか。

(4) 図 1 の a と b の間にコイルを接続し，電源の電圧を調整し，(2)と同様な測定を行った。このとき，図 3 のような結果が得られた。ただし，図 3 で B は縦方向に縮小している。電圧の最大値は A の波形が 4 V，B が 10 V であった。自己インダクタンス L の値はどれだけか。

(5) 図 1 の a と b の間にコンデンサーとコイルを直列に接続した。このときの共振周波数はどれだけか。

(6) 図 1 の a と b の間に抵抗，コンデンサー，コイルを直列に接続した。交流電源の周波数を共振周波数に合わせ，電源の電圧の最大値を 10 V に調整した。このとき ab 間に接続した抵抗，コンデンサー，コイルで消費される電力の時間平均値はそれぞれどれだけか。

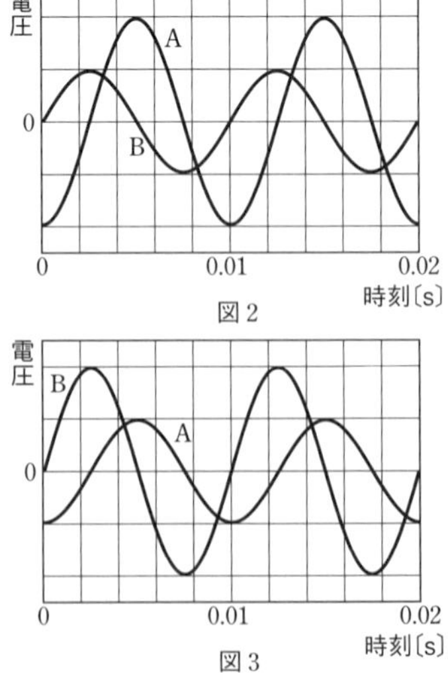

図 2

図 3

〔大阪教育大〕

必解 ◇**138.**〈RLC 並列回路〉

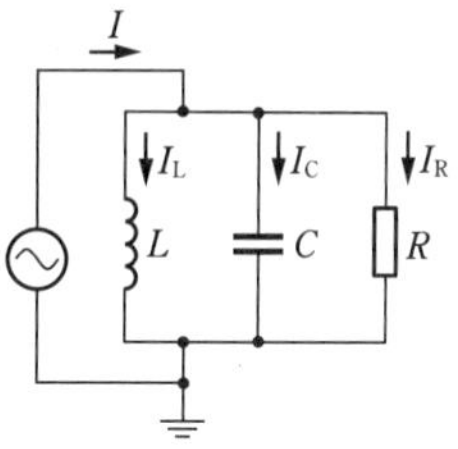

図のような，交流電源，コイル，コンデンサー，抵抗からなる回路について考える。交流電源の交流電圧の最大値を V_0〔V〕，角周波数を ω〔rad/s〕，コンデンサーの電気容量を C〔F〕，コイルの自己インダクタンスを L〔H〕，抵抗を R〔Ω〕，円周率を π とする。電流は図の矢印の向きを正とする。また時刻 t〔s〕において交流電源の電圧 V〔V〕は $V=V_0\sin\omega t$，交流電源から流れる電流は I〔A〕であるとする。コイル，コンデンサー，抵抗に流れる電流をそれぞれ I_L〔A〕，I_C〔A〕，I_R〔A〕とし，その最大値をそれぞれ I_{L0}〔A〕，I_{C0}〔A〕，I_{R0}〔A〕とする。十分な時間が経過しているとして，次の問いに答えよ。

(1) 電流の最大値 I_{L0}，I_{C0}，I_{R0} をそれぞれ V_0，ω，C，L，R の中から必要なものを用いて表せ。

(2) 時刻 t において，流れる電流 I_L，I_C，I_R をそれぞれ I_{L0}，I_{C0}，I_{R0}，ω，t の中から必要なものを用いて表せ。

(3) 電流 I を I_L，I_C，I_R を用いて表せ。

(4) θ〔rad〕を電圧 V の位相に対する電流 I の位相の遅れとして，I を V_0，ω，C，L，R，t，θ を用いて表せ。また，$\tan\theta$ を ω，C，L，R を用いて表せ。次の三角関数の公式を用いてもよい。

$$a\sin x-b\cos x=\sqrt{a^2+b^2}\sin(x-\theta),\quad \cos\theta=\frac{a}{\sqrt{a^2+b^2}},\quad \sin\theta=\frac{b}{\sqrt{a^2+b^2}}$$

(5) 図の回路のうち，コイル，コンデンサー，抵抗からなる並列回路のインピーダンス Z〔Ω〕を ω，C，L，R を用いて表せ。

(6) (5)のインピーダンス Z が最大となるような角周波数 ω_0〔rad/s〕を求めよ。

〔20 福井大 改〕

必解 ◇139.〈電気振動〉

コイルとコンデンサーを含む回路で起こる現象について，次の問いに答えよ。

図において，直流電源の出力電圧をE，抵抗の値をR，コンデンサーの電気容量をC，コイルの自己インダクタンスをLとする。最初，スイッチS_1およびS_2は開いている。このとき，コンデンサーに蓄えられている電気量Qは0である。スイッチの接点の抵抗，直流電源やコイルの内部抵抗，結線に用いた導線の抵抗はないものとする。

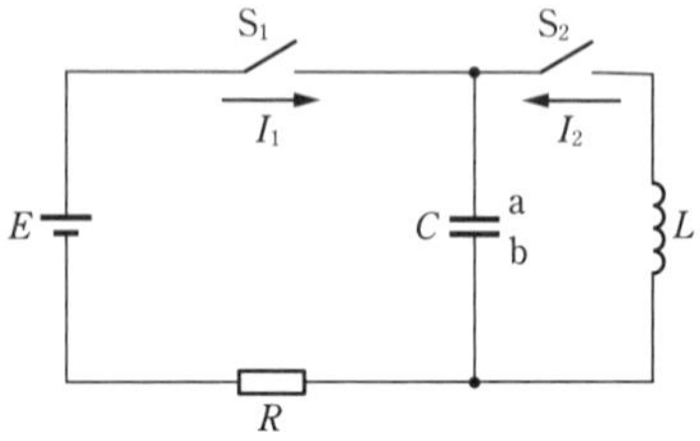

〔A〕 まずスイッチS_1を閉じる。

(1) この直後にS_1を流れる電流I_1を，図の矢印の向きを正として求めよ。また，このときのコンデンサーの極板間の電圧V_Cを求めよ。

(2) S_1を閉じて十分に時間が経過したときの，電流I_1を求めよ。また，このときのコンデンサーの極板間の電圧V_Cを求めよ。

〔B〕 〔A〕(2)の操作ののち，スイッチS_1を開いてからスイッチS_2を閉じると，S_2に電流が流れコンデンサーの電気量が時間とともに変化する。

(1) ある時刻におけるコンデンサーの電気量がQ，電流がI_2で表されるときに，このLC回路に蓄えられているエネルギーUをC，Q，L，I_2を用いて求めよ。

(2) この回路に蓄えられているエネルギーは保存されるのでUは一定である。十分短い時間Δtの間に増加したコンデンサーの電気量をΔQとすると，電流I_2は図の矢印の向きを正としたとき $I_2=\dfrac{\Delta Q}{\Delta t}$ である。いま，ばね定数kのばねに結ばれた質量mの質点の運動を考えると，Δtの間のばねの伸びをΔxとしたときに，質点の速度vは $v=\dfrac{\Delta x}{\Delta t}$ と表すことができる。したがって，電気量の変化ΔQを質点の変位Δxに対応づけると，電流I_2は質点の速度vに対応する。このような対応づけをしたとき，Uの表式からばね定数kと質点の質量mに対応するものは，それぞれ何か文字式を用いて記せ。

(3) 電気量Qの時間変化の周期Tを，kとmを用いないで答えよ。

(4) スイッチS_2を閉じた時刻を $t=0$ として，電流I_2とコンデンサーの上の極板aの電気量Q_aの時間tに対する変化の様子をグラフに実線で3周期分かけ。ただし，電流の最大値をI_0，電気量の最大値をQ_0，時間の最大値を$3T$とする。また，電流は図の矢印の向きを正とする。

〔18 東京農工大 改〕

◇140.〈過渡現象と電気振動〉

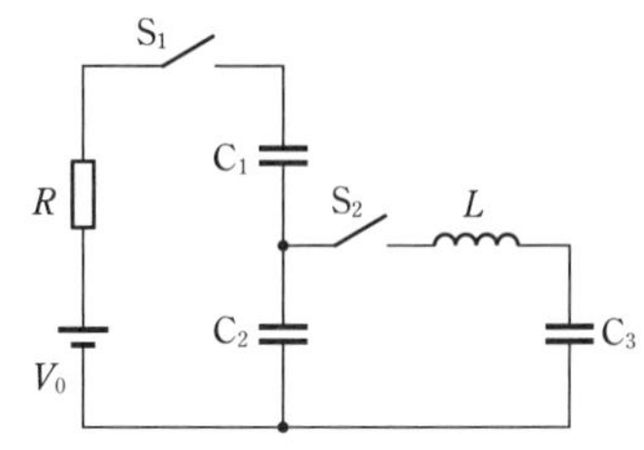

図のように起電力 V_0 の電池，抵抗値 R の抵抗，電気容量がいずれも C のコンデンサー C_1, C_2, C_3, 自己インダクタンス L のコイル，さらにスイッチ S_1 および S_2 から構成された回路を考える。最初，スイッチ S_1 および S_2 は開いていて，どのコンデンサーにも電荷は蓄えられていないものとする。

まず，スイッチ S_2 を開けたまま，スイッチ S_1 を閉じた。

(1) スイッチ S_1 を閉じた直後，抵抗に流れる電流はいくらか。

(2) スイッチ S_1 を閉じた直後，コンデンサー C_1 に加わる電圧が，微小時間 Δt の間に ΔV_1 だけ変化したとすると，$\dfrac{\Delta V_1}{\Delta t}$ はいくらか。また，同じ時間に抵抗に加わる電圧が ΔV_R だけ変化したとすると，$\dfrac{\Delta V_R}{\Delta t}$ はいくらか。

スイッチ S_1 を閉じてから時間が十分に経過した。

(3) コンデンサー C_2 に蓄えられた電気量を求めよ。

次に，スイッチ S_1 を開けた後，スイッチ S_2 を閉じて，コンデンサー C_3 に加わる電圧を観測したところ，電気振動が観測された。

(4) スイッチ S_2 を閉じた直後のコイルに加わる電圧と，コイルに流れる電流はいくらか。

(5) スイッチ S_2 を閉じた直後，コイルに流れる電流が微小時間 Δt の間に ΔI_L だけ変化したとすると，$\dfrac{\Delta I_L}{\Delta t}$ はいくらか。

(6) コンデンサー C_3 に流れこむ電流が最大となるとき，その電流の最大値と，コンデンサー C_3 に蓄えられている電気量はいくらか。〔14 京都工繊大〕

19 ◇電子と光

(◇=上位科目「物理」の内容を含む項目)

●電場・磁場中の電子

①電場の中の電子

・$F=eE$　電子は負電荷だから $\vec{E}$ と逆向きの力

・電場による加速 $\frac{1}{2}mv_0{}^2+eV=\frac{1}{2}mv^2$　・一様な電場の中では $a=\frac{eE}{m}$ の放物運動

②磁場の中の電子

・$f=evB$ 電子は負電荷だから I の向きは $\vec{v}$ と逆。ローレンツ力を受け等速円運動を行う。

●電気素量

①ミリカンの実験 → 終端速度での運動 → 電子の電気量(電気素量)の測定　②比電荷 $\frac{e}{m}$

●光の粒子性・波動性

<table>
<tr><th>物理量</th><th>記号・式</th><th>単位</th><th>関係式など</th></tr>
<tr><td>エネルギー</td><td>E</td><td>J</td><td rowspan="8">光：$\lambda=\frac{c}{\nu}$,　$E=h\nu=\frac{hc}{\lambda}$,　$p=\frac{h}{\lambda}=\frac{h\nu}{c}$
電子：$\lambda_e=\frac{h}{p}=\frac{h}{mv}$, $E=\frac{1}{2}mv^2=\frac{p^2}{2m}$, $p=mv=\sqrt{2mE}$
光電効果 $h\nu=W+\frac{1}{2}mv_0{}^2$, $W=h\nu_0$, $\frac{1}{2}mv^2=eV_0$
光の強さ∝光子数∝光電子数∝電流　$n=\frac{I}{e}$〔個/s〕
X線：$eV_0=\frac{1}{2}mv_0{}^2\geqq h\nu=h\frac{c}{\lambda}$, $\lambda_{最短}=\frac{hc}{eV_0}$
1eV=1×e〔J〕=1.6×10^{-19}J, 1MeV=1×10^6eV</td></tr>
<tr><td>運動量</td><td>p</td><td>kg・m/s</td></tr>
<tr><td>波長</td><td>λ</td><td>m</td></tr>
<tr><td>振動数</td><td>ν</td><td>Hz</td></tr>
<tr><td>仕事関数</td><td>W</td><td>J</td></tr>
<tr><td colspan="3">電気素量 $e=1.6\times10^{-19}$C</td></tr>
<tr><td colspan="3">光の速さ $c=3.0\times10^8$m/s</td></tr>
<tr><td colspan="3">プランク定数 $h=6.6\times10^{-34}$J・s</td></tr>
</table>

①光の波動性と粒子性はプランク定数 h で関連づけられる。光子のエネルギー $h\nu$

②光電効果

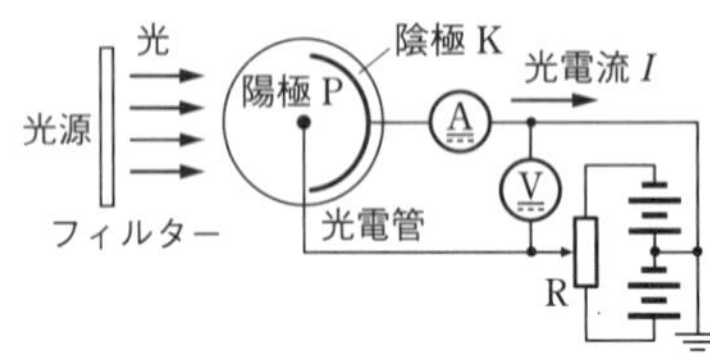

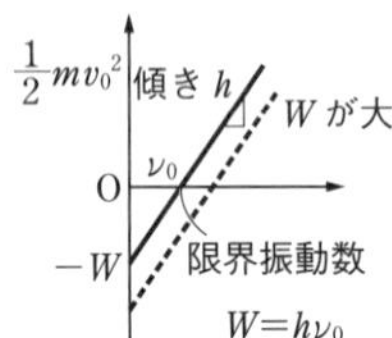

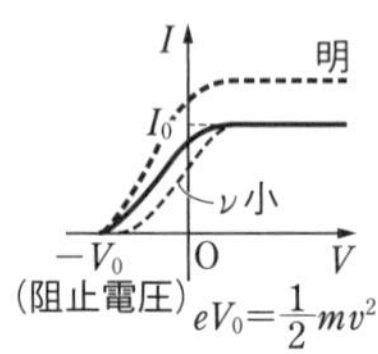

③X線

・最短波長 λ_0：加速電圧で決まる。$eV \xrightarrow[全部]{} h\frac{c}{\lambda_0}$, $\lambda_0=\frac{hc}{eV}$

④コンプトン効果(X線の粒子性)

・運動量が保存される。　・エネルギーが保存される。$\lambda'-\lambda=\frac{h}{mc}(1-\cos\theta)$

⑤ブラッグの条件(X線の波動性)

・$2d\sin\theta=n\lambda$　$(n=1, 2, 3, \cdots)$

⑥物質波(粒子の波動性を示す)

・波長 $\lambda=h/mv$

・回折し干渉する。$2d\sin\theta=n\cdot\frac{h}{mv}$

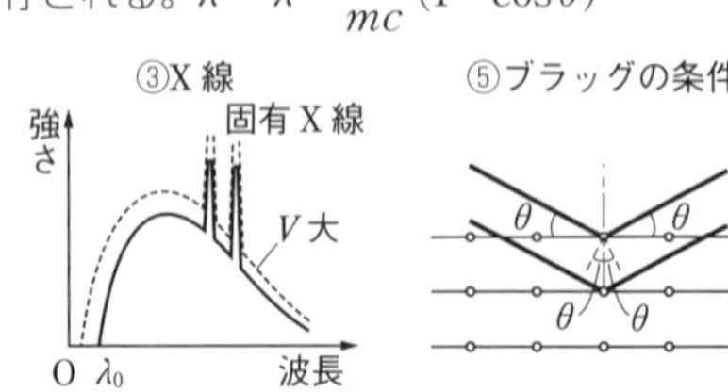

標準問題

必解 ◇141.〈質量分析装置〉 思考

質量分析装置の基本原理について考察する。図のように，イオン源から出たイオンの価数Z，質量Mの正イオンXが2つの電極間（電位差はV）で加速され直進した後に，一様な磁場（磁束密度B）が存在する領域（以下，一様な磁場領域とよぶ）を通って検出器の入射口に到達し，検出される。電気素量をeとして，次の問いに答えよ。ただし，イオンの価数Zの正イオンは，正の電気量Zeを帯びている。

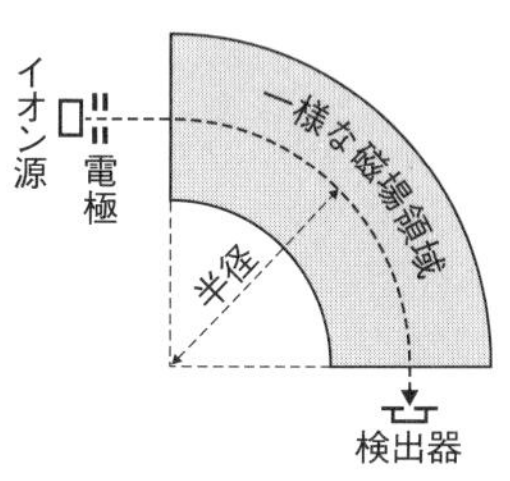

(1) イオン源から出た正イオンXの初速度が0とみなせるとき，電位差Vにより加速された正イオンXの速さはいくらになるか。

初速度0でイオン源を出た正イオンXは，2つの電極間で加速された後に一様な磁場領域に入った。正イオンXは，図のように，ちょうど4分の1の円形軌道を経て，一様な磁場領域を出て直進し，検出器の入射口に達した。したがって，一様な磁場領域に入る直前のイオンの進行方向は，一様な磁場領域を出たときの進行方向と垂直である。正イオンXの軌道は紙面と平行な面内にあり，磁場は紙面に垂直な方向である。

(2) 磁場の向きは紙面に対して垂直に上向き（裏から表）か，下向き（表から裏）かを答えよ。

(3) 正イオンXが一様な磁場領域で磁場から受ける力の大きさを求めよ。

(4) 4分の1の円形軌道の半径を求めよ。

(5) 正イオンXが4分の1の円形軌道を通過するのに要する時間を求めよ。

(6) イオン源から出るイオンにはイオンの価数Zのものだけでなく，イオンの価数$Z+1$のものも含まれている。しかしながら，イオンの価数$Z+1$のイオンは，検出器の狭い入射口とは異なる位置に到達するため検出されない。イオンの価数$Z+1$のイオンは，図の紙面上で検出器の入射口に対して右側に到達するか，左側に到達するかを答えよ。また，その理由も簡潔に記せ。ただし，イオンの質量はイオンの価数Zのものと同じとする。なお，図の紙面上でイオン源がある側を検出器の左側とする。

イオンの価数が正イオンXと同じで，質量がわずかに大きい別の正イオンYを，この分析装置で分析してみる。

(7) 正イオンY（質量$M+\Delta M$）を上記のイオンXの場合と同じ条件で加速して一様な磁場領域を通過させたところ，正イオンYは検出器の入射口の位置には到達せず，検出できない。正イオンYがちょうど検出器の入射口に達するように磁場の強さを調整したい。磁束密度をBの何倍にすべきかを答えよ。

(8) 次に，磁束密度をBのままにして加速電位差を調整し，正イオンYがちょうど検出器の入射口に達するようにしたい。加速電位差をVの何倍にすべきかを答えよ。

この分析装置で未知の正イオンを分析したところ，加速電位差がV'，磁束密度がB'のときに，未知の正イオンは検出器の入射口に達して検出できた。

(9) 加速電位差V'および磁束密度B'の値によって，未知の正イオンに関して何がわかるかを簡潔に説明せよ。

〔21 名古屋市大 改〕

必解 ◇142. 〈ミリカンの実験〉

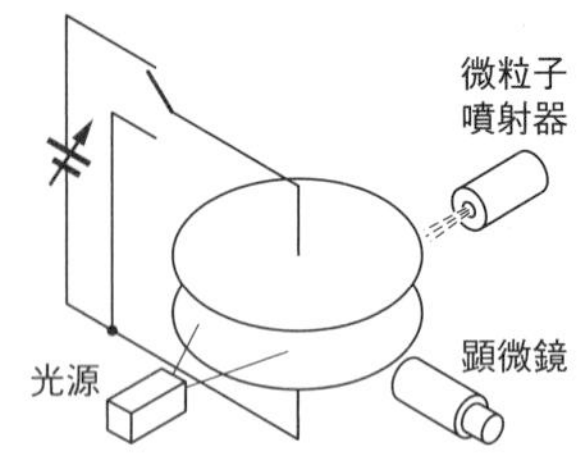

次の文中の空欄 ア ～ カ に当てはまる式を答えよ。空欄 キ には数値を有効数字2桁で記入せよ。ただし，重力加速度の大きさを g〔m/s²〕，プランク定数を h〔J·s〕，光の速さを c〔m/s〕とする。

電気素量を図の装置で測定することを考えよう。イオン化するために必要な電離エネルギーが U〔J〕の中性原子は，外部から照射される波長 λ〔m〕の光子と衝突すると $\lambda \leqq$ ア 〔m〕のとき，電子を放出して正のイオンとなる。イオンや電子が生成される空間中に微粒子を噴射すると，微粒子は帯電して電場による力と重力を受けて運動する。光源から可視光を照射すれば，光を散乱する微粒子の運動を顕微鏡で観測することができる。

強さが E〔V/m〕の電場の中で電気量 q〔C〕($q>0$) の微粒子が受ける力の大きさは イ 〔N〕である。微粒子の質量が m〔kg〕であるとき，電場によって微粒子を静止させるためには，電場の向きを鉛直上向きとし，強さを ウ 〔V/m〕とする必要がある。

鉛直上向きの電場の強さを E_1〔V/m〕に調節して質量 m〔kg〕の微粒子を上昇させた。微粒子が空気中を速さ v〔m/s〕で運動するとき，比例定数を k〔N·s/m〕として大きさ kv の空気による抵抗力を受ける。微粒子の加速度は鉛直上向きを正として エ 〔m/s²〕となる。また，微粒子が十分な距離を運動した後の終端速度の大きさ v_1〔m/s〕は，$v_1=$ オ 〔m/s〕と求められる。ここで電場の強さを0にすると微粒子は自由落下を始める。十分な距離を落下運動した後の終端速度の大きさ v_2〔m/s〕を測定すれば，微粒子の質量 m がわからなくても，測定した v_1，v_2 を用いて微粒子の電気量を $q=$ カ 〔C〕と求めることができる。

このようにして4回測定を行ったところ，観測された電気量は 3.1×10^{-19}C，4.7×10^{-19}C，8.0×10^{-19}C，1.11×10^{-18}C であった。これらの測定値，および測定値の差は電気素量の整数倍である。また，電気素量の値は 1.0×10^{-19}C 以上であることが知られている。以上より，得られた測定値から電気素量を有効数字2桁で求めると キ C となる。〔19 同志社大〕

必解 ◇143. 〈光電効果〉

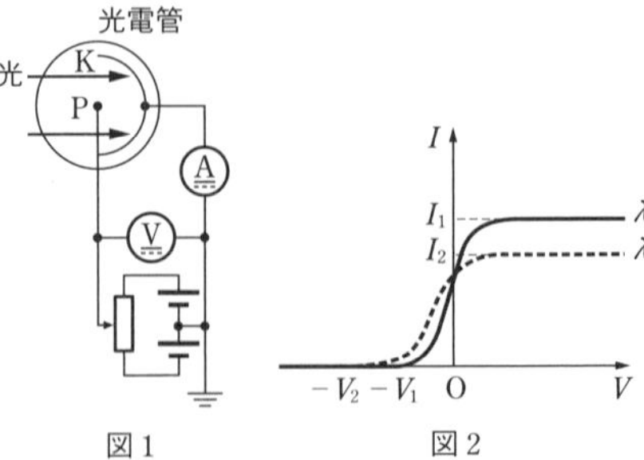

図1　図2

図1において，金属極板Kに光を照射すると，金属の表面から電子が飛び出す。そして，飛び出した電子(光電子)がPに到達すると，光電流として回路を流れる。

初めに，極板Kに波長 λ_1〔m〕の単色光を照射し，Kを基準にしたPの電位 V〔V〕を変化させながら回路に流れる電流 I〔A〕を測定したところ，図2の λ_1 (実線)のグラフを得た。次に，極板Kに照射する波長を λ_1〔m〕から λ_2〔m〕に変えたところ，図2の λ_2 (破線) のグラフを得た。

この現象は，光を波とする古典論ではうまく説明できないが，光を振動数に比例するエネルギーをもった粒子(すなわち光子)の集まりであるとすると，説明できる。比例定数を h〔J·s〕，光の速さを c〔m/s〕，電気素量を e〔C〕とする。

(1) 本文中の下線部の現象を何とよぶか答えよ。

(2) 波長 λ_1〔m〕の光子1個がもつエネルギー E_1〔J〕はいくらか答えよ。

(3) 図2の λ_1 について，光電子の最大エネルギー〔J〕はいくらか答えよ。

ここで，電子を金属極板Kから飛び出させるには仕事が必要であり，その仕事の最小値は金属ごとに決まっており，仕事関数 W〔J〕といわれる。次の問いに答えよ。

(4) 図2の λ_1 について，仕事関数 W〔J〕を求めよ。

(5) 図2の λ_2 においても，仕事関数 W〔J〕を求めよ。

(6) (4)と(5)の結果を用いて，h〔J·s〕を求めよ。

次の問いについて，$\lambda_1=5.0\times10^{-7}$m，$\lambda_2=4.0\times10^{-7}$m，$V_1=0.10$V，$V_2=0.70$V，$c=3.0\times10^{8}$m/s，$e=1.6\times10^{-19}$C を用いて答えよ。

(7) h〔J·s〕と仕事関数 W〔eV〕の値をそれぞれ求めよ。なお，単位に注意のこと。

(8) 図2の λ_2 について，$\lambda_2=4.0\times10^{-7}$m の照射光の毎秒当たりの照射エネルギーは，$2.4\times10^{-3}$J/s であるとき，毎秒何個の光子がKに当たることを意味するか答えよ。

(9) 波長 λ_1〔m〕のままで照射光の光量を増加したとき，図2で示した λ_1(実線)のグラフはどのように変化するか図示せよ。〔17 香川大〕

◇144. 〈X線の発生とX線回折〉

次の空欄 ア ～ オ に適切な表式，値，字句を記せ。また， ウ は図をかけ。なお，プランク定数 $h=6.6\times10^{-34}$J·s，電気素量 $e=1.6\times10^{-19}$C，光の速さ $c=3.0\times10^{8}$m/s として計算せよ。

(1) X線は，X線管のなかの陰極で発生した電子が高電圧で加速され，陽極の金属板に電子が衝突するときに発生する。ある加速電圧の下で発生したX線の波長と強度の関係(スペクトル)を調べたところ，図1のように曲線部分で示される連続X線Aと，鋭いピークで表される特性(固有)X線B，Cから構成されていた。

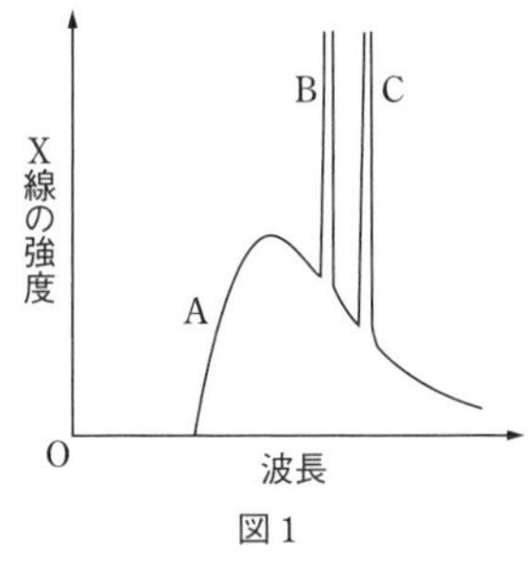

図1

電極間の加速電圧が V〔V〕のとき発生するX線の最短波長 λ_0〔m〕は，h，e，c，m，V の中から必要なものを用いて $\lambda_0=$ ア と表せる。例えば，電極間の加速電圧が 1.2×10^{5}V のときX線の最短波長は イ mである。加速電圧を増したとき図1の全体のスペクトルがどのように変化するかを示すと ウ の図の実線となる。ただし，変化前のスペクトル(図1)は点線で示せ。

(2) 次に，X線回折法について考える。図1の波長 λ〔m〕のX線Cのみを取り出し，図2のように結晶面の間隔が d〔m〕である結晶に対して入射させる。結晶面とX線のなす角度を θ として，θ を変化させながら反射X線の強度 I を測定した。

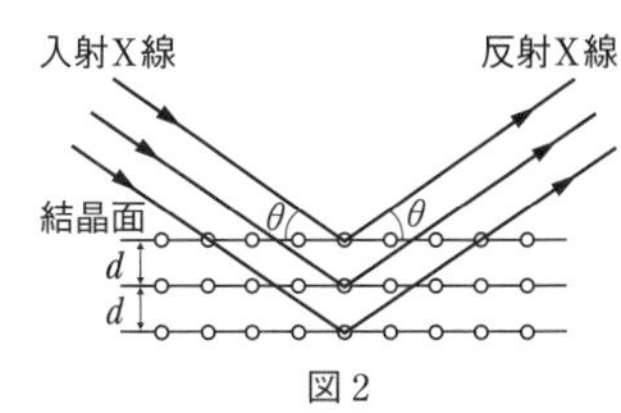

図2

ある θ で回折斑点が生じる場合，波長 λ，θ，d の関係は，自然数 $n=1, 2, 3, \cdots$，を用いると， エ $=n\lambda$ である。いま，$\lambda=7.0\times10^{-11}$m とし θ を0°近傍から増加したとき，I が4回目に強い反射を示した角度は $\theta=30°$ であった。したがって，結晶面の間隔は $d=$ オ m と計算される。〔18 近畿大〕

必解 ◇145.〈コンプトン効果〉

X線を物質に入射したとき，散乱されたX線の波長が入射X線の波長よりも長くなる現象をコンプトン効果とよぶ。この現象は，X線を単なる波動と考えただけでは説明ができない。コンプトンはアインシュタインが提唱した光量子仮説に基づいてX線の光子の粒子性に着目し，光子は物質中の電子と衝突することによって，非弾性的な（つまり，光子のエネルギーが減少する）散乱が起こる，と考えた。このとき，光子は電子に一部のエネルギーを受け渡し，散乱された光子の振動数はそのエネルギーの減少分だけ小さくなる。

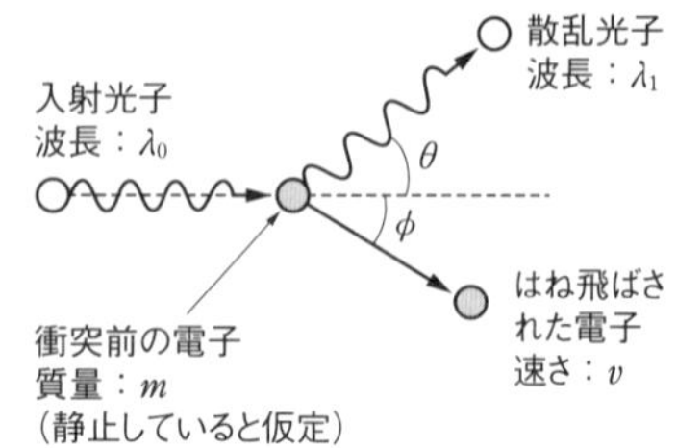

図は，光子が電子と衝突して散乱されるようすを模式的に示したものである。電子の質量をm，プランク定数をh，光の速さをcとし，衝突前の電子は静止しているものと仮定する。

(1) 光子の波長をλとしたとき，この光子のエネルギーEと運動量Pをh，c，λのいずれか必要なものを用いて，それぞれ表せ。

(2) 入射光子の波長をλ_0，散乱光子の波長をλ_1，はね飛ばされた電子の速さをvとしたとき，衝突前後におけるエネルギー保存の式を書け。

(3) 散乱光子とはね飛ばされた電子の散乱角は，入射光子の進行方向に対してそれぞれ角度θとϕであった。このとき，入射光子の進行方向とこれに対して垂直方向の成分について，運動量保存の式をそれぞれ書け。

(4) (2)のエネルギー保存の式と(3)の運動量保存の式を使うと，入射光子の波長λ_0と散乱光子の波長λ_1の間の変化量$\Delta\lambda(=\lambda_1-\lambda_0)$が求まる。この$\Delta\lambda$を$h$，$m$，$c$，$\theta$を用いて表せ。ただし，導出過程において以下の近似式を適用せよ。

$$\frac{\lambda_1}{\lambda_0}+\frac{\lambda_0}{\lambda_1}-2=\frac{(\Delta\lambda)^2}{\lambda_0\lambda_1}\fallingdotseq 0$$

(5) 波長が$10^{-11}\sim10^{-8}$ m のX線を入射するときと比べ，可視光線（380 nm ～ 770 nm）を入射した場合は，$\Delta\lambda$の変化はほとんど無視できるようになり，コンプトン効果が顕著には現れなくなる。その理由を(4)で求めた式を参考にして，簡潔に述べよ。なお，1 nm は10^{-9} m である。また，物理定数の値として$m=9.1\times10^{-31}$ kg，$h=6.6\times10^{-34}$ J·s，$c=3.0\times10^{8}$ m/s を用いてもよい。　〔16 大阪府大 改〕

B　応用問題

◇146.〈ブラッグ反射と金属からの光の発生〉

図1は，真空中で金属単結晶試料に 10～100 eV 程度のエネルギーをもつ電子線を照射して，試料から反射される電子または放射される光を測定する実験装置である。装置には，試料に対して一定のエネルギーをもった電子線を照射する電子銃，反射された電子を検出する電子検出器，および放射された光の強さと波長を測定する分光器が取り

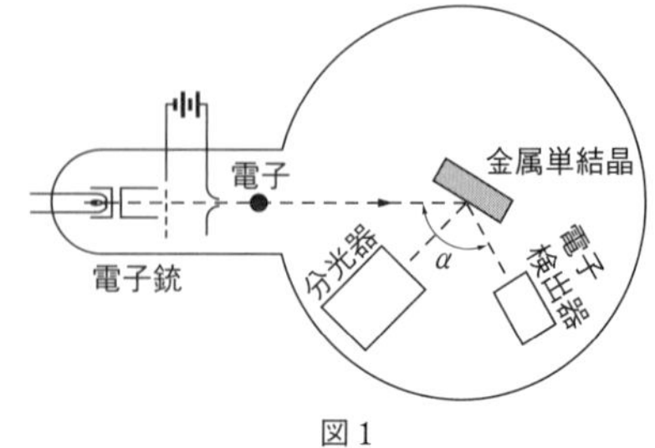

図1

つけてある。金属単結晶試料は任意の方向に回転できる。次の問いに答えよ。プランク定数を h，真空中の光の速さを c，電子の質量を m，電気素量を $e\,(>0)$ とする。

図2に示すように，金属単結晶では原子は規則正しく配列し，その原子面間隔が d であるとする。この原子面に対して，図に示すように角度 θ で入射した電子線の回折を考える。

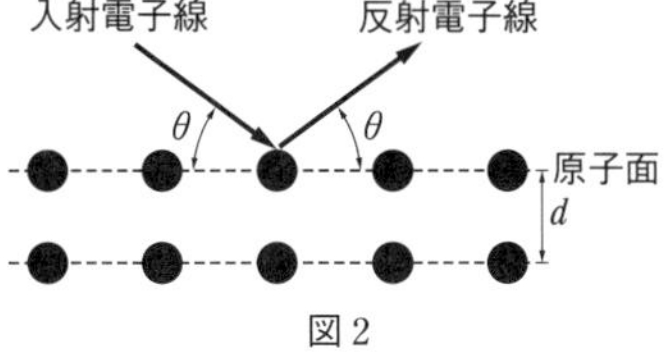

図2

(1) 入射した電子線を波と考え，その波長を λ とする。エネルギーを失わずに図2のように反射した電子線が干渉して強めあう条件を，λ，h，c，m，e，θ，d の中から必要なものを用いて表せ。ただし，電子線が金属単結晶中に入るときに受ける屈折の効果は無視せよ。

(2) 運動エネルギー E をもつ電子の波長 λ を，E，h，c，m，e の中から必要なものを用いて表せ。

(3) 図1の実験装置で，電子銃から試料に対して電圧 V_1 で加速した電子線を照射したところ，電子線と電子検出器のなす角度が α のとき，強い電子線の反射が観測された。この電子線の回折に関与している最も小さな原子面間隔を d_α とするとき，d_α を V_1，h，c，m，e，α の中から必要なものを用いて表せ。

(4) (3)で，$\alpha=120°$，$d_\alpha=0.22$ nm の場合の入射電子の運動エネルギー E_e を，eV 単位で具体的に求めよ。ただし，プランク定数 $h=6.6\times10^{-34}$ J·s，光の速さ $c=3.0\times10^{8}$ m/s，電子の質量 $m=9.1\times10^{-31}$ kg，電気素量 $e=1.6\times10^{-19}$C として，有効数字2桁で答えよ。$1\,\text{nm}=1\times10^{-9}\,\text{m}$ である。

(5) (3)と同様な回折現象は，電子線のかわりにX線を用いても観測できる。(4)の回折条件（$\alpha=120°$，$d_\alpha=0.22$ nm）を満たすX線のエネルギー E_p を，eV 単位で有効数字2桁まで求めよ。必要ならば(4)で与えた定数を使うこと。

次に，(3)の実験条件のままで，分光器のスイッチを入れて試料からの発光を調べたところ，図3に示すような連続的なスペクトルが観測され，その最短波長は λ_1 であった。図中，縦軸の発光強度は，一定時間当たり検出される光子の数である。この発光現象を光電効果の逆過程と考え，次の問いに答えよ。

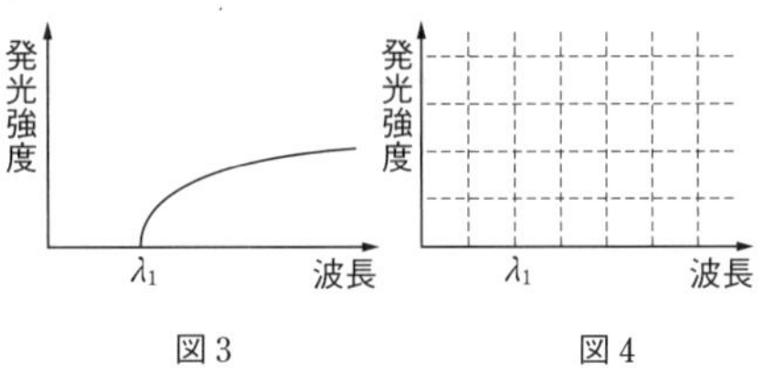

図3　図4

(6) 同じ加速電圧を保ちながら，一定時間当たり電子銃から照射される電子の数を2倍にした。このときの発光の強度と波長の関係を，図4に実線（———）で書きこめ。このとき，発光の最短波長 $\lambda_1{}^*$ を図中に示すこと。次に，電子銃からの電子の数をもとにもどし，加速電圧を V_1 より大きな V_2 に変えた場合，検出された発光の最短波長は λ_2 であった。このときの発光の強度と波長の関係を，図4に破線（---------）で書きこめ。このとき，λ_2 の大まかな位置も示すこと。また，解答にあたって留意したことを図中に書きこむこと。

(7) この金属の仕事関数 W およびプランク定数 h を，V_1，V_2，λ_1，λ_2，c，e の中から必要なものを用いて表せ。

〔東北大〕

20 ◇原子と原子核

（◇＝上位科目「物理」の内容を含む項目）

●水素原子

電子の粒子性　$m\dfrac{v^2}{r}=k\dfrac{ee}{r^2}$

電子の波動性（量子条件）　$2\pi r=n\cdot\dfrac{h}{mv}$

$\Big\}\ r_n=a_0\cdot n^2\quad(n=1,\ 2,\ 3,\ \cdots)$

$a_0=\dfrac{h^2}{4\pi^2kme^2}$　（ボーア半径）

エネルギー：$E=\dfrac{1}{2}mv^2+\left(-e\cdot k\dfrac{e}{r}\right)=-\dfrac{ke^2}{2r}$　　$E_n=-E_0\cdot\dfrac{1}{n^2}=-Rhc\cdot\dfrac{1}{n^2}$

光の放出・吸収：$h\nu=E_n-E_{n'}$　　$\dfrac{1}{\lambda}=R\left(\dfrac{1}{n'^2}-\dfrac{1}{n^2}\right)$

電子の質量　$m_e=9.1\times10^{-31}$ kg　　リュードベリ定数　$R=1.1\times10^7$/m

①電子の軌道半径はとびとびの値となる。
②エネルギーもとびとびの値となる。
　E_1：基底状態（エネルギー最低），$n\geqq2$ を励起状態
③光子のエネルギーは，軌道のエネルギー準位の差である。
　・放出する光は吸収もできる。

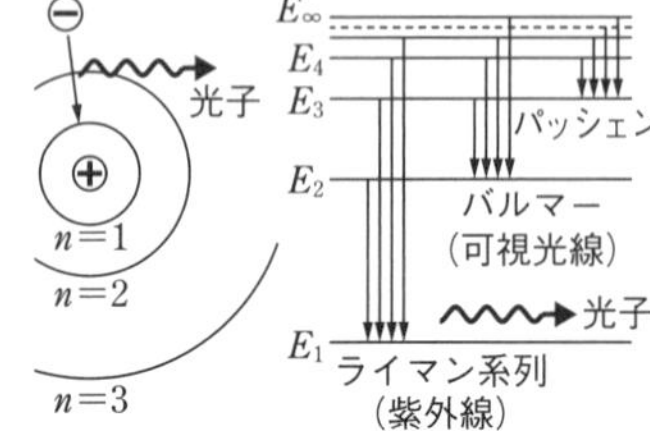

●原子核崩壊

個数比　$\dfrac{N}{N_0}=\left(\dfrac{1}{2}\right)^{\frac{t}{T}}$

①原子核　

A：質量数
Z：原子番号

②α 線：${}^4_2$He原子核
　β 線：電子（$n\to p^++e^-$）
　γ 線：電磁波（高エネルギー光子）

③崩壊の例

${}^{238}_{92}$U ⟶ ${}^{206}_{82}$Pb　　$238-4\alpha=206$
　　　　　　　　　$92-2\alpha+\beta=82$

④ 半減期 T
　・N，N_0 は原子核の個数
　・質量の関係は個数に変換する。
　・N は未崩壊数。崩壊数＝N_0-N

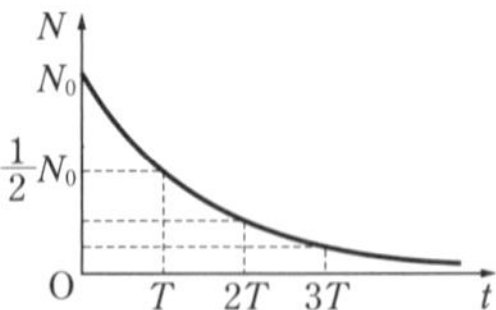

⑤ α 崩壊
　・静止物体の分裂 ⟶ v，K の比は質量数の逆比となる。
　・質量の比は質量数の比と考えてよい。

●核エネルギー・核反応

①核反応（式）で
　・左右の原子番号の和は等しい（電荷保存）。
　・左右の質量数の和は等しい。
　・運動量は保存する。
　・質量エネルギーも含めてエネルギーは保存する。

②質量とエネルギーの等価性（アインシュタインの式）　$E=mc^2$

③原子核の結合エネルギー $\varDelta mc^2$：質量の減少分（$\varDelta m$）がエネルギーになる。
　・核子の結合を壊し，ばらばらにするためのエネルギー。
　・結合の強さ，原子核安定の目安となる。　注　結合するのに必要なエネルギーではない。

④統一原子質量単位　$1\,\mathrm{u}=\dfrac{1\times10^{-3}\,\mathrm{kg}}{6\times10^{23}\,個}=1.66\times10^{-27}$ kg

A　標準問題

◇**147.**〈水素原子モデル〉

次の文中の［ア］から［カ］に適切な数式や数値を入れよ。

ボーアは水素原子の構造に関する次のようなモデルを提唱した。

静止している電荷 $+e$ の原子核を中心として，電荷 $-e$，質量 m の電子は，原子核と電子との間にはたらく静電気力を向心力として，等速円運動をしていると考える。このときの電子の速さを v，真空のクーロンの法則の比例定数を k_0 とすると，軌道半径 r は e，m，k_0，v を用いて $r=$［ア］と表せる。軌道の周の長さ $2\pi r$ は，量子条件より，正の整数(量子数) n，プランク定数 h および m，v を用いて，$2\pi r=$［イ］と表せる。この式は，ド・ブロイによって物質波の考えが導入されて以降，「$2\pi r$ が定常状態の電子の波長(ド・ブロイ波長)の整数倍である」と考えられるようになった。これらの関係から，量子数 n の定常状態の軌道半径 r_n は e，m，k_0，h，n，π を用いて，$r_n=$［ウ］と表すことができる。n 番目の定常状態にある軌道上の電子の全エネルギー E_n は，電子の運動エネルギーと，静電気力による位置エネルギー(無限遠を基準とする)の和より，e，m，k_0，h，n，π を用いて，$E_n=$［エ］と表される。このように，ボーアは水素原子の中で定常状態にある電子は，とびとびのエネルギー準位をもつという仮説をたてた。

ボーアの水素原子モデルにおいて，電子が $n=1$ の定常状態にあるときを基底状態，$n\geqq 2$ の定常状態にあるときを励起状態という。量子数 n の励起状態にある電子は，きわめて短い時間で量子数 $n'(n'<n)$ の状態に移り，その差のエネルギーを光子として放出する。このとき，放出される光子の波長 λ は振動数条件から，真空中の光の速さ c および e，m，k_0，h，n，n'，π を用いて，$\dfrac{1}{\lambda}=$［オ］と表される。

水素原子の示す線スペクトルの観測結果から得られた輝線の波長 λ は，リュードベリ定数 R を用いて $\dfrac{1}{\lambda}=R\left(\dfrac{1}{n'^2}-\dfrac{1}{n^2}\right)$ の規則性をもつことが示されていた。ボーアの水素原子モデルによるリュードベリ定数の計算結果は，すでに知られていたリュードベリ定数の値と高い精度で一致し，水素原子のスペクトルを理論的に説明することに成功した。リュードベリ定数 $R=1.1\times10^7$/m とすると，水素原子の線スペクトルのうち，可視光線領域($3.8\sim7.8\times10^{-7}$m)の輝線群の2番目に長い波長は，有効数字2桁で［カ］m と計算できる。

〔20 九州工大 改〕

必解 ◇148.〈原子核〉

原子核の性質に関連する次の問いに答えよ。

質量数 A，原子番号 Z の不安定な原子核Xが原子核Yに α 崩壊した。初め原子核Xは静止していた。原子核X，Y，α 粒子の質量をそれぞれ M_0，M_1，m とする。ただし，$M_0>M_1+m$ である。また，真空中の光の速さを c とせよ。

(1) この α 崩壊で発生する運動エネルギーを求めよ。

(2) α 粒子の運動エネルギーを求めよ。

(3) α 崩壊でつくられる運動エネルギー K の α 粒子を金箔（$^{197}_{79}Au$）に大量に当てたところ，α 粒子の大部分は金箔を素通りして直進したが，ごく一部はAu原子核に散乱された。α 粒子はAu原子核に比べ十分に軽く，Au原子核は α 粒子を散乱するときに動かないものとする。α 粒子とAu原子核が最も近づいたときの距離 r を求めよ。ただし，電気素量を e，静電気力に関するクーロンの法則の定数を k_0 とせよ。また，初め α 粒子はAu原子核から十分に離れていたので，そのときの無限遠点を基準にした静電気力による位置エネルギーは0とみなすものとする。

天然の放射性元素ウラン $^{238}_{92}U$，ウラン $^{235}_{92}U$ は放射性崩壊する。

(4) $^{235}_{92}U$ 原子核が n 回の α 崩壊と k 回の β 崩壊を経て，ラジウム $^{223}_{88}Ra$ が生じた。n と k を求めよ。

(5) $^{235}_{92}U$ の半減期を 7.5×10^8 年，$^{238}_{92}U$ の半減期を 4.5×10^9 年とする。現在，地上における $^{235}_{92}U$ と $^{238}_{92}U$ の天然の存在比は1：140である。4.5×10^9 年前の存在比を求めよ。

(6) $^{235}_{92}U$ 原子核1個が，遅い中性子との衝突により核分裂するとき，2.0×10^8 eVのエネルギーを放出するものとする。毎秒 1.1×10^{-7} kgの $^{235}_{92}U$ が核分裂するとき，1秒間に放出されるエネルギーをJ（ジュール）単位で求めよ。ただし，電気素量 $e=1.6\times10^{-19}$ C，アボガドロ定数 $N_A=6.0\times10^{23}$/mol，$^{235}_{92}U$ の1mol当たりの質量を235gとする。〔19 大阪市大〕

必解 ◇149.〈核反応で生じるエネルギー〉

原子炉中の一連の核反応A，Bについて次の問いに答えよ。

核反応A　$^{6}Li + {}^{1}n \longrightarrow {}^{7}Li \longrightarrow {}^{4}He + {}^{3}H$

核反応B　$^{3}H + {}^{2}H \longrightarrow {}^{4}He + {}^{1}n$

ただし，結合エネルギーを，^{2}H：2.2MeV，^{3}H：8.5MeV，^{4}He：28.3MeV，^{6}Li：32.0MeVとする。解答はMeVの単位で小数第1位まで求めよ。

(1) 核反応Aにより生じるエネルギーの値を求めよ。ただし，^{6}Li と ^{1}n は静止しているとみなすことができるとする。

(2) 核反応Aで生じたエネルギーがすべて生成された原子核の運動エネルギーとなった場合，^{3}H の運動エネルギーの値を求めよ。原子核の質量は，^{1}n：1.0u，^{3}H：3.0u，^{4}He：4.0uを用いよ。

(3) 続く核反応Bにおいて，(2)で求めた運動エネルギーをもった ^{3}H が静止した ^{2}H と衝突・核反応した結果生じる運動エネルギーの和を求めよ。ただし，核反応で生じたエネルギーはすべて生成された ^{4}He と ^{1}n の運動エネルギーになるものとする。

(4) (3)において，^{3}H の進行方向と直角に ^{1}n が発射されたときの ^{1}n の運動エネルギーの値を求めよ。原子核の質量は，^{1}n：1.0u，^{3}H：3.0u，^{4}He：4.0uを用いよ。〔16 名古屋市大〕

◇150. 〈中性子による核反応〉

次の文中の空欄 ア ～ ク に当てはまる数値を有効数字2桁で答えよ。ただし，光の速さを 3.0×10^{8} m/s，静電気力に関するクーロンの法則の比例定数を 9.0×10^{9} N・m^2/C^2，電気素量を 1.6×10^{-19} C，プランク定数を 6.6×10^{-34} J・s とする。

図のように，あらかじめ薬を投与してがん細胞だけにホウ素 ${}^{10}_{5}$B を吸収させておき，低速中性子 ${}^{1}_{0}$n をがん細胞領域に照射すれば，正常な細胞を透過した ${}^{1}_{0}$n が ${}^{10}_{5}$B に吸収される。この中性子捕捉反応で生じた電荷をもつ原子核が，細胞内で局所的にエネルギーを放出して，がん細胞を死滅させる治療法がある。

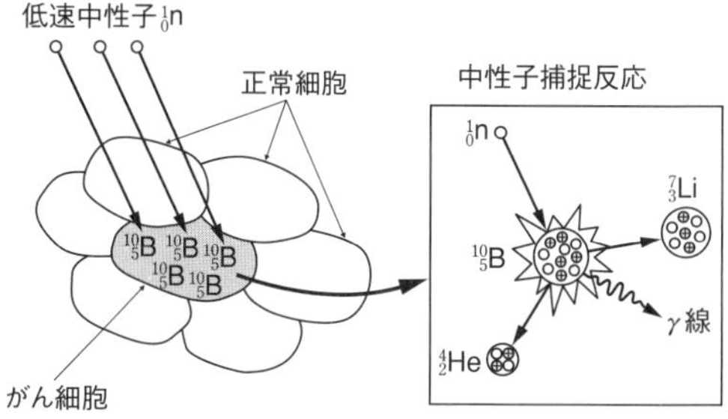

初めに，γ線が発生しない次の中性子捕捉反応を考えよう。

$${}^{1}_{0}\text{n} + {}^{10}_{5}\text{B} \longrightarrow {}^{4}_{2}\text{He} + {}^{7}_{3}\text{Li}$$

この捕捉反応により発生するエネルギーは 4.0×10^{-13} J で，これは ア kg の質量（静止質量）と同等である。これと同じ大きさのエネルギーを，静止した水素 ${}^{2}_{1}$H の原子核を真空中の電場中で加速することによりつくり出すとすると，加速電圧として イ V が必要である。この発生するエネルギーに比べて低速中性子 ${}^{1}_{0}$n の運動エネルギーは十分に小さく，${}^{1}_{0}$n の運動量もないものとする。また，反応によって生じたリチウム ${}^{7}_{3}$Li とヘリウム ${}^{4}_{2}$He の原子核間距離が離れていて各原子核は点電荷とみなせ，他の反応により生じた原子核の存在はないものとして，三価と二価の点電荷1組の運動のみを考える。${}^{4}_{2}$He がもつ静電気力による位置エネルギーの大きさが，この反応で発生するエネルギーの1.6％の 6.4×10^{-15} J であるとき，${}^{7}_{3}$Li と ${}^{4}_{2}$He の間の距離は ウ m である。ただし，この程度の距離では真空中と同等に扱ってよく，静電気力による位置エネルギーの基準点を無限遠点とする。${}^{7}_{3}$Li と ${}^{4}_{2}$He が十分離れて静電気力による位置エネルギーはないものとし，細胞による減速作用（制動）もないものとするとき，${}^{7}_{3}$Li の速さは ${}^{4}_{2}$He の速さの エ 倍，${}^{7}_{3}$Li の運動エネルギーは ${}^{4}_{2}$He の運動エネルギーの オ 倍と計算できる。

次に，中性子捕捉反応でエネルギーの一部がγ線として放出される場合を考えよう。

$${}^{1}_{0}\text{n} + {}^{10}_{5}\text{B} \longrightarrow {}^{4}_{2}\text{He} + {}^{7}_{3}\text{Li} + \gamma$$

ここで，反応式中のγはγ線の発生を表す。発生したγ線のエネルギーが 7.7×10^{-14} J であった。このγ線の振動数は カ Hz で，運動量は キ kg・m/s となる。

発生した ${}^{7}_{3}$Li と ${}^{4}_{2}$He は，細胞内を大きく移動するときは，減速させる強い力（制動力）を受けて運動エネルギーを放出して細胞を損傷させる。この ${}^{7}_{3}$Li と ${}^{4}_{2}$He の減速過程は，放射性物質の半減期のように，ある距離だけ移動すると運動エネルギーはもとの値の半分になるといわれている。この距離が 2.0×10^{-6} m であるとき，もとの運動エネルギーの $\dfrac{15}{16}$ に当たる93.75％が放出される距離は ク m となり，人の細胞の大きさよりも小さい。

〔18 同志社大〕

B 応用問題

◇151.〈中性子の発見〉 思考

中性子の発見に至る経緯を振りかえってみよう。

1930年，ボーテとベッカーは，ベリリウム(原子番号4)にポロニウムから出るα線(エネルギー5.3MeV)を照射すると，透過力のきわめて強い放射線が放出されることを見つけた。その後しばらく，この放射線はベリリウム線とよばれていた。

1931年，ジョリオ・キュリー夫妻はベリリウム線を詳しく調べ，これをγ線と考えるとそのエネルギーは15～20MeV程度であると結論づけた。これはベリリウムに照射したα線のエネルギーの3～4倍にあたり，エネルギー保存則が成りたたないように見える奇妙な結果である。さらに，水素を多量に含むパラフィンにベリリウム線を貫通させると，放射線の電離作用がかえって強くなることを発見した。詳しく調べると，ベリリウム線の照射によりパラフィンから陽子が放出されていることがわかった。その運動エネルギーはおよそ4.5MeVであった。

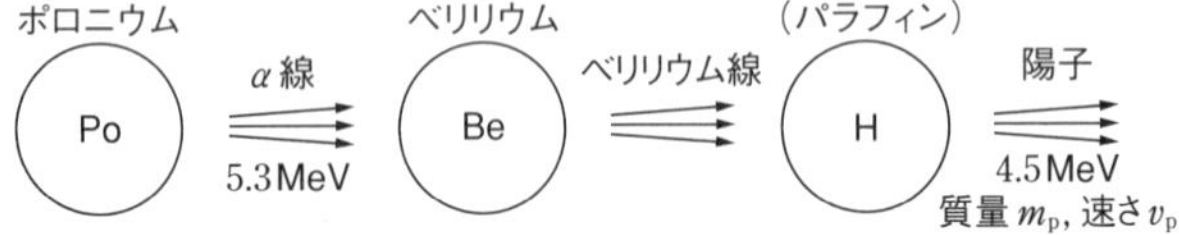

〔A〕 ベリリウム線を波長λ〔m〕のγ線であると仮定する。γ線が静止した陽子と衝突して4.5MeVの運動エネルギーを与えるとき，γ線のエネルギーがいくらであるか計算してみよう。陽子の質量をm_p〔kg〕，衝突後のγ線の波長をλ'〔m〕とする。陽子のエネルギーが最大になるのは，γ線が衝突前の進行方向と逆向きにはねかえされて進むときである。このとき，陽子は衝突前にγ線が進んでいたのと同じ向きに速さv_p〔m/s〕ではね飛ばされたとする。運動量とエネルギーが保存されるとすれば，プランク定数をh〔J·s〕，真空中の光の速さをc〔m/s〕として

$$\frac{h}{\lambda}=\boxed{\text{ア}}+m_pv_p \quad \cdots\cdots ① \qquad \frac{hc}{\lambda}=\boxed{\text{イ}}+\frac{1}{2}m_pv_p^2 \quad \cdots\cdots ②$$

が成りたつ。$E_p=\frac{1}{2}m_pv_p^2$ とおく。陽子の静止エネルギー m_pc^2 はおよそ938MeVであるが，ここではこれを900MeVとして，次の問いに答えよ。

(1) 空欄 ア と イ に適切な数式を入れよ。

(2) $E_p=4.5$MeV の陽子の速さv_pは光の速さcの何倍か，有効数字1桁で答えよ。

①，②式からλ'を消去すると，$\frac{2hc}{\lambda}=m_pv_pc+\frac{1}{2}m_pv_p^2$ となる。この式からγ線のエネルギー $\varepsilon_\lambda=\frac{hc}{\lambda}$ をE_pで表す次の式が得られる。

$$\varepsilon_\lambda=\sqrt{\frac{m_pc^2E_p}{2}}+\frac{E_p}{2}$$

(3) ε_λを有効数字1桁で求めよ。

この値は，実験から推定された15～20MeVよりさらに大きな値で，不可解である。

〔B〕 次に，ベリリウム線を質量 M〔kg〕の電荷をもたない未知の中性粒子であると仮定する。この粒子が速さ V〔m/s〕で陽子と衝突し，衝突前の進行方向と逆向きに速さ V'〔m/s〕ではねかえされる場合を考える。この場合には，運動量とエネルギー保存則として

$$MV=-MV'+m_\mathrm{p}v_\mathrm{p} \quad \cdots\cdots③ \qquad \frac{1}{2}MV^2=\frac{1}{2}MV'^2+\frac{1}{2}m_\mathrm{p}v_\mathrm{p}{}^2 \quad \cdots\cdots④$$

が成りたつ。③，④式から V' を消去すると

$$V=\frac{M+m_\mathrm{p}}{2M}v_\mathrm{p} \quad \cdots\cdots⑤$$

となる。ここで，$E_\mathrm{X}=\frac{1}{2}MV^2$，$E_\mathrm{p}=\frac{1}{2}m_\mathrm{p}v_\mathrm{p}{}^2$ とおく。

(4) $E_\mathrm{X}=\left\{\frac{1}{2}+\frac{1}{4}\left(\frac{m_\mathrm{p}}{M}+\frac{M}{m_\mathrm{p}}\right)\right\}E_\mathrm{p}$ となることを示せ。

(5) $E_\mathrm{X} \geqq E_\mathrm{p}$ であることを示せ。

(5)の結果，ポロニウムから飛び出す α 線のエネルギー 5.3MeV よりも E_X の値が小さくなり，矛盾が解消する可能性があることがわかる。E_X の値は未知の中性粒子の質量 M によって変化する。V がわかれば⑤式から M を計算できるが，V を測定することは難しい。

(6) 中性粒子の性質を調べることが難しい理由を簡潔に説明せよ。

1932 年，チャドウィックは，ベリリウム線を，パラフィンではなく窒素に照射し，はね飛ばされた窒素原子核の速さ v_N を測定した。窒素原子核の質量を m_N とすれば，⑤式に対応する V を表す式を，m_N，v_N を用いてつくることができる。

(7) $m_\mathrm{N}=14m_\mathrm{p}$ とする。M と m_p の比の値 $\frac{M}{m_\mathrm{p}}$ を v_N，v_p を用いて求めよ。

チャドウィックは $\frac{v_\mathrm{p}}{v_\mathrm{N}}=\frac{3.3\times10^9\,\mathrm{cm/s}}{4.7\times10^8\,\mathrm{cm/s}}$ となることを見出し，M の値が m_p の 1.15 倍となると結論づけた。この値を用いると $E_\mathrm{X} \fallingdotseq 4.5\,\mathrm{MeV}$ となり，ポロニウムから飛び出す α 線のエネルギー 5.3MeV よりも小さい。その後，ベリリウム線が陽子とほぼ同じ質量で電荷をもたない中性子の流れであると考えると，いろいろな現象が自然な形でうまく説明できることがわかった。なお，現在の精密測定により，中性子の質量は陽子の質量のおよそ 1.001 倍であることが知られている。

α 粒子を ${}^4_2\mathrm{He}$，ベリリウム原子核を ${}^9_4\mathrm{Be}$，中性子を ${}^1_0\mathrm{n}$ と表す。原子番号 6 は炭素 C である。

(8) α 粒子をベリリウム原子核に照射したとき中性子を放出する過程の核反応式を示せ。

〔20 大阪工大〕

21 思考 ◇考察問題 ～思考力・判断力・表現力～

152. 〈運動の法則と力学的エネルギー〉

質量 m〔kg〕のAさんは力が強く，自分の体重より重い物体でも質量 M_0〔kg〕まで持ち上げることができた。あるとき，図1のようにフックで天井につるされた滑車を用いて，質量 M〔kg〕の物体Bを引き上げようとした。しかし，①ロープをつかみ，ゆっくりと引き下げるのでは，物体Bを持ち上げることはできなかった。そこで，②Aさんが地面に対して一定の加速度 a〔m/s²〕でロープをのぼったところ，物体Bも上昇した。図2に示すように，Aさんが，そのままのぼり続けて，高さ h〔m〕に達したとき，物体Bは H〔m〕上昇していた。

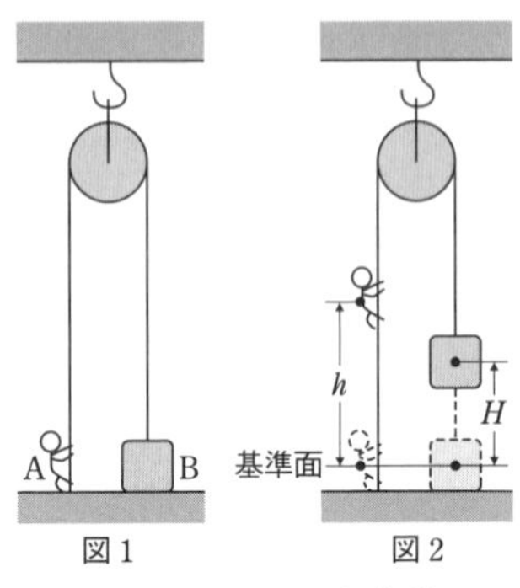

図1　図2

次の問いに解答するとき，ロープの質量は無視してよく，滑車の運動はAさんと物体Bの運動に影響を与えないとしてよい。また，Aさんは，物体Bを持ち上げるときも，ロープを引き下げるときも同じ力を出せるとする。重力加速度の大きさを g〔m/s²〕とせよ。

(1) 下線部①から，物体Bの質量 M の満たすべき条件式を答えよ。その結果を得た理由もあわせて述べよ。

(2) Aさんが加速度 a でのぼっているときのロープの張力 T〔N〕と，物体Bの加速度 b〔m/s²〕とを求めよ。

(3) 物体Bの上昇した距離 H〔m〕を，m, M, a, g, h を用いて表せ。

(4) Aさんが高さ h の点に達したときの，Aさんの力学的エネルギーと物体Bの力学的エネルギーとの和 E〔J〕を m, g, a, h, H を用いて表せ。なお，重力による位置エネルギーの基準面は，図2に示しているように，初めに静止していた位置とせよ。

(5) Aさんが距離 h をのぼる間に，ロープにした仕事 W〔J〕を，「仕事」の定義に基づいて求めよ。

(6) エネルギー保存則に基づいて，(4)の結果と(5)の結果との関係を説明せよ。

(7) 下線部②の運動が可能であるために，物体Bの質量 M の満たすべき条件式を求めよ。

〔21 岐阜大〕

◇153. 〈気体の分子運動と速さの測定〉

気体分子の熱運動と，エネルギーおよび絶対温度の関係について次の問いに答えよ。

(1) 次の文中における空欄 ア ～ エ に入る適切な式を①～⑫の選択肢から選べ。

1辺の長さが L〔m〕の立方体容器に質量 m〔kg〕の単原子分子が N 個，気体の状態で入っている。この気体は理想気体と考えてよいものとする。図1のように，壁 S_x に衝突する直前の分子の速度を $\vec{v}$〔m/s〕$=(v_x,\ v_y,\ v_z)$ とする。分子が壁 S_x と弾性衝突し，壁と平行な速度の成分は変化しないとすると，衝突後の分子の速度 $\vec{v'}$〔m/s〕は $\vec{v'}=$ ア と表され，分子の運動量は $m\vec{v'}-m\vec{v}=(-2mv_x,\ 0,\ 0)$ だけ変化する。この1回の衝突により壁 S_x が分子から受ける力積は $(2mv_x,\ 0,\ 0)$ である。壁 S_x に衝突した分子が次に壁 S_x

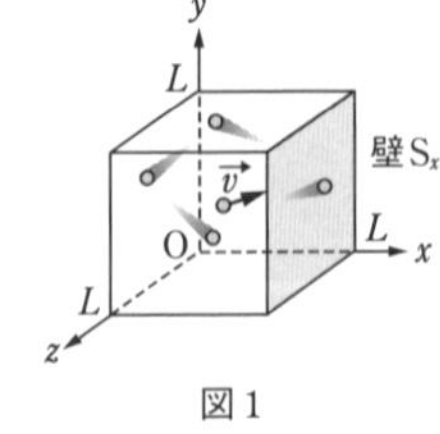

図1

と衝突するまでの時間は $\dfrac{2L}{v_x}$ だから，時間 t〔s〕の間に分子は壁 S_x に $\dfrac{v_x t}{2L}$ 回だけ衝突する。よって，時間 t の間に分子が壁 S_x に及ぼす力積の大きさは $2mv_x\dfrac{v_x t}{2L}$ となる。分子1個が壁 S_x に及ぼす力の大きさの時間的に平均した値を $\overline{f}$〔N〕とすると，壁が受ける力積の平均値は $\overline{f}\cdot t$ に等しいから $\overline{f}=$ **イ** となる。

気体分子全体の $v_x{}^2$ の平均を $\overline{v_x{}^2}$〔m²/s²〕とすると，N 個の分子から壁 S_x が受ける力は $\dfrac{Nm}{L}\overline{v_x{}^2}$ となる。気体の圧力を P〔N/m²〕とすると，$\dfrac{Nm}{L}\overline{v_x{}^2}$ は PL^2 に等しいので $P=\dfrac{Nm}{L^3}\overline{v_x{}^2}$ であることがわかる。ところで，分子の熱運動はどの方向にも均等でかたよりがないので，速度の y 成分の2乗についての平均値 $\overline{v_y{}^2}$〔m²/s²〕と z 成分の2乗についての平均値 $\overline{v_z{}^2}$〔m²/s²〕は x 成分の2乗についての平均値 $\overline{v_x{}^2}$ に等しく，
$\overline{v^2}=\overline{v_x{}^2}+\overline{v_y{}^2}+\overline{v_z{}^2}=3\overline{v_x{}^2}$ である。よって $P=$ **ウ** $\overline{v^2}$ と表すことができる。

質量 m の分子1個の運動エネルギーの平均値 $\dfrac{1}{2}m\overline{v^2}$ は，$P=$(ウ)$\overline{v^2}$ を用いると $\dfrac{1}{2}m\overline{v^2}=$ **エ** のように表される。ここで，ボルツマン定数を k〔J/K〕，絶対温度を T〔K〕として，理想気体の状態方程式より得られる式 $PL^3=NkT$ を用いると，気体分子の運動エネルギーと絶対温度の関係を知ることができる。

選択肢

① $(-v_x,\ v_y,\ v_z)$　② $(-v_x,\ -v_y,\ -v_z)$　③ $(-v_x,\ 0,\ 0)$

④ $\dfrac{mv_x}{L}$　⑤ $\dfrac{mv_x{}^2}{L}$　⑥ $\dfrac{mv_x{}^2}{2L}$　⑦ $\dfrac{Nm}{3L^3}$　⑧ $\dfrac{Nm}{L^3}$

⑨ $\dfrac{Nm}{2L^3}$　⑩ $\dfrac{1}{2}\dfrac{L^3}{N}P$　⑪ $\dfrac{L^3}{N}P$　⑫ $\dfrac{3}{2}\dfrac{L^3}{N}P$

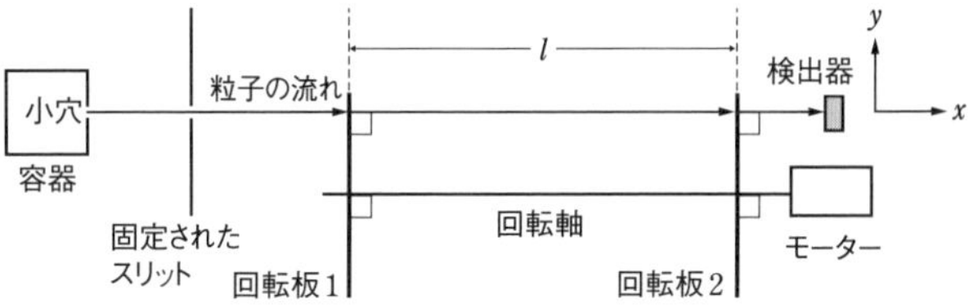

気体分子は容器中でさまざまな速度をもっている。分子の速さ v〔m/s〕と分子の個数の関係を図2のような装置を用いて調べる。気体分子(粒子)が容器に開けた小穴から放出される。小穴から出た粒子のうち，固定されたスリットを通過した粒子が，回転板1および回転板2の方向へ進む。図3に示したように，回転板1および回転板2にはスリットがついており，2つの回転板は距離 l〔m〕離れ，スリットの方向を角度 ϕ〔rad〕ずらすことができる。2つの回転板は粒子の流れと平行な回転軸で連結され，モーターによって同じ角速度 ω〔rad/s〕で回転する。図2に示したように，粒子の流れの方向を x 軸とし，回転軸および x 軸と垂直に交わる方向を y 軸とする。回転板のスリットが y 軸方向に向いているときだけ，粒子は x 軸方向に進むことができる。こ

小穴
容器
粒子の流れ
固定されたスリット
回転板1
回転板2
回転軸
モーター
検出器
l
x
y

図2

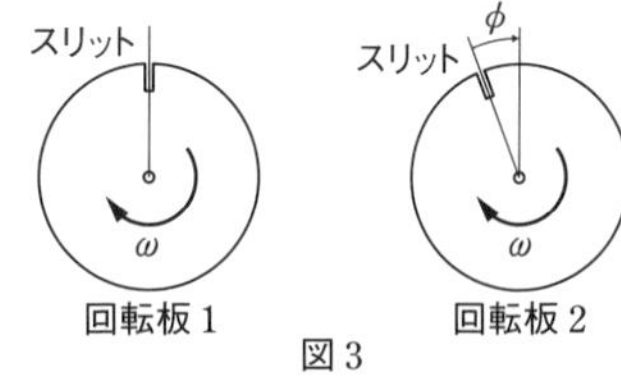

図3

のため，ある時刻に回転板1のスリットを通過した粒子が回転板2の位置まで進み，そのとき回転板2のスリットがちょうど y 軸方向になると，粒子は検出器まで進むことができる。したがって，角度 ϕ を調節することで，特定の速さをもつ粒子を検出することができる。

次の問いにおいて，回転板は毎分8000回転しているものとし，回転板1と回転板2の距離を20.0cmとする。なお，スリットの幅と回転板の厚さは十分小さいものとする。また，粒子が回転板1から回転板2に進む間に，回転板2が1周より多く回るような場合は考えなくてよい。

(2) この装置で測定される粒子の速さ v を ϕ，ω，l を用いて表せ。

(3) 回転板の角度のずれ ϕ の最大値は350.0°，最小値は5.0°であるとする。(2)の結果を用いて，測定可能な粒子の速さ v の最大値と最小値を有効数字2桁で求めよ。

回転板の角度のずれ ϕ を少しずつ変化させて，単位時間当たりに検出器で測定される粒子の個数を調べることで，速さごとの粒子の個数分布を得ることができる。粒子として原子量40の原子を用い，容器の温度を $T=400$K として実験を行ったとする。表1は，検出器で測定された粒子の個数分布を表している。粒子の速さ v を

$100(i-1)$〔m/s〕$\leqq v < 100i$〔m/s〕

(ただし i は1～20の整数)

の範囲に分けて，測定された粒子の個数の割合を F_i とする。それぞれの範囲について，粒子は同じ速さ $v_i=50+100(i-1)$〔m/s〕であると考えてよいものとする。図4のグラフは，個数の割合 F_i に v_i^2 をかけた結果 $v_i^2F_i$ を表している。なお，個数の割合 F_i は

表1

i	速さ v の範囲〔m/s〕	速さ v_i〔m/s〕	個数の割合 F_i
1	$v<100$	50	0.01
2	$100\leqq v<200$	150	0.07
3	$200\leqq v<300$	250	0.12
4	$300\leqq v<400$	350	0.20
5	$400\leqq v<500$	450	0.21
6	$500\leqq v<600$	550	0.17
7	$600\leqq v<700$	650	0.12
8	$700\leqq v<800$	750	0.06
9	$800\leqq v<900$	850	0.03
10	$900\leqq v<1000$	950	0.01
11	$1000\leqq v<1100$	1050	0.00
12	$1100\leqq v<1200$	1150	0.00
13	$1200\leqq v<1300$	1250	0.00
14	$1300\leqq v<1400$	1350	0.00
15	$1400\leqq v<1500$	1450	0.00
16	$1500\leqq v<1600$	1550	0.00
17	$1600\leqq v<1700$	1650	0.00
18	$1700\leqq v<1800$	1750	0.00
19	$1800\leqq v<1900$	1850	0.00
20	$1900\leqq v$	1950	0.00

$F_1+F_2+F_3+\cdots+F_{20}=1$ を満たし，(3)で求めた測定可能範囲に含まれない粒子の個数は0であると考えてよいものとする。

(4) 図4のグラフから $v_i^2F_i$ の値を読み取り，速さの2乗の平均値 $\overline{v^2}$ を有効数字2桁で求めよ。

(5) (4)の結果を用いて $\dfrac{m\overline{v^2}}{kT}$ の値を求め，最も適切な値を①～⑤から選べ。ただし，統一原子質量単位を $1\text{u}=1.7\times10^{-27}$kg，ボルツマン定数を $k=1.4\times10^{-23}$J/K とする。

① 1　② 3　③ 4　④ 5　⑤ 10

(6) (5)の結果を(1)の下線部を参考にして説明せよ。

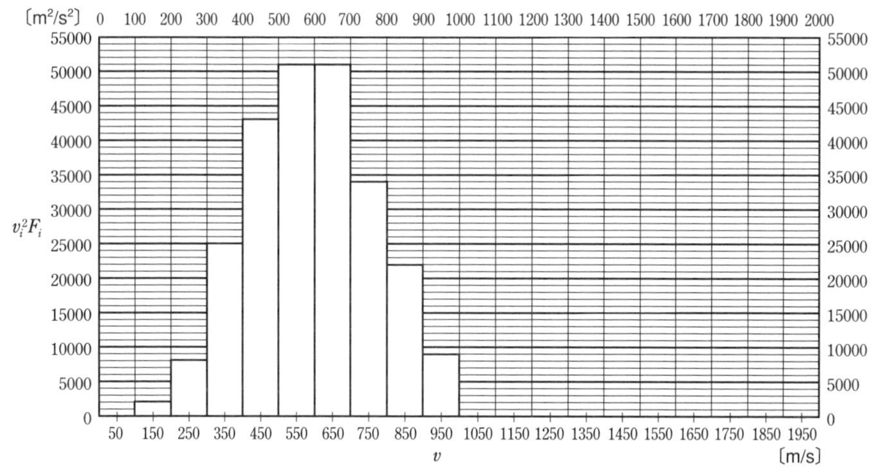

図 4：表 1 の数値を用いて計算した結果を 100 の位で四捨五入したもの

〔19 福井大〕

◇154. 〈波の屈折と虹のしくみ〉

次の文章中の ア ～ サ に適切な数式，言葉，または数値を入れよ。数値の有効数字は 2 桁とする。また，a には，ク の理由を波の性質を考慮して 30 字程度で記述せよ。

(1) 波の伝わり方は，次の 2 つの原理で理解できる。第一に，2 つの波が同時にきたときの媒質の変位 y〔m〕は，それぞれの波が単独にきた場合の変位 y_1〔m〕および y_2〔m〕を用いて，$y=$ ア と表せる。第二に，1 つの波面上の各点からは，その各点を イ とし，波の進む方向に新たな球面波を生じる。以上から，次の瞬間における波面は，各(イ)からの球面波の接平面になることが結論づけられる。

異なる媒質の境界面付近での平面波の伝わり方を考察しよう。図 1 のように，媒質 1 を速さ v_1〔m/s〕で伝わる波が，媒質 2 との境界面に入射角 θ_1〔°〕で入射した。図中の直線 AB は，ある時刻における入射波の波面である。その後，境界線 AD 上に次々と届く波は，新たな(イ)となり，媒質 2 における新たな波面 CD を形成する。媒質 2 における波の速さを v_2〔m/s〕，屈折角を θ_2〔°〕とすると，θ_1，θ_2，v_1，v_2 の間には，ウ の関係が成立する。

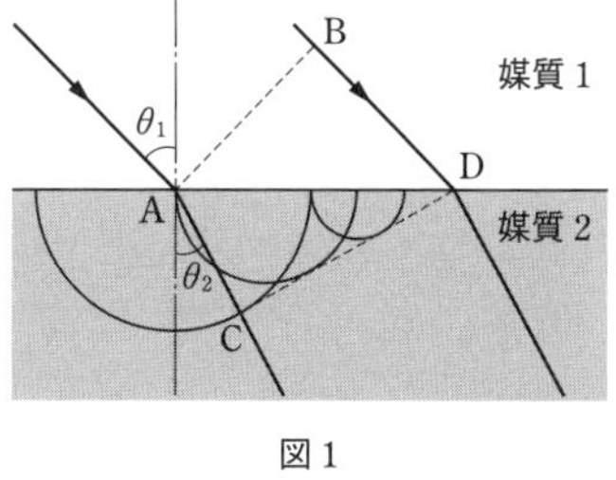

図 1

光も波の一種である。真空中における光の速さ c〔m/s〕は，波長に関係なく，$c=$ エ m/s の値をもつ。さまざまな波長の光のうち，人間の目に感じる光を可視光といい，その中での波長の違いは色の違いとして識別される。可視光の中で最も波長が長いのが，オ 色の光である。物質中の可視光の速さは，真空中よりも小さい。また，同じ物質でも波長や温度によって異なる。例えば，20°C の水中における可視光の平均的な速さ c_W〔m/s〕は，$c_W=0.75c$ の値をもち，波長が短くなるほど速さは カ なる。

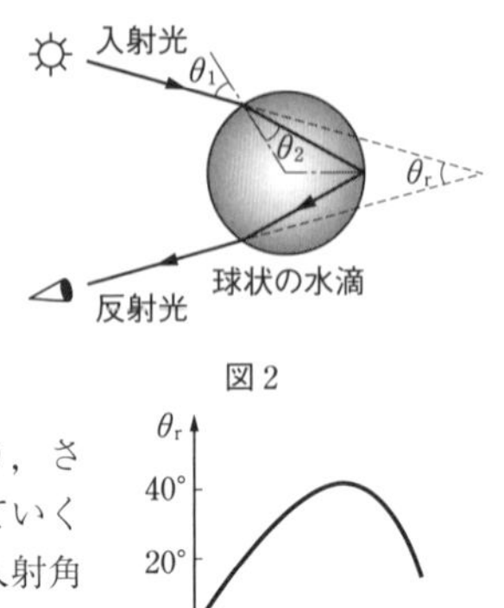

図 2

図 3

(2) 以上の事実をもとにすると，晴れた日の空気中に水滴が浮かんでいる場合の虹の形成を理解できる。光が，水滴によって図 2 のように反射される過程を考える。簡単のため，空気中の光の速さは真空中と同じであるとし，水滴が球の場合を考える。すると，可視光の平均的な反射角 θ_r〔°〕は，入射角 θ_1 と屈折角 θ_2 を用いて，θ_r＝[キ] と表せる。(ウ)と(キ)および $c_W=0.75c$ より，θ_r が θ_1 の関数として表現できる。その関数をかいたのが，図 3 である。このグラフより，さまざまな角度で水滴に入射する光が，どのように反射されていくのかが読み取れる。そして，反射光が一番強くなるのは，入射角 θ_1 が約 [ク]° の場合であることがわかる。その理由は，[a] からである。さらに，光の分散を考慮すると，反射されて出てきた可視光の中で，[ケ] 色の光が一番下に見えることが説明できる。

上の虹に加えて，より薄い第二の虹が見える場合があるが，それは図 4 の反射過程によるものである。その反射角 θ_r は，入射角 θ_1 と屈折角 θ_2 を用いて，θ_r＝[コ] と表せる。この式を用いて θ_r を θ_1 の関数として表すと，図 5 のようになる。この第二の虹では，反射されて出てきた可視光の中で，[サ] 色の光が一番下に見える。

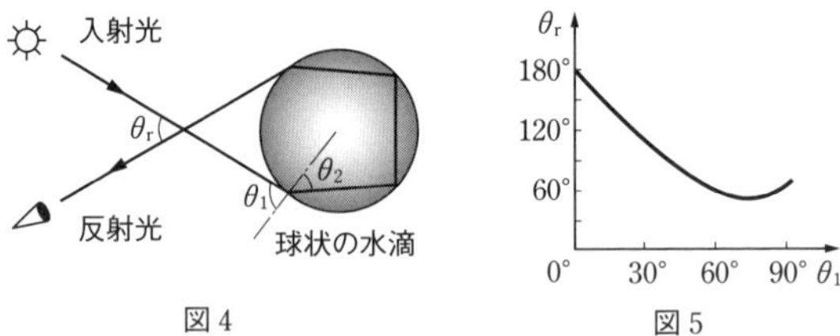

図 4　　図 5

〔16 北海道大〕

◇155.〈回路素子の決定〉

次の文中の [ア]～[エ]，および [カ]，[ケ] に当てはまる数値を，有効数字 2 桁で答えよ。また，[オ]，[キ]，[ク] については，適切な答えを解答群の中から選べ。必要ならば，同一番号をくり返し用いてよい。

図 1 は，内部抵抗 r〔Ω〕の電池 E，抵抗 R_a，R_b，R_d，R_f，および X，Y を含む回路である。X，Y は，それぞれ，抵抗，コイル，コンデンサーのいずれか 1 つであるが外観ではわからない。ここで，測定に使用する直流電圧計の内部抵抗は十分に大きく，電流は流れないものとし，直流電流計の内部抵抗および接続に使用する導線の抵抗は無視できる。なお，「初めの状態」とは，「回路に何も接続されておらず，a，b，d，e，f の電位は等しく，回路に電流が流れていない状態」とする。

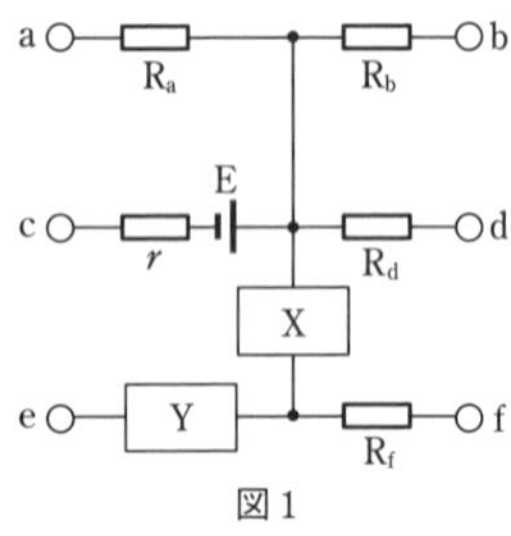

図 1

(1) 初めの状態においてdc間の電圧を直流電圧計で測定したところ，8.40Vの電圧が測定された。直流電圧計を外し，ac間，bc間，dc間の電流を1つの直流電流計を用いて順番に測定したところ，それぞれ1.00A，3.50A，2.10Aであった。次に，この直流電流計を外し，ab間を導線で接続した状態で，ac間の電流を直流電流計で測定したところ，4.20Aであった。以上の結果から抵抗R_a，R_b，R_dはそれぞれ［ア］Ω，［イ］Ω，［ウ］Ωの抵抗であり，電池Eの内部抵抗rは［エ］Ωである。

(2) 回路を初めの状態にもどした後，電池Eを起電力10.0V，内部抵抗0.600Ωの電池にかえ，記録ができる直流電流計をcf間に接続したところ，cf間の電流は図2のように変化した。なお，cf間を接続した瞬間の電流は2.00Aであった。この結果から，Xは［オ］と考えられ，抵抗R_fは［カ］Ωである。

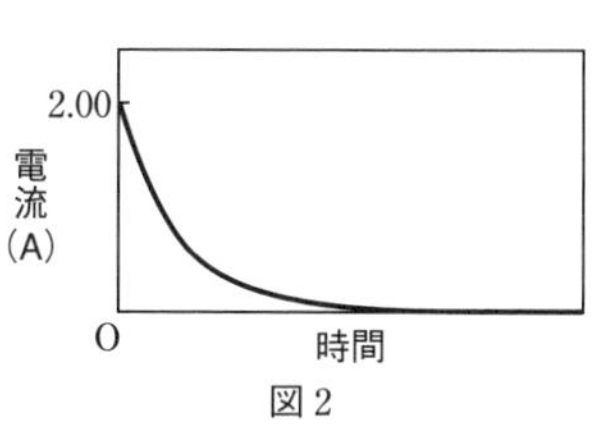

図2

次にcf間の直流電流計を外し，df間を導線で接続した。この状態でce間に直流電流計を接続した。十分に時間が経過したあと，ce間の電流は0ではない値で一定となった。この結果から，Yは［キ］以外と考えられる。

(3) 回路を初めの状態にもどした後，抵抗R_b，R_d，R_fをそれぞれ4.00Ωの抵抗にかえ，図3のようにdf間に交流電源と交流電流計を接続した。交流電源と交流電流計の内部にあるインピーダンスは無視できる。交流電源から出力される交流の周波数をf_1〔Hz〕，電圧の実効値を10.0Vにしたとき，交流電流計は1.00Aを示した。次に回路を初めの状態にもどした後，図4のように交流電源と交流電流計をbe間につなぎかえた。なお，抵抗R_b，R_d，R_fはそれぞれ4.00Ωのままである。交流電源から出力される交流の周波数をf_1，電圧の実効値を10.0Vにしたとき，交流電流計は2.00Aを示した。この状態から電圧を変えずに，交流の周波数を大きくしながら電流計の値を見ると，電流はしだいに増加し，周波数f_2〔Hz〕で最大となり，そのあと減少を続けた。以上の結果から，Yは［ク］であると考えられる。また，$\frac{{f_1}^2}{{f_2}^2}=$［ケ］である。

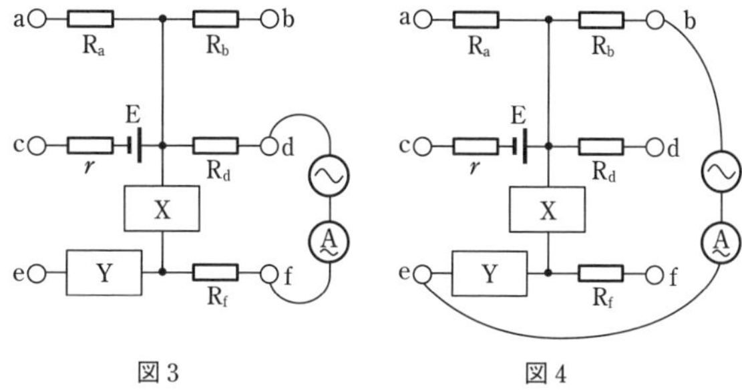

図3　図4

［オ］，［キ］，［ク］の解答群 ① 抵抗　② コイル　③ コンデンサー

〔22 東京理大〕

◇156.〈陽電子断層撮影法のしくみ〉

図1のような陽電子断層撮影法(PET)は，生体の内部を画像化することができる。がんを含む特定の組織はブドウ糖を多く取りこむ性質がある。ブドウ糖分子の水酸基を放射性同位体 $^{18}_{9}\mathrm{F}$ に置きかえた薬剤を体内に注射すると，この薬剤は体内でブドウ糖のようにふるまい，$^{18}_{9}\mathrm{F}$ は

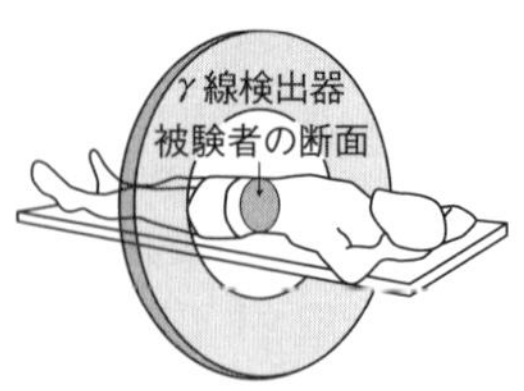

図1：PET装置の概要

$$^{18}_{9}\mathrm{F} \longrightarrow \boxed{\text{ア}} + \text{陽電子} + \text{ニュートリノ}$$

という反応によって陽電子(電子の反粒子。質量と電気量の大きさは電子と同じだが，電気量の符号が電子と反対。)を放出する。ⓐこの反応の半減期は110分である。放出された陽電子は，物質中の原子を電離しながら進み，エネルギーを失い数mm程度でほぼ停止する。ほぼ停止した陽電子は付近の電子と対消滅し，2つの γ 線が放出される。図2のように，PETの装置では，多数の γ 線検出器が円周にそって被験者を取り囲むように配置されている。対消滅によって放出される2つの γ 線は，ほぼ同時に2つの検出器によって検知され，対消滅が起きた場所を推定することができる。対消滅が頻繁に起きる場所にはブドウ糖が多く分布し，がんなどの組織の場所がわかる。ここでは，対消滅が起きた場所を推定する方法について考える。

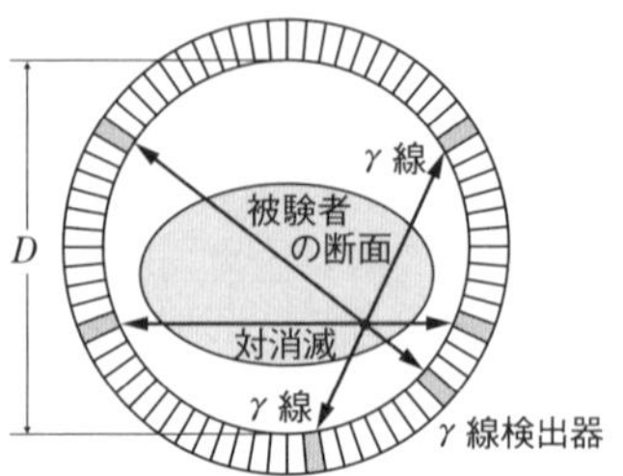

図2：■はγ線を検知した検出器
□はγ線を検知していない検出器

最初に，電子と陽電子の運動量の和が0の場合を考える。ⓑ運動量の和が0である場合，2つの γ 線は互いに反対方向に放出される。このため，対消滅が起きた場所は，γ 線を検知した検出器を結ぶ直線上となる。同じ場所で対消滅がくり返し起こると，図2に示したように，対消滅ごとに異なる方向に γ 線が放出され，異なる直線が得られる。このような直線群の交点が，頻繁に対消滅の起きる場所となる。

実際には，電子と陽電子の運動量の和は0にはならない。簡単のために，図3のように速さ v〔m/s〕で運動している電子が，静止している陽電子と衝突し，対消滅する場合を考える。このとき，ⓒ2つの γ 線は電子の速度方向から角度 θ〔rad〕ずれた方向に放出される。ⓓ図4のように，対消滅がPET装置の中心で起きたとすると，γ 線を検知した2つの検出器を結ぶ直線は，対消滅が起きた場所から距離 d〔m〕だけ離れている。距離 d を調べることで，PET装置で推定される対消滅の位置の精度を評価することができる。

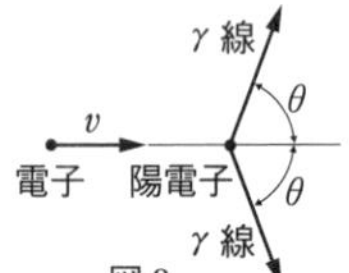

γ線 θ v 電子 陽電子 θ γ線

図3

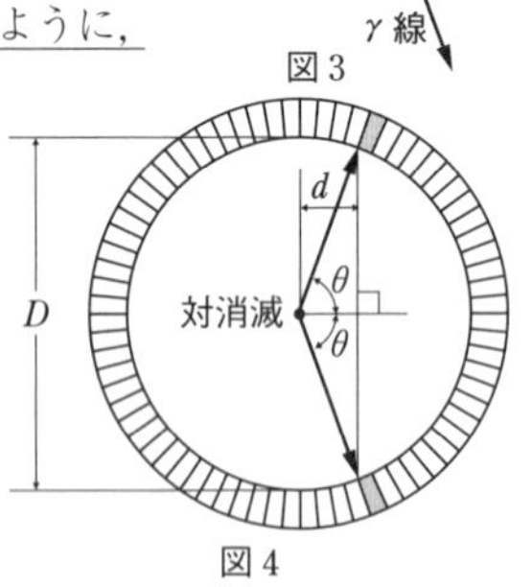

図4

電子および陽電子の質量を $m=9\times10^{-31}\,\mathrm{kg}$，$\gamma$ 線の速さを $c=3\times10^{8}\,\mathrm{m/s}$，PET装置の直径を $D=0.6\,\mathrm{m}$ とする。また，質量とエネルギーの等価性によって質量 M〔kg〕の粒子はエネルギー Mc^2 をもち，γ 線の運動量 p〔J·s/m〕とエネルギー E〔J〕には $p=\dfrac{E}{c}$ の関係がある。γ 線検出器は十分細かく配置されており，検出器は十分に小さいものとして，次の問いに答えよ。

(1) **ア** に入る適切なものを次の選択肢から選べ。

① $^{17}_{8}\mathrm{O}$　② $^{18}_{8}\mathrm{O}$　③ $^{18}_{9}\mathrm{F}$　④ $^{19}_{9}\mathrm{F}$　⑤ $^{19}_{10}\mathrm{Ne}$　⑥ $^{20}_{10}\mathrm{Ne}$

(2) 下線部ⓐについて，時刻 0 において放射性同位体 $^{18}_{9}\mathrm{F}$ が一定量あったとすると，放射性同位体 $^{18}_{9}\mathrm{F}$ の原子核の個数はどのように時間変化するか。時間変化を表すグラフとして適切なものを次の選択肢から選べ。ただし，T〔s〕は半減期，N_0 は時刻 0 における原子核 $^{18}_{9}\mathrm{F}$ の個数を表す。なお，N_0 は十分大きな値であるとする。

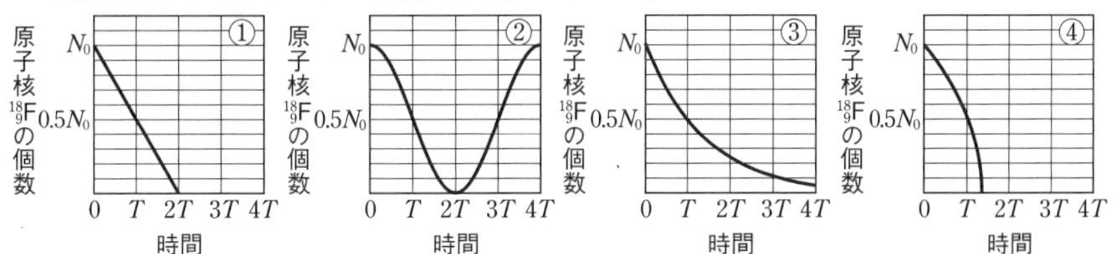

(3) 下線部ⓑについて，2 つの γ 線が互いに反対方向に放出される理由を説明せよ。

(4) 下線部ⓒについて，電子の速度方向と γ 線が放出される方向のなす角度 θ の余弦 $\cos\theta$ を，電子の速さと γ 線の速さの比 $\dfrac{v}{c}$ を用いて表せ。ただし，速さ v の電子の運動エネルギーは $\dfrac{1}{2}mv^2$，運動量の大きさは mv としてよい。

対消滅を起こす電子が水素原子の基底状態にあるものとする。電子の運動はボーアの理論に従い，図 5 のように，半径 r〔m〕の円軌道を，陽子から静電気力を受けて，速さ v で回っているものとする。電気素量を e〔C〕，クーロンの法則の比例定数を k〔N･m²/C²〕として，円軌道上にある電子の位置エネルギー（基準は無限遠点）が

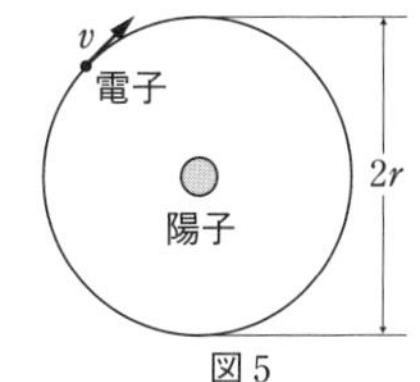

図 5

$$-k\frac{e^2}{r}=-4\times10^{-18}\,\mathrm{J}$$

であるとする。

(5) 下線部ⓓについて，対消滅する陽電子は静止しており，電子はボーアの理論における速さ v であるとして，距離 d の値として最も適切なものを次の選択肢から選び，理由を説明せよ。また，$\sqrt{10}=3.16\cdots$ であることを用いてもよい。

① 1 μm　② 10 μm　③ 100 μm　④ 1 mm　⑤ 10 mm　〔20 福井大 改〕

答えの部

1 等加速度運動

1. (1) $\dfrac{2v_S L}{{v_S}^2-v^2}$ (2) $\dfrac{2W}{\sqrt{{v_S}^2-v^2}}$

(3) T_C：$\dfrac{\sqrt{{v_S}^2-v^2}}{v_S}T_B$，長いほう：$T_B$

(4) $\dfrac{1-\sin\theta}{\cos\theta}\cdot\dfrac{W}{v_S-v}$

2. (1) 30m/s

(2) グラフ：1図，制動時間：5s，制動距離：75m

(3) 車間距離：24m，
相対速度：A→B の向きに 6m/s

(4) グラフ：2図
自動車Bがブレーキをかけている間，車間距離は毎秒 6m ずつ縮まり，$t=5$s で自動車Aと追突する。

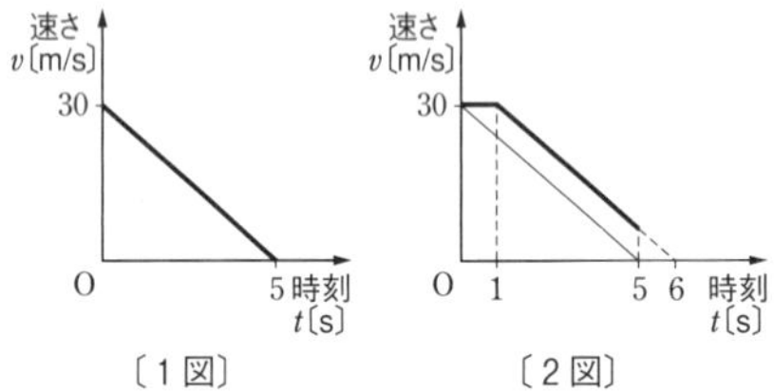

〔1図〕 〔2図〕

3. (1) 4.0m/s^2 (2) 0.50s (3) 0.5m (4) ②

4. (ア) v_0t (イ) $\dfrac{1}{2}gt^2$ (ウ) $\dfrac{2v_0\tan\theta}{g}$

(エ) $\dfrac{2{v_0}^2\tan\theta}{g\cos\theta}$ (オ) $\dfrac{1}{\sqrt{6}}$ (カ) 1

5. (1) $\left(v_0\cos\alpha\cdot t,\ h_1+v_0\sin\alpha\cdot t-\dfrac{1}{2}gt^2\right)$

(2) $\left(d,\ h_1+h_2-\dfrac{1}{2}gt^2\right)$

(3) 水平方向：$v_0\cos\alpha\cdot t_1=d$，
鉛直方向：$v_0\sin\alpha\cdot t_1=h_2$

(4) $\tan\alpha=\dfrac{h_2}{d}$，$t_1=\dfrac{\sqrt{d^2+{h_2}^2}}{v_0}$

6. (1) $V(x)=\sqrt{2gx\sin\theta}$ (2) $\sqrt{\dfrac{2l}{g\sin\theta}}$

(3) $\dfrac{1}{4}l$ (4) $\dfrac{\sqrt{3}}{2}l$

7. (1) x 成分：$-mg\sin\theta$，
y 成分：$-mg\cos\theta$

(2) x 成分：$v_0\cos\alpha-g\sin\theta\cdot t$，
y 成分：$v_0\sin\alpha-g\cos\theta\cdot t$

(3) x 座標：$v_0\cos\alpha\cdot t-\dfrac{1}{2}g\sin\theta\cdot t^2$，

y 座標：$v_0\sin\alpha\cdot t-\dfrac{1}{2}g\cos\theta\cdot t^2$

(4) $\dfrac{2v_0\sin\alpha}{g\cos\theta}$ (5) $\dfrac{2{v_0}^2\sin\alpha}{g\cos^2\theta}\cos(\theta+\alpha)$

(6) $\dfrac{\pi}{4}-\dfrac{\theta}{2}$ (7) $\tan\theta\tan\alpha=\dfrac{1}{2}$ (8) $\dfrac{v_0}{\sqrt{1+4\tan^2\theta}}$

8. (1) (ア) ① (イ) ② (ウ) $v\sin\theta_1$

(エ) $\sqrt{v^2\cos^2\theta_1-2gh}$

(オ) $\dfrac{v\cos\theta_1-\sqrt{v^2\cos^2\theta_1-2gh}}{g\sin\phi}$ (カ) $\sqrt{1-\dfrac{2gh}{v^2}}$

(2) (キ) $\sqrt{1-\dfrac{2gh}{v^2}}$ (ク) $\dfrac{2v\cos\theta_1}{g\sin\phi}$

2 力とつりあい

9. (1) 人：$T+N=mg$
ゴンドラ：$T=N+Mg$

(2) $T=\dfrac{M+m}{2}g$ (3) $\dfrac{m-M}{2}$

10. (1) $a=\dfrac{k_1}{k_1+k_2}(L-2l_0)$，$F=-(k_1+k_2)x$

(2) $x_0=\dfrac{mg\sin\theta}{k_1+k_2}$

11. (1) AP：$\dfrac{L-a}{L}Mg$，BP：$\dfrac{a}{L}Mg$

(2) $\dfrac{a}{L}Mg$ (3) $\dfrac{Mg}{L}|a-(L-a)\sin\theta|$

(4) $\dfrac{L(\sin\theta-\mu\cos\theta)}{1+\sin\theta-\mu\cos\theta}\leqq a\leqq\dfrac{L(\sin\theta+\mu\cos\theta)}{1+\sin\theta+\mu\cos\theta}$

12. 〔A〕(1) $T=\dfrac{mg\sin\theta}{\sin(\theta+\alpha)}$〔N〕，

$P_1=\dfrac{mg\sin\alpha}{\sin(\theta+\alpha)}$〔N〕

(2) $F_1=\dfrac{mg\sin\alpha\sin\theta}{\sin(\theta+\alpha)}$〔N〕

〔B〕(3) $a_1=g\sin\theta$〔m/s^2〕，$P_2=mg\cos\theta$〔N〕

(4) $F_2=mg\sin\theta\cos\theta$〔N〕

13. (1) $2mg$

(2) (a) $mg\times2a+3mg\times a=N_C\times4a$

(b) $\dfrac{5}{4}mg$ (c) $\dfrac{11}{4}mg$ (3) $\dfrac{2}{3}a$

14. (1) 垂直抗力：Mg，摩擦力：$\dfrac{Mg}{2\tan\theta}$

(2) $\mu\geqq\dfrac{1}{2\tan\theta}$ (3) 垂直抗力：$(M+m)g$

摩擦力：$\dfrac{ML+2m(L-x)}{2L\tan\theta}g$

(4) $\mu\geqq\dfrac{ML+2m(L-x)}{2(M+m)L\tan\theta}$

15. (ア) $\dfrac{4Mg}{3\pi}r\sin\theta$ (イ) 0 (ウ) Mg (エ) $\dfrac{3}{4}\pi$

(い) $Mg-F$ (ろ) $Fr\cos\theta$ (は) $\dfrac{3\pi F}{4Mg}$

(a) 時計回り (b) 反時計回り

16. (1) $Mg\sin\theta$ (2) 3 (3) $\dfrac{1}{3}$ (4) $\dfrac{1}{\sqrt{10}}Mg$

17. (1) ρSlg

(2) (a) $\dfrac{l}{2}\cos\theta$ (b) $\rho_0 Sl_0 g$ (c) $l-\dfrac{h}{\sin\theta}$

(d) $\dfrac{1}{2}\rho Sl^2 g\cos\theta=\rho_0 Sl_0\left(l-\dfrac{l_0}{2}\right)g\cos\theta$

(e) $\dfrac{h}{l}\sqrt{\dfrac{\rho_0}{\rho_0-\rho}}$ (3) $l\sqrt{\dfrac{\rho_0-\rho}{\rho_0}}$

18. (ア) $\dfrac{T}{2g}$ (イ) $\dfrac{T}{2k}$ (ウ) $\dfrac{T}{2g}$ (エ) $\dfrac{F}{\rho g}$

(オ) $\dfrac{F}{k}$ (カ) $\dfrac{1}{2}(T-F)$ (キ) $\dfrac{2T}{5F}\rho$

(ク) ρSha (ケ) $p_0+\rho h(g+a)$ (コ) $\dfrac{a}{gk}\left(\dfrac{T}{2}-F\right)$

3 運動の法則

19. (1) $4mg$ (2) $\dfrac{F}{4m}-g$ (3) $\sqrt{\dfrac{6mh}{F}}$

(4) $\sqrt{\dfrac{2Fh}{3m}}$

20. (1) $\dfrac{2h}{T^2}$ (2) aT (3) $m(a+g)$

(4) $(M+m)(a+g)$ (5) $\dfrac{v_0+\sqrt{v_0{}^2+2gh}}{g}$

(6) $-\dfrac{F}{M}t$

21. 〔A〕(1) $m_{\rm B}g$ (2) $m_{\rm B}g$

〔B〕(3) $m_{\rm A}a=T$ (4) $m_{\rm B}a=m_{\rm B}g-T$

(5) $\dfrac{m_{\rm B}}{m_{\rm A}+m_{\rm B}}g$ (6) $\dfrac{m_{\rm A}m_{\rm B}g}{m_{\rm A}+m_{\rm B}}$ (7) $\dfrac{m_{\rm A}m_{\rm B}g}{m_{\rm A}+m_{\rm B}}$

(8) $\left\{M+\dfrac{m_{\rm A}(m_{\rm A}+2m_{\rm B})}{m_{\rm A}+m_{\rm B}}\right\}g$

〔C〕(9) $\dfrac{m_{\rm B}}{m_{\rm A}}g$

22. (1) (ア) 3図 (イ) $\dfrac{mg}{k}$ (ウ) $-\dfrac{(mg)^2}{2k}$

(2) (エ) $\dfrac{2mg}{k}$ (オ) $\dfrac{mg}{k}$ (カ) $g\sqrt{\dfrac{m}{k}}$ (キ) 4図

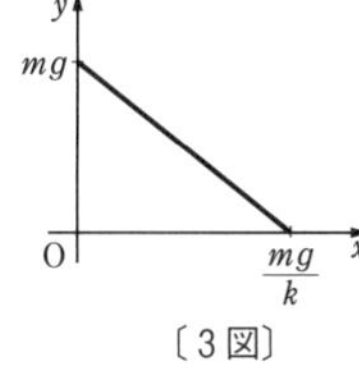

〔3図〕 〔4図〕

23. 〔A〕(1) $\dfrac{10}{3}m$

〔B〕(2) $\dfrac{F}{2}$ (3) $\left(\dfrac{F}{2m}-g\right)\sqrt{\dfrac{5md}{F}}$

24. (1) 張力：$mg\sin\theta$〔N〕，抗力：$mg\cos\theta$〔N〕

(2) 張力：$mg\sin\theta-ma\cos\theta$〔N〕，
抗力：$mg\cos\theta+ma\sin\theta$〔N〕

(3) $g\tan\theta$〔m/s²〕

(4) 張力：$mg\sin\theta+mb\cos\theta$〔N〕，
抗力：$mg\cos\theta-mb\sin\theta$〔N〕

(5) $\dfrac{g}{\tan\theta}$〔m/s²〕

25. (1) $mg\sin\theta$〔N〕 (2) $\dfrac{N\sin\theta}{M}$〔m/s²〕

(3) $N+mb\sin\theta=mg\cos\theta$

(4) $N=\dfrac{Mmg\cos\theta}{M+m\sin^2\theta}$〔N〕，

$b=\dfrac{m\sin\theta\cos\theta}{M+m\sin^2\theta}g$〔m/s²〕

(5) $\dfrac{(M+m)\sin\theta}{M+m\sin^2\theta}g$〔m/s²〕 (6) $\dfrac{m\cos\theta}{M+m}L$〔m〕

26. (1) $\alpha=g\tan\theta$

(2) $V_{\rm M}=\sqrt{\dfrac{2g(H-h)(1-\sin\theta)}{\cos\theta}}$，

$V=\sqrt{2g(H-h)(1-\tan\theta)}$ (3) $V_0=\alpha\sqrt{\dfrac{2h}{g}}$

27. 〔A〕(1) 下降する (2) $\dfrac{g}{2}(1-\sin\theta)$

(3) $\dfrac{mg}{2}(1+\sin\theta)$ (4) $\dfrac{mg}{2}(1+\sin\theta)\cos\theta$

〔B〕(1) Q (2) $\dfrac{1-\sin\theta}{\cos\theta}g$

(3) $\dfrac{1-\sin\theta}{\cos\theta}mg$ (4) $\dfrac{1-\sin\theta}{\cos\theta}(M+2m)g$

〔C〕(1) $\dfrac{M+2m}{m\cos\theta}$ (2) $a_{\rm C}=\dfrac{(M+2m)g(1-\sin\theta)}{2M+(4-\cos^2\theta)m}$

4 抵抗力を受ける運動

28. (1) $m\leqq\mu M$

(2) $N=Mg\cos\theta_0$，$\mu=\tan\theta_0-\dfrac{m}{M\cos\theta_0}$

(3) (a) A：$Ma=Mg\sin\theta_0-\mu' Mg\cos\theta_0-T$
B：$ma=T-mg$

(b) $\dfrac{M\sin\theta_0-\mu' M\cos\theta_0-m}{M+m}g$

(4) 負，理由省略

29. (1) $\dfrac{v_0}{\mu_{\rm A}'g}$ (2) $4\mu_{\rm A}'$ (3) $2\mu_{\rm A}'mg$

(4) $-\dfrac{4}{3}mv_0{}^2$

30. (1) (ア) $-\mu' Mg(x_2-x_1)$

(イ) $2x_0-x_1-\dfrac{2\mu' Mg}{k}$

(2) (ウ) $k(x_0-x)-f$ (エ) $f-\mu' Mg$ (オ) $x_0+\dfrac{\mu' mg}{k}$

31. (1) $\dfrac{1}{8}g$〔m/s²〕 (2) $\dfrac{3}{2}mg$〔N〕 (3) mgh〔J〕

(4) $\dfrac{1}{3}$ (5) mgh〔J〕

(6) A：$\dfrac{3}{8}g$〔m/s²〕, B：$\dfrac{1}{8}g$〔m/s²〕

(7) $\dfrac{1}{3}h$〔m〕 (8) $\dfrac{2}{3}mgh$〔J〕

32. (1) $a=\dfrac{\mu mg}{k}$ (2) $\dfrac{1}{2}ka^2$ (3) $-\mu' mgb$

(4) $\mu>2\mu'$ (5) $\dfrac{2(\mu-\mu')mg}{k}$

33. (1) 5図

(2) $Ma=Mg\sin\theta-\mu' Mg\cos\theta-kv$

(3) $\dfrac{Mg}{k}(\sin\theta-\mu'\cos\theta)$

(4) $\dfrac{1}{3\sqrt{3}}$

(5) 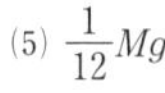 $\dfrac{1}{12}Mg$

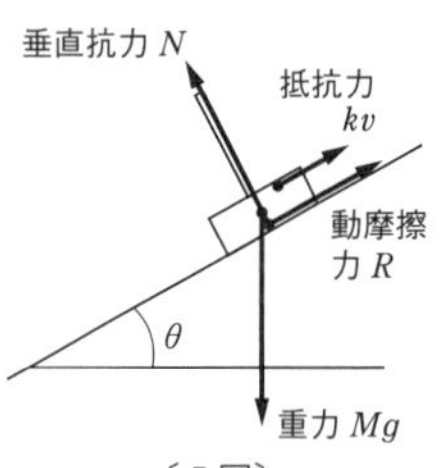

〔5図〕

34.〔A〕(1) $E-\mu' mgl$

(2) $\dfrac{E-\mu' mgl}{2}$

〔B〕(3) $-\dfrac{2}{3}l+\sqrt{\dfrac{E}{k}+\dfrac{l^2}{9}}$

(4) 物体 AB は位置 x に静止したままである。理由省略

〔C〕(5) $\dfrac{2}{3}l-\sqrt{\dfrac{E}{k}-\dfrac{23}{9}l^2}$

〔D〕(6) 6図

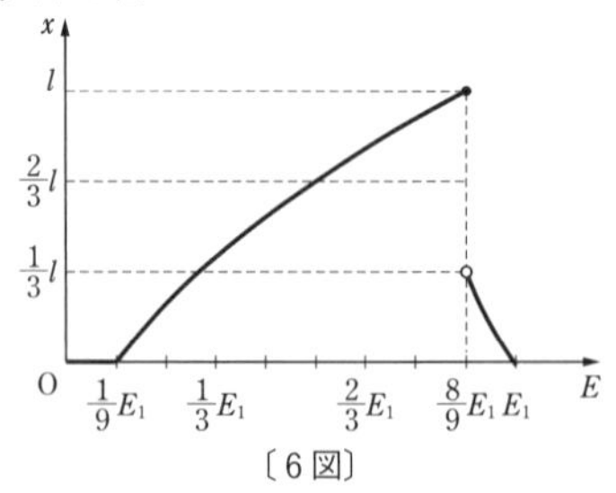

〔6図〕

5 運動量の保存

35. (1) (a) $Mv_0=mv_A+Mv_B$

(b) $v_A=\dfrac{2M}{M+m}v_0$, $v_B=\dfrac{M-m}{M+m}v_0$

(2) $v_A\sqrt{\dfrac{m}{k}}$ (3) $x_A=v_A\sqrt{\dfrac{m}{k}}\sin\sqrt{\dfrac{k}{m}}t$,

$x_B=v_Bt$ (4) $\dfrac{5\pi}{6}\sqrt{\dfrac{m}{k}}$

36. (1) $mV=mV_A\cos\alpha+mV_B\cos\beta$

(2) $0=mV_A\sin\alpha+(-mV_B\sin\beta)$

(3) $V_A=\dfrac{V\sin\beta}{\sin(\alpha+\beta)}$〔m/s〕,

$V_B=\dfrac{V\sin\alpha}{\sin(\alpha+\beta)}$〔m/s〕 (4) 0 J

37. (ア) mv (イ) $\dfrac{3mv^2}{2L}$ (ウ) $\dfrac{2L}{3v}$ (エ) $\sqrt{3}$

(オ) $\dfrac{M}{M+m}$ (カ) $\dfrac{\sqrt{3}\,m}{M+m}$

38. (1) mgh

(2) $V_0=m\sqrt{\dfrac{2gh}{M(M+m)}}$, $v_0=\sqrt{\dfrac{2Mgh}{M+m}}$

(3) $\left(e-\dfrac{m}{M}\right)\sqrt{\dfrac{2Mgh}{M+m}}$, $\dfrac{m}{M}<e$

(4) $mgh=\dfrac{1}{2}(M+m)V^2+mgl$

(5) $mv_0+MV_0=(M+m)V$ (6) $\left(\dfrac{M-m}{M+m}\right)^2h$

(7) 小球がSをのぼり下りする度に，Sは左向きの速度が少しずつ増加し，小球の水平面上の速さが減少して小球の達する高さが低くなる。やがてSの速さが小球の水平面上の速さ以上になり，両者は左向きに進み続ける。(98字)

39.〔A〕(ア) $v\sin\theta$ (イ) $v\cos\theta$

(ウ) $v\sin\theta=v'\cos\theta$ (エ) $v\tan\theta$

(オ) $v'\sin\theta$ (カ) $ev\cos\theta$ (キ) $\dfrac{ev}{\tan\theta}$

(ク) $\tan^2\theta$ (1) $\dfrac{mv}{\cos\theta}$

〔B〕(ケ) $v't_1$ (コ) $\dfrac{1}{2}gt_1{}^2$ (サ) $\dfrac{2v\tan^2\theta}{g}$

(2) $2\tan\theta$

40. (1) 小物体：$-\mu' g$　台車：$\frac{\mu' mg}{M}$

(2) $\frac{m}{m+M}v_0$

(3) $\frac{MV}{\mu' mg}$　(4) 7図

(5) $\frac{Mm}{2(M+m)}v_0^2$

(6) $\frac{Mv_0^2}{2\mu'(M+m)g}$

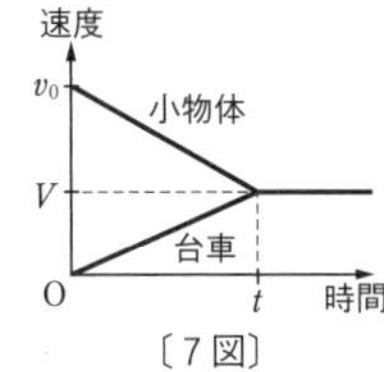

〔7図〕

41. (1) (a) $g\sin\theta$　(b) $mg\cos\theta\sin\theta$

(2) (a) 0　(b) $\sqrt{2gh}$　(c) $\frac{1}{\sin\theta}\sqrt{\frac{2h}{g}}$

(3) (a) $\frac{1}{4}\sqrt{2gh}$　(b) $\frac{3}{4}h$　(c) $\frac{3}{16}mgh$

(4) (a) $\frac{1}{2}\sqrt{2gh}$　(b) $\frac{1}{2}\sqrt{2gh}$

42. (1) $v_1=\frac{m-eM}{M+m}v_0$，$V_1=\frac{(1+e)m}{M+m}v_0$

(2) $\frac{e+2}{e}\cdot\frac{a}{v_0}$　(3) $(-e)^n v_0$

(4) $\frac{m}{M+m}v_0$　(5) $\frac{Mmv_0^2}{2(M+m)}$

(6) $\varDelta K$ は多数回の衝突により失われる円盤と円環の運動エネルギーの総和で，熱エネルギーなどに変わったエネルギーの量を表す。(58 字)

43. 〔A〕(1) $\sqrt{2gl(1-\cos\theta)}$　(2) $mg(3\cos\theta-2)$

(3) $\frac{2}{3}$　(4) $\frac{2m}{3}\sqrt{\frac{2gl}{3}}$　(5) $\frac{P}{M+m}$

(6) $1-\frac{P^2}{2m(M+m)gl}$　〔B〕$\frac{\sqrt{3}\,m}{4M-m}$

6 円運動・万有引力

44. (1) 8図

(2) 台上：9図，外：10図

(3) $\frac{l_0\omega_0^2}{g}$

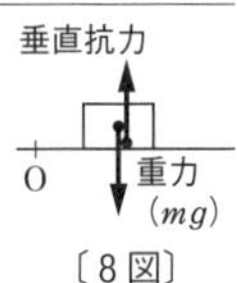

〔8図〕

垂直抗力　遠心力 $(ml_0\omega^2)$　静止摩擦力　O　重力 (mg)

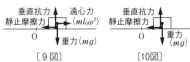

〔9図〕

垂直抗力　静止摩擦力　O　重力 (mg)

〔10図〕

(4) $\sqrt{\frac{1-\mu}{l}g}\leqq\omega\leqq\sqrt{\frac{1+\mu}{l}g}$

45. (ア) $\frac{g}{l\cos\theta}$　(イ) $\frac{mg}{\cos\theta}$

(ウ) $\frac{g}{r\sin^2\theta}\left(\frac{r}{l}-1-\cos\theta\right)$

(エ) $\frac{mg}{\sin\theta}\left(1+\cos\theta-\frac{r}{l}\cos\theta\right)$

(オ) $\frac{l}{\cos\theta}(1+\cos\theta)$　(カ) $\frac{g}{l(1+\cos\theta)}$

46. (1) $\sqrt{2gr(1-\cos\theta)}$　(2) $mg(3\cos\theta-2)$

(3) $\frac{2}{3}$　(4) $\sqrt{\frac{2gr}{3}}$　(5) $\sqrt{gr}$

47. (1) $\sqrt{2gh}$　(2) $\sqrt{2g(h-2r)}$　(3) $\frac{5}{2}r$

(4) $\sqrt{gr\sin\theta}$　(5) $\frac{r}{2}(2+3\sin\theta)$　(6) r

48. 〔A〕(1) $\sqrt{2gl\sin\theta}$　(2) $3mg$

(3) 大きさ：$2g$　向き：鉛直上向き

〔B〕(1) 大きさ：g　向き：鉛直下向き

(2) A　大きさ：$\sqrt{\frac{gl}{2}}$，向き：水平右向き

B　大きさ：$\sqrt{\frac{gl}{2}}$，向き：水平左向き

(3) mg　(4) A　大きさ：0

B　大きさ：$2g$，向き：鉛直下向き

(5) $\frac{\pi}{2}\sqrt{\frac{l}{2g}}$　(6) $\sqrt{\frac{gl}{2}}t+\frac{l}{2}\sin\sqrt{\frac{2g}{l}}t$

49. (1) $\frac{GM}{R^2}$〔m/s^2〕　(2) $\sqrt{gR}$〔m/s〕

(3) $v=\sqrt{\frac{gR}{2}}$〔m/s〕，周期：$4\pi\sqrt{\frac{2R}{g}}$〔s〕

(4) (a) $\frac{1}{3}v$〔m/s〕　(b) $\frac{1}{2}\sqrt{3gR}$〔m/s〕

(c) $16\pi\sqrt{\frac{R}{g}}$〔s〕　(5) $\sqrt{\frac{gR}{3}}<v<\sqrt{gR}$

50. 〔A〕(1) $G\frac{Mm}{r_0^2}$　(2) $2\pi r_0\sqrt{\frac{r_0}{GM}}$

(3) $\frac{GMm}{2r_0}$　(4) $-\frac{GMm}{2r_0}$　(5) ②　(6) ①

〔B〕(1) $mr_1\omega^2$　(2) $\sqrt{\frac{GM}{r_1r_0^2}}$　(3) $\frac{M}{M+m}r_0$

(4) $2\pi r_0\sqrt{\frac{r_0}{G(M+m)}}$

51. (1) (a) $v=\sqrt{2gR(\cos\theta-\cos\theta_0)}$，$|a|=g\sin\theta$

(b) $2\pi\sqrt{\frac{R}{g}}$　(2) (a) $\sqrt{\frac{g}{\sqrt{R^2-r^2}}}$　(b) $2\pi\sqrt{\frac{R}{g}}$

(3) (a) $\frac{5}{13}$　(b) $\sqrt{\frac{13g}{12\sqrt{R^2-r^2}}}$

(4) (a) $\frac{\sqrt{2gR}}{l}$　(b) $\sqrt{\frac{2gR}{l^2-2R^2}}$

7 単振動・単振り子

52. (1) $x=a\sin\omega t$, $v=a\omega\cos\omega t$

(2) $\alpha=-\omega^2 x$, $F=-2kx$

(3) $t_0=\dfrac{\pi}{4}\sqrt{\dfrac{2m}{k}}$, $t_1=\dfrac{\pi}{6}\sqrt{\dfrac{2m}{k}}$

(4) Kの最大値：ka^2 $(x=0)$

Uの最大値：ka^2 $(x=\pm a)$

(5) $\dfrac{x^2}{a^2}+\dfrac{v^2}{\left(\sqrt{\dfrac{2k}{m}}a\right)^2}=1$, 11 図

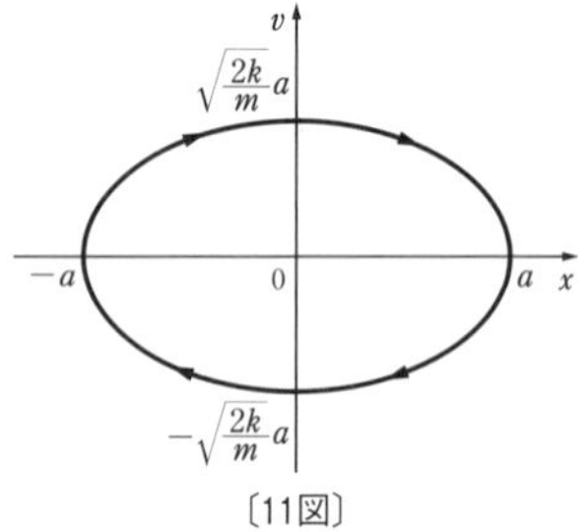

〔11図〕

53. (1) (ア) $-8kl^2$ (イ) $-8\mu' mgl$ (ウ) $\dfrac{kl}{mg}$

(2) (エ) $-k(x-l)$ (オ) l

(カ) $4l\sqrt{\dfrac{k}{m}}$ (キ) $\pi\sqrt{\dfrac{m}{k}}$

(3) (ク) $-k(x+l)$ (ケ) $-l$

(4) 12 図

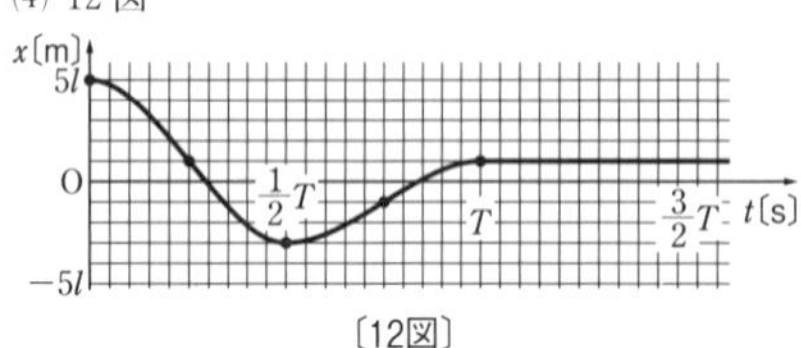

〔12図〕

54. (1) $\dfrac{2mg}{k}$ (2) $2\pi\sqrt{\dfrac{2m}{k}}$ (3) $b\sqrt{\dfrac{k}{2m}}$

(4) $-mg-T$ (5) $\dfrac{1}{2}kx-mg$

(6) 13 図 (7) $\dfrac{4mg}{k}$

(8) $\sqrt{\dfrac{k}{2m}b^2-\dfrac{8mg^2}{k}}$

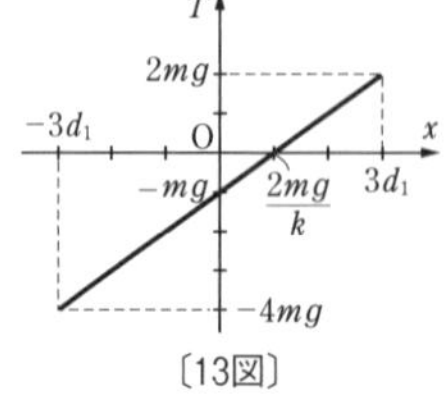

〔13図〕

55. (ア) $mg\sin\theta$ (イ) $\dfrac{mg}{l}\cdot x$ (ウ) $\dfrac{a}{g}$

(エ) $m\sqrt{g^2+a^2}$ (オ) $\dfrac{m\sqrt{g^2+a^2}}{l}\cdot x'$

(カ) $2\pi\sqrt{\dfrac{l}{\sqrt{g^2+a^2}}}$ (キ) $\sqrt{\dfrac{2h}{g}}$ (ク) $\dfrac{ah}{g}$

56. (ア) ρSLg (イ) $\rho_0 Sdg$ (ウ) $\dfrac{\rho}{\rho_0}L$ (エ) $\rho_0 Sx_0 g$

(オ) $2\pi\sqrt{\dfrac{\rho L}{\rho_0 g}}$ (カ) $x_0\sqrt{\dfrac{\rho_0 g}{\rho L}}$ (キ) $\dfrac{\rho}{\rho_0}L-x_0$ (ク) $\dfrac{\rho_0}{2}$

(ケ) $\sqrt{\left(\dfrac{\rho_0}{\rho}-2\right)gL}$ (コ) $\left(\dfrac{\rho_0}{2\rho}-1\right)L$

(サ) $2\sqrt{\left(\dfrac{\rho_0}{\rho}-2\right)\dfrac{L}{g}}$

57. (1) $\dfrac{1}{2}k(L-l)^2$

(2) $v_A=\sqrt{\dfrac{m_B k}{(m_A+m_B)m_A}}(L-l)$

$v_B=-\sqrt{\dfrac{m_A k}{(m_A+m_B)m_B}}(L-l)$

(3) $\dfrac{m_A x_A+m_B x_B}{m_A+m_B}$

(4) A：$m_A a_A=kX$, B：$m_B a_B=-kX$

(5) $M=\dfrac{m_A m_B}{m_A+m_B}$, $\omega=\sqrt{\dfrac{(m_A+m_B)k}{m_A m_B}}$

(6) $X=-(L-l)\sin\omega t$

$x_A=x_G-\dfrac{m_B}{m_A+m_B}l+\dfrac{m_B}{m_A+m_B}(L-l)\sin\omega t$

58. (1) $\dfrac{GM}{R^2}$〔m/s²〕

(2) $x<-R$ のとき $\dfrac{mgR^2}{x^2}$〔N〕

$-R\leqq x\leqq R$ のとき $-\dfrac{mg}{R}x$〔N〕

$R<x$ のとき $-\dfrac{mgR^2}{x^2}$〔N〕

(3) 14 図

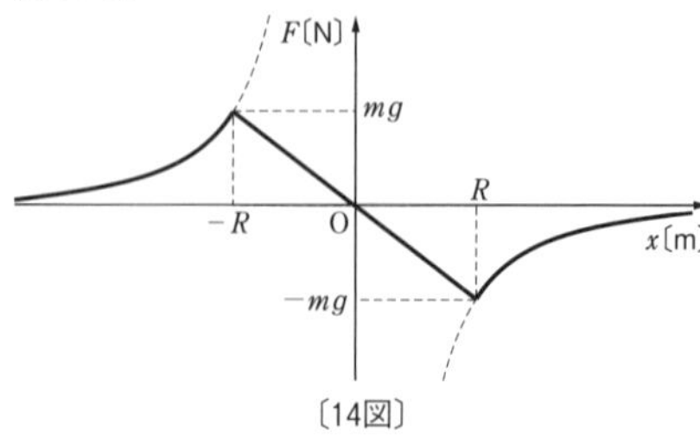

〔14図〕

(4) $\sqrt{gR}$〔m/s〕 (5) $\pi\sqrt{\dfrac{R}{g}}$〔s〕, 2.5×10^3 s

(6) $\sqrt{3gR}$〔m/s〕

59.〔A〕(1) $x_0=\dfrac{\mu' mg}{k}$　(2) $x=x_0+d\cos\sqrt{\dfrac{k}{m}}t$,

$v=-d\sqrt{\dfrac{k}{m}}\sin\sqrt{\dfrac{k}{m}}t$,　$T=2\pi\sqrt{\dfrac{m}{k}}$

(3) 省略

〔B〕(1) $v_1=\sqrt{\dfrac{1}{2}\mu' g(x_1+x_0)}$　(2) $E_K'=mv'^2$,

$E_P'=\dfrac{1}{2}k(x'-2x_0)^2$

(3)　$x_2=2x_0+\sqrt{x_0{}^2+\dfrac{2m}{k}v_1{}^2}$　(4) $x_1>2x_0$

8 温度と熱量

60. (1) $t_1=\dfrac{m_Ac_At_A+m_Bc_Bt_B}{m_Ac_A+m_Bc_B}$〔℃〕

(2) $c_X=\dfrac{(m_Ac_A+m_Bc_B)(t_2-t_1)}{m_X(90-t_2)}$〔J/(g·K)〕

61. (1) mC_WT_B〔J〕　(2) $P=\dfrac{mC_WT_B}{t_B-t_2}$〔W〕

(3) $\dfrac{C_WT_B(t_2-t_1)}{t_B-t_2}$〔J/g〕　(4) $\dfrac{T_Bt_1}{T_1(t_B-t_2)}$〔倍〕

(5) $\dfrac{t_2-t_A}{t_A-t_1}$〔倍〕　(6) $\dfrac{t_4-t_3}{t_2-t_1}$

62. (1) 4.6×10^6 J　(2) 5.4×10^6 J

(3) 4.9×10^8 J　(4) 4.4×10^5 J　(5) 1.1×10^3 m^3

9 気体分子の運動と状態変化

63.〔A〕(ア) nRT

(イ) 状態方程式

(ウ) nm_0〔kg〕

(エ) $\dfrac{m_0p}{RT}$〔kg/m^3〕

(1) 省略

〔B〕(2) $\rho=\dfrac{T_0}{T}\rho_0$〔kg/m^3〕

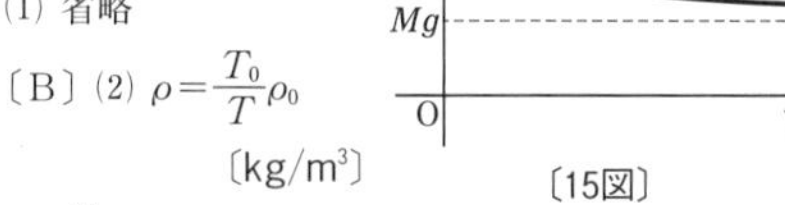

〔15図〕

(オ) $\dfrac{T_0}{T}\rho_0V$　(カ) ρ_0V

(3) 15図　(4) 省略　(5) $T_f=\dfrac{\rho_0V}{\rho_0V-M}T_0$〔K〕

64. (1) $U_1=\dfrac{3}{2}n_1RT_1$〔J〕, $U_2=\dfrac{3}{2}n_2RT_2$〔J〕

(2) $T_A=\dfrac{n_1T_1+n_2T_2}{n_1+n_2}$〔K〕, $p_A=\dfrac{p_1V_1+p_2V_2}{V_1+V_2}$〔Pa〕

(3) $T_B=\dfrac{n_1T_1+n_2T_2}{n_1+n_2}$〔K〕,

$n_B=\dfrac{V_2}{V_1+V_2}(n_1+n_2)$〔mol〕

(4) $\dfrac{V_2(p_1V_1+p_2V_2)}{(V_1+V_2)(V_2+V_3)}$〔Pa〕

(5)(ア) 不可逆変化　(イ) 熱力学第二法則

(ウ) 高温の　(エ) 低温の　(オ) 熱機関

65. (1) (ア) $2mv_z$　(イ) $\dfrac{2L}{v_z}$　(ウ) $\dfrac{v_z\Delta t}{2L}$

(エ) $\dfrac{mv_z{}^2\Delta t}{L}$　(オ) $\dfrac{m}{L}$　(カ) $\dfrac{N m\overline{v^2}}{3L}$　(キ) $\dfrac{Nm\overline{v^2}}{3L^3}$

(ク) $\dfrac{3RT}{mN_A}$　(ケ) $\dfrac{3}{2}\cdot\dfrac{N}{N_A}\cdot RT$

(2) (コ) $P(z)-d(z)g\Delta z$　(サ) $\dfrac{N_AmP(z)}{RT}$　(シ) 6.4

(ス) $\dfrac{Nmg}{L^2}$　(セ) $\dfrac{N_ANm^2g}{RTL^2}$

66. (1) $\dfrac{nRT_0}{p_0S}$

(2) $p_1=p_0+\dfrac{Mg\sin\theta}{S}$,　$l_1=\dfrac{nRT_0}{p_0S+Mg\sin\theta}$

(3) $T_1=\left(1+\dfrac{Mg\sin\theta}{p_0S}\right)T_0$,　$Q=\dfrac{5nMg\sin\theta}{2p_0S}RT_0$

(4) $\left(1+\dfrac{Mg\sin\theta}{p_0S}\right)\cdot\dfrac{nRT_0}{p_0S}$　(5) 16図

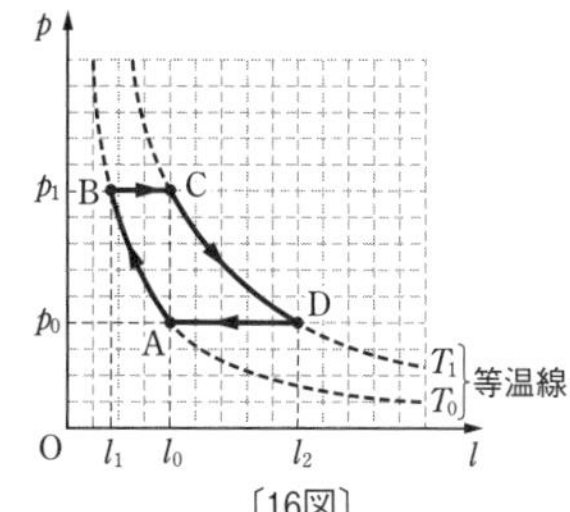

〔16図〕

67. (1) $\dfrac{P_0SL}{R}$〔K〕　(2) $P_0+\dfrac{2kL}{S}$〔Pa〕

(3) $\dfrac{3(P_0S+2kL)L}{R}$〔K〕

(4) 17図

(5) $2(P_0S+kL)L$〔J〕

(6) $(5P_0S+11kL)L$〔J〕

〔17図〕

68.〔A〕(1) 省略

〔B〕(2) $C_V(T_B-T_A)$〔J〕

(3) $Q_{BC}=C_p(T_C-T_B)$〔J〕,

$Q_{CA}=C_V(T_A-T_C)$〔J〕

(4) $W_{BCA}=R(T_B-T_C)$〔J〕,

関係式：$C_p=C_V+R$

(5) $1-\gamma\dfrac{\dfrac{V_2}{V_1}-1}{\dfrac{p_1}{p_2}-1}$

(6) 低温熱源から熱量を吸収し，高温熱源に熱量を放出する，エアコンのような機関となる。気体がする仕事は負になるので，外部から仕事をされる必要があり，そのことが熱力学第

二法則に反しない条件となる。(94字)

69. (1) 18図
(2) 熱を吸収：d→a,
熱量：$C_V(T_a-T_d)$
熱を放出：b→c,
熱量：$C_V(T_b-T_c)$
(3) $C_V(T_a-T_b+T_c-T_d)$
(4) 省略　(5) $1-\left(\dfrac{V_2}{V_1}\right)^{\gamma-1}$

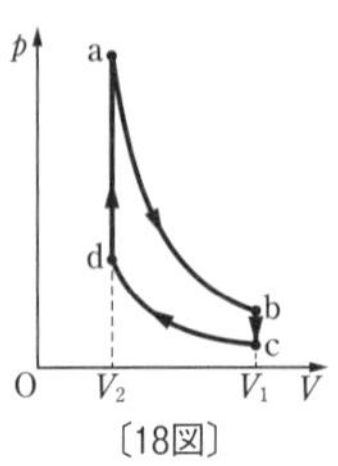

〔18図〕

70. (1) $\dfrac{3}{2}RT_1$〔J〕
(2) 19図　(3) $\dfrac{10}{3}$倍
(4) RT_1〔J〕　(5) $\dfrac{2}{13}$

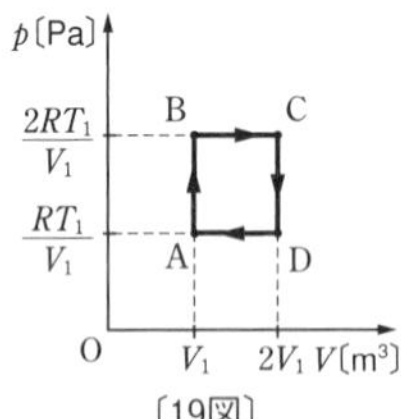

〔19図〕

71. 〔A〕(1) $\dfrac{2P_0}{gh}$　(2) $\dfrac{1}{2}P_0Sh$　(3) $\dfrac{5}{4}P_0Sh$
〔B〕(1) $\left(1-\dfrac{x}{h}\right)P_0$　(2) $\left(1-\dfrac{x^2}{h^2}\right)T_1$
(3) $P_0S\left(1-\dfrac{x}{2h}\right)x$　(4) $\dfrac{1}{4}h$

72. (1) $\left\{1+\dfrac{(M+M_0)g}{P_0S}\right\}T_0$〔K〕
(2) $\dfrac{3}{2}(M+M_0)gh_0$〔J〕
(3) $\dfrac{h}{h_0}\left\{1+\dfrac{(M+M_0)g}{P_0S}\right\}T_0$〔K〕
(4) $\dfrac{5}{2}(h-h_0)\{P_0S+(M+M_0)g\}$〔J〕　(5) 20図

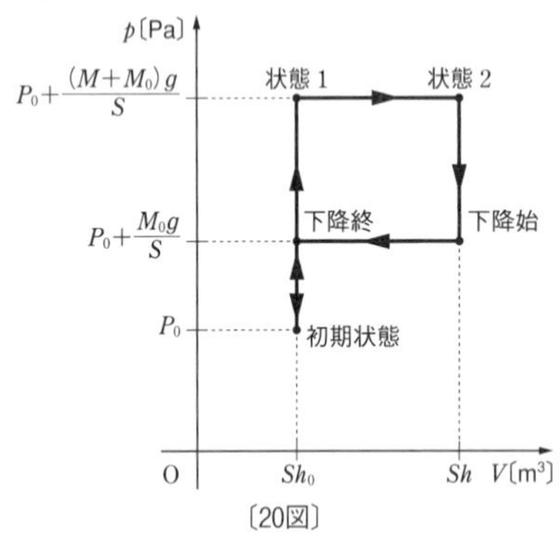

〔20図〕

(6) $Mg(h-h_0)$〔J〕
(7) $\dfrac{2Mg(h-h_0)}{5P_0S(h-h_0)+(M+M_0)g(5h-2h_0)}$
(8) $\dfrac{4}{29}$

73. 〔A〕(1) $\dfrac{N_Am_X\overline{v_z^2}S}{V_1+V_2}$
(2) $N_AS\left(\dfrac{m_X\overline{v_z^2}}{V_1+V_2}+\dfrac{m_Y\overline{w_z^2}}{V_2}\right)$
(3) $p_1=\dfrac{RT}{V_1+V_2}$, $p_2=\dfrac{RT}{V_1+V_2}+\dfrac{RT}{V_2}$
(4) $3RT$
〔B〕(1) $\dfrac{p_1}{3R}\Delta V_1$　(2) $\dfrac{4}{3}$
〔C〕(1) $\dfrac{2V_1+V_2}{V_1+V_2}T$　(2) $\dfrac{4V_1}{V_1+V_2}RT$

10 波の性質

74. (1) $f=\dfrac{1}{T}$〔Hz〕, $v=\dfrac{\lambda}{T}$〔m/s〕
(2) (a) D, H, L　(b) F　(c) M　(d) A, I
(3) 21図

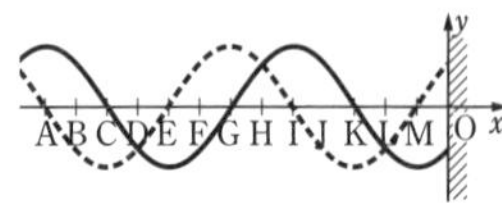

〔21図〕

(4) (a) C, K, M　(b) A, G, I　(c) B, F, J
(d) D, H, L　(5) 22図

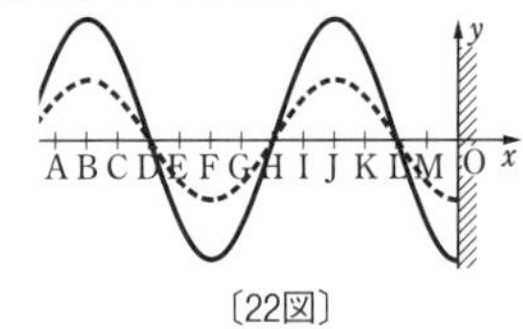

〔22図〕

75. (1) $f=\dfrac{1}{T}$, $\lambda=vT$　(2) $A\sin\dfrac{2\pi}{T}\left(t-\dfrac{x}{v}\right)$
(3) $-A\sin\dfrac{2\pi}{T}\left(t-\dfrac{2L-x}{v}\right)$　(4) 省略　(5) 23図

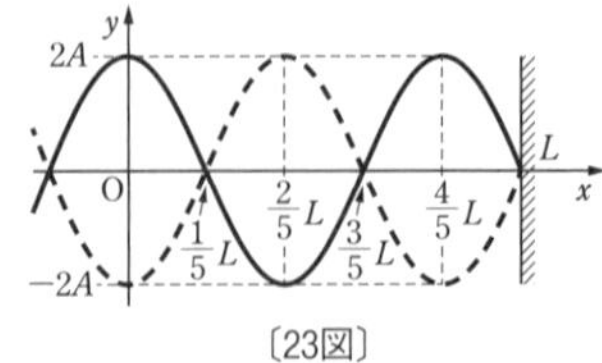

〔23図〕

76. (1) (エ)　(2) $\sqrt{x^2+36}-x$　(3) 3　(4) 0.80m
(5) 4個　(6) 0.20m　(7) 4.0m/s　(8) 6.7Hz
(9) 0.60m　(10) 小さくなる

77. (1) $\dfrac{\lambda}{v}$　(2) $\dfrac{1}{\sqrt{2}}v$　(3) $n=\sqrt{2}$, $\theta'=30°$
(4) $T'=\dfrac{\lambda}{v}$, $\lambda'=\dfrac{1}{\sqrt{2}}\lambda$　(5) $\lambda_{/\!/}=\sqrt{2}\lambda$, $v_{/\!/}=\sqrt{2}v$
(6) $\dfrac{13}{2\sqrt{6}}\lambda$　(7) $\dfrac{\lambda}{\sqrt{2}}$

78. 〔A〕(1) 振動数：$\dfrac{2V}{d}$，波長：$\dfrac{d}{4}$

(2) $a=\dfrac{1}{2}$，$b=\dfrac{1}{2}$　水深：4 倍

(3) $\mathrm{PQ}+\mathrm{QR}=\sqrt{x^2+(y+d)^2}$

(4) $\sqrt{x^2+(2d)^2}-|x|=\left(n+\dfrac{1}{2}\right)\dfrac{d}{2}$，8 個

(5) $\mathrm{S}\left(0,\ -\dfrac{d}{4}\right)$，$\mathrm{T}\left(\dfrac{\sqrt{5}}{2}d,\ 0\right)$，$\sin\theta=\dfrac{\sqrt{5}}{6}$

〔B〕(1) 反射波：$\dfrac{V-u}{V+u}\cdot\dfrac{2V}{d}$

観測される波：$\dfrac{V-2w}{V+u}\cdot\dfrac{2V}{d}$

(2) $\dfrac{2d}{\sqrt{V^2-u^2}}$

(3) $\dfrac{4V}{\sqrt{V^2-u^2}}=m+\dfrac{1}{2}$，$u=\dfrac{\sqrt{17}}{9}V$

11 音　　波

79. (1) 最も大きく変位している位置：x_6，最も速く動いている位置：x_8

(2) t_2　(3) $\dfrac{c}{2f}$

(4) 気温が上昇すると，音波の速さ c が増加するから。

80. (1) ③，π rad　(2) 波長：$2l$〔m〕，

速さ：$\sqrt{\dfrac{m_{\mathrm{A}}g}{\rho}}$〔m/s〕，振動数：$\dfrac{1}{2l}\sqrt{\dfrac{m_{\mathrm{A}}g}{\rho}}$〔Hz〕

(3) 振幅：$a\sin\dfrac{j}{n}\pi$〔m〕，周期：$2l\sqrt{\dfrac{\rho}{m_{\mathrm{A}}g}}$〔s〕

(4) (2)より l を小さくすると振動数が増加するから，①

(5) $\dfrac{1}{2l}\sqrt{\dfrac{m_{\mathrm{B}}g}{\rho}}$〔Hz〕　(6) $\sqrt{\dfrac{m_{\mathrm{B}}}{m_{\mathrm{A}}}}\cdot l$〔m〕　(7) 2 倍

(8) $\dfrac{1}{2l}\sqrt{\dfrac{g}{\rho}}(\sqrt{m_{\mathrm{B}}}-\sqrt{m_{\mathrm{A}}})$〔回/s〕

81. (1) $\dfrac{V}{4l}$　(2) n　(3) $\dfrac{4l}{2n-1}$　(4) $\dfrac{(2n-1)V}{4l}$

(5) $\dfrac{l}{2n-1}$　(6) $\dfrac{l}{3}$　(7) $\dfrac{9V}{4l}$

82. (1) $\dfrac{V-u_0}{f_0}$〔m〕　(2) $\dfrac{V}{V-u_0}f_0$〔Hz〕

(3) $\dfrac{V}{V+u_0}f_0$〔Hz〕　(4) $\dfrac{2Vu_0}{V^2-{u_0}^2}f_0$〔回/s〕

(5) $\dfrac{V-u_1}{V+u_1}f_0$〔Hz〕　(6) $\dfrac{f_5-f_6}{f_5-f_6\cos\theta}V$〔m/s〕

83. (ア) $\dfrac{\Delta t_0}{\Delta t_1}f_0$　(イ) Vt_1　(ウ) $V(t_1+\Delta t_1-\Delta t_0)$

(エ) $v\Delta t_0\cos\theta$　(オ) $\dfrac{V}{V-v\cos\theta}f_0$

(a) 大きいので高い音に　(カ) $\dfrac{V^2}{V^2-v^2}f_0$　(キ) f_0

(b) 小さいので低い音に

84. (1) ① 振動数が，人が聞き取ることができる音波の振動数よりも高い音波。

② 波が障害物の背後までまわりこんで伝わる現象。

(2) 周期：$\dfrac{1}{f}$〔s〕　波長：$\dfrac{V}{f}$〔m〕　(3) $\dfrac{Vt}{2}$〔m〕

(4) 昆虫の表面での反射波と，崖の表面での反射波とが，干渉して弱めあったから。

(5) $\dfrac{V}{4f_0}$〔m〕　(6) $f\Delta t$ 回　(7) $(V-v)\Delta t$〔m〕

(8) $\dfrac{V-v}{f}$〔m〕　(9) $\dfrac{V+w}{V-v}f$〔Hz〕

(10) $\dfrac{2(v+w)V}{(V-w)(V-v)}f$〔回/s〕

12 光　　波

85. (1) $\cos\alpha=\dfrac{1}{n_1}\sin\theta$

(2) $0<\sin\theta<\sqrt{{n_1}^2-{n_2}^2}$　(3) $\sqrt{{n_1}^2-{n_2}^2}\geqq 1$

(4) $\dfrac{{n_1}^2L}{c\sqrt{{n_1}^2-\sin^2\theta}}$

86. (1) $\sin\theta_1=\dfrac{n_0}{n_1}\sin\dfrac{\alpha}{2}$　(2) $\dfrac{n_0}{n_1}\lambda_0$〔m〕

(3) $\sin\theta_2>\dfrac{n_2}{n_1}$　(4) $\sin\theta_3=\dfrac{n_0}{n_1}\cos\dfrac{\alpha}{2}$

(5) $\dfrac{n_0}{n_2}c_0$〔m/s〕　(6) $\sin\theta_4=\dfrac{n_1}{n_2}\cos\left(\dfrac{\alpha}{2}+\theta_3\right)$

(7) 24 図

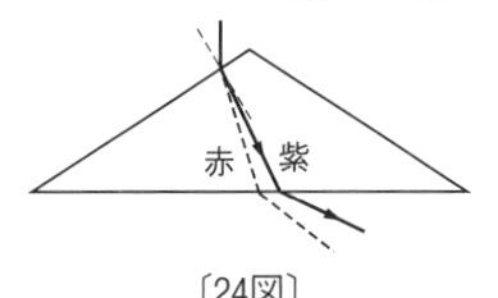

〔24図〕

87. (1) $y=\dfrac{xf_1}{x-f_1}$〔m〕　(2) $m_1=\dfrac{f_1}{x-f_1}$

(3) $\dfrac{xf_1}{x-f_1}<d<\dfrac{xf_1}{x-f_1}+f_2$

(4) $d=y+\dfrac{f_2z}{f_2+z}$〔m〕　(5) $m_{12}=\dfrac{f_1(f_2+z)}{f_2(x-f_1)}$

88. (a) 反射　(b) 焦点　(c) 平行　(d) 実像

(e) 倒立　(f) 虚像　(g) 拡大

(ア) 2γ　(イ) $\dfrac{h}{a}$　(ウ) $\dfrac{h}{b}$　(エ) $\dfrac{h}{R}$　(オ) $\dfrac{2}{R}$

(カ) $\frac{R}{2}$　(キ) QOD　(ク) OD　(ケ) $\frac{b}{a}$　(問) 25 図

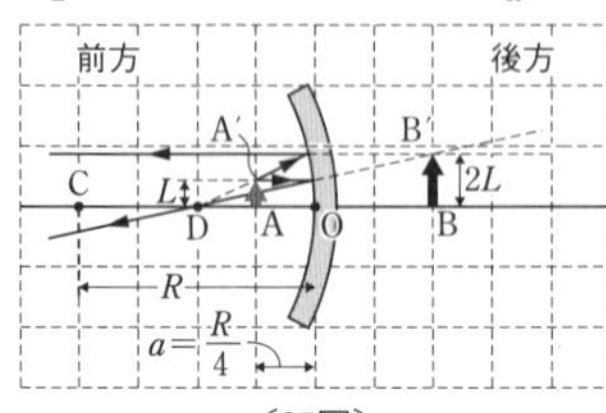

〔25図〕

89. (1) $S_1P=\sqrt{L^2+\left(x-\frac{d}{2}\right)^2}$, $S_2P=\sqrt{L^2+\left(x+\frac{d}{2}\right)^2}$

(2) $\frac{dx}{L}$　(3) $\frac{L\lambda}{d}$　(4) 位置：点Oから遠くなる向きに移動する，間隔：広くなる　(5) $\frac{1}{n}$〔倍〕

(6) $-\frac{(n'-1)tL}{d}$　(7) $\frac{l\lambda}{d}$，上向き

90. (1) $d\sin\theta=\lambda$　(2) $y_1=\frac{L\lambda}{d}$，$y_2=\frac{2L\lambda}{d}$

(3) 1.06×10^{-2}m　(4) (ア) ②　(イ) 2

(5) $d(\sin\beta-\sin\alpha)=\lambda$

91. (1) $\lambda_1=\frac{\lambda_0}{n_1}$　(2) $d_k=\frac{2k-1}{4n_1}\lambda_0$

(3) $\lambda_2=\frac{2k-1}{2k+1}\lambda_0$　(4) 8.1×10^{-7}m

(5) $\sin i=n_1\sin r$　(6) $2n_1d\cos r=\left(m+\frac{1}{2}\right)\lambda_3$

(7) $2d\sqrt{n_1^2-\sin^2 i}=\left(m+\frac{1}{2}\right)\lambda_3$

(8) $\frac{\sqrt{n_1^2-\sin^2 i_1}}{n_1}=\frac{2m-1}{2m+1}$ (ただし，$m=1, 2, 3, \cdots$)

92. (1) $\frac{2Dx}{L}$

(2) $p=\left(m+\frac{1}{2}\right)\lambda$　($m=0, 1, 2, \cdots$)

(3) $\frac{L\lambda}{2D}$　(4) $\frac{2Dx}{L}=m\lambda$　($m=0, 1, 2, \cdots$)

(5) 2.1×10^{-2} m　(6) 左に動く

(7) 変化しない　(8) $\frac{Dl}{L}$

93. (1) $R-\sqrt{R^2-r^2}$　(2) $\frac{1}{2R}$　(3) $B=\frac{\lambda}{2}$，$C=-\frac{\lambda}{4}$　(4) $\sqrt{\left(m-\frac{1}{2}\right)\frac{\lambda}{2A}}$　(5) $\frac{3}{16}\lambda$　(6) $\frac{\lambda}{2}$

(7) $\sqrt{\frac{\lambda}{4nA}}$　(8) $n>n_0$：①，$1<n<n_0$：①

(9) $n>n_0$：②，$1<n<n_0$：②

94. (1) $2\pi\frac{l}{\lambda}$　(2) $\frac{4\pi(L_1-L_2)}{\lambda}$

(3) $\frac{4\pi d(n-1)}{\lambda}$　(4) $\frac{\lambda}{4}$　(5) $\frac{c-v}{\lambda}$

(6) $\frac{c-v}{c+v}\cdot\frac{c}{\lambda}$　(7) $\frac{c+v}{2v}\cdot\frac{\lambda}{c}$

95. (1) $\frac{\lambda}{d}$〔rad〕　(2) $\frac{2f\lambda}{d}$〔m〕

(3) $\frac{2f\lambda}{d}+d$〔m〕　(4) $\left(1-\frac{2f\lambda}{d^2}\right)\Delta d$〔m〕

(5) $\sqrt{2f\lambda}$〔m〕

13 静電気力と電場

96. (1) (a) (ア) 開いた　(イ) ③　(b) (ウ) 閉じた　(エ) ⑤　(c) (オ) 開いた

(2) (a) (カ) 小さくなる　(b) (キ) ⑨　(c) (ク) 負

(3) 箔の開きは変わらない，理由省略

97. 〔A〕(1) $\frac{Q}{\varepsilon_0}$〔本〕　(2) $\frac{Q}{2\varepsilon_0 S}$〔V/m〕

〔B〕(1) $\frac{Q}{\varepsilon_0 S}$〔V/m〕　(2) $\frac{Qd}{\varepsilon_0 S}$〔V〕　(3) $\varepsilon_0\frac{S}{d}$〔F〕

(4) $\frac{1}{2}QE_1$〔N〕

98. (1) 点P：$-Ed$〔V〕，点Q：0 V

(2) $qEd\cos\theta$〔J〕　(3) $qEd(1-\cos\theta)$〔J〕

(4) (a) $\sqrt{\frac{2h}{g}}$〔s〕　(b) $\frac{qEh}{mg}$〔m〕

(c) $mgh\left\{\left(\frac{qE}{mg}\right)^2+1\right\}$〔J〕

99. (1) $k\frac{Q}{x^2}$　(2) $k\frac{Q}{x}$　(3) $\frac{kQ(a-x)(a+3x)}{x^2(a+x)^2}$

(4) $\frac{kQ(a-3x)}{x(a+x)}$　(5) ①　(6) $-\frac{5kQq}{6a}$　(7) a

(8) $\frac{3}{5}a$，$2a$　(9) (ア) $\sqrt{\frac{5kQq}{3ma}}$　(イ) $\frac{1}{3}a$

100. (ア) $4\pi k_0 q$　(イ) $k_0\frac{Q}{x^2}$　(ウ) $k_0\frac{Q}{x}$

(エ) 0　(オ) $k_0\frac{Q}{a}$　(カ) $k_0\frac{Q}{x^2}$

(キ) $k_0\frac{(b-a)Q}{ab}$　(ク) $\frac{ab}{k_0(b-a)}$

101. (1) $V_{A1}=V_{B1}=\frac{m_1}{m_1+m_2}v_0$

(2) $\frac{2(m_1+m_2)kq_1q_2}{m_1m_2v_0^2}$

(3) $V_{A2}=\dfrac{m_1-m_2}{m_1+m_2}v_0$, $V_{B2}=\dfrac{2m_1}{m_1+m_2}v_0$

(4) 26 図

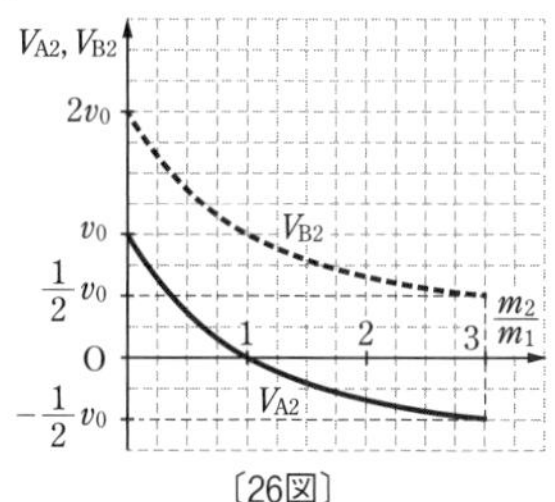

〔26図〕

102. (ア) $\dfrac{eV_x}{d}$ (あ) ① (イ) $\dfrac{eV_xl}{mdv_0}$ (ウ) $\dfrac{D}{v_0}$

(エ) $\dfrac{elD}{mdv_0{}^2}$

103. 〔A〕(1) 27 図

(2) 向き：$y>0$ にある場合：y 軸の正の向き

$y<0$ にある場合：y 軸の負の向き

大きさ：8.0×10^5m/s

〔B〕(1) $\left(x-\dfrac{5}{6}l\right)^2+y^2=\left(\dfrac{2}{3}l\right)^2$,

中心$\left(\dfrac{5}{6}l,\ 0\right)$, 半径 $\dfrac{2}{3}l$ の円

(2) $\left(\dfrac{3+2\sqrt{2}}{2}l,\ 0\right)$〔m〕

(3) V_A+V_B が最小となるのは V_B は一定だから V_A が最小となる点を求めると，x 軸上で点Aから最も離れた，点Bを中心とする円周上の点となる。

(4) $-90°<\theta<90°$, 理由省略

(5) 28 図

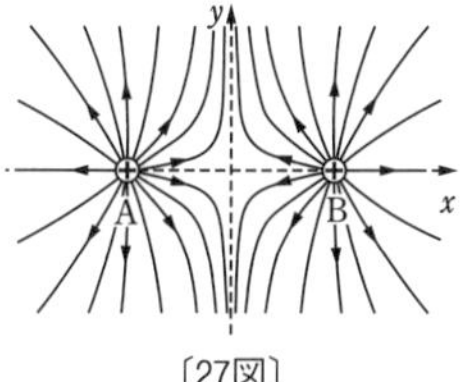

〔27図〕

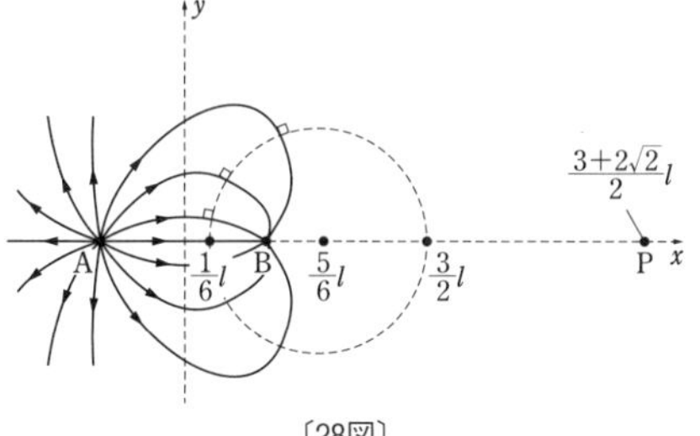

〔28図〕

14 コンデンサー

104. (1) 1.2μF

(2) $V_1=0.80$V, $V_2=1.6$V, $V_3=2.4$V, $V_4=3.6$V

$Q_1=2.4\times10^{-6}$C, $Q_2=2.4\times10^{-6}$C,

$Q_3=4.8\times10^{-6}$C, $Q_4=7.2\times10^{-6}$C

(3) 2.2×10^{-5}J (4) 75V

105. (1) 29 図 (2) $\dfrac{Q}{\varepsilon_0S}$ (3) $\dfrac{Q^2}{2\varepsilon_0S}$

(4) $\dfrac{Q^2}{2k\varepsilon_0S}$ (5) $\dfrac{Q}{\varepsilon_0S}\left(d-\dfrac{Q^2}{2k\varepsilon_0S}\right)$

(6) 30 図

(7) 変化しない

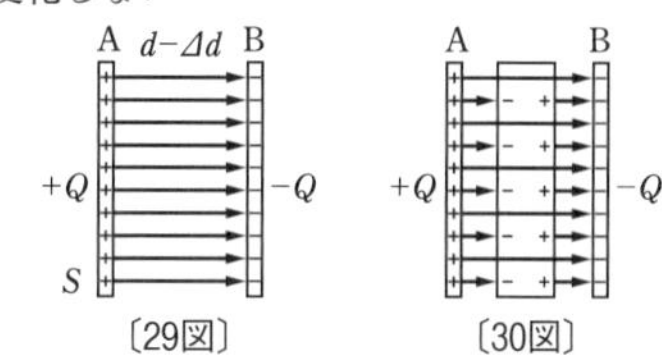

〔29図〕　〔30図〕

106. (1) $\dfrac{1}{2}CV^2$〔J〕 (2) 31 図 (3) 32 図

(4) $2CV$〔C〕 (5) 33 図 (6) 34 図

(7) $\dfrac{4}{3}CV$〔C〕 (8) 35 図 (9) 36 図

(10) $\dfrac{2}{9}CV^2$〔J〕 (11) $2V$〔V〕

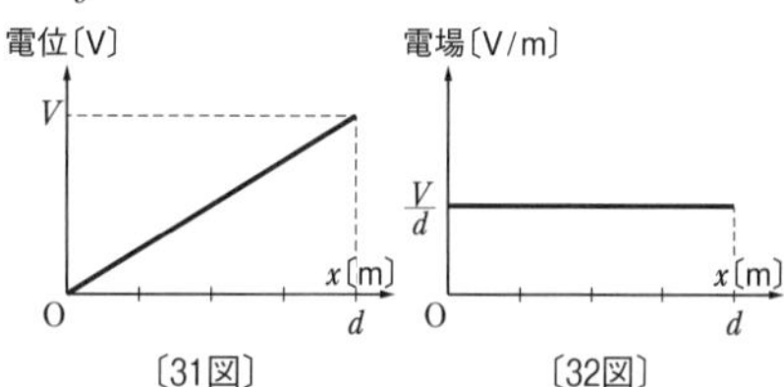

〔31図〕　〔32図〕

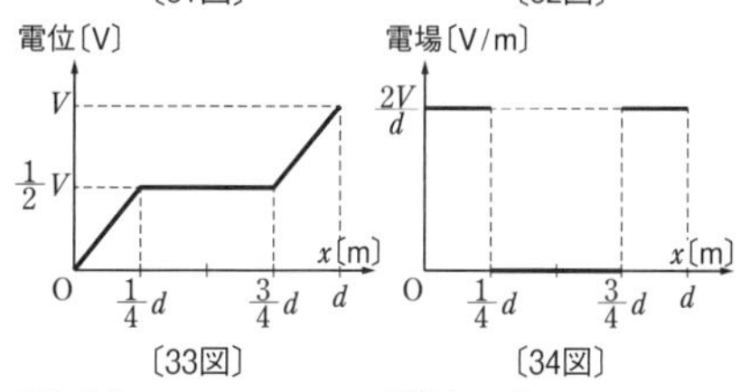

〔33図〕　〔34図〕

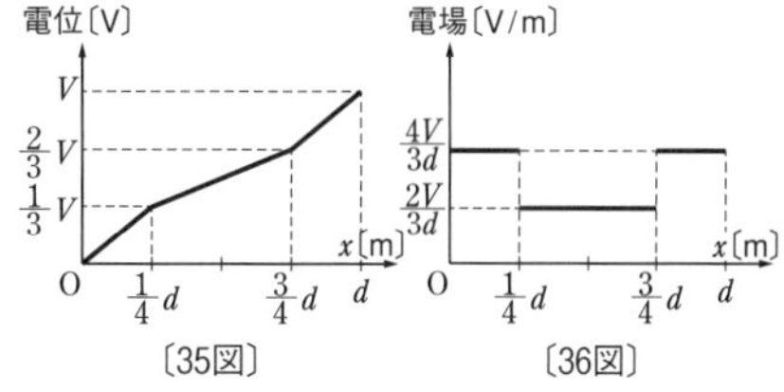

〔35図〕　〔36図〕

107. (ア) $\dfrac{1}{R}\left(V-\dfrac{qd}{\varepsilon_0 S}\right)$　(イ) $\dfrac{\varepsilon_0 SV^2}{2d}$

(ウ) $\dfrac{\varepsilon_0 S\Delta d}{d^2}$　(エ) $\dfrac{\varepsilon_0 SV^2\Delta d}{d^2}$　(オ) $\dfrac{\varepsilon_0 SV^2}{2d^2}$

(カ) $\dfrac{\varepsilon_0 SV}{3d}$　(キ) $\dfrac{V}{3d}$　(ク) $d\sqrt{\dfrac{2mg}{\varepsilon_0 a}}$

108. (1) CV_0^2〔J〕 (2) 電位差：$\dfrac{3}{2}V_0$〔V〕,

仕事：$3CV_0^2$〔J〕 (3) $\dfrac{9}{4}V_0$〔V〕 (4) $3V_0$〔V〕

109. (ア) $\dfrac{2}{3}E$　(イ) $\dfrac{5}{3}E$　(ウ) $\dfrac{5}{6}CE$

(エ) $V=\dfrac{5}{6}E$, $Q=\dfrac{5}{6}CE$, $C_X=C$, $U=\dfrac{25}{144}CE^2$

110. (1) (ア) $\dfrac{5}{6}$　(イ) $\dfrac{1}{2}$　(ウ) $\dfrac{1}{6}CV$　(エ) $\dfrac{V}{6d}$

(オ) $\dfrac{1}{12}$　(2) (カ) $\dfrac{V}{6d}$　(キ) $\dfrac{2}{3}$　(ク) $\dfrac{2}{3}$　(ケ) $\dfrac{V}{4d}$

(コ) $\dfrac{1}{4}CV$　(サ) 1　(シ) $\dfrac{3}{4}$　(ス) $\dfrac{3}{2}$　(セ) ③

(3) (ソ) $\dfrac{3}{10}$　(タ) $\dfrac{8}{5}$　(チ) $\dfrac{2}{5}$

15　直　流　回　路

111. (1) (a) 大きさ：$\dfrac{V}{L}$, 向き：A

(b) 大きさ：$\dfrac{eV}{L}$, 向き：B

(2) (c) $\dfrac{eV}{kL}$　(d) $\dfrac{enSV}{kL}$　(e) $\dfrac{e^2nSV}{kL}$　(f) $\dfrac{kL}{e^2nS}$

(3) (g) $\dfrac{e^2V^2}{kL^2}$　(h) $\dfrac{e^2nSV^2}{kL}$

112. (1) (a) +8.0V (b) $2.0\times10^2\,\Omega$ (c) 64Ω

(2) (a) $2.4\times10^2\,\Omega$ (b) 14W (c) 0.28A

113. (1) 0.55A (2) 0.18A (3) 右向きに 1.0A

(4) R_2 に流れる電流の大きさ：2.0A

R_3 に流れる電流の大きさ：1.0A

(5) 0.80Ω

114. (1) (a) 37 図（どちらでも可）

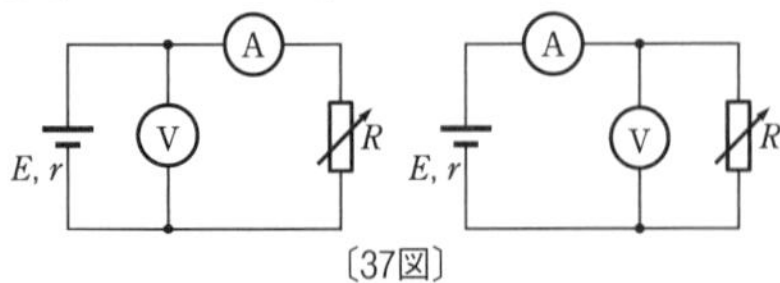

〔37図〕

(b) 外部抵抗を変化させることによって，電池から流れ出る電流と，電池の端子電圧の値の変化を連続して得るため。

(2) (a) 直列，理由省略 (b) $V=E-rI$

(c) 縦軸の切片は同じで，傾きが急な直線

(d) $\dfrac{E-RI}{I}$〔Ω〕

(e) $EI-RI^2$〔W〕,

電池内部での発熱などで消費された。

(f) $\dfrac{RE^2}{(R+r)^2}$〔W〕 (g) 38 図

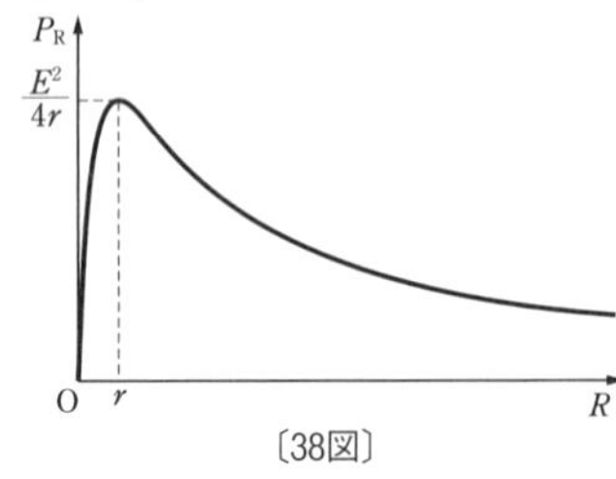

〔38図〕

115. (1) 3A (2) 1A (3) 4×10^{-5}C (4) 8V

(5) 4×10^{-6}J

116. (1) 1.9V (2) 1.8V

(3) 電圧：0.2V, 電流：0.03A (4) 0.020A

117. 〔A〕(1) $E=rI_1+V_1$ (2) 0.40A

(3) 2.5V (4) 0.50W (5) 1.6 倍

〔B〕(6) 1.6Ω (7) 関係式：$I=2.8-0.80V_1$

グラフ：39 図 (8) 0.80A (9) 1.4 倍

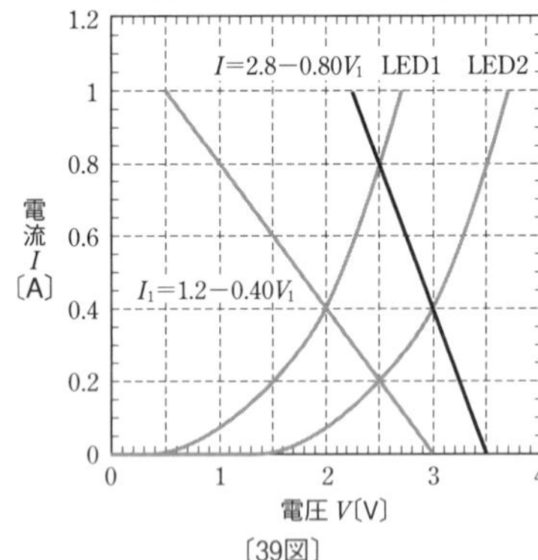

〔39図〕

118. (1) $+C_1E$〔C〕 (2) $\dfrac{1}{2}C_1E^2$〔J〕

(3) $\dfrac{R}{R+r}E$〔V〕 (4) $R=r$〔Ω〕, $P=\dfrac{E^2}{4r}$〔W〕

(5) $Q_1=\dfrac{9R+5r}{5(R+r)}\cdot CE$〔C〕

$Q_2=-\dfrac{4R+5r}{5(R+r)}\cdot 4CE$〔C〕

119. (1) $R_1=\dfrac{R_xr_V}{R_x+r_V}$〔Ω〕 (2) $R_2=R_x+r_A$〔Ω〕

(3) $\dfrac{R_x}{r_A}<1+\dfrac{r_V}{R_x}$

120. 〔A〕(1) $t_1=\frac{CV_0}{sP_0}$　(2) $C(V_0+rsP_0)$

〔B〕(1) $R_0=\frac{V_0}{sP_0}$　(2) $I=\frac{V_0+rsP_0}{R+r}$

(3) $R=\frac{V_0}{sP_0}$，電力：sP_0V_0

〔C〕(1) $V_1=\frac{3}{2}V_0$，$V_2=\frac{5}{2}V_0$　(2) 8倍　(3) イ

(4) $I=\frac{V_0}{r}$，$V_1=-V_0$，$V_2=2V_0$

16 電流と磁場

121. (ア) $\frac{I}{2r}$　(イ) $\frac{I}{2\pi r}$　(ウ) $\frac{I}{2r}\left(1-\frac{1}{\pi}\right)$

(エ) x 軸の正の向き　(オ) $\frac{I}{2r}\sqrt{1+\frac{1}{\pi^2}}$

122. (ア) $\frac{I_1}{2\pi r}$　(イ) $\frac{\mu_0 I_1 I_2}{\pi}$　(ウ) ③　(エ) $\frac{2}{3}$

(オ) $\frac{\Delta x}{2x}$　(カ) ①　(キ) $\frac{2}{3}$

123. (1) x 成分：$v\sin\theta$〔m/s〕
z 成分：$v\cos\theta$〔m/s〕

(2) ローレンツ力　(3) $evB\sin\theta$〔N〕

(4) $\frac{mv\sin\theta}{eB}$〔m〕　(5) $\frac{2\pi m}{eB}$〔s〕

(6) 等速直線運動　(7) $\frac{2\pi mv\cos\theta}{eB}$〔m〕

(8) $\sqrt{\frac{2eE}{m}}$〔m/s〕　(9) $2E\left(\frac{\sin\theta}{BR}\right)^2$〔C/kg〕

124. (1) (ア) p　(イ) ホール(正孔)　(ウ) n
(エ) 電子　(オ) 空乏層　(カ) ダイオード　(キ) 整流

(2) 側面 X，現象：ホール効果　(3) $\frac{V}{Ba}$

(4) $\frac{BI}{ecV}$　(5) 試料 A′ の場合：側面 Y，
試料 B′ の場合：側面 X

125. 〔A〕$\sqrt{\frac{2qV}{m}}$　〔B〕(1) $\frac{qEl^2}{2mv_0{}^2}$　(2) $\frac{4Vh}{l^2}$

〔C〕z_1　〔D〕(1) $B_1=\frac{E_1}{v_0}$，$T_1=\frac{l}{v_0}$

(2) $\sqrt{\frac{2q}{m}(V+E_1z_3)}$　(3) (ア)

17 電磁誘導

126. (a) 反時計回り　(b) 正　(c) 正
(ア) $IB\sin\theta$　(イ) $Mg-F$　(ウ) Mg

127. (1) (ア) Blw　(イ) $\frac{Blw}{2R}$　(ウ) $\frac{(Blw)^2}{2R}$

(エ) $\frac{(Blw)^2}{4R}$　(2) (オ) ②　(カ) ①　(キ) w　(ク) 0

(3) (ケ) $\frac{1}{4}mw^2$　(4) (コ) $\frac{Blw}{2R}$　(サ) $\frac{(Bl)^2w}{2R}$

(シ) $\frac{(Bl)^2w}{2mR}$　(ス) $\frac{(Bl)^2}{2mR}$　(セ) $\frac{2mR}{(Bl)^2}w$

128. (1) Q　(2) $gBlt\sin\theta\cos\theta$　(3) $vBl\cos\theta$

(4) $\frac{vBl\cos\theta}{R}$　(5) $\frac{mg}{Bl}\tan\theta$　(6) $\frac{mgR\sin\theta}{(Bl\cos\theta)^2}$

(7) $R\left(\frac{mg}{Bl}\tan\theta\right)^2$　(8) $R\left(\frac{mg}{Bl}\tan\theta\right)^2$

(9) $\frac{mgR}{Bl}\tan\theta$　(10) $\frac{VBl-mgR\tan\theta}{(Bl)^2\cos\theta}$

129. (1) 40図

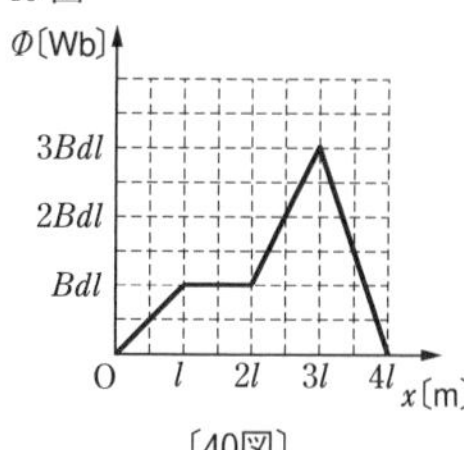

〔40図〕

(2) (ア) $\frac{Bdv}{R}$〔A〕　(イ) 0 A　(ウ) $\frac{2Bdv}{R}$〔A〕

(エ) $-\frac{3Bdv}{R}$〔A〕　(3) (ア) $\frac{B^2d^2v}{R}$〔N〕，x 軸負の向き

(イ) 0 N　(ウ) $\frac{4B^2d^2v}{R}$〔N〕，x 軸負の向き

(エ) $\frac{9B^2d^2v}{R}$〔N〕，x 軸負の向き

(4) $\frac{14B^2d^2vl}{R}$〔J〕，コイルに生じたジュール熱の総量は，コイルの速さを一定に保つために作用させた外力のした仕事と等しい。

130. (1) $V_1=vkxd$，電位が高い：端 A

(2) vkd^2　(3) 大きさ：$\frac{vkd^2}{R}$，向き：A→B

(4) $\frac{vk^2d^4}{R}$　(5) $g\sin\theta-\frac{vk^2d^4}{mR}$

(6) $mgx\sin\theta-\frac{1}{2}mv^2$　(7) $\frac{mgR\sin\theta}{k^2d^4}$　(8) 省略

131. (ア) $\frac{1}{2}eBa\omega$　(イ) $\frac{1}{2}Ba^2\omega$

(ウ) $\frac{B^2a^4\omega^2}{4R}$　(エ) $\frac{B^2a^3\omega}{2R}$

(オ) $\frac{B^2a^4\omega^2}{4R}$

(a) ①　(b) ②　(c) ⑤　(図2) 41図

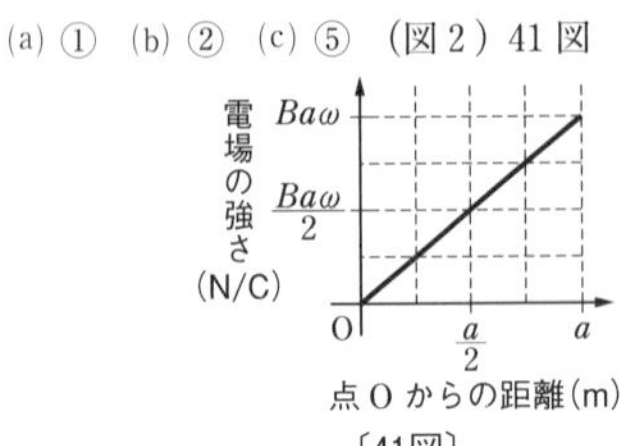

〔41図〕

132. (1) $\dfrac{N_1}{l}I$　(2) $\dfrac{\mu N_1 S}{l}\varDelta I$

(3) コイル1：$\dfrac{\mu N_1{}^2 S}{l}\cdot\dfrac{\varDelta I}{\varDelta t}$,

コイル2：$\dfrac{\mu N_1 N_2 S}{l}\cdot\dfrac{\varDelta I}{\varDelta t}$

(4) 自己インダクタンス：$\dfrac{\mu N_1{}^2 S}{l}$,

相互インダクタンス：$\dfrac{\mu N_1 N_2 S}{l}$

(5) (i) 変わらない，理由省略

(ii) 減少する，理由省略

133. (ア) I_1+I_2　(イ) $rI_1+(r+R)I_2$

(ウ) $r(I_1+I_2)+L\dfrac{\varDelta I_1}{\varDelta t}$　(エ) 0　(オ) $\dfrac{E}{r+R}$

(カ) $\dfrac{R}{r+R}E$　(キ) $\dfrac{E}{r}$　(ク) $\dfrac{1}{2}L\left(\dfrac{E}{r}\right)^2$

(ケ) $-L\dfrac{\varDelta I_1}{\varDelta t}=RI_1$　(コ) $\dfrac{R}{r}E$　(サ) ジュール熱

134. (1) $\dfrac{qBr}{m}$　(2) $\dfrac{r}{2}\cdot\dfrac{\varDelta B}{\varDelta t}$

(3) 理由省略，$\varDelta v=\dfrac{qr}{2m}\varDelta B$

(4) ローレンツ力：$\dfrac{(qB)^2 r}{m}\left(1+\dfrac{3}{2}\cdot\dfrac{\varDelta B}{B}\right)$,

遠心力：$\dfrac{(qB)^2 r}{m}\left(1+\dfrac{\varDelta B}{B}\right)$，証明省略　(5) 2

135. (ア) $\dfrac{vBl}{R}$　(イ) $\dfrac{MgR}{(Bl)^2}$　(ウ) $v_0 Bl+\dfrac{MgR}{Bl}$

(エ) $Mgh\left\{1+\dfrac{MgR}{(Bl)^2 v_0}\right\}$　(オ) $\dfrac{Mg}{M+m+C(Bl)^2}$

(カ) $\dfrac{Bl}{L}$　(キ) $\dfrac{Bl}{\sqrt{(M+m)L}}$　(ク) $\dfrac{MgL}{(Bl)^2}$

18 交 流 回 路

136. (1) $\dfrac{1}{2}b\omega$　(2) $-\dfrac{Bab\omega}{2}\sin\omega t$

(3) $-Bab\omega\sin\omega t$　(4) $\dfrac{Bab\omega}{\sqrt{2}}$　(5) $n_1\left|\dfrac{\varDelta\Phi}{\varDelta t}\right|$

(6) $\dfrac{n_2}{n_1}$　(7) $-M\dfrac{\varDelta i_1}{\varDelta t}$　(8) 42図

〔42図〕

(9) $V_2-\dfrac{PR}{V_2}$　(10) $1-\dfrac{PR}{V_2{}^2}$

(11) 送電する電圧 V_2 の値を大きくすればよい。

137. (1) 最大：コイル，最小：コンデンサー

(2) A　(3) 1.6×10^{-6}F　(4) 4.0×10^{-3}H

(5) 2.0×10^3Hz

(6) 抵抗：4.9×10^{-1}W，コンデンサー：0W,

コイル：0W

138. (1) $I_{L0}=\dfrac{V_0}{\omega L}$〔A〕，$I_{C0}=\omega CV_0$〔A〕,

$I_{R0}=\dfrac{V_0}{R}$〔A〕　(2) $I_L=-I_{L0}\cos\omega t$〔A〕,

$I_C=I_{C0}\cos\omega t$〔A〕，$I_R=I_{R0}\sin\omega t$〔A〕

(3) $I_L+I_C+I_R$〔A〕

(4) $I=V_0\sqrt{\left(\dfrac{1}{R}\right)^2+\left(\dfrac{1}{\omega L}-\omega C\right)^2}\sin(\omega t-\theta)$〔A〕

$\tan\theta=R\left(\dfrac{1}{\omega L}-\omega C\right)$

(5) $\dfrac{1}{\sqrt{\left(\dfrac{1}{R}\right)^2+\left(\dfrac{1}{\omega L}-\omega C\right)^2}}$〔Ω〕　(6) $\dfrac{1}{\sqrt{LC}}$〔rad/s〕

139. 〔A〕(1) $I_1=\dfrac{E}{R}$，$V_C=0$　(2) $I_1=0$,

$V_C=E$

〔B〕(1) $\dfrac{Q^2}{2C}+\dfrac{1}{2}LI_2{}^2$　(2) $k\rightarrow\dfrac{1}{C}$，$m\rightarrow L$

(3) $2\pi\sqrt{LC}$　(4) 43図

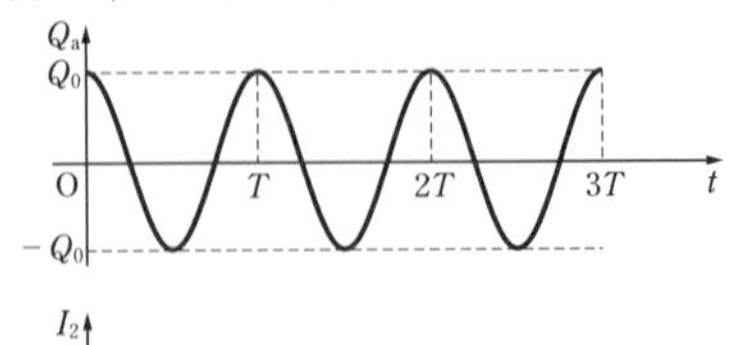

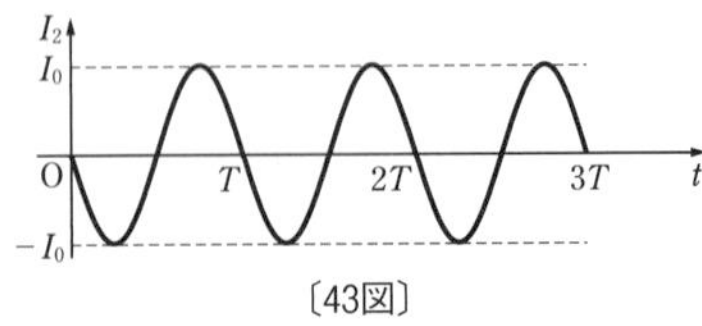

〔43図〕

140. (1) $\dfrac{V_0}{R}$　(2) $\dfrac{\varDelta V_1}{\varDelta t}=\dfrac{V_0}{RC}$, $\dfrac{\varDelta V_R}{\varDelta t}=-\dfrac{2V_0}{RC}$

(3) $\dfrac{1}{2}CV_0$　(4) 電圧：$\dfrac{1}{2}V_0$, 電流：0

(5) $\dfrac{V_0}{2L}$　(6) 電流の最大値：$\dfrac{V_0}{4}\sqrt{\dfrac{2C}{L}}$,

電気量：$\dfrac{1}{4}CV_0$

19 電子と光

141. (1) $\sqrt{\dfrac{2ZeV}{M}}$　(2) 上向き

(3) $ZeB\sqrt{\dfrac{2ZeV}{M}}$　(4) $\dfrac{1}{B}\sqrt{\dfrac{2MV}{Ze}}$　(5) $\dfrac{\pi M}{2ZeB}$

(6) 左側に到達する，理由省略

(7) $\sqrt{\dfrac{M+\varDelta M}{M}}$〔倍〕　(8) $\dfrac{M}{M+\varDelta M}$〔倍〕　(9) 省略

142. (ア) $\dfrac{hc}{U}$　(イ) qE　(ウ) $\dfrac{mg}{q}$

(エ) $\dfrac{qE_1-kv}{m}-g$　(オ) $\dfrac{qE_1-mg}{k}$

(カ) $\dfrac{k}{E_1}(v_1+v_2)$　(キ) 1.6×10^{-19}

143. (1) 光電効果

(2) $E_1=\dfrac{hc}{\lambda_1}$〔J〕

(3) eV_1〔J〕

(4) $W=\dfrac{hc}{\lambda_1}-eV_1$〔J〕

(5) $W=\dfrac{hc}{\lambda_2}-eV_2$〔J〕

〔44図〕

(6) $h=\dfrac{e(V_2-V_1)\lambda_1\lambda_2}{c(\lambda_1-\lambda_2)}$〔J·s〕

(7) $h=6.4\times10^{-34}$ J·s, $W=2.3$ eV

(8) 5.0×10^{15} 個/s　(9) 44 図

144. (1) (ア) $\dfrac{hc}{eV}$〔m〕

(イ) 1.0×10^{-11}

(ウ) 45 図

(2) (エ) $2d\sin\theta$

(オ) 2.8×10^{-10}

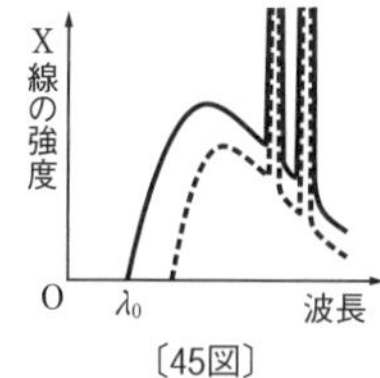

〔45図〕

145. (1) $E=\dfrac{hc}{\lambda}$, $P=\dfrac{h}{\lambda}$　(2) $\dfrac{hc}{\lambda_0}=\dfrac{hc}{\lambda_1}+\dfrac{1}{2}mv^2$

(3) 進行方向：$\dfrac{h}{\lambda_0}=\dfrac{h}{\lambda_1}\cos\theta+mv\cos\phi$

垂直方向：$0=\dfrac{h}{\lambda_1}\sin\theta-mv\sin\phi$

(4) $\dfrac{h}{mc}(1-\cos\theta)$　(5) 省略

146. (1) $2d\sin\theta=n\lambda$　($n=1,\ 2,\ 3,\ \cdots$)

(2) $\dfrac{h}{\sqrt{2mE}}$　(3) $\dfrac{h}{2\sqrt{2meV_1}\cos\dfrac{\alpha}{2}}$

(4) 3.1×10 eV　(5) 5.6×10^3 eV　(6) 46 図

(7) $W=\dfrac{e(V_2\lambda_2-V_1\lambda_1)}{\lambda_1-\lambda_2}$, $h=\dfrac{e(V_2-V_1)\lambda_1\lambda_2}{c(\lambda_1-\lambda_2)}$

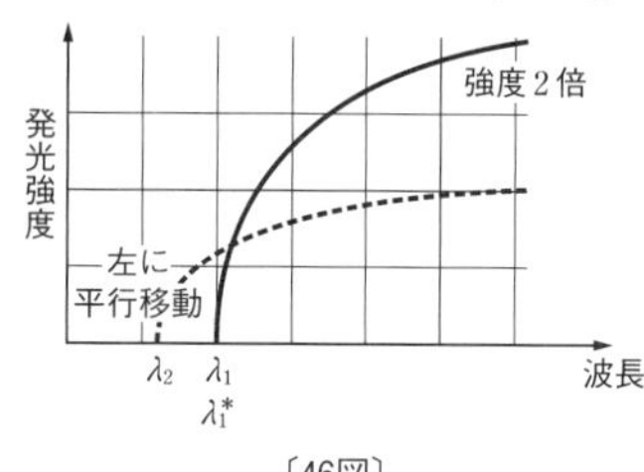

〔46図〕

20 原子と原子核

147. (ア) $\dfrac{k_0e^2}{mv^2}$　(イ) $n\dfrac{h}{mv}$　(ウ) $\dfrac{h^2}{4\pi^2mk_0e^2}\cdot n^2$

(エ) $-\dfrac{2\pi^2mk_0{}^2e^4}{h^2}\cdot\dfrac{1}{n^2}$　(オ) $\dfrac{2\pi^2mk_0{}^2e^4}{h^3c}\left(\dfrac{1}{n'^2}-\dfrac{1}{n^2}\right)$

(カ) 4.8×10^{-7}

148. (1) $(M_0-M_1-m)c^2$

(2) $\dfrac{M_1}{M_1+m}(M_0-M_1-m)c^2$　(3) $\dfrac{158k_0e^2}{K}$

(4) $n=3$, $k=2$　(5) 8：35　(6) 9.0×10^6 J

149. (1) 4.8MeV　(2) 2.7MeV　(3) 20.3MeV

(4) 14.6MeV

150. (ア) 4.4×10^{-30}　(イ) 2.5×10^6

(ウ) 2.2×10^{-13}　(エ) 5.7×10^{-1}

(オ) 5.7×10^{-1}　(カ) 1.2×10^{20}

(キ) 2.6×10^{-22}　(ク) 8.0×10^{-6}

151. 〔A〕(1) (ア) $-\dfrac{h}{\lambda'}$　(イ) $\dfrac{hc}{\lambda'}$

(2) 0.1 倍　(3) 5×10MeV

〔B〕(4) 省略　(5) 省略

(6) 中性粒子は電荷をもたないので，電場や磁場の影響を受けないから。

(7) $\dfrac{14v_N-v_p}{v_p-v_N}$　(8) ${}^4_2\mathrm{He}+{}^9_4\mathrm{Be}\longrightarrow{}^{12}_6\mathrm{C}+{}^1_0\mathrm{n}$

21 考察問題

152. (1) $M>m$, 理由省略

(2) $T=m(a+g)$〔N〕, $b=\dfrac{m}{M}(a+g)-g$〔m/s²〕

(3) $\left\{\dfrac{m}{M}\left(1+\dfrac{g}{a}\right)-\dfrac{g}{a}\right\}h$〔m〕

(4) $m(a+g)(h+H)$〔J〕 (5) $m(a+g)(h+H)$〔J〕
(6) 省略 (7) $M<M_0$

153. (1) (ア) ① (イ) ⑤ (ウ) ⑦ (エ) ⑫
(2) $\dfrac{l\omega}{\phi}$〔m/s〕
(3) 最大値：1.9×10^3 m/s，最小値：27 m/s
(4) 2.5×10^5 m^2/s^2 (5) ② (6) 省略

154. (1) (ア) y_1+y_2 (イ) 波源 (ウ) $\dfrac{v_2}{v_1}=\dfrac{\sin\theta_2}{\sin\theta_1}$
(エ) 3.0×10^8 (オ) 赤 (カ) 小さく
(2) (キ) $4\theta_2-2\theta_1$ (ク) 60 (a) 省略 (ケ) 紫
(コ) $180°+2\theta_1-6\theta_2$ (サ) 赤

155. (1) (ア) 8.0 (イ) 2.0 (ウ) 3.6 (エ) 0.40
(2) (オ) ③ (カ) 4.4 (キ) ③
(3) (ク) ② (ケ) 0.50

156. (1) ② (2) ③ (3) 省略 (4) $\dfrac{2\left(\dfrac{v}{c}\right)}{4+\left(\dfrac{v}{c}\right)^2}$
(5) ④

第1刷　2022年11月1日　発行
第2刷　2023年2月1日　発行

ISBN978-4-410-14313-7

2023
物理重要問題集
物理基礎・物理

編　者　数研出版編集部
発行者　星野 泰也
発行所　**数研出版株式会社**
〒101-0052 東京都千代田区神田小川町2丁目3番地3
〔振替〕00140-4-118431
〒604-0861 京都市中京区烏丸通竹屋町上る大倉町205番地
〔電話〕代表 (075)231-0161
ホームページ　https://www.chart.co.jp
印刷　寿印刷株式会社

乱丁本・落丁本はお取り替えいたします。　230102

元素の周期表

周期＼族	1	2	3	4	5	6	7	8	9	10	11	12	13	14	15	16	17	18
1	1 H 水素 1.008																	2 He ヘリウム 4.003
2	3 Li リチウム 6.94	4 Be ベリリウム 9.012											5 B ホウ素 10.81	6 C 炭素 12.01	7 N 窒素 14.01	8 O 酸素 16.00	9 F フッ素 19.00	10 Ne ネオン 20.18
3	11 Na ナトリウム 22.99	12 Mg マグネシウム 24.31											13 Al アルミニウム 26.98	14 Si ケイ素 28.09	15 P リン 30.97	16 S 硫黄 32.07	17 Cl 塩素 35.45	18 Ar アルゴン 39.95
4	19 K カリウム 39.10	20 Ca カルシウム 40.08	21 Sc スカンジウム 44.96	22 Ti チタン 47.87	23 V バナジウム 50.94	24 Cr クロム 52.00	25 Mn マンガン 54.94	26 Fe 鉄 55.85	27 Co コバルト 58.93	28 Ni ニッケル 58.69	29 Cu 銅 63.55	30 Zn 亜鉛 65.38	31 Ga ガリウム 69.72	32 Ge ゲルマニウム 72.63	33 As ヒ素 74.92	34 Se セレン 78.97	35 Br 臭素 79.90	36 Kr クリプトン 83.80
5	37 Rb ルビジウム 85.47	38 Sr ストロンチウム 87.62	39 Y イットリウム 88.91	40 Zr ジルコニウム 91.22	41 Nb ニオブ 92.91	42 Mo モリブデン 95.95	43 Tc テクネチウム (99)	44 Ru ルテニウム 101.1	45 Rh ロジウム 102.9	46 Pd パラジウム 106.4	47 Ag 銀 107.9	48 Cd カドミウム 112.4	49 In インジウム 114.8	50 Sn スズ 118.7	51 Sb アンチモン 121.8	52 Te テルル 127.6	53 I ヨウ素 126.9	54 Xe キセノン 131.3
6	55 Cs セシウム 132.9	56 Ba バリウム 137.3	57～71 ランタノイド	72 Hf ハフニウム 178.5	73 Ta タンタル 180.9	74 W タングステン 183.8	75 Re レニウム 186.2	76 Os オスミウム 190.2	77 Ir イリジウム 192.2	78 Pt 白金 195.1	79 Au 金 197.0	80 Hg 水銀 200.6	81 Tl タリウム 204.4	82 Pb 鉛 207.2	83 Bi ビスマス 209.0	84 Po ポロニウム (210)	85 At アスタチン (210)	86 Rn ラドン (222)
7	87 Fr フランシウム (223)	88 Ra ラジウム (226)	89～103 アクチノイド	104 Rf ラザホージウム (267)	105 Db ドブニウム (268)	106 Sg シーボーギウム (271)	107 Bh ボーリウム (272)	108 Hs ハッシウム (277)	109 Mt マイトネリウム (276)	110 Ds ダームスタチウム (281)	111 Rg レントゲニウム (280)	112 Cn コペルニシウム (285)	113 Nh ニホニウム (278)	114 Fl フレロビウム (289)	115 Mc モスコビウム (289)	116 Lv リバモリウム (293)	117 Ts テネシン (293)	118 Og オガネソン (294)

ランタノイド	57 La ランタン 138.9	58 Ce セリウム 140.1	59 Pr プラセオジム 140.9	60 Nd ネオジム 144.2	61 Pm プロメチウム (145)	62 Sm サマリウム 150.4	63 Eu ユウロピウム 152.0	64 Gd ガドリニウム 157.3	65 Tb テルビウム 158.9	66 Dy ジスプロシウム 162.5	67 Ho ホルミウム 164.9	68 Er エルビウム 167.3	69 Tm ツリウム 168.9	70 Yb イッテルビウム 173.0	71 Lu ルテチウム 175.0
アクチノイド	89 Ac アクチニウム (227)	90 Th トリウム 232.0	91 Pa プロトアクチニウム 231.0	92 U ウラン 238.0	93 Np ネプツニウム (237)	94 Pu プルトニウム (239)	95 Am アメリシウム (243)	96 Cm キュリウム (247)	97 Bk バークリウム (247)	98 Cf カリホルニウム (252)	99 Es アインスタイニウム (252)	100 Fm フェルミウム (257)	101 Md メンデレビウム (258)	102 No ノーベリウム (259)	103 Lr ローレンシウム (262)

凡例：79 Au（原子番号・元素記号）　金（元素名）　197.0（原子量）

□ 常温で固体　⬡ 常温で液体　○ 常温で気体

■（灰色）非金属元素　□（白）金属元素

※[104]Rf以降の元素は超アクチノイド元素などとよばれ，詳しい性質はわかっていない。
[3]Liは天然の同位体存在度に大きな変動幅があるため，原子量が3桁になっている。

ここに示した4桁の原子量は，IUPACで承認された原子量表をもとに，日本化学原子量専門委員会が作成したものである。
安定同位体がなく，天然で特定の同位体組成を示さない元素は，その元素の放射性同位体の質量数の一例を（　）の中に示してある。

● 波・電磁気・原子に出てくる物理量

物理量	主な記号	単位	関係式など
波の速さ	v	m/s	$v=f\lambda=\dfrac{\lambda}{T}$ $y=A\sin\dfrac{2\pi}{T}\left(t-\dfrac{x}{v}\right)=A\sin2\pi\left(\dfrac{t}{T}-\dfrac{x}{\lambda}\right)$
振動数	f	Hz	$\lvert l_1-l_2\rvert=\begin{cases}0+m\lambda=\dfrac{\lambda}{2}\cdot2m & (強めあう)\\ \dfrac{1}{2}\lambda+m\lambda=\dfrac{\lambda}{2}(2m+1) & (弱めあう)\end{cases}$ $(m=0,1,2,\cdots)$
波長	λ	m	
振幅	A	m	
周期	T	s	
屈折率	n		定在波：固定端は節，自由端は腹，節～節$=\dfrac{1}{2}\lambda$，腹～節$=\dfrac{1}{4}\lambda$
			$n_{12}=\dfrac{\sin\theta_1}{\sin\theta_2}=\dfrac{v_1}{v_2}=\dfrac{\lambda_1}{\lambda_2}=\dfrac{n_2}{n_1}$ （1に対する2の相対屈折率）
音の速さ	V	m/s	弦：$v=\sqrt{\dfrac{S}{\rho}}$， $f_m=\dfrac{v}{\lambda_m}=\dfrac{m}{2l}\sqrt{\dfrac{S}{\rho}}=mf_1$ $(m=1,2,3,\cdots)$
張力	S	N	閉管：$f_m=\dfrac{mV}{4l}$ $(m=1,3,5,\cdots)$ 開管：$f_m=\dfrac{mV}{2l}$ $(m=1,2,3,\cdots)$
線密度	ρ	kg/m	$V=331.5+0.6t$ うなり $\lvert f_1-f_2\rvert$〔回/s〕
			ドップラー効果：$\lambda'=\dfrac{V-v_S}{f}$，$f'=\dfrac{V-v_O\,(観測者)}{V-v_S\,(音源)}f$，$ft=f't'$
屈折率	n		$n=\dfrac{c}{v}=\dfrac{\lambda}{\lambda'}$ $d\Longrightarrow nd$（光学距離）
焦点距離	f	cm	$n_1\sin\theta_1=n_2\sin\theta_2$ 全反射は $\theta_2=90°$，$n_1v_1=n_2v_2$，$n_1\lambda_1=n_2\lambda_2$
物体～レンズ	a	cm	光の干渉：経路差 ⟶ 光路差 ⟶ 反射チェック ⟶ 干渉条件
レンズ～像	b	cm	ヤング：$\Delta l=\dfrac{dx}{l}=\begin{cases}m\lambda & (明)\\ \dfrac{1}{2}\lambda+m\lambda & (暗)\end{cases}$ $\Delta x=\dfrac{l\lambda}{d}$ $(m=0,1,2,\cdots)$
			回折格子：$d\sin\theta=m\lambda$（明）， 光路差 薄膜：$2nd\cos r$
			光路差 くさび：$2d=2\dfrac{Dx}{L}$ ニュートンリング：$2d=\dfrac{r^2}{R}$
			固定端反射（$n_{小}$ ⟶ $n_{大}$）では振動状態が逆になる（位相が反転）
真空中の光の速さ	$c=3.0\times10^8$ m/s		レンズ：$\dfrac{1}{a}+\dfrac{1}{b}=\dfrac{1}{f}$ $f>0$ 凸，$f<0$ 凹 倍率 $m=\left\lvert\dfrac{b}{a}\right\rvert$
電気量	Q，q	C	点電荷のとき $F=k_0\dfrac{Qq}{r^2}$，$E=k_0\dfrac{Q}{r^2}$，$V_{電位}=k_0\dfrac{Q}{\lvert r\rvert}$（∞を基準）
電場の強さ	E	N/C，V/m	一様な電場のとき $E_{一様}=V/d$，$V_{差}=Ed$
電位差（電圧）	V	V	$F=qE$ $N=4\pi k_0Q=Q/\varepsilon_0$ $E=N/S$〔本/m²〕 $U=qV$
静電エネルギー	U	J	$W=qV$ $W_{外力}=q(V_{後}-V_{前})$ $W_{電場}=-W_{外力}$
クーロン定数	$k_0=9.0\times10^9$	N・m²/C²	
電気容量	C	F	$C_0=\varepsilon_0\dfrac{S}{d}=\dfrac{1}{4\pi k_0}\dfrac{S}{d}$ $C=\varepsilon\dfrac{S}{d}=\varepsilon_rC_0$ $\varepsilon_r=\dfrac{\varepsilon}{\varepsilon_0}$ $\varepsilon_0=\dfrac{1}{4\pi k_0}$
誘電率	ε	F/m	$Q=CV_{差}$ 極板Aの電荷 $Q_A=C(V_{A電位}-V_{B電位})$ $V_{差}=Ed$
比誘電率	ε_r		$W=\dfrac{1}{2}QV=\dfrac{1}{2}CV^2=\dfrac{1}{2}\dfrac{Q^2}{C}$ 極板間引力 $F=\dfrac{1}{2}QE$
真空の誘電率	$\varepsilon_0=8.85\times10^{-12}$ F/m		並列：$C=C_1+C_2$ 直列：$C=\dfrac{C_1C_2}{C_1+C_2}$，$V_1:V_2=\dfrac{1}{C_1}:\dfrac{1}{C_2}$
電流	I，i	A，C/s	$I=Q/t$ $I=envS$
抵抗	R，r	Ω	電圧降下 $V=RI$ $R=\rho\dfrac{l}{S}$ $\rho=\rho_0(1+\alpha t)$
抵抗率	ρ	Ω・m	電池：端子電圧 $V=E-rI$ 最大電力 $P_{最大}=\dfrac{E^2}{4r}$（$R=r$ のとき）
起電力	E	V	$P=IV=RI^2=V^2/R$〔W〕 ジュール熱 $Q=IVt=RI^2t$〔J〕
電力	P	W，V・A	並列：$R=\dfrac{R_1R_2}{R_1+R_2}$ $I_1:I_2=\dfrac{1}{R_1}:\dfrac{1}{R_2}$ 直列：$R=R_1+R_2$
電力量	W	J	キルヒホッフの法則 $I_{in}=I_{out}$ 一回りでもとの電位にもどる。
電気素量	$e=1.6\times10^{-19}$ C		

2023

物理重要問題集
物理基礎・物理

■解 答 編

数研出版
https://www.chart.co.jp

1 等加速度運動

ヒント 1 〈速度の合成〉

(1), (2) 実際の船の速度は，静水上の船の速度 $\vec{v_S}$ と川の流れの速度 $\vec{v}$ を合成(ベクトル和)した速度である。
(4) A→Dの運動における実際の船の速度は，$\vec{v_S}$ と $\vec{v}$ を合成した速度だが，直接求めるのは難しい。
合成する前の速度である $\vec{v_S}$ 方向の運動を考えることで，A→Dに要する時間を求める。

(1) A→Bは速さが v_S+v，B→Aは速さが v_S-v になるので

$$T_B=\frac{L}{v_S+v}+\frac{L}{v_S-v}=\frac{(v_S-v)L+(v_S+v)L}{(v_S+v)(v_S-v)}=\frac{2v_SL}{v_S^2-v^2}\quad\cdots\cdots①$$

(2) A→Cは図a，C→Aは図bのようになるので，速さ(合成速度の大きさ)はともに $\sqrt{v_S^2-v^2}$。よって

$$T_C=\frac{W}{\sqrt{v_S^2-v^2}}+\frac{W}{\sqrt{v_S^2-v^2}}=\frac{2W}{\sqrt{v_S^2-v^2}}\quad\cdots\cdots②$$

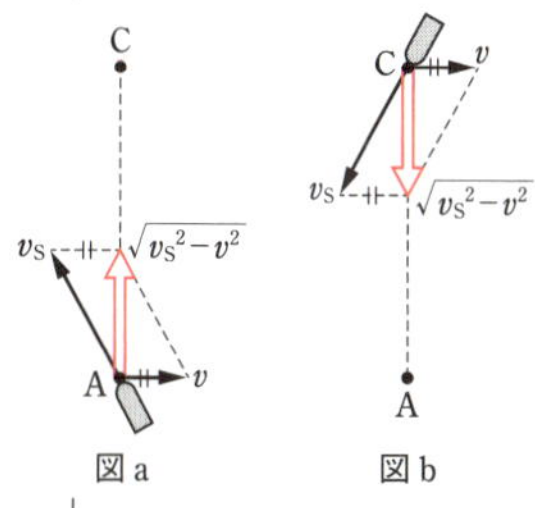

図a　図b

(3) ①，②式より $\dfrac{T_C}{T_B}=\dfrac{2W}{\sqrt{v_S^2-v^2}}\cdot\dfrac{v_S^2-v^2}{2v_SL}=\dfrac{\sqrt{v_S^2-v^2}}{v_S}\cdot\dfrac{W}{L}$

$L=W$ のとき　$T_C=\dfrac{\sqrt{v_S^2-v^2}}{v_S}T_B$

また　$v_S^2-v^2<v_S^2$　ゆえに　$\dfrac{\sqrt{v_S^2-v^2}}{v_S}<1$

であるので，T_B のほうが T_C より長い。

(4) 本問の状況を図cに図示する。静水上の船の速度 $\vec{v_S}$ と川の流れの速度 $\vec{v}$ を合成した速度 $\overrightarrow{v_{AD}}$ について，地点Aから $\overrightarrow{v_{AD}}$ の向きに進むと地点Dがある。また，同じ時間に地点Aから速度 $\vec{v_S}$ で進むと地点E，速度 $\vec{v}$ で進むと地点Fに到着する。このとき四角形AEDFは平行四辺形となる。A→Dに要する時間 T_{AD} は速さ v_S でA→Eに要する時間に等しいので，それを考える。

AEの長さは　$AE=\dfrac{W}{\cos\theta}$

であるので，T_{AD} は　$T_{AD}=\dfrac{AE}{v_S}=\dfrac{W}{v_S\cos\theta}$ ※A

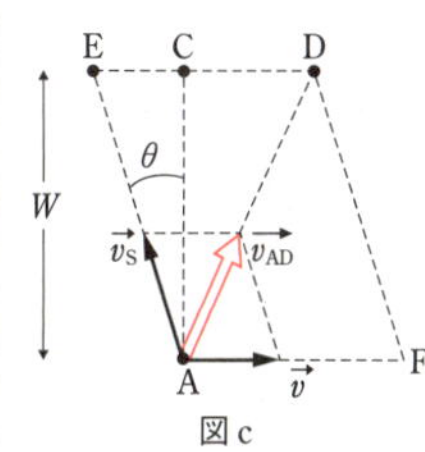

図c

※A　T_{AD} は，AC$(=W)$ を速さ $v_S\cos\theta$ で進むのに要する時間にも等しい。これを用いて

$$T_{AD}=\frac{AC}{v_S\cos\theta}=\frac{W}{v_S\cos\theta}$$

と求めてもよい。

次に，D→Cに要する時間 T_{DC} を求めるため，長さDCを求める。T_{AD} は速さ v でA→Fに要する時間にも等しいので，図cのAFは

$$AF=v\times T_{AD}=\frac{vW}{v_S\cos\theta}$$

であり，この長さはEDに等しい。
また△AECに着目して，ECは　$EC=AC\tan\theta=W\tan\theta$

であるので　$DC=ED-EC=\dfrac{vW}{v_S\cos\theta}-W\tan\theta=\dfrac{v-v_S\sin\theta}{v_S\cos\theta}W$

このDCを速さ v_S-v で進むので，T_{DC} は

$$T_{DC}=\frac{DC}{v_S-v}=\frac{v-v_S\sin\theta}{v_S-v}\cdot\frac{W}{v_S\cos\theta}$$

よって，求める時間は

$$T_{AD}+T_{DC}=\frac{W}{v_S\cos\theta}+\frac{v-v_S\sin\theta}{v_S-v}\cdot\frac{W}{v_S\cos\theta}=\left(1+\frac{v-v_S\sin\theta}{v_S-v}\right)\frac{W}{v_S\cos\theta}$$

$$=\frac{1-\sin\theta}{\cos\theta}\cdot\frac{W}{v_S-v}$$

ヒント 2 〈等加速度直線運動と相対速度〉

2 物体の等加速度直線運動は v-t 図をかくとイメージしやすく，計算も楽になる。

(2) v-t 図の傾き ➡ 加速度（減速していることに注意する）

(3) 2 物体の v-t 図をいっしょにかく。

- 速度の差 ➡ 相対速度
- 2 本の線で囲まれる面積 ➡ 相対的に近づいた距離

(4) まずは，グラフから「追突」が起こるかどうかを考えてみよう。

(1) 1km＝1000m，1h＝60×60s なので

$$108\,\text{km/h}=\frac{108\,\text{km}}{1\,\text{h}}=\frac{108\times1000\,\text{m}}{60\times60\,\text{s}}=\mathbf{30\,m/s}\quad(\text{秒速 }30\,\text{m})$$

(2) 速度の時間変化を表すグラフ（v-t 図）の傾きは，加速度を表している。この場合，加速度は一定であるから，グラフは傾き $-6\,\text{m/s}^2$ の直線になる（図 a）。

よって，制動時間は　30÷6＝**5s**

制動距離はグラフで囲まれる三角形の面積を求めて　30×5÷2＝**75m**

(3) この 1s 間，自動車Bは等速度運動を続け，30m 進む。一方，自動車Aは減速しながら図 a の斜線で示した台形の面積分進む。1s 後，Aの速さは 24m/s になっているので，進んだ距離は (30＋24)×1÷2＝27m となる。

よって，この間，車間距離は 30−27＝3m 縮んでいるとわかる。これより，車間距離は　27−3＝**24m**※A⬅

また，Bに対するAの相対速度は，「$v_{\text{BA}}=v_{\text{A}}-v_{\text{B}}$」より　24−30＝−6m/s となるから，**A→Bの向きに 6m/s**

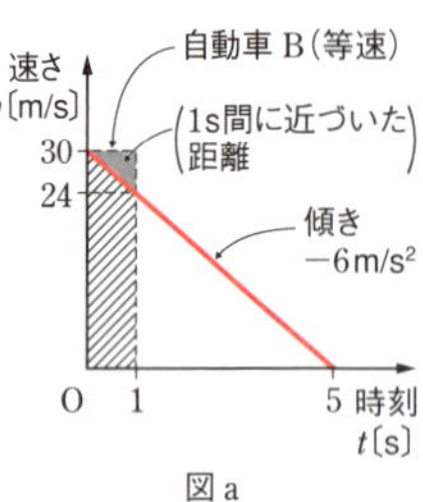

図 a

⬅※A **別解**　図 a で色を塗った三角形の面積が，AとBが相対的に近づいた距離を示す。その距離を求めると

(30−24)×1÷2＝3m

よって，車間距離は

27−3＝**24m**

(4) Bも t=1s 以降，Aと同じ加速度で運動するのでグラフは(2)のグラフと平行になる。

ここで，v-t 図の 2 つの線で囲まれる面積は，AとBが相対的に近づいた距離を表す。t=0〜6s での面積（平行四辺形）を求めると，30m となり，最初の車間距離 27m よりも大きいため，t=6s 以前に追突が起こることになる。

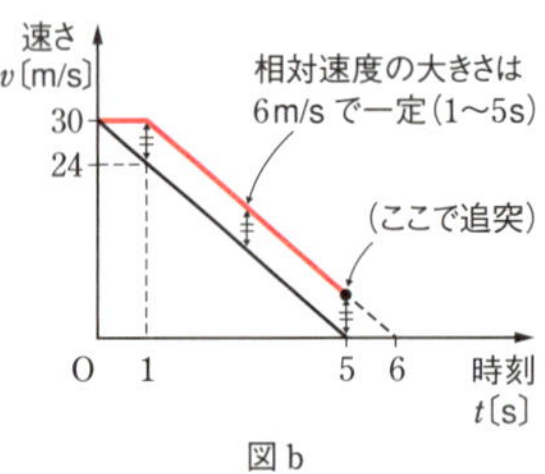
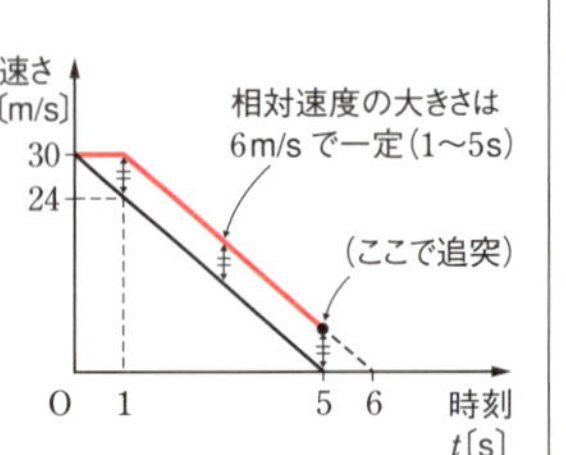

図 b

(3)よりBから見たAが近づく速さは 6m/s で一定であり，t=1s での車間距離は 24m であるから 24÷6＝4s となり，Bがブレーキをかけた t=1s から 4s 後，すなわち t=5s で車間距離が 0 になり，追突が起こる（図 b）。

したがって，**自動車Bがブレーキをかけている間，車間距離は毎秒 6m ずつ縮まり，t=5s で自動車Aと追突する。**

ヒント 3 〈斜面をすべり上がる物体の速度測定〉

グラフの問題 ➡「傾き」や「面積」が意味することは何か考える

v-t 図においては，「傾き」は加速度，「面積」は変位（距離）となる。

(1) 小物体の速度の時間変化を表すグラフ（v-t 図）の傾きは，加速度を表している。問題文の図 2 のグラフから読み取ると，加速度の大きさ a は

$$a=\left|\frac{1.00-2.00}{0.25-0.00}\right|=\mathbf{4.0\,m/s^2}$$

(2) 図 a より，速度が 0m/s となるのは　**0.50s**

(3) v-t 図と t 軸に囲まれた部分の面積が，小物体の進む距離を表している。図 a より，小数第 1 位まで求めると

$$\frac{1}{2}\times0.50\times2.00=\mathbf{0.5\,m}$$

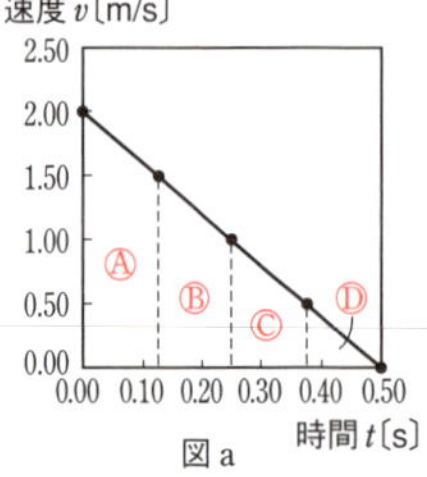

図 a

(4) 図 a で示された領域Ⓐ，Ⓑ，Ⓒ，Ⓓの面積が速度測定器の間隔を表しているので，間隔はだんだん狭くなる。よって　②※A

※A　この場合，それぞれの間隔の比は 7：5：3：1 となる。

ヒント 4 〈水平投射〉

(ア)，(イ) 水平投射では，水平方向には等速直線運動をし，鉛直方向には自由落下運動を行う。

(ウ) 点Qが斜面上にあるとき，l_x，l_y は $\dfrac{l_y}{l_x}=\tan\theta$ の関係にある。

(オ)，(カ) 地球上で求めた物理量中の重力加速度の大きさ g が，月面上では $g_{月}=\dfrac{1}{6}g$ となることを用いる。

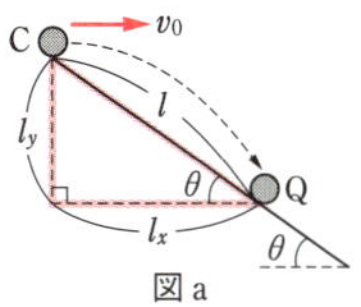

図 a

(ア) 水平方向の小球の運動は，速さ v_0 の等速直線運動であるので，「$x=vt$」より　$l_x=v_0t$〔m〕

(イ) 鉛直方向の小球の運動は，自由落下運動(鉛直下向きを正として，初速度 0，加速度 g の等加速度運動)であるので，「$x=v_0t+\dfrac{1}{2}at^2$」より　$l_y=\dfrac{1}{2}gt^2$〔m〕

(ウ) 図 a より，点Qが斜面上に存在するためには，l_x，l_y と $\tan\theta$ の間に $\tan\theta=\dfrac{l_y}{l_x}$ という関係が成りたつ必要がある。(ア)，(イ)の結果を用いて

$$\tan\theta=\frac{l_y}{l_x}=\frac{\frac{1}{2}gt^2}{v_0t}=\frac{gt}{2v_0}\text{※A}\qquad \text{よって}\quad t=\frac{2v_0\tan\theta}{g}\text{〔s〕}$$

※A　$t>0$ であることがわかっているので分母・分子で t を消去した。

(エ) CQ の距離を l〔m〕とすると，図 a より　$l_x=l\cos\theta$

よって　$l=\dfrac{l_x}{\cos\theta}$　……①

(ウ)の結果を(ア)の答えに代入すると

$$l_x=v_0t=v_0\cdot\frac{2v_0\tan\theta}{g}=\frac{2{v_0}^2\tan\theta}{g}\quad\cdots\cdots②$$

①，②式より　$l=\dfrac{l_x}{\cos\theta}=\dfrac{1}{\cos\theta}\times\dfrac{2{v_0}^2\tan\theta}{g}=\dfrac{2{v_0}^2\tan\theta}{g\cos\theta}$〔m〕　……③

別解　三平方の定理と(ア)，(イ)，(ウ)の結果より

$$l=\sqrt{{l_x}^2+{l_y}^2}=\sqrt{(v_0t)^2+\left(\frac{1}{2}gt^2\right)^2}\text{※B}=t\sqrt{{v_0}^2+\frac{1}{4}g^2t^2}$$

$$=\frac{2v_0\tan\theta}{g}\sqrt{{v_0}^2+\frac{1}{4}g^2\left(\frac{2v_0\tan\theta}{g}\right)^2}\text{※C}=\frac{2{v_0}^2\tan\theta}{g}\sqrt{1+\tan^2\theta}\text{※D}$$

$$=\frac{2{v_0}^2\tan\theta}{g\cos\theta}\text{〔m〕※E}$$

※B　(ア)，(イ)の結果を l_x，l_y に代入した。

※C　(ウ)の結果を t に代入した。

※D　$1+\tan^2\theta=\dfrac{1}{\cos^2\theta}$ を用いた。

※E　$\tan\theta=\dfrac{\sin\theta}{\cos\theta}$ より $l=\dfrac{2{v_0}^2\sin\theta}{g\cos^2\theta}$〔m〕も正答。

(オ) 水平面 BC を高さの基準とし，小球の質量を m〔kg〕，BC から点Pまでの高さを h〔m〕とする。点Pと点Cにおける小球についての力学的エネルギー保存則「$\dfrac{1}{2}mv^2+mgh=$一定」より

$$0+mgh=\frac{1}{2}m{v_0}^2+0\qquad\text{よって}\quad v_0=\sqrt{2gh}\text{〔m/s〕}\quad\cdots\cdots④$$

月面上においては，重力加速度の大きさ $g_{月}$ は地球上の $\dfrac{1}{6}\left(g_{月}=\dfrac{1}{6}g\right)$ であるので，月面上で同じ実験を行ったときの点Cから小球が飛び出す速さ $v_{0月}$ は，地球上での結果である④式の g を $g_{月}$ に置きかえたものになる。よって

$$v_{0月}=\sqrt{2g_{月}h}=\sqrt{2\times\frac{1}{6}gh}=\frac{\sqrt{2gh}}{\sqrt{6}}=\frac{v_0}{\sqrt{6}}\qquad\text{ゆえに}\quad\frac{1}{\sqrt{6}}\text{倍}$$

(カ) 月面上での CQ の距離を $l_{月}$ とすると，月面上での $l_{月}$ は，地球上の結果である③式の g を $g_{月}$ に，v_0 を $v_{0月}$ に置きかえたものになる。よって

$$l_{月}=\frac{2{v_{0月}}^2\tan\theta}{g_{月}\cos\theta}=\frac{2\left(\frac{1}{\sqrt{6}}v_0\right)^2\tan\theta}{\left(\frac{1}{6}g\right)\cos\theta}=\frac{2{v_0}^2\tan\theta}{g\cos\theta}=l\qquad\text{ゆえに}\quad 1\text{倍}$$

ヒント 5 〈斜方投射と自由落下〉

(1) 弾は$(0,\ h_1)$の位置から斜方投射される。斜方投射では水平方向に等速直線運動，鉛直方向には鉛直投げ上げ運動を行う。

(2) 物体Bは$(d,\ h_1+h_2)$の位置から自由落下運動を行う。

(4) (3)の結果より t_1 を消去すると，α の三角関数と d, h_2 の関係式が求められる。

(1) 大きさ v_0 の弾の初速度の x 成分(v_{0x}), y 成分(v_{0y})は図 a より

$$v_{0x}=v_0\cos\alpha,\ v_{0y}=v_0\sin\alpha$$

弾の x 方向の運動は，初速度 v_{0x} の等速直線運動なので「$x=vt$」より

$$x=v_0\cos\alpha\cdot t$$

y 方向の運動は，初速度 v_{0y}, 加速度 $-g$ の等加速度運動（鉛直投げ上げ運動）である。$t=0$ における y 座標が $y=h_1$ であることを考慮して，等加速度直線運動の式「$y=v_0t+\frac{1}{2}at^2$」に代入すると

$$y=h_1+v_0\sin\alpha\cdot t+\frac{1}{2}(-g)t^2$$

よって　$(x,\ y)=\left(v_0\cos\alpha\cdot t,\ h_1+v_0\sin\alpha\cdot t-\frac{1}{2}gt^2\right)$

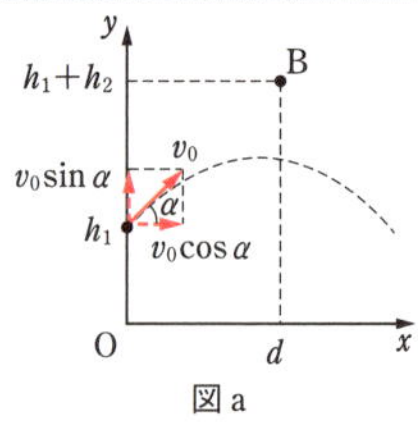

図 a

(2) 物体Bは x 方向には運動しないので $x=d$ ※A

y 方向の運動は，初速度 0, 加速度 $-g$ の等加速度運動（自由落下運動）である。$t=0$ における y 座標が $y=h_1+h_2$ であることを考慮すると，

「$y=v_0t+\frac{1}{2}at^2$」より

$$y=(h_1+h_2)+0\cdot t+\frac{1}{2}(-g)t^2$$

よって　$(x,\ y)=\left(d,\ h_1+h_2-\frac{1}{2}gt^2\right)$

※A　物体Bは $x=d$ の線上を自由落下する。

(3) $t=t_1$ のとき，弾が物体Bに命中するためには，弾の座標と物体Bの座標が一致しなければならない。

水平方向の条件式は，x 座標が一致することから

$$v_0\cos\alpha\cdot t_1=d \quad \cdots\cdots①$$

鉛直方向の条件式は，y 座標が一致することから

$$h_1+v_0\sin\alpha\cdot t_1-\frac{1}{2}g{t_1}^2=h_1+h_2-\frac{1}{2}g{t_1}^2$$

この式を整理すると

$$v_0\sin\alpha\cdot t_1=h_2 \quad \cdots\cdots②$$

(4) ②式を①式で辺々わると

$$\frac{v_0\sin\alpha\cdot t_1}{v_0\cos\alpha\cdot t_1}=\frac{h_2}{d}$$

よって　$\tan\alpha=\frac{h_2}{d}$ ※B

この式を図示すると図 b のようになる。

図 b より　$\cos\alpha=\frac{d}{\sqrt{d^2+{h_2}^2}}$ ※C であるので，①式に代入すると

$$v_0\cdot\frac{d}{\sqrt{d^2+{h_2}^2}}\cdot t_1=d$$

よって　$t_1=\frac{\sqrt{d^2+{h_2}^2}}{v_0}$

※B　この結果から，弾が物体Bに命中する条件は，発射台Aにおける弾の初速度が物体Bの初期位置を向いていることであるとわかる（図 b）。

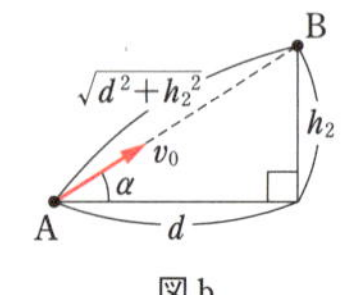

図 b

※C 「$1+\tan^2\theta=\frac{1}{\cos^2\theta}$」の関係より

$\cos\alpha=\frac{1}{\sqrt{1+\tan^2\alpha}}$

これに $\tan\alpha=\frac{h_2}{d}$ を代入しても求められる。

6 〈斜面から飛び出す物体〉

(1) 物体は斜面にそう方向に等加速度直線運動をするので，斜面方向の運動方程式を考える。
(4) 物体は点Bから投げ出された後は斜方投射運動をするので，鉛直方向と水平方向に分けて考える。

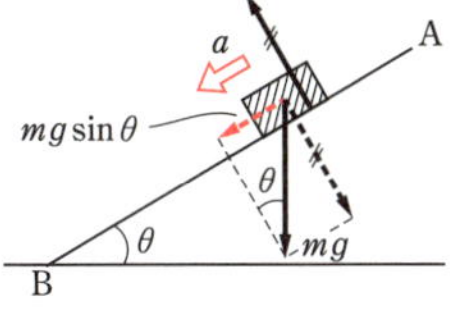
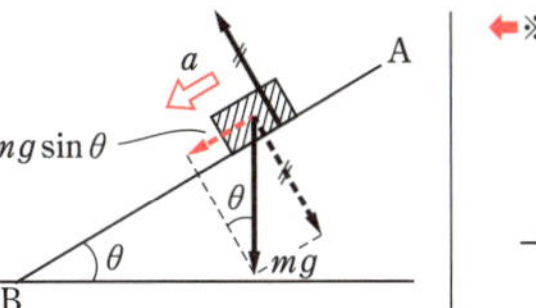

(1) 斜面をすべり下りるときの加速度の大きさを a とする。重力 mg の斜面方向の成分は $mg\sin\theta$ であるから，運動方程式を立てると

$ma=mg\sin\theta$　よって $a=g\sin\theta$

物体は斜面にそって，加速度 a の等加速度直線運動をするから，距離 x だけすべり下りたときの速さ $V(x)$ は $\{V(x)\}^2-0^2=2ax$ より $V(x)=\sqrt{2ax}=\sqrt{2gx\sin\theta}$

別解 距離 x だけすべり下りると，高さが $h=x\sin\theta$ ※A だけ下がる。斜面の摩擦が無視でき，力学的エネルギーが保存されるので

$$\frac{1}{2}m\{V(x)\}^2=mgh=mgx\sin\theta \quad \text{よって} \quad V(x)=\sqrt{2gx\sin\theta}$$

(2) 斜面 AB をすべりきるのに要する時間を t_1 とする。

$$l=\frac{1}{2}at_1{}^2 \quad \text{より} \quad t_1=\sqrt{\frac{2l}{a}}=\sqrt{\frac{2l}{g\sin\theta}}$$

(3) t_1 の半分の時間 $\frac{t_1}{2}$ の間にすべり下りた距離を l' とする。

$$l'=\frac{1}{2}a\left(\frac{t_1}{2}\right)^2=\frac{1}{8}at_1{}^2=\frac{1}{8}a\left(\sqrt{\frac{2l}{a}}\right)^2=\frac{1}{4}l$$ ※B

(4) 下端Bでの物体の速度 V_B は，(1)で，$\theta=30°$，$x=l$ として

$$V_B=\sqrt{2gl\sin 30°}=\sqrt{gl}$$

水平左向きに x 軸，鉛直下向きに y 軸をとり ※C，速度 V_B の x 成分を V_{Bx}，y 成分を V_{By} とすると

$$V_{Bx}=V_B\cos 30°=\frac{\sqrt{3gl}}{2},\quad V_{By}=V_B\sin 30°=\frac{\sqrt{gl}}{2}$$

y 軸方向には初速度 V_{By} の鉛直投げ下ろし運動をするから，落下点Dまでの時間を t_2 とすると $l=V_{By}t_2+\frac{1}{2}gt_2{}^2$　よって $l=\frac{\sqrt{gl}}{2}t_2+\frac{1}{2}gt_2{}^2$

ゆえに $t_2{}^2+\sqrt{\frac{l}{g}}t_2-2\frac{l}{g}=0$

よって $t_2=\sqrt{\frac{l}{g}}$，$-2\sqrt{\frac{l}{g}}$ ※D　$t_2>0$ より $t_2=\sqrt{\frac{l}{g}}$

x 軸方向には速度 V_{Bx} の等速直線運動をするから

$$CD=V_{Bx}t_2=\frac{\sqrt{3gl}}{2}\times\sqrt{\frac{l}{g}}=\frac{\sqrt{3}}{2}l$$

※A

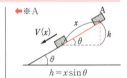

$h=x\sin\theta$

※B **別解** (2)の

$l=\frac{1}{2}at^2$ より $l\propto t^2$ だから

t を $\frac{1}{2}$ 倍にすれば，l は $\frac{1}{4}$ 倍となる。よって $l'=\frac{1}{4}l$

※C

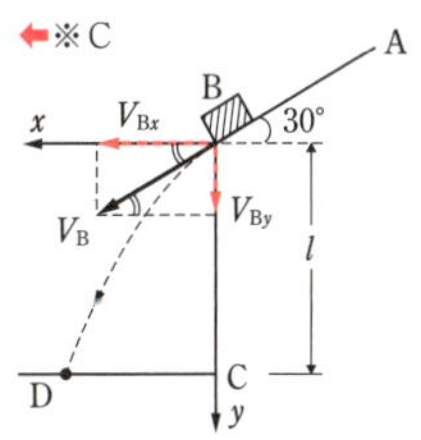

※D $t_2{}^2+\sqrt{\frac{l}{g}}t_2-2\frac{l}{g}=0$

因数分解して

$$\left(t_2-\sqrt{\frac{l}{g}}\right)\left(t_2+2\sqrt{\frac{l}{g}}\right)=0$$

または，2次方程式の解の公式より

$$t_2=\frac{-\sqrt{\frac{l}{g}}\pm\sqrt{\frac{l}{g}+8\frac{l}{g}}}{2}=\frac{1}{2}\left(-\sqrt{\frac{l}{g}}\pm 3\sqrt{\frac{l}{g}}\right)=\sqrt{\frac{l}{g}},\ -2\sqrt{\frac{l}{g}}$$

ヒント 7 〈斜面への斜方投射〉

(1)〜(3) 斜面にそう方向に x 軸，斜面に垂直な方向に y 軸をとり，それぞれの方向に運動を分解して調べると，x 軸方向には初速度 $v_{0x}=v_0\cos\alpha$，加速度 $a_x=-g\sin\theta$，y 軸方向には初速度 $v_{0y}=v_0\sin\alpha$，加速度 $a_y=-g\cos\theta$ でそれぞれ等加速度運動する。

(4) 斜面と衝突するとき，小球の y 座標は 0 になる。

(7)「斜面に対して垂直に衝突」➡ 小球の速度の x 成分 v_x は 0

(1) 小球にはたらく重力の x 成分(W_x)，y 成分(W_y)は，図 a より

$$W_x=-mg\sin\theta$$
$$W_y=-mg\cos\theta$$

(2) 小球の加速度の x 成分(a_x)，y 成分(a_y)は，運動方程式「$ma=F$」より

$ma_x=W_x=-mg\sin\theta$ よって $a_x=-g\sin\theta$

$ma_y=W_y=-mg\cos\theta$ よって $a_y=-g\cos\theta$

となる。また大きさ v_0 の小球の初速度の x 成分 (v_{0x})，y 成分 (v_{0y}) は，図 a より

$v_{0x}=v_0\cos\alpha$ $v_{0y}=v_0\sin\alpha$

である。小球は x 方向，y 方向にそれぞれ等加速度運動をするので，等加速度運動の式「$v=v_0+at$」より，時刻 t における小球の速度の x 成分(v_x)，y 成分(v_y)は

$v_x=v_{0x}+a_xt=v_0\cos\alpha-g\sin\theta\cdot t$ ……①

$v_y=v_{0y}+a_yt=v_0\sin\alpha-g\cos\theta\cdot t$ ……②

(3) 等加速度運動の式「$x=v_0t+\frac{1}{2}at^2$」より，時刻 t における小球の位置 x，y は

$x=v_{0x}t+\frac{1}{2}a_xt^2=v_0\cos\alpha\cdot t-\frac{1}{2}g\sin\theta\cdot t^2$ ……③

$y=v_{0y}t+\frac{1}{2}a_yt^2=v_0\sin\alpha\cdot t-\frac{1}{2}g\cos\theta\cdot t^2$ ……④

(4) 小球が斜面に衝突するとき，求める時刻を t_0 とすると，④式より

$$y=0=v_0\sin\alpha\cdot t_0-\frac{1}{2}g\cos\theta\cdot t_0^2$$
$$=t_0\left(v_0\sin\alpha-\frac{g\cos\theta}{2}t_0\right)$$

$t_0>0$ より $t_0=\dfrac{2v_0\sin\alpha}{g\cos\theta}$ ※A⬅ ……⑤

(5) (4)の t_0 を，③式に代入すると

$$l=v_0\cos\alpha\cdot t_0-\frac{1}{2}g\sin\theta\cdot t_0^2$$
$$=v_0\cos\alpha\cdot\frac{2v_0\sin\alpha}{g\cos\theta}-\frac{1}{2}g\sin\theta\left(\frac{2v_0\sin\alpha}{g\cos\theta}\right)^2$$
$$=\frac{2v_0^2\sin\alpha}{g\cos^2\theta}(\cos\theta\cos\alpha-\sin\theta\sin\alpha)$$
$$=\frac{2v_0^2\sin\alpha}{g\cos^2\theta}\cos(\theta+\alpha)$$ ※B⬅ ※C⬅
$$=\frac{2v_0^2}{g\cos^2\theta}\cdot\sin\alpha\cos(\theta+\alpha)$$
$$=\frac{v_0^2}{g\cos^2\theta}\{\sin(\alpha+\theta+\alpha)+\sin(\alpha-\theta-\alpha)\}$$ ※D⬅

よって $l=\dfrac{v_0^2}{g\cos^2\theta}\{\sin(2\alpha+\theta)-\sin\theta\}$ ……⑥

(6) ⑥式より，$\sin(2\alpha+\theta)=1$ のとき，距離 l が最大になるので

$2\alpha+\theta=\dfrac{\pi}{2}$ よって $\alpha=\dfrac{\pi}{4}-\dfrac{\theta}{2}$

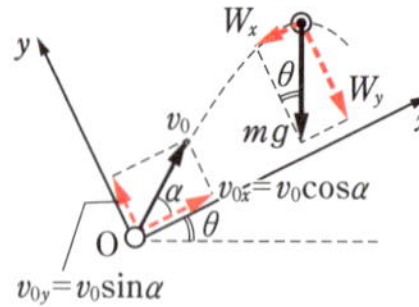

図 a

⬅※A 別解 y 座標が最大値をとる時刻を t_1 とすると，最大値では，$v_y=0$ であるので

$v_y=v_0\sin\alpha-g\cos\theta\cdot t_1=0$

よって $t_1=\dfrac{v_0\sin\alpha}{g\cos\theta}$

斜面に衝突する時刻 t_0 は t_1 の 2 倍なので

$t_0=2t_1=\dfrac{2v_0\sin\alpha}{g\cos\theta}$

⬅※B 公式

$\cos(\alpha+\beta)$
$=\cos\alpha\cos\beta-\sin\alpha\sin\beta$

を用いた。

⬅※C 別解

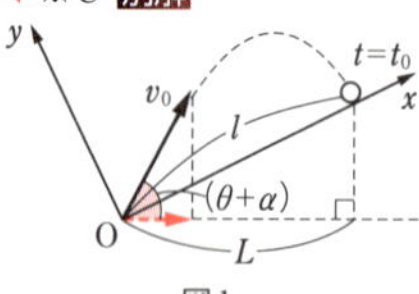

図 b

図 b より，時刻 t_0 において，小球が水平方向に進んだ距離 L は，小球の水平方向の運動が初速度 $v_0\cos(\theta+\alpha)$ の等速直線運動であるので

$L=v_0\cos(\theta+\alpha)\cdot t_0$
$=v_0\cos(\theta+\alpha)\dfrac{2v_0\sin\alpha}{g\cos\theta}$

L と求める l の関係は

$l=\dfrac{L}{\cos\theta}$

以上より

$l=\dfrac{2v_0^2\sin\alpha}{g\cos^2\theta}\cos(\theta+\alpha)$

⬅※D 公式

$\sin\alpha\cos\beta$
$=\dfrac{1}{2}\{\sin(\alpha+\beta)+\sin(\alpha-\beta)\}$

を用いた。

(7) 斜面に対して小球が垂直に衝突するときの小球の速度の x 成分 v_x は 0 なので，①式の t に⑤式を代入して

$$v_x=0=v_0\cos\alpha-g\sin\theta\cdot t_0$$

$$0=v_0\cos\alpha-g\sin\theta\cdot\frac{2v_0\sin\alpha}{g\cos\theta}$$

$$\cos\alpha\cos\theta=2\sin\theta\sin\alpha$$

よって　$\tan\theta\tan\alpha=\dfrac{1}{2}$ ……⑦

(8) 時刻 t_0 において $v_x=0$ であるので，速さ v は $v=|v_y|$ となる。②式の t に⑤式を代入して

$$v_1=|v_0\sin\alpha-g\cos\theta\cdot t_0|$$

$$=\left|v_0\sin\alpha-g\cos\theta\cdot\frac{2v_0\sin\alpha}{g\cos\theta}\right|=v_0\sin\alpha \quad \cdots\cdots ⑧$$

⑦式より　$\tan\alpha=\dfrac{1}{2\tan\theta}$　なので　$\tan^2\alpha=\dfrac{1}{4\tan^2\theta}$

$$1+\tan^2\alpha=1+\frac{1}{4\tan^2\theta}=\frac{4\tan^2\theta+1}{4\tan^2\theta}$$

$\dfrac{1}{\cos^2\alpha}$ ※E $=\dfrac{4\tan^2\theta+1}{4\tan^2\theta}$　なので　$\cos^2\alpha=\dfrac{4\tan^2\theta}{1+4\tan^2\theta}$

$\sin^2\alpha=1-\cos^2\alpha$ ※F $=1-\dfrac{4\tan^2\theta}{1+4\tan^2\theta}=\dfrac{1}{1+4\tan^2\theta}$

よって，$0<\alpha<\dfrac{\pi}{2}$ なので　$\sin\alpha=\dfrac{1}{\sqrt{1+4\tan^2\theta}}$ ……⑨

⑧，⑨式より　$v_1=\dfrac{v_0}{\sqrt{1+4\tan^2\theta}}$

※E　公式
$1+\tan^2\theta=\dfrac{1}{\cos^2\theta}$
を用いた。

※F　公式
$\sin^2\theta+\cos^2\theta=1$
を用いた。

ヒント 8 〈斜面をのぼる小球の運動〉

(カ) 上面と下面での速度の x 成分が等しいことを用いる。
(キ) $\theta_1=\theta_C$ のとき，小球の最高点がちょうど斜面と上面の境目にある。このとき，$\theta_2=90°$ である。

(1)(ア) 斜面上の小球にはたらく力は，重力 mg と垂直抗力だけであり，これらの力の x 成分は 0 だから，小球は x 方向には，$v\sin\theta_1$ の一定の速度で等速度運動をする。……①

(イ) 小球にはたらく力の y' 成分の大きさは $mg\sin\phi$ であり，向きも含めて考えれば，小球は y' 方向に加速度 $-g\sin\phi$ の等加速度運動をする。……②

(ウ) x 方向は等速度運動だから，x 成分の大きさは $\boldsymbol{v\sin\theta_1}$ ※A のまま変わらない。

(エ) 斜面方向の斜面の長さを l' とすれば，上面までの高さ h は，

$h=l'\sin\phi$ で与えられるから　$l'=\dfrac{h}{\sin\phi}$

斜面上端での速度の y' 成分の大きさを $v_{y'}$ とし，等加速度直線運動の式「$v^2-v_0{}^2=2ax$」を用いる。v_0 は $v\cos\theta_1$ であるから

$$v_{y'}{}^2-(v\cos\theta_1)^2=2(-g\sin\phi)\cdot\frac{h}{\sin\phi}$$

より　$v_{y'}=\sqrt{v^2\cos^2\theta_1-2gh}$ ※B

小球は面から飛び上がらないと指示されているから，$v_{y'}$ がそのまま上面での速度の y 成分の大きさ v_y に移行すると考えてよい。

$$v_y=v_{y'}=\boldsymbol{\sqrt{v^2\cos^2\theta_1-2gh}}$$

(オ) 等加速度直線運動の式「$v=v_0+at$」を y' 方向に用いると，(エ)の答えより　$\sqrt{v^2\cos^2\theta_1-2gh}=v\cos\theta_1+(-g\sin\phi)t$

$$t=\boldsymbol{\frac{v\cos\theta_1-\sqrt{v^2\cos^2\theta_1-2gh}}{g\sin\phi}}$$

(カ) 上面に達したときの速さ v' は　$v'=\sqrt{v_x{}^2+v_{y'}{}^2}$　より

$$v'=\sqrt{(v\sin\theta_1)^2+(v^2\cos^2\theta_1-2gh)}=\sqrt{v^2(\sin^2\theta_1+\cos^2\theta_1)-2gh}$$
$$=\sqrt{v^2-2gh}$$ ※C

上面と下面での速度の x 成分は等しいので　$v\sin\theta_1=v'\sin\theta_2$

よって　$\dfrac{\sin\theta_1}{\sin\theta_2}=\dfrac{v'}{v}=\dfrac{\sqrt{v^2-2gh}}{v}=\boldsymbol{\sqrt{1-\dfrac{2gh}{v^2}}}$

(2)(キ) 斜面上に描く放物線軌道の最高点が上面より下にある場合，小球は再び下面にもどる。最高点がちょうど斜面と上面の境目にあるとき $\theta_2=90°$ になるので，(カ)の答えより

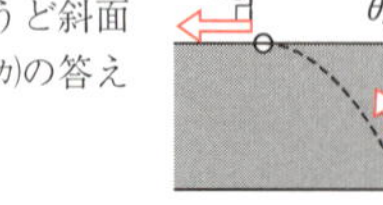

$$\frac{\sin\theta_C}{\sin 90°}=\sqrt{1-\frac{2gh}{v^2}}\qquad \sin\theta_C=\boldsymbol{\sqrt{1-\frac{2gh}{v^2}}}$$

(ク) 等加速度直線運動の式「$y=v_0t+\dfrac{1}{2}at^2$」を y' 方向に用いる。$y'=0$ のとき下面にもどるので，求める時間を t' とすると

$$0=v\cos\theta_1\times t'+\frac{1}{2}\times(-g\sin\phi)t'^2$$

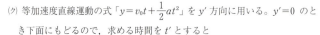

$$t'\left(t'-\frac{2v\cos\theta_1}{g\sin\phi}\right)=0\qquad t'>0\ \text{より}\qquad t'=\boldsymbol{\frac{2v\cos\theta_1}{g\sin\phi}}$$ ※D

※A　角度 θ_1 の与え方に注意する。$v_x=v\cos\theta_1$ とはならない。

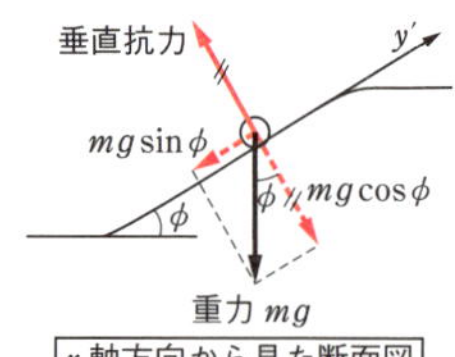

x 軸方向から見た断面図

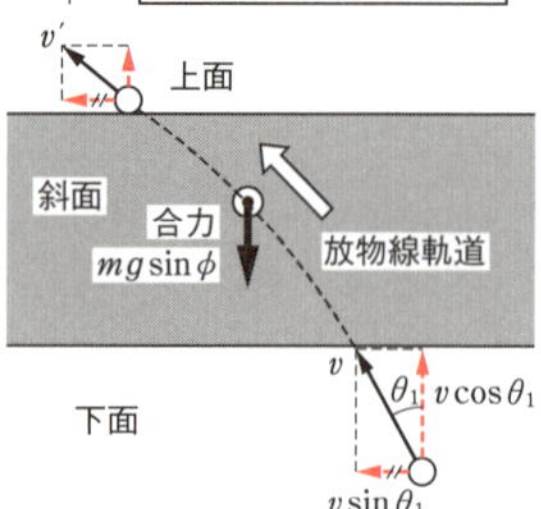

斜面を真上から見た図

※B **別解** 下面と上面での力学的エネルギー保存則「$\dfrac{1}{2}mv^2+mgh=$一定」を用いれば

$$\frac{1}{2}m\{(v\sin\theta_1)^2+(v\cos\theta_1)^2\}+0=\frac{1}{2}m\{(v\sin\theta_1)^2+v_{y'}{}^2\}+mgh$$

$$v_{y'}=\boldsymbol{\sqrt{v^2\cos^2\theta_1-2gh}}$$

※C **別解** 力学的エネルギー保存則を用いれば

$$\frac{1}{2}mv^2+0=\frac{1}{2}mv'^2+mgh$$
$$v'=\sqrt{v^2-2gh}$$

※D **別解**「$v=v_0+at$」より，$v_{y'}=0$（最高点）までの時間を t_1 とすれば

$$0=v\cos\theta_1+(-g\sin\phi)t_1$$

求める時間 t' は $2t_1$ だから

$$t'=2t_1=\boldsymbol{\frac{2v\cos\theta_1}{g\sin\phi}}$$

2 力とつりあい

ヒント 9 〈人と体重計を乗せたゴンドラのつりあい〉

(1) 人も「物体」と考えて，力の図をかき，各物体における力のつりあいを考える。
(3) 体重計は「相手の重力」をはかっているのではなく，「相手が押す力」（＝「相手に及ぼす垂直抗力」）をはかっている。

(1) 考えやすくするため，人を1つの物体とみなし，綱がゴンドラの床面につながれているとして，各物体にはたらく力をかくと，図aのようになる。

人にはたらく力のつりあいの式は

$T+N=mg$

また，ゴンドラにはたらく力のつりあいの式は

$T=N+Mg$

(2) (1)の2式より，張力の大きさは

$T=\dfrac{M+m}{2}g$

(3) 体重計は相手に及ぼす垂直抗力の大きさをもとに，指示値を表している。(1)の2式より，垂直抗力の大きさは

$N=\dfrac{m-M}{2}g$ ※A

体重計の指示値の単位は，一般に〔N〕ではなく，〔kg〕である。ここでは，重力加速度の大きさ g でわったものが「読み」となる。

よって $\dfrac{m-M}{2}$

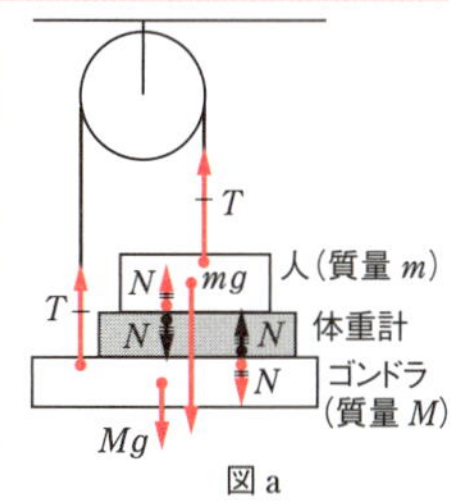

図 a

体重計の質量が無視できるので，体重計にはたらく2つの力の大きさは N で等しい。

※A ゴンドラが空中で静止するためには，人の質量のほうが，ゴンドラの質量よりも大きい必要があるとわかる。

ヒント 10 〈フックの法則とつりあい〉

(1) フックの法則からそれぞれのばねの弾性力を求め，これらの力のつりあいを考えればよい。
(2) (1)と同様に考えるが，板が傾いているので，斜面方向には弾性力のほかに重力の成分もはたらく。

(1) ばね定数 k_2 のばねの伸びが a のとき，k_1 のばねの伸びを b とする。おもりの大きさを無視して考えると，図より

$(l_0+a)+(l_0+b)=L$

よって $b=L-2l_0-a$

このとき，k_1，k_2 のばねの弾性力の大きさをそれぞれ f_1，f_2 とすると，フックの法則より

$f_1=k_1b=k_1(L-2l_0-a)$，$f_2=k_2a$

おもりにはたらく力のつりあいから

$f_1=f_2$

よって $k_1(L-2l_0-a)=k_2a$ ……①

ゆえに $a=\dfrac{k_1}{k_1+k_2}(L-2l_0)$ ※A

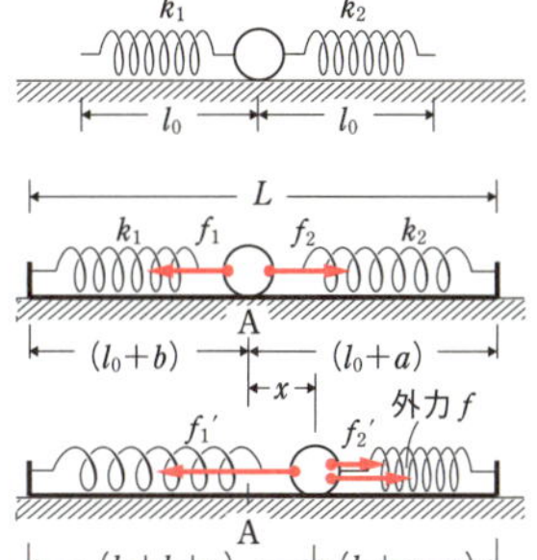

次に，おもりを右向きに x だけ動かしたとする※B（右向きを正の向きとする）。このとき，k_1，k_2 のばねの伸びはそれぞれ

k_1：$b+x=L-2l_0-a+x$，k_2：$a-x$

よって，ばねの弾性力の大きさをそれぞれ f_1'，f_2' とすると

$f_1'=k_1(b+x)=k_1(L-2l_0-a+x)$　　$f_2'=k_2(a-x)$

おもりにはたらく2つの弾性力 f_1', f_2' の合力 F は，①式を用いて整理すると

$F=f_2'-f_1'=k_2(a-x)-k_1(L-2l_0-a+x)$
$=-(k_1+k_2)x+k_2a-k_1(L-2l_0-a)=-(k_1+k_2)x$ ※C

※A **別解** 全体の伸び $L-2l_0$ をばね定数 k_1，k_2 の逆比に分配すれば

$a=\dfrac{k_1}{k_1+k_2}(L-2l_0)$

※B おもりを移動させるのに外力 f が必要である。

※C $x>0$（右へ移動）のとき $F<0$（左向き），$x<0$（左へ移動）のとき $F>0$（右向き）のように，変位 x の向きと弾性力の合力 F の向きは，常に反対向きとなる。また，外力 f と力 F はつりあいの関係にあるから

$f=(k_1+k_2)x$

なお，k_1+k_2 はばね1，2を並列（直列ではない）につないだときの合成ばね定数である。

(2) このときの，k_1，k_2 のばねの弾性力の大きさをそれぞれ f_1''，f_2'' とする。

(1)の場合と同様に考えて

$$f_1''=k_1(b+x_0)=k_1(L-2l_0-a+x_0)$$

$$f_2''=k_2(a-x_0)$$

斜面方向には，これらの弾性力のほかに，重力の成分 $mg\sin\theta$ もはたらくので，斜面方向の力のつりあいより

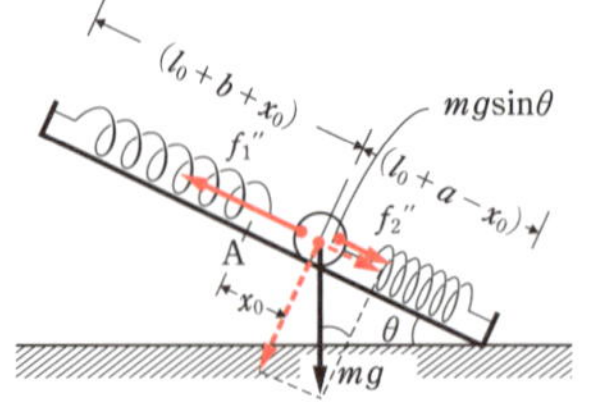

$$f_1''=f_2''+mg\sin\theta \qquad k_1(L-2l_0-a+x_0)=k_2(a-x_0)+mg\sin\theta$$

①式の関係を用いて　$(k_1+k_2)x_0=mg\sin\theta$　　よって　$x_0=\dfrac{mg\sin\theta}{k_1+k_2}$

ヒント 11 〈斜面に置かれたロープのつりあい〉

(1) ロープは太さが一様で均質 ➡ 各部分の質量は長さに比例する

(3) 摩擦力は，ロープの張力の大きさと重力の斜面方向成分の大きさの大小によって，向きが異なる。

(4) ロープが静止しているための条件 ➡ (摩擦力の大きさ)≦(最大摩擦力の大きさ)

(1) AP 部と BP 部の質量をそれぞれ M_A，M_B とする。BP 部の長さが a のとき，AP 部の長さは $(L-a)$ である。各部分の質量は，その長さに比例するから

$$\frac{M_A}{M}=\frac{(L-a)}{L} \qquad ゆえに\ M_A=\frac{L-a}{L}M$$ ※A

$$\frac{M_B}{M}=\frac{a}{L} \qquad ゆえに\ M_B=\frac{a}{L}M$$ ※A

よって，重さ(重力の大きさ)はそれぞれ

$$M_Ag=\frac{L-a}{L}Mg,\quad M_Bg=\frac{a}{L}Mg \qquad \cdots\cdots①$$

(2) P におけるロープの張力の大きさを T とすると，BP 部にはたらく張力 T (上向き)と重力 M_Bg (下向き)のつりあい※B より

$$T=M_Bg \qquad よって\quad T=\frac{a}{L}Mg \qquad \cdots\cdots②$$

(3) ロープと斜面との間の静止摩擦力の大きさを f とする。このとき，AP 部にはたらく重力の斜面方向成分は $M_Ag\sin\theta$ である。

$T>M_Ag\sin\theta$ のとき，AP 部が斜面にそってすべり上がらない条件※C は　$T=M_Ag\sin\theta+f$　　よって　$f=T-M_Ag\sin\theta$　……③

また，$T<M_Ag\sin\theta$ のとき，AP 部が斜面にそってすべり下りない条件※C は　$T+f=M_Ag\sin\theta$　　よって　$f=M_Ag\sin\theta-T$　……④

①～④式より，摩擦力の大きさは

$$|f|=|T-M_Ag\sin\theta|=\frac{Mg}{L}|a-(L-a)\sin\theta|$$ ※D

(4) ③式の f が最大摩擦力 $f_0=\mu N_A=\mu M_Ag\cos\theta$ をこえなければ，ロープは上にすべらない。

$f\leqq f_0$ より　　$T-M_Ag\sin\theta\leqq\mu M_Ag\cos\theta$

①，②式を用い，整理して　　$a\leqq\dfrac{L(\sin\theta+\mu\cos\theta)}{1+\sin\theta+\mu\cos\theta}$　……⑤

同様に，④式において $f\leqq f_0$ であれば，ロープは下にすべらない。よって

$$M_Ag\sin\theta-T\leqq\mu M_Ag\cos\theta$$

整理して　$\dfrac{L(\sin\theta-\mu\cos\theta)}{1+\sin\theta-\mu\cos\theta}\leqq a$　……⑥

⑤，⑥式より　$\dfrac{L(\sin\theta-\mu\cos\theta)}{1+\sin\theta-\mu\cos\theta}\leqq a\leqq\dfrac{L(\sin\theta+\mu\cos\theta)}{1+\sin\theta+\mu\cos\theta}$

※A　ロープの単位長さ当たりの質量(線密度という)は $\dfrac{M}{L}$ であるから，長さ $(L-a)$ の AP 部の質量 M_A は

$$M_A=(L-a)\frac{M}{L}=\frac{L-a}{L}M$$

同様に BP 部の M_B は

$$M_B=a\cdot\frac{M}{L}=\frac{a}{L}M$$

※B　BP 部のつりあい

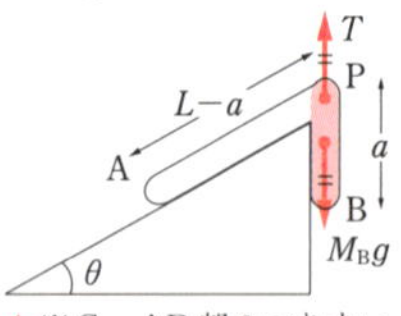

※C　AP 部のつりあい

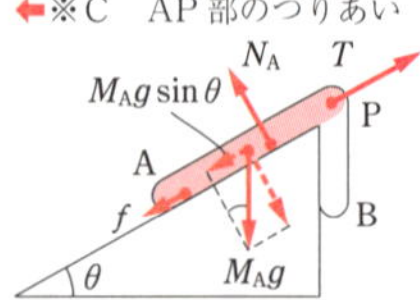

($T>M_Ag\sin\theta$ のとき)

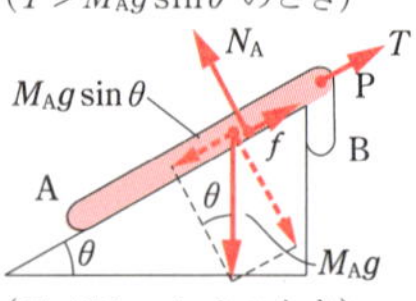

($T<M_Ag\sin\theta$ のとき)

※D　$f=\mu N_A=\mu M_Ag\cos\theta$ としてはいけない(これはすべりだす直前の最大摩擦力)。

ヒント 12 〈斜面をもつ台にはたらく力のつりあい〉

(2), (4) 一般に，静止摩擦力の大きさは力のつりあいから求める。動きだす直前の場合に限り，μN（N は垂直抗力の大きさ）となる。

(3) 台は静止している ➡ 小物体は斜面方向にしか運動せず，斜面と垂直な方向にはたらく力はつりあう

〔A〕 水平右向きを x 軸，鉛直上向きを y 軸とし，小物体と台にはたらく力を図示する（図 a，図 b）。

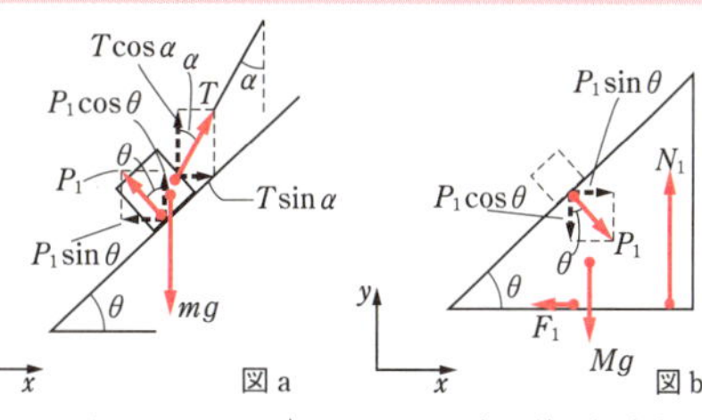

(1) 小物体にはたらく力のつりあいより

$$\begin{cases} P_1\sin\theta = T\sin\alpha & \cdots\cdots① \\ P_1\cos\theta + T\cos\alpha = mg & \cdots\cdots② \end{cases}$$

①，②式より

$$P_1\sin\theta\cdot\cos\alpha = T\sin\alpha\cdot\cos\alpha$$

$$P_1\cos\theta\cdot\sin\alpha + T\cos\alpha\cdot\sin\alpha = mg\sin\alpha$$

辺々加えて $P_1 = \dfrac{mg\sin\alpha}{\sin\theta\cos\alpha + \cos\theta\sin\alpha} = \dfrac{mg\sin\alpha}{\sin(\theta+\alpha)}$ 〔N〕※A⬅

⬅※A 三角関数の加法定理 $\sin(\alpha+\beta) = \sin\alpha\cos\beta + \cos\alpha\sin\beta$ を用いた。

また $T = \dfrac{P_1\sin\theta}{\sin\alpha} = \dfrac{mg\sin\theta}{\sin(\theta+\alpha)}$ 〔N〕

別解 未知の力 T と垂直な方向の力のつりあいを考えれば，P_1 を直接求めることができる。T と平行・垂直な方向に小物体にはたらく力を分解すると，図 c のようになる。

T と垂直な方向の力のつりあいから

$$P_1\sin(\theta+\alpha) = mg\sin\alpha$$

よって $P_1 = \dfrac{mg\sin\alpha}{\sin(\theta+\alpha)}$ 〔N〕

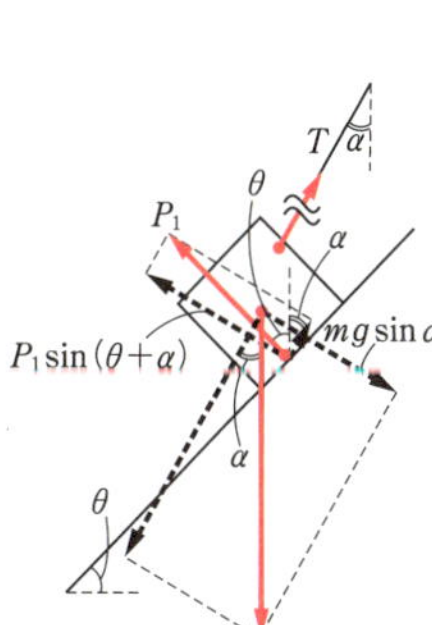

(2) 台にはたらく力のつりあいより

$$N_1 = P_1\cos\theta + Mg \qquad F_1 = P_1\sin\theta$$

求めるのは F_1 だから

$$F_1 = P_1\sin\theta = \frac{mg\sin\alpha\sin\theta}{\sin(\theta+\alpha)} \text{〔N〕}$$ ※B⬅

⬅※B 静止摩擦力の大きさはつりあいの関係から求める。動きだす直前の状態ではないから $F_1 = \mu N_1$ として求めてはいけない。

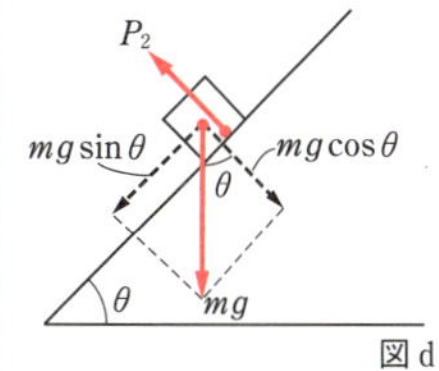

〔B〕 台は静止しているが，小物体は斜面上を等加速度運動していることに留意して小物体と台にはたらく力を図示する（図 d，図 e）。

(3) 小物体について斜面方向の運動方程式は，斜面下向きを正の向きとして

$ma_1 = mg\sin\theta$ 　よって $a_1 = g\sin\theta$ 〔m/s²〕

斜面と垂直方向の力のつりあいより

$P_2 = mg\cos\theta$ 　よって $P_2 = mg\cos\theta$ 〔N〕

(4) 台にはたらく力のつりあいより

$$N_2 = P_2\cos\theta + Mg \qquad F_2 = P_2\sin\theta$$

よって $F_2 = P_2\sin\theta = mg\sin\theta\cos\theta$ 〔N〕

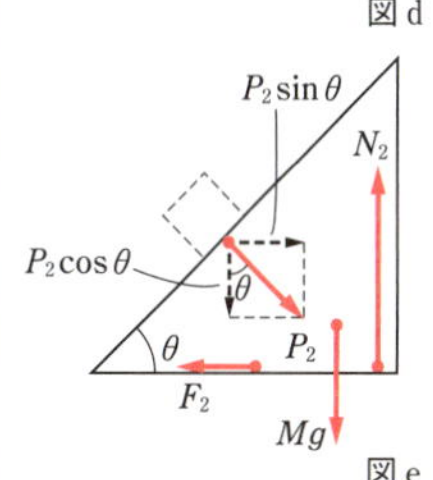

ヒント 13 〈支柱で支えた棒のつりあい〉

(1), (2) 力のモーメントのつりあいを考える。そのとき，点Dのまわりで考えると，点Dにおける垂直抗力 N_D による力のモーメントは0になる。

(3)『板が傾きだした』➡ 小物体は点Dの右にあるので，点Cで板が離れる ➡ $N_C=0$ となる

この「傾きだした」瞬間，板はまだ静止している(力のモーメントのつりあいの状態)。

板が支点C，Dからそれぞれ受ける垂直抗力の大きさを N_C，N_D とする。

(1) 板にはたらく力を図示すると図aのようになる。点Dのまわり※Aの力のモーメントのつりあいより

$(mg+3mg)\times 2a=N_C\times 4a$ ※B

よって　$N_C=2mg$ ※C

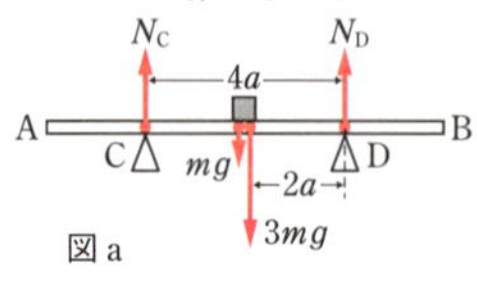

図a

(2) 板にはたらく力を図示すると図bのようになる。

(a) 点Dのまわりの力のモーメントのつりあいより

$mg\times 2a+3mg\times a=N_C\times 4a$

(b) (a)より　$N_C=\dfrac{5}{4}mg$

(c) 板にはたらく鉛直方向のつりあいより

$N_C+N_D=mg+3mg$

(b)の結果を代入して　$N_D=\dfrac{11}{4}mg$ ※D

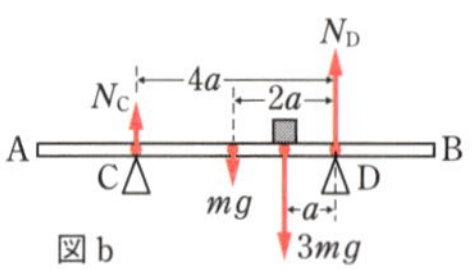

図b

(3) 板が傾きだした瞬間，点Cにおいて支柱と板が離れるので，$N_C=0$ となるが，板はまだ静止している。このときの点Dと小物体の距離DXを x とすると，板にはたらく力は図cのようになる。点Dのまわりの力のモーメントのつりあいより

$mg\times 2a=3mg\times x$　　よって　$x=\dfrac{2}{3}a$

N_D
2a　x
$N_C=0$
A　C　mg　D　X　B
3mg
図c

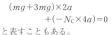

※A　点Dのまわりの力のモーメントのつりあいを考えると，点Dにおける垂直抗力 N_D による力のモーメントは0になる。

※B　左回り(反時計回り)の力のモーメントを正，右回り(時計回り)の力のモーメントを負とすると，力のモーメントのつりあいは，力のモーメントの和が0と表せる。すなわち

$(mg+3mg)\times 2a+(-N_C\times 4a)=0$

と表すこともある。

※C **別解** 対称性から $N_C=N_D$ が成りたつので，力のつりあいを用いて解くこともできる。板に鉛直方向にはたらく力のつりあいより

$N_C+N_D=mg+3mg$

$N_C=N_D$ より　$N_C=2mg$

※D **別解** 点Cのまわりの力のモーメントのつりあいより

$N_D\times 4a=mg\times 2a+3mg\times 3a$

よって　$N_D=\dfrac{11}{4}mg$

ヒント 14 〈壁に立てかけた棒のつりあい〉

(1), (3) 剛体のつりあいは，力のつりあいの式と力のモーメントのつりあいの式を立てて，これらの式を連立させて解く。

(2), (4)『棒が静止』➡ (棒にはたらく摩擦力の大きさ)≦(最大摩擦力の大きさ)

(1) 棒にはたらく力を図aに図示する※A。棒が床から受ける垂直抗力の大きさを N_A，静止摩擦力の大きさを F，壁から受ける垂直抗力の大きさを N_B とおく。

棒にはたらく力のつりあいの式は

水平方向：$N_B=F$　……①

鉛直方向：$N_A=Mg$　……②

また，N_B と Mg を，棒に平行な成分と垂直な成分に分解すると図bのようになるので，Aのまわりの力のモーメントのつりあいの式は

$$Mg\cos\theta\times\frac{L}{2}=N_B\sin\theta\times L$$

これより　$N_B=\dfrac{Mg}{2\tan\theta}$　……③

よって，②式より　$N_A=Mg$

①，③式より　$F=N_B=\dfrac{Mg}{2\tan\theta}$

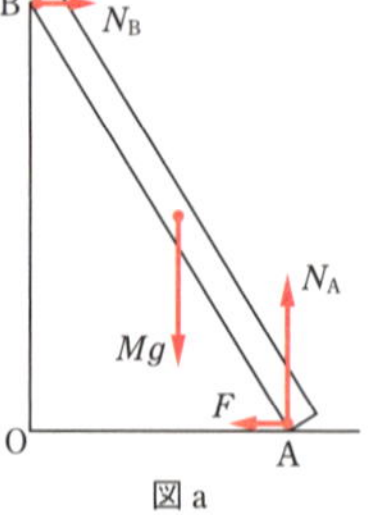

図a

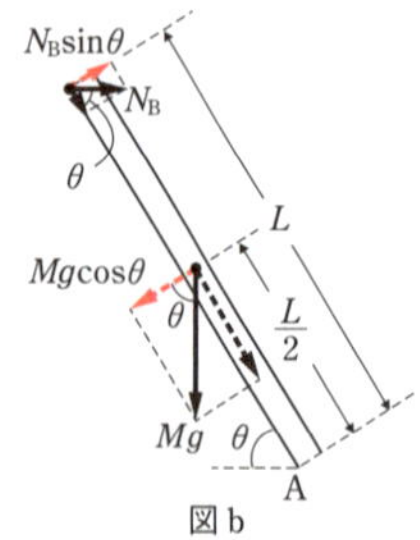

図b

※A　一様な棒なので，重心は棒の中心になる。

(2) 棒が静止するためには，F が最大摩擦力 μN_A 以下であればよい。すなわち $F \leqq \mu N_A$ を満たさなければならないので

$$\frac{Mg}{2\tan\theta} \leqq \mu Mg \quad \text{よって} \quad \mu \geqq \frac{1}{2\tan\theta}$$

(3) 図 c のように，棒が床から受ける垂直抗力の大きさを N_A'，静止摩擦力の大きさを F'，壁から受ける垂直抗力の大きさを N_B' とおく。棒にはたらく力のつりあいの式は

水平方向：$N_B' = F'$ ……④

鉛直方向：$N_A' = Mg + mg$ ……⑤

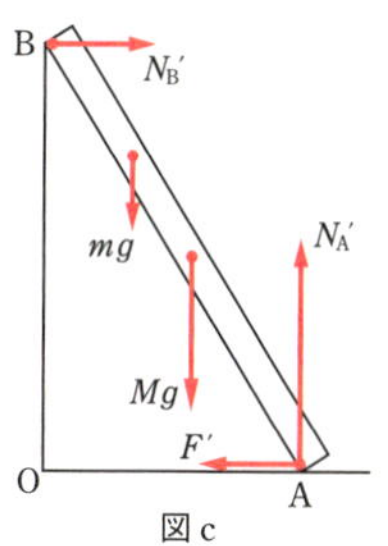

図 c

また，N_B'，mg，Mg を，棒に平行な成分と垂直な成分に分解すると図 d のようになるので，A のまわりの力のモーメントのつりあいの式は

$$Mg\cos\theta \times \frac{L}{2} + mg\cos\theta \times (L - x) = N_B' \sin\theta \times L$$

これより

$$N_B' = \frac{\frac{L}{2}Mg\cos\theta + (L-x)mg\cos\theta}{L\sin\theta} = \frac{ML + 2m(L-x)}{2L\tan\theta}g \quad \text{……⑥}$$

よって，⑤式より　$N_A' = (M+m)g$

④，⑥式より　$F' = N_B' = \frac{ML + 2m(L-x)}{2L\tan\theta}g$

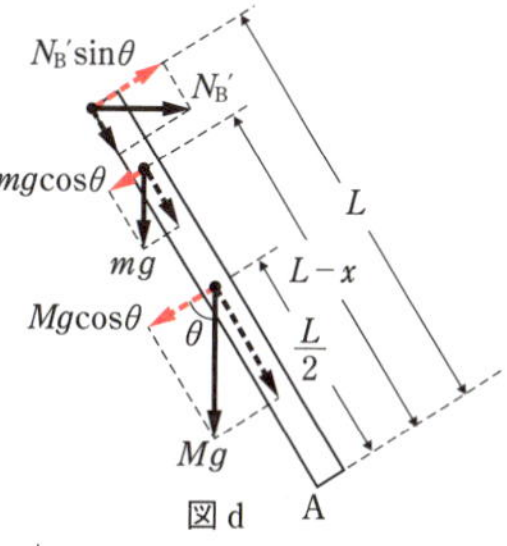

図 d

(4) $F' \leqq \mu N_A'$ を満たさなければならないので

$$\frac{ML + 2m(L-x)}{2L\tan\theta}g \leqq \mu(M+m)g$$

よって　$\mu \geqq \frac{ML + 2m(L-x)}{2(M+m)L\tan\theta}$

ヒント 15 〈半円形の剛体のつりあい〉

(い) 垂直抗力の大きさは，半円に接する床面に垂直な方向の力のつりあいから求める。水平面上であっても Mg と等しいとは限らないことに注意する。

(ろ)，(ア) 剛体にはたらく力がすべて鉛直方向なので，腕の長さを AB 方向にとるのではなく，水平方向（力と垂直な方向）にとるとよい。

(ウ) 剛体が床から離れる瞬間，垂直抗力の大きさが 0 となる。

(い) 剛体にはたらく力（糸に加えた力 F，重力 Mg，垂直抗力 N）を図示すると図 a のようになる。剛体にはたらく力の鉛直方向の力のつりあいの式より

$F + N = Mg$　　よって　$N = Mg - F$ ……①

(ろ) 点 A と点 O の水平方向の距離は $r\cos\theta$ であるので，力のモーメントの式「$M = F \times l_\perp$」より

$F \times r\cos\theta = Fr\cos\theta$

(a) 向きは図 a より　時計回り

(ア) 重心 G と点 O の水平方向の距離は　$\mathrm{OG}\sin\theta = \frac{4}{3\pi}r\sin\theta$　であるので，力のモーメントの式より　$Mg \times \frac{4}{3\pi}r\sin\theta = \frac{4Mg}{3\pi}r\sin\theta$

(b) 向きは図 a より　反時計回り

(イ) 垂直抗力 N は作用線が点 O を通るので腕の長さが 0，すなわち，力のモーメントは 0 である。

(は) 点 O のまわりの力のモーメントのつりあいの式より

$Fr\cos\theta = \frac{4Mg}{3\pi}r\sin\theta$ ※A　　よって　$\tan\theta = \frac{3\pi F}{4Mg}$ ※B ……②

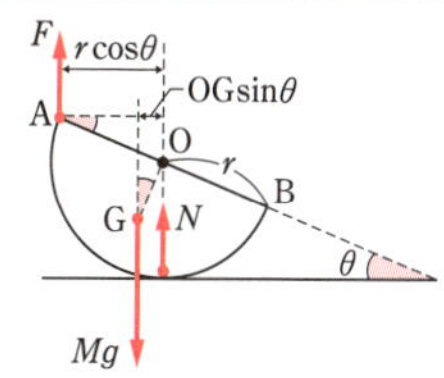

図 a

※A　力のモーメントの反時計回りを正として，力のモーメントの和が 0 と考えてもよい。
$(-Fr\cos\theta) + \frac{4Mg}{3\pi}r\sin\theta = 0$

※B　力 F が大きくなると，②式より $\tan\theta$ が大きくなるので，剛体の傾き θ が大きくなる。

(ウ) 剛体が床から離れる瞬間，垂直抗力の大きさが0となる。このときの限界の力の大きさを F_0 とすると，①式より

$N=0=Mg-F_0$　よって　$F_0=Mg$

(エ) $F=F_0$ のときの角度が θ_0 なので，②式より

$\tan\theta_0=\dfrac{3\pi F_0}{4Mg}=\dfrac{3\pi Mg}{4Mg}=\dfrac{3}{4}\pi$

ヒント 16 〈斜面に置かれた直方体のつりあい〉

『倒れる（回転する）』➡ 剛体の問題 ➡「力のつりあい」と「力のモーメントのつりあい」

剛体の場合，どの点に力がはたらいているか（力の作用点）に注意して力の矢印をかく。

(2) すべりだす条件 ➡ 最大摩擦力で力がつりあうときがギリギリ
倒れる条件 ➡ 物体の重心がAの真上にあるときがギリギリ

(1) このとき，物体にはたらく力を図示すると，図aのようになる。斜面に平行な方向の力のつりあいより，摩擦力の大きさ f は

$f=Mg\sin\theta$

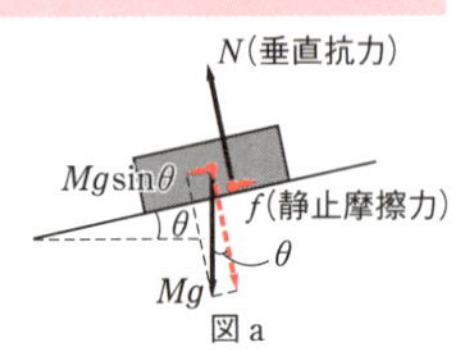

図a

(2) 傾斜角が θ_1 のときの摩擦力の大きさを f_1 とすると，(1)と同様にして

$f_1=Mg\sin\theta_1$　……①

このとき物体がすべりだすので，f_1 は最大摩擦力の大きさと等しく

$f_1=\mu_0N=\mu_0Mg\cos\theta_1$　……②

①，②式より

$Mg\sin\theta_1=\mu_0Mg\cos\theta_1$

となるから　$\mu_0=\tan\theta_1$　……③

一方，物体が倒れる瞬間には，物体にはたらく垂直抗力と摩擦力の作用点はいずれもAにあるとしてよく，重心（重力の作用点）がAの真上にある（図b）。このときの傾斜角を θ_0 として，倒れる直前のAのまわりの力のモーメントのつりあいを考える。Aのまわりでは，垂直抗力と摩擦力による力のモーメントは0であり，重力の斜面に垂直な成分と平行な成分による力のモーメントがつりあっているので

$Mg\sin\theta_0\times\dfrac{a}{2}=Mg\cos\theta_0\times\dfrac{3a}{2}$

よって，倒れるときの傾斜角 θ_0 の正接は　$\tan\theta_0=3$　……④

倒れることなくすべりだすという条件から，$\theta_1<\theta_0$ すなわち

$\tan\theta_1<\tan\theta_0$

③，④式より　$\mu_0<3$

(3) (2)と同様に考える。$\theta_0\to\theta_2$, $a\to3a$, $3a\to a$ として，Bのまわりの力のモーメントのつりあいより（図c）

$Mg\sin\theta_2\times\dfrac{3a}{2}=Mg\cos\theta_2\times\dfrac{a}{2}$

よって　$\tan\theta_2=\dfrac{1}{3}$

(4) 斜面に平行な方向の力のつりあいより，摩擦力の大きさ f_2 は

$f_2=Mg\sin\theta_2$

(3)より，$\sin\theta_2=\dfrac{1}{\sqrt{10}}$ だから（図d）

$f_2=\dfrac{1}{\sqrt{10}}Mg$

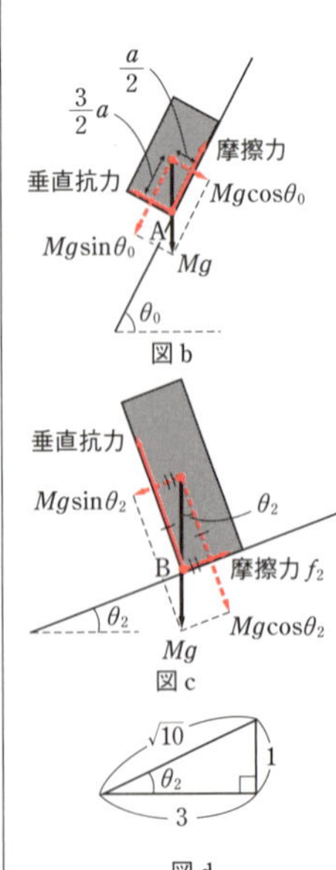

図d

ヒント 17 〈液体に浮く棒のつりあい〉

(2)(c)『l_0 を l, h, θ で表せ』➡ 図から求める
(d)『力のモーメントのつりあいの式を書け』➡ 浮力の作用点は液体中にある棒の中心

(1) 棒の密度 ρ, 体積 Sl から, 棒の質量は ρSl である。よって **ρSlg**

(2)(a) 重力の作用点は, 棒の中心であるので, 点Aから棒にそって $\dfrac{l}{2}$ の位置である(図a)。よって, 重力の作用線と点Aとの間の水平距離は **$\dfrac{l}{2}\cos\theta$**

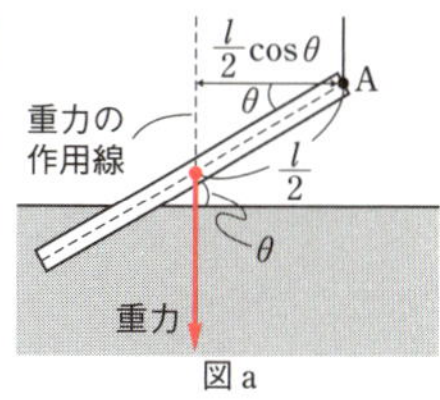

図 a

(b) 液体中にある棒の体積は Sl_0 である。その部分にはたらく浮力の大きさは, アルキメデスの原理により, 同じ体積の液体が受ける重力の大きさと等しいから **$\rho_0 Sl_0 g$**

(c) 液面より上にある棒の部分の長さは $l-l_0$ であるから $h=(l-l_0)\sin\theta$ となる。よって **$l_0=l-\dfrac{h}{\sin\theta}$** ……①

(d) 棒にはたらく力は図bのようになる。ここで, 浮力の作用点は液体中の長さ l_0 の棒の中心である。よって, 点Aのまわりの力のモーメントのつりあいの式は次のようになる。

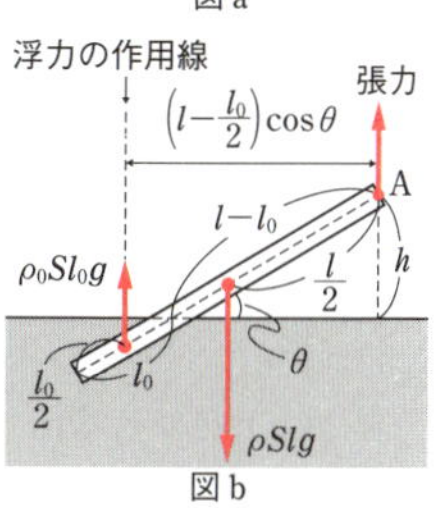

図 b

$$\rho Slg\cdot\frac{l}{2}\cos\theta=\rho_0 Sl_0 g\left(l-\frac{l_0}{2}\right)\cos\theta$$

$$\frac{1}{2}\rho Sl^2 g\cos\theta=\rho_0 Sl_0\left(l-\frac{l_0}{2}\right)g\cos\theta$$ ※A ……②

※A 力のモーメントは,「力×距離」であるので, 両辺にある S や $g\cos\theta$ を消してはいけない。

(e) ②式より $\rho\dfrac{l^2}{2}=\rho_0 l_0\left(l-\dfrac{l_0}{2}\right)$ よって $\dfrac{\rho}{\rho_0}l^2=(2l-l_0)l_0$

①式の l_0 を代入して

$$\frac{\rho}{\rho_0}l^2=\left\{2l-\left(l-\frac{h}{\sin\theta}\right)\right\}\left(l-\frac{h}{\sin\theta}\right)=\left(l+\frac{h}{\sin\theta}\right)\left(l-\frac{h}{\sin\theta}\right)$$

$$\frac{\rho}{\rho_0}l^2=l^2-\frac{h^2}{\sin^2\theta} \qquad よって \qquad \frac{h^2}{\sin^2\theta}=\frac{\rho_0-\rho}{\rho_0}l^2$$

$$\frac{h}{\sin\theta}=l\sqrt{\frac{\rho_0-\rho}{\rho_0}} \qquad ゆえに \qquad \sin\theta=\frac{h}{l}\sqrt{\frac{\rho_0}{\rho_0-\rho}}$$ ……③

(3) ③式より, $\theta=90°$ のときの液面から点Aまでの高さを h' とすると

$$\sin 90°=\frac{h'}{l}\sqrt{\frac{\rho_0}{\rho_0-\rho}} \qquad よって \qquad h'=l\sqrt{\frac{\rho_0-\rho}{\rho_0}}$$

ヒント 18 〈浮力と慣性力〉

(ア)〜(ウ) 力のつりあいの式と, 力のモーメントのつりあいの式を連立させる。
(エ) 浮力の大きさは, 液体の密度を ρ_0, 液体中の物体の体積を $V_中$ とすれば, $\rho_0 V_中 g$ となる。
(ク) エレベーター内の観測者(上向き加速度 a で運動する観測者)から見ると, 質量 m_b の物体には鉛直下向きに $m_b a$ の慣性力がはたらくことに着目する。
(コ) (ケ)の結果より, Qにはたらく浮力は, エレベーター内の観測者から見たときの液体の圧力の変化で考える。

(ア) P, Qの質量を m, Rの質量を M, ばねの伸びを x, Rをつり下げる糸の張力の大きさを T_R, AO間およびBO間の距離をそれぞれ l, $2l$ とおく。このとき, P, Q, Rにはたらく力を図示すると図aのようになる。

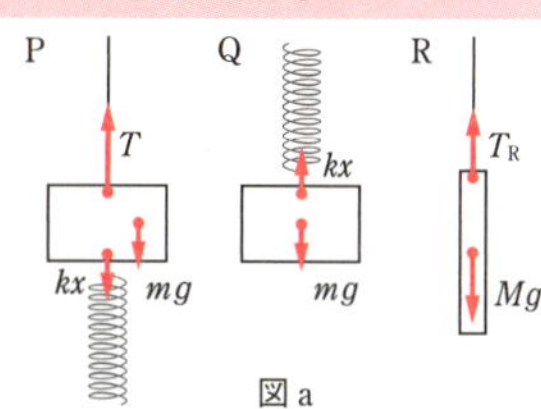

図 a

P, Q, Rにはたらく力のつりあいの式は, それぞれ

Pについて $T=mg+kx$ ……①

Qについて $kx=mg$ ……②

Rについて $T_R=Mg$ ……③

①, ②式から kx を消去すると $T=mg+kx=mg+mg=2mg$ ……④

よって **$m=\dfrac{T}{2g}$**

(イ) ②，④式から mg を消去すると　$T=2mg=2kx$　　よって　$x=\frac{T}{2k}$

(ウ) 軽い棒ABにはたらく力を図示すると図bのようになる。点Oのまわりの力のモーメントのつりあいの式は

$T\times l=T_R\times 2l$　　よって　$T_R=\frac{1}{2}T$ ……⑤

③，⑤式から T_R を消去すると　$\frac{1}{2}T=T_R=Mg$　　よって　$M=\frac{T}{2g}$

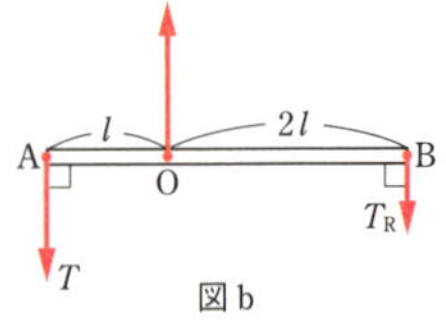

図b

(エ) Qの体積を V とすると，Qにはたらく浮力の大きさ F は「$\rho_0 V_{中} g$」より

$F=\rho Vg$　　よって　$V=\frac{F}{\rho g}$

(オ) Qを液体中に沈めたときのばねの伸びを x' とする。このときQにはたらく力を図示すると図cのようになる。Qにはたらく力のつりあいの式は

$kx'+F=mg$　　よって　$kx'=mg-F$ ……⑥

⑥式と②式の差をとって，伸びの減少分 $x-x'$ を求めると

$kx-kx'=k(x-x')=mg-(mg-F)=F$　　よって　$x-x'=\frac{F}{k}$

(カ) (オ)のときのPをつり下げる糸の張力を T' とすると，Pにはたらく力は図dのようになる。Pの力のつりあいの式は　$T'=mg+kx'$ ……⑦

⑥，⑦式から kx' を消去し，さらに④式を用いて mg を消去すると

$T'=mg+kx'=mg+(mg-F)=2mg-F=T-F$ ……⑧

となる。このときのRをつり下げる糸の張力を T_R' とすると，T' と T_R' の間には，⑤式と同じ関係 $T_R'=\frac{1}{2}T'$ が成りたつので，これに⑧式を代入して

$T_R'=\frac{1}{2}(T-F)$

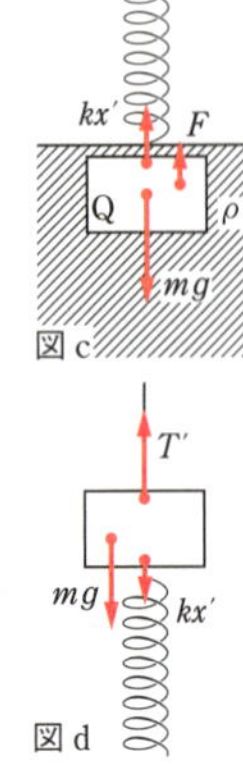

図d

(キ) Rをつり下げる糸の張力は，Rにはたらく浮力の大きさ F_R の分だけ小さくなる。⑤式と(カ)の答えより

$F_R=T_R-T_R'=\frac{1}{2}T-\frac{1}{2}(T-F)=\frac{1}{2}F$ ……⑨

Rの密度を ρ_R，体積を V_R とすると，密度の定義「$\rho=\frac{m}{V}$」より

$\rho_R=\frac{M}{V_R}$　　よって　$V_R=\frac{M}{\rho_R}$

これに(ウ)の答えを代入して　$V_R=\frac{M}{\rho_R}=\frac{T}{2g\rho_R}$ ……⑩

また浮力の式「$\rho V_{中} g$」より，Rにはたらく浮力の大きさ F_R は

$F_R=\rho\cdot\frac{2}{5}V_R\cdot g$ ……⑪

⑩，⑪式より　$F_R=\rho\cdot\frac{2}{5}\cdot\frac{T}{2g\rho_R}g=\frac{\rho T}{5\rho_R}$

これと⑨式より　$F_R=\frac{1}{2}F=\frac{\rho T}{5\rho_R}$　　よって　$\rho_R=\frac{2T}{5F}\rho$ ※A←

←※A **別解** 棒Rにはたらく力のつりあいの式は
$T_R'+\rho\cdot\frac{2}{5}V_R g=Mg$
$T_R'=\frac{1}{2}(T-F)$，$Mg=\frac{1}{2}T$
であるから
$\frac{1}{2}T-\frac{1}{2}F+\frac{2}{5}\rho V_R g=\frac{1}{2}T$
よって　$V_R=\frac{5F}{4\rho g}$　となる。
これと　$M=\frac{T}{2g}$　より
$\rho_R=\frac{M}{V_R}=\frac{T}{2g}\cdot\frac{4\rho g}{5F}=\frac{2T}{5F}\rho$

(ク) エレベーター内の観測者から見ると，質量 m_D のDには鉛直下向きに大きさ $m_D a$ の慣性力がはたらく。密度の定義「$\rho=\frac{m}{V}$」より

$\rho=\frac{m_D}{Sh}$　　よって　$m_D=\rho Sh$

ゆえに，慣性力の大きさは　$m_D a=\rho Sha$

(ケ) 深さhでの液体の圧力をpとして，液体の部分Dにはたらく力を図示すると図eのようになる。Dにはたらく力のつりあいの式は

$p_0S+\rho Shg+\rho Sha=pS$　　よって　$p=p_0+\rho h(g+a)$

(コ) (ケ)より，深さhでの液体の圧力pは，静止しているとき($p=p_0+\rho hg$)に比べてρhaだけ増加している。浮力は液体の圧力による力の合力なので，液体中のQにはたらく浮力の大きさF'もその分増加して　$F'=\rho V(g+a)$

ばねの伸びをx''として，Qにはたらく力を図示すると図fのようになる。

Qにはたらく力のつりあいの式は　$kx''+\rho V(g+a)=mg+ma$

よって　$kx''=mg+ma-\rho V(g+a)$　……⑫

⑫式−⑥式に，(ア)，(エ)の答えを代入して，伸びの増加分$x''-x'$を求めると

$$kx''-kx'=mg+ma-\rho V(g+a)-(mg-F)$$
$$=ma-\rho V(g+a)+F$$
$$=\frac{T}{2g}a-\rho\cdot\frac{F}{\rho g}(g+a)+F=\frac{a}{g}\left(\frac{T}{2}-F\right)$$

よって　$x''-x'=\frac{a}{gk}\left(\frac{T}{2}-F\right)$

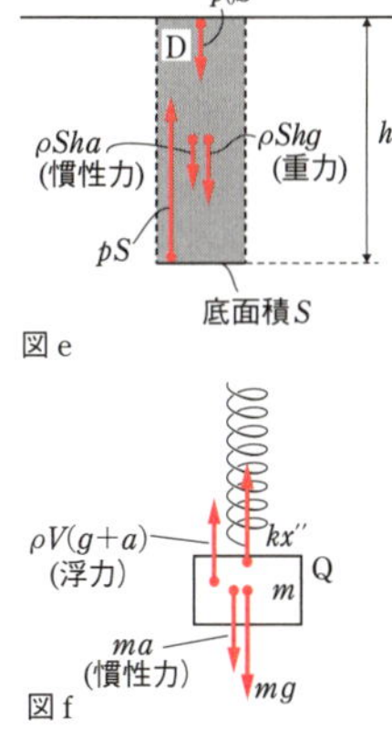

図e
図f

3 運動の法則

ヒント 19 〈上昇する箱の中の小球の運動〉

(3)，(4) 箱から見た小球の(相対的な)運動は，高さhの位置から等加速度で落下する運動になる。静止した人から見た箱の加速度をA，小球の加速度をaとおくと，箱から見た小球の相対加速度a'は　$a'=a-A$　と表せる。

(1) ひもの張力の大きさをT，糸の張力の大きさをT'とおくと，箱および小球にはたらく力は図aのようになるので，力のつりあいの式は

箱：$T=T'+3mg$

小球：$T'=mg$

これら2式より　$T=4mg$

(2) ひもの張力の大きさがFのとき，糸の張力の大きさをF'とする。鉛直上向きを正にとると，箱および小球の運動方程式は，求める加速度の大きさをa_0として(図b)

箱：$3ma_0=F-F'-3mg$

小球：$ma_0=F'-mg$

これら2式より　$4ma_0=F-4mg$

よって　$a_0=\frac{F}{4m}-g$

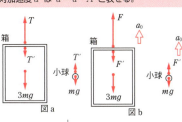

(3) 糸を切ったので，箱および小球にはたらく力は図cのようになる。鉛直上向きを正にとり，箱の加速度をA，小球の加速度をaとおくと，箱および小球の運動方程式は

箱：$3mA=F-3mg$

小球：$ma=-mg$

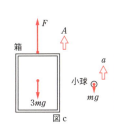

となるので　$A=\frac{F}{3m}-g$，$a=-g$

となる。よって箱から見た小球の相対加速度を a' とおくと

$$a'=a-A=-g-\left(\frac{F}{3m}-g\right)=-\frac{F}{3m}$$

となり，等加速度となることがわかる※A⬅。糸を切ったときの時刻を $t=0$ にとり，箱の底を y' 軸の原点($y'=0$)にとる(図d)。時刻 t での相対速度 v' と相対位置 y' は

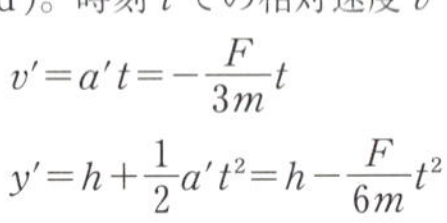

$$v'=a't=-\frac{F}{3m}t$$

$$y'=h+\frac{1}{2}a't^2=h-\frac{F}{6m}t^2$$

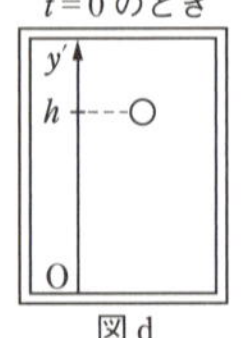

図d

と表せる。よって $y'=0$ となる時刻 t は

$$0=h-\frac{F}{6m}t^2 \qquad よって \quad t=\sqrt{\frac{6mh}{F}}$$

(4) (3)で求めた時刻を v' に代入すると $v'=-\frac{F}{3m}\cdot\sqrt{\frac{6mh}{F}}=-\sqrt{\frac{2Fh}{3m}}$

よって相対速度の大きさは $|v'|=\sqrt{\frac{2Fh}{3m}}$

⬅※A **別解** 小球の運動を，加速度 A で運動する箱から見ることで考えることもできる。箱から見た小球の加速度を a'' とする。図eのように，小球には鉛直下向きに慣性力 mA がはたらくことになるので，小球の運動方程式は

$$ma''=-mA-mg$$

A の式を代入して a'' を求めると $a''=-\frac{F}{3m}(=a')$

と求められるので，これを用いても同じ結果が得られる。

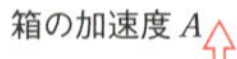

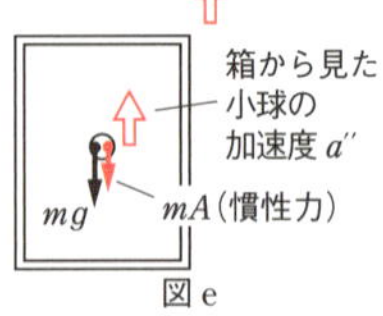

図e

ヒント 20 〈気球と気球につるされた小球の運動〉

(1)，(2) 気球と小球にはたらく力(浮力，重力)が一定であるので，気球と小球は等加速度直線運動をする。
(3)，(4) 小球と気球，それぞれについての運動方程式を立てる。
(5) ひもが切れた後，小球はひもが切れたときの気球の速さ v_0 を初速度とする鉛直投げ上げ運動をする。
(6) ひもが切れた後の気球の運動については，運動方程式から加速度を求め，等加速度直線運動の式から速度を求める。

(1) 気球は初速度0，加速度 a の等加速度直線運動をして，時間 T で高さ h まで上昇した。「$x=v_0t+\frac{1}{2}at^2$」より $h=0\cdot T+\frac{1}{2}aT^2$ よって $a=\frac{2h}{T^2}$

(2) 時間 T での気球の速さ v_0 は，「$v=v_0+at$」より

$v_0=0+aT=aT$ ※A⬅

⬅※A 問題が「a，T を用いて表せ」となっていることに注意する((1)の結果を代入しない)。

(3) ひもが引く力の大きさを S とおくと，小球にはたらく力は図aのようになる。鉛直上向きを正とすると，小球の運動方程式は

$ma=S-mg$ よって $S=m(a+g)$ ……①

(4) 浮力の大きさを F とおくと，気球にはたらく力は図bのようになる。鉛直上向きを正とすると，気球の運動方程式は

$Ma=F-S-Mg$

S に①式を代入して整理すると

$F=Ma+Mg+S=M(a+g)+m(a+g)=(M+m)(a+g)$ ※B⬅

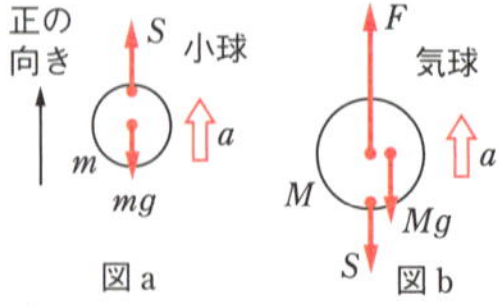

図a 図b

⬅※B **別解** 全体(気球＋小球)について運動方程式を立てると

$(M+m)a=F-(M+m)g$

よって

$F=(M+m)(a+g)$

(5) ひもが切れた後，小球は初速度 v_0(ひもが切れたときの気球の速さ)の鉛直投げ上げ運動をする。ひもが切れたときの小球の位置(地上から高さ h)を原点Oとする(図c)と，地上は $y=-h$ である。地上に到達するまでの時間を t_L とすると，

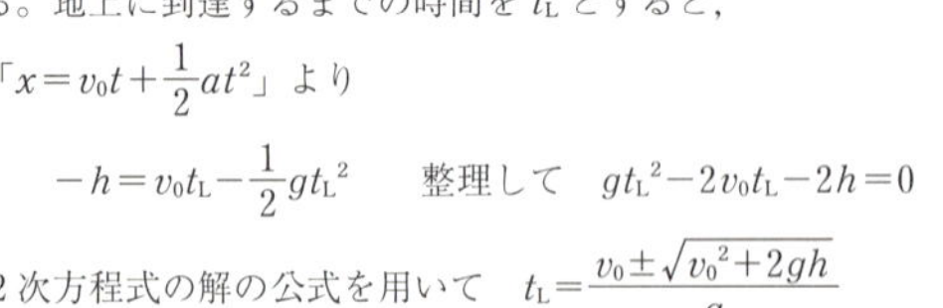

「$x=v_0t+\frac{1}{2}at^2$」より

$$-h=v_0t_L-\frac{1}{2}gt_L{}^2 \qquad 整理して \quad gt_L{}^2-2v_0t_L-2h=0$$

2次方程式の解の公式を用いて $t_L=\frac{v_0\pm\sqrt{v_0{}^2+2gh}}{g}$

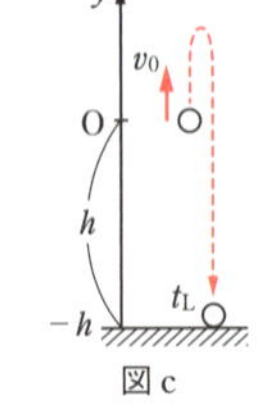

図c

$t_L>0$ より $t_L=\frac{v_0+\sqrt{v_0{}^2+2gh}}{g}$

(6) 気球にはたらく力は図 d のようになる。鉛直上向きを正とし，ひもが切れた後の気球の加速度を A' とすると，気球の運動方程式は

$$MA'=F-Mg \qquad \text{よって} \quad A'=\frac{F}{M}-g$$

正の向き

図 d

ひもが切れた後，気球は，初速度 v_0，加速度 A' の等加速度直線運動をする。ひもが切れて時間 t 後の気球の速度 V は，

「$v=v_0+at$」より　$V=v_0+A't$

小球は，初速度 v_0 の鉛直投げ上げ運動をするので，時間 t 後の小球の速度 v は

$$v=v_0-gt$$

以上より，気球から見た小球の速度(相対速度) u は

$$u=v-V=(v_0-gt)-(v_0+A't)$$
$$=-(g+A')t=-\left(g+\frac{F}{M}-g\right)t=-\frac{F}{M}t$$ ※C←

←※C **別解** 気球から見た小球の相対加速度 α を考える。
気球の加速度は

$$A'=\frac{F}{M}-g$$

小球の加速度は $-g$
相対加速度 α は

$$\alpha=(-g)-A'=-\frac{F}{M}$$

ひもが切れたときの気球から見た小球の相対速度は 0 であるので，時刻 t での気球から見た小球の相対速度 u は

$$u=0+\alpha t=-\frac{F}{M}t$$

ヒント 21 〈運動の法則と等加速度運動〉

〔A〕(2)『Cを押す力の大きさ』➡ 滑車は物体Cと一体のものと考える
〔B〕Cが動かないように手で力を加え，Aから静かに手をはなす ➡ Cは動かないのでAとBは等加速度運動をする
〔C〕『A，B，Cは同じ加速度で等加速度運動をする』➡ AとBはCに対して等速度で運動する

〔A〕 A，B，C にはたらく力は，それぞれ図 a，b，c のようになる※A←。

(1),(2) Aにはたらく水平方向の力のつりあいの式は　$F_A=T$　……①
Bにはたらく鉛直方向の力のつりあいの式は　$T=m_Bg$　……②
Cにはたらく水平方向の力のつりあいの式は　$T=F_C$　……③

①，②式より　$F_A=T=m_Bg$　……(1)
②，③式より　$F_C=T=m_Bg$　……(2)

←※A　Cにはたらく力で，N_A(AがCを押す力)と T(糸が滑車を引く力)は忘れやすいから注意する。

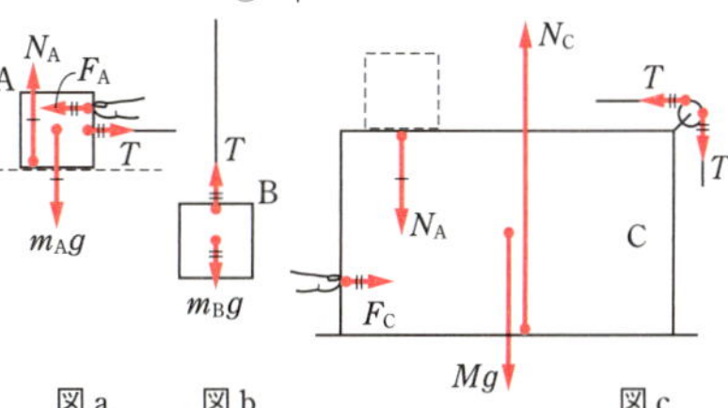

図 a　　図 b　　図 c

〔B〕 手をはなしたとき，A，B にはたらく力は図 d のようになる。

(3) Aについて「$ma=F$」より　$m_Aa=T$　……④
(4) Bについて同様に　$m_Ba=m_Bg-T$　……⑤
(5) ④式+⑤式より　$(m_A+m_B)a=m_Bg$

よって　$a=\dfrac{m_B}{m_A+m_B}g$

(6) (5)の a を④式に代入して　$T=m_Aa=\dfrac{m_Am_Bg}{m_A+m_B}$

(7) Cは静止しているので，図 c と同様の力がはたらく。水平方向の力のつりあいの式より　$F_C=T$　よって　$F_C=T=\dfrac{m_Am_Bg}{m_A+m_B}$

(8) Cにはたらく鉛直方向の力のつりあいの式は　$N_C=Mg+N_A+T$
ここで，Aのつりあいの式 $N_A=m_Ag$ と(6)の T を代入して

$$N_C=Mg+m_Ag+\frac{m_Am_Bg}{m_A+m_B}=\left\{M+\frac{m_A(m_A+2m_B)}{m_A+m_B}\right\}g$$

〔C〕 AとCの加速度が等しいとき，Cから見たAの相対加速度 $a_{C\to A}$ は

$$a_{C\to A}=a_A-a_C=a-a=0$$

となり，AはC上をCに対して等速度(または速度 0 で静止＝Cと一体)で運動する。このため，糸で連結されたBの鉛直方向の運動も等速度である。

(9) 床から見て，Aについての運動方程式を立てると
$m_Aa=T$　……⑥
Bは鉛直方向に等速度で運動するので，鉛直方向の力はつりあう※B←。
$T=m_Bg$　……⑦
⑥，⑦式より　$m_Aa=m_Bg$　よって　$a=\dfrac{m_B}{m_A}g$

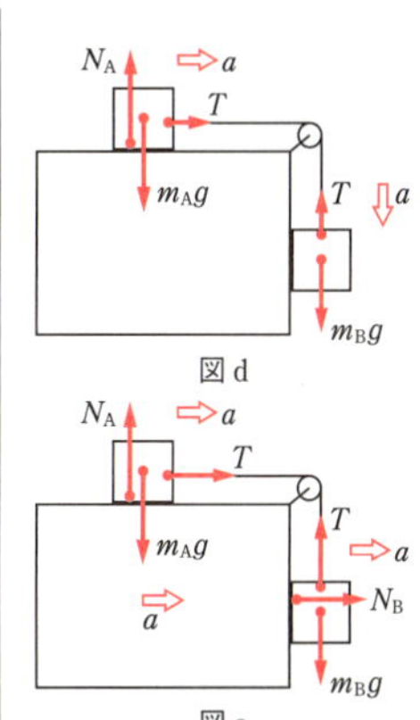

図 d

図 e

←※B　Cは水平方向にしか運動しないので，Bの鉛直方向の運動は，Cから見ても床から見ても同じである。

ヒント 22 〈力学的エネルギー〉

(1)(ア)『板をゆっくりと下げていく』➡ 物体にはたらく力は常につりあっている
(イ)『板が物体から離れる』➡ (垂直抗力)=0
(ウ) (垂直抗力 N がした仕事)=(N-x 図のグラフで囲まれた面積)
(2)(オ)『物体の速さが最大』➡ つりあいの位置　(カ), (キ) 力学的エネルギー保存則を用いる。

(1) 板と物体との間にはたらく力は垂直抗力であり，その大きさを N とする。図aに物体にはたらく力をすべて図示する。

(ア) 物体にはたらく力のつりあいの式は　$kx+N=mg$

よって　$N=-kx+mg$　　これを図bのグラフに表す。

(イ) 板が物体から離れるとき，$N=0$ であるから，このときのばねの伸びを x_0 として　$kx_0=mg$

よって　$x_0=\dfrac{mg}{k}$

図a

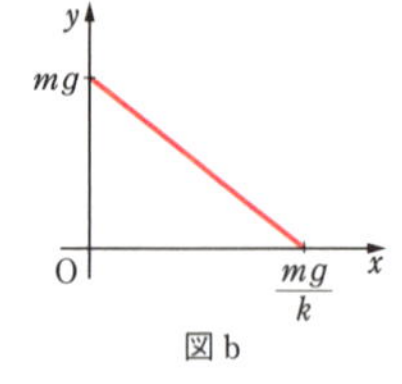

図b

(ウ) 板が物体に対してした仕事は，垂直抗力がした仕事である。物体が移動する向きと垂直抗力の向きは逆向きだから，仕事は負となる。仕事の大きさは，(ア)のグラフの面積であるから，求める仕事 W_N は

$$W_N=-\frac{1}{2}mg\times\frac{mg}{k}=-\frac{(mg)^2}{2k}$$

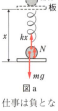

(2)※A⬅ 力学的エネルギー保存則「$\dfrac{1}{2}mv^2+mgh+\dfrac{1}{2}kx^2=$一定」を用いる。重力による位置エネルギーの基準を初めの位置とする。

(エ) ばねの伸びの最大値を x_m とすると，力学的エネルギー保存則より

$$0+0+0=0+mg(-x_m)+\frac{1}{2}kx_m^2$$

よって　$mgx_m=\dfrac{1}{2}kx_m^2$　　ゆえに　$x_m=\dfrac{2mg}{k}$

(オ) 物体の速さが最大になるのはつりあいの位置であるから，このときのばねの伸びは $x_0=\dfrac{mg}{k}$ である。

(カ) 物体の速さの最大値を v_0 とすると，力学的エネルギー保存則より

$$0+0+0=\frac{1}{2}mv_0^2+mg(-x_0)+\frac{1}{2}kx_0^2$$

よって　$0=\dfrac{1}{2}mv_0^2-kx_0^2+\dfrac{1}{2}kx_0^2$

ゆえに　$v_0^2=\dfrac{k}{m}x_0^2=\dfrac{k}{m}\left(\dfrac{mg}{k}\right)^2=\dfrac{mg^2}{k}$

したがって　$v_0=g\sqrt{\dfrac{m}{k}}$

(キ) ばねの伸びが x のときの物体の速さを v として力学的エネルギー保存則を考えると

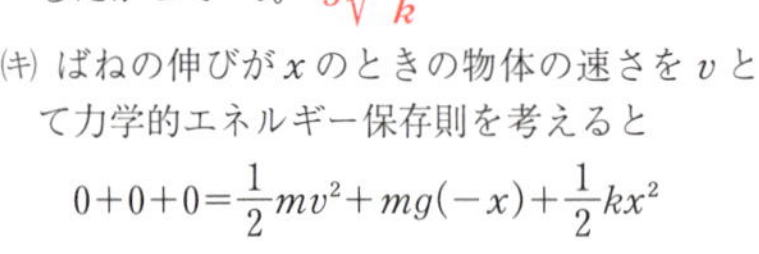

$$0+0+0=\frac{1}{2}mv^2+mg(-x)+\frac{1}{2}kx^2$$

よって　$\dfrac{1}{2}mv^2=-\dfrac{1}{2}kx^2+mgx$

$$=-\frac{1}{2}k\left(x-\frac{mg}{k}\right)^2+\frac{(mg)^2}{2k}$$ ※B⬅

この関係を図dのグラフに表す。

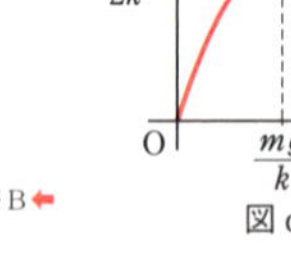

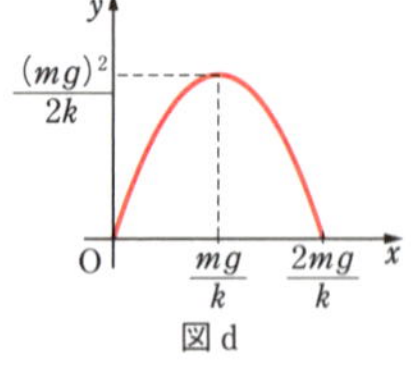

図d

⬅※A 別解 (2)の(エ), (カ)は単振動の性質を利用して答えてもよい。物体の運動方程式は下向きを正として

$ma=mg-kx$

つまり

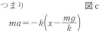

図c

$$ma=-k\left(x-\frac{mg}{k}\right)$$

右辺は振動の中心 $x_0=\dfrac{mg}{k}$ からの変位に比例する力(復元力)なので，物体は単振動し，振幅は $A=\dfrac{mg}{k}$ であり，角振動数は $\omega=\sqrt{\dfrac{k}{m}}$ である。

(エ) ばねの伸びの最大値 x_m は振幅の2倍だから

$x_m=2A=\dfrac{2mg}{k}$

(カ) 物体の速さの最大値 v_0 は $v_0=A\omega$ より

$v_0=\dfrac{mg}{k}\cdot\sqrt{\dfrac{k}{m}}=g\sqrt{\dfrac{m}{k}}$

⬅※B　この式から

$v=0$ のとき，$x=0$, $\dfrac{2mg}{k}$

v が最大となるのは $x=\dfrac{mg}{k}$ のときで，v の最大値 v_0 は，

$\dfrac{1}{2}mv_0^2=\dfrac{(mg)^2}{2k}$ より

$v_0=g\sqrt{\dfrac{m}{k}}$

ヒント **23** **〈滑車と物体の運動〉**

(3) 静止した観測者から見ると，物体Aと物体Bの加速度の大きさは異なるが，滑車Pから見ると，同じ加速度の大きさになる。

〔A〕(1) 物体Aと物体Bの加速度の大きさを a，糸1の張力の大きさを T，糸2の張力の大きさを T' とおく。図aのように，物体Aは鉛直上向きを，物体Bは鉛直下向きを正にとって運動方程式を立てると

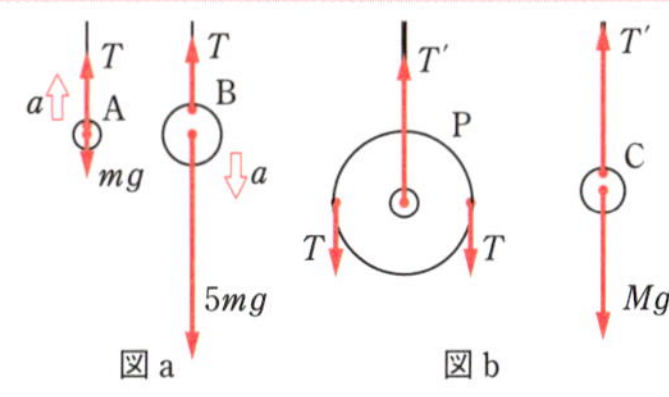

図a　　図b

Aについて　$ma=T-mg$　……①

Bについて　$5ma=5mg-T$　……②

また，物体Cの質量を M とおくと，物体Cおよび滑車Pにはたらく力のつりあいの式はそれぞれ，図bより

Cについて　$T'=Mg$　……③

Pについて　$T'=2T$　……④

①，②式より a を消去して T を求めると　$T=\dfrac{5}{3}mg$

この結果と③，④式より　$M=\dfrac{2T}{g}=\dfrac{10}{3}m$

〔B〕(2) 糸1の張力の大きさを f とおき，滑車Pの加速度の大きさを a_P とおく。滑車Pにはたらく力は図cのようになり，滑車Pの質量はないものとするので，運動方程式は

$0\times a_P=F-2f$　　よって　$f=\dfrac{F}{2}$ ※A

図c

(3) 滑車Pから見ると，物体Aと物体Bは，加速度の大きさは等しく，物体Aは鉛直上方に，物体Bは鉛直下方に運動する。滑車Pは鉛直上方に加速度運動するので，図dのように物体Aと物体Bには鉛直下向きに慣性力がはたらいてみえる。(1)と同様に正の向きをとり，物体Aと物体Bの加速度の大きさを a' とおいて運動方程式を立てると

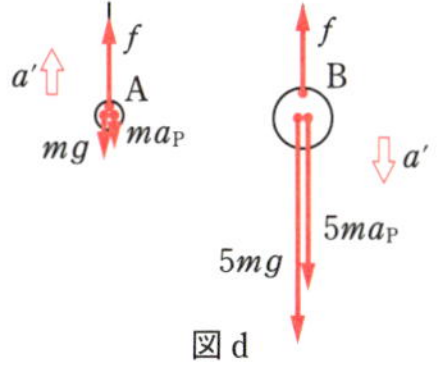

図d

Aについて　$ma'=f-mg-ma_P$　……⑤

Bについて　$5ma'=5mg+5ma_P-f$

これら2式から a_P を消去し，(2)の結果を用いて a' を求めると

$10ma'=4f$　　よって　$a'=\dfrac{2f}{5m}=\dfrac{F}{5m}$　……⑥

この加速度の大きさで物体Aと物体Bはそれぞれ $\dfrac{d}{2}$ ずつ動けばよいので動き始めてからかかる時間を t とおくと

$\dfrac{1}{2}a't^2=\dfrac{d}{2}$　　よって，⑥式より　$t=\sqrt{\dfrac{5md}{F}}$

一方，静止した観測者から見た物体Aの加速度を a_A とおくと ※B

$a'=a_A-a_P$

よって，物体Aの加速度は⑤式と(2)の結果を用いて

$a_A=a'+a_P=\dfrac{f}{m}-g=\dfrac{F}{2m}-g$

ゆえに，求める速さは　$a_At=\left(\dfrac{F}{2m}-g\right)\sqrt{\dfrac{5md}{F}}$ ※C

※A　$F=2f$ となるが，滑車Pは加速度0ではないことに注意する。

※B　求めるのは滑車Pから見た速さではなく，静止した観測者から見た速さであることに注意する。

※C **別解** 慣性力を用いず，静止系の運動方程式から解くこともできる。
物体Aの加速度を鉛直上向きに a_A，物体Bの加速度を鉛直下向きに a_B とおく。運動方程式は

A：$ma_A=f-mg$

B：$5ma_B=5mg-f$

これに加え，鉛直上向きに加速度 a_P で運動する滑車Pから見たAとBの相対加速度の大きさが等しく向きが逆向きとなることから

$a_A-a_P=a_B-(-a_P)$

が成りたつ。この3式より

$a_A=\dfrac{F}{2m}-g$,

$a_P=\dfrac{3F}{10m}-g$

であり，⑥式の a' も

$a'=a_A-a_P=\dfrac{F}{5m}$

と求められる。

ヒント 24 〈動く斜面上の糸でつるした小球〉

(2), (4) 加速度運動しているP上で観測すると，Qには重力，垂直抗力，張力のほかに慣性力がはたらいて，Qは静止している。
(3)『Qは斜面にそって上昇する』➡ 糸がたるむので糸の張力は0になる
(5) Qが斜面から離れる ➡ 垂直抗力は0になる

(1) 台Pが静止しているので，小球Qにはたらく力は重力，張力，垂直抗力である(図a)。張力の大きさをT，垂直抗力の大きさをNとすると，小球Qについて，

斜面方向の力のつりあいより

$T=$ **$mg\sin\theta$〔N〕**

斜面に垂直な方向の力のつりあいより

$N=$ **$mg\cos\theta$〔N〕**

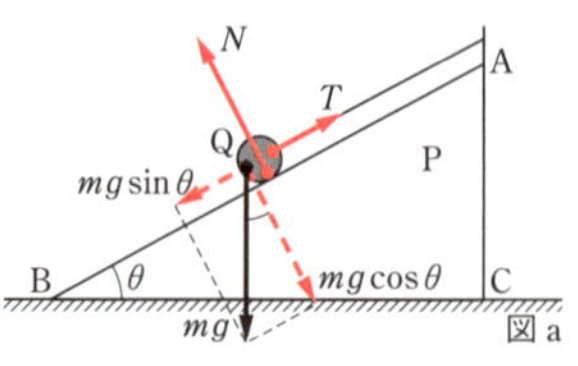

図a

(2) 左向きに加速度a〔m/s²〕で運動する台P上で観測すると，小球Qには大きさma〔N〕の慣性力が右向きにはたらき，小球Qは静止している(図b)。張力の大きさをT'，垂直抗力の大きさをN'とすると，小球Qについて，

斜面方向の力のつりあいより

$T'+ma\cos\theta=mg\sin\theta$

よって　$T'=$ **$mg\sin\theta-ma\cos\theta$〔N〕**　……①

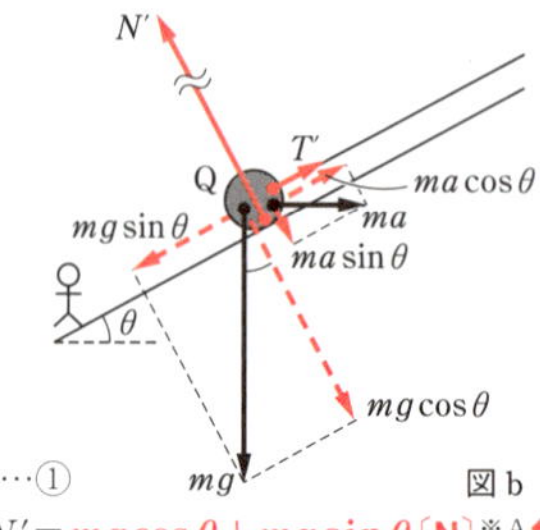

図b

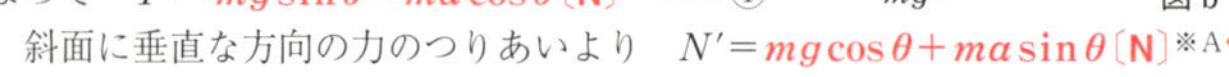

斜面に垂直な方向の力のつりあいより　$N'=$ **$mg\cos\theta+ma\sin\theta$〔N〕**※A

※A 別解 慣性系(静止系)から観測すると，小球Qは左向きに加速度aで等加速度運動をしている。

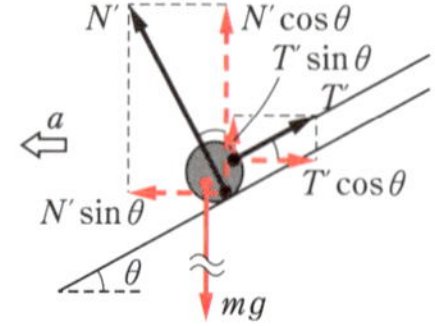

水平方向の運動方程式は

$ma=N'\sin\theta-T'\cos\theta$

鉛直方向のつりあいの式は

$mg=N'\cos\theta+T'\sin\theta$

この2式より

$T'=$ **$mg\sin\theta-ma\cos\theta$〔N〕**

$N'=$ **$mg\cos\theta+ma\sin\theta$〔N〕**

(3) 小球Qが斜面にそって上昇するとき，糸がたるんで張力は0になる。これより，台Pの加速度がa_0〔m/s²〕になったとき，張力の大きさT'の値(①式)が0になる。①式より

$$T'=mg\sin\theta-ma_0\cos\theta=0 \qquad \text{よって}\quad a_0=\frac{g\sin\theta}{\cos\theta}=\boldsymbol{g\tan\theta}\text{〔m/s²〕}$$

(4) 右向きに加速度b〔m/s²〕で運動する台P上で観測すると，小球Qには大きさmb〔N〕の慣性力が左向きにはたらき，小球Qは静止している(図c)。張力の大きさをT''，垂直抗力の大きさをN''とすると，小球Qについて，

斜面方向の力のつりあいより

$T''=$ **$mg\sin\theta+mb\cos\theta$〔N〕**

斜面に垂直な方向の力のつりあいより

$N''+mb\sin\theta=mg\cos\theta$

よって　$N''=$ **$mg\cos\theta-mb\sin\theta$〔N〕**※B　……②

図c

※B 別解 慣性系(静止系)から観測すると，小球Qは右向きに加速度bで等加速度運動をしている。

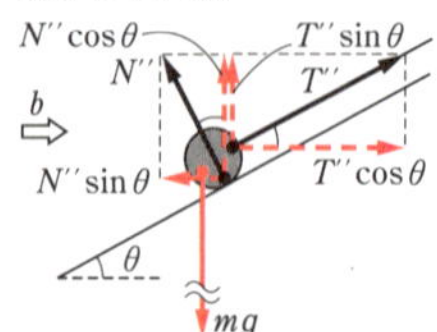

水平方向の運動方程式は

$mb=T''\cos\theta-N''\sin\theta$

鉛直方向のつりあいの式は

$mg=T''\sin\theta+N''\cos\theta$

この2式より

$T''=$ **$mg\sin\theta+mb\cos\theta$〔N〕**

$N''=$ **$mg\cos\theta-mb\sin\theta$〔N〕**

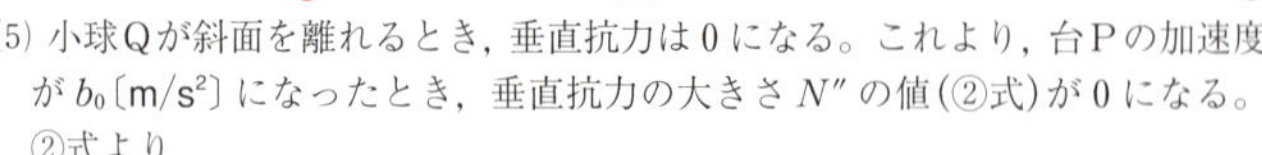

(5) 小球Qが斜面を離れるとき，垂直抗力は0になる。これより，台Pの加速度がb_0〔m/s²〕になったとき，垂直抗力の大きさN''の値(②式)が0になる。②式より

$$N''=mg\cos\theta-mb_0\sin\theta=0 \qquad \text{よって}\quad b_0=\frac{g\cos\theta}{\sin\theta}=\boldsymbol{\frac{g}{\tan\theta}}\text{〔m/s²〕}$$

25 〈斜面上の物体の運動〉

(4), (5) 斜面台に固定された観測者から見ると，小物体には慣性力がはたらき，斜面方向に等加速度直線運動しているとみなせる。

(6) 小物体が斜面上を，斜面台に固定された観測者から見て大きさ a の加速度で等加速度直線運動して距離 L だけ移動する間に，斜面台は床面上を，床に固定された観測者から見て大きさ b の加速度で等加速度直線運動する。

(1) このとき，小物体にはたらく力を図示(図a)する。小物体は静止しているので力のつりあいが成りたつ。斜面方向の力のつりあいより

$T = mg\sin\theta$〔N〕

(2) 床に固定された(静止している)観測者から見た斜面台にはたらく力を図示(図b)する。N の反作用の水平成分($N\sin\theta$, 右向き)によって，斜面台には加速度 b (右向き)が生じている。斜面台の水平方向の運動方程式は，右向きを正として　$Mb = N\sin\theta$　　よって　$b = \dfrac{N\sin\theta}{M}$〔m/s²〕　……①

(3) 斜面台に固定された(右向きに加速度 b で運動している)観測者から小物体を見ると，図cのように水平方向左向きに大きさ mb の慣性力がはたらいている。斜面に垂直な方向の力のつりあいの式は※A

$N + mb\sin\theta = mg\cos\theta$　……②

(4) ②式の b に①式を代入すると　$N + m\cdot\dfrac{N\sin\theta}{M}\cdot\sin\theta = mg\cos\theta$

$N\cdot\dfrac{M+m\sin^2\theta}{M} = mg\cos\theta$　よって　$N = \dfrac{Mmg\cos\theta}{M+m\sin^2\theta}$〔N〕　……③

③式を①式の N に代入して

$b = \dfrac{Mmg\cos\theta}{M+m\sin^2\theta}\times\dfrac{\sin\theta}{M} = \dfrac{m\sin\theta\cos\theta}{M+m\sin^2\theta}g$〔m/s²〕　……④

(5) 斜面台に固定された観測者から見ると，小物体は斜面下向きに加速度 a の等加速度直線運動をしている。斜面方向の運動方程式は，斜面下向きを正として(図c)　$ma = mg\sin\theta + mb\cos\theta$　　よって　$a = g\sin\theta + b\cos\theta$

b に④式を代入して

$$a = g\sin\theta + \frac{mg\sin\theta\cos\theta}{M+m\sin^2\theta}\cdot\cos\theta = \frac{g\sin\theta(M+m\sin^2\theta)+mg\sin\theta\cos^2\theta}{M+m\sin^2\theta}$$

$$= \frac{Mg\sin\theta + mg\sin\theta(\sin^2\theta+\cos^2\theta)}{M+m\sin^2\theta} = \frac{(M+m)\sin\theta}{M+m\sin^2\theta}g \text{〔m/s}^2\text{〕}$$

……⑤

(6) 小物体が斜面上を，斜面台に固定された観測者から見て距離 L だけすべる(初速度0，加速度 a)時間を t とする。この間に斜面台は，床に固定された観測者から見て床面上を運動(初速度0，加速度 b)し，距離 X 移動したとする。等加速度直線運動の式「$x = v_0t + \dfrac{1}{2}at^2$」より

小物体：$L = \dfrac{1}{2}at^2$　　斜面台：$X = \dfrac{1}{2}bt^2$

t を消去すると　$\dfrac{X}{L} = \dfrac{bt^2/2}{at^2/2} = \dfrac{b}{a}$　　よって　$X = \dfrac{b}{a}L$

これに，④，⑤式を代入すると　$X = \dfrac{\dfrac{mg\sin\theta\cos\theta}{M+m\sin^2\theta}}{\dfrac{(M+m)g\sin\theta}{M+m\sin^2\theta}}L = \dfrac{m\cos\theta}{M+m}L$〔m〕

〔参考〕 斜面台と小物体には，水平方向に外力がはたらかないので，水平方向の運動量が保存される。小物体が斜面上を距離 L すべったときの斜面台の速さを V, 床から見た小物体の速度の水平成分の大きさを v_x とする。右向きを正としたときの水平方向の運動量保存則より

$0 = MV + m(-v_x)$　　よって　$\dfrac{V}{v_x} = \dfrac{m}{M}$　……⑥

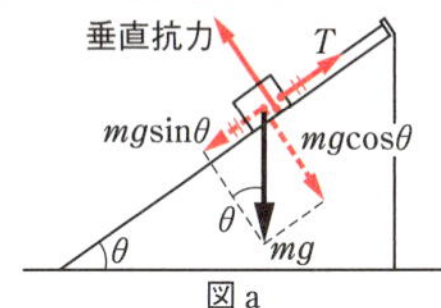

図a

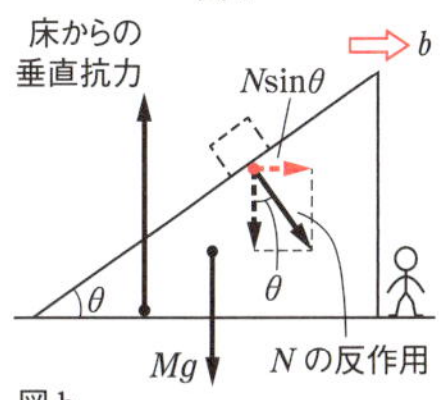

図b

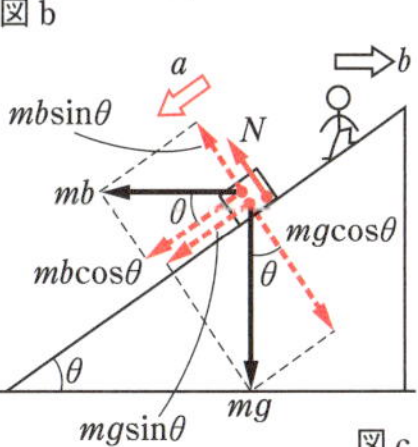

図c

※A　斜面台に固定された観測者から見た小物体は，斜面にそって運動しているので，斜面に垂直な方向にはたらく力はつりあっている。

床から見た小物体の加速度の水平成分の大きさを a_x とすると，「$v=v_0+at$」より　$v_x=a_xt$　……⑦　　$V=bt$　……⑧

小物体が斜面上を距離 L すべる間（時間 t）に，小物体と斜面台がそれぞれ床から見て水平方向に移動する距離を $\varDelta x$，$\varDelta X$ とすると，「$x=v_0t+\frac{1}{2}at^2$」と⑦，⑧式より　$\varDelta x=\frac{1}{2}a_xt^2=\frac{1}{2}v_xt$　　$\varDelta X=\frac{1}{2}bt^2=\frac{1}{2}Vt$

上記２式と⑥式より　$\frac{\varDelta X}{\varDelta x}=\frac{Vt/2}{v_xt/2}=\frac{V}{v_x}=\frac{m}{M}$ ※B　……⑨

図ｄより $\varDelta X+\varDelta x=L\cos\theta$ であるので，これと⑨式より

$$\varDelta X+\frac{M}{m}\varDelta X=L\cos\theta$$

ゆえに　$\varDelta X=L\cos\theta\times\frac{m}{M+m}=\frac{m\cos\theta}{M+m}L$〔m〕

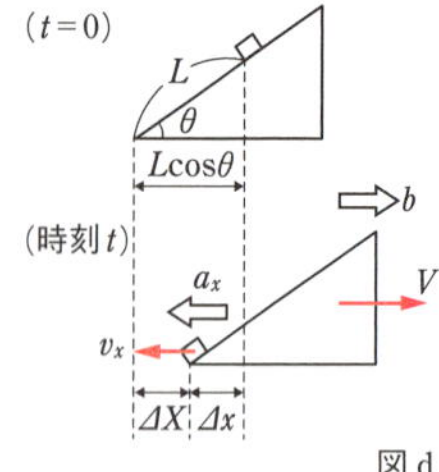

図ｄ

※B　⑨式は，斜面台と小物体からなる物体系の重心位置が不変であること，すなわち　$\frac{M\varDelta X+m(-\varDelta x)}{M+m}=0$ からも得られる。

26 〈非慣性系における仕事とエネルギー〉

慣性力 $m\alpha$ において α が一定なら，見かけ上，重力とよく似たはたらきをする。

(2) 考え方①　重力と慣性力の合力を見かけの重力として，力学的エネルギー保存を考える。

考え方②　重力と慣性力が別にはたらいて，それぞれ仕事をしていると考える。

(3) 飛び出した位置にもどるためには，上面とどのような衝突をする必要があるかを台車から見た立場で考える。

(1) 加速度 α で運動する台車上から観測すると，図ａのように，小物体Pには慣性力 $m\alpha$（左向き）がはたらき，静止している。小物体Pが受ける垂直抗力を N とすると，力のつりあいより

$$\begin{cases}N\cos\theta=mg\\N\sin\theta=m\alpha\end{cases}\qquad これより\ \alpha=\frac{\sin\theta}{\cos\theta}g=g\tan\theta$$

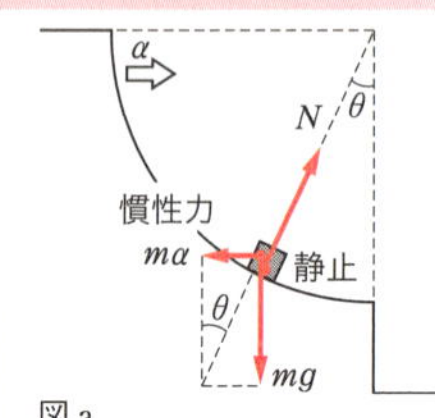

図ａ

(2) 重力と慣性力の合力を見かけの重力と考える。このときの見かけの重力加速度 g' は，円の中心から(1)の静止位置の向きで，その大きさは

$$g'=\sqrt{g^2+\alpha^2}=\sqrt{g^2(1+\tan^2\theta)}=\frac{g}{\cos\theta}$$

となる。この見かけの重力加速度のもとでは，図ｂのように(1)の静止位置（角 θ の位置）が「最下点」となり，台車から観測したときの速さは最大となる。見かけの重力による位置エネルギーを用いて，小物体Pをはなしてから，速さが最大となるまでの力学的エネルギー保存の式を立てると次のようになる（図ｂ）。

$$0+mg'\{(H-h)-(H-h)\sin\theta\}=\frac{1}{2}mV_M{}^2+0$$

ゆえに　$V_M=\sqrt{2g'(H-h)(1-\sin\theta)}=\sqrt{\frac{2g(H-h)(1-\sin\theta)}{\cos\theta}}$

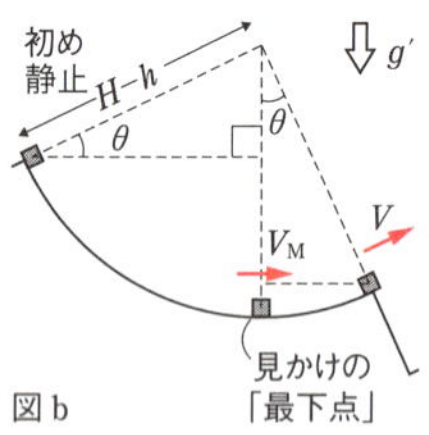

図ｂ

また，飛び出す瞬間の速さも同様に考えることができて（図ｂ）

$$0+mg'\{(H-h)-(H-h)\sin\theta\}=\frac{1}{2}mV^2+mg'\{(H-h)-(H-h)\cos\theta\}$$

よって　$V=\sqrt{2g'(H-h)(\cos\theta-\sin\theta)}=\sqrt{2g(H-h)(1-\tan\theta)}$

別解　見かけの重力として１つにまとめず，重力と慣性力がそれぞれ一定の力で仕事をしていると考える方法もある（図ｃ）。重力のする仕事は常に正，慣性力のする仕事は常に負であることに注意して，運動エネルギーと仕事の関係式を立てると

$$\frac{1}{2}mV_M{}^2-0=mg(H-h)\cos\theta-m\alpha(H-h)(1-\sin\theta)$$

これを解いて　$V_M=\sqrt{\frac{2g(H-h)(1-\sin\theta)}{\cos\theta}}$

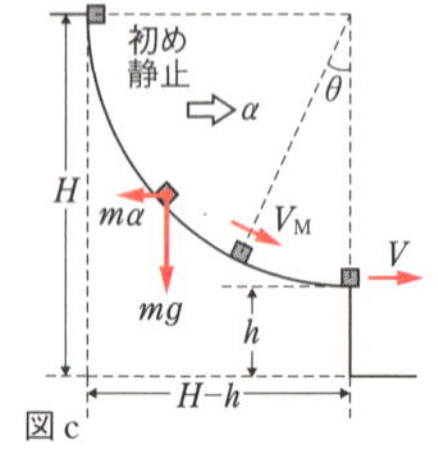

図ｃ

(3) 問題文に示された現象が起こるとき，台車上から小物体Pを観測すると，Pの運動は，台車上面に衝突したとき(水平に飛び出してから時間 t_2)に，台車に対する水平方向の速度が0になり，その前後で対称性をもつものになる(図d)。台車上から観測したとき，Pの水平(右向きを正)，鉛直(下向きを正)方向の加速度をそれぞれ a_x，a_y とすると，運動方程式「$ma=F$」より

水平：$ma_x=-m\alpha$　よって $a_x=-\alpha$　　鉛直：$ma_y=mg$　よって $a_y=g$

Pの鉛直方向の運動は，初速度0，加速度 $a_y=g$ の等加速度運動で，h 進むのに時間 t_2 かかる。等加速度直線運動の式「$x=v_0t+\frac{1}{2}at^2$」より

$$h=\frac{1}{2}gt_2{}^2 \quad よって \quad t_2=\sqrt{\frac{2h}{g}}$$

台車上から観測すると，運動の対称性から，時間 t_2 においてPの水平方向の速度成分が0になることから，等加速度直線運動の式「$v=v_0+at$」より

$$0=V_0+(-\alpha)t_2 \qquad ゆえに，V_0=\alpha\sqrt{\frac{2h}{g}}$$

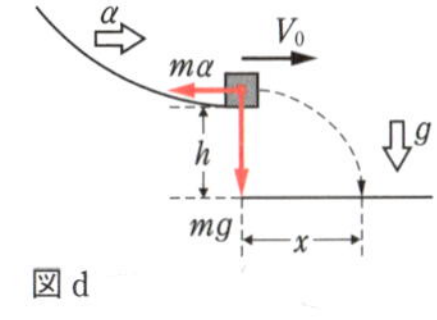

図d

ヒント 27 〈斜面上の物体の運動と水平面上の台の運動〉

〔A〕(4) 糸が滑車を通して台Aを押す力は，滑車にはたらく2つの糸の張力の合力である。

〔B〕(2)，(3) 等加速度直線運動をしている台A上から観測すると，小物体B，Cには重力，垂直抗力，張力のほかに慣性力がはたらいていて，静止している ➡ 力はつりあっている

(4) 台Aに対して小物体B，Cは静止しているので，Aを引く力によってA，B，Cが一体の物体として運動していると考える。

〔C〕 等加速度直線運動をしている台A上から観測すると，小物体B，Cには慣性力がはたらき，Bは斜面上向きに，Cは鉛直下向きに等加速度直線運動をしている。

〔A〕(1) 小物体B，Cにはたらく力は図aのようになる。図aより，Bを斜面方向下向きに引く力の成分 $mg\sin\theta$ よりも，Cを鉛直下向きに引く力 mg のほうが大きいので，Cは**下降する**。

(2) 図aのように，小物体B，Cの加速度の大きさを a，糸の張力の大きさを T とし，運動方程式を立てる。「$ma=F$」より

B：$ma=T-mg\sin\theta$ ……①

C：$ma=mg-T$ ……②

①，②式の辺々を加えて T を消去すると

$$2ma=mg-mg\sin\theta \qquad よって \quad a=\frac{g}{2}(1-\sin\theta)$$

図a

(3) ①，②式の辺々を引いて a を消去すると

$$0=2T-mg-mg\sin\theta \qquad よって \quad T=\frac{mg}{2}(1+\sin\theta)$$

(4) 滑車にはたらく糸の張力は図bのようになるので，水平成分の大きさは

$$T\cos\theta=\frac{mg}{2}(1+\sin\theta)\cos\theta$$

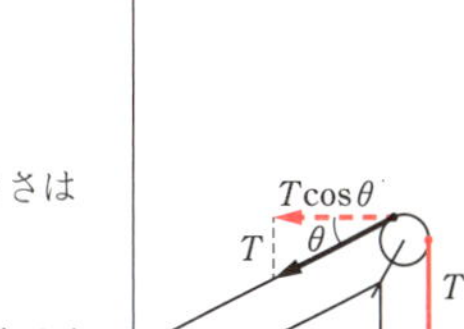

図b

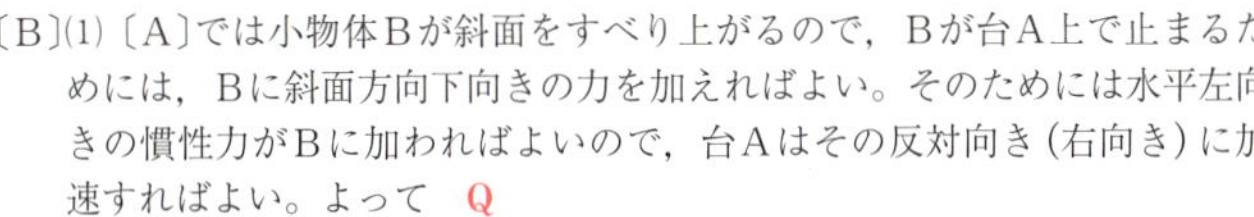
〔B〕(1)〔A〕では小物体Bが斜面をすべり上がるので，Bが台A上で止まるためには，Bに斜面方向下向きの力を加えればよい。そのためには水平左向きの慣性力がBに加わればよいので，台Aはその反対向き(右向き)に加速すればよい。よって **Q**

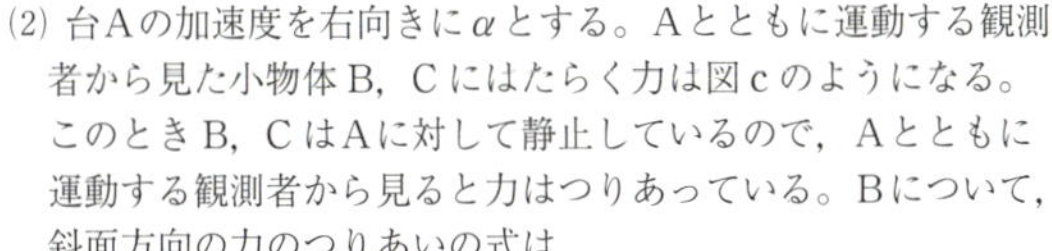
(2) 台Aの加速度を右向きに α とする。Aとともに運動する観測者から見た小物体B，Cにはたらく力は図cのようになる。このときB，CはAに対して静止しているので，Aとともに運動する観測者から見ると力はつりあっている。Bについて，斜面方向の力のつりあいの式は

$T=mg\sin\theta+m\alpha\cos\theta$ ……③

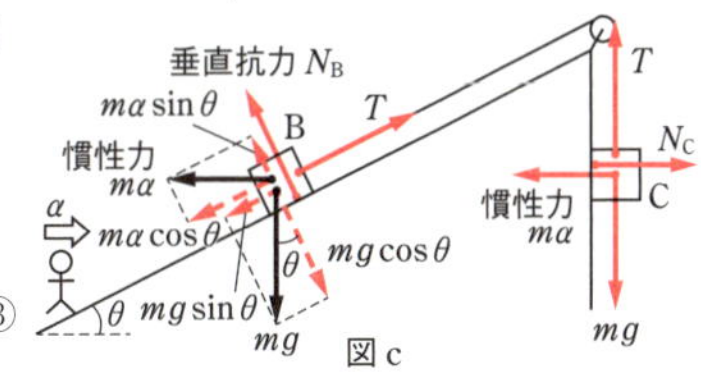

図c

Cについて，鉛直方向の力のつりあいの式は　$T=mg$ ……④

③，④式より　$mg=mg\sin\theta+m\alpha\cos\theta$

よって　$\alpha=\dfrac{1-\sin\theta}{\cos\theta}g$ ……⑤

(3) 小物体Bが台Aから受ける垂直抗力を N_B とする。Bについて，斜面に垂直な方向の力のつりあいの式は

$$N_B+m\alpha\sin\theta=mg\cos\theta$$

$$N_B=mg\cos\theta-m\alpha\sin\theta=mg\cos\theta-m\left(\frac{1-\sin\theta}{\cos\theta}g\right)\sin\theta$$

$$=\frac{1-\sin\theta}{\cos\theta}mg$$ ※A⬅

⬅※A **別解** 鉛直方向の力のつりあいを考えると

$$N_B\cos\theta+T\sin\theta=mg$$

よって　$N_B=\dfrac{1-\sin\theta}{\cos\theta}mg$

(4) 小物体B，Cは台Aに対して相対的に静止しているので，A，B，Cを一体の物体と考える。この物体を外力Fで引くと，⑤式の加速度αが生じるので，運動方程式「$ma=F$」より　$(M+2m)\alpha=F$

よって　$F=(M+2m)\times\left(\dfrac{1-\sin\theta}{\cos\theta}g\right)=\dfrac{1-\sin\theta}{\cos\theta}(M+2m)g$

〔C〕(1) 台A，小物体B，C，壁Dからなる物体系には，系の外から水平方向の力がはたらかないので，系全体の重心は水平方向に移動しない。Bは斜面をのぼる，すなわち水平右向きに移動するため，Aは水平左向きに移動する。つまり，Aの加速度 a_A は左向きであり，Aとともに運動する観測者から見ると，B，Cには右向きの慣性力 ma_A がはたらく。また，CにはDから左向きの抗力 N_C がはたらく。

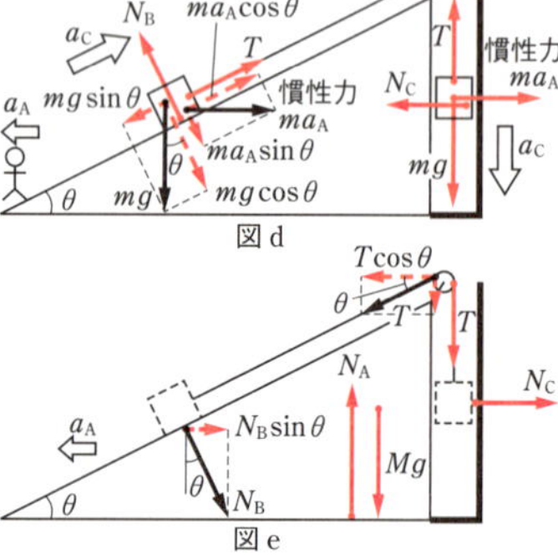

図d

図e

Aとともに運動する観測者から見たときのB，Cにはたらく力を図dに，AとDにはたらく力を図eに示す。

Bの斜面方向の運動方程式は，斜面方向上向きを正として

$$ma_C=T+ma_A\cos\theta-mg\sin\theta$$ ……⑥

斜面と垂直な方向の力のつりあいの式は

$$N_B=mg\cos\theta+ma_A\sin\theta$$ ……⑦

Cの鉛直方向の運動方程式は，鉛直下向きを正として

$$ma_C=mg-T$$ ……⑧

水平方向の力のつりあいの式は

$$N_C=ma_A$$ ……⑨

Aの水平方向の運動方程式は，水平左向きを正として

$$Ma_A=T\cos\theta-N_B\sin\theta-N_C$$ ……⑩

⑥式より求めた T，⑦式から求めた N_B，⑨式から求めた N_C を⑩式に代入して

$$Ma_A=(ma_C-ma_A\cos\theta+mg\sin\theta)\cos\theta$$
$$-(mg\cos\theta+ma_A\sin\theta)\sin\theta-ma_A$$

$$\{M+m(\sin^2\theta+\cos^2\theta)+m\}a_A=ma_C\cos\theta$$

よって　$\dfrac{a_C}{a_A}=\dfrac{M+2m}{m\cos\theta}$ ※B⬅ ……⑪

⬅※B **別解** 静止系から見た小物体Bの水平方向の加速度は　$a_C\cos\theta-a_A$

運動開始から t 秒後，

Aは左に　$x_A=\dfrac{1}{2}a_At^2$

Bは右に

$$x_B=\frac{1}{2}(a_C\cos\theta-a_A)t^2$$

Cは左に　$x_C=\dfrac{1}{2}a_At^2$

だけ移動する。系全体の重心が移動しないことから

$$0=\frac{Mx_A+m(-x_B)+mx_C}{M+m+m}$$

x_A，x_B，x_C を代入して

$$M\cdot\frac{1}{2}a_At^2-m\cdot\frac{1}{2}(a_C\cos\theta-a_A)t^2$$
$$+m\cdot\frac{1}{2}a_At^2=0$$

よって　$\dfrac{a_C}{a_A}=\dfrac{M+2m}{m\cos\theta}$

(2) ⑥式と⑧式を辺々加えると　$2ma_C=ma_A\cos\theta+mg(1-\sin\theta)$

⑪式より求めた a_A を代入すると

$$2a_C=\frac{m\cos\theta}{M+2m}a_C\cdot\cos\theta+g(1-\sin\theta)$$

$$\frac{2(M+2m)-m\cos^2\theta}{M+2m}a_C=g(1-\sin\theta)$$

よって　$a_C=\dfrac{(M+2m)g(1-\sin\theta)}{2M+(4-\cos^2\theta)m}$

4 抵抗力を受ける運動

ヒント 28 〈あらい斜面上の物体の運動〉

(4) 物体Aにはたらく力がする仕事を考える。

(1) ひもの張力の大きさを T_0，物体Aにはたらく垂直抗力の大きさを N_0，静止摩擦力の大きさを f とする。物体AおよびBにはたらく力のつりあいの式は

$N_0=Mg$ ……①　$f=T_0$ ……②　$T_0=mg$ ……③

②式と③式より　$f=mg$

f が最大摩擦力より大きくなければ，Aがすべり出さないから

$f \leqq f_{最大}=\mu N_0=\mu Mg$ ※A

よって　$mg \leqq \mu Mg$　ゆえに　$m \leqq \mu M$

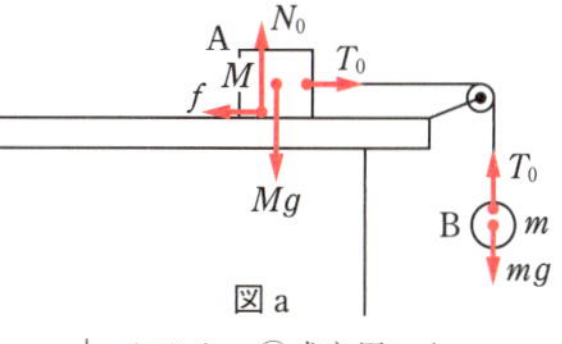

図a

※A　①式を用いた。

(2) すべり落ちる直前に，物体AおよびBにはたらく力を図示する(図b)。ここで，ひもの張力の大きさを T とする。力のつりあいの式は

$N=Mg\cos\theta_0$ ……④

$T+\mu N$ ※B $=Mg\sin\theta_0$ ……⑤

$T=mg$ ……⑥

⑤式に，⑥，④式を代入して整理すると

$mg+\mu Mg\cos\theta_0=Mg\sin\theta_0$　ゆえに　$\mu=\tan\theta_0-\dfrac{m}{M\cos\theta_0}$

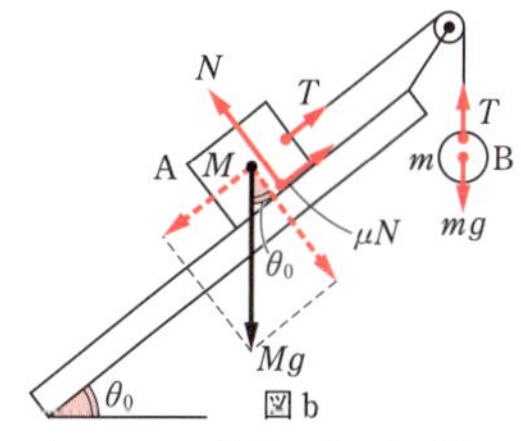

図b

※B　物体がすべり落ちる直前だから，静止摩擦力は最大摩擦力 μN で，向きは斜面上向きである。

(3) 物体にはたらく力を図示する(図c)。垂直抗力は $N=Mg\cos\theta_0$ で，動摩擦力は $\mu' N=\mu' Mg\cos\theta_0$ である。

(a) 物体AおよびBの運動方程式は

A：$Ma=Mg\sin\theta_0-\mu' Mg\cos\theta_0-T$ ……⑦

B：$ma=T-mg$ ……⑧

図c

(b) ⑦式＋⑧式より

$(M+m)a=(M\sin\theta_0-\mu' M\cos\theta_0-m)g$

ゆえに　$a=\dfrac{M\sin\theta_0-\mu' M\cos\theta_0-m}{M+m}g$ ※C

※C 〔**参考**〕 張力 T を求めると

⑦式の右辺×m ＝⑧式の右辺×M

$mMg\sin\theta_0-\mu' mMg\cos\theta_0-mT=MT-Mmg$

$T=\dfrac{mMg(\sin\theta_0-\mu'\cos\theta_0+1)}{M+m}$

(4) 力学的エネルギーは，運動エネルギーと位置エネルギーの和である。物体Aにはたらく力は，重力 Mg，垂直抗力N，糸の張力 T，動摩擦力 $\mu' N$ で，重力による仕事は位置エネルギーで考えられ※D，垂直抗力は移動方向と垂直な力だから仕事をしない。「はじめの力学的エネルギー＋物体が非保存力にされた仕事＝終わりの力学的エネルギー」より，力学的エネルギーの変化量 $\varDelta U_A$ は，非保存力である張力 T と動摩擦力 $\mu' N$ による仕事の和と等しい。ここで，T も $\mu' N$ も，物体の運動方向(斜面下向き)と逆向きの力だから，どちらの仕事も負の値となる。よって，$\varDelta U_A$ は負である。

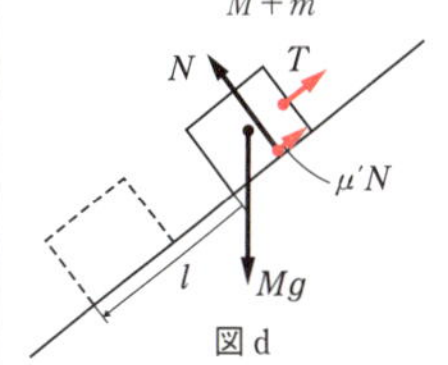

図d

※D　重力は保存力である。

ヒント 29 〈2 物体のあらい面上での運動〉

(1) 運動方程式を立てて加速度を求めれば，等加速度直線運動の式を用いることができる。
(2) AとBの静止するまでの移動距離が同じであることを用いる。
(3)『ひもは張った状態のままで運動』➡ AとBの加速度は等しい
(4) 仕事の式は「$W=Fx$」➡ AとBが移動した距離を求める

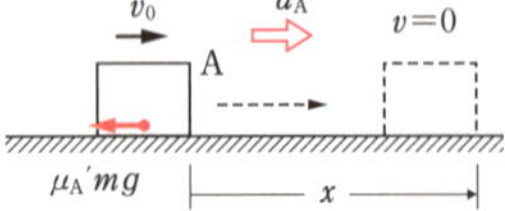

(1) 物体Aの加速度を a_A とすると運動方程式は

$ma_A=-\mu_A'mg$　　よって　$a_A=-\mu_A'g$

Aが静止するまでの時間を t とすると，等加速度直線運動の式「$v=v_0+at$」より

$0=v_0+a_At$

よって $t=-\dfrac{v_0}{a_A}=\dfrac{v_0}{\mu_A'g}$

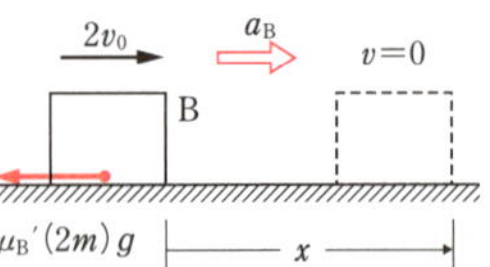

(2) 物体Bの動摩擦係数を μ_B'，加速度を a_B とすると　$a_B=-\mu_B'g$

A，Bが静止するまでに移動した距離を x とする。

「$v^2-v_0^2=2ax$」をA，Bに用いて

A：$0^2-v_0^2=2a_Ax$　　よって　$v_0^2=2\mu_A'gx$　……①

B：$0^2-(2v_0)^2=2a_Bx$　　よって　$4v_0^2=2\mu_B'gx$　……②

$\dfrac{②}{①}$ より　$\dfrac{\mu_B'}{\mu_A'}=4$　よって　$\mu_B'=4\mu_A'$ ※A⬅

(3) 物体A，Bの加速度を α ※B⬅，ひもの張力の大きさを T として，運動方程式を立てる。初速度 v_0 の向きを正の向きとする。

A：$m\alpha=-\mu_A'mg-T$　……③

B：$2m\alpha=T-\mu_B'(2m)g$

$=T-8\mu_A'mg$　……④

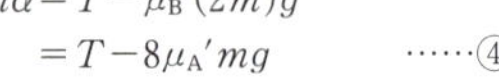

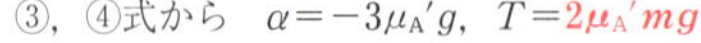

③，④式から　$\alpha=-3\mu_A'g$，$T=2\mu_A'mg$

(4) A，Bが静止するまでに移動した距離を l とする。

$0^2-v_0^2=2\alpha l=2(-3\mu_A'g)l$

よって　$l=\dfrac{v_0^2}{6\mu_A'g}$

一方，Bにはたらく動摩擦力の大きさ F_B は

$F_B=\mu_B'(2m)g=4\mu_A'(2m)g=8\mu_A'mg$

したがって，動摩擦力が物体Bにした仕事 W は

$W=-F_Bl$ ※C⬅ $=-8\mu_A'mg\times\dfrac{v_0^2}{6\mu_A'g}=-\dfrac{4}{3}mv_0^2$ ※D⬅

⬅※A 別解 エネルギーと仕事の関係より

Aについて

$\dfrac{1}{2}mv_0^2+(-\mu_A'mg\cdot x)=0$

よって $x=\dfrac{v_0^2}{2\mu_A'g}$

Bについて

$\dfrac{1}{2}(2m)(2v_0)^2+\{-\mu_B'(2m)g\cdot x\}=0$

ゆえに $x=\dfrac{(2v_0)^2}{2\mu_B'g}$

よって　$\dfrac{v_0^2}{2\mu_A'g}=\dfrac{(2v_0)^2}{2\mu_B'g}$

したがって $\mu_B'=4\mu_A'$

⬅※B　ひもが張った状態のままで，A，Bは運動しているので，A，Bの加速度 α は等しい。

⬅※C　動摩擦力 F_B の向きと，物体Bの移動の向きが逆であるから，動摩擦力 F_B は物体Bに負の仕事をする。

⬅※D　物体AとBにはたらく摩擦力がした仕事は $-\dfrac{1}{2}(2m+m)v_0^2$ である。物体Bにはたらく摩擦力のした仕事は，全仕事を摩擦力の比で分配すれば

$-\dfrac{1}{2}3mv_0^2\times\dfrac{8}{8+1}=-\dfrac{4}{3}mv_0^2$

ヒント 30 〈弾性力と摩擦力による運動〉

(イ) ばねの長さが x_1 と x_2 のときを比較すると，(ばねの弾性エネルギーの変化量)=(摩擦力がした仕事)
(ウ)，(エ)『AがBを押す力を f とする』➡ 作用反作用の法則より，BがAを押す力は $-f$ である
(オ)『AとBが離れるとき』➡ $f=0$

(1)(ア) Bにはたらく動摩擦力は左向きに $\mu'Mg$ で，静止するまでの移動距離は右向きに (x_2-x_1) である(右図)。よって，摩擦力がした仕事 W は負となるから　$W=-\mu'Mg(x_2-x_1)$

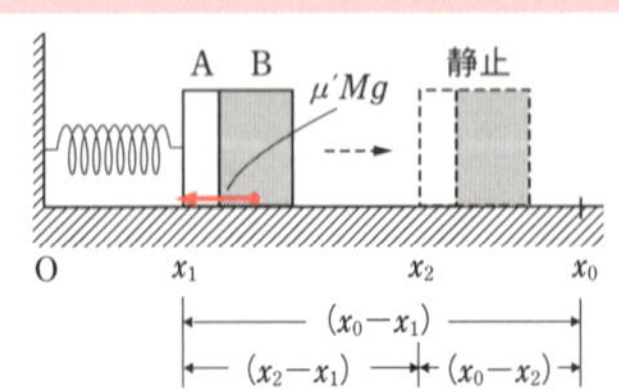

(イ) はじめのばねの縮み$=(x_0-x_1)$
静止後のばねの縮み$=(x_0-x_2)$
「弾性エネルギーの変化量＝摩擦力がした仕事 W」より

$$\frac{1}{2}k(x_0-x_2)^2-\frac{1}{2}k(x_0-x_1)^2=-\mu' Mg(x_2-x_1)$$ ※A

$$\frac{1}{2}k(2x_0-x_1-x_2)(x_1-x_2)\text{※B}=\mu' Mg(x_1-x_2)$$

$x_1 \neq x_2$ より $\frac{1}{2}k(2x_0-x_1-x_2)=\mu' Mg$

よって $x_2=2x_0-x_1-\frac{2\mu' Mg}{k}$

(2) A，Bが一緒に運動しているときのばねの長さ x について，$x<x_0$ と仮定※Cして考えてみる。
ばねの縮み$=(x_0-x)$
弾性力の大きさ$=k(x_0-x)$

(ウ) Aの運動方程式 $ma=k(x_0-x)-f$ ……①
(エ) Bの運動方程式 $Ma=f-\mu' Mg$ ……②

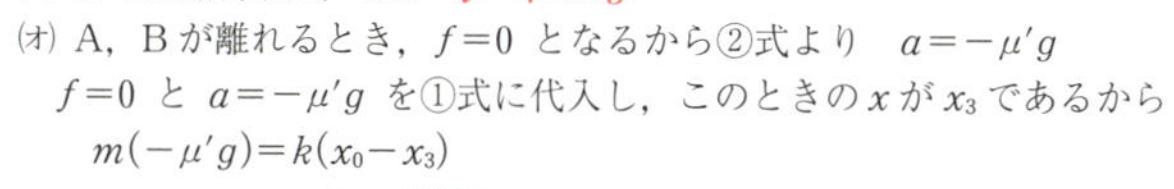

(オ) A，Bが離れるとき，$f=0$ となるから②式より $a=-\mu' g$
$f=0$ と $a=-\mu' g$ を①式に代入し，このときの x が x_3 であるから
$m(-\mu' g)=k(x_0-x_3)$
よって $x_3=x_0+\frac{\mu' mg}{k}$ ※D

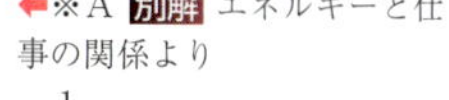

※A 別解 エネルギーと仕事の関係より

$$\frac{1}{2}k(x_0-x_1)^2+\{-\mu' Mg(x_2-x_1)\}=\frac{1}{2}k(x_0-x_2)^2$$

※B $a^2-b^2=(a+b)(a-b)$ の因数分解の式を使用した。ただし
$a=(x_0-x_2)$
$b=(x_0-x_1)$

※C $x>x_0$ としても，各運動方程式は次のように，①，②式と一致する。

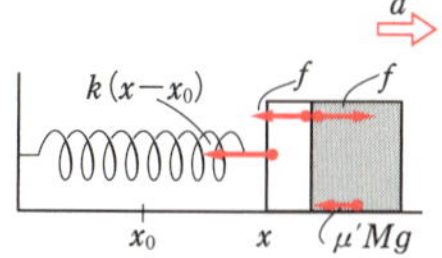

A：$ma=-k(x-x_0)-f$
$=k(x_0-x)-f$ ……①
B：$Ma=f-\mu' Mg$ ……②

※D $x<x_0$ として考えてきたが，実際にA，Bが離れる位置 x_3 は $x_3>x_0$ である。

ヒント 31 〈あらい板上の物体の運動〉

(2) AとBの間には，AがBを引く摩擦力とBがAを引く摩擦力がはたらき，作用・反作用の関係にある。
(3) 力学的エネルギー保存を考えてもよい。 (8) 力学的エネルギーと仕事の関係を用いる。

(1) それぞれの物体にはたらいている運動方向の力を図aのように定める※A。
A，B間の摩擦力の大きさを f_1，AD間の糸の張力の大きさを T_1，BC間の糸の張力の大きさを T_2 とし，加速度の大きさを a_1 として，A，B，C，D各物体の運動方程式を求める。

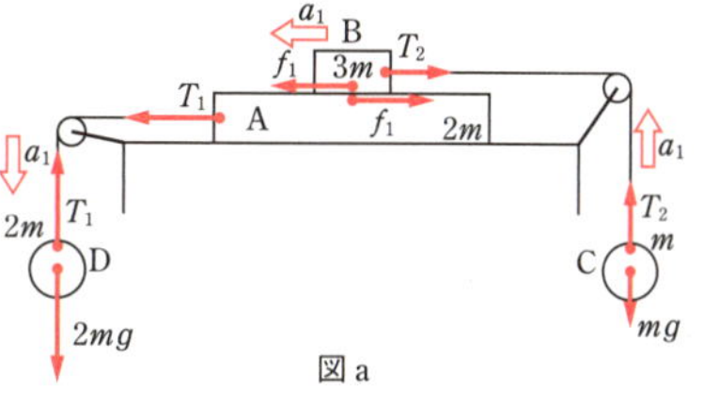

図a

A：$2ma_1=T_1-f_1$ ……①　B：$3ma_1=f_1-T_2$ ……②
C：$ma_1=T_2-mg$ ……③　D：$2ma_1=2mg-T_1$ ……④

①〜④式の辺々を加えて $8ma_1=mg$ よって $a_1=\frac{1}{8}g$〔m/s²〕

(2) ②式より $f_1=3ma_1+T_2=\frac{12}{8}mg$※B$=\frac{3}{2}mg$〔N〕

(3) 求める運動エネルギーの総和を K_1 とし，重力による位置エネルギーの基準を初めの位置とする。Dは h 下降し，Cは h 上昇する。力学的エネルギー保存則「$\frac{1}{2}mv^2+mgh=$一定」より

$0+0=K_1+\{2m\cdot g\cdot(-h)+m\cdot g\cdot h\}$ よって，$K_1=mgh$〔J〕※C

※A 〔参考〕 AおよびBにはたらく力を図bに示す。

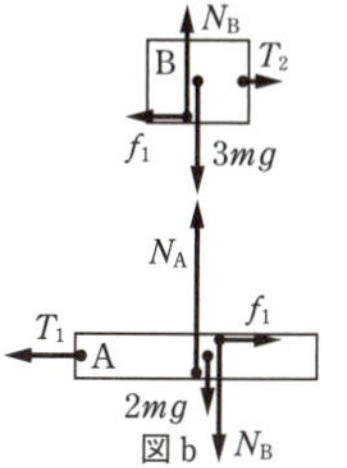

図b

※B ③式から
$T_2=mg+ma_1=\frac{9}{8}mg$

※C 別解 h 落下したときの速さ v_1 は「$v^2-v_0{}^2=2ax$」より
$v_1{}^2-0^2=2\cdot\frac{1}{8}g\cdot h=\frac{1}{4}gh$
A，B，C，D全体の質量は $8m$ だから，「$K=\frac{1}{2}mv^2$」より
$\frac{1}{2}\cdot 8m\cdot\frac{1}{4}gh=mgh$〔J〕

(4) それぞれの物体にはたらいている運動方向の力を図cのように定める。

A，B間の動摩擦力の大きさを f_2 とし，AとDの加速度の大きさを a_2 とする。AとDの運動方程式と，BとCの力のつりあいの式を立てる。

A：$2ma_2=T_3-f_2$ ……⑤　B：$f_2=T_4$ ……⑥

C：$T_4=mg$ ……⑦　D：$2ma_2=2mg-T_3$ ……⑧

⑥，⑦式より　$f_2=T_4=mg$

⑤，⑧式の辺々を加えて

$4ma_2=2mg-f_2$　よって　$a_2=\frac{1}{4}g$〔m/s²〕

A，B間の垂直抗力 N は $3mg$ であるから，動摩擦係数 μ' は

「$f=\mu'N$」より　$\mu'=\frac{f_2}{N}=\frac{mg}{3mg}=\frac{1}{3}$

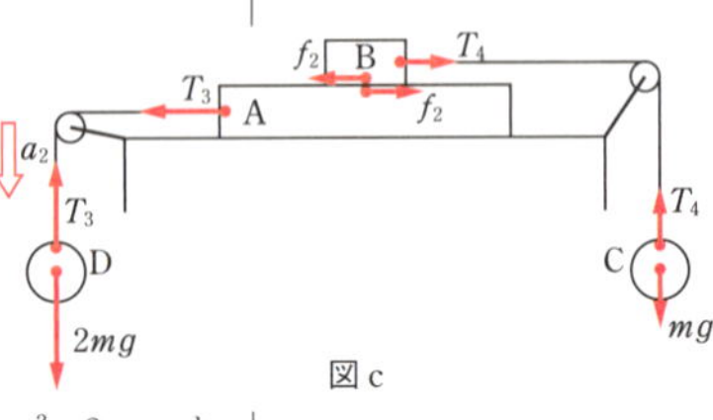

図c

(5) Dが h だけ落下したときのAとDの速さを v_2 とすれば，「$v^2-v_0^2=2ax$」より　$v_2^2-0^2=2\cdot\frac{1}{4}g\cdot h$　よって　$v_2^2=\frac{1}{2}gh$

運動エネルギーの総和 K_2 は　$K_2=\frac{1}{2}\cdot 4m\cdot\frac{1}{2}gh=mgh$〔J〕※D

※D 別解 AとBの間にはたらく動摩擦力 mg のする仕事は $-mgh$ である。力学的エネルギーと仕事の関係より

$0+2mgh+(-mgh)=K_2+0$

よって，$K_2=mgh$〔J〕

(6) それぞれの物体にはたらく力，加速度を，図dのように定める。

A，B間の動摩擦力の大きさ f_3 は　$f_3=\frac{1}{6}\cdot 3mg=\frac{1}{2}mg$

A，Dの運動方程式は

A：$2ma_3=T_5-f_3$　D：$2ma_3=2mg-T_5$

よって　$a_3=\frac{3}{8}g$〔m/s²〕

B，Cの運動方程式は

B：$3ma_4=T_6-f_3$　C：$ma_4=mg-T_6$

よって　$a_4=\frac{1}{8}g$〔m/s²〕

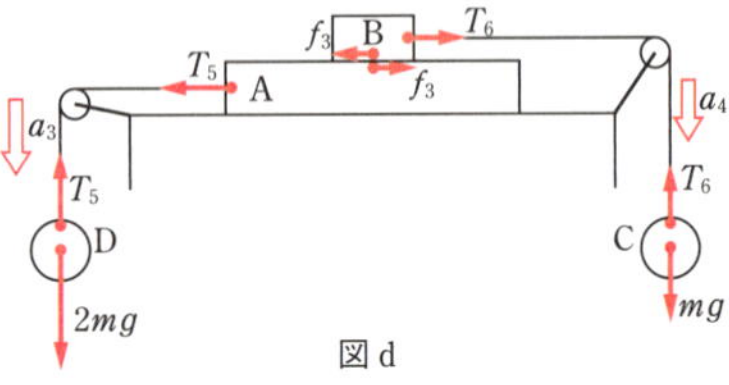

図d

(7) Dが h だけ落下する時間を t_1 とすれば　$h=\frac{1}{2}\cdot\frac{3}{8}g\cdot t_1^2$

Cが同じ時間に h' 落下するとして　$h'=\frac{1}{2}\cdot\frac{1}{8}g\cdot t_1^2=\frac{1}{3}h$〔m〕※E

(8) BはA上を $h+h'=\frac{4}{3}h$ 移動している。よって，動摩擦力による仕事は※F

$$-\frac{1}{2}mg\cdot\frac{4}{3}h=-\frac{2}{3}mgh$$

これが失われた力学的エネルギーであるから求める答えは　$\frac{2}{3}mgh$〔J〕

※E　同じ時間に落下する距離の比は加速度の比と等しくなる。

※F　動摩擦力の向きと移動の向きは逆向きだから負の仕事となる。

ヒント 32 〈ゴムひもに取りつけられた物体の運動〉

(1)『動き始めた』➡ 最大摩擦力　(3)『仕事を求めよ』➡ 仕事には正・負がある

(4)『ゴムひもがたるんでいた』➡ 弾性力は0，弾性エネルギーも0

(5) 力学的エネルギーと物体がされた仕事の関係を考える。

(1) 物体が動き始めるとき，物体にはたらく摩擦力は最大摩擦力「μN」となっている(図a)。鉛直方向の力のつりあいより，垂直抗力の大きさを N とすると $N=mg$ であるから，最大摩擦力は　$\mu N=\mu mg$

このとき，水平方向の力のつりあいより

$\mu N=ka$　よって　$a=\frac{\mu mg}{k}$ ……①

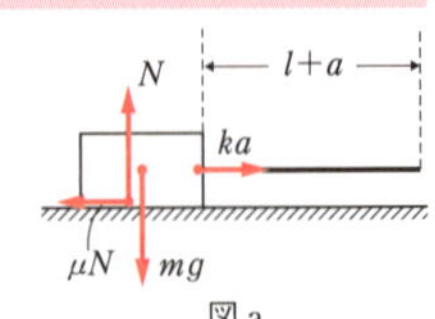

図a

(2) ゴムひもが伸びているときの弾性力はばねと同じフックの法則にしたがうから，このときの弾性エネルギー U は　$U=\frac{1}{2}ka^2$※A

※A　ゴムひもは縮むことなくたるむから，ゴムひもは伸びているときだけ弾性エネルギーをもつ。

(3) 物体が動きだした後，物体にはたらく動摩擦力の大きさは「$\mu' N$」より

$\mu' N = \mu' mg$

動摩擦力の向きと移動の向きは逆向きだから，負の仕事となる。物体は止まるまでに b だけ移動したから，摩擦力のした仕事は「$W=Fx$」より

$W = -\mu' mgb$

(4) 物体が止まったときゴムひもはたるんでいるので，弾性力は 0，弾性エネルギーも 0 となっている。「はじめの力学的エネルギー＋物体がされた仕事＝おわりの力学的エネルギー」より※B⬅

$$\left\{0+0+\frac{1}{2}ka^2\right\}+\{-\mu' mgb\}=\{0+0+0\}$$ ※C⬅

よって　$\frac{1}{2}ka^2=\mu' mgb$

図 b より，ゴムひもがたるんでいるから　$b>a$　でなければならない。

$\frac{1}{2}ka^2=\mu' mgb>\mu' mga$ ※D⬅　　よって　$ka>2\mu' mg$

①式より，$ka=\mu mg$ ※D⬅　であるから　$\mu mg>2\mu' mg$

ゆえに　$\mu>2\mu'$

(5) 物体が止まったときのゴムひもの伸びは図 c より，$a-b$ である。

「はじめ＋仕事＝おわり」の仕事とエネルギーの関係より

$$\left\{0+0+\frac{1}{2}ka^2\right\}+\{-\mu' mgb\}=\left\{0+0+\frac{1}{2}k(a-b)^2\right\}$$ ※E⬅

整理をしていくと　$\frac{1}{2}k\{a^2-(a-b)^2\}=\mu' mgb$

$\frac{1}{2}k(2a-b)=\mu' mg$　　よって　$b=2a-\frac{2\mu' mg}{k}$

①式を代入して　$b=2\cdot\frac{\mu mg}{k}-\frac{2\mu' mg}{k}=\frac{2(\mu-\mu')mg}{k}$

⬅※B　力学的エネルギー $=\frac{1}{2}mv^2+mgh+\frac{1}{2}kx^2$

⬅※C **別解** 弾性エネルギーの変化は摩擦力によって物体がされた仕事に等しいから

$0-\frac{1}{2}ka^2=-\mu' mgb$

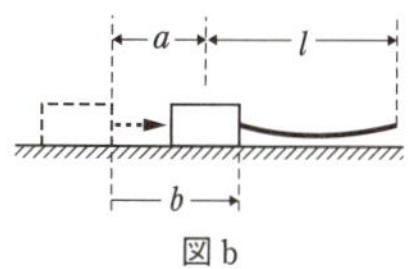

図 b

⬅※D　a，b を含まない不等式で示すための工夫。

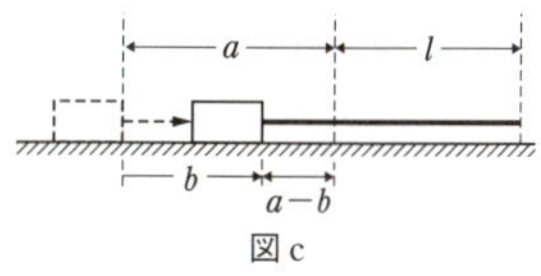

図 c

⬅※E **別解** 物体が動き始めてから止まるまでの弾性エネルギーの変化は，動摩擦力がした仕事に等しいから

$\frac{1}{2}k(a-b)^2-\frac{1}{2}ka^2$
$=-\mu' mgb$

ヒント 33 〈空気の抵抗がある物体の運動〉

(3)『等速度運動になった場合』➡ $a=0$　　(4)（v-t 図の接線の傾き）＝(加速度)

(5) グラフから等速度運動になったときの速さを読みとる。

(1) 右図　（垂直抗力の大きさを N，動摩擦力の大きさを R とする）

(2) 運動方程式は　$Ma=Mg\sin\theta-R-kv$

$R=\mu' N$，$N=Mg\cos\theta$ であるから　$Ma=Mg\sin\theta-\mu' Mg\cos\theta-kv$

(3) 等速度運動になったときは $a=0$ であるから

$Mg\sin\theta-\mu' Mg\cos\theta-kv_0=0$　　よって　$v_0=\frac{Mg}{k}(\sin\theta-\mu'\cos\theta)$

(4) 直線グラフ　$v=\frac{1}{3}gt$　の傾き　$\frac{1}{3}g$ は　$t=0$　における物体の加速度 a にあたる。また，このとき　$v=0$　であるから空気の抵抗力は 0 である。

よって，(2)の運動方程式から　$M\times\frac{1}{3}g=Mg\sin 30°-\mu' Mg\cos 30°$

$\frac{\sqrt{3}}{2}\mu'=\frac{1}{2}-\frac{1}{3}=\frac{1}{6}$　　よって　$\mu'=\frac{1}{3\sqrt{3}}$

(5) v-t 図より，等速度運動になった場合の速さ　$v_0=4$

(3)より　$4=\frac{Mg}{k}(\sin 30°-\mu'\cos 30°)$ ※A⬅

$k=\frac{Mg}{4}\left(\frac{1}{2}-\frac{1}{3\sqrt{3}}\cdot\frac{\sqrt{3}}{2}\right)=\frac{1}{12}Mg$

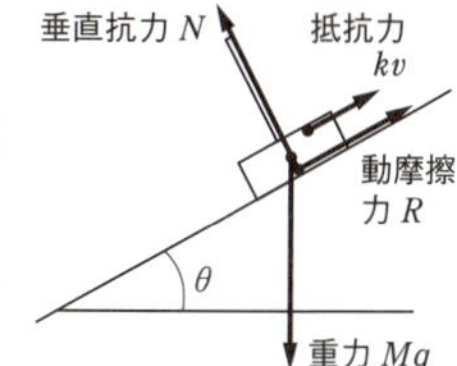

⬅※A　(2)の運動方程式に代入すれば

$M\times 0=Mg\sin 30°$
$-\mu' Mg\cos 30°-k\times 4$

$k=\frac{Mg}{4}\left(\frac{1}{2}-\frac{1}{3\sqrt{3}}\times\frac{\sqrt{3}}{2}\right)$
$=\frac{1}{12}Mg$

34 〈ばねにつながれた物体の運動と運動エネルギー〉

(1), (3), (5) (力学的エネルギーの変化)＝(動摩擦力がした仕事)
(2) 運動量保存則を用いて，衝突直後の AB の速さを求める。
(4) ばねの弾性力の大きさと最大摩擦力の大きさを比較して，その後の運動を判断する。
(6) 次の 3 つの場合に分けて考える。
Ⅰ．BがAと衝突しない。　Ⅱ．AとBが衝突して一体になった後，再び原点Oにもどって OP 間で停止。
Ⅲ．AB が点Pの右側に飛び出して，再び摩擦のある領域に入って OP 間で停止。

〔A〕(1) OP 間を運動中の物体Bにはたらく力を図 a に示す。垂直抗力の大きさNは，鉛直方向の力のつりあいより　$N=mg$
動摩擦力の大きさ f' は「$f'=\mu' N$」より　$f'=\mu' N=\mu' mg$
物体Bの力学的エネルギーの変化 $(E'-E)$ は，OP 間で動摩擦力がした仕事に等しいから※A

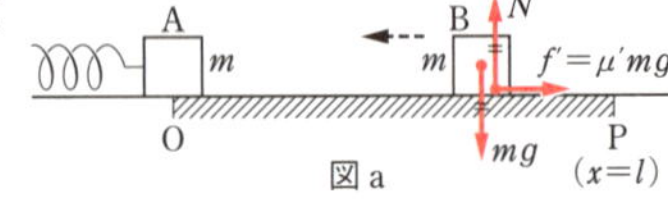

図 a

$E'-E=-f'\cdot l=-\mu' mgl$　　よって　$E'=E-\mu' mgl$　……①

(2) 衝突直前の物体Bの速さを v，衝突直後の物体 AB の速さをVとする。衝突直前の物体Bの運動エネルギー E' は $E'=\dfrac{1}{2}mv^2$ となるから，①式は

$\dfrac{1}{2}mv^2=E-\mu' mgl$　　よって　$v=\sqrt{\dfrac{2}{m}(E-\mu' mgl)}$　……②

衝突における運動量保存則より※B

$m\times 0+mv=(m+m)V$　よって　$V=\dfrac{v}{2}$

②式を代入すると　$V=\dfrac{v}{2}=\dfrac{1}{2}\sqrt{\dfrac{2}{m}(E-\mu' mgl)}=\sqrt{\dfrac{E-\mu' mgl}{2m}}$

したがって，衝突直後の物体 AB の運動エネルギーは

$\dfrac{1}{2}(m+m)V^2=mV^2=\dfrac{E-\mu' mgl}{2}$　……③

※A　物体の力学的エネルギーの変化は，保存力以外の力が物体にした仕事に等しい。
また，この関係は，「はじめの運動エネルギー＋動摩擦力のした仕事＝おわりの運動エネルギー」とも表される。この場合
$E+(-\mu' mgl)=E'$

※B　運動量保存則
外力がはたらかないとき
$m_1v_1+m_2v_2=m_1v_1'+m_2v_2'$

静止 A m　←v B m

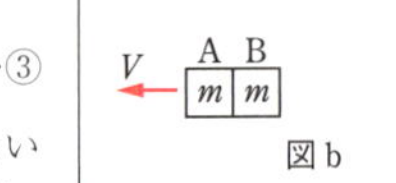

図 b

〔B〕(3) 物体AとBが一体となった後，再び原点Oにもどるまでは摩擦がないので，力学的エネルギーは保存される (③式の値)。したがって，物体 AB の力学的エネルギーの変化は，OP 間で動摩擦力がした仕事に等しい。動摩擦力の大きさ f'' は，図 c より
$f''=\mu' N'=\mu'\cdot 2mg=2\mu' mg$　であるから

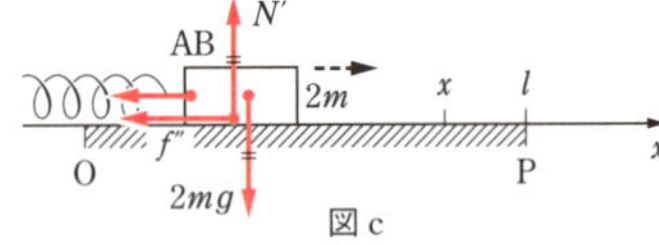

図 c

$\dfrac{1}{2}kx^2-\dfrac{E-\mu' mgl}{2}=-f''\cdot x=-2\mu' mgx$

$kl=3\mu' mg$ を用いて，μ' を消去して整理すると　$3kx^2+4klx+(kl^2-3E)=0$
これを 2 次方程式の解の公式※Cを用いてxについて解くと

$x=\dfrac{-2kl\pm\sqrt{4k^2l^2-3k(kl^2-3E)}}{3k}=\dfrac{-2kl\pm\sqrt{9kE+k^2l^2}}{3k}=-\dfrac{2}{3}l\pm\sqrt{\dfrac{E}{k}+\dfrac{l^2}{9}}$

$x>0$ であるから　$x=-\dfrac{2}{3}l+\sqrt{\dfrac{E}{k}+\dfrac{l^2}{9}}$　……④

(4) 速度が 0 になる位置xにおいて，物体 AB にはたらくばねの弾性力の大きさ kx は，$x\leqq l$ より　$kx\leqq kl$　……⑤
物体 AB にはたらく最大摩擦力の大きさ f_0 は，$\mu=2\mu'$，$kl=3\mu' mg$ を用いると　$f_0=\mu N'=2\mu'\cdot 2mg=4\mu' mg=\dfrac{4}{3}kl$　……⑥

⑤，⑥式より　　$kx\leqq kl<\dfrac{4}{3}kl=f_0$　　よって　$kx<f_0$

したがって，弾性力の大きさ kx が最大摩擦力の大きさ f_0 より小さいので，**物体 AB は位置xに静止したままである。**

※C　2 次方程式の解の公式
$ax^2+bx+c=0$　$(a\neq 0)$
の解は
$x=\dfrac{-b\pm\sqrt{b^2-4ac}}{2a}$
$ax^2+2bx+c=0$　$(a\neq 0)$
の解は
$x=\dfrac{-b\pm\sqrt{b^2-ac}}{a}$

〔C〕(5) 物体 AB は図 d の矢印のように運動する。この運動による物体 AB の力学的エネルギーの変化は，OP 間で動摩擦力がした仕事に等しい。図 d より，OP 間を運動する距離の合計は　$l+(l-x)=2l-x$　であるから

$$\frac{1}{2}kx^2-\frac{E-\mu' mgl}{2}=-2\mu' mg(2l-x)$$

$kl=3\mu' mg$ を用いて整理すると　$3kx^2-4klx+(9kl^2-3E)=0$

これを x について解くと※D

$$x=\frac{2kl\pm\sqrt{4k^2l^2-3k(9kl^2-3E)}}{3k}=\frac{2kl\pm\sqrt{9kE-23k^2l^2}}{3k}=\frac{2}{3}l\pm\sqrt{\frac{E}{k}-\frac{23}{9}l^2}$$

初めに物体Bに与える運動エネルギー E が大きいほど，物体 AB は長い距離を進むことができるはずである。上式で複号が＋の場合は，E を大きくすると，x の値が大きくなり，物体 AB の進む距離が減少することになるから，不適である。よって　$x=\frac{2}{3}l-\sqrt{\frac{E}{k}-\frac{23}{9}l^2}$ ※E　……⑦

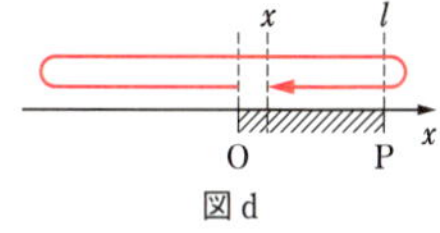

図 d

※D　※C の 2 次方程式の解の公式を用いる。

※E　④，⑦式より，x は E の無理関数であることがわかる。

$y=\pm\sqrt{ax}$ $(a>0)$ のグラフは下図のようになる。

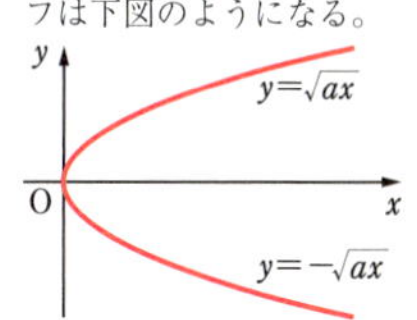

〔D〕(6) ⑦式が $E=E_1$ のとき 0 になるので　$x=\frac{2}{3}l-\sqrt{\frac{E_1}{k}-\frac{23}{9}l^2}=0$

よって　$\frac{E_1}{k}-\frac{23}{9}l^2=\left(\frac{2}{3}l\right)^2$　　ゆえに　$E_1=3kl^2$　……⑧

Ⅰ．物体AとBが衝突するためには，衝突直前の物体Bが速さをもっていなければならない。$kl=3\mu' mg$ と⑧式を用いると，②式より

$\frac{2}{m}(E-\mu' mgl)>0$　　よって　$E>\mu' mgl=\frac{1}{3}kl^2=\frac{1}{9}E_1$

$E\leqq\frac{1}{9}E_1$ のとき，衝突が起こらず，物体Aの最終的な位置は　$x=0$

Ⅱ．物体AとBが衝突して一体になった後，OP 間を右に進む途中で静止するとき，その位置 x は④式より　$x=-\frac{2}{3}l+\sqrt{\frac{E}{k}+\frac{l^2}{9}}$

このとき，$0\leqq x\leqq l$ であるから　$0\leqq-\frac{2}{3}l+\sqrt{\frac{E}{k}+\frac{l^2}{9}}\leqq l$

よって　$\frac{1}{3}kl^2\leqq E\leqq\frac{8}{3}kl^2$ となり，⑧式を用いると　$\frac{1}{9}E_1\leqq E\leqq\frac{8}{9}E_1$

グラフは④式によってかく。

Ⅲ．物体 AB が点Pの右側に飛び出して，OP 間を左にもどる途中で静止するとき，その位置 x は⑦式より

$$x=\frac{2}{3}l-\sqrt{\frac{E}{k}-\frac{23}{9}l^2}$$

この式で，E の値としてⅡ．の範囲の上限値

$\frac{8}{9}E_1=\frac{8}{3}kl^2$ とおくと

$$x=\frac{2}{3}l-\sqrt{\frac{8}{3}l^2-\frac{23}{9}l^2}=\frac{1}{3}l$$

図 e

また，題意より $x=0$ になるとき $E=E_1$ である。

したがって，$\frac{8}{9}E_1<E\leqq E_1$ の範囲で $\frac{1}{3}l>x\geqq 0$ の値をとり，グラフは⑦式によってかく。

以上より，$0\leqq E\leqq E_1$ における x-E 図をかくと，図 e のようになる※F。

※F 〔**参考**〕 物体 AB が点Pの右側に飛び出して，再び摩擦のある領域に入るときは，点Pで物体 AB に動摩擦力がはたらき，その大きさ f'' は

$$f''=2\mu' mg=\frac{2}{3}kl$$

点Pで物体 AB にはたらくばねの弾性力の大きさは kl であるから，弾性力のほうが動摩擦力より大きくなり，物体 AB は原点Oの向きにすべっていく。このとき，物体 AB が摩擦のある領域で静止する位置 x の上限が $\frac{1}{3}l$ である。

5 運動量の保存

ヒント 35 〈ばねにつながれた物体との衝突〉

(1) 衝突の問題は運動量保存則と反発係数の式を連立させて解く。
(2)『ばねが最も縮んだとき』➡ 物体Aの速さは0 ➡ 力学的エネルギー保存則を用いる
(3) 初めの衝突後，物体Aは単振動，物体Bは等速直線運動をする。
(4) 再衝突は，物体Aのついているばねが最も縮んだ後に起こるので，物体Aの単振動の周期を T とするとその時刻 t_1 は，$t_1>\dfrac{T}{4}$ を満たさなければいけない。

(1)(a) 運動量保存則の式より　$Mv_0=mv_A+Mv_B$ ……①

(b) 物体Aと物体Bは弾性衝突（$e=1$）をするので，反発係数の式より

$$e=1=-\frac{v_A-v_B}{0-v_0}\quad よって\quad v_0=v_A-v_B \quad ……②$$

①，②式より　$v_A=\dfrac{2M}{M+m}v_0$　　$v_B=\dfrac{M-m}{M+m}v_0$

(2) 衝突後，物体Aとばねの力学的エネルギーは保存する。ばねが最も縮んだとき，物体Aの速さは0であるので，力学的エネルギー保存則

「$\dfrac{1}{2}mv^2+\dfrac{1}{2}kx^2=$一定」より（図a）

$$\frac{1}{2}mv_A{}^2+0=0+\frac{1}{2}kL^2\quad よって\quad L=v_A\sqrt{\frac{m}{k}} \quad ……③$$
※A

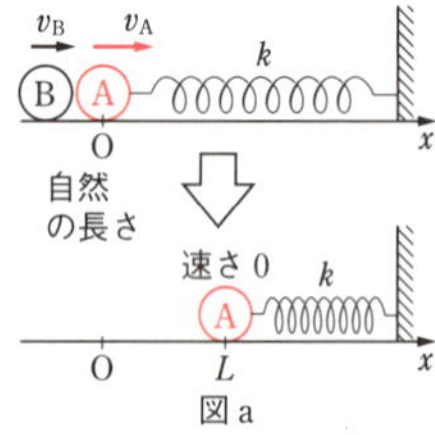

図a

※A　問題文に v_A を用いて表せ，とあることに注意する。

(3) 衝突後の物体Aについて，加速度を a_A として運動方程式を立てると

$$ma_A=-kx_A\quad よって\quad a_A=-\frac{k}{m}x_A$$

ゆえに，物体Aは角振動数 $\omega=\sqrt{\dfrac{k}{m}}$，振動の中心 $x=0$ の単振動をする。また，振幅は L(③式)となるので，物体Aの x-t 図は図bの色線のようになる。したがって　$x_A=L\sin\omega t=v_A\sqrt{\dfrac{m}{k}}\sin\sqrt{\dfrac{k}{m}}t$ ……④

一方，物体Bは衝突後，速さ v_B で等速直線運動をするので

$x_B=v_Bt$

(4) ばねが最も縮んだ後，物体Aと物体Bは $x=\dfrac{L}{2}$ で再衝突したので，物体Bの x-t 図は図bの黒破線のようになる。再衝突する時刻 $t=t_1$ において $x_A=\dfrac{L}{2}$ となるので，④式より

$$\frac{L}{2}=L\sin\omega t_1\quad よって\quad \sin\omega t_1=\frac{1}{2}$$

ゆえに　$\omega t_1=\dfrac{\pi}{6},\ \dfrac{5}{6}\pi$　したがって　$t_1=\dfrac{\pi}{6}\sqrt{\dfrac{m}{k}},\ \dfrac{5\pi}{6}\sqrt{\dfrac{m}{k}}$ ……⑤

再衝突は周期を T とすると，ばねが最も縮んだ時刻 $t=\dfrac{T}{4}$※B $=\dfrac{\pi}{2}\sqrt{\dfrac{m}{k}}$ より後に起こるので，$t_1>\dfrac{\pi}{2}\sqrt{\dfrac{m}{k}}$ ……⑥　を満たす。

⑤，⑥式より　$t_1=\dfrac{5\pi}{6}\sqrt{\dfrac{m}{k}}$

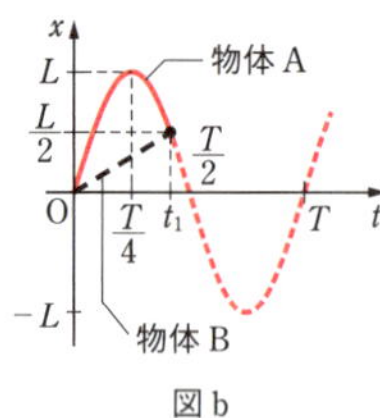

図b

※B　単振動の周期 T は $T=\dfrac{2\pi}{\omega}=2\pi\sqrt{\dfrac{m}{k}}$

36 〈水平面上での 2 物体の衝突〉

(3) (1)，(2)で求めた 2 つの運動量保存の式を連立して，V_A，V_B を求める。

(4)『$\alpha+\beta=\frac{\pi}{2}$』➡ $\sin(\alpha+\beta)=\sin\frac{\pi}{2}=1$，$\sin\beta=\sin\left(\frac{\pi}{2}-\alpha\right)=\cos\alpha$ を用いて，式を整理する

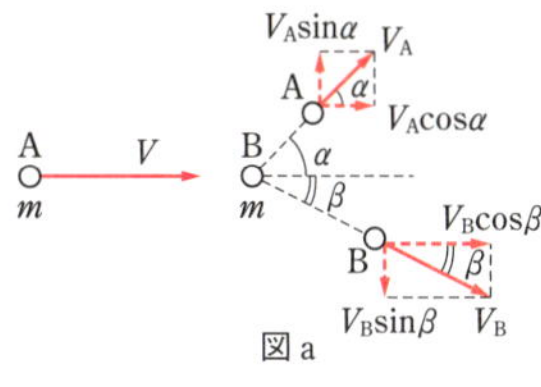

図 a

(1) 衝突前のAの運動方向と平行な方向の運動量保存の式は，図 a より

$$mV=mV_A\cos\alpha+mV_B\cos\beta \quad \cdots\cdots①$$

(2) 衝突前のAの運動方向と垂直な方向の運動量保存の式は，図 a より

$$0=mV_A\sin\alpha+(-mV_B\sin\beta) \quad \cdots\cdots②$$

(3) ①式より　$V=V_A\cos\alpha+V_B\cos\beta$　……③

②式より　$0=V_A\sin\alpha-V_B\sin\beta$　……④

④式より　$V_B=\dfrac{\sin\alpha}{\sin\beta}V_A$ ※A　……⑤

⑤式を③式に代入して整理すると

$$V=V_A\cos\alpha+\left(\frac{\sin\alpha}{\sin\beta}V_A\right)\cos\beta$$

$$=V_A\frac{\sin\alpha\cos\beta+\cos\alpha\sin\beta}{\sin\beta}$$

$$=V_A\frac{\sin(\alpha+\beta)}{\sin\beta}\text{ ※B}$$

よって　$V_A=\dfrac{V\sin\beta}{\sin(\alpha+\beta)}$〔m/s〕※C　……⑥

⑥式を⑤式に代入して　$V_B=\dfrac{\sin\alpha}{\sin\beta}V_A=\dfrac{\sin\alpha}{\sin\beta}\left(\dfrac{V\sin\beta}{\sin(\alpha+\beta)}\right)$

よって　$V_B=\dfrac{V\sin\alpha}{\sin(\alpha+\beta)}$〔m/s〕※C　……⑦

(4) $\alpha+\beta=\dfrac{\pi}{2}$ より　$\sin(\alpha+\beta)=\sin\dfrac{\pi}{2}=1$，$\sin\beta=\sin\left(\dfrac{\pi}{2}-\alpha\right)=\cos\alpha$

以上を用いて⑥，⑦式を整理すると

$$V_A=\frac{V\sin\beta}{\sin(\alpha+\beta)}=\frac{V\cos\alpha}{\sin\frac{\pi}{2}}=V\cos\alpha$$

$$V_B=\frac{V\sin\alpha}{\sin(\alpha+\beta)}=\frac{V\sin\alpha}{\sin\frac{\pi}{2}}=V\sin\alpha$$

よって，$\varDelta E$ は　$\varDelta E=\dfrac{1}{2}mV_A{}^2+\dfrac{1}{2}mV_B{}^2-\dfrac{1}{2}mV^2$

$$=\frac{1}{2}m(V\cos\alpha)^2+\frac{1}{2}m(V\sin\alpha)^2-\frac{1}{2}mV^2$$

$$=\frac{1}{2}mV^2(\sin^2\alpha+\cos^2\alpha-1)=0\text{ J ※D}$$

※A 注　$0<\alpha<\dfrac{\pi}{2}$，$0<\beta<\dfrac{\pi}{2}$ である。

※B　$\sin(\alpha+\beta)=\sin\alpha\cos\beta+\cos\alpha\sin\beta$

※C 別解 正弦定理より

図 b

$$\frac{\sin\{\pi-(\alpha+\beta)\}}{mV}=\frac{\sin\beta}{mV_A}=\frac{\sin\alpha}{mV_B}$$

また

$\sin\{\pi-(\alpha+\beta)\}=\sin(\alpha+\beta)$

よって

$$V_A=\frac{V\sin\beta}{\sin(\alpha+\beta)}\text{〔m/s〕}$$

$$V_B=\frac{V\sin\alpha}{\sin(\alpha+\beta)}\text{〔m/s〕}$$

※D　$\varDelta E=0$J ということは，力学的エネルギーが保存される，弾性衝突である。

37 〈木材に打ちこまれた弾丸〉

(ア)（弾丸の運動量の変化）＝（弾丸に与えられた力積）
(イ)（初めの弾丸の運動エネルギー）＋（抵抗力のした仕事）＝（終わりの弾丸の運動エネルギー）
(オ)（木材の中を弾丸が進む距離）＝（水平面に対して弾丸が進む距離）−（水平面に対して木材が進む距離）
(カ) 木材と弾丸は，内力を及ぼしあうだけで水平方向に外力を受けないので，水平方向の運動量の和は保存される。

(ア) 抵抗力の大きさを f〔N〕，木材の表面に接した時刻を 0s，止まった時刻を t〔s〕とすると（図 a），弾丸に与えられた力積は $-ft$ である。
弾丸について，「運動量の変化＝弾丸に与えられた力積」の関係より

$$0-mv=-ft$$

よって，求める力積の大きさは　$ft=mv$〔N·s〕　……①

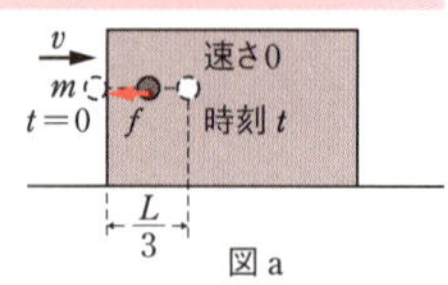

図 a

(イ) 抵抗力が弾丸にした仕事は，$-f\times\dfrac{L}{3}$ である。「初めの弾丸の運動エネルギー＋抵抗力のした仕事＝終わりの弾丸の運動エネルギー」の関係より

$$\frac{1}{2}mv^2+\left(-f\times\frac{L}{3}\right)=0 \quad よって \quad f=\frac{3mv^2}{2L}〔N〕 \quad ……②$$

(ウ) ①，②式より　$ft=\dfrac{3mv^2}{2L}\cdot t=mv$　よって　$t=\dfrac{2L}{3v}$〔s〕※A

※A 別解 弾丸の加速度 a は $ma=-f$ より $a=-\dfrac{f}{m}$
よって，$0=v+at$ より
$t=-\dfrac{v}{a}=\dfrac{mv}{f}=\dfrac{2L}{3v}$〔s〕

(エ) 求める速さを v'〔m/s〕とすると，木材をぎりぎり貫通するためには，弾丸が木材中を L 進んだところで止まればよい。(イ)と同様にして

$$\frac{1}{2}mv'^2+(-f\times L)=0$$

$$v'^2=\frac{2fL}{m}=\frac{2L}{m}\times\frac{3mv^2}{2L}=3v^2 \quad よって \quad v'=\sqrt{3}\times v〔m/s〕$$

(オ)(カ) 木材と一体となった弾丸の速さを V とすると，運動量保存則より

$$m\cdot\sqrt{3}v+0=(m+M)V$$

よって　$V=\dfrac{\sqrt{3}m}{M+m}\times v$〔m/s〕　……(カ)　……③

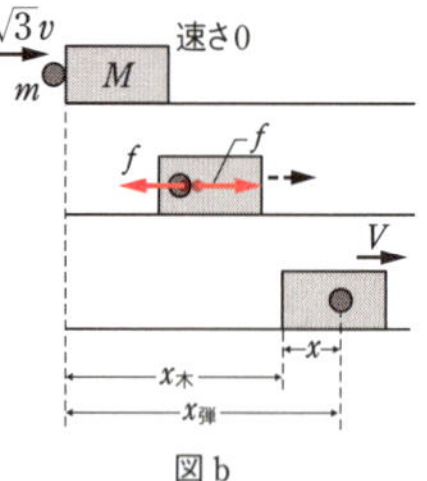

図 b

図 b のように，弾丸が木材に打ちこまれてから一体となるまでに，弾丸と木材が水平面に対して進んだ距離を $x_{弾}$〔m〕，$x_{木}$〔m〕とおくと，仕事とエネルギーの関係式「初めの運動エネルギー＋された仕事＝終わりの運動エネルギー」より

弾丸：$\dfrac{1}{2}m(\sqrt{3}v)^2+(-f\times x_{弾})=\dfrac{1}{2}mV^2$　……④

木材：$0+(f\times x_{木})=\dfrac{1}{2}MV^2$　……⑤

求める距離 x は図 b より　$x=x_{弾}-x_{木}$　……⑥

④式＋⑤式より　$\dfrac{3}{2}mv^2+\{-f\cdot(x_{弾}-x_{木})\}=\dfrac{1}{2}(M+m)V^2$

②，③，⑥式を代入して，整理すると

$$\frac{3}{2}mv^2-fx=\frac{1}{2}(M+m)\left\{\frac{\sqrt{3}m}{M+m}v\right\}^2$$

$$fx=\frac{3}{2}mv^2-\frac{3}{2}\frac{m^2}{M+m}v^2=\frac{3mv^2}{2}\left(1-\frac{m}{M+m}\right)=\frac{3Mmv^2}{2(M+m)}$$

$$\frac{3mv^2}{2L}\cdot x=\frac{3Mmv^2}{2(M+m)} \quad よって \quad x=\frac{M}{M+m}\times L〔m〕 \quad ……(オ)$$

38 〈小球と壁との衝突〉

(2) 小球と物体Sの力学的エネルギーの和と水平方向の運動量の和は保存される。
(3)『小球が物体Sに追いつく』➡ Sに対する小球の相対速度がSに近づく向き
(4), (5)『小球の上昇がやんだ瞬間』➡ 小球と物体Sは同じ速さで運動している
(7) 小球は物体Sを押しながらのぼり下りするので，Sの運動エネルギーは増加し，小球の運動エネルギーは減少する。

(1) 高さ h の点の位置エネルギーは mgh

(2) 小球が問題の図の右向きに運動するので(全体の運動量が保存することから)物体Sは左向きに運動する。運動量の保存より

$$(m+M)\times 0=m\times(-v_0)+MV_0 \quad \cdots\cdots①$$ ※A⬅

力学的エネルギー保存則より　$mgh=\frac{1}{2}mv_0{}^2+\frac{1}{2}MV_0{}^2$　……②

①式より　$V_0=\frac{m}{M}v_0$　　②式に代入して整理すると　$v_0=\sqrt{\frac{2Mgh}{M+m}}$

これを上式に代入して　$V_0=\frac{m}{M}\sqrt{\frac{2Mgh}{M+m}}=m\sqrt{\frac{2gh}{M(M+m)}}$ ※B⬅

(3) 小球が壁と衝突した直後の速度を v とする。はねかえり係数の定義

「$e=-\frac{v_1'-v_2'}{v_1-v_2}$」より　$e=-\frac{v-0}{(-v_0)-0}$　　ゆえに　$v=ev_0$

よって，小球のSに対する相対速度 $V_{S\to 小球}$ は

$$V_{S\to 小球}=v-V_0=ev_0-\frac{m}{M}v_0=\left(e-\frac{m}{M}\right)\sqrt{\frac{2Mgh}{M+m}}$$

小球が追いつくためには，$V_{S\to 小球}>0$（左向き）であればよい。上の答えで $\sqrt{\ }$ 部分は正なので　$e-\frac{m}{M}>0$　　よって　$\frac{m}{M}<e$

(4) 小球の上昇が止まったとき，小球と物体Sは一体となって速さ V で左向きに運動している。また，$e=1$ なので，小球が壁と衝突することによるエネルギー損失はない。よって，力学的エネルギー保存則の式は

$$mgh=\frac{1}{2}(M+m)V^2+mgl$$

(5) 追いつく直前，小球の速さは(3)で $e=1$ とおくと v_0（左向き），物体Sは(2)より V_0（左向き）なので，運動量保存則の式は　$mv_0+MV_0=(M+m)V$

(6) (5)の式に(2)の $V_0=\frac{m}{M}v_0$ を代入すると

$$mv_0+M\frac{m}{M}v_0=(M+m)V \qquad よって \quad V=\frac{2m}{M+m}v_0$$

これを(4)の式に代入すると　$mgh=\frac{1}{2}(M+m)\left(\frac{2m}{M+m}v_0\right)^2+mgl$

l について解くと　$l=h-\frac{2m}{(M+m)g}v_0{}^2$

ここに(2)の v_0 を代入すると

$$l=h-\frac{2m}{(M+m)g}\left(\sqrt{\frac{2Mgh}{M+m}}\right)^2=h-\frac{4Mm}{(M+m)^2}h=\left(\frac{M-m}{M+m}\right)^2h$$

(7) 小球はSをのぼり下りする度にSを左方へ押すので，Sは左向きの運動量が増加し，そのぶん小球の運動量が減少する。また，Sの運動エネルギーが増加するので，そのぶん小球の達する高さも下がっていく。Sの速さが小球の水平面上の速さ以上になると，小球はSに追いつくことができず，両者は水平面上を左向きに進み続けることになる。

答　小球がSをのぼり下りする度に，Sは左向きの速度が少しずつ増加し，小球の水平面上の速さが減少して小球の達する高さが低くなる。やがてSの速さが小球の水平面上の速さ以上になり，両者は左向きに進み続ける。(98字)

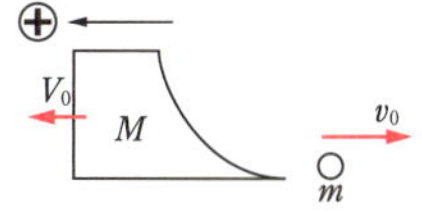

⬅※A　運動量保存や反発係数の式の場合は，速さでなく速度を用いる。速さ v_0 で与えられた場合は向きも考慮して $-v_0$ などの速度表現にする必要がある。また，運動量はベクトル量だから $m(-v_0)$ と表さなければならない。

⬅※B 別解 小球と物体の静止物体の分裂であるから，運動エネルギーは質量の逆比に分配される。

$\frac{1}{2}mv_0{}^2=mgh\times\frac{M}{M+m}$

よって　$v_0=\sqrt{\frac{2Mgh}{M+m}}$

同様に $V_0=m\sqrt{\frac{2gh}{M(M+m)}}$

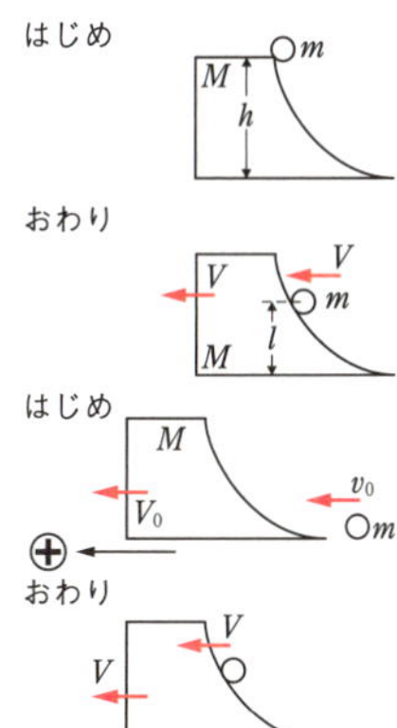

39 〈小球と斜面との衝突〉

(ウ), (カ) なめらかな平面と斜めに衝突するとき，平面と平行な方向の速度成分は変化しない。平面と垂直な方向の速度成分は，反発係数 e の衝突をする場合の変化をする。

(1)「小球の運動量の変化＝小球に与えられた力積」の関係を用いる。

〔A〕 衝突直前の速度 $\vec{v}$ の斜面に平行な方向の成分の大きさを $v_{/\!/}$，斜面に垂直な方向の成分の大きさを $v_{\perp}$ とし(図 a)，衝突直後の速度 $\vec{v'}$ の斜面に平行な方向の成分の大きさを $v'_{/\!/}$，斜面に垂直な方向の成分の大きさを $v'_{\perp}$ とする(図 b)。

(ア) 図 a より　$v_{/\!/}=\boldsymbol{v\sin\theta}$

(イ) 同様に図 a より　$v_{\perp}=\boldsymbol{v\cos\theta}$ ……①

(ウ) 図 b より　$v'_{/\!/}=v'\cos\theta$　衝突前後で小球の速度の斜面に平行な成分の大きさは変化しないので　$v_{/\!/}=v'_{/\!/}$　よって　$\boldsymbol{v\sin\theta=v'\cos\theta}$

(エ) (ウ)の結果より　$v'=v\dfrac{\sin\theta}{\cos\theta}=\boldsymbol{v\tan\theta}$ ……②

(オ) 図 b より　$v'_{\perp}=\boldsymbol{v'\sin\theta}$ ……③

(カ) 小球の速度の斜面に垂直な方向の成分について，反発係数の式

「$e=-\dfrac{v'}{v}$」より，向きに注意して①式を用いると

$$e=-\frac{(-v'_{\perp})}{v_{\perp}}=\frac{v'_{\perp}}{v\cos\theta}\qquad よって\quad v'_{\perp}=\boldsymbol{ev\cos\theta} \quad ……④$$

(キ) ③，④式より　$v'_{\perp}=v'\sin\theta=ev\cos\theta$

$$よって\quad v'=\frac{ev\cos\theta}{\sin\theta}=\boldsymbol{\frac{ev}{\tan\theta}} \quad ……⑤$$

(ク) ②，⑤式より　$v'=v\tan\theta=\dfrac{ev}{\tan\theta}$　よって　$e=\boldsymbol{\tan^2\theta}$

(1) 斜面に垂直な方向の上向きを正の向きとする。小球について「小球の運動量の変化＝小球に与えられた力積」の関係より，力積の大きさを I とすると

$$\begin{aligned}I&=|mv'_{\perp}-m(-v_{\perp})|=|mv'\sin\theta+mv\cos\theta|\\&=\left|mv\frac{\sin\theta}{\cos\theta}\cdot\sin\theta+mv\cos\theta\right|=\left|mv\frac{\sin^2\theta+\cos^2\theta}{\cos\theta}\right|\\&=\left|\frac{mv}{\cos\theta}\right|=\boldsymbol{\frac{mv}{\cos\theta}}\end{aligned}$$ ※A⬅

〔B〕 1 回目の衝突後，小球は水平方向に飛び水平投射運動をする。よって水平(x)方向は等速直線運動，鉛直(y)方向は自由落下運動である(図 d)。

(ケ) 水平方向は等速直線運動なので　$l_x=\boldsymbol{v't_1}$ ……⑥

(コ) 鉛直方向は自由落下運動なので，落下距離の式より　$l_y=\boldsymbol{\dfrac{1}{2}gt_1^2}$ ……⑦

(サ) ⑥，⑦式と，$\dfrac{l_y}{l_x}=\tan\theta$ の関係，および②式より

$$\tan\theta=\frac{l_y}{l_x}=\frac{\frac{1}{2}gt_1^2}{v't_1}=\frac{gt_1}{2v'}=\frac{gt_1}{2v\tan\theta}\qquad よって\quad t_1=\boldsymbol{\frac{2v\tan^2\theta}{g}} \quad ……⑧$$

(2) 2 回目の衝突直前の小球の速さを v''，その水平成分の大きさを v''_x，鉛直成分の大きさを v''_y とする(図 d)と，水平方向は等速直線運動なので，②式を用いて　$v''_x=v'=v\tan\theta$

鉛直方向は自由落下運動なので，落下速度の式と⑧式より

$$v''_y=gt_1=g\cdot\frac{2v\tan^2\theta}{g}=2v\tan^2\theta$$

$$よって\quad \tan\alpha=\frac{v''_y}{v''_x}=\frac{2v\tan^2\theta}{v\tan\theta}=\boldsymbol{2\tan\theta}$$

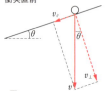

衝突直前

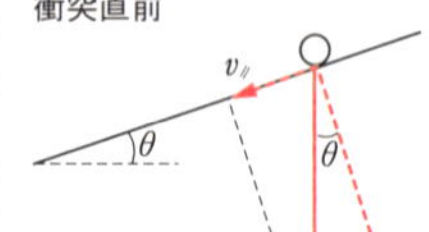

図 a

衝突直後

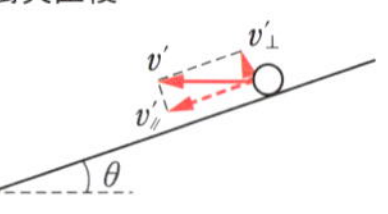

図 b

⬅※A 別解 運動量の変化と力積を図示すると図 c のようになることから力積の大きさ I を求めると

$$\begin{aligned}I&=\sqrt{(mv')^2+(mv)^2}\\&=mv\sqrt{\tan^2\theta+1}\\&=mv\sqrt{\frac{1}{\cos^2\theta}}=\boldsymbol{\frac{mv}{\cos\theta}}\end{aligned}$$

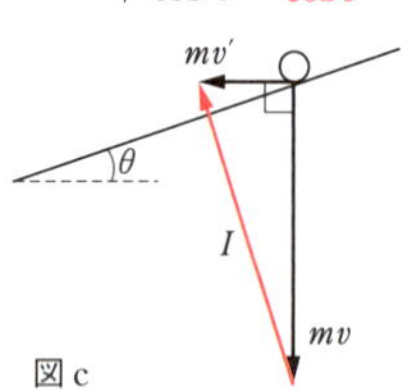

図 c

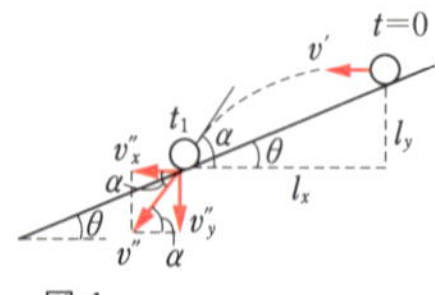

図 d

40 〈動く台車に乗る物体〉

(2)『小物体と台車が一体となる』➡ 小物体と台車が等速度になる
小物体と台車からなる物体系に水平方向の外力ははたらかない ➡ 運動量保存則
(6)（台車の上を小物体がすべった距離）=（小物体の進んだ距離）−（台車の進んだ距離）
小物体と台車からなる物体系について，「仕事と運動エネルギーの関係式」を考える。
(4)の v-t 図を利用することもできる。

(1) 小物体にはたらく力と台車にはたらく力をそれぞれ図示する（図 a）。
小物体にはたらく鉛直方向の力のつりあいより，垂直抗力の大きさNは

$N=mg$

小物体が受ける水平方向の力の大きさは $\mu' N=\mu' mg$（左向き）であるので，小物体の加速度をαとおくと，運動方程式は

$m\alpha=-\mu' mg$　　よって　$\alpha=-\mu' g$

台車が受ける水平方向の力の大きさは$\mu' mg$（右向き）であるので，台車の加速度をβとおくと，運動方程式は

$M\beta=\mu' mg$　　よって　$\beta=\dfrac{\mu' mg}{M}$

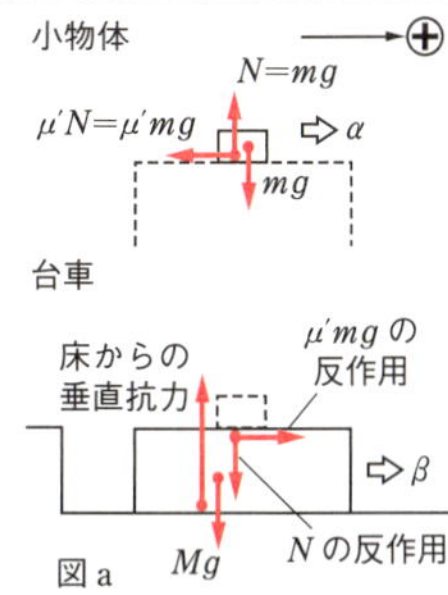

図 a

(2) 台車と小物体からなる物体系には水平方向に外力がはたらかないので，水平方向の運動量保存則が成りたつ。

$mv_0+0=(m+M)V$　　よって　$V=\dfrac{m}{m+M}v_0$

(3) 台車は，加速度βの等加速度直線運動をして，初速度 0 から V まで加速する。等加速度直線運動の式「$v=v_0+at$」より

$V=0+\beta t$　　よって　$t=\dfrac{V}{\beta}=\dfrac{V}{\dfrac{\mu' mg}{M}}=\dfrac{MV}{\mu' mg}$ ※A

別解 (2)(3) 小物体が台車に乗った瞬間を時刻 0 として，時刻 t での小物体，台車の速度をそれぞれ $v_{小}$，$v_{台}$ とすると，等加速度直線運動の式「$v=v_0+at$」より

$v_{小}=v_0+\alpha t$，$v_{台}=0+\beta t$

小物体と台車が一体となるとき，$v_{小}=v_{台}$ となるので　$v_0+\alpha t=\beta t$

よって　$t=\dfrac{v_0}{\beta-\alpha}=\dfrac{v_0}{\dfrac{\mu' mg}{M}-(-\mu' g)}=\dfrac{Mv_0}{\mu'(M+m)g}$

$v_{台}=V=0+\beta t=\dfrac{\mu' mg}{M}\times\dfrac{Mv_0}{\mu'(M+m)g}=\dfrac{m}{M+m}v_0$

$t=\dfrac{M}{\mu' mg}\times\dfrac{m}{M+m}v_0=\dfrac{MV}{\mu' mg}$

※A **別解** 台車について「運動量の変化=与えられた力積」の関係より

$MV-0=\mu' mgt$

よって　$t=\dfrac{MV}{\mu' mg}$

(4) 小物体の速度は時刻 0 で v_0，時刻 t で V であり，その間は等加速度で減速する。台車の速度は時刻 0 で 0，時刻 t で V であり，その間は等加速度で加速する。時刻 t 以降は，小物体と台車は一体となり，速度は V で一定である。これより求める概略図は，図 b のようになる。

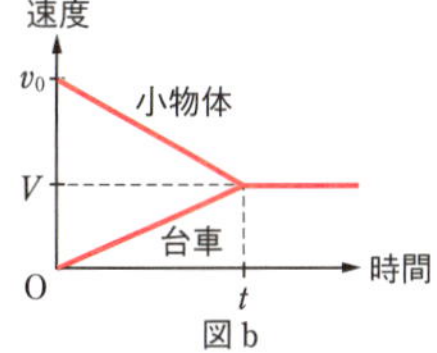

図 b

(5) 小物体と台車の運動エネルギーの和の変化 $\varDelta K$ を求めると

$$\varDelta K=\frac{1}{2}(M+m)V^2-\frac{1}{2}mv_0^2$$
$$=\frac{1}{2}\left\{(M+m)\left(\frac{m}{M+m}v_0\right)^2-mv_0^2\right\}$$
$$=-\frac{Mm}{2(M+m)}v_0^2$$

よって，失われた力学的エネルギー $\varDelta E$ は　$\varDelta E=\dfrac{Mm}{2(M+m)}v_0^2$

(6) 小物体と台車からなる物体系に動摩擦力がした仕事が運動エネルギーの変化($\varDelta K$)に等しいので，時間 t で小物体，台車の進んだ距離をそれぞれ $x_{小}$，$x_{台}$ とすると(図c)

図c

小物体に摩擦力がした仕事：$-\mu' mgx_{小}$

台車に摩擦力がした仕事　：$\mu' mgx_{台}$

であるから

$$-\mu' mgx_{小}+\mu' mgx_{台}=\varDelta K$$

$$-\mu' mg(x_{小}-x_{台})=-\frac{Mm}{2(M+m)}v_0{}^2$$

求める距離 l は　$l=x_{小}-x_{台}$　を満たすので

$$-\mu' mg\times l=-\frac{Mm}{2(M+m)}v_0{}^2 \qquad \text{よって}\quad l=\boldsymbol{\frac{Mv_0{}^2}{2\mu'(M+m)g}}$$ ※B

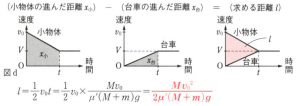

別解 v-t 図の面積は進んだ距離を表す。小物体と台車の v-t 図より，求める距離 l は図dの三角形の面積になる。

(小物体の進んだ距離 $x_{小}$)　－　(台車の進んだ距離 $x_{台}$)　＝　(求める距離 l)

図d

$$l=\frac{1}{2}v_0t=\frac{1}{2}v_0\times\frac{Mv_0}{\mu'(M+m)g}=\boldsymbol{\frac{Mv_0{}^2}{2\mu'(M+m)g}}$$

別解 等加速度直線運動の式「$x=v_0t+\frac{1}{2}at^2$」より

$$x_{小}=v_0t+\frac{1}{2}\alpha t^2 \qquad x_{台}=0+\frac{1}{2}\beta t^2$$

$l=x_{小}-x_{台}$　より

$$l=v_0t+\frac{1}{2}\alpha t^2-\frac{1}{2}\beta t^2=v_0t+\frac{1}{2}(\alpha-\beta)t^2$$

$$=v_0\times\frac{Mv_0}{\mu'(M+m)g}+\frac{1}{2}\left(-\mu' g-\frac{\mu' mg}{M}\right)\left(\frac{Mv_0}{\mu'(M+m)g}\right)^2$$

$$=\frac{Mv_0{}^2}{\mu'(M+m)g}-\frac{1}{2}\frac{\mu'(M+m)g}{M}\left(\frac{Mv_0}{\mu'(M+m)g}\right)^2=\boldsymbol{\frac{Mv_0{}^2}{2\mu'(M+m)g}}$$

※B　小物体，台車それぞれに「運動エネルギーと仕事の関係式」を立てると

小物体

$$\frac{1}{2}mv_0{}^2+(-\mu' mg)x_{小}=\frac{1}{2}mV^2$$

台車

$$0+\mu' mg\times x_{台}=\frac{1}{2}MV^2$$

この2式の和をとると

$$\frac{1}{2}mv_0{}^2+\{-\mu' mg(x_{小}-x_{台})\}=\frac{1}{2}(M+m)V^2$$

$$\frac{1}{2}mv_0{}^2+(-\mu' mgl)=\frac{1}{2}(M+m)V^2$$

よって

$$-\mu' mgl=\frac{1}{2}(M+m)V^2-\frac{1}{2}mv_0{}^2=\varDelta K$$

となり，同じ式が得られる。

ヒント 41 〈斜面をもつ台上の小球の運動〉

(1), (2) 台車は動いていない(動けない)。小球が斜面A上を動く距離は $\frac{h}{\sin\theta}$ である。

(3), (4) 台車と小球には水平方向の外力ははたらかないから，水平方向の運動量は保存する。また，摩擦力もはたらかないから，力学的エネルギーも保存している。

(1) 台車は小球から左向きに力を受けるので，台車は動かない。

(a) 小球にはたらく力は，図aのように重力 mg と斜面からの垂直抗力 N である。小球の加速度の大きさを a とすると，斜面方向の運動方程式は

$$ma=mg\sin\theta \qquad \text{よって}\quad a=\boldsymbol{g\sin\theta}$$

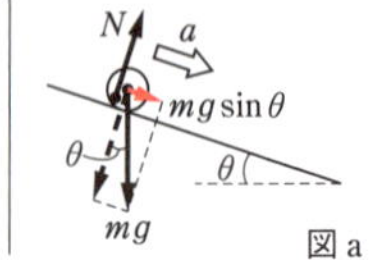

図a

(b) 小球にはたらく垂直抗力の大きさは，斜面垂直方向の力のつりあいより

$N=mg\cos\theta$

台車にはたらく力は，重力 $3mg$，小球が台車を押す力 $N'\,(=mg\cos\theta)$※A←，壁が台車を押す力 R，そして床が台車を押す力である。これらを図示すると図bとなる。台車にはたらく力の水平方向の力のつりあいより

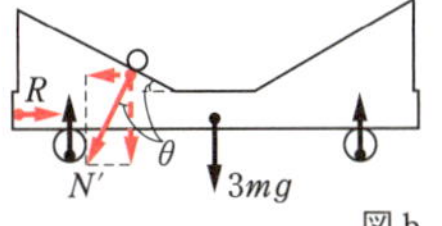

図b

$N'\sin\theta=R$　　よって　$R=N'\sin\theta=\boldsymbol{mg\cos\theta\sin\theta}$※B←

(2) 台車は動いていない。

(a) 垂直抗力は小球の移動方向に対して垂直にはたらくから，仕事は **0** である。

(b) $a=g\sin\theta$ で，$\dfrac{h}{\sin\theta}$ だけ運動したから，「$v^2-v_0{}^2=2ax$」より

求める速さを v_1 として　$v_1{}^2-0^2=2\cdot g\sin\theta\cdot\dfrac{h}{\sin\theta}$

よって　$v_1=\boldsymbol{\sqrt{2gh}}$※C←

(c)「$v=v_0+at$」より，求める時間を t_1 として

$\sqrt{2gh}=0+g\sin\theta\cdot t_1$　　よって　$t_1=\dfrac{\sqrt{2gh}}{g\sin\theta}=\boldsymbol{\dfrac{1}{\sin\theta}\sqrt{\dfrac{2h}{g}}}$※D←

(3) 小球は水平面B上を速さ v_1 で右に進む。そして，小球が斜面Cをのぼり始めると，台車も右に動きだす。

(a) 小球が台車上で一瞬静止(台車と小球は同じ速度)したときの速度を v' として，水平方向の運動量の保存を用いると

$mv_1+0=(m+3m)v'$　よって　$v'=\dfrac{1}{4}v_1=\boldsymbol{\dfrac{1}{4}\sqrt{2gh}}$

(b) 求める高さを h' として，力学的エネルギー保存の式は

$\dfrac{1}{2}mv_1{}^2+0=\dfrac{1}{2}(m+3m)v'^2+mgh'$

よって　$mgh'=\dfrac{1}{2}mv_1{}^2-\dfrac{4m}{2}\cdot\left(\dfrac{1}{4}v_1\right)^2=\dfrac{1}{2}m(\sqrt{2gh})^2\cdot\left(1-\dfrac{1}{4}\right)=\dfrac{3}{4}mgh$

ゆえに　$h'=\boldsymbol{\dfrac{3}{4}h}$

(c) 台車は小球から仕事をされた。小球が台車にした仕事を W として，仕事とエネルギーの関係より

$0+W=\dfrac{1}{2}\cdot 3m\cdot v'^2$　　ゆえに　$W=\dfrac{3}{2}m\cdot\left(\dfrac{1}{4}\sqrt{2gh}\right)^2=\boldsymbol{\dfrac{3}{16}mgh}$

(4) 右向きを正の向きとする。初め，小球が水平面B上を右向きに速度 v_1 で進む(台車は静止)。そして，小球が斜面Cを下り終え，水平面B上を床に対して速度 v で進むとき，台車は床に対して速度 V で進むとする。

運動量保存の式と，力学的エネルギー保存の式を立てると

$mv_1=mv+3mV$　……①

$\dfrac{1}{2}mv_1{}^2=\dfrac{1}{2}mv^2+\dfrac{1}{2}\cdot 3m\cdot V^2$　……②

①式より　$v=v_1-3V$

②式に代入して　$\dfrac{1}{2}mv_1{}^2=\dfrac{1}{2}m(v_1-3V)^2+\dfrac{1}{2}\cdot 3m\cdot V^2$

整理して　$V(2V-v_1)=0$

$V\neq 0$ より　$V=\dfrac{1}{2}v_1$　　また　$v=v_1-3\cdot\dfrac{1}{2}v_1=-\dfrac{1}{2}v_1$※E←

(a) 台車の速さは　$\dfrac{1}{2}v_1=\boldsymbol{\dfrac{1}{2}\sqrt{2gh}}$

(b) 小球の速さは　$\dfrac{1}{2}v_1=\boldsymbol{\dfrac{1}{2}\sqrt{2gh}}$※F←

←※A　N' は N の反作用なので，大きさは N と等しい。

←※B 〔参考〕
床が台車を押す力 $N_{台}$ は
$N_{台}=3mg+N'\cos\theta$ より
$N_{台}=mg(3+\cos^2\theta)$
注 $4mg$ ではない。

←※C 別解 力学的エネルギー保存則を用いる。水平面を重力による位置エネルギーの基準とすると，小球の速さを v_1 として

$0+mgh=\dfrac{1}{2}mv_1{}^2+0$

よって　$v_1=\sqrt{2gh}$

←※D 別解 小球には斜面方向に $mg\sin\theta$ の力がはたらくから，運動量と力積より

$0+mg\sin\theta\cdot t_1=m\sqrt{2gh}$

よって　$t_1=\dfrac{1}{\sin\theta}\sqrt{\dfrac{2h}{g}}$

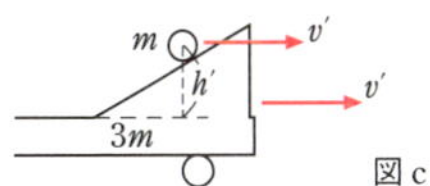

図c

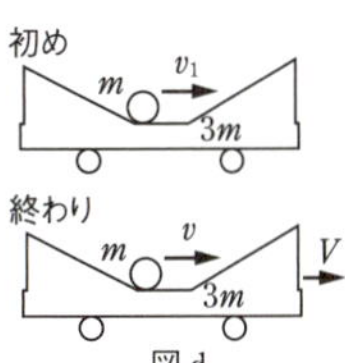

図d

←※E 注 小球は左向きに運動している。

←※F 別解 力学的エネルギーが保存する衝突だから，反発係数1の衝突と考えると

$1=-\dfrac{v-V}{v_1-0}$

であるから　$v_1+v=V$
が得られるので，これを用いてもよい。

42 〈円盤と円環の多数回の衝突〉

(1) v_0, v_1, V_1 などが速さではなく速度として与えられていることに注意。
(2) Pでの衝突からQでの衝突までの間は，円盤，円環ともに運動しているので，円環に対する円盤の相対運動で考えるとよい。
(3) 反発係数の式は，衝突後の相対速度が衝突前の相対速度の $-e$ 倍となることを意味している。
(4) 衝突をくり返しても，円盤と円環からなる物体系の水平方向の運動量は常に保存される。

(1) 円盤と円環からなる物体系には，水平方向の外力が作用しないので，運動量の水平成分の和が保存される。最初の衝突前後の水平方向の運動量保存則より　$mv_0+0=mv_1+MV_1$　……①

また，反発係数の式より

$$e=-\frac{v_1-V_1}{v_0-0}\quad よって\quad -ev_0=v_1-V_1 \quad ……②$$

①式＋②式×M より

$$(m-eM)v_0=(M+m)v_1\quad よって\quad v_1=\frac{m-eM}{M+m}v_0$$

①式－②式×m より

$$(1+e)mv_0=(M+m)V_1\quad よって\quad V_1=\frac{(1+e)m}{M+m}v_0$$

(2) 円盤がOからPまでの距離 a を速さ v_0 で進む時間は　$\frac{a}{v_0}$

PからQまでは，円環に対する円盤の相対運動を考える。相対速度 $u_1=v_1-V_1$※Aで，円環から見て円盤は $-2a$ 変位する。よってかかる時間は $\frac{-2a}{u_1}=\frac{-2a}{v_1-V_1}$ であり，②式を用いると　$\frac{-2a}{v_1-V_1}=\frac{-2a}{-ev_0}=\frac{2a}{ev_0}$

求める時間は2つの時間の和であるので

$$\frac{a}{v_0}+\frac{2a}{ev_0}=\frac{e+2}{e}\cdot\frac{a}{v_0}$$

(3) n 回目の衝突後の円環に対する円盤の相対速度を $u_n=v_n-V_n$ $(n\geqq1)$ とする(これが(3)で求めるもの)。n 回目の衝突における反発係数の式は

$$e=-\frac{v_n-V_n}{v_{n-1}-V_{n-1}}=-\frac{u_n}{u_{n-1}}\text{※B}\quad よって\quad u_n=(-e)u_{n-1}$$

これより u_n は，初項 $u_1=v_1-V_1=-ev_0$ (②式)，公比 $-e$ の等比数列であるので，一般項は　$u_n=u_1(-e)^{n-1}=(-ev_0)(-e)^{n-1}=(-e)^nv_0$

よって　$u_n=v_n-V_n=(-e)^nv_0$※C　……③

(4) $0<e<1$ であるので，③式において

$$\lim_{n\to\infty}u_n=\lim_{n\to\infty}(v_n-V_n)=\lim_{n\to\infty}\{(-e)^nv_0\}=0$$

となるので，$n\to\infty$ のとき $\lim_{n\to\infty}v_n=\lim_{n\to\infty}V_n=V_F$ (円環と円盤は等速度) になる。衝突をくり返しても，水平方向の運動量は保存されるので，最初の衝突前と無限回衝突後についての運動量保存則より

$$mv_0=mV_F+MV_F=(M+m)V_F\quad よって\quad \lim_{n\to\infty}V_n=V_F=\frac{m}{M+m}v_0$$

(5) $K_0=\frac{1}{2}mv_0{}^2$

$$K_F=\frac{1}{2}mV_F{}^2+\frac{1}{2}MV_F{}^2=\frac{M+m}{2}V_F{}^2=\frac{M+m}{2}\left(\frac{m}{M+m}v_0\right)^2=\frac{m^2}{2(M+m)}v_0{}^2$$

よって

$$\Delta K=K_0-K_F=\frac{1}{2}mv_0{}^2-\frac{m^2}{2(M+m)}v_0{}^2=\frac{1}{2}mv_0{}^2\left(1-\frac{m}{M+m}\right)=\frac{Mmv_0{}^2}{2(M+m)}$$

(6) **ΔK は多数回の衝突により失われる円盤と円環の運動エネルギーの総和で，熱エネルギーなどに変わったエネルギーの量を表す。**(58字)

※A　ここで，
$u_1=v_1-V_1<0$
である。これは②式(反発係数の式)からわかる。つまり，衝突前の相対速度 $v_0-0>0$ が，衝突によって $-e$ 倍になるためである。
この問題では，衝突のたびに相対速度の向きが反転する。

※B　n 回目の衝突前後の速度に関して，反発係数の式を立てた。n 回目の衝突“後”の速度を v_n, V_n と定義しているので，n 回目の衝突“前”の速度は「$(n-1)$ 回目の衝突後」，すなわち v_{n-1}, V_{n-1} である。

※C **別解** 次のように定性的に考えて解くこともできる。1回目の衝突前の円環に対する円盤の相対速度は v_0 であり，衝突のたびに相対速度は $-e$ 倍となる。よって n 回目の衝突後は
$v_n-V_n=(-e)^nv_0$

ヒント 43 〈棒でつながれた 2 物体の運動〉

〔A〕(2)『初め，物体Aは水平な床の上で鉛直な壁に接していた』➡ 棒から物体Bにはたらく力Fの向きがわかる

(3)『物体Aが壁から離れて』➡ Aが壁から受ける垂直抗力が 0 になる

(5) 物体Aが壁を離れた後は，水平方向に外力が作用しないためAとBの運動量の水平成分の和が保存される。

(6) 物体Bが床と完全弾性衝突した後も，AとBの運動量の水平成分の和と力学的エネルギーの和は保存される。

〔B〕『物体Aが壁から離れる』➡ Aが壁から受ける垂直抗力は 0 で，Aが床から受ける静止摩擦力は最大摩擦力になる

〔A〕(1) 物体Bについて，力学的エネルギー保存則（図 a）より

$$mgl(1-\cos\theta)=\frac{1}{2}mv^2 \quad よって \quad v=\sqrt{2gl(1-\cos\theta)}$$

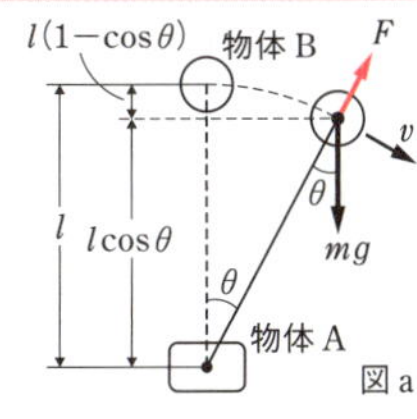

図 a

(2) 物体Aは壁に接しているので，棒がAを押しており（図 b），このことから物体Bが棒を左下の向きに押していることがわかる。よって棒からBにはその反作用の力Fが右上の向きにはたらく（図 a）。
物体Bは半径 l，速さ v の円運動をしているとみなせるので，半径方向の運動方程式より

$$m\frac{v^2}{l}=mg\cos\theta-F$$

これに(1)の結果を代入して

$$m\cdot\frac{2gl(1-\cos\theta)}{l}=mg\cos\theta-F \quad よって \quad F=mg(3\cos\theta-2)$$

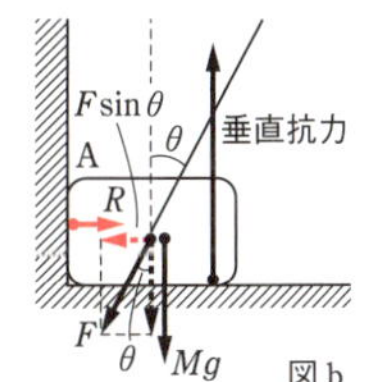

図 b

(3) 物体Aが壁から受ける垂直抗力の大きさをRとすると，Aにはたらく力は図 b のようになる。Aの水平方向の力のつりあいに，(2)の結果を代入すると　$R=F\sin\theta$　よって　$R=mg(3\cos\theta-2)\sin\theta$
$\theta=\alpha$ のとき，Aが壁から離れるので $R=0$ となる。よって

$$0=mg(3\cos\alpha-2)\sin\alpha$$

$\alpha>0$ より　$3\cos\alpha-2=0$　ゆえに　$\cos\alpha=\dfrac{2}{3}$

(4) (1)の結果より，$\theta=\alpha\left(\cos\alpha=\dfrac{2}{3}\right)$のとき

$$v=\sqrt{2gl(1-\cos\alpha)}=\sqrt{2gl\left(1-\frac{2}{3}\right)}=\sqrt{\frac{2gl}{3}}$$

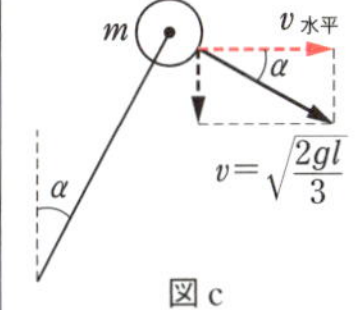

図 c

物体Bの運動量の水平成分Pは，図 c より

$$P=mv_{水平}=mv\cos\alpha=m\sqrt{\frac{2gl}{3}}\cdot\frac{2}{3}=\frac{2m}{3}\sqrt{\frac{2gl}{3}}$$

(5) 物体Bが物体Aの真横（同じ高さ）にきたとき，棒でつながれているAとBの水平方向の速度成分は等しくなる。これをVとする（図 d）。Aが壁から離れた(4)の状態から(5)の状態の間にA，B，棒からなる物体系には水平方向の外力が作用しないので，運動量の水平成分の和が保存される。水平方向の運動量保存則より

$$0+P=MV+mV \quad よって \quad V=\frac{P}{M+m}$$ ※A

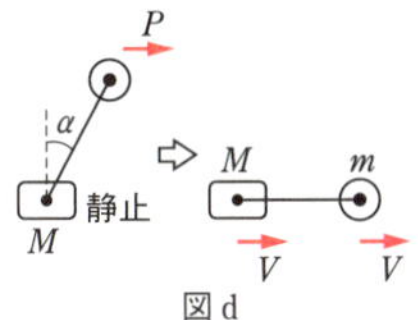

図 d

※A　Pを代入すると

$$V=\frac{2m}{3(M+m)}\sqrt{\frac{2gl}{3}}$$

(6) $\theta=\beta$ のとき，物体Bは最も高く上がるので，BはAに対して相対的に静止している。すなわち，AとBの速度の水平成分は等しい。これを V' とする。床とBが完全弾性衝突しても水平方向の運動量は保存されるので，(5)の状態と $\theta=\beta$ の状態の間での，水平方向の運動量保存則より

$$MV+mV=MV'+mV' \quad これより \quad V'=V$$

また，衝突前後の力学的エネルギーも保存されるので初め（$\theta=0°$ の状態）と $\theta=\beta$ の状態（図 e）間における力学的エネルギー保存則より

$$mgl=\frac{1}{2}(M+m)V'^2+mgl\cos\beta \quad これより \quad \cos\beta=1-\frac{M+m}{2mgl}V'^2$$

$V'=V$ と(5)の結果を用いると　$\cos\beta=1-\dfrac{P^2}{2m(M+m)gl}$ ※B

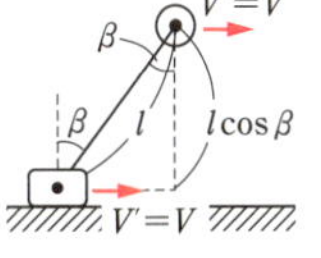

図 e

※B　Pを代入して整理すると

$$\cos\beta=\frac{27M+23m}{27(M+m)}$$

〔B〕物体Aと床との間の静止摩擦力の大きさを f，床からの垂直抗力の大きさを N，A（とB）が棒から受ける力の大きさを F とすると，Aにはたらく力は図 f のようになる。(2)の結果より，$\theta=60°$ のとき

$$F=mg(3\cos 60°-2)=mg\left(3\cdot\frac{1}{2}-2\right)=-\frac{1}{2}mg \quad \cdots\cdots ①$$ ※C

物体Aについて，鉛直方向の力のつりあいより

$$N=Mg+F\cos 60°=Mg+\frac{1}{2}F$$

①式を代入すると　$N=Mg+\frac{1}{2}\left(-\frac{1}{2}mg\right)=\frac{4M-m}{4}g$　……②

物体Aが壁から離れるとき，$R=0$ となり，床との間の静止摩擦力は最大摩擦力（$f=\mu N$）になる。物体Aについて，水平方向の力のつりあいより

$$R=F\sin 60°+\mu N$$

①，②式と $R=0$ を代入して

$$0=\left(-\frac{1}{2}mg\right)\cdot\frac{\sqrt{3}}{2}+\mu\frac{4M-m}{4}g \qquad よって \quad \mu=\frac{\sqrt{3}\,m}{4M-m}$$

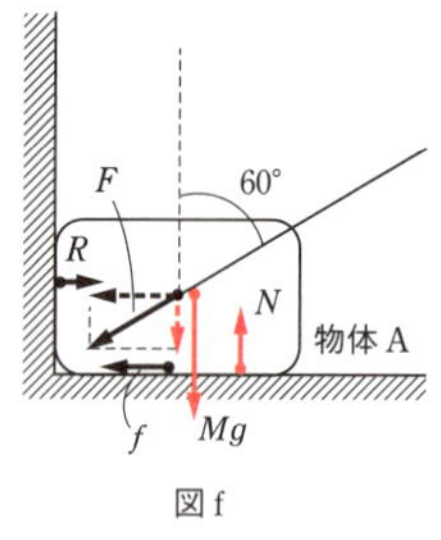

図 f

※C　$F<0$ より，実際には図 f に示した F の向きとは反対向き（右上の向き）に F はたらく。

6 円運動・万有引力

ヒント 44 〈摩擦のある回転台上の物体〉

(2) 回転台上で観測すると，慣性力である遠心力がはたらいているように見える。
(3)『Aが点Pからすべりだした』➡ 静止摩擦力は最大摩擦力になっている
(4) 静止摩擦力は，回転が遅いときには外向きにはたらき，回転が速いときには点Oの向きにはたらく。

(1) 回転台は静止しており，物体Aにはたらいている力は，重力と垂直抗力（台がAに及ぼしている力）の 2 力である。図 a

(2) 回転台上で観測：重力と垂直抗力のほかに，静止摩擦力と遠心力がはたらき，つりあって静止して見える。図 b

外で観測：静止摩擦力が回転中心へ向かい，向心力の役目をしている。鉛直方向では重力と垂直抗力がつりあう。図 c

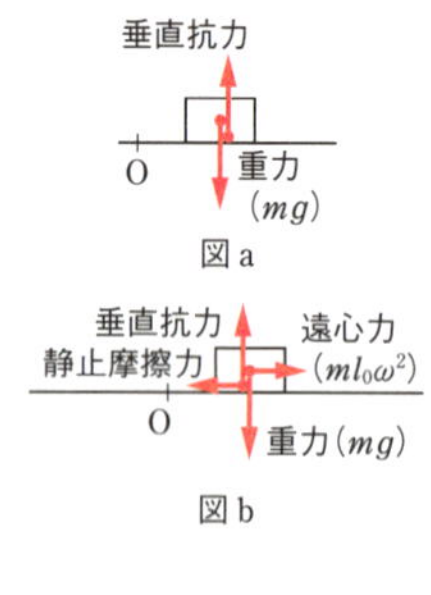

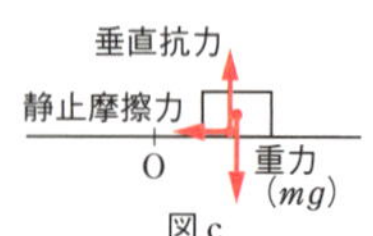

図 c

(3) 台上で見て，遠心力 $ml_0\omega^2$ が最大摩擦力 μN をこえると，Aは半径方向外向きにすべりだす。$\omega=\omega_0$ のとき，静止摩擦力は最大（最大摩擦力）となるから，ぎりぎりのときの遠心力と最大摩擦力のつりあいより

$$ml_0\omega_0{}^2=\mu N=\mu mg \quad よって \quad \mu=\frac{l_0\omega_0{}^2}{g}$$

(4) このばね（ばね定数を k とする）にAをつるし，ばねに重力 mg を加えたとき，ばねの伸びは $(l-l_0)$ となるから，回転台上に置いて，長さが l になっているとき，ばねがAに及ぼしている弾性力 F は　$F=k(l-l_0)=mg$　で一定となっている。以下，回転台上の観測者の立場で考える。

台上で，Aがすべらないで回転しているとき，水平方向では，弾性力 F，遠心力 $ml\omega^2$，静止摩擦力 f の 3 力がつりあっている。

回転が遅い場合は遠心力は小さく，静止摩擦力 f は外向きとなる。このときの力のつりあいは，$F=mg$ も用いて

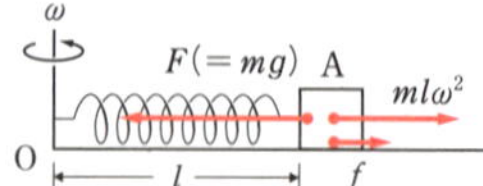

$$mg=ml\omega^2+f$$

よって　$f=mg-ml\omega^2$

摩擦力 f は，最大摩擦力 $\mu N(=\mu mg)$ をこえないから　$f\leqq\mu mg$

よって　$mg-ml\omega^2\leqq\mu mg$　　ゆえに　$\omega^2\geqq\frac{1-\mu}{l}g$

また，回転を速くしていく場合は遠心力は大きくなり，静止摩擦力 f は中心Oの向きとなるから，力のつりあいの式は　$mg+f=ml\omega^2$

よって　$f=ml\omega^2-mg$

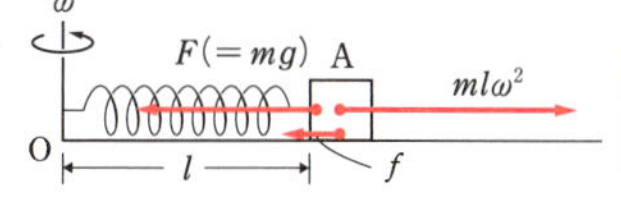

$f\leqq\mu mg$ であるから　$ml\omega^2-mg\leqq\mu mg$　　ゆえに　$\omega^2\leqq\dfrac{1+\mu}{l}g$

以上をまとめて　$\sqrt{\dfrac{1-\mu}{l}g}\leqq\omega\leqq\sqrt{\dfrac{1+\mu}{l}g}$ ※A

※A **別解** $F\,(=mg)$ と $ml\omega^2$ の差の絶対値が静止摩擦力の大きさとなるから

$f=|ml\omega^2-mg|$

ここで　$f\leqq\mu mg$　だから

$|ml\omega^2-mg|\leqq\mu mg$

$-\mu mg\leqq ml\omega^2-mg\leqq\mu mg$

$mg-\mu mg\leqq ml\omega^2\leqq mg+\mu mg$

$\dfrac{1-\mu}{l}g\leqq\omega^2\leqq\dfrac{1+\mu}{l}g$

ヒント 45 〈円錐振り子〉

おもりとともに運動する観測者から見て，遠心力を加えた力のつりあいを考えるとよい。

(ア)～(イ) 円運動の半径は，$l\sin\theta$ である。

(ウ)～(オ) 円運動の半径は，$r\sin\theta$ である。また，ばねの伸びは $r-l$ である。　(カ) (ウ)と(オ)の結果を用いる。

(ア) 円運動の半径を R とすると，$R=l\sin\theta$ であり，円運動の中心は図の点Oである。はたらく力を，おもりとともに運動する観測者の立場からすべて図示して考える(ひもの張力を S，おもりが円錐面から受ける垂直抗力を N とする)。

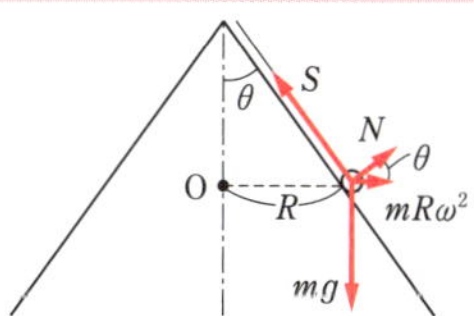

円錐面に垂直な方向の力のつりあいより

$N+mR\omega^2\cos\theta=mg\sin\theta$ ※A

$N=0$ より　$\omega^2=\dfrac{g\sin\theta}{R\cos\theta}=\dfrac{g\sin\theta}{l\sin\theta\cdot\cos\theta}=\dfrac{g}{l\cos\theta}$

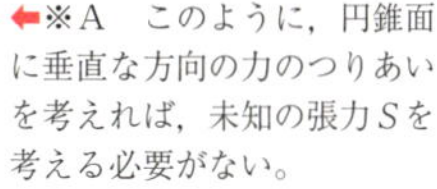

※A　このように，円錐面に垂直な方向の力のつりあいを考えれば，未知の張力 S を考える必要がない。

一般に，未知量と垂直な方向のつりあいを考えると，解答が簡略化される場合が多い。

※B **別解** $N=0$ として，鉛直方向の力のつりあいを考えれば，$S\cos\theta=mg$

よって　$S=\dfrac{mg}{\cos\theta}$

(イ) 円錐面方向の力のつりあいより

$S=mg\cos\theta+mR\omega^2\sin\theta$

$=mg\cos\theta+m\cdot l\sin\theta\cdot\dfrac{g}{l\cos\theta}\cdot\sin\theta$

$=mg\cdot\dfrac{\cos^2\theta+\sin^2\theta}{\cos\theta}=\dfrac{mg}{\cos\theta}$ ※B

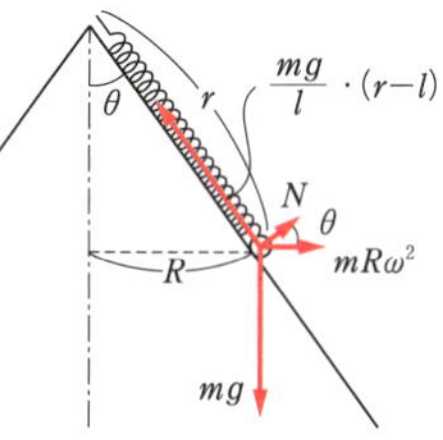

(ウ) 円運動の半径 R は，$R=r\sin\theta$　また，ばねの伸びは $r-l$ であるから，ばねがおもりを引く力は $k(r-l)=\dfrac{mg}{l}(r-l)$ である。

円錐面方向の力のつりあいは　$k(r-l)=mR\omega^2\sin\theta+mg\cos\theta$

よって　$\omega^2=\dfrac{1}{mR\sin\theta}\{k(r-l)-mg\cos\theta\}$

$=\dfrac{1}{mr\sin^2\theta}\left\{\dfrac{mg}{l}(r-l)-mg\cos\theta\right\}=\dfrac{g}{r\sin^2\theta}\left(\dfrac{r}{l}-1-\cos\theta\right)$

(エ) 鉛直方向の力のつりあいは　$\dfrac{mg(r-l)}{l}\cos\theta+N\sin\theta=mg$ ※C

よって　$N=\dfrac{mg}{\sin\theta}\left(1+\cos\theta-\dfrac{r}{l}\cos\theta\right)$

※C **注** このように鉛直方向のつりあいを考えれば，ω^2 を代入する必要はなくなる。

(オ) $N=0$ より　$1+\cos\theta-\dfrac{r}{l}\cos\theta=0$　　よって　$r=\dfrac{l}{\cos\theta}(1+\cos\theta)$

(カ) (ウ)の ω^2 に(オ)の r を代入して

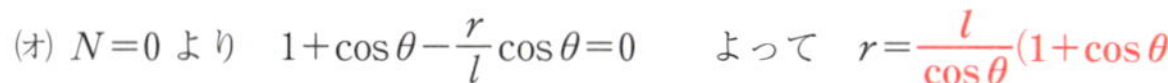

$\omega^2=\dfrac{g}{\sin^2\theta}\cdot\dfrac{\cos\theta}{l(1+\cos\theta)}\cdot\left\{\dfrac{1}{\cos\theta}(1+\cos\theta)-1-\cos\theta\right\}$

$=\dfrac{g\cos\theta}{l\cdot\sin^2\theta(1+\cos\theta)}\cdot\dfrac{1+\cos\theta-\cos\theta-\cos^2\theta}{\cos\theta}=\dfrac{g}{l(1+\cos\theta)}$ ※D

※D (ア)の ω^2 の式で，l を(オ)の r に置きかえても求められる。

ヒント 46 〈円筒表面をすべり落ちる小物体の運動〉

(1) 力学的エネルギー保存則を用いる。　(2) 半径方向の運動方程式を立てて，(1)の結果を用いて求める。
(3)『点Sで円筒表面から離れる』➡（垂直抗力）=0　(4) 力学的エネルギー保存則に，(3)の結果を用いて求める。
(5)『ただちに円筒面を離れる』➡（垂直抗力）≦0

(1) 点Qにおける小物体の速さを v_Q とおくと，点Pと点Qにおける力学的エネルギー保存則「$\frac{1}{2}mv^2+mgh=$一定」より

$$0+mgr=\frac{1}{2}mv_Q{}^2+mgr\cos\theta \text{※A}$$

ゆえに　$v_Q=\sqrt{2gr(1-\cos\theta)}$　……①

(2) 小物体が円筒表面から受ける垂直抗力をNとして，点Qを通過するときに小物体が受ける力を図示すると図aのようになる。半径方向の運動方程式を立て，①式を代入して整理すると

$$m\frac{v_Q{}^2}{r}=mg\cos\theta-N \text{※B}$$

$$N=mg\cos\theta-m\frac{v_Q{}^2}{r}=mg\cos\theta-\frac{2mgr(1-\cos\theta)}{r}$$

$$=mg(3\cos\theta-2)$$　……②

(3) 点S（$\theta=\theta_0$）で小物体が円筒面から離れるので　$N=0$
よって，②式より　$0=mg(3\cos\theta_0-2)$

ゆえに　$\cos\theta_0=\frac{2}{3}$　……③

(4) 点Sで円筒表面から離れる瞬間の速さを v_S とすると，①式に $\theta=\theta_0$ を代入したものが v_S になる。(3)の結果を用いると

$$v_S=\sqrt{2gr(1-\cos\theta_0)}=\sqrt{2gr\left(1-\frac{2}{3}\right)}=\sqrt{\frac{2gr}{3}}$$

(5) 点Pでの初速を v_P とし，点Pにおいて小物体が受ける力を図示すると図bのようになる。半径方向の運動方程式を立てると

$$m\frac{v_P{}^2}{r}=mg-N_P \qquad \text{よって} \quad N_P=mg-m\frac{v_P{}^2}{r} \text{※C}$$

ただちに小物体が円筒から離れる条件は $N_P\leqq 0$ である。これより

$$mg-m\frac{v_P{}^2}{r}\leqq 0 \qquad v_P{}^2\geqq gr$$

$v_P>0$ より　$v_P\geqq\sqrt{gr}$

※A　この式では，位置エネルギーの基準を円筒の中心Oにしている。

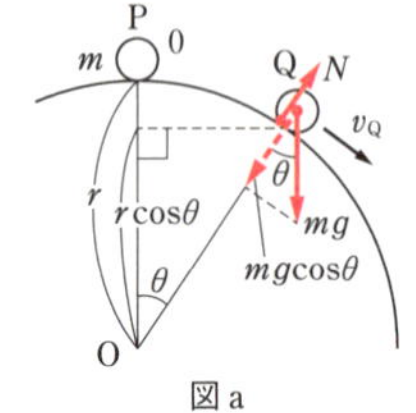

図a

※B 別解 遠心力 $m\frac{v_Q{}^2}{r}$ を含めた半径方向の力のつりあいを考えると

$$N+m\frac{v_Q{}^2}{r}=mg\cos\theta$$

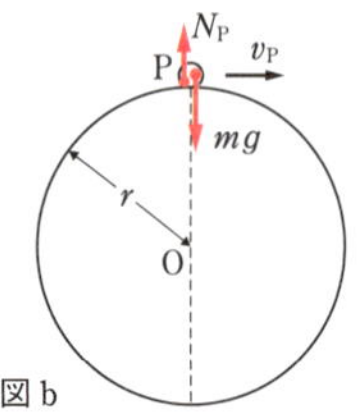

図b

※C 別解 遠心力 $m\frac{v_P{}^2}{r}$ を含めた力のつりあいを考えると

$$N_P+m\frac{v_P{}^2}{r}=mg$$

ヒント 47 〈鉛直面内の円運動〉

(1), (2), (5) 力学的エネルギー保存則を用いる。
(3) 半径方向の運動方程式を立てて，(2)の結果を用いて垂直抗力 N_C を求める。
『レールから離れずに 1 周する』➡（レールからの垂直抗力）≧0 が常に成りたつ
(4)『点Eで小球がレールから離れる』➡ 点Eで垂直抗力が 0 になる

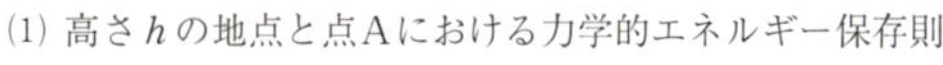

(1) 高さ h の地点と点Aにおける力学的エネルギー保存則

「$\frac{1}{2}mv^2+mgh=$一定」より

$$0+mgh=\frac{1}{2}mv_A{}^2+0 \qquad \text{よって} \quad v_A=\sqrt{2gh}$$

(2) 高さ h の地点と点Cにおける力学的エネルギー保存則より

$$0+mgh=\frac{1}{2}mv_C{}^2+mg\cdot 2r \qquad \text{よって} \quad v_C=\sqrt{2g(h-2r)} \qquad \cdots\cdots①$$

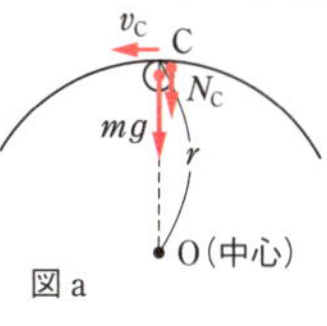

図 a

(3) 小球は半径 r の円運動をしている。点Cにおいて小球の受ける力を図示すると図 a のようになり，重力 mg と垂直抗力 N_C の合力が向心力になっている。半径方向の運動方程式を立てると

$$m\frac{v_C{}^2}{r}=N_C+mg \qquad \cdots\cdots②$$ ※A

①，②式より $N_C=\frac{m}{r}\{\sqrt{2g(h-2r)}\}^2-mg=\frac{2h-5r}{r}mg$

小球が 1 周するためには，小球が点Cでレールから離れずに通過できればよいので $N_C\geqq 0$ が条件となる。

$$N_C=\frac{2h-5r}{r}mg\geqq 0$$

これより $h\geqq\frac{5}{2}r=h_{最小}$ よって h の最小値 h_1 は $h_1=\frac{5}{2}r$

※A 別解 遠心力 $m\frac{v_C{}^2}{r}$ を含めた半径方向の力のつりあいを考えても

$$N_C+mg=m\frac{v_C{}^2}{r}$$

となる。

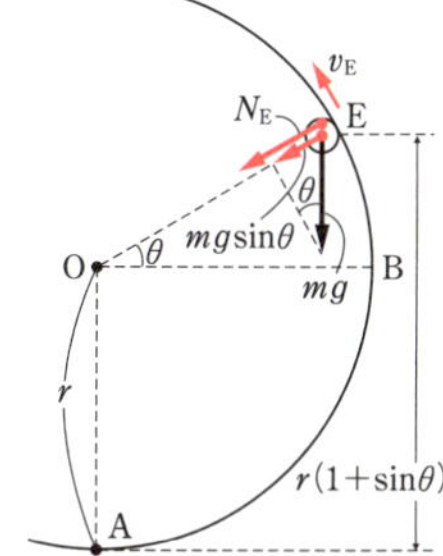

図 b

(4) 点Eを小球が通過するとき，小球の受ける力を図示すると図 b のようになり，重力 mg の半径方向の成分 $mg\sin\theta$ と垂直抗力 N_E の合力が向心力になっている。半径方向の運動方程式を立てると

$$m\frac{v_E{}^2}{r}=N_E+mg\sin\theta$$ ※B

点Eにおいて小球がレールから離れるためには $N_E=0$ が条件となるので

$$m\frac{v_E{}^2}{r}=0+mg\sin\theta \qquad \text{よって} \quad v_E=\sqrt{gr\sin\theta}$$

(5) 点Eの点Aからの高さは $r+r\sin\theta=r(1+\sin\theta)$ である（図 b）。高さ h の地点と点Eにおける力学的エネルギー保存則より

$$0+mgh=\frac{1}{2}mv_E{}^2+mgr(1+\sin\theta)$$

(4)の結果を代入して

$$mgh=\frac{1}{2}m(\sqrt{gr\sin\theta})^2+mgr(1+\sin\theta)$$

よって $h=h_E=\frac{r}{2}(2+3\sin\theta)$ ※C

(6) 点Bに到達するために必要な高さ h_B は，(5)の結果に $\theta=0°$ を代入すると点Eが点Bに一致するので

$$h_B=h_E(\theta=0°)=\frac{r}{2}(2+3\sin 0°)=r$$

※B 別解 遠心力 $m\frac{v_E{}^2}{r}$ を含めた半径方向の力のつりあいを考えても

$$N_E+mg\sin\theta=m\frac{v_E{}^2}{r}$$

となる。

※C $\theta=90°$ とすると $h_E=\frac{5}{2}r=h_1$ となる。

ヒント 48 〈2個の小球の重心の運動と重心に対する相対速度〉

〔A〕(3) 求める加速度は，円運動している小球Aの向心加速度である。

〔B〕(1) 2個の小球A，Bからなる物体系に系の外からはたらく力（外力）は重力だけである。

(2) 重心の速度 v_G は，「$v_G=\dfrac{m_1v_1+m_2v_2}{m_1+m_2}$」を用いて求める。相対速度は「$v_{BA}=v_A-v_B$」を用いる。

(3) (1)で求めた加速度で運動する重心Gから見ると，小球A，Bには慣性力がはたらき，(2)の結果より等速円運動をしている。慣性力も含めた半径方向の運動方程式を立て，張力を求める。

(5) 重心Gから見ると小球A，Bは等速円運動をしているので，AとBの高さが等しくなるのは，$t=0$ から $\dfrac{1}{4}$ 回転したとき $\left(\dfrac{T}{4}後\right)$ である。

(6) 等速運動をする重心の座標 x_G と，重心Gから見ると等速円運動をするAの座標 $x_{GA}=x_A-x_G$ を求める。

〔A〕(1) 小球Aの速さを v_A とすると，力学的エネルギー保存則より

$$0+mgl\sin\theta=\frac{1}{2}mv_A{}^2+0 \qquad よって \quad v_A=\sqrt{2gl\sin\theta}$$

(2) (1)の結果と $\theta=\dfrac{\pi}{2}$ より，最下点での小球Aの速さ v_0 は $v_0=\sqrt{2gl}$

張力の大きさを S_0 とすると，半径方向の運動方程式は，図aより

$$m\frac{v_0{}^2}{l}=S_0-mg$$

$$S_0=mg+\frac{mv_0{}^2}{l}=mg+\frac{m(\sqrt{2gl})^2}{l}=mg+2mg=3mg$$

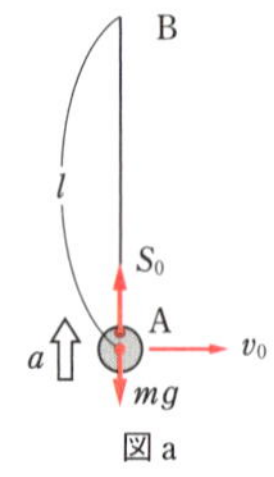

図a

(3) 小球Aは円運動をしているので，加速度は向心加速度である。よって向きは円の中心Bの向き，すなわち鉛直上向き

加速度の大きさは，運動方程式「$ma=F$」より

$$ma=S_0-mg=3mg-mg=2mg \qquad よって \quad a=2g$$ ※A

※A 別解 向心加速度であるから

$$a=\frac{v_0{}^2}{l}=\frac{2gl}{l}=2g$$

〔B〕(1) 2個の小球A，Bからなる物体系に，系の外からはたらく力は重力だけである。よって重心Gの加速度は運動方程式より $2ma=2mg$

よって，重心Gの加速度の大きさ a は g，向きは鉛直下向き

(2) 時刻 $t=0$ における小球Aの速度は $v_A=v_0=\sqrt{2gl}$ で水平右向き。小球Bの速度は $v_B=0$（図b）。よって，重心Gの速度 v_G は，

「$v_G=\dfrac{m_1v_1+m_2v_2}{m_1+m_2}$」より $\quad v_G=\dfrac{mv_0+m\times0}{m+m}=\dfrac{1}{2}v_0$ ……①

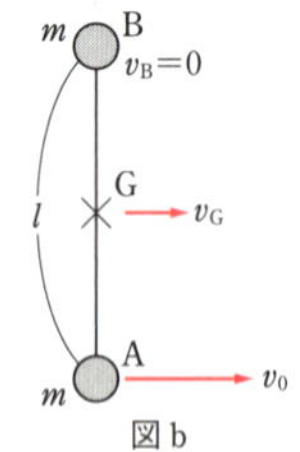

図b

相対速度の式「$v_{BA}=v_A-v_B$」より，右向きを正として，重心Gに対する小球Aの相対速度 v_{GA} は

$$v_{GA}=v_A-v_G=v_0-\frac{1}{2}v_0=\frac{1}{2}v_0=\frac{\sqrt{2gl}}{2}=\sqrt{\frac{gl}{2}}$$

よって　大きさは $\sqrt{\dfrac{gl}{2}}$，向きは水平右向き

重心Gに対する小球Bの相対速度 v_{GB} は

$$v_{GB}=v_B-v_G=0-\frac{1}{2}v_0=-\frac{1}{2}v_0=-\sqrt{\frac{gl}{2}}$$

よって　大きさは $\sqrt{\dfrac{gl}{2}}$，向きは水平左向き

(3) 鉛直下向きに加速度 g で運動する重心Gから見ると，小球A，Bそれぞれに上向きの慣性力（$ma=mg$）がはたらき，下向きの重力と打ち消しあう（図c）。よって，(2)の結果からわかるように，重心Gから見ると小球A，Bは，張力 S によって速さ $\sqrt{\dfrac{gl}{2}}$，半径 $r=\dfrac{l}{2}$ の等速円運動をしている。

小球Aについて，半径方向の運動方程式を立てると

$$m\cdot\frac{\left(\sqrt{\dfrac{gl}{2}}\right)^2}{\dfrac{l}{2}}=S \qquad よって \quad S=mg$$

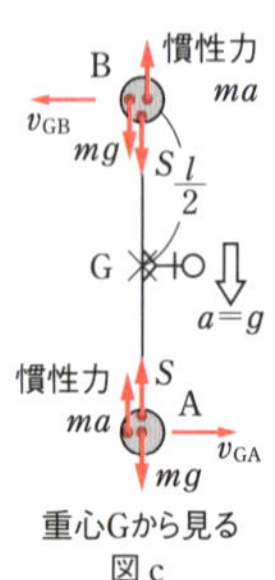

図c

(4) 静止系から見ると，小球 A，B にはたらく力は図 d のようになる。鉛直下向きを正として，小球 A，B の加速度をそれぞれ a_A'，a_B' とする。小球 A，B の運動方程式は

$ma_A'=mg-S=0$　　よって　$a_A'=0$

$ma_B'=mg+S=2mg$　よって　$a_B'=2g$，鉛直下向き

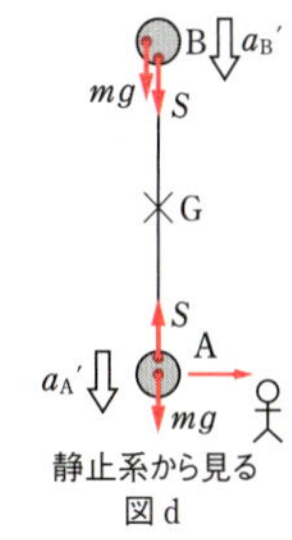

静止系から見る
図 d

(5) 重心Gから見ると，小球 A，B が鉛直上にある状態（$t=0$）から，半径 $\frac{l}{2}$ の円軌道を $\frac{1}{4}$ 周$\left(\text{時間にして } \frac{1}{4} \text{ 周期}\right)$すると，AとBの高さが等しくなる(図 e)。この円運動の周期 T は，円運動の周期の式「$T=\frac{2\pi r}{v}$」より

$$T=\frac{2\pi r}{v_{GA}}=\frac{2\pi\cdot\frac{l}{2}}{\sqrt{\frac{gl}{2}}}=\pi\sqrt{\frac{2l}{g}}$$

求める時間は $\frac{T}{4}$ なので　$\frac{T}{4}=\frac{1}{4}\pi\sqrt{\frac{2l}{g}}=\frac{\pi}{2}\sqrt{\frac{l}{2g}}$

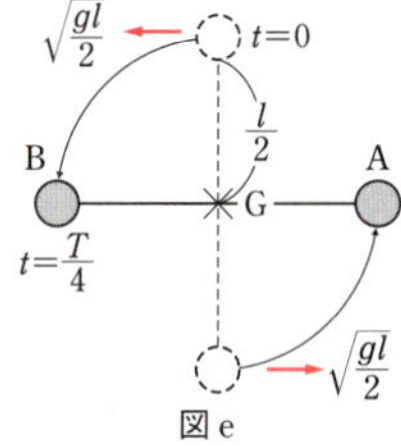

図 e

(6) 重心Gは①式より，水平方向には右向きに速さ $\frac{1}{2}v_0$ で等速運動をする。

よって，時刻 t における重心の水平位置 x_G は

$$x_G=\frac{1}{2}v_0t=\sqrt{\frac{gl}{2}}\cdot t \quad \cdots\cdots②$$

重心Gから小球Aを見ると，速さ $v_{GA}=\frac{1}{2}v_0$，半径 $r=\frac{l}{2}$ の等速円運動をしている。その円運動の角速度を ω とすると，「$v=r\omega$」より

$$\omega=\frac{v_{GA}}{r}=\frac{\frac{1}{2}v_0}{\frac{l}{2}}=\frac{v_0}{l}=\frac{\sqrt{2gl}}{l}=\sqrt{\frac{2g}{l}}$$

よって，重心Gから見た小球Aの水平位置 x_{GA} は

$$x_{GA}=\frac{l}{2}\sin\omega t=\frac{l}{2}\sin\sqrt{\frac{2g}{l}}\,t \quad \cdots\cdots③$$

重心Gから見た小球Aの水平位置 x_{GA} と，小球Aの水平位置 x_A，重心Gの水平位置 x_G の関係は　$x_{GA}=x_A-x_G$　……④

②～④式より，Aの水平位置 x_A は

$$x_A=x_G+x_{GA}=\sqrt{\frac{gl}{2}}\,t+\frac{l}{2}\sin\sqrt{\frac{2g}{l}}\,t$$

ヒント 49 〈ケプラーの法則〉

だ円軌道の問題は，①面積速度一定の法則と，②力学的エネルギー保存則の式を連立させて解く。
(1) (重力)=(万有引力)
(3) 物体が円運動をするためには，(向心力)=(万有引力) となっていればよい。
(4)(c) 『だ円運動の周期』➡ ケプラーの第3法則を用いる
(5) 『無限遠方に飛びさる』➡ (力学的エネルギー)≧0，『地球に衝突』➡ だ円軌道が地球と重なる

(1) 重力＝万有引力　より

$mg=G\dfrac{Mm}{R^2}$　　よって　$g=\dfrac{GM}{R^2}$〔m/s²〕　……①

(2) 力学的エネルギー保存則「$\dfrac{1}{2}mv^2+\left(-G\dfrac{Mm}{r}\right)=$一定」より

$\dfrac{1}{2}mv_0{}^2+\left(-G\dfrac{Mm}{R}\right)=0+\left(-G\dfrac{Mm}{2R}\right)$　　よって　$v_0=\sqrt{\dfrac{GM}{R}}$　……②

①式より　$GM=gR^2$　これを②式に代入して　$v_0=\sqrt{\dfrac{gR^2}{R}}=\sqrt{gR}$〔m/s〕

(3)「向心力　$\dfrac{mv^2}{r}=$万有引力 $G\dfrac{Mm}{r^2}$」より　$\dfrac{mv^2}{2R}=G\dfrac{Mm}{(2R)^2}$

よって　$v=\sqrt{\dfrac{GM}{2R}}=\sqrt{\dfrac{gR^2}{2R}}=\sqrt{\dfrac{gR}{2}}$〔m/s〕

「周期　$T=\dfrac{2\pi r}{v}$」より　　$T=2\pi(2R)\times\sqrt{\dfrac{2}{gR}}=4\pi\sqrt{\dfrac{2R}{g}}$〔s〕

(4)(a) 点A，点Bの面積速度が等しいことから

$\dfrac{1}{2}\times 2R\times v=\dfrac{1}{2}\times 6R\times V$　　よって　$V=\dfrac{1}{3}v$〔m/s〕　……③

(b) 点A，Bでの力学的エネルギーが等しいことから

$\dfrac{1}{2}mv^2+\left(-G\dfrac{Mm}{2R}\right)=\dfrac{1}{2}mV^2+\left(-G\dfrac{Mm}{6R}\right)$

③式より，$V=\dfrac{1}{3}v$，①式より　$GM=gR^2$　を代入して v を求めれば※A

$v=\dfrac{1}{2}\sqrt{3gR}$〔m/s〕

(c) ケプラーの第三法則　$T^2=ka^3$（a は半長軸）を用いる。
半径 $2R$ の円運動と，このだ円運動（半長軸は $4R$）と比較して
$T^2=k(2R)^3$，　$T'^2=k(4R)^3$　より

$T'^2=\dfrac{T^2}{(2R)^3}\times(4R)^3=2^3\cdot T^2$　　よって　$T'=2\sqrt{2}\,T=16\pi\sqrt{\dfrac{R}{g}}$〔s〕

(5) 力学的エネルギー　$E=\dfrac{1}{2}mv^2+\left(-G\dfrac{Mm}{2R}\right)$　が　$E\geqq 0$　ならば，無限遠方に飛びさるから，飛びさらずにだ円軌道を描くためには　$E<0$　でなければならない。

$\dfrac{1}{2}mv^2-G\dfrac{Mm}{2R}<0$　よって　$v^2<\dfrac{GM}{R}=gR$　ゆえに　$v<\sqrt{gR}$※B

また，物体の速さが小さくなって地球に衝突するぎりぎりの場合は，右図のように点Cまでの距離が R のときである。このときの点Aでの速さを v_0，点Cでの速さを V_0 として面積速度一定より

$v_0\times 2R=V_0R$　　よって　$V_0=2v_0$

力学的エネルギー保存則より　$\dfrac{1}{2}mv_0{}^2+\left(-G\dfrac{Mm}{2R}\right)=\dfrac{1}{2}mV_0{}^2+\left(-G\dfrac{Mm}{R}\right)$

$V_0=2v_0$，$GM=gR^2$ を代入して，v_0 を求めれば※C　$v_0=\sqrt{\dfrac{gR}{3}}$※D

よって，v の範囲は　$\sqrt{\dfrac{gR}{3}}<v<\sqrt{gR}$

※A　$\dfrac{1}{2}mv^2-g\dfrac{R^2m}{2R}$
$=\dfrac{1}{2}m\left(\dfrac{v}{3}\right)^2-g\dfrac{R^2m}{6R}$
$v^2-\dfrac{1}{9}v^2=gR-\dfrac{1}{3}gR$
よって　$\dfrac{8}{9}v^2=\dfrac{2}{3}gR$
ゆえに　$v^2=\dfrac{3}{4}gR$

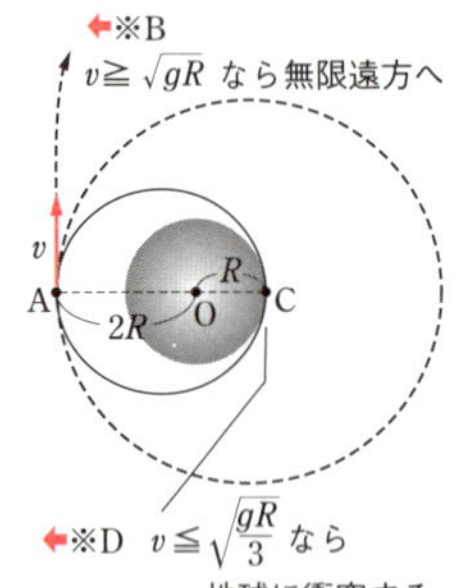

※C　$\dfrac{1}{2}mv_0{}^2-g\dfrac{R^2m}{2R}$
$=\dfrac{1}{2}m(2v_0)^2-g\dfrac{R^2m}{R}$
$3v_0{}^2=gR$

ヒント 50 〈万有引力〉

〔A〕(4) 力学的エネルギーは負の値となる。
〔B〕(3) 月も地球も同じ角速度で円運動をし，その中心は重心と一致する。

〔A〕(1) 万有引力の法則より，求める力の大きさは　$G\dfrac{Mm}{r_0^2}$

(2) 月の角速度を ω_0 として，半径方向の運動方程式は

$$mr_0\omega_0^2=G\frac{Mm}{r_0^2}\qquad よって\quad \omega_0=\sqrt{\frac{GM}{r_0^3}}$$

周期 T は　$T=\dfrac{2\pi}{\omega_0}=2\pi\sqrt{\dfrac{r_0^3}{GM}}=2\pi r_0\sqrt{\dfrac{r_0}{GM}}$ ※A

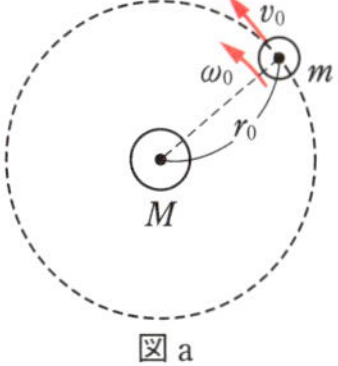

図 a

(3) 月の速さを v_0 として，半径方向の運動方程式は

$$m\frac{v_0^2}{r_0}=G\frac{Mm}{r_0^2}$$

よって運動エネルギー K は　$K=\dfrac{1}{2}mv_0^2=\dfrac{GMm}{2r_0}$ ※A　……ⓐ

(4) 万有引力による月の位置エネルギー U は　$U=-G\dfrac{Mm}{r_0}$

よって，力学的エネルギー E は

$$E=K+U=\frac{GMm}{2r_0}+\left(-G\frac{Mm}{r_0}\right)=-\frac{GMm}{2r_0}\quad……ⓑ$$

(5) ⓑ式より，E が減少すると，$\dfrac{GMm}{2r_0}$ が増加し※B，r_0 は減少する。よって②

(6) ⓐ式より r_0 が減少すれば $\dfrac{GMm}{2r_0}$ は増加し，$\dfrac{1}{2}mv_0^2$ は増加する。すなわち v_0 は増加する。よって①

〔B〕(1) 月の円運動の中心はOで，半径は r_1 である。
よって向心力の大きさは　$mr_1\omega^2$

(2) 半径方向の運動方程式は

$$mr_1\omega^2=G\frac{Mm}{r_0^2}\qquad よって\quad \omega=\sqrt{\frac{GM}{r_1r_0^2}}$$

(3) 地球の円運動(半径 r_2，角速度 ω)についての運動方程式は

$$Mr_2\omega^2=G\frac{Mm}{r_0^2}$$

月の運動方程式と比較して　$Mr_2\omega^2=mr_1\omega^2$　ゆえに　$r_2=\dfrac{m}{M}r_1$

$r_0=r_1+r_2$ であるから　$r_1+\dfrac{m}{M}r_1=r_0$　ゆえに　$r_1=\dfrac{M}{M+m}r_0$ ※C

(4) (2)に(3)の r_1 を代入すると　$\omega=\sqrt{\dfrac{GM}{r_0^2}\times\dfrac{M+m}{Mr_0}}=\sqrt{\dfrac{G(M+m)}{r_0^3}}$

よって，周期 T は

$$T=\frac{2\pi}{\omega}=2\pi\sqrt{\frac{r_0^3}{G(M+m)}}=2\pi r_0\sqrt{\frac{r_0}{G(M+m)}}\ ※D$$

※A 別解 速さ v_0 で求めると　$m\dfrac{v_0^2}{r_0}=G\dfrac{Mm}{r_0^2}$

よって　$v_0=\sqrt{\dfrac{GM}{r_0}}$

$T=\dfrac{2\pi r_0}{v_0}=2\pi r_0\sqrt{\dfrac{r_0}{GM}}$

「$v=r\omega$」より

$v_0=r_0\omega_0=r_0\sqrt{\dfrac{GM}{r_0^3}}$

ゆえに

$\dfrac{1}{2}mv_0^2=\dfrac{1}{2}m\dfrac{GM}{r_0}=\dfrac{GMm}{2r_0}$

※B　E は負であるから，$-\dfrac{GMm}{2r_0}$ の絶対値は大きくなる。

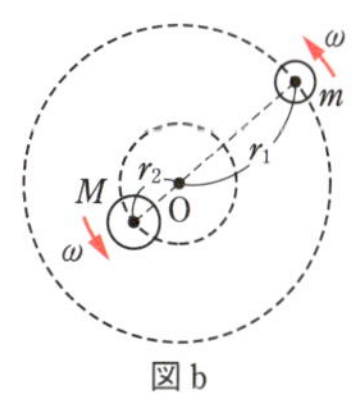

図 b

※C　重心の公式を用いると(図 c)

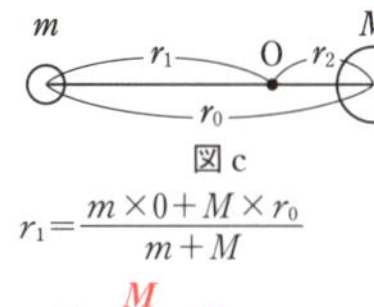

図 c

$r_1=\dfrac{m\times0+M\times r_0}{m+M}$

$=\dfrac{M}{M+m}r_0$

よって，円運動の中心は，重心と一致することがわかる。

※D　$m\ll M$ ならば，〔A〕の(2)で求めた $2\pi r_0\sqrt{\dfrac{r_0}{GM}}$ と一致する。

ヒント 51 〈半球内での物体の円運動〉

(1)(b) 単振り子の周期の導出と同様に考える。与えられた近似式 $\sin\theta \fallingdotseq \theta$ と，扇形の中心角と弧の長さの関係式 $l=r\theta$ を用いる。
(3)(a)，(b) 台車に乗っている観測者には，重力と慣性力の合力が見かけの重力 mg' となる。この見かけの重力によって円運動の軸の方向が決まる。
(4)(a) 小球の角速度が小さくなると回転半径が小さくなる：『小球が内面から離れる』➡ 垂直抗力が 0 になる
(b) 小球の角速度が大きくなると回転半径が大きくなる：『ひもがたるむ』➡ 張力が 0 になる

(1)(a) xy 平面を基準 $(h=0)$ として，力学的エネルギー保存則「$\dfrac{1}{2}mv^2+mgh=$一定」より（図a）

$$0+(-mgR\cos\theta_0)=\frac{1}{2}mv^2+(-mgR\cos\theta)$$

よって　$v=\sqrt{2gR(\cos\theta-\cos\theta_0)}$

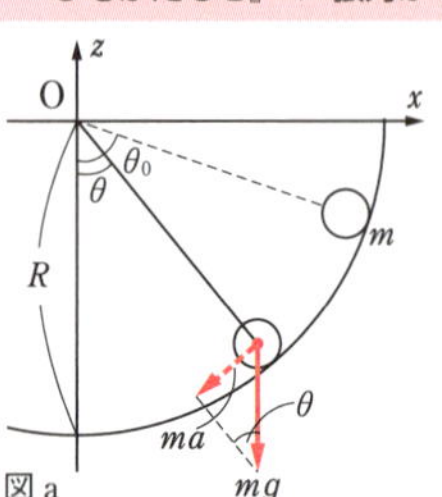

図a

図aより，角度 θ の位置で小球は重力 mg を受けるので，半球にそって右向きを正とすると，運動方程式「$ma=F$」より

$ma=-mg\sin\theta$　　よって　$|a|=g\sin\theta$

(b) (a)より，接線方向の運動方程式は　$ma=-mg\sin\theta$　……①
図bのように最下点を点Pとする。最下点から円軌道にそった反時計回りの変位を s とし，変位 s のときの角度を θ とすると，扇形の弧の長さと中心角の関係式より　$s=R\theta$　……②

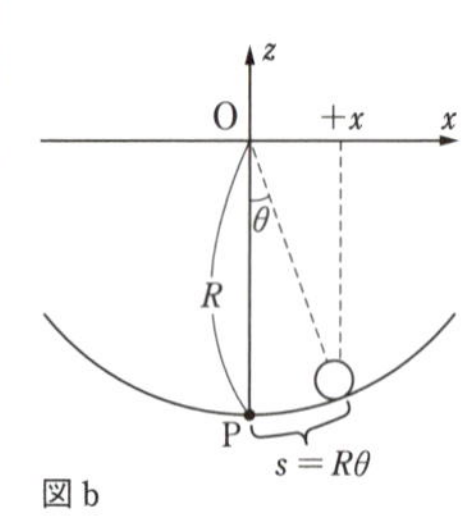

図b

①，②式と，近似式 $\sin\theta \fallingdotseq \theta$ より

$ma=-mg\sin\theta \fallingdotseq -mg\theta=-mg\times\dfrac{s}{R}$　　よって　$a=-\dfrac{g}{R}s$

一方，単振動の角振動数を ω とすると $a=-\omega^2 s$ と表されるから

上式と比較して　$\omega=\sqrt{\dfrac{g}{R}}$　　よって　$T_1=\dfrac{2\pi}{\omega}=2\pi\sqrt{\dfrac{R}{g}}$ ※A

※A　これは単振り子の周期「$T=2\pi\sqrt{\dfrac{l}{g}}$」に他ならない。

(2)(a) 小球が回転している位置が z 軸となす角を θ とする。小球とともに運動する立場から小球にはたらく力を図示すると，図cのようになる（垂直抗力を N とする。$mr{\omega_1}^2$ は慣性力）。図cより

$$\tan\theta=\frac{r}{\sqrt{R^2-r^2}}\quad\cdots\cdots③$$

図c

垂直抗力 N に垂直方向の力のつりあいより

$mr{\omega_1}^2\cos\theta=mg\sin\theta$　　よって　${\omega_1}^2=\dfrac{g\sin\theta}{r\cos\theta}=\dfrac{g}{r}\tan\theta$ ※B

※B　慣性力を用いない場合は，小球にはたらく力を図示して

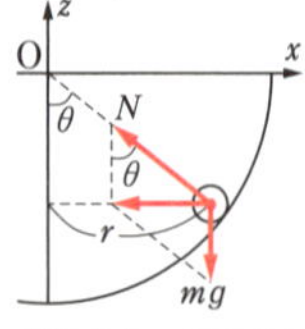

半径方向の運動方程式は
$mr{\omega_1}^2=N\sin\theta$
鉛直方向の力のつりあいの式は
$mg=N\cos\theta$
この2式から N を消去して
$\dfrac{r{\omega_1}^2}{g}=\tan\theta$
よって　${\omega_1}^2=\dfrac{g}{r}\tan\theta$

③式を代入して　${\omega_1}^2=\dfrac{g}{r}\times\dfrac{r}{\sqrt{R^2-r^2}}=\dfrac{g}{\sqrt{R^2-r^2}}$

よって　$\omega_1=\sqrt{\dfrac{g}{\sqrt{R^2-r^2}}}$

(b) 周期の式「$T=\dfrac{2\pi}{\omega}$」より

$$T_2=\frac{2\pi}{\omega_1}=2\pi\sqrt{\frac{\sqrt{R^2-r^2}}{g}}=2\pi\sqrt{\frac{R}{g}\sqrt{1-\left(\frac{r}{R}\right)^2}}$$

ここで，$1-\left(\dfrac{r}{R}\right)^2 \fallingdotseq 1$ を用いて　$T_2 \fallingdotseq 2\pi\sqrt{\dfrac{R}{g}}$

(3)(a) 台車が等加速度運動しているとき，重力 mg と慣性力 ma の合力が見かけの重力 mg' となる（図 d）。この見かけの重力の方向が円運動の軸の方向となるので，図 d 中の ϕ について考えればよい。

見かけの重力の大きさ mg' は

$$mg'=\sqrt{(mg)^2+\left(\frac{5}{12}mg\right)^2}=\frac{13}{12}mg \qquad よって\quad \sin\phi=\frac{\frac{5}{12}mg}{mg'}=\frac{5}{13}$$

(b) 見かけの重力加速度の大きさ g' が $g'=\dfrac{13}{12}g$ であるので，(2)の状況で g が g' になると考え，(2)(a)の角速度の式で g を g' に置きかえて

$$\omega_2=\sqrt{\frac{g'}{\sqrt{R^2-r^2}}}=\sqrt{\frac{13g}{12\sqrt{R^2-r^2}}}$$

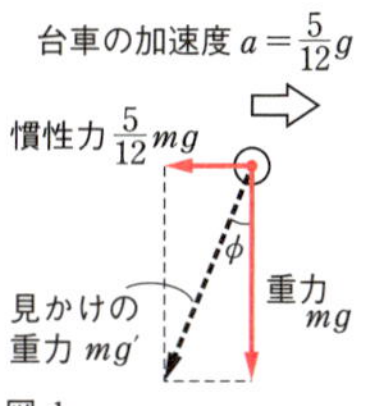

図 d

注「5：12：13」の直角三角形となっている。

(4) 小球の角速度が小さくなると回転半径が小さくなり，小球は半球の内面から離れてしまう。一方，小球の角速度が大きくなると回転半径が大きくなり，小球は半球の内面を上方に上がり，ひもがたるんでしまう。小球が半球の内面からも離れず，ひももたるんでいない状態で小球にはたらく力を，小球とともに運動する立場から図示すると図 e のようになる（ただし，小球の位置は z 軸から角度 θ で，ひもと z 軸のなす角を ϕ' とする）。このとき，円運動の半径 r はひもの長さ l を用いて　$r=l\sin\phi'$　……④

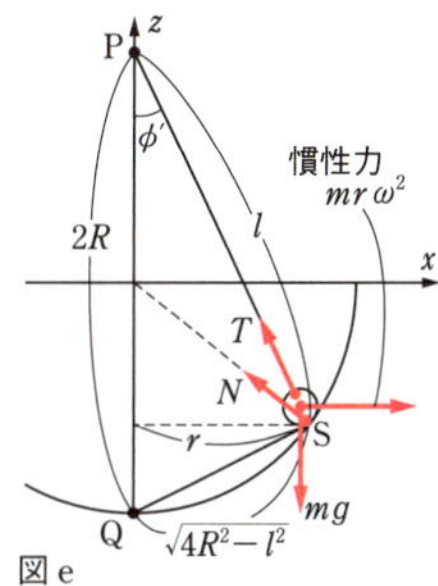

図 e

注 △PQS は ∠S が直角な直角三角形であるから

$$\sin\phi'=\frac{\sqrt{(2R)^2-l^2}}{2R}$$

$\cos\phi'=\dfrac{l}{2R}$ となる。

(a) 角速度が最小 $\omega_{\min}$ になるのは垂直抗力 N が 0 になるときである（図 f）。

張力 T に垂直な方向の力のつりあいより

$mr\omega_{\min}{}^2\cos\phi'=mg\sin\phi'$

$$\omega_{\min}{}^2=\frac{g\sin\phi'}{r\cos\phi'}=\frac{g}{l\cos\phi'}\quad（④式を用いた）$$

図 f

また，図 e より $\cos\phi'=\dfrac{l}{2R}$ であるので

$$\omega_{\min}{}^2=\frac{g}{l\times\left(\frac{l}{2R}\right)}=\frac{2gR}{l^2}\qquad よって\quad \omega_{\min}=\frac{\sqrt{2gR}}{l}$$

(b) 角速度が最大 $\omega_{\max}$ になるのはひもの張力 T が 0 になるときである（図 g）。これは(2)と同じ状況であるので，(2)(a)の角速度 ω_1 の式の r を④式で置きかえればよい。また，図 e より $\sin\phi'=\dfrac{\sqrt{4R^2-l^2}}{2R}$ であるので

$$\omega_{\max}=\sqrt{\frac{g}{\sqrt{R^2-(l\sin\phi')^2}}}=\sqrt{\frac{g}{\sqrt{R^2-\left(l\cdot\frac{\sqrt{4R^2-l^2}}{2R}\right)^2}}}$$

$$=\sqrt{\frac{g}{\sqrt{\frac{4R^4-4l^2R^2+l^4}{4R^2}}}}=\sqrt{\frac{2gR}{\sqrt{4R^4-4l^2R^2+l^4}}}=\sqrt{\frac{2gR}{l^2-2R^2}}\ ※C$$

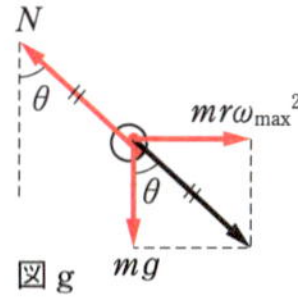

図 g

※C　P から半球面のふちまでが $\sqrt{R^2+R^2}=\sqrt{2}R$ なので $l>\sqrt{2}R$　すなわち $l^2-2R^2>0$ であることに注意して $\sqrt{\ }$ を開くこと。

7 単振動・単振り子

ヒント 52 〈2本のばねによる単振動〉

(1) $t=0$ のとき原点を正の向きに通過 ➡ このとき，位置 x は 0，速度 v は最大となる
(3) 時間を求めるときは単振動の周期 T を用いる。また，円運動にもどって考えるとよい。
(4) 変位 0 のとき速さは最大，変位が最大(もしくは最小)のとき速さは 0 となる。
(5) 力学的エネルギー保存則より，「運動エネルギー K＋ 弾性力による位置エネルギー U＝一定」となる。

(1) 単振動の変位と速度を表す式は，振幅を A，初期位相を θ_0 とすると

$$x=A\sin(\omega t+\theta_0) \qquad v=A\omega\cos(\omega t+\theta_0)$$

振幅は a であり，$t=0$ のとき $x=0$ であるから

$$0=A\sin\theta_0 \qquad よって \quad \sin\theta_0=0 \qquad より \quad \theta_0=0$$

これより $x=\boldsymbol{a\sin\omega t}$ ※A ……①

$v=\boldsymbol{a\omega\cos\omega t}$ ※A ※B ……②

(2) 単振動する物体Pの加速度 α は $\alpha=-a\omega^2\sin\omega t$ ※B

①式を用いて整理すると $\alpha=\boldsymbol{-\omega^2 x}$ ……③

また，物体Pの変位が x のとき，物体Pが受ける力は図 a より

$$F=-kx+(-kx)=\boldsymbol{-2kx} \text{※C} \quad ……④$$

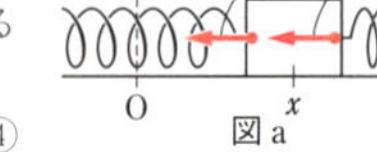

図 a

(3) ④式と，単振動の周期の式「$T=2\pi\sqrt{\dfrac{m}{K}}$」で $K=2k$ だから，周期 T は

$$T=2\pi\sqrt{\frac{m}{2k}}=\pi\sqrt{\frac{2m}{k}}$$

単振動は円運動の正射影であるから，物体Pが $x=a$ に達してから初めて原点Oを通過するまでの時間 t_0 は

$$t_0=\frac{90°}{360°}\cdot T=\frac{1}{4}T=\boldsymbol{\frac{\pi}{4}\sqrt{\frac{2m}{k}}}$$

図 b

また，初めて $x=\dfrac{1}{2}a$ を通過するまでの時間 t_1 は

$$t_1=\frac{60°}{360°}\cdot T=\frac{1}{6}T \text{※D} =\boldsymbol{\frac{\pi}{6}\sqrt{\frac{2m}{k}}}$$

(4) 単振動において物体の速さが最大になるのは，振動中心 ($x=0$) である。
このときの物体Pの速さは，②式より $v=a\omega$

よって $K_{最大}=\dfrac{1}{2}mv^2=\dfrac{1}{2}m(a\omega)^2=\dfrac{1}{2}ma^2\left(\dfrac{2\pi}{T}\right)^2=\dfrac{1}{2}ma^2\cdot\dfrac{2k}{m}=\boldsymbol{ka^2}$

また，振幅が最大である $x=\pm a$ のとき，弾性力による位置エネルギーが最大となる。よって $U_{最大}=2\times\dfrac{1}{2}ka^2=\boldsymbol{ka^2}$ ※E

(5) 単振動しているとき力学的エネルギーは保存されるので，ある時刻 t において，変位 x，速度 v とすると $2\times\dfrac{1}{2}kx^2+\dfrac{1}{2}mv^2=ka^2$

両辺を ka^2 でわると $\dfrac{x^2}{a^2}+\dfrac{v^2}{\left(\dfrac{2ka^2}{m}\right)}=1$

よって $\boldsymbol{\dfrac{x^2}{a^2}+\dfrac{v^2}{\left(\sqrt{\dfrac{2k}{m}}a\right)^2}=1}$

これは，図 c のようなだ円の式を表す。
また，物体Pは，$t=0$ において $x=0$ を最大速度 $v=a\omega$ で通過し，その後は x が増えるにしたがって減速していく。よって，矢印は図中の向きになる。

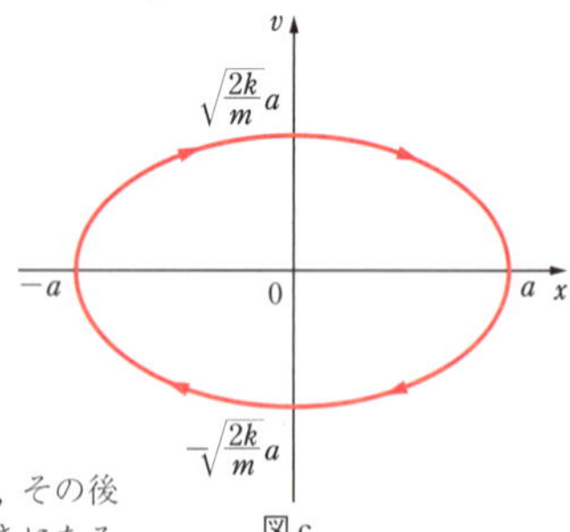

図 c

※A 別解 x-t 図をかき，関数を求めることもできる。この運動の x-t 図は

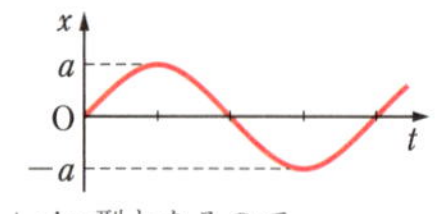

＋sin 型となるので
$x=\boldsymbol{a\sin\omega t}$

同様に，v-t 図は

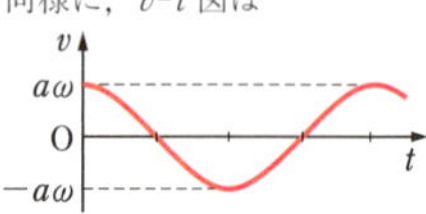

＋cos 型で，v の最大値は $a\omega$ であるので $v=\boldsymbol{a\omega\cos\omega t}$

※B 別解 $x=a\sin\omega t$ を t で微分して

$$v=\frac{dx}{dt}=\boldsymbol{a\omega\cos\omega t}$$

また，$v=a\omega\cos\omega t$ を t で微分して

$$\alpha=\frac{dv}{dt}=-a\omega^2\sin\omega t$$

※C 合成ばねのばね定数は $2k$ となる。

※D 注 $t_1=\dfrac{1}{8}T$ ではない。

※E 別解 力学的エネルギーが保存されているので
$U_{最大}=K_{最大}=\boldsymbol{ka^2}$

53 〈あらい面上で振動する物体の運動〉

(2)(オ) (振動中心の位置)=(Aが受ける力の合力が0になる位置)
(カ) (Pでの力学的エネルギー)+(動摩擦力がした仕事)=(振動中心での力学的エネルギー)
(キ) (PからQまで移動する時間)$=\left(\text{単振動の周期の}\ \frac{1}{2}\ \text{倍}\right)$
(4) Aが左に進む場合と右に進む場合とで，振動の中心は異なるが，振動の周期は同じである。

(1)(ア) 弾性エネルギー「$U_k=\frac{1}{2}kx^2$」より

$$U_{kP}=\frac{1}{2}k(5l)^2,\quad U_{kQ}=\frac{1}{2}k(-3l)^2$$

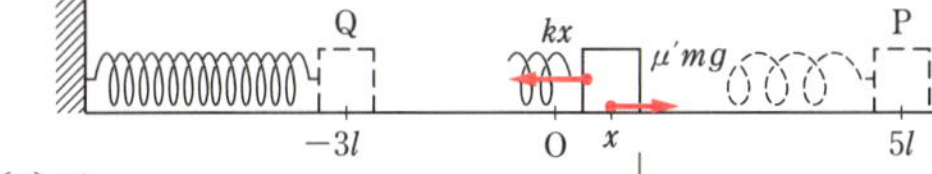

よって，弾性エネルギーの変化 ΔU_k〔J〕は

$$\Delta U_k=U_{kQ}-U_{kP}=-8kl^2\text{〔J〕}$$

(イ) 動摩擦力の大きさは $\mu'mg$〔N〕である。動摩擦力の向きと移動の向きは逆向きだから，求める仕事 W〔J〕は　$W=-(\mu'mg)\times(8l)=-8\mu'mgl$〔J〕

(ウ) $\Delta U_k=W$ より※A　$-8kl^2=-8\mu'mgl$　　ゆえに　$\mu'=\frac{kl}{mg}$

(2)(エ) 座標 x〔m〕において，物体にはたらく水平方向の力を図示する。
求める力 F〔N〕は

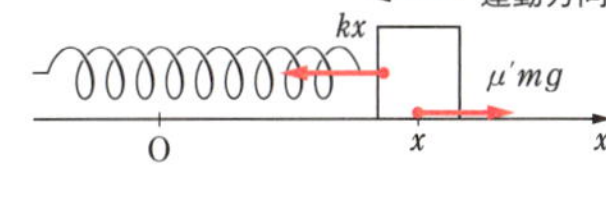

$$F=\mu'mg-kx=\frac{kl}{mg}\cdot mg-kx$$
$$=-k(x-l)\text{〔N〕}$$※B

(オ) $X=x-l$ とおくと $F=-kX$ となるので，Fは復元力である。よって，物体Aは単振動と同じ運動をする。振動の中心は，合力=0 となる位置であるから　$-k(x-l)=0$　　よって　$x=l$〔m〕

(カ) 点Pから中心までの距離は $4l$ である(これが単振動の振幅 A となる)。それまでに動摩擦力がした仕事は　$-\mu'mg\times4l=-4kl^2$　であるから，仕事とエネルギーの関係「初めの力学的エネルギー+物体がされた仕事=終わりの力学的エネルギー」より，求める速さを v〔m/s〕とすると

$$\left\{0+\frac{1}{2}k(5l)^2\right\}+(-4kl^2)=\frac{1}{2}mv^2+\frac{1}{2}kl^2\quad\text{よって}\quad v=4l\sqrt{\frac{k}{m}}\text{〔m/s〕}$$

別解　$\omega=\sqrt{\frac{k}{m}}$ だから，振動中心での速さは $v=A\omega=4l\sqrt{\frac{k}{m}}$〔m/s〕

(キ) 単振動の周期は $T=2\pi\sqrt{\frac{m}{k}}$〔s〕※C

PからQまでの時間 t〔s〕は $\frac{1}{2}T$ だから　$t=\frac{1}{2}T=\pi\sqrt{\frac{m}{k}}$〔s〕

(3)(ク) 右向きに移動する場合，動摩擦力は左向きとなるから，水平方向の力を図示して

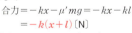

$$\text{合力}=-kx-\mu'mg=-kx-kl$$
$$=-k(x+l)\text{〔N〕}$$

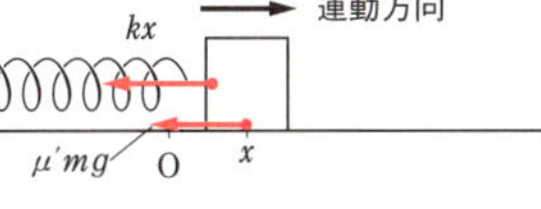

(ケ) 合力=0 より　$-k(x+l)=0$
よって　$x=-l$〔m〕

※A 「初めの力学的エネルギー+物体がされた仕事=終わりの力学的エネルギー」より　$U_{kP}+W=U_{kQ}$
よって
$W=U_{kQ}-U_{kP}=\Delta U_k$

※B 物体の位置 x は，$x>0$ として図をかくとわかりやすい。$x<0$ の場合は下図。
合力$=k(-x)+\mu'mg$

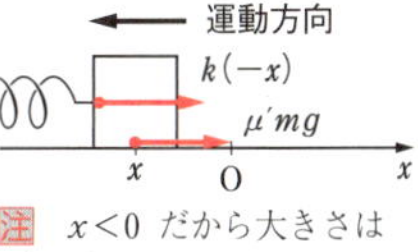

注　$x<0$ だから大きさは $k(-x)$ となる。

※C 右向きの加速度を a〔m/s²〕とすると運動方程式は　$ma=-kX$
よって　$a=-\frac{k}{m}X$
$a=-\omega^2X$ と比べると
$\omega=\sqrt{\frac{k}{m}}$
ゆえに　$T=\frac{2\pi}{\omega}=2\pi\sqrt{\frac{m}{k}}$

(4) $t=0$　　$x=5l$

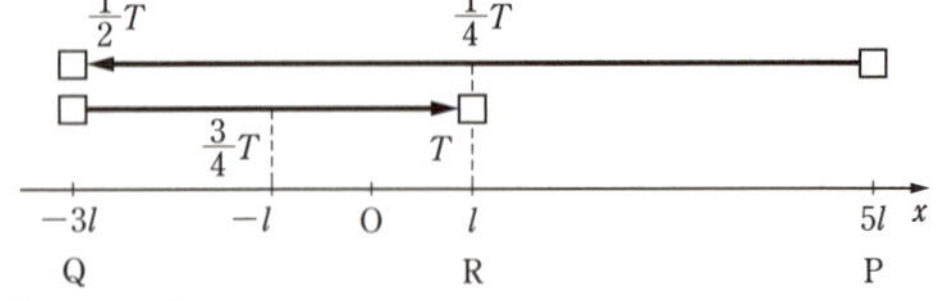

$t=\frac{1}{4}T$　P→Qの振動における振動の中心なので　$x=l$

$t=\frac{1}{2}T$　点Q　$x=-3l$

$t=\frac{3}{4}T$　Q→Rの振動における振動の中心なので　$x=-l$

$t=T$　点R　$x=l$

これ以後は静止※D※E。よって，右図のようになる。

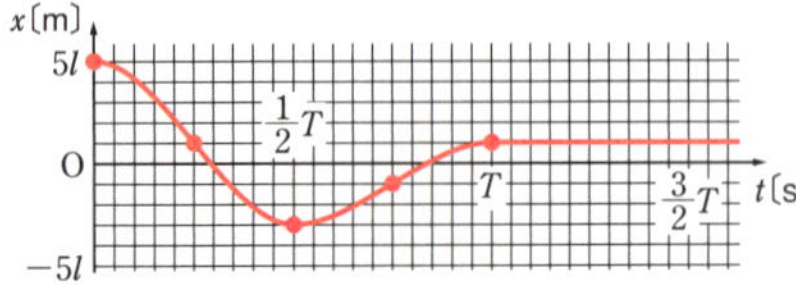

〔参考〕 ばね振り子の振動の原因は弾性力で，重力，摩擦力などには無関係，どこで振らせても(あらい水平面上，鉛直線上，斜面上，月面上など)，振動の中心は変わるが，周期は同じである。また，弾性限界内ならば，周期は振幅の大きさには無関係である。

※D　運動のようすを示すと上図となる。

※E　物体が停止した後，物体には弾性力 kl と静止摩擦力 f がはたらき，つりあって静止を続ける。

ヒント 54 〈たてばねによる単振動〉

(2) 運動方程式を立て，単振動の加速度の式「$a=-\omega^2x$」の形に変形し，角振動数 ω を求める。

(3)，(8) 単振動している物体の速さを求める方法には，次のようなものがある。

- 振動の中心における最大の速さは「$v_{最大}=A\omega$」
- 弾性力と重力の合力による位置エネルギーを用いた，単振動のエネルギー保存則「$\frac{1}{2}mv^2+\frac{1}{2}Kx^2=$一定」($x$：振動の中心からの距離)
- 力学的エネルギー保存則「$\frac{1}{2}mv^2+mgh+\frac{1}{2}kx^2=$一定」($x$：自然の長さからの距離)

(1) 物体Aと物体Bを一体として考える(図a)。力のつりあいより　$kd_1=2mg$　……①

よって　$d_1=\frac{2mg}{k}$

x　d_1　自然の長さ　d_1　kd_1　物体B　O　つりあいの位置　物体A　$2mg$　k

図a

(2) Bが位置 x にあるとき(図b，ばねの縮み d_1-x※A)，AとBを一体のものとして，加速度を a とする。運動方程式は

$$2ma=k(d_1-x)-2mg=-kx+kd_1-2mg$$

①式を用いて　$2ma=-kx$　　ゆえに　$a=-\frac{k}{2m}x$

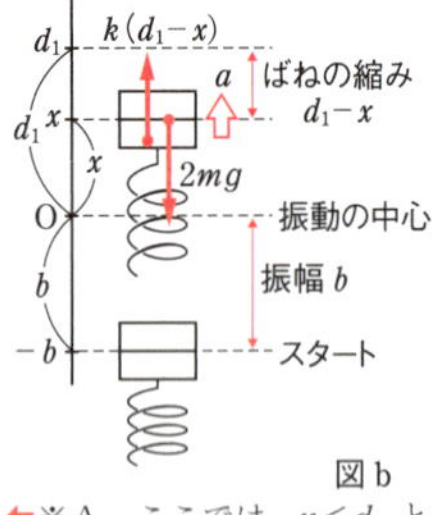

図b

単振動の角振動数を ω とすると，$a=-\omega^2x$ と表されるので，上式と比較して

$$\omega^2=\frac{k}{2m}\qquad よって\quad \omega=\sqrt{\frac{k}{2m}}$$

ゆえに，この単振動の周期 T は　$T=\frac{2\pi}{\omega}=2\pi\sqrt{\frac{2m}{k}}$

(3) A，Bの速さが最大値 $v_{最大}$ になるのは，振動の中心($x=0$)を通過するときである。振幅は b なので，「$v_{最大}=A\omega$」より　$v_{最大}=b\omega=b\sqrt{\frac{k}{2m}}$

別解 弾性力と重力の合力による位置エネルギーを用いた，単振動のエネルギー保存則「$\frac{1}{2}mv^2+\frac{1}{2}Kx^2=$一定」($x$：振動の中心からの距離)を用いる。

スタート位置($x=-b$)と振動の中心($x=0$)について

$$0+\frac{1}{2}kb^2=\frac{1}{2}\cdot 2mv_{最大}{}^2+0\qquad よって\quad v_{最大}=b\sqrt{\frac{k}{2m}}$$

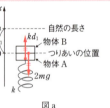

※A　ここでは，$x<d_1$ としてばねが縮んでいるものとして扱っているが，$x>d_1$ のばねが伸びているときであっても，運動方程式中の $k(d_1-x)$ の項が負となりABを鉛直下向きに引く状態を表してくれる。つまり，単振動している間すべてを運動方程式

$2ma=-kx$

で表せる。

別解 高さの基準を $x=0$ として，力学的エネルギー保存則
「$\frac{1}{2}mv^2+mgh+\frac{1}{2}kx^2=$一定」($x$：自然の長さからの距離)を用いる(図c)。スタート位置と振動の中心について

$$0+2mg(-b)+\frac{1}{2}k(d_1+b)^2=\frac{1}{2}\cdot 2mv_{最大}{}^2+0+\frac{1}{2}kd_1{}^2$$

①式を用いて整理すると　$v_{最大}=b\sqrt{\frac{k}{2m}}$

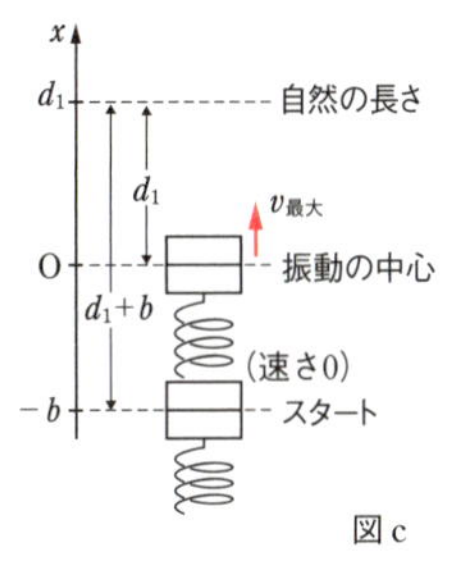

図c

(4) 位置 x にあるときのA，Bにはたらく力を図示する(図d)。ただし，AとBが引きあっている，$T>0$ として図示している。
Bには，重力 mg と T が鉛直下向き(負の向き)にはたらいているので，Bにはたらく力 F_B は　$F_B=-mg-T$

(5) A，Bの加速度を a とする。図dより，運動方程式は

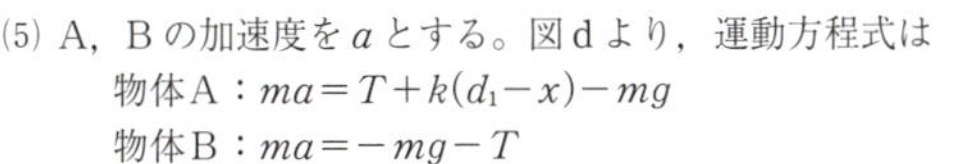

物体A：$ma=T+k(d_1-x)-mg$　……②

物体B：$ma=-mg-T$　……③

②式−③式より　$0=2T+k(d_1-x)$

①式を用いて整理すると　$T=\frac{1}{2}kx-mg$　……④

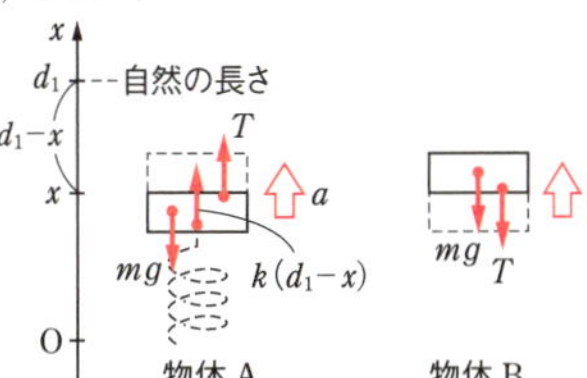

図d

(6) ④式，①式より

$x=-3d_1$ のとき　$T=\frac{1}{2}k(-3d_1)-mg=-\frac{3}{2}\cdot 2mg-mg=-4mg$

$x=3d_1$ のとき　$T=\frac{1}{2}k(3d_1)-mg=\frac{3}{2}\cdot 2mg-mg=2mg$

$x=0$ のとき　$T=\frac{1}{2}k\times 0-mg=-mg$

$T=0$ のとき　$0=\frac{1}{2}kx-mg$　よって　$x=\frac{2mg}{k}(=d_1)$

以上より，T を x の関数としてグラフを描くと　図e

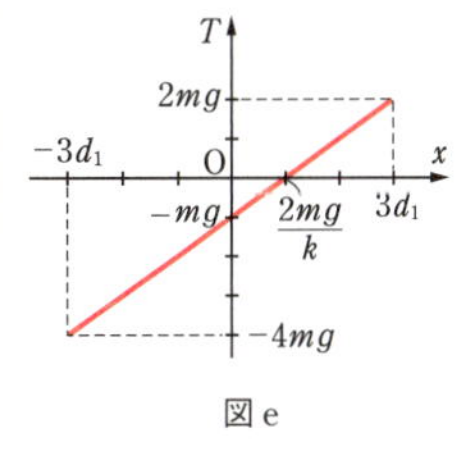

図e

(7) 問題文より，$T\geqq mg$ となるとBがAから離れる。そのための x の条件は

④式より　$T=\frac{1}{2}kx-mg\geqq mg$　よって　$x\geqq\frac{4mg}{k}$

したがって，AとBが離れる位置は　$x=\frac{4mg}{k}$

A，Bが $x=\frac{4mg}{k}$ に達するためには　$b\geqq\frac{4mg}{k}$　よって　$b_1=\frac{4mg}{k}$

(8) 求める速さを v とする。弾性力と重力の合力による位置エネルギーを用いた，単振動のエネルギー保存則「$\frac{1}{2}mv^2+\frac{1}{2}Kx^2=$一定」($x$：振動の中心からの距離)を用いる。スタート位置($x=-b$)と，AとBが離れる位置$\left(x=\frac{4mg}{k}\right)$について(図f)　$0+\frac{1}{2}kb^2=\frac{1}{2}\cdot 2mv^2+\frac{1}{2}k\left(\frac{4mg}{k}\right)^2$

$v^2=\frac{k}{2m}b^2-\frac{8mg^2}{k}$　よって　$v=\sqrt{\frac{k}{2m}b^2-\frac{8mg^2}{k}}$

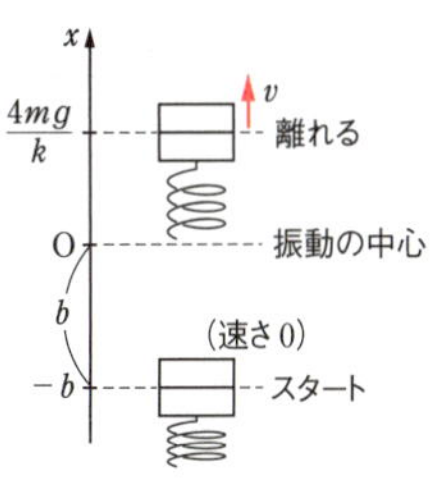

図f

別解 高さの基準を $x=0$ として力学的エネルギー保存則
「$\frac{1}{2}mv^2+mgh+\frac{1}{2}kx^2=$一定」($x$：自然の長さからの距離)を用いる(図g)。スタート位置と，AとBが離れる位置について

$$0+2mg(-b)+\frac{1}{2}k(d_1+b)^2=\frac{1}{2}\cdot 2mv^2+2mg\times\frac{4mg}{k}+\frac{1}{2}k\left(\frac{4mg}{k}-d_1\right)^2$$

これを解いて　$v=\sqrt{\frac{k}{2m}b^2-\frac{8mg^2}{k}}$

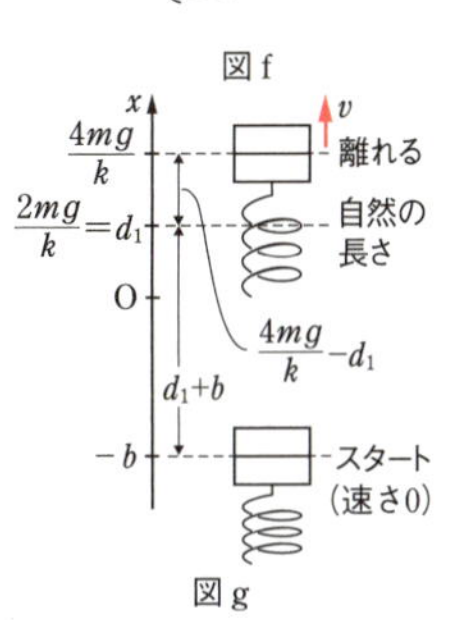

図g

ヒント 55 〈単振り子〉

(ア) (復元力)＝(糸と垂直な方向でOの向きにはたらく力)
(イ)『振幅が小さい場合』➡ $x=l\sin\theta$ としてよい
(ウ), (エ) 加速度運動する電車の中から観測しているので，Q には慣性力がはたらいているように見える。
(オ)「見かけの重力加速度」の大きさ g' を求めて，(イ)の結果の式で $g \longrightarrow g'$，$x \longrightarrow x'$ と置きかえればよい。
(カ) 単振り子の周期の式「$T=2\pi\sqrt{\dfrac{l}{g}}$」において，$g \longrightarrow g'$ とすればよい。
(キ), (ク) Qは水平方向には加速度 a の等加速度直線運動，鉛直方向には自由落下運動をする。

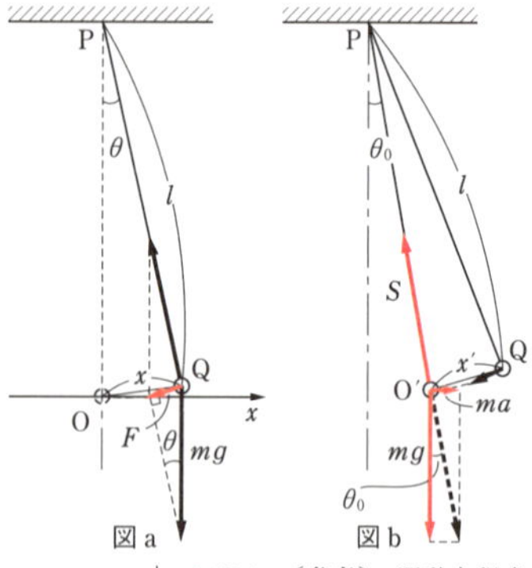

図 a　図 b

(ア) 図aより，復元力の大きさF〔N〕は　$F=\boldsymbol{mg\sin\theta}$〔N〕

(イ) 小球のOからの変位をx〔m〕とすると，$x=l\sin\theta$ である。

よって　$F=mg\sin\theta=mg\dfrac{x}{l}=\boldsymbol{\dfrac{mg}{l}\cdot x}$〔N〕

振幅が小さい(θが小さい)場合は，経路はほぼ直線で水平面上を往復運動するとみなせる※A⬅。

(ウ) 小球には，重力 mg，張力 S と慣性力 ma の 3 力がはたらき，つりあって静止している(図b)。

$ma=mg\tan\theta_0$　　よって　$\tan\theta_0=\boldsymbol{\dfrac{a}{g}}$

(エ) 力のつりあいより

$S^2=(mg)^2+(ma)^2$　　よって　$S=\boldsymbol{m\sqrt{g^2+a^2}}$〔N〕※B⬅

(オ) 電車の中(非慣性系)で見たとき，見かけの重力加速度の大きさは $g'=\sqrt{g^2+a^2}$〔m/s²〕となる。(イ)の答えで　$g \longrightarrow g'$，$x \longrightarrow x'$ と置きかえれば　$F'=\boldsymbol{\dfrac{m\sqrt{g^2+a^2}}{l}\cdot x'}$〔N〕

(カ) 単振り子の周期の式「$T=2\pi\sqrt{\dfrac{l}{g}}$」で $g \longrightarrow g'$ とすれば

$T=2\pi\sqrt{\dfrac{l}{g'}}=\boldsymbol{2\pi\sqrt{\dfrac{l}{\sqrt{g^2+a^2}}}}$〔s〕

(キ) 図cのように，見かけの重力加速度は鉛直方向とθ_0〔rad〕の角度である。よって，小球はθ_0の角度の方向にg'の加速度で落下する。このとき，鉛直方向への移動は加速度 g の等加速度運動(自由落下運動)で移動距離 h なので「$x=v_0t+\dfrac{1}{2}at^2$」より

$h=\dfrac{1}{2}gt^2$　ゆえに　$t=\boldsymbol{\sqrt{\dfrac{2h}{g}}}$〔s〕

(ク) 水平方向には車内の人が見ると加速度 a で移動するので　$L=\dfrac{1}{2}at^2=\dfrac{1}{2}a\left(\sqrt{\dfrac{2h}{g}}\right)^2=\boldsymbol{\dfrac{ah}{g}}$〔m〕※C⬅

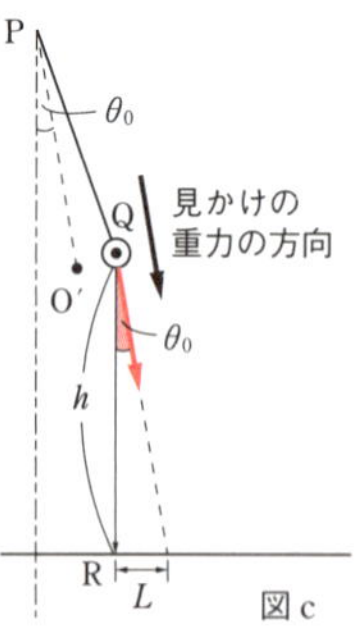

図 c

⬅※A〔参考〕運動方程式は　$m\alpha=-\dfrac{mg}{l}x$ となり

$\alpha=-\dfrac{g}{l}x$　　ここで

$\alpha=-\omega^2x$ より　$\omega=\sqrt{\dfrac{g}{l}}$

周期　$T=\dfrac{2\pi}{\omega}=2\pi\sqrt{\dfrac{l}{g}}$

⬅※B　電車内の観測者にとって見かけの重力加速度の大きさは $g'=\sqrt{g^2+a^2}$ となる。

⬅※C　車内の人には，小球はPO′の方向へ $g'=\sqrt{g^2+a^2}$ の加速度で等加速度直線運動しているように観測される。

$L=h\tan\theta_0=h\dfrac{a}{g}=\boldsymbol{\dfrac{ah}{g}}$〔m〕

ヒント 56 〈浮力と単振動〉

浮きの一部が水面から出ているとき，浮きは浮力と重力の合力を復元力として単振動をする。
(ウ)『浮きが静止』➡ 浮きにはたらく力がつりあっている(重力＝浮力)
(オ) つりあいの位置から正方向に x 移動した状態で運動方程式を立て，単振動の加速度の式「$a=-\omega^2x$」と比較する。
(カ) 振動の中心における速さは最大で，「$v_{最大}=A\omega$」と表される。
(ケ) 浮きは，重力と浮力から仕事をされている点に注目する。

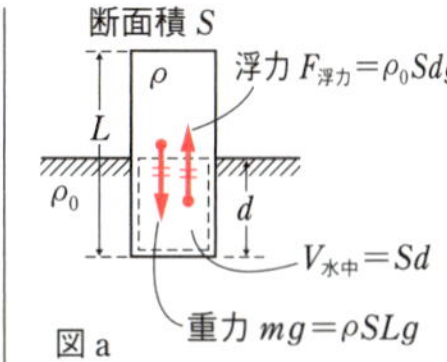

図 a

(ア) 浮きの質量 m は，「質量＝密度×体積」より　$m=\rho SL$
よって，浮きにはたらく重力の大きさ mg は　$mg=\boldsymbol{\rho SLg}$

(イ) 浮きの水中の体積 $V_{水中}$ は　$V_{水中}=Sd$ である。浮力の式「$F_{浮力}=\rho_{水}V_{水中}g$」より，浮きにはたらく浮力の大きさ $F_{浮力}$ は　$F_{浮力}=\boldsymbol{\rho_0 Sdg}$

(ウ) 浮きにはたらく重力 mg と浮力 $F_{浮力}$ がつりあうので(図 a)，(ア)，(イ)より

$\rho SLg=\rho_0 Sdg$　……①　　よって　$d=\boldsymbol{\dfrac{\rho}{\rho_0}L}$

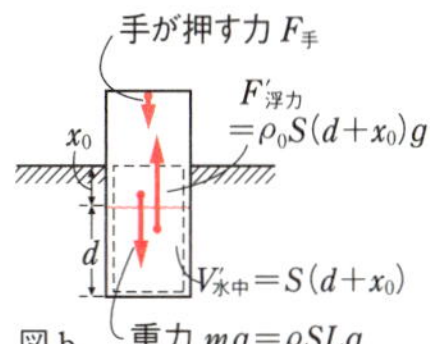

図 b

(エ) このとき，浮きの水中の体積($V'_{水中}$)は　$V'_{水中}=S(d+x_0)$ である。手が押す力の大きさを $F_{手}$ とすると，浮きにはたらく力(重力 mg，浮力 $F'_{浮力}$，手が押す力)が力のつりあいの状態にあるので(図 b)　$mg+F_{手}=F'_{浮力}\ (=\rho_0 V'_{水中}g)$
よって　$F_{手}=F'_{浮力}-mg=\rho_0 S(d+x_0)g-\rho SLg$
①式を用いて整理すると　$F_{手}=\boldsymbol{\rho_0 Sx_0 g}$

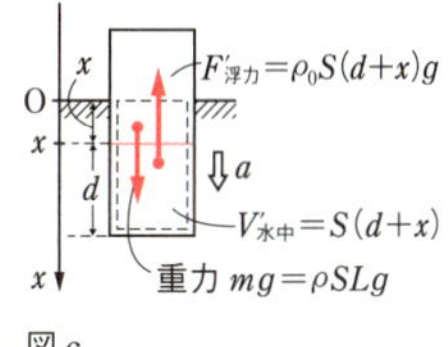

図 c

(オ) 水面を原点として鉛直下向きに x 軸をとる(図 c)。浮きがつりあいの位置より x だけ移動したとき(振動のスタート地点)の加速度を a とすると，浮きの運動方程式は　$ma=mg-F'_{浮力}$　となるので

$\rho SLa=\rho SLg-\rho_0 S(d+x)g$

①式を用いて整理すると　$\rho SLa=-\rho_0 Sgx$　　よって　$a=-\dfrac{\rho_0 g}{\rho L}x$

単振動の角振動数を ω とすると　$a=-\omega^2 x$　と表されるので，上式と比較して　$\omega^2=\dfrac{\rho_0 g}{\rho L}$　　よって　$\omega=\sqrt{\dfrac{\rho_0 g}{\rho L}}$　……②

したがって，周期 T は　$T=\dfrac{2\pi}{\omega}=\boldsymbol{2\pi\sqrt{\dfrac{\rho L}{\rho_0 g}}}$

(カ) この浮きの単振動の振幅 A は，つりあいの位置(振動の中心)から x_0 移動させた地点からスタートしたので，$A=x_0$ である。浮きがつりあいの位置(振動の中心)に来たときの速さ $v_{つりあい}$ は，最大の速さ $v_{最大}$ である。「$v_{最大}=A\omega$」および②式より　$v_{つりあい}=v_{最大}=A\omega=\boldsymbol{x_0\sqrt{\dfrac{\rho_0 g}{\rho L}}}$

別解　x_0 ずれた点と振動の中心(つりあいの位置)における，単振動のエネルギー保存則「$\dfrac{1}{2}mv^2+\dfrac{1}{2}Kx^2=$一定」より(運動方程式より $K=\rho_0 Sg$)

$0+\dfrac{1}{2}Kx_0{}^2=\dfrac{1}{2}mv_{つりあい}{}^2+0$

よって　$v_{つりあい}=x_0\sqrt{\dfrac{K}{m}}=x_0\sqrt{\dfrac{\rho_0 Sg}{\rho SL}}=\boldsymbol{x_0\sqrt{\dfrac{\rho_0 g}{\rho L}}}$

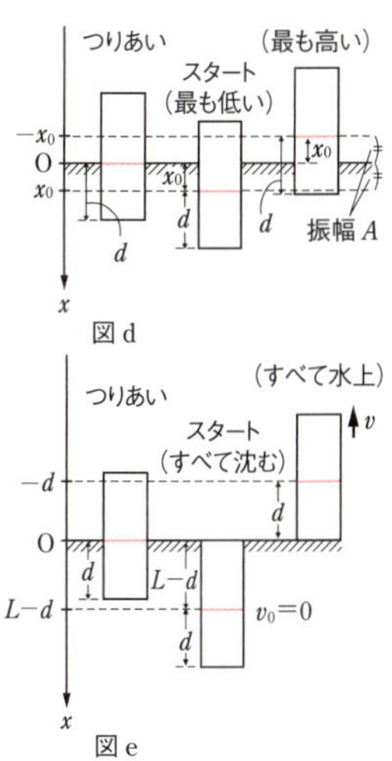

(キ) 単振動はつりあいの位置を中心として，振幅 A で振動する。よって，図 d より，浮きが最も高くなるとき，浮きはつりあいの位置(振動の中心)より上方に $A=x_0$ 動いている。このときの浮きの底面の位置は，図 d より

$d-x_0=\boldsymbol{\dfrac{\rho}{\rho_0}L-x_0}$　(d に(ウ)の結果を用いた。)

(ク) 浮きの上面を水面と同じになるまで沈めたとき，浮きはつりあいの位置(振動の中心)より $(L-d)$ だけ下方に動いている。一方，浮きの底面が水面と同じになるとき，浮きはつりあいの位置(振動の中心)より d だけ上方に動いている(図 e)。振動の中心と振幅の関係より，浮きが水から完全に飛び出す条件は　$L-d>d$　である。よって d に(ウ)の結果を代入して

$L>2d=2\dfrac{\rho}{\rho_0}L$　　よって　$\rho<\boldsymbol{\dfrac{\rho_0}{2}}$

(ケ) 浮きの上面が水面と同じになったときの浮きの底面がある位置を原点Oとし，鉛直上向きに x' 軸をとる。浮きは浮力に上向きの仕事をされて上昇し，やがて水面から飛び出して最高点に達する。その間，重力からは常に下向きの仕事をされる(図 f)。浮力は浮きの底面の位置 x' によって図 g のように変化するので，浮きが水から出る瞬間までに浮力がした仕事を $W_{浮力}$ とすると，$W_{浮力}$ は図 g のグラフの面積で表されるので

$$W_{浮力}=\frac{1}{2}\rho_0 SLg\times L=\frac{1}{2}\rho_0 SL^2 g$$

一方，浮きは水から出る瞬間まで x' 軸の正の向きに L 移動するので，重力がした仕事を $W_{重力}$ とすると

$$W_{重力}=-mg\times L=-\rho SLg\times L=-\rho SL^2 g$$

浮きについて，運動エネルギーと仕事の関係「初めの運動エネルギー＋物体のされた仕事＝終わりの運動エネルギー」より，初めの浮きの速さが 0，水から出る瞬間の速さを v とすると

$$0+(W_{浮力}+W_{重力})=\frac{1}{2}mv^2=\frac{1}{2}\rho SLv^2$$

$$\frac{1}{2}\rho_0 SL^2 g+(-\rho SL^2 g)=\frac{1}{2}\rho SLv^2$$

$$v^2=\frac{\rho_0-2\rho}{\rho}gL \qquad よって \quad v=\sqrt{\left(\frac{\rho_0}{\rho}-2\right)gL}$$

別解 図 e をもとに考える。浮きの上面が水面と同じである点($x=L-d$)と浮きが水から飛び出す点($x=-d$)における単振動のエネルギー保存則より $0+\frac{1}{2}K(L-d)^2=\frac{1}{2}mv^2+\frac{1}{2}K(-d)^2$

$m=\rho SL$，$K=\rho_0 Sg$ なので $\frac{1}{2}\rho_0 Sg(L-d)^2=\frac{1}{2}\rho SLv^2+\frac{1}{2}\rho_0 Sgd^2$

d に(ウ)の結果を用いると

$$v^2=\frac{\rho_0 g}{\rho}(L-2d)=\frac{\rho_0}{\rho}g\left(L-2\frac{\rho}{\rho_0}L\right)=\left(\frac{\rho_0}{\rho}-2\right)gL$$

よって $v=\sqrt{\left(\frac{\rho_0}{\rho}-2\right)gL}$

(コ) 水から飛び出して以降の浮きの運動は，(ケ)で求めた速さによる鉛直投げ上げ運動である。最高点の水面からの高さを h とすると，等加速度直線運動の式「$v^2-v_0{}^2=2ax$」より $0-v^2=-2gh$

$$h=\frac{v^2}{2g}=\frac{1}{2g}\left(\frac{\rho_0}{\rho}-2\right)gL=\left(\frac{\rho_0}{2\rho}-1\right)L$$ ※A⬅

(サ) 浮きの底面が水面から出てから再び着水するまでの時間を t とすると，運動の対称性より，$\frac{t}{2}$ 後に浮きは最高点(速度 0)にある。等加速度直線運動の式「$v=v_0+at$」より $0=v+(-g)\frac{t}{2}$

$$よって \quad t=\frac{2v}{g}=\frac{2}{g}\sqrt{\left(\frac{\rho_0}{\rho}-2\right)gL}=2\sqrt{\left(\frac{\rho_0}{\rho}-2\right)\frac{L}{g}}$$

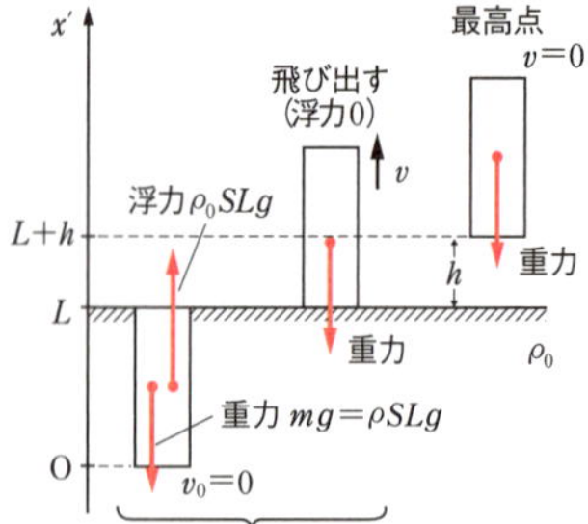

図 f

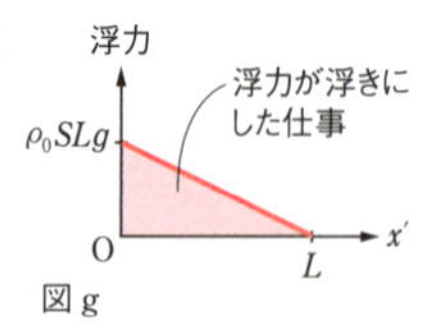

図 g

⬅※A **別解** 浮きの上面が水面と同じ状態から，浮きが水から飛び出して最高点に達するまでの間，浮きは浮力から仕事 $W_{浮力}=\frac{1}{2}\rho_0 SL^2 g$，重力から仕事

$$W'_{重力}=-mg\times(L+h)=-\rho SL^2 g-\rho SLhg$$

を受ける。運動エネルギーと仕事の関係式を立てると，初めと最高点ではともに速さが 0 なので

$$0+(W_{浮力}+W'_{重力})=0$$

$$\frac{1}{2}\rho_0 SL^2 g+(-\rho SL^2 g-\rho SLhg)=0$$

よって $h=\left(\frac{\rho_0}{2\rho}-1\right)L$

ヒント 57 〈ばねに連結された 2 物体〉

(4)『A，B の運動方程式』➡ A，B にはたらく力はばねの伸び X とばね定数 k だけで表すことができる
(6)『X を時刻 t の関数として求めよ』➡ 運動のようすをグラフに表してから式を求める
『x_A を時刻 t の関数として求めよ』➡ $X=x_B-x_A-l$ と x_G の式を利用して x_B を消去する

(1) ばねの伸びは $(L-l)$ であるから，弾性エネルギーは $\dfrac{1}{2}k(L-l)^2$

(2) 運動量保存則より $0=m_Av_A+m_Bv_B$ ……①

力学的エネルギー保存則より $\dfrac{1}{2}k(L-l)^2=\dfrac{1}{2}m_Av_A{}^2+\dfrac{1}{2}m_Bv_B{}^2$ ……②

①式より $v_B=-\dfrac{m_A}{m_B}v_A$ を②式に代入して

$$k(L-l)^2=m_Av_A{}^2+m_B\left(-\frac{m_A}{m_B}v_A\right)^2=m_Av_A{}^2\left(1+\frac{m_A}{m_B}\right) \quad \cdots\cdots③$$

ばねが自然の長さにもどった瞬間，A は正の向き (右向き) に運動しているので $v_A>0$ 　また，L は l より長い $(L>l)$ ので，③式より

$$v_A=\sqrt{\frac{m_Bk}{(m_A+m_B)m_A}}(L-l)$$ ※A

$$v_B=-\frac{m_A}{m_B}v_A=-\sqrt{\frac{m_Ak}{(m_A+m_B)m_B}}(L-l)$$

図 b

(3) 重心の公式を用いて $x_G=\dfrac{m_Ax_A+m_Bx_B}{m_A+m_B}$

(4) ばねが伸びているとき $(X>0)$，A は正の向き，B は負の向きに力を受けるので，A，B にはたらく力はそれぞれ kX，$-kX$ である。A，B それぞれの運動方程式を立てると

A：$m_Aa_A=kX$ 　B：$m_Ba_B=-kX$

(5) (4)の答えを相対加速度の式 $a=a_B-a_A$ に代入して

$$a=-\frac{k}{m_B}X-\frac{k}{m_A}X=-\frac{m_A+m_B}{m_Am_B}\cdot kX$$

よって $\dfrac{m_Am_B}{m_A+m_B}a=-kX$ 　ゆえに $M=\dfrac{m_Am_B}{m_A+m_B}$

$a=-\dfrac{m_A+m_B}{m_Am_B}k\cdot X$ と $a=-\omega^2X$ とを比較して $\omega=\sqrt{\dfrac{(m_A+m_B)k}{m_Am_B}}$ ※B

(6) 最初にばねが自然の長さになったとき，ばねの伸びは 0 であり，それ以降ばねは縮むから，X の時間変化のグラフは図 c のようになる。
ここで，振幅 A は $(L-l)$ であるから $X=-(L-l)\sin\omega t$ ……④

(3)の答えを変形すると $x_B=\dfrac{m_A+m_B}{m_B}x_G-\dfrac{m_A}{m_B}x_A$

したがって

$$X=x_B-x_A-l=\frac{m_A+m_B}{m_B}x_G-\left(\frac{m_A}{m_B}+1\right)x_A-l \quad \cdots\cdots⑤$$

④，⑤式より

$$\frac{m_A+m_B}{m_B}x_A=\frac{m_A+m_B}{m_B}x_G-l+(L-l)\sin\omega t$$

よって $x_A=x_G-\dfrac{m_B}{m_A+m_B}l+\dfrac{m_B}{m_A+m_B}(L-l)\sin\omega t$ ※C

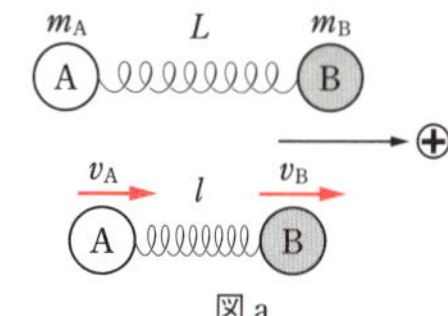

図 a

※A **別解** 静止物体の分裂の場合と同じく，力学的エネルギーは質量の逆比に分配されるから

$$\frac{1}{2}m_Av_A{}^2=\frac{1}{2}k(L-l)^2\cdot\frac{m_B}{m_A+m_B}$$

$$v_A=\sqrt{\frac{m_Bk}{(m_A+m_B)m_A}}(L-l)$$

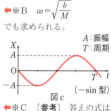

※B $\omega=\sqrt{\dfrac{k}{M}}$ でも求められる。

A：振幅
T：周期
(−sin 型)

図 c

※C 〔参考〕 答えの式は，振動の中心が $x_G-\dfrac{m_B}{m_A+m_B}l$，振幅が $\dfrac{m_B}{m_A+m_B}(L-l)$ の単振動を表している。

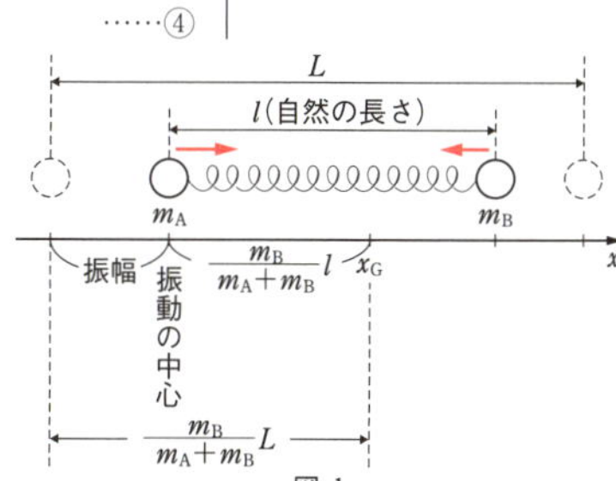

図 d

ヒント 58 〈地球のトンネル〉

(6) OA 間での復元力を $F=-Kx$ とすると，単振動のエネルギー保存則「$\frac{1}{2}mv^2+\frac{1}{2}Kx^2=$一定」が成りたつ。

(1) 地表面では (重力)=(万有引力) となるので

$$mg=G\frac{Mm}{R^2} \quad よって \quad GM=gR^2 \quad \cdots\cdots ① \quad ゆえに \quad g=\frac{GM}{R^2}\,[\mathrm{m/s^2}]$$

(2) $x<-R$ のとき，小物体は地球全体(質量 M)からの万有引力を地球の中心方向に受ける。よって，求める力Fは①式を用いて

$$F=G\frac{Mm}{x^2}=\frac{mgR^2}{x^2}\,[\mathrm{N}] \quad (x<-R)$$

$-R\leqq x\leqq R$ のとき，小物体は半径$|x|$の球面内の質量 M_x からの万有引力を中心方向に受ける。質量 M_x は　$M_x=\frac{|x|^3}{R^3}M$ ※A※B

よって　$|F|=G\frac{M_x m}{|x|^2}=G\frac{m}{|x|^2}\cdot\frac{|x|^3}{R^3}M=G\frac{Mm}{R^3}|x|$

向きも含めて考えると，①式を用いて

$$F=-\frac{gR^2m}{R^3}x=-\frac{mg}{R}x\,[\mathrm{N}] \text{※C} \quad (-R\leqq x\leqq R)$$

$x>R$ のとき，$x<-R$ のときと同様にして

$$F=-G\frac{Mm}{x^2}=-\frac{mgR^2}{x^2}\,[\mathrm{N}] \quad (R<x)$$

(3) (2)の結果をグラフで示せば，図aのようになる。

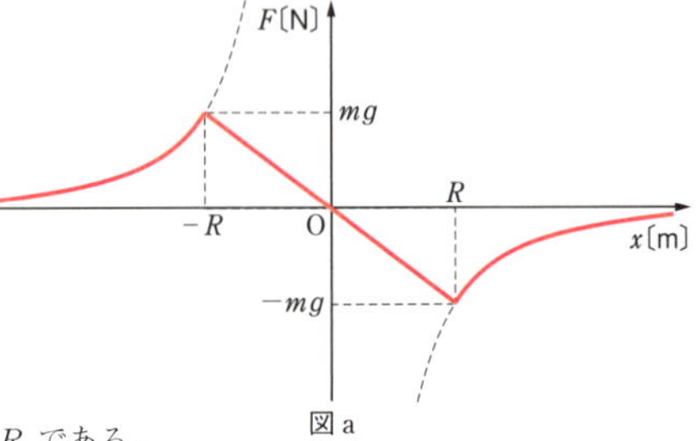

図a

(4) (2)より，$-R\leqq x\leqq R$ の範囲において小物体の運動方程式は，加速度を a とすると

$$ma=F=-\frac{mg}{R}x \qquad よって \quad a=-\frac{g}{R}x$$

このとき，小物体の単振動の角振動数 ω〔rad/s〕は，

$\omega=\sqrt{\frac{g}{R}}$ ……②，振動の中心は点O，振幅Aは，$A=R$ である。

振動の中心(点O)における小物体の速さは「$v_{最大}=A\omega$」より

$$v=A\omega=R\sqrt{\frac{g}{R}}=\sqrt{gR}\,[\mathrm{m/s}] \text{※D}$$

(5) 小物体の単振動の周期 T〔s〕は「$T=\frac{2\pi}{\omega}$」と②式より　$T=2\pi\sqrt{\frac{R}{g}}$

点Aから点Bまで移動する時間 t は，周期 T の $\frac{1}{2}$ (半周期)なので

$$t=\frac{1}{2}T=\frac{1}{2}\cdot 2\pi\sqrt{\frac{R}{g}}=\pi\sqrt{\frac{R}{g}}\,[\mathrm{s}]$$

$g=1.0\times 10\,\mathrm{m/s^2}$，$R=6.4\times 10^6\,\mathrm{m}$，$\pi=3.14$ を上の式に代入すると

$$t=3.14\times\sqrt{\frac{6.4\times 10^6}{1.0\times 10}}=3.14\times\sqrt{64\times 10^4}=3.14\times 8.0\times 10^2=2.512\times 10^3$$

$$\fallingdotseq 2.5\times 10^3\,\mathrm{s}$$

(6) 点Oでの速さ v_0 の小物体が点Aで速さ v_R になったとする。$-R\leqq x\leqq R$ において復元力Fを，$F=-\frac{mg}{R}x=-Kx$ とすると，単振動の位置エネルギーは中心点Oを基準として $\frac{1}{2}Kx^2$ と表される。よって，単振動のエネルギー保存則「$\frac{1}{2}mv^2+\frac{1}{2}Kx^2=$一定」より

$$\frac{1}{2}mv_0{}^2+0=\frac{1}{2}mv_R{}^2+\frac{1}{2}\left(\frac{mg}{R}\right)R^2$$

※A　xの値は正にも負にもなりうるが，質量は正の値しかとらないので，$|x|$のように絶対値で表す。

※B　地球の密度は一様なので，体積比が質量比となる。相似比が $|x|:R$ であることから，体積比は$|x|^3:R^3$ なので

$M_x:M=|x|^3:R^3$

※C　$x>0$ のときは $|x|=x$ で $F<0$，$x<0$ のときは $|x|=-x$ で $F>0$ なので，$F\propto -x$

※D **別解**　$-R\leqq x\leqq R$ での単振動の位置エネルギーは，点Oを基準として，

$$U=\frac{1}{2}Kx^2 \left(K=\frac{mg}{R}\right)$$

で表されるので，単振動のエネルギー保存の式

「$\frac{1}{2}mv^2+\frac{1}{2}Kx^2=$一定」より

$$\frac{1}{2}mv^2+0=0+\frac{1}{2}\left(\frac{mg}{R}\right)R^2$$

$$v^2=gR$$

よって　$v=\sqrt{gR}\,[\mathrm{m/s}]$

ゆえに　$\frac{1}{2}mv_R{}^2=\frac{1}{2}mv_0{}^2-\frac{1}{2}mgR$　……③

また，点Aを速さ v_R で通過した小物体が，無限遠方で速さ0になればよいので，力学的エネルギー保存則「$\frac{1}{2}mv^2+\left(-G\frac{Mm}{r}\right)=$一定」より

$$\frac{1}{2}mv_R{}^2+\left(-G\frac{Mm}{R}\right)=0+0 \quad ……④$$

①，③，④式より　$\frac{1}{2}mv_0{}^2-\frac{1}{2}mgR=G\frac{Mm}{R}=\frac{gR^2m}{R}=mgR$

$v_0{}^2=3gR$　　よって　$v_0=\sqrt{3gR}$〔m/s〕

ヒント 59 〈ベルト上での物体の単振動〉

単振動の加速度の式「$a=-\triangle(x-\square)$」からわかること ➡ △：ω^2(周期がわかる)，□：x_0(振動の中心がわかる)

〔A〕(2) 位置 x での運動方程式を立てる。周期と振動の中心を求めた後にグラフをかくと数式をミスしにくい。

〔B〕(2) 振動の中心や周期が変わる ➡ 運動方程式を立て直す

(4) 離れる条件 ➡ (箱Aと箱Bが及ぼしあう力)=0

1物体ごとに運動方程式を立てて考える。

〔A〕(1) ベルトからの垂直抗力を N として，箱Aにはたらく力のつりあいより(図a)

$$\begin{cases}(水平)\ \mu'N=kx_0\\(鉛直)\ N=mg\end{cases}\quad よって\quad x_0=\frac{\mu'mg}{k}$$

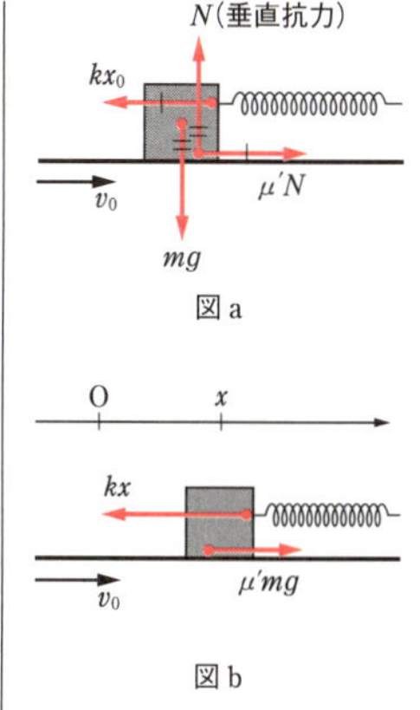

図a　図b

(2) 加速度を a として，位置 x における運動方程式を立てると(図b)

$$ma=-kx+\mu'mg=-k\left(x-\frac{\mu'mg}{k}\right)\quad よって\quad a=-\frac{k}{m}(x-x_0)$$

となり，位置 x_0 を中心とし，角振動数 ω が $\sqrt{\frac{k}{m}}$ の単振動をすることがわかる。時刻 $t=0$ において，x_0+d で静止していたことから，x と v の時間変化をグラフにすると図cのようになる。よって

傾き0(静止)でスタート
負の向きに速さ最大
速度の最大値$=A\omega=d\omega$
図c

$$x=x_0+d\cos\omega t=x_0+d\cos\sqrt{\frac{k}{m}}t$$

$$v=-d\omega\sin\omega t=-d\sqrt{\frac{k}{m}}\sin\sqrt{\frac{k}{m}}t$$

$$T=\frac{2\pi}{\omega}=2\pi\sqrt{\frac{m}{k}}$$

(3) 問題文に従って計算すると

$$\begin{aligned}E_K+E_P&=\frac{1}{2}mv^2+\frac{1}{2}k(x-x_0)^2\\&=\frac{1}{2}m\left(-d\sqrt{\frac{k}{m}}\sin\sqrt{\frac{k}{m}}t\right)^2+\frac{1}{2}k\left(d\cos\sqrt{\frac{k}{m}}t\right)^2\\&=\frac{1}{2}m\left(\sqrt{\frac{k}{m}}\right)^2d^2\sin^2\sqrt{\frac{k}{m}}t+\frac{1}{2}kd^2\cos^2\sqrt{\frac{k}{m}}t\\&=\frac{1}{2}m\frac{k}{m}d^2\sin^2\sqrt{\frac{k}{m}}t+\frac{1}{2}kd^2\cos^2\sqrt{\frac{k}{m}}t=\frac{1}{2}kd^2\text{※A}\end{aligned}$$

となり，E_K+E_P は時刻 t によらず一定となることが示された。

※A
$\sin^2\sqrt{\frac{k}{m}}t+\cos^2\sqrt{\frac{k}{m}}t=1$

〔B〕(1) 箱Bが $x=x_0$ で衝突する前の運動方程式は，加速度を a_B として

$$ma_B=\mu' mg \text{※B} \quad \text{よって} \quad a_B=\mu' g$$

となり，距離 x_1+x_0 を等加速度運動するとわかる。衝突直前の箱Bの速度を v_B とすると，等加速度直線運動の式「$v^2-v_0{}^2=2ax$」より

$$v_B{}^2-0^2=2\mu' g(x_1+x_0) \quad \text{よって} \quad v_B=\sqrt{2\mu' g(x_1+x_0)} \text{※C}$$

ここで箱Aと箱Bの運動量保存則の式より

$$mv_B+m\cdot 0=(m+m)v_1$$

ゆえに　$v_1=\dfrac{1}{2}v_B=\sqrt{\dfrac{1}{2}\mu' g(x_1+x_0)}$

※B　ベルトの速度で動くのではなく，ベルトからの動摩擦力によって加速される。

※C　動摩擦力がした仕事と運動エネルギーの関係でも求まる。

$$\mu' mg(x_1+x_0)=\frac{1}{2}mv_B{}^2$$

(2) $E_K'=\dfrac{1}{2}\cdot 2m\cdot v'^2=mv'^2$

さて，一体となった後の加速度を a' として，位置 x' における運動方程式を立てると

$$2ma'=-kx'+2\mu' mg=-k\left(x'-\frac{2\mu' mg}{k}\right)$$

$$a'=-\frac{k}{2m}(x'-2x_0)$$

となり，振動の中心が $2x_0$ に，角振動数 ω' が $\sqrt{\dfrac{k}{2m}}$ に変化した単振動をすることがわかる（図d）。よって

$$E_P'=\frac{1}{2}k(x'-2x_0)^2$$

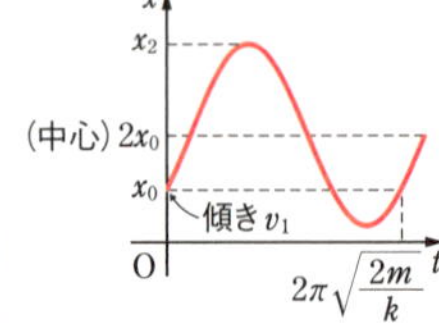

図d

(3) 〔A〕(3)の結果より，$E_K'+E_P'$ も同様に保存するとわかるので，衝突直後から速度0になるまでを考えて

$$\frac{1}{2}\cdot 2m\cdot v_1{}^2+\frac{1}{2}k(x_0-2x_0)^2=\frac{1}{2}\cdot 2m\cdot 0^2+\frac{1}{2}k(x_2-2x_0)^2$$

$$(x_2-2x_0)^2=\frac{2m}{k}v_1{}^2+x_0{}^2$$

図d，図eからも明らかなように，$x_2>2x_0$ なので

$$x_2=2x_0+\sqrt{x_0{}^2+\frac{2m}{k}v_1{}^2}$$

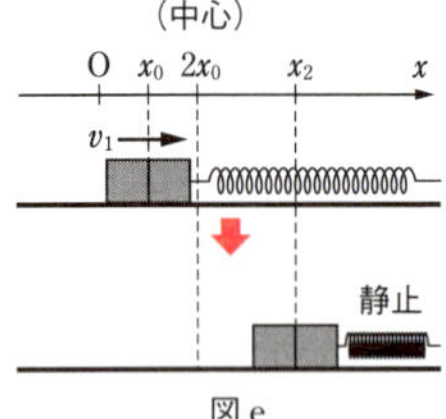

図e

(4) 一体で単振動しているときの箱A，箱Bの運動方程式を別々に表す。互いに及ぼしあう抗力の大きさを R として（図f）

$$\begin{cases} \text{A}: ma'=-kx'+R+\mu' mg \\ \text{B}: ma'=-R+\mu' mg \end{cases}$$

2式より　$R=\dfrac{1}{2}kx'$

よって，箱Bが離れるのは $R=0$ となる $x'=0$ のとき，つまり自然の長さになったときだとわかる。したがって，衝突後の振幅が $2x_0$ より大きいとき，箱Bは離れて運動する。〔B〕(3)より，〔B〕(1)の結果を用いて振幅 A を求めると

$$A=x_2-2x_0=\sqrt{x_0{}^2+\frac{2m}{k}v_1{}^2}=\sqrt{x_0{}^2+\frac{\mu' mg(x_1+x_0)}{k}}$$

$$=\sqrt{x_0{}^2+x_0(x_1+x_0)}$$

ゆえに，求める条件は

$$\sqrt{x_0{}^2+x_0(x_1+x_0)}>2x_0 \qquad \text{これを解いて} \quad x_1>2x_0$$

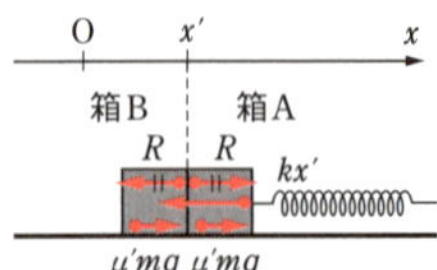

図f

8 温度と熱量

ヒント 60 〈熱量の保存〉

(1), (2) (低温の物体が得た熱量)=(高温の物体が失った熱量)
(2) 実験1で用いた金属製容器と水が低温物体になる。

(1)「金属製容器の失った熱量=水が得た熱量」であるから「$Q=mc\Delta t$」より

$$m_Ac_A(t_A-t_1)=m_Bc_B(t_1-t_B)$$

整理して　$(m_Ac_A+m_Bc_B)t_1=m_Ac_At_A+m_Bc_Bt_B$

よって　$t_1=\dfrac{m_Ac_At_A+m_Bc_Bt_B}{m_Ac_A+m_Bc_B}$〔°C〕

(2) 実験1で用いた金属製容器と水が低温物体，金属球が高温物体となる。「金属球の失った熱量=金属製容器+水 が得た熱量」より

$$m_Xc_X(90-t_2)=(m_Ac_A+m_Bc_B)(t_2-t_1)$$

よって　$c_X=\dfrac{(m_Ac_A+m_Bc_B)(t_2-t_1)}{m_X(90-t_2)}$〔J/(g·K)〕

ヒント 61 〈水の状態変化〉

(2) (水が $0\sim T_B$〔°C〕になるまでに与えられた熱量)=(時間 $t_2\sim t_B$〔s〕の間に電力 P で与えた熱量)
(3) (m〔g〕の氷を水にするのに必要な熱量)=(時間 $t_1\sim t_2$〔s〕の間に電力 P で与えた熱量)
(4) (氷が $-T_1\sim 0$〔°C〕になるまでに与えられた熱量)=(時間 $0\sim t_1$〔s〕の間に電力 P で与えた熱量) の関係と(2)の結果を用いる。
(5) 一定の電力で熱しているので，とけて水となる氷の質量は熱する時間に比例する。
(6) (m〔g〕の水が水蒸気になるのに必要な熱量)=(時間 $t_3\sim t_4$〔s〕の間に電力 P で与えた熱量) の関係から水の蒸発熱を求め，(3)の式と比較する。

(1) 熱量の式「$Q=mc\Delta t$」(Δt は温度変化) を用いて

$$Q=mC_W(T_B-0)=mC_WT_B \text{〔J〕}$$

(2) 電力 P で時間 t の間に与えられた熱量 W は「$W=Pt$」で表される。水の温度を 0°C から T_B〔°C〕まで上昇させる間 (時間 t_B-t_2〔s〕) に与えた熱量は

$$W=P(t_B-t_2)$$

これが(1)の Q と等しいので　$P(t_B-t_2)=mC_WT_B$

よって　$P=\dfrac{mC_WT_B}{t_B-t_2}$〔W〕　……①

(3) 氷の融解熱を q_1〔J/g〕とすると，0°C，m〔g〕の氷が水になるのに必要な熱量は mq_1〔J〕である。これが t_2-t_1〔s〕間に電力 P によって与えた熱量と等しいので　$mq_1=P(t_2-t_1)$　……②

①式より　$mq_1=\dfrac{mC_WT_B}{t_B-t_2}(t_2-t_1)$　　よって　$q_1=\dfrac{C_WT_B(t_2-t_1)}{t_B-t_2}$〔J/g〕

(4) 氷の比熱を C_I〔J/(g·K)〕とすると，m〔g〕の氷が $-T_1$〔°C〕から 0°C になるのに必要な熱量は，$mC_I\{0-(-T_1)\}$ である。これが t_1〔s〕間に電力 P によって与えた熱量と等しいので　$mC_I\{0-(-T_1)\}=Pt_1$

①式より　$mC_IT_1=\dfrac{mC_WT_B}{t_B-t_2}t_1$　　よって　$\dfrac{C_I}{C_W}=\dfrac{T_Bt_1}{T_1(t_B-t_2)}$〔倍〕

(5) 一定電力で熱しているので，とけた氷の質量は熱する時間に比例する。時刻 t_A〔s〕において，とけた氷 (質量 m_1) は t_A-t_1〔s〕間熱せられており，残っている氷 (質量 m_2) はこの先 t_2-t_A〔s〕間熱せられてとける。比例定数 k を用いると　$m_1=k(t_A-t_1)$，$m_2=k(t_2-t_A)$

よって　$\dfrac{m_2}{m_1}=\dfrac{k(t_2-t_A)}{k(t_A-t_1)}=\dfrac{t_2-t_A}{t_A-t_1}$〔倍〕

(6) 水の蒸発熱を q_2〔J/g〕とすると，100°C，m〔g〕の水が水蒸気になるのに必要な熱量は mq_2〔J〕である。これが t_4-t_3〔s〕間に電力 P によって与えられた熱量と等しいので　$mq_2=P(t_4-t_3)$　……③

②，③式より　$\dfrac{q_2}{q_1}=\dfrac{\dfrac{P(t_4-t_3)}{m}}{\dfrac{P(t_2-t_1)}{m}}=\dfrac{t_4-t_3}{t_2-t_1}$

ヒント 62 〈熱機関〉

(1) 100°C の水蒸気 → 100°C の水への変化で，熱を低熱源（復水器）へ放出している。

(2) 熱効率の式「$e=\dfrac{Q_1-Q_2}{Q_1}$」を用いる。　(4)（1 m³ の水の質量）$=1\times10^3$ kg　(5) (3)と(4)の結果を用いる。

(1) 1 秒間に放出される水蒸気の量は，2.0 kg $=2.0\times10^3$ g である。100°C の水蒸気を 100°C の水にもどすから，水蒸気 1 g 当たりの放出熱量が 2.3×10^3 J より，1 秒間に放出される熱量 Q_2〔J〕は

$Q_2=2.0\times10^3\times2.3\times10^3=$**$4.6\times10^6$ J**

(2) この熱機関が 1 秒間に取り入れる熱量を Q_1〔J〕とする。仕事に変わるのは Q_1-Q_2 であり，熱効率が 15% だから

$\dfrac{Q_1-4.6\times10^6}{Q_1}=\dfrac{15}{100}$　よって　$Q_1=5.41\cdots\times10^6\fallingdotseq$**$5.4\times10^6$ J**

(3) この熱機関が 1 秒間にする仕事は　$5.41\times10^6-4.6\times10^6=0.81\times10^6$ J※A←
10 分間は　10×60 s　だから，求める仕事は

$0.81\times10^6\times10\times60=486\times10^6\fallingdotseq$**$4.9\times10^8$ J**

←※A　数値計算の場合，有効数字より 1 桁多くして計算する。

(4) 1 m³ の水の質量は　1×10^3 kg　である。「$W=mgh$」より，求める仕事は

$1\times10^3\times9.8\times45=4.41\times10^5\fallingdotseq$**$4.4\times10^5$ J**

(5) (3)と(4)より，求める水の体積は　$\dfrac{4.86\times10^8}{4.41\times10^5}$※A←　$\fallingdotseq$**1.1×10^3 m³**

9 気体分子の運動と状態変化

ヒント 63 〈熱気球〉

〔A〕理想気体の状態方程式「$pV=nRT$」，密度と体積の関係「$\rho=\dfrac{m}{V}$」を用いる。

(1) (エ)の結果から判断する。

〔B〕(2) (1)の結果を用いる。　(オ)，(カ) 質量と体積の関係「$m=\rho V$」，浮力の式「$F_{浮力}=\rho Vg$」を用いる。

(5) 空気を含む熱気球にはたらく重力と浮力がつりあうとき，熱気球は浮上を始める。

〔A〕(ア) 理想気体の状態方程式「$pV=nRT$」より，$pV=$**nRT**

(イ) **状態方程式**

(ウ) 1 mol 当たりの空気の質量が m_0〔kg〕であるので，物質量 n〔mol〕の空気の質量は，**nm_0〔kg〕**

(エ) 空気の密度は(ウ)の結果より　$\rho=\dfrac{nm_0}{V}$　と表される。状態方程式より

$V=\dfrac{nRT}{p}$ を代入すると　$\rho=nm_0\times\dfrac{p}{nRT}=$**$\dfrac{m_0p}{RT}$〔kg/m³〕**※A←

←※A　この式は，$\dfrac{p}{\rho T}=\dfrac{R}{m_0}$（一定）となり，密度で表したボイル・シャルルの法則「$\dfrac{p_0}{\rho_0T_0}=\dfrac{p}{\rho T}$」を示している。

(1) (エ)の結果より　$\rho T=\dfrac{m_0p}{R}$　となる。ここで「圧力 $p=$一定」の場合，$\dfrac{m_0p}{R}$ も一定となる。よって　$\rho T=$一定　となり，ρ と T は反比例の関係となる。ゆえに，温度 T の増加とともに空気の密度 ρ は減少する。

〔B〕(2) 球体の開口部の内外での空気の圧力が等しい(「圧力 p＝一定」)ので，(1)の結果(「ρT＝一定」)を用いることができ　$\rho T=\rho_0 T_0$

よって　$\rho=\dfrac{T_0}{T}\rho_0$〔kg/m^3〕

(オ) 質量と体積の関係式「$m=\rho V$」より，気球内の空気の質量は ρV〔kg〕であり，(2)の結果を用いると　$\rho V=\dfrac{T_0}{T}\rho_0 V$〔kg〕　となる。よって気球内の空気にはたらく重力の大きさは，重力の式「$W=mg$」を用いて

$\dfrac{T_0}{T}\rho_0 V\times g$〔N〕

(カ) 浮力の大きさは，気球が排除した空気(密度 ρ)にはたらく重力の大きさ「ρVg」であるので(浮力の式「$F_{浮力}=\rho Vg$」)

$f=\rho_0 V\times g$〔N〕　……①

(3) 気球にはたらく力は図 a のようになる。空気を含む気球にはたらく重力の大きさ F は

$$F=Mg+\frac{T_0}{T}\rho_0 Vg=Mg+\frac{T_0\rho_0 Vg}{T}\quad\cdots\cdots②$$

となるので，F-T グラフは図 b のようになる※B。

(4) 気球が受ける浮力の大きさ f〔N〕(①式)は，気球内の空気の温度 T〔K〕によらず，一定の値である。一方，空気を含む気球にはたらく重力の大きさ F〔N〕は，②式より温度 T〔K〕が上昇するにつれて減少する。温度 T が増加するにつれて F が減少し，やがて F と f が等しくなる温度において，力のつりあいより，気球が地面から受ける垂直抗力が 0 になる。さらに温度が上昇すると，さらに F が小さくなり，$F<f$ となるので，気球にはたらく力の合力は上向きになり，気球は上向きに加速度運動をする。

(5) $T=T_f$ のとき，$F=f$ となるので，①，②式より

$$Mg+\frac{T_0\rho_0 Vg}{T_f}=\rho_0 Vg\qquad よって\quad T_f=\frac{\rho_0 V}{\rho_0 V-M}T_0〔K〕$$

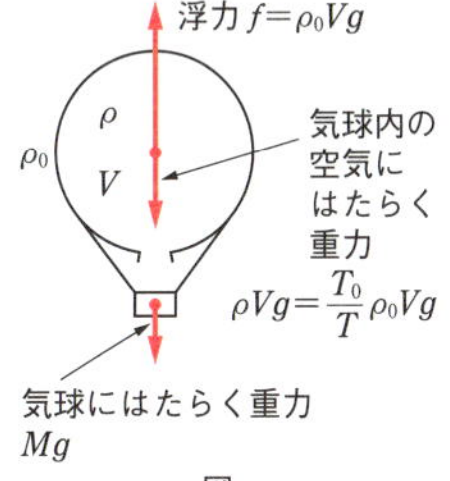

図 a

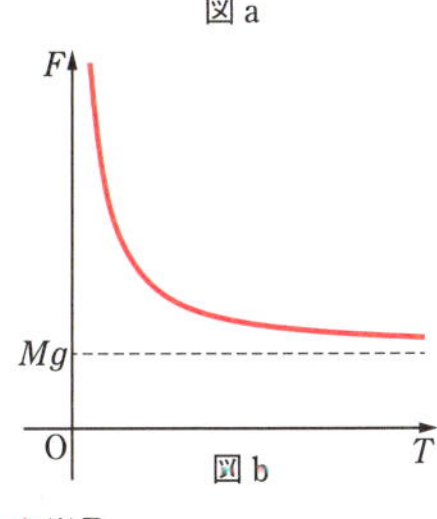

図 b

※B
$F=Mg+\dfrac{T_0\rho_0 Vg}{T}$
$T\to 0$ のとき $F\to+\infty$
$T\to+\infty$ のとき $F\to Mg$

ヒント 64 〈気体の混合〉

(2)『気体と容器，細い管，コックとの熱のやりとりはない(断熱)』➡ コックを開く前後で気体の内部エネルギーの総和は保存される

(1) 気体は単原子分子理想気体であるから「$U=\dfrac{3}{2}nRT$」より

$U_1=\dfrac{3}{2}n_1RT_1$〔J〕，$U_2=\dfrac{3}{2}n_2RT_2$〔J〕

(2) コック A を開く前後で内部エネルギーの総和は保存されるので

$$\frac{3}{2}n_1RT_1+\frac{3}{2}n_2RT_2=\frac{3}{2}(n_1+n_2)RT_A$$

これを解いて　$T_A=\dfrac{n_1T_1+n_2T_2}{n_1+n_2}$〔K〕　……①

また，コック A を開き十分時間が経過した後の気体に成りたつ状態方程式より

$p_A(V_1+V_2)=(n_1+n_2)RT_A$

①式を用いて　$p_A(V_1+V_2)=n_1RT_1+n_2RT_2$※A　……②

ここで，コック A を開く前の容器 1 と容器 2 に成りたつ状態方程式は

$p_1V_1=n_1RT_1$　……③，$p_2V_2=n_2RT_2$　……④

であるので，②式に③式と④式を用いて

$p_A(V_1+V_2)=p_1V_1+p_2V_2$

よって　$p_A=\dfrac{p_1V_1+p_2V_2}{V_1+V_2}$〔Pa〕

※A　問題文には『p_A を p_1，p_2，V_1，V_2 を用いて表せ』とあるので，状態方程式(③，④式)を用いて式変形をする。

(3) コックBを開く前の，容器2内の物質量を n_2'〔mol〕とおくと，容器1と容器2をあわせた V_1+V_2〔m³〕の中に n_1+n_2〔mol〕が一様に入っていたので，容器2の V_2〔m³〕内の物質量は

$$n_2'=\frac{V_2}{V_1+V_2}(n_1+n_2)$$ ※B

となる。コックBを開く前，容器3は真空で物質量は0molなので

$$n_2'+0=n_B \quad \cdots\cdots⑤$$

よって　$n_B=\frac{V_2}{V_1+V_2}(n_1+n_2)$〔mol〕

また，コックBを開く前後で内部エネルギーの総和は保存されるので

$$\frac{3}{2}n_2'RT_A+0=\frac{3}{2}n_BRT_B$$

⑤式より $n_2'=n_B$ なので　$T_B=T_A=\frac{n_1T_1+n_2T_2}{n_1+n_2}$〔K〕※C

(4) 状態方程式は　$p_B(V_2+V_3)=n_BRT_B$

となるので　$p_B=\frac{n_BRT_B}{V_2+V_3}=\frac{1}{V_2+V_3}\cdot\frac{V_2}{V_1+V_2}(n_1+n_2)\cdot R\cdot\frac{n_1T_1+n_2T_2}{n_1+n_2}$

$$=\frac{V_2}{(V_1+V_2)(V_2+V_3)}(n_1RT_1+n_2RT_2)$$

③，④式を用いて　$p_B=\frac{V_2(p_1V_1+p_2V_2)}{(V_1+V_2)(V_2+V_3)}$〔Pa〕

(5)(ア) **不可逆変化**　(イ) **熱力学第二法則**
(ウ) **高温の**　(エ) **低温の**　(オ) **熱機関**※D

※B 別解 n_2' を状態方程式から求めることもできる。コックBを開く前の容器1内の物質量を n_1'〔mol〕とおいて，状態方程式を書くと
$p_AV_1=n_1'RT_A$
$p_AV_2=n_2'RT_A$
これらより　$\frac{n_1'}{n_2'}=\frac{V_1}{V_2}$
であるから　$n_1'=\frac{V_1}{V_2}n_2'$ ……ⓐ
また，物質量の総和の保存より　$n_1+n_2=n_1'+n_2'$ ……ⓑ
ⓐ，ⓑ式より
$$n_2'=\frac{V_2}{V_1+V_2}(n_1+n_2)$$
を得る。

※C　真空への断熱膨張では，気体は仕事をしないから，気体の温度は変化しない。よって，求める温度は(2)の T_A と変わらない。

※D　得た熱をすべて仕事に変える(熱効率1の)熱機関を**第二種永久機関**とよぶ。問題文で説明されている通り，第二種永久機関は存在しない。

ヒント 65 〈立方体内の気体分子の運動と気体の圧力・密度の鉛直変化〉

(ア)「力積＝運動量の変化」と(壁が受ける力積)＝−(分子が受ける力積)

(カ) $F=N\times$(f の平均)　(ケ) $U=N\times\frac{1}{2}m\overline{v^2}$

(コ) 厚さ Δz の気柱にはたらく力のつりあいを考える。

(サ) 厚さ Δz の気柱に含まれる分子数を $\Delta N(z)$ として，理想気体の状態方程式と，密度と質量，体積の関係式を立て，$\Delta N(z)$ を消去する。

(シ) (コ)，(サ)の結果より，与えられた条件 $\frac{P(z+\Delta z)-P(z)}{P(z)}=-\frac{0.010}{100}$ を代入して計算する。

(ス) 容器全体での力のつりあいを考える。　(セ) (サ)，(ス)の結果を用いる。

(1)(ア) 分子が壁面Aとの1回の衝突で受ける力積は，「力積＝運動量の変化」より　$(-mv_z)-mv_z=-2mv_z$ (z 軸の負の向き)※A

壁面Aが受ける力積は，作用反作用の法則より

$2mv_z$〔N·s〕(z 軸の正の向き)

(イ) 分子は z 軸方向に往復で $2L$ 進むたびに壁面Aと1度衝突するので，衝突してから次に衝突するまでの時間は　$\frac{2L}{v_z}$〔s〕

(ウ) Δt〔s〕の間に分子は $v_z\cdot\Delta t$〔m〕進み，$2L$〔m〕進むたびに壁面Aと衝突するので，Δt の間に衝突する回数は　$\frac{v_z\Delta t}{2L}$〔回〕※B

(エ) 壁面Aは1回の衝突で $2mv_z$ の力積を受け，時間 Δt で $\frac{v_z\Delta t}{2L}$ 回衝突するので，時間 Δt の間に壁面Aの受ける力積は　$2mv_z\times\frac{v_z\Delta t}{2L}=\frac{mv_z^2\Delta t}{L}$〔N·s〕

※A　気体分子と壁面Aの弾性衝突 ($e=1$) であるので，衝突の前後で速さは変わらず，向きが反対になる。

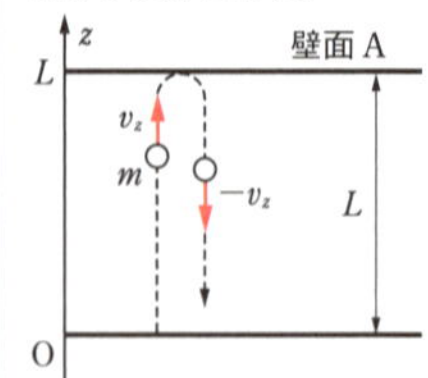

(オ) 時間 Δt の間，壁面Aが力 f を受けるとき，壁面Aの受ける力積は $f\cdot\Delta t$ と表される。これと(エ)の結果より

$$f\Delta t=\frac{mv_z{}^2\Delta t}{L}\qquad よって\quad f=\frac{mv_z{}^2}{L}=\frac{m}{L}\times v_z{}^2\,〔N〕$$

(カ) N 個の気体分子から壁面Aが受ける力 F は，$v_z{}^2$ の平均値 $\overline{v_z{}^2}$ を用いると

$$F=N\cdot\overline{f}=N\cdot\frac{m\overline{v_z{}^2}}{L}\quad これに\quad \overline{v_z{}^2}=\frac{1}{3}\overline{v^2}^{※C}\ を用いて\quad F=\frac{Nm\overline{v^2}}{3L}\,〔N〕$$

(キ) 壁面Aの面積は L^2 なので，圧力「$P=\dfrac{F}{S}$」より，力 F から圧力 P を求めると $P=\dfrac{F}{L^2}=\dfrac{Nm\overline{v^2}}{3L^3}$〔N/m²〕

(ク) 容器の体積 $V=L^3$，容器内の分子（N 個）の物質量 $n=\dfrac{N}{N_A}$，および(キ)の結果を，理想気体の状態方程式「$pV=nRT$」に代入すると

$$\left(\frac{Nm\overline{v^2}}{3L^3}\right)\times L^3=\frac{N}{N_A}RT\qquad よって\quad \overline{v^2}=\frac{3RT}{mN_A}\,〔m^2/s^2〕$$

(ケ) 理想気体の内部エネルギーは，N 個の分子の運動エネルギーの総和であるので，(ク)を用いて $U=N\times\dfrac{1}{2}m\overline{v^2}=N\times\dfrac{1}{2}m\left(\dfrac{3RT}{mN_A}\right)=\dfrac{3}{2}\cdot\dfrac{N}{N_A}\cdot RT$〔J〕

(2)(コ) 高さ z における厚さ Δz，断面積 L^2 の気柱について考える。題意より，気柱内の気体の密度は $d(z)$ で一定としてよい。気柱にはたらく力（図a）のつりあいより $P(z+\Delta z)L^2+d(z)L^2\Delta zg=P(z)L^2$

よって $P(z+\Delta z)=P(z)-d(z)g\Delta z$〔N/m²〕

(サ) 厚さ Δz の気柱内に含まれる分子数を $\Delta N(z)$ とし，気柱内の気体（体積 $L^2\cdot\Delta z$，圧力 $P(z)$）について，理想気体の状態方程式を立てると

$$P(z)\cdot L^2\Delta z=\frac{\Delta N(z)}{N_A}RT\qquad\cdots\cdots①$$

気柱内の気体の密度を，体積 $L^2\Delta z$，気体分子の質量 m，個数 $\Delta N(z)$ で表すと

$$d(z)=\frac{気体の質量}{気体の体積}=\frac{m\Delta N(z)}{L^2\Delta z}\qquad\cdots\cdots②$$

①，②式より，$\Delta N(z)$ を消去すると $\dfrac{P(z)L^2\Delta zN_A}{RT}=\dfrac{d(z)L^2\Delta z}{m}$

よって $d(z)=\dfrac{N_AmP(z)}{RT}$〔kg/m³〕

(シ) (コ)より $P(z+\Delta z)-P(z)=-d(z)g\Delta z$

これに(サ)の結果を代入し，両辺 $P(z)$ でわると

$$\frac{P(z+\Delta z)-P(z)}{P(z)}=-\frac{N_Amg\Delta z}{RT}$$

題意より $\dfrac{P(z+\Delta z)-P(z)}{P(z)}=-\dfrac{0.010}{100}=-1.0\times10^{-4}$ なので

$$\frac{N_Amg\Delta z}{RT}=1.0\times10^{-4}$$

よって $\Delta z=\dfrac{1.0\times10^{-4}\times RT}{N_Amg}=\dfrac{1.0\times10^{-4}\times8.3\times300}{4.0\times10^{-3}\times9.8}$ ※D

$=6.35\cdots\fallingdotseq6.4$ m

(ス) 立方体の容器全体での力のつりあいを考えると

$P(L)L^2+Nmg=P(0)L^2$

よって $P(0)-P(L)=\dfrac{Nmg}{L^2}$〔N/m²〕

(セ) (サ)より $d(0)-d(L)=\dfrac{N_AmP(0)}{RT}-\dfrac{N_AmP(L)}{RT}=\dfrac{N_Am}{RT}\{P(0)-P(L)\}$

(ス)の結果を用いて $d(0)-d(L)=\dfrac{N_Am}{RT}\times\dfrac{Nmg}{L^2}=\dfrac{N_ANm^2g}{RTL^2}$〔kg/m³〕

※B **別解** (イ)より，分子が単位時間当たりに衝突する回数は $\dfrac{v_z}{2L}$〔回/s〕，よって，時間 Δt 当たりの衝突回数は

$$\frac{v_z}{2L}\times\Delta t=\frac{v_z\Delta t}{2L}\,〔回〕$$

※C

$\overline{v^2}=\overline{v_x{}^2}+\overline{v_y{}^2}+\overline{v_z{}^2}$

また $\overline{v_x{}^2}=\overline{v_y{}^2}=\overline{v_z{}^2}$

よって $\overline{v_x{}^2}=\overline{v_y{}^2}=\overline{v_z{}^2}=\dfrac{1}{3}\overline{v^2}$

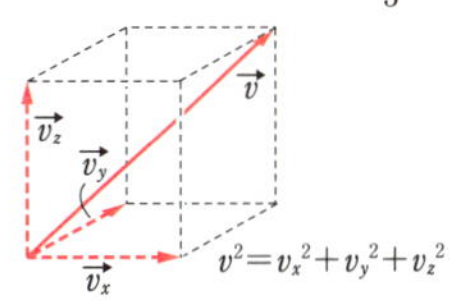

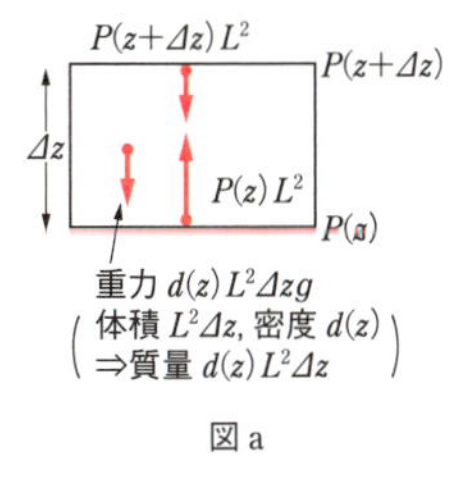

図a

※D
問題文より，気体1 mol当たりの質量（分子 N_A 個の質量）が 4.0×10^{-3} kg なので $N_Am=4.0\times10^{-3}$ kg/mol を代入した。

ヒント 66 〈気体の状態変化〉

(1), (2) 水銀は静止しているので，水銀について力のつりあいが成りたつ。
(2)〜(4) 密封された(物質量が一定の)気体の状態変化では，常にボイル・シャルルの法則が成りたつ。
(3) 単原子分子理想気体の定圧モル比熱 C_p は，$C_p=\frac{5}{2}R$ である。
(5) 等温線は「$pV=$一定」の線である。$V=Sl$ であるので，p-l 図における等温線は「$pl=$一定」の線である。

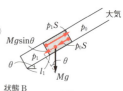

(1) 状態Aにおける気体の圧力を p_A とする。水銀について，水平方向の力のつりあい(図a)より $p_AS=p_0S$ 　よって，$p_A=p_0$
状態Aについて，理想気体の状態方程式「$pV=nRT$」より

$$p_0Sl_0=nRT_0 \quad よって \quad l_0=\frac{nRT_0}{p_0S} \quad \cdots\cdots ①$$

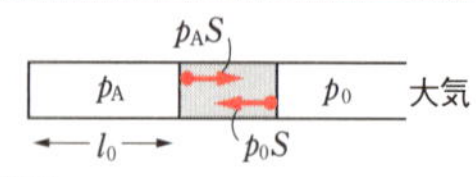

状態A　図a

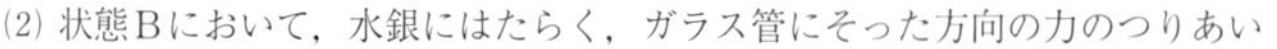

(2) 状態Bにおいて，水銀にはたらく，ガラス管にそった方向の力のつりあい(図b)より $p_0S+Mg\sin\theta=p_1S$ 　よって $p_1=p_0+\frac{Mg\sin\theta}{S}$ ……②
状態Aから状態Bの変化は，密封された(物質量が一定の)状態変化なので，ボイル・シャルルの法則が成りたつ※A。よって

$$\frac{p_0Sl_0}{T_0}=\frac{p_1Sl_1}{T_0}^{※B} \quad ゆえに \quad l_1=\frac{p_0S}{p_1S}l_0$$

①，②式を代入して※C $l_1=\frac{nRT_0}{p_0S+Mg\sin\theta}$

状態B　図b

(3) 状態Aと状態Cについてボイル・シャルルの法則より※D

$$\frac{p_0Sl_0}{T_0}=\frac{p_1Sl_0}{T_1} \quad よって \quad T_1=\frac{p_1S}{p_0S}T_0$$

②式を p_1 に代入して $T_1=\frac{p_0S+Mg\sin\theta}{p_0S}T_0=\left(1+\frac{Mg\sin\theta}{p_0S}\right)T_0$

状態B→Cの温度変化 $\varDelta T_{BC}$ は $\varDelta T_{BC}=T_1-T_0=\frac{Mg\sin\theta}{p_0S}T_0$

状態B→Cは定圧変化，気体は単原子分子理想気体であるので，定圧モル比熱 C_p は $C_p=\frac{5}{2}R$ である。「$Q=nC_p\varDelta T$」より

$$Q=n\cdot\frac{5}{2}R\varDelta T_{BC}=\frac{5}{2}nR\times\frac{Mg\sin\theta}{p_0S}T_0=\frac{5nMg\sin\theta}{2p_0S}RT_0$$

(4) 状態Dはガラス管が水平になるので，気体の圧力は状態Aと同じ p_0 である。状態Aと状態Dについてボイル・シャルルの法則より※E

$$\frac{p_0Sl_0}{T_0}=\frac{p_0Sl_2}{T_1} \quad よって \quad l_2=\frac{T_1}{T_0}l_0$$

(3)の結果と①式を代入して

$$l_2=\frac{\left(\frac{p_0S+Mg\sin\theta}{p_0S}\right)T_0}{T_0}l_0=\left(1+\frac{Mg\sin\theta}{p_0S}\right)\cdot\frac{nRT_0}{p_0S}$$

(5) A→B：温度 T_0 で等温変化(圧力 $p_0\to p_1$ 増加，長さ $l_0\to l_1$ 減少)
B→C：圧力 p_1 で定圧変化(温度 $T_0\to T_1$ 上昇，長さ $l_1\to l_0$ 増加)
C→D：温度 T_1 で等温変化(圧力 $p_1\to p_0$ 減少，長さ $l_0\to l_2$ 増加)
D→A：圧力 p_0 で定圧変化(温度 $T_1\to T_0$ 下降，長さ $l_2\to l_0$ 減少)
以上のことと，等温線が $pl=$一定 ($pV=$一定)であることに注意して，グラフを描く。答えは **図c**

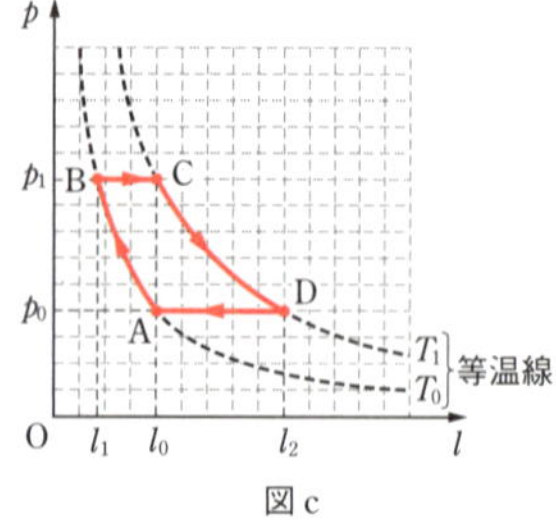

図c

※A　状態A→B→C→D→Aと，常にボイル・シャルルの法則が成りたつ。

※B　状態A→Bの変化は等温変化なのでボイルの法則「$pV=$一定」より $p_0Sl_0=p_1Sl_1$ でもよい。

※C　$p_1=p_0+\frac{Mg\sin\theta}{S}$ として代入するよりも $p_1S=p_0S+Mg\sin\theta$ として p_1S に代入するほうが間違いが少ない。

※D　状態B→Cの変化は定圧変化なのでシャルルの法則「$\frac{V}{T}=$一定」より $\frac{Sl_1}{T_0}=\frac{Sl_0}{T_1}$ でもよい。

※E　状態C→Dの変化は等温変化なのでボイルの法則「$pV=$一定」より $p_1Sl_0=p_0Sl_2$ でもよい。

ヒント 67 〈ばね付きピストンで封じられた気体〉

(2) ピストンにはたらく力のつりあいを考える。
(4) ばね付きピストンで封じられた気体の p-V 図は直線になる。
(5) p-V 図において，グラフと V 軸で囲まれる面積が気体のした仕事を表す。
(6) 熱力学第一法則を用いる。

(1) ピストンが距離 L の位置にあるとき，ばねは自然の長さであるので，理想気体の圧力は大気圧 P_0 と等しい。理想気体の状態方程式「$pV=nRT$」より

$P_0 \cdot SL = 1 \cdot RT_0$

よって　$T_0 = \dfrac{P_0SL}{R}$〔K〕　……①

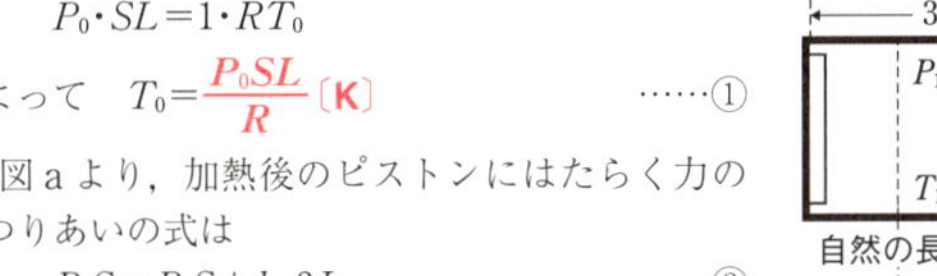

図 a

(2) 図 a より，加熱後のピストンにはたらく力のつりあいの式は

$P_1S = P_0S + k \cdot 2L$　……②

よって　$P_1 = P_0 + \dfrac{2kL}{S}$〔Pa〕

(3) 加熱後の状態方程式は

$P_1S \cdot 3L = 1 \cdot RT_1$

②式を用いて整理すると

$T_1 = \dfrac{3P_1SL}{R} = \dfrac{3(P_0S+2kL)L}{R}$〔K〕※A　……③

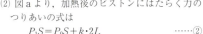

(4) この変化における p-V 図は図 b のようになる※B。

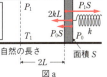

(5) この状態変化によって理想気体が外部にした仕事 $W_{した}$ は，図 b の斜線部の面積で表される(体積変化 $\varDelta V>0$ より，$W_{した}>0$ であるため)。よって

$W_{した} = \dfrac{(P_0+P_1) \cdot 2SL}{2} = (P_0S+P_1S)L$

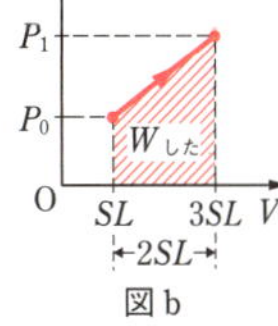

図 b

②式を用いて

$W_{した} = (P_0S+P_0S+2kL)L = 2(P_0S+kL)L$〔J〕　……④

別解 理想気体はピストンが距離 $2L$ 移動する間にピストンを押し，大気とばねに対して仕事 $W_{大気}$，$W_{ばね}$ をする。$W_{ばね}$ は，ばねの弾性力による位置エネルギーとして蓄えられるので

$W_{大気} = P_0S \times 2L = 2P_0SL$　　$W_{ばね} = \dfrac{1}{2}k(2L)^2 = 2kL^2$

よって　$W_{した} = W_{大気} + W_{ばね} = 2(P_0S+kL)L$〔J〕

(6) この状態変化による温度変化を $\varDelta T$ とすると，$\varDelta T = T_1 - T_0$ と表される。

①，③式より

$\varDelta T = \dfrac{3(P_0S+2kL)L}{R} - \dfrac{P_0SL}{R} = \dfrac{2(P_0S+3kL)L}{R}$

単原子分子理想気体の内部エネルギーの変化を表す式「$\varDelta U = \dfrac{3}{2}nR\varDelta T$」

より　$\varDelta U = \dfrac{3}{2} \times 1 \times R \times \dfrac{2(P_0S+3kL)L}{R} = 3(P_0S+3kL)L$※C　……⑤

熱力学第一法則「$Q = \varDelta U + W_{した}$」と④，⑤式より

$Q = \varDelta U + W_{した} = 3(P_0S+3kL)L + 2(P_0S+kL)L$

$= (5P_0S+11kL)L$〔J〕

※A **別解** ボイル・シャルルの法則より

$\dfrac{P_0SL}{T_0} = \dfrac{P_1S \cdot 3L}{T_1}$

$T_1 = \dfrac{3P_1}{P_0}T_0$

$= \dfrac{3(P_0S+2kL)}{P_0S} \cdot \dfrac{P_0SL}{R}$

$= \dfrac{3(P_0S+2kL)L}{R}$〔K〕

※B　ピストンが x 移動したとき，気体の体積 V_x は

$V_x = S(L+x)$

よって　$x = \dfrac{V_x}{S} - L$

気体の圧力を P_x として，ピストンにはたらく力のつりあいより

$P_xS = P_0S + kx$

以上 2 式より

$P_x = P_0 + \dfrac{k}{S}x$

$= P_0 + \dfrac{k}{S^2}(V_x - SL)$

よって，グラフは$(SL,\ P_0)$を通る傾き $\dfrac{k}{S^2}$ の直線になる。

※C **別解**

「$U = \dfrac{3}{2}nRT = \dfrac{3}{2}pV$」より

「$\varDelta U = \dfrac{3}{2}p_{後}V_{後} - \dfrac{3}{2}p_{前}V_{前}$」

であるので

$\varDelta U = \dfrac{3}{2}P_1 \cdot 3SL - \dfrac{3}{2}P_0SL$

$= \dfrac{3}{2}(P_0S+2kL) \cdot 3L - \dfrac{3}{2}P_0SL$

$= 3(P_0S+3kL)L$

ヒント 68 〈気体の状態変化と熱効率〉

(1) a→c，c→bでの内部エネルギーの変化をそれぞれ考える。
(2) 断熱変化 ➡ $Q=0$　(3) 定圧変化 ➡「$Q=nC_p\varDelta T$」，　定積変化 ➡「$Q=nC_V\varDelta T$」
(4) 気体のした仕事とされた仕事の関係「$W_{された}=-W_{した}$」，定圧変化で気体がした仕事「$W_{した}=p\varDelta V$」を用いる。
「RT」表記から「pV」表記への変換は，理想気体の状態方程式を用いる。

(1) a→cは定積変化である。このとき気体の吸収した熱量 Q_{ac} は「$Q=nC_V\varDelta T$」より

$Q_{ac}=1\times C_V(T'-T)=C_V(T'-T)$

また，定積変化なので気体のされた仕事 W_{ac} は　$W_{ac}=0$

熱力学第一法則「$\varDelta U=Q+W_{された}$」より，a→cでの内部エネルギーの変化 $\varDelta U_{ac}$ は　$\varDelta U_{ac}=Q_{ac}+W_{ac}=C_V(T'-T)+0=C_V(T'-T)$

bとcは等温ゆえ，内部エネルギーは変化しないので

$\varDelta U_{ab}=\varDelta U_{ac}=C_V(T'-T)$

(2) A→Bは断熱変化である。よって気体の吸収した熱量 Q_{AB} は　$Q_{AB}=0$

また，内部エネルギーの変化 $\varDelta U_{AB}$ は，①式より　$\varDelta U_{AB}=C_V(T_B-T_A)$

熱力学第一法則より，$\varDelta U_{AB}=Q_{AB}+W_{AB}$　　よって　$W_{AB}=C_V(T_B-T_A)$〔J〕

(3) B→Cは定圧変化である。よって「$Q=nC_p\varDelta T$」より

$Q_{BC}=1\times C_p(T_C-T_B)=C_p(T_C-T_B)$〔J〕※A　……ⓐ

C→Aは定積変化である。よって「$Q=nC_V\varDelta T$」より

$Q_{CA}=1\times C_V(T_A-T_C)=C_V(T_A-T_C)$〔J〕※B　……ⓑ

(4) B→Cは定圧変化なので，気体がした仕事「$W_{した}=p\varDelta V$」，気体のした仕事とされた仕事の関係「$W_{された}=-W_{した}$」より，B→Cでされた仕事 W_{BC} は，

$W_{BC}=-p_2(V_1-V_2)=p_2(V_2-V_1)$※C

C→Aは定積変化なので，気体がされた仕事 W_{CA} は　$W_{CA}=0$

よって　$W_{BCA}=W_{BC}+W_{CA}=p_2(V_2-V_1)+0=p_2(V_2-V_1)$　……ⓒ

ここで，状態BとCについて，理想気体の状態方程式を立てると

B：$p_2V_2=1\times RT_B$　……ⓓ　　C：$p_2V_1=1\times RT_C$　……ⓔ

ⓒ，ⓓ，ⓔ式より　$W_{BCA}=p_2(V_2-V_1)=R(T_B-T_C)$〔J〕　……ⓕ

また，B→Cの内部エネルギーの変化 $\varDelta U_{BC}$ は，①式より

$\varDelta U_{BC}=C_V(T_C-T_B)$　……ⓖ

B→Cについての熱力学第一法則より $\varDelta U_{BC}=Q_{BC}+W_{BC}$ が成りたつ。ⓐ，ⓖ式と，ⓒ，ⓕ式より $W_{BC}=W_{BCA}=R(T_B-T_C)$ であることから

$C_V(T_C-T_B)=C_p(T_C-T_B)+R(T_B-T_C)$

$C_V=C_p-R$　　したがって　$C_p=C_V+R$※D が成りたつ。

(5) 状態Aについて，理想気体の状態方程式を用いると

$p_1V_1=1\times RT_A$　　よって　$T_A=\dfrac{p_1V_1}{R}$

この式と，ⓓ式より $T_B=\dfrac{p_2V_2}{R}$，ⓔ式より $T_C=\dfrac{p_2V_1}{R}$ をⓐ，ⓑ式に代入して

$Q_{BC}=C_p(T_C-T_B)=\dfrac{C_p}{R}p_2(V_1-V_2)<0$　(熱を放出)

$Q_{CA}=C_V(T_A-T_C)=\dfrac{C_V}{R}(p_1-p_2)V_1>0$　(熱を吸収)

また，$Q_{AB}=0$　(熱の出入りなし)

熱効率の式「$e=\dfrac{Q_{in}-Q_{out}}{Q_{in}}$」より

$e=\dfrac{Q_{CA}-(-Q_{BC})}{Q_{CA}}=\dfrac{C_V(p_1-p_2)V_1+C_pp_2(V_1-V_2)}{C_V(p_1-p_2)V_1}$

分母，分子をそれぞれ $p_2V_1C_V$ でわると※E

※A　B→Cでは，$T_B>T_C$ より $Q_{BC}<0$ なので，熱を放出している。

※B　C→Aでは，$T_A>T_C$ より $Q_{CA}>0$ なので，熱を吸収している。

※C　圧縮過程において，p-V 図の面積は気体のされた仕事を表しているので

$W_{BC}=p_2(V_2-V_1)$

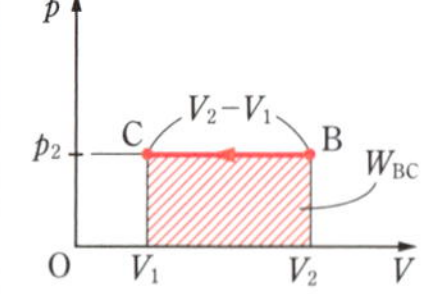

※D　これをマイヤーの関係という。

※E　解答を $\gamma=\dfrac{C_p}{C_V}$，$\dfrac{p_1}{p_2}$，$\dfrac{V_2}{V_1}$ を用いて表せとあるので，分母になる $p_2V_1C_V$ でわってみる。

$$e=\frac{1\times\left(\frac{p_1}{p_2}-1\right)\times1+\gamma\times1\times\left(1-\frac{V_2}{V_1}\right)}{1\times\left(\frac{p_1}{p_2}-1\right)\times1}=\frac{\left(\frac{p_1}{p_2}-1\right)+\gamma\left(1-\frac{V_2}{V_1}\right)}{\left(\frac{p_1}{p_2}-1\right)}=1-\gamma\frac{\frac{V_2}{V_1}-1}{\frac{p_1}{p_2}-1}$$

(6) A→B→C→Aの過程は，気体が高温熱源から熱量を吸収し，それを使って気体が外部に対して正の仕事※Fをし，最後に低温熱源に熱量を放出してもとの状態にもどるサイクルである。A→C→B→Aの過程はその逆であるので，

答 **低温熱源から熱量を吸収し，高温熱源に熱量を放出する，エアコンのような機関となる。気体がする仕事は負になるので，外部から仕事をされる必要があり，そのことが熱力学第二法則に反しない条件となる。**(94字)

※F　膨張過程において p-V 図の面積は気体のした仕事を表し，圧縮過程においては p-V 図の面積は気体のされた仕事(負のした仕事)を表している。よって，p-V 図で囲まれた面積(下図の斜線部)は，気体が1サイクルでした仕事(W_{ABCA})を表している。

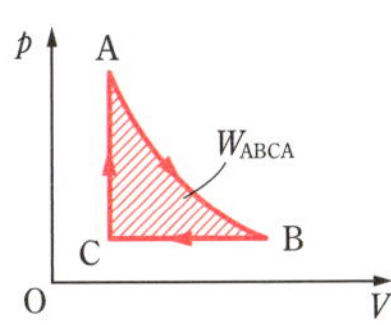

69 〈気体の状態変化と熱効率〉

ヒント

「pV^γ=一定」はポアソンの法則といい，理想気体の状態方程式「$pV=nRT$」より p を消去すると，$\frac{nRT}{V}\cdot V^\gamma$=一定 と表せるが n と R が定数であることから，ポアソンの法則は「$TV^{\gamma-1}$=一定」とも表せる。

(1) a→b，c→d は pV^γ=一定，b→c，d→a は V=一定 であるので図aのようになる。

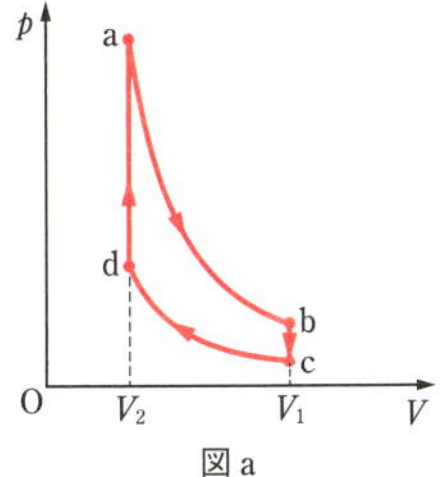

図a

(2) 断熱変化では熱を吸収，放出しないので，熱を吸収，放出するのは定積変化である b→c，d→a となる。

b→c について，定積変化なので，気体は仕事をしない。気体が吸収した熱量を Q_{bc} とおくと，熱力学第一法則「$Q=\varDelta U+W_{\text{した}}$」より

$Q_{bc}=C_V(T_c-T_b)+0$ ※A

$T_c<T_b$ より $Q_{bc}<0$ となるので放熱しており，その熱量は $C_V(T_b-T_c)$

d→a について，b→c のときと同様に，気体が吸収した熱量を Q_{da} とおくと，熱力学第一法則より

$Q_{da}=C_V(T_a-T_d)+0$

$T_a>T_d$ より $Q_{da}>0$ となるので吸熱しており，その熱量は $C_V(T_a-T_d)$

以上をまとめると，熱を吸収するのは **d→a** であり，その熱量は **$C_V(T_a-T_d)$**

熱を放出するのは **b→c** であり，その熱量は **$C_V(T_b-T_c)$**

※A　単原子分子理想気体の内部エネルギーの変化 $\varDelta U$ は

$\varDelta U=nC_V\varDelta T$

(3) 気体が仕事をしたのは a→b と c→d。断熱変化なので，気体がした仕事をそれぞれ W_{ab}，W_{cd} とおくと熱力学第一法則より

a→b：$0=C_V(T_b-T_a)+W_{ab}$

c→d：$0=C_V(T_d-T_c)+W_{cd}$

よって　$W=W_{ab}+W_{cd}=$ **$C_V(T_a-T_b+T_c-T_d)$**

(4)「pV^γ=一定」，理想気体の状態方程式「$pV=nRT$」より

$\frac{nRT}{V}\cdot V^\gamma$=一定　　よって　$TV^{\gamma-1}$=一定

ゆえに a→b，c→d の断熱変化について

a→b：$T_aV_2^{\gamma-1}=T_bV_1^{\gamma-1}$　……①

c→d：$T_cV_1^{\gamma-1}=T_dV_2^{\gamma-1}$　……②

したがって，①，②式より　$\left(\frac{V_1}{V_2}\right)^{\gamma-1}=\frac{T_a}{T_b}=\frac{T_d}{T_c}$

(5) 熱効率 e は，吸収した熱量に対する仕事の比なので，(2)，(3)より

$$e=\frac{W}{Q_{da}}=\frac{C_V(T_a-T_b+T_c-T_d)}{C_V(T_a-T_d)}=1-\frac{T_b-T_c}{T_a-T_d}$$ ※B

※B　気体が吸収した熱量 Q_{in}，放出した熱量 Q_{out}，気体がした仕事 W の間には

$W=Q_{in}-Q_{out}$

が成りたち，熱効率 e は

$e=\frac{W}{Q_{in}}=1-\frac{Q_{out}}{Q_{in}}$

と書けるので

$e=1-\frac{|Q_{bc}|}{Q_{da}}$

$=1-\frac{T_b-T_c}{T_a-T_d}$

としてもよい。

ここで①，②式より

$(T_b - T_c)V_1^{\gamma-1} = (T_a - T_d)V_2^{\gamma-1}$　　よって　$\dfrac{T_b - T_c}{T_a - T_d} = \left(\dfrac{V_2}{V_1}\right)^{\gamma-1}$

ゆえに　$e = \boldsymbol{1 - \left(\dfrac{V_2}{V_1}\right)^{\gamma-1}}$

ヒント 70 〈気体の状態変化〉

(1)，(3)『気体が吸収した熱量』➡熱力学第一法則「$Q = \Delta U + W_{\text{した}}$」

(2) 気体の体積 V が温度 T に比例する状態変化 ($\mathrm{B \to C}$，$\mathrm{D \to A}$) は，$\dfrac{V}{T}$＝一定 なので，定圧変化である。

(4) 定積変化では気体がした仕事は 0 なので，定圧変化での仕事を「$W_{\text{した}} = p\Delta V$」で求める。

(5) 熱効率は　$e = \dfrac{1\text{サイクルで気体のした仕事}}{\text{気体の吸収した熱量}}$　である。

(1) 気体は単原子分子理想気体であるから，「$\Delta U = \dfrac{3}{2}nR\Delta T$」より

$$\Delta U_{\mathrm{A \to B}} = \frac{3}{2} \times 1 \times R(2T_1 - T_1) = \frac{3}{2}RT_1$$

A→Bは定積変化であり，気体は仕事をしないので

$W_{\text{した}\mathrm{A \to B}} = 0$

よって，熱力学第一法則「$Q = \Delta U + W_{\text{した}}$」より

$$Q_{\mathrm{A \to B}} = \Delta U_{\mathrm{A \to B}} + W_{\text{した}\mathrm{A \to B}} = \frac{3}{2}RT_1 + 0 = \boldsymbol{\frac{3}{2}RT_1}\,〔\mathrm{J}〕^{※A} \quad \cdots\cdots ①$$

(2) 状態Aの圧力を P_A とすると，理想気体の状態方程式「$pV = nRT$」より

$P_AV_1 = 1 \times RT_1$　　よって　$P_A = \dfrac{RT_1}{V_1}$〔Pa〕

A→Bは定積変化(体積 V_1)であり，Bの圧力を P_B とすると，ボイル・シャルルの法則より

$\dfrac{P_AV_1}{T_1} = \dfrac{P_BV_1}{2T_1}$　　よって　$P_B = 2P_A = \dfrac{2RT_1}{V_1}$〔Pa〕

B→C，D→Aの変化は，気体の体積 V が温度 T に比例する変化，つまり定圧変化である。よって，p-V 図は図 a のようになる。

(3) B→Cは定圧変化なので，Cの温度を T_C とすると，シャルルの法則より

$\dfrac{V_1}{2T_1} = \dfrac{2V_1}{T_C}$　　よって　$T_C = 4T_1$〔K〕

ゆえに　$\Delta U_{\mathrm{B \to C}} = \dfrac{3}{2} \times 1 \times R(4T_1 - 2T_1) = 3RT_1$

また，定圧変化において，気体のした仕事は「$W_{\text{した}} = p\Delta V$」なので

$W_{\text{した}\mathrm{B \to C}} = \dfrac{2RT_1}{V_1}(2V_1 - V_1) = 2RT_1$

よって　$Q_{\mathrm{B \to C}} = \Delta U_{\mathrm{B \to C}} + W_{\text{した}\mathrm{B \to C}} = 3RT_1 + 2RT_1 = 5RT_1$〔J〕$^{※B}$　……②

したがって　$\dfrac{Q_{\mathrm{B \to C}}}{Q_{\mathrm{A \to B}}} = \dfrac{5RT_1}{\frac{3}{2}RT_1} = \boldsymbol{\dfrac{10}{3}}$ **倍**

(4) C→Dは，定積変化であるから　$W_{\text{した}\mathrm{C \to D}} = 0$

D→Aは定圧変化なので，気体のした仕事は

$W_{\text{した}\mathrm{D \to A}} = \dfrac{RT_1}{V_1}(V_1 - 2V_1) = -RT_1$〔J〕

よって　$W_{\text{した1サイクル}} = W_{\text{した}\mathrm{A \to B}} + W_{\text{した}\mathrm{B \to C}} + W_{\text{した}\mathrm{C \to D}} + W_{\text{した}\mathrm{D \to A}}$

$= 0 + 2RT_1 + 0 + (-RT_1) = \boldsymbol{RT_1}$〔J〕$^{※C}$　……③

※A　$Q_{\mathrm{A \to B}} > 0$ なので熱量を吸収している。

別解 定積変化であるから「$Q = nC_V\Delta T$」，$C_V = \dfrac{3}{2}R$ を用いて

$Q_{\mathrm{A \to B}} = 1 \times \dfrac{3}{2}R \times (2T_1 - T_1)$

$= \boldsymbol{\dfrac{3}{2}RT_1}$〔J〕

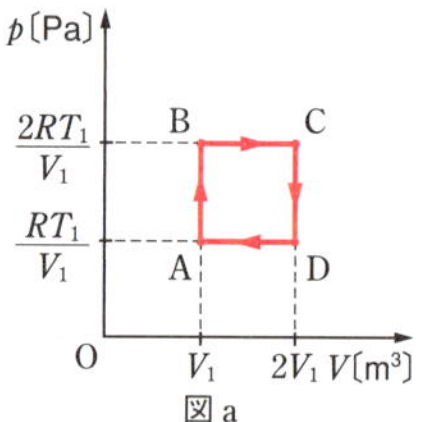

図 a

※B　$Q_{\mathrm{B \to C}} > 0$ なので熱量を吸収している。

別解 定圧変化であるから「$Q = nC_p\Delta T$」，$C_p = \dfrac{5}{2}R$ を用いて

$Q_{\mathrm{B \to C}} = 1 \times \dfrac{5}{2}R \times (4T_1 - 2T_1)$

$= 5RT_1$〔J〕

※C **別解** 1サイクルで気体のした仕事は，p-V 図で囲まれた部分(斜線部)の面積で表されるので

$W_{\text{した1サイクル}} = \dfrac{RT_1}{V_1} \times V_1 = \boldsymbol{RT_1}$〔J〕

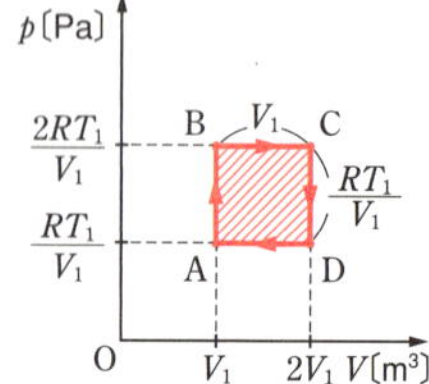

(5) A→B(定積変化, 温度上昇)は熱量を吸収しているので, 逆向きの変化C→D(定積変化, 温度下降)は熱量を放出している。また, B→C(定圧変化, 膨張)は熱量を吸収しているので, 逆向きの変化D→A(定圧変化, 圧縮)は熱量を放出している。よって, 熱効率 e は, ①〜③式より

$$e=\frac{1サイクルで気体のした仕事}{気体の吸収した熱量}=\frac{W_{した1サイクル}}{Q_{A\to B}+Q_{B\to C}}$$

$$=\frac{RT_1}{\frac{3}{2}RT_1+5RT_1}=\frac{1}{\frac{13}{2}}=\frac{2}{13}$$

ヒント 71 〈ピストンで封じられた気体〉

〔A〕(1) ピストンにはたらく力のつりあいを考える。

(3)『気体が吸収した熱量』➡ 熱力学第一法則

〔B〕(2) 物質量や気体定数が与えられていないので, ボイル・シャルルの法則を用いる。

(3)『気体がした仕事』➡ 変化の過程で圧力が変化するので, p-V 図の面積から求める

(4)『ピストンをさらに上昇させるために必要な熱量が0』➡ $x=X$ で熱量が極大

〔A〕(1) 液体の密度を ρ とする。ピストンにはたらく力のつりあいの式は, 図aより $P_0S=\rho\left(S\cdot\frac{h}{2}\right)g$ 　よって $\rho=\frac{2P_0}{gh}$

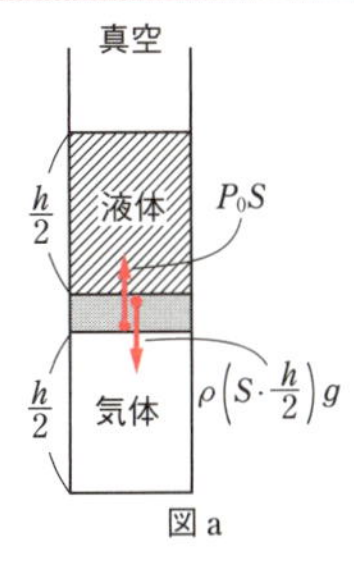

図a

(2) 気体は定圧 P_0 で $S\left(h-\frac{h}{2}\right)$ 膨張するから,「$W_{した}=p\Delta V$」より気体がした仕事 W_0 は $W_0=P_0\cdot S\frac{h}{2}=\frac{1}{2}P_0Sh$

(3) 単原子分子理想気体の内部エネルギーの変化の式「$\Delta U=\frac{3}{2}nR\Delta T$」を, 状態方程式「$pV=nRT$」を用いて書き直すと, p が一定のとき「$\Delta U=\frac{3}{2}p\Delta V$」となる※A。

したがって, 内部エネルギーの変化 ΔU_0 は

$$\Delta U_0=\frac{3}{2}P_0\cdot S\frac{h}{2}=\frac{3}{4}P_0Sh$$

熱力学第一法則「$Q=\Delta U+W_{した}$」より, 気体が吸収した熱量 Q_0 は

$$Q_0=\Delta U_0+W_0=\frac{3}{4}P_0Sh+\frac{1}{2}P_0Sh=\frac{5}{4}P_0Sh$$ ※B

※A 変化前後の理想気体の状態方程式が

$p_1V_1=nRT_1$
$p_2V_2=nRT_2$

であるとすると

$nR\Delta T=nR(T_2-T_1)$
$=p_2V_2-p_1V_1$

$p_2=p_1=p$ の場合は

$nR\Delta T=p\Delta V$

※B 別解 気体の物質量を n, 気体定数を R とする。単原子分子理想気体の定圧モル比熱 $C_p=\frac{5}{2}R$ より

$Q_0=nC_p\Delta T=\frac{5}{2}nR\Delta T$
$=\frac{5}{2}P_0\cdot S\frac{h}{2}=\frac{5}{4}P_0Sh$

〔B〕図bより, 気体部分の高さが $h+x$ のとき, 断面積 S の部分の液体部分の高さは $\frac{h}{2}-x$ となり, 断面積 $2S$ の部分では $\frac{x}{2}$ となる。

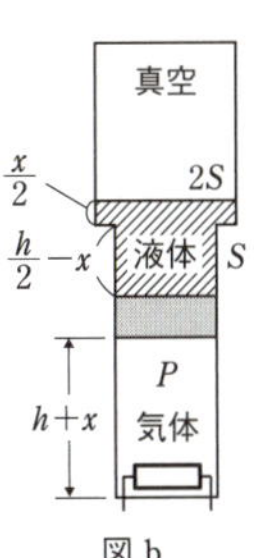

図b

(1) 液体部分の高さは $\frac{h}{2}-x+\frac{x}{2}=\frac{h}{2}-\frac{x}{2}$ である。

ピストンにはたらく力のつりあいの式は

$$PS=\rho S\left(\frac{h}{2}-\frac{x}{2}\right)g$$

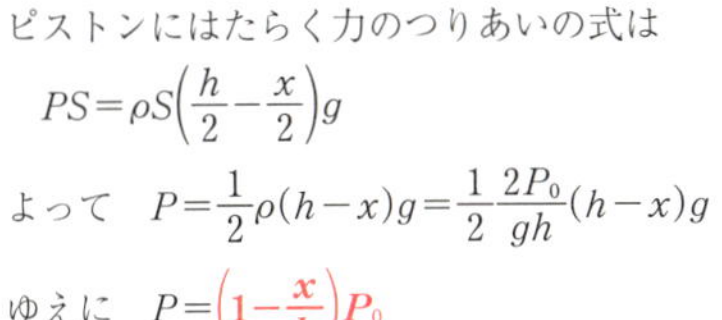

よって $P=\frac{1}{2}\rho(h-x)g=\frac{1}{2}\frac{2P_0}{gh}(h-x)g$

ゆえに $P=\left(1-\frac{x}{h}\right)P_0$

(2) 気体部分の高さが h のときと $h+x$ のときとで，ボイル・シャルルの法則「$\frac{pV}{T}$=一定」を用いると $\frac{P_0Sh}{T_1}=\frac{PS(h+x)}{T}$

よって $T=\frac{PS(h+x)}{P_0Sh}T_1=\frac{P_0\left(1-\frac{x}{h}\right)S(h+x)}{P_0Sh}T_1$

ゆえに $T=\left(1-\frac{x^2}{h^2}\right)T_1$ ※C

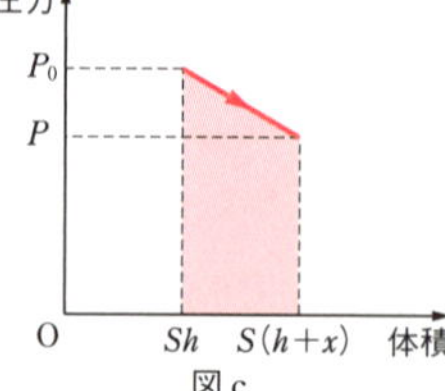

図 c

(3)〔B〕(1)の結果から，圧力は図 c のように直線的に変化する。気体のした仕事は p-V 図の面積で表されるから

$$W=\frac{P_0+P}{2}\cdot Sx=\frac{P_0}{2}\left(2-\frac{x}{h}\right)Sx$$

$$=P_0S\left(1-\frac{x}{2h}\right)x$$

(4) 気体の内部エネルギーの変化 ΔU は

$$\Delta U=\frac{3}{2}\{PS(h+x)-P_0Sh\}^{※A}=\frac{3}{2}P_0Sh\left\{\left(1-\frac{x}{h}\right)\left(1+\frac{x}{h}\right)-1\right\}$$

$$=\frac{3}{2}P_0Sh\left(-\frac{x^2}{h^2}\right)=-\frac{3}{2}\frac{P_0Sx^2}{h}$$

熱力学第一法則「$Q=\Delta U+W_{\text{した}}$」より，熱量 Q は

$$Q=\Delta U+W=-\frac{3P_0Sx^2}{2h}+P_0S\left(1-\frac{x}{2h}\right)x=\frac{P_0S}{h}\left(-\frac{3}{2}x^2+hx-\frac{1}{2}x^2\right)$$

$$=\frac{2P_0S}{h}\left(-x^2+\frac{1}{2}hx\right)$$

題意より，$x=X$ のとき，Q が極大になればよい※D。

よって $Q=\frac{2P_0S}{h}\left\{-\left(x-\frac{1}{4}h\right)^2+\frac{h^2}{16}\right\}$

であるから $X=\frac{1}{4}h$ が求める値である。

※C 気体の状態方程式を用いると
$P_0Sh=nRT_1$
$PS(h+x)=nRT$
これらより
$T=\frac{PS(h+x)}{P_0Sh}T_1$
以下，解答と同じ。

※D 「ピストンをさらに上昇させるために必要な熱量が 0」とは，熱量の増加が 0 であること，すなわち，Q が極大になればよいことになる。

ヒント 72〈気体の状態変化と熱効率〉

(1)『ピストンが動きだした』➡ ピストンにはたらく力は，つりあっているとしてよい

(1) 状態 1 のシリンダー内の気体の圧力と温度をそれぞれ P_1〔Pa〕，T_1〔K〕とする。体積は変化していないので

$\frac{P_0}{T_0}=\frac{P_1}{T_1}$ よって $T_1=\frac{P_1T_0}{P_0}$〔K〕 ……①

ピストンにはたらく力のつりあいより

$P_1S=P_0S+(M+M_0)g$ ゆえに $P_1=P_0+\frac{(M+M_0)g}{S}$〔Pa〕 ……②

①，②式より $T_1=\left\{1+\frac{(M+M_0)g}{P_0S}\right\}T_0$〔K〕

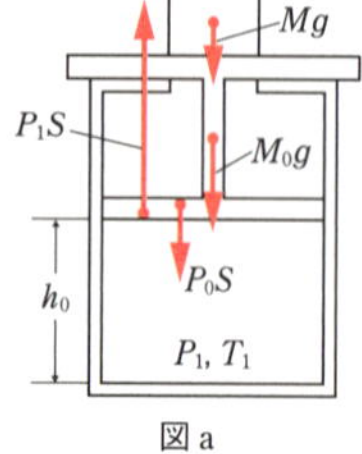

図 a

(2) 初期状態から状態 1 の間のシリンダー内の気体の内部エネルギーの変化，与えられた熱量をそれぞれ ΔU_{01}〔J〕，Q_{01}〔J〕とする。また，シリンダー内部の気体の物質量を n〔mol〕，気体定数を R〔J/(mol・K)〕とする。気体は外部に仕事をしないから，単原子分子理想気体の内部エネルギーの変化「$\Delta U=\frac{3}{2}nR\Delta T$」より

$$Q_{01}=\varDelta U_{01}=\frac{3}{2}nR(T_1-T_0)=\frac{3}{2}nR\frac{(M+M_0)g}{P_0S}T_0\,〔\mathrm{J}〕$$

理想気体の状態方程式「$pV=nRT$」より　$P_0Sh_0=nRT_0$

よって　$Q_{01}=\frac{3}{2}P_0Sh_0\frac{(M+M_0)g}{P_0S}=\frac{3}{2}(M+M_0)gh_0\,〔\mathrm{J}〕$

(3) 状態2のシリンダー内の気体の体積は Sh〔m^3〕である。そのときの温度を T_2〔K〕とする。シャルルの法則「$\frac{V}{T}=$一定」より

$\frac{Sh_0}{T_1}=\frac{Sh}{T_2}$　　ゆえに　$T_2=\frac{h}{h_0}T_1=\frac{h}{h_0}\left\{1+\frac{(M+M_0)g}{P_0S}\right\}T_0\,〔\mathrm{K}〕$

(4) 求める熱量を Q_{12}〔J〕とする。状態1→2は定圧変化であるから，求める熱量 Q_{12}〔J〕は

$$\begin{aligned}Q_{12}&=\frac{5}{2}nR(T_2-T_1)^{※A}=\frac{5}{2}nR\left(\frac{h}{h_0}-1\right)T_1\\&=\frac{5}{2}nR\left(\frac{h-h_0}{h_0}\right)\left\{1+\frac{(M+M_0)g}{P_0S}\right\}T_0\\&=\frac{5}{2}P_0Sh_0\frac{(h-h_0)}{h_0}\left\{1+\frac{(M+M_0)g}{P_0S}\right\}\\&=\frac{5}{2}(h-h_0)\{P_0S+(M+M_0)g\}\,〔\mathrm{J}〕\end{aligned}$$

※A　単原子分子理想気体の定圧モル比熱 $C_p=\frac{5}{2}R$ より

$Q=nC_p\varDelta T=\frac{5}{2}nR\varDelta T$

(5) 初期状態→状態1は定積変化，状態1→状態2は定圧変化，状態2からピストンが下降し始めるまでは定積変化，下降中は定圧変化，その後初期状態にもどるまでは定積変化である。ピストンが下降しているときのシリンダー内の気体の圧力を P_3〔Pa〕とする。ピストンにはたらく力のつりあいより

$P_3S=P_0S+M_0g$　　よって　$P_3=P_0+\frac{M_0g}{S}$

ゆえにグラフは図bの通り。

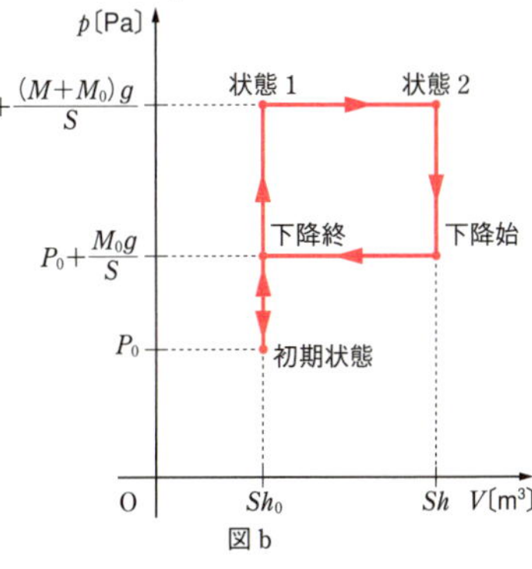

図b

(6) 熱機関が外にした仕事は(5)のグラフの長方形部分の面積である。

$$\left\{P_0+\frac{(M+M_0)g}{S}-\left(P_0+\frac{M_0g}{S}\right)\right\}S(h-h_0)$$
$$=Mg(h-h_0)\,〔\mathrm{J}〕^{※B}$$

※B　質量 M の物体を $h-h_0$ だけ持ち上げた仕事に等しい。

(7) 図bにおいて，状態2→下降始→下降終→初期状態の過程では放熱となり，初期状態→状態1と状態1→状態2の過程ではそれぞれ Q_{01}，Q_{12} の吸熱となるから，熱効率の式「$e=\frac{W}{Q}$」より

$$\begin{aligned}e&=\frac{Mg(h-h_0)}{Q_{01}+Q_{12}}=\frac{Mg(h-h_0)}{\frac{3}{2}(M+M_0)gh_0+\frac{5}{2}(h-h_0)\{P_0S+(M+M_0)g\}}\\&=\frac{2Mg(h-h_0)}{5P_0S(h-h_0)+(M+M_0)(3gh_0+5gh-5gh_0)}\\&=\frac{2Mg(h-h_0)}{5P_0S(h-h_0)+(M+M_0)g(5h-2h_0)}\end{aligned}$$

(8) 各値を代入し

$$\frac{2\times2M_0g(2h_0-h_0)}{5P_0S(2h_0-h_0)+(2M_0+M_0)g(5\times2h_0-2h_0)}=\frac{4P_0Sh_0}{5P_0Sh_0+3P_0S\times8h_0}=\frac{4}{29}$$

ヒント 73 〈半透膜で仕切られた 2 種類の気体〉

問題全体を通して，気体 X 1 mol が領域 1 と 2 に，気体 Y 1 mol が領域 2 にそれぞれ存在することに注意する。

〔A〕(1) 典型的な気体分子運動論の問題。①気体 X の分子がピストンに 1 回衝突するときにピストンが受ける力積を求めるため，「力積＝運動量の変化」や作用反作用の法則を用いる。➡②この分子が時間 Δt の間に何回ピストンに衝突するか求め，ピストンが分子 1 個から受ける力の大きさを求める。➡③気体 X の分子は 1 mol（N_A 個）であることを用いる。

(3) 気体定数 R とボルツマン定数 k の間には $k=\dfrac{R}{N_A}$ が成りたつ。

〔B〕(1) 断熱変化であるが，ピストンから仕事をされるのは領域 1 にある気体 X である。気体のされる仕事は p-V 図の面積から近似して求め，熱力学第一法則を用いる。

(2) 気体 X について，変化の前後の状態方程式を立てる。

〔C〕(1) おもりをのせて変化がないということは，気体 X の圧力は p_1 で，その後の状態変化は定圧変化である。

(2) 気体 X は定圧変化，気体 Y は定積変化である。

〔A〕(1) 気体 X の分子の速度の z 成分を v_z とおくと，この分子がピストンと弾性衝突をして速度成分が $(-v_z)$ となるので，1 回の衝突で分子が受ける力積 I_X は，「力積＝運動量の変化」より　$I_X=m_X(-v_z)-m_Xv_z=-2m_Xv_z$

このとき，ピストンが受ける力積 I_P は，作用反作用の法則より，

$I_P=-I_X$ という関係にあるので　$I_P=2m_Xv_z$　……①

この分子は時間 Δt の間に z 軸方向に距離 $v_z\Delta t$ 進む。図 a より，分子は $2\dfrac{V_1+V_2}{S}$ 進むごとにピストンに衝突するので，時間 Δt の間に分子がピストンと衝突する回数 N は　$N=\dfrac{v_z\Delta t}{2\dfrac{V_1+V_2}{S}}=\dfrac{v_z\Delta tS}{2(V_1+V_2)}$　……②

となる。よって，ピストンが時間 Δt の間に気体 X の分子 1 個から受ける力の大きさを f とすると，ピストンが受ける力積の大きさ $f\Delta t$ は，①，②式より　$f\Delta t=I_P\times N=2m_Xv_z\times\dfrac{v_z\Delta tS}{2(V_1+V_2)}=\dfrac{m_Xv_z^2S}{V_1+V_2}\Delta t$

よって　$f=\dfrac{m_Xv_z^2S}{V_1+V_2}$　……③

気体 X の分子 1 mol（N_A 個）からピストンが受ける力の大きさの平均 F_1 は，③式の力の大きさ f の気体 X の分子全体の平均 $\overline{f}$ が $\overline{f}=\dfrac{m_X\overline{v_z^2}S}{V_1+V_2}$ となることから　$F_1=N_A\overline{f}=N_A\cdot\dfrac{m_X\overline{v_z^2}S}{V_1+V_2}=\dfrac{N_Am_X\overline{v_z^2}S}{V_1+V_2}$

(2) 気体 Y の分子がシリンダーの底面を押す力の大きさの平均を F_Y とすると，気体 Y が領域 2（体積 V_2）だけに存在することに注意して，(1)と同様に考えると　$F_Y=\dfrac{N_Am_Y\overline{w_z^2}S}{V_2}$

シリンダー底面は，気体 X と気体 Y の両方が押しているので，シリンダー底面が気体 X と Y から受ける平均の力 F_2 は，F_1 と F_Y の和となる。よって

$$F_2=F_1+F_Y=\frac{N_Am_X\overline{v_z^2}S}{V_1+V_2}+\frac{N_Am_Y\overline{w_z^2}S}{V_2}=N_AS\left(\frac{m_X\overline{v_z^2}}{V_1+V_2}+\frac{m_Y\overline{w_z^2}}{V_2}\right)$$

(3) 問題文より，気体分子 1 個の一方向の運動エネルギーが $\dfrac{1}{2}kT$ であるので，気体 X，Y について　$\dfrac{1}{2}kT=\dfrac{1}{2}m_X\overline{v_z^2}=\dfrac{1}{2}m_Y\overline{w_z^2}$

また，$k=\dfrac{R}{N_A}$ を用いれば　$m_X\overline{v_z^2}=m_Y\overline{w_z^2}=kT=\dfrac{RT}{N_A}$　……④

したがって，圧力の式「$p=\dfrac{F}{S}$」および(1)，(2)の結果に④式を用いて

$$p_1=\frac{F_1}{S}=\frac{1}{S}\cdot\frac{N_Am_X\overline{v_z^2}S}{V_1+V_2}=\frac{N_A}{V_1+V_2}\times\frac{RT}{N_A}=\frac{RT}{V_1+V_2}$$

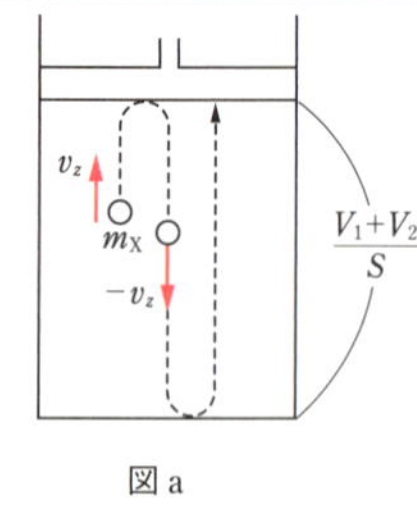

図 a

⬅※A 別解 気体分子に対する重力の影響はないので，分子の熱運動の等方性が成りたっている。気体 X，Y の分子の速度の 2 乗平均を $\overline{v^2}$，$\overline{w^2}$ とおくと，等方性より

$\overline{v_x^2}=\overline{v_y^2}=\overline{v_z^2}$　ゆえに

$\overline{v^2}=\overline{v_x^2}+\overline{v_y^2}+\overline{v_z^2}=3\overline{v_z^2}$

$\overline{w_x^2}=\overline{w_y^2}=\overline{w_z^2}$　ゆえに

$\overline{w^2}=\overline{w_x^2}+\overline{w_y^2}+\overline{w_z^2}=3\overline{w_z^2}$

内部エネルギーは分子の運動エネルギーの合計であることと④式より

$$U=N_A\cdot\frac{1}{2}m_X\overline{v^2}+N_A\cdot\frac{1}{2}m_Y\overline{w^2}$$
$$=N_A\cdot\frac{1}{2}m_X\times3\overline{v_z^2}+N_A\cdot\frac{1}{2}m_Y\times3\overline{w_z^2}$$
$$=\frac{3}{2}N_A(m_X\overline{v_z^2}+m_Y\overline{w_z^2})$$
$$=\frac{3}{2}N_A\left(\frac{RT}{N_A}+\frac{RT}{N_A}\right)$$
$$=3RT$$

$$p_2=\frac{F_2}{S}=\frac{1}{S}\left(F_1+\frac{N_A m_Y \overline{w_z{}^2} S}{V_2}\right)=\frac{F_1}{S}+\frac{N_A}{V_2}\times\frac{RT}{N_A}=\frac{RT}{V_1+V_2}+\frac{RT}{V_2}$$

(4) 気体X，Yともに単原子分子理想気体なので，内部エネルギーUは，「$U=\frac{3}{2}nRT$」で表される。気体X，Yとも1mol，温度Tより

$U=$(気体Xの内部エネルギー)+(気体Yの内部エネルギー)

$=1\times\frac{3}{2}RT+1\times\frac{3}{2}RT=$**$3RT$**※A

〔B〕(1) 気体X，Y全体について，この過程は断熱変化なので，気体が吸収した熱量Qは　$Q=0$　……⑤

〔A〕(4)より内部ネルギーは　$U=3RT$　と表されるので，内部エネルギーの変化$\varDelta U$は　$\varDelta U=3R\varDelta T$　……⑥

また，気体が外部からされた仕事$W_{された}$は，ピストンによって気体Xがされた仕事である。p-V図(図b)の斜線部の面積を，$\varDelta p_1\cdot\varDelta V_1$が微小量なので変化が直線的であるとし，台形で近似して

$$W_{された}=\frac{(p_1+p_1+\varDelta p_1)\cdot\varDelta V_1}{2}=p_1\varDelta V_1+\frac{1}{2}\varDelta p_1\varDelta V_1 \fallingdotseq p_1\varDelta V_1 \text{※B} \quad\cdots\cdots⑦$$

熱力学第一法則「$\varDelta U=Q+W_{された}$」と⑤，⑥，⑦式より

$3R\varDelta T=0+p_1\varDelta V_1$　　よって　$\varDelta T=$**$\frac{p_1}{3R}\varDelta V_1$**　……⑧

(2) 気体Xの状態変化前(p_1，V_1+V_2，T)および変化後($p_1+\varDelta p_1$，$V_1+V_2-\varDelta V_1$，$T+\varDelta T$)の理想気体の状態方程式は※C

変化前：$p_1(V_1+V_2)=RT$　……⑨

変化後：$(p_1+\varDelta p_1)(V_1+V_2-\varDelta V_1)=R(T+\varDelta T)$　……⑩

⑨，⑩式の辺々の差をとると　$\varDelta p_1(V_1+V_2)-p_1\varDelta V_1-\varDelta p_1\varDelta V_1=R\varDelta T$

微小量どうしの積は無視できるので　$\varDelta p_1\varDelta V_1\fallingdotseq 0$

また⑧式より　$R\varDelta T=\frac{1}{3}p_1\varDelta V_1$　なので　$\varDelta p_1(V_1+V_2)-p_1\varDelta V_1=\frac{1}{3}p_1\varDelta V_1$

$\varDelta p_1(V_1+V_2)=\frac{4}{3}p_1\varDelta V_1$　　よって　$\frac{\varDelta p_1}{p_1}=$**$\frac{4}{3}$**$\cdot\frac{\varDelta V_1}{V_1+V_2}$

〔C〕(1) おもりをピストンの上に静かにのせて変化がなかったので，気体Xの圧力はp_1である。その後もピストンにおもりをのせたまま状態変化するので，気体Xは圧力p_1の定圧変化をする。状態変化後の温度をT'とすると，シャルルの法則「$\frac{V}{T}=$一定」より　$\frac{V_1+V_2}{T}=\frac{2V_1+V_2}{T'}$

よって　$T'=$**$\frac{2V_1+V_2}{V_1+V_2}T$**

(2) 〔C〕(1)の結果より，状態変化による温度変化$\varDelta T'$は

$$\varDelta T'=T'-T=\frac{2V_1+V_2}{V_1+V_2}T-T=\frac{V_1}{V_1+V_2}T \quad\cdots\cdots⑪$$

気体Xが吸収した熱量Q_Xは，単原子分子理想気体における定圧モル比熱が　$C_p=\frac{5}{2}R$　で表されることと，「$Q=nC_p\varDelta T$」より　$Q_X=1\times\frac{5}{2}R\varDelta T'$

気体Yは領域2内で定積変化する。よって，気体Yが吸収した熱量Q_Yは単原子分子理想気体における定積モル比熱が　$C_V=\frac{3}{2}R$　で表されることと「$Q=nC_V\varDelta T$」より　$Q_Y=1\times\frac{3}{2}R\varDelta T'$

以上より，気体XとYが吸収した熱量はQ_XとQ_Yの和なので，⑪式を用いて

$$Q_X+Q_Y=\frac{5}{2}R\varDelta T'+\frac{3}{2}R\varDelta T'=4R\varDelta T'=4R\times\frac{V_1}{V_1+V_2}T=\frac{4V_1}{V_1+V_2}RT \text{※D}$$

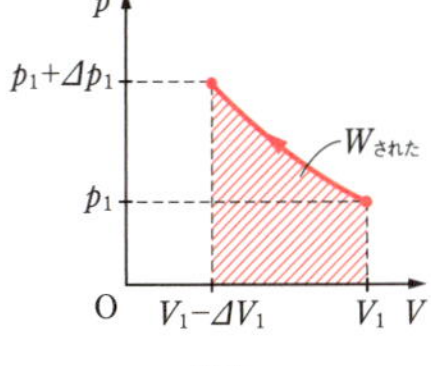

図b

※B　$\frac{1}{2}\varDelta p_1\varDelta V_1$は微小量どうしの積なので無視した。その結果　$W_{された}=p_1\varDelta V_1$　は，定圧変化の場合と同じ式になっている。

※C　気体Xの状態方程式を立てる場合，領域1と2をまとめて考えてよい。例えば変化前の領域2内には気体Xは領域1内とまったく同様に分布しており，気体Xの分圧が領域1の圧力と同じp_1となっている。

※D **別解** 気体XとY(計2mol)が吸収した熱量の合計をQ，内部エネルギーの変化量を$\varDelta U$とする。

「$\varDelta U=\frac{3}{2}nR\varDelta T$」と⑪式より，

$$\varDelta U=2\times\frac{3}{2}R\varDelta T'=3R\varDelta T'=\frac{3V_1}{V_1+V_2}RT \quad\cdots\cdots ⓐ$$

気体Yは領域2内なので定積変化で仕事をしないが，気体Xは定圧変化(圧力p_1)で体積がV_1増加するので，気体Xがされた仕事W_Xは

$W_X=-p_1V_1$

〔A〕(3)の結果を用いて

$$W_X=-\frac{V_1}{V_1+V_2}RT \quad\cdots\cdots ⓑ$$

気体XとYをまとめて考えて，熱力学第一法則「$\varDelta U=Q+W_{された}$」とⓐ，ⓑ式より

$$Q=\varDelta U-W_X=\frac{3V_1}{V_1+V_2}RT-\left(-\frac{V_1}{V_1+V_2}RT\right)=\frac{4V_1}{V_1+V_2}RT$$

10 波の性質

ヒント 74 〈正弦波の波形〉

(2)(a) 媒質は単振動するので，媒質の速度が 0 になるのは振動の両端である。

(b) 媒質は単振動するので，媒質の速度が最大になるのは振動の中心である。振動の向きは，波形をわずかに進ませて(平行移動させて)媒質の変位の変化する向きから判断する。

(c) 同位相の振動状態の 2 点は，座標が $m\lambda$ ($m=0$, 1, 2, …)異なる。

(d) 逆位相の振動状態の 2 点は，座標が $\frac{1}{2}\lambda+m\lambda$ ($m=0$, 1, 2, …)異なる。

(3) 固定端反射では，山は谷，谷は山として反射する(位相が逆になる)。

(4)(a)(b) 媒質の変位が最大となるときの波形をかいて判断するとよい。

(c)(d) 固定端は定在波の節となり，定在波の「隣りあう節と節の距離$=\frac{\lambda}{2}$」，「節と腹の距離$=\frac{\lambda}{4}$」である。

(1) 周期と振動数の関係より　$f=\frac{1}{T}$〔Hz〕

また，「$v=f\lambda$」より　$v=f\lambda=\frac{\lambda}{T}$〔m/s〕

(2)(a) 媒質の振動の速度が 0 になるのは，媒質が振動の両端の位置にあるときである。よって求める位置は，**D，H，L**

(b) 媒質の振動の速度が最大になるのは，媒質が振動の中心の位置にあるときである(候補の位置は B，F，J)。媒質が進む向きを判断するために，波をわずかに進めてみる(図 a)。すると，B，F，J のうち $+y$ 方向(上向き)に変位している位置は　**F**

(c) 波の波長 λ〔m〕は，x 軸で 8 目盛り分である。同位相の振動状態の 2 点は，座標が $m\lambda$ ($m=0$, 1, 2, …)異なる※A から，E と 8 目盛り(1 波長)異なる位置 **M** が E と同位相の位置である。

(d) 逆位相の振動状態の 2 点は，座標が $\frac{1}{2}\lambda+m\lambda$ ($m=0$, 1, 2, …)異なる※B から E と 4 目盛り異なる位置 **A，I** が E と逆位相の位置である。

(3)「$v=\frac{\lambda}{T}$」より，波は 1 周期 T で 1 波長 λ (8 目盛り分)進む。$t=0$ と $t=T$ は同位相※C なので波形は同じであるから，$t=\frac{13}{8}T=T+\frac{5}{8}T$ の波形は，$t=\frac{5}{8}T$ の波形($t=0$ から 5 目盛り分進んだ波形)と同じである。したがって，$t=\frac{13}{8}T$ における入射波は，$t=0$ の波形を右に 5 目盛り分移動させたもの(**図 e の赤実線**)になる。反射波の波形は，$t=\frac{13}{8}T$ における入射波を点 O の右側に延長した波(図 e の黒実線)を，x 軸に対して線対称に折り返し(図 e の黒点線，位相を π ずらす操作)，続いて固定端(y 軸)に対して線対称に折り返す(**図 e の赤点線**，端で反射させる操作)ことによって作図できる。

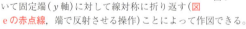

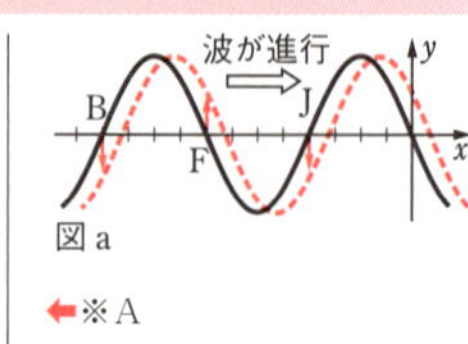

図 a

※A

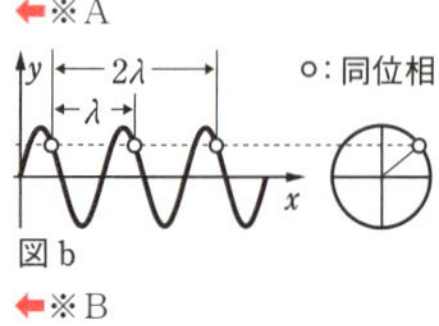

図 b

※B

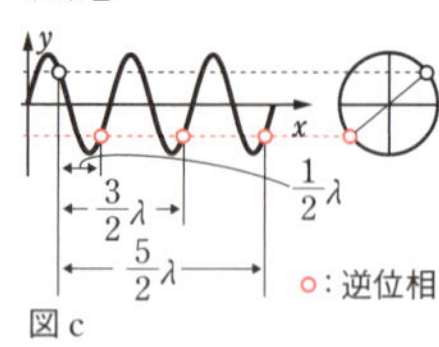

図 c

※C

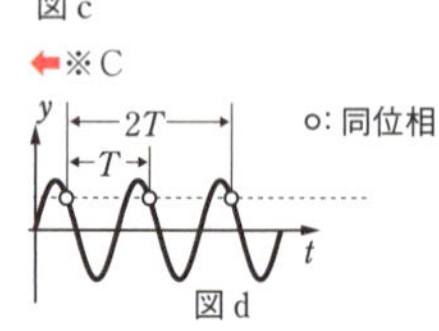

図 d

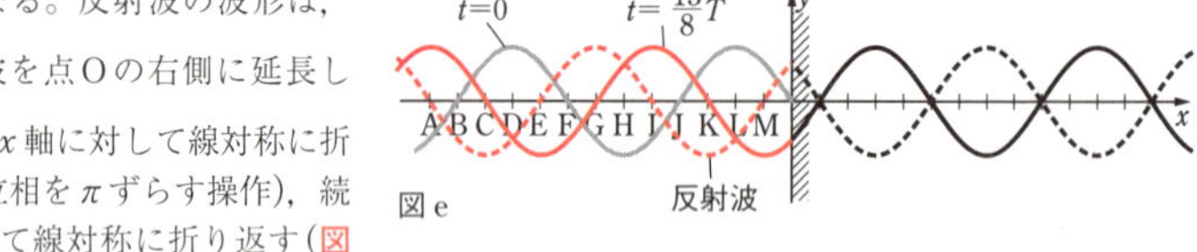

図 e

(4) 入射波と反射波による定在波(定常波)において，固定端は節となる。また節と節の距離は $\frac{\lambda}{2}$（4目盛り)，節と腹の距離は $\frac{\lambda}{4}$（2目盛り)であることから，定在波の腹(○)と節(×)の位置は図 f のようになる。

図 f

(a) 図 f の腹と節の位置をもとに，媒質の変位が最大となるある瞬間の定在波の波形をかくと図 g のようになる。
図 g より，媒質の変位が常にEと等しい位置(△)は **C**，**K**，**M** である。

(b) 図 g より，媒質の変位を逆向きにすると常にEと等しくなる位置(▲)は **A**，**G**，**I** である。

(c) 図 f より，媒質の変位が常に 0 である節の位置は **B**，**F**，**J** である。

(d) 図 f より，媒質の振動の振幅が最大となる位置は **D**，**H**，**L** である。

図 g

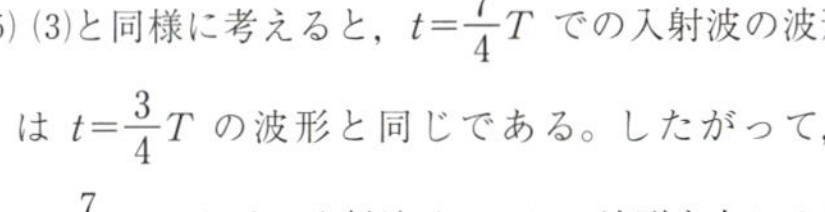

(5) (3)と同様に考えると，$t=\frac{7}{4}T$ での入射波の波形は $t=\frac{3}{4}T$ の波形と同じである。したがって，$t=\frac{7}{4}T$ における入射波は $t=0$ の波形を右に 6 目盛り分移動させたもの(図 h の黒実線)になる。
よって，反射波の波形は入射波を自由端(y 軸)に対して線対称に折り返したもの(**図 h の赤点線**)となり，合成波は**図 h の赤実線**となる。

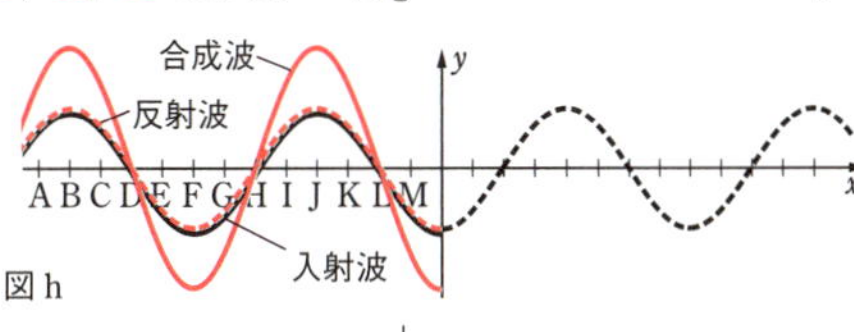

図 h

ヒント 75 〈正弦波の式と定在波〉

(2) x 軸の正の向きに進む波のとき，原点の振動は $\dfrac{x}{v}$ 遅れて座標 x に伝わる。
(3) 位置 x での反射波は，原点から $L+(L-x)=2L-x$ だけ進んでいる。また，固定端反射では位相は π ずれる。

(1) 周期と振動数の関係より　$f=\dfrac{1}{T}$　また，「$v=f\lambda$」より　$\lambda=\dfrac{v}{f}=vT$

(2) 位置 x では，波が原点から伝わるのにかかる時間 $\dfrac{x}{v}$ だけ原点の振動から遅れる。よって，時刻 t における位置 x での変位 y_1 は，時刻 $t-\dfrac{x}{v}$ における原点での変位に等しい。　ゆえに　$y_1=A\sin\dfrac{2\pi}{T}\left(t-\dfrac{x}{v}\right)$

(3) 波が原点から固定端を経て位置 x に伝わるのにかかる時間は，原点から $L+(L-x)=2L-x$　だけ移動しているので，$\dfrac{2L-x}{v}$　である※A。
また，固定端反射では波の位相が π ずれることから，時刻 t における位置 x での反射波の変位 y_2 は，時刻 $t-\dfrac{2L-x}{v}$ における原点の変位の位相を π だけずらしたものになる。
よって　$y_2=A\sin\left\{\dfrac{2\pi}{T}\left(t-\dfrac{2L-x}{v}\right)+\pi\right\}=-A\sin\dfrac{2\pi}{T}\left(t-\dfrac{2L-x}{v}\right)$※B

(4) (2)，(3)の合成波の変位を y とすると

$$y=y_1+y_2=A\sin\frac{2\pi}{T}\left(t-\frac{x}{v}\right)+\left\{-A\sin\frac{2\pi}{T}\left(t-\frac{2L-x}{v}\right)\right\}$$
$$=2A\sin\frac{2\pi}{T}\left\{\frac{\left(t-\frac{x}{v}\right)-\left(t-\frac{2L-x}{v}\right)}{2}\right\}\cos\frac{2\pi}{T}\left\{\frac{\left(t-\frac{x}{v}\right)+\left(t-\frac{2L-x}{v}\right)}{2}\right\}$$
$$=2A\sin\frac{2\pi}{T}\left(\frac{L-x}{v}\right)\cos\frac{2\pi}{T}\left(t-\frac{L}{v}\right)$$

となる。この式において $2A\sin\dfrac{2\pi}{T}\left(\dfrac{L-x}{v}\right)$ は振動の位置 x での振幅を表し，$\cos\dfrac{2\pi}{T}\left(t-\dfrac{L}{v}\right)$ は時刻 t に依存した振動を表すので，波形の進行しない定在波とわかる。

(5) 定在波が最大振幅になるのは　$\cos\dfrac{2\pi}{T}\left(t-\dfrac{L}{v}\right)=\pm1$　のときだから

$$y=\pm2A\sin\frac{2\pi}{T}\left(\frac{L-x}{v}\right)$$

(1)の結果，$\lambda=vT$ と $L=\dfrac{5}{4}\lambda$ を用いると

$$y=\pm2A\sin2\pi\left(\frac{L-x}{vT}\right)=\pm2A\sin2\pi\left(\frac{5}{4}-\frac{x}{\lambda}\right)$$
$$=\pm2A\sin\left(\frac{5}{2}\pi-\frac{5\pi x}{2L}\right)$$
$$=\pm2A\cos\frac{5\pi}{2L}x$$

よって，波形は図 a の実線または破線のようになる※C。

※A

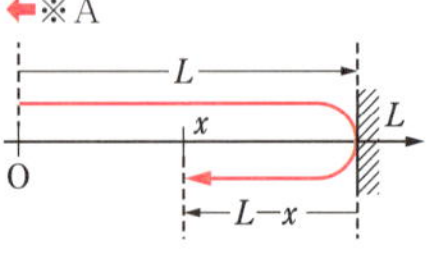

※B
(2)の結果を直接用いる形の解法は，波が原点から $x=L$ で反射して位置 x まで進む距離は $(2L-x)$，固定端における反射で位相が π ずれるので，変位は (-1) 倍される（位相が反転する）。以上より，(2)の x を $(2L-x)$ にかえて，変位 y_1 を (-1) 倍したものが y_2 となる。
$y_2=(-1)\times A\sin\dfrac{2\pi}{T}\left(t-\dfrac{2L-x}{v}\right)$

※C
固定端は定在波の節，節と節の間隔は $\dfrac{\lambda}{2}=\dfrac{2}{5}L$，定在波の最大振幅は $2A$ である（上記の定在波の特徴を用いて作図することもできる）。

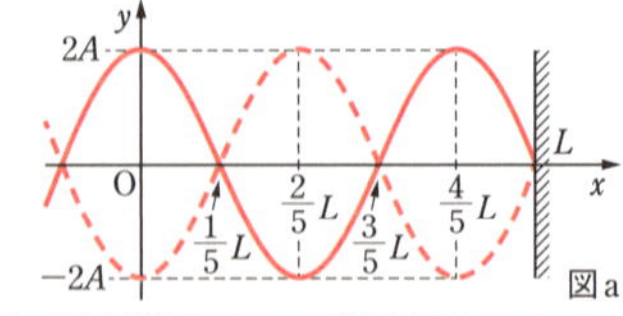

図 a

ヒント 76 〈円形波の反射〉

(1)『反射の際，波の振幅および位相は変わらない』➡ 反射波は器壁に対して点Oと対称な点を波源とする波と同じ
(2) 反射の際に位相が変わらないので，『2 つの波が弱めあう条件』➡（経路差）=（半波長）×奇数
(3) 波源から遠くなると 2 つの波の経路差は小さくなる。　(5)（L上の節の数）=（Oと壁の間にある節の数）
(10) ドップラー効果は波源と観測者を結ぶ方向の速度成分によって起こる。

(1) Oから出た波が壁で反射するとき，位相は変わらない。また，入射角と反射角が等しいので，反射波はあたかも器壁に対してOと対称な点O′から出たかのように進む(図 a の矢印)。したがって，反射波はO′を中心とし半径が入射波と等しい球面波になる(図 a の破線)ので，全体の波面は(エ)となる。

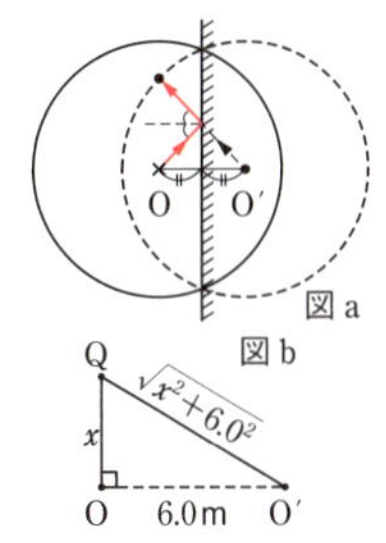

図 a
図 b

(2) (1)より，OとO′から同位相で球面波を出した場合と同じ干渉が起こる。図 b より，OQ$=x$〔m〕，O′Q$=\sqrt{x^2+6.0^2}$〔m〕 なので，2つの波が干渉して弱めあう条件※A⬅は $n=1, 2, \cdots$ であることから

$$経路差=O'Q-OQ=\sqrt{x^2+6.0^2}-x=\sqrt{x^2+36}-x=(2n-1)\cdot\frac{\lambda}{2}$$

注 $n=1, 2, \cdots\cdots$ だから，同位相の波源の干渉条件 経路差$=\frac{\lambda}{2}\times$奇数 より，$(2n-1)\cdot\frac{\lambda}{2}$ であり，$(2n+1)\cdot\frac{\lambda}{2}$ ではない。

⬅※A 干渉条件(同位相)
$|l_1-l_2|=\frac{\lambda}{2}\times\begin{cases}偶数\cdots強\\奇数\cdots弱\end{cases}$

(3) 干渉によって2つの波が弱めあう点を連ねると図 c の破線のように並び(節線)，壁に近い側から順に $n=1\left(O,\ O'からの経路差が\ \frac{\lambda}{2}\ の点の集合\right)$，$n=2\left(経路差\ \frac{3}{2}\lambda\right)$，$n=3\left(経路差\ \frac{5}{2}\lambda\right)$，……となる。これらの節線はいずれも半直線Lと1点で交わり，Oから遠い順に $n=1, 2, 3, \cdots$ となる。Pより遠方に2か所弱めあう点があるので，Pは $n=3$ の点となる。

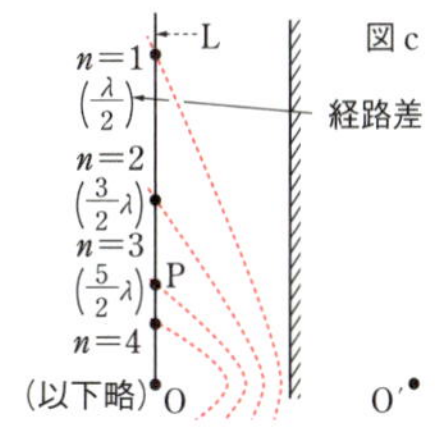

図 c

(4) (2)の答えの式に点Pにおける値($x=8.0$，$n=3$)を代入して

$$\sqrt{8.0^2+36}-8.0=(2\times3-1)\times\frac{\lambda}{2} \quad よって \quad \lambda=0.80\,m$$

(5) (3)でかいたように，すべての節線は半直線Lと交わり，かつOと壁の間を通るので，O～壁の間にできる節の数を調べればよい。壁では自由端反射するので腹になり，腹～隣の腹は $\frac{\lambda}{2}=0.40\,m$ であるから，O～壁の間の腹の位置は図 d の○印となる。腹と腹の中点に節(×印)ができ，壁から3つ目の節線がPを通るので，4つ目～7つ目の4本の節線がOP間で半直線Lと交わる。よって 4個。

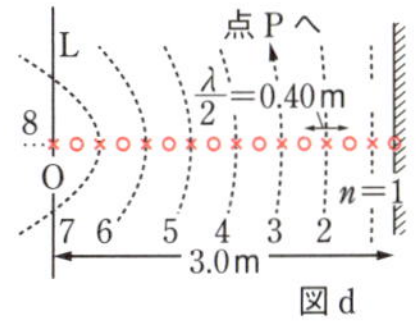

図 d

別解 $\sqrt{x^2+36}-x=(2n-1)\times0.40$ で，$x=0$ の場合を考える。
$6-0=(2n-1)\cdot0.40 \qquad n=8$
$n=3$ は点P，$n=8$ は点Oを通る節線であるから，求める n は，
4～7 の4本。よって 4個。

(6) 図 d より，点Oは節に相当し，節～隣の腹は $\frac{\lambda}{4}$ であるからOに最も近い腹までの距離は $\frac{\lambda}{4}=\frac{0.80}{4}=0.20\,m$

(7) $V=f\lambda=5.0\times0.80=4.0\,m/s$

(8) 波源が移動するとドップラー効果が発生し，波源の前方では波長が短く振動数は高くなる。図 e のように $\overrightarrow{OP}$ の向きを正として，ドップラー効果の式※B⬅を用いると

$$f'=\frac{V-v_O}{V-v_S}f=\frac{4.0-0}{4.0-1.0}\times5.0=\frac{20}{3.0}\fallingdotseq6.7\,Hz$$

x
P
1.0m/s
O
図 e

⬅※B 波の速さ V，波源の速度 v_S，観測者の速度 v_O とし，音源から観測者へ向かう向きを正とすると，ドップラー効果の式は $f'=\frac{V-v_O}{V-v_S}f$

(9) 観測される波長を λ'〔m〕とする。波の速さは変わらないので

$$V=f'\lambda',\ \lambda'=\frac{V}{f'}=\frac{4.0}{20/3.0}=\frac{3.0}{5.0}=0.60\,m$$

(10) (1)で述べたように，反射波はO′から出た波と考える。波源が点O通過のとき，O′から出た波によるドップラー効果は，O′の速度の $\overrightarrow{O'P}$ 方向の成分によって起こる。ところがOがPに接近すると図 f のようにO′はO″へ移動し，$\overrightarrow{O''P}$ 方向の成分は小さくなる。これは(8)のドップラー効果の式の v_S が小さくなることに相当し，f' は小さくなる。

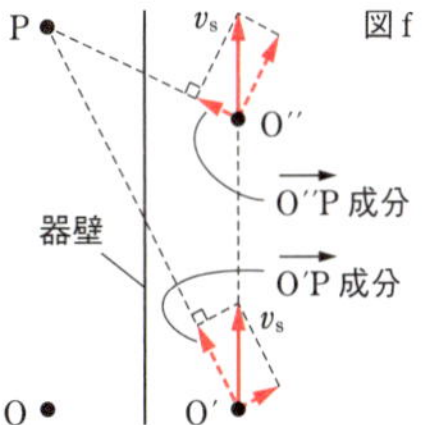

図 f

ヒント 77 〈平面波の反射・屈折・干渉〉

(5) 壁面と平行に進む波は，強めあった谷と谷(山と山)の距離(壁面にそった方向の 1 波長分)を，入射波の 1 周期分の時間で移動する。

(6) 平面波干渉の問題(節線間距離を求める…)は，入射波と反射波の波面から節線を作図し，波長との幾何学的な関係を見つけだすことで解く。

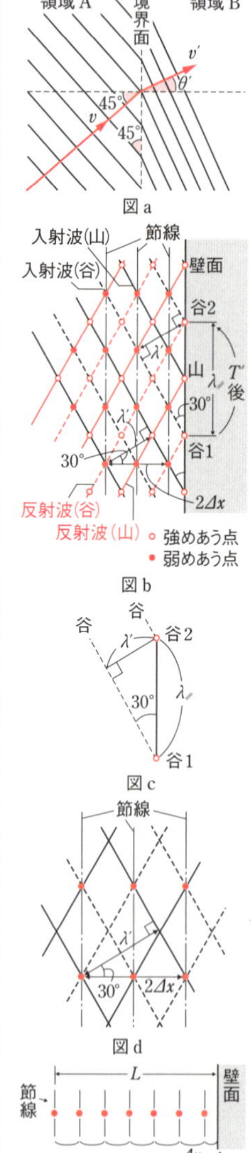

図 a　図 b　図 c　図 d　図 e

(1)「$v=f\lambda=\dfrac{\lambda}{T}$」より　$T=\dfrac{\lambda}{v}$　……①

(2) 問題文より，波の速さ v は水深 h の平方根に比例するので，比例定数を k とすると，$v=k\sqrt{h}$ の関係が成りたつ。

領域A(v，$2h$)において　$v=k\sqrt{2h}$

領域B(v'，h)において　$v'=k\sqrt{h}$

と表されるので　$\dfrac{v}{v'}=\dfrac{\sqrt{2}}{1}$　　よって　$v'=\dfrac{1}{\sqrt{2}}v$　……②

(3) 屈折の法則「$n_{12}=\dfrac{v_1}{v_2}=\dfrac{\lambda_1}{\lambda_2}=\dfrac{\sin\theta_1}{\sin\theta_2}$」を領域 A，B に用いると(図 a)

$$n=\frac{v}{v'}=\frac{\sin 45^\circ}{\sin\theta'}$$　……③

②，③式の前半部分より　$n=\dfrac{v}{v'}=\sqrt{2}$

これと③式の後半部分より　$n=\sqrt{2}=\dfrac{\sin 45^\circ}{\sin\theta'}$　　よって　$\sin\theta'=\dfrac{1}{2}$

ゆえに $0^\circ\leqq\theta'\leqq 90^\circ$ より　$\theta'=30^\circ$

(4) 屈折しても波の振動数は変化しないので，周期も変化しない。①式より

$$T'=T=\frac{\lambda}{v}$$　……④

「$v=f\lambda=\dfrac{\lambda}{T}$」と②，④式より　$\lambda'=v'T'=\dfrac{1}{\sqrt{2}}v\cdot\dfrac{\lambda}{v}=\dfrac{1}{\sqrt{2}}\lambda$　……⑤

(5) 観測された波は図 b のようになる。壁面上にある強めあった谷 1 は，領域Bの周期 T' 後に，同じ壁面上の強めあった谷 2 の位置に移動する。この谷 1，2 間の長さが $\lambda_{/\!/}$ である。図 b 中の $\lambda_{/\!/}$ と領域Bの波長 λ' の関係は図 c より

$\lambda_{/\!/}\sin 30^\circ=\lambda'$　　よって　$\lambda_{/\!/}=2\lambda'$

⑤式を用いて　$\lambda_{/\!/}=2\times\dfrac{1}{\sqrt{2}}\lambda=\sqrt{2}\lambda$　……⑥

壁面上を進む波は，時間 T' で $\lambda_{/\!/}$ だけ進むので，「$v=\dfrac{x}{t}$」と⑥，④式より

$$v_{/\!/}=\frac{\lambda_{/\!/}}{T'}=\frac{\sqrt{2}\lambda}{\dfrac{\lambda}{v}}=\sqrt{2}v$$

(6) 図 b 中の節線間距離 Δx と領域Bの波長 λ' の関係は図 d より

$2\Delta x\cos 30^\circ=\lambda'$　　よって　$\Delta x=\dfrac{\lambda'}{\sqrt{3}}=\dfrac{1}{\sqrt{6}}\lambda$　(⑤式より)　……⑦

壁面と壁面に最も近い節線までの距離は $\dfrac{\Delta x}{2}$ であるので，L と Δx の関係は(図 e)

$L=\dfrac{\Delta x}{2}+6\Delta x=\dfrac{13}{2}\Delta x$　　⑦式より　$L=\dfrac{13}{2}\times\dfrac{1}{\sqrt{6}}\lambda=\dfrac{13}{2\sqrt{6}}\lambda$

(7) 領域Aにおける節線間距離 d は，領域Aにおける図 d の角度(30°)が 45° になるので，節線間距離 d と領域Aの波長 λ の関係は

$2d\cos 45^\circ=\lambda$　　よって　$d=\dfrac{\lambda}{\sqrt{2}}$

78 〈水面波の反射と屈折〉

〔A〕(3) 反射波は，波源の境界について線対称である点（仮想波源）から出ているように観測される。
(4) PO 間の定在波の節から出た節線と直線 $y=d$ の交点が，求める弱めあう点になる。
(5) 波の同位相の位置は，波長の整数倍 $(m\lambda)$ だけ波源Pからの距離の異なる位置である。
〔B〕(1) ドップラー効果の式を用いる。速度 $v_{音源}$，$v_{観測者}$ の正の向きは，S（音源）からO（観測者）へ向かう向きである。
(3) 波が同位相であるのは，時間差が周期の整数倍 (mT) を満たすときである。

〔A〕(1) 領域Aでは，波の速さ $v_A=V$，波長 $\lambda_A=\dfrac{d}{2}$ なので，求める振動数を f とすると，波の基本式「$v=f\lambda$」より　$V=f\cdot\dfrac{d}{2}$　　よって　$f=\dfrac{2V}{d}$

領域Bにおいて波の速さは $v_B=\dfrac{V}{2}$ なので，求める波長を λ_B とすると

$\dfrac{V}{2}=f\lambda_B=\dfrac{2V}{d}\lambda_B$　　よって　$\lambda_B=\dfrac{d}{4}$

(2) v，g，h の単位はそれぞれ v〔m/s〕，g〔m/s²〕，h〔m〕である。
$v=g^ah^b$ の両辺の単位を比較すると　$[\mathrm{m\cdot s^{-1}}]=[\mathrm{m\cdot s^{-2}}]^a\times[\mathrm{m}]^b$

$[\mathrm{m^1\cdot s^{-1}}]=[\mathrm{m^a\cdot s^{-2a}}]\times[\mathrm{m^b}]=[\mathrm{m^{a+b}\cdot s^{-2a}}]$

両辺の指数を比較すると　$1=a+b$，$-1=-2a$

よって　$a=\dfrac{1}{2}$，$b=\dfrac{1}{2}$　すなわち　$v=\sqrt{gh}$　となる。

領域A，Bの水深を h_A，h_B とすると　$v_A=V=\sqrt{gh_A}$，$v_B=\dfrac{V}{2}=\sqrt{gh_B}$

よって　$\dfrac{v_A}{v_B}=2=\sqrt{\dfrac{h_A}{h_B}}$　ゆえに　$\dfrac{h_A}{h_B}=4$（倍）

(3) 点Pの x 軸についての対称点を P′ とすると，P′$(0,\ -d)$ であり，P′ とRを結ぶ直線と x 軸の交点がQなので（図a）

$\mathrm{PQ+QR=P'Q+QR=P'R}=\sqrt{x^2+(y+d)^2}$

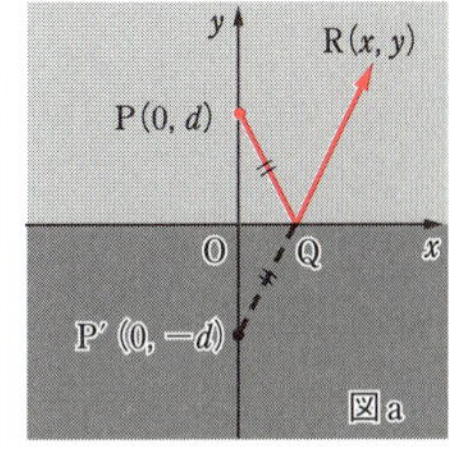

図a

(4) 直線 $y=d$ 上の点 $(x,\ d)$ を(3)の点Rとすると，直接波の経路長は $|x|$ なので，直接波と反射波の経路差は　$\sqrt{x^2+(2d)^2}-|x|$　となる。同位相の波源からの波の干渉になるので，弱めあう条件は　経路差$=\left(n+\dfrac{1}{2}\right)\lambda_A$　である。

以上より，弱めあう条件は　$\sqrt{x^2+(2d)^2}-|x|=\left(n+\dfrac{1}{2}\right)\dfrac{d}{2}$

y 軸での干渉を考えると，自由端である点Oは腹（強めあう点）で，そこから $\dfrac{\lambda_A}{2}=\dfrac{d}{4}$ 間隔に腹が存在するので，強めあう点の座標は，波源Pも含めると $y=0,\ \dfrac{d}{4},\ \dfrac{d}{2},\ \dfrac{3}{4}d,\ d$　である。腹と腹の中間に節（弱めあう点）が存在するので，OP 間の弱めあう点の座標は　$y=\dfrac{1}{8}d,\ \dfrac{3}{8}d,\ \dfrac{5}{8}d,\ \dfrac{7}{8}d$　の4個である。ここから節線が出ていくので，図bより節線と $y=d$ の交点の個数は 8個である※A⬅。

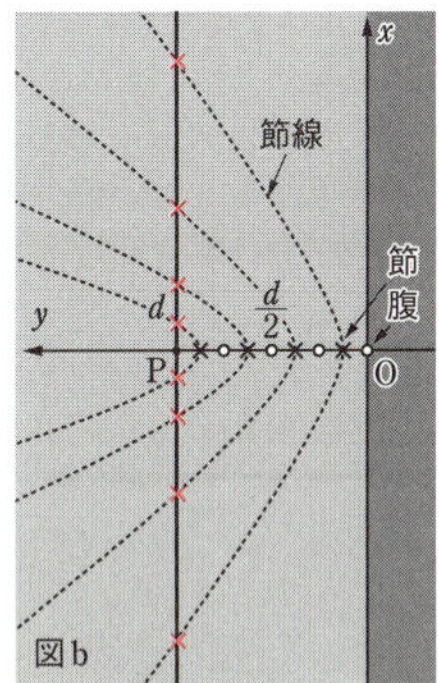

図b

⬅※A 別解 経路差
$\Delta l=\sqrt{x^2+(2d)^2}-|x|$
で $x>0$ の場合
$x=0$ で $\Delta l=2d$
$x\to\infty$ で $\Delta l\to 0$
弱めあう条件は
$\Delta l=\left(\dfrac{1}{2}+n\right)\lambda_A=\left(\dfrac{1}{2}+n\right)\dfrac{d}{2}$
よって　$0<\left(\dfrac{1}{2}+n\right)\dfrac{d}{2}<2d$
$0<1+2n<8$
これを満たす n は，
0，1，2，3 の4個。
$x<0$ の場合も同様に4個。
よって合計 8個。

(5) 波長の整数倍だけ波源Pからの距離の異なる2地点は同位相となる。領域Aにおいては，波源Pから $\lambda_A=\dfrac{d}{2}$ おきに波源と同位相の位置があるので，原点Oは，波源Pから波2個分の距離で同位相である。よって点Sは，点Oからさらに領域Bにおける波長 $\lambda_B=\dfrac{d}{4}$ だけ離れた位置である（波源Pから位相が3波長分ずれた位置）。よって点Sの座標は　$\left(0,\ -\dfrac{d}{4}\right)$

点Sと同位相の点Tは，波源Pと位相が3波長分ずれた位置なので，
$PT=3\lambda_A$ である。$PO=2\lambda_A$ であるので

$$OT=\sqrt{(PT)^2-(PO)^2}=\sqrt{(3\lambda_A)^2-(2\lambda_A)^2}=\sqrt{5}\,\lambda_A=\frac{\sqrt{5}}{2}d$$

よって点Tの座標は $\left(\frac{\sqrt{5}}{2}d,\ 0\right)$

P→Tへ進む波の入射角を ϕ とすると，屈折の法則「$\frac{\sin\theta_1}{\sin\theta_2}=\frac{v_1}{v_2}$」より

$$\frac{\sin\phi}{\sin\theta}=\frac{V}{\left(\frac{V}{2}\right)}=2$$

図cより　$\sin\phi=\frac{OT}{PT}=\frac{\sqrt{5}\,\lambda_A}{3\lambda_A}=\frac{\sqrt{5}}{3}$　よって　$\sin\theta=\frac{1}{2}\sin\phi=\frac{\sqrt{5}}{6}$

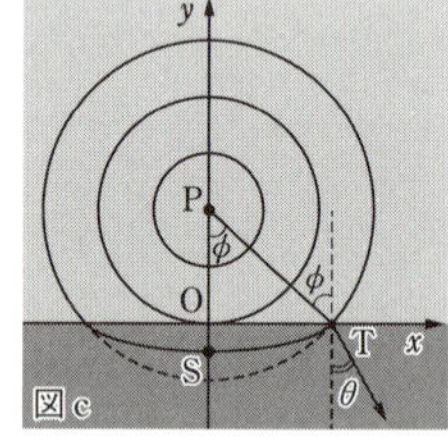

図c

〔B〕(1) 原点Oで観測する波源からの直接波の振動数を f_0 とすると，ドップラー効果の式より　$f_0=\frac{v_A-0}{v_A-(-u)}f=\frac{V}{V+u}f$ ※B

波源で観測される反射波の振動数を f_A とすると，ドップラー効果の式より

$$f_A=\frac{v_A-u}{v_A-0}f_0=\frac{V-u}{V}\cdot\frac{V}{V+u}f=\frac{V-u}{V+u}f=\frac{V-u}{V+u}\cdot\frac{2V}{d}$$ ※C

原点Oから振動数 f_0 で出た波を，速さ w で遠ざかる観測者が観測する振動数を f_B とすると，ドップラー効果の式より

$$f_B=\frac{v_B-w}{v_B-0}f_0=\frac{\frac{V}{2}-w}{\frac{V}{2}}\times\frac{V}{V+u}f=\frac{V-2w}{V+u}f=\frac{V-2w}{V+u}\cdot\frac{2V}{d}$$ ※D

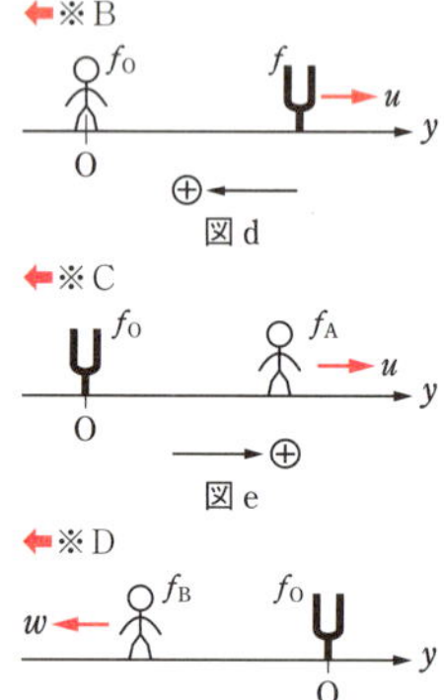

(2) 波源から出た波が反射して波源にもどるまでの時間を t' とする。波源から出て反射した後に波源にもどるまでの経路の長さは〔A〕(3)の経路を $x=ut'$，$y=d$ とおくことで求められる。t' の時間で波が移動する経路の長さが Vt' なので　$Vt'=\sqrt{(ut')^2+(2d)^2}$　が成りたつ t' を求めればよい（図g参照)。

$$V^2t'^2=u^2t'^2+4d^2\qquad よって\quad t'^2=\frac{4d^2}{V^2-u^2}\qquad ゆえに\quad t'=\frac{2d}{\sqrt{V^2-u^2}}$$

(3) 波の周期を $T\left(=\frac{1}{f}\right)$ とすると，波は時間差が mT のときが同位相であるので，〔B〕(2)における t' が，$t'=\left(m+\frac{1}{2}\right)T$ のときに逆位相になる。

よって　$t'=\frac{2d}{\sqrt{V^2-u^2}}=\left(m+\frac{1}{2}\right)T=\left(m+\frac{1}{2}\right)\frac{1}{f}=\left(m+\frac{1}{2}\right)\frac{d}{2V}$

ゆえに　$\frac{4V}{\sqrt{V^2-u^2}}=m+\frac{1}{2}$　$(m=0,\ 1,\ 2,\ \cdots\cdots)$　……①

$0<u<\frac{V}{2}$ だから　$\frac{\sqrt{3}}{2}V<\sqrt{V^2-u^2}<V$

すなわち　$\frac{1}{V}<\frac{1}{\sqrt{V^2-u^2}}<\frac{2}{\sqrt{3}\,V}$

よって　$4<\frac{4V}{\sqrt{V^2-u^2}}<\frac{8}{\sqrt{3}}\fallingdotseq 4.6$

とわかる。これより，①式の左辺の値は4と4.6の間でなければならないということなので，条件を満たす整数 m は4のみである。①式に $m=4$ を代入して

$$\frac{4V}{\sqrt{V^2-u^2}}=4+\frac{1}{2}\qquad ゆえに\quad u=\frac{\sqrt{17}}{9}V$$

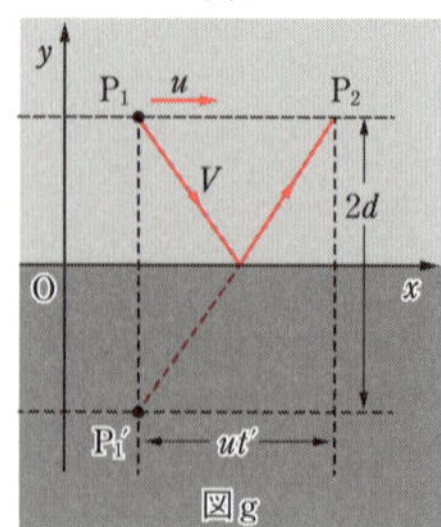

図g

11 音　波

79 〈音波の性質〉

(1) 圧力が最大値をとる位置が密，最小値をとる位置が疎となる。
(3)『圧力が時間とともに変わらず』➡ この位置が腹となる

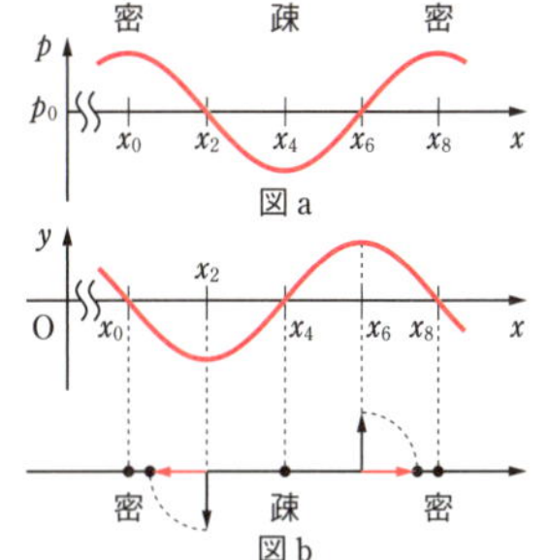

(1) 圧力が最大の位置が密，最小の位置が疎になるから，x と変位 y の関係は図 b のようになる。よって
　正の向きに最も大きく変位している位置：x_6
　正の向きに最も速く動いている位置　　：x_8

(2) (1)より，変位が正で最大になるのは，圧力 p が p_0 で，少し時間が経過すると p が p_0 より小さくなる位置であるから，求める時刻は t_2 である。

(3) 圧力が常に p_0 である点は定在波(定常波)の腹である。隣接する腹と腹の間の距離は半波長である。求める d は，波長を λ とすると，

「$v=f\lambda$」より　　$d=\dfrac{\lambda}{2}=\dfrac{c}{2f}$

(4) 気温が上昇すると，音波の速さ c が増加するから。

80 〈弦の振動〉

(1) PとQは固定端。　(2)，(5) 基本振動の波を生じた ➡ 定在波の腹は 1 つ
(3)『定在波は正弦曲線』『最大振幅は a』➡ 最大振幅になっているときの波形を表す式を求める
(4) 音の高低 ➡ 振動数の大小を調べる　(6) ((2)の結果)=((5)の結果)となればよい。
(7) 弦の直径を n 倍 ➡ 断面積は n^2 倍 ➡ 線密度は n^2 倍　(8) (1秒間のうなりの回数)=(2 つの音の振動数の差)

(1) 干渉……③　PとQは固定端であり，反射では位相が π rad ずれる。

(2) 波長，速さ，振動数をそれぞれ λ_A〔m〕，v_A〔m/s〕，f_A〔Hz〕とする。基本振動が生じたので，P，Qが節で間に腹が 1 つできる※A。節～隣の節の間隔は半波長なので　$l=\dfrac{\lambda_A}{2}$　　よって　$\lambda_A=2l$〔m〕

弦を伝わる波の速さの式に，$S=m_Ag$〔N〕を代入して　$v_A=\sqrt{\dfrac{m_Ag}{\rho}}$〔m/s〕

「$v=f\lambda$」より　$f_A=\dfrac{v_A}{\lambda_A}=\dfrac{1}{2l}\sqrt{\dfrac{m_Ag}{\rho}}$〔Hz〕

(3) 最大振幅になっているときの弦は，右図のように PQ 間が正弦曲線で最大値が a である。$x=l$ のとき $y=0$ であるから $y=a\sin\dfrac{\pi}{l}x$ と表される※B。

PQ 間を n 等分したうち，j 番目の区間の右端の x 座標は $\dfrac{j}{n}l$ となるので，

この点の振幅 a'〔m〕は　$a'=a\sin\left(\dfrac{\pi}{l}\cdot\dfrac{j}{n}l\right)=a\sin\dfrac{j}{n}\pi$〔m〕

周期 T_A〔s〕は(2)から　$T_A=\dfrac{1}{f_A}=2l\sqrt{\dfrac{\rho}{m_Ag}}$〔s〕

(4) (2)より l を小さくすると振動数が増加するから，音は高くなる。……①

(5) 求める振動数を f_B〔Hz〕とすると，(2)と同様に　$f_B=\dfrac{1}{2l}\sqrt{\dfrac{m_Bg}{\rho}}$〔Hz〕

(6) PQ 間の距離を l'〔m〕とすると，(2)，(5)から

$$\frac{1}{2l'}\sqrt{\frac{m_Bg}{\rho}}=\frac{1}{2l}\sqrt{\frac{m_Ag}{\rho}}\quad よって\quad l'=\sqrt{\frac{m_B}{m_A}}\cdot l\text{〔m〕}$$

※A　弦に生じる定在波

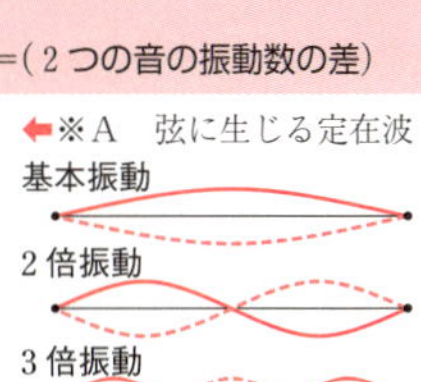

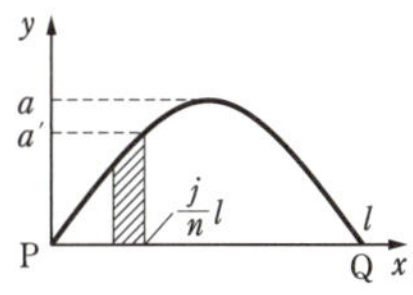

※B　位相差 2π は，波長 $\lambda(=2l)$ に相当するから，x の位相差 θ は，
$2l:x=2\pi:\theta$ より
$\theta=\dfrac{\pi}{l}x$

(7) 直径を n 倍にすると断面積は n^2 倍になり，したがって線密度も n^2 倍となる。

$$\frac{1}{2l}\sqrt{\frac{m_{\mathrm{B}}g}{n^2\rho}}=\frac{1}{2l}\sqrt{\frac{m_{\mathrm{B}}g}{\rho}}\times\frac{1}{2}\quad よって\quad n=\mathbf{2\ 倍}$$

(8) (2)，(5)から $m_{\mathrm{A}}<m_{\mathrm{B}}$ のとき $f_{\mathrm{A}}<f_{\mathrm{B}}$

よって，うなりの回数 N〔回/s〕は

$N=f_{\mathrm{B}}-f_{\mathrm{A}}$ ※C

$$N=\frac{1}{2l}\sqrt{\frac{m_{\mathrm{B}}g}{\rho}}-\frac{1}{2l}\sqrt{\frac{m_{\mathrm{A}}g}{\rho}}=\frac{1}{2l}\sqrt{\frac{g}{\rho}}(\sqrt{m_{\mathrm{B}}}-\sqrt{m_{\mathrm{A}}})〔回/s〕$$

※C　振動数がわずかに異なる 2 つの音 f_{A}〔Hz〕と f_{B}〔Hz〕を同時にならすと，1 秒当たりのうなりの回数 N は $N=|f_{\mathrm{A}}-f_{\mathrm{B}}|$

ヒント 81 〈気柱の共鳴〉

(2) 2 回目，3 回目の共鳴のようすを図示して節の数を確認し，そこから n 回目の共鳴を類推する。
(5)「密度変化が最大」➡ 疎にも密にもなれる「節」が最大となる

(1) 振動数を 0 から増加させるということは，管に入る音波の波長を無限大から減少させるということである。最初に共鳴するのは閉管の基本振動の状態 $\left(管の長さが波長の\ \frac{1}{4}\ のとき\right)$ である (図 a)。よって，$l=\frac{\lambda}{4}$ であるので

$\lambda=4l$　「$v=f\lambda$」より　$f=\frac{V}{\lambda}=\mathbf{\frac{V}{4l}}$

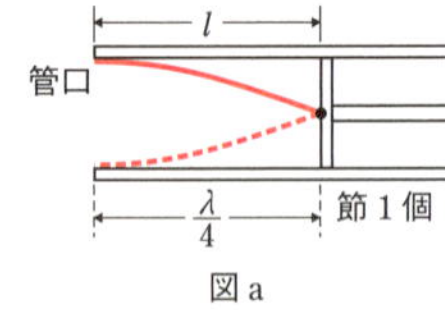

図 a

(2) 2 回目，3 回目の共鳴のようすをかくと図 b のようになり，定在波 (定常波) の節の数はそれぞれ 2 個，3 個となる。すなわち，共鳴の回数と節の数が一致している。よって，n 回目の共鳴の定在波の節の数は $\mathbf{n}$

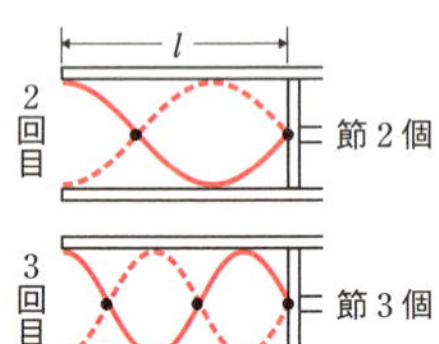

図 b

(3) n 回目の共鳴のようすをかくと図 c のようになる。管内には n 個の節があり，管口の腹から最初の節までの区間と，隣りあう節と節の距離が $n-1$ 個分の区間で，気柱の長さ l が分けられている。定在波の隣りあう腹と節の距離は $\frac{\lambda}{4}$，節と節の距離は $\frac{\lambda}{2}$ であるので，求める波長を λ_n とすると

$$l=\frac{\lambda_n}{4}+(n-1)\times\frac{\lambda_n}{2}=\frac{\lambda_n}{4}(2n-1)\qquad よって\quad \lambda_n=\mathbf{\frac{4l}{2n-1}}\quad \cdots\cdots①$$

(4) n 回目の共鳴のときの振動数を f_n とすると，「$v=f\lambda$」と①式より

$$f_n=\frac{V}{\lambda_n}=\mathbf{\frac{(2n-1)V}{4l}}\quad \cdots\cdots②$$

(5) 密度変化が最大の位置は，疎にも密にもなれる「節」の位置である。管口 (腹) から最も近い節は，管口から $\frac{\lambda_n}{4}$ の距離である。①式を用いて

$$\frac{\lambda_n}{4}=\frac{1}{4}\times\frac{4l}{2n-1}=\mathbf{\frac{l}{2n-1}}$$

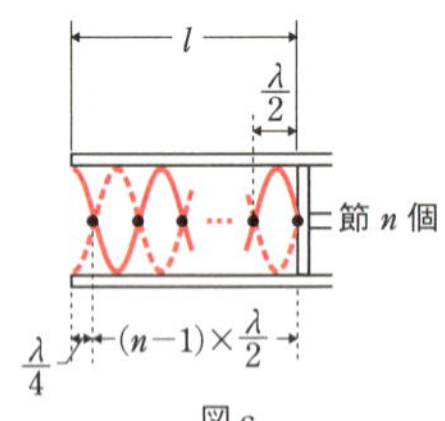

図 c

(6) $n=2$ のときの共鳴で振動数を固定するので，そのときの音波の波長は①式より $\lambda_2=\frac{4}{3}l$ である。この波長の音波を用いて，ピストンを管口から右に動かしたとき，最初に起こる共鳴は図 a のような閉管の基本振動である。このときの気柱の長さを l' とすると，l' が波長 λ_2 の $\frac{1}{4}$ になるので

$$l'=\frac{\lambda_2}{4}=\frac{1}{4}\times\frac{4}{3}l=\mathbf{\frac{l}{3}}$$

(7) (6)のときの音波の振動数は②式より，$f_2=\frac{3V}{4l}$ であり，これが閉管の基本振動数である。気柱の長さを固定して振動数を大きくしたとき閉管は奇数倍振動をするので，次の共鳴は 3 倍振動 (図 d) で，振動数 f' は基本振動数 f_2 の 3 倍である。

$$f'=3f_2=3\cdot\frac{3V}{4l}=\mathbf{\frac{9V}{4l}}$$

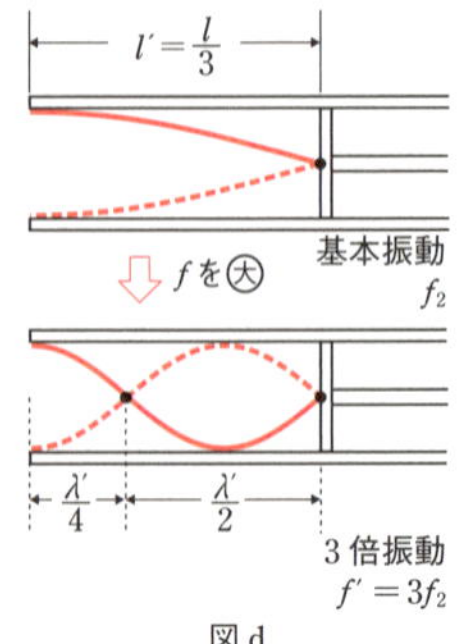

図 d

別解 次の共鳴の振動数を f'，波長を λ' とする。振動数を大きくしたときの(6)の状態（図 d 上）の次の共鳴のようすは，図 d 下のようになる。よって

$$l'=\frac{l}{3}=\frac{\lambda'}{4}+\frac{\lambda'}{2}=\frac{3}{4}\lambda' \qquad \text{ゆえに} \quad \lambda'=\frac{4l}{9}$$

「$v=f\lambda$」より　$f'=\dfrac{V}{\lambda'}=\dfrac{9V}{4l}$

ヒント 82 〈反射板がある場合のドップラー効果〉

(1) 時間 t の間に音源が発した f_0t 個の波は，長さ $Vt-u_0t$ の中に含まれる。
(3)(4)(5) 反射板（壁）は受け取った振動数 f の音を発する音源と考えればよい。
(6) 斜め方向のドップラー効果は，音源と観測者を結ぶ直線方向の速度成分で考える。

(1) 音の波長は観測者の運動に関係なく，音源の運動によって決まる。また音の速さは音源の動きに無関係に V である。図 a のように，時刻 0 に音源から出た音が，時刻 t〔s〕には距離 Vt〔m〕の位置に達する。この間に音源は観測者に近づく向きに u_0t〔m〕移動するので，音源が時間 t の間に発した f_0t 個の波は※A，長さ $Vt-u_0t$〔m〕の中に含まれている。したがって，観測者が観測する波長 λ_1 は

$$\lambda_1=\frac{Vt-u_0t}{f_0t}=\frac{V-u_0}{f_0}\text{〔m〕}$$

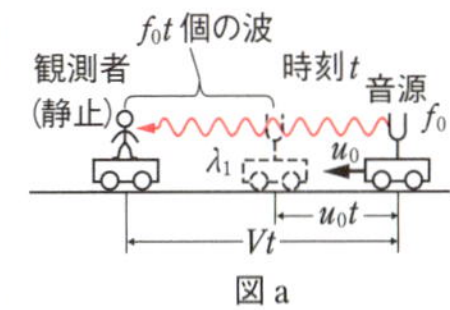

図 a

※A　振動数 f_0 とは，1 秒間に媒質が振動する回数である。媒質が 1 回振動すると波は 1 波長分進むので，1 秒間に f_0 個の波を送り出すことになる。

(2)「$v=f\lambda$」より　$V=f_1\lambda_1$　　よって　$f_1=\dfrac{V}{\lambda_1}=\dfrac{V}{V-u_0}f_0$〔Hz〕

(3) 反射板（壁）は，観測者として受け取った振動数（f_2）の音を，そのまま音源として発する。ドップラー効果の式「$f'=\dfrac{V-v_0}{V-v_S}f$」において，$f=f_0$，$v_S=-u_0$，$v_0=0$，$f'=f_2$ とすると（図 b）

$$f_2=\frac{V-0}{V-(-u_0)}f_0=\frac{V}{V+u_0}f_0\text{〔Hz〕}$$

図 b

(4) 反射波については，音源（反射板），観測者ともに静止しており，観測者は振動数 f_2 の音をそのまま受け取るので，観測者は，音源からの直接音（振動数 f_1）と反射音（振動数 f_2）を同時に観測する。うなりの回数の式
「$N=|f_1-f_2|$」と $f_1>f_2$ より

$$f_3=|f_1-f_2|=f_1-f_2=\frac{V}{V-u_0}f_0-\frac{V}{V+u_0}f_0=\frac{2Vu_0}{V^2-u_0^2}f_0\text{〔回/s〕}$$

(5) 反射板が受け取る音の振動数を f_4'〔Hz〕とする。ドップラー効果の式において，$f=f_0$，$v_S=0$，$v_0=u_1$，$f'=f_4'$ とすると（図 c）

$$f_4'=\frac{V-u_1}{V-0}f_0=\frac{V-u_1}{V}f_0 \qquad \cdots\cdots①$$

反射板は，受け取った振動数 f_4' の音と同じ振動数の音を音源として発しながら移動する。ドップラー効果の式において，$f=f_4'$，$v_S=-u_1$，$v_0=0$，$f'=f_4$ とし（図 d），f_4' には①式を用いて

$$f_4=\frac{V-0}{V-(-u_1)}f_4'=\frac{V}{V+u_1}\cdot\frac{V-u_1}{V}f_0=\frac{V-u_1}{V+u_1}f_0\text{〔Hz〕}$$

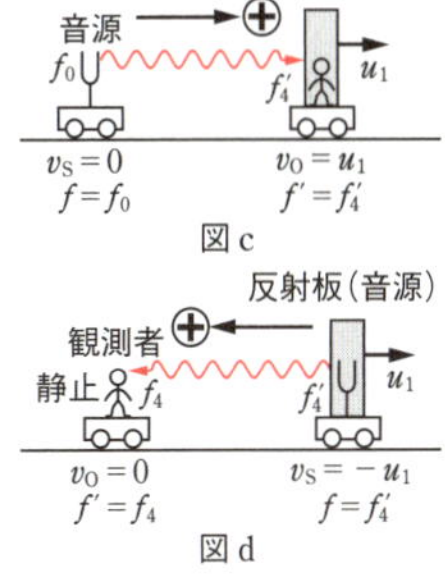

図 d

(6) 音源から音を直接観測するとき，ドップラー効果の式より

$$f_5=\frac{V}{V-u_2}f_0 \qquad \cdots\cdots②$$

壁で反射した音を観測するとき，反射板（壁）は，観測者として受け取った振動数 f_6 の音を，そのまま音源として発する。B の速度の，音波の進行方向の成分は，$u_2\cos\theta$〔m/s〕なので（図 e），斜め方向のドップラー効果の式より

$$f_6=\frac{V}{V-u_2\cos\theta}f_0 \qquad \cdots\cdots③$$

よって，②，③式より f_0 を消去して　$u_2=\dfrac{f_5-f_6}{f_5-f_6\cos\theta}V$〔m/s〕

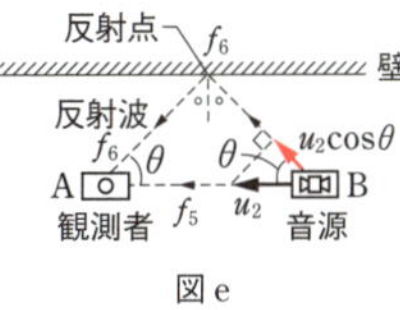

図 e

ヒント 83 〈斜め方向のドップラー効果〉

(ア) (音源が時間 Δt_0 に発した振動数 f_0 の波の数)=(観測者が時間 Δt_1 に受け取った振動数 f_1 の波の数)
(カ) 斜め方向のドップラー効果は，音源と観測者を結ぶ直線方向の速度成分で考える。

(ア) 振動数 f_0 の音源Sが時間 Δt_0 の間に出した音(波の数 $f_0\Delta t_0$ 個)を，観測者Oが振動数 f_1 で時間 Δt_1 で受け取る(波の数 $f_1\Delta t_1$ 個)。出した波の数と受け取る波の数が等しいので

$$f_0\Delta t_0=f_1\Delta t_1 \qquad よって\quad f_1=\frac{\Delta t_0}{\Delta t_1}f_0 \qquad \cdots\cdots①$$

(イ) $t=0$ にPを出た音が，距離 l を進み $t=t_1$ にOに到達したので(図a)

$$l=V(t_1-0)=Vt_1$$

(ウ) $t=\Delta t_0$ にP′を出た音が，距離 l' を進み $t=t_1+\Delta t_1$ にOに到達したので(図a)

$$l'=V(t_1+\Delta t_1-\Delta t_0)$$

(エ) 音源は速さ v で移動し，PからP′に移動するのに時間 Δt_0 かかったので

$$PP'=v\Delta t_0$$

POとP′Oは平行であるとみなせるので，図bより

$$l-l'=PP'\cos\theta=v\Delta t_0\cos\theta \qquad \cdots\cdots②$$

(オ) (イ)，(ウ)の結果より

$$l-l'=Vt_1-V(t_1+\Delta t_1-\Delta t_0)=V(\Delta t_0-\Delta t_1) \qquad \cdots\cdots③$$

②，③式より

$$V(\Delta t_0-\Delta t_1)=v\Delta t_0\cos\theta$$

よって $\dfrac{\Delta t_0}{\Delta t_1}=\dfrac{V}{V-v\cos\theta}$

①式より，$\dfrac{\Delta t_0}{\Delta t_1}=\dfrac{f_1}{f_0}$ であるので，上式に代入すると

$$\frac{f_1}{f_0}=\frac{V}{V-v\cos\theta} \qquad ゆえに\quad f_1=\frac{V}{V-v\cos\theta}f_0$$ ※A

(a) 図cの状態では $v\cos\theta>0$ なので $V-v\cos\theta<V$

よって $f_1=\dfrac{V}{V-v\cos\theta}f_0>f_0$

ゆえに，振動数 f_1 は f_0 より大きいので高い音に聞こえる※B。

(カ) 音源が点Qを通過した時刻に観測者が聞く音が，発せられたときの音源の位置を点P″とする。このとき，音源が点P″から点Qまで移動する時間を t_2 とすると，$P''Q=vt_2$，$P''O=Vt_2$ と表せる。よって，図dのように∠QP″Oを θ' とおくと

$$\cos\theta'=\frac{vt_2}{Vt_2}=\frac{v}{V}$$

よって，(オ)の結果より，求める振動数 f_2 は

$$f_2=\frac{V}{V-v\cos\theta'}f_0=\frac{V}{V-v\cdot\dfrac{v}{V}}f_0=\frac{V^2}{V^2-v^2}f_0$$

(キ) 音源が点Qを通過したときの音は，点Qにおける音源の速度 v と音源と観測者を結ぶ方向とのなす角度 θ が90°なので，(オ)で求めた斜め方向のドップラー効果の式より，観測者Oが観測する振動数を f_3 とすると

$$f_3=\frac{V}{V-v\cos 90^\circ}f_0=\frac{V}{V}f_0=f_0$$ ※C

(b) 図eの状態では $v\cos\theta>0$ なので $V+v\cos\theta>V$

よって，(オ)の結果より，遠ざかるときの振動数 f_4 は $f_4=\dfrac{V}{V+v\cos\theta}f_0<f_0$

ゆえに，振動数 f_4 は f_0 より小さいので低い音に聞こえる※D。

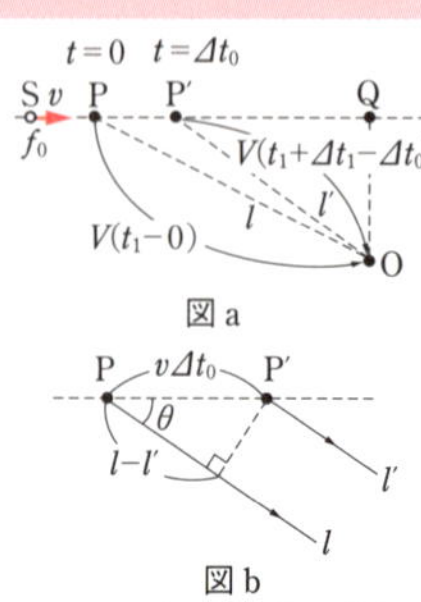

図a

図b

※A 図cのように考えて

$$f_1=\frac{V}{V-v_S}f_0=\frac{V}{V-v\cos\theta}f_0$$

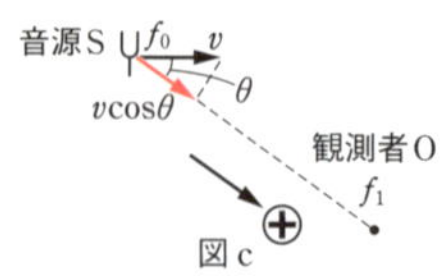

図c

※B 音源が観測者に対して相対的に近づいているので，観測される振動数は大きく(高い音に)なる。

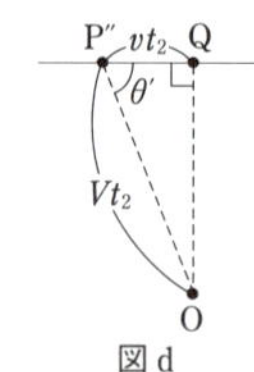

図d

※C 点Qにおける音源の速度の観測者方向の成分は0なので，ドップラー効果は生じない。よって，音源の振動数 f_0 をそのまま観測する。

※D 音源が観測者に対して相対的に遠ざかっているので，観測される振動数は小さく(低い音に)なる。

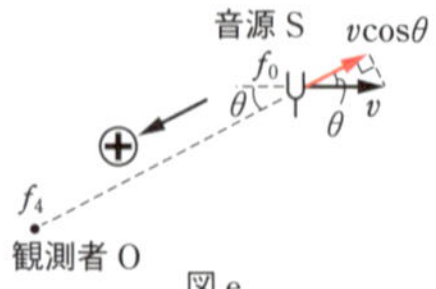

図e

ヒント 84 〈エコーロケーションのしくみ〉

(5) 波が弱めあうのは，(経路差)＝(半波長)×奇数 が成りたつときである。経路差が固定されているので，波長が長くなると小さい奇数になっていく。

(7) Δt〔s〕の間にコウモリは $v\Delta t$〔m〕動くので，超音波の先端を発する位置と終端を発する位置が異なる。

(10) コウモリが発した超音波と，昆虫に当たって反射した超音波とで，うなりを生じる。

(1)① **振動数が，人が聞き取ることができる音波の振動数**※A**よりも高い音波。**

② **波が障害物の背後までまわりこんで伝わる現象。**

※A 人が聞くことのできる音の振動数はおよそ 20～20000 Hz。

(2) 1 秒間に f 回振動するので，周期 T〔s〕は $T=\frac{1}{f}$〔s〕

また，波長 λ〔m〕は，「$v=f\lambda$」より $\lambda=\frac{V}{f}$〔m〕

(3) 時間 t〔s〕で，崖までの往復の距離 $2D$ を伝わっているので

$2D=Vt$ よって $D=\frac{Vt}{2}$〔m〕

(4) **昆虫の表面での反射波と，崖の表面での反射波とが，干渉して弱めあったから。**

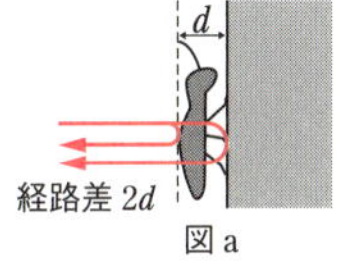

図 a

(5) 2 つの反射波の経路差は $2d$ であり（図 a），これが半波長の奇数倍であれば反射波は弱めあう。振動数が f_0 のとき波長は最も長くなるので，$2d$ が波長 $\lambda_0=\frac{V}{f_0}$ の $\frac{1}{2}$ と等しくなる。よって

$$2d=\frac{1}{2}\lambda_0=\frac{1}{2}\frac{V}{f_0}$$

が成りたつことになる。よって $d=\frac{V}{4f_0}$〔m〕

(6) 1 秒間に f 回振動するので，Δt〔s〕では $f\Delta t$ **回**

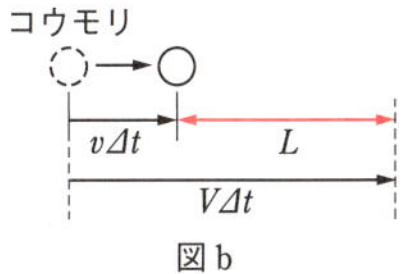

図 b

(7) 図 b のように，Δt〔s〕の間に超音波の先端は $V\Delta t$〔m〕進み，その間にコウモリは $v\Delta t$〔m〕進むので

$$L=V\Delta t-v\Delta t=(V-v)\Delta t\text{〔m〕}$$

(8) (7)で求めた L の中に(6)で求めた $f\Delta t$ 個の波が入っているので，波長は

$$\frac{L}{f\Delta t}=\frac{(V-v)\Delta t}{f\Delta t}=\frac{V-v}{f}\text{〔m〕}$$

(9) 昆虫が受ける超音波の振動数 f'〔Hz〕は，図 c よりドップラー効果の式「$f'=\frac{V-v_0}{V-v_S}f$」に，$v_S=v$，$v_0=-w$ を代入して

$$f'=\frac{V-(-w)}{V-v}f=\frac{V+w}{V-v}f\text{〔Hz〕}$$

f　v　V　w　f′
コウモリ　超音波　昆虫
⊕

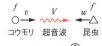

図 c

(10) コウモリは昆虫が反射する振動数 f' の音がドップラー効果によって f''〔Hz〕に変わった音を受けることになる。図 d より $v_S=w$，$v_0=-v$ をドップラー効果の式に代入して

f″　v　V　w　f′
コウモリ　超音波　昆虫
⊕

図 d

$$f''=\frac{V-(-v)}{V-w}f'=\frac{(V+v)(V+w)}{(V-w)(V-v)}f$$

よって，うなりの回数は

$$|f''-f|=\left|\left\{\frac{(V+v)(V+w)}{(V-w)(V-v)}-1\right\}f\right|=\left|\frac{2(v+w)V}{(V-w)(V-v)}f\right|$$

$$=\frac{2(v+w)V}{(V-w)(V-v)}f\text{〔回/s〕}$$

12 光 波

ヒント 85 〈光の屈折〉

(2) 屈折角が90°になるときの入射角を臨界角といい，全反射するための条件は「入射角＞臨界角」である。
(3) $0° < \theta < 90°$ のすべての θ で(2)の条件が成りたつ ➡ $0 < \sin\theta < 1$ である $\sin\theta$ で条件が成りたつ
(4) 媒質1内での光の速さ v_1 は，$v_1 = \dfrac{c}{n_1}$ である。

(1) 図aより，左側の端面での屈折角は $90° - \alpha$ である。屈折の法則より

$$1 \cdot \sin\theta = n_1 \cdot \sin(90° - \alpha)$$

$\sin(90° - \alpha) = \cos\alpha$ なので　$\sin\theta = n_1 \cos\alpha$

よって　$\cos\alpha = \dfrac{1}{n_1}\sin\theta$　……①

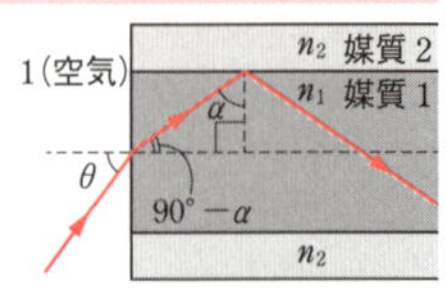

図a

(2) 媒質1と媒質2の境界面において，入射角が臨界角 α_0 のとき，屈折角を90°として考える(図b)。屈折の法則より　$n_1 \cdot \sin\alpha_0 = n_2 \cdot \sin 90°$

よって　$\sin\alpha_0 = \dfrac{n_2}{n_1}$　……②

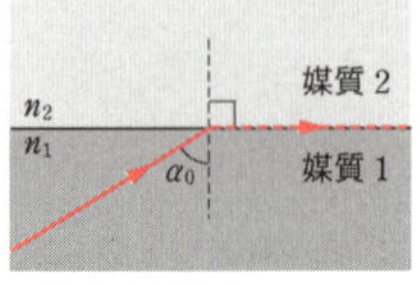

図b

全反射するための入射角 α の条件は，$\alpha > \alpha_0$ であるので，②式から

$$\sin\alpha > \sin\alpha_0 = \frac{n_2}{n_1}$$　……③

となる。ここで　$\sin\alpha = \sqrt{1 - \cos^2\alpha}$　と①，③式より

$$\sin\alpha = \sqrt{1 - \left(\frac{\sin\theta}{n_1}\right)^2} = \frac{\sqrt{n_1^2 - \sin^2\theta}}{n_1} > \frac{n_2}{n_1}$$

これより　$n_1^2 - \sin^2\theta > n_2^2$　なので　$\sin\theta < \sqrt{n_1^2 - n_2^2}$

また，$0° < \theta < 90°$ なので　$\sin\theta > 0$

以上より，求める条件は　$0 < \sin\theta < \sqrt{n_1^2 - n_2^2}$

(3) $0° < \theta < 90°$ なので $0 < \sin\theta < 1$ である。すべての入射角 θ に対して境界ABで全反射するためには，(2)で求めた条件が $0 < \sin\theta < 1$ で成りたてばよい。そのためには

$$0 < \sin\theta < 1 \leqq \sqrt{n_1^2 - n_2^2}$$

が成りたてばよい。　　よって　$\sqrt{n_1^2 - n_2^2} \geqq 1$

(4) 媒質1(屈折率 n_1)中での光の速さ v_1 は　$v_1 = \dfrac{c}{n_1}$ ※A⬅　……④

⬅※A　屈折の法則「$n_1 v_1 = n_2 v_2$」より
$1 \cdot c = n_1 v_1$
ゆえに　$v_1 = \dfrac{c}{n_1}$

媒質1中の光の速度 v_1 の光ファイバーに平行な方向の成分の大きさ $v_{1/\!/}$ は，$v_{1/\!/} = v_1 \cos(90° - \alpha)$ である(図c)。

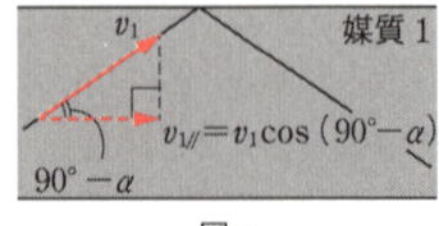

図c

ここで，①式より

$$\cos(90° - \alpha) = \sin\alpha = \sqrt{1 - \cos^2\alpha} = \sqrt{1 - \left(\frac{\sin\theta}{n_1}\right)^2} = \frac{\sqrt{n_1^2 - \sin^2\theta}}{n_1}$$

となる。④式を用いて

$$v_{1/\!/} = v_1 \cdot \frac{\sqrt{n_1^2 - \sin^2\theta}}{n_1} = \left(\frac{c}{n_1}\right)\frac{\sqrt{n_1^2 - \sin^2\theta}}{n_1} = \frac{c\sqrt{n_1^2 - \sin^2\theta}}{n_1^2}$$

よって，全長 L を進むのに要する時間 t は

$$t = \frac{L}{v_{1/\!/}} = \frac{n_1^2 L}{c\sqrt{n_1^2 - \sin^2\theta}}$$

86 〈プリズムによる光の経路〉

(1)〜(2)および(4)〜(6)は屈折の法則を用いる。
(3)『全反射が起こっているとき』➡ (入射角)>(臨界角)　(7) 波長が短いほど屈折率は大きい。

(1) △ABC は二等辺三角形なので　$\angle ABC=\dfrac{\pi-\alpha}{2}$〔rad〕となる(図a)。これより，BC 面に平行に入射した光のプリズム AB 面への入射角は

$\dfrac{\pi}{2}-\dfrac{\pi-\alpha}{2}=\dfrac{\alpha}{2}$〔rad〕となる(図b)。

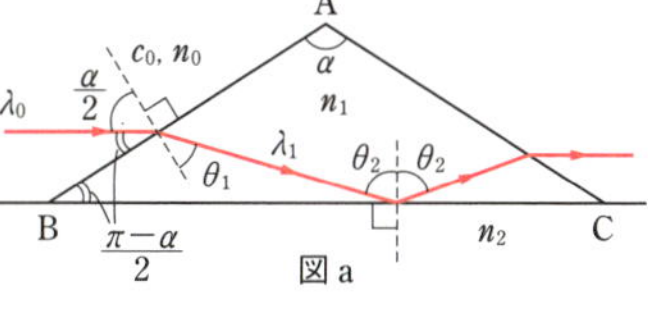

図a

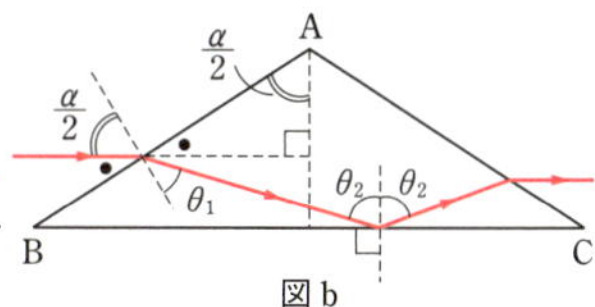

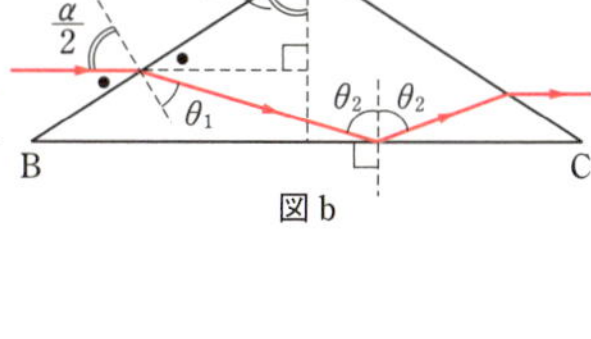

図b

AB 面での屈折について　$n_0\sin\dfrac{\alpha}{2}=n_1\sin\theta_1$

よって　$\sin\theta_1=\dfrac{n_0}{n_1}\sin\dfrac{\alpha}{2}$

(2) 波長についての屈折の関係より　$n_0\lambda_0=n_1\lambda_1$　　よって　$\lambda_1=\dfrac{n_0}{n_1}\lambda_0$〔m〕

(3) BC 面で全反射が起こるときの臨界角を θ_{2C}〔rad〕とすると，そのときの屈折角は $\dfrac{\pi}{2}$rad (=90°) である(図c)。屈折の関係より

$$n_1\sin\theta_{2C}=n_2\sin\frac{\pi}{2}\qquad よって\quad \sin\theta_{2C}=\frac{n_2}{n_1}$$

臨界角 θ_{2C} より入射角 θ_2 が大きければ全反射が起きるから

$$\sin\theta_2>\sin\theta_{2C}=\frac{n_2}{n_1}\qquad よって\quad \sin\theta_2>\frac{n_2}{n_1}$$

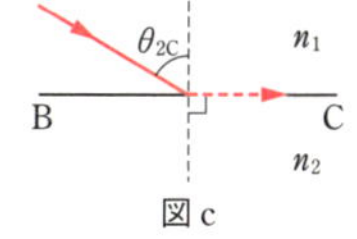

図c

(4) 入射光は AB 面から $\dfrac{\alpha}{2}$ の角度で AB 面に進入するので，AB 面での屈折における入射角は

$\dfrac{\pi}{2}-\dfrac{\alpha}{2}=\dfrac{\pi-\alpha}{2}$〔rad〕となる(図d)。

AB 面での屈折について　$n_0\sin\left(\dfrac{\pi-\alpha}{2}\right)=n_1\sin\theta_3$

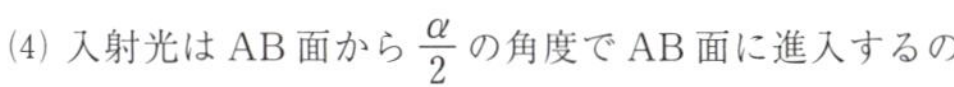

よって　$\sin\theta_3=\dfrac{n_0}{n_1}\cos\dfrac{\alpha}{2}$ ※A⬅

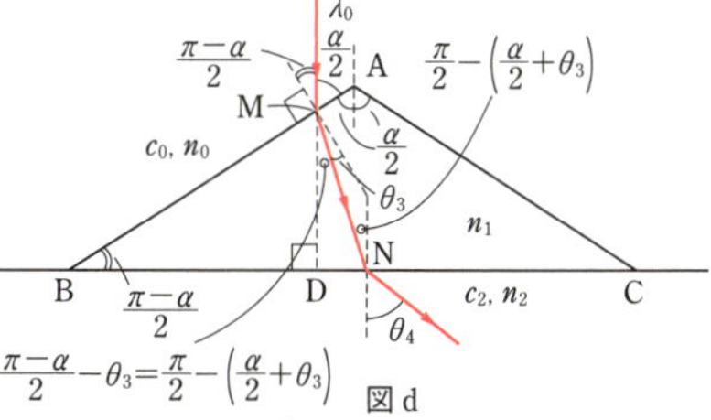

図d

⬅※A
$$\sin\left(-\frac{\alpha}{2}+\frac{\pi}{2}\right)=\cos\left(-\frac{\alpha}{2}\right)=\cos\frac{\alpha}{2}$$

(5) 光の速さと屈折率の関係より　$n_0c_0=n_2c_2$　　よって　$c_2=\dfrac{n_0}{n_2}c_0$〔m/s〕

(6) 図dのように，光の AB 面，BC 面への入射点をそれぞれ M，N，点Mへの入射光をそのまま延長した線が BC 面と交わる点をDとする。MD と BC は直交するので，MD と点Nにおける垂線は平行である。

∠NMD (図d中の○) は　$\angle NMD=\dfrac{\pi-\alpha}{2}-\theta_3=\dfrac{\pi}{2}-\left(\dfrac{\alpha}{2}+\theta_3\right)$

MD∥点Nの垂線より，光の BC 面への入射角は ∠NMD と錯角の関係にあり，∠NMD と大きさが等しい。点Nでの屈折の関係より

$$n_1\sin\left\{\frac{\pi}{2}-\left(\frac{\alpha}{2}+\theta_3\right)\right\}=n_2\sin\theta_4\qquad よって\quad \sin\theta_4=\frac{n_1}{n_2}\cos\left(\frac{\alpha}{2}+\theta_3\right)$$

(7) 紫色光線は赤色光線より波長が短いので，プリズムの屈折率は赤色光線の屈折率 n_{1R} より紫色光線の屈折率 n_{1P} のほうが大きい(光の分散)。よって，紫色光線のほうが赤色光線よりも大きく屈折するから，図eのようになる。

図e

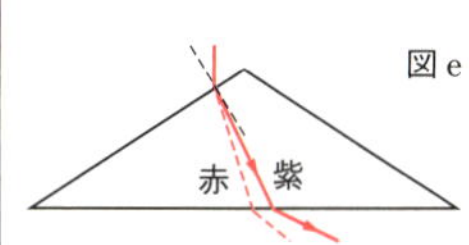

ヒント 87 〈組合せレンズ〉

(3) 虚像ができるのは，焦点よりも凸レンズに近い位置に物体があるとき。
(4) 組合せレンズの問題では，物体に近いレンズがつくる像を，もう一方のレンズの物体(虚物体)として考える。

(1) レンズ L_1(焦点距離 f_1〔m〕)に対して，物体 PQ は前方 x〔m〕，実像 P_1Q_1 は後方 y〔m〕にあるので(図 a)，写像公式「$\frac{1}{a}+\frac{1}{b}=\frac{1}{f}$」より

$$\frac{1}{x}+\frac{1}{y}=\frac{1}{f_1} \quad これより \quad \frac{1}{y}=\frac{1}{f_1}-\frac{1}{x}=\frac{x-f_1}{xf_1}$$

よって　$y=\frac{xf_1}{x-f_1}$〔m〕>0※A　……①

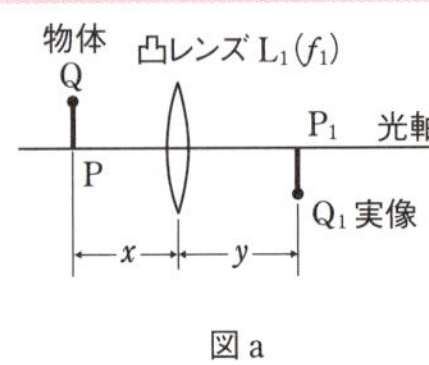

図 a

※A　問題文の条件 $x>f_1$ より
$b=y>0$
よって実像となる。

(2) L_1 による倍率 m_1 は，倍率の式「$m=\left|\frac{b}{a}\right|$」と①式を用いて

$$m_1=\left|\frac{b}{a}\right|=\left|\frac{y}{x}\right|=\frac{\frac{xf_1}{x-f_1}}{x}=\frac{f_1}{x-f_1}$$

(3) 虚像は焦点よりも凸レンズに近い位置に物体があるときにできる。レンズ L_2(焦点距離 f_2〔m〕)に対して実像 P_1Q_1 は前方 $d-y$〔m〕の位置にあるので(図 b)

$d-y<f_2$　……②

が条件となる。また，P_1Q_1 は L_2 の前方に結像する必要があるので

$d>y$　……③

②，③式より

$y<d<y+f_2$

これと①式より，L_2 によって虚像ができるための条件は

$$\frac{xf_1}{x-f_1}<d<\frac{xf_1}{x-f_1}+f_2$$

L_1 の像$=L_2$ にとっての物体
物体 Q　L_1　凸レンズ $L_2(f_2)$
P_1　P　Q_1　光軸
y　$d-y$
d

図 b

(4) レンズ L_1 のつくる実像 P_1Q_1 が，レンズ L_2 の物体(虚物体)になり，虚像 P_2Q_2 ができる。図 c より，レンズ L_2 に対して物体 P_1Q_1 は前方 $d-y$〔m〕の位置，虚像 P_2Q_2 は前方 z〔m〕の位置にあるので，写像公式より

$$\frac{1}{d-y}+\frac{1}{(-z)}=\frac{1}{f_2} \quad これより \quad \frac{1}{d-y}=\frac{1}{f_2}+\frac{1}{z}=\frac{z+f_2}{f_2z}$$

よって　$d=y+\frac{f_2z}{f_2+z}$〔m〕

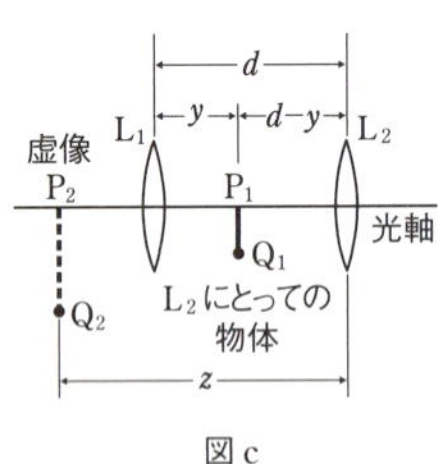

図 c

(5) L_2 による倍率 m_2 は，倍率の式より，(4)の結果を用いて

$$m_2=\left|\frac{b}{a}\right|=\left|\frac{-z}{d-y}\right|=\left|\frac{-z}{\frac{f_2z}{f_2+z}}\right|=\frac{f_2+z}{f_2}$$

よって，組合せレンズの倍率 m_{12} は，(2)の結果を用いて

$$m_{12}=m_1\times m_2=\frac{f_1}{x-f_1}\times\frac{f_2+z}{f_2}=\frac{f_1(f_2+z)}{f_2(x-f_1)}$$

ヒント 88 〈凹面鏡〉

凹面鏡の像を作図するには　①焦点→平行　②平行→焦点　の2つの光線を用いる。
凹面鏡の焦点は1つだけであるから，①，②では同じ焦点を用いる(レンズとは異なる)。
球面鏡の焦点距離 f は，球面の半径を R とすれば，近似的に $f=\frac{1}{2}R$ となる。

(a) **反射**

(ア) △PAC において　$\alpha+\varepsilon=\gamma$ ※A　……ⓐ

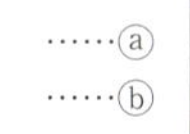

△PCB において　$\gamma+\varepsilon=\beta$　……ⓑ

ⓐ，ⓑ式より ε を消去して　$\alpha+\beta=$ **2γ**

(イ) △PAH において　$\tan\alpha=\frac{\text{PH}}{\text{AH}}=\frac{h}{a-\text{OH}}$

いま α はきわめて小さいから　$\tan\alpha\fallingdotseq\alpha$

また $a>h\gg\text{OH}$ より

$$\frac{h}{a-\text{OH}}=\frac{\frac{h}{a}}{1-\frac{\text{OH}}{a}}\fallingdotseq\frac{h}{a}\qquad よって\quad \alpha=\boldsymbol{\frac{h}{a}}$$

(ウ) (イ)と同様にして　$\beta=$ **$\frac{h}{b}$**

(エ) (イ)と同様にして　$\gamma=$ **$\frac{h}{R}$**

(オ) (イ)，(ウ)，(エ)を①式に代入して

$$\frac{h}{a}+\frac{h}{b}=2\frac{h}{R}\qquad よって\quad \frac{1}{a}+\frac{1}{b}=\boldsymbol{\frac{2}{R}}$$ ※B

(カ) Aから出たすべての光がBに集まる条件は $b>0$，すなわち $\frac{1}{b}>0$ なので，

②式は $\frac{1}{a}<\frac{2}{R}$ となる。よって　$a>$ **$\frac{R}{2}$**

(b) **焦点** ※C

(c) $b\to\infty$ なので，**平行** ※D

(d) 実際に光が集まって像を結ぶので，**実像** ※E

(e) **倒立**

(キ) 図より　△A′AD∽△**QOD**

(ク) AA′：OQ＝AD：**OD**

(ケ) ③式より　AA′：BB′＝AD：OD＝$a-\frac{R}{2}:\frac{R}{2}$

$$よって\quad \frac{\text{BB}'}{\text{AA}'}=\frac{\frac{R}{2}}{a-\frac{R}{2}}$$ ……ⓒ

一方，②式より　$\frac{R}{2}=\frac{ab}{a+b}$　……ⓓ

ⓒ式にⓓ式を代入して

$$倍率=\frac{\text{BB}'}{\text{AA}'}=\frac{\frac{ab}{a+b}}{a-\frac{ab}{a+b}}=\frac{ab}{a(a+b)-ab}=\boldsymbol{\frac{b}{a}}$$

(f) 実際に光が集まっていないので，**虚像** ※F

(問) **図c**

(g) **拡大**(この作図では実物より2倍に拡大されている)

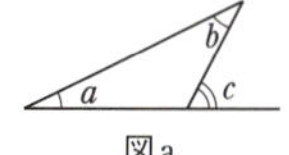

図a

※A　三角形の外角 c は，これと隣りあわない内角 a，b の和に等しい。

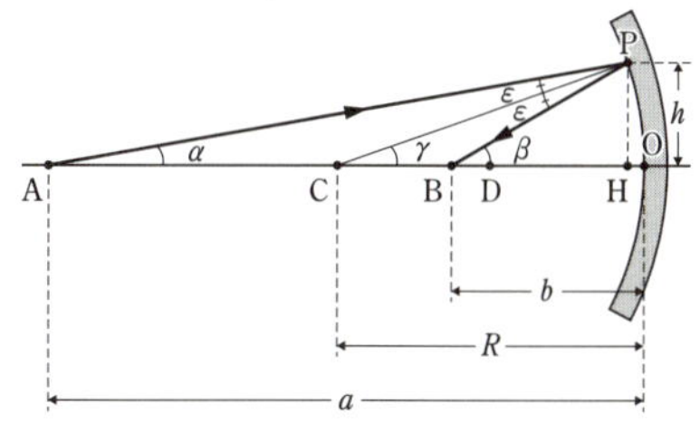

図b

※B　焦点距離を f とすると

$$\frac{1}{a}+\frac{1}{b}=\frac{1}{f}$$

の写像公式となる。

※C　焦点はDで焦点距離 f は　$f=\frac{1}{2}R$

※D 別解 光の逆進性より，**平行**

※E　問題文中図2の実線の交点は実像。また，BB′は倒立実像である。

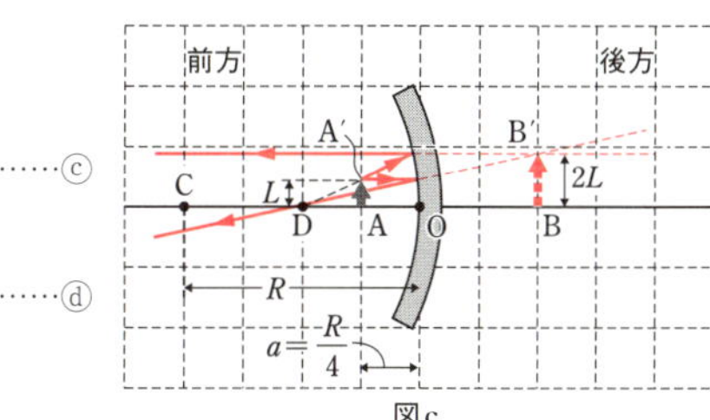

図c

※F　図cの点線の交点は虚像。

ヒント 89 〈ヤングの実験〉

(3) 明線ができる条件 ➡ (光路差)$=m\lambda$，(明線の間隔)$=$(m 番目と $(m+1)$ 番目の明線間の距離)
(4) 干渉縞の位置や間隔が L にどのように依存しているかを調べる。
(6) 厚さ t，屈折率 n' の透明板の光学距離$=n't$
(7) 1番目の明線(光路差 λ)が点Oに移動 ➡ $S_1O=S_2O$ なので，S_0 から S_1，S_2 に到達するまでに光路差が λ になる

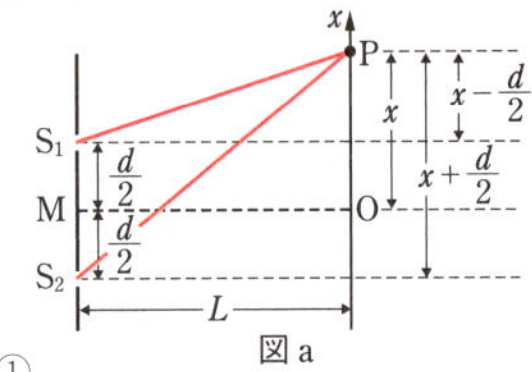
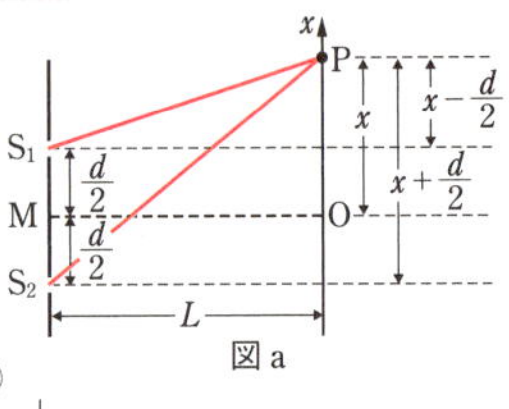

図 a

(1) 図 a より　$S_1P=\sqrt{L^2+\left(x-\dfrac{d}{2}\right)^2}$，$S_2P=\sqrt{L^2+\left(x+\dfrac{d}{2}\right)^2}$

(2) $$S_2P-S_1P=\sqrt{L^2+\left(x+\frac{d}{2}\right)^2}-\sqrt{L^2+\left(x-\frac{d}{2}\right)^2}$$
$$=L\left\{\sqrt{1+\left(\frac{x+d/2}{L}\right)^2}-\sqrt{1+\left(\frac{x-d/2}{L}\right)^2}\right\}$$
$$\fallingdotseq L\left\{1+\frac{1}{2}\left(\frac{x+d/2}{L}\right)^2-1-\frac{1}{2}\left(\frac{x-d/2}{L}\right)^2\right\}=\frac{dx}{L} \quad \cdots\cdots ①$$

(3) $S_0S_1=S_0S_2$ より，2つの光路の差は S_2P-S_1P となる。明線の条件は

(光路差)$=m\lambda$　(m は整数) より　$\dfrac{dx}{L}=m\lambda$　(m は整数)

これより，m 次の明線の位置 x_m は　$x_m=\dfrac{mL\lambda}{d}$ $\cdots\cdots ②$

明線間隔 Δx は　$\Delta x=x_{m+1}-x_m=\dfrac{(m+1)L\lambda}{d}-\dfrac{mL\lambda}{d}=\dfrac{L\lambda}{d}$ $\cdots\cdots ③$

(4) ②式より，明線の位置 x_m は L に比例するので，$L\to$大にすると $|x_m|\to$大。すなわち，明線の位置は**点Oから遠くなる向きに移動する**。
③式より，明線間隔 Δx は L に比例するので，$L\to$大にすると $\Delta x\to$大。すなわち，明線間隔は**広くなる**。

図 b

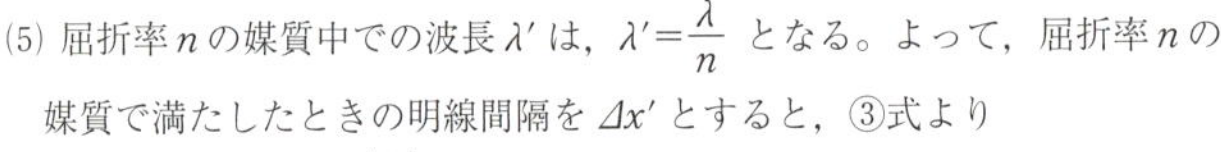

(5) 屈折率 n の媒質中での波長 λ' は，$\lambda'=\dfrac{\lambda}{n}$ となる。よって，屈折率 n の媒質で満たしたときの明線間隔を $\Delta x'$ とすると，③式より

$$\Delta x'=\frac{L\lambda'}{d}=\frac{L\left(\frac{\lambda}{n}\right)}{d}=\frac{1}{n}\cdot\frac{L\lambda}{d}=\frac{1}{n}\Delta x \qquad よって \quad \frac{\Delta x'}{\Delta x}=\frac{1}{n}〔倍〕$$

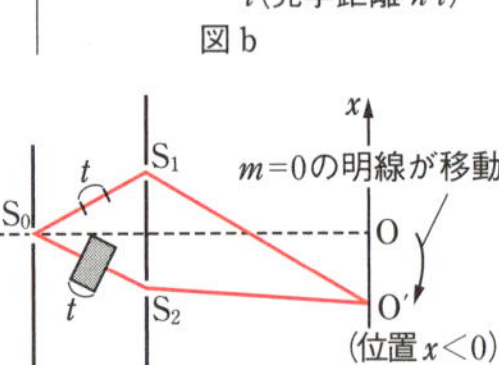

図 c

(6) 屈折率 n'，厚さ t の透明板の光学距離(光路長)は $n't$ である。よって S_0S_2 の光学距離は $n't-t=(n'-1)t$ だけ長くなる(図 b)。原点Oにあった明線($m=0$ の明線)が図 c のように点 O′ に移動したとする※A⬅。光路差は

$$(光路差)=光路長(S_0S_2O')-光路長(S_0S_1O')$$
$$=\{S_0S_2+(n'-1)t+S_2O'\}-(S_0S_1+S_1O')$$
$$=(n'-1)t+(S_0S_2-S_0S_1)+(S_2O'-S_1O')$$

$S_0S_2=S_0S_1$，$S_2O'-S_1O'=\dfrac{dx}{L}$，$m=0$ の明線の条件 (光路差)$=0$ より

$$(光路差)=(n'-1)t+\frac{dx}{L}=0 \qquad ゆえに \quad x=-\frac{(n'-1)tL}{d}$$

⬅※A　$m=0$ の明線の条件は (光路差)$=0$ であるので，S_1S_2 の左側で S_0S_2 の光学距離が長くなった分，S_1S_2 の右側では，S_1O' が S_2O' より長くなることになる。よって図 c のように，$m=0$ の明線は下方($x<0$)に移動する。

(7) 図 d のように，$m=1$ の明線の位置を点Rとし，これを点Oに移動させるために S_0 を S_0' の位置に移動させるものとする。$m=1$ の明線の条件 $S_0S_2R-S_0S_1R=1\times\lambda$ より，この明線が点Oに移動するとき，$S_2O=S_1O$ であるので，$S_0'S_2-S_0'S_1=1\times\lambda$ を満たせばよい。このためには S_0 を上向きに移動させる必要がある。$S_0S_0'=x'$ とおき，(2)の①式の導出でPを S_0'，L を l，x を x' に置きかえれば

$$S_0'S_2-S_0'S_1=\frac{dx'}{l}=1\times\lambda \qquad よって \quad x'=\frac{l\lambda}{d} \quad 上向き$$

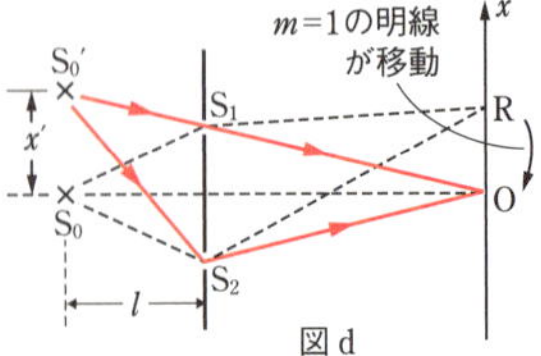

図 d

ヒント 90 〈回折格子〉

(1), (2) 隣りあう光線の経路差（光路差）が波長の整数倍になる方向に明線が現れる。
(4) 白色光は，波長の値が大きい順に赤橙黄緑青紫のさまざまな色を含んでいる。回折格子によって，白色光では色の分離が起こり，色のついた帯である連続スペクトルが得られる。
(5) 回折格子に入射するまでと，反射した後の双方で経路差が生じる。

(1) 図aより，角度θの方向に進む回折光の，隣りあう光線の経路差は$d\sin\theta$と表せる。θの方向にある点Pに1番目の明線が現れるのは，隣りあう光線の経路差が1波長分になって強めあうときである※A。よって成りたつ関係式は　$\boldsymbol{d\sin\theta=\lambda}$　……ⓐ

(2) 図bのように，2番目の明線が現れる方向をθ_2とおくと，次の式が成りたつ。　$d\sin\theta_2=2\lambda$　……ⓑ

図bとⓐ式より　$y_1=L\tan\theta\fallingdotseq L\sin\theta=\dfrac{L\lambda}{d}$

また，図bとⓑ式より　$y_2=L\tan\theta_2\fallingdotseq L\sin\theta_2=\dfrac{2L\lambda}{d}$

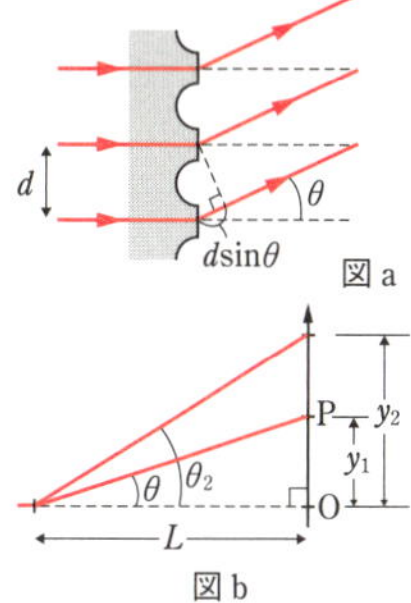

図a
図b

※A　他の光線との経路差は$d\sin\theta$の整数倍，つまりλの整数倍となるので，隣りあっていなくても強めあう。

(3) (2)で求めたy_1に各値を代入して

$$y_1=\frac{1\times5.32\times10^{-7}}{\dfrac{1\times10^{-3}}{20}}=1.064\times10^{-2}\fallingdotseq\mathbf{1.06\times10^{-2}\,m}$$

(4)(ア) 白色光は，λの値が小さい紫色から大きい赤色までのさまざまな色を含んでいる。また，明線が現れる位置yは，(2)の結果より波長λに比例している。よって点Oに近いほうが紫，遠いほうが赤となる。…②

(イ) 白色光に含まれる波長を$\lambda_V\leqq\lambda\leqq\lambda_R$とする。1番目，2番目それぞれの帯の幅を$l_1$，$l_2$とおくと

$$l_1=\frac{L\lambda_R}{d}-\frac{L\lambda_V}{d}=\frac{L(\lambda_R-\lambda_V)}{d}$$

$$l_2=\frac{2L\lambda_R}{d}-\frac{2L\lambda_V}{d}=2\frac{L(\lambda_R-\lambda_V)}{d}$$

よって　$\dfrac{l_2}{l_1}=\mathbf{2}$

(5) 隣りあう光線ⅠとⅡの経路差を考える。まず図cのように回折格子に入射するまではⅡのほうがⅠより$d\sin\alpha$だけ長く，次に図dのように回折格子で反射した後はⅠのほうがⅡより$d\sin\beta$だけ長い。$\beta>\alpha$であることに注意すると，ⅠとⅡの経路差は　$d\sin\beta-d\sin\alpha$　となる。これが1波長分と等しければ1番目の明線となるので，求める関係式は

$\boldsymbol{d(\sin\beta-\sin\alpha)=\lambda}$

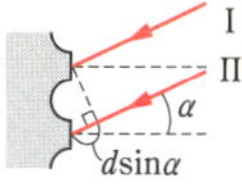

図c

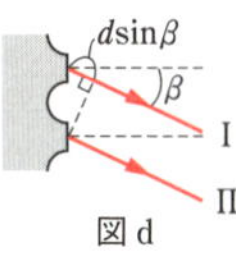

図d

ヒント 91 〈薄膜による光の干渉〉

(2) 1回目の極大（$k=1$）が，一般的な強めあう条件の$m=0$に対応することに注意する。
(3) 強めあう条件は波長λと波の数$\left(m+\frac{1}{2}\right)$の積なので，$\lambda$が小さくなると$\left(m+\frac{1}{2}\right)$が大きくなる。
(8) 入射角iが大きくなると，光路差$2d\sqrt{n_1{}^2-\sin^2 i}$が小さくなることに注意する。

(1) 屈折の法則※A「$n_1\lambda_1=n_2\lambda_2$」より　$1\cdot\lambda_0=n_1\cdot\lambda_1$　　よって　$\lambda_1=\dfrac{\boldsymbol{\lambda_0}}{\boldsymbol{n_1}}$

※A　屈折の法則
$n_1\sin\theta_1=n_2\sin\theta_2$
$n_1v_1=n_2v_2$
$n_1\lambda_1=n_2\lambda_2$

(2) 光線①と光線②の経路差 Δl は，薄膜の厚さの往復分なので $\Delta l=2d$ である。「光路差＝屈折率×経路差」より　$n\Delta l=n_1\cdot\Delta l=2n_1d$　……①
光線①の反射では位相が反転する（半波長分ずれる）が，光線②の反射では位相変化はない。以上より，光線①と②が強めあう（干渉光の明るさが極大になる）条件は整数 m（$m=0$, 1, 2, 3, …）を用いて

$$2n_1d=\left(m+\frac{1}{2}\right)\lambda_0 \quad \cdots\cdots②$$

1回目の極大（$k=1$）が②式の $m=0$ に対応するので，k 回目の極大は $m=k-1$ のときである。そのときの薄膜の厚さが d_k なので，②式より

$$2n_1d_k=\left(k-1+\frac{1}{2}\right)\lambda_0=\left(k-\frac{1}{2}\right)\lambda_0 \quad \cdots\cdots③$$

よって　$d_k=\dfrac{\left(k-\frac{1}{2}\right)\lambda_0}{2n_1}=\boldsymbol{\dfrac{2k-1}{4n_1}\lambda_0}$

(3) ③式において単色光の波長を小さくしていくと，光路差 $2n_1d_k$ の中に含まれる波の数が増えるので，干渉光が再び明るさ極大になるときに波長 λ_2 の満たす条件は

$$2n_1d_k=\left(k+\frac{1}{2}\right)\lambda_2 \quad \cdots\cdots④$$
※B

※B　干渉光が極大になる条件である③式
$2n_1d_k=\left(k-\frac{1}{2}\right)\lambda_0$
において，波の数 $\left(k-\frac{1}{2}\right)$ と波長 λ の積が一定である。これより λ が小さくなると $\left(k-\frac{1}{2}\right)$ が大きくなるので，λ_2 に
$\left\{(k+1)-\frac{1}{2}\right\}=\left(k+\frac{1}{2}\right)$
が対応する。

③式÷④式 より　$\lambda_2=\dfrac{k-\frac{1}{2}}{k+\frac{1}{2}}\lambda_0=\boldsymbol{\dfrac{2k-1}{2k+1}\lambda_0}$　……⑤

(4) $\lambda_0=500\,\mathrm{nm}$，$\lambda_2=433\,\mathrm{nm}$ と⑤式より

$$433=\frac{2k-1}{2k+1}\cdot 500 \qquad よって \quad k=\frac{933}{134}=6.96\fallingdotseq 7 \ (k は整数)$$

(2)の結果に，$k=7$，$n_1=2.0$，$\lambda_0=500\,\mathrm{nm}=5.00\times10^{-7}\,\mathrm{m}$ を代入すると

$$d_k=\frac{(2\times7)-1}{4\times2.0}\times5.00\times10^{-7}=8.125\times10^{-7}\fallingdotseq\boldsymbol{8.1\times10^{-7}\,\mathrm{m}}$$

(5) 屈折の法則「$n_1\sin\theta_1=n_2\sin\theta_2$」より（図a）

$1\cdot\sin i=n_1\cdot\sin r$　　よって　$\boldsymbol{\sin i=n_1\sin r}$　……⑥

空気（$n=1$）
薄膜（n_1）

図a

(6) 図bにおいて，A_1 と A_2 は同一波面上の点なので同位相である。
A_1B_1 の光路長は　$n_1\times A_1B_1=n_1\times A_1B_2\sin r=A_1B_2n_1\sin r$
A_2B_2 の光路長は　$1\times A_2B_2=A_1B_2\sin i$
⑥式を用いると　$A_1B_2n_1\sin r=A_1B_2\sin i$
となり，A_1B_1 の光路長と A_2B_2 の光路長は等しくなる。A_1 と A_2 が同位相であるから，B_1 と B_2 も同位相である※C。したがって，光線①と光線②の経路差 Δl は，B_1C と CB_2 の和になる。B_2 から薄膜の下面に下ろした垂線の延長線と，A_1C の延長線の交点を B_2' とすると
経路差 $\Delta l=B_1C+CB_2=B_1C+CB_2'=B_1B_2'=B_2B_2'\cos r=2d\cos r$
よって，光路差 $n\Delta l$ は　$n\Delta l=n_1\cdot B_2B_2'\cos r=2n_1d\cos r$
光線①の反射では位相が反転するが，光線②の反射では位相変化はない。以上より，光線①と②が強めあう条件は

$$\boldsymbol{2n_1d\cos r=\left(m+\frac{1}{2}\right)\lambda_3}$$

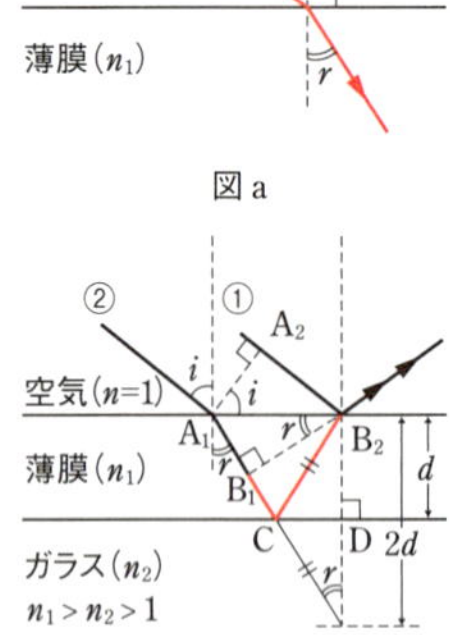

図b

※C　同位相の点をつないだ線を波面という。波は波面と直角方向に進むので，A_1C と直交する線分 B_1B_2 は1つの波面となる。よって，B_1 と B_2 は同位相である。

(7)「$\sin^2\theta+\cos^2\theta=1$」の関係と⑥式より

$$\cos r=\sqrt{1-\sin^2 r}=\sqrt{1-\left(\frac{\sin i}{n_1}\right)^2}=\frac{\sqrt{n_1{}^2-\sin^2 i}}{n_1}$$

これを(6)の結果に代入すると

$$2n_1d\frac{\sqrt{n_1{}^2-\sin^2 i}}{n_1}=\left(m+\frac{1}{2}\right)\lambda_3 \quad よって \quad \boldsymbol{2d\sqrt{n_1{}^2-\sin^2 i}=\left(m+\frac{1}{2}\right)\lambda_3}$$

(8) 入射角 $i=0°$ のときに干渉光が明るくなるので，(7)の結果より

$$2d\sqrt{n_1^2-\sin^2 0°}=2n_1d_1=\left(m+\frac{1}{2}\right)\lambda_3 \quad \cdots\cdots ⑦$$

$0°\leqq i<90°$ の範囲で，i を大きくすると光路差 $2d\sqrt{n_1^2-\sin^2 i}$ は小さくなるので，$i=i_1$ のときに干渉光が明るくなる条件は

$$2d\sqrt{n_1^2-\sin^2 i_1}=\left(m-\frac{1}{2}\right)\lambda_3 \quad \cdots\cdots ⑧$$

ただし，⑦式より $i=0$，$m=0$ では光路差は $\frac{1}{2}\lambda_3$ となり，i を大きくしたときに次の極大点をとりえないので，$m\geqq 1$ となる。

⑦，⑧式より $\dfrac{2d\sqrt{n_1^2-\sin^2 i_1}}{2n_1d}=\dfrac{\left(m-\frac{1}{2}\right)\lambda_3}{\left(m+\frac{1}{2}\right)\lambda_3}$

よって $\boldsymbol{\dfrac{\sqrt{n_1^2-\sin^2 i_1}}{n_1}=\dfrac{2m-1}{2m+1}}$ ※D← **（ただし，$m=1,\ 2,\ 3,\ \cdots$）**

←※D　整理して $(2m+1)^2\sin^2 i_1=8mn_1^2$ としてもよい。

ヒント 92〈くさび形領域による光の干渉〉

(1) 空気層の厚さは三角形の相似を利用して求める。
(2)，(4) 空気層の上面，下面による位相のずれに注意する。
(3)，(7) 明線の条件から明線の位置xが求められる。
(5)「屈折率 n の液体で満たす」➡ 液体中での波長は $\dfrac{\lambda}{n}$ となる
(6)，(8) x の位置にあった明線は，下の平板ガラスを動かす前後で光路差が同じになる位置に移動する。

(1) 2枚のガラスが接する位置から水平方向に x だけ離れた位置での空気層の厚さを d とする。図aより，底辺 x の三角形と底辺 L の三角形の相似より

$$d:x=D:L \qquad よって \quad d=\frac{Dx}{L} \quad \cdots\cdots ①$$

2つの光の光路差※A←は空気層の往復分の $2d$ だから

$$p=2d=\boldsymbol{\frac{2Dx}{L}} \quad \cdots\cdots ②$$

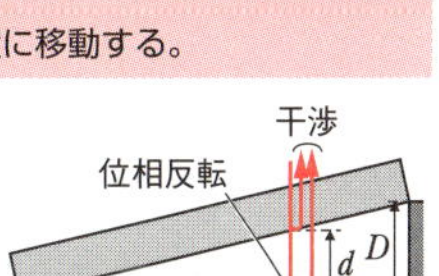

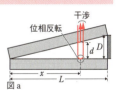

図 a

←※A　光路差＝屈折率×経路差 であるが，空気の屈折率は $n=1$ なので，経路差＝光路差 になる。

(2) 上のガラスの下面での反射は自由端反射なので位相は変化しないが，下のガラスの上面では固定端反射なので位相が π rad 変化する（位相反転する）。よって，光が強めあって明線になる条件は

$$\boldsymbol{p=\left(m+\frac{1}{2}\right)\lambda \quad (m=0,\ 1,\ 2,\ \cdots)} \quad \cdots\cdots ③$$

(3) ②，③式より，明線の条件は $\dfrac{2Dx}{L}=\left(m+\dfrac{1}{2}\right)\lambda$ となる。これより，明線の位置 x は $x=\left(m+\dfrac{1}{2}\right)\dfrac{L\lambda}{2D}$ ……④

と表される。m と $(m+1)$ に対応する x を x_m，x_{m+1} とすると，干渉縞の間隔 Δx は，$\Delta x=x_{m+1}-x_m$ であるので，④式を用いて

$$\Delta x=x_{m+1}-x_m=\left(m+1+\frac{1}{2}\right)\frac{L\lambda}{2D}-\left(m+\frac{1}{2}\right)\frac{L\lambda}{2D}=\boldsymbol{\frac{L\lambda}{2D}} \quad \cdots\cdots ⑤$$

別解　隣の明線とはmが1ずれるので，光路差が $1\times\lambda$ 異なる往復であることから，空気層の厚さ（①式）が $\dfrac{\lambda}{2}$ だけ異なる（図b）※B←。底辺 Δx の三角形と底辺 L の三角形の相似より

$$\Delta x:\frac{\lambda}{2}=L:D \qquad よって \quad \Delta x=\boldsymbol{\frac{L\lambda}{2D}}$$

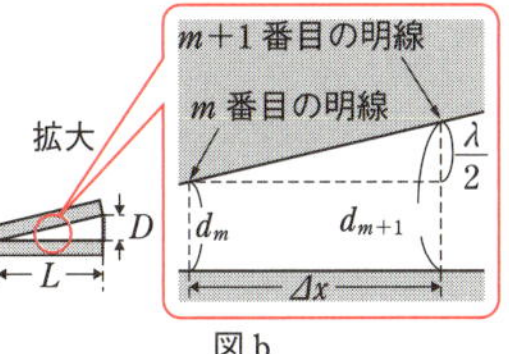

図 b

←※B　mと$(m+1)$に対応する空気層の厚さを d_m，d_{m+1} とすると，$d_{m+1}-d_m=\dfrac{\lambda}{2}$ となる。①式より

$$\frac{\lambda}{2}=d_{m+1}-d_m=\frac{D}{L}(x_{m+1}-x_m)=\frac{D}{L}\Delta x$$

よって $\Delta x=\boldsymbol{\dfrac{L\lambda}{2D}}$

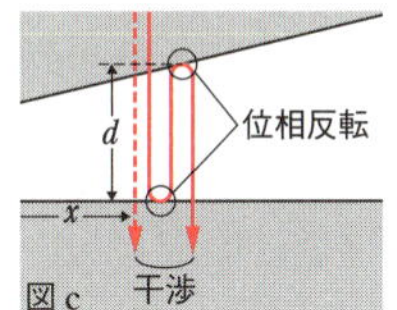

図 c

(4) (2)と同じ位置に入射した光をガラスの下側に置いたスクリーンで観測する場合も，上側に置いたスクリーンで観測した場合と，光路差は $p=2d$ で同じになる(図 c)。

しかし，上側からの観測では位相反転が 1 回であるのに対し，下側からの観測では位相反転が 2 回ある※C⬅。よって，明線の条件は②式を用いて

$$p=2d=\frac{2Dx}{L}=m\lambda\ (m=0,\ 1,\ 2,\ \cdots)$$

⬅※C　上側と下側からの観測では，一方が明線の条件になっているときは，他方は暗線の条件になる。よって，明暗が逆転する。

(5) 屈折率 n の液体中の波長 λ' は，$\lambda'=\dfrac{\lambda}{n}$ である。これより，屈折率 n の液体で 2 枚のガラスの間を満たしたときの干渉縞の間隔 $\Delta x'$ は，⑤式より

$$\Delta x'=\frac{L\lambda'}{2D}=\frac{L\lambda}{2nD}$$ ※D⬅

与えられた数値を代入して　$\Delta x'=\dfrac{1.0\times6.3\times10^{-7}}{2\times1.5\times1.0\times10^{-5}}=2.1\times10^{-2}\,\mathrm{m}$

⬅※D　光路差＝屈折率×経路差 より，液体を満たしたときの光路差 p' は

$$p'=n\times2d=\frac{2nDx'}{L}$$

となる。液体の屈折率がガラスの屈折率より大きいので，上のガラスの下面での反射で位相が反転する。これより明線の条件は

$$p'=\frac{2nDx'}{L}=\left(m+\frac{1}{2}\right)\lambda$$

よって　$x'=\left(m+\dfrac{1}{2}\right)\dfrac{L\lambda}{2nD}$

$$\Delta x'=\frac{L\lambda}{2nD}$$

(6) 下のガラスを動かす前に，位置 x の厚さ d の空気層のところに，m 番目の明線があったとする(図 d)。下のガラスを下方に動かしていくと，空気層の厚さ d の位置は，左側(空気層の厚さが小さくなる向き)に移動する。この空気層の厚さ d の場所に m 番目の明線が生じる。つまり，明線は左に動く。

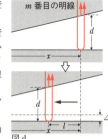

図 d

(7) 下のガラスが Δd だけ下降したとき，位置 x'' での空気層の厚さ d' は　$d'=d+\Delta d$

となる(図 e)。よって，光路差は $2d'=2(d+\Delta d)$ であるので，①式を用いて明線の条件をつくると

$$2d'=2\left(\frac{Dx''}{L}+\Delta d\right)=\left(i+\frac{1}{2}\right)\lambda\quad(\,i\text{ は整数})$$

これより，明線の位置 x'' は

$$x''=\left(i+\frac{1}{2}\right)\frac{L\lambda}{2D}-\frac{L\Delta d}{D}$$

となるので，干渉縞の間隔 $\Delta x''$ は

$$\Delta x''=x_{i+1}''-x_i''=\frac{L\lambda}{2D}$$

となり，(3)と変わらない※E⬅。よって答えは，変化しない。

図 e

⬅※E　上のガラスの傾きが変化していないので，(3)の 別解 のように考えても

$\Delta x''=\dfrac{L\lambda}{2D}$　となる。

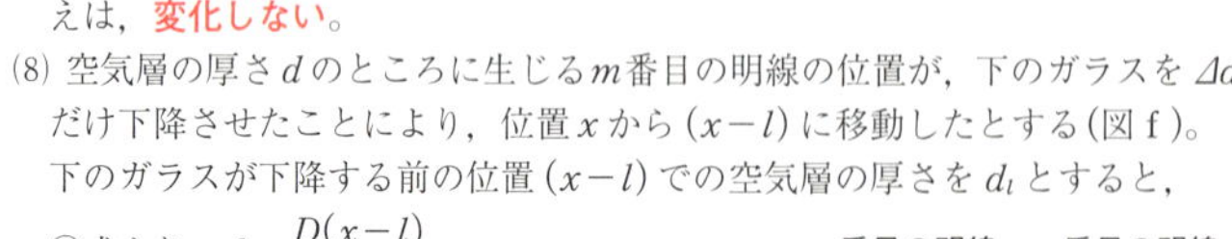

(8) 空気層の厚さ d のところに生じる m 番目の明線の位置が，下のガラスを Δd だけ下降させたことにより，位置 x から $(x-l)$ に移動したとする(図 f)。下のガラスが下降する前の位置 $(x-l)$ での空気層の厚さを d_l とすると，

①式より　$d_l=\dfrac{D(x-l)}{L}$

である。m 番目の明線が生じる位置の光路差(空気層の厚さ)は，下のガラスの下降前後で等しい※F⬅ので，図 f より，

$d=d_l+\Delta d$ が成りたつ。これより

$$d=\frac{Dx}{L}=\frac{D(x-l)}{L}+\Delta d$$

これを整理して　$\Delta d=\dfrac{Dl}{L}$ ※G⬅

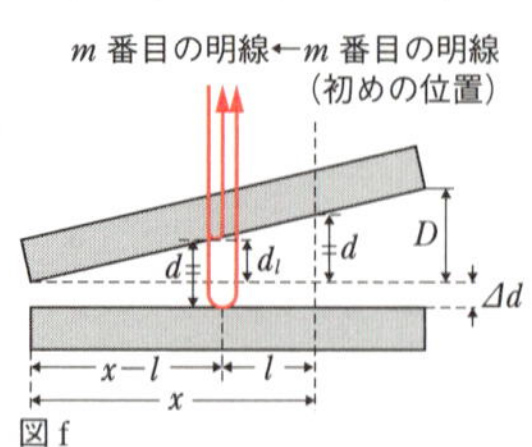

図 f

⬅※F　同じ厚さの空気層(同じ光路差)で，同じ(m 番目の)干渉が起きていると考えればよい。

⬅※G 別解

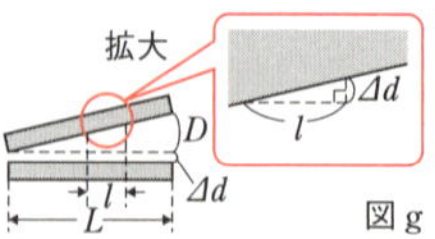

図 g

下のガラスの移動により空気層の厚さが Δd だけ増加し，それを補完するため l だけ左に移動したと考える。底辺 l の三角形と底辺 L の三角形の相似より　$l:\Delta d=L:D$

よって　$\Delta d=\dfrac{Dl}{L}$

ヒント 93 〈ニュートンリング〉

(1) 三平方の定理を利用する。
(3), (8), (9) 屈折率のより小さな媒質の表面での反射 ➡ 位相は変化しない
屈折率のより大きな媒質の表面での反射 ➡ 位相が π ずれる(反転する)
(5) 平凸レンズを h 動かすと，空気層の厚さは $d+h$ になる。これを用いて明環となる条件を求めて，初めと比較する。
(6)『平凸レンズを離す前と同じ明環と暗環の縞模様が初めて現れた』
➡ 初め外側にあった $(m+1)$ 番目の明環が移動して，初め m 番目の明環があった位置に来た
(7)『屈折率 n の液体で満たす』➡ 経路差 $2d$ のときの光路差が $n\times2d$ になる

(1) 図aより，三平方の定理を用いて

$R^2=(R-d)^2+r^2$　変形して　$(R-d)^2=R^2-r^2$

$R>d$ より　$R-d=\sqrt{R^2-r^2}$　よって　$d=R-\sqrt{R^2-r^2}$

(2) (1)の結果より　$d=R-R\sqrt{1-\left(\frac{r}{R}\right)^2}$

ここで $r\ll R$ より，$\left(\frac{r}{R}\right)^2$ はきわめて小さいので，近似式を用いて

$d\fallingdotseq R-R\left\{1-\frac{1}{2}\left(\frac{r}{R}\right)^2\right\}=\frac{r^2}{2R}$　よって　$A=\frac{1}{2R}$

(3) 図bより，干渉する2つの反射光の経路差は，空気層の厚さ d の往復分の $2d$ である。この経路差は空気$(n=1)$中で生じているので，光路差は $1\times2d=2d$ である。また，平凸レンズの下面(点Q)での反射は位相変化はない。平面ガラスの上面(点P)での反射は，屈折率のより大きな媒質の表面での反射なので，位相は π ずれる。よって干渉して強めあって明環になる条件は，m 番目※A⬅の明環について

$(\text{光路差})=2d=\left(m-\frac{1}{2}\right)\lambda$　$(m=1,\ 2,\ 3,\ \cdots)$

これより　$d=\frac{\lambda}{2}m-\frac{\lambda}{4}=Bm+C$　ゆえに　$B=\frac{\lambda}{2}$，$C=-\frac{\lambda}{4}$

(4) (3)の結果に $d=Ar^2$ を代入すると，明環となる条件は

$2d=2Ar^2=\left(m-\frac{1}{2}\right)\lambda$　ゆえに　$r=\sqrt{\left(m-\frac{1}{2}\right)\frac{\lambda}{2A}}$

(5) 点Oに最も近い明環の半径 r_1 は，(4)の結果に $m=1$ を代入して

$r_1=\sqrt{\frac{\lambda}{4A}}$　……①

平凸レンズを h 離したとき，図cより干渉する2つの反射波の光路差は $2(d+h)$ となるので，点Oからの距離 r' において明環となる条件は

$2(d+h)=\left(m-\frac{1}{2}\right)\lambda$　$d=Ar'^2$ より　$2(Ar'^2+h)=\left(m-\frac{1}{2}\right)\lambda$

$r'^2=\left(m-\frac{1}{2}\right)\frac{\lambda}{2A}-\frac{h}{A}$　よって　$r'=\sqrt{\left(m-\frac{1}{2}\right)\frac{\lambda}{2A}-\frac{h}{A}}$　……②

問題文より，平凸レンズを h 離したときの $m=1$ の明環の半径 r_1' がもとの半径 r_1(①式)の半分になるので

$\frac{1}{2}r_1=\frac{1}{2}\sqrt{\frac{\lambda}{4A}}=r_1'=\sqrt{\left(1-\frac{1}{2}\right)\frac{\lambda}{2A}-\frac{h}{A}}=\sqrt{\frac{\lambda}{4A}-\frac{h}{A}}$

$\frac{\lambda}{16A}=\frac{\lambda}{4A}-\frac{h}{A}$　よって　$h=\frac{3}{16}\lambda$

(6) 求める距離を h' とする。平凸レンズを離す前と同じ明環と暗環の縞模様が初めて現れるのは，離す前の1つ目の明環$(m=1)$の位置(①式)に平凸レンズを h' 離したときの2つ目の半径 r_2' の明環(②式の r' において $m=2$)が来たときである。$r_1=r_2'$ より

$\sqrt{\frac{\lambda}{4A}}=\sqrt{\left(2-\frac{1}{2}\right)\frac{\lambda}{2A}-\frac{h'}{A}}$　よって　$h'=\frac{\lambda}{2}$ ※B⬅

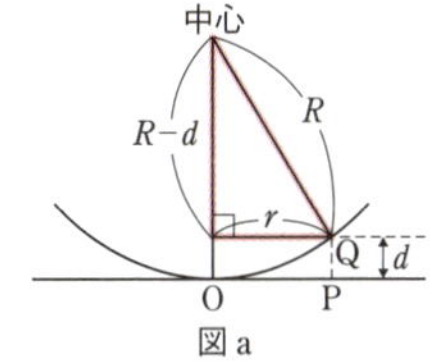

図a

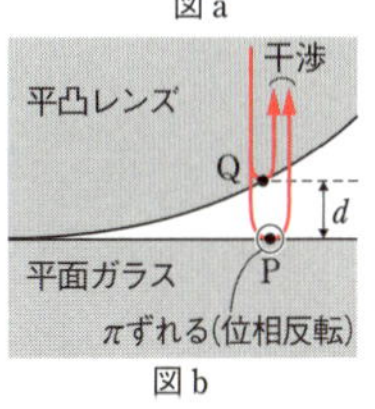

図b

⬅※A　一般的に明環となる条件，暗環となる条件の m は0から始まっている$(m=0,\ 1,\ 2,\ \cdots)$。しかし「□つ目」というときは，「1つ目」が $m=0$，「2つ目」が $m=1$ に対応する。m と「□つ目」の□を一致させる条件の表現は，$m=1,\ 2,\ \cdots$ となるので

明環　$2d=\left(m-\frac{1}{2}\right)\lambda$

暗環　$2d=(m-1)\lambda$

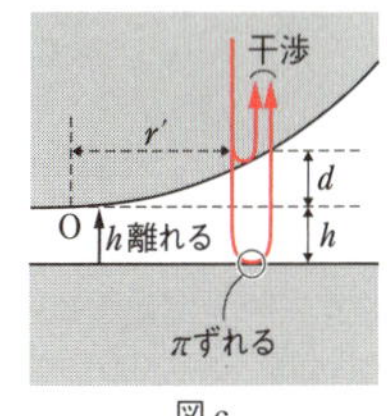

図c

⬅※B　隣りあう明環の光路差は λ 異なる。したがって平凸レンズを $\frac{\lambda}{2}$ だけ離すと，同じ位置の光路差が往復分の $\frac{\lambda}{2}\times2=\lambda$ 変化するので，その位置に隣の明環が移動してくる。

(7) 液体(屈折率 n)で満たすので，光路差は $n\times 2d=2nd$ となる。$n<n_0$ より反射による位相変化は(3)と同じである。よって，明環となる条件を(3)と同様に求めると　$2nd=2nAr^2=\left(m-\dfrac{1}{2}\right)\lambda$

これより明環の半径 r は　$r=\sqrt{\left(m-\dfrac{1}{2}\right)\dfrac{\lambda}{2nA}}$

求める半径は，点Oに最も近い $m=1$ なので　$r=\sqrt{\dfrac{\lambda}{4nA}}$

(8) $n>n_0$ のときも $1<n<n_0$ のときも光が干渉し縞模様が見られる。中心Oにおいて光路差は0であるから，干渉する2つの光の位相差が0であれば強めあい，π であれば弱めあう。

・$n>n_0$ のとき：図dより，位相差は π となり，中心は暗くなる。……①

・$1<n<n_0$ のとき：図eより，位相差は π となり，中心は暗くなる。……①

(9) 真下から観察するときも光が干渉し縞模様が見られる。このとき干渉する光は，透過光(図f，図gのⒶ)と，平面ガラスの上面と平凸レンズの下面とで反射した光(図f，図gのⒷ)である。中心Oにおいて光路差は0であるから

・$n>n_0$ のとき：図fより，位相差は0となり，中心は明るくなる。……②

・$1<n<n_0$ のとき：図gより，位相差は0となり，中心は明るくなる。……②

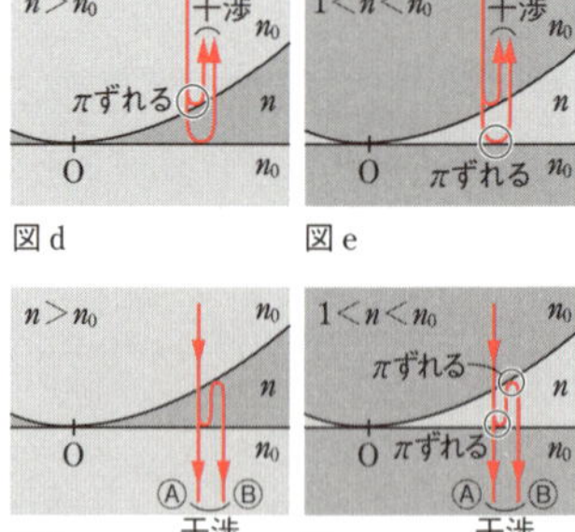

図d　図e　図f　図g

ヒント 94 〈マイケルソン干渉計〉

(3) 絶対屈折率 n の媒質中では，波長は $\dfrac{1}{n}$ 倍になり，光にとっての距離である光学距離は n 倍になる。

(6) M_1 はドップラー効果によって光源が発した振動数とは異なる振動数 f' の光を受け取り，その f' の光を反射する。M_1 は動いているので，さらにドップラー効果が生じて，Dには f' とは異なる振動数 f'' の光が届くことになる。

(1) ある点と1波長分離れた点の位相差は 2π であるので，距離 l 離れた地点での位相差は　$2\pi\dfrac{l}{\lambda}$　……①

(2) 2つの光線の経路差は $2L_1-2L_2$ であるので，これが①式の l にあたる。

よって　$2\pi\times\dfrac{2(L_1-L_2)}{\lambda}=\dfrac{4\pi(L_1-L_2)}{\lambda}$　……②

(3) 厚さ d のガラスを透過するときの光学距離は nd なので，ガラス内の往復で生じる光路差は $2nd-2d$ となる。これが①式の l にあたる。

よって　$2\pi\times\dfrac{2nd-2d}{\lambda}=\dfrac{4\pi d(n-1)}{\lambda}$ ※A⬅

(4) M_1 と M_2 が静止していたとき2つの光線はDで同位相であったことから，m ($m=1,\ 2,\ 3,\ \cdots$) を用いて，②式より

$$\frac{4\pi(L_1-L_2)}{\lambda}=2\pi\times m$$

一方，M_1 を Δl だけHに近づけたとき，2つの光線が初めて逆位相になったとすると，M_1 とHの間の距離は $L_1-\Delta l$ になっているので

$$\frac{4\pi(L_1-\Delta l-L_2)}{\lambda}=\frac{4\pi(L_1-L_2)}{\lambda}-\frac{4\pi\Delta l}{\lambda}=2\pi\times m-\pi$$

以上2式より　$\dfrac{4\pi\Delta l}{\lambda}=\pi$　よって　$\Delta l=\dfrac{\lambda}{4}$

⬅※A **別解** ガラス中において，波長は $\dfrac{\lambda}{n}$ になるので(図a)，位相差の変化量は

$$2\pi\frac{2d}{\frac{\lambda}{n}}-2\pi\frac{2d}{\lambda}$$

$$=\frac{4\pi d(n-1)}{\lambda}$$

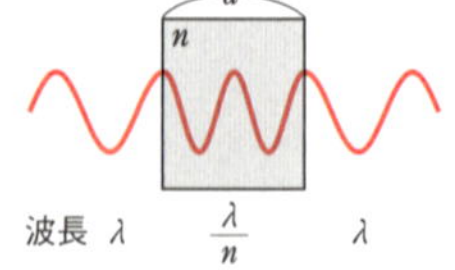

図a

(5) Sから出た光の振動数を f，Hから遠ざかる M_1 に届く光の振動数を f' とおくと，「$v=f\lambda$」とドップラー効果の式より（図b）

$$f'=\frac{c-v}{c-0}f=\frac{c-v}{\lambda}$$

(6) M_1 から反射される光の振動数を f'' とおくと，図cと(5)の結果より

$$f''=\frac{c-0}{c+v}f'=\frac{c}{c+v}\cdot\frac{c-v}{\lambda}=\frac{c-v}{c+v}\cdot\frac{c}{\lambda}$$

(7) M_1 から届く f'' の光と，M_2 から届く f の光が干渉して，音の場合のうなりに相当する現象が起きたと考えられるので，うなりの振動数は

$$|f-f''|=\left|\left(1-\frac{c-v}{c+v}\right)\frac{c}{\lambda}\right|=\frac{2v}{c+v}\cdot\frac{c}{\lambda}$$

よって，求める周期は $\dfrac{1}{|f-f''|}=\dfrac{c+v}{2v}\cdot\dfrac{\lambda}{c}$

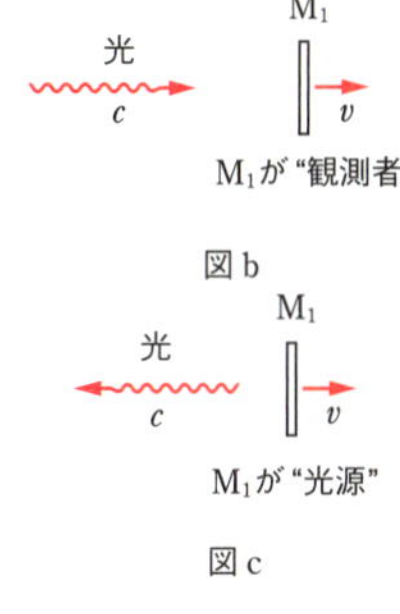

図b

図c

ヒント 95 〈ピンホールカメラによる像のぼやけ幅〉

(4)『$\varDelta d$ は d よりきわめて小さい』➡ 式変形で $\dfrac{\varDelta d}{d}$ をつくり，与えられている近似式を用いる。

(5) 増減表を利用すると，極値かつ最小値となることが確かめられる。

(1) AとBそれぞれを通る光線の光路差は，図aより，$\dfrac{d}{2}\sin\theta$ と表せる。

よって $\theta=\theta_1$ のとき打ち消しあう条件は $\dfrac{d}{2}\sin\theta_1=\dfrac{\lambda}{2}$

$\sin\theta_1 \fallingdotseq \theta_1$ を用いて $d\theta_1=\lambda$ 　よって $\theta_1=\dfrac{\lambda}{d}$〔rad〕

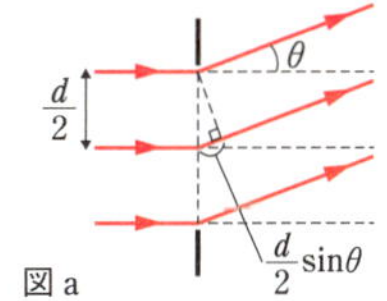

図a

(2) 図bより，像のぼやけ幅は $2\times f\tan\theta_1 \fallingdotseq 2f\theta_1=\dfrac{2f\lambda}{d}$〔m〕

(3) 題意より，(2)の結果を利用すると $D(d)=\dfrac{2f\lambda}{d}+d$〔m〕

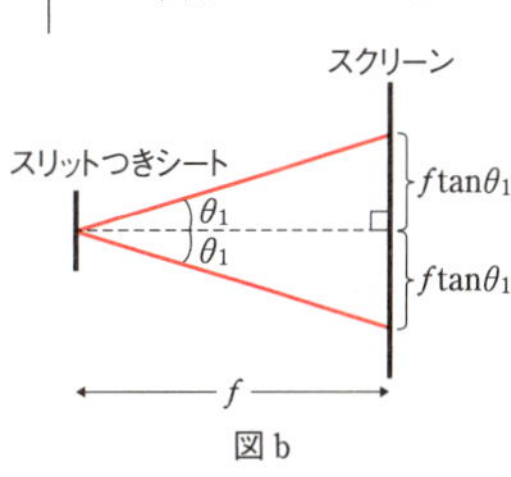

図b

(4) (3)の結果を利用して計算すると

$$D(d+\varDelta d)-D(d)=\frac{2f\lambda}{d+\varDelta d}+(d+\varDelta d)-\left(\frac{2f\lambda}{d}+d\right)$$

$$=\frac{2f\lambda}{d}\left(\frac{1}{1+\frac{\varDelta d}{d}}-1\right)+\varDelta d \text{※A}$$

$$=\frac{2f\lambda}{d}\left\{\left(1+\frac{\varDelta d}{d}\right)^{-1}-1\right\}+\varDelta d$$

$$\fallingdotseq\frac{2f\lambda}{d}\left\{\left(1-\frac{\varDelta d}{d}\right)-1\right\}+\varDelta d$$

よって $D(d+\varDelta d)-D(d)\fallingdotseq\left(1-\dfrac{2f\lambda}{d^2}\right)\varDelta d$〔m〕※B

※A $\dfrac{\varDelta d}{d}$ を見出すため

$$\frac{2f\lambda}{d+\varDelta d}=\frac{2f\lambda}{d\left(1+\frac{\varDelta d}{d}\right)}$$

とした。

※B $D(d)$ を d で微分した結果と対応している。

$$D'(d)=\lim_{\varDelta d\to 0}\frac{D(d+\varDelta d)-D(d)}{\varDelta d}=1-\frac{2f\lambda}{d^2}$$

(5) (4)の結果より，

$$1-\frac{2f\lambda}{d^2}=0$$

が成りたつとき，$D(d)$ の増加量は0となる。

よって $d=\sqrt{2f\lambda}$〔m〕

d	…	$\sqrt{2f\lambda}$	…
$D(d)$ の増加量	−	0	＋
$D(d)$	↘	最小値	↗

別解 相加相乗平均の大小関係を(3)の結果に用いると

$$D(d)=\frac{2f\lambda}{d}+d\geqq 2\sqrt{d\cdot\frac{2f\lambda}{d}}=2\sqrt{2f\lambda}$$

D が最小となるとき等号が成りたつので，等号成立条件より

$d=\dfrac{2f\lambda}{d}$ 　よって $d=\sqrt{2f\lambda}$〔m〕

13 静電気力と電場

ヒント 96 〈箔検電器〉

(1)(a)『Xを正に帯電』➡ Xに引かれて，Zの電子の一部がYに移動
(b)『XをYに近づけたまま，Yを指で触れる』➡ Zに引かれて指から電子が移動　(c) 箔検電器全体は負に帯電。
(2)(a) 静電誘導によってXの上側に正，下側に負の電荷が生じる。　(b) 同じ金属の中では電位は等しい。
(c)『Xを指で触れて接地』➡ Yの電荷とつりあうように電子が移動
(3) 静電遮へいにより金属の板の内部に電場は生じない。

(1)(a)(ア) **開いた**

(イ) 正に帯電したXが金属板Yに近づくと，図aのように静電誘導が起きて箔Zの電子の一部がYに移動する。その結果，Yは電子過剰で負に，Zは電子不足で正に帯電する。この正電荷どうしの斥力によってZは開く(図a)。……③

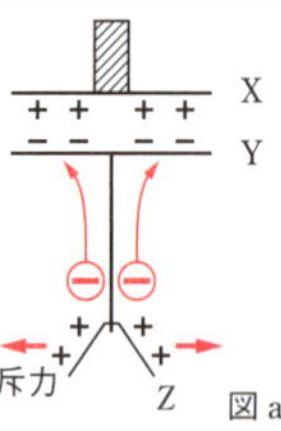

図a

X
Y
Z
図b

(b)(ウ) **閉じた**

(エ) 指を触れると地面と導通し，指を通してZの正電荷に引かれて電子がZに移動する。よって，Zの電荷は中性となりZどうしの斥力がなくなって閉じる(図b)。……⑤

(c)(オ) 指を遠ざけると箔検電器は地面から絶縁されるため，(b)で入ってきた電子はもどれないので，箔検電器全体は負に帯電している。XをYから遠ざけると，Xに引きつけられていたY上の負電荷(電子)が互いに反発し，箔検電器の金属部分全体に分布するようになる。よって，Zも負に帯電して斥力によって開く。……**開いた**

(2)(a)(カ) 図cのように，箔検電器が正に帯電しているので，静電誘導によりXの下側に負，Xの上側に正の電荷が生じる。Xの下側の負電荷と反発して箔検電器内の電子がZに移動する。よってZは正電荷が減少し，開きが小さくなる(図c)。……**小さくなる**

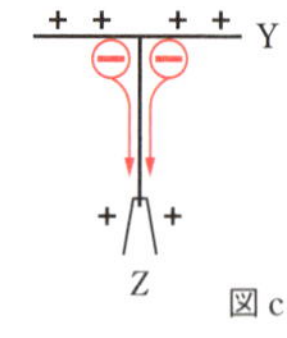

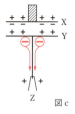

図c

(b)(キ) Xを接地することにより $V_X=0$　Y，Zには正の電荷があるので，電位は正($V_Y>0$，$V_Z>0$)であり，同じ金属の中は同電位であることから $V_Y=V_Z$　よって　$V_X<V_Y=V_Z$　……⑨

(c)(ク) Xを接地することにより，地面からXへ電子が入りこみ，Yの電荷とつりあうところで安定する。よって，Xは中性の状態から電子が加わり負の電荷をもつ。……**負**

(3) **箔の開きは変わらない。**

(理由) **帯電体の周囲の電気力線は金属の板の内部に入りこまない(静電遮へい)から，内部には電場がない。よって，箔の開きは変わらない。**

ヒント 97 〈帯電した平面による電場〉

〔A〕(1)「$N=4\pi k_0 Q$」を用いる。　(2)(電場の強さ)=(単位面積当たりの電気力線の本数)
〔B〕(1) 金属平板間の電場は，Aによる電場とBによる電場を合成したものである。　(2)「$V=Ed$」を用いる。
(3) (2)の結果を「$Q=CV$」の形に変形する。　(4) 電荷は，自身がつくる電場からは力を受けない。

〔A〕(1) クーロンの法則の比例定数を k_0 とすると，$\varepsilon_0=\dfrac{1}{4\pi k_0}$ である。ガウスの法則より，電荷 Q から出る電気力線の総数 N は　$N=4\pi k_0 Q=\dfrac{Q}{\varepsilon_0}$〔本〕

(2) 電場の強さ E〔V/m〕は，単位面積当たりの電気力線の本数で定義されている。金属平板からは電気力線が上下に半分ずつ出ているから

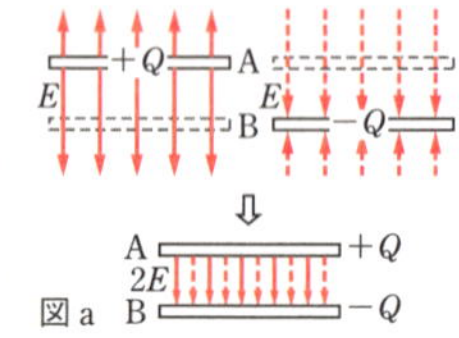

図a

$$E=\frac{N/2}{S}=\frac{N}{2S}=\frac{Q}{2\varepsilon_0 S}\text{〔V/m〕}$$

〔B〕(1) 平板Aによる電場 ⟶ と，平板Bによる電場 ⇢ の強さは，上の(2)で求めたEと同じである。図aのように，2つの電場を重ねあわせると，Aの上とBの下の電場は打ち消され0となり，AB間の電場の強さE_1〔V/m〕は

$$E_1=2E=\frac{Q}{\varepsilon_0 S}\text{〔V/m〕}$$

(2) 一様な電場だから「$V=Ed$」より　$V=E_1d=\frac{Qd}{\varepsilon_0 S}$〔V〕

(3) (2)より　$Q=\frac{\varepsilon_0 S}{d}V$ と $Q=CV$ とを比較して　$C=\varepsilon_0\frac{S}{d}$〔F〕

(4) 平板Aの電荷$+Q$は，平板Bの電荷$-Q$がつくる電場から力を受ける(図b)。この電場の強さは，平板2枚の電荷によるE_1ではなく，平板B 1枚のみによるEなので，平板Aが受ける引力の大きさFは　$F=QE$

また，〔A〕〔B〕より，EはE_1の半分なので　$F=\frac{1}{2}QE_1$〔N〕※A

※A　Qが一定の下で，コンデンサーの間隔をさらにΔd変化させるとき，E_1も不変であるから，引力の大きさは一定である。このとき，外力がした仕事Wは

$$W=F\Delta d=\frac{1}{2}QE_1\Delta d=\frac{1}{2}Q\Delta V$$

となり，この間に変化したコンデンサーの静電エネルギーと一致する。

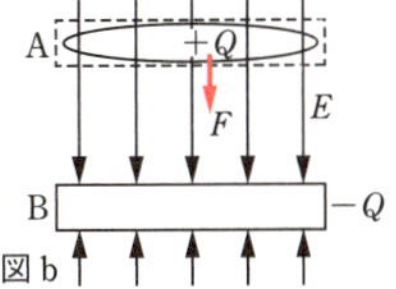

図b

ヒント 98 〈静電気力がする仕事〉

(1)「$V=Ed$」を用いる。また，電場の向きは高電位 → 低電位である。
(2)，(3)（静電気力がする仕事）＝−（外力がする仕事）
(4) 荷電粒子はx軸方向では電場からの力，z軸方向では重力を受け，ともに等加速度運動をする。

(1) 電場の向きは高電位から低電位に向かう向きであるから，点Oと点Pでは点Oのほうが高電位である。よって，電位差と電場の関係式「$V=Ed$」を用いると　点Pの電位　$V_P=-Ed$〔V〕

線分OQと電場Eは直交しているから，OQ間(y軸上)は電位差が0である。よって　点Qの電位　$V_Q=0$V

(2) 電位0Vのy軸と点Rまでの距離は$d\cos\theta$〔m〕であるから，点Rの電位V_R〔V〕は　$V_R=-Ed\cos\theta$〔V〕※A

電荷q〔C〕を点O(電位V_0〔V〕)から点R(電位V_R〔V〕)まで運ぶときに外力のする仕事は$q(V_R-V_0)$〔J〕で，途中の経路によらない。$V_0=0$V より

外力がした仕事　$W_{外}=q(V_R-V_0)=q(-Ed\cos\theta-0)=-qEd\cos\theta$

静電気力がした仕事　$W_{電}=-W_{外}=-(-qEd\cos\theta)=qEd\cos\theta$〔J〕

※A 別解

電場E〔N/C〕のOR方向の成分は$E\cos\theta$〔N/C〕である。

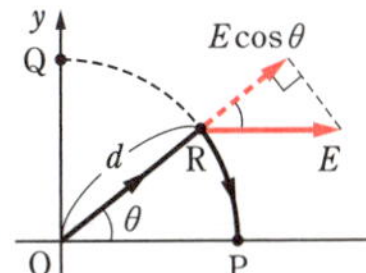

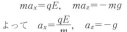

したがって，OR間の電位差は　$E\cos\theta\times d$〔V〕で，点Oのほうが高電位であるから

$V_R=-Ed\cos\theta$〔V〕

(3) (2)と同様に考えて

$$W_{外}=q(V_P-V_R)=q\{-Ed-(-Ed\cos\theta)\}=-qEd(1-\cos\theta)$$

$$W_{電}=-W_{外}=qEd(1-\cos\theta)\text{〔J〕}$$

(4) 荷電粒子にはx軸方向にqE〔N〕の静電気力，z軸方向には$-mg$〔N〕の重力がはたらく。

加速度のx成分，z成分をa_x〔m/s²〕，a_z〔m/s²〕とすると，運動方程式はそれぞれ

$$ma_x=qE,\quad ma_z=-mg$$

よって　$a_x=\frac{qE}{m}$,　$a_z=-g$

z
A
E
g
q
qE
m
h
mg
O
B
x
図a

(a) 粒子のz軸方向の変位は$-h$〔m〕であるから，要する時間をt_1〔s〕とすると「$x=v_0t+\frac{1}{2}at^2$」より

$$-h=0+\frac{1}{2}(-g)\cdot t_1^2\qquad よって\quad t_1=\sqrt{\frac{2h}{g}}\text{〔s〕}$$

(b) OB間の距離をx_1〔m〕とすると

$$x_1=0+\frac{1}{2}\cdot\frac{qE}{m}\cdot t_1^2=\frac{1}{2}\cdot\frac{qE}{m}\cdot\left(\sqrt{\frac{2h}{g}}\right)^2=\frac{qEh}{mg}\text{〔m〕}$$ ※B

※B 別解　下図のように∠OAB＝αとする。

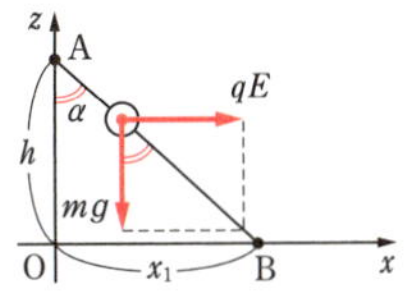

力の関係から　$\tan\alpha=\frac{qE}{mg}$

よって

$x_1=h\tan\alpha=\frac{qEh}{mg}$〔m〕

(c) 点Bを通過する速度 v〔m/s〕の x 成分，z 成分を v_x〔m/s〕，v_z〔m/s〕とすると　$v_x=a_xt_1=\dfrac{qE}{m}\sqrt{\dfrac{2h}{g}}$，　$v_z=a_zt_1=-g\sqrt{\dfrac{2h}{g}}$

運動エネルギー「$K=\dfrac{1}{2}mv^2$」で，$v^2={v_x}^2+{v_z}^2$ であるから

$$K=\frac{1}{2}mv^2=\frac{1}{2}m({v_x}^2+{v_z}^2)=\frac{1}{2}m\left(\frac{q^2E^2}{m^2}\cdot\frac{2h}{g}+g^2\cdot\frac{2h}{g}\right)$$

$$=\frac{1}{2}m\left\{\frac{q^2E^2}{m^2g^2}\cdot 2gh+2gh\right\}=mgh\left\{\left(\frac{qE}{mg}\right)^2+1\right\}\text{〔J〕}$$ ※C

図 b

※C 別解 仕事と運動エネルギーの関係から

$$\frac{1}{2}m\cdot 0^2+(qEx_1+mgh)$$
$$=\frac{1}{2}mv^2$$

よって

$$\frac{1}{2}mv^2=qE\cdot\frac{qEh}{mg}+mgh$$
$$=mgh\left\{\left(\frac{qE}{mg}\right)^2+1\right\}\text{〔J〕}$$

ヒント 99 〈電場と電位〉

(3) 電場は，2つの点電荷による電場のベクトル和となる。(4) 電位は，2つの点電荷による電位のスカラー和となる。
(5) (4)で求めた電位の式から判断する。
(7)『荷電粒子の速さが最大』➡ 加速度が0 ➡ 静電気力が0 ➡ 電場が0となる点
(8) 荷電粒子はエネルギー（運動エネルギー＋静電気力による位置エネルギー）が保存された状態で運動している。
(9)(ア)『荷電粒子がもどってこない』➡ 無限遠方（電位0）に達している

(1) 原点Oの点電荷 $+Q$ が座標 x につくる電場 $E_{\mathrm{O}x}$ の強さ $|E_{\mathrm{O}x}|$ は

$$|E_{\mathrm{O}x}|=k\frac{Q}{x^2}$$

$x>0$ より，$E_{\mathrm{O}x}$ は x 軸正の向きなので　$E_{\mathrm{O}x}=+|E_{\mathrm{O}x}|=k\dfrac{Q}{x^2}$

図 a

(2) 原点Oの点電荷 $+Q$ が座標 x につくる電位 $V_{\mathrm{O}x}$ は　$V_{\mathrm{O}x}=k\dfrac{Q}{x}$

(3) 点Aの点電荷 $-4Q$ が座標 x につくる電場 $E_{\mathrm{A}x}$ の強さ $|E_{\mathrm{A}x}|$ は（図 a）

$|E_{\mathrm{A}x}|=k\dfrac{4Q}{(a+x)^2}$　　$E_{\mathrm{A}x}$ は x 軸負の向きより　$E_{\mathrm{A}x}=-k\dfrac{4Q}{(a+x)^2}$

位置 x における合成電場の x 成分 $E(x)$ は，$E_{\mathrm{O}x}$ と $E_{\mathrm{A}x}$ のベクトル和※A なので

$$E(x)=E_{\mathrm{O}x}+E_{\mathrm{A}x}=k\frac{Q}{x^2}-k\frac{4Q}{(a+x)^2}=\frac{kQ(a-x)(a+3x)}{x^2(a+x)^2}\quad\cdots\cdots①$$

※A 本問では x 軸のみを考えるので，電場のベクトル和とは，向きに注意して足しあわせることを意味する。

(4) 点Aの点電荷 $-4Q$ の座標 x につくる電位 $V_{\mathrm{A}x}$ は　$V_{\mathrm{A}x}=-k\dfrac{4Q}{a+x}$

位置 x における電位 $V(x)$ は，$V_{\mathrm{O}x}$ と $V_{\mathrm{A}x}$ のスカラー和なので

$$V(x)=V_{\mathrm{O}x}+V_{\mathrm{A}x}=k\frac{Q}{x}+\left(-k\frac{4Q}{a+x}\right)=\frac{kQ(a-3x)}{x(a+x)}\quad\cdots\cdots②$$

(5) ②式より，$x>0$ において $V(x)=0$ となる位置は $x=\dfrac{1}{3}a$ の1か所であり，$x>\dfrac{1}{3}a$ において $V(x)<0$ であることがわかる。

また，$V(x)=\dfrac{kQ(a-3x)}{x(a+x)}=\dfrac{kQ\left(\dfrac{a}{x}-3\right)}{a+x}$ であるので，x が0に近づくと，$V(x)$ は急激に大きくなり，$+\infty$ に発散する。また，$x\to\infty$ で $V(x)\to 0$ である。以上をすべて満たすグラフは①である。

(6) $x=2a$ における電位 $V(2a)$ は，②式に $x=2a$ を代入して

$$V(2a)=\frac{kQ(a-3\times 2a)}{2a(a+2a)}=-\frac{5kQ}{6a}$$

$x=2a$ における位置エネルギー $U(2a)$ は，「$U=qV$」より

$$U(2a)=q\cdot V(2a)=q\times\left(-\frac{5kQ}{6a}\right)=-\frac{5kQq}{6a} \quad \cdots\cdots③$$

(7) ①式より，$x=2a$ における電場 $E(2a)$ は

$$E(2a)=\frac{kQ(a-2a)(a+3\times 2a)}{(2a)^2\cdot(a+2a)^2}=-\frac{7kQ}{36a^2}<0$$

となり，$E(2a)$ は x 軸負の向きを向いている。よって，正電荷をもつ荷電粒子は，x 軸負の向きに静電気力を受けて加速される。電場が 0 となる点をこえると逆向きの力を受けて減速される。よって，荷電粒子の速さが最大になるのは，電場が 0 となる点である。

①式より　$E(x)=\dfrac{kQ(a-x)(a+3x)}{x^2(a+x)^2}=0$

よって　$x=a$ または $x=-\dfrac{1}{3}a$

$x=2a\,(V(x)<0)$ と同じ電位の地点までしか荷電粒子は動けない※B⬅。(5)で選んだグラフより，$V(x)<0$ であることから求める x は，$x>\dfrac{1}{3}a$ を満たす。よって，速さが最大となる位置は　$x=a$※C⬅

(8) 荷電粒子の速さが 0 となる点と，点Pでエネルギー保存則

「$\dfrac{1}{2}mv^2+qV=$一定」を考えると

$$0+qV(2a)=0+qV(x)$$

②式，③式を代入すると　$q\times\left(-\dfrac{5kQ}{6a}\right)=q\dfrac{kQ(a-3x)}{x(a+x)}$

$(5x-3a)(x-2a)=0$　　よって　$x=\dfrac{3}{5}a,\ 2a$

(9)(ア) 荷電粒子がもどってこないということは，荷電粒子が無限遠※D⬅に到達しても，速さ v で運動していると考えればよい。点Pと無限遠でのエネルギー保存則より

$$\frac{1}{2}mv_0{}^2+qV(2a)=\frac{1}{2}mv^2+0\geqq 0$$

③式を $qV(2a)$ に代入して　$\dfrac{1}{2}mv_0{}^2+\left(-\dfrac{5kQq}{6a}\right)\geqq 0$

よって　$v_0\geqq\sqrt{\dfrac{5kQq}{3ma}}$

(イ) 点Sで運動の向きを変えるということは，荷電粒子の点Sでの速さは 0 である。点Pと点Sでのエネルギー保存則より

$$\frac{1}{2}mv_0{}^2+\left(-\frac{5kQq}{6a}\right)=0+qV(x)=q\frac{kQ(a-3x)}{x(a+x)}$$

(ア)で求めた $v_0=\sqrt{\dfrac{5kQq}{3ma}}$ のとき，$\dfrac{1}{2}mv_0{}^2+\left(-\dfrac{5kQq}{6a}\right)=0$ であるので

$q\dfrac{kQ(a-3x)}{x(a+x)}=0$　　よって　$x=\dfrac{1}{3}a$※E⬅

⬅※B　速さ 0 となる地点の座標を x_0 とする。エネルギー保存則

「$\dfrac{1}{2}mv^2+qV=$一定」より

$0+qV(2a)=0+qV(x_0)$

よって　$V(x_0)=V(2a)$

⬅※C **別解** エネルギー保存則より，速さが最大となる点で電位は最小となるので，$V(x)$ が極値をとるような x を求める。

$\dfrac{dV(x)}{dx}=\dfrac{kQ(x-a)(3x+a)}{x^2(x+a)^2}=0$

より　$x=a$ または

$x=-\dfrac{1}{3}a$ を得る。

⬅※D　②式より，無限遠 $(x\to\infty)$ での位置エネルギーは 0 である。

⬅※E **別解** $v_0=\sqrt{\dfrac{5kQq}{3ma}}$ のとき，力学的エネルギーが 0 である。荷電粒子の点Sでの速さは 0 なので，点Sでは運動エネルギーが 0，すなわち位置エネルギーが 0 となる。②式で $V(x)=0$ として

$x=\dfrac{1}{3}a$

ヒント 100 〈帯電した導体がつくる電場〉

問題を解く手がかりとなる情報が問題文の中に散りばめられているので，よく読んで解き進める。
(イ)『金属球 M から出る電気力線は金属球 M の中心Oから放射状に広がる』➡ 電気量Qの点電荷と同じ
(エ)『導体内部に電気力線が生じない』➡ 導体内の電場 0
(オ)『導体内部の電位は導体表面の電位と等しい』➡ 導体表面 ($x=a$) での電位を求める
(カ) 問題文で，金属球殻Nが内部に電場をつくらないことが説明されている。
(キ) 金属球 M 中，金属球殻N中はそれぞれ等電位なので，V_{NM} は $x=a$ における電位と $x=b$ における電位の差。

(ア) 電気量 q の点電荷が r 離れた位置につくる電場の強さ E_q は　$E_q=k_0\dfrac{q}{r^2}$

と表せる。問題文より，点電荷から出る電気力線の本数 n を球の表面積 $4\pi r^2$ でわったものが電場の強さになるので $E_q=\dfrac{n}{4\pi r^2}$ が成りたつ。よって

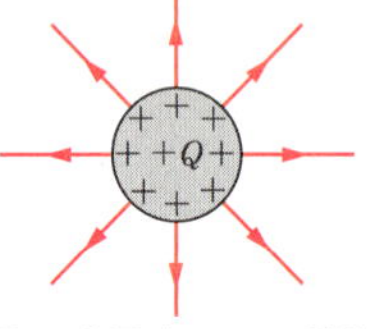

図 a：金属球 M による電場

$$n=E_q\times4\pi r^2=k_0\frac{q}{r^2}\times4\pi r^2=\mathbf{4\pi k_0 q}$$

(イ) 金属球 M から出る電気力線の本数は $4\pi k_0Q$ である。x 離れた位置での電場の強さEは，半径 x の球の表面積 $4\pi x^2$ でわって　$E=\dfrac{4\pi k_0Q}{4\pi x^2}=\mathbf{k_0\dfrac{Q}{x^2}}$ ※A

(ウ) (イ)の結果は，中心Oに点電荷Qがあるときと同じなので　$V=\mathbf{k_0\dfrac{Q}{x}}$ ※A

(エ) 導体内は電気力線が 0 本なので　$E=\mathbf{0}$ ※A

(オ) 導体内は導体表面と等電位より，$x=a$ での電位と等しく　$V=\mathbf{k_0\dfrac{Q}{a}}$ ※A

※A　電場Eと電位Vをxの関数としてグラフに表すと図 b のようになる。

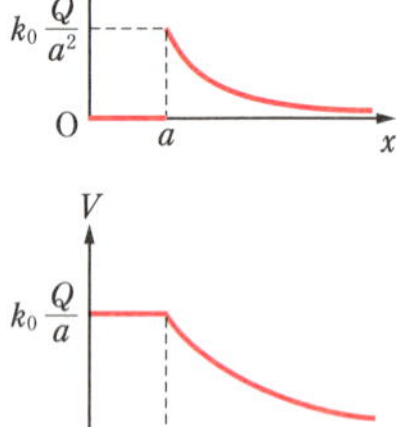

図 b

(カ) 金属球殻Nは，その内部に電場をつくらないので，$a<x<b$ では金属球 M がつくる電場のみとなる。

よって　$E'=\mathbf{k_0\dfrac{Q}{x^2}}$ ※B

(キ) 金属球 M による電位は

$a\leqq x$ で $V=k_0\dfrac{Q}{x}$

金属球殻Nによって $x\leqq b$ の部分には電気力線は生じないので，V_{NM} は金属球 M による電位 V の，$x=a$ における値と $x=b$ における値の差で与えられる。すなわち

$$V_{NM}=k_0\frac{Q}{a}-k_0\frac{Q}{b}=\mathbf{k_0\frac{(b-a)Q}{ab}}$$

(ク)「$Q=CV$」より　$C=\dfrac{Q}{V_{NM}}=\mathbf{\dfrac{ab}{k_0(b-a)}}$

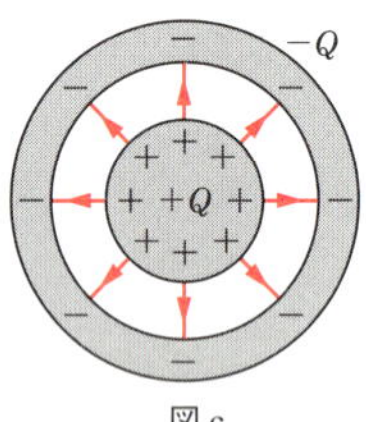

図 c

※B　金属球 M と金属球殻Nによる電気力線は図 c のようになる。
このとき，金属球殻N中では，金属球 M の電荷に引き寄せられる静電誘導が起こるため，負の電荷は金属球殻Nの内側の表面に分布する。
一方，問題文の図 2 で説明されている金属球殻N単独の場合では，電気力線のようすを考えることにより負の電荷は外側の表面に分布することになる。このように厳密には，図 2 と図 3 では金属球殻Nにおける電荷分布が異なっている。

ヒント 101 〈荷電粒子の運動〉

(1) AとBが最も近づいたとき，AからBを見ると，もしくはBからAを見ると，静止していることになる。
(1)，(3) AとBは互いに力を及ぼしあうだけなので，運動量と力学的エネルギーはともに保存される。

(1) AとBは互いに静電気力を及ぼしあうだけなので，運動量保存則が成りたつ。よって　$m_1v_0=m_1V_{A1}+m_2V_{B1}$　……①

また，AとBが最も近づいたとき，一方から他方を見ると静止している，つまり相対速度が0になっている。

よって　$V_{B1}-V_{A1}=0$ ※A　ゆえに　$V_{A1}=V_{B1}$　……②

①，②式より　$V_{A1}=V_{B1}=\dfrac{m_1}{m_1+m_2}v_0$　……③

(2) AとBは保存力である静電気力を及ぼしあうだけなので，エネルギー保存則が成りたつ。無限遠を静電気力による位置エネルギーの基準にとると

$$\frac{1}{2}m_1v_0^2=\frac{1}{2}m_1V_{A1}^2+\frac{1}{2}m_2V_{B1}^2+k\frac{q_1q_2}{d}$$ ※B

これに③式を代入して整理すると

$$\frac{1}{2}m_1v_0^2=\frac{1}{2}(m_1+m_2)\left(\frac{m_1}{m_1+m_2}v_0\right)^2+k\frac{q_1q_2}{d}$$

$$k\frac{q_1q_2}{d}=\frac{1}{2}m_1v_0^2\left(1-\frac{m_1}{m_1+m_2}\right)=\frac{1}{2}\cdot\frac{m_1m_2}{m_1+m_2}v_0^2$$

したがって　$d=\dfrac{2(m_1+m_2)kq_1q_2}{m_1m_2v_0^2}$

(3) 初めの状態と時間が経ってAとBが遠く離れた状態について，運動量保存則より

$m_1v_0=m_1V_{A2}+m_2V_{B2}$　……④

また，力学的エネルギー保存則より

$$\frac{1}{2}m_1v_0^2=\frac{1}{2}m_1V_{A2}^2+\frac{1}{2}m_2V_{B2}^2$$ ※C

よって　$m_1v_0^2=m_1V_{A2}^2+m_2V_{B2}^2$　……⑤

④式より　$V_{B2}=\dfrac{m_1}{m_2}(v_0-V_{A2})$　……⑥

これを⑤式に代入して整理すると

$$m_1v_0^2=m_1V_{A2}^2+m_2\left\{\frac{m_1}{m_2}(v_0-V_{A2})\right\}^2=m_1V_{A2}^2+\frac{m_1^2}{m_2}(v_0^2-2v_0V_{A2}+V_{A2}^2)$$

$$m_2v_0^2=m_2V_{A2}^2+m_1(v_0^2-2v_0V_{A2}+V_{A2}^2)$$

$$(m_1+m_2)V_{A2}^2-2m_1v_0V_{A2}+(m_1-m_2)v_0^2=0$$

これを V_{A2} について解くと

$V_{A2}=\dfrac{m_1\pm m_2}{m_1+m_2}v_0$　　$V_{A2}\neq v_0$ より　$V_{A2}=\dfrac{m_1-m_2}{m_1+m_2}v_0$ ※D　……⑦

これを⑥式に代入して整理すると　$V_{B2}=\dfrac{2m_1}{m_1+m_2}v_0$　……⑧

(4) ⑦，⑧式より

$$V_{A2}=\frac{1-\dfrac{m_2}{m_1}}{1+\dfrac{m_2}{m_1}}v_0=\left(\frac{2}{1+\dfrac{m_2}{m_1}}-1\right)v_0$$ ※E

$$V_{B2}=\frac{2}{1+\dfrac{m_2}{m_1}}v_0$$

と書けるので，グラフは図a

※A　$V_{A1}-V_{B1}=0$ でもよい。

※B　静電気力による位置エネルギーUを丁寧に求める。Bから距離dの点における電位V_Bは「$V=k\dfrac{Q}{r}$」より

$$V_B=k\frac{q_2}{d}$$

となる。距離dにあるAとBがもつ静電気力による位置エネルギーUは，AをBに対して，無限遠から距離dまで近づけるのに必要な仕事と考えて，「$U=qV$」より

$$U=q_1V_B=q_1\left(\frac{kq_2}{d}\right)=k\frac{q_1q_2}{d}$$

となる。$2k\dfrac{q_1q_2}{d}$ とはならないことに注意すること。

※C　AとBは遠く離れているので，静電気力による位置エネルギーは0である。

※D　$V_{A2}=v_0$ は運動を始めたときの解である。

※E　$V_{A2}=V_{B2}-v_0$ と表せる。

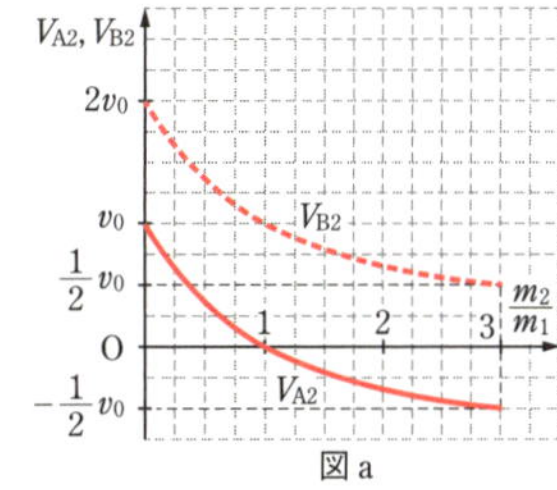

図a

ヒント 102 〈ブラウン管の原理〉

(ア) 電場が一様なとき，「$V=Ed$」が成りたつ。　(あ) 電子が負の電荷をもっていることに注意する。
(イ) z 軸方向…力なし ➡「等速度」，x 軸方向…一定の力 ➡「等加速度」
(エ) X_1X_2 通過後は，x 軸，z 軸ともに力なし ➡「等速度」

(ア) 一様な電場の向きは X_1 から X_2 の向き (x 軸の負の向き) である。電場の強さを E_x とすると，$V_x=E_xd$ と表せるから　$E_x=\dfrac{V_x}{d}$

よって，電場から電子が受ける力の大きさ F_x は　$F_x=eE_x=\boldsymbol{\dfrac{eV_x}{d}}$

(あ) 電子は負の電荷をもっているので，電場の向きと逆向きの力を受ける。力の向きは，**① x 軸の正の向き。**

(イ) z 軸方向には力を受けないため，電子の速度の z 成分は v_0 のままである。

平板電極 (X_1X_2) を通過するのにかかる時間 t_0 は　$t_0=\dfrac{l}{v_0}$

一方，x 軸方向については，電子が平板電極間にいるとき，x 軸方向の加速度 a_x が生じている。運動方程式を立てると　$ma_x=F_x$

よって　$a_x=\dfrac{F_x}{m}=\dfrac{eV_x}{md}$

x 軸方向は等加速度運動だから，X_1X_2 を通過した直後の電子の速度の x 成分を v_x とすると　$v_x=a_xt_0=\dfrac{eV_x}{md}\cdot\dfrac{l}{v_0}=\boldsymbol{\dfrac{eV_xl}{mdv_0}}$

(ウ) z 軸方向は等速度のままだから，求める時間 t_1 は，$t_1=\boldsymbol{\dfrac{D}{v_0}}$

(エ) X_1X_2 通過後は，x 軸方向にも力ははたらかず，速度の x 成分は v_x のままで運動するから，電子が蛍光面に当たる点の x 座標 x_C は

$$x_C=\frac{1}{2}a_xt_0^2+v_xt_1{}^{※A}=\frac{1}{2}a_xt_0^2+a_xt_0t_1{}^{※B}=a_xt_0t_1\left(1+\frac{t_0}{2t_1}\right)$$

$$=\frac{eV_x}{md}\cdot\frac{l}{v_0}\cdot\frac{D}{v_0}\left(1+\frac{l/v_0}{2\cdot D/v_0}\right)=\frac{elD}{mdv_0^2}\left(1+\frac{l}{2D}\right)\times V_x{}^{※C}$$

ゆえに　$\alpha_x=\boldsymbol{\dfrac{elD}{mdv_0^2}}\times\left(1+\dfrac{l}{2D}\right)$

※A

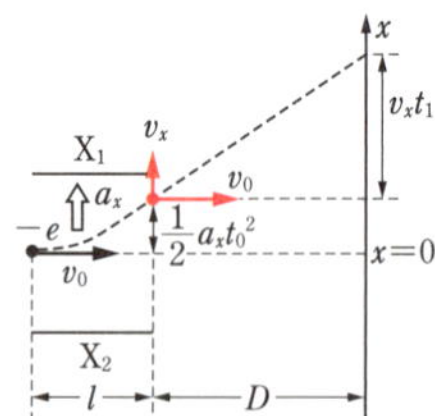

※B　(イ)より $v_x=a_xt_0$　を用いた。

※C　もし，l が D に比べて十分小さければ

$x_C\fallingdotseq\dfrac{elD}{mdv_0^2}V_x$

$\alpha_x\fallingdotseq\dfrac{elD}{mdv_0^2}$

と近似できる。

ヒント 103 〈電気力線〉

〔A〕(2) 荷電粒子を置いた点と無限遠方とで，エネルギー保存則「$\frac{1}{2}mv^2+qV=$一定」を適用する。
〔B〕(1) 点 (x, y) の電位が 0 であるとして，x と y の満たす方程式を求めればよい。
(3) 円周上の任意の点における電位を表す式を求める。
(4) 点Bの電荷の絶対値は点Aの電荷の半分 ➡ Aの電荷から出た電気力線の半分がBの電荷に入る

〔A〕(1) **図a**

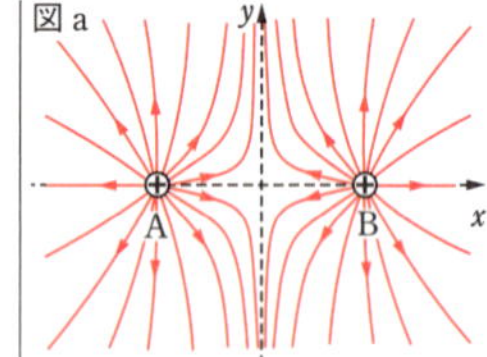

(2) 荷電粒子を置いた点をSとし，Sの y 座標が正の場合を考える。y 軸上の電場の向きは y 軸の正の向きだから，荷電粒子は y 軸上を正の向きに運動する。無限遠方の電位を 0V とし，クーロンの法則の比例定数を k_0 とすると，AとBの電荷 Q による点Sの電位 V_S〔V〕は AS=BS の距離を r〔m〕として　$V_S=k_0\dfrac{Q}{r}+k_0\dfrac{Q}{r}=\dfrac{2k_0Q}{r}$〔V〕

ここで図bより　$r=\sqrt{(3.0\times10^{-2})^2+(4.0\times10^{-2})^2}=5.0\times10^{-2}$m

荷電粒子の質量を m〔kg〕，電荷を q〔C〕とし，無限遠方での速さを v〔m/s〕とする。点電荷の位置エネルギーは qV〔J〕であることも考え，エネルギー保存則「$\dfrac{1}{2}mv^2+qV=$一定」を用いる。

$$0+q\times\frac{2k_0Q}{r}=\frac{1}{2}mv^2+0$$

よって　$v=2\sqrt{\dfrac{k_0qQ}{mr}}=2\sqrt{\dfrac{(9.0\times10^9)\times(1.6\times10^{-19})\times(5.0\times10^{-12})}{(9.0\times10^{-31})\times(5.0\times10^{-2})}}$

$=8.0\times10^5\,\mathrm{m/s}$

速度を求めるのだから，

点Sが $y>0$ にある場合，**y 軸の正の向きに $8.0\times10^5\,\mathrm{m/s}$**

点Sが $y<0$ にある場合，**y 軸の負の向きに $8.0\times10^5\,\mathrm{m/s}$**

〔B〕(1) 図cのように，A，Bから点 $(x,\ y)$ までの距離を r_A，r_B とする。

点 $(x,\ y)$ の電位を 0 V とすると　$\dfrac{k_0Q}{r_A}+\dfrac{k_0\left(-\dfrac{Q}{2}\right)}{r_B}=0$ ※A⬅　……①

よって　$\dfrac{1}{r_A}=\dfrac{1}{2r_B}$　より　$r_A{}^2=4r_B{}^2$

これに座標を代入して　$\left\{x-\left(-\dfrac{l}{2}\right)\right\}^2+y^2=4\left\{\left(x-\dfrac{l}{2}\right)^2+y^2\right\}$

整理すると　$\left(x-\dfrac{5}{6}l\right)^2+y^2=\left(\dfrac{2}{3}l\right)^2$

これは，**中心 $\left(\dfrac{5}{6}l,\ 0\right)$〔m〕，半径 $\dfrac{2}{3}l$〔m〕の円**を表す※B⬅。

(2) 点Aより左側では，Aの電荷による電場の強さが，Bの電荷による電場の強さより大きい。また，AとBの間では両電荷による電場の向きは同じだから，合成電場は0にならない。したがって，合成電場が0になる点PはBの右側である。よって，Pの座標を $(x,\ 0)$ とすると

$$\frac{k_0Q}{\left\{x-\left(-\dfrac{l}{2}\right)\right\}^2}+\frac{k_0\left(-\dfrac{Q}{2}\right)}{\left(x-\dfrac{l}{2}\right)^2}=0\qquad x\text{について解いて}\quad x=\frac{3\pm2\sqrt{2}}{2}l$$

$x>\dfrac{l}{2}$ であるから，点Pの座標は　$\left(\dfrac{3+2\sqrt{2}}{2}l,\ 0\right)$〔m〕※C⬅

(3) 円周の半径を r とし，点Aから円周上の任意の点Mまでの距離を r_A' とする。点Mにおける電位 V_M は

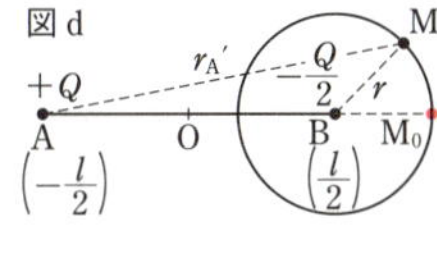

$$V_M=\frac{k_0Q}{r_A'}+\frac{k_0\left(-\dfrac{Q}{2}\right)}{r}=k_0Q\left(\frac{1}{r_A'}-\frac{1}{2r}\right)$$

r は変化しない。したがって V_M が最小になるのは r_A' が最大のときで，それはMが図dの x 軸上の点 M_0 にきたときである。

(4) 点Bの電荷の絶対値は点Aの電荷の半分である。したがって，Aの電荷から出た全電気力線の半分がBの電荷に入る。題意より，Aの近くでは，電気力線はすべての方向に均等だから，Aより右へ出る力線はすべてBの電荷に入る。したがって，θ の範囲は　$-90^\circ<\theta<90^\circ$

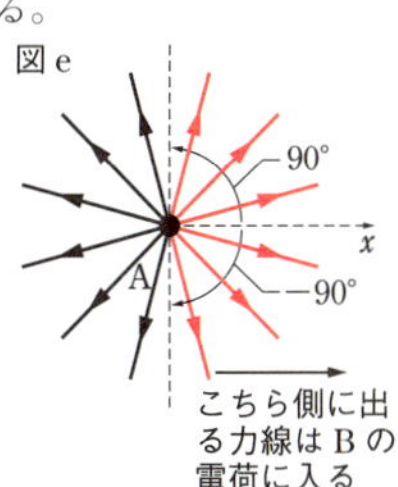

(5) 図f ※D⬅

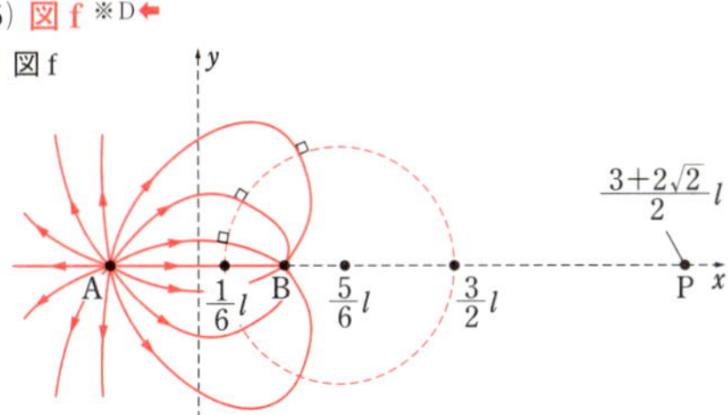

図b

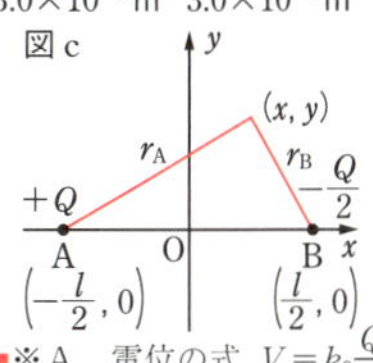

⬅※A　電位の式 $V=k_0\dfrac{Q}{r}$ で，r は距離だから $r>0$ である。Q は正・負を含めて考えなければならない。

⬅※B 〔**参考**〕 ①式より $r_A:r_B=2:1$ である。一般に $r_A:r_B=m:n$ である点の軌跡は，線分 AB を $m:n$ に内分する点Cと，外分する点Dを直径の両端とする円（アポロニウスの円）である。

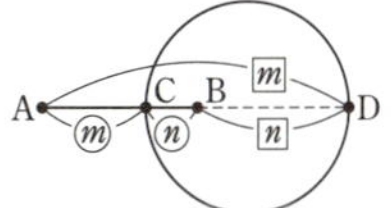

⬅※C **別解** 点A，点Bから点Pまでの距離を r_A'，r_B' とすると

$$k_0\frac{Q}{r_A'^2}+k_0\frac{-\dfrac{1}{2}Q}{r_B'^2}=0$$

よって　$\dfrac{2}{r_A'^2}=\dfrac{1}{r_B'^2}$

ゆえに，点Pは線分 AB を $\sqrt{2}:1$ に内分または外分した点となる。内分点での合成電場は0ではないから，求める点Pは外分点である。

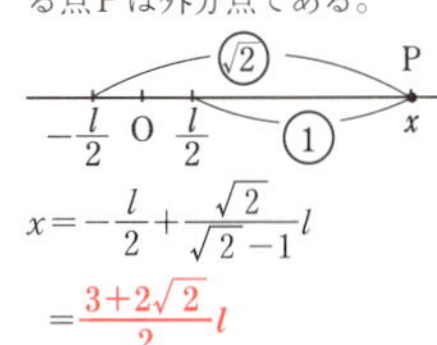

$x=-\dfrac{l}{2}+\dfrac{\sqrt{2}}{\sqrt{2}-1}l$

$=\dfrac{3+2\sqrt{2}}{2}l$

⬅※D　電気力線と等電位面は常に直交する。

14 コンデンサー

ヒント 104 〈コンデンサーの合成容量〉

(1) コンデンサーの直列接続の合成容量は「$\frac{1}{C}=\frac{1}{C_1}+\frac{1}{C_2}$」，並列接続の合成容量は「$C=C_1+C_2$」を用いる。
(2) 初期電荷 0 のコンデンサーの直列接続における電圧は，電気容量の逆比に分配される。
(3) 合成容量のコンデンサーにエネルギーが蓄えられると考える。
(4) 最大の電圧が加わるコンデンサーを見つけることから解いていく。

(1) C_1 と C_2 は直列接続だから「$\frac{1}{C}=\frac{1}{C_1}+\frac{1}{C_2}$」より「$C=\frac{C_1C_2}{C_1+C_2}$」となるから

$$C_{12}=\frac{3.0\times1.5}{3.0+1.5}=1.0\,\mu\text{F}$$

C_{12} と C_3 は並列接続だから「$C=C_1+C_2$」より

$$C_{123}=C_{12}+C_3=1.0+2.0=3.0\,\mu\text{F}$$

C_{123} と C_4 は直列接続だから，合成容量は

$$C=\frac{C_{123}\times C_4}{C_{123}+C_4}=\frac{3.0\times2.0}{3.0+2.0}=\mathbf{1.2\,\mu F}$$

(2) 初期電荷のないコンデンサーの直列接続における電圧は電気容量の逆比に分配されるから

$$V_4=V\times\frac{C_{123}}{C_{123}+C_4}=6.0\times\frac{3.0}{3.0+2.0}$$
$$=\mathbf{3.6\,V}$$

$$V_3=V\times\frac{C_4}{C_{123}+C_4}=6.0\times\frac{2.0}{3.0+2.0}$$
$$=\mathbf{2.4\,V}$$

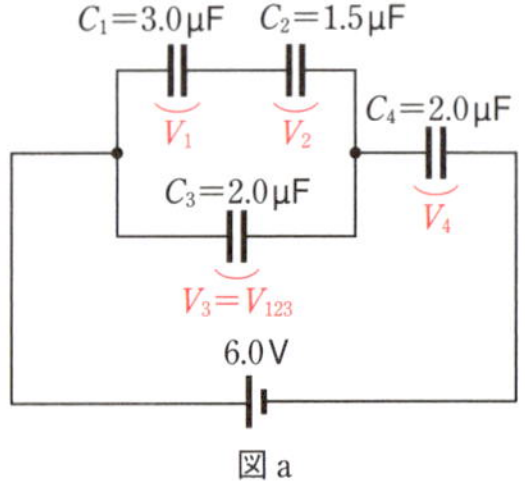

図 a

$V_3=V_{123}$ とおくと

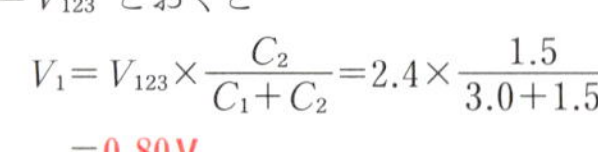

$$V_1=V_{123}\times\frac{C_2}{C_1+C_2}=2.4\times\frac{1.5}{3.0+1.5}$$
$$=\mathbf{0.80\,V}$$

$$V_2=V_{123}\times\frac{C_1}{C_1+C_2}=2.4\times\frac{3.0}{3.0+1.5}=\mathbf{1.6\,V}$$ ※A←

電気量は「$Q=CV$」より

$$Q_1=C_1V_1=3.0\times0.80=2.4\,\mu\text{C}=\mathbf{2.4\times10^{-6}\,C}$$
$$Q_2=C_2V_2=1.5\times1.6=2.4\,\mu\text{C}=\mathbf{2.4\times10^{-6}\,C}$$
$$Q_3=C_3V_3=2.0\times2.4=4.8\,\mu\text{C}=\mathbf{4.8\times10^{-6}\,C}$$
$$Q_4=C_4V_4=2.0\times3.6=7.2\,\mu\text{C}=\mathbf{7.2\times10^{-6}\,C}$$

(3) 各コンデンサーに蓄えられた静電エネルギーを「$U=\frac{1}{2}CV^2$」でそれぞれ求めて合計してもよいが※B←，初期電荷のないコンデンサーが接続されている場合は，合成容量 1.2 μF のコンデンサーを 6.0 V で充電すると考えてよいから

$$U=\frac{1}{2}\times1.2\times(6.0)^2=21.6\,\mu\text{J}=2.16\times10^{-5}\,\text{J}\fallingdotseq\mathbf{2.2\times10^{-5}\,J}$$

(4) (2)の結果より，C_4 に加わる電圧が最大である。C_4 に加わる電圧 V_4' が $V_4'=45$ V のとき，C_3 すなわち C_{123} に加わる電圧 V_3' は，電気容量の逆比となるから

$$V_3':V_4'=\frac{1}{C_{123}}:\frac{1}{C_4}\quad\text{より}\quad V_3':45=\frac{1}{3.0}:\frac{1}{2.0}$$

よって　$V_3'=30$ V　　ゆえに，合成コンデンサーの耐電圧 V_{max} は

$$V_{max}=V_3'+V_4'=30+45=\mathbf{75\,V}$$

←※A 別解 図bのように各点の電位を仮定する。

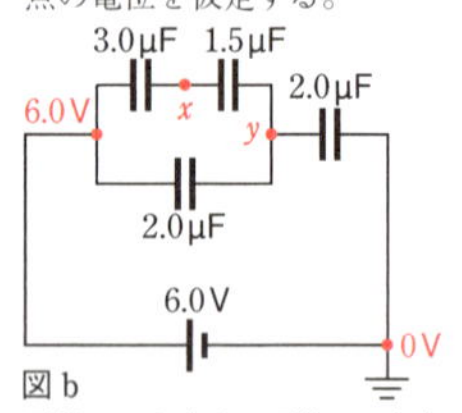

図 b

電位 x の極板と，電位 y の極板の電気量保存の式を立てると「$Q=CV$」より

$$-3.0\times(6.0-x)+1.5\times(x-y)=0$$
$$-2.0\times(6.0-y)-1.5\times(x-y)+2.0\times(y-0)=0$$

2 式を連立させて解くと

$x=5.2$ V，$y=3.6$ V

よって　$V_1=6-x=\mathbf{0.80\,V}$
$V_2=x-y=\mathbf{1.6\,V}$
$V_3=6-y=\mathbf{2.4\,V}$
$V_4=y-0=\mathbf{3.6\,V}$

←※B　各コンデンサーに蓄えられる静電エネルギーは，それぞれ

$$U_1=\frac{1}{2}\times3.0\times(0.8)^2=0.96\,\mu\text{J}$$
$$U_2=\frac{1}{2}\times1.5\times(1.6)^2=1.92\,\mu\text{J}$$
$$U_3=\frac{1}{2}\times2.0\times(2.4)^2=5.76\,\mu\text{J}$$
$$U_4=\frac{1}{2}\times2.0\times(3.6)^2=12.96\,\mu\text{J}$$

であるから，それらの和 U は

$$U=21.6\,\mu\text{J}\fallingdotseq\mathbf{2.2\times10^{-5}\,J}$$

ヒント 105 〈ばね付きコンデンサー〉

(3) 極板間の電場の半分(片方の極板がつくる電場)によって他方の極板が力を受ける。
(6) 極板の電荷が変わらないから，極板から出る電気力線の本数は変わらない。しかし，誘電体内は誘電分極により電場は弱まる。
(7) 誘電体を入れても，極板B近くの電場は変化しない。よって，電気的な力も変化しない。

(1) Aに $+Q$，Bに $-Q$ を帯電させたから，AB間にはAからBに向けて一様な電場ができ，電気力線は等間隔に引ける(図a)。

図a

(2) Aから出る電気力線の本数 N は，ガウスの法則より

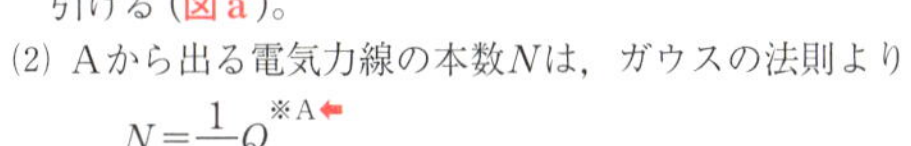

$$N=\frac{1}{\varepsilon_0}Q \quad ※A$$

よって，電場の強さ E は，「$E=\frac{N}{S}$」より　$E=\frac{Q}{\varepsilon_0 S}$ ※B

(3) (2)で求めたAB間の電場は，極板AとBによる電場である。極板Aの電荷による電場 E_A は $E_A=\frac{1}{2}E$ である。極板Bの電荷 $-Q$ が受ける力は，

「$F=qE$」より　$F=Q\cdot\frac{1}{2}E=\frac{Q^2}{2\varepsilon_0 S}$

(4) 極板Bに水平方向にはたらく電気的な力 F と，弾性力 $k\Delta d$ とがつりあう(図b)。

$$F=k\Delta d \quad よって \quad \frac{Q^2}{2\varepsilon_0 S}=k\Delta d \qquad ゆえに \quad \Delta d=\frac{Q^2}{2k\varepsilon_0 S}$$

(5) 電位差と電場の式「$V=Ed$」より

$$V=\frac{Q}{\varepsilon_0 S}\cdot(d-\Delta d)=\frac{Q}{\varepsilon_0 S}\left(d-\frac{Q^2}{2k\varepsilon_0 S}\right)$$

(6) 極板AとBの電荷は変わらないから，ガウスの法則より，極板から誘電体までの電場は変化しない。しかし，比誘電率2の誘電体を差しこむから，誘電体内の電場は $\frac{1}{2}$ 倍※Cになる。よって，電気力線は図cのようになる。

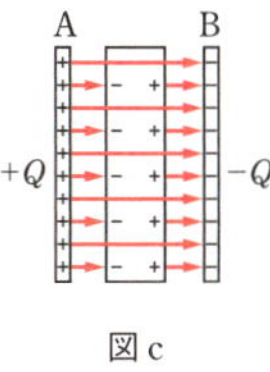

図c

(7) 極板B近くの電場は(3)の場合と変わらないから，電気的な力は**変化しない**。

※A　クーロンの法則の比例定数を k_0 とすると
$N=4\pi k_0 Q$
また $\varepsilon_0=\frac{1}{4\pi k_0}$ である。

※B **別解** コンデンサーの電気容量を C とすると

$$C=\varepsilon_0\frac{S}{d-\Delta d}$$

$$Q=CV=\varepsilon_0\frac{S}{d-\Delta d}V$$

よって

$$E=\frac{V}{d-\Delta d}=\frac{Q}{\varepsilon_0 S}$$

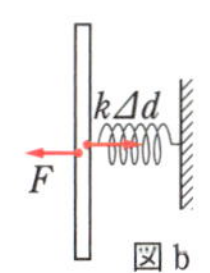

図b

※C　比誘電率 ε_r の誘電体内の電場の強さは，外の電場の $\frac{1}{\varepsilon_r}$ 倍となる。

ヒント 106 〈極板間の電場と電位〉

(1)～(9) スイッチSを閉じて，十分時間をおくから，極板間の電位差は常に V〔V〕である。

(4)～(6) 金属板中の電場は0で，金属板内は等電位となる。

(7)～(9) 誘電体内の電場は真空中の電場の $\frac{1}{\varepsilon_r}$ 倍となる。また，電位の傾きの大きさが電場の強さを表す。

(1) 静電エネルギーの式「$U=\frac{1}{2}CV^2$」より※A ← $\frac{1}{2}CV^2$〔J〕

(2) Aの電位が0V，Bの電位が V〔V〕で，AB間は一様な電場であるから，電位と位置のグラフは直線となる(答えのグラフはまとめて後ろに示す)。

(3)「$V=Ed$」より，$E=\frac{V}{d}$〔V/m〕の一定なグラフとなる。

(4) コンデンサー内に金属板を挿入すると，コンデンサーの極板間隔が小さくなると考えればよい。金属板を挿入したコンデンサーの電気容量は $2C$〔F〕となる※B←。よって，「$Q=CV$」より，蓄えられている電気量 Q_2〔C〕は

$Q_2=2C\cdot V=2CV$〔C〕

(5) 中央の金属内は等電位であり，電場の強さは0である。Aの電位が0V，Bの電位が V〔V〕で，中央に挿入された金属板の電位は $\frac{1}{2}V$〔V〕となる。

(6)「$V=Ed$」より，極板と金属板間の電場は $E=\frac{1}{2}V\div\frac{1}{4}d=\frac{2V}{d}$〔V/m〕

よって，$0\sim\frac{1}{4}d$ までは $\frac{2V}{d}$〔V/m〕，$\frac{1}{4}d\sim\frac{3}{4}d$ は0V/m，$\frac{3}{4}d\sim d$ は $\frac{2V}{d}$〔V/m〕となる。

(7) このコンデンサーは，図aのように $4C$，$2\times2C$，$4C$ の電気容量をもつコンデンサーが直列接続されたものと考えられるから※C←，合成容量 C_3 は

$\frac{1}{C_3}=\frac{1}{4C}+\frac{1}{2\times2C}+\frac{1}{4C}$　　よって　$C_3=\frac{4}{3}C$〔F〕

ゆえに，蓄えられている電気量 Q_3〔C〕は　$Q_3=\frac{4}{3}C\cdot V=\frac{4}{3}CV$〔C〕

(8) 極板Aと誘電体の左側までの電位差を $V_{左}$〔V〕とすると，「$Q=CV$」より

$V_{左}=\frac{Q_3}{4C}=\frac{1}{4C}\cdot\frac{4}{3}CV=\frac{1}{3}V$〔V〕※D←

同様に，誘電体の右側から極板Bまでの電位差 $V_{右}$〔V〕も $\frac{1}{3}V$〔V〕である。

誘電体左右間の電位差 $V_{誘}$〔V〕は

$V_{誘}=\frac{Q_3}{2\times2C}=\frac{1}{4C}\cdot\frac{4}{3}CV=\frac{1}{3}V$〔V〕※D←

(9) それぞれの電場 $E_{左}$，$E_{誘}$，$E_{右}$ は，「$V=Ed$」より

$E_{左}=\frac{V/3}{d/4}=\frac{4}{3}\cdot\frac{V}{d}$〔V/m〕，$E_{誘}=\frac{2}{3}\cdot\frac{V}{d}$〔V/m〕※E←，$E_{右}=\frac{4}{3}\cdot\frac{V}{d}$〔V/m〕

(10) 誘電体が挿入されていたときの電気容量は $C_3=\frac{4}{3}C$〔F〕，蓄えられていた電気量は $Q_3=\frac{4}{3}CV$〔C〕であるから，静電エネルギーは「$U=\frac{Q^2}{2C}$」より $U_3=\frac{2}{3}CV^2$〔J〕である。スイッチを開くから，電気量は変化しない。誘電体を取り除いた後の電気容量は C〔F〕なので，静電エネルギー U_3' は

$U_3'=\frac{Q_3^2}{2C}=\frac{1}{2C}\left(\frac{4}{3}CV\right)^2=\frac{8}{9}CV^2$〔J〕

←※A　蓄えられた電気量 Q_1 は $Q_1=CV$〔C〕

←※B　コンデンサーの電気容量の式「$C=\varepsilon\frac{S}{d}$」より，極板間隔 d が半分になると，電気容量は2倍になる。

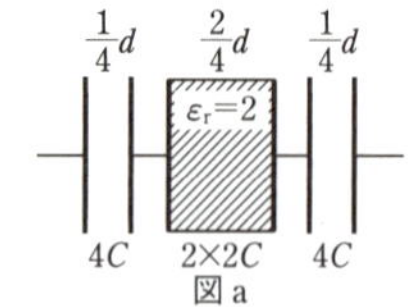

図a

←※C　図aのように考えると，左右のコンデンサーは電気容量が4倍になる。また，比誘電率 ε_r の場所では，電気容量は ε_r 倍になるので，間隔も半分になった中央のコンデンサーは2×2倍の電気容量になる。

←※D　初期電荷0の直列接続のコンデンサーは電気量が等しくなるので，どのコンデンサーにも電気量 Q_3 が蓄えられている。

←※E　誘電体内の電場の強さ $E_{誘}$ は外の電場 E_0 の $\frac{1}{\varepsilon_r}$ 倍となる。

$E_{誘}=\frac{1}{\varepsilon_r}E_0=\frac{1}{2}\times\frac{4}{3}\frac{V}{d}$
$=\frac{2V}{3d}$〔V/m〕

仕事とエネルギーの関係「$U_3+W=U_3'$」より，誘電体を取り除くのに要した仕事 W〔J〕は　$W=U_3'-U_3=\frac{8}{9}CV^2-\frac{2}{3}CV^2=\frac{2}{9}CV^2$〔J〕

⑾ 極板間隔を $\frac{3}{2}d$〔m〕に広げた後の電気容量 C_4〔F〕は，「$C=\varepsilon\frac{S}{d}$」の関係から，$C_4=\frac{2}{3}C$〔F〕となる。電気量は変わらないから，求める電位差 V_4〔V〕は「$Q=CV$」より　$V_4=\frac{Q_3}{C_4}=\frac{4}{3}CV\cdot\frac{3}{2C}=2V$〔V〕

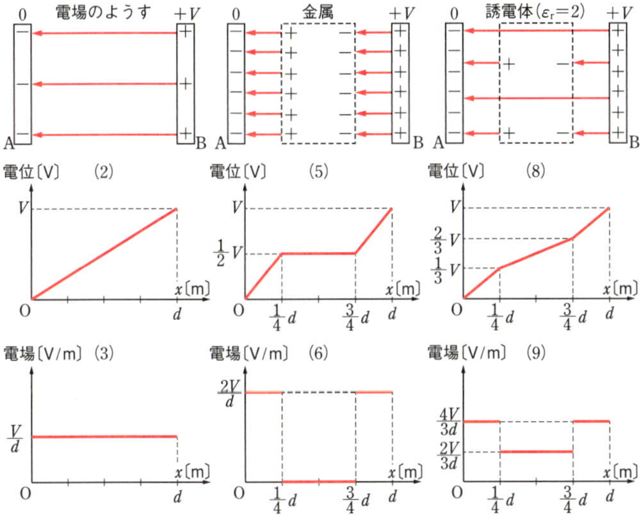

電場のようす　金属　誘電体($\varepsilon_r=2$)

電位〔V〕 (2)　電位〔V〕 (5)　電位〔V〕 (8)

電場〔V/m〕 (3)　電場〔V/m〕 (6)　電場〔V/m〕 (9)

〔**参考**〕〔電気量が同じ場合 (スイッチを開いたまま※F)〕

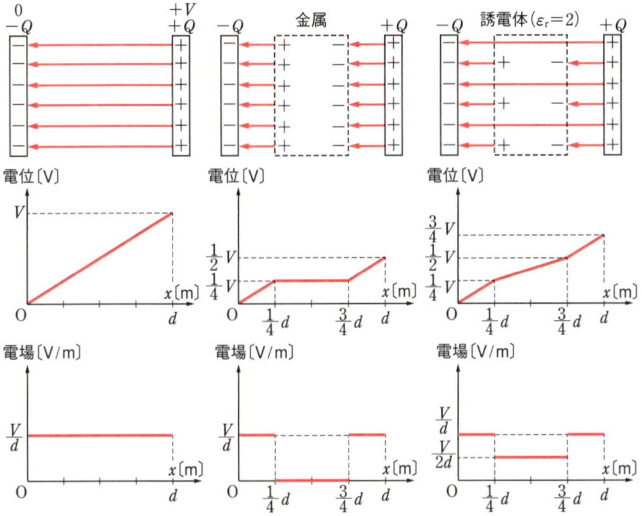

金属　誘電体($\varepsilon_r=2$)

電位〔V〕　電位〔V〕　電位〔V〕

電場〔V/m〕　電場〔V/m〕　電場〔V/m〕

※F　コンデンサーにはあらかじめ電気量 Q が充電されているものとする。電気量が同じなので，電気力線の数も同じ，すなわち電場の強さも等しい。

107 〈コンデンサーの極板間の引力〉

(ア) Aに蓄えられている電気量が q〔C〕である瞬間の回路について，キルヒホッフの法則Ⅱを用いる。
(ウ) 極板間隔が $d+\Delta d$〔m〕になったときの電気容量を計算する。
(エ) 電池(起電力 V)が，電気量 Q を電位差 V だけ移動させたとき，電池のした仕事は「$W_E=QV$」
(キ) スイッチを開いているので，極板間隔が変わってもコンデンサーに蓄えられている電気量は変化しない。
(ク) 円板Cは導体かつ厚さが無視できるので，極板Bの表面の一部として，電気量や引力を考えることができる。

(ア) このときの回路は図aのようになっている。コンデンサーの電気容量を $C\left(=\varepsilon_0\dfrac{S}{d}\right)$〔F〕，求める電流の大きさを I〔A〕とおくと，キルヒホッフの法則Ⅱより

$$V-RI-\frac{q}{C}=0 \qquad よって \quad I=\frac{1}{R}\left(V-\frac{q}{C}\right)=\boldsymbol{\frac{1}{R}\left(V-\frac{qd}{\varepsilon_0 S}\right)}〔A〕$$

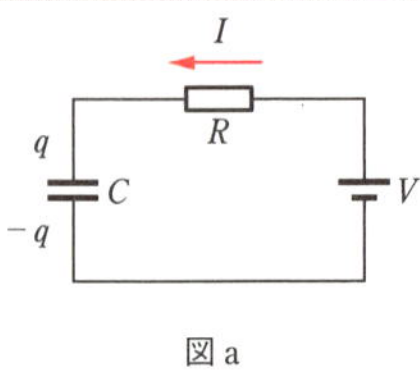

図a

(イ) 十分時間が経ったとき，コンデンサーが蓄えている静電エネルギーを U〔J〕とおくと　$U=\dfrac{1}{2}CV^2=\boldsymbol{\dfrac{\varepsilon_0 SV^2}{2d}}$〔J〕

(ウ) 極板間隔が $d+\Delta d$〔m〕になったときの電気容量を C_1〔F〕とおくと

$$C_1=\varepsilon_0\frac{S}{d+\Delta d}=\varepsilon_0\frac{S}{d\left(1+\dfrac{\Delta d}{d}\right)}\text{※A}=\varepsilon_0\frac{S}{d}\left(1+\frac{\Delta d}{d}\right)^{-1}\fallingdotseq\varepsilon_0\frac{S}{d}\left(1-\frac{\Delta d}{d}\right)$$

※A　微小量 $\dfrac{\Delta d}{d}$ に対して，与えられている近似式

$$\frac{1}{1+x}\fallingdotseq 1-x \quad (|x|\ll 1)$$

を用いるため

$$\frac{1}{d+\Delta d}=\frac{1}{d\left(1+\dfrac{\Delta d}{d}\right)}$$

と変形した。

よって，電気容量の減少量は

$$C-C_1=\varepsilon_0\frac{S}{d}-\varepsilon_0\frac{S}{d}\left(1-\frac{\Delta d}{d}\right)=\boldsymbol{\frac{\varepsilon_0 S\Delta d}{d^2}}〔F〕$$

(エ) 電池(起電力 V)が，電気量 Q を電位差 V だけ移動させたとき，電池のした仕事は「$W_E=QV$」である。コンデンサーに蓄えられる電気量は CV から C_1V に変化する。この間に電池がした仕事 W_E' は，電気量の変化 $\Delta q=C_1V-CV$ と電池の電圧 V の積となるので

$$W_E'=\Delta qV=(C_1V-CV)V=-\frac{\varepsilon_0 SV^2\Delta d}{d^2} \qquad \cdots\cdots①$$

よって電池がされた仕事 W_E は①式の W_E' とは逆符号で

$$W_E=\boldsymbol{\frac{\varepsilon_0 SV^2\Delta d}{d^2}}〔J〕$$

(オ) 電気容量が C_1 のときの静電エネルギー U_1〔J〕は　$U_1=\dfrac{1}{2}C_1V^2$

これより，静電エネルギーの変化は

$$U_1-U=\frac{1}{2}C_1V^2-\frac{1}{2}CV^2=\frac{1}{2}(C_1-C)V^2=-\frac{\varepsilon_0 SV^2\Delta d}{2d^2} \qquad \cdots\cdots②$$

外力の大きさを F〔N〕とおくと，外力がした仕事は $F\Delta d$ なので，①，②式より

「(外力がした仕事)＋(電池がした仕事)＝(静電エネルギーの変化)」

$$F\Delta d+\left(-\frac{\varepsilon_0 SV^2\Delta d}{d^2}\right)=-\frac{\varepsilon_0 SV^2\Delta d}{2d^2}$$

よって　$F\Delta d=\dfrac{\varepsilon_0 SV^2\Delta d}{2d^2}$

極板間にはたらく引力の大きさは，外力と同じ大きさであるので

$$F=\boldsymbol{\frac{\varepsilon_0 SV^2}{2d^2}}〔N〕$$

(カ) 極板間隔が $3d$ のときの電気容量を C_2〔F〕とおくと　$C_2=\varepsilon_0\dfrac{S}{3d}$

これを用いると，十分に時間が経ったときコンデンサーに蓄えられる電気量 q_2〔C〕は　$q_2=C_2V=\boldsymbol{\dfrac{\varepsilon_0 SV}{3d}}$〔C〕

(キ) スイッチを開いたので，コンデンサーに蓄えられる電気量は q_2 のまま変化しない。よってこのときの極板間の電圧を V_2〔V〕とおくと，「$Q=CV$」より

$$V_2=\frac{q_2}{C}=\frac{\varepsilon_0 SV}{3d}\times\frac{d}{\varepsilon_0 S}=\frac{1}{3}V$$

このとき電場の強さ E〔N/C〕は，「$V=Ed$」より　$E=\dfrac{V_2}{d}=\dfrac{V}{3d}$〔N/C〕

(ク) コンデンサーに蓄えられた電気量が q のとき，

極板間の電圧は　$\dfrac{q}{C}=\dfrac{qd}{\varepsilon_0 S}$

と表せ，極板間の電場の強さ E'〔N/C〕は

$$E'=\frac{\frac{q}{C}}{d}=\frac{q}{\varepsilon_0 S}$$

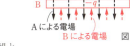

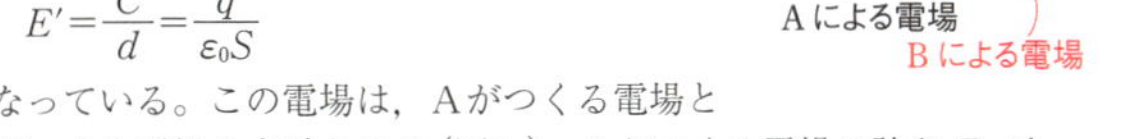

図b

となっている。この電場は，Aがつくる電場とBがつくる電場の合計なので（図b），Aがつくる電場の強さ E_A は

$$E_A=\frac{1}{2}E'=\frac{q}{2\varepsilon_0 S}$$

一方，円板Cに蓄えられている電気量 $-q_C$ は　$-q_C=\dfrac{a}{S}\times(-q)$ ※B

円板Cにはたらく力は図cのようになるので，力のつりあいの式は

図c

q_CE_A ※C ※D $=mg$　　よって　$\dfrac{a}{S}q\times\dfrac{q}{2\varepsilon_0 S}=mg$

ゆえに　$q^2=\dfrac{2\varepsilon_0 S^2 mg}{a}$　　……③

また，このときの電圧を V_3〔V〕とおくと　$q=CV_3=\dfrac{\varepsilon_0 SV_3}{d}$

これを③式に代入して　$\left(\dfrac{\varepsilon_0 SV_3}{d}\right)^2=\dfrac{2\varepsilon_0 S^2 mg}{a}$

よって　$V_3=\sqrt{\left(\dfrac{d}{\varepsilon_0 S}\right)^2\times\dfrac{2\varepsilon_0 S^2 mg}{a}}=d\sqrt{\dfrac{2mg}{\varepsilon_0 a}}$〔V〕

※B　平行板コンデンサーでは，極板の向かいあう側の表面に一様に電荷が帯電する。円板Cは極板Bの帯電面に置かれている導体でかつ厚さが無視できるので，極板Bの表面の一部として考えてよい。

※C　極板間の電場の強さ E' ではなくAがつくる電場 E_A を用いることに注意。※Bで考察した通り円板Cは極板Bの一部なので，Bがつくる電場からは力を受けない。

※D　Aからの引力は，極板間引力（(オ)の答え）の $\dfrac{a}{S}$ 倍になると考えて

$\dfrac{\varepsilon_0 SV_3^2}{2d^2}\times\dfrac{a}{S}$〔N〕

としてもよい。

ヒント 108 〈スイッチの切りかえによる電荷の移動〉

(1) 電池（起電力 E）を電気量 Q が通過したときに電池のした仕事は　$W_{電池}=QE$
(2)(3) 電気量保存の法則と電位差の関係式の両方を満たさなければならない。
(4) 最終的には電荷の移動がなくなる。

(1) S_1 を閉じて十分に時間が経過すると，コンデンサー C_1 は電池 E_1 によって充電される。このとき C_1 に蓄えられた電気量 Q_1 は「$Q=CV$」より

$Q_1=CV_0$〔C〕

である。電池（起電力 E）を電気量 Q が通過したときに電池のした仕事は「$W_{電池}=QE$」で表されるので，電池 E_1 のした仕事 W_{E_1} は

$W_{E_1}=Q_1\cdot V_0=CV_0\cdot V_0=CV_0^2$〔J〕

(2) S_1を開きS_2を閉じる前は図aのように電荷が蓄えられている。S_2を閉じた後の図bで，C_1とC_2の電位差をV_1'〔V〕，V_2'〔V〕，電気量をQ_1'〔C〕，Q_2'〔C〕とすると　$Q_1'=CV_1'$，$Q_2'=CV_2'$　となる。

電気量保存（C_1の上極板とC_2の上極板）より　$CV_0=-CV_1'+CV_2'$
電位差の関係より　$V_1'+V_2'=2V_0$

これらを解くと　$V_1'=\frac{1}{2}V_0$，$V_2'=\frac{3}{2}V_0$〔V〕，$Q_1'=\frac{1}{2}CV_0$，$Q_2'=\frac{3}{2}CV_0$

この間に電池E_2を通過した電気量は　$\frac{1}{2}CV_0-(-CV_0)=\frac{3}{2}CV_0$〔C〕

よって電池E_2のした仕事W_{E_2}は　$W_{E_2}=\frac{3}{2}CV_0\times 2V_0=3CV_0^2$〔J〕

別解　S_2を閉じた後の図cで，C_2の上極板の電位をx〔V〕とする。このとき，「極板電荷$=C\times(V_{自分}-V_{相手})$」より

C_1の上極板　$Q_1'=C(x-2V_0)$　　C_2の上極板　$Q_2'=C(x-0)$

図cの点線内の電荷は保存されているので，図aとの比較により

$CV_0=C(x-2V_0)+C(x-0)$　　よって　$x=\frac{3}{2}V_0$〔V〕

C_2の電位差$=|x-0|=\frac{3}{2}V_0$〔V〕（以下は同じ）

(3) S_2を開きS_1を閉じると，(1)と同様にコンデンサーC_1は電池E_1によって充電されるので，C_1にはCV_0〔C〕の電気量が蓄えられる（図d）。S_2を閉じた後の図eで，C_1とC_2の電位差をV_1''〔V〕，V_2''〔V〕，電気量をQ_1''〔C〕，Q_2''〔C〕とすると　$Q_1''=CV_1''$，$Q_2''=CV_2''$　となる。

電気量保存（C_1の上極板とC_2の上極板）より
$CV_0+\frac{3}{2}CV_0=-CV_1''+CV_2''$
電位差の関係より　$V_1''+V_2''=2V_0$

これらより　$V_1''=-\frac{1}{4}V_0$，$V_2''=\frac{9}{4}V_0$〔V〕，$Q_1''=-\frac{1}{4}CV_0$，$Q_2''=\frac{9}{4}CV_0$

別解　S_2を閉じた後の図fで，C_2の上極板の電位をy〔V〕とすると

C_1の上極板　$Q_1''=C(y-2V_0)$　　C_2の上極板　$Q_2''=C(y-0)$

図fの点線内の電荷は保存されているので，図dとの比較により

$CV_0+\frac{3}{2}CV_0=C(y-2V_0)+C(y-0)$　　よって　$y=\frac{9}{4}V_0$〔V〕

C_2の電位差$=|y-0|=\frac{9}{4}V_0$〔V〕

(4) 操作をくり返すと，最終的にはスイッチS_2を閉じてもコンデンサーC_1からC_2へ電荷の移動が行われなくなる。S_2を閉じる前にC_1は電池E_1で充電されているので，極板間の電位差はV_0である。よって，電池E_2の－極を電位の基準0Vとすると，S_2を閉じたときのC_1の上極板の電位は，$2V_0+V_0=3V_0$である（図g）。C_2の最終的な電位差をV_{2f}〔V〕とすると，C_2の上極板の電位はV_{2f}である。S_2を閉じてもC_1からC_2への電荷の移動が行われないためには，C_1の上極板とC_2の上極板が等電位でなければならない。　よって　$V_{2f}=3V_0$〔V〕

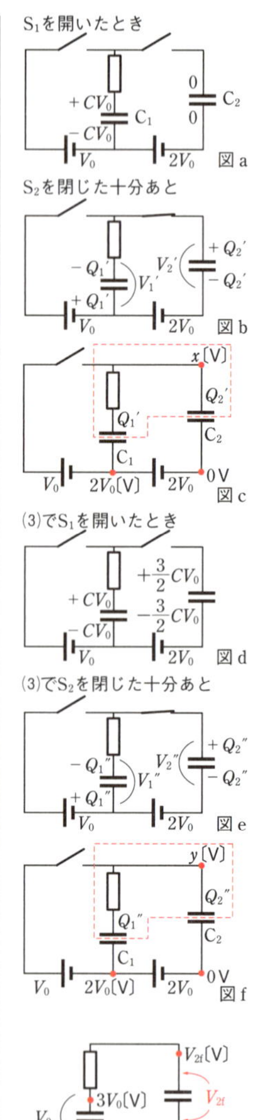

図g

ヒント 109 〈ダイオードを含むコンデンサー回路とつなぎかえ〉

(ア), (ウ) 電気量保存の法則と，電位差の関係式を用いる。　(イ) S_1 を端子2に入れる ➡ C_2 の電圧は E と等しい

(エ)『極板の間隔を2倍』➡ 電気容量は $\frac{1}{2}$ 倍 ➡ Aのほうへ電荷をもどそうとするが，ダイオードに止められる

(ア) 回路は実質的に右図の実線部分となり，C_1 と C_2 は直列である。C_1 と C_2 の電圧をそれぞれ V_1, V_2 とすると

AB間の電圧について　$V_1+V_2=E$

電気量について　$Q=CV_1=2CV_2$

上記2式より　$V_1=\frac{2}{3}E$

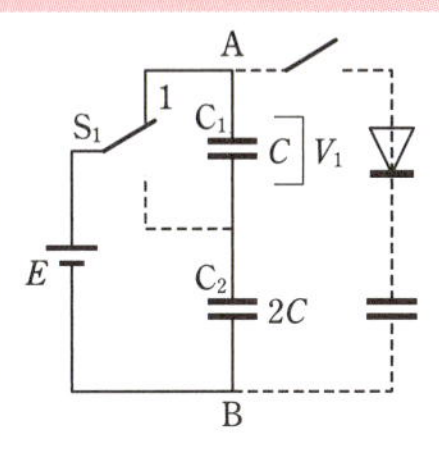

別解 初期電荷が0だから，C_1 と C_2 の電圧の比は電気容量の逆数の比になる。

C_1 の電圧 V_1 は　$V_1=\frac{2C}{C+2C}E=\frac{2}{3}E$

(イ) S_1 を端子2に入れると，C_2 の極板間の電圧は E になるから，AB間の電位差は　$V_1+E=\frac{2}{3}E+E=\frac{5}{3}E$

(ウ) BよりAのほうが電位が高いからDには順方向に電流が流れ，Dの電圧が0になるまで電荷が移動する。

S_2 を閉じた後の各コンデンサーの電位差を図のように V_1, V_2, V_3 とすると　$V_1+V_2=V_3$ ※A ……①

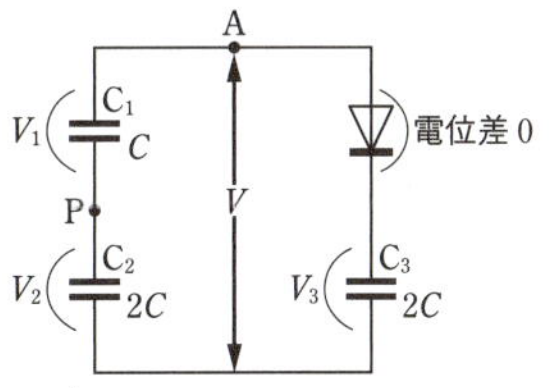

また，各コンデンサーに蓄えられている電気量はそれぞれ

$Q_1=CV_1$　　$Q_2=2CV_2$　　$Q_3=2CV_3$

点A側の電荷の保存より

$+Q_1+Q_3=+\frac{2}{3}CE+0$　　ゆえに　$V_1+2V_3=\frac{2}{3}E$ ……②

点P側の電荷の保存より

$-Q_1+Q_2=-\frac{2}{3}CE+2CE$　　ゆえに　$-V_1+2V_2=\frac{4}{3}E$ ……③

※A　$V_1+V_2=V$
$V_3=V$
より　$V_1+V_2=V_3$

①，②，③式より V_1, V_2 を消去して V_3 を求めると　$V_3=\frac{5}{12}E$

よって，求める Q_3 は

$Q_3=C_3V_3=2C\times\frac{5}{12}E=\frac{5}{6}CE$

別解 S_2 を閉じた後の図で，点A, Pの電位を x, y と仮定する。点P側の極板の電荷の保存より　$C\times(y-x)+2C\times(y-0)=-\frac{2}{3}CE+2CE$

点A側の極板の電荷の保存より　$C\times(x-y)+2C\times(x-0)=+\frac{2}{3}CE+0$

上記2式より　$x=\frac{5}{12}E$, $y=\frac{7}{12}E$

よって，C_3 の電気量 Q_3 は　$Q_3=2C\times(x-0)=2C\times\left(\frac{5}{12}E-0\right)=\frac{5}{6}CE$

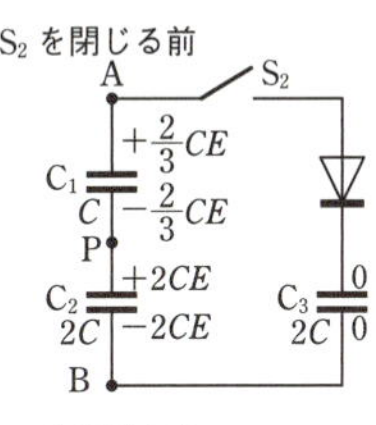

(エ) 極板の間隔を広げると電気容量が小さくなる※B。「$Q=CV$」より，Q_3 が一定ならば，C_3 が小さくなると V_3 は増加することとなる。

電荷はダイオードDを逆方向に流れることができないから，C_3 の電荷が(ウ)のまま保たれる。

$C_X=2C\times\frac{1}{2}=C$,　　$Q=Q_3=\frac{5}{6}CE$,　　$V=\frac{Q}{C_X}=\frac{5}{6}E$,

$U=\frac{1}{2}C_XV^2-\frac{1}{2}\cdot\frac{Q^2}{2C}=\frac{1}{2}C\left(\frac{5}{6}E\right)^2-\frac{1}{2}\cdot\frac{1}{2C}\cdot\left(\frac{5}{6}CE\right)^2=\frac{25}{144}CE^2$

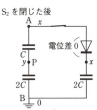

※B　$C=\varepsilon\frac{S}{d}$ より電気容量は極板間隔 d に反比例する。

ヒント 110〈4 枚の導体板によるコンデンサー回路〉

(1) 導体板 A，D に $+Q$，$-Q$〔C〕の電荷が蓄えられると，静電誘導により導体板 B，C の表面に電荷が現れることに注目する。導体板上の電気量 Q が一定ならば，板の間隔に関係なく電場の強さは一定である。
(2) スイッチ S_2 を閉じると，導体板Bの右側表面と導体板Cの左側表面の電荷が電気的に中和される。
(3) スイッチ S_3 を閉じると，導体板BとCでつくられるコンデンサーと導体板CとDでつくられるコンデンサーが並列になり，導体板Cのもつ電荷が保存される。

(1) スイッチ S_1 を閉じたとき，導体板Aに正電荷 $+Q$，導体板Dに負電荷 $-Q$ が蓄えられたとすると，静電誘導によって導体板Bの左側表面には $-Q$，右側表面には $+Q$，導体板Cの左側表面には $-Q$，右側表面には $+Q$ の電荷が現れる。「ガウスの法則」および「電場の強さ＝単位面積当たりの電気力線の本数」より，隣りあう導体板間の電場の強さは導体板の電荷によって決まるため，AB 間，BC 間，CD 間の電場の強さ E は等しい（図 a）。この電場の強さ E は，一様な電場の式「$V=Ed$」を AD 間に用いて

$$V=E\cdot(d+2d+3d) \quad よって \quad E=\frac{V}{6d}〔\mathrm{V/m}〕 と求められる。$$

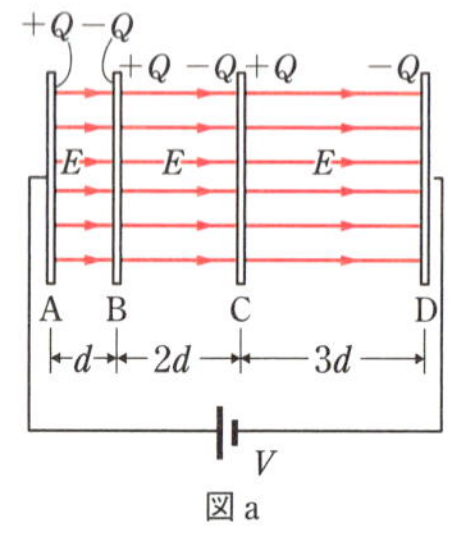

図 a

(ア) AB 間の電位差を V_{AB} とすると

$$V_B=V_A-V_{AB}=V_A-Ed=V-\frac{V}{6d}\cdot d=\frac{5}{6}V〔\mathrm{V}〕$$※A

(イ) CD 間の電位差を V_{CD} とすると

$$V_C=V_D+V_{CD}=V_D+E\cdot 3d=0+\frac{V}{6d}\cdot 3d=\frac{1}{2}V〔\mathrm{V}〕$$※B

(ウ) AB 間について考えると，「$Q=CV$」より

$$Q=CV_{AB}=CEd=C\cdot\frac{V}{6d}\cdot d=\frac{1}{6}CV〔\mathrm{C}〕 \quad \cdots\cdots ⓐ$$

(エ) 上で求めた通り　$E=\frac{V}{6d}$〔V/m〕

(オ) AB のコンデンサーの電気容量は，「$C=\varepsilon\frac{S}{d}$」より $C=\varepsilon\frac{a^2}{d}$〔F〕である。

BC，CD のコンデンサーの電気容量 C_{BC}，C_{CD} も同様に考えると

$$C_{BC}=\varepsilon\frac{a^2}{2d}=\frac{1}{2}\varepsilon\frac{a^2}{d}=\frac{1}{2}C〔\mathrm{F}〕 \quad C_{CD}=\varepsilon\frac{a^2}{3d}=\frac{1}{3}\varepsilon\frac{a^2}{d}=\frac{1}{3}C〔\mathrm{F}〕$$

静電エネルギーの式「$U=\frac{1}{2}\frac{Q^2}{C}$」より，求める静電エネルギーの合計 U は，ⓐ式を用いて整理すると

$$U=\frac{1}{2}\frac{Q^2}{C}+\frac{1}{2}\frac{Q^2}{\frac{C}{2}}+\frac{1}{2}\frac{Q^2}{\frac{C}{3}}=\frac{1}{2}\frac{\left(\frac{1}{6}CV\right)^2}{C}\cdot 6=\frac{1}{12}CV^2〔\mathrm{J}〕$$※C※D

※A 別解
$$V_B=V_D+V_{BD}=0+\frac{V}{6d}(2d+3d)=\frac{5}{6}V〔\mathrm{V}〕$$

※B 別解
$$V_C=V_A-V_{AC}=V-\frac{V}{6d}(d+2d)=V-\frac{1}{2}V=\frac{1}{2}V〔\mathrm{V}〕$$

※C　各コンデンサーの電位差を求めて「$U=\frac{1}{2}CV^2$」を用いてもよい。

※D　導体板 AD のコンデンサーとして考えると
$$C_{AD}=\varepsilon\frac{a^2}{6d}=\frac{1}{6}\varepsilon\frac{a^2}{d}=\frac{C}{6}$$
$$U=\frac{1}{2}\frac{Q^2}{C_{AD}}=\frac{1}{12}CV^2〔\mathrm{J}〕$$

(2) 操作(a)：S_1 を閉じると，それぞれの導体板には(1)の電荷（図 a）が蓄えられる。次に S_1 を開いても，それぞれの導体板の電荷は変化しない。続いて S_2 を閉じると，Bの右側表面の正電荷 $+Q$ とCの左側表面の負電荷 $-Q$ が電気的に中和し（Cの左側表面の負電荷 $-Q$ がBの右側表面に移動し，Cの左側とBの右側の電荷が 0 になる），BC 間の電場はなくなる（図 b）。しかし，AB 間，CD 間については，(1)の状態から変化していない。

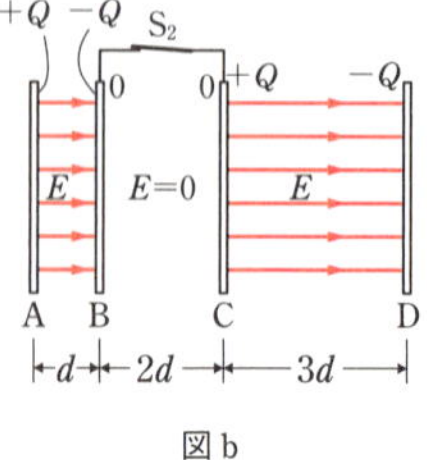

図 b

(カ) CD 間の電場は(1)から変化しないので $E=\frac{V}{6d}$〔V/m〕

(キ) AB 間の電場も(1)から変化しないので $E=\frac{V}{6d}$

また，Dは接地されているので，$V_D=0$ V。BC 間は電場が 0 なので電位差 $V_{BC}=0$ V。以上より，Aの電位 V_{Aa} は

$$V_{Aa}=V_D+V_{CD}+V_{BC}+V_{AB}=0+E\cdot 3d+0+Ed=\frac{V}{6d}\cdot(3d+d)=\frac{2}{3}V〔\mathrm{V}〕$$

(ク) 静電エネルギーの合計 U_a は

$$U_a=\frac{1}{2}\frac{Q^2}{C}+\frac{1}{2}\frac{Q^2}{\frac{C}{3}}=\frac{1}{2}\frac{\left(\frac{1}{6}CV\right)^2}{C}\cdot4=\frac{1}{18}CV^2=\frac{2}{3}\cdot\frac{1}{12}CV^2\text{〔J〕}$$ ※C

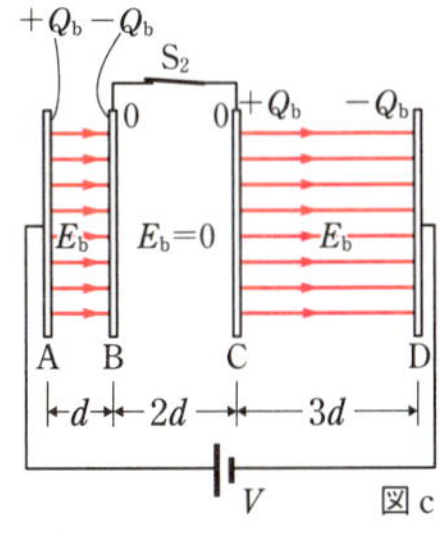

図 c

操作(b)：S_1 を閉じると，それぞれの導体板には(1)の電荷（図 a）が蓄えられる。次に S_2 を閉じると，Bの右側表面の正電荷 $+Q$ とCの左側表面の負電荷 $-Q$ が電気的に中和し，BC 間の電場はなくなる。また，AD 間の電位差を V に保つ（電池が接続されているので）ために，図 c のようにそれぞれの電気量の絶対値が Q_b となり，AB 間，CD 間の電場も E_b となる。続いて S_1 を開いても，電荷・電場に変化はない。

(ケ) BC 間の電場が 0 なので，$V_{BCb}=0$ である。よって

$$V_{ABb}+V_{CDb}=E_b\cdot d+E_b\cdot 3d=V \qquad \text{ゆえに}\quad E_b=\frac{V}{4d}\text{〔V/m〕}$$

(コ) $V_{ABb}=E_bd=\frac{V}{4d}\cdot d=\frac{1}{4}V$〔V〕

よって，「$Q=CV$」より　$Q_b=CV_{ABb}=C\cdot\frac{1}{4}V=\frac{1}{4}CV$〔C〕

(サ) S_1 を開いても電位は変化しないので　$V_{Ab}=V=1\times V$〔V〕

(シ) $V_{Bb}=V_{Ab}-V_{ABb}=V-\frac{V}{4d}\cdot d=\frac{3}{4}V$〔V〕

(ス) 静電エネルギーの合計 U_b は

$$U_b=\frac{1}{2}\frac{Q_b{}^2}{C}+\frac{1}{2}\frac{Q_b{}^2}{\frac{C}{3}}=\frac{1}{2}\frac{\left(\frac{1}{4}CV\right)^2}{C}\cdot4=\frac{1}{8}CV^2=\frac{3}{2}\cdot\frac{1}{12}CV^2\text{〔J〕}$$ ※C

(セ) (ク)と(ス)の答えを比較すると，操作(b)のほうが静電エネルギーが大きい。これは，操作(b)では S_2 を閉じたときに S_1 がまだ閉じているため，A，D 間の電位差を V に保つように電源が仕事をしているためである。よって，答えは③

(3) スイッチ S_2 を開くと，Aの正電荷 $+Q_b$ が孤立するので，Bの左側表面の負電荷 $-Q_b$ も固定される。次にスイッチ S_3 を閉じると，BとDはともに電位が 0 V となり，BC 間と CD 間の電位差が等しくなる（この電位差が求めるCの電位 V_0 に等しい）。このとき，Cの左側表面と右側表面の電荷を $+Q_{左}$，$+Q_{右}$ とすると，Bの右側表面には $-Q_{左}$，Dの左側表面には $-Q_{右}$ が現れる（図 d）。

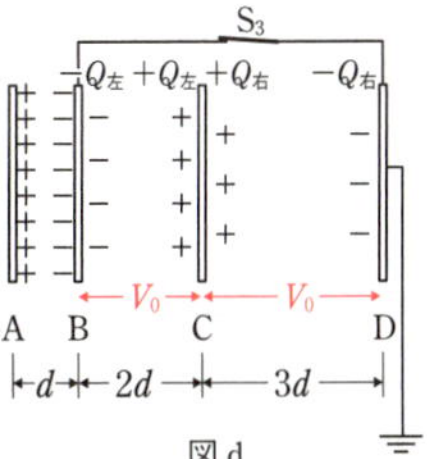

図 d

(ソ)「$Q=CV$」より　$Q_{左}=C_{BC}V_0=\frac{1}{2}CV_0$，$Q_{右}=C_{CD}V_0=\frac{1}{3}CV_0$

もともとCには $+Q_b$ の電荷が蓄えられていたので，Cにおける電気量保存の法則より　$Q_{左}+Q_{右}=Q_b$

$$\frac{1}{2}CV_0+\frac{1}{3}CV_0=\frac{5}{6}CV_0=Q_b=\frac{1}{4}CV \qquad \text{よって}\quad V_0=\frac{3}{10}V\text{〔V〕}$$

(タ) Bには，左側表面に $-Q_b=-\frac{1}{4}CV$，右側表面には $-Q_{左}$ の電荷が蓄えられている。$-Q_{左}=-\frac{1}{2}CV_0=-\frac{1}{2}C\cdot\frac{3}{10}V=-\frac{3}{20}CV$ であるので，Bに蓄えられた電気量の絶対値は

$$|(-Q_b)+(-Q_{左})|=\frac{1}{4}CV+\frac{3}{20}CV=\frac{8}{20}CV=\frac{8}{5}\cdot\frac{1}{4}CV=\frac{8}{5}Q_b\text{〔C〕}$$

(チ) 導体板Dには，左側表面のみに $-Q_{右}$ の電荷がある。よってDに蓄えられている電気量の絶対値は

$$|-Q_{右}|=\frac{1}{3}CV_0=\frac{1}{10}CV=\frac{2}{5}\cdot\frac{1}{4}CV=\frac{2}{5}Q_b\text{〔C〕}$$

15 直流回路

ヒント 111 〈導体中の自由電子の運動〉

(2)(e) 電流の大きさ＝単位時間当たりに導体の断面を通過する電気量
(3)(g) 力Fがはたらき，物体が一定の速さvで進むとき，物体が力Fによってされる仕事の仕事率Pは　$P=Fv$

(1)(a) 導体内には一様な電場が生じている。一様な電場の式「$V=Ed$」より，電場の大きさは　$E=\dfrac{V}{L}$，向きは (高電位) → (低電位) なので，**A**

(b) 電子は電場より静電気力を受ける。自由電子の電荷は負であるので，電場とは反対向きに静電気力を受ける。よって，静電気力の向きは**B**。電場から受ける力の式「$F=qE$」より，静電気力の大きさは

$$F=eE=e\cdot\frac{V}{L}=\frac{eV}{L}$$

(2)(c) 電子は左向きに運動している。その速さをv_eとすると，進行方向と反対向き (右向き) に抵抗力kv_eを受ける (図 a)。この抵抗力が静電気力とつりあっている。よって，力のつりあいの式は

$$kv_e=\frac{eV}{L}\qquad よって\quad v_e=\frac{eV}{kL}$$

(d) 導体内の断面X (図 b) を単位時間 (1 秒間) に通過する自由電子は，Xより距離$v_e\times1$だけ後方の断面Yと断面Xの間に存在する。XY 間の体積はv_eSなので，XY 間に含まれる自由電子の数Nは

$$N=n\times(体積)=nv_eS=n\cdot\frac{eV}{kL}\cdot S=\frac{enSV}{kL}$$

(e) 電流の大きさIは，断面Xを単位時間当たりに通過する電気量なので

$$I=eN=e\cdot\frac{enSV}{kL}=\frac{e^2nSV}{kL}$$

(f) (e)の結果を　$V=\dfrac{kL}{e^2nS}I$　と変形し，オームの法則「$V=RI$」と比較すると，導体の抵抗Rは　$R=\dfrac{kL}{e^2nS}$ ※A　となる。

(3)(g) 電場が 1 個の自由電子に単位時間にする仕事 P_e(＝仕事率) は，一定の速さv_eで進む 1 個の電子が(b)の静電気力にされる仕事率なので，仕事率の式「$P=Fv$」より

$$P_e=Fv_e=\frac{eV}{L}\cdot\frac{eV}{kL}=\frac{e^2V^2}{kL^2}$$

(h) 導体中の全自由電子 ($N_全=nSL$ 個) が電場からされる仕事率Pが，導体から単位時間に発生するジュール熱に等しい。

$$P=N_全\cdot P_e=nSL\cdot\frac{e^2V^2}{kL^2}=\frac{e^2nSV^2}{kL}$$ ※B

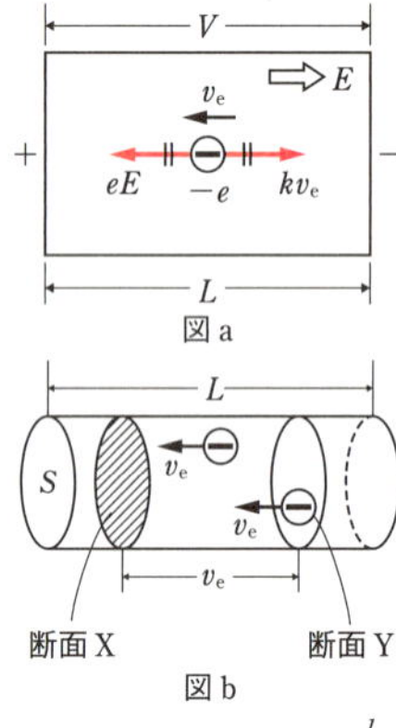

図 a

図 b

※A　抵抗の式「$R=\rho\dfrac{l}{S}$」と比較すると，抵抗率ρが$\rho=\dfrac{k}{e^2n}$と表されることがわかる。

※B　この結果を変形すると

$$P=\left(\frac{e^2nSV}{kL}\right)V=\frac{V^2}{\left(\dfrac{kL}{e^2nS}\right)}$$

となり，(e)，(f)の結果より

$$P=IV=\frac{V^2}{R}$$

と，消費電力の式を導くことができる。

ヒント 112 〈ホイートストンブリッジ〉

(1)(a)(b) 電流計の内部抵抗は無視できるから，点Pと点Sの電位差は 0 である。
(2)(b) 回路全体の消費電力は，合成抵抗と電源電圧で考える。

(1)(a) 電流計の内部抵抗は無視できるので，点Oと点Pの電位差は電池E_2の起電力に等しい。よって，点Pの電位は **+8.0 V**

(b) R_1 と R を流れる電流を I〔A〕とし（図a），外回りの回路でキルヒホッフの法則Ⅱを用いて　$24=RI+100I$

ここで，$R_1=100\,\Omega$ の抵抗による電圧降下は(a)より 8.0V であるから

$100I=8.0$　　よって　$I=0.080\,\text{A}$

ゆえに　$R=\dfrac{24-8.0}{I}=\dfrac{16}{0.080}=2.0\times10^2\,\Omega$

別解　24Vを 8.0Vに分配するから

$8.0=24\times\dfrac{100}{100+R}$　　よって　$R=2.0\times10^2\,\Omega$

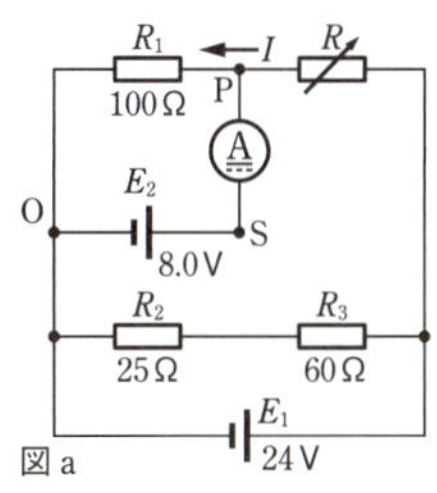

図a

(c) R_1 に流れる電流を I_1〔A〕とすると，可変抵抗 R に流れる電流は $(I_1+0.17)$〔A〕である。R による電圧降下は 16V であるから

$R(I_1+0.17)=16$

また，R_1 に流れる電流による電圧降下より　$100I_1=8.0$

よって　$R=\dfrac{16}{0.080+0.17}=\dfrac{16}{0.25}=64\,\Omega$

(2)(a) 電流計に電流が流れないから，ホイートストンブリッジの関係より

$\dfrac{100}{25}=\dfrac{R}{60}$　　よって　$R=2.4\times10^2\,\Omega$

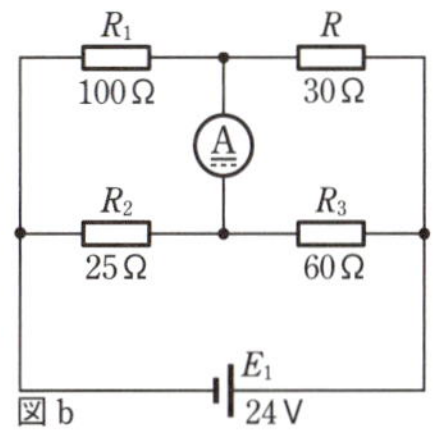

図b

(b) 図bより，合成抵抗 $R_{合}$〔Ω〕は　$R_{合}=\dfrac{100\times25}{100+25}+\dfrac{30\times60}{30+60}=20+20=40\,\Omega$

消費電力 $P_{全}$〔W〕は電力の式「$P=\dfrac{V^2}{R}$」に，合成抵抗 $R_{合}=40\,\Omega$ と，電源電圧 24V を代入し　$P_{全}=\dfrac{24^2}{40}=14.4\fallingdotseq14\,\text{W}$

(c) R_1，R_2，電流計に流れる電流を図cの向きに i_1，i_2，i〔A〕とする。キルヒホッフの法則Ⅱを用いて

$24=30\times(i_1+i)+100i_1$

$0=100i_1-25i_2$

$0=30(i_1+i)-60(i_2-i)$

以上から，i を求めると　$i=0.28\,\text{A}$※A

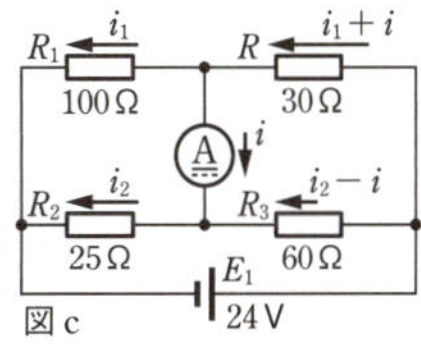

図c

別解　R と R_3 の並列，R_1 と R_2 の並列接続を考えて，電流は抵抗値の逆数に比例することを用いる。$R_{合}=40\,\Omega$ だから，電池から流れ出る電流 I〔A〕は　$I=\dfrac{24}{40}=0.60\,\text{A}$

R を流れる電流 I_R〔A〕は　$I_R=0.60\times\dfrac{60}{30+60}=0.40\,\text{A}$

同様に R_1 を流れる電流 I_1〔A〕は　$I_1=0.60\times\dfrac{25}{100+25}=0.12\,\text{A}$

よって，電流計に流れる電流 i〔A〕は　$i=I_R-I_1=0.40-0.12=0.28\,\text{A}$

※A　向きは，上から下。

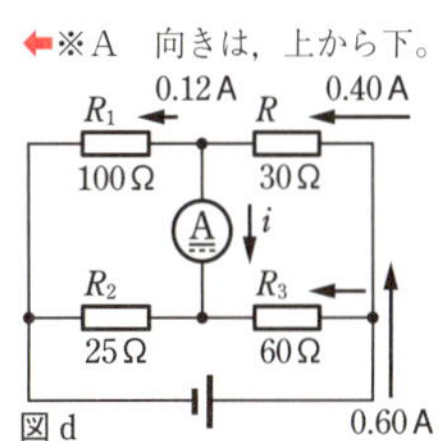

図d

ヒント 113 〈キルヒホッフの法則〉

各抵抗を流れる電流の大きさと向きを仮定して，キルヒホッフの法則ⅠおよびⅡを利用して式を立て，連立させて解く。解いた結果が負の値ならば，仮定していた電流の向きが逆であったということになる。

(5) R_1 に電流が流れなくても，起電力 E_1 は存在していることに注意する。

(1) 図aのように，R_2，R_3 を流れる電流をそれぞれ I_2，I_3〔A〕とおくと，R_1 を流れる電流は I_3-I_2 と表せる。よって，キルヒホッフの法則Ⅱより

$$\begin{cases}2.0-1.0\times(I_3-I_2)-3.0\times I_3=0\\2.0-2.0\times I_2-3.0\times I_3=0\end{cases}$$

これら2式から I_2 を消去すると　$I_3=\dfrac{6}{11}\fallingdotseq0.55\,\text{A}$※A

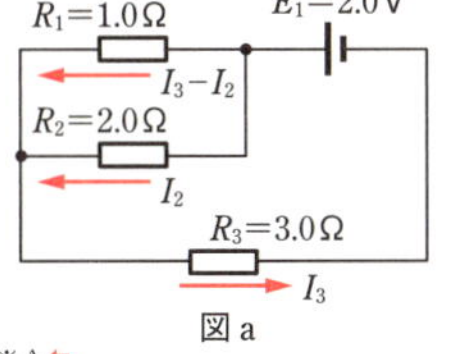

図a

※A　合成抵抗 $\dfrac{R_1R_2}{R_1+R_2}+R_3=\dfrac{11}{3}\,\Omega$ を用いて求めてもよい。

(2) (1)の連立方程式より　$I_2=\frac{2}{11}\fallingdotseq$**0.18 A**※B

(3) 図bのように，R_1，R_2 を流れる電流をそれぞれ I_1，I_2〔A〕とおくと，R_3 を流れる電流は I_1+I_2 と表せる。よって，キルヒホッフの法則Ⅱより

$$\begin{cases}2.0-1.0\times I_1-3.0\times(I_1+I_2)=0\\7.0-2.0\times I_2-3.0\times(I_1+I_2)=0\end{cases}$$

これら 2 式から I_2 を消去すると

$$I_1=-\frac{11}{11}=-1.0\text{A}$$

よって，図bの向きとは逆，つまり**右向きに 1.0 A** 流れる。

(4) (3)の連立方程式より

$I_2=$**2.0 A**

よって，R_3 を流れる電流 I_3〔A〕は　$I_3=I_1+I_2=$**1.0 A**

(5) 図cのように，交換した抵抗の値を R_3'〔Ω〕とおき，R_2 および R_3' を流れる電流を I〔A〕とおく。キルヒホッフの法則Ⅱより

$$\begin{cases}2.0-R_3'I=0\\2.0+2.0\times I-7.0=0\end{cases}$$

これら 2 式から I を消去すると

$R_3'=$**0.80 Ω**

※B　R_1 と R_2 に加わる電圧が等しいことを用いて求めてもよい。

$R_1(I_3-I_2)=R_2I_2$

よって　$I_2=\frac{1}{3}I_3$

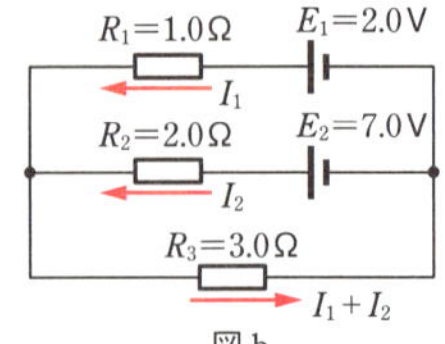

図b

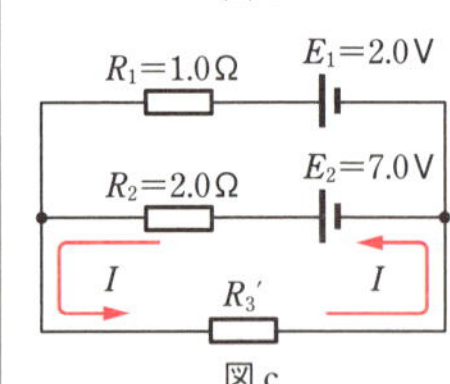

図c

ヒント 114 〈電池の内部抵抗〉

(1)(b) 電池から流れ出る電流と端子電圧の値の変化を連続して得る。
(2)(b) 端子電圧 V は，起電力 E から内部抵抗による電圧降下 rI を差し引いたもの。
(e)，(f)「$P=I^2R$」を用い，問題の指示に従って答える。
(g) $R=0$，$R\to\infty$ の場合の P_R の値や最大値を求めてみる。

(1)(a) 回路を流れる電流と抵抗 R に加わる電圧が同時に測定できればよいので，**図a** または **図b** のような回路図となる。

(b) **外部抵抗を変化させることによって，電池から流れ出る電流と，電池の端子電圧の値の変化を連続して得るため。**

(2)(a) 起電力に対して**直列**に接続されている。

理由：**電池の端子電圧は流れる電流が大きくなるにつれ一定の割合で減少していることから，一定の抵抗による電圧降下が生じていると考えられるため。**※A

(b) 電池から流れ出る電流を I〔A〕とすると，両端の電圧(端子電圧) V は，起電力 E から内部抵抗 r による電圧降下を差し引いたものになる。

$\boldsymbol{V=E-rI}$

(c) r が大きくなれば，グラフの傾きの絶対値は大きくなるが，起電力 E は変わらない。よって，**縦軸の切片は同じで，傾きが急な直線**となる(図c)。

(d) 端子電圧 V は RI と等しいから

$RI=E-rI$　　よって　$r=\boldsymbol{\frac{E-RI}{I}}$〔Ω〕※B

(e) 消費電力の式「$P=I^2R$」より　$P_r=I^2r=I^2\frac{E-RI}{I}=\boldsymbol{EI-RI^2}$〔W〕

電池内部を電流が流れるとき，**電池内部での発熱などで消費された。**

(f) (d)より，$I=\frac{E}{R+r}$〔A〕，これを「$P=I^2R$」に代入して

$$P_R=I^2R=\left(\frac{E}{R+r}\right)^2R=\boldsymbol{\frac{RE^2}{(R+r)^2}}\text{〔W〕}$$

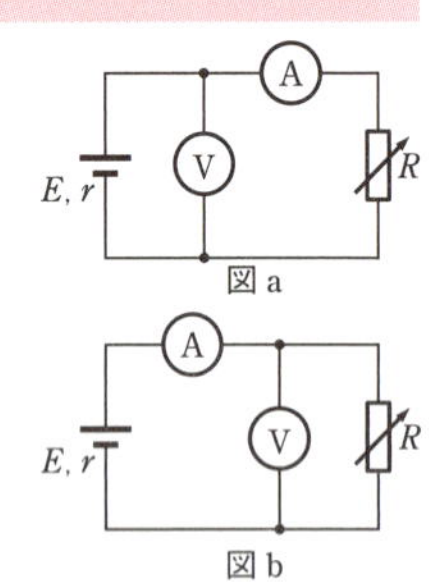

図a

図b

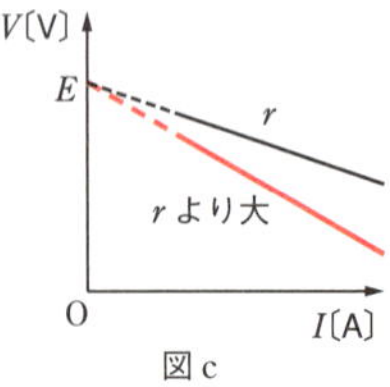

図c

※A　仮に並列であれば端子電圧は電流が変化しても変化しない。

※B　r は，V-I グラフの傾きの絶対値を示す。

(g) $P_R=\dfrac{RE^2}{(R+r)^2}$ で

$R=0$ のとき $P_R=0$

$R\to\infty$ のとき $P_R\to 0$

また，$R>0$，$r>0$ だから，相加相乗平均の関係より

$R+r \geqq 2\sqrt{Rr}$

(等号成立は $R=r$ のとき)

を用いると $P_R=\dfrac{RE^2}{(R+r)^2} \leqq \dfrac{RE^2}{(2\sqrt{Rr})^2}=\dfrac{E^2}{4r}$〔W〕 (最大値である)※C⬅

以上から，R と P_R の関係の略図は，図 d のようになる。

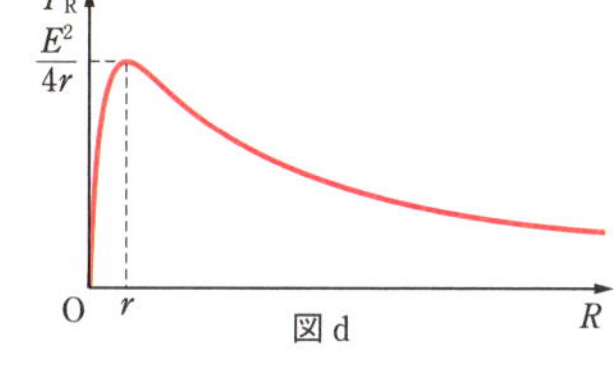

図 d

⬅※C 変数 R を分母に集めて平方完成をしてみる。

$$P_R=\frac{RE^2}{(R+r)^2}=\frac{E^2}{R+2r+\frac{r^2}{R}}=\frac{E^2}{\left(\sqrt{R}-\frac{r}{\sqrt{R}}\right)^2+4r}\leqq\frac{E^2}{4r}\text{〔W〕}$$

(等号は $\sqrt{R}=\dfrac{r}{\sqrt{R}}$ すなわち $R=r$ のとき)

ヒント 115 〈コンデンサーを含む直流回路〉

(1)『S_1 を閉じた瞬間』➡ コンデンサーは導線と考えてよい

(2)『S_1 を閉じて十分時間がたった』➡ コンデンサーには電流が流れない

(3)「$Q=CV$」を用いる。

(4) スイッチを開く前後で，C_1 と C_2 に蓄えられた電気量の和は保存される。

(5) スイッチを開く前後での静電エネルギーの変化量は，R_1 と R_3 で発生する熱量に等しい。

(1) S_1 を閉じた瞬間には，C_1，C_2 ともに電荷は 0 であるから C_1，C_2 に加わる電圧はともに 0 である※A⬅。よって，R_2 を流れる電流を I_2 とすると，$E\to C_1\to R_2\to C_2\to E$ の閉回路で $12=4I_2$ が成りたつ。ゆえに $I_2=$**3 A**

⬅※A S_1 を閉じた瞬間，電荷 0 のコンデンサーは導線と同じ。

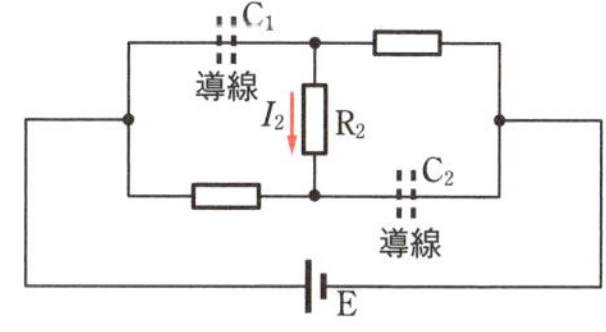

(2) 十分時間がたつと，C_1，C_2 には電荷がたまり，電流が流れなくなる※B⬅。このとき，R_1，R_2，R_3 には同じ大きさの電流が流れるので，これを I〔A〕とすると，$E\to R_3\to R_2\to R_1\to E$ の閉回路で

$12=2I+4I+6I$ よって $I=$**1 A**

(3) C_1 の両端の電圧 V_1 は，R_2 と R_3 による電圧降下の和だから

$V_1=4\times1+6\times1=10\,\text{V}$

よって，C_1 の電荷 Q_1 は $Q_1=C_1V_1=4\times10^{-6}\times10=$**$4\times10^{-5}$ C**

⬅※B 十分時間がたつと，コンデンサーは断線と同じ。

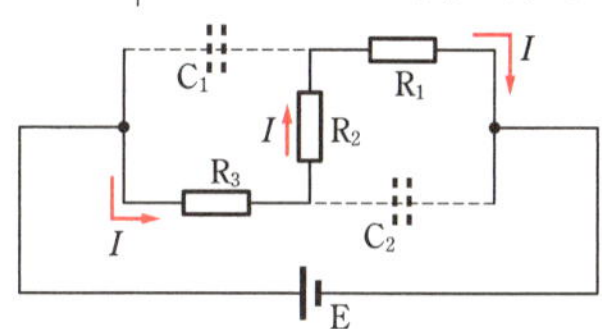

(4) スイッチを開く前のC_2 の両端の電圧を V_2 とすると，前問と同様に

$V_2=2\times1+4\times1=6\,\text{V}$

S_1，S_2 を同時に開いて十分時間がたつと，R_1，R_2，R_3 を流れる電流は 0 となるので，C_1 と C_2 に加わる電圧は同じになる※C⬅。これを Vとすると，電荷が保存されるから $C_1V_1+C_2V_2=(C_1+C_2)V$

$4\times10^{-6}\times10+4\times10^{-6}\times6=(4\times10^{-6}+4\times10^{-6})V$

よって $V=$**8 V**

(5) S_1，S_2 を開く前に C_1，C_2 に蓄えられていたエネルギー Wは

$W=\dfrac{1}{2}C_1V_1^2+\dfrac{1}{2}C_2V_2^2$

十分時間がたった後に，C_1，C_2 に蓄えられているエネルギー W' は

$W'=\dfrac{1}{2}C_1V^2+\dfrac{1}{2}C_2V^2$

⬅※C

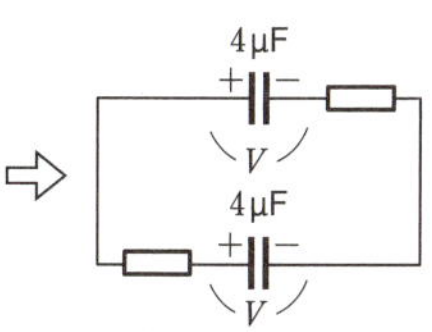

R_1，R_3 で発生する熱量は，$W-W'$※D⬅ であり，R_1，R_3 は直列に接続されているから，発熱量の比は抵抗の比となる※E⬅。ゆえに R_1 での発熱量は

$$(W-W')\times\frac{R_1}{R_1+R_3}$$
$$=\left\{\left(\frac{1}{2}C_1V_1^2+\frac{1}{2}C_2V_2^2\right)-\left(\frac{1}{2}C_1V^2+\frac{1}{2}C_2V^2\right)\right\}\times\frac{R_1}{R_1+R_3}$$
$$=\left\{\left(\frac{1}{2}\times4\times10^2+\frac{1}{2}\times4\times6^2\right)-\left(\frac{1}{2}\times4\times8^2+\frac{1}{2}\times4\times8^2\right)\right\}\times\frac{2}{2+6}$$

$=4\,\mu\text{J}=$**4×10^{-6} J**

⬅※D 減少したエネルギーが，2 つの抵抗 R_1 と R_3 で消費される。

⬅※E 抵抗での消費電力 P は $P=IV=RI^2$
直列のときは電流 I が共通なので，発熱量は抵抗に比例する。

ヒント 116 〈電球とダイオードを含む直流回路〉

(3) 電球が単体で満たさなくてはいけない特性曲線と，電球が回路の中で満たさなくてはいけない式とを，グラフを利用して“連立”させて解く。

(1) 抵抗値が 26Ω となる電圧 V〔V〕と電流 I〔A〕の組み合わせは

$$I=\frac{1}{26}V$$

を満たすことになる。図 a のように，この式で表される直線と，電球の特性曲線との交点を求めればよい。よって

$V≒$**1.9V**

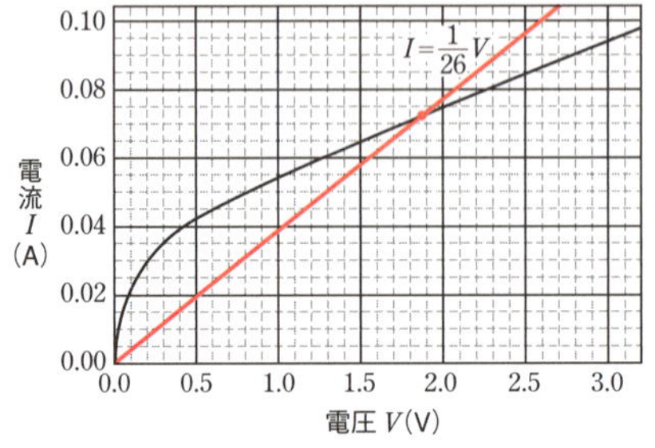

図 a

(2) ダイオードに電流が流れ始めるときを考えるので，このときダイオードに加わる電圧は 1.0V になっている。
このダイオードと並列に接続されている抵抗にも同じ電圧 1.0V が加わるので，抵抗を流れる電流は $\frac{1.0}{20}=0.050$ A
この電流が図 b のように電球にも流れるので，電球の特性曲線より，電球に加わる電圧は 0.8V。よって，このときの電源の電圧は　$1.0+0.8=$**1.8V**

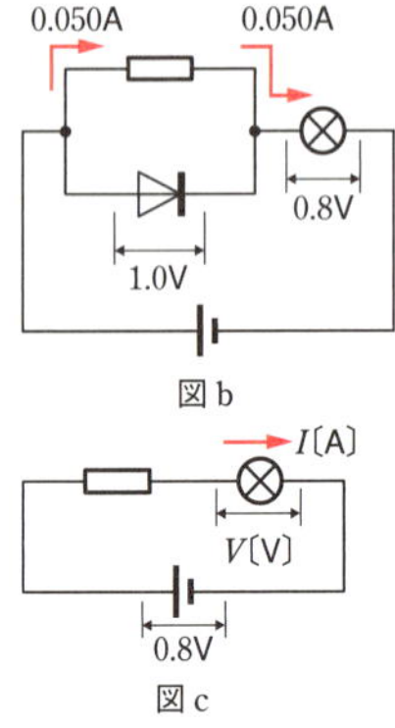

図 b

図 c

(3) ダイオードには電流は流れないので，図 c のような回路を考えればよい。電球に加わる電圧を V〔V〕，流れる電流を I〔A〕とおくと，キルヒホッフの法則 II より

$$0.8=20I+V$$

よって　$I=-\frac{V}{20}+0.04$

この式で表される直線と電球の特性曲線との交点を求めればよい。図 d より

$V=$**0.2V**
$I=$**0.03A**

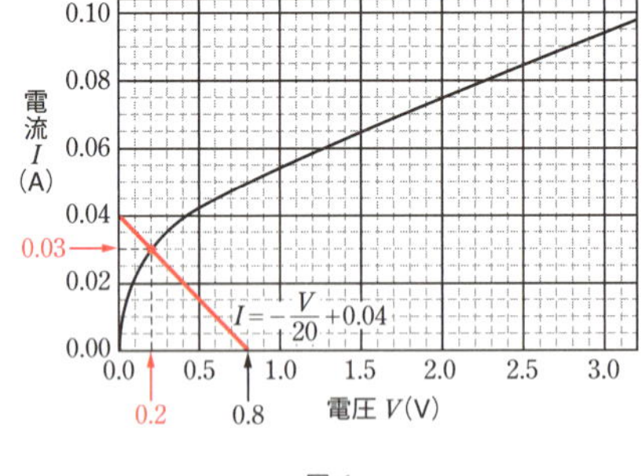

図 d

(4) 電球に加わる電圧が 2.0V のとき，電球の特性曲線より，電球には 0.075A の電流が流れている。図 e のように，ダイオードを流れる電流を I_D〔A〕とおくと，キルヒホッフの法則 I より，抵抗を流れる電流は $0.075-I_D$〔A〕と表せる。
抵抗とダイオードは並列に接続されているので，加わる電圧は等しい。よって

$$20(0.075-I_D)=\frac{I_D}{0.20}+1.0$$ ※A

$$1.5-20I_D=5.0I_D+1.0$$

したがって　$I_D=$**0.020A** ※B

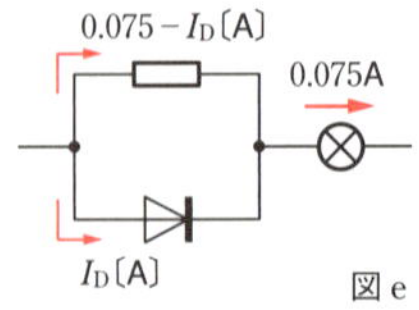

図 e

※A　問題文にある
$I_D=0.20(V_D-1.0)$
より
$V_D=\frac{I_D}{0.20}+1.0$

※B **別解**
$V_D=20(0.075-I_D)$
より
$I_D=-\frac{1}{20}V_D+0.075$
と図 3 のダイオードの特性曲線との交点を求めると
$I_D=$**0.020A**

ヒント 117 〈発光ダイオードを含む直流回路〉

LEDが従う特性曲線と，LEDが回路内で満たす関係式との交点から，実現している電流・電圧を求める。
〔B〕(6) LEDが壊れない最大の電流が1.0Aであることを用いる。
(7) $V_2 = V_1 + 1.0$ の関係が成りたつことを用いる。

〔A〕(1) キルヒホッフの法則Ⅱより　$\boldsymbol{E = rI_1 + V_1}$

(2) 図aのグラフで，LED 1の曲線と直線 $I_1 = 1.2 - 0.40V_1$ との交点から I_1 を読み取ると　$I_1 =$ **0.40A**

(3) キルヒホッフの法則Ⅱより，LED 2について

$$E = rI_2 + V_2$$

が成りたつので

$$I_2 = \frac{E}{r} - \frac{V_2}{r} = 1.2 - 0.40V_2$$

となり，LED 1での直線と同じ式となる。よって図aのグラフでLED 2の曲線と直線 $I_1 = 1.2 - 0.40V_1$ との交点から V_2 を読み取ると　$V_2 =$ **2.5V**

(4) LED 2の曲線と直線 $I_1 = 1.2 - 0.40V_1$ との交点から I_2 を読み取ると $I_2 = 0.20$A であるので，消費電力 P_2〔W〕は　$P_2 = I_2V_2 =$ **0.50W**

(5) LED 1の曲線と直線 $I_1 = 1.2 - 0.40V_1$ との交点から V_1 を読み取ると $V_1 = 2.0$V であるので，消費電力 P_1〔W〕は

$$P_1 = I_1V_1 = 0.80\text{W} \qquad \text{よって} \quad \frac{P_1}{P_2} = \textbf{1.6 倍}$$

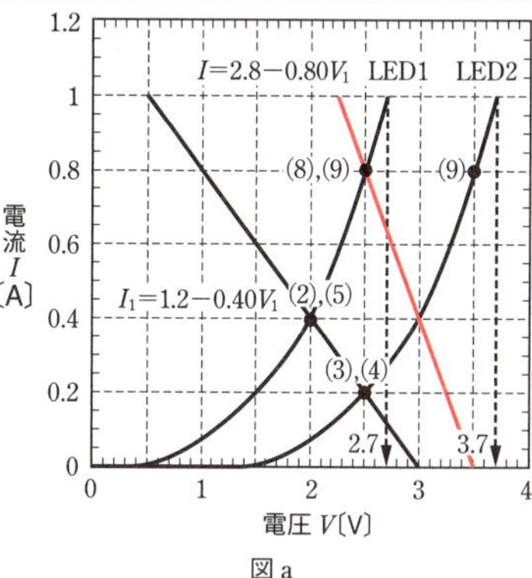

図a

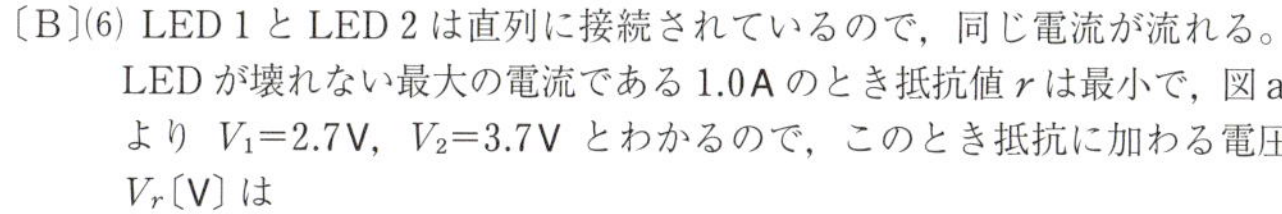
〔B〕(6) LED 1とLED 2は直列に接続されているので，同じ電流が流れる。LEDが壊れない最大の電流である1.0Aのとき抵抗値 r は最小で，図aより $V_1 = 2.7$V，$V_2 = 3.7$V とわかるので，このとき抵抗に加わる電圧 V_r〔V〕は

$$V_r = r \times 1.0 = E - V_1 - V_2 = 8.0 - 2.7 - 3.7 = 1.6\text{V}$$

よって　$r =$ **1.6Ω**

(7) 図3の回路でキルヒホッフの法則Ⅱより

$$E = rI + V_1 + V_2$$

が成りたつ。この式に $V_2 = V_1 + 1.0$ を代入すると

$$E = rI + V_1 + (V_1 + 1.0)$$

よって

$$I = \frac{E - 1.0}{r} - \frac{2}{r}V_1 = \frac{8.0 - 1.0}{2.5} - \frac{2}{2.5}V_1$$

すなわち　$\boldsymbol{I = 2.8 - 0.80V_1}$

グラフは**図aの赤線**※A。

(8) 図aのグラフで，LED 1の曲線と $I = 2.8 - 0.80V_1$ の交点は，$I = 0.80$A，$V = 2.5$V であり，この電流 I がLED 1と，それに直列に接続されているLED 2にも流れる。よって　$I =$ **0.80A**

(9) 図aのグラフより，$I = 0.80$A のとき，$V_1 = 2.5$V，$V_2 = 3.5$V であるので

$$\frac{P_2}{P_1} = \frac{IV_2}{IV_1} = \frac{3.5}{2.5} = \textbf{1.4 倍}$$

※A　グラフをかくときは，電流が1.0Aをこえないことに注意する。

ヒント 118 〈コンデンサーを含む直流回路・最大消費電力〉

(1) 電流は流れていないので，抵抗での電圧降下は0である。
(3) コンデンサーには電流が流れていないので，抵抗のみの直流回路になる。
(4) (3)の結果を「$P=IV$」に代入して，R に対する依存性を調べる。
(5) スイッチの切りかえ前後で，コンデンサー1，2の点 P_3 側の電気量の和は保存される。

(1) スイッチを1側に入れたとき，回路図は，図aのようにかき直せる。十分時間がたったとき，回路には電流は流れていないので，各抵抗での電圧降下は0V※A

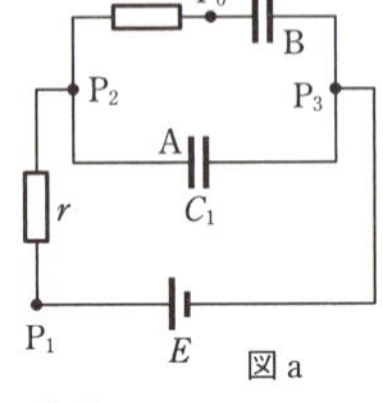

図a

よって，コンデンサー1，2の極板間に加わっている電圧は，電池の起電力 E〔V〕に等しい。コンデンサー1が蓄える電気量を Q〔C〕とすると

$$Q=C_1E\text{〔C〕}$$

ゆえに，極板Aに蓄えられている電気量は　$Q=+C_1E$〔C〕

(2) $U=\frac{1}{2}QE=\frac{1}{2}C_1E^2$〔J〕

(3) スイッチを2側に入れたとき，回路図は図bのようになる。十分時間がたったとき，回路を流れる電流を I〔A〕とすると，キルヒホッフの法則IIより

$$E=rI+RI \qquad よって \qquad I=\frac{E}{R+r}\text{〔A〕}$$

ゆえに，抵抗2の両端の電位差を V〔V〕とすると　$V=RI=\frac{R}{R+r}E$〔V〕

(4) 抵抗2での消費電力を P〔W〕とすると

$$P=IV=\frac{RE^2}{(R+r)^2}=\frac{E^2}{R+2r+\frac{r^2}{R}}=\frac{E^2}{\left(\sqrt{R}-\frac{r}{\sqrt{R}}\right)^2+4r}\text{〔W〕}$$

この消費電力が最大になるとき　$\sqrt{R}-\frac{r}{\sqrt{R}}=0$　より　$R=r$〔Ω〕※B

このときの消費電力 P は　$P=\frac{E^2}{4r}$〔W〕

(5) コンデンサー1，2に加わる電圧，蓄えられる電気量をそれぞれ V_1，V_2，Q_1，Q_2 とする。このとき，①～④式が成りたつ。

$$\begin{cases} Q_1=C_1V_1 & \cdots\cdots① \\ Q_2=C_2V_2 & \cdots\cdots② \\ V_1+V_2=\frac{R}{R+r}E & \cdots\cdots③ \\ -Q_1+Q_2=-(C_1E+C_2E) & \cdots\cdots④ \end{cases}$$

ここで，$C_1=C$，$C_2=4C$ とすると，①，②，④式より

$$-CV_1+4CV_2=-5CE \qquad \cdots\cdots⑤$$

また，③式より　$V_2=\frac{R}{R+r}E-V_1$

これを⑤式に代入して　$-CV_1+4C\left(\frac{R}{R+r}E-V_1\right)=-5CE$

これを解いて　$V_1=\left\{1+\frac{4R}{5(R+r)}\right\}E=\frac{9R+5r}{5(R+r)}E$

$$V_2=\frac{R}{R+r}E-\frac{9R+5r}{5(R+r)}E=-\frac{4R+5r}{5(R+r)}E$$

ゆえに，①，②式より

$$Q_1=\frac{9R+5r}{5(R+r)}\cdot CE\text{〔C〕},\quad Q_2=-\frac{4R+5r}{5(R+r)}\cdot 4CE\text{〔C〕}$$※C

※A　コンデンサー1，2とも電流が流れなくなると，抵抗1，2も電流0となる。

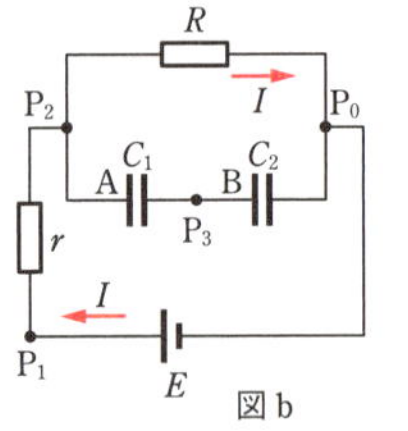

図b

※B **別解** 相加平均と相乗平均の関係式より

$$\frac{R+r}{2}\geqq\sqrt{Rr}$$

(等号は $R=r$ のとき)

$$R+r\geqq 2\sqrt{Rr}$$

$$P=IV=\frac{RE^2}{(R+r)^2} \leqq\frac{RE^2}{(2\sqrt{Rr})^2} =\frac{RE^2}{4Rr}=\frac{E^2}{4r}$$ が最大値。

そのときの抵抗値は

$R=r$〔Ω〕

※C　P_3 の電位が負で P_0 より低いので，Q_2 は負の値である。

ヒント 119 〈電圧と電流の関係〉

(1) (抵抗 R_x に流れる電流)=(電流計で測定した電流)−(電圧計に流れる電流)
(2) (電圧計で測定した電圧)=(電流計の電圧)+(抵抗 R_x の電圧)

(1) 図aのように電圧計に流れる電流を i とする。電流計には測定した電流 I_1 が流れるので，抵抗 R_x には電流 I_1-i が流れる。電圧計と抵抗 R_x は並列なので加わる電圧は等しく，測定値 V_1 である。オームの法則より

抵抗 R_x について　$V_1=R_x(I_1-i)$　　よって　$I_1=\dfrac{V_1}{R_x}+i$

電圧計について　$V_1=r_Vi$　　よって　$i=\dfrac{V_1}{r_V}$

上記2式より　$I_1=\dfrac{V_1}{R_x}+\dfrac{V_1}{r_V}=\dfrac{R_x+r_V}{R_xr_V}V_1$

ゆえに　$R_1=\dfrac{V_1}{I_1}=\dfrac{V_1}{\left(\dfrac{R_x+r_V}{R_xr_V}V_1\right)}=\dfrac{R_xr_V}{R_x+r_V}$〔Ω〕

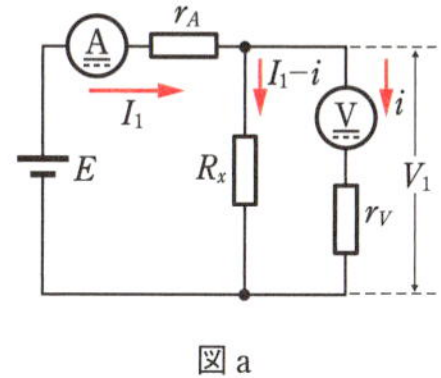

図a

(2) 図bのように抵抗 R_x には電流計で測定した電流 I_2 が流れる。電圧計で測定した電圧 V_2 は，電流計と抵抗 R_x の電圧の和になっている。オームの法則より

$V_2=r_AI_2+R_xI_2=I_2(R_x+r_A)$

ゆえに　$R_2=\dfrac{V_2}{I_2}=\dfrac{I_2(R_x+r_A)}{I_2}=R_x+r_A$〔Ω〕

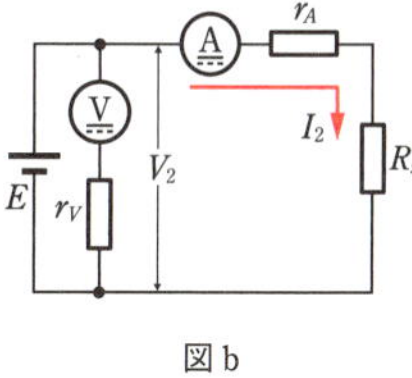

図b

(3) R_1 および R_2 の誤差の大きさ ε_1，ε_2 を定義から計算すると

$$\varepsilon_1=|R_1-R_x|=\left|\frac{R_xr_V}{R_x+r_V}-R_x\right|=\left|\frac{-R_x^2}{R_x+r_V}\right|=\frac{R_x^2}{R_x+r_V}$$

$$\varepsilon_2=|R_2-R_x|=|(R_x+r_A)-R_x|=|r_A|=r_A$$

$\varepsilon_1<\varepsilon_2$ になるためには　$\dfrac{R_x^2}{R_x+r_V}<r_A$

式変形して　$\dfrac{R_x}{r_A}<\dfrac{R_x+r_V}{R_x}$　　よって　$\dfrac{R_x}{r_A}<1+\dfrac{r_V}{R_x}$

ヒント 120 〈太陽電池を含む直流回路〉

「見慣れない問題」こそ「見慣れている部分(キーワード)」を探し出す。本問での「見慣れている部分」は，
① (太陽電池についてはよく知らないが) RC 回路 ➡「キルヒホッフの法則」
② (太陽電池についてはよく知らないが) I-V 特性 ➡「非線形素子」の問題
⇒電球の問題のように，I-V 特性グラフとキルヒホッフの法則の I-V 直線の交点を求める方針が役に立ちそうだと予測できる。

〔A〕(1) 図4から，時刻 t_1 以降では電流 I が減少していることがわかる。また，図2から，この時刻 t_1 での太陽電池の出力電圧が V_0，出力電流が sP_0 だとわかる。時刻 t_1 でのコンデンサーの電気量を $Q(t_1)$ とすると

キルヒホッフの法則より　$V_0=\dfrac{Q(t_1)}{C}$
電流の定義式より　$I=\dfrac{Q(t_1)}{t_1}$　すなわち　$sP_0=\dfrac{Q(t_1)}{t_1}$

これらの式より　$CV_0=sP_0t_1$　ゆえに　$t_1=\dfrac{CV_0}{sP_0}$

(2) 図4から，時刻 $t\to\infty$ で電流 $I=0$ であることがわかる。よって，出力電圧 V' は，$0=sP_0-\dfrac{1}{r}(V'-V_0)$ より，$V'=V_0+rsP_0$ だとわかる。時刻 $t\to\infty$ でのコンデンサーの電気量を $Q(\infty)$ とすると

キルヒホッフの法則より　$V'=\dfrac{Q(\infty)}{C}$

ゆえに，$Q(\infty)=CV'=C(V_0+rsP_0)$

〔B〕(1) このとき，太陽電池の出力電圧 V と出力電流 I との間に，図2の関係（I-V 特性）が成立するだけでなく，キルヒホッフの法則による以下の関係も成立する。　$V=RI$　すなわち　$I=\frac{1}{R}V$　……①

①式を図2の I-V 特性グラフにかき加えると，図aのように条件によって交点（すなわち条件を満たす I，V の値）が変わることがわかる※A。

与えられた問題文から，抵抗値が R_0 となるとき，①式のグラフは点（V_0，sP_0）を通るので（図aのⒷ），　傾き　$\frac{1}{R_0}=\frac{sP_0}{V_0}$　　ゆえに　$R_0=\frac{V_0}{sP_0}$

(2) 同様に考えて，図aのⒸの場合の交点を求めればよい。よって

$$I=sP_0-\frac{1}{r}(RI-V_0)\qquad ゆえに\quad I=\frac{V_0+rsP_0}{R+r}$$

(3) このとき，抵抗での消費電力は太陽電池の電力と等しい。図aの交点に対応する面積（図b）が電力に対応するので※B，この面積が最大になるときを考えればよい。r が R_0 に比べて十分小さいことから，I-V 特性の $V>V_0$ の部分の傾きは $\frac{1}{R_0}$ よりも急であるので，最大となるのは，

$R=R_0=\frac{V_0}{sP_0}$ のときで※C，そのときの電力は　$P=IV=sP_0V_0$　である。

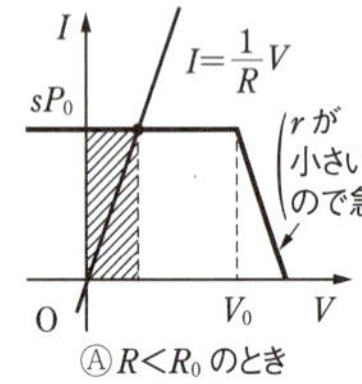

ⒶR<R₀のとき

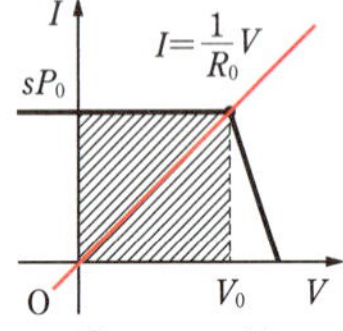

ⒷR=R₀のとき

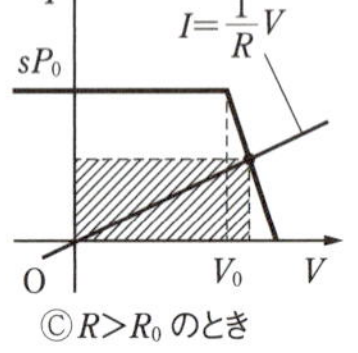

ⒸR>R₀のとき

図b

〔C〕(1) 太陽電池1と2の I-V 特性は図c。これらは直列に接続されているので，電流は常に等しい値となる。よって $I=\frac{1}{2}sP_0$ の電流が流れるとき，図cに示す交点を求めればよく　$V_1=\frac{3}{2}V_0$，$V_2=\frac{5}{2}V_0$

(2) キルヒホッフの法則より

$V_1+V_2=R\cdot\frac{1}{2}sP_0$　よって　$4V_0=R\cdot\frac{V_0}{2r}$　　ゆえに　$\frac{R}{r}=8$　8倍

(3) 図cにおいて，$I=0$ から増やしていくと，$I\leqq sP_0=\frac{V_0}{r}$ でなければ，共通の電流値がとれないことがわかる※D。この範囲のもと，キルヒホッフの法則が満たされるのはどれかを考えればよい。

$I<\frac{V_0}{r}$ のとき，図cの交点を考えて，$V_1+V_2>V_0+2V_0=3V_0$

一方，抵抗に加わる電圧は rI だが，$I<\frac{V_0}{r}$ より V_0 未満となり，不適。

よって，解があるとすれば，$I=\frac{V_0}{r}$ のときであるとわかる。このとき，図dのように交点を考えると，太陽電池2の出力電圧が $V_2=2V_0$ と定まる。一方，このとき抵抗に加わる電圧は rI で，$I=\frac{V_0}{r}$ より V_0 である。キルヒホッフの法則　$V_1+V_2=rI$　すなわち　$V_1+2V_0=V_0$ を満たすためには，$V_1=-V_0$ が必要である。これは，図dより実現可能。よって，イ。

(4) (3)より　$I=\frac{V_0}{r}$，$V_1=-V_0$，$V_2=2V_0$

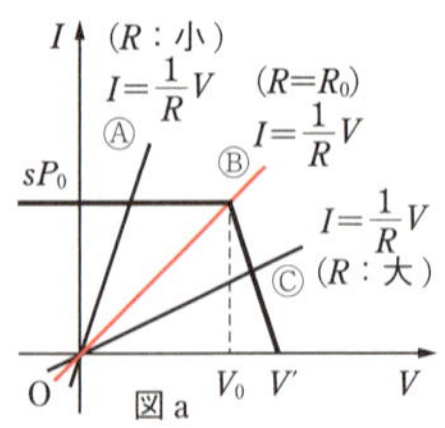

図a

※A　I-V 特性グラフは，縦軸が I なので，傾きは抵抗の逆数となる。
・抵抗㊅→傾き㊀
・抵抗㊀→傾き㊅

※B　電力の式「$P=IV$」より，図aの交点において，
$P=(I座標)\times(V座標)$

※C　図でわかることではあるが，Ⓒ $R>R_0$ のとき条件を満たさないことは，次の消費電力の計算からもわかる。
「$P=I^2R$」と(2)より

$$P=\left(\frac{V_0+rsP_0}{R+r}\right)^2R=\left(\frac{\frac{V_0}{R}+\frac{r}{R}sP_0}{1+\frac{r}{R}}\right)^2R\fallingdotseq\left(\frac{V_0}{R}\right)^2R\quad\left(\frac{r}{R}\ll1\ より\right)=\frac{V_0^2}{R}$$

と表せるので，$R>R_0$ の範囲では，R の増加に伴って，電力が単調に減少することがわかる。よって，$R=R_0$ のときが最大。

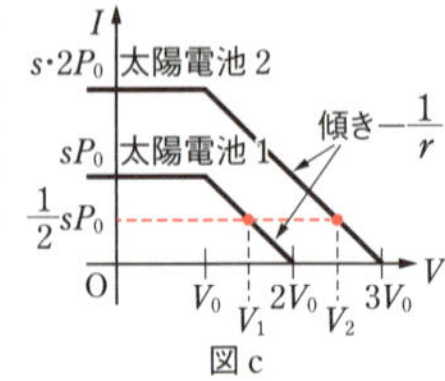

図c

※D　この時点で，$V_2>V_0$ とわかるので，選択肢はイかエに絞られる。

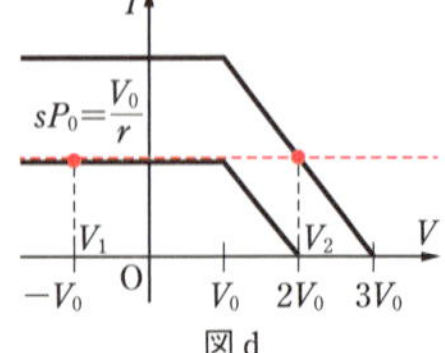

図d

16 電流と磁場

ヒント 121 〈直線電流と円電流のつくる磁場〉

(ウ)〜(オ) 点Pでの磁場は，円電流がつくる磁場と直線電流がつくる磁場のベクトル和となる。

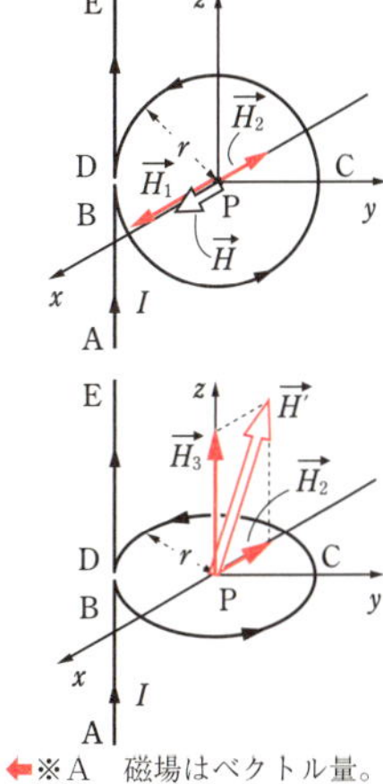

(1)(ア) 円の中心Pに円電流がつくる磁場を $\vec{H_1}$ とする※A。右ねじの法則より $\vec{H_1}$ は x 軸の正の向きで，強さ H_1 は　$H_1=\dfrac{I}{2r}$〔A/m〕

(2)(イ) 直線電流 AE(=AB+DE) が点Pにつくる磁場を $\vec{H_2}$ とする。$\vec{H_2}$ は x 軸の負の向きで，強さ H_2 は　$H_2=\dfrac{I}{2\pi r}$〔A/m〕

(3)(ウ) 点Pでの合成磁場を $\vec{H}$ とすると，$\vec{H}=\vec{H_1}+\vec{H_2}$ であるから，強さ H は $H_1>H_2$ より

$$H=H_1-H_2=\frac{I}{2r}-\frac{I}{2\pi r}=\frac{I}{2r}\left(1-\frac{1}{\pi}\right)\text{〔A/m〕}$$

(4)(エ) $H_1>H_2$ より $\vec{H}$ の向きは **x 軸の正の向き**となる。

(5)(オ) 円電流が中心Pにつくる磁場を $\vec{H_3}$ とすると，$\vec{H_3}$ は z 軸の正の向きで，強さ H_3 は　$H_3=\dfrac{I}{2r}$〔A/m〕

点Pにおける合成磁場を $\vec{H'}$ とすると，$\vec{H'}=\vec{H_2}+\vec{H_3}$ より強さ H' は

$$H'=\sqrt{{H_2}^2+{H_3}^2}=\sqrt{\left(\frac{I}{2\pi r}\right)^2+\left(\frac{I}{2r}\right)^2}=\frac{I}{2r}\sqrt{1+\frac{1}{\pi^2}}\text{〔A/m〕}$$

※A　磁場はベクトル量。

ヒント 122 〈直線電流がつくる磁場〉

(イ)，(エ)，(オ) 電流が磁場から受ける力の大きさ ➡「$F=IBl_\perp$」
(ウ)，(カ) 電流が磁場から受ける力の向き ➡ フレミングの左手の法則
(キ) 導線 BC，AD が受ける力の大きさと向きについて，それぞれ比較してみる。そうすれば，各々の導線が受ける力の大きさを直接求めなくても，合力が求められる。

(ア) I_1 が距離 r だけ離れた位置につくる磁場の強さ H_{AB} は　$H_{AB}=\dfrac{I_1}{2\pi r}$

(イ) (ア)の磁場の向きは，右ねじの法則より，紙面の手前から奥の向き (⊗)。また，正方形導線には A→B→C→D→A の向きに電流 I_2 が流れているので，導線 AB が I_1 によって受ける力の大きさ F_{AB} は，「$F=IBl_\perp$」より

$$F_{AB}=I_2\times\mu_0H_{AB}\times 2r=\frac{\mu_0 I_1 I_2}{\pi}$$

(ウ) 力の向きは，フレミングの左手の法則より，x 軸の正の向き。③※A

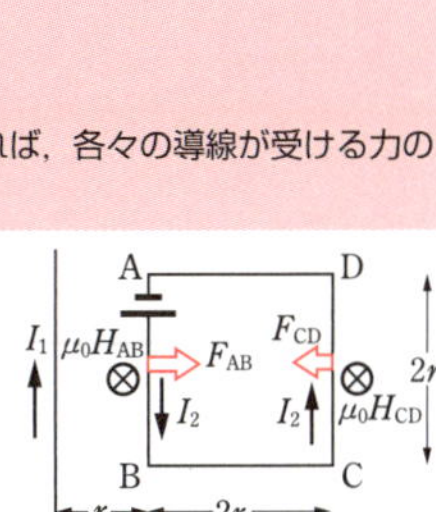

図 a

※A　互いに平行な電流
・同じ向き → 引力
・逆向き　→ 斥力

(エ) I_1 が CD の位置につくる磁場の強さ H_{CD} は　$H_{CD}=\dfrac{I_1}{2\pi\times 3r}=\dfrac{1}{3}H_{AB}$

(イ)をふまえて，導線 CD が I_1 によって受ける力の大きさ F_{CD} を求めると

$$F_{CD}=I_2\times\mu_0H_{CD}\times 2r=\frac{1}{3}I_2\times\mu_0H_{AB}\times 2r=\frac{1}{3}F_{AB}$$

フレミングの左手の法則より，この力の向きは x 軸の負の向き (図 a)。
よって合力の向きは x 軸の正の向きとなり，その大きさ F は

$$F=F_{AB}-F_{CD}=F_{AB}-\frac{1}{3}F_{AB}=\frac{2}{3}F_{AB}\qquad \text{よって}\ \frac{2}{3}\ \text{倍}$$

(オ) 微小導線の長さ Δx は x に比べて十分小さく，この微小部分に I_1 がつくる磁場は一定とみなせる。この磁場の強さを H_x とし，(イ)，(エ)と同様に考えて

$$\Delta F_{BC}=I_2\times\mu_0H_x\times\Delta x=I_2\cdot\mu_0\frac{I_1}{2\pi x}\Delta x=F_{AB}\cdot\frac{\Delta x}{2x}\qquad \text{ゆえに}\ \frac{\Delta x}{2x}\ \text{倍}$$

(カ) フレミングの左手の法則より，力の向きは図の上向き (図 b)。①

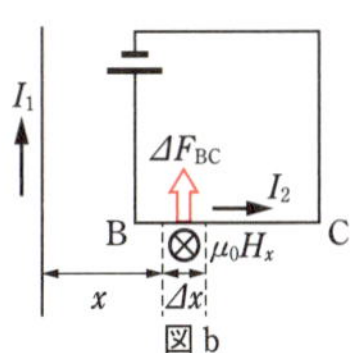

図 b

(キ) 導線 DA についても，導線 BC と同様に，微小導線が受ける力を考えることができ，その大きさはそれぞれ等しく※B，向きは逆となる。よって，I_1 により導線 BC と導線 DA が受ける力の合力は 0 となる。ゆえに，I_1 によって ABCD が受ける力の合力の大きさは(エ)と等しく F_{AB} の $\frac{2}{3}$ 倍（図 c）。

※B　導線 BC，DA が受ける力の大きさをそれぞれ求めるには，微小導線が受ける力の総和を計算するための積分を行う必要がある。

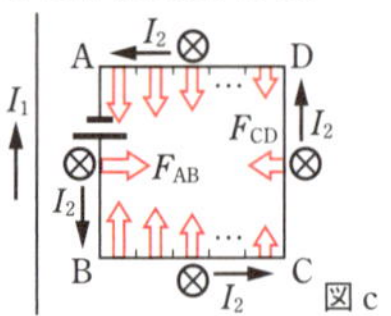

図 c

ヒント 123 〈一様な磁場内の荷電粒子の運動〉

(4) ローレンツ力が向心力となる。　(7)（らせん運動のピッチ）=（1 回転する間に z 軸方向に進む距離）
(8)（電子が受けた仕事）=（電子の運動エネルギー）

(1) 電子の速度の x 成分，z 成分の大きさをそれぞれ v_x，v_z〔m/s〕とする。zx 平面で v を図示すると，図 a のようになるので

$v_x = \boldsymbol{v\sin\theta}$〔m/s〕，　$v_z = \boldsymbol{v\cos\theta}$〔m/s〕

(2) **ローレンツ力**

(3) ローレンツ力の式「$f = qv_\perp B$」（$v_\perp$ は磁場と直交する速度成分の大きさ）より

$F = ev_xB = \boldsymbol{evB\sin\theta}$〔N〕

(4) ローレンツ力が向心力になる（図 b）。ローレンツ力は半径方向にはたらくから，接線方向の速さは v_x のままなので，運動方程式は

$m\frac{v_x^2}{R} = ev_xB$　　よって　$R = \frac{mv_x}{eB} = \boldsymbol{\frac{mv\sin\theta}{eB}}$〔m〕

(5) 周期 T は　$T = \frac{2\pi R}{v_x} = \boldsymbol{\frac{2\pi m}{eB}}$〔s〕　　(6) **等速直線運動**

(7) 周期 T の間に z 軸方向に進む距離が l であるから

$l = v_zT = v\cos\theta\cdot\frac{2\pi m}{eB} = \boldsymbol{\frac{2\pi mv\cos\theta}{eB}}$〔m〕

(8) 電位差 E で加速されるとき，電子が受けた仕事は eE である。これが電子の運動エネルギーになるから　$eE = \frac{1}{2}mv^2$　　よって　$v = \boldsymbol{\sqrt{\frac{2eE}{m}}}$〔m/s〕

(9) (4)の結果に(8)の v を代入して

$R = \frac{m}{eB}\sqrt{\frac{2eE}{m}}\cdot\sin\theta = \frac{\sin\theta}{B}\sqrt{\frac{2mE}{e}}$　　よって　$\frac{BR}{\sin\theta} = \sqrt{\frac{2mE}{e}}$

両辺を 2 乗して　$\left(\frac{BR}{\sin\theta}\right)^2 = \frac{2mE}{e}$　　ゆえに　$\frac{e}{m} = \boldsymbol{2E\left(\frac{\sin\theta}{BR}\right)^2}$〔C/kg〕

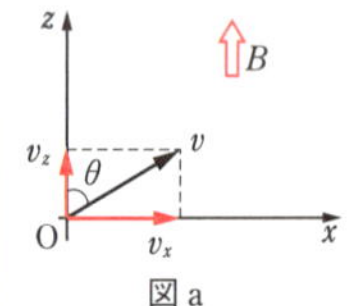

図 a

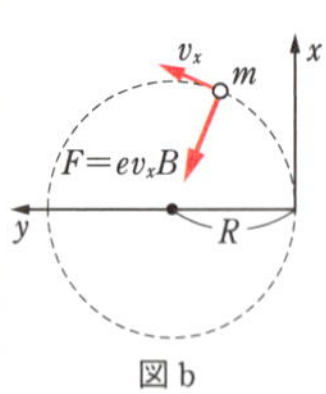

図 b

ヒント 124 〈半導体とホール効果〉

(2) ローレンツ力の向きはフレミングの左手の法則で判断し，その結果から自由電子の移動を考える。
(3) 金属中を自由電子が直進するとき，ローレンツ力と静電気力はつりあっている。
(4)「$I = envS$」を用いる。　(5) キャリアのローレンツ力による移動から判断する。

(1)(ア)〜(エ) 2種類の半導体(p型, n型)を接合させ, n型側よりp型側の電位が高くなるように電圧を加えると, 順方向となりダイオードに電流が流れる。よって, 半導体Aは(ア)**p**型半導体で, キャリアは(イ)**ホール(正孔)**, 半導体Bは(ウ)**n**型半導体で, キャリアは(エ)**電子**である。

(オ)**空乏層**　(カ)**ダイオード**　(キ)**整流**

(2) キャリアである電子が受けるローレンツ力の大きさFは $F=evB$。またその向きは, フレミングの左手の法則より, 側面X→Yとなる(図a)。このローレンツ力Fにより, 電子は側面Y側に移動する。よって側面Y側は負に帯電し, 電位が低くなる。ゆえに, 電位が高くなるのは**側面X**である。このような現象を**ホール効果**という。

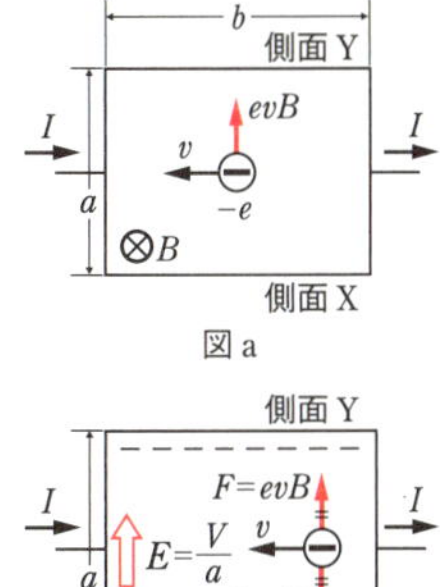

図a　図b

(3) 側面XY間の電位差をVとすると, XY間に生じる電場の強さEは, $E=\dfrac{V}{a}$ であり, 向きは(2)より, X→Y方向である。

この電場から電子が受ける静電気力の大きさfは,「$F=qE$」より

$f=eE=e\dfrac{V}{a}$, 向きはY→X(図b)

金属内を電子が直進するためには, ローレンツ力Fと静電気力fがつりあうことが条件なので

$evB=e\dfrac{V}{a}$　よって　$v=\boldsymbol{\dfrac{V}{Ba}}$

(4) 電流の大きさIと, 導線の断面積S, 単位体積当たりの自由電子の数n, 自由電子の速さvの関係式「$I=envS$」をこの金属に適用すると,

$S=ac$ より　$I=envac$

(3)の結果を代入して　$I=en\dfrac{V}{Ba}ac=\dfrac{enVc}{B}$　よって　$n=\boldsymbol{\dfrac{BI}{ecV}}$

(5) 試料A′の場合(キャリアはホール)

図cのように, キャリアであるホールが受けるローレンツ力の向きは, フレミングの左手の法則より, 側面X→Yの向きである。このローレンツ力によってホールは側面Y側に移動する。よって側面Y側が正に帯電するので, 高電位になるのは**側面Y**である。

試料B′の場合(キャリアは電子)

キャリアが(2)の金属と同じ電子なので, 高電位になるのも同様に**側面X**である。

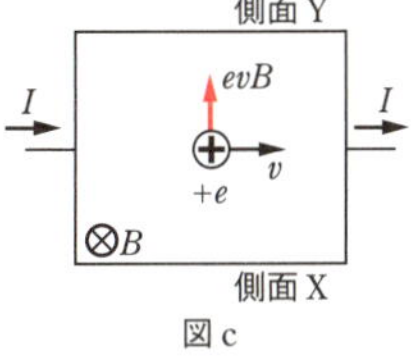

図c

ヒント 125〈電磁場中の荷電粒子の運動〉

〔A〕(電極aでの運動エネルギー)+(電場がした仕事)=(電極bでの運動エネルギー)

〔B〕(1) z軸方向には静電気力を受けて等加速度直線運動, y軸方向には等速直線運動をする。

(2) $z_1=h$ となるときが, $E=E_1$ である。

〔D〕(1)『陽子は偏向部を直進』➡ ローレンツ力と静電気力がつりあっている

(2) ローレンツ力は陽子に仕事をしない。　(3) $0<B<B_1$ のとき, ローレンツ力のy軸方向の成分は常に正。

〔A〕 初速度が無視できるので, 仕事とエネルギーの関係から

$\dfrac{1}{2}m\times0^2+qV=\dfrac{1}{2}mv_0^2$　よって　$v_0^2=\dfrac{2qV}{m}$

$v_0>0$, $q>0$ より　$v_0=\boldsymbol{\sqrt{\dfrac{2qV}{m}}}$ ※A⬅

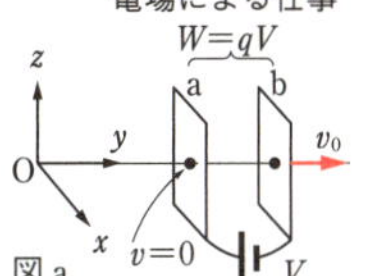

図a

⬅※A **別解** a, b間でy軸方向の加速度をa_yとおくとき, a, b間の距離をy_0とすれば, 陽子の運動方程式は

$ma_y=q\dfrac{V}{y_0}$

したがって $a_y=\dfrac{qV}{my_0}$ の等加速度直線運動を行う。

$v_0^2-0^2=2\times a_y\times y_0$

よって

$v_0^2=2\times\dfrac{qV}{my_0}y_0=\dfrac{2qV}{m}$

〔B〕 c，d 間を通過するとき，電場の方向が z 軸方向なので，x 軸方向，y 軸方向には力ははたらかない。

(1) z 軸の正の向きの加速度を a_z とすれば，運動方程式 $ma_z=qE$ より $a_z=\dfrac{qE}{m}$ の等加速度直線運動を行う。

また y 軸方向には $v_y=v_0$ の等速直線運動を行う。したがって，電極を出るまでの時間を t とすれば $l=v_0t$ が成りたち，z 軸方向には

$z_1=0\times t+\dfrac{1}{2}a_zt^2$ が成りたつ。つまり $z_1=\dfrac{1}{2}\times\dfrac{qE}{m}\times\left(\dfrac{l}{v_0}\right)^2=\dfrac{qEl^2}{2mv_0{}^2}$

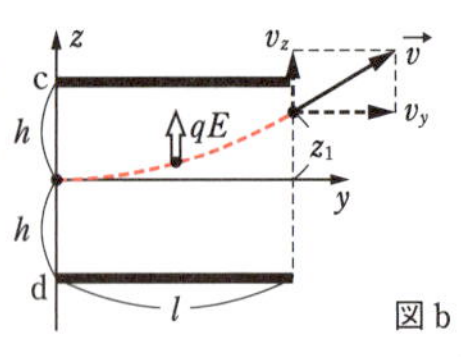

図 b

(2)〔A〕より $v_0{}^2=\dfrac{2qV}{m}$ なので(1)の z_1 は $z_1=\dfrac{qEl^2}{2mv_0{}^2}=\dfrac{qEl^2}{2m\times\dfrac{2qV}{m}}=\dfrac{El^2}{4V}$

と，V，l，E を用いて表すことができる。電極 c に衝突しないためには，$z_1<h$ であればよい。題意より，$z_1=h$ のときの電場の強さが $E=E_1$ という条件なので $h=\dfrac{E_1l^2}{4V}$ つまり $E_1=\dfrac{4Vh}{l^2}$

〔C〕〔B〕より $z_1=\dfrac{El^2}{4V}$ で z 座標が与えられるが，この式は，粒子の電荷 q，質量 m に依存しない。したがって，α 粒子の場合も同一の式が成りたつ。つまり $z_2=z_1$

〔D〕(1) $B=B_1$ のとき，陽子は偏向部を直進しているので，陽子が磁場から受ける力(ローレンツ力)は静電気力とつりあっている。

z 軸方向の力のつりあいより $qE_1=qv_0B_1$ よって $B_1=\dfrac{E_1}{v_0}$

また，通過時間 T_1 は，y 軸方向に等速直線運動することより

$l=v_0T_1$ よって $T_1=\dfrac{l}{v_0}$

(2) 陽子にはたらくローレンツ力は，陽子の速度方向に対して常に垂直にはたらく。すなわち，常に進行方向に垂直にはたらくので，ローレンツ力は陽子に対して仕事をしない。したがって，偏向部で陽子になされる仕事は静電気力による仕事のみである。

$W=F\cdot s=qE_1\cdot z_3$

エネルギーと仕事の関係より

$\dfrac{1}{2}mv_0{}^2+qE_1\cdot z_3=\dfrac{1}{2}mv_1{}^2$ よって $v_1{}^2=v_0{}^2+\dfrac{2qE_1\cdot z_3}{m}$

〔A〕より $v_0{}^2=\dfrac{2qV}{m}$ であるから $v_1{}^2=\dfrac{2q}{m}(V+E_1z_3)$

よって，速さ v_1 は $v_1=\sqrt{\dfrac{2q}{m}(V+E_1z_3)}$

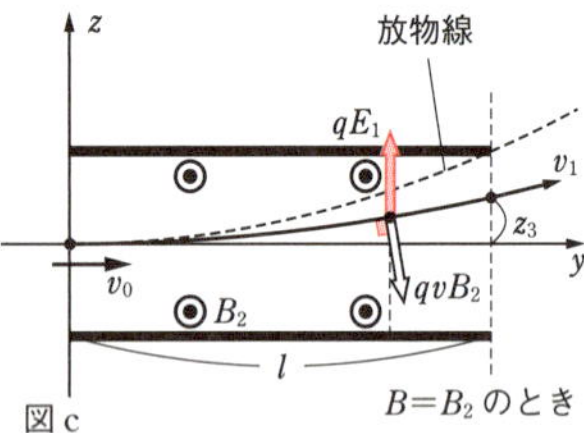

図 c

(3) $B=0$ のときは，y 軸方向に等速直線運動であったから，$T=\dfrac{l}{v_0}$，また

$B=B_1$ のときも(1)より $T=T_1=\dfrac{l}{v_0}$ となる。つまり，$B=0$，$B=B_1$ で $T=T_1$ となり，問題の図 2 で(ウ)と(エ)は不適当である。(ア)，(イ)，(オ)の違いを考えるには，$0<B<B_1$ つまり，(2)の問いで扱われた状況で，T を評価すればよい。その際，ここで問題にしているのは偏向部を通過する時間 T であるから，速度の y 軸方向の成分によって判断する。

$0<B<B_1$ のとき，偏向部を通過するときの陽子の軌道は，yz 平面で常に正の傾きを有する。このとき，図 c からわかるように，各瞬間にはたらくローレンツ力の y 軸方向の成分は必ず正になる。

ローレンツ力の y 軸方向の成分により陽子は y 軸の正の向きに加速度をもつ。すなわち，陽子の y 軸方向の速さが v_0 より大きくなるので，偏向部を通過する時間は短くなる※B⬅。したがって(ア)。

⬅※B 陽子の y 軸方向の速さは大きくなるが，ローレンツ力が陽子に仕事をするわけではない。ローレンツ力は y 軸方向には正の仕事をするが，z 軸方向には負の仕事をし，それらは打ち消しあう。

17 電磁誘導

ヒント 126 〈金属円筒中を落下するネオジム磁石〉

(ア) コイルの断面を考えて，コイルの一部分が受ける力の大きさと向きを考えるとよい。
(ウ) 『vが一定になった』➡ 加速度が0

(a) AがCに近づいて来ると，Cを貫く下向きの磁束が大きくなっていくので，レンツの法則より誘導電流は**反時計回り**に流れる。

(b) Cの断面は図aのようになっており，Cの各部分が受ける力の合力は，水平成分がすべて打ち消しあうためz軸**正**の向きのみとなる。

(ア) Cの長さΔlの部分が受ける力のz成分は図bより $\Delta l \cdot IB\sin\theta$
よって，円周分の長さ$2\pi r$が受ける力の大きさfは $f=\boldsymbol{IB\sin\theta}\cdot 2\pi r$

(c) Aより上方にある部分は，Aが遠ざかっていくので，貫く下向きの磁束が小さくなる。よって，レンツの法則より時計回りの誘導電流が流れる。この部分が受ける力は，断面で見ると図cのようになっており，(b)と同様にz軸**正**の向きのみとなる。

(イ) Aにはたらく力は図dのようになるので，運動方程式は
$Ma=\boldsymbol{Mg-F}$

(ウ) vが一定，つまり加速度が0となるのは，(イ)の結果より
$M\times 0=Mg-F_0$ よって $F_0=\boldsymbol{Mg}$

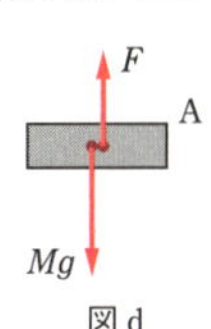

図d

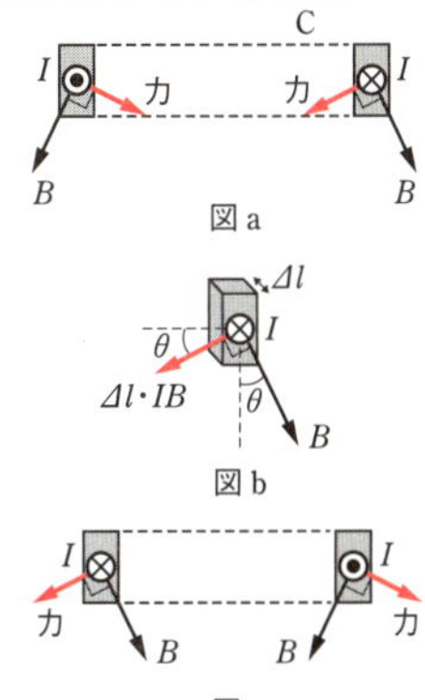

図a 図b 図c

ヒント 127 〈磁場中を運動する2本の導体棒〉

(1)(ウ) 『外力を加えて一定の速さで運動させた』➡ 外力は磁場から受ける力とつりあっている
(2)(キ)，(ク) Pが運動を始めると，Qに生じている誘導起電力とは逆向きの起電力が生じ始め，電流が小さくなっていく。Pにはたらくフレミングの左手の法則に従う力も小さくなっていき，十分時間が経つと電流も力も0となる。
(3)(ケ) Qのもっている運動エネルギーが，P，Q（ともに抵抗R）でジュール熱として消費される。
(4)(セ) Qの速さはwから0まで減少するので，$\Delta v=w$ である。

(1)(ア) Δtの間に，P，Qおよび2本のレールで囲まれる部分の面積は，図aのように，$\Delta S=lw\Delta t$ 変化する。このとき貫く磁束の変化の大きさ$\Delta\Phi$は
$\Delta\Phi=B\Delta S=Blw\Delta t$
よって，単位時間当たりの変化の大きさは $\dfrac{\Delta\Phi}{\Delta t}=\boldsymbol{Blw}$

(イ) Qが動くことによって生じる誘導起電力の大きさV_Qは，ファラデーの電磁誘導の法則「$V=-N\dfrac{\Delta\Phi}{\Delta t}$」より $V_Q=\dfrac{\Delta\Phi}{\Delta t}=Blw$
Qが通過した領域の磁場を打ち消すような向きの磁場をつくる誘導電流が生じるので，図bのような向きの起電力となる。求める電流の大きさをIとおくと，キルヒホッフの法則IIより
$V_Q=2RI$ よって $I=\dfrac{V_Q}{2R}=\boldsymbol{\dfrac{Blw}{2R}}$ ……ⓐ

(ウ) 誘導電流が流れることで，Qには大きさIBlのフレミングの左手の法則に従う力が，図cのように左向きにはたらく。この力とは逆向きで大きさが等しい外力を加えると，Qは一定の速さで運動することになる。外力の大きさをFとおき，ⓐ式を用いて $F=IBl=\dfrac{(Bl)^2w}{2R}$
よって，外力の仕事率は「$P=Fv$」より $Fw=\dfrac{(Bl)^2w}{2R}\cdot w=\boldsymbol{\dfrac{(Blw)^2}{2R}}$ ※A⬅

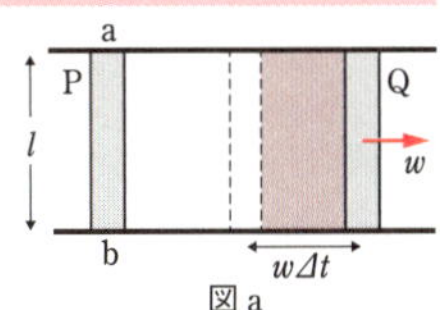

図a

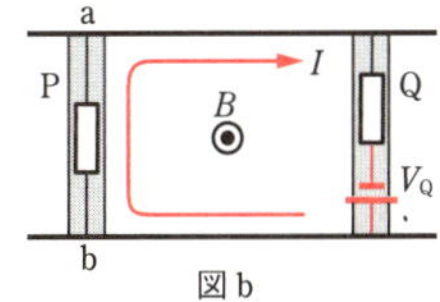

図b

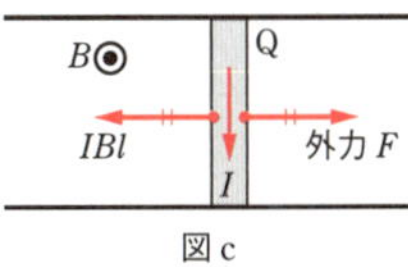

図c

(エ) Qで単位時間に発生するジュール熱，つまりQでの消費電力は

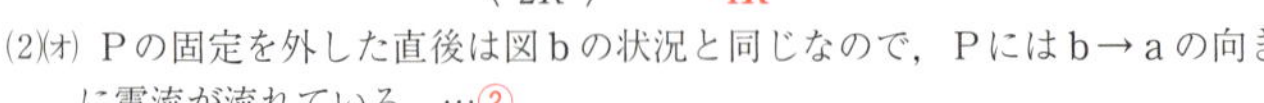

「$P=I^2R$」より　$I^2R=\left(\dfrac{Blw}{2R}\right)^2R=\boldsymbol{\dfrac{(Blw)^2}{4R}}$ ※A

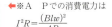

※A　Pでの消費電力は $I^2R=\dfrac{(Blw)^2}{4R}$ と書けるので，PとQでの消費電力の合計が，(ウ)で求めた外力の仕事率に等しいことがわかる。

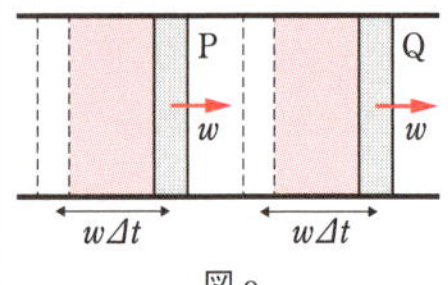

図 e

(2)(オ) Pの固定を外した直後は図bの状況と同じなので，Pにはb→aの向きに電流が流れている。…②

(カ) Pには，図dのように，フレミングの左手の法則に従う力が右向きにはたらく。…①

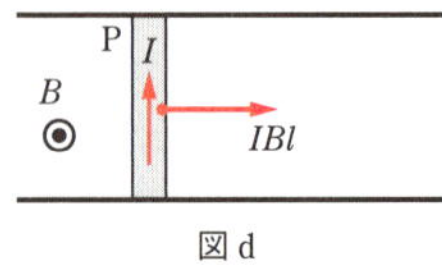

図 d

(キ) Pの速さが一定値になったということは，このときPには力がはたらいていないことになる。つまり誘導電流が生じていない※B，ということなので，P，Qおよび2本のレールで囲まれる部分の面積が変化していないことになる(図e)。よってPはQと同じ速さ**w**になっている。

※B　PとQそれぞれに誘導起電力は生じているが，下図のように向きが逆で，打ち消しあっている。

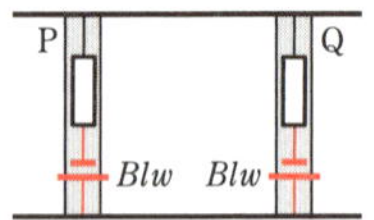

(ク) 上記の通りで，Pを流れる電流の大きさは　**0**

(3)(ケ) Qが静止するまでに失う運動エネルギーが，PとQで発生するジュール熱に変わる。PとQで発生するジュール熱は等しいので，Qで発生したジュール熱は　$\dfrac{1}{2}\times\dfrac{1}{2}mw^2=\boldsymbol{\dfrac{1}{4}mw^2}$

(4)(コ) Pを固定した直後のQの速さはwなので，Qには大きさBlwの誘導起電力が生じている。よって流れる電流の大きさI'は　$I'=\boldsymbol{\dfrac{Blw}{2R}}$

(サ) 図fのように，Qにはフレミングの左手の法則に従う力が，左向きにはたらく。その大きさは

$$I'Bl=\boldsymbol{\frac{(Bl)^2w}{2R}}$$

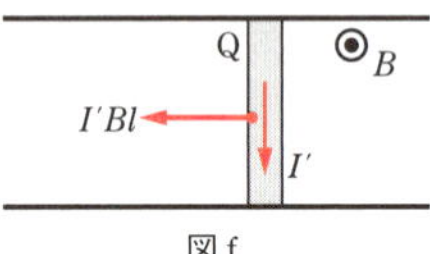

図 f

(シ) 右向きを正にとり，Qの加速度をα_0とおくと，Qの運動方程式は

$$m\alpha_0=-\frac{(Bl)^2w}{2R}$$

よって，求める加速度の大きさ$|\alpha_0|$は　$|\alpha_0|=\boldsymbol{\dfrac{(Bl)^2w}{2mR}}$　……ⓑ

(ス) Qの速さがvのときの加速度をαとおくと，ⓑ式より　$|\alpha|=\dfrac{(Bl)^2v}{2mR}$

が成りたつ。$|\alpha|=\dfrac{\Delta v}{\Delta t}$，$v=\dfrac{\Delta x}{\Delta t}$　より，次の関係式が成りたつ。

$$\frac{\Delta v}{\Delta t}=\boldsymbol{\frac{(Bl)^2}{2mR}}\cdot\frac{\Delta x}{\Delta t}\quad\cdots\cdots ⓒ$$

(セ) ⓒ式より　$\Delta x=\dfrac{2mR}{(Bl)^2}\Delta v$

Qの速さがwから0まで減少する，つまり　$\Delta v=w$　のとき，Qの移動距離Δxは　$\Delta x=\boldsymbol{\dfrac{2mR}{(Bl)^2}w}$

ヒント 128〈傾斜したレール上をすべる導体棒〉

(2) 磁場を横切る導体棒に生じる誘導起電力の大きさは「$V=v_{\perp}Bl$」

(5)，(9)，(10) 導体棒が『静止』・『速さが一定』➡ どちらも導体棒にはたらく力がつりあっている

(7) 導体棒は等速で下降しているので，運動エネルギーは変化しないが，重力による位置エネルギーは減少する。

(8) 抵抗で単位時間当たりに発生するジュール熱の大きさは，抵抗の消費電力に等しい。

(10) 導体棒に生じる起電力を電池とみなして，キルヒホッフの法則Ⅱを用いて，流れる電流の大きさを求める。

(1) 導体棒PQには誘導起電力 V が生じる。起電力の向きは，PQの運動を妨げる向きに力が発生するように電流を流すことを考えると，Qの電位が高い(電池の正極にあたる)(図a)。**Q**※A⬅

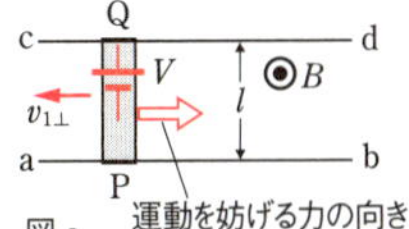

図a

⬅※A 別解 導体棒PQが斜面上を下向きに運動すると，PQ中の自由電子はローレンツ力をQ→Pの向きに受ける。その結果Q側に正電荷が，P側に負電荷が偏るため，電位が高いのは**Q**。

(2) PQは斜面上を加速度 $g\sin\theta$ で等加速度運動する。時刻 t におけるPQの速さ v_1 は，「$v=v_0+at$」より　$v_1=0+g\sin\theta\cdot t=gt\sin\theta$

PQの速度の磁場に直交する成分 $v_{1\perp}$ は，図bより　$v_{1\perp}=v_1\cos\theta$

PQに生じる誘導起電力の大きさ V_1 は，「$V=v_{\perp}Bl$」より

$$V_1=v_{1\perp}Bl=v_1Bl\cos\theta=gt\sin\theta\cdot Bl\cdot\cos\theta=\boldsymbol{gBlt\sin\theta\cos\theta}$$

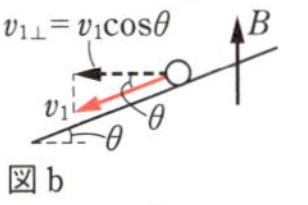

図b

(3) (2)と同様に考えて，PQに生じる誘導起電力の大きさ V_0 は

$$V_0=v_{\perp}Bl=\boldsymbol{vBl\cos\theta}$$

(4) 図cの回路図より，求める電流の大きさを I とするとキルヒホッフの法則Ⅱより　$V_0-RI=0$　　よって　$I=\dfrac{V_0}{R}=\boldsymbol{\dfrac{vBl\cos\theta}{R}}$

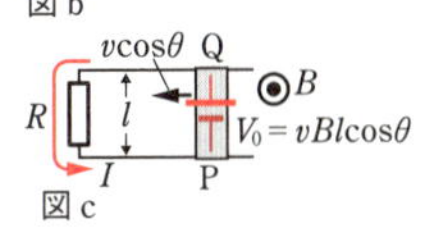

図c

(5) PQの速さが一定(v_2)になったときに，PQに流れる電流の大きさを I_2 とすると，図dのようにPQは磁場から大きさ I_2Bl の力を受ける。PQが等速なので，斜面方向の力のつりあいを考えると　$mg\sin\theta=I_2Bl\cos\theta$

よって　$I_2=\dfrac{mg\sin\theta}{Bl\cos\theta}=\boldsymbol{\dfrac{mg}{Bl}\tan\theta}$　　……①

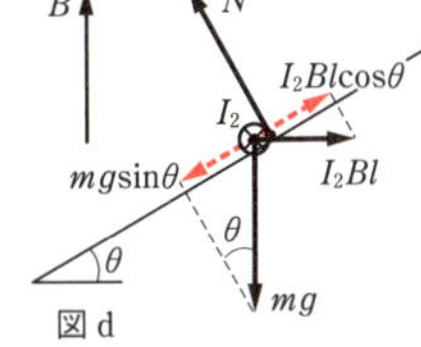

図d

(6) (2)，(3)と同様に考えて，PQに生じる誘導起電力 V_2 は　$V_2=v_2Bl\cos\theta$

図eの回路についてキルヒホッフの法則Ⅱを用いて，I_2 に①式を代入すると

$$0=V_2-RI_2=v_2Bl\cos\theta-R\frac{mg\sin\theta}{Bl\cos\theta}\qquad よって\quad v_2=\boldsymbol{\frac{mgR\sin\theta}{(Bl\cos\theta)^2}}\quad ……②$$

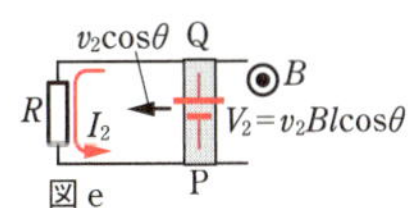

図e

(7) PQは速さ v_2 で等速なので運動エネルギーは変化しない。しかし，単位時間に高さが $v_2\sin\theta$ ずつ下がるので，重力による位置エネルギーは減少する。求める力学的エネルギーの減少分 $\varDelta E$ は，②式を用いて

$$\varDelta E=mgv_2\sin\theta=mg\left\{\frac{mgR\sin\theta}{(Bl\cos\theta)^2}\right\}\sin\theta=\boldsymbol{R\left(\frac{mg}{Bl}\tan\theta\right)^2}$$

(8) 抵抗で単位時間に発生するジュール熱 P は，抵抗における消費電力「$P=I^2R$」に等しい。①式を用いると　$P=I_2{}^2R=\boldsymbol{R\left(\dfrac{mg}{Bl}\tan\theta\right)^2}$ ※B⬅

⬅※B (7)と(8)の答えが等しいことから，単位時間当たりに失う重力による位置エネルギー(重力のした仕事)の分だけ，抵抗で発熱していることがわかる。

(9) PQに流れる電流の大きさを I_3，直流電源Eの電圧の大きさを E とすると，図fの回路においてキルヒホッフの法則Ⅱを用いて

$$E-RI_3=0\qquad よって\quad I_3=\frac{E}{R}$$

PQは磁場から大きさ I_3Bl の力を受けて静止しているので，(5)と同様に考えて斜面方向の力のつりあいより

$$mg\sin\theta=I_3Bl\cos\theta=\left(\frac{E}{R}\right)Bl\cos\theta\qquad よって\quad E=\boldsymbol{\frac{mgR}{Bl}\tan\theta}$$

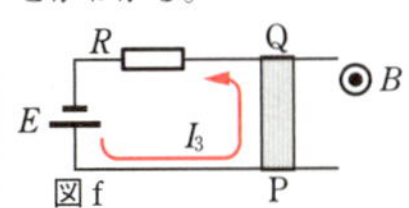

図f

(10) 速さ u のPQに生じる誘導起電力の大きさ V_4 は，(2)と同様に考えて，$V_4=uBl\cos\theta$ となる。ただし，PQは斜面上を上昇しているので，Pが高電位になる。図gにおいて，電流の大きさを I_4 としてキルヒホッフの法則Ⅱより※C⬅　$V-V_4-RI_4=0$　　よって　$I_4=\dfrac{V-V_4}{R}=\dfrac{V-uBl\cos\theta}{R}$

PQが等速で動いているのでPQにはたらく力はつりあっている。(5)，(9)同様，斜面方向の力のつりあいより

$$mg\sin\theta=I_4Bl\cos\theta=\frac{V-uBl\cos\theta}{R}Bl\cos\theta$$

よって　$u=\dfrac{VBl\cos\theta-mgR\sin\theta}{(Bl\cos\theta)^2}=\boldsymbol{\dfrac{VBl-mgR\tan\theta}{(Bl)^2\cos\theta}}$

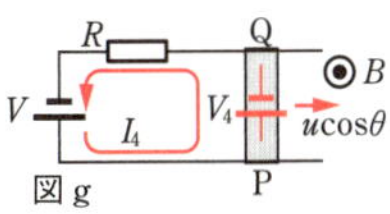

図g

⬅※C 電池 V によってエネルギーが供給されPQが動き，誘導起電力 V_4 が生じているので $V>V_4$ である。誘導起電力 V_4 の向きに電流が流れるわけではない。

ヒント 129 〈長方形コイルに生じる誘導起電力〉

(1) 磁束 Φ は「$\Phi=BS$」より求める。

(2) 誘導起電力の大きさは，ファラデーの電磁誘導の法則「$V=\left|-N\dfrac{\Delta\Phi}{\Delta t}\right|$」を用いる。誘導電流の向きは「レンツの法則」，大きさは「オームの法則」を用いる。

(3) 電流が磁場から受ける力は「$F=IBl$」　(4) ジュール熱の式は「$Q=I^2Rt$」

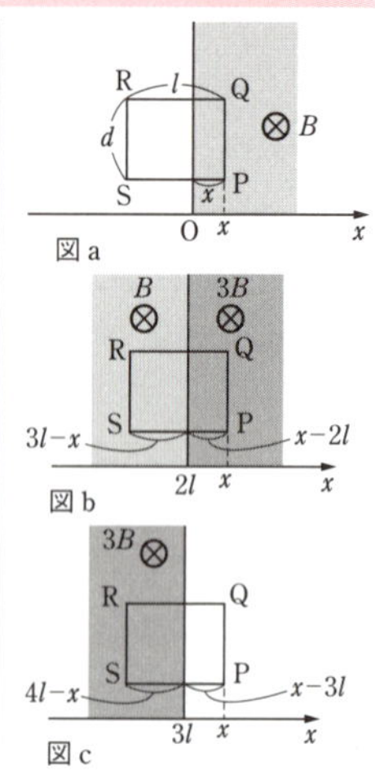

(1)(ア) $x=0\sim l$ のとき，図 a より，磁束密度 B の領域にあるコイルの x 方向の長さは x である。よってコイルを貫く磁束 $\Phi(x)$ は　$\Phi(x)=Bdx$〔Wb〕

(イ) $x=l\sim 2l$ のとき，コイル全体が磁束密度 B の領域にあるので
$\Phi(x)=Bdl$〔Wb〕

(ウ) $x=2l\sim 3l$ のとき，図 b より，コイルの 1 辺 SP のうち，長さ $x-2l$ が磁束密度 $3B$ の領域に，長さ $3l-x$ が磁束密度 B の領域にある。よって
$\Phi(x)=3Bd(x-2l)+Bd(3l-x)=2Bdx-3Bdl$〔Wb〕

(エ) $x=3l\sim 4l$ のとき，図 c より，磁束密度 $3B$ の領域にあるコイルの x 方向の長さは $4l-x$ である。よって　$\Phi(x)=3Bd(4l-x)$〔Wb〕

以上をグラフにすると図 d のようになる。

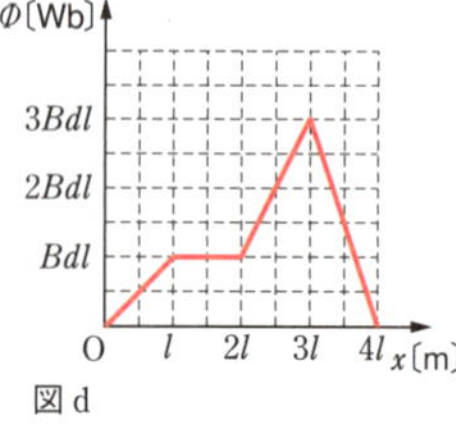

図 d

(2) ファラデーの電磁誘導の法則

「$V=\left|-N\dfrac{\Delta\Phi}{\Delta t}\right|$」より，誘導起電力の大きさ V〔V〕を求める。ここで，コイルは $N=1$ 巻き，コイルが l だけ移動する時間を Δt とすると，$\Delta t=\dfrac{l}{v}$ である。

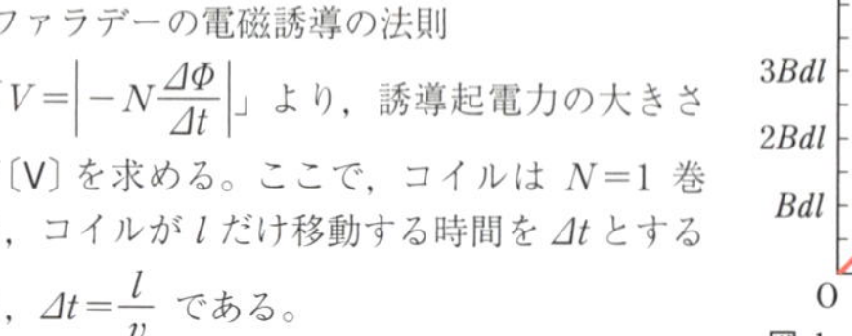

コイルに流れる電流の大きさ I〔A〕は，オームの法則より $I=\dfrac{V}{R}$，向きはレンツの法則で判断すると

(ア) $V=\left|-1\times\dfrac{(Bdl-0)}{l/v}\right|=Bdv$

よって　$I=\dfrac{V}{R}=\dfrac{Bdv}{R}$　　向きは P→Q なので　$\dfrac{Bdv}{R}$〔A〕

(イ) $V=\left|-1\times\dfrac{(Bdl-Bdl)}{l/v}\right|=0$　よって　$I=\dfrac{V}{R}=\dfrac{0}{R}=0$　0 A

(ウ) $V=\left|-1\times\dfrac{(3Bdl-Bdl)}{l/v}\right|=2Bdv$

よって　$I=\dfrac{V}{R}=\dfrac{2Bdv}{R}$　　向きは P→Q なので　$\dfrac{2Bdv}{R}$〔A〕

(エ) $V=\left|-1\times\dfrac{(0-3Bdl)}{l/v}\right|=3Bdv$

よって　$I=\dfrac{V}{R}=\dfrac{3Bdv}{R}$　　向きは Q→P なので　$-\dfrac{3Bdv}{R}$〔A〕

(3) 辺QRと辺SPにはたらく力は互いに打ち消しあっているので，辺PQと辺RSにはたらく力を電流が磁場から受ける力の式「$F=IBl$」で計算し，合成したものがコイルにはたらく力となる。力の向きは，フレミングの左手の法則より判断する。

(ア) 辺PQにだけ力がはたらくので

$$F=IBd=\left(\frac{Bdv}{R}\right)Bd=\frac{B^2d^2v}{R}\text{〔N〕}$$ 向きは　**x軸負の向き**

(イ) $I=0$ であるので　$F=0$ **N**

(ウ) 辺PQと辺RSにそれぞれ力がはたらくので

辺PQ：$F_{PQ}=I\cdot 3Bd=\left(\frac{2Bdv}{R}\right)\cdot 3Bd=\frac{6B^2d^2v}{R}$〔N〕

向きは　x軸負の向き

辺RS：$F_{RS}=I\cdot Bd=\left(\frac{2Bdv}{R}\right)\cdot Bd=\frac{2B^2d^2v}{R}$〔N〕

向きは　x軸正の向き

F_{PQ}とF_{RS}を合成して，大きさは　$F=\left|\left(-\frac{6B^2d^2v}{R}\right)+\frac{2B^2d^2v}{R}\right|=\frac{4B^2d^2v}{R}$〔N〕

向きは　**x軸負の向き**

(エ) 辺RSだけに力がはたらくので

$$F=I\cdot 3Bd=\left(\frac{3Bdv}{R}\right)\cdot 3Bd=\frac{9B^2d^2v}{R}\text{〔N〕}$$ 向きは　**x軸負の向き**

(4) 1秒当たりに生じるジュール熱は消費電力 $P=I^2R$ に等しく，各区間の通過時間は，(2)で用いた $\Delta t=\frac{l}{v}$ である。「$Q=I^2Rt$」より，各区間で発生するジュール熱は$I^2R\Delta t$となる。

(ア) $I^2R\Delta t=\left(\frac{Bdv}{R}\right)^2R\left(\frac{l}{v}\right)=\frac{B^2d^2vl}{R}$〔J〕

(イ) $I^2R\Delta t=0$ J

(ウ) $I^2R\Delta t=\left(\frac{2Bdv}{R}\right)^2R\left(\frac{l}{v}\right)=\frac{4B^2d^2vl}{R}$〔J〕

(エ) $I^2R\Delta t=\left(\frac{3Bdv}{R}\right)^2R\left(\frac{l}{v}\right)=\frac{9B^2d^2vl}{R}$〔J〕

以上より，生じるジュール熱の総量は

$$\frac{B^2d^2vl}{R}+0+\frac{4B^2d^2vl}{R}+\frac{9B^2d^2vl}{R}=\frac{14B^2d^2vl}{R}\text{〔J〕}$$

次に外力のした仕事を求める。コイルの速さを一定に保つためには，(3)で求めた磁場から受ける力と同じ大きさで逆向きの外力を作用させればよい。これより全区間で外力がした仕事は

$$\frac{B^2d^2v}{R}\times l+0+\frac{4B^2d^2v}{R}\times l+\frac{9B^2d^2v}{R}\times l=\frac{14B^2d^2vl}{R}\text{〔J〕}$$

となり，ジュール熱の総量と一致する。

答　**コイルに生じたジュール熱の総量は，コイルの速さを一定に保つために作用させた外力のした仕事と等しい。** ※A⬅

⬅※A　すなわち，外力のした仕事はすべてジュール熱に変換されている。コイルは水平面内を等速直線運動するので，力学的エネルギーも変化しない。

ヒント 130 〈斜面上を動く正方形コイルに生じる誘導起電力〉

(1) コイルを貫く磁束が変化する問題ではあるが，磁束密度が座標 x に関係して変化するので磁束の計算は難しい。コイルの各辺が磁場を横切ると大きさ「$V=vBl$」の誘導起電力が生じることを利用する。
(6) 力学的エネルギーとコイルの抵抗から発生したジュール熱まで含めたエネルギー保存則について考える。
(7) コイルが v_f で等速になると，コイルの加速度 a は 0 になる。

(1) 磁場を横切る導体棒に生じる誘導起電力の式「$V=vBl$」より，辺 AB に生じる誘導起電力の大きさ V_1 は，辺 AB の位置の磁束密度が $B_{AB}=kx$ なので　$V_1=vB_{AB}d=v\cdot kx\cdot d=\boldsymbol{vkxd}$
起電力の向きは，辺 AB の運動を妨げる向きに力が発生するように電流を流す向きである。よって**端A**のほうが電位が高い(図 a)。

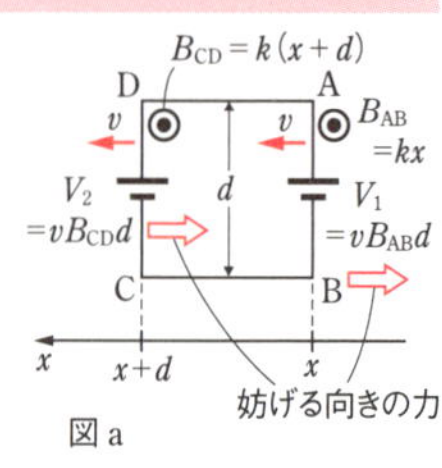

図 a

(2) (1)と同様に辺 CD についても考えると(図 a)，辺 CD に生じる誘導起電力の大きさ V_2 は，辺 CD の位置の磁束密度が $B_{CD}=k(x+d)$ なので，

$$V_2=vB_{CD}d=vk(x+d)d$$ (端Dのほうが電位が高い)

また，辺 BC と辺 AD には誘導起電力は生じない。
コイル一周のA→B→C→D→Aの向きの起電力 V は

$$V=V_2-V_1=vk(x+d)d-vkxd=\boldsymbol{vkd^2}$$

(3) (2)より求める向きは**A→B**である。コイルについて，キルヒホッフの法則Ⅱを用いて　$V-RI=0$　　よって　$I=\dfrac{V}{R}=\boldsymbol{\dfrac{vkd^2}{R}}$

(4) 辺 BC および辺 DA に生じる力は，同じ大きさで向きが反対なので打ち消しあう。辺 AB，辺 CD に生じる力 F_{AB}，F_{CD} は，大きさを「$F=IBl$」，向きをフレミングの左手の法則より求めると(図 b)

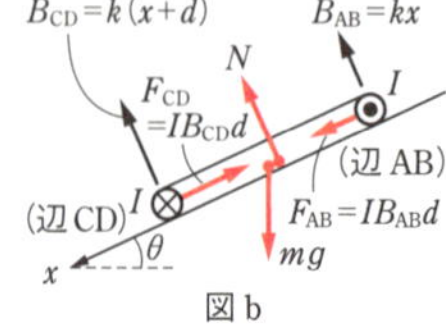

図 b

$$F_{AB}=IB_{AB}d=\frac{vkd^2}{R}\cdot kx\cdot d\quad x\text{ 軸正の向き}$$

$$F_{CD}=IB_{CD}d=\frac{vkd^2}{R}\cdot k(x+d)\cdot d\quad x\text{ 軸負の向き}$$

以上より，コイル全体が磁場から受ける力の大きさ F は，$F_{AB}<F_{CD}$ より

$$F=F_{CD}-F_{AB}=\frac{vkd^2}{R}\cdot k(x+d)\cdot d-\frac{vkd^2}{R}\cdot kx\cdot d=\boldsymbol{\frac{vk^2d^4}{R}}$$ ※A

※A　この力の向きは，x 軸負の向きである。

(5) コイルについて斜面方向(x 軸方向)の運動方程式を立てると

$$ma=mg\sin\theta-F=mg\sin\theta-\frac{vk^2d^4}{R}$$

よって　$a=\boldsymbol{g\sin\theta-\dfrac{vk^2d^4}{mR}}$　……①

(6) エネルギー保存則より，ジュール熱 Q は，コイルが動きだしてから位置 x で速さ v になるまでの間に，コイルの失った力学的エネルギーに等しい(図 c)。

これより　$Q=\boldsymbol{mgx\sin\theta-\dfrac{1}{2}mv^2}$

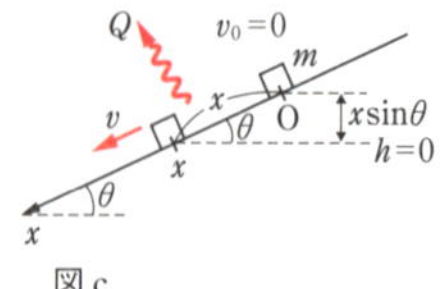

図 c

(7) コイルの速さが $v=v_f$(一定) のとき加速度 $a=0$ となるので，①式より

$$a=0=g\sin\theta-\frac{v_fk^2d^4}{mR}\qquad \text{よって}\quad v_f=\boldsymbol{\frac{mgR\sin\theta}{k^2d^4}}$$ ……②

(8) コイルの抵抗 R で単位時間当たりに発生するジュール熱(＝消費電力) P_f は，(3)の結果の v を v_f とし，「$P=I^2R$」を用いると

$$P_f=I^2R=\left(\frac{v_fkd^2}{R}\right)^2R=\frac{(v_fkd^2)^2}{R}$$

コイルが単位時間当たりに失う位置エネルギー E_f は，コイルが斜面上を単位時間に v_f 移動し，高さは $v_f\sin\theta$ だけ低くなることから　$E_f=mgv_f\sin\theta$

②式より　$mg\sin\theta=\dfrac{v_fk^2d^4}{R}$　　ゆえに　$E_f=v_f\left(\dfrac{v_fk^2d^4}{R}\right)=\dfrac{(v_fkd^2)^2}{R}$

よって，$P_f=E_f$ であることが示された※B。

※B　コイルが等速なので，コイルが失う位置エネルギー E_f はコイルの運動エネルギーの増加にはならず，すべて回路内の電気的エネルギーになる。この回路の場合，これが抵抗でのジュール熱 P_f にすべて変換されるので，$E_f=P_f$ となる。

ヒント 131 〈回転する導体棒に生じる誘導起電力〉

(図 2) 回転する導体棒中の電子が磁場から受ける力と，導体棒中に生じる電場からの力がつりあう。
(イ) 回転する導体棒に生じる誘導起電力を，電場の強さから求める。
(ウ)，(オ) 抵抗Rで消費される電力と，導体棒を回転させるのに必要な仕事率は一致する。

(ア) 中点Qでの速さ v〔m/s〕は，円運動の速さの式「$v=r\omega$」より $v=\frac{1}{2}a\omega$
よって，電子が受ける力の大きさ f_Q〔N〕はローレンツ力の式「$f=qvB$」より $f_Q=evB=e\cdot\frac{1}{2}a\omega\cdot B=\frac{1}{2}eBa\omega$〔N〕

(a) 電子の運動方向が⑥だから，電流が⑤の向きに流れると考え，フレミングの左手の法則より，電子が磁場から受ける力の向きはP→Oの①である。

(図 2) 導体棒を磁場中で動かすと，棒中の自由電子が問題の図1の①の向きにローレンツ力を受けて移動し，これが①の向きに電場 E〔N/C〕をつくる。この電場によって，電子が受ける力は②の向きに eE〔N〕である。一方，点Oから x 離れた位置でのローレンツ力 f_x〔N〕は図1の①の向きに $f_x=eB\omega x$〔N〕である。よって，これらの力のつりあいより (図a)
$eE=eB\omega x$ よって，$E=B\omega x$ である。これをグラフにすると図bとなる。

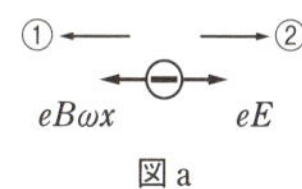

図a

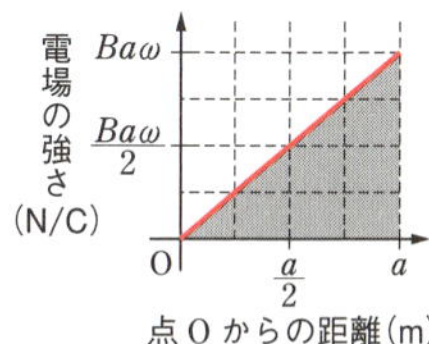

図b

(イ) OP間の起電力の大きさ V〔V〕は，図bの電場と距離の面積(灰色の部分)で与えられるから $V=\frac{1}{2}Ba\omega\cdot a=\frac{1}{2}Ba^2\omega$〔V〕※A

(b) 電子がOに集まるようになるから，正極はPである。よって，OPを流れる電流はO→Pの②である。

(ウ) 求める電力 P〔W〕は，抵抗で消費される電力の式「$P=\frac{V^2}{R}$」より
$$P=\frac{V^2}{R}=\frac{1}{R}\left(\frac{1}{2}Ba^2\omega\right)^2=\frac{B^2a^4\omega^2}{4R}\text{〔W〕}$$ ※B

(エ) 導体棒に流れる電流の大きさ I〔A〕は，オームの法則「$V=RI$」より
$I=\frac{V}{R}=\frac{Ba^2\omega}{2R}$〔A〕であるから，棒全体が受ける力の大きさ F〔N〕は，電流が磁場から受ける力の式「$F=IBl$」より $F=IBa=\frac{B^2a^3\omega}{2R}$〔N〕

(c) 電流の向きが②だから，フレミングの左手の法則より力の向きは⑤※C

(オ) 求める仕事率 P'〔W〕は，(ア)および(エ)から，仕事率の式「$P=Fv$」より
$$P'=\frac{B^2a^3\omega}{2R}\cdot\frac{a\omega}{2}=\frac{B^2a^4\omega^2}{4R}\text{〔W〕}$$ ※D

※A 別解 OPが回転する平均の速さ $\bar{v}=\frac{1}{2}a\omega$ を考えると，「$V=Blv$」より
$V=B\cdot a\cdot\frac{1}{2}a\omega=\frac{1}{2}Ba^2\omega$〔V〕

※B (エ)の電流 I を用いれば「$P=RI^2$」でも求められる。
$P=R\left(\frac{Ba^2\omega}{2R}\right)^2=\frac{B^2a^4\omega^2}{4R}$

※C 回転を妨げる向きの力である。

※D 注 これは(ウ)の抵抗Rで消費される電力と一致する。

ヒント 132 〈相互誘導〉

(4) ファラデーの電磁誘導の法則「$V=-N\frac{\Delta\Phi}{\Delta t}$」と自己誘導起電力の式「$V=-L\frac{\Delta I}{\Delta t}$」，相互誘導起電力の式「$V_2=-M\frac{\Delta I_1}{\Delta t}$」を比較する。

(1) 電流 I が流れているコイル1の内部の磁場 H_1 は $H_1=\frac{N_1}{l}I$

(2) コイル1を貫く磁束 Φ_1 は，「$B=\mu H$」，「$\Phi=BS$」を用いて
$$\Phi_1=\mu H_1S=\mu\frac{N_1}{l}IS=\frac{\mu N_1S}{l}I \quad\cdots\cdots①$$
微小時間 Δt の間に，電流が ΔI 増加したときの磁束の変化 $\Delta\Phi_1$ は，①式より μ，N_1，S，l が定数なので $\Delta\Phi_1=\frac{\mu N_1S}{l}\Delta I$

(3) ファラデーの電磁誘導の法則「$V=-N\dfrac{\Delta\Phi}{\Delta t}$」より，コイル1(巻数 N_1)に生じる誘導起電力の大きさ V_1 は

$$V_1=\left|-N_1\frac{\Delta\Phi_1}{\Delta t}\right|=\left|-N_1\frac{\mu N_1 S}{l}\cdot\frac{\Delta I}{\Delta t}\right|=\boldsymbol{\frac{\mu N_1^2 S}{l}\cdot\frac{\Delta I}{\Delta t}} \quad \cdots\cdots②$$

コイル2(巻数 N_2)に生じる誘導起電力の大きさ V_2 は

$$V_2=\left|-N_2\frac{\Delta\Phi_1}{\Delta t}\right|=\left|-N_2\frac{\mu N_1 S}{l}\cdot\frac{\Delta I}{\Delta t}\right|=\boldsymbol{\frac{\mu N_1 N_2 S}{l}\cdot\frac{\Delta I}{\Delta t}} \quad \cdots\cdots③$$

(4) 自己誘導起電力の式「$V=-L\dfrac{\Delta I}{\Delta t}$」より　$V_1=L\dfrac{\Delta I}{\Delta t}$ ……④

②式と④式を比較すると，コイル1の自己インダクタンスLは　$L=\boldsymbol{\dfrac{\mu N_1^2 S}{l}}$

相互誘導起電力の式「$V_2=-M\dfrac{\Delta I_1}{\Delta t}$」より　$V_2=M\dfrac{\Delta I}{\Delta t}$ ……⑤

③式と⑤式を比較すると，コイル1とコイル2の間の相互インダクタンスMは　$M=\boldsymbol{\dfrac{\mu N_1 N_2 S}{l}}$

(5)(i) ③式より，V_2 にコイル2の巻数 N_2 は関与しているが，コイル2の長さは無関係である。よって，V_2 の大きさは**変わらない**。

(理由) **コイル2を押し縮めても，巻数は変わらず，相互インダクタンスは変化しないため。**

(ii) 鉄心を引き抜くと，③式中の μ が空気の透磁率 μ_0 に変化する。$\mu_0<\mu$ であるため，V_2 の大きさは**減少する**。

(理由) **鉄心を引き抜くと，透磁率が減少し，相互インダクタンスが小さくなるため。**

ヒント 133〈コイルを含む直流回路〉

コイルは，スイッチを閉じるなどの操作の直後は誘導起電力によってそれまでの電流を維持しようとする。一方，操作から十分に時間がたって流れる電流の変化がなくなると誘導起電力は生じなくなり，ただの導線と同じになる。

(ア) 抵抗値 r の抵抗を流れる電流を i とおくと，キルヒホッフの法則Ⅰより

$$i=\boldsymbol{I_1+I_2}$$

(イ) キルヒホッフの法則Ⅱより

$$E=ri+RI_2=r(I_1+I_2)+RI_2=\boldsymbol{rI_1+(r+R)I_2}$$

(ウ) コイルに生じる誘導起電力は，電流 I_1 の向きに対して　$-L\dfrac{\Delta I_1}{\Delta t}$　であるので，キルヒホッフの法則Ⅱより

$$E-L\frac{\Delta I_1}{\Delta t}=ri \qquad よって\quad E=\boldsymbol{r(I_1+I_2)+L\frac{\Delta I_1}{\Delta t}}$$

(エ) スイッチSを閉じた直後は，コイルに生じる誘導起電力によってスイッチSを閉じる直前の電流(0)を維持しようとするため，コイルには電流が流れない。よって　$I_1=\boldsymbol{0}$ ※A⬅

(オ) 経路 abdfgha だけ考えればよく，また $I_1=0$ より $i=I_2$ であるので，キルヒホッフの法則Ⅱより

$$E=rI_2+RI_2 \qquad よって\quad I_2=\boldsymbol{\frac{E}{r+R}}$$ ※A⬅

(カ) コイルは抵抗値Rの抵抗と並列に接続されているので，コイルに加わる電圧はRに加わる電圧と等しい。よって　$RI_2=\boldsymbol{\dfrac{R}{r+R}E}$

(キ) スイッチSを閉じてから十分に時間がたつと，電流の変化 ΔI_1 がなくなり，コイルには起電力が生じなくなる。よって並列に接続されたRに加わる電圧は0となって $I_2=0$ ※A⬅ となる。経路 abcegha だけ考えればよく，キルヒ

⬅※A　スイッチSを閉じた時刻を $t=0$ とし，I_1 と I_2 の時間変化をグラフにすると，次のようになる。

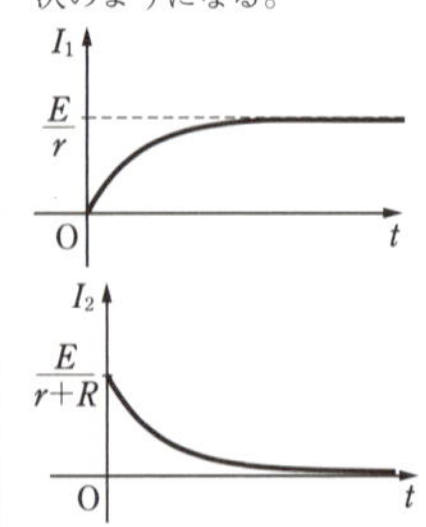

ホッフの法則Ⅱより　$E=rI_1$　　よって　$I_1=\dfrac{E}{r}$ ※A

(ク) コイルに蓄えられたエネルギー U は，流れる電流が I_1 なので

$$U=\frac{1}{2}LI_1{}^2=\frac{1}{2}L\left(\frac{E}{r}\right)^2$$

(ケ) スイッチSを開いても，コイルは誘導起電力 $-L\dfrac{\Delta I_1}{\Delta t}$ によって電流 I_1 をc→eの向きに流し続けようとする。そのため図aのように，抵抗値 R の抵抗にはf→dの向きに電流 I_1 が流れる。経路cefdcにキルヒホッフの法則Ⅱを用いると　$-L\dfrac{\Delta I_1}{\Delta t}=RI_1$

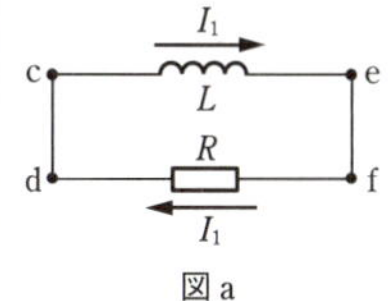

図a

(コ) スイッチSを開いた直後は，R に $I_1=\dfrac{E}{r}$ が流れていたので，このとき R に加わっていた電圧は　$RI_1=\dfrac{R}{r}E$

(サ) ジュール熱

ヒント 134 〈ベータトロン〉

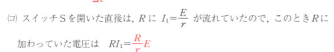

(2) 円形コイルにそって生じる誘導起電力を，円周の長さ $2\pi r$ でわると電場の強さが得られる。
(3) 円周にそう方向の運動方程式を立てる。
(4) $B\to B+\Delta B$，$v\to v+\Delta v$ としてローレンツ力と遠心力の大きさを計算する。
(5)『もとの円軌道が保たれた』➡ ローレンツ力と遠心力がつりあう。円形コイル上の磁束密度は $B+\Delta B'$ となり，速さの変化 Δv は円形コイルを貫く磁束の変化 $\Delta\Phi=\pi r^2\Delta\bar{B}$ の影響を受ける。

(1) 磁場から受けるローレンツ力を向心力として，等速円運動する。中心方向の運動方程式は　$m\dfrac{v^2}{r}=qvB$　　よって　$v=\dfrac{qBr}{m}$　……①

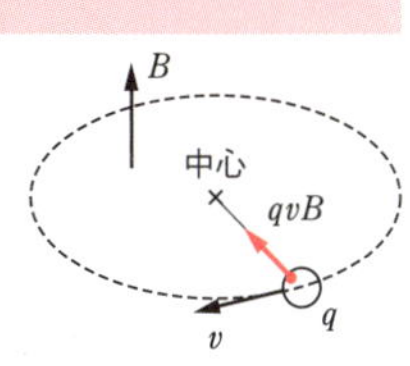

図a

(2) 円形コイルを貫く磁束の変化 $\Delta\Phi$ は　$\Delta\Phi=\pi r^2\Delta B$
ファラデーの電磁誘導の法則より，円形コイルに生じる誘導起電力の大きさを V とおくと　$V=\dfrac{\Delta\Phi}{\Delta t}=\pi r^2\dfrac{\Delta B}{\Delta t}$
V をコイルの円周 $2\pi r$ でわると(誘導)電場の強さが得られるので※A，E とおくと　$E=\dfrac{V}{2\pi r}=\dfrac{r}{2}\cdot\dfrac{\Delta B}{\Delta t}$

※A　1周 $(2\pi r)$ の間に電位差 V が生じているので「$V=Ed$」より
$$E=\frac{V}{d}=\frac{V}{2\pi r}$$

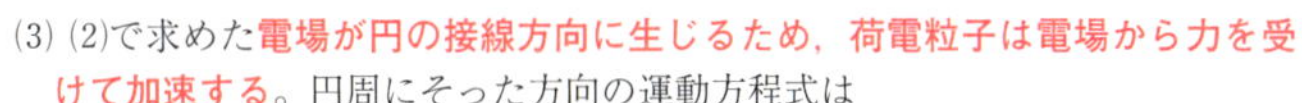
(3) (2)で求めた電場が円の接線方向に生じるため，荷電粒子は電場から力を受けて加速する。円周にそった方向の運動方程式は

$$m\frac{\Delta v}{\Delta t}=qE=q\times\frac{r}{2}\cdot\frac{\Delta B}{\Delta t}\qquad よって\quad \Delta v=\frac{qr}{2m}\Delta B \quad ……②$$

(4) まず，ローレンツ力の大きさは

$$\begin{aligned}q(v+\Delta v)(B+\Delta B)&=qvB\left(1+\frac{\Delta v}{v}\right)\left(1+\frac{\Delta B}{B}\right)\\&=q\cdot\frac{qBr}{m}\cdot B\left(1+\frac{qr\Delta B}{2m}\times\frac{m}{qBr}\right)\left(1+\frac{\Delta B}{B}\right)^{※B}\\&=\frac{(qB)^2r}{m}\left(1+\frac{1}{2}\cdot\frac{\Delta B}{B}\right)\left(1+\frac{\Delta B}{B}\right)\\&\fallingdotseq\frac{(qB)^2r}{m}\left(1+\frac{3}{2}\cdot\frac{\Delta B}{B}\right)^{※C}\end{aligned}$$

※B　①，②式を用いた。

※C　$\left(\dfrac{\Delta B}{B}\right)^2$ の項を無視した。

次に遠心力の大きさは

$$\begin{aligned}m\frac{(v+\Delta v)^2}{r}&=m\frac{v^2}{r}\left(1+\frac{\Delta v}{v}\right)^2=\frac{m}{r}\left(\frac{qBr}{m}\right)^2\left(1+\frac{qr\Delta B}{2m}\times\frac{m}{qBr}\right)^{2※B}\\&=\frac{(qB)^2r}{m}\left(1+\frac{1}{2}\cdot\frac{\Delta B}{B}\right)^2\fallingdotseq\frac{(qB)^2r}{m}\left(1+\frac{\Delta B}{B}\right)^{※C}\end{aligned}$$

よって　$\dfrac{ローレンツ力}{遠心力}=\dfrac{\left(1+\frac{1}{2}\cdot\frac{\varDelta B}{B}\right)\left(1+\frac{\varDelta B}{B}\right)}{\left(1+\frac{1}{2}\cdot\frac{\varDelta B}{B}\right)^2}=\dfrac{2B+2\varDelta B}{2B+\varDelta B}>1$

となり，ローレンツ力のほうが遠心力より大きい。

(5) ローレンツ力と遠心力が同じ大きさであればよいので

$$q(v+\varDelta v)(B+\varDelta B')=m\frac{(v+\varDelta v)^2}{r}$$

よって　$B+\varDelta B'=\dfrac{m}{qr}(v+\varDelta v)$ ……③

ここで，$v=\dfrac{qBr}{m}$，$\varDelta v=\dfrac{qr}{2m}\varDelta\overline{B}$ ※D であるので，これらを③式に代入すると　$B+\varDelta B'=B+\dfrac{1}{2}\varDelta\overline{B}$　　よって　$\dfrac{\varDelta\overline{B}}{\varDelta B'}=$**2**

※D　問題文にあるように，磁束は
$\varPhi=\pi r^2\overline{B}$
と表せるので
$\varDelta\varPhi=\pi r^2\varDelta\overline{B}$
となる。よって $\varDelta\overline{B}$ により生じる速さの変化は(3)と同様に考えて
$\varDelta v=\dfrac{qr}{2m}\varDelta\overline{B}$

ヒント 135 〈磁場中を運動する導体棒〉

(オ)「$V=vBl$」，「$Q=CV$」，「$I=\dfrac{\varDelta Q}{\varDelta t}$」，「$a=\dfrac{\varDelta v}{\varDelta t}$」を用いて，回路に流れる電流と導体棒の加速度の関係を求めておく。おもりと導体棒の運動方程式とあわせて，加速度を求める。

(カ) 回路において導体棒に生じる誘導起電力とコイルに生じる自己誘導起電力の関係式をキルヒホッフの法則Ⅱからつくり，$\varDelta I$ と $\varDelta x$ の関係を求める。

(キ)，(ク) (カ)の結果から導かれる I と x の関係式と，おもりと導体棒の運動方程式から，加速度を求める。加速度が「$a=-\omega^2(x-x_0)$」という形になれば，導体棒は角振動数 ω，振動の中心が x_0 の単振動になる。

(ア) 導体棒に生じる誘導起電力 V_1〔V〕は $V_1=vBl$ である。回路に流れる電流を I_1〔A〕として，キルヒホッフの法則Ⅱより(図a)　$V_1-RI_1=0$

よって　$I_1=\dfrac{V_1}{R}=\dfrac{vBl}{R}$〔A〕

(イ) 終端速度を v_f〔m/s〕(一定)とすると，おもり，導体棒ともに等速なので力のつりあいの状態である(図b)。糸がおよぼす張力の大きさを T_1〔N〕，導体棒が磁場から受ける力を F〔N〕とする。$F=I_1Bl$ より，力のつりあいの式を立てると

おもりについて　$T_1=Mg$

導体棒について　$T_1=I_1Bl$

以上より　$Mg=I_1Bl=\left(\dfrac{v_fBl}{R}\right)Bl$　　よって　$v_f=\dfrac{MgR}{(Bl)^2}$〔m/s〕

(ウ) 電池の電圧を E〔V〕とする。速さ v_0 で動いている導体棒に生じる誘導起電力 V_2〔V〕は $V_2=v_0Bl$ である。流れる電流を I_2〔A〕とすると，キルヒホッフの法則Ⅱより(図c)　$E-V_2-RI_2=E-v_0Bl-RI_2=0$ ※A

よって　$I_2=\dfrac{E-v_0Bl}{R}$

おもり，導体棒は等速 v_0 で運動しているので，(イ)と同様におもりの重力 Mg と導体棒に生じる磁場から受ける力の大きさ I_2Bl が等しい。

$$Mg=I_2Bl=\left(\frac{E-v_0Bl}{R}\right)Bl \quad ……① \quad よって \quad E=v_0Bl+\frac{MgR}{Bl}〔V〕$$

(エ) 導体棒が h〔m〕移動するのに要する時間を t〔s〕とすると　$t=\dfrac{h}{v_0}$

また，①式より　$I_2=\dfrac{Mg}{Bl}$

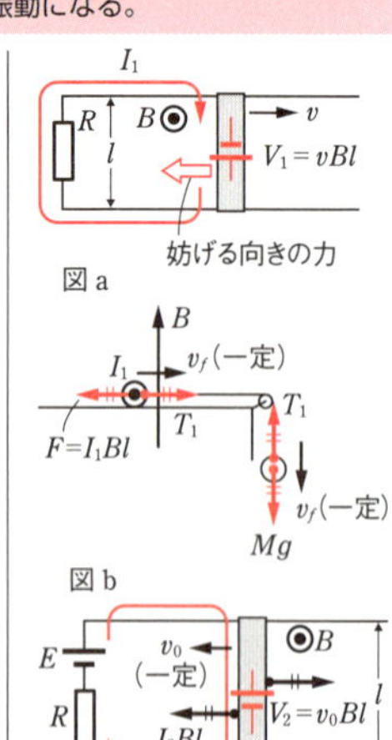

※A　電池の起電力 E によってエネルギーが供給され，導体棒が動き誘導起電力 V が生じるので $E>V$ である。よって電流の向きは E によって決まる。

電池がした仕事 W_E は，電池がする仕事の式「$W=IVt$」より

$$W_E=I_2Et=\frac{Mg}{Bl}\left(v_0Bl+\frac{MgR}{Bl}\right)\cdot\frac{h}{v_0}=Mgh\left\{1+\frac{MgR}{(Bl)^2v_0}\right\}〔J〕$$ ※B

⇐※B 別解 エネルギーと仕事の関係より，電池がした仕事 W_E はおもりの重力による位置エネルギーの増加分と，抵抗で発生するジュール熱の和に等しくなるので

$$W_E=Mgh+I_2^2Rt=Mgh\left\{1+\frac{MgR}{(Bl)^2v_0}\right\}〔J〕$$

(オ) 導体棒の速度を v_3〔m/s〕，加速度を a_3〔m/s²〕，回路に流れる電流を I_3〔A〕，コンデンサーの電気量を Q〔C〕とする。このとき導体棒には誘導起電力 $V_3=v_3Bl$ が生じている(図d)。「$Q=CV$」より　$Q=CV_3=Cv_3Bl$

また，電流と電気量の関係「$I=\frac{\Delta Q}{\Delta t}$」，速度と加速度の関係「$a=\frac{\Delta v}{\Delta t}$」を用いれば I_3 は　$I_3=\frac{\Delta Q}{\Delta t}=CBl\cdot\frac{\Delta v_3}{\Delta t}=CBla_3$　……②

糸の張力の大きさを T_3〔N〕として，運動方程式を立てると(図e)

おもりについて　$Ma_3=Mg-T_3$　……③

導体棒について　$ma_3=T_3-I_3Bl$　……④

③，④式を辺々足して T_3 を消去し，②式も用いて

$$(M+m)a_3=Mg-I_3Bl=Mg-(CBla_3)Bl$$

よって　$a_3=\frac{Mg}{M+m+C(Bl)^2}$〔m/s²〕

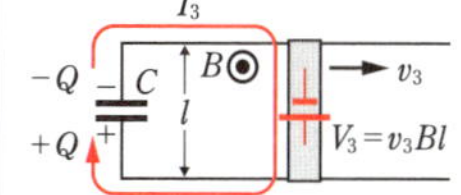

図d

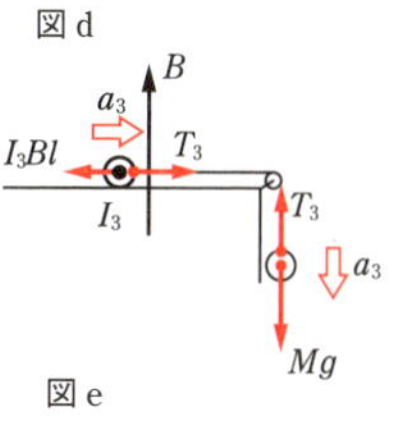

図e

(カ) 導体棒の速度を v_4〔m/s〕とすると，$v_4=\frac{\Delta x}{\Delta t}$ であり，このとき導体棒に生じる誘導起電力 V_4〔V〕は，$V_4=v_4Bl=Bl\frac{\Delta x}{\Delta t}$ である。一方，時間 Δt でコイルに流れる電流が ΔI 変化するので，コイルに生じる自己誘導起電力 V_L〔V〕は，$V_L=-L\frac{\Delta I}{\Delta t}$ である。

回路(図f)について，キルヒホッフの法則Ⅱより

$$V_4+V_L=Bl\frac{\Delta x}{\Delta t}+\left(-L\frac{\Delta I}{\Delta t}\right)=0 \qquad よって\quad \Delta I=\frac{Bl}{L}\Delta x$$

このとき，$\frac{Bl}{L}>0$ より　$|\Delta I|=\frac{Bl}{L}|\Delta x|$

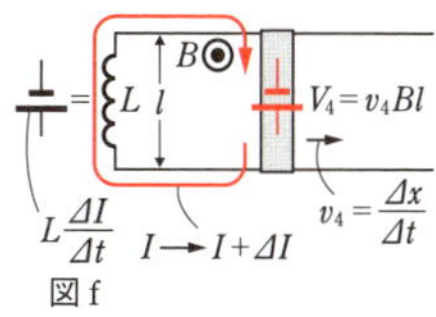

図f

(キ)(ク) (カ)の結果より　$I=\frac{Bl}{L}x+c$　(c は定数) ※C

⇐※C (カ)の結果より $\frac{\Delta I}{\Delta x}=\frac{Bl}{L}=$(一定) となる。$\frac{\Delta I}{\Delta x}$ は I-x 図の傾きを表しているので，I は x の1次式で傾き $\frac{Bl}{L}$，切片 c である。

となる。また，簡単のため初期位置を $x=0$ とすれば，$x=0$ のとき $I=0$ であるので $c=0$ となる。よって　$I=\frac{Bl}{L}x$　……⑤

(オ)と同様に導体棒の加速度を a_4〔m/s²〕，回路に流れる電流を I_4〔A〕，糸の張力の大きさを T_4〔N〕として運動方程式を立てると

おもりについて　$Ma_4=Mg-T_4$

導体棒について　$ma_4=T_4-I_4Bl$

上記2式を辺々足して T_4 を消去し，⑤式も用いて

$$(M+m)a_4=Mg-I_4Bl=Mg-\left(\frac{Bl}{L}x\right)Bl=-\frac{(Bl)^2}{L}x+Mg$$

よって　$a_4=-\frac{(Bl)^2}{(M+m)L}\left\{x-\frac{MgL}{(Bl)^2}\right\}$

したがって，$a=-\omega^2(x-x_0)$ の形になるので，導体棒は $x_0=\frac{MgL}{(Bl)^2}$ を中心とする単振動をする。よって角振動数 ω〔rad/s〕は

$$\omega^2=\frac{(Bl)^2}{(M+m)L} \qquad ゆえに\quad \omega=\frac{Bl}{\sqrt{(M+m)L}}〔rad/s〕$$

導体棒は $t=0$ に $x=0$(左端)から動き始めるので，振幅 A〔m〕は

$$A=\frac{MgL}{(Bl)^2}-0=\frac{MgL}{(Bl)^2}〔m〕$$

18 交流回路

ヒント 136 〈交流の発生と送電〉

(2) 辺 PQ は磁場を横切るので，誘導起電力の式「$V=Blv_{\perp}$」を用いる。
(3) (端子 1，2 間に発生する誘導起電力)＝(コイルの各辺に生じる誘導起電力の和)
(9)『電力損失のない理想的な変圧器』➡ (1 次コイル側の電力)＝(2 次コイル側の電力)
(9)，(10) 電圧や電流が実効値 ➡ 直流と同様に扱える

(1) 辺 PQ，RS の円運動の半径は $\dfrac{b}{2}$ である。速さ v と角速度 ω の関係式「$v=r\omega$」より　$v=\dfrac{b}{2}\cdot\omega=\dfrac{1}{2}b\omega$

(2) 時刻 t のとき，辺 PQ の磁場に垂直な方向の速度成分 $v_{\perp}$ は，$0\leqq\omega t<\pi$ とすると　$v_{\perp}=\left(\dfrac{b\omega}{2}\right)\sin\omega t$ ※A

辺 PQ に生じる誘導起電力 V_{PQ} の大きさ $|V_{PQ}|$ は「$V=Blv_{\perp}$」より

$$|V_{PQ}|=B\cdot a\cdot\left(\frac{b\omega}{2}\right)\sin\omega t=\frac{Bab\omega}{2}\sin\omega t$$

と表される。このとき，誘導起電力の向きはレンツの法則より※B Q → P (P 側が高電位) であるから負である※C。したがって

$$V_{PQ}=-\frac{Bab\omega}{2}\sin\omega t$$

注 計算の便宜上 $0\leqq\omega t<\pi$ としたが，正負に注意して計算すれば $\pi\leqq\omega t<2\pi$ でも同じ式が導かれる。

※A

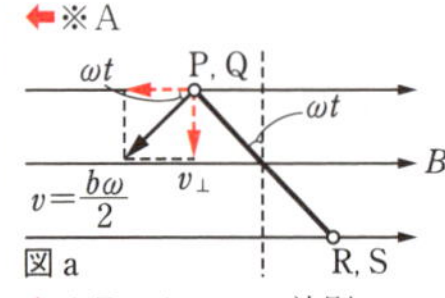

図 a

※B　レンツの法則
誘導起電力は，それによって流れる誘導電流のつくる磁束が，外から加えられた磁束の変化を打ち消すような向きに生じる。

(3) 辺 RS にも V_{PQ} と等しい誘導起電力が生じるので，端子 1，2 間に発生する誘導起電力 V_{12} は

$$V_{12}=2V_{PQ}=-Bab\omega\sin\omega t \quad \cdots\cdots①$$

別解 時刻 t にコイルを貫く磁束 $\Phi(t)$ は，$0\leqq\omega t<\dfrac{\pi}{2}$ とすると

$$\Phi(t)=Bab\cos\omega t \text{※D}$$

時刻 $t+\Delta t$ のときの磁束 $\Phi(t+\Delta t)$ は　$\Phi(t+\Delta t)=Bab\cos(\omega t+\omega\Delta t)$

$$\Delta\Phi=\Phi(t+\Delta t)-\Phi(t)=-Bab\omega\sin\omega t\cdot\Delta t \text{※E}$$

ファラデーの電磁誘導の法則より，誘導起電力の大きさ $|V_{12}|$ は

$$|V_{12}|=\left|-1\times\frac{-Bab\omega\sin\omega t\cdot\Delta t}{\Delta t}\right|=Bab\omega\sin\omega t \text{※F}$$

レンツの法則より誘導起電力 V の向きは負であるから

$$V_{12}=-Bab\omega\sin\omega t$$

※C　誘導起電力の向きは公式から求めずに，与えられた状況にあわせて答えること。誘導起電力の大きさは公式から，向きはレンツの法則を用いて求めること。

※D

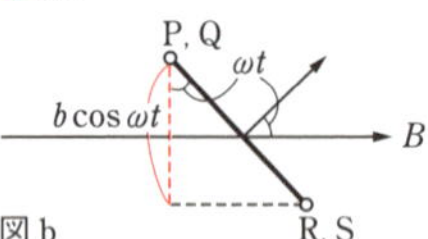

図 b

※E　$\cos(\omega t+\omega\Delta t)$
$=\cos\omega t\cdot\cos\omega\Delta t-\sin\omega t\cdot\sin\omega\Delta t$
$=\cos\omega t-\sin\omega t\cdot\omega\Delta t$
ここで，Δt がきわめて小さいから，次の近似を用いた。
$\cos\omega\Delta t\fallingdotseq 1$，$\sin\omega\Delta t\fallingdotseq\omega\Delta t$

※F　三角関数の微分より
$\dfrac{\Delta\Phi}{\Delta t}=\dfrac{d\Phi}{dt}=-Bab\omega\sin\omega t$
としてもよい。

(4) 端子 1，2 間に発生する交流電圧の最大値 V_0 は①式より　$V_0=Bab\omega$

最大値 V_0 と実効値 V_e の関係式「$V_e=\dfrac{V_0}{\sqrt{2}}$」より　$V_e=\dfrac{V_0}{\sqrt{2}}=\dfrac{Bab\omega}{\sqrt{2}}$

(5) ファラデーの電磁誘導の法則より　$|v_1|=\left|-n_1\dfrac{\Delta\Phi}{\Delta t}\right|=n_1\left|\dfrac{\Delta\Phi}{\Delta t}\right|$　……②

(6) ファラデーの電磁誘導の法則より　$|v_2|=\left|-n_2\dfrac{\Delta\Phi}{\Delta t}\right|=n_2\left|\dfrac{\Delta\Phi}{\Delta t}\right|$　……③

②，③式より　$\left|\dfrac{v_2}{v_1}\right|=\dfrac{|v_2|}{|v_1|}=\dfrac{n_2}{n_1}$　……④

(7) 相互誘導起電力の式「$V_2=-M\dfrac{\Delta I_1}{\Delta t}$」より　$v_2=-M\dfrac{\Delta i_1}{\Delta t}$　……⑤

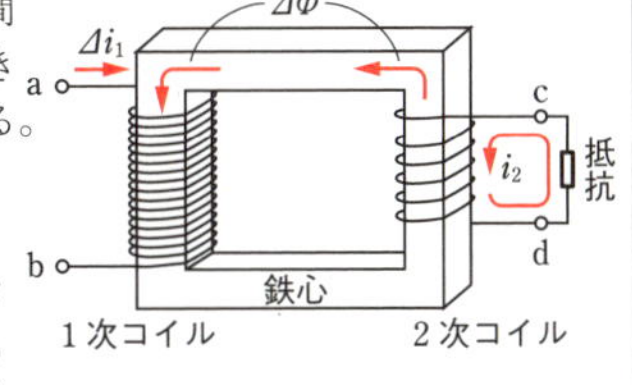

〔**補足**〕 Δi_1 と v_2 の正負の関係は，cd 間に抵抗を接続したときの電流 i_2 の向きから，次のように考えることができる。

$\Delta i_1>0$ （i_1 が増加）
→ $\Delta\Phi>0$ （左回りを正とする）
→ $\Delta\Phi$ を打ち消すように，抵抗を d から c の向きに i_2 が流れる。
→ d より c が低電位なので $v_2<0$

(8) 問題文の図 3 より Δt と Δi_1 を読みとり，⑤式に代入して計算する。ただし，レンツの法則より，$\Delta i_1>0$ のとき $v_2<0$ になることに注意する。

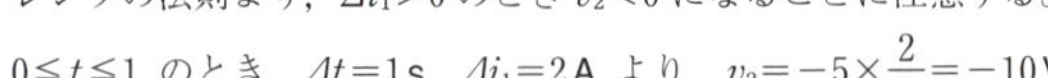

$0\leqq t\leqq 1$ のとき，$\Delta t=1\,\text{s}$，$\Delta i_1=2\,\text{A}$ より　$v_2=-5\times\dfrac{2}{1}=-10\,\text{V}$

$1\leqq t\leqq 3$ のとき，$\Delta t=2\,\text{s}$，$\Delta i_1=0\,\text{A}$ より　$v_2=0\,\text{V}$

$3\leqq t\leqq 5$ のとき，$\Delta t=2\,\text{s}$，$\Delta i_1=-2\,\text{A}$ より　$v_2=-5\times\dfrac{(-2)}{2}=5\,\text{V}$

$5\leqq t\leqq 7$ のとき，$\Delta t=2\,\text{s}$，$\Delta i_1=0\,\text{A}$ より　$v_2=0\,\text{V}$

したがって，求めるグラフは**図 c** のようになる。

v_2〔V〕 15 10 5 0 −5 −10 −15 ／ 1 2 3 4 5 6 7 t〔s〕

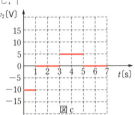

図 c

(9) 変圧器 A の 1 次側と 2 次側の電力が等しいので　$P=I_1V_1=I_2V_2$

よって　$I_2=\dfrac{P}{V_2}$　……⑥

変圧器 A から変圧器 B への送電で，$I_2{}^2R$ の電力損失があることから

$I_2V_3=I_2V_2-I_2{}^2R$　　よって　$V_3=V_2-I_2R=\boldsymbol{V_2-\dfrac{PR}{V_2}}$　……⑦

(10) 送電線の終端での電力 P' は $P'=I_2V_3$ と表される。⑥，⑦式を代入して

$$P'=I_2V_3=\frac{P}{V_2}\left(V_2-\frac{PR}{V_2}\right)=P-\frac{P^2R}{V_2{}^2}$$

よって，送電効率 e は　$e=\dfrac{P'}{P}=\boldsymbol{1-\dfrac{PR}{V_2{}^2}}$

(11) 送電効率 e を大きくするためには(10)の結果より，$\dfrac{PR}{V_2{}^2}$ を小さくすればよい。

P，R は一定であるから，**送電する電圧 V_2 の値を大きくすればよい。**

ヒント 137 〈RLC 直列回路〉

(1) 直流に対して，コンデンサーは断線と同じで，コイルは導線と同じ扱いをすればよい。
(2) コンデンサーに流れる交流では，電流の変化は電圧の変化より位相が $\dfrac{\pi}{2}$ 進んでいる。
(3) コンデンサーでは，$V_\text{e}=\dfrac{1}{\omega C}I_\text{e}$（実効値），$V_0=\dfrac{1}{\omega C}I_0$（最大値）
(4) コイルでは，電圧の変化が先行し，$V_0=\omega LI_0$（最大値）が成りたつ。
(5) 共振周波数は「$f=\dfrac{1}{2\pi\sqrt{LC}}$」　(6) 抵抗での消費電力の時間平均値は $P=RI_\text{e}{}^2$ で求める。

(1) 直流電源に接続し，十分時間がたてば，コイルは導線，コンデンサーは断線として扱えばよい。電流を I〔A〕としてキルヒホッフの法則Ⅱを用いる（図 a）。

抵抗のとき：$1-100I-1\times I=0$，$I=\dfrac{1}{101}\,\text{A}$　$V_1=1\times\dfrac{1}{101}\fallingdotseq 0.01\,\text{V}$

コンデンサーのとき：$I=0\,\text{A}$　$V_1=1\times 0=0\,\text{V}$

コイルのとき：$1-0-1\times I=0$，$I=1\,\text{A}$　$V_1=1\times 1=1\,\text{V}$

よって，V_1 が最大なのは**コイル**，最小なのは**コンデンサー**を接続したとき。

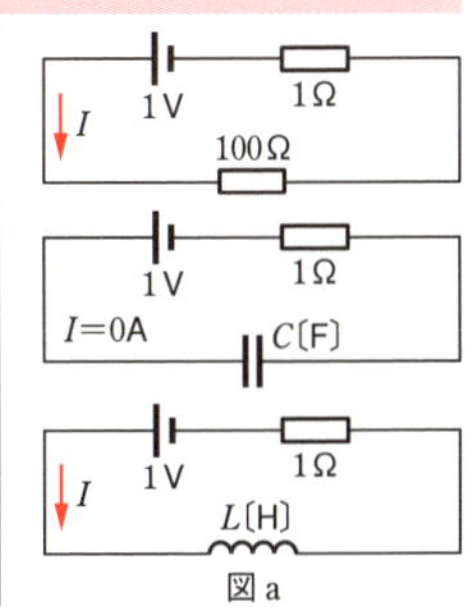

図 a

(2) 抵抗に交流を流すと，電流と電圧は同じように変化する(位相差 0)。しかし，コンデンサーでは，電流の変化が電圧の変化より位相が $\frac{\pi}{2}$ 進んでいる。

図 2 で，B を抵抗の両端の電圧の変化(＝回路の電流の変化)と考えれば，A は $\frac{\pi}{2}$ 遅れて変化している電圧の変化だから，コンデンサーの両端の電圧の変化である(図 b)。よって，V_0 を示すのは **A**

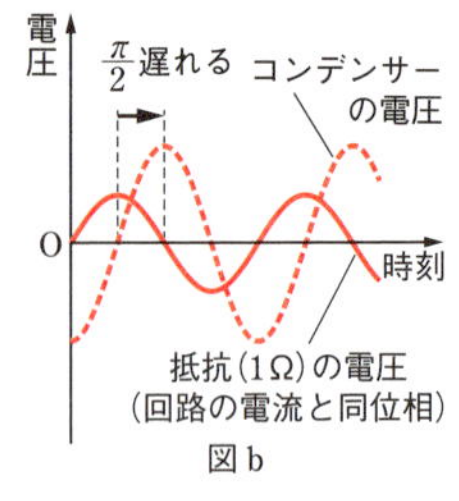

図 b

(3) 電流の最大値を I_0，角周波数を ω とすれば，オームの法則は

抵抗では　$V_{R0}=RI_0$，　コンデンサーでは　$V_{C0}=\frac{1}{\omega C}I_0$

また，$\omega=2\pi f$　である。数値を代入して　B の抵抗では　$40\times10^{-3}=1\times I_0$

A のコンデンサーでは　$40=\frac{1}{2\pi\times100\times C}\times I_0$

よって　$C=\frac{1}{40\times2\pi\times100}\times40\times10^{-3}=\frac{1}{2\pi\times100}\times10^{-3}=\frac{1}{2\pi}\times10^{-5}$　……①

$\fallingdotseq\frac{1}{2\times3.14}\times10^{-5}=1.59\cdots\times10^{-6}\fallingdotseq$ **1.6×10^{-6} F**※A

※A　$32\pi\fallingdotseq100$ の近似を用いると

$\frac{1}{2\pi}\times10^{-5}=\frac{16}{2\pi\times16}\times10^{-5}$

$\fallingdotseq\frac{16}{100}\times10^{-5}$

$=$ **1.6×10^{-6} F**

(4) コイルでは，電流の変化が電圧の変化より位相が $\frac{\pi}{2}$ 遅れている。問題文の図 3 で，A を抵抗の両端の電圧の変化(＝回路の電流の変化)とすれば，B がコイルの両端の電圧の変化である。よって，V_0 を示すのは B

コイルではオームの法則は，$V_{L0}=\omega L\cdot I_0$ であるから

A の抵抗では　$4=1\times I_0$，　B のコイルでは　$10=2\pi\times100\times L\times I_0$

よって　$L=\frac{10}{2\pi\times100\times I_0}=\frac{10}{2\pi\times100\times4}=\frac{1}{8\pi}\times10^{-1}$　……②

$\fallingdotseq\frac{1}{8\times3.14}\times10^{-1}=3.98\cdots\times10^{-3}\fallingdotseq$ **4.0×10^{-3} H**※B

※B　$32\pi\fallingdotseq100$ の近似を用いると

$\frac{1}{8\pi}\times10^{-1}=\frac{4}{8\pi\times4}\times10^{-1}$

$\fallingdotseq\frac{4}{100}\times10^{-1}$

$=$ **4.0×10^{-3} H**

(5) 共振周波数の公式「$f=\frac{1}{2\pi\sqrt{LC}}$」を用いて，①式と②式の値を代入すると

$\sqrt{LC}=\sqrt{\frac{1}{8\pi}\times10^{-1}\times\frac{1}{2\pi}\times10^{-5}}=\frac{1}{4\pi}\times10^{-3}$

よって　$f=\frac{1}{2\pi\times\frac{1}{4\pi}\times10^{-3}}=$ **2.0×10^{3} Hz**

(6) 回路全体のインピーダンス Z〔Ω〕は「$Z=\sqrt{R^2+\left(\omega L-\frac{1}{\omega C}\right)^2}$」※C で，共振周波数のとき Z は最小となり　$\omega L-\frac{1}{\omega C}=0$ であるから，この回路では $Z=\sqrt{(1+100)^2+0}=101\,\Omega$ である(図 c)。よって，電流の最大値 I_0 は

$I_0=\frac{V_{最大}}{Z}=\frac{10}{101}$ A

コンデンサーとコイルで消費される電力の時間平均値は **0 W**

100 Ω の抵抗で消費される電力の時間平均値は「$P=RI_e{}^2$」で，実効値 I_e と最大値 I_0 とでは，「$I_e=\frac{1}{\sqrt{2}}I_0$」の関係がある。したがって，抵抗での消費電力の時間平均値 P は

$P=R\left(\frac{I_0}{\sqrt{2}}\right)^2=100\times\frac{1}{2}\times\left(\frac{10}{101}\right)^2=0.490\cdots\fallingdotseq$ **4.9×10^{-1} W**

※C

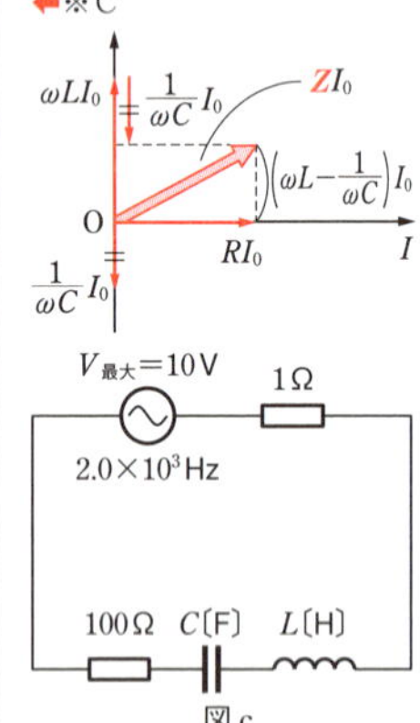

図 c

ヒント 138 〈RLC 並列回路〉

(2) コイルを流れる電流の位相は，電圧に対して $\frac{\pi}{2}$ 遅れる。コンデンサーを流れる電流の位相は，電圧に対して $\frac{\pi}{2}$ 進む。
(4) 問題文に与えられている公式を使えるように式変形する。
(5) 回路のインピーダンス Z は，電流の最大値 I_0 と電圧の最大値 V_0 との間に　$I_0=\frac{V_0}{Z}$　の関係を満たす。

(1) コイルのリアクタンスは ωL と表せるので　$I_{L0}=\frac{V_0}{\omega L}$〔A〕

コンデンサーのリアクタンスは $\frac{1}{\omega C}$ と表せるので

$$I_{C0}=\frac{V_0}{1/\omega C}=\omega CV_0\text{〔A〕}$$

抵抗値 R より　$I_{R0}=\frac{V_0}{R}$〔A〕

(2) コイルを流れる電流の位相は，電圧に対して $\frac{\pi}{2}$ 遅れるので

$$I_L=I_{L0}\sin\left(\omega t-\frac{\pi}{2}\right)=-I_{L0}\cos\omega t\text{〔A〕}$$

コンデンサーを流れる電流の位相は，電圧に対して $\frac{\pi}{2}$ 進むので

$$I_C=I_{C0}\sin\left(\omega t+\frac{\pi}{2}\right)=I_{C0}\cos\omega t\text{〔A〕}$$

抵抗を流れる電流の位相は，電圧に等しいので　$I_R=I_{R0}\sin\omega t$〔A〕

(3) キルヒホッフの法則 I より　$I=I_L+I_C+I_R$〔A〕

(4) (1)〜(3)の結果より

$$I=-\frac{V_0}{\omega L}\cos\omega t+\omega CV_0\cos\omega t+\frac{V_0}{R}\sin\omega t$$

$$=\frac{V_0}{R}\sin\omega t-V_0\left(\frac{1}{\omega L}-\omega C\right)\cos\omega t \quad \cdots\cdots①$$

よって，問題文に与えられている公式において

$$a=\frac{V_0}{R},\ b=V_0\left(\frac{1}{\omega L}-\omega C\right)$$

であるので

$$\tan\theta=\frac{b}{a}=R\left(\frac{1}{\omega L}-\omega C\right)$$ ※A

また，①式より　$I=V_0\sqrt{\left(\frac{1}{R}\right)^2+\left(\frac{1}{\omega L}-\omega C\right)^2}\sin(\omega t-\theta)$〔A〕 ※A ……②

(5) ②式より電流 I の最大値は $I_0=V_0\sqrt{\left(\frac{1}{R}\right)^2+\left(\frac{1}{\omega L}-\omega C\right)^2}$ である。

$I_0=\frac{V_0}{Z}$　なので　$Z=\frac{1}{\sqrt{\left(\frac{1}{R}\right)^2+\left(\frac{1}{\omega L}-\omega C\right)^2}}$〔Ω〕

(6) (5)の結果より，Z が最大となるのは　$\frac{1}{\omega_0 L}-\omega_0 C=0$　となるときなので ※B

$$\frac{1}{\omega_0 L}=\omega_0 C \qquad よって \quad \omega_0{}^2=\frac{1}{LC}$$

すなわち　$\omega_0=\frac{1}{\sqrt{LC}}$〔rad/s〕 ※C

※A　並列接続では電圧が共通なので，電圧の位相を基準にして電流の位相と最大値を図示すると，図 a のようになる。

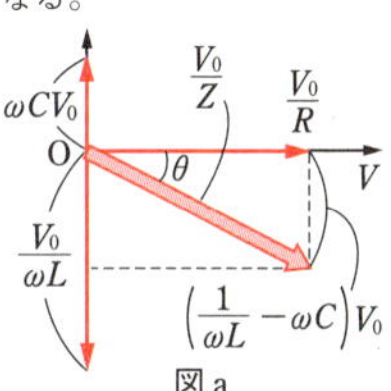

図 a

※B　Z が最大となるには，分母が最小になればよい。$\left(\frac{1}{R}\right)^2$ の項は ω によって変化しないので，$\left(\frac{1}{\omega L}-\omega C\right)^2$ の項が最小，すなわち 0 になればよい。

※C　このとき

$$f_0=\frac{\omega_0}{2\pi}=\frac{1}{2\pi\sqrt{LC}}$$

を共振周波数とよぶ。

ヒント 139 〈電気振動〉

〔A〕『コンデンサーに蓄えられている電気量が0』➡ ただの導線と同じ(抵抗が0)
『十分に時間が経過した』➡ 充電が完了 ➡ 断線しているのと同じ(抵抗が∞)
〔B〕(2)「回路に蓄えられているエネルギー」に対応するのは,「力学的エネルギー」となる。

〔A〕(1) S_1 を閉じた直後は(図a),コンデンサーに蓄えられている電気量が0なので,コンデンサーに加わる電圧 V_C は

$$V_C=\frac{0}{C}=\mathbf{0}$$

また,キルヒホッフの法則Ⅱと $V_C=0$ より

$$E-0-RI_1=0$$

よって $I_1=\dfrac{E}{R}$

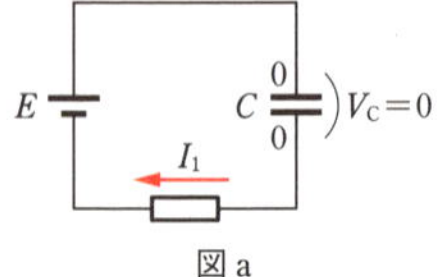

図a

(2) S_1 を閉じて十分な時間が経過し(図b),コンデンサーの充電が完了した後は,コンデンサーを含む閉回路に電流は流れない。よって

$$I_1=\mathbf{0}$$

また,キルヒホッフの法則Ⅱと $I_1=0$ より

$$E-V_C-R\times0=0$$

ゆえに $V_C=\mathbf{E}$

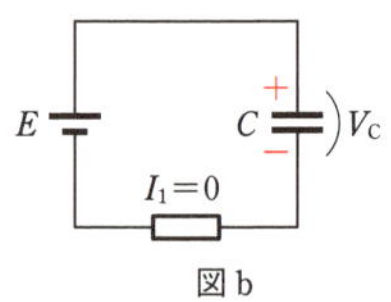

図b

〔B〕(1) コンデンサーに蓄えられている静電エネルギーと,コイルに蓄えられているエネルギーの和を求めればよいので

$$U=\frac{Q^2}{2C}+\frac{1}{2}LI_2{}^2$$

(2) ばね定数 k のばねに結ばれた質量 m の質点の力学的エネルギーは(図c)

$$E=\frac{1}{2}kx^2+\frac{1}{2}mv^2$$

と表せるので,〔B〕(1)の結果と比べると

$$\begin{cases} k\to\dfrac{1}{C} \\ m\to L \end{cases}$$ ※A

に対応すると考えられる。

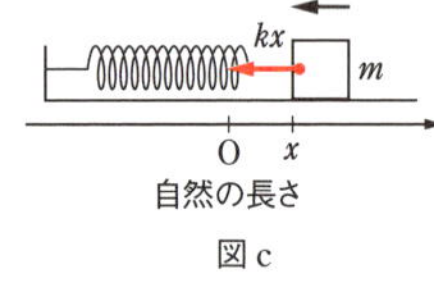

図c

(3) ばね振り子の周期 T は $T=2\pi\sqrt{\dfrac{m}{k}}$ と表せるので,〔B〕(2)の結果より

$$T=2\pi\sqrt{LC}$$ ※B

(4) ばね振り子の位置および速度と,時刻との関係は三角関数で表されるので,Q_a および I_2 と t の関係も三角関数で表されると考えられる。Q_a は最大値 Q_0 から t とともに減少し始め,I_2 は0から減少していく(図の矢印の向きとは逆の電流が流れだす)ので,電流 I_2 と電気量 Q_a の時間変化のグラフは,**図e**のようになる。

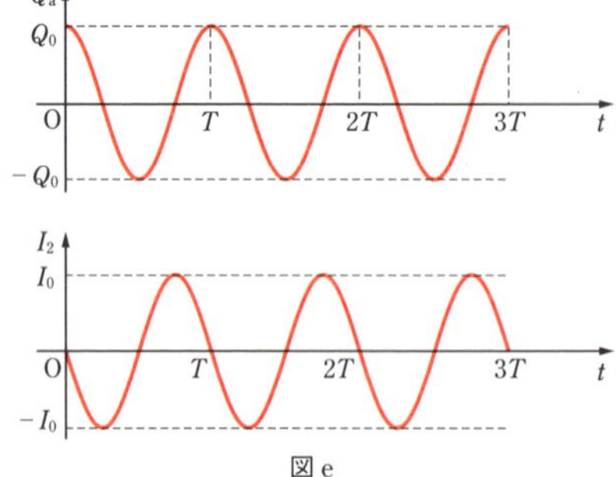

図e

※A 〔参考〕 ばねに結ばれた質点の運動方程式は,加速度を a とすると

$$ma=-kx$$

a を Δv と Δt を用いて表すと

$$m\frac{\Delta v}{\Delta t}=-kx \quad \cdots\cdots ⓐ$$

また,コイルとコンデンサーの電圧は等しいので(図d)

$$-L\frac{\Delta I_2}{\Delta t}=\frac{Q}{C}$$

よって $L\dfrac{\Delta I_2}{\Delta t}=-\dfrac{1}{C}Q \cdots ⓑ$

このⓐ,ⓑ式を比べることでもわかる。

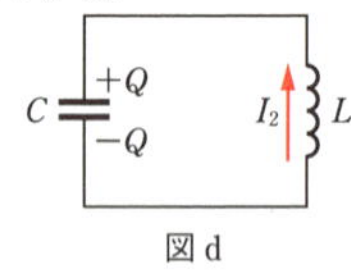

図d

※B ばね振り子と比べずに解く場合,電流,電圧の最大値をそれぞれ I_0,V_0 とおいて,リアクタンスの式より,コイル,コンデンサーそれぞれに関する式を立てると

$$V_0=\omega LI_0,\quad V_0=\frac{1}{\omega C}I_0$$

2式より $\omega L=\dfrac{1}{\omega C}$

よって $\omega=\dfrac{1}{\sqrt{LC}}$

ゆえに $T=\dfrac{2\pi}{\omega}=2\pi\sqrt{LC}$

ヒント 140 〈過渡現象と電気振動〉

(2) $Q=It$ より $\Delta Q=I\Delta t$，また $Q=CV$ より $\Delta Q=C\Delta V$ となる。

(5) 自己誘導起電力 V_L は「$V_L=-L\dfrac{\Delta I}{\Delta t}$」である。

(6) 電気量保存とエネルギー保存が成立する。

(1) スイッチ S_1 を閉じた直後，C_1，C_2 には電荷が蓄えられていないから，求める電流を I_0 とすれば　$V_0-RI_0-0-0=0$ ※A　　よって　$I_0=\dfrac{V_0}{R}$

※A　キルヒホッフの法則Ⅱ

(2) Δt の間に C_1 に流れこむ電気量を ΔQ とする。電流は I_0 であるから，$\Delta Q=I_0\Delta t$ と表される。一方，「$Q=CV$」より $\Delta Q=C\Delta V_1$ となるから

$$I_0\Delta t=C\Delta V_1 \qquad よって \quad \frac{\Delta V_1}{\Delta t}=\frac{I_0}{C}=\frac{V_0}{RC}$$

C_1，C_2，R の電位差を V_1，V_2，V_R とすると　$V_0-V_R-V_1-V_2=0$ ※A

時間変化で考えると　$0-\dfrac{\Delta V_R}{\Delta t}-\dfrac{\Delta V_1}{\Delta t}-\dfrac{\Delta V_2}{\Delta t}=0$

C_1，C_2 の電気量は同じだから，$V_1=V_2$ となる。よって

$$\frac{\Delta V_R}{\Delta t}=-2\frac{\Delta V_1}{\Delta t}=-\frac{2V_0}{RC}$$

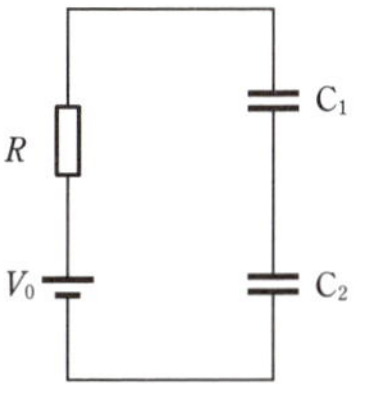

図 a

(3) 十分時間がたつと，電流は流れず，C_1，C_2 には等量の電荷が蓄えられる。求める電気量を Q_2 とすれば，C_2 の電位差は $\dfrac{1}{2}V_0$ だから

$$Q_2=C\cdot\frac{1}{2}V_0=\frac{1}{2}CV_0$$

(4) S_2 を閉じた直後にコイルに加わる電圧を V_L として(図 b)，キルヒホッフの法則Ⅱより　$\dfrac{1}{2}V_0+V_L-0=0$　　よって　$V_L=-\dfrac{1}{2}V_0$

コイルに加わる電圧の大きさは　$\dfrac{1}{2}V_0$ ※B

また，自己誘導が電流の流れを妨げるから，電流は　0

S_2 を閉じた直後

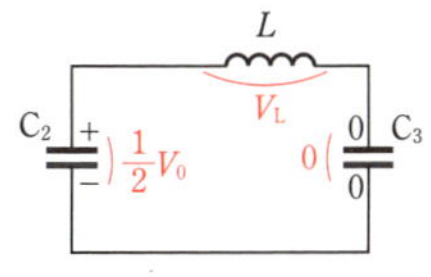

図 b

※B　コイルの左側が高電位となる。

(5)「$V_L=-L\dfrac{\Delta I_L}{\Delta t}$」だから，$-\dfrac{1}{2}V_0=-L\dfrac{\Delta I_L}{\Delta t}$　　よって　$\dfrac{\Delta I_L}{\Delta t}=\dfrac{V_0}{2L}$

(6) コンデンサー C_3 に流れこむ電流 I_C の変化は，電気振動で示されるから，スイッチ S_2 を閉じた時刻を $t=0$，電流の最大値を I_M として，図 c のように表される。直列回路より電流は共通であるから，C_3 に流れこむ電流が最大のとき，コイルに流れる電流も最大となる。電流が最大のときは電流変化が 0 よりコイルの電位差が 0 であるから※C，C_2，C_3 の電圧は等しく，その電圧を V とすると，電気量の保存より

$$\frac{1}{2}CV_0+0=CV+CV \qquad よって \quad V=\frac{1}{4}V_0$$

ゆえに，C_3 に蓄えられている電気量 Q_3 は　$Q_3=\dfrac{1}{4}CV_0$

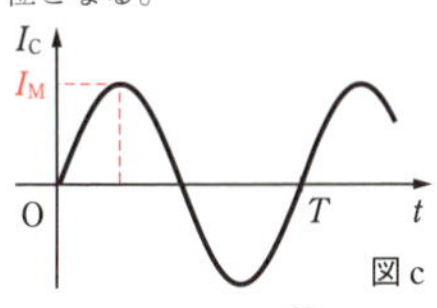

図 c

※C　$V_L=-L\dfrac{\Delta I_L}{\Delta t}$ で $\dfrac{\Delta I_L}{\Delta t}=0$ だから $V_L=0$

エネルギー保存より

$$\frac{1}{2}C\cdot\left(\frac{1}{2}V_0\right)^2+0=\frac{1}{2}C\cdot\left(\frac{1}{4}V_0\right)^2\times2+\frac{1}{2}LI_M{}^2$$

$$LI_M{}^2=\frac{1}{8}CV_0{}^2 \qquad よって \quad I_M=\frac{V_0}{4}\sqrt{\frac{2C}{L}}$$

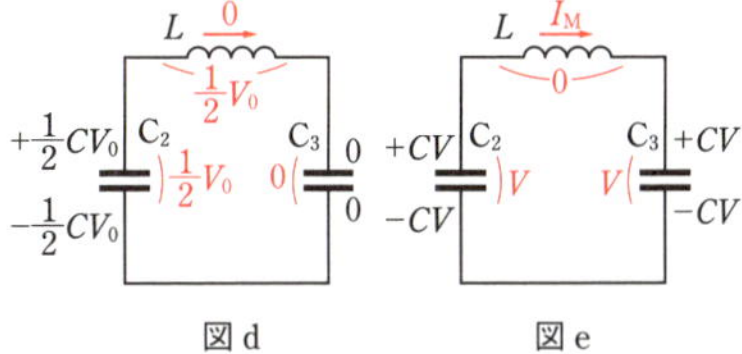

図 d　　図 e

19 電子と光

ヒント 141 〈質量分析装置〉

(6) 軌道半径がZによりどう変わるかを調べる。
(7), (8) 検出器の入射口に達するということは，軌道半径が初めと等しいということ。
(9) (7), (8)を参考にして，未知の正イオン(質量M'，価数Z')をV'，B'を調整して検出器の入射口に入れる。このときのM'，Z'と，もとの正イオンXのM，Zとの関係を求める。

(1) 求める速さをvとする。正イオンXの運動エネルギーの変化は，正イオンXが電場からされた仕事に等しいので　$0+ZeV=\frac{1}{2}Mv^2$

よって　$v=\sqrt{\frac{2ZeV}{M}}$　……①

(2) 正イオンXが磁場から受ける力はローレンツ力で，これが向心力となって等速円運動をする。ローレンツ力の向きは図aのようになっている。電荷が正であることから，磁場の向きは紙面に対して垂直に**上向き**である※A。

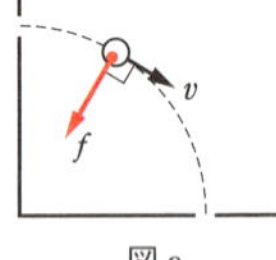

図a

※A　ローレンツ力の向きについて
$q>0$のとき

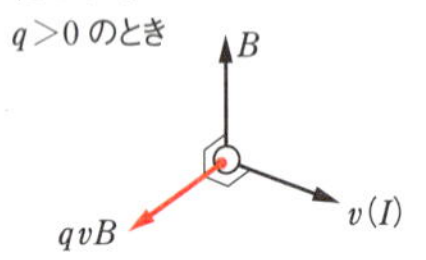

$q<0$のとき

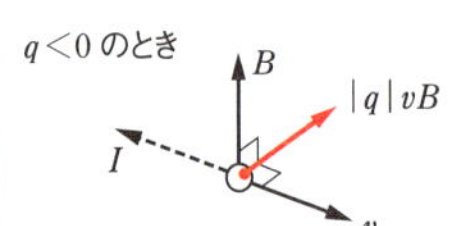

(3) ローレンツ力の大きさをfとする。「$f=qvB$」と①式より

$$f=ZevB=Ze\sqrt{\frac{2ZeV}{M}}B=ZeB\sqrt{\frac{2ZeV}{M}}$$

(4) 一様な磁場領域における円運動の運動方程式は，半径をrとして

$$M\frac{v^2}{r}=ZevB \qquad よって \quad r=\frac{Mv}{ZeB} \quad ……②$$

①式を用いて　$r=\frac{M}{ZeB}\sqrt{\frac{2ZeV}{M}}=\frac{1}{B}\sqrt{\frac{2MV}{Ze}}$　……③

(5) 正イオンXの等速円運動の周期Tは，「$T=\frac{2\pi r}{v}$」と②式より

$$T=\frac{2\pi r}{v}=\frac{2\pi}{v}\cdot\frac{Mv}{ZeB}=\frac{2\pi M}{ZeB}$$

求める時間tは4分の1周する時間なので

$$t=\frac{T}{4}=\frac{1}{4}\cdot\frac{2\pi M}{ZeB}=\frac{\pi M}{2ZeB}$$

(6) ③式より，価数Zの正イオンの軌道半径をr_Z，価数$Z+1$の正イオンの軌道半径をr_{Z+1}とすると

$$r_Z=\frac{1}{B}\sqrt{\frac{2MV}{Ze}},\quad r_{Z+1}=\frac{1}{B}\sqrt{\frac{2MV}{(Z+1)e}}$$

となるので，$r_Z>r_{Z+1}$である。よって，**左側に到達する**

(理由)　**イオンの価数Zが大きくなると磁場領域での正イオンの軌道半径が小さくなるから。**

(7) ③式より，価数Z，質量Mの正イオンX(磁束密度B)の軌道半径をr，価数Z，質量$M+\varDelta M$の正イオンY(磁束密度B_1)の軌道半径をr_1とすると

$$r=\frac{1}{B}\sqrt{\frac{2MV}{Ze}},\quad r_1=\frac{1}{B_1}\sqrt{\frac{2(M+\varDelta M)V}{Ze}}$$

となる。Yが検出器の入射口に達するので，$r=r_1$が成りたつ。

$$\frac{1}{B}\sqrt{\frac{2MV}{Ze}}=\frac{1}{B_1}\sqrt{\frac{2(M+\varDelta M)V}{Ze}} \qquad よって \quad \frac{B_1}{B}=\sqrt{\frac{M+\varDelta M}{M}}〔倍〕$$

(8) 正イオンYを電圧 V_2 で加速したときの軌道半径を r_2 とすると(質量 $M+\Delta M$，磁束密度 B)，③式より　$r_2=\frac{1}{B}\sqrt{\frac{2(M+\Delta M)V_2}{Ze}}$

Yが検出器の入射口に達するので，$r=r_2$ が成りたつ。

$\frac{1}{B}\sqrt{\frac{2MV}{Ze}}=\frac{1}{B}\sqrt{\frac{2(M+\Delta M)V_2}{Ze}}$　　よって　$\frac{V_2}{V}=\boldsymbol{\frac{M}{M+\Delta M}}$ **〔倍〕**

(9) 質量 M'，価数 Z' の未知の正イオンを加速電圧 V' で加速し，磁束密度 B' で回転させたときの半径を r' とすると，③式より　$r'=\frac{1}{B'}\sqrt{\frac{2M'V'}{Z'e}}$

検出器の入射口に達するように V', B' を調整すると，$r=r'$ が成りたつので

$\frac{1}{B}\sqrt{\frac{2MV}{Ze}}=\frac{1}{B'}\sqrt{\frac{2M'V'}{Z'e}}$　　$\frac{MV}{B^2Z}=\frac{M'V'}{B'^2Z'}$

よって　$\frac{M'}{Z'}=\left(\frac{B'}{B}\right)^2\cdot\frac{V}{V'}\cdot\frac{M}{Z}$ となる。これより

未知の正イオンの質量を M'，イオンの価数を Z' とすると，$\frac{M'}{Z'}=\left(\frac{B'}{B}\right)^2\cdot\frac{V}{V'}\cdot\frac{M}{Z}$ となるので，未知のイオンの質量とイオンの価数の比 $\left(\frac{M'}{Z'}\right)$ がわかる。

ヒント 142 〈ミリカンの実験〉

(ア) 光子1個のもつエネルギー E_P が $E_P\geqq U$ のとき，電子が電離し，正のイオンが生成される。
(オ) 終端速度 v_1 のとき，微粒子は等速度なので加速度は0である。
(カ) 終端速度 v_2 のとき，微粒子は等速度なので力がつりあっている。
(キ) 各微粒子に帯電している電荷は e の整数倍なので，その差も e の整数倍である。

(ア) 光子1個がもつエネルギー E_P〔J〕は「$E=h\nu$」と「$v=f\lambda$」より

$$E_P=h\nu=h\frac{c}{\lambda}$$

光子1個のもつエネルギーが1個の電子(電離エネルギー U)に与えられるので，電子が電離し，正イオンが生成される条件は，$E_P\geqq U$ である。これより

$E_P=h\frac{c}{\lambda}\geqq U$　　よって　$\lambda\leqq\boldsymbol{\frac{hc}{U}}$〔m〕

(イ) 電場から受ける力の式「$F=qE$」より　$\boldsymbol{qE}$〔N〕

(ウ) 微粒子が静止するので，力のつりあいより

$mg=qE$　　よって　$E=\boldsymbol{\frac{mg}{q}}$〔V/m〕

(エ) 速さ v で上昇中，微粒子にはたらく力を図示すると図aのようになる。微粒子の加速度を a〔m/s²〕として，運動方程式を立てると

$ma=qE_1-mg-kv$　……①　よって　$a=\boldsymbol{\frac{qE_1-kv}{m}-g}$〔m/s²〕

(オ) $v=v_1$ のとき微粒子は等速になるので，$a=0$。①式より

$0=qE_1-mg-kv_1$　　よって　$v_1=\boldsymbol{\frac{qE_1-mg}{k}}$〔m/s〕　……②

(カ) 終端速度(大きさ v_2)で落下中の微粒子にはたらく力を図示すると，図bのようになる。$v=v_2$ のとき微粒子は等速になるので，力のつりあいの式より

$mg=kv_2$　　よって　$v_2=\frac{mg}{k}$　……③

②，③式より

$v_1=\frac{qE_1}{k}-\frac{mg}{k}=\frac{qE_1}{k}-v_2$　　よって　$q=\boldsymbol{\frac{k}{E_1}(v_1+v_2)}$〔C〕

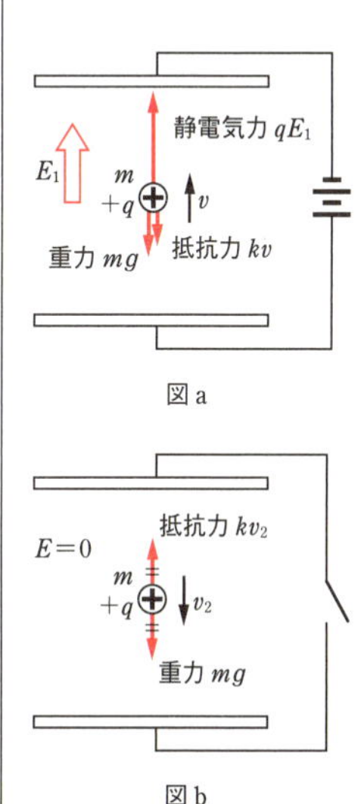

(キ) 与えられた電気量を小さい順に並べ，q_1～q_4〔C〕とする。

$q_1=3.1\times10^{-19}$C，$q_2=4.7\times10^{-19}$C，$q_3=8.0\times10^{-19}$C，$q_4=11.1\times10^{-19}$C

これらの値が e の整数倍であるとすると，それらの差も e の整数倍である。これより

$q_2-q_1=1.6\times10^{-19}$C，$q_3-q_2=3.3\times10^{-19}$C，$q_4-q_3=3.1\times10^{-19}$C

よって，$q_2-q_1\fallingdotseq e$，$q_3-q_2\fallingdotseq 2e$，$q_4-q_3\fallingdotseq 2e$ と推測できる。ゆえに，$q_1\fallingdotseq 2e$，$q_2\fallingdotseq 3e$，$q_3\fallingdotseq 5e$，$q_4\fallingdotseq 7e$ と考えられるので

$$e=\frac{q_1+q_2+q_3+q_4}{2+3+5+7}=\frac{26.9\times10^{-19}}{17}=1.582\cdots\times10^{-19}\fallingdotseq\mathbf{1.6\times10^{-19}}\text{C}$$

ヒント 143 〈光電効果〉

(3) 電子の最大エネルギー ➡ 阻止電圧によって電極Pで電子の速さが0になる
(4) (光子のエネルギー)＝(仕事関数)＋(電子の最大エネルギー)　(9) 光の強さ∝光子数∝光電子数∝光電流

(1) **光電効果**

(2) 光子1個がもつエネルギーは，「$E=h\nu$」と「$\nu=\dfrac{c}{\lambda}$」より

$$E_1=h\nu_1=h\cdot\frac{c}{\lambda_1}=\boldsymbol{\frac{hc}{\lambda_1}}\text{〔J〕}$$

(3) 図2より，$\lambda=\lambda_1$ のとき阻止電圧は V_1〔V〕である。このとき，極板Kの電位を0とすると，Pの電位は $-V_1$ であり，Kを最大エネルギー $E_{1\mathrm{MAX}}$ で飛び出した光電子は，Pで速さが0になる。エネルギー保存則

「$\dfrac{1}{2}mv^2+qV=$一定」より

$E_{1\mathrm{MAX}}+(-e)\times0=0+(-e)(-V_1)$　　よって　$E_{1\mathrm{MAX}}=\boldsymbol{eV_1}$〔J〕

(4) 光子のもつエネルギー E_1 が電子に与えられ，金属極板から飛び出すための仕事 W と，電子のもつ最大エネルギー $E_{1\mathrm{MAX}}$ になる。このエネルギー保存則より，$E_1=W+E_{1\mathrm{MAX}}$　となるので(2)，(3)の結果を用いて

$$W=E_1-E_{1\mathrm{MAX}}=\boldsymbol{\frac{hc}{\lambda_1}-eV_1}\text{〔J〕}\quad\cdots\cdots①$$

(5) $\lambda=\lambda_2$ についても(2)～(4)と同様にして

$$W=E_2-E_{2\mathrm{MAX}}=\boldsymbol{\frac{hc}{\lambda_2}-eV_2}\text{〔J〕}\quad\cdots\cdots②$$

(6) ①，②式は同じ W を表しているので

$$\frac{hc}{\lambda_1}-eV_1=\frac{hc}{\lambda_2}-eV_2$$

$$h\left(\frac{1}{\lambda_2}-\frac{1}{\lambda_1}\right)c=e(V_2-V_1)\qquad\text{よって}\quad h=\boldsymbol{\frac{e(V_2-V_1)\lambda_1\lambda_2}{c(\lambda_1-\lambda_2)}}\text{〔J·s〕}$$

(7) (6)の結果に数値を代入すると

$$h=\frac{1.6\times10^{-19}\times(0.70-0.10)\times5.0\times10^{-7}\times4.0\times10^{-7}}{3.0\times10^{8}\times(5.0\times10^{-7}-4.0\times10^{-7})}=\mathbf{6.4\times10^{-34}\,J\cdot s}$$

①式に数値を代入すると

$$W=\frac{6.4\times10^{-34}\times3.0\times10^{8}}{5.0\times10^{-7}}-1.6\times10^{-19}\times0.10=3.68\times10^{-19}\text{J}$$

$=\mathbf{2.3eV}$※A⬅

⬅※A　1eV＝1.6×10^{-19}J を用いて
3.7×10^{-19}J
$=\dfrac{3.68\times10^{-19}}{1.6\times10^{-19}}=2.3$eV

(8) 求める光子数を n とすると毎秒当たりの照射エネルギーは $nE_2=n\cdot\dfrac{hc}{\lambda_2}$

よって　$n=\dfrac{2.4\times10^{-3}\lambda_2}{hc}=\dfrac{2.4\times10^{-3}\times4.0\times10^{-7}}{6.4\times10^{-34}\times3.0\times10^{8}}=\mathbf{5.0\times10^{15}}$**個/s**

(9) 照射光の光量を増加させると極板Kに当たる光子の数が増えるので，Kから飛び出す光電子の数が増える。そのため，毎秒Pに到達する電子の数が増加し，電流 I が増加する。また阻止電圧 V_1 は変化しないので**図a**のようになる。

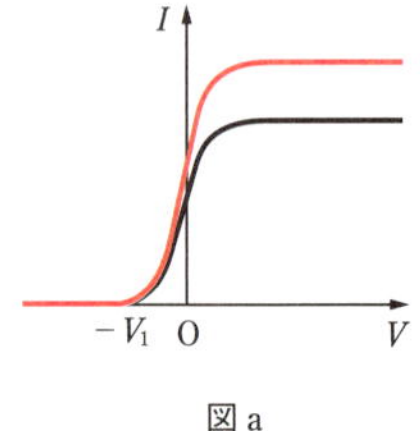

図a

ヒント 144 〈X 線の発生とX線回折〉

(1)(ウ) 連続X線と特性X線の発生のメカニズムの違いに注意する。

(1)(ア) 電極間で加速された電子がもつ運動エネルギーをKとおくと，これは電極間の電場が電子にした仕事に等しいので，$K=eV$ となる。このエネルギーがすべてX線のエネルギーになったとき，最短波長となるので

$$\frac{hc}{\lambda_0}=eV^{※A} \qquad よって \quad \lambda_0=\frac{hc}{eV}\,〔m〕 \qquad \cdots\cdots①$$

←※A　光子のエネルギーの式「$E=h\nu=\frac{hc}{\lambda}$」を用いた。

(イ) ①式に文中の値を代入すると

$$\lambda_0=\frac{6.6\times10^{-34}\times3.0\times10^{8}}{1.6\times10^{-19}\times1.2\times10^{5}}=1.03\cdots\times10^{-11}\fallingdotseq1.0\times10^{-11}\,\mathrm{m}$$

(ウ) 加速電圧 Vを大きくすると①式で得られる最短波長の値は小さくなる。一方，特性X線の波長は陽極の物質に固有のもので，加速電圧 Vに依存しない。よって，図 a のようになる。

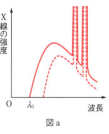

X線の強度
O
λ_0
波長

図 a

(2)(エ) 隣りあうX線の経路差は図 b より

$2d\sin\theta$

と表せるので，強めあう条件は

$$2d\sin\theta=n\lambda \qquad \cdots\cdots②$$

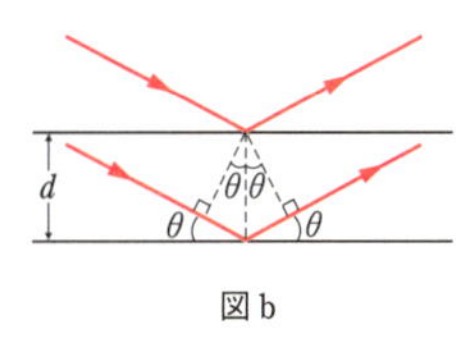

図 b

(オ) ②式より

$2d\sin30°=4\times7.0\times10^{-11}$　よって　$d=2.8\times10^{-10}\,\mathrm{m}$

ヒント 145 〈コンプトン効果〉

コンプトン効果では，光子を $h\nu$ のエネルギーと大きさ $\frac{h}{\lambda}$ の運動量をもった粒子と考え，衝突前後で，エネルギーと運動量の保存を考える。

(4) 求めたいのは電子ではなく散乱光子のほうなので，電子に関する量 v，ϕ を消去する。まず，ϕ を $\sin^2\phi+\cos^2\phi=1$ を用いて消去するとよい。

(5) (4)の結果から，$\Delta\lambda$ が入射光子の波長に依存していないことに注目する。

(1) $E=\frac{hc}{\lambda}$，$P=\frac{h}{\lambda}$

(2) エネルギー保存の式は $\frac{hc}{\lambda_0}=\frac{hc}{\lambda_1}+\frac{1}{2}mv^2$ ……①

(3) 進行方向：$\frac{h}{\lambda_0}=\frac{h}{\lambda_1}\cos\theta+mv\cos\phi$ ……②

垂直方向：$0=\frac{h}{\lambda_1}\sin\theta-mv\sin\phi$ ……③

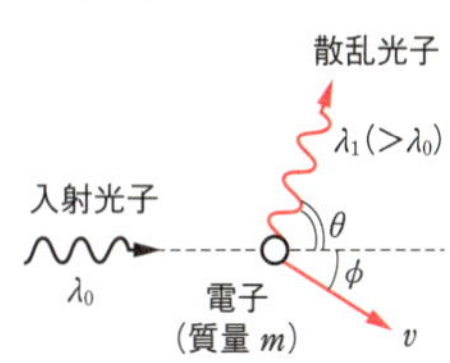

図 a

(4) ①～③式から v，ϕ を消去する。まず，②，③式より

$$m^2v^2\cos^2\phi=\left(\frac{h}{\lambda_0}-\frac{h}{\lambda_1}\cos\theta\right)^2, \qquad m^2v^2\sin^2\phi=\left(\frac{h}{\lambda_1}\sin\theta\right)^2$$

辺々足して，「$\sin^2\phi+\cos^2\phi=1$」の関係を用いて整理すると

$$m^2v^2=h^2\left(\frac{1}{\lambda_0{}^2}-\frac{2}{\lambda_0\lambda_1}\cos\theta+\frac{1}{\lambda_1{}^2}\right) \qquad \cdots\cdots④$$

①式の両辺に $2m$ をかけた式に④式を代入すると

$$\frac{2hmc}{\lambda_0}=\frac{2hmc}{\lambda_1}+m^2v^2 \qquad 2hmc\left(\frac{1}{\lambda_0}-\frac{1}{\lambda_1}\right)=h^2\left(\frac{1}{\lambda_0{}^2}-\frac{2}{\lambda_0\lambda_1}\cos\theta+\frac{1}{\lambda_1{}^2}\right)$$

両辺に $\lambda_0\lambda_1$ をかけて整理すると　$\lambda_1-\lambda_0=\frac{h}{2mc}\left(\frac{\lambda_1}{\lambda_0}+\frac{\lambda_0}{\lambda_1}-2\cos\theta\right)$

ここで，$\Delta\lambda=\lambda_1-\lambda_0$ であることと，与えられた近似式を用いると

$$\Delta\lambda\fallingdotseq\frac{h}{2mc}(2-2\cos\theta)=\frac{h}{mc}(1-\cos\theta)$$

←※A　この定数を「コンプトン波長」といい，光子の散乱角が 90° のときの波長の変化量として定義される。

電子のコンプトン波長を実際に計算してみると

$$\frac{h}{mc}=\frac{6.6\times10^{-34}}{9.1\times10^{-31}\times3.0\times10^{8}}\fallingdotseq2.4\times10^{-12}\,\mathrm{m}$$

となる。この値は，X線の波長と比べると，無視できない大きさだが，可視光の波長と比べると十分小さい。

(5) (4)の結果より，波長の変化量 $\varDelta\lambda$ は，入射光子の波長に依存せず，定数 $\dfrac{h}{mc}$ ※A← の 0 ～ 2 倍※B←に定まるため，波長がX線よりも $10 \sim 10^4$ 倍長い可視光の場合，波長に対する変化量の割合 $\dfrac{\varDelta\lambda}{\lambda}$ が，X線の場合の $10^{-1} \sim 10^{-4}$ 倍になるから。

←※B　散乱角 θ が
$\theta=0°$　のとき… 0 倍
$\theta=90°$　のとき… 1 倍
$\theta=180°$　のとき… 2 倍

ヒント 146 〈ブラッグ反射と金属からの光の発生〉

(3) α と θ の関係と三角比の関係式を用いて(1)の結果を変形する。
(6), (7) 光電効果の逆過程でも，光電効果の関係式（エネルギー保存）が成りたつ。

(1) 図 a のように，結晶の第 1 面と第 2 面で反射した電子線の経路差 $2d\sin\theta$ が波長 λ の整数倍で強めあうから　$2d\sin\theta=n\lambda$　$(n=1,\ 2,\ 3,\ \cdots)$

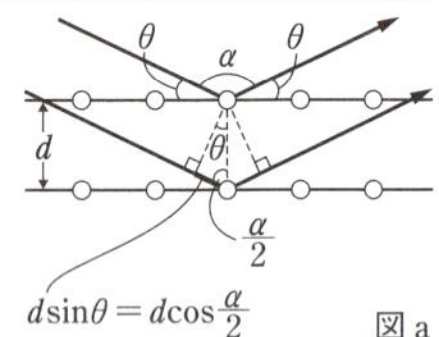

図 a

(2) 電子の速さを v とする。$E=\dfrac{1}{2}mv^2$ に $2m$ をかけて　$2mE=(mv)^2$

よって　$mv=\sqrt{2mE}$　　また，電子の波動性より　$\lambda=\dfrac{h}{mv}=\dfrac{h}{\sqrt{2mE}}$

(3) 電子は電子銃から eV_1 の仕事をされるから　$E=eV_1$

よって，波長 λ は　$\lambda=\dfrac{h}{\sqrt{2meV_1}}$

図 a より，経路差は，$2d_\alpha\cos\dfrac{\alpha}{2}$ となり※A←，最も小さな原子面間隔のとき経路差は最短で，$n=1$ のときであるから

$$2d_\alpha\cos\frac{\alpha}{2}=1\times\lambda=\frac{h}{\sqrt{2meV_1}}\qquad よって\quad d_\alpha=\frac{h}{2\sqrt{2meV_1}\cos\dfrac{\alpha}{2}}$$

←※A　$2\theta=\pi-\alpha$　より
$\sin\theta=\sin\left(\dfrac{\pi}{2}-\dfrac{\alpha}{2}\right)=\cos\dfrac{\alpha}{2}$

(4) $eV_1=E_e$ として，(3)の結果より

$$\sqrt{2mE_e}=\frac{h}{2d_\alpha\cos\dfrac{\alpha}{2}}=\frac{6.6\times10^{-34}}{2\times0.22\times10^{-9}\cos\dfrac{120°}{2}}=3.0\times10^{-24}$$

$$E_e=\frac{(3.0\times10^{-24})^2}{2m}=\frac{9.0\times10^{-48}}{2\times9.1\times10^{-31}}=4.94\cdots\times10^{-18}\,\mathrm{J}$$

$1\,\mathrm{eV}=1.6\times10^{-19}\,\mathrm{J}$ なので　$E_e=\dfrac{4.94\times10^{-18}}{1.6\times10^{-19}}\fallingdotseq 3.1\times10\,\mathrm{eV}$

(5) X 線の波長を λ_X とすると光子のエネルギーの式より　$E_p=h\dfrac{c}{\lambda_X}$

(3)の干渉条件を用いて　$2d_\alpha\cos\dfrac{\alpha}{2}=\lambda_X$

$$よって\quad E_p=\frac{hc}{2d_\alpha\cos\dfrac{\alpha}{2}}=\frac{6.6\times10^{-34}\times3.0\times10^{8}}{2\times0.22\times10^{-9}\times\dfrac{1}{2}}$$

$$=9.0\times10^{-16}\,\mathrm{J}=\frac{9.0\times10^{-16}}{1.6\times10^{-19}}\,\mathrm{eV}=5.625\times10^{3}\fallingdotseq 5.6\times10^{3}\,\mathrm{eV}$$

(6) 図 b のようになる※B←。

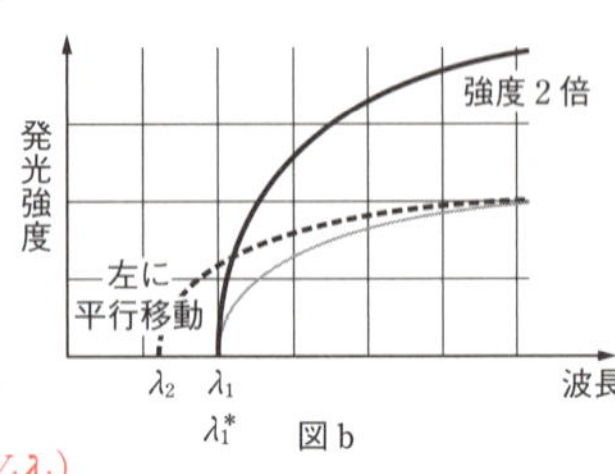

図 b

(7) 光電効果の式※C←を用いて

$eV_1=h\dfrac{c}{\lambda_1}-W$　……①

$eV_2=h\dfrac{c}{\lambda_2}-W$　……②

②式－①式より　$h=\dfrac{e(V_2-V_1)\lambda_1\lambda_2}{c(\lambda_1-\lambda_2)}$

h を①式に代入して　$W=\dfrac{e(V_2\lambda_2-V_1\lambda_1)}{\lambda_1-\lambda_2}$

←※B　光電効果の場合，照射する光子の数を 2 倍にすると，飛び出す電子の数は 2 倍になる。光電効果の逆過程というから，電子の数を 2 倍にすると発光強度（光子の数）は 2 倍となる。電子のエネルギーは変化しないから，最短波長は変わらず $\lambda_1^*=\lambda_1$ であり，実線のようになる。
　加速電圧のみを大きくすると電子のエネルギーが増加し，光の最短波長も短くなる，すなわち $\lambda_2<\lambda_1$ となり，電子の数は変わらないから，光子の数も変わらず，破線のようになる。

←※C　光電効果の式
$h\nu=W+K$　より
$h\dfrac{c}{\lambda}=W+eV$

20 原子と原子核

ヒント 147 〈水素原子モデル〉

(イ) 運動量の大きさがpの粒子のド・ブロイ波長λは「$\lambda=\dfrac{h}{p}$」と表せる。

(オ) 波長λの光子のもつエネルギーEは「$E=\dfrac{hc}{\lambda}$」と表せる。

(カ) 水素原子の線スペクトルのうち可視光線であるのは，$n'=2$ への遷移(バルマー系列)のみである。

(ア) 電子の，円の中心方向の運動方程式は　$m\dfrac{v^2}{r}=k_0\dfrac{e^2}{r^2}$　……①

と書けるので　$r=\dfrac{k_0e^2}{mv^2}$　……②

(イ) 電子のド・ブロイ波長をλ_eとおくと「$\lambda=\dfrac{h}{p}$」より　$\lambda_e=\dfrac{h}{mv}$

と表せるので　$2\pi r=n\lambda_e=n\dfrac{h}{mv}$　……③

(ウ) ③式より　$\dfrac{1}{v}=\dfrac{2\pi rm}{nh}$　を②式に代入すると

$r=\dfrac{k_0e^2}{m}\cdot\left(\dfrac{2\pi rm}{nh}\right)^2$　　よって　$r_n=\dfrac{h^2}{4\pi^2mk_0e^2}\cdot n^2$ ※A　……④

(エ) 電子のもつエネルギーE_nは　$E_n=\dfrac{1}{2}mv^2-k_0\dfrac{e^2}{r}$　……⑤

と表せる。①式を用いて，⑤式からvを消去すると

$E_n=\dfrac{1}{2}k_0\dfrac{e^2}{r}-k_0\dfrac{e^2}{r}=-\dfrac{1}{2}k_0\dfrac{e^2}{r}$　……⑥

となるので，⑥式に④式を代入して

$E_n=-\dfrac{1}{2}k_0e^2\cdot\dfrac{4\pi^2mk_0e^2}{h^2}\cdot\dfrac{1}{n^2}=-\dfrac{2\pi^2mk_0{}^2e^4}{h^2}\cdot\dfrac{1}{n^2}$ ※B　……⑦

(オ) 量子数nのときのエネルギーE_nと，n'のときの$E_{n'}$との差を$\varDelta E$とおくと，⑦式より

$\varDelta E=E_n-E_{n'}=\dfrac{2\pi^2mk_0{}^2e^4}{h^2}\left(\dfrac{1}{n'^2}-\dfrac{1}{n^2}\right)$

放出される光子のエネルギーは　$\varDelta E=\dfrac{hc}{\lambda}$　……⑧

を満たすので　$\dfrac{1}{\lambda}=\dfrac{\varDelta E}{hc}=\dfrac{2\pi^2mk_0{}^2e^4}{h^3c}\left(\dfrac{1}{n'^2}-\dfrac{1}{n^2}\right)$ ※C　……⑨

(カ) 水素原子の線スペクトルで可視光線領域のものは，量子数 $n'=2$ への遷移によって放出されるので※D

$\dfrac{1}{\lambda}=R\left(\dfrac{1}{2^2}-\dfrac{1}{n^2}\right)$　　すなわち　$\lambda=\dfrac{1}{R}\cdot\dfrac{4n^2}{n^2-4}$

が成りたつ。⑧式より，λが長いということは$\varDelta E$が小さいということなので，1番長い波長をもつ線スペクトルは $n=3$ からの遷移で生じ※E，2番目に長い波長をもつ線スペクトルは $n=4$ からの遷移で生じる。よって

$\lambda=\dfrac{1}{R}\cdot\dfrac{4\cdot4^2}{4^2-4}=\dfrac{1}{R}\times\dfrac{16}{3}=\dfrac{1}{1.1\times10^7}\times\dfrac{16}{3}=4.84\cdots\times10^{-7}$

$\fallingdotseq 4.8\times10^{-7}$ m※F

※A　ここで軌道半径rをr_nと書きかえた。rが正の整数(量子数)nと物理定数を用いた式で書けることは，半径rが $n=1, 2, 3, \cdots$に対応するとびとびの値をとることを示している。

※B　※A同様，E_nのとりうる値もとびとびになり，量子数nだけでその値が決まることを示している。

※C　⑨式と問題文の

$\dfrac{1}{\lambda}=R\left(\dfrac{1}{n'^2}-\dfrac{1}{n^2}\right)$

を比較すると，リュードベリ定数Rは

$R=\dfrac{2\pi^2mk_0{}^2e^4}{h^3c}$

※D　$n'=1$ への遷移は$\varDelta E$が大きくなり，紫外線領域での線スペクトルになる。一方，$n'=3$ への遷移は，赤外線領域での線スペクトルになる。

また，$n'=1$ の場合をライマン系列，$n'=2$ の場合をバルマー系列，$n'=3$ の場合をパッシェン系列とよぶ。

※E　$n=3$ から $n'=2$ への遷移で生じる線スペクトルの波長は

$\lambda=\dfrac{1}{R}\cdot\dfrac{4\cdot3^2}{3^2-4}\fallingdotseq6.5\times10^{-7}$ m

であり，可視光線領域にある。

※F　実際の値は$\lambda=4.86\cdots\times10^{-7}$ m なので，$\lambda\fallingdotseq4.9\times10^{-7}$ m であるが，$R=1.1\times10^7$/m としているので，この解になる。

ヒント 148 〈原子核〉

(1) 質量とエネルギーの等価性の式「$E=mc^2$」を用いる。
(2) α 崩壊を静止物体の分裂として考えると，分裂の前後で運動量保存とエネルギー保存が成りたつ。
(3) α 粒子が Au 原子核に最も近づいたとき，α 粒子の速さは 0 になる。α 粒子の運動について，エネルギー保存則「$\frac{1}{2}mv^2+qV=$一定」が成りたつ。
(5) 原子核崩壊の式「$\frac{N}{N_0}=\left(\frac{1}{2}\right)^{\frac{t}{T}}$」を用いる。

(1) α 崩壊による質量減少を Δm，発生する運動エネルギーを E とする。質量とエネルギーの等価性の式より　$E=\Delta mc^2$　……①
また，Δm は　$\Delta m=M_0-M_1-m$　……②
よって，①，②式より　$E=(M_0-M_1-m)c^2$　……③

(2) 質量 m の粒子の運動量の大きさ p と運動エネルギー K の関係は

$$K=\frac{1}{2}mv^2 \text{ より } 2mK=(mv)^2=p^2 \qquad \text{よって} \quad p=\sqrt{2mK}$$

静止していた原子核Xが，原子核Yと α 粒子に，外力がはたらくことなく分裂するので，運動量とエネルギーはそれぞれ保存する。原子核Yと α 粒子の運動エネルギーをそれぞれ K_Y，K_α とすると

運動量保存より　$-\sqrt{2M_1K_Y}+\sqrt{2mK_\alpha}=0$

よって　$K_Y=\frac{m}{M_1}K_\alpha$　……④

エネルギー保存より　$K_Y+K_\alpha=E$　……⑤

④，⑤式より K_Y を消去すると　$\frac{m}{M_1}K_\alpha+K_\alpha=\frac{m+M_1}{M_1}K_\alpha=E$

③式を代入し，式を整理すると　$K_\alpha=\frac{M_1}{m+M_1}E=\frac{M_1}{M_1+m}(M_0-M_1-m)c^2$

(3) Au 原子核の電荷は $+79e$，α 粒子の電荷は $+2e$，α 粒子が Au 原子核に最も近づいたときの速さは 0 である。α 粒子が Au 原子核から十分離れているとき(電位 0)と，最も近づいたとき(距離 r)とで，エネルギー保存則「$\frac{1}{2}mv^2+qV=$一定」を用いると

$$K+(+2e)\cdot 0=0+(+2e)\cdot k_0\frac{(+79e)}{r}\text{※A} \qquad \text{よって} \quad r=\frac{158k_0e^2}{K}$$

(4) α 崩壊を n 回，β 崩壊を k 回すると
質量数について　$235-4n=223$　……⑥
原子番号について　$92-2n+k=88$※B　……⑦
⑥，⑦式より　$n=3$，$k=2$

(5) 現在の $^{235}_{92}$U，$^{238}_{92}$U の数をそれぞれ N_A，N_B，4.5×10^9 年前の $^{235}_{92}$U，$^{238}_{92}$U の数をそれぞれ N_{A0}，N_{B0} とすると，原子核崩壊の式「$\frac{N}{N_0}=\left(\frac{1}{2}\right)^{\frac{t}{T}}$」より

$$N_A=N_{A0}\left(\frac{1}{2}\right)^{\frac{4.5\times10^9}{7.5\times10^8}}=N_{A0}\left(\frac{1}{2}\right)^{6}\text{※C} \quad ……⑧$$

$$N_B=N_{B0}\left(\frac{1}{2}\right)^{\frac{4.5\times10^9}{4.5\times10^9}}=N_{B0}\times\frac{1}{2} \quad ……⑨$$

⑧，⑨式より　$\frac{N_A}{N_B}=\frac{N_{A0}}{N_{B0}}\left(\frac{1}{2}\right)^5$

問題文より，$\frac{N_A}{N_B}=\frac{1}{140}$　なので

$$\frac{1}{140}=\frac{N_{A0}}{N_{B0}}\left(\frac{1}{2}\right)^5 \qquad \text{よって} \quad \frac{N_{A0}}{N_{B0}}=\frac{2^5}{140}=\frac{8}{35}$$

ゆえに　$N_{A0}:N_{B0}=8:35$

※A　無限遠を基準とした点電荷のまわりの電位の式「$V=k_0\frac{Q}{r}$」を用いた。

※B　α 崩壊すると質量数は 4 減り，原子番号は 2 減る。β 崩壊すると質量数は不変だが，原子番号は 1 増える。

※C　〔**参考**〕 計算をしやすくするため，$^{235}_{92}$U の半減期は 7.5×10^8 年としているが，実際は，7.04×10^8 年である。

(6) 1秒間に放出されるエネルギーを Q〔J〕とする。1.1×10^{-7}kg の ${}^{235}_{92}\mathrm{U}$ の原子核の数 N は

$$N=\frac{1.1\times10^{-7}}{235\times10^{-3}}\times6.0\times10^{23}$$

よって

$$Q=2.0\times10^{8}\times N\,〔\mathrm{eV}〕=2.0\times10^{8}\times N\times1.6\times10^{-19}\,〔\mathrm{J}〕$$
$$=2.0\times10^{8}\times\frac{1.1\times10^{-7}}{235\times10^{-3}}\times6.0\times10^{23}\times1.6\times10^{-19}$$
$$=8.98\cdots\times10^{6}\fallingdotseq\mathbf{9.0\times10^{6}\,J}$$

ヒント 149 〈核反応で生じるエネルギー〉

(1) 結合エネルギー ➡ 核子の結合を壊し，ばらばらにするためのエネルギー
(2) 力学範囲の「分裂」の問題を思い出そう。エネルギーと運動量に関する式が立てられる。
(4)「2次元の衝突」の問題を思い出そう。(2)と同様に考えられる。ただし，2次元 ➡ 運動量がベクトル量であることに注意。

(1) 核反応Aの前後での結合エネルギーを考えればよい※A⬅。

生じるエネルギー$=(28.3+8.5)-32.0=$**4.8 MeV**

(2) 生じたエネルギーによって，図bのような分裂が起こったと考える。このとき，運動量も0で保存されるから，エネルギーの関係式とあわせて次の2式が成立する。

$$\begin{cases} MV-mv=0 \\ \Delta E=\dfrac{1}{2}mv^2+\dfrac{1}{2}MV^2 \end{cases}$$

（M，m…^{4}He，^{3}H の質量　V，v…反応直後の ^{4}He，^{3}H の速さ　ΔE…核反応で生じたエネルギー）

2式より　$\Delta E=\dfrac{1}{2}mv^2+\dfrac{1}{2}M\left(\dfrac{m}{M}v\right)^2=\dfrac{M+m}{M}\cdot\dfrac{1}{2}mv^2$

$\dfrac{1}{2}mv^2=\dfrac{M}{M+m}\Delta E$　…①　ゆえに　$\dfrac{4.0}{4.0+3.0}\times4.8=2.74\cdots\fallingdotseq$**2.7 MeV**※B⬅

(3) (2)で求めた反応前の ^{3}H の運動エネルギーと，核反応Bによって生じるエネルギー $\Delta E'$ の和が，反応後の ^{4}He と ^{1}n の運動エネルギーの和になる。

$\Delta E'=28.3-(8.5+2.2)=17.6\,\mathrm{MeV}$

ゆえに，(2)の結果を用いると，求めるエネルギー E_B は

$$E_\mathrm{B}=\frac{M}{M+m}\Delta E+\Delta E'\fallingdotseq2.74+17.6\fallingdotseq\mathbf{20.3\,MeV}$$ ※C⬅

(4) このとき，図cのようになる（ここでも，運動量が保存されているので，2次元の衝突とみなせる反応となり，^{4}He は図のような向きになると考えられる)。(2)と同じように考えて

$$\begin{cases} mv=MV'\cos\theta & \cdots② \\ 0=m_\mathrm{n}v_\mathrm{n}-MV'\sin\theta & \cdots③ \\ E_\mathrm{B}=\dfrac{1}{2}m_\mathrm{n}v_\mathrm{n}^2+\dfrac{1}{2}MV'^2 & \cdots④ \end{cases}$$

（m_n…^{1}n の質量　V'，v_n…反応直後の ^{4}He，^{1}n の速さ　θ…^{4}He の速度が，^{3}H の速度となす角）

②，③式より　$m^2v^2=M^2V'^2\cos^2\theta$　　$m_\mathrm{n}^2v_\mathrm{n}^2=M^2V'^2\sin^2\theta$

辺々足して　$m^2v^2+m_\mathrm{n}^2v_\mathrm{n}^2=M^2V'^2$

④式に代入して

$$E_\mathrm{B}=\frac{1}{2}m_\mathrm{n}v_\mathrm{n}^2+\frac{1}{2M}(m_\mathrm{n}^2v_\mathrm{n}^2+m^2v^2)=\frac{M+m_\mathrm{n}}{M}\cdot\frac{1}{2}m_\mathrm{n}v_\mathrm{n}^2+\frac{m}{M}\cdot\frac{1}{2}mv^2$$

$$\frac{1}{2}m_\mathrm{n}v_\mathrm{n}^2=\frac{M}{M+m_\mathrm{n}}\left(E_\mathrm{B}-\frac{m}{M}\cdot\frac{1}{2}mv^2\right)$$

⬅※A　核子がばらばらの状態は，エネルギーが高い。また，ここで与えられた値は核子1つ当たりのエネルギーでないことに注意する。

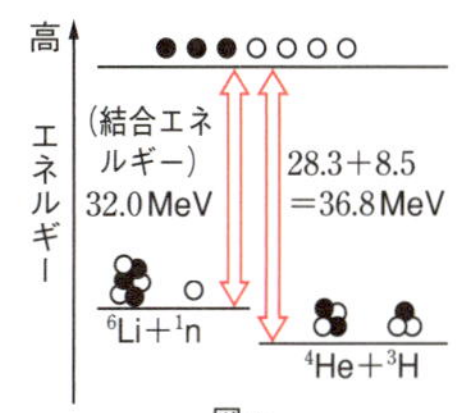

図a

<反応前>　^{7}Li　静止

<反応後>　v　^{3}H　^{4}He　V　$m=3.0$u　$M=4.0$u

図b

⬅※B　①式からわかるように，静止物体の分裂では，運動エネルギーは質量の逆比に分配される。

⬅※C　小数第1位までとの指定あり。

<反応前>　^{3}H　v　^{2}H　静止　$m=3.0$u

<反応後>

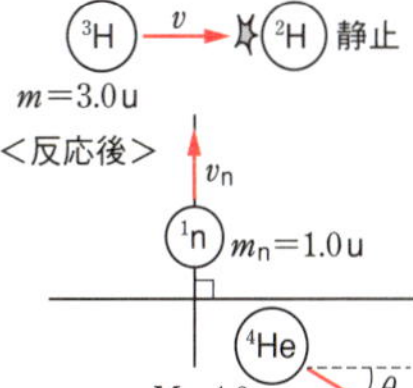

図c

(2), (3)より $\dfrac{1}{2}m_n v_n{}^2=\dfrac{M}{M+m_n}\left(\dfrac{M}{M+m}\varDelta E+\varDelta E'-\dfrac{m}{M}\cdot\dfrac{M}{M+m}\varDelta E\right)$

$$=\frac{M}{M+m_n}\left(\frac{M-m}{M+m}\varDelta E+\varDelta E'\right)$$

$$=\frac{4.0}{4.0+1.0}\left(\frac{4.0-3.0}{4.0+3.0}\times4.8+17.6\right)$$

$$\fallingdotseq 0.8\times(0.69+17.6)\fallingdotseq \mathbf{14.6\,MeV}$$

150 〈中性子による核反応〉

ヒント

(エ) 原子核の反応では，その前後で運動量保存則が成りたつ。低速中性子の運動量を無視しているので，反応前の運動量の和は 0 と考えることができる。

(ア) 質量とエネルギーの等価性の式 「$E=mc^2$」 より

$$m=\frac{E}{c^2}=\frac{4.0\times10^{-13}}{(3.0\times10^8)^2}\fallingdotseq \mathbf{4.4\times10^{-30}\,kg}$$

(イ) $^2_1$H の原子核は，電荷 $+e$ をもつので，電圧 V で加速したときに得るエネルギーEは，$E=eV$ と表される。よって

$$V=\frac{E}{e}=\frac{4.0\times10^{-13}}{1.6\times10^{-19}}=\mathbf{2.5\times10^6\,V}$$

(ウ) 正の電気量 q_1，q_2〔C〕をもつ点電荷間の距離が r のとき，クーロンの法則の比例定数を k_0 として，位置エネルギー U は

$$U=k_0\frac{q_1q_2}{r} \qquad よって \quad r=\frac{k_0q_1q_2}{U}$$

$^7_3$Li 原子核の電荷は $+3e$，$^4_2$He 原子核の電荷は $+2e$ であるので

$$r=\frac{k_0\times3e\times2e}{U}=\frac{9.0\times10^9\times6\times(1.6\times10^{-19})^2}{6.4\times10^{-15}}\fallingdotseq \mathbf{2.2\times10^{-13}\,m}$$

(エ) $^7_3$Li 原子核の質量を m_1，速さを v_1，$^4_2$He 原子核の質量を m_2，速さを v_2 とおく。中性子の運動量は無視できるので，反応前後の運動量保存則より（図 a）

$0=m_1v_1-m_2v_2$ ※A

よって $\dfrac{v_1}{v_2}=\dfrac{m_2}{m_1}=\dfrac{4}{7}\fallingdotseq \mathbf{5.7\times10^{-1}}$ 倍

※A 反応後の $^7_3$Li 原子核と $^4_2$He 原子核は一直線上を互いに逆向きに運動していく。

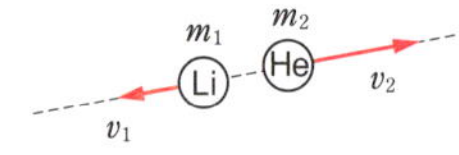

図 a

(オ) 運動エネルギーの比は

$$\frac{\frac{1}{2}m_1v_1{}^2}{\frac{1}{2}m_2v_2{}^2}=\frac{m_1}{m_2}\left(\frac{v_1}{v_2}\right)^2=\frac{m_1}{m_2}\left(\frac{m_2}{m_1}\right)^2=\frac{m_2}{m_1}\fallingdotseq \mathbf{5.7\times10^{-1}}\text{ 倍}$$

(カ) γ 線の振動数を ν〔Hz〕とおくと，γ 線のエネルギー E〔J〕は $E=h\nu$ なので

$$\nu=\frac{E}{h}=\frac{7.7\times10^{-14}}{6.6\times10^{-34}}\fallingdotseq \mathbf{1.2\times10^{20}\,Hz}$$

(キ) γ 線の運動量 p〔kg·m/s〕は $p=\dfrac{h\nu}{c}=\dfrac{E}{c}$ と表されるので

$$p=\frac{7.7\times10^{-14}}{3.0\times10^8}\fallingdotseq \mathbf{2.6\times10^{-22}\,kg\cdot m/s}$$

(ク) もとの運動エネルギーの $\dfrac{15}{16}$ を放出するということは，減速した後の運動エネルギーはもとの $\dfrac{1}{16}$ になっている。$\dfrac{1}{16}=\left(\dfrac{1}{2}\right)^4$ であるので，求める距離は

$2.0\times10^{-6}\times4=\mathbf{8.0\times10^{-6}\,m}$

ヒント 151 〈中性子の発見〉

(2) $E_p=\frac{1}{2}m_pv_p^2$ の値と m_pc^2 の値が与えられているので，これを $\frac{v_p}{c}$ が求められる形にする。

(5) 相加平均と相乗平均の大小関係を用いるとよい。

(6) 中性粒子 ➡ 電荷をもたない

(7) ③〜⑤式の議論が窒素原子核についても成りたつ。

〔A〕(1)(ア) 図aで右向きを正として，運動量保存則より $\frac{h}{\lambda}=-\frac{h}{\lambda'}+m_pv_p$

(イ) エネルギー保存則より $\frac{hc}{\lambda}=\frac{hc}{\lambda'}+\frac{1}{2}m_pv_p^2$

(2) $\frac{E_p}{m_pc^2}=\frac{1}{2}\frac{m_pv_p^2}{m_pc^2}=\frac{1}{2}\left(\frac{v_p}{c}\right)^2$ より

$\left(\frac{v_p}{c}\right)^2=\frac{2E_p}{m_pc^2}=\frac{2\times4.5}{900}=\frac{1}{100}$ よって $\frac{v_p}{c}=\frac{1}{10}=$ **0.1 倍**

(3) $\varepsilon_\lambda=\sqrt{\frac{m_pc^2E_p}{2}}+\frac{E_p}{2}=\sqrt{\frac{900\times4.5}{2}}+\frac{4.5}{2}=45+2.25=47.25\fallingdotseq$ **5×10 MeV**

図a

〔B〕(4) $E_X=\frac{1}{2}MV^2$ に問題文の⑤式を代入すると

$$E_X=\frac{1}{2}M\left(\frac{M+m_p}{2M}v_p\right)^2$$
$$=\frac{1}{2}m_pv_p^2\cdot\frac{M}{m_p}\left(\frac{M+m_p}{2M}\right)^2 \text{※A}$$
$$=E_p\cdot\frac{M}{m_p}\cdot\frac{1}{4}\left(1+\frac{m_p}{M}\right)^2$$
$$=E_p\cdot\frac{M}{m_p}\cdot\frac{1}{4}\left\{1+2\frac{m_p}{M}+\left(\frac{m_p}{M}\right)^2\right\}$$
$$=E_p\cdot\frac{M}{m_p}\left[\frac{1}{2}\frac{m_p}{M}+\frac{1}{4}\left\{1+\left(\frac{m_p}{M}\right)^2\right\}\right]$$
$$=E_p\left\{\frac{1}{2}+\frac{1}{4}\left(\frac{M}{m_p}+\frac{m_p}{M}\right)\right\}$$

よって $E_X=\left\{\frac{1}{2}+\frac{1}{4}\left(\frac{m_p}{M}+\frac{M}{m_p}\right)\right\}E_p$

※A 証明する式の最終形から逆算すると，式変形のどこかで $E_p=\frac{1}{2}m_pv_p^2$ でくくりだす必要があることがわかる。

(5) $\frac{m_p}{M}>0$，$\frac{M}{m_p}>0$ なので，相加平均と相乗平均の大小関係より

$\frac{m_p}{M}+\frac{M}{m_p}\geqq2\sqrt{\frac{m_p}{M}\cdot\frac{M}{m_p}}=2$ が成りたつので

$E_X\geqq E_p\left(\frac{1}{2}+\frac{1}{4}\times2\right)$ よって $E_X\geqq E_p$

(6) **中性粒子は電荷をもたないので，電場や磁場の影響を受けないから。**※B

※B 中性子線は，電離作用が弱く，また透過力が強い。

(7) 窒素を用いると $V=\frac{M+m_N}{2M}v_N$ が成りたつので

$\frac{M+m_N}{2M}v_N=\frac{M+m_p}{2M}v_p$ よって $\left(1+\frac{m_N}{M}\right)v_N=\left(1+\frac{m_p}{M}\right)v_p$

$m_N=14m_p$ であるので $\left(1+14\frac{m_p}{M}\right)v_N=\left(1+\frac{m_p}{M}\right)v_p$

$(14v_N-v_p)\frac{m_p}{M}=v_p-v_N$ ゆえに $\frac{M}{m_p}=\frac{14v_N-v_p}{v_p-v_N}$

(8) ${}^{4}_{2}He+{}^{9}_{4}Be\longrightarrow{}^{12}_{6}C+{}^{1}_{0}n$

21 考察問題 ～思考力・判断力・表現力～

ヒント 152 〈運動の法則と力学的エネルギー〉

(1), (2) Aさんがロープを引くと，作用反作用の法則より，A さんはロープから同じ大きさで逆向きに引かれる。
(6) 非保存力が仕事をするとき，その分だけ力学的エネルギーが変化する。

(1) Aさんがロープを引く力の大きさを T_1〔N〕，A さんが地面から受ける垂直抗力の大きさを N_1〔N〕，物体Bが地面から受ける垂直抗力の大きさを N_2〔N〕とおくと，A さん，物体Bにはたらく力はそれぞれ図 a，図 b のようになる。このとき成りたつ力のつりあいの式はそれぞれ※A

Aさん： $T_1+N_1=mg$

物体B： $T_1+N_2=Mg$

となる。これら 2 式を満たしながら T_1 を大きくしていくと，N_2 より先に N_1 が 0，つまり，物体Bが持ち上がる前にAさんが地面から離れた，ということなので

Aさん： $T_1=mg$

物体B： $T_1+N_2=Mg$

これより　$N_2=(M-m)g$

であり，$N_2>0$ を満たすのは　$M-m>0$

よって　$M>m$

(理由)　自分の重さ mg より大きな力で引き下げようとすると，A さんが地面から受ける垂直抗力の大きさが，物体Bが地面から受ける垂直抗力の大きさより先に 0N になり，ロープからの反作用によってA さんが持ち上がるから。

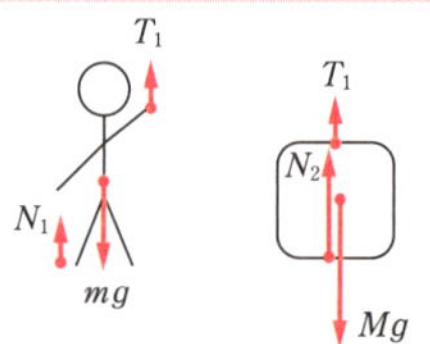

図 a　　図 b

※A 「ゆっくりと」引き下げるので，力はつりあっていると考える。

(2) Aさん，物体Bにはたらく力はそれぞれ図 c，図 d のようになるので，運動方程式は，鉛直上向きを正とすると

Aさん： $ma=T-mg$ ……①

物体B： $Mb=T-Mg$ ……②

となる。よって①式より　$T=m(a+g)$〔N〕 ……③

②，③式より　$b=\dfrac{T}{M}-g=\dfrac{m}{M}(a+g)-g$〔m/s²〕 ……④

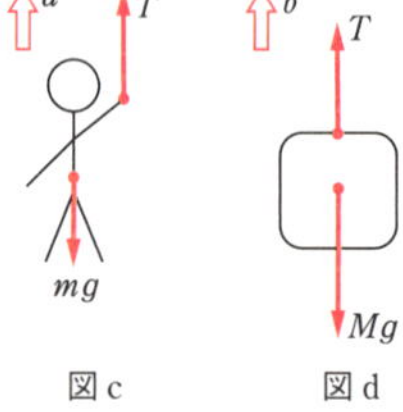

図 c　　図 d

(3) (2)の結果より，a が一定であるので b も一定であることがわかる。A さんが h〔m〕のぼるのに要する時間を t〔s〕とおくと $h=\dfrac{1}{2}at^2$，$H=\dfrac{1}{2}bt^2$ と表せるので，これら 2 式より

$$\frac{H}{h}=\frac{b}{a}$$

よって　$H=\dfrac{b}{a}h=\left\{\dfrac{m}{M}\left(1+\dfrac{g}{a}\right)-\dfrac{g}{a}\right\}h$〔m〕

(4) Aさんが h のぼったときのAさん，物体Bの速さをそれぞれ v〔m/s〕，V〔m/s〕とおくと，$v=at$，$V=bt$ であり，このときの運動エネルギーはそれぞれ

$$\frac{1}{2}mv^2=\frac{1}{2}m(at)^2=ma\times\frac{1}{2}at^2=mah$$

$$\frac{1}{2}MV^2=\frac{1}{2}M(bt)^2=Mb\times\frac{1}{2}bt^2=MbH$$

$$=\{m(a+g)-Mg\}H \quad \text{(④式を用いた)}$$

よって，A さんと物体Bの力学的エネルギーの和 E〔J〕は

$$E=\frac{1}{2}mv^2+mgh+\frac{1}{2}MV^2+MgH$$
$$=mah+mgh+\{m(a+g)-Mg\}H+MgH$$
$$=m(a+g)h+m(a+g)H$$
$$=\boldsymbol{m(a+g)(h+H)}\text{〔J〕}$$

(5) A さんはロープを大きさ $T=m(a+g)$〔N〕の力で引き，ロープを $(h+H)$〔m〕動かしたので※B⬅

$$W=T\times(h+H)$$
$$=\boldsymbol{m(a+g)(h+H)}\text{〔J〕}$$

(6) **初めの力学的エネルギーは 0J である。よって E は，A さんが距離 h をのぼる間の力学的エネルギーの変化に等しい。非保存力が仕事をした分だけ力学的エネルギーが変化するので，$E=W$ が成りたっている。**

(7) A さんは質量が M_0〔kg〕のものまで持ち上げられるので，A さんがロープを引く力の大きさ T〔N〕は

$$T\leqq M_0g$$

を満たすことになる。②式より $T=M(b+g)$ なので

$$M(b+g)\leqq M_0g \qquad \text{よって} \quad b\leqq\frac{M_0-M}{M}g$$

物体Bが上昇するためには $b>0$ であればよいので

$$\frac{M_0-M}{M}g>0 \qquad \text{ゆえに} \quad \boldsymbol{M<M_0}$$

⬅※B　ロープの長さは変わらないので，A さんがロープに対して動いた距離は $h+H$〔m〕になる（図 e）。

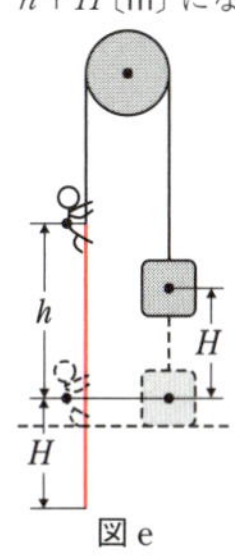

図 e

153 〈気体の分子運動と速さの測定〉

ヒント

(4) ある物理量 X の平均値は，X の値が X_i となる個数を n_i とすると $\overline{X}=\dfrac{n_1X_1+n_2X_2+n_3X_3+\cdots}{n_1+n_2+n_3+\cdots}$

全個数 $N=n_1+n_2+n_3+\cdots$ を用いると $\overline{X}=\dfrac{n_1}{N}X_1+\dfrac{n_2}{N}X_2+\dfrac{n_3}{N}X_3+\cdots$

よって，X の値が X_i をとる割合 $F_i=\dfrac{n_i}{N}$ を用いると $\overline{X}=F_1X_1+F_2X_2+F_3X_3+\cdots$

と表すことができる。

(1)(ア) 壁 S_x との衝突によって，分子の速度は x 成分のみ変わる。弾性衝突なので，大きさはそのままで向きのみ変わる。

よって $\vec{v'}=(-v_x,\ v_y,\ v_z)$ …①

(イ) 時間 t の間に分子が壁 S_x に及ぼす力積の大きさを，時間 t で割ると $\overline{f}$ が求まるので

$$\overline{f}=\frac{2mv_x\dfrac{v_xt}{2L}}{t}=\frac{mv_x^2}{L} \quad \cdots⑤$$

(ウ) $P=\dfrac{Nm}{L^3}\overline{v_x^2}$ と $\overline{v^2}=3\overline{v_x^2}$ より $\qquad P=\dfrac{Nm}{L^3}\cdot\dfrac{\overline{v^2}}{3}=\dfrac{Nm}{3L^3}\overline{v^2} \quad \cdots⑦$

(エ) (ウ)の式より $P=\dfrac{2N}{3L^3}\cdot\dfrac{1}{2}m\overline{v^2}$

よって $\dfrac{1}{2}m\overline{v^2}=\dfrac{3}{2}\dfrac{L^3}{N}P \quad \cdots⑫$

(2) 粒子が速さ v で l 進む間に，回転板は ϕ 回転すればよいので※A⬅

$$\phi=\omega\times\frac{l}{v} \qquad \text{よって} \quad v=\boldsymbol{\frac{l\omega}{\phi}}\text{〔m/s〕}$$

⬅※A「粒子が回転板 1 から回転板 2 に進む間に，回転板 2 が 1 周より多く回るような場合は考えなくてよい」とあることに注意する。

(3) 角速度ωは，1秒間に回転する角度であり，回転板は1分間(=60秒間)に8000回転しているので　$\omega=\dfrac{2\pi\times8000}{60}$

よって(2)の結果に $l=20.0\,\text{cm}=0.200\,\text{m}$ とωを代入すると

$$v=\frac{0.200\times\dfrac{2\pi\times8000}{60}}{\phi}=\frac{2\pi}{\phi}\times\frac{80}{3}$$

vの最大値は $\phi=5.0°$ のときで　$v=\dfrac{2\pi}{2\pi\dfrac{5.0}{360}}\times\dfrac{80}{3}=1920\fallingdotseq\mathbf{1.9\times10^3\,m/s}$

vの最小値は $\phi=350.0°$ のときで　$v=\dfrac{2\pi}{2\pi\dfrac{350.0}{360}}\times\dfrac{80}{3}=27.4\cdots\fallingdotseq\mathbf{27\,m/s}$

(4) $v_i{}^2F_i$が0でないものを図4から読み取ると右表のようになる。各iの粒子の数をn_i，合計の粒子の数をNとおくと

$$\overline{v^2}=\frac{\sum_{i=2}^{10}n_iv_i{}^2}{N}=\sum_{i=2}^{10}\frac{n_i}{N}v_i{}^2=\sum_{i=2}^{10}F_iv_i{}^2$$ ※B

よって，右表の値の合計が$\overline{v^2}$となる。

$\overline{v^2}=245\times10^3\fallingdotseq\mathbf{2.5\times10^5\,m^2/s^2}$

i	$v_i{}^2F_i$
2	2000
3	8000
4	25000
5	43000
6	51000
7	51000
8	34000
9	22000
10	9000

(5) 原子量40の原子の質量は $40\times1.7\times10^{-27}\,\text{kg}$ であるので※C

$$\frac{m\overline{v^2}}{kT}=\frac{40\times1.7\times10^{-27}\times2.45\times10^5}{1.4\times10^{-23}\times400}=2.975\fallingdotseq3\quad\cdots②$$

(6) (1)(エ)の式に下線部にある $PL^3=NkT$ を代入すると

$$\frac{1}{2}m\overline{v^2}=\frac{3NkT}{2N}=\frac{3}{2}kT\qquad\text{よって}\qquad\frac{m\overline{v^2}}{kT}=3$$

ゆえに，(5)で得られた結果が理論式に基づいたものであることがわかる。

※B　測定された粒子の個数の割合F_iは，言いかえればiの粒子が測定される確率である。

すなわち$\sum_i v_i{}^2F_i$を計算することは，$v_i{}^2$の期待値を計算することを意味する。

※C　1uは原子量12である^{12}C原子の$\dfrac{1}{12}$なので，^{12}C原子1個の質量は12u。よって原子量40の原子1個の質量は40uである。

ヒント 154 〈波の屈折と虹のしくみ〉

(1)(カ) 光は屈折する際，波長が短いほど大きく曲がる。これは波長が短いほど屈折角が小さいことを意味しており，屈折の法則とあわせると，波長が短いほど伝わる速さは小さくなることがわかる。

(2)(ク)，(ケ) 虹の色は，内側から外側にかけて紫→赤のグラデーションになる。さらに外側に，色が薄く内側が赤で外側が紫の副虹が見えることがある。

(1)(ア) 重ね合わせの原理より　$y=\mathbf{y_1+y_2}$

(イ) ホイヘンスの原理の説明なので，**波源**

(ウ) 媒質1でB→Dへ進む間に，媒質2ではA→Cへ進むので

$$\frac{\text{BD}}{v_1}=\frac{\text{AC}}{v_2}\quad\cdots\cdots①$$

一方，図aより

$\text{BD}=\text{AD}\sin\theta_1$　……②

$\text{AC}=\text{AD}\sin\theta_2$　……③

①，②，③式より

$$\frac{\text{AD}\sin\theta_1}{v_1}=\frac{\text{AD}\sin\theta_2}{v_2}$$

図a

よって　$\mathbf{\dfrac{v_2}{v_1}=\dfrac{\sin\theta_2}{\sin\theta_1}}$

(エ) $c=\mathbf{3.0\times10^8}\,\text{m/s}$

(オ) 可視光の中で最も波長が長いのは**赤**色※A

(カ) 光は波長が短くなるほど，屈折角が小さくなる。また，屈折の法則「$\dfrac{\sin\theta_1}{\sin\theta_2}=\dfrac{v_1}{v_2}$」より，屈折角$\theta_2$が小さくなるほど速さも小さくなる。よって，速さは**小さく**なる。

※A　可視光の色は，波長の長いほうから，赤・橙・黄・緑・青・紫となっている。

(2)(キ) 図bのように，光が水滴に入射した点をP，水滴内で反射した点をQ，入射した光の延長線とOQの延長線の交点をRとおく。OPとOQはともに水滴の半径であり，△OPQは二等辺三角形である。よって ∠OPQ=∠OQP であり，∠POQ=180°−2θ_2 と表せる。また ∠OPR=θ_1 であるので，△OPR について考えると

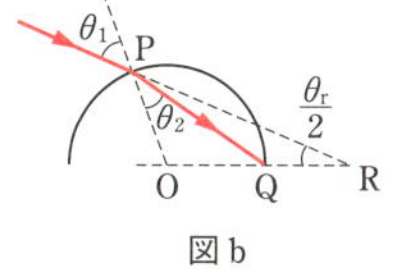

図b

$$(180^\circ-2\theta_2)+\frac{\theta_r}{2}+\theta_1=180^\circ \qquad \text{ゆえに} \quad \theta_r=4\theta_2-2\theta_1$$

(ク)(a) 図3より，入射角が60°前後の光は屈折角の変化が緩やかなので，この付近に光が集まることになる。よって反射光が一番強くなるのは

θ_1=60°　(理由) この角度付近では，屈折角の変化が緩やかで反射光が集まるから(27字)

(ケ) 図cのように，より下方にある水滴から届く光はθ_rが小さくなっている。(キ)の結果より，θ_rが小さいということはθ_2が小さい，つまり屈折角が小さいということなので，一番下に見える光は紫色となる。※B

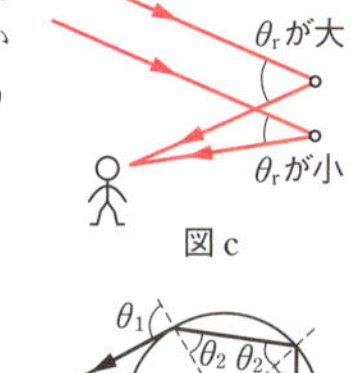

図c

(コ) 図dのような五角形を考えればよいので

$$\theta_r+2\times\{(180^\circ-\theta_1)+\theta_2\}+2\times(2\times\theta_2)=540^\circ$$ ※C

よって　θ_r=180°+2θ_1−6θ_2

(サ) θ_rが小さくなるのは，θ_2が大きいとき，つまり屈折角が大きいということなので，一番下に見える光は赤色となる。

図d

※B　光の分散より

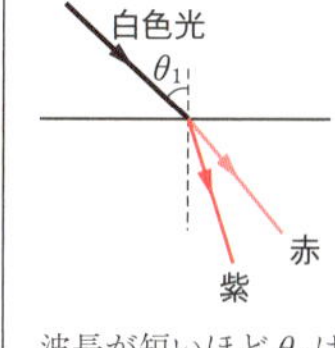

波長が短いほどθ_2は小さい。

※C　n角形の内角の和は(n−2)×180°

ヒント 155 〈回路素子の決定〉

(1)(ア)〜(エ) 接続ごとに回路図を描き，キルヒホッフの法則Ⅱを用いて立式し，連立方程式として解く。

(2)(オ)，(キ) 回路素子が抵抗，コイル，コンデンサーの各場合について，接続してからの電流の変化を考えて判断する。

(3)(ク) 交流の周波数fを変化させたときの回路のインピーダンスの変化から電流の変化を考えて判断する。

(ケ) 周波数f_1のときの2つの回路の場合について，交流電圧・電流の実効値とインピーダンスの間に成りたつ関係式(オームの法則)，および周波数f_2のときインピーダンスが最小になる条件をそれぞれ立式し，連立して解く。

(1)(ア)(イ)(ウ)(エ) 電池Eの起電力をE〔V〕，抵抗R_a，R_b，R_dの抵抗値をそれぞれR_a，R_b，R_d〔Ω〕とする。初めの状態(図a)において，回路に電流が流れず，dc間の電圧が8.40Vであったことから

E=8.40V

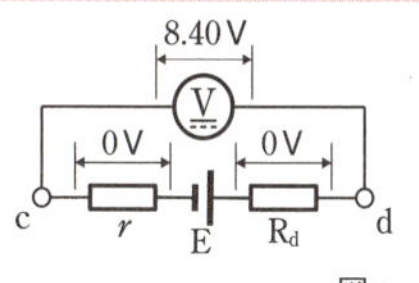

図a

ac間に直流電流計を接続したとき(図b)，電流が1.00A流れているので，キルヒホッフの法則Ⅱより

$$8.40-1.00\times(r+R_a)=0 \qquad \text{よって} \quad r=8.40-R_a \qquad \cdots\cdots ⓐ$$

bc間(図c)も同様に

$$8.40-3.50\times(r+R_b)=0 \qquad \text{よって} \quad r=2.40-R_b \qquad \cdots\cdots ⓑ$$

dc間(図d)も同様に

$$8.40-2.10\times(r+R_d)=0 \qquad \text{よって} \quad R_d=4.00-r \qquad \cdots\cdots ⓒ$$

また，ab間を導線で接続した状態で，ac間に直流電流計を接続したとき(図e)，抵抗R_aとR_bが並列接続になっているので合成抵抗は

$\frac{R_aR_b}{R_a+R_b}$〔Ω〕である。電流が4.20Aなのでキルヒホッフの法則Ⅱより

$$8.40-4.20\times\left(r+\frac{R_aR_b}{R_a+R_b}\right)=0 \qquad \text{よって} \quad r+\frac{R_aR_b}{R_a+R_b}=2.00 \qquad \cdots\cdots ⓓ$$

ⓐ〜ⓓ式を連立して解き，R_a，R_b，R_d，r〔Ω〕の値を求める。

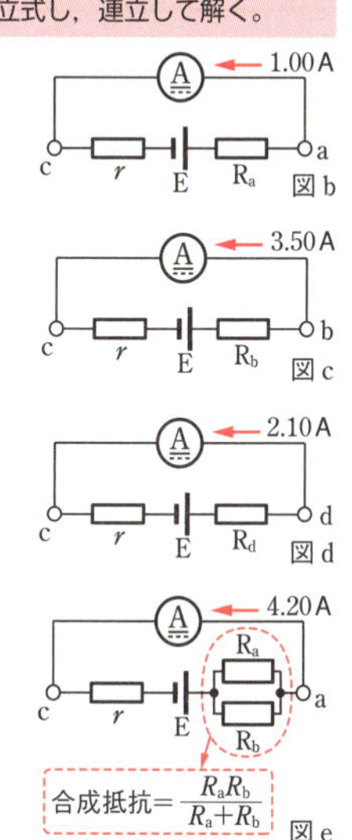

ⓐ，ⓑ式より　$R_a - R_b = 6.00$ ……ⓔ

ⓐ，ⓓ式より　$R_a - \dfrac{R_aR_b}{R_a+R_b} = 6.40$　　これより　$R_a{}^2 = 6.40\times(R_a+R_b)$ ……ⓕ

ⓑ，ⓓ式より　$R_b - \dfrac{R_aR_b}{R_a+R_b} = 0.40$　　これより　$R_b{}^2 = 0.40\times(R_a+R_b)$ ……ⓖ

$\dfrac{ⓕ式}{ⓖ式}$ より　$\dfrac{R_a{}^2}{R_b{}^2} = \left(\dfrac{R_a}{R_b}\right)^2 = \dfrac{6.40}{0.40} = 16$　　よって　$\dfrac{R_a}{R_b} = 4.0$ ……ⓗ

ⓔ，ⓗ式より　$R_a - R_b = 4.0R_b - R_b = 6.00$　　よって　$R_b = $ **2.0** Ω　…(イ)

ⓗ式に代入して　$R_a = 4.0R_b = 4.0\times2.0 = $ **8.0** Ω　…(ア)

ⓓ式に代入して　$r + \dfrac{R_aR_b}{R_a+R_b} = r + \dfrac{8.0\times2.0}{8.0+2.0} = r + 1.6 = 2.00$

よって　$r = $ **0.40** Ω　…(エ)

ⓒ式に代入して　$R_d = 4.00 - 0.40 = $ **3.6** Ω　…(ウ)

(2)(オ) 図fの回路において

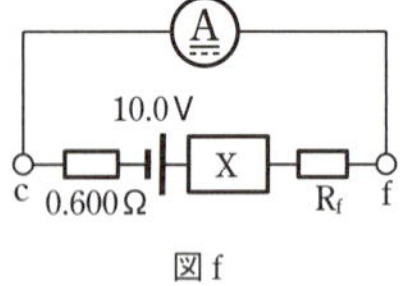

図f

・Xが抵抗の場合，流れる電流は一定。

・Xがコイルの場合，cf間を接続した瞬間は誘導起電力によって電流が流れず，その後徐々に電流値は増加する。

・Xがコンデンサーの場合，cf間を接続した瞬間は電流が流れ，充電されていくにつれ徐々に電流値は減少し，やがて0Aになる。

以上より，回路素子Xは，コンデンサーと考えられる。…**③**

(カ) 抵抗R_fの抵抗値をR_f〔Ω〕とする。cf間を接続した瞬間，コンデンサーには電荷が蓄えられていないので，コンデンサーの電位差は0Vである。cf間を接続した瞬間の回路(図g)にキルヒホッフの法則Ⅱを用いて

$10.0 - 0 - 2.00\times(0.600 + R_f) = 0$　　よって　$R_f = $ **4.4** Ω

cf間を接続した瞬間

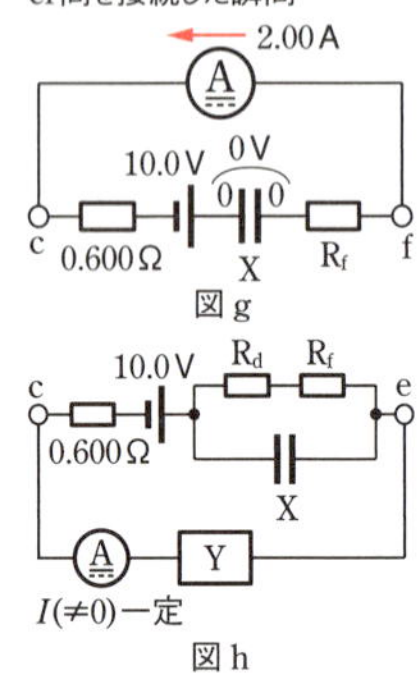

図h

(キ) 図hの回路において

・Yが抵抗の場合，十分時間が経過すると，コンデンサーXの充電が完了し，回路に0Aでない一定値の電流が流れる。

・Yがコイルの場合，十分時間が経過するとコイルに生じる誘導起電力が0となり，ただの長い導線と等価になって0Aでない一定値の電流が流れる。

・Yがコンデンサーの場合，電流計を接続した瞬間は電流が流れるが，十分時間が経過してコンデンサーYの充電が完了すると電流は流れなくなる。

以上より，回路素子Yは，コンデンサー以外と考えられる。…**③**

(3) コンデンサーXの電気容量をC〔F〕，交流電源の周波数をf〔Hz〕とする。

Yが抵抗値R〔Ω〕の抵抗のとき

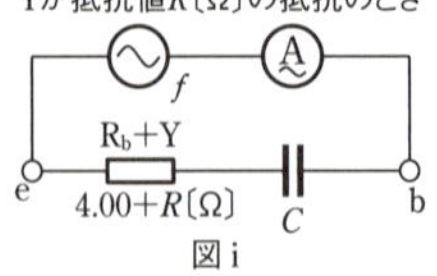

図i

(ク) まず，問題文中の図4の回路において，YがR〔Ω〕の抵抗であるとする(図i)と，be間のインピーダンスZ〔Ω〕は　$Z = \sqrt{(4.00+R)^2 + \left(\dfrac{1}{2\pi fC}\right)^2}$

fを大きくしていくと，Zは単調に減少するので，回路に流れる電流は単調に増加する。よって問題文にある電流が極大値をとる挙動とは異なる。

次に，Yが自己インダクタンスL〔H〕のコイルであるとする(図j)と，be間のインピーダンスZ〔Ω〕は　$Z = \sqrt{4.00^2 + \left(2\pi fL - \dfrac{1}{2\pi fC}\right)^2}$

fを大きくしていくと，$2\pi fL - \dfrac{1}{2\pi fC} = 0$ を満たす周波数でZは最小値となり，回路の電流値が最大となる。

以上より，回路素子Yはコイルであると考えられる。…**②**

Yが自己インダクタンス
L〔H〕のコイルのとき

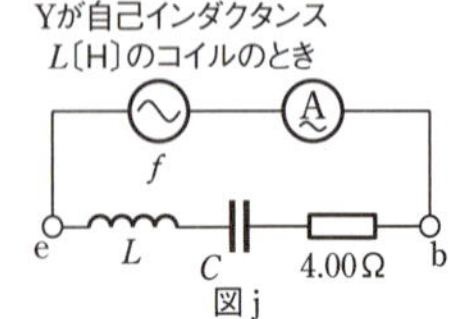

図j

(ケ) 問題文中の図3の回路(図k)について，周波数f_1のときの交流電圧と交流電流の実効値(10.0V，1.00A)とインピーダンスZにオームの法則を用

いると

$$10.0=1.00\times\sqrt{(4.00+4.00)^2+\left(\frac{1}{2\pi f_1C}\right)^2}\quad よって\quad \frac{1}{2\pi f_1C}=6.0 \cdots ⓘ$$

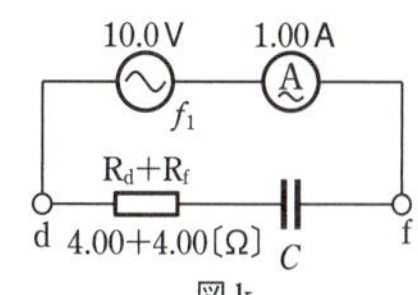

図k

問題文中の図4の回路(図j)について，周波数 f_1 のときの交流電圧と交流電流の実効値(10.0V，2.00A)とインピーダンスZにオームの法則を用いると

$$10.0=2.00\times\sqrt{4.00^2+\left(2\pi f_1L-\frac{1}{2\pi f_1C}\right)^2}$$

よって　$\left(2\pi f_1L-\dfrac{1}{2\pi f_1C}\right)^2=3.0^2$　……ⓙ

同じく図4の回路(図j)において，周波数 f_2 のときに電流値が最大，すなわちインピーダンスZが最小になることから　$2\pi f_2L-\dfrac{1}{2\pi f_2C}=0$　……ⓚ

ここで，ⓙ式の2乗をとるときの符号を考える。f_1 と f_2 は $f_1<f_2$ であり，ⓚ式と見比べて $2\pi f_1L<2\pi f_2L$，$\dfrac{1}{2\pi f_1C}>\dfrac{1}{2\pi f_2C}$ であるから

$$2\pi f_1L-\frac{1}{2\pi f_1C}<0$$

よってⓙ式より　$2\pi f_1L-\dfrac{1}{2\pi f_1C}=-3.0$　……ⓛ

ⓘ，ⓛ式より　$2\pi f_1L=6.0-3.0=3.0$　……ⓜ

ⓘ，ⓜ式より　$2\pi f_1L\times2\pi f_1C=4\pi^2f_1{}^2LC=3.0\times\dfrac{1}{6.0}=\dfrac{1}{2.0}$　……ⓝ

ここで，ⓚ式より　$4\pi^2f_2{}^2LC=1$　……ⓞ

$\dfrac{ⓝ式}{ⓞ式}$ より　$\dfrac{4\pi^2f_1{}^2LC}{4\pi^2f_2{}^2LC}=\dfrac{1/2.0}{1.0}$　　よって　$\dfrac{f_1{}^2}{f_2{}^2}=\dfrac{1}{2.0}=$**0.50**

ヒント 156 〈陽電子断層撮影法のしくみ〉

(1) 核反応式をつくり，質量数の保存(核子の数の保存)と原子番号の保存(電気量の保存)から，未知の原子の質量数と原子番号を求めて判断する。

(2) 半減期の公式「$\dfrac{N}{N_0}=\left(\dfrac{1}{2}\right)^{\frac{t}{T}}$」からグラフを判断する。

(3) 運動量保存則より，2本の γ 線の運動量ベクトルの関係を求める。

(4) 対消滅前後における「エネルギー保存則」と「運動量保存則」を用いる。対消滅前の電子と陽電子の質量を等価なエネルギーとして評価することを忘れないこと。

(5) (4)の結果を利用する。

(1) (ア)に入る原子(X)の原子番号をZ，質量数をAとすると，Xは ${}^{A}_{Z}\mathrm{X}$ と表される。陽電子は核子はもたないものの $+e$ の電荷をもっているので，原子・原子核の表し方では ${}^{0}_{1}\mathrm{e}^+$ と表すことができる。${}^{18}_{9}\mathrm{F}$ の反応の核反応式は

$${}^{18}_{9}\mathrm{F}\longrightarrow{}^{A}_{Z}\mathrm{X}+{}^{0}_{1}\mathrm{e}^+$$

となるので，質量数(核子の数)の総和の保存より

$18=A+0$　　よって　$A=18$

原子番号(電気量)の総和の保存より　$9=Z+1$　　よって　$Z=8$

よってXは，${}^{18}_{8}\mathrm{O}$ であるので　②

(2) 半減期の公式「$\dfrac{N}{N_0}=\left(\dfrac{1}{2}\right)^{\frac{t}{T}}$」より，残っている ${}^{18}_{9}\mathrm{F}$ の数Nは　$N=N_0\left(\dfrac{1}{2}\right)^{\frac{t}{T}}$

と表される。この式のグラフを示しているのは　③※A

※A　時間 t の指数関数になっている。

〔参考〕 $y=\left(\dfrac{1}{2}\right)^x$ のグラフは次の通り。

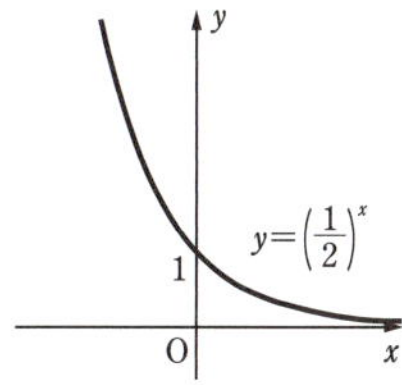

(3) 電子と陽電子が衝突して対消滅し，2つの γ 線が放出される前後において，外力は作用しないので運動量が保存される。衝突する電子と陽電子の運動量の和が0のとき，放出される2つの γ 線の運動量を $\vec{p_1}$，$\vec{p_2}$ とすると，衝突前後の運動量保存則より　$\vec{0}=\vec{p_1}+\vec{p_2}$　　よって　$\vec{p_2}=-\vec{p_1}$

となり，2つのγ線の運動量ベクトルは反対方向を向いている。よって2つのγ線は反対方向に放出される。

(4) 対消滅前のエネルギーは，電子の運動エネルギー$\left(\frac{1}{2}mv^2\right)$と，電子と陽電子それぞれの質量と等価のエネルギー(どちらもmc^2)である。対消滅後のエネルギーは，2本のγ線のエネルギー(それぞれE, E'とする)である。対消滅前後でエネルギーは保存されるので

$$\frac{1}{2}mv^2+2mc^2=E+E' \quad \cdots\cdots①$$

対消滅前の運動量は，電子の運動量(mv)のみである。対消滅後の運動量は，図のように，2本のγ線の運動量$\left(それぞれ\ p=\frac{E}{c},\ p'=\frac{E'}{c}\right)$である。対消滅の前後で運動量も保存されるので

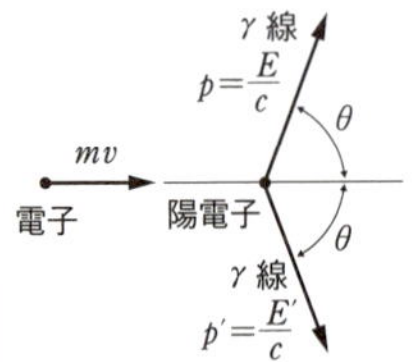

電子の速度方向について　$mv+0=\frac{E}{c}\cos\theta+\frac{E'}{c}\cos\theta$ ……②

電子の速度と垂直な方向について　$0+0=\frac{E}{c}\sin\theta+\left(-\frac{E'}{c}\sin\theta\right)$ ……③

③式より $E=E'$ であることがわかるので

①式は　$\frac{1}{2}mv^2+2mc^2=2E$ ……①′

②式は　$mv=\frac{2E}{c}\cos\theta$　　よって　$2E=\frac{mvc}{\cos\theta}$

①′式に代入して　$\frac{1}{2}mv^2+2mc^2=\frac{mvc}{\cos\theta}$

$$v^2+4c^2=\frac{2vc}{\cos\theta} \qquad よって \quad \cos\theta=\frac{2vc}{v^2+4c^2}=\frac{2\left(\frac{v}{c}\right)}{4+\left(\frac{v}{c}\right)^2} \quad \cdots\cdots④$$

(5) 図4より，距離dとPET装置の直径$D=0.6\,\mathrm{m}$の関係は

$$d=\frac{D}{2}\cos\theta=0.3\cos\theta\,[\mathrm{m}] \quad \cdots\cdots⑤$$

水素原子の基底状態の電子の半径方向の運動方程式は，陽子との静電気力が向心力なので，図5より

$$m\frac{v^2}{r}=k\frac{e^2}{r^2} \qquad よって \quad mv^2=k\frac{e^2}{r}=4\times10^{-18}\,\mathrm{J}\ (問題文より)$$

$m=9\times10^{-31}\,\mathrm{kg}$, $c=3\times10^8\,\mathrm{m/s}$ であるから

$$\left(\frac{v}{c}\right)^2=\frac{mv^2}{m\cdot c^2}=\frac{4\times10^{-18}}{(9\times10^{-31})\times(3\times10^8)^2}=\frac{4}{81}\times10^{-3}$$

したがって　$\frac{v}{c}=\sqrt{\frac{4}{81}\times10^{-3}}=\frac{2\sqrt{10}}{9}\times10^{-2}$

また　$\left(\frac{v}{c}\right)^2=\frac{4}{81}\times10^{-3}\ll4$　　これより$\left(\frac{v}{c}\right)^2$は4と比べてきわめて小さいことがわかる※B。以上の結果を④式に代入すると

$$\cos\theta=\frac{2\left(\frac{v}{c}\right)}{4+\left(\frac{v}{c}\right)^2}\fallingdotseq\frac{2\left(\frac{v}{c}\right)}{4}=\frac{1}{2}\left(\frac{v}{c}\right)=\frac{\sqrt{10}}{9}\times10^{-2} \quad \cdots\cdots⑥$$

※B　2次の微小量を無視した。この問題では距離dの値が有効数字1桁でわかれば十分なので，近似を用いてよいと判断する。

⑤，⑥式より　$d=0.3\cos\theta=0.3\times\frac{\sqrt{10}}{9}\times10^{-2}\,\mathrm{m}=\frac{\sqrt{10}}{3}\times10^{-3}\,\mathrm{m}=\frac{\sqrt{10}}{3}\,\mathrm{mm}$

$\sqrt{10}=3.16\cdots$より　$d=\frac{3.16}{3}=1.05\cdots\,\mathrm{mm}\fallingdotseq1\,\mathrm{mm}$

これより答えは　④

26260 A

2023
物理重要問題集
物理基礎・物理
解答編

※解答・解説は数研出版株式会社が作成したものです。

編　者　数研出版編集部
発行者　星野 泰也
発行所　**数研出版株式会社**
〒101-0052 東京都千代田区神田小川町２丁目３番地３
〔振替〕00140-4-118431
〒604-0861 京都市中京区烏丸通竹屋町上る大倉町205番地
〔電話〕代表 (075)231-0161
ホームページ https://www.chart.co.jp
印刷 寿印刷株式会社

乱丁本・落丁本はお取り替えいたします。 230102